westermann

Herausgegeben von
Benno Burbat
Daniel Frohn
Andreas Gundlach

Q

Qualifikationsphase
Leistungskurs

ELEMENTE der Mathematik

ELEMENTE
der Mathematik

Herausgegeben von
Benno Burbat, Dr. Daniel Frohn, Dr. Andreas Gundlach

Bearbeitet von
Karin Benecke, Sibylle Brinkmann, Martin Brüning, Benno Burbat, Roman Deeken, Gabriele Denkhaus, Gabriele Dybowski, Thorsten Eßeling, Dr. Daniel Frohn, Dr. Andreas Gundlach, Stephan Hoffeld, Jakob Langenohl, Kyra Meirich, Dr. Holger Reeker, Sigrid Schwarz, Gudrun Sobotka, Klaas Wiggers

Zum Schülerband erscheinen:
Lösungen: Best.-Nr. 978-3-14-109472-5
Arbeitsheft mit Lösungen Analysis: Best.-Nr. 978-3-14-109473-2
Arbeitsheft mit Lösungen Analytische Geometrie / Lineare Algebra / Stochastik: Best.-Nr. 978-3-14-109613-2
Unterrichtsmaterialien: Best.-Nr. 978-3-14-109474-9

Druck A[1] / Jahr 2025
Alle Drucke der Serie A sind im Unterricht parallel verwendbar.

Redaktion: Manjing Bi
Illustrationen: Mario Valentinelli, Rostock
Umschlagentwurf: Lio Designagentur, Braunschweig
Innenlayout: Janssen Kahlert Design & Kommunikation GmbH, Hannover
Druck und Bindung: Westermann Druck GmbH, Georg-Westermann-Allee 66, 38104 Braunschweig

ISBN 978-3-14-**109471**-8

1 Modellieren mit Funktionen

2 Integralrechnung

3 Wachstum beschreiben

4 Analytische Geometrie

5 Daten und Zufall

6 Binomialverteilte Zufallsgrößen

7 Beurteilende Stochastik

8 Abiturvorbereitung

Vorbereiten und Wiederholen

Ergänzende digitale Inhalte

Passende Lernvideos und weitere digitale Materialien stehen an Stellen mit **QR-Code** zur Verfügung.

Um auf diese Inhalte zuzugreifen, können Sie:
- den QR-Code scannen oder
- die Seite **https://www.westermann.de/webcode** aufrufen und anschließend den jeweiligen Webcode eingeben

WES-109471-201 ← **Webcode**

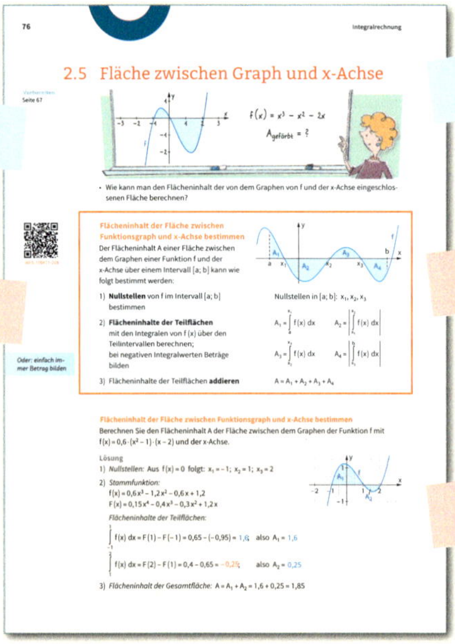
76 Integralrechnung

2.5 Fläche zwischen Graph und x-Achse

• Wie kann man den Flächeninhalt der von dem Graphen von f und der x-Achse eingeschlossenen Fläche berechnen?

Flächeninhalt der Fläche zwischen Funktionsgraph und x-Achse bestimmen

Flächeninhalt der Fläche zwischen Funktionsgraph und x-Achse bestimmen

Vorbereiten

Grundlagen nachschlagen und üben

QR-Code

Link auf Videos und weitere Materialien

Einstieg

Neugierig werden, Neues kennenlernen

Information

Neues kurz erklärt und zusammengefasst

Beispiele

Neues Wissen konkret angewendet

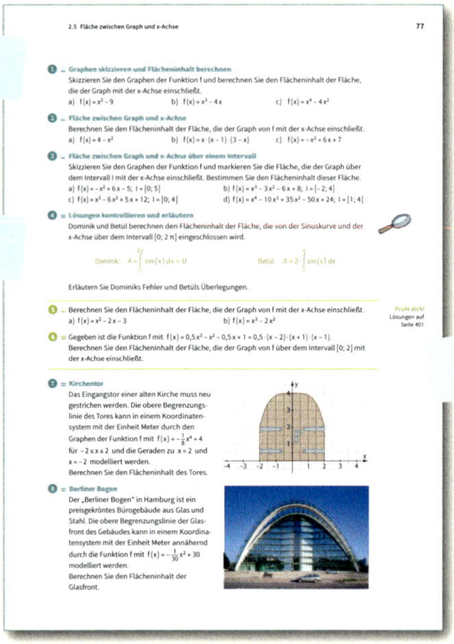
2.5 Fläche zwischen Graph und x-Achse 77

Aufgaben

Trainieren, verstehen, vertiefen

Überschriften

Weisen auf den Inhalt der Aufgaben hin

Prüfe dich! Etappenziel

Erst rechnen, dann kontrollieren

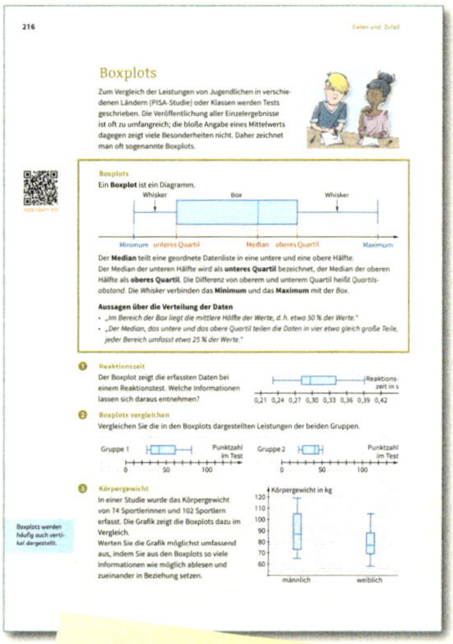
216 Daten und Zufall

Boxplots

Ausgezeichnete Aufgaben

Grundlegendes Niveau

Mittleres Niveau

Erhöhtes Niveau

Zweierarbeit

Gruppenarbeit

Aufgabe mit Lupe

Prüfen, forschen, Fehler finden

Bei einer Aufgabe mit Lupe werden typische Fehler angesprochen.

Sonderseite

Themen, Methoden, Ausblicke Was gibt es zu entdecken?

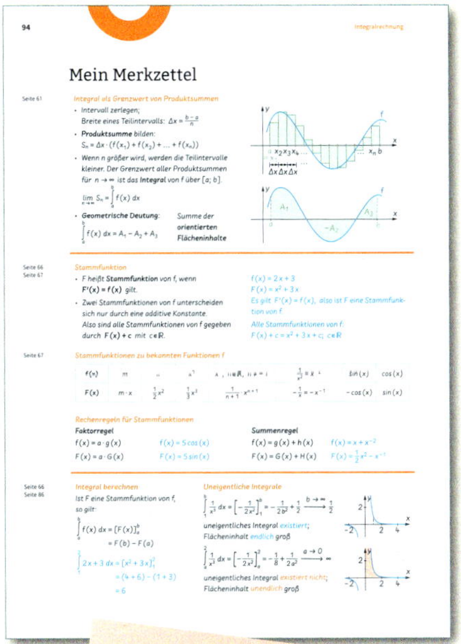

Mein Merkzettel

Fasst zusammen, was man für die Klausur braucht.

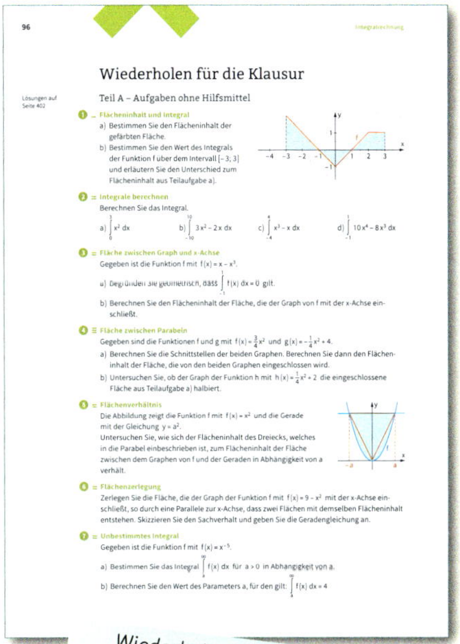

Wiederholen für die Klausur

Eine Sammlung von möglichen Klausuraufgaben, unterteilt in Aufgaben ohne und mit Hilfsmitteln

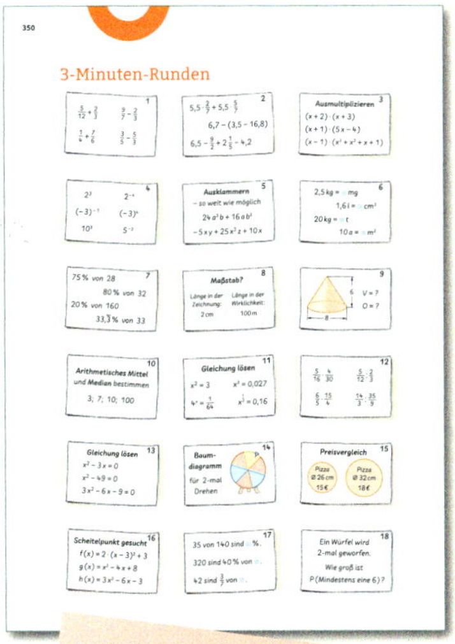

3-Minuten-Runden

Grundwissen immer wieder üben und wachhalten

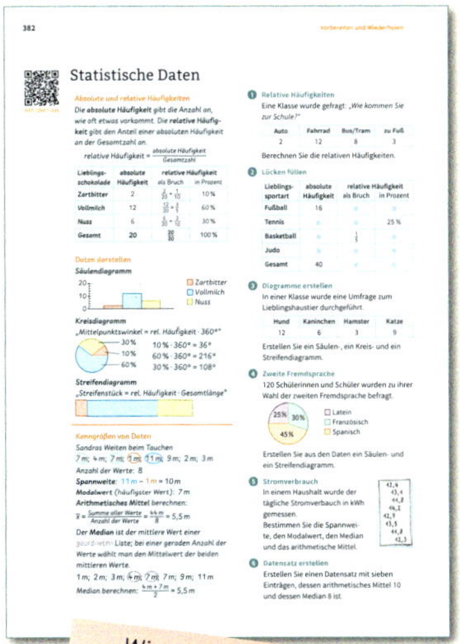

Wissensspeicher mit Aufgaben

Angebot zum Wiederholen und Vorbereiten auf ein neues Thema

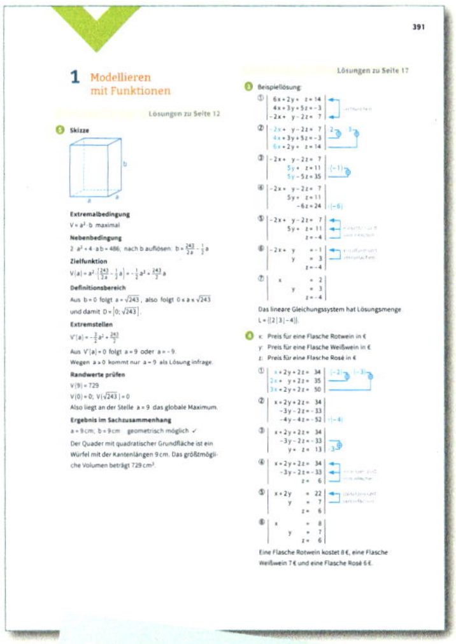

Lösungen

Prüfe dich!
Wiederholen für die Klausur

1 Modellieren mit Funktionen

Bei Brücken und anderen Bauwerken findet man oft Bögen, die durch Funktionsgraphen modelliert werden können.

- Was sind Extremwertprobleme und wie kann man sie lösen?
- Wie bestimmt man Funktionen zu gegebenen Eigenschaften?
- Was sind Umkehrfunktionen?
- Welche Ableitungen haben die Wurzelfunktion, die Kehrwertfunktion, die Sinus- und die Kosinusfunktion?

1.1 Extremwertprobleme

Vorbereiten
Extremstellen
Seite 379

Aus einem quadratischen Stück Pappe mit einer Seitenlänge von 20 cm soll eine oben offene Schachtel hergestellt werden. Dazu werden an allen vier Ecken gleich große Quadrate aus der Pappe ausgespart und anschließend die vier Ränder nach oben gebogen.

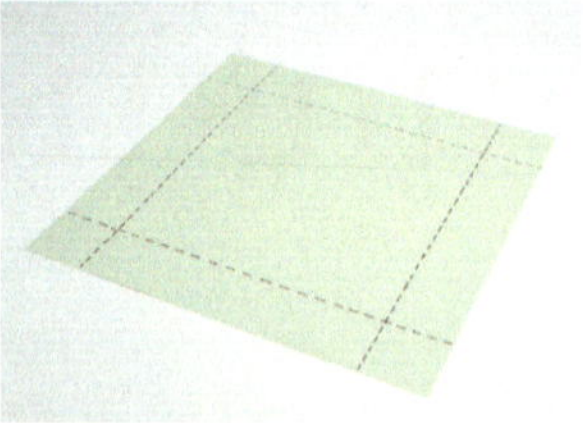

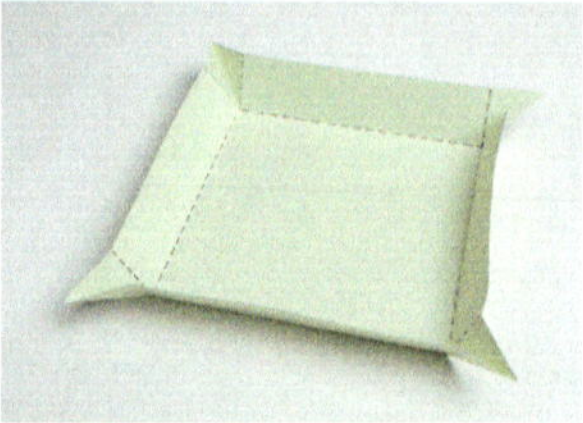

- Wann wird das Volumen einer solchen Schachtel maximal? Stellen Sie dazu verschiedene solcher Schachteln her und ermitteln Sie ihr Volumen.
- Zu jeder Höhe x in cm gibt V(x) das Volumen in cm^3 einer solchen Schachtel an. Wie lautet die Funktionsgleichung und ein sinnvoller Definitionsbereich für die Funktion V?
- Zeichnen und beschreiben Sie den Graphen von V. Bestimmen Sie dann das Maximum von V mithilfe der Ableitung und deuten Sie Ihr Ergebnis.

Lösung – Beispiele

Wählt man als Höhe der Schachtel z. B. 1 cm, so hat die quadratische Grundfläche eine Seitenlänge von 18 cm. Das Volumen der Schachtel beträgt dann $(18\,cm)^2 \cdot 1\,cm = 324\,cm^3$.
Für andere Höhen erhält man:

Höhe in cm	1	2	3	4	5	6
Volumen in cm^3	324	512	588	576	500	384

Bei einer Höhe zwischen 2 cm und 4 cm scheint das Volumen der Schachtel maximal zu sein.

Lösung – Funktionsgleichung und Definitionsbereich

Ist die Höhe der Schachtel x, so ergibt sich für die Seitenlänge a der quadratischen Grundfläche: $a = 20 - 2x$

Das Volumen V der Schachtel beträgt dann:

$$V(x) = (20 - 2x)^2 \cdot x$$
$$= 4x^3 - 80x^2 + 400x$$

Die Höhe der Schachtel ist positiv und muss kleiner als die Hälfte von 20 cm sein, also gilt $0 < x < 10$. Nimmt man die Randwerte 0 und 10 mit dazu, so erhält man den Defintionsbereich [0; 10].

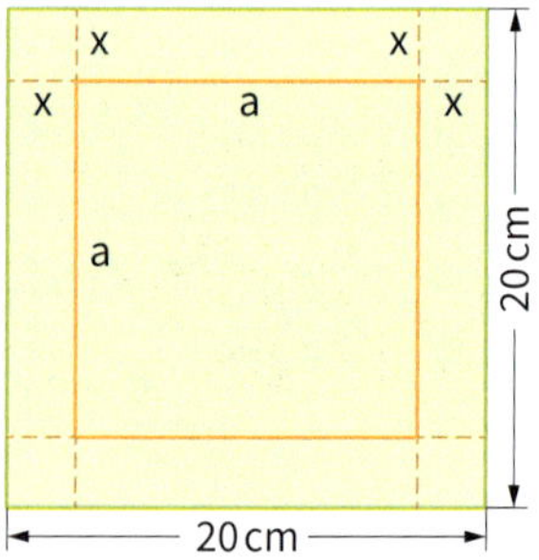

Lösung – Graph und Maximum

Der Graph von V hat im Intervall [0; 10] ungefähr an der Stelle 3,5 einen Hochpunkt. An dieser Stelle nimmt V das globale Maximum an.

Die Ableitung ist $V'(x) = 12x^2 - 160x + 400$.
Sie hat die zwei Nullstellen $\frac{10}{3}$ und 10.
An der Stelle 10 liegt ein Randminimum, an der Stelle $\frac{10}{3}$ liegt der Hochpunkt H. Die Koordinaten lauten gerundet: $H(3{,}33\,|\,592{,}59)$

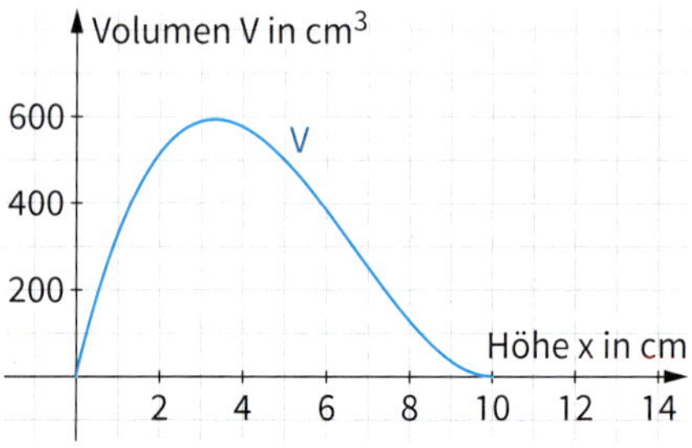

Die quadratische Grundfläche der Schachtel hat dann die Seitenlänge $\frac{40}{3} \approx 13{,}33\,cm$.

WES-109471-101

Extremwertprobleme lösen

Bei **Extremwertproblemen** wird ein Sachverhalt durch eine Funktion beschrieben, deren kleinster oder größter Funktionswert gesucht wird.

Vorgehen beim Lösen:

Aus einem quadratischen Stück Pappe mit Seitenlänge 20 cm soll eine oben offene Schachtel hergestellt werden. Die Maße der Schachtel sollen so gewählt werden, dass das Volumen maximal wird.

1) Größen mit **Variablen** bezeichnen; ggf. **Skizze** anfertigen und beschriften

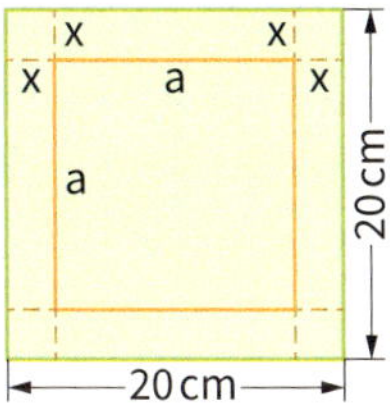

x: Höhe der Schachtel

a: Seitenlänge der Grundfläche der Schachtel

2) **Extremalbedingung** aufstellen

$V = a^2 \cdot x$ maximal

3) **Nebenbedingung** aufstellen
Zusammenhang zwischen Variablen herstellen und nach einer der Variablen auflösen

$a + 2x = 20$

Nach a auflösen: $a = 20 - 2x$

4) **Zielfunktion** aufstellen
Nebenbedingung in Extremalbedingung einsetzen

$V(x) = (20 - 2x)^2 \cdot x$
$= (400 - 80x + 4x^2) \cdot x$
$= 4x^3 - 80x^2 + 400x$

Sinnvollen **Definitionsbereich** der Zielfunktion ermitteln

$0 \leq x \leq 10$
Definitionsbereich: $[0; 10]$

Optional:
Graphen der Zielfunktion ansehen

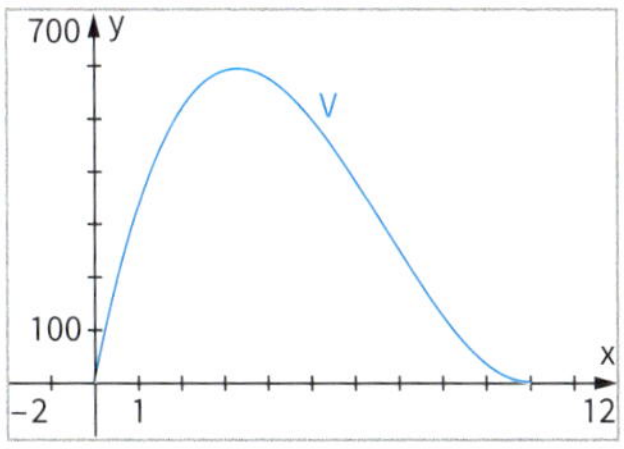

5) **Extremstellen** der Zielfunktion ermitteln
Rechnerisch über die Nullstellen der ersten Ableitung oder näherungsweise am Graphen der Zielfunktion

$V'(x) = 12x^2 - 160x + 400 = 0$
Aus $V'(x) = 0$ folgt: $x_1 = 10$; $x_2 = \frac{10}{3}$
$V''(x) = 24x - 160$
$V''(x_1) > 0$
$V''(x_2) < 0$; also Hochpunkt $H(3{,}33 \mid 592{,}59)$

Randwerte prüfen

$V(0) = 0$; $V(10) = 0$

Ergebnis am Sachverhalt prüfen

$x = \frac{10}{3}$ cm $\approx 3{,}33$ cm; $a = \frac{40}{3}$ cm $\approx 13{,}33$ cm
geometrisch möglich ✓

6) **Ergebnis im Sachzusammenhang** darstellen

Bei einer Höhe von ca. 3,33 cm und einer Grundseitenlänge von ca. 13,33 cm hat die Schachtel das größtmögliche Volumen. Es beträgt ca. 592,59 cm^3.

1 **Größtes Volumen bei einer Schachtel**

Aus einem rechteckigen Stück Pappe mit den Seitenlängen 30 cm und 21 cm soll eine Schachtel ohne Deckel hergestellt werden, indem man an jeder Ecke ein Quadrat ausschneidet und anschließend die vier verbliebenen Randstücke nach oben biegt.
Berechnen Sie, wie man die Höhe der Schachtel wählen muss, damit ihr Volumen möglichst groß wird.

2 **Flächengrößtes Rechteck**

Berechnen Sie die Maße eines Rechtecks, das bei einem Umfang von 60 Zentimetern den größtmöglichen Flächeninhalt hat.

3 **Maximale Weidefläche am Ufer**

Entlang eines geradlinigen Flussufers soll eine rechteckige Weide abgesteckt werden, sodass die Fläche der Weide maximal wird. Dazu steht eine Zaunlänge von 300 m zur Verfügung. Wie sind die Maße zu wählen?

4 **Maximales Volumen bei Quader aus Draht**

Aus 26 cm Draht soll das Kantenmodell eines Quaders mit quadratischer Seitenfläche hergestellt werden.
Wie lang sind die Kanten zu wählen, damit der Quader maximales Volumen hat?

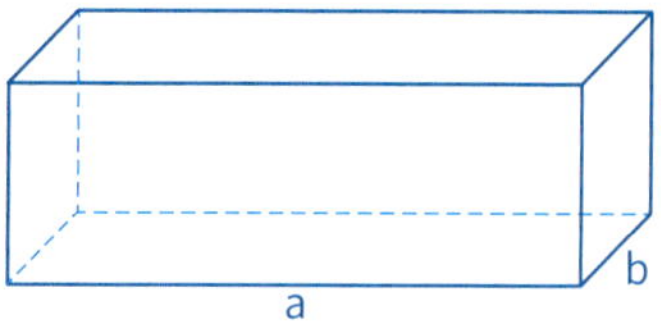

Prüfe dich!
Lösungen auf Seite 391

5 Eine quaderförmige Schachtel mit quadratischer Grundfläche soll bei einem Oberflächeninhalt von 486 cm² maximales Volumen haben.
Bestimmen Sie die Kantenlängen der quaderförmigen Schachtel.

---

6 **Sportstadion**

Eine 400-Meter-Laufbahn in einem Sportstadion besteht aus zwei Halbkreisen, die durch zwei parallele Strecken miteinander verbunden sind.

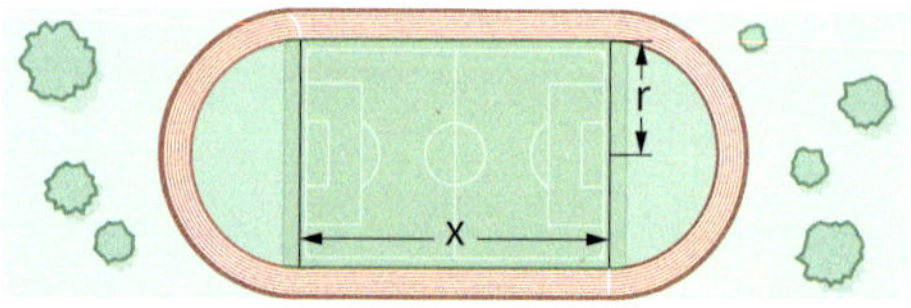

a) Wie müssen der Radius r der Halbkreise und die Länge x der parallelen Strecken gewählt werden, damit die mittlere Rechteckfläche maximalen Flächeninhalt hat?

b) Recherchieren Sie, ob Stadien in der Nähe Ihres Wohnortes diese Abmessungen haben.

7 **Randwerte beachten**

Von einer wertvollen Glas-Tischplatte mit den Abmessungen 64 cm mal 144 cm ist eine Ecke abgestoßen. Die Bruchkante kann als parabelförmig mit der Gleichung $y = -\frac{1}{16}x^2 + 64$ modelliert werden, wobei x und y in cm angegeben werden.
Aus dem Rest soll eine möglichst große rechteckige achsenparallele Platte herausgeschnitten werden.
Ermitteln Sie die Abmessungen dieser rechteckigen Platte.

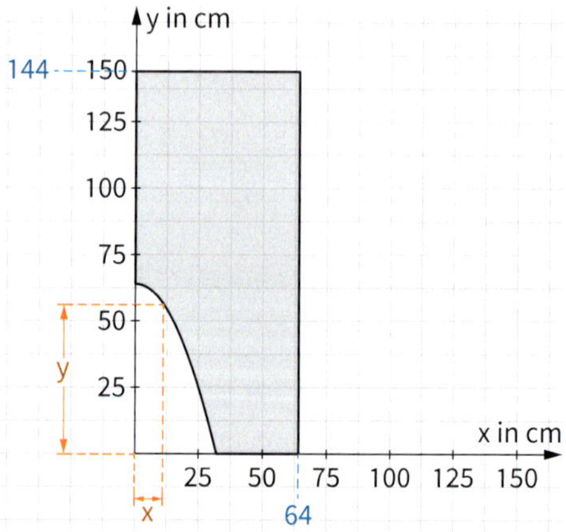

8 = **Rechteck unter Parabel**
Zwischen dem Graphen der Funktion f mit $f(x) = 12 - x^2$ und der x-Achse wird ein achsenparalleles Rechteck einbeschrieben. Berechnen Sie die Maße des Rechtecks, welches maximalen Flächeninhalt hat.

9 = **Dreieck unter Funktionsgraphen**
Gegeben ist die Funktion f mit $f(x) = \frac{1}{6}x^3 - \frac{3}{2}x$. Der Punkt P liegt im 2. Quadranten auf dem Graphen von f.
Die Gerade OP, die x-Achse sowie die Parallele zur y-Achse durch P begrenzen ein Dreieck OPQ.
Untersuchen Sie, ob es eine Lage des Punktes P gibt, für die der Flächeninhalt dieses Dreiecks einen extremalen Wert annimmt, und bestimmen Sie gegebenenfalls die Art des Extremums.

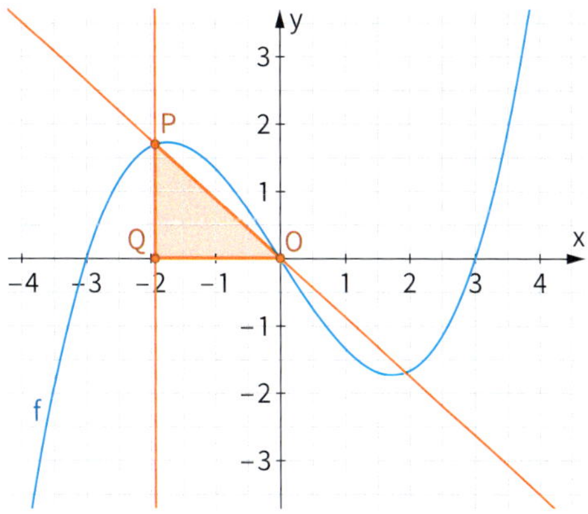

10 = **Rechteck unter Funktionsgraphen**
Gegeben ist die Funktion f mit $f(x) = \frac{1}{6}x^2 \cdot (6 - x)$. Der Punkt $P(u \mid f(u))$ mit $0 < u < 6$ liegt auf dem Graphen von f. Die Koordinatenachsen und die Parallelen zu den Achsen durch P bilden ein Rechteck.
Bestimmen Sie u so, dass der Flächeninhalt des Rechtecks maximal ist. Ist für diesen Wert von u der Umfang des Rechtecks ebenfalls maximal?

11 = **Kegel in Kegel**
Einem Kegel mit Radius $r = 30\,\text{cm}$ und Höhe $h = 60\,\text{cm}$ soll ein zweiter Kegel so einbeschrieben werden, dass die Spitze des zweiten Kegels im Mittelpunkt des Grundkreises des ersten Kegels liegt.
Wie sind Radius und Höhe des zweiten Kegels zu wählen, sodass sein Volumen maximal wird?

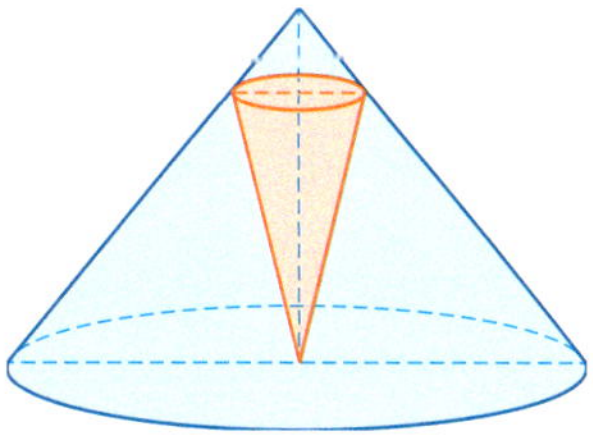

Tipp: Strahlensatz

12 = **Zylinder in Halbkugel**
Einer Halbkugel mit Radius $r = 30\,\text{cm}$ soll ein Zylinder mit maximalem Volumen so einbeschrieben werden, dass der Zylinder auf dem Boden der Grundfläche der Halbkugel steht. Wie sind Radius und Höhe des Zylinders zu wählen?

13 ≡ **Minimaler Abstand**
Welche Punkte auf der Normalparabel haben vom Punkt $P(0 \mid 1)$ den kleinsten Abstand?
Hinweis: Die Extremstellen der Zielfunktion lassen sich mithilfe einer einfacheren Funktion finden, deren Ableitung leichter zu berechnen ist.

14 ≡ **Minimale Kosten**
Eine Firma stellt bedruckte T-Shirts her. Die monatlichen Gesamtkosten in Abhängigkeit von der produzierten Stückzahl lassen sich näherungsweise durch die Funktion K mit $K(x) = 0{,}0073\,x^3 - 0{,}19\,x^2 + 1{,}1\,x + 9{,}8$ beschreiben. Dabei wird x in Tausend T-Shirts und K(x) in 10 000 € angegeben.
Berechnen Sie, für welche Produktionsmenge die durchschnittlichen Kosten pro hergestelltem T-Shirt minimal sind.
Wie hoch sind diese minimalen Kosten?

Modelle variieren

Getränke wie Milch oder Saft werden häufig in quaderförmigen Verpackungen angeboten. Das Verpackungsmaterial verursacht Kosten in der Herstellung, aber auch Gebühren an das Duale System Deutschland für die Entsorgung.
Es ist daher sinnvoll, Verpackungslösungen zu finden, die bei vorgegebenem Volumen einen möglichst geringen Materialbedarf aufweisen.

1 Milchtüten

Frischmilch wird in quaderförmigen Milchtüten mit quadratischer Grundfläche und einem Liter Inhalt verkauft. Es sollen die Abmessungen gefunden werden, für die möglichst wenig Material benötigt wird.

Abbildung 1

Abbildung 2

a) Betrachten Sie die Milchtüte als einfachen Quader, ohne Überlappungen und Falze zu berücksichtigen (Abbildung 1).
Bestimmen Sie näherungsweise am Graphen der Zielfunktion, bei welchen Abmessungen sich der minimale Materialbedarf ergibt, und vergleichen Sie diese mit der handelsüblichen Milchtüte.

b) Wenn man eine handelsübliche Milchtüte auseinanderfaltet, erkennt man, dass sie durch bloßes Falten aus einem rechteckigen Stück Verpackungsmaterial hergestellt wird (Abbildung 2).
Untersuchen Sie am Graphen der Zielfunktion, bei welchen Abmessungen sich der minimale Materialbedarf ergibt, wenn die Klebefalze sowie die Aussparung für die Öffnung nicht berücksichtigt werden.

c) Ermitteln Sie nun den minimalen Materialverbrauch für die Milchtüte, indem Sie auch die nötigen Klebefalze von 0,5 cm Breite berücksichtigen.
Berechnen Sie die Abmessungen der optimalen Milchtüte und vergleichen Sie mit einer realen Verpackung.

d) In der Realität wird eine solche Milchtüte nicht bis zum oberen Rand gefüllt, sondern es ist ein Luftraum z. B. von 1 cm Höhe oberhalb der Milch vorgesehen, damit die Tüte unproblematisch geöffnet werden kann.
Bestimmen Sie nun die optimale Milchtüte.

Modellieren

Gegenstände in der Umwelt sind keine mathematischen Objekte. Unter gewissen Vereinfachungen lassen sie sich aber als solche beschreiben (**modellieren**). Entsprechendes gilt für Kurven und Funktionsgraphen sowie vieles andere mehr.

Ein **mathematisches Modell** ist ein vereinfachtes Abbild eines realen Gegenstands oder Vorgangs, das die Wirklichkeit nur in Teilaspekten, aber nicht vollständig beschreibt. Es kann als anfänglicher Versuch gute Dienste leisten, um Ergebnisse zu erhalten. Diese müssen dann an der Realität überprüft werden.

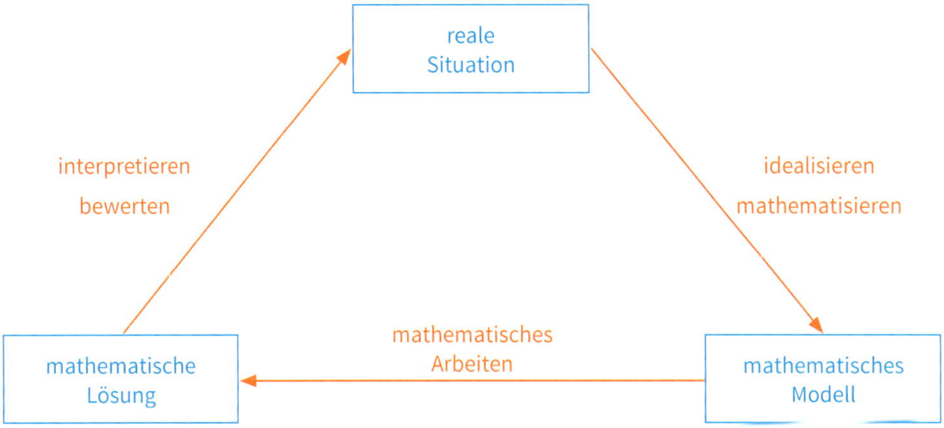

Bei zu groben Abweichungen kann man eine genauere Beschreibung der Realität vornehmen und so ein besseres Modell erhalten. Gegebenenfalls muss man diesen Prozess mehrfach durchführen, um ein für die Realität befriedigendes Ergebnis zu erhalten.

2 Konservendosen

Viele Konserven werden in genormten Dosen mit dem Volumen 314 ml verkauft.

a) Untersuchen Sie am Graphen der Zielfunktion, warum bei diesen Dosen ein Durchmesser von 7,3 cm und eine Höhe von 7,7 cm gewählt wurden. Benutzen Sie dabei ein möglichst einfaches Modell.

b) Verändern Sie das Modell, indem Sie nun die 3 mm breiten Falzränder zum Verbinden von Deckel und Boden mit dem Mantel berücksichtigen. Vergleichen Sie Ihr Modell mit der genormten Dosenform.

Schweißnaht des Dosenrumpfs

Versiegelungsnaht Dosenrumpf/Deckel

3 Streichholzschachtel

Eine Streichholzschachtel soll eine Länge von 5 cm und ein Volumen von 20 cm^3 besitzen.
Bei welcher Breite und Höhe ist der Materialverbrauch am kleinsten? Gehen Sie bei Ihrer Rechnung von der vereinfachenden Annahme aus, dass Länge, Breite und Höhe bei Hülle und Schachtel übereinstimmen.

a) Vernachlässigen Sie die Klebeflächen.

b) Berücksichtigen Sie auch mögliche Klebeflächen.

1.2 Lineare Gleichungssysteme

Vorbereiten
Seite 365

- Welches lineare Gleichungssystem ist einfacher zu lösen?
- Lösen Sie auch das andere lineare Gleichungssystem und begründen Sie, dass beide Gleichungssysteme (1) und (2) dieselbe Lösungsmenge haben.

Lösung – einfacher Fall

Das lineare Gleichungssystem (2) ist leichter zu lösen: Man kann $z = 3$ in die beiden oberen Gleichungen einsetzen und diese dadurch vereinfachen.

$$\left|\begin{array}{rrr} x + 3y + & z = & 2 \\ y + 2z = & & 5 \\ & z = & 3 \end{array}\right| \quad \text{einsetzen und vereinfachen} \qquad \left|\begin{array}{rrr} x + 3y & = & -1 \\ y & = & -1 \\ z & = & 3 \end{array}\right|$$

Nun kann man $y = -1$ in die obere Gleichung einsetzen und diese vereinfachen:

$$\left|\begin{array}{rrr} x + 3y & = & -1 \\ y & = & -1 \\ z & = & 3 \end{array}\right| \quad \text{einsetzen und vereinfachen} \qquad \left|\begin{array}{rrr} x & = & 2 \\ y & = & -1 \\ z & = & 3 \end{array}\right| \qquad L = \{(2\,|\,-1\,|\,3)\}$$

Lösung – systematische Umformungen

$$\left|\begin{array}{rrrr} x + & 3y + & z = & 2 \\ -2x - & 4y + & 2z = & 6 \\ 3x + & y + & z = & 8 \end{array}\right| \begin{array}{l} \cdot 2 \quad \cdot(-3) \\ \oplus \\ \oplus \end{array}$$

Das 2-fache der ersten wird zur zweiten Gleichung addiert; das (−3)-fache der ersten wird zur dritten Gleichung addiert. Dadurch verschwindet in der zweiten und dritten Gleichung die Variable x.

$$\left|\begin{array}{rrrr} x + & 3y + & z = & 2 \\ & 2y + & 4z = & 10 \\ & -8y - & 2z = & 2 \end{array}\right| \begin{array}{l} \\ \cdot 4 \\ \oplus \end{array}$$

Bei den neuen Gleichungen wird das 4-fache der zweiten zur dritten Gleichung addiert. Dadurch verschwindet in der dritten Gleichung die Variable y.

$$\left|\begin{array}{rrrr} x + & 3y + & z = & 2 \\ & 2y + & 4z = & 10 \\ & & 14z = & 42 \end{array}\right| \begin{array}{l} \\ :2 \\ :14 \end{array}$$

Das so entstandene Gleichungssystem hat eine sogenannte *Dreiecksgestalt*.

$$\left|\begin{array}{rrrr} x + & 3y + & z = & 2 \\ & y + & 2z = & 5 \\ & & z = & 3 \end{array}\right|$$

Dividiert man schließlich in der zweiten Gleichung beide Seiten durch 2 und in der dritten Gleichung beide Seiten durch 14, erhält man das lineare Gleichungssystem (2).

Das Gleichungssystem (1) wurde in das Gleichungssystem (2) überführt. Beide Gleichungssysteme haben somit dieselbe Lösungsmenge $L = \{(2\,|\,-1\,|\,3)\}$.

WES-109471-102

Carl Friedrich Gauß (1777 – 1855)

Gauß-Algorithmus

Jedes lineare Gleichungssystem kann man systematisch lösen, indem man es in eine **Dreiecksgestalt** umformt. In dieser Gestalt hat jede Gleichung mindestens eine Variable weniger als die vorhergehende Gleichung.

Zum Umformen wendet man das **Additionsverfahren** wiederholt an:

- Multiplikation beider Seiten einer Gleichung mit einer geeigneten Zahl ungleich 0;
- Addition einer Gleichung zu einer anderen, sodass eine Variable wegfällt;
- gegebenenfalls Vertauschen der Reihenfolge der Gleichungen.

Die nicht veränderten Gleichungen führt man weiter mit.

Gauß-Algorithmus anwenden

Lösen Sie das lineare Gleichungssystem mit dem Gauß-Algorithmus: $\left| \begin{array}{l} 2x+2y+3z=15 \\ -x+y+2z=1 \\ -x-3y-3z=-10 \end{array} \right|$

Lösung

① $\left| \begin{array}{rl} 2x+2y+3z= & 15 \\ -x+y+2z= & 1 \\ -x-3y-3z= & -10 \end{array} \right| \begin{array}{l} \\ \cdot 2 \\ \cdot 2 \end{array}$ (⊕)

② $\left| \begin{array}{rl} 2x+2y+3z= & 15 \\ 4y+7z= & 17 \\ -4y-3z= & -5 \end{array} \right|$ (⊕)

③ $\left| \begin{array}{rl} 2x+2y+3z= & 15 \\ 4y+7z= & 17 \\ 4z= & 12 \end{array} \right| \begin{array}{l} \\ \\ :4 \end{array}$

④ $\left| \begin{array}{rl} 2x+2y+3z= & 15 \\ 4y+7z= & 17 \\ z= & 3 \end{array} \right|$ einsetzen und vereinfachen

⑤ $\left| \begin{array}{rl} 2x+2y = & 6 \\ y = & -1 \\ z= & 3 \end{array} \right|$ einsetzen und vereinfachen

⑥ $\left| \begin{array}{rl} x = & 4 \\ y = & -1 \\ z= & 3 \end{array} \right|$

Das lineare Gleichungssystem hat die Lösungsmenge $L = \{(4 \mid -1 \mid 3)\}$.

1 Lineare Gleichungssysteme mit dem Gauß-Algorithmus lösen

Lösen Sie das lineare Gleichungssystem, ohne einen Rechner zu verwenden.

a) $\left| \begin{array}{l} x+y+z=6 \\ 2x-y+3z=9 \\ 2y+z=7 \end{array} \right|$

b) $\left| \begin{array}{l} 2x-y+z=4 \\ 10x-2y+z=13 \\ x+y=-1 \end{array} \right|$

c) $\left| \begin{array}{l} a+2b+2c=3 \\ a+b-c=-4 \\ 3a-3b+c=12 \end{array} \right|$

d) $\left| \begin{array}{l} x-2y+z=-8 \\ 2x+y-z=3 \\ -3x-2y+4z=-13 \end{array} \right|$

e) $\left| \begin{array}{l} 2x+4y-z=-4 \\ -2x+2y+3z=6 \\ 4x-y+2z=17 \end{array} \right|$

f) $\left| \begin{array}{l} 3x-y-4z=-1 \\ 2x+y+z=5 \\ -x+2y+2z=1 \end{array} \right|$

2 Lineares Gleichungssystem aufstellen und lösen

Im Lager einer Versandfirma sind 1890 Taschenbücher, 2400 Hörbücher und 1690 CDs.
Um das Lager zu räumen, bietet die Firma drei Sortimente aus Taschenbüchern, Hörbüchern und CDs an. Kann damit das Lager vollständig geräumt werden?

	Taschenbücher	Hörbücher	CDs
Sortiment 1	2	2	4
Sortiment 2	3	6	1
Sortiment 3	4	2	1

3

Lösen Sie das lineare Gleichungssystem mit dem Gauß-Algorithmus.

$\left| \begin{array}{l} 6x+2y+z=14 \\ 4x+3y+5z=-3 \\ -2x+y-2z=7 \end{array} \right|$

Prüfe dich!
Lösungen auf Seite 391

4

In einer Weinhandlung werden drei verschiedene Geschenksortimente angeboten.
Das erste kostet 34 € und enthält 1 Flasche Rotwein, 2 Flaschen Weißwein und 2 Flaschen Rosé, das zweite kostet 35 € und enthält 2 Flaschen Rotwein, 1 Flasche Weißwein und 2 Flaschen Rosé, das dritte kostet 50 € und enthält 3 Flaschen Rotwein, 2 Flaschen Weißwein und 2 Flaschen Rosé.
Stellen Sie ein lineares Gleichungssystem auf und ermitteln Sie die Preise für die Einzelflaschen.

Einstieg

Gleichungssysteme mit nicht genau einer Lösung

Antonia und Theo haben jeweils ein lineares Gleichungssystem in eine Dreiecksgestalt umgeformt.

Antonia:
$$\left|\begin{array}{rcrcrcr} -2x & + & 4y & + & 5z & = & 9 \\ 2x & - & 3y & - & z & = & 5 \\ 4x & - & 6y & - & 2z & = & 7 \end{array}\right|$$
$$\left|\begin{array}{rcrcrcr} -2x & + & 4y & + & 5z & = & 9 \\ & & y & + & 4z & = & 14 \\ & & & & 0 & = & 3 \end{array}\right|$$

Theo:
$$\left|\begin{array}{rcrcrcr} x & - & y & - & z & = & -1 \\ 2x & + & 2y & - & 10z & = & 2 \\ x & + & 3y & - & 9z & = & 3 \end{array}\right|$$
$$\left|\begin{array}{rcrcrcr} x & - & y & - & z & = & -1 \\ & & y & - & 2z & = & 1 \\ & & & & 0 & = & 0 \end{array}\right|$$

- Interpretieren Sie das Ergebnis von Antonia.
- Theo hat als Lösungsmenge $L = \{(3z \mid 2z+1 \mid z) \mid z \in \mathbb{R}\}$ notiert. Erläutern Sie, wie er zu diesem Ergebnis kommt.

WES-109471-103

Anzahl von Lösungen bei linearen Gleichungssystemen

Ein lineares Gleichungssystem kann folgende Anzahlen von Lösungen haben:

(1) genau eine

$$\left|\begin{array}{rcl} x & = & 1 \\ y & = & 2 \\ z & = & -3 \end{array}\right|$$

$L = \{(1 \mid 2 \mid -3)\}$

(2) keine

$$\left|\begin{array}{rcrcrcr} x & - & 2y & - & 2{,}5z & = & -4{,}5 \\ & & y & + & 4z & = & 14 \\ & & & & 0 & = & -3 \end{array}\right|$$

$L = \{\ \}$

(3) unendlich viele

$$\left|\begin{array}{rcrcrcr} x & & & - & 5z & = & 2 \\ & & y & - & 4z & = & 3 \\ & & & & 0 & = & 0 \end{array}\right|$$

$L = \{(5z+2 \mid 4z+3 \mid z) \mid z \in \mathbb{R}\}$

Gleichungssystem mit einem Rechner lösen

Keine Lösung

$$\text{solve}\left(\begin{cases} 6\cdot x+5\cdot y-z=1 \\ 2\cdot x-y+z=5 \\ 4\cdot x+6\cdot y-2\cdot z=3 \end{cases}, \{x,y,z\}\right)$$

false

$L = \{\ \}$

Unendliche viele Lösungen

$$\text{solve}\left(\begin{cases} x+y-5\cdot z=3 \\ x-y-z=5 \\ x+2\cdot y-z=9 \end{cases}, \{x,y,z\}\right)$$

$x=3\cdot \mathbf{c1}-1$ and $y=2\cdot(\mathbf{c1}+2)$ and $z=\mathbf{c1}$

$L = \{(3z-1 \mid 2z+4 \mid z) \mid z \in \mathbb{R}\}$

5 = **Lineare Gleichungssysteme lösen und Ergebnis prüfen**

Lösen Sie das Gleichungssystem ohne Verwendung eines Rechners. Prüfen Sie Ihr Ergebnis mit einem Rechner.

a) $\left|\begin{array}{l} x+y+z=2 \\ 2x-y+3z=1 \\ 3y-z=3 \end{array}\right|$
b) $\left|\begin{array}{l} x+y+z=3 \\ x-y+3z=3 \\ y-z=0 \end{array}\right|$
c) $\left|\begin{array}{l} x+y+z=1 \\ 2x-3y-z=0 \\ 5x+2z=2 \end{array}\right|$

d) $\left|\begin{array}{l} x-0{,}5y+1{,}5z=0{,}5 \\ 2x-y+3z=1 \\ 5x-2{,}5y+7{,}5z=2{,}5 \end{array}\right|$
e) $\left|\begin{array}{l} x-3y+4z=1 \\ 3x-y+2z=1 \\ x+5y-6z=1 \end{array}\right|$
f) $\left|\begin{array}{l} x+y-z=5 \\ 3x+2y+z=13 \\ 2x-3y+4z=0 \end{array}\right|$

Prüfe dich!
Lösungen auf Seite 392

6 = Lösen Sie das lineare Gleichungssystem.

a) $\left|\begin{array}{l} 2x-y+3z=-5 \\ 4x-y+5z=-6 \\ -2x+y-2z=4 \end{array}\right|$
b) $\left|\begin{array}{l} 2x-y+3z=-5 \\ 4x-y+5z=-6 \\ -2x-2z=9 \end{array}\right|$
c) $\left|\begin{array}{l} 2x-y+3z=-5 \\ 4x-y+5z=-6 \\ -2x-2z=1 \end{array}\right|$

7 = Unterschiedliche Anzahl von Gleichungen und Variablen

Bestimmen Sie die Lösungsmengen der Gleichungssysteme. Was fällt auf?

(1) $\left|\begin{array}{l} x + y = 3 \\ 2x - 3y = -4 \\ 4x - y = 2 \end{array}\right|$ (2) $\left|\begin{array}{l} x + y = 3 \\ 2x - 3y = -4 \\ 4x - y = 1 \end{array}\right|$ (3) $\left|\begin{array}{l} x + y - z = 2 \\ x + 2y - 3z = 1 \end{array}\right|$

8 = Fehler finden

Wo steckt der Fehler in dieser Rechnung?

$\left|\begin{array}{l} x + y = 9 \\ 2x + y = 7 \\ 3y = 12 \end{array}\right| :3$ $\left|\begin{array}{l} x + y = 9 \\ 2x + y = 7 \\ y = 4 \end{array}\right|$ einsetzen und vereinfachen $\left|\begin{array}{l} x + y = 9 \\ x = 1{,}5 \\ y = 4 \end{array}\right|$ $L = \{(1{,}5 \mid 4)\}$

9 = Gleichungssysteme aufstellen

Stellen Sie ein lineares Gleichungssystem mit drei Variablen x, y und z auf, das die angegebenen Bedingungen erfüllt. Tauschen Sie ihre Gleichungssysteme untereinander aus und lösen Sie sie. Überprüfen Sie die Richtigkeit Ihrer Rechnungen mit einem Rechner.

a) Das Gleichungssystem hat drei Gleichungen und die eindeutig bestimmte Lösung $x = 1$, $y = 2$ und $z = 3$.
b) Das Gleichungssystem hat drei Gleichungen und keine Lösung.
c) Das Gleichungssystem hat drei Gleichungen und $L = \{(2 + z \mid 3z - 1 \mid z) \mid z \in \mathbb{R}\}$ ist die Lösungsmenge des Systems.
d) Das Gleichungssystem hat drei Gleichungen und $L = \{(2y - z + 2 \mid y \mid z) \mid y, z \in \mathbb{R}\}$ ist die Lösungsmenge des Systems.

10 = Gleichungssystem mit Parameter

Untersuchen Sie, wie sich der Parameter t auf die Lösungsmenge des Systems auswirkt.

a) $\left|\begin{array}{l} 2x - 3y - z = -4 \\ x - 2y - z = -3 \\ -3x + 9y + t \cdot z = 16 \end{array}\right|$

b) $\left|\begin{array}{l} 2x + 6y - z = 4 \\ -x + 2y + z = 2 \\ -2x + 4y + t \cdot z = 4 \end{array}\right|$

Auswirkung eines Parameters

$\left|\begin{array}{l} x + y + 2z = 3 \\ y - z = -5 \\ (t-2) \cdot y = 0 \end{array}\right|$

$t = 2$: y beliebig wählbar; $L = \{(-7 - 3y \mid y \mid y + 5) \mid y \in \mathbb{R}\}$

$t \neq 2$: $y = 0$; $L = \{(-7 \mid 0 \mid 5)\}$

Vereinfachte Schreibweise

Man kann lineare Gleichungssysteme einfacher notieren, indem man die Variablen weglässt und nur die Koeffizienten und die Zahlen auf der rechten Seite notiert. Ein solches Zahlenschema wird als **erweiterte Koeffizientenmatrix** bezeichnet. Dabei lassen sich die gleichen Umformungen durchführen wie bei der ausführlichen Schreibweise.

$\left|\begin{array}{l} 2x + 2y + 3z = 15 \\ -x + y + 2z = 1 \\ -x - 3y - 3z = -10 \end{array}\right|$ $\left(\begin{array}{rrr|r} 2 & 2 & 3 & 15 \\ -1 & 1 & 2 & 1 \\ -1 & -3 & -3 & -10 \end{array}\right) \begin{array}{l} \\ \cdot 2 \\ \cdot 2 \end{array}$ $\oplus$ $\left(\begin{array}{rrr|r} 2 & 2 & 3 & 15 \\ \mathbf{0} & 4 & 7 & 17 \\ \mathbf{0} & -4 & -3 & -5 \end{array}\right)$ $\oplus$ $\left(\begin{array}{rrr|r} 2 & 2 & 3 & 15 \\ \mathbf{0} & 4 & 7 & 17 \\ 0 & \mathbf{0} & 4 & 12 \end{array}\right) :4$

Durch Einsetzen erhält man dann nacheinander $z = 3$, $y = -1$ und $x = 4$.

11 = Lösen mit vereinfachter Schreibweise

Schreiben Sie das lineare Gleichungssystem in vereinfachter Schreibweise und lösen Sie es, ohne einen Rechner zu verwenden.

a) $\left|\begin{array}{l} x + y - 2z = 1 \\ 3x - y + 2z = 35 \\ -x - 2y + z = -2 \end{array}\right|$ b) $\left|\begin{array}{l} 2x + 4z = 10 \\ -x + 5y + z = 7 \\ 4x - 10y + 3z = -1 \end{array}\right|$ c) $\left|\begin{array}{l} x - 2y + z = 3 \\ 3x + y - 2z = 8 \\ 4x - 3y = 10 \end{array}\right|$

1.3 Funktionsterme bestimmen

Für eine Computersimulation soll das Höhenprofil einer Mountainbike-Strecke modelliert werden. Dazu soll eine ganzrationale Funktion f möglichst niedrigen Grades verwendet werden.

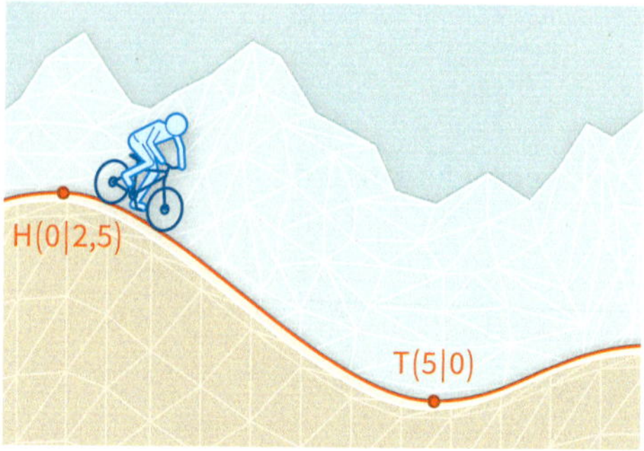

- Auf dem ausgewählten Stück hat der Graph von f einen Hochpunkt H (0 | 2,5) und einen Tiefpunkt T (5 | 0). Wie könnte man daraus die Funktionsgleichung von f bestimmen?

Lösung

Durch die genannten Punkte lassen sich vier Bedingungen für die Funktion f formulieren:

② und ④: notwendige Bedingung für Extrempunkte

① Der Graph verläuft durch den Punkt (0 | 2,5), also gilt $f(0) = 2{,}5$
② Die Ableitung an der Stelle 0 ist 0, also gilt $f'(0) = 0$
③ Der Graph verläuft durch den Punkt (5 | 0), also gilt $f(5) = 0$
④ Die Ableitung an der Stelle 5 ist 0, also gilt $f'(5) = 0$

Weil es vier Bedingungen an die Funktion f gibt, wählt man als Ansatz eine ganzrationale Funktion dritten Grades, deren allgemeine Gleichung $f(x) = a x^3 + b x^2 + c x + d$ die vier Parameter a, b, c und d enthält.
Zwei der vier Bedingungen beziehen sich auf die Ableitung f', deshalb bestimmt man diese aus der allgemeinen Gleichung: $f'(x) = 3 a x^2 + 2 b x + c$

Aus den vier Bedingungen kann man ein lineares Gleichungssystem für die vier Parameter der Funktion f aufstellen. Man setzt die konkreten x-Werte und die zugehörigen Funktionswerte in die jeweilige Funktionsgleichung ein.

Ohne Rechner:

① $f(0) = 2{,}5$ $\quad 0a + 0b + 0c + d = 2{,}5$
② $f'(0) = 0$ $\quad 0a + 0b + c = 0$
③ $f(5) = 0$ $\quad 125a + 25b + 5c + d = 0$
④ $f'(5) = 0$ $\quad 75a + 10b + c = 0$

$$\begin{aligned} d &= 2{,}5 \\ c &= 0 \\ 125a + 25b &= -2{,}5 \\ 75a + 10b &= 0 \end{aligned}$$

Mit Rechner:

$f(x) := a \cdot x^3 + b \cdot x^2 + c \cdot x + d$ *Fertig*

$f1(x) := \frac{d}{dx}(f(x))$ *Fertig*

$\text{solve}\left(\begin{cases} f(0)=2.5 \\ f1(0)=0 \\ f(5)=0 \\ f1(5)=0 \end{cases}, \{a,b,c,d\}\right)$

$a=0.04$ and $b=-0.3$ and $c=0.$ and $d=2.5$

Dieses Gleichungssystem hat die Lösung $a = 0{,}04$; $b = -0{,}3$; $c = 0$ und $d = 2{,}5$.

Die gesuchte Funktionsgleichung lautet daher:

$f(x) = 0{,}04 x^3 - 0{,}3 x^2 + 2{,}5$

Die Probe am Graphen zeigt, dass die Funktion zu den Bedingungen passt.

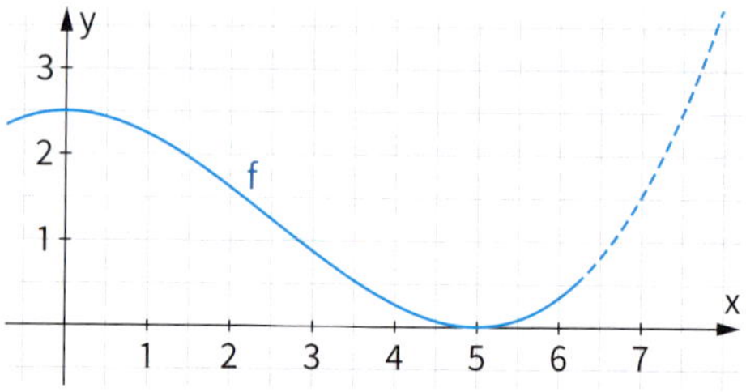

WES-109471-104

Ganzrationale Funktionen mit vorgegebenen Eigenschaften bestimmen

Für eine Rutsche wird zwischen den Punkten B und C ein gebogenes Blechteil angeschlossen. Das seitliche Profil des Blechteils soll durch eine ganzrationale Funktion f modelliert werden. Der Anschluss am Punkt B bzw. C soll dabei *knickfrei* sein, d. h., die Funktion f hat in B bzw. C die gleiche Steigung wie das geradlinige Blechteil zwischen A und B bzw. C und D.

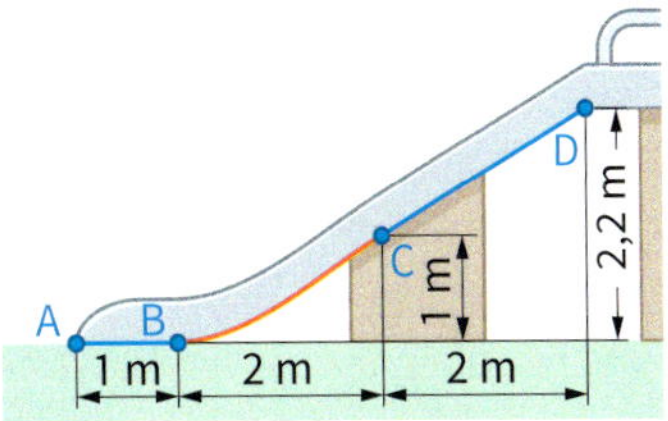

Vorgehensweise:

0) Bei Sachsituationen: **Informationen** erfassen, ggf. **Skizze** anfertigen

- Koordinatensystem festlegen:
  z. B. Punkt B als Koordinatenursprung wählen
- Koordinaten der Punkte angeben:
  $A(-1\,|\,0)$; $B(0\,|\,0)$; $C(2\,|\,1)$; $D(4\,|\,2{,}2)$
- Steigungen für die Bedingung *knickfrei* berechnen:
  im Punkt B: 0 im Punkt C: $\frac{2{,}2-1}{2} = 0{,}6$

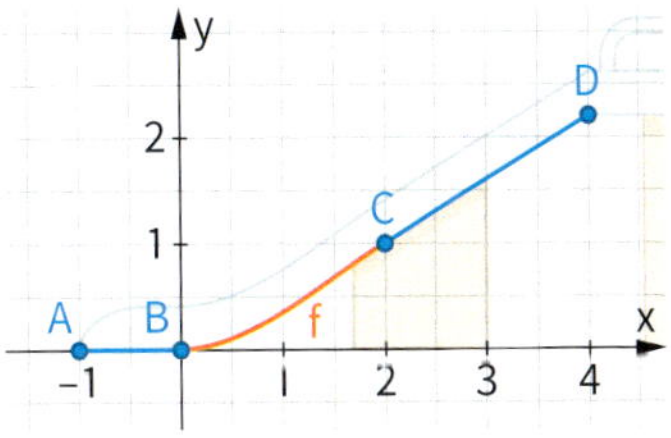

1) **Bedingungen** formulieren

① Punkt $B(0\,|\,0)$:	$f(0) = 0$	② Punkt $C(2\,|\,1)$:	$f(2) = 1$
③ Steigung 0 in B:	$f'(0) = 0$	④ Steigung 0,6 in C:	$f'(2) = 0{,}6$

2) **Allgemeine Funktionsgleichung** und **benötigte Ableitungen** einer ganzrationalen Funktion möglichst niedrigen Grades angeben

Es gibt vier Bedingungen, also wird eine Funktion dritten Grades verwendet.

Ansatz: $f(x) = a x^3 + b x^2 + c x + d$

Ableitung: $f'(x) = 3 a x^2 + 2 b x + c$

Grad um 1 weniger als Anzahl der Bedingungen wählen

3) **Lineares Gleichungssystem** aufstellen: *Bedingungen einsetzen*

① $f(0) = 0$	$a \cdot 0^3 + b \cdot 0^2 + c \cdot 0 + d = 0$	$d = 0$
② $f(2) = 1$	$a \cdot 2^3 + b \cdot 2^2 + c \cdot 2 + d = 1$	$8a + 4b + 2c + d = 1$
③ $f'(0) = 0$	$3a \cdot 0^2 + 2b \cdot 0 + c = 0$	$c = 0$
④ $f'(2) = 0{,}6$	$3a \cdot 2^2 + 2b \cdot 2 + c = 0{,}6$	$12a + 4b + c = 0{,}6$

4) **Koeffizienten** bestimmen und Funktionsgleichung angeben

Lösung des Gleichungssystems: $a = -0{,}1$; $b = 0{,}45$; $c = 0$; $d = 0$

Funktionsgleichung: $f(x) = -0{,}1\,x^3 + 0{,}45\,x^2$

5) Ergebnis am Graphen **prüfen**, ggf. Rückbezug auf die Sachsituation

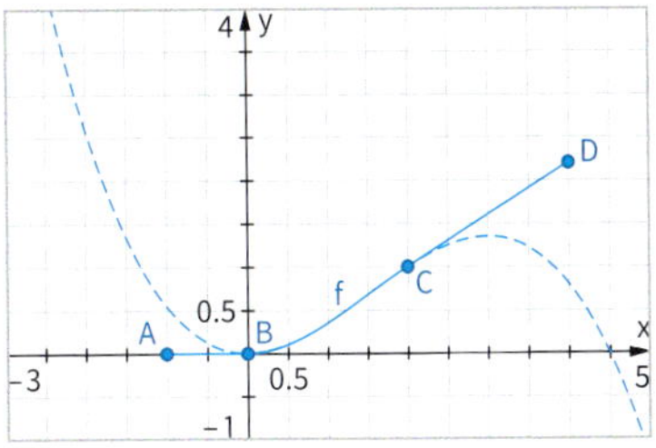

① $f(0) = 0$: B liegt auf dem Graphen ✓

② $f(2) = 1$: C liegt auf dem Graphen ✓

③ $f'(0) = 0$: Gleiche Steigung wie $\overline{AB}$ ✓

④ $f'(2) = 0{,}6$: Gleiche Steigung wie $\overline{CD}$ ✓

Also erfüllt die Funktion f mit $f(x) = -0{,}1\,x^3 + 0{,}45\,x^2$ alle Bedingungen.

1 Funktion dritten Grades bestimmen

Bestimmen Sie die Gleichung einer ganzrationalen Funktion dritten Grades, deren Graph den Tiefpunkt T und den Hochpunkt H hat. Überprüfen Sie Ihr Ergebnis anhand einer Skizze.

a) $T(4|-32)$ und $H(0|0)$

b) $T(1|0)$ und $H(3|4)$

2 Schiene einer Spielzeugeisenbahn modellieren

Für eine Spielzeug-Eisenbahnbrücke müssen gebogene Schienen produziert werden. Für die maschinelle Herstellung soll die Form dieser Schienen durch den Graphen einer ganzrationalen Funktion dritten Grades beschrieben werden.

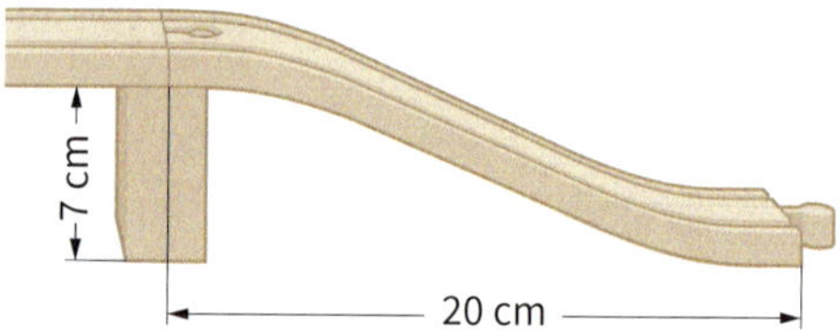

Ermitteln Sie den Funktionsterm einer Funktion, die den unteren Rand der gebogenen Schiene modelliert.

3 Bedingungen angeben

Geben Sie alle Bedingungen an, die sich aus den gegebenen Eigenschaften an den Graphen der Funktion f ergeben.

a) Der Graph von f hat an der Stelle $x = 5$ eine Nullstelle und an der Stelle $x = 1$ einen Wendepunkt. Der Punkt $T(-2|-1)$ ist Tiefpunkt von f.

b) Der Graph von f besitzt einen Sattelpunkt an der Stelle $x = 4$ und hat an der Stelle $x = 1$ eine gemeinsame Tangente mit dem Graphen der Funktion g mit $g(x) = 2x^2 + 3$.

c) Der Graph von f schneidet die Gerade $y = 4x + 7$ auf der y-Achse und hat an der Stelle $x = 5$ eine Wendetangente mit der Steigung -2.

d) Der Graph von f schneidet die Parabel g mit $g(x) = x^2 - 3x + 1$ orthogonal im Punkt $A(4|5)$. Die Tangente im Punkt $B(-1|5)$ verläuft parallel zur Geraden $y = 4x - 8$.

4 „Steckbriefaufgabe" lösen

Ermitteln Sie den Funktionsterm der gesuchten Funktion.

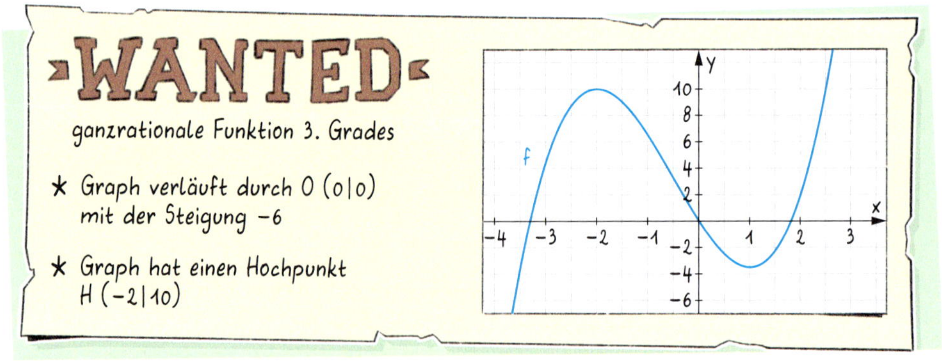

5 „Steckbriefaufgaben" erstellen

Erstellen Sie ähnliche „Steckbriefaufgaben" wie in Aufgabe 4.
Tauschen Sie die Aufgaben untereinander aus und vergleichen Sie. Überprüfen Sie, ob es eine Lösung gibt.

Prüfe dich!
Lösungen auf Seite 392

6 a) Gegeben ist eine Funktion f mit $f(x) = ax^2 + bx$.
Bestimmen Sie a und b so, dass der Graph von f im Punkt $P(1|2)$ einen Hochpunkt hat.

b) Bestimmen Sie eine ganzrationale Funktion zweiten Grades, die eine Nullstelle an der Stelle -2 und in $H(1|6)$ einen Hochpunkt hat.

7 = **Rutsche modellieren**

Eine Rutsche an der Kopenhagener Hafenpromenade *Kalvebod Bølge* ist aus drei Teilstücken montiert: zunächst ein gebogenes Stück, dann ein geradliniges Stück und dann wieder ein gebogenes Stück. Das erste Stück schließt knickfrei im Punkt A an den waagerechten Zugang und im Punkt B an das zweite Teilstück an. Das geradlinige zweite Teilstück fällt auf einer Länge von 4,50 m um 2,50 m ab.

knickfrei: gleiche Funktionswerte und gleiche Steigung

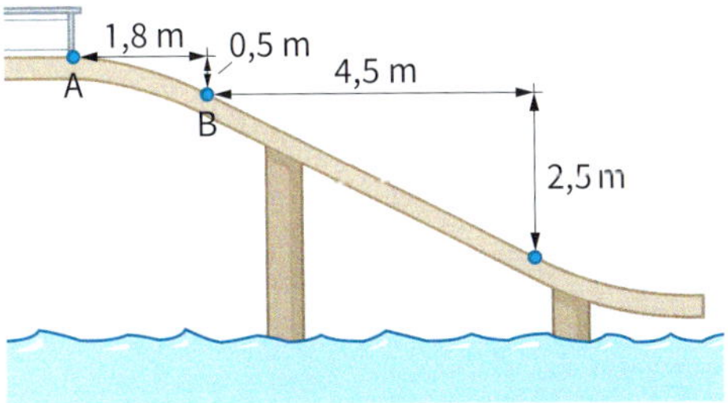

Bestimmen Sie eine ganzrationale Funktion möglichst niedrigen Grades, deren Graph die vordere obere Kante des ersten Teilstücks modelliert.

8 = **Flugbahn einer Kugel**

Bei der Leichtathletik-WM 2023 in Budapest gewann Chase Ealey (USA) im Kugelstoßen der Damen mit einer Weite von 20,43 m.

a) Bestimmen Sie eine quadratische Funktion für die Flugbahn der Kugel, wenn bekannt ist, dass die Abstoßhöhe 1,97 m und der Abstoßwinkel 38° betrugen.

b) Berechnen Sie die maximale Höhe der Flugbahn und ermitteln Sie, in welchem Winkel die Kugel auf dem Boden auftraf.

9 – **Symmetrische Graphen**

Ermitteln Sie die Funktionsgleichung.

a) Der Graph einer ganzrationalen Funktion dritten Grades verläuft punktsymmetrisch zum Koordinatenursprung und hat in T(3|−54) einen Tiefpunkt.

b) Der Graph einer ganzrationalen Funktion vierten Grades verläuft achsensymmetrisch zur y-Achse, schneidet diese bei y = 16 und berührt die x-Achse an der Stelle 2.

Ansatz bei Symmetrien

Eine ganzrationale Funktion f hat die Form $f(x) = a_0 + a_1 x + a_2 x^2 + \dots$

- Ansatz, falls der Graph von f achsensymmetrisch zur y-Achse ist: $f(x) = a_0 + a_2 x^2 + a_4 x^4 + \dots$
- Ansatz, falls der Graph von f punktsymmetrisch zum Ursprung ist: $f(x) = a_1 x + a_3 x^3 + \dots$

10 – **Symmetrie berücksichtigen**

Bestimmen Sie eine ganzrationale Funktion dritten Grades, deren Graph punktsymmetrisch zum Koordinatenursprung ist, durch den Punkt P(3|−3) verläuft und dort eine Tangente mit der Steigung 5 hat.

11 – **Profillinie eines Fensterrahmens**

Die eingezeichnete Profillinie des Fensterrahmens soll durch den Graphen einer ganzrationalen Funktion vierten Grades beschrieben werden.

Legen Sie hierzu ein geeignetes Koordinatensystem fest und nutzen Sie die Achsensymmetrie des Fensters aus.

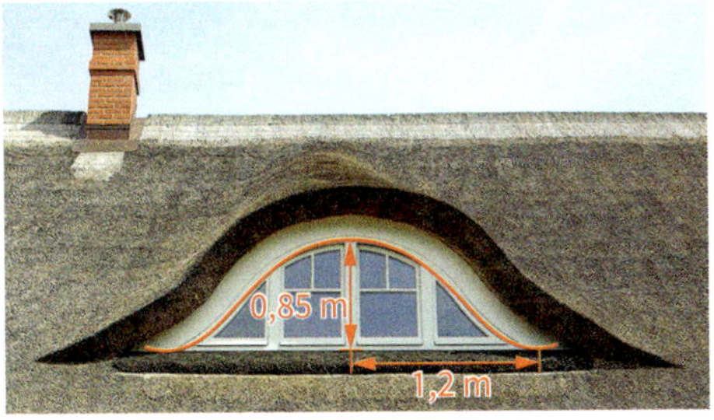

Wendepunkt gegeben

Der Graph einer ganzrationalen Funktion f dritten Grades verläuft durch P(0|4) und hat in W(2|5) einen Wendepunkt. Die Wendetangente hat die Steigung −1,5.

Bedingungen

$f(0) = 4$
$f(2) = 5$
$f''(2) = 0$
$f'(2) = -1{,}5$

Ansatz und Ableitungen

$f(x) = ax^3 + bx^2 + cx + d$
$f'(x) = 3ax^2 + 2bx + c$
$f''(x) = 6ax + 2b$

Gleichungssystem

$$\left|\begin{array}{rcl} & & d = 4 \\ 8a + 4b + 2c + d & = & 5 \\ 12a + 2b & = & 0 \\ 12a + 4b + c & = & -1{,}5 \end{array}\right|$$

Gleichungssystem lösen

$a = 0{,}5;\ b = -3;\ c = 4{,}5;\ d = 4$

Damit erhält man:

$f(x) = 0{,}5x^3 - 3x^2 + 4{,}5x + 4$

Probe am Graphen

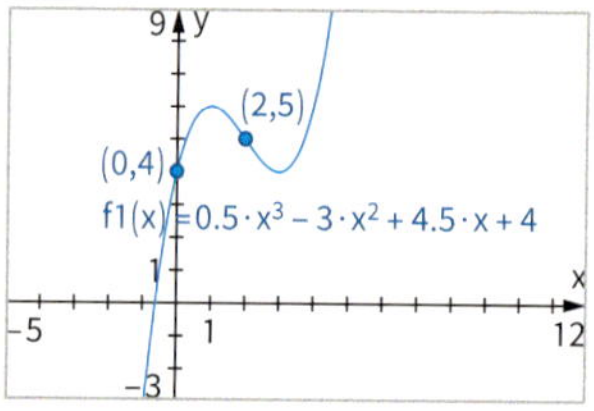

In W(2|5) liegt tatsächlich ein Wendepunkt vor.

Hinweis: Wenn in der Aufgabenstellung Extrem- oder Wendepunkte gefordert sind, verwendet man beim Aufstellen des linearen Gleichungssystems nur die notwendigen, aber keine hinreichenden Bedingungen. Daher ist es erforderlich, das Ergebnis am Graphen oder in einer Rechnung zu überprüfen.

Ist $f'(x_0) = 0$, so ist x_0 nicht zwingend eine Extremstelle.

12 Wendepunkt berücksichtigen

Bestimmen Sie eine ganzrationale Funktion dritten Grades, deren Graph die angegebenen Eigenschaften hat. Skizzieren Sie zunächst einen möglichen Verlauf des Graphen per Hand.

a) Der Koordinatenursprung ist Wendepunkt, der Punkt H(3|2) ist Hochpunkt.
b) Der Graph verläuft durch den Koordinatenursprung und hat in S(2|1) einen Sattelpunkt.

13 Funktion vierten Grades bestimmen

Bestimmen Sie eine ganzrationale Funktion vierten Grades, deren Graph die angegebenen Eigenschaften hat. Kontrollieren Sie Ihr Ergebnis, indem Sie den Graphen mit einem Rechner zeichnen.

a) Der Koordinatenursprung ist Extrempunkt, W(−1|−3) ist Wendepunkt mit der Steigung 5.
b) Der Graph hat an der Stelle $x = 1$ eine Nullstelle mit der Steigung 8, an der Stelle $x = -1$ einen Sattelpunkt und einen Extrempunkt auf der y-Achse.
c) Der Graph ist achsensymmetrisch zur y-Achse. Im Wendepunkt W(1|3) beträgt die Steigung −2.

14 Lösung überprüfen

Gesucht ist eine ganzrationale Funktion dritten Grades, deren Graph einen Tiefpunkt in T(2|8) und einen Wendepunkt an der Stelle $x = 4$ mit der Steigung −3 hat.

Carla hat als Lösung: $f(x) = \frac{1}{4}x^3 - 3x^2 + 9x$

André zeichnet den Graphen mit einem Rechner und sagt: *„Das passt aber nicht zu den Bedingungen."*

Überprüfen Sie Carlas Lösung und nehmen Sie Stellung.

Prüfe dich!
Lösungen auf Seite 392

15 Bestimmen Sie den Term der ganzrationalen Funktion f.

a) Die Funktion hat den Grad 3. Der Graph verläuft durch den Ursprung und den Punkt P(5|0), hat an der Stelle $x = 1$ die Steigung 4 und eine Wendestelle an der Stelle $x = \frac{10}{3}$.

b) Die Funktion hat den Grad 3. Der Graph ist punktsymmetrisch zum Koordinatenursprung, verläuft durch den Punkt P(−2|−3) und hat eine Nullstelle an der Stelle $x = 1$.

c) Die Funktion hat den Grad 4. Der Graph hat im Punkt T(0|0) einen Tiefpunkt und an der Stelle $x = 2$ einen Sattelpunkt und verläuft durch den Punkt P(1|11).

16 Das Bild zeigt einen Entwurf einer Rutsche für Spielplätze. Das seitliche Profil der Rutsche soll mit einer ganzrationalen Funktion dritten Grades modelliert werden und durch deren Extrempunkte begrenzt sein.

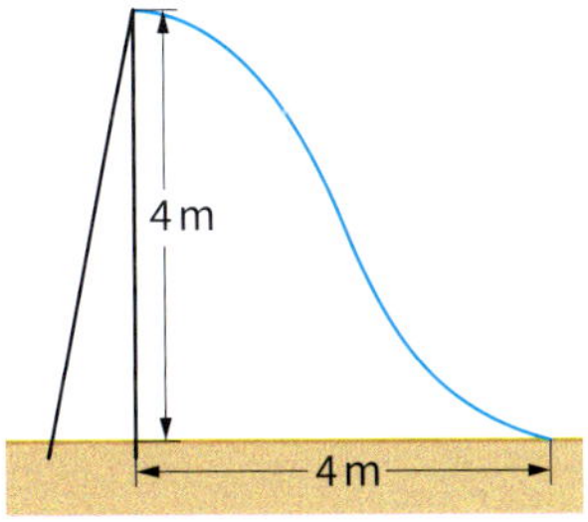

a) Bestimmen Sie einen geeigneten Funktionsterm.

b) Diese Rutsche wäre für Kinder zu steil. Deshalb soll eine neue Rutsche entworfen werden, deren horizontale Länge weiterhin 4 m beträgt und deren Höhe niedriger ist. Bestimmen Sie die neue Funktion so, dass deren Steigung an der steilsten Stelle genau 45° ist. Geben Sie die Höhe der neuen Rutsche an.

17 **Widersprüchliche Bedingungen**

Begründen Sie, dass es keine ganzrationale Funktion dritten Grades mit folgenden Eigenschaften gibt: Der Graph hat an der Stelle $x = 2$ die Tangente mit der Gleichung $y = -3x + 8$ und einen Hochpunkt in H(3|0).

18 **Lösbarkeit prüfen**

Von einer ganzrationalen Funktion f vierten Grades sind folgende Bedingungen bekannt:

(1) $f(2) = 4$	(2) $f'(2) = 0$	(3) $f(0) = 0$	(4) $f''(0) = 0$	(5) $f'(0) = 1$

David und Anna haben jeweils eine Aufgabe dazu formuliert.

David:
T(2|4) ist Tiefpunkt des Graphen von f, W(0|0) ist Wendepunkt mit der Steigung 1.

Anna:
Der Graph von f hat einen Wendepunkt im Ursprung. Die Wendetangente hat die Gleichung $y = x$. Im Punkt P(2|4) hat der Graph eine waagerechte Tangente.

Entscheiden Sie, ob die von David und von Anna formulierten Aufgaben zu den gegebenen Bedingungen passen. Überprüfen Sie anschließend, ob die Aufgaben lösbar sind.

19 **Funktion möglichst niedrigen Grades bestimmen**

Bestimmen Sie eine ganzrationale Funktion möglichst niedrigen Grades, sodass gilt:

a) T(0|0) ist Tiefpunkt und W(1|11) ist Wendepunkt des Graphen.

b) S(0|3) ist Sattelpunkt des Graphen und im Punkt P(3|0) liegt eine waagerechte Tangente.

20 **Aufgabe formulieren**

Formulieren Sie mithilfe der Bedingungen eine Aufgabe zur Bestimmung einer ganzrationalen Funktion f. Überlegen Sie, welchen Grad die Funktion mindestens haben muss. Erläutern Sie die Bedeutung der Bedingung (5).

a)	(1) $f(1) = 2$	(2) $f'(1) = 0$	(3) $f''(-2) = 0$	(4) $f'(-2) = 1$	(5) $f''(1) \neq 0$
b)	(1) $f(2) = 0$	(2) $f(4) = 2$	(3) $f'(4) = 0$	(4) $f''(4) = 0$	(5) $f'''(4) \neq 0$

Trassierungsaufgaben

Gegeben: Graphen zweier Funktionen f und g

Gesucht: Graph einer **Trassenfunktion** t, der die Graphen von f und g an den beiden Anschlussstellen x_0 und x_1 verbindet

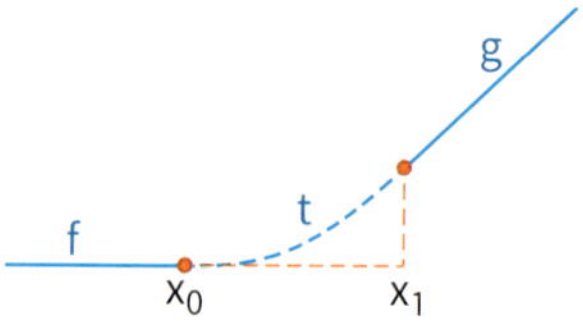

Die Verbindung heißt

- **sprungfrei**, falls $f(x_0) = t(x_0)$ und $t(x_1) = g(x_1)$ gilt
- **knickfrei**, falls zusätzlich $f'(x_0) = t'(x_0)$ und $t'(x_1) = g'(x_1)$ gilt
- **krümmungsruckfrei**, falls zusätzlich $f''(x_0) = t''(x_0)$ und $t''(x_1) = g''(x_1)$ gilt

21 = **Übergangbogen**

Die gradlinigen Gleisstücke f und g sollen durch einen Übergangsbogen t krümmungsruckfrei miteinander verbunden werden.
Bestimmen Sie einen geeigneten Funktionsterm für den Übergangsbogen zwischen den beiden Gleisstücken.

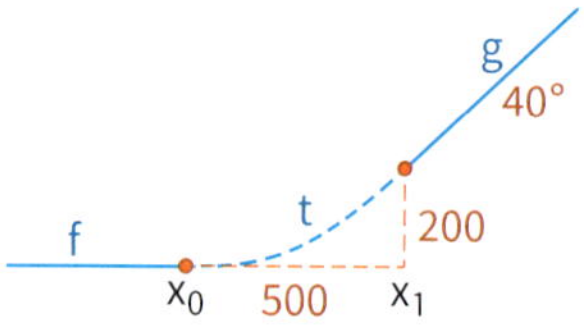

22 = **Transkontinentale Eisenbahnlinie**

Der Bau der ersten transkontinentalen Eisenbahnlinie zwischen Atlantik und Pazifik in Nordamerika begann 1863. Da der Staat für jedes Streckenstück Zuschüsse gewährte und Land schenkte, verlegten die beiden Baugesellschaften *Central Pacific Railroad* und *Union Pacific Railroad* so schnell wie möglich so viele Streckengleise wie möglich.

So kam es dazu, dass die Gesellschaften nahezu parallele Gleise bauten, die einen von Ost nach West und die anderen von West nach Ost. Man einigte sich schließlich darauf, die beiden Strecken in den Hügeln am Großen Salzsee in Utah zu verbinden. Am 10. Mai 1869 wurde die Verbindung mit einem symbolischen goldenen Gleisnagel gefeiert.

In einem Koordinatensystem mit der Einheit Meile lässt sich der Verlauf der beiden Gleise f und g wie in der Grafik darstellen.
Bestimmen Sie eine ganzrationale Funktion t, die diesen Übergang krümmungsruckfrei beschreibt.

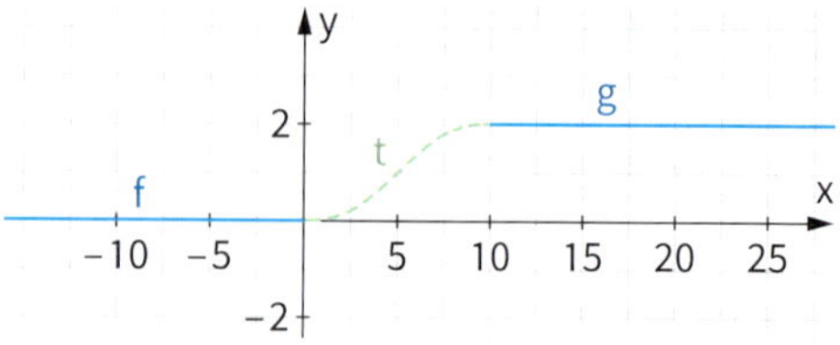

23 = **Stichstraßen**

In einer Siedlung sollen zwei Stichstraßen miteinander verbunden werden, um dazwischen einen Supermarkt zu bauen.
Bestimmen Sie eine ganzrationale Funktion, die den Straßenverlauf des Übergangsbogens zwischen den beiden Straßen beschreibt. Vergleichen und bewerten Sie verschiedene Lösungen.

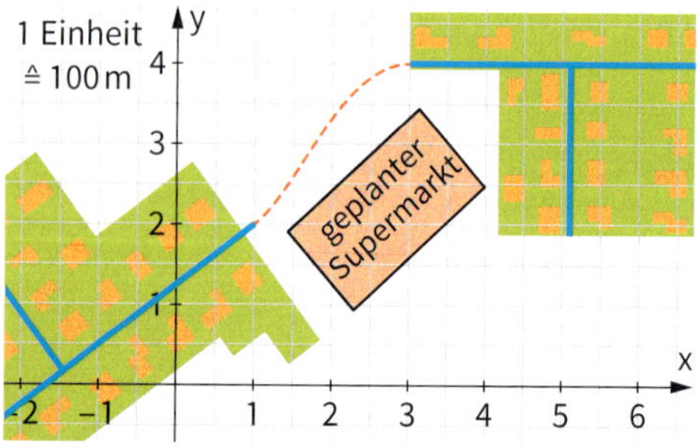

Interpolation und Regression

Um einen Graphen zu vorgegebenen Punkten zu bestimmen, gibt es verschiedene Ansätze. Diese werden hier am Beispiel der Punkte $A(0|1)$, $B(2|2{,}5)$, $C(3|1{,}2)$, $D(3{,}5|3)$ und $E(4|3{,}2)$ einander gegenübergestellt.

Bei der **Interpolation** sucht man die Gleichung einer (ganzrationalen) Funktion, deren Graph **exakt** durch die vorgegebenen Punkte verläuft.

Die Anzahl n dieser Punkte ergibt die Anzahl der Bedingungen und damit den Grad $n-1$.

Im vorliegenden Beispiel wählt man den Ansatz $f(x) = a\,x^4 + b\,x^3 + c\,x^2 + d\,x + e$ und setzt für jeden Punkt die Koordinaten ein. Dadurch erhält man ein lineares Gleichungssystem mit fünf Gleichungen, dessen Lösung die Werte für die gesuchten Parameter a, b, c, d und e ergibt.

Auf zwei Stellen nach dem Komma gerundet erhält man hier:
$f(x) = -1{,}09\,x^4 + 10{,}4\,x^3 - 31{,}95\,x^2 + 31{,}79\,x + 1$

Die Probe am Graphen zeigt, dass alle Punkte wie gefordert auf dem Graphen liegen. Allerdings ergibt sich insgesamt ein sehr welliger Verlauf zwischen den Punkten, der im Sachzusammenhang oft unerwünscht ist.

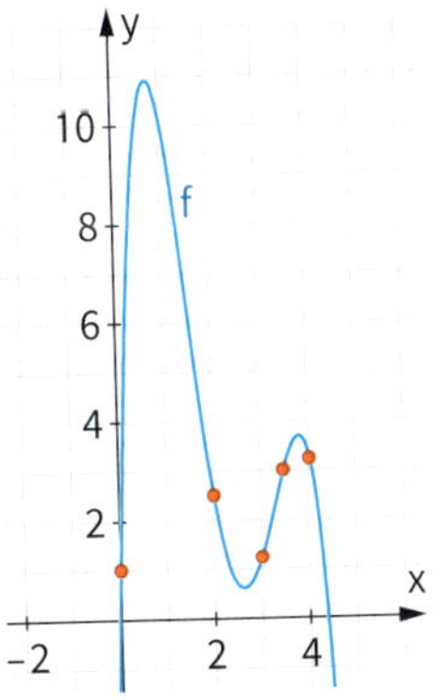

Bei der **Regression** gibt man je nach Sachzusammenhang den Funktionstyp vor und sucht dabei die Funktion, die **am besten** zu den Datenpunkten **passt**.

Die Regression wird benutzt, weil man bei größeren Datenmengen nicht erwarten kann, dass alle Punkte exakt auf der gesuchten Kurve liegen. In manchen Fällen kann es darüber hinaus keine Funktion geben, weil zum selben x-Wert mehrere y-Werte vorliegen.

Je nach zur Verfügung stehender Rechnertechnologie werden verschiedene Regressionsfunktionen angeboten. Sehr verbreitet ist die **lineare Regression**. Zum Vergleich ist hier noch das Ergebnis einer **exponentiellen Regression** abgebildet.

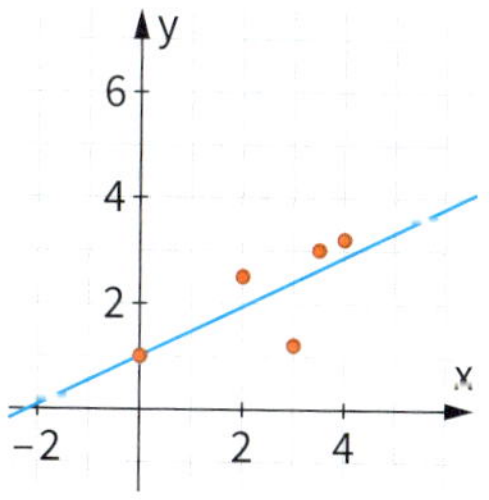

lineare Regression

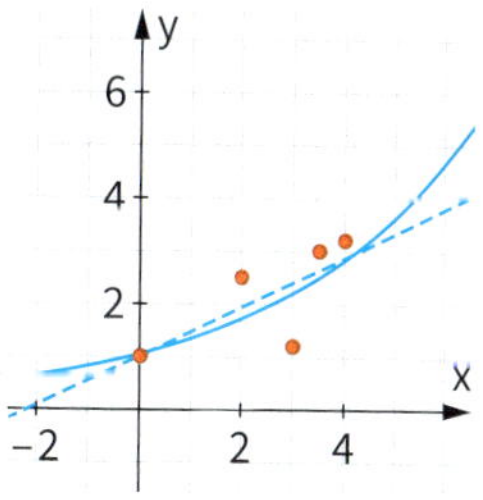

exponentielle Regression

Zwar liegen die Punkte nicht alle auf dem Graphen, aber die Kurven sind wesentlich glatter und geben den Sachzusammenhang deutlicher wieder. Welches Regressionsmodell hier angemessener ist, ergibt sich aus dem Sachzusammenhang, in dem die Daten gewonnen wurden.

1 **Regression mit einem Rechner**
Informieren Sie sich, welche Regressionsmöglichkeiten Ihr Rechner bietet.
Ändern Sie dann gezielt die Lage eines Datenpunkts (z. B. indem Sie Punkt C um 1 nach oben verschieben) und vergleichen Sie, welche unterschiedlichen Auswirkungen dies einerseits auf die Veränderung des Interpolationsgraphen und andererseits auf die Veränderung des Regressionsgraphen hat.

2 **Wachstum einer Pflanze**
Unter Laborbedingungen wird das Wachstum einer Pflanze untersucht. Die Angaben beziehen sich auf die Höhe über dem Nährboden.

Zeit in Tagen	0	3	5	8	10	14
Höhe in cm	0	1,8	3,2	5,5	9,2	16,5

Vergleichen Sie die Graphen von Funktionen, die zu diesen Messdaten einerseits mit der Interpolation und andererseits mit der Regression gewonnen wurden.

1.4 Funktionenscharen

Vorbereiten
Funktionsuntersuchung
Seite 379

Die Graphen gehören zu Funktionen der Form $f_a(x) = x \cdot (x - a)^2$ mit $a \in \mathbb{R}$.

- Welcher Wert von a gehört zu welchem Graphen? Begründen Sie.
- Für welche Werte von a liegt ein Hochpunkt oder ein Tiefpunkt vor? Bestimmen Sie dazu die Extrempunkte der Graphen von f_a in Abhängigkeit von a.

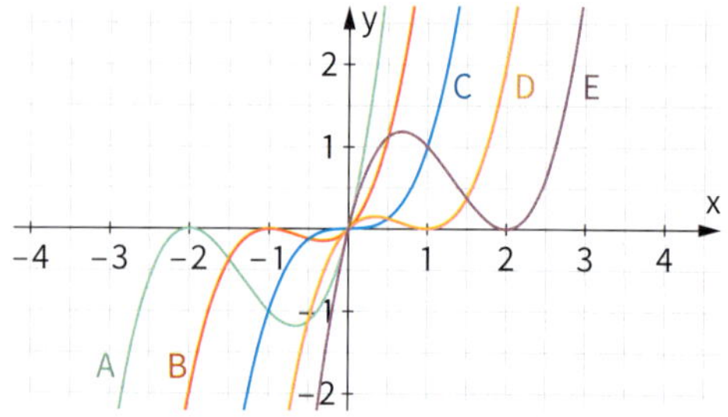

Lösung – Zuordnung

Für $a = 0$ ist $f_0(x) = x^3$, somit gehört $a = 0$ zum Graphen C. Für $a \neq 0$ hat f_a an der Stelle $x = a$ eine doppelte Nullstelle. Damit erhält man:

Wert von a	−2	−1	0	1	2
Graph	A	B	C	D	E

Lösung – Extrempunkte

$f_a(x) = x \cdot (x - a)^2 = x^3 - 2ax^2 + a^2x$; $f_a'(x) = 3x^2 - 4ax + a^2$

Aus $f_a'(x) = 0$ folgt: $x_1 = a$; $x_2 = \frac{a}{3}$; damit sind die Punkte $E_a(a \mid 0)$ und $P_a\left(\frac{a}{3} \middle| \frac{4}{27}a^3\right)$ mögliche Extrempunkte des Graphen von f_a

Der Graph von f_a' ist eine nach oben geöffnete Parabel.

1. Fall: $a < 0$

$a < \frac{a}{3}$ für $a < 0$

Die Nullstellen von f_a' sind negativ.

- $x_1 = a$ ist Nullstelle mit Vorzeichenwechsel von + nach −.
- $x_2 = \frac{a}{3}$ ist Nullstelle mit Vorzeichenwechsel von − nach +.

Somit hat der Graph von f_a den Hochpunkt E_a und den Tiefpunkt P_a.

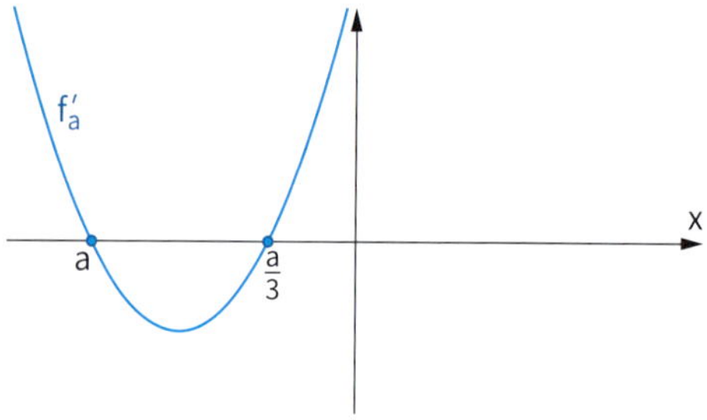

2. Fall: $a = 0$

f_a' hat nur die Nullstelle 0.

- $x_1 = x_2 = 0$ ist doppelte Nullstelle ohne Vorzeichenwechsel.

Somit hat der Graph von f_a den Sattelpunkt $O(0 \mid 0)$ und keine Extrempunkte.

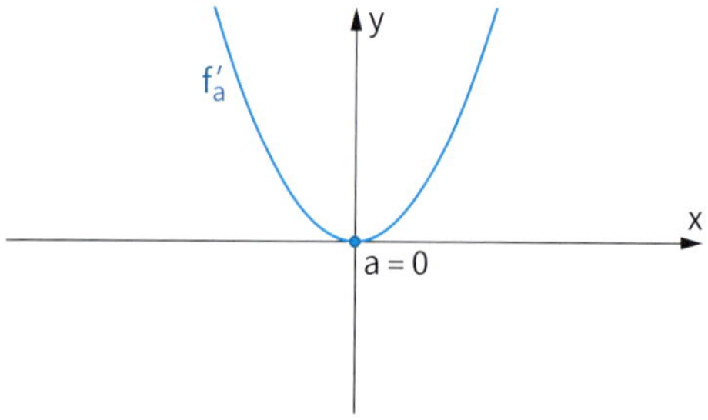

3. Fall: $a > 0$

$a > \frac{a}{3}$ für $a > 0$

Die Nullstellen von f_a' sind positiv.

- $x_1 = a$ ist Nullstelle mit Vorzeichenwechsel von − nach +.
- $x_2 = \frac{a}{3}$ ist Nullstelle mit Vorzeichenwechsel von + nach −.

Somit hat der Graph von f_a den Tiefpunkt E_a und den Hochpunkt P_a.

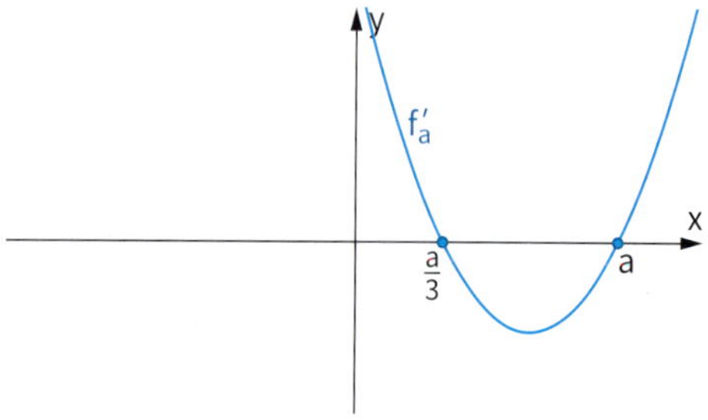

Funktionsschar

Ein Funktionsterm der Form $\mathbf{f_a(x)}$ enthält neben der Funktionsvariable (z. B. x) noch einen Parameter (z. B. a). Ein solcher Term definiert mehrere Funktionen zugleich.

Die Menge aller dieser Funktionen bezeichnet man als **Funktionenschar**.

Bei der Untersuchung von Funktionenscharen behandelt man den Parameter wie einen konstanten Wert.

$f_a(x) = x^2 - a x + 3$ mit $a \in \mathbb{R}$

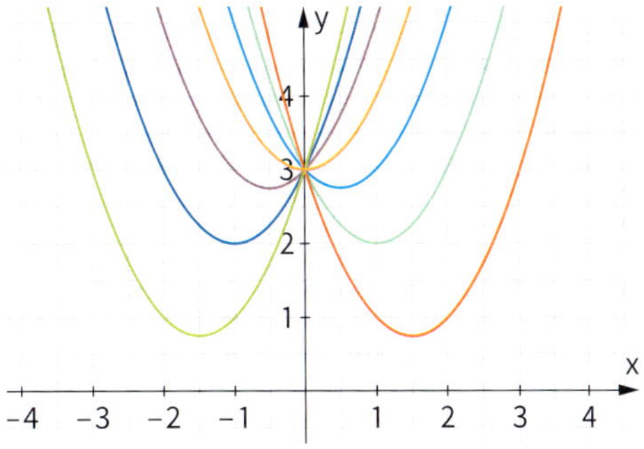

WES-109471-105

1 Verlauf von Funktionenscharen

Betrachten Sie die Funktionenschar f_a mit dem Term $f_a(x) = x \cdot (x^2 - a)$ für $a \in \mathbb{R}$.
Je nach dem Wert für den Parameter a sehen die Graphen verschieden aus.
Führen Sie eine Fallunterscheidung durch und erstellen Sie eine Übersicht über die verschiedenen Graphen.

2 Besondere Punkte bei Funktionenscharen

Gegeben ist die Funktionenschar f_k mit $f_k(x) = x^2 - k x^3$, $k \in \mathbb{R}$.

a) Bestimmen Sie die Nullstellen, Extremstellen und Wendestellen der Graphen von f_k.
b) Bestimmen Sie den Wert für den Parameter k, für den die zugehörige Funktion f_k an der Stelle $x = 100$ eine Nullstelle hat.
c) Für ein bestimmtes k existieren Extrempunkte, die einen minimalen Abstand zu Punkt $P(0 \mid 2)$ besitzen. Bestimmen Sie diese Extrempunkte.

3 Funktionsuntersuchung mit Fallunterscheidung für den Parameter

Bestimmen Sie die Anzahl der Extremstellen von f_a in Abhängigkeit vom Parameter a.

a) $f_a(x) = x^3 + 3x^2 + 3ax - 1$
b) $f_a(x) = x^3 + x^2 + ax + 3a$
c) $f_a(x) = \frac{1}{3}x^3 + ax^2 + 16x$
d) $f_a(x) = 3x^3 + ax^2 + 9x + 5$

4 Parameter anhand von Bedingungen bestimmen

Für $s \in \mathbb{R}$ ist die Funktionenschar f_s mit $f_s(x) = -x^3 + s x^2 + (s-1) \cdot x$ gegeben.

a) Zeigen Sie, dass sich alle Funktionsgraphen in genau zwei Punkten schneiden.

Tipp
Jeder x-Wert, der beim Einsetzen in den Term $f_s(x)$ den Parameter s verschwinden lässt, ist x-Koordinate eines gemeinsamen Punktes aller Graphen von f_s.

b) Bestimmen Sie s so, dass der Graph von f_s an der Stelle $x = 3$ einen Extrempunkt hat.
c) Bestimmen Sie den Wert des Parameters s, für den der Graph f_s keine Extrempunkte hat.
d) Gibt es Parameter s, sodass der Graph von f_s keinen Wendepunkt hat? Begründen Sie Ihre Entscheidung.

5

Gegeben ist die Funktionenschar f_k mit $f_k(x) = x^3 - 3kx$ für $k \in \mathbb{R}$.

a) Bestimmen Sie die Anzahl der Nullstellen von f_k in Abhängigkeit von k.
b) Bestimmen Sie die Extremstellen von f_k in Abhängigkeit von k.
c) Zeichnen Sie die Graphen von f_k für $k = -1;\ 0;\ 1$ und 4 und beschreiben Sie allgemein, wie sich die Graphen von f_k für weitere Werte von k verhalten.

Prüfe dich!
Lösungen auf Seite 393

6 Einfluss eines Parameters im Sachkontext

Häufig spricht man bei Schuhen mit einer Absatzhöhe von 10 Zentimetern und höher von High Heels.
Die seitliche Profillinie der High Heels, die durch Absatz und Sohle gebildet wird, kann durch den Graphen einer Funktion f_a mit $f_a(x) = a x^3 - 20 a x^2 + 100 a x$ und $a > 0$ beschrieben werden. Dabei sind x und $f_a(x)$ in Zentimetern angegeben.

a) Zeichnen Sie die Graphen von f_a für $a = 0{,}06$, $a = 0{,}07$ und $a = 0{,}08$ im Bereich $0 \le x \le 10$ und beschreiben Sie den Einfluss des Parameters a auf den Verlauf des Graphen.

b) Zeigen Sie, dass die x-Koordinate des Hochpunktes nicht von a abhängt.

c) Ermitteln Sie, für welchen Wert von a die Höhe des Bogens 10 cm beträgt.

7 Flughöhe einer Drohne

Die Flughöhe einer Drohne bei einem Testflug kann durch die Funktion $f_d(x)$ mit $f_d(x) = d \cdot (x^3 - 60 x^2 + 900 x)$ beschrieben werden. Dabei ist x für $0 \le x \le 30$ in Minuten und $f_d(x)$ in Metern angegeben. Der Parameter d mit $0{,}01 \le d \le 0{,}03$ ist abhängig vom Typ der Drohne.

a) Wann landen die Drohnen?

b) Für welche Werte von d wird die maximale Flughöhe von 100 m überschritten?

WES-109471-106

Auch: Ortskurve

Ortslinie

Einen Graphen, auf dem alle Hochpunkte einer Funktionenschar liegen, bezeichnet man als **Ortslinie der Hochpunkte**. Entsprechend kann man für Tiefpunkte oder Wendepunkte eine Ortslinie bestimmen.

Ortslinie einer Funktionenschar bestimmen

1) **Koordinaten** der betrachteten Punkte in Abhängigkeit vom Parameter bestimmen
2) Gleichung für die **x-Koordinate** nach dem Parameter auflösen
3) **Term für den Parameter** in Gleichung für die **y-Koordinate** einsetzen; die entstehende Gleichung beschreibt die Ortslinie

Ortslinie der Tiefpunkte bestimmen

$f_a(x) = x^2 - a x + 3$ mit $a \in \mathbb{R}$

$f_a'(x) = 2x - a$; aus $f_a'(x) = 0$ folgt: $x = \frac{1}{2}a$

1) *Koordinaten der Tiefpunkte bestimmen*

$T_a\left(\frac{1}{2}a \,\middle|\, -\frac{1}{4}a^2 + 3\right)$

2) *x-Koordinate nach a auflösen*

$x = \frac{1}{2}a$; also $a = 2x$

3) *Term für a in y-Koordinate einsetzen*

$y = -\frac{1}{4}a^2 + 3 = -\frac{1}{4} \cdot (2x)^2 + 3 = -x^2 + 3$

Die Gleichung für die Ortslinie der Tiefpunkte lautet $y = -x^2 + 3$.

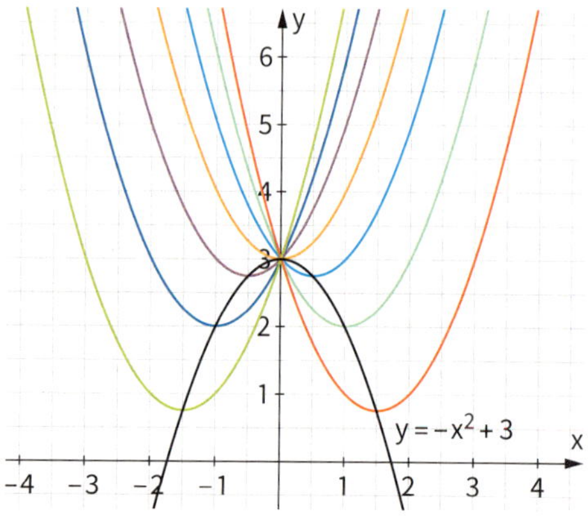

8 = **Extrem- und Wendepunkte untersuchen**

Gegeben ist die Funktionenschar f_k mit $f_k(x) = x^4 - kx^2,\ k \in \mathbb{R}$.

a) Untersuchen Sie die Graphen von f_k auf Extrem- und Wendepunkte. Skizzieren Sie den Graphen für $k = -2$ und $k = 2$.

b) Bestimmen Sie für $k > 0$ die Ortslinie der Tiefpunkte aller Funktionsgraphen.

c) $x_e \neq 0$ ist eine Extremstelle und x_w ist eine Wendestelle von f_k für $k > 0$. Zeigen Sie:

Das Verhältnis $x_e : x_w$ hängt nicht von k ab.

Was bedeutet diese Aussage?

9 = **Ortslinie der Extrempunkte bestimmen**

Geben Sie den Term einer Funktionenschar an, zu der die Funktionsgraphen gehören, und bestimmen Sie die Ortslinie der Extrempunkte.

a)

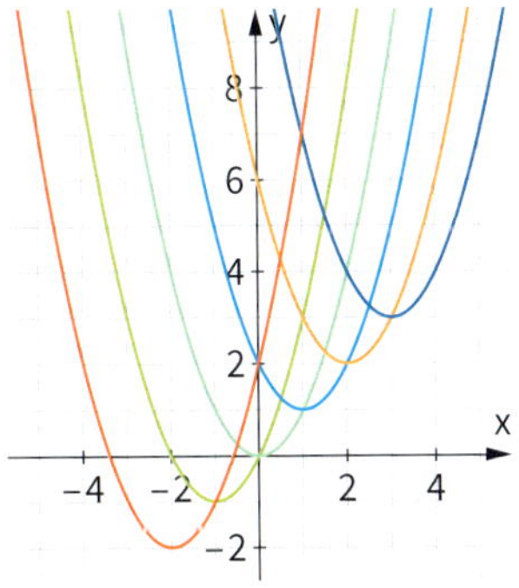

b)

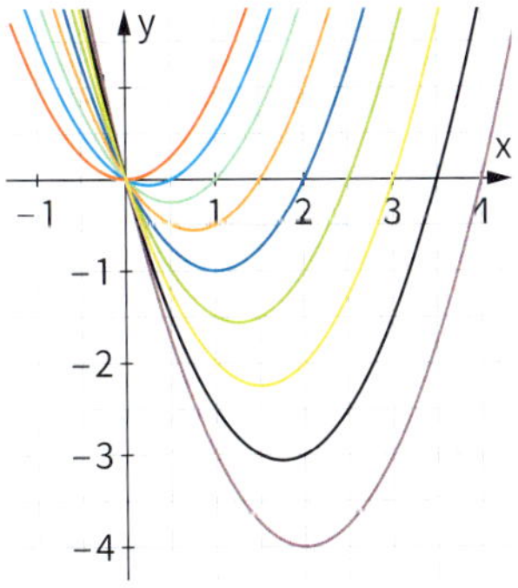

c)

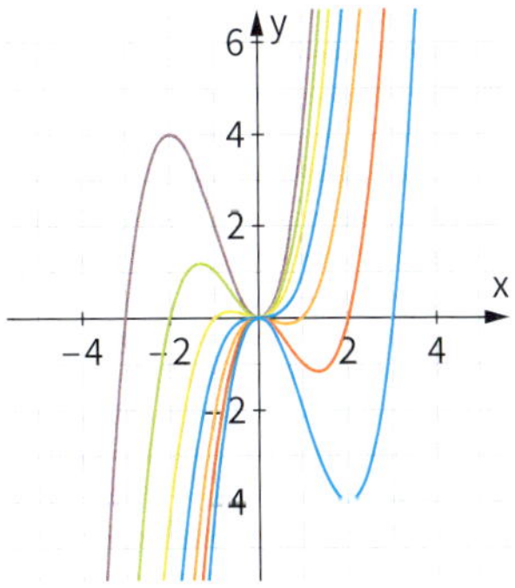

10 ≡ **Tangenten und Ortskurve**

Für $t \neq 0$ ist die Funktionenschar f_t mit $f_t(x) = \frac{4}{9}t^2 \cdot x^3 + t \cdot x^2 + x$ gegeben.

a) Zeigen Sie, dass alle Funktionen streng monoton wachsend sind.

b) Zeigen Sie, dass alle Graphen der Funktionenschar f_t im Ursprung eine gemeinsame Tangente haben. Bestimmen Sie eine Gleichung der gemeinsamen Tangente.

c) Der Punkt P_t ist ein Punkt auf dem Graphen von f_t, in dem der Graph die Steigung 1 hat. Bestimmen Sie die Ortskurve, auf der diese Punkte P_t liegen.

d) Jeder Graph von f_t hat eine Wendetangente.
Zeichnen Sie für drei Werte von t die zugehörigen Graphen und ihre Wendetangenten in ein gemeinsames Koordinatensystem. Was fällt auf? Begründen Sie Ihre Vermutung.

11 = Gegeben ist die Funktionenschar f_a mit $f_a(x) = x^2 + ax + a,\ a \in \mathbb{R}$.

a) Untersuchen Sie die Graphen von f_a auf Extrempunkte. Skizzieren Sie den Graphen für $a = -2$, $a = 0$ und $a = 2$.

b) Zeigen Sie, dass alle Extrempunkte auf der Parabel zu $y = -x^2 - 2x$ liegen.

c) Bestimmen Sie die Werte für a, für die der Extrempunkt des Graphen von f_a oberhalb der x-Achse liegt.

Prüfe dich!
Lösungen auf Seite 393

12 = **Parameter bestimmen**

Gegeben ist die Funktionenschar f_k mit $f_k(x) = (x^2 - 1) \cdot (x - k),\ k \in \mathbb{R}$.

a) Zeigen Sie, dass alle Funktionen f_k zwei gemeinsame Nullstellen haben.

b) Bestimmen Sie k so, dass der Graph der zugehörigen Funktion f_k die x-Achse berührt.

13 = Sinkgeschwindigkeit eines Tauchroboters

Die Funktionen v_k mit $v_k(t) = -k^2t^2 + kt + 90$ beschreiben die Sinkgeschwindigkeit v_k eines Tauchroboters in Meter pro Minute beim direkten Abtauchen in Abhängigkeit von der Zeit t in Minuten. Der Parameter k mit $k \in \mathbb{R}$ und $0 < k < 1$ hängt vom verwendeten Motor ab.

a) Skizzieren Sie die Graphen von $v_{0,3}$, $v_{0,6}$ und $v_{0,8}$ in einem Koordinatensystem.

b) Unabhängig vom verwendeten Motor ist die Sinkgeschwindigkeit zu Beginn eines Tauchgangs immer gleich.
Geben Sie diese Anfangsgeschwindigkeit an. Welche Eigenschaft der Funktionsgraphen von v_k ergibt sich daraus?

c) Untersuchen Sie in Abhängigkeit vom Parameter k, zu welchem Zeitpunkt die Sinkgeschwindigkeit des Tauchroboters null beträgt.
Berechnen Sie damit die Zeiten für $k = 0{,}3$, $k = 0{,}6$ und $k = 0{,}8$.

d) Bestimmen Sie die mittlere Sinkgeschwindigkeit vom Beginn des Abtauchens bis zur Sinkgeschwindigkeit null in Abhängigkeit von k und berechnen Sie diese für $k = 0{,}3$.

14 = Seilbahn

Zwei Masten A und B einer Seilbahn stehen 500 m auseinander. Die Mastspitze B liegt um 100 m höher als die Mastspitze A.
Ein unbelastetes Seil zwischen den beiden Masten kann durch die Graphen der Funktionen f_t mit $f_t(x) = tx^2 + (0{,}2 - 500t) \cdot x$ beschrieben werden; Einheiten in Metern.

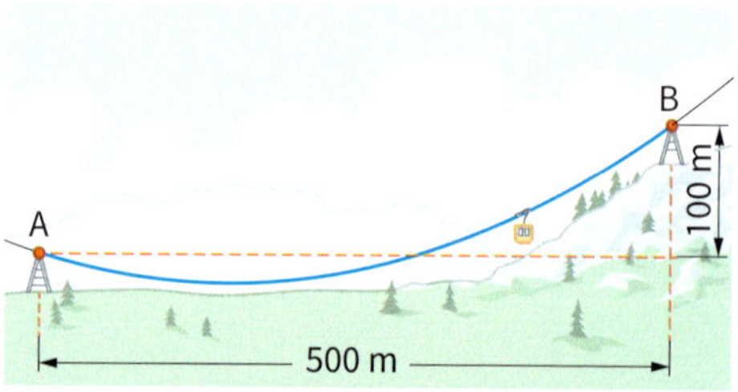

a) Zeichnet man eine Gerade g durch die Punkte A und B, so versteht man unter dem *Durchhang* des Seils an einer Stelle x die Differenz zwischen den Funktionswerten der linearen Funktion g und der quadratischen Funktion f_t an dieser Stelle.
Der maximale Durchhang des Seils zwischen A und B beträgt 50 m.
Bestimmen Sie den Wert für t und geben Sie die Stelle an, an der der Durchhang am größten ist. Stellen Sie den Verlauf des Seils grafisch dar.

b) In welchem Winkel kommt das Seil im Punkt B an?

15 = Blattfeder

Blattfedern aus Metall werden beim Testen einseitig eingeklemmt. Am freien Ende wirkt eine Kraft und verbiegt die Blattfeder.
Die Auslenkung der Blattfeder im Abstand x vom eingeklemmten Ende kann durch die Funktion f_L mit $f_L(x) = \frac{3}{20L^2}x^3 - \frac{9}{20L}x^2$ beschrieben werden.
Dabei sind x und $f_L(x)$ in cm angegeben.

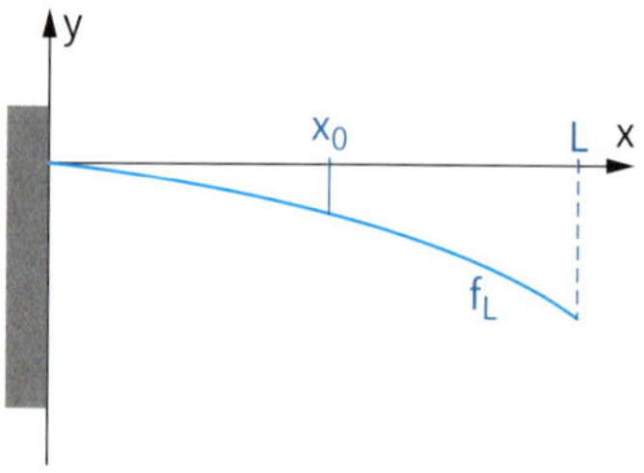

Der Parameter L gibt die Stelle an, an der die Auslenkung des freien Endes der Blattfeder liegt.

a) Welche Auslenkung hat eine Blattfeder mit dem Parameter $L = 8$ am freien Ende?
Wie groß ist die Auslenkung dieser Blattfeder bei 6 cm?

b) Bestimmen Sie die Auslenkung einer Blattfeder am freien Ende in Abhängigkeit von L.
Wie groß ist die Auslenkung an der Stelle $\frac{L}{2}$?

c) Zeigen Sie, dass der Graph einer Funktion f_L immer ein Wendepunkt an der Stelle L hat.
Bestimmen Sie die Steigung des Graphen in diesem Wendepunkt.

16 ≡ Leistung eines Motors

Die Leistung eines Motors hängt neben der Drehzahl auch von der Kompression (Verdichtung) ab.
Das Kompressionsverhältnis k : 1 definiert den Parameter k. Damit lässt sich die Motorleistung P in kW in Abhängigkeit von der Drehzahl x in Tausend Umdrehungen pro Minute beschreiben.

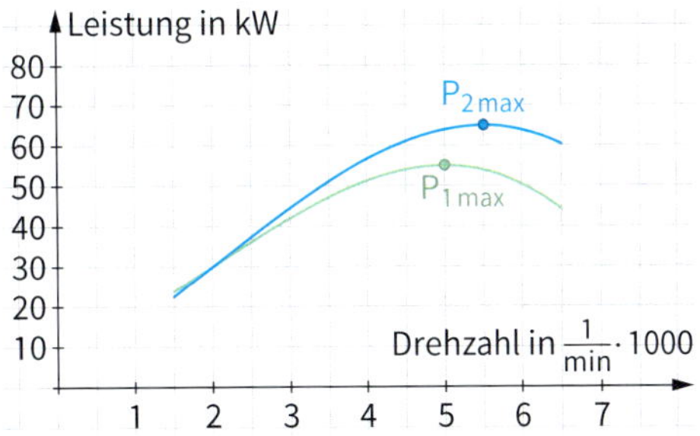

kW: Kilowatt physikalische Einheit der Leistung

a) Begründen Sie auf der Grundlage, dass eine höhere Kompression zu besserer Leistung führt, welcher Graph zum Parameter $k_1 = 9$ und welcher zu $k_2 = 10$ gehört.

b) Nehmen Sie an, dass der Schnittpunkt der Graphen der gemeinsame Wendepunkt aller Kurven ist, und wählen Sie dort zur Vereinfachung der Zahlen den Ursprung eines neuen Koordinatensystems, dessen Achsen parallel zu den alten verlaufen.
Bestimmen Sie unter Einbeziehung der Hochpunkte für beide Graphen Funktionsgleichungen ganzrationaler Funktionen kleinstmöglichen Grades.

c) Ermitteln Sie eine Funktionenschar mit dem Parameter k, die für $k_1 = 9$ und $k_2 = 10$ die unter Teilaufgabe b) ermittelten Funktionsgleichungen als Spezialfälle ergibt.

17 = Extremwertproblem

Gegeben ist eine Funktionenschar f_a von ganzrationalen Funktionen zweiten Grades. Die Parabeln umschließen für $a > 0$ ein Flächenstück mit der x-Achse. Darin werden Rechtecke wie in der Abbildung einbeschrieben.
Welches dieser Rechtecke hat einen maximalen Flächeninhalt? Ermitteln Sie außerdem die Ortskurve der Extrempunkte der Flächeninhaltsfunktion.

a) $f_a(x) = -a\,x^2 + 12$ b) $f_a(x) = -\frac{1}{3}x^2 + a$

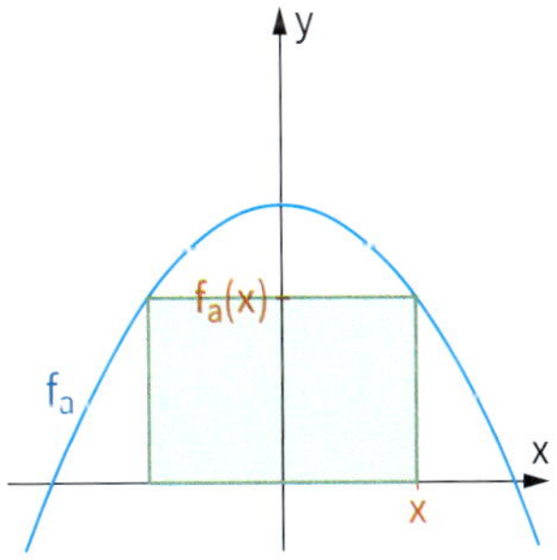

Biquadratische Gleichungen lösen

Gleichungen der Form $a\,x^4 + b\,x^2 + c = 0$ mit $a \neq 0$ heißen **biquadratische Gleichungen**.
Solche Gleichungen kann man durch **Substitution** lösen.

substituere (lat.): ersetzen

Vorgehen

$x^2 = u$ setzen, dann ist $x^4 = (x^2)^2 = u^2$	Gegeben: $x^4 - 7x^2 + 12 = 0$
	$x^2 = u$ ergibt: $u^2 - 7u + 12 = 0$
Entstehende quadratische Gleichung lösen	$u_1 = 4$; $u_2 = 3$
Rücksubstitution	Aus $u = x^2 = 4$ folgt: $x_1 = 2$; $x_2 = -2$
	Aus $u = x^2 = 3$ folgt: $x_3 = \sqrt{3}$; $x_4 = -\sqrt{3}$

18 ≡ Biquadratischer Funktionsterm

Gegeben ist die Funktionenschar f_k mit $f_k(x) = x^4 - 6x^2 - k^2 + 9$; $k \in \mathbb{R}$.

a) Zeigen Sie, dass $x_1 = -\sqrt{7}$ und $x_2 = \sqrt{7}$ die einzigen Nullstellen der Funktion f_4 sind.

b) Bestimmen Sie alle Extrempunkte von f_k in Abhängigkeit von k.

c) Begründen Sie, dass f_k zwei, drei oder vier Nullstellen haben kann, und bestimmen Sie die Werte von k, für die diese Fälle eintreten.

1.5 Umkehrfunktionen

Zur Funktion f mit $f(x) = (x-2)^2 + 1$ kann man eine Wertetabelle erstellen. Der zugehörige Graph ist eine Parabel. Vertauscht man in der Wertetabelle die x- und y-Werte, so erhält man eine neue Wertetabelle. Der zugehörige neue Graph ist allerdings kein Funktionsgraph.

x	−1	0	1	2	3	4	5
y	10	5	2	1	2	5	10

➜

x	10	5	2	1	2	5	10
y	−1	0	1	2	3	4	5

Zu einem y-Wert können mehrere x-Werte gehören.

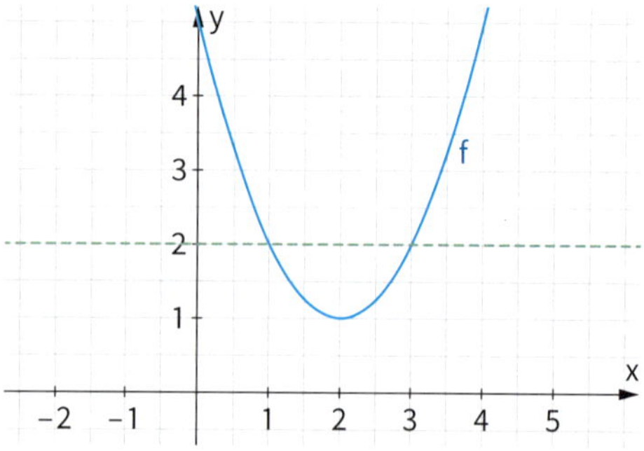

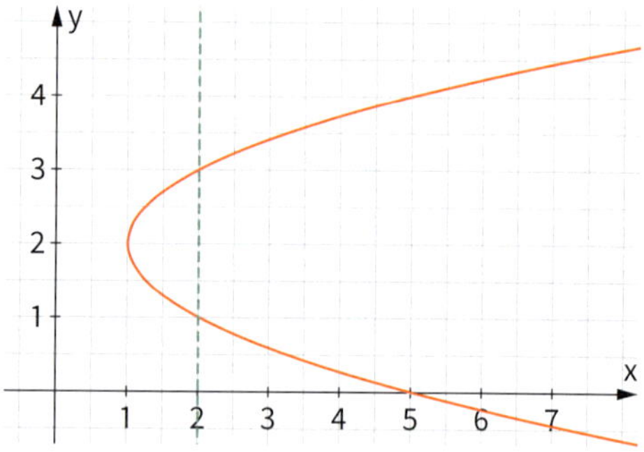

Verwendet man aber z. B. nur den Teil der Parabel zu f mit $x \geq 2$, so gehört zu jedem y-Wert auch genau ein x-Wert. Nach Vertauschen von x- und y-Werten entsteht dann eine Funktion g, deren Graph nur aus dem Teil des neuen Graphen mit $y \geq 2$ besteht.

Zu einem y-Wert gehört genau ein x-Wert.

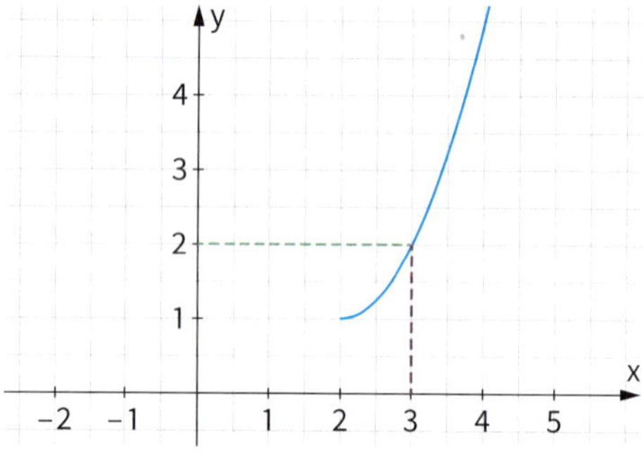

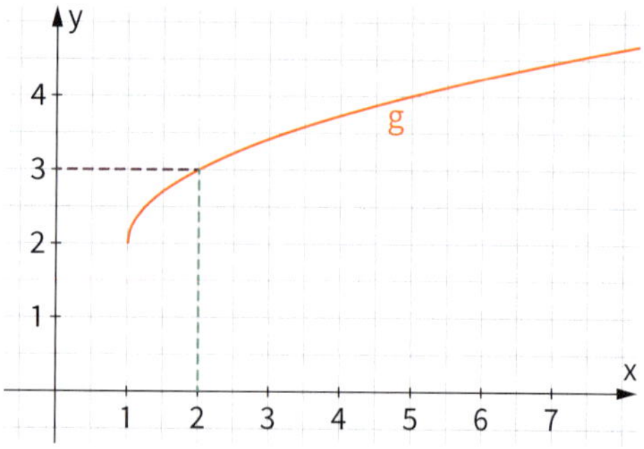

Für $D_f = [2; \infty[$ und $W_f = [1; \infty[$ erhält man also $D_g = [1; \infty[$ und $W_g = [2; \infty[$.

WES-109471-107

Umkehrfunktion einer Funktion

Vertauscht man bei einer Funktion f die x-Werte mit den y-Werten, so erhält man die umgekehrte Zuordnung. Ist diese Zuordnung wieder eindeutig, so heißt f **umkehrbar**. Die daraus hervorgegangene Funktion nennt man **Umkehrfunktion** von f.

Schreibweise: f^{-1}

Der Definitionsbereich von f ist der Wertebereich von f^{-1}. Der Wertebereich von f ist der Definitionsbereich von f^{-1}.

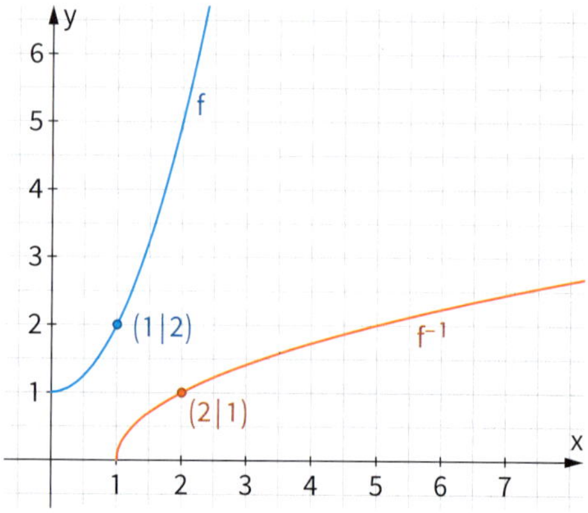

Gleichung der Umkehrfunktion

Die Funktiongleichung von f^{-1} erhält man, indem man in der Funktionsgleichung von f die Variablen x und y vertauscht und dann die Gleichung nach y auflöst.

Term der Umkehrfunktion bilden

Gegeben ist die Funktion f mit $f(x) = (x-2)^2 + 1$. Bestimmen Sie für einen geeigneten Definitionsbereich von f den Term der Umkehrfunktion f^{-1}.

Lösung

Graphen von f betrachten

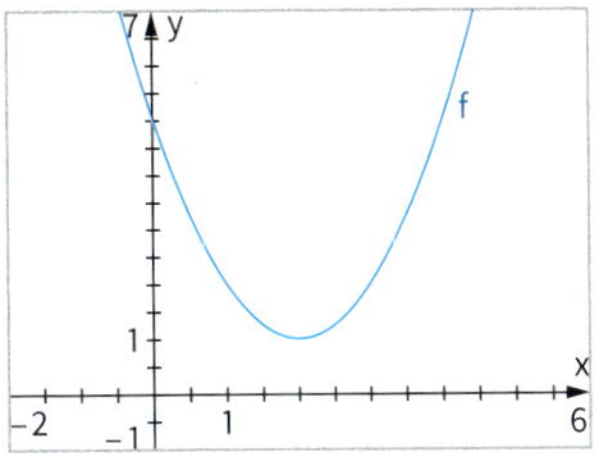

D_f einschränken z. B. $D_f = [2; \infty[$, dann $W_f = [1; \infty[$

$y = (x-2)^2 + 1;\ x \geq 2$

x und y vertauschen $x = (y-2)^2 + 1;\ y \geq 2$

Nach y auflösen $x - 1 = (y-2)^2$

$y = \sqrt{x-1} + 2$ (positive Wurzel)

Für $D_f = [2; \infty[$ existiert eine Umkehrfunktion f^{-1} mit $f^{-1}(x) = \sqrt{x-1} + 2$; $D_{f^{-1}} = [1; \infty[$; $W_{f^{-1}} = [2; \infty[$.

1 = **Umkehrfunktion von Potenzfunktionen mit geradem Exponenten**

a) Die Funktion f mit $f(x) = x^2;\ x \in \mathbb{R}$ besitzt keine Umkehrfunktion. Schränken Sie D_f so ein, dass eine Umkehrfunktion f^{-1} existiert, und ermitteln Sie den Funktionsterm von f^{-1}. Zeichnen Sie dann den Graphen von f^{-1}.

b) Übertragen Sie Ihre Erkenntnisse auf alle Potenzfunktionen mit geradem Exponenten.

2 = **Term der Umkehrfunktion bilden**

Bestimmen Sie für einen geeigneten Definitionsbereich der Funktion f den Term der Umkehrfunktion f^{-1} und geben Sie deren Definitionsbereich an.

a) $f(x) = x^2 + 3$ b) $f(x) = \frac{1}{5}x^2 - \frac{3}{4}$ c) $f(x) = 3\cdot(x+3)^2$ d) $f(x) = \sqrt{3x}$

e) $f(x) = 2\cdot\sqrt{x-5}$ e) $f(x) = 5x - 3$ f) $f(x) = \frac{2}{x-1}$ g) $f(x) = \frac{1}{x}$

Erläutern Sie die Besonderheit bei Teilaufgabe g). Finden Sie mindestens ein weiteres Beispiel für diesen Fall.

3 = **Umkehrfunktion von Potenzfunktionen mit ungeradem Exponenten**

a) Für die Funktion f mit $f(x) = x^3$ lautet der Term der Umkehrfunktion $f^{-1}(x) = \begin{cases} \sqrt[3]{x}; & x \in \mathbb{R}_0^+ \\ -\sqrt[3]{|x|}; & x \in \mathbb{R}^- \end{cases}$

Erläutern Sie, weshalb zwei Definitionsbereiche verwendet werden müssen. Zeichnen Sie die Graphen von f und f^{-1} in ein gemeinsames Koordinatensystem.

b) Übertragen Sie Ihre Erkenntnisse auf alle Potenzfunktionen mit ungeradem Exponenten.

4 = Bestimmen Sie für einen geeigneten Definitionsbereich der Funktion f den Term der Umkehrfunktion f^{-1}. Geben Sie den Definitions- und den Wertebereich von f^{-1} an.

a) $f(x) = 3x + 2$ b) $f(x) = 2x^2 - 4$ c) $f(x) = \sqrt{2x+1}$ d) $f(x) = \frac{3}{x}$

Prüfe dich!
Lösungen auf Seite 394

5 = **Vom Graphen von f zum Graphen von f^{-1}**

Man erhält die Wertetabelle von f^{-1}, indem man in der Wertetabelle von f die x- und die y-Werte vertauscht. Ist $P(x\,|\,f(x))$ ein Punkt des Graphen von f, so erhält man einen Punkt P^{-1} auf dem Graphen von f^{-1}, indem man die Koordinaten von P vertauscht: $P^{-1}(f(x)\,|\,x)$

Begründen Sie, dass das Vertauschen der Koordinaten eines Punktes dasselbe ist wie das Spiegeln des Punktes an der 1. Winkelhalbierenden $y = x$.

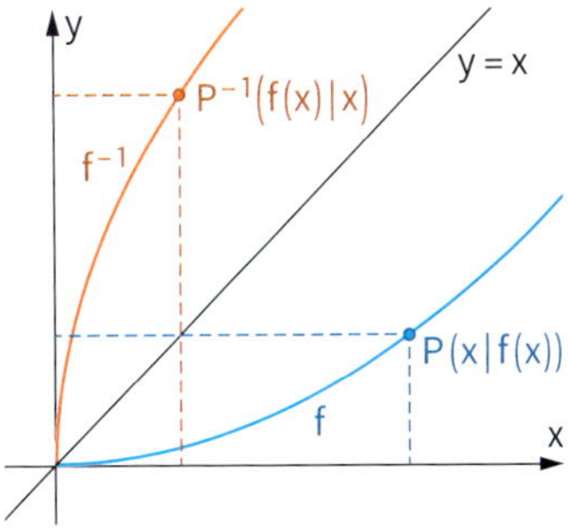

1.6 Ableitung der Sinus- und der Kosinusfunktion

Vorbereiten
Seite 373
Seite 374

- Zeichnen Sie den Graphen der Sinus- und der Kosinusfunktion. Skizzieren Sie dann durch grafisches Differenzieren darunter jeweils den Graphen der Ableitungsfunktion.
- Äußern Sie eine Vermutung zum Funktionsterm der Ableitung und überprüfen Sie diese mithilfe eines Rechners.

Lösung

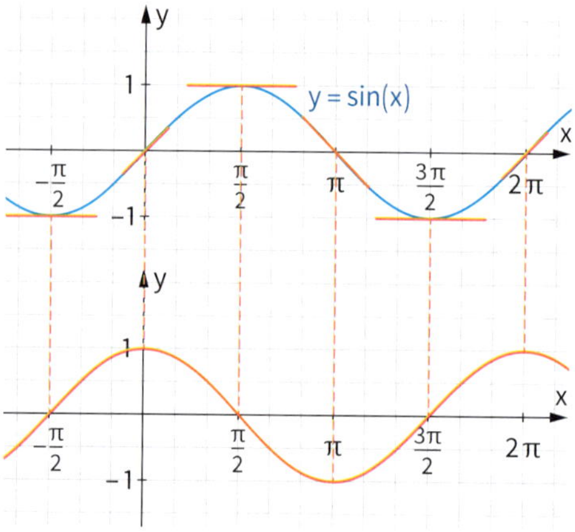

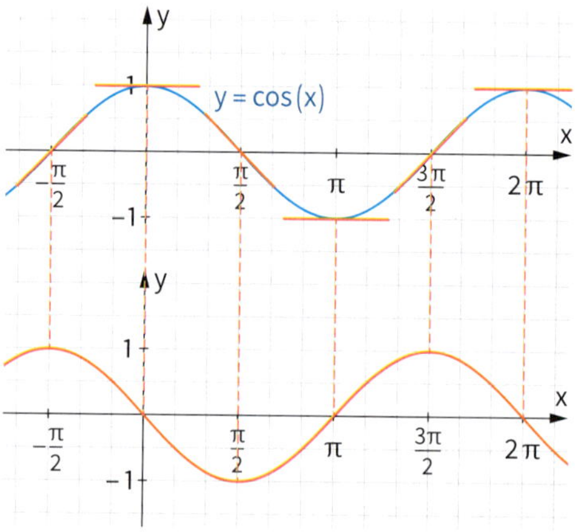

siehe Tangente an den Graphen einer Funktion

In den Hoch- und Tiefpunkten haben die Graphen jeweils die Steigung null. In den Nullstellen wird die Steigung extremal. Den Graphen kann man entnehmen, dass die extremalen Steigungen etwa 1 bzw. −1 sind. Die Graphen der Sinus- und der Kosinusfunktion haben jeweils die Periode 2π. Entsprechend haben auch die Graphen der Ableitung die Periode 2π.

Die Graphen der Ableitungsfunktionen sehen aus wie die um $\frac{\pi}{2}$ nach links verschobenen Graphen der Ausgangsfunktionen. Man kann vermuten, dass $\sin(x)$ als Ableitung $\cos(x)$ hat und $\cos(x)$ als Ableitung $-\sin(x)$ hat.

Die entsprechenden Eingaben in einem Rechner bestätigen diese Vermutung. Die Graphen fallen zusammen.

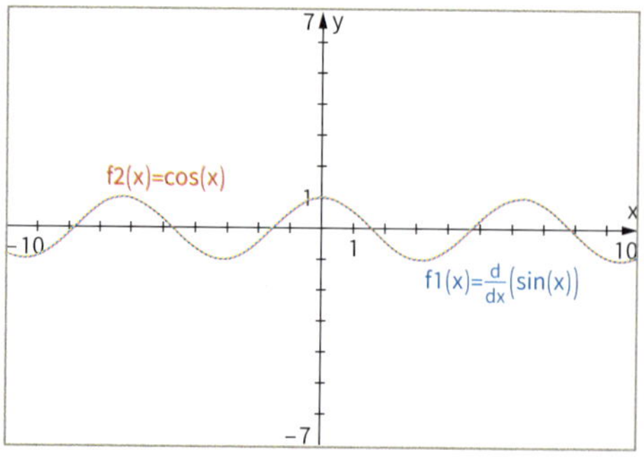

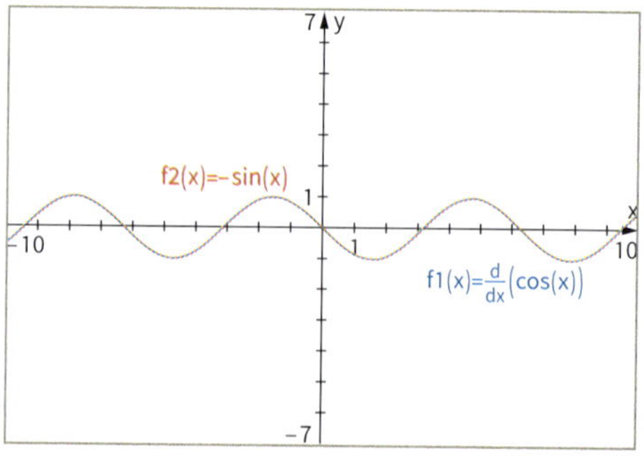

WES-109471-108

Ableitung der Sinusfunktion

Satz: Für $f(x) = \sin(x)$ gilt $f'(x) = \cos(x)$.

Ableitung der Kosinusfunktion

Satz: Für $f(x) = \cos(x)$ gilt $f'(x) = -\sin(x)$.

Faktor- und Summenregel anwenden

$f(x) = 2 \cdot \sin(x) - 3 \cdot \cos(x) + 1$

$f'(x) = 2 \cdot \cos(x) + 3 \cdot \sin(x)$

1 **Ableitungen bestimmen**

Bestimmen Sie die Ableitung der Funktion f.

a) $f(x) = 3 \cdot \sin(x)$ b) $f(x) = x - \sin(x)$ c) $f(x) = \frac{\sin(x)}{\pi}$

d) $f(x) = 3x^4 - 7 \cdot \sin(x)$ e) $f(x) = \frac{x^3 - 2 \cdot \sin(x)}{2\pi}$ f) $f(x) = 5 \cdot \sin(x) + 5 - \pi x^3$

2 **Ableitung an einzelnen Stellen**

a) Bestimmen Sie die Ableitung der Sinusfunktion bzw. der Kosinusfunktion für die Stellen $0;\ \frac{\pi}{2};\ \frac{\pi}{4};\ \frac{3}{4}\pi;\ \pi;\ \frac{3}{2}\pi;\ 2\pi.$

b) Welche Werte können bei der Ableitung der Sinusfunktion bzw. der Kosinusfunktion nicht vorkommen?

c) An welchen Stellen hat die Sinusfunktion bzw. die Kosinusfunktion die Ableitung $0;\ \frac{1}{2};\ -\frac{1}{2};\ 1;\ -1$?

3 **Tangente an der Sinuskurve**

Die Tangente an den Graphen der Sinusfunktion an der Stelle $x_0 = \frac{3}{4}\pi$ schließt zusammen mit den Koordinatenachsen im 1. Quadranten ein Dreieck ein. Bestimmen Sie den Flächeninhalt dieses Dreiecks.

---

4 Bestimmen Sie die Ableitung der Funktion f.

a) $f(x) = \cos(x) - 3x^2$ b) $f(x) = \sin(x) - \cos(x)$ c) $f(x) = 8 - \cos(x) + x$

Prüfe dich!
Lösungen auf Seite 394

5 Die beiden Tangenten an den Stellen $x = 0$ und $x = \pi$ an den Graphen der Sinusfunktion schließen zusammen mit der x-Achse ein Dreieck ein. Skizzieren Sie den Graphen und das Dreieck und bestimmen Sie den Flächeninhalt des Dreiecks.

---

6 **Transformation der Sinusfunktion**

Beschreiben Sie, wie der Graph von g mit $g(x) = \sin(x - 2)$ aus dem Graphen der Sinusfunktion hervorgeht. Folgern Sie daraus den Funktionsterm für $g'(x)$.

7 **Tangenten-Trapez**

Drei Tangenten an den Graphen der Sinusfunktion in einem Hochpunkt und in den beiden Wendepunkten links und rechts vom Hochpunkt schließen zusammen mit der x-Achse ein Trapez ein. Bestimmen Sie den Flächeninhalt eines solchen Trapezes.

8 **Begründung der Ableitungsregel für die Sinusfunktion**

Begründen Sie mithilfe der Abbildung am Einheitskreis:

(1) Für den Differenzenquotienten zur Sinusfunktion gilt:
$\frac{\sin(x+h) - \sin(x)}{h} = \frac{|PS|}{h}$

(2) Für kleine h gilt $h \approx |PR|$ und damit
$\frac{\sin(x+h) - \sin(x)}{h} \approx \cos(\alpha')$

(3) Es gilt $\alpha = \alpha'$.
Hinweis: Eine Tangente durch einen Punkt P auf dem Kreisbogen ist immer orthogonal zum Radius zu P.

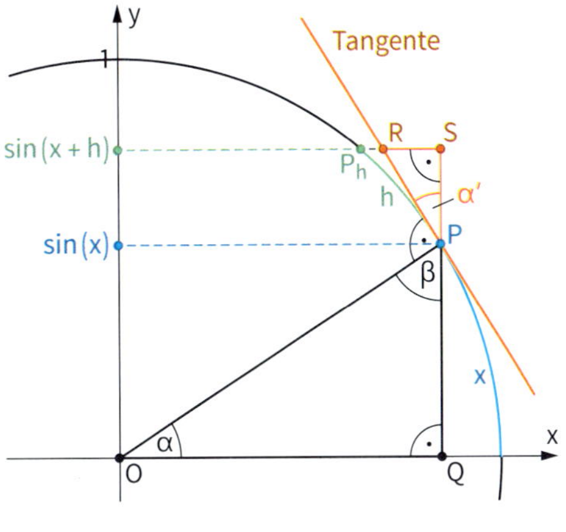

(4) Für $h \to 0$ gilt: $\frac{\sin(x+h) - \sin(x)}{h} \to \cos(\alpha) = \cos(x)$

1.7 Kettenregel und Produktregel

Wenn ein Auto beschleunigt, ändert sich die Geschwindigkeit in Abhängigkeit von der Zeit. Mit zunehmender Geschwindigkeit wird der Luftwiderstand größer.
Hier spielen zwei Funktionen eine Rolle:

N: Newton; physikalische Einheit der Kraft

Funktion v:
Zeit in s → Geschwindigkeit in m/s

Funktion w:
Geschwindigkeit in m/s → Luftwiderstand in N

Führt man die Zuordnungen hintereinander aus, so entsteht eine neue Funktion:

Zeit —v→ Geschwindigkeit —w→ Luftwiderstand

Funktion f: *Zeit in s → Luftwiderstand in N*

Bei einer gleichmäßigen Beschleunigung des Autos ist v eine lineare Funktion.
Aus der Physik ist bekannt, dass der Luftwiderstand quadratisch mit der Geschwindigkeit wächst, also ist w eine quadratische Funktion.

Beispielhaft werden nun folgende Funktionsterme verwendet:

$v(t) = 6t$; t in s und $v(t)$ in m/s $\qquad$ $w(v) = 0{,}03\,v^2$; v in m/s und $w(v)$ in N

- Wie lautet in diesem Fall der Term für die Funktion f? Welcher Zusammenhang besteht zwischen den Einheiten von $w'(v)$ und $v'(t)$ und der Einheit von $f'(t)$?
- Wie könnte man $f'(t)$ aus $v'(t)$ und $w'(v)$ bestimmen? Äußern Sie eine Vermutung und überprüfen Sie diese rechnerisch an den Funktionstermen.

Lösung – Term und Einheiten
Einsetzen des Funktionsterms $v(t)$ in den Funktionsterm $w(v)$ ergibt:
$f(t) = w(v(t)) = 0{,}03 \cdot (6t)^2 = 1{,}08\,t^2$; t in s und $f(t)$ in N

Die Einheit für die Ableitung einer Größe in Abhängigkeit von einer anderen Größe ergibt sich aus dem Quotienten der beiden Einheiten.

Ableitung	$v'(t)$	$w'(v)$	$f'(t)$
Einheit	$\frac{\frac{m}{s}}{s} = \mathbf{\frac{m}{s^2}}$	$\frac{N}{\frac{m}{s}} = \mathbf{N \cdot \frac{s}{m}}$	$\frac{N}{s}$

Es gilt: $\frac{m}{s^2} \cdot N \cdot \frac{s}{m} = \frac{N}{s}$
Das Produkt der Einheiten von $v'(t)$ und $w'(v)$ ergibt die Einheit von $f'(t)$.

Lösung – Berechnung von $f'(t)$ aus $v'(t)$ und $w'(v)$
Aus den Beobachtungen über die Einheiten lässt sich vermuten: $f'(t) = v'(t) \cdot w'(v)$
Für die Ableitungen erhält man: $f'(t) = 2 \cdot 1{,}08\,t = 2{,}16\,t$
$v'(t) = 6$
$w'(v) = 0{,}03 \cdot 2v = 0{,}06\,v$
Damit folgt $v'(t) \cdot w'(v) = 6 \cdot 0{,}06 \cdot 6(t) = 2{,}16\,t$; dies stimmt mit der Ableitung von f überein.

WES-109471-109

Kettenregel
Ist der Wertebereich einer Funktion v im Definitionsbereich einer Funktion u enthalten, so kann man u und v zu einer neuen Funktion f mit $f(x) = u(v(x))$ **verketten**. Dabei wird u als **äußere Funktion** und v als **innere Funktion** der Verkettung bezeichnet.

Satz: Hat die Funktion u bzw. v die Ableitung u′ bzw. v′, so hat die verkettete Funktion f mit $f(x) = u(v(x))$ die Ableitung $\mathbf{f'(x) = u'(v(x)) \cdot v'(x)}$.

Kurz: „äußere Ableitung mal innere Ableitung"

Kettenregel anwenden

$f(x) = \sin(3x^2 - 1)$

Äußere und innere Funktion zuordnen	$u(x) = \sin(x)$	$v(x) = 3x^2 - 1$
Äußere und innere Funktion ableiten	$u'(x) = \cos(x)$	$v'(x) = 6x$
Verkettung ableiten	$f'(x) = u'(v(x)) \cdot v'(x)$	
	$= \cos(3x^2 - 1) \cdot 6x$	

Beweis des Satzes

Der Beweis wird hier nur für Funktionen v geführt, bei denen für genügend kleine h immer $v(x+h) - v(x) \neq 0$ gilt. Für den Differenzenquotienten von f mit $f(x) = u(v(x))$ erhält man dann:

$$\frac{f(x+h) - f(x)}{h} = \frac{u(v(x+h)) - u(v(x))}{h}$$

$$= \frac{u(v(x+h)) - u(v(x))}{h} \cdot \frac{v(x+h) - v(x)}{v(x+h) - v(x)} = \frac{u(v(x+h)) - u(v(x))}{v(x+h) - v(x)} \cdot \frac{v(x+h) - v(x)}{h}$$

Für $h \to 0$ gilt $v(x+h) \to v(x)$ und damit

$$\frac{u(v(x+h)) - u(v(x))}{v(x+h) - v(x)} \to u'(v(x)) \text{ und } \frac{v(x+h) - v(x)}{h} \to v'(x).$$

Daraus folgt: $f'(x) = \lim\limits_{h \to 0} \frac{u(v(x+h)) - u(v(x))}{h} = u'(v(x)) \cdot v'(x)$

1 – **Kettenregel anwenden**

Leiten Sie die Funktion f mithilfe der Kettenregel ab.

a) $f(x) = (\sin(x))^3$ b) $f(x) = (\sin(x) + 1)^2$ c) $f(x) = \sin(x^3)$
d) $f(x) = \sin(\cos(x))$ e) $f(x) = \cos(\sin(x))$ f) $f(x) = \cos(x^2 + 3x - 1)$

2 – **Kettenregel überprüfen**

Bestimmen Sie die Ableitung der Funktion f einmal mithilfe der Kettenregel und einmal nach einer Termumformung. Vergleichen Sie die Ergebnisse.

a) $f(x) = (2x + 1)^2$ b) $f(x) = (x^2 - 3)^2$ c) $f(x) = (x^{11})^2$
d) $f(x) = (3x - x^6)^2$ e) $f(x) = (3 - 2x)^3$ f) $f(x) = (x^2 + 1)^3$

3 – **Ableitung überprüfen**

Marie hat im Internet folgende Rechnungen gefunden. Korrigieren Sie.

a) $f(x) = (3x + 1)^3$
$f'(x) = 3 \cdot (3x + 1)^2$

b) $h(t) = \cos(3x^2 - x)$
$h'(t) = (3x - 1) \cdot \cos(3x^2 - x)$

4 = **Verkettung bilden und ableiten**

Geben Sie die Verkettungen $u(v(x))$ und $v(u(x))$ an und bilden Sie jeweils die Ableitung.

a) $u(x) = \sin(x)$, $v(x) = x^2$
b) $u(x) = x^5$, $v(x) = x^2 + 3$
c) $u(x) = \sin(x)$, $v(x) = \cos(2x)$
d) $u(x) = x^2$, $v(x) = \sin(x^2)$

5 – a) Leiten Sie die Funktionen ab. $f(x) = \cos(x^3 + 1)$ $g(x) = (\cos(x))^3 + 1$
b) Geben Sie die Verkettungen $u(v(x))$ und $v(u(x))$ an und bilden Sie jeweils die Ableitung.
$u(x) = 2\sin(x)$ $v(x) = x^3 - 3x^2$

Prüfe dich!
Lösungen auf Seite 395

Einstieg

Produkt zweier Funktionen ableiten

- Warum ist die Ableitung eines Produkts zweier Funktionen u und v nicht das Produkt der Ableitungen der einzelnen Faktoren?
  Begründen Sie am Beispiel der Funktionen u und v mit $u(x) = x$ und $v(x) = x^2$.

$f(x) = u(x) \cdot v(x)$

~~$f'(x) = u'(x) \cdot v'(x)$~~ falsch

Eine Regel herleiten

- Geben Sie den Differenzenquotienten eines Produkts $u(x) \cdot v(x)$ zweier Funktionen u und v an. Bestimmen Sie dann die Flächeninhalte A_1 und A_2 in der Abbildung.
- Zerlegen Sie damit den Differenzenquotienten in zwei Summanden und untersuchen Sie das Verhalten dieser Summanden für $h \to 0$. Formulieren Sie eine Regel für die Ableitung von $u(x) \cdot v(x)$.

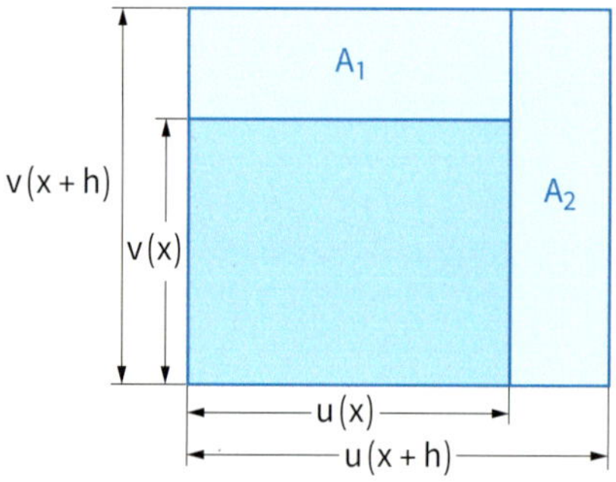

WES-109471-110

Kurz: $(u \cdot v)' = u' \cdot v + u \cdot v'$

Produktregel

Satz: Hat die Funktion u bzw. v die Ableitung u′ bzw. v′, so hat die Produktfunktion f mit $f(x) = u(x) \cdot v(x)$ die Ableitung $\mathbf{f'(x) = u'(x) \cdot v(x) + u(x) \cdot v'(x)}$.

Produktregel anwenden

$f(x) = x^2 \cdot \cos(x)$

Teilfunktionen zuordnen	$u(x) = x^2$	$v(x) = \cos(x)$
Teilfunktionen ableiten	$u'(x) = 2x$	$v'(x) = -\sin(x)$
Produktfunktion ableiten	$f'(x) = u'(x) \cdot v(x) + u(x) \cdot v'(x)$	

$$\begin{aligned} f'(x) &= u'(x) \cdot v(x) + u(x) \cdot v'(x) \\ &= 2x \cdot \cos(x) + x^2 \cdot (-\sin(x)) \\ &= 2x \cdot \cos(x) - x^2 \cdot \sin(x) \end{aligned}$$

Beweis des Satzes

Für den Differenzenquotienten von f mit $f(x) = u(x) \cdot v(x)$ erhält man:

$$\begin{aligned} \frac{f(x+h) - f(x)}{h} &= \frac{u(x+h) \cdot v(x+h) - u(x) \cdot v(x) + u(x) \cdot v(x+h) - u(x) \cdot v(x+h)}{h} \\ &= \frac{u(x+h) \cdot v(x+h) - u(x) \cdot v(x+h)}{h} + \frac{u(x) \cdot v(x+h) - u(x) \cdot v(x)}{h} \\ &= \frac{u(x+h) - u(x)}{h} \cdot v(x+h) + u(x) \cdot \frac{v(x+h) - v(x)}{h} \end{aligned}$$

Für $h \to 0$ gilt $v(x+h) \to v(x)$, $\frac{u(x+h) - u(x)}{h} \to u'(x)$ und $\frac{v(x+h) - v(x)}{h} \to v'(x)$.

Daraus folgt: $f'(x) = \lim\limits_{h \to 0} \frac{u(x+h) \cdot v(x+h) - u(x) \cdot v(x)}{h} = u'(x) \cdot v(x) + u(x) \cdot v'(x)$

6 = **Produktregel anwenden**

Wenden Sie die Produktregel an.

a) $f(x) = x^3 \cdot \sin(x)$ b) $f(x) = \sin(x) \cdot \cos(x)$ c) $f(x) = x^3 \cdot (x^2 - 3x + 1)$
d) $f(x) = x^2 \cdot \cos(x)$ e) $f(x) = (x^2 + 1) \cdot (x^3 - 2x^2)$ f) $f(x) = \sin(x) \cdot (x^2 - 3)$

7 = **Produkt einer Funktion mit sich selbst**

Leiten Sie die Funktion f einmal mit der Kettenregel und einmal mit der Produktregel ab.

a) $f(x) = (\sin(x))^2$ b) $f(x) = (x^3 + 3x - 1)^2$ c) $f(x) = (x^2 - x)^2$

8 = Bilden Sie die erste und die zweite Ableitung. $f(x) = x \cdot \sin(x)$ $g(x) = x^2 \cdot \cos(2x)$

Prüfe dich!
Lösungen auf Seite 395

9 = **Funktionsuntersuchung**

Zeigen Sie rechnerisch, dass die Funktion f mit $f(x) = 2x \cdot \sin(x) - (x^2 - 3) \cdot \cos(x)$ an den Stellen $x = 1$ und $x = -1$ Tiefpunkte und an der Stelle $x = 0$ einen Hochpunkt hat. Bestimmen Sie die Koordinaten dieser drei Punkte.

10 ≡ **Produktregel bei drei Faktoren**

Formulieren und begründen Sie eine Ableitungsregel für Produkte aus drei Funktionen.

11 = **Pendelnder Funktionsgraph**

Der Graph der Funktion f mit $f(x) = x \cdot \sin(x)$ pendelt zwischen den beiden Winkelhalbierenden $y = x$ und $y = -x$.

a) Begründen Sie die Symmetrie des Graphen von f am Funktionsterm.
b) Berechnen Sie die gemeinsamen Punkte des Graphen von f mit den Winkelhalbierenden.
c) Nikos sagt: *„Die Extrempunkte des Graphen von f liegen auf den Winkelhalbierenden.“* Überprüfen Sie seine Behauptung mit einem Rechner.
d) Begründen Sie mithilfe der Ableitung, dass der Graph von f beliebig große Steigungen aufweist.

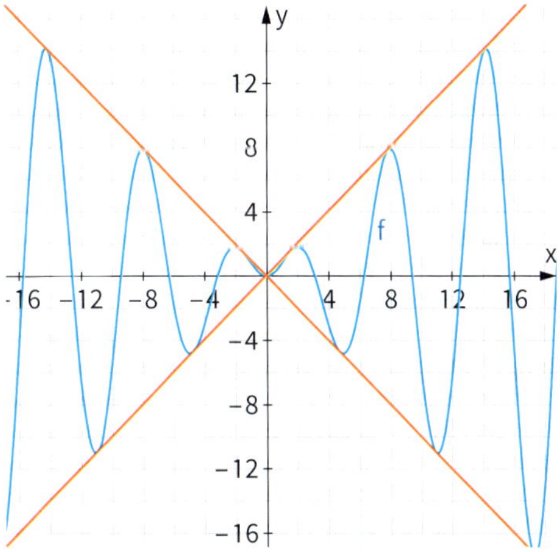

12 ≡ **Alternative Herleitung der Produktregel**

a) Bestimmen Sie eine Regel für die Ableitung des Produkts einer Funktion mit sich selbst mithilfe der Kettenregel.
b) Vervollständigen Sie die angegebene Rechnung und beweisen Sie damit die Produktregel.

$$u \cdot v = \frac{1}{2} \cdot \left((u+v)^2 - u^2 - v^2\right)$$
$$(u \cdot v)' = \left(\frac{1}{2} \cdot \left((u+v)^2 - u^2 - v^2\right)\right)'$$
$$= \frac{1}{2} \cdot \left((u+v)^2 - u^2 - v^2\right)' = \ldots$$

13 = **Auffälligkeit begründen**

Leiten Sie die Funktion f mit $f(x) = (\sin(x))^2 + (\cos(x))^2$ ab. Können Sie das Ergebnis ohne Rechnung begründen?

14 ≡ **Regelmäßigkeiten erkennen**

Leiten Sie die Funktion f mit $f(x) = (\cos(x))^2 - (\sin(x))^2$ dreimal ab. Was fällt auf? Stellen Sie aus Ihrer Beobachtung eine allgemeine Regel auf.

1.8 Allgemeine Sinusfunktion

Vorbereiten
Seite 375

Die Sinuskurve soll nacheinander wie folgt gestreckt und verschoben werden:

(1) Strecken mit dem Faktor 1,5 in Richtung der y-Achse
(2) Strecken mit dem Faktor $\frac{1}{2}$ in Richtung der x-Achse
(3) Verschieben um $\frac{\pi}{6}$ Einheiten nach rechts
(4) Verschieben um eine Einheit nach oben

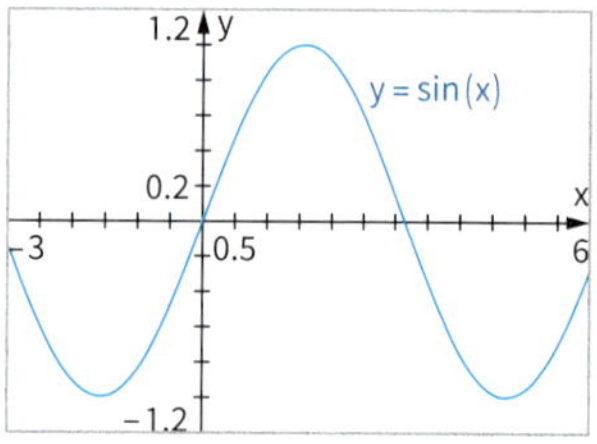

Verdeutlichen Sie dies durch die Funktionsterme und die Funktionsgraphen.

WES-109471-111

Allgemeine Sinusfunktion

Aus dem Graphen der Sinusfunktion f mit $f(x) = \sin(x)$ erhält man den Graphen der **allgemeinen Sinusfunktion** g mit $\mathbf{g(x) = a \cdot \sin(b \cdot (x - c)) + d}$ wie folgt:

(1) **Strecken** mit dem Faktor a in Richtung der **y-Achse**

$f_1(x) = a \cdot \sin(x)$

Ist $a < 0$, so wird dabei an der x-Achse gespiegelt.

$|a|$: Amplitude

$f(x) = \sin(x)$
$f_1(x) = 1{,}5 \cdot \sin(x)$

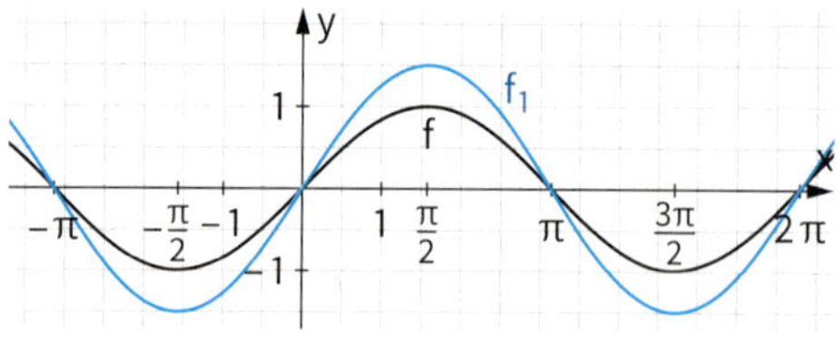

(2) Dann **Strecken** mit dem Faktor $\frac{1}{b}$ in Richtung der **x-Achse**

$f_2(x) = a \cdot \sin(bx)$

Ist $b < 0$, so wird dabei an der y-Achse gespiegelt.

Periodenlänge
$p = \frac{2\pi}{b}$

$f_2(x) = 1{,}5 \cdot \sin(2x)$

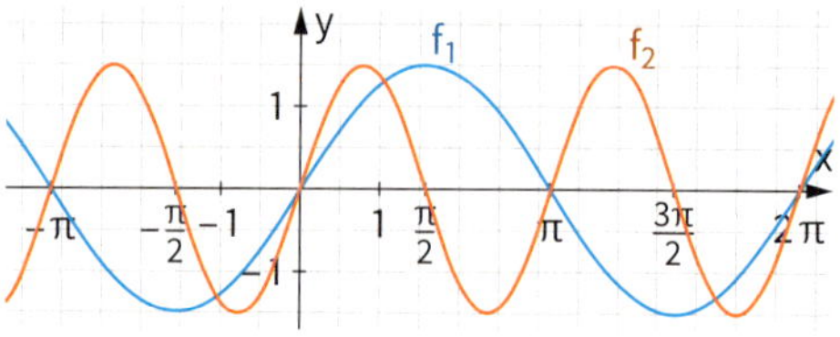

(3) Dann **Verschieben** um c Einheiten in Richtung der **x-Achse**

$f_3(x) = a \cdot \sin(b \cdot (x - c))$

Für $c > 0$ wird nach rechts verschoben, für $c < 0$ nach links.

$f_3(x) = 1{,}5 \cdot \sin\left(2 \cdot \left(x - \frac{\pi}{6}\right)\right)$

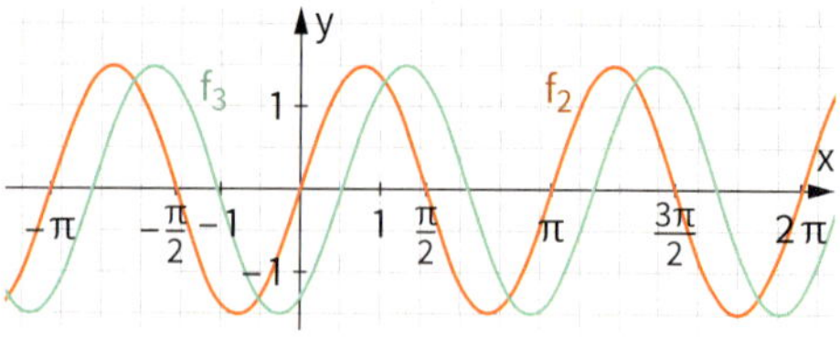

(4) Dann **Verschieben** um d Einheiten in Richtung der **y-Achse**

$g(x) = a \cdot \sin(b \cdot (x - c)) + d$

Für $d > 0$ wird nach oben verschoben, für $d < 0$ nach unten.

$f_4(x) = 1{,}5 \cdot \sin\left(2 \cdot \left(x - \frac{\pi}{6}\right)\right) + 1$

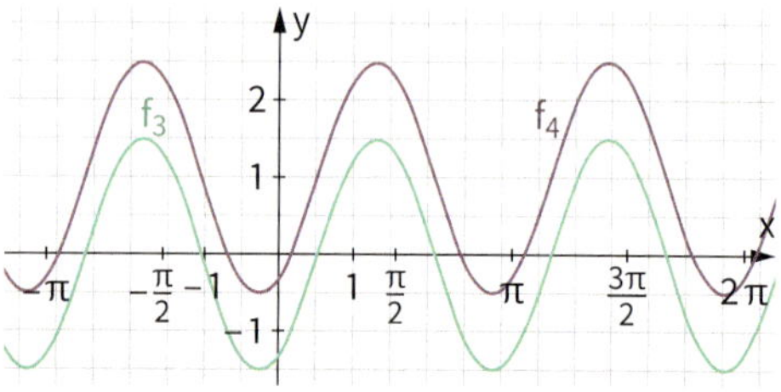

Anmerkung

Löst man im Funktionsterm die Klammern auf, so kann man die Verschiebung in Richtung der x-Achse nicht mehr unmittelbar ablesen.

$$\sin\left(2\cdot\left(x+\frac{\pi}{4}\right)\right)=\sin\left(2x+\frac{\pi}{2}\right)$$

Verschiebung um $\frac{\pi}{4}$ nach links

1 Sinuskurve verschieben und strecken

Zeichnen Sie die Sinuskurve und führen Sie die angegebenen Transformationen aus. Ermitteln Sie den Funktionsterm des neuen Graphen.

a) Strecken mit dem Faktor 3 in Richtung der y-Achse; dann Strecken mit dem Faktor 2 in Richtung der x-Achse; dann Verschieben um π Einheiten in Richtung der x-Achse nach rechts; dann Verschieben um 4 Einheiten in Richtung der y-Achse nach oben

b) Strecken mit dem Faktor −2 in Richtung der y-Achse; dann Strecken mit dem Faktor $\frac{1}{3}$ in Richtung der x-Achse; dann Verschieben um $\frac{\pi}{2}$ Einheiten in Richtung der x-Achse nach links; dann Verschieben um 1,5 Einheiten in Richtung der y-Achse nach unten

2 Gestreckte und verschobene Graphen

Beschreiben Sie, wie der Graph der Funktion g aus der Sinuskurve hervorgeht.

a) $g(x)=2\cdot\sin\left(2\cdot\left(x+\frac{\pi}{4}\right)\right)$ b) $g(x)=3\cdot\sin\left(\frac{1}{2}\cdot(x-\pi)\right)+1$ c) $g(x)=\frac{1}{2}\cdot\sin(3\cdot(x-1))$

3 Graphen überprüfen

Lukas hat im Internet Graphen allgemeiner Sinusfunktionen gefunden. Kontrollieren Sie und geben Sie gegebenenfalls an, welcher Graph stattdessen gezeichnet wurde.

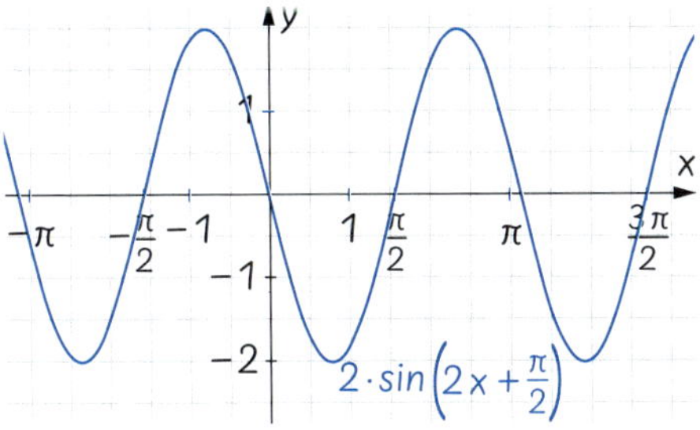

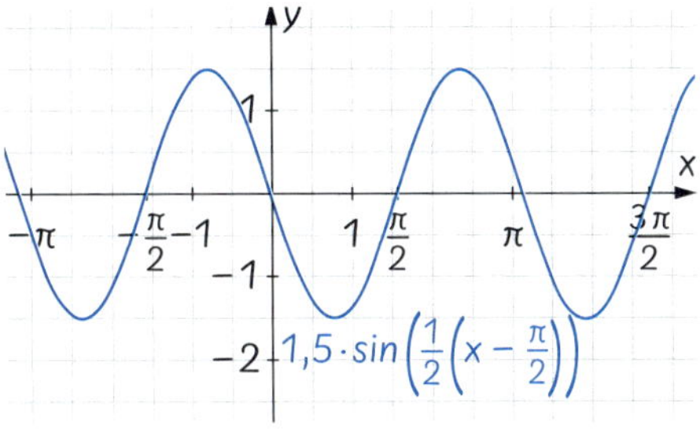

4 Reihenfolge beim Strecken und Verschieben

Gegeben ist die Sinusfunktion f.

a) Beschreiben Sie, wie der Graph der Funktion g_1 mit $g_1(x)=\sin\left(2\cdot\left(x-\frac{\pi}{2}\right)\right)$ aus dem Graphen von f hervorgeht.

b) Beschreiben Sie, wie der Graph der Funktion g_2 mit $g_2(x)=\sin(2x-\pi)$ aus dem Graphen von f hervorgeht, indem Sie zuerst in Richtung der x-Achse verschieben und danach in Richtung der x-Achse strecken.

c) Zeigen Sie, dass $g_1(x)=g_2(x)$ gilt, und erklären Sie den Zusammenhang.

d) Beschreiben Sie, in welchen Schritten man durch Strecken und Verschieben den Graphen der Funktion g mit $g(x)=a\cdot\sin(bx+c)+d$ aus der Sinuskurve erhalten kann.

5

Beschreiben Sie, wie der Graph der Funktion f aus der Sinuskurve hervorgeht.

a) $f(x)=\frac{1}{3}\cdot\sin(2\cdot(x-1)+4)$ b) $f(x)=-2\cdot\sin\left(\frac{\pi}{2}\cdot(x+2)\right)-2$ c) $f(x)=\sin\left(2x+\frac{\pi}{4}\right)$

Prüfe dich!
Lösungen auf Seite 395

WES-109471-112

Funktionsterm aus Graphen bestimmen

Maximum: $y_{max} = 2{,}5$ *Minimum:* $y_{min} = -0{,}5$

Parameter bestimmen:

1) $d = \frac{\mathbf{y_{max} + y_{min}}}{\mathbf{2}} = \frac{2{,}5 + (-0{,}5)}{2} = 1$

2) $a = \frac{\mathbf{y_{max} - y_{min}}}{\mathbf{2}} = \frac{2{,}5 - (-0{,}5)}{2} = \frac{3}{2}$

3) $b = \frac{\mathbf{2\pi}}{\mathbf{p}} = \frac{2\pi}{\pi} = 2$

4) c ist die erste **positive** Stelle, an der **f(x) = d** gilt und der Graph **ansteigt**

$c = \frac{\pi}{4}$

Falls Graph fällt: halbe Periodenlänge addieren

Funktionsgleichung angeben:

$f(x) = \frac{3}{2} \cdot \sin\left(2 \cdot \left(x - \frac{\pi}{4}\right)\right) + 1$

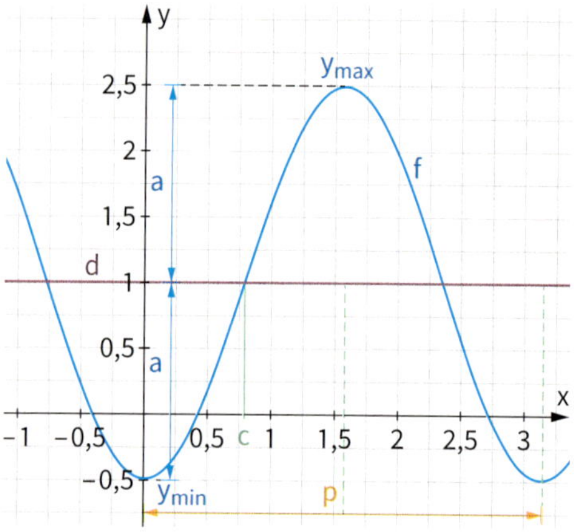

6 Vom Graphen zum Funktionsterm

Bestimmen Sie den Funktionsterm der allgemeinen Sinusfunktion.

a)

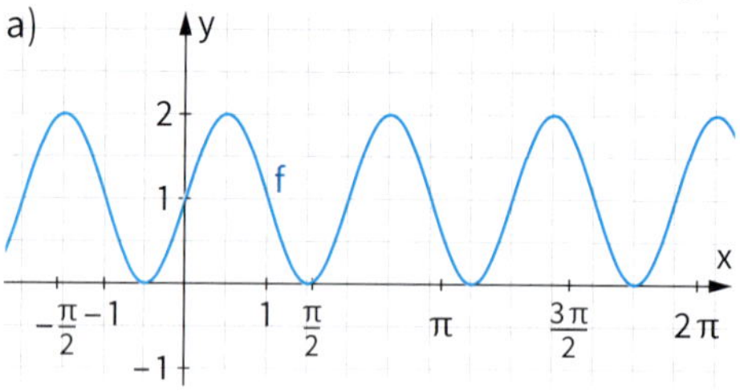

b)

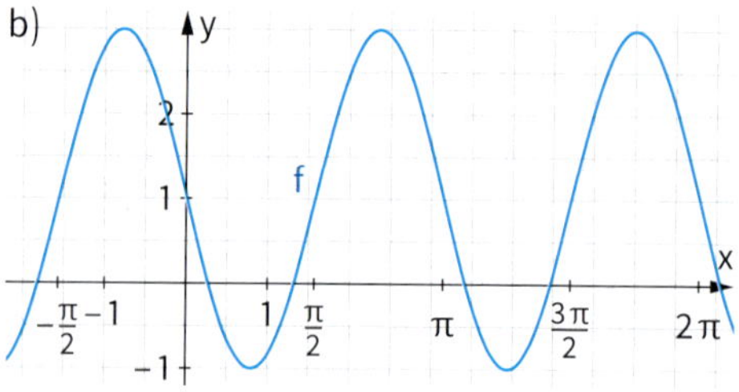

c)

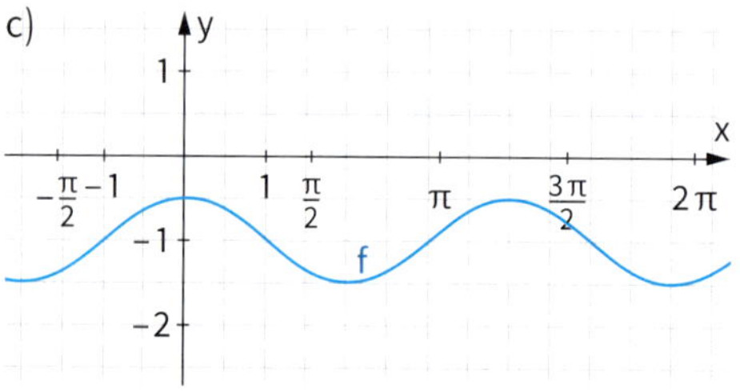

d)

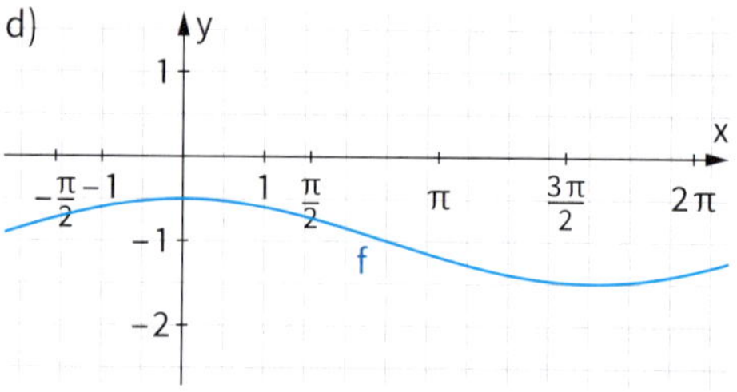

Prüfe dich!
Lösungen auf Seite 395

7 Bestimmen Sie einen Funktionsterm einer allgemeinen Sinusfunktion.

a)

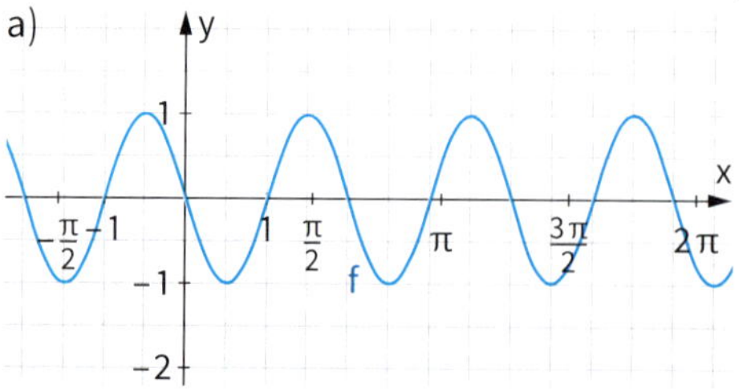

b)

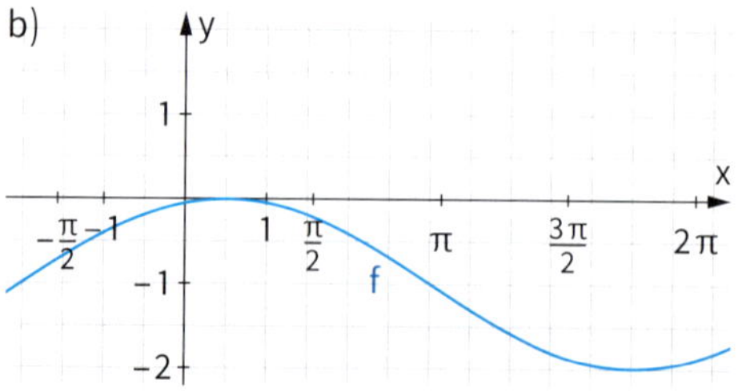

8 Ableitung einer allgemeinen Sinusfunktion

Berechnen Sie mithilfe der Kettenregel die erste und die zweite Ableitung der Funktion f. Was fällt auf?

a) $f(x) = -3 \cdot \sin\left(\frac{\pi}{4} \cdot (x + 1)\right) - 2$ b) $f(x) = \sin\left(2 \cdot (x - \pi)\right) + 1$ c) $f(x) = 5 \cdot \cos(-3x + 1)$

Modellieren mithilfe einer allgemeinen Sinusfunktion

Modellierung

$f(x) = a \cdot \sin(b \cdot (x - c)) + d$

- $d = 0$; $a = 175$
- $\frac{p}{2} \approx 7{,}5$; also $p \approx 15$ und damit $b \approx \frac{2\pi}{15}$
- Die erste Nullstelle ist etwa an der Stelle 4,3. Dort fällt der Graph aber. Also muss noch die halbe Periodenlänge addiert werden. $c \approx 4{,}3 + 7{,}5 = 11{,}8$

Damit erhält man:

$f(x) \approx 175 \cdot \sin\left(\frac{2\pi}{15} \cdot (x - 11{,}8)\right)$

Auswertung

Der Vergleich zwischen dem Graphen von f und den Messwerten lässt zumindest teilweise auf eine gute Näherung schließen. Insgesamt scheint der Graph etwas zu „breit" zu sein.

Pegelstand der Elbe bei St. Pauli

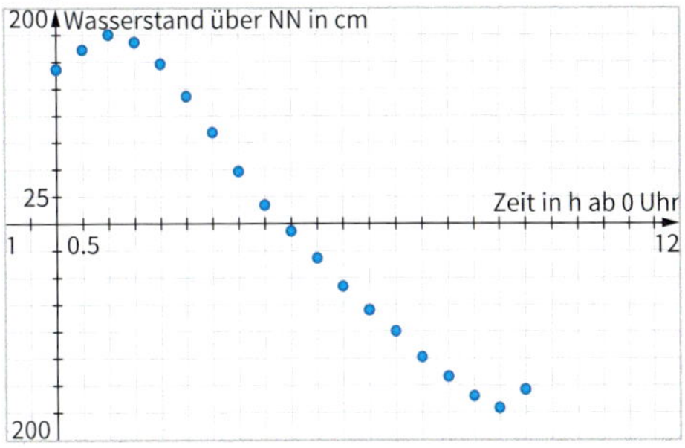

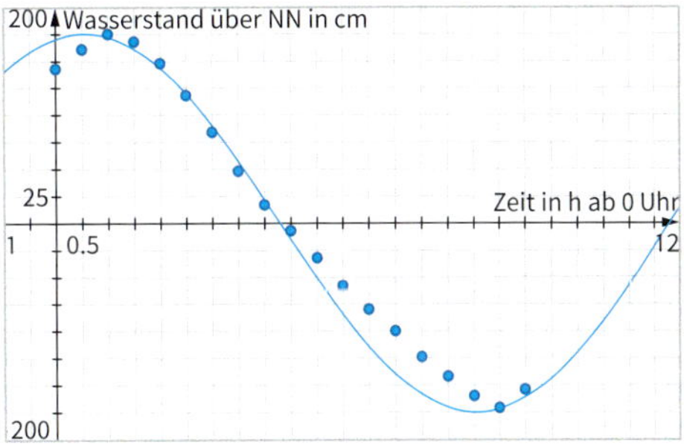

9 = **Mittlere Sonnenscheindauer**

Welche allgemeine Sinusfunktion beschreibt die mittlere Sonnenscheindauer in Stuttgart möglichst gut?

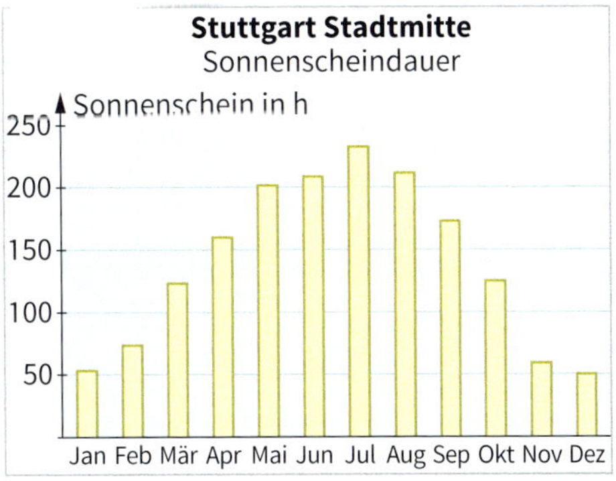

10 = **Anzahl der Sonnenstunden**

Die Tabelle zeigt die durchschnittliche Anzahl der Sonnenstunden pro Tag im Verlauf des Jahres in Lillehammer (Norwegen). Modellieren Sie die Daten mithilfe einer allgemeinen Sinusfunktion und zeichnen Sie den Graphen.

Monat	Jan	Feb	Mär	Apr	Mai	Jun	Jul	Aug	Sep	Okt	Nov	Dez
Stunden pro Tag	1,1	2,1	4,4	6,2	7,1	7,8	7,5	6,4	4,5	2,6	1,3	0,7

11 = **Astronomische Sonnenscheindauer**

Unter der *astronomischen Sonnenscheindauer* versteht man die Zeitspanne zwischen Sonnenaufgang und Sonnenuntergang. Die Tabelle zeigt die ungefähre astronomische Sonnenscheindauer in Stunden für Orte auf dem 50. Breitengrad an.

Datum	22.6.	22.7.	22.8.	22.9.	22.10.	22.11.	22.12.	22.1.	22.2.	22.3.	22.4.	22.5.
Dauer in h	16,2	15,4	13,8	12,0	10,2	8,6	7,8	8,7	10,3	12,2	13,9	15,4

a) Bestimmen Sie eine allgemeine Sinusfunktion, mit der die astronomische Sonnenscheindauer für Orte auf dem 50. Breitengrad gut angenähert wird.

b) Bestimmen Sie die astronomische Sonnenscheindauer am 10. Juli.

c) Berechnen Sie für den 10. Juli den Wert der Ableitungsfunktion und deuten Sie das Ergebnis im Sachkontext.

1.9 Ableitung von Potenzfunktionen

Vorbereiten
Seite 361
Seite 376

Die Funktion f mit $f(x) = \frac{1}{x} = x^{-1}$ nennt man auch **Kehrwertfunktion**, da jeder reellen Zahl $x \neq 0$ ihr Kehrwert zugeordnet wird.

Tom möchte die Ableitung von f mithilfe des Differenzenquotienten bestimmen.

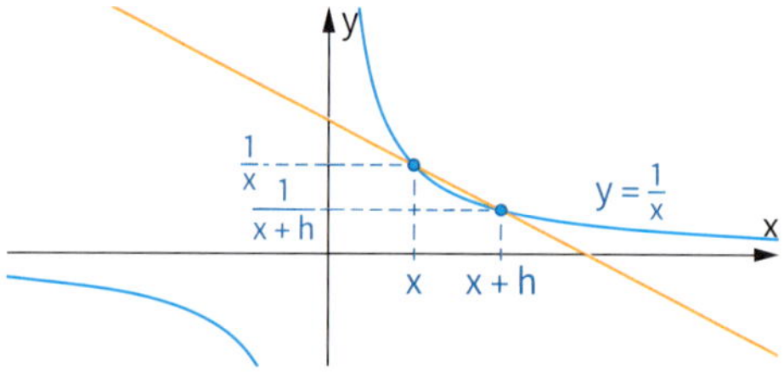

$$\frac{\frac{1}{x+h} - \frac{1}{x}}{h} = \ldots = \frac{\frac{-h}{x\cdot(x+h)}}{h} = \frac{-h}{x\cdot(x+h)} \cdot \frac{1}{h}$$

- Ergänzen Sie die Lücke in Toms Rechnung und bestimmen Sie f′(x).
- Kann die Ableitungsregel für Potenzfunktionen mit natürlichen Exponenten auch für den Exponenten –1 angewendet werden? Überprüfen Sie.

Lösung – Differenzenquotient

Tom hat die beiden Brüche im Zähler des Differenzenquotienten durch Erweitern mit x bzw. $(x + h)$ auf einen gemeinsamen Nenner $x \cdot (x + h)$ gebracht. Im Ergebnis kann dann h für $h \neq 0$ gekürzt werden:

$$\frac{\frac{1}{x+h} - \frac{1}{x}}{h} = \frac{\frac{x}{x\cdot(x+h)} - \frac{x+h}{x\cdot(x+h)}}{h} = \frac{\frac{x-(x+h)}{x\cdot(x+h)}}{h} = \frac{\frac{-h}{x\cdot(x+h)}}{h} = \frac{-h}{x\cdot(x+h)} \cdot \frac{1}{h} = \frac{-1}{x\cdot(x+h)}$$

Für $h \to 0$ gilt: $x \cdot (x + h) \to x^2$

Damit erhält man die Ableitung: $f'(x) = \lim\limits_{h\to 0}\left(\frac{\frac{1}{x+h} - \frac{1}{x}}{h}\right) = \lim\limits_{h\to 0}\left(\frac{-1}{x\cdot(x+h)}\right) = \frac{-1}{x^2} = -\frac{1}{x^2}$

Lösung – Potenzregel

Wendet man die Potenzregel auf $f(x) = x^{-1}$ an, so erhält man: $f'(x) = (-1) \cdot x^{-2} = -\frac{1}{x^2}$
Man kann die Potenzregel also auch für den Exponenten –1 anwenden.

WES-109471-113

> **Ableitung von Potenzfunktionen mit rationalem Exponenten**
>
> **Satz:** Die Funktion f mit $f(x) = x^r$ und $r \in \mathbb{Q}$ hat die Ableitung $\mathbf{f'(x) = r \cdot x^{r-1}}$.

Anmerkung: Der Beweis für diesen Satz kann anhand der Aufgaben 8 und 9 geführt werden.

Potenzregeln beachten

$x^{\frac{n}{m}} = \sqrt[m]{x^n}$ $(x \geq 0;\ n,\ m \in \mathbb{N})$

$x^{-r} = \frac{1}{x^r}$ $(x \neq 0;\ r \in \mathbb{Q})$

Potenzfunktionen ableiten

$f(x) = \frac{1}{\sqrt[3]{x^2}} = x^{-\frac{2}{3}}$

$f'(x) = -\frac{2}{3} \cdot x^{-\frac{2}{3}-1} = -\frac{2}{3} \cdot x^{-\frac{5}{3}} = -\frac{2}{3} \cdot \frac{1}{\sqrt[3]{x^5}} = -\frac{2}{3 \cdot \sqrt[3]{x^5}}$

1 **Ableitung von Potenzfunktionen**

Bestimmen Sie die Ableitung der Funktion f.

a) $f(x) = x^{-4}$ b) $f(x) = 3x^{-5}$ c) $f(x) = \frac{5}{x}$ d) $f(x) = x^{\frac{2}{3}}$

e) $f(x) = x^{-\frac{1}{3}}$ f) $f(x) = \sqrt[3]{x}$ g) $f(x) = \frac{1}{\sqrt{x}}$ h) $f(x) = \sqrt{x^3}$

2 = **Fehlersuche**

Welche Fehler wurden gemacht?

(1) $f(x) = x^{-2}$, $f'(x) = -2x^{-1}$

(2) $g(x) = \frac{3}{x}$, $g'(x) = -\frac{1}{3x^2}$

(3) $h(x) = \frac{1}{2x^2} = 2x^{-2}$, $h'(x) = -4x^{-3}$

3 = **Ableitungsfunktion der Kehrwertfunktion zeichnen**

Gegeben ist die Kehrwertfunktion f. Zeichnen Sie die Graphen von f und von f′ und erklären Sie den Zusammenhang.

4 = **Ableitung der Wurzelfunktion mit dem Differenzenquotienten bestimmen**

Mila möchte die Ableitung der Funktion f mit $f(x) = \sqrt{x}$ mit dem Differenzenquotienten bestimmen. Sie erweitert dazu den Differenzenquotienten.

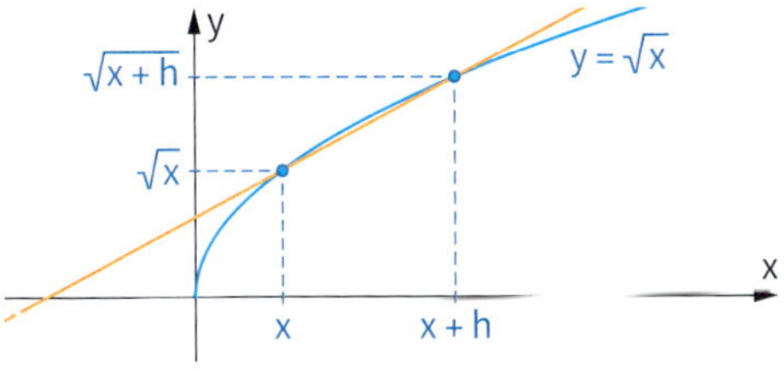

$$\frac{\sqrt{x+h} - \sqrt{x}}{h}$$
$$= \frac{\sqrt{x+h} - \sqrt{x}}{h} \cdot \frac{\sqrt{x+h} + \sqrt{x}}{\sqrt{x+h} + \sqrt{x}}$$
$$= \ldots$$

a) Erläutern Sie Milas Berechnungen, führen Sie diese zu Ende und bestimmen Sie so f′(x).

b) Überprüfen Sie mithilfe von Teilaufgabe a) die Ableitungsregel für die Potenzfunktion mit dem Exponenten $\frac{1}{2}$.

c) Zeichnen Sie die Graphen von f und von f′ und erklären Sie den Zusammenhang. Gehen Sie dabei insbesondere auf Werte in der Nähe von $x = 0$ ein.

Ableitungsregeln anwenden

Faktor- und Summenregel

$f(x) = -\frac{2}{3}\sqrt{x} + 2x^3 - 5$

$f'(x) = -\frac{2}{3} \cdot \frac{1}{2\sqrt{x}} + 6x^2 - 0$

$= -\frac{1}{3} \cdot \frac{1}{\sqrt{x}} + 6x^2 = -\frac{1}{3\sqrt{x}} + 6x^2$

Kettenregel

$f(x) = \frac{1}{\sqrt{x^2+1}} = (x^2+1)^{-\frac{1}{2}}$

$f'(x) = -\frac{1}{2} \cdot (x^2+1)^{-\frac{3}{2}} \cdot 2x = -\frac{x}{\sqrt{(x^2+1)^3}}$

5 = **Ableitungsregeln anwenden**

Ermitteln Sie die Ableitung der Funktion f.

a) $f(x) = 2x^{\frac{1}{4}} + 3\sqrt{x}$ b) $f(x) = \frac{1}{3x} - 2x^{-\frac{2}{3}}$ c) $f(x) = \sqrt[4]{x} - \frac{5}{4x^2}$ d) $f(x) = \sqrt{2x-1}$

e) $f(x) = \sqrt[3]{5x-4}$ f) $f(x) = \frac{1}{\sqrt{x-3}}$ g) $f(x) = \sqrt{x^2+1}$ h) $f(x) = \frac{1}{x^2+1}$

6 = Bestimmen Sie die Ableitung der Funktion f.

a) $f(x) = 2\sqrt{x} + 1$ b) $f(x) = \frac{1}{2x} - 3$ c) $f(x) = \frac{2}{\sqrt[3]{4x}}$ d) $f(x) = \sqrt[5]{x^2+4}$

Prüfe dich! Lösungen auf Seite 395

7 = a) Zeigen Sie mithilfe des Differenzenquotienten: Für $f(x) = \frac{1}{x^2}$ ist $f'(x) = -\frac{2}{x^3}$.

b) Zeichnen Sie die Graphen von f und von f′ und erklären Sie den Zusammenhang.

8 Ableitung der n-ten Wurzel

Die Ableitungsregel für die Wurzelfunktion kann man auch mit der Kettenregel herleiten.

Für $x > 0$ gilt:

$(\sqrt{x})^2 = x$ — beide Seiten ableiten; Kettenregel für die linke Seite

$2 \cdot \sqrt{x} \cdot (\sqrt{x})' = 1$ — durch $2\sqrt{x}$ dividieren

$(\sqrt{x})' = \frac{1}{2\sqrt{x}}$

Für $f(x) = \sqrt{x} = x^{\frac{1}{2}}$ erhält man also: $f'(x) = \frac{1}{2\sqrt{x}} = \frac{1}{2} \cdot x^{-\frac{1}{2}}$

Zeigen Sie auf gleiche Weise ausgehend von der Gleichung $(\sqrt[n]{x})^n = x$:

Ableitung der n-ten Wurzel

Für die Funktion f mit $f(x) = \sqrt[n]{x} = x^{\frac{1}{n}}$, $n \in \mathbb{N}$ und $x > 0$ gilt: $f'(x) = \frac{1}{n \cdot (\sqrt[n]{x})^{n-1}} = \frac{1}{n} \cdot x^{\frac{1}{n}-1}$

9 Ableitung von Potenzfunktionen mit rationalem Exponenten

a) Die Funktion f mit $f(x) = x^{-m}$ und $m \in \mathbb{N}$ soll abgeleitet werden.
Zeigen Sie mithilfe der Kettenregel und der Darstellung $f(x) = (x^m)^{-1}$, dass gilt:

$f'(x) = -m \cdot x^{-m-1}$

b) Die Ableitung einer beliebigen Potenzfunktion f mit rationalem Exponenten $r = \frac{m}{n}$ für $m \in \mathbb{Z}$ und $n \in \mathbb{N}$ soll bestimmt werden.
Zeigen Sie mithilfe der Kettenregel und der Darstellung $f(x) = x^r = x^{\frac{m}{n}} = \left(x^{\frac{1}{n}}\right)^m$ den Satz aus der Information auf Seite 46.

Für die Funktion f mit $f(x) = x^r$ und $r \in \mathbb{Q}$ gilt: $f'(x) = r \cdot x^{r-1}$

10 Steigungen bestimmen

Bestimmen Sie die Steigung der Funktion f an der Stelle x_0.

a) $f(x) = \frac{1}{2x^2}$; $x_0 = 2$
b) $f(x) = \frac{1}{2\sqrt{x}} + x$; $x_0 = 1$
c) $f(x) = \frac{4}{5x^3} + x$; $x_0 = 1$
d) $f(x) = \frac{1}{x^n}$, $n \in \mathbb{N}$; $x_0 = 1$
e) $f(x) = 4x^2 - 4x^{-2}$; $x_0 = 2$
f) $f(x) = 12\sqrt[3]{x} + 8\sqrt{x}$; $x_0 = 64$

11 Tangentengleichungen bestimmen

Bestimmen Sie eine Gleichung der Tangente an den Graphen der Funktion f im Punkt P.

a) $f(x) = \frac{2}{x^2}$, $P(1|2)$
b) $f(x) = 2\sqrt{x}$, $P(4|4)$
c) $f(x) = 3x^{-1} + 2x$, $P(2|f(2))$
d) $f(x) = \frac{1}{\sqrt{x}}$, $P(4|f(4))$

12 Wasserrutsche

Der Verlauf einer Wasserrutsche kann durch die Funktion f mit $f(x) = \frac{10}{x}$ für $2 \le x \le 12$ beschrieben werden. Dabei sind x und f(x) in Metern angegeben.

a) Berechnen Sie die Höhe der Wasserrutsche am höchsten und am niedrigsten Punkt.
b) Bestimmen Sie die Steigung an der Stelle $x = 12$ und geben Sie den Steigungswinkel an dieser Stelle an.
c) Untersuchen Sie, ob es eine Stelle gibt, an der der Steigungswinkel −45° beträgt.

13 Minimaler Umfang bei gegebener Fläche

Ein Rechteck soll bei einem Flächeninhalt von 25 cm² einen minimalen Umfang haben. Bestimmen Sie die Maße des Rechtecks.

14 = **Maximale bedruckbare Fläche**

Ein rechteckiges Plakat hat einen Flächeninhalt von $A = 35\,dm^2$. Es wird so bedruckt, dass die Ränder an den Seiten jeweils 4 cm, oben und unten jeweils 5 cm betragen. Bei welchen Maßen des Plakats ist die bedruckte Fläche am größten?

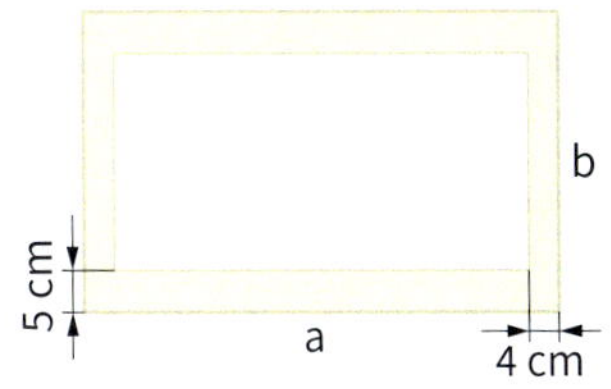

15 = **Quaderförmige Schachtel**

Eine quaderförmige Schachtel mit quadratischer Grundfläche hat ein Volumen von $343\,cm^3$. Wie sind die Kantenlängen zu wählen, damit die Oberfläche möglichst klein wird?

16 ≡ **Getränkedose**

Eine 330-ml-Aluminium-Getränkedose hat einen Durchmesser von 5,6 cm und eine Höhe von 14,5 cm. Nina und Theo untersuchen, welche Maße die Dose haben muss, damit man bei gleichem Volumen möglichst wenig Aluminium benötigt.

a) Zeigen Sie, dass beide Zielfunktionen richtig aufgestellt wurden.

b) Begründen Sie, dass Ninas Zielfunktion für die Lösung des Problems besser geeignet ist. Führen Sie ihren Lösungsweg zu Ende.

17 ≡ **Tangente an einer beliebigen Stelle**

Gegeben ist die Kehrwertfunktion f.

a) Zeigen Sie, dass die Tangente t_a an den Graphen von f an der Stelle $a > 0$ die Gleichung $t_a(x) = -\frac{x}{a^2} + \frac{2}{a}$ hat.

b) Bestimmen Sie die Schnittpunkte der Tangente t_a mit den Koordinatenachsen in Abhängigkeit von a.

c) Zeigen Sie, dass der Flächeninhalt der Fläche, die die Tangente t_a mit den Koordinatenachsen einschließt, unabhängig von a ist.

18 ≡ **Quotientenregel**

Joris will die Ableitung der Funktion f mit $f(x) = \frac{\sin(x)}{x}$ bestimmen.

Er sagt: *„Ich kenne zwar keine Regel für die Ableitung eines Quotienten zweier Funktionen, aber es gilt $f(x) = \sin(x) \cdot x^{-1}$ und somit kann ich die Produktregel anwenden."*

a) Bestimmen Sie die Ableitung von f mithilfe der Produktregel.

b) Leiten Sie eine Regel für die Ableitung eines Quotienten $\frac{u}{v}$ zweier Funktionen u und v mithilfe der Produkt- und der Kettenregel her.

19 = **Parameter bestimmen**

Die Tangente an den Graphen der Funktion f mit $f(x) = \frac{a}{x^3}$ im Punkt $P(-1\,|\,f(-1))$ hat die Gleichung $y = -9x - 12$. Bestimmen Sie den Wert des Parameters a.

20 = **Monotonie untersuchen**

Luca behauptet:

„Die Funktion f mit $f(x) = 4x + 3 - \frac{1}{x}$ ist streng monoton wachsend, da $f'(x) > 0$ für alle $x \in D$."

Nehmen Sie zu dieser Behauptung Stellung.

Mein Merkzettel

Seite 17

Lineares Gleichungssystem mit dem Gauß-Algorithmus lösen

- *Additionsverfahren wiederholt anwenden*
- *Bis zur* ***Dreiecksgestalt*** *umformen, dann durch Einsetzen lösen*

① $\left|\begin{array}{rcl} x+3y+z &=& 2 \\ -2x-4y+2z &=& 6 \\ 3x+y+z &=& 8 \end{array}\right| \begin{array}{l} \cdot 2 \text{ (zu II addieren)};\ \cdot(-3) \text{ (zu III addieren)} \end{array}$

② $\left|\begin{array}{rcl} x+3y+z &=& 2 \\ 2y+4z &=& 10 \\ -8y-2z &=& 2 \end{array}\right| \begin{array}{l} \cdot 4 \text{ (zu III addieren)} \end{array}$

③ $\left|\begin{array}{rcl} x+3y+z &=& 2 \\ 2y+4z &=& 10 \\ 14z &=& 42 \end{array}\right| \begin{array}{l} \\ :2 \\ :14 \end{array}$

④ $\left|\begin{array}{rcl} x+3y+z &=& 2 \\ y+2z &=& 5 \\ z &=& 3 \end{array}\right|$ Einsetzen und Vereinfachen

$L = \{(2\,|-1\,|\,3)\}$

Seite 21
Seite 23
Seite 24

Bedingungen bei Steckbriefaufgaben übersetzen

Der Graph einer Funktion f ...	Gleichungen
verläuft durch $P(3\,|\,5)$	$f(3)=5$
hat einen Extrempunkt $E(3\,|\,5)$	$f(3)=5$ *und* $f'(3)=0$
hat einen Wendepunkt $W(3\,|\,5)$	$f(3)=5$ *und* $f''(3)=0$
hat einen Sattelpunkt $S(3\,|\,5)$	$f(3)=5;\ f'(3)=0$ *und* $f''(3)=0$
schneidet die x-Achse an der Stelle $x=3$	$f(3)=0$
berührt die x-Achse an der Stelle $x=3$	$f(3)=0$ *und* $f'(3)=0$
hat an der Stelle $x=3$ *die Steigung 2*	$f'(3)=2$
hat an der Stelle $x=3$ *eine Wendetangente t mit* $t(x)=2x+1$	$f'(3)=2$ *und* $f''(3)=0;\ f(3)=t(3)=7$
ist achsensymmetrisch zur y-Achse	*nur gerade Exponenten:* $f(x)=a_0+a_2x^2+\ldots$
ist punktsymmetrisch zum Ursprung	*nur ungerade Exponenten:* $f(x)=a_1x+a_3x^3+\ldots$

Seite 21

Ganzrationale Funktion bestimmen

Der Graph von f verläuft durch den Punkt $(0\,|\,0)$ *mit der Steigung* -3 *und hat den Tiefpunkt* $(1\,|-2)$.

- *Bedingungen als Gleichungen formulieren* — ① $f(0)=0$ ② $f'(0)=-3$ ③ $f(1)=-2$ ④ $f'(1)=0$
- *Grad festlegen* — *Es sind vier Gleichungen, also Grad 3*
- *Allgemeine Funktionsgleichung und benötigte Ableitungen angeben* — $f(x)=ax^3+bx^2+cx+d$; $f'(x)=3ax^2+2bx+c$
- *Gleichungssystem aufstellen und lösen* — $\left|\begin{array}{rcl} d &=& 0 \\ a+b+c+d &=& -2 \\ c &=& -3 \\ 3a+2b+c &=& 0 \end{array}\right|$ *hat die Lösung* $\begin{array}{rcl} a &=& 1 \\ b &=& 0 \\ c &=& -3 \\ d &=& 0 \end{array}$
- *Funktionsgleichung angeben und prüfen* — $f(x)=x^3-3x$ *erfüllt alle Bedingungen* ✓

Ableitung weiterer Funktionen

Seite 36
Seite 46

Sinusfunktion

$f(x)=\sin(x)$ $\quad f'(x)=\cos(x)$

Kosinusfunktion

$f(x)=\cos(x)$ $\quad f'(x)=-\sin(x)$

Achtung: minus!

Potenzfunktion mit rationalem Exponenten

$f(x)=x^r$ mit $r\in\mathbb{Q}$ $\quad f'(x)=r\cdot x^{r-1}$

$f(x)=\sqrt{x}=x^{\frac{1}{2}};\ x>0$ $\quad f'(x)=\frac{1}{2}x^{-\frac{1}{2}}=\frac{1}{2\sqrt{x}}$

„wie bei natürlichem Exponenten"

Weitere Ableitungsregeln

Seite 38
Seite 40

Kettenregel

$f(x) = u(v(x))$

$f'(x) = u'(v(x)) \cdot v'(x)$ **„äußere mal innere Ableitung"**

$f(x) = \sin(x^3)$

$u(x) = \sin(x)$ $\quad v(x) = x^3$

$u'(x) = \cos(x)$ $\quad v'(x) = 3x^2$

$f'(x) = \cos(x^3) \cdot 3x^2$

Produktregel

$f(x) = u(x) \cdot v(x)$

$f'(x) = u'(x) \cdot v(x) + u(x) \cdot v'(x)$

$f(x) = \sin(x) \cdot x^3$

$u(x) = \sin(x)$ $\quad v(x) = x^3$

$u'(x) = \cos(x)$ $\quad v'(x) = 3x^2$

$f'(x) = \cos(x) \cdot x^3 + \sin(x) \cdot 3x^2$

Extremwertproblem lösen

Seite 11

Gesucht: Maximaler Flächeninhalt eines Rechtecks bei einem Umfang von 20 cm

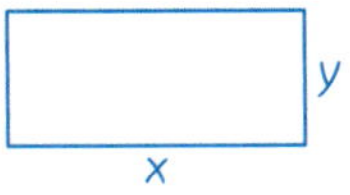

- *Skizze mit Variablen erstellen*
- ***Extremalbedingung** aufstellen* — $A = x \cdot y$ *maximal*
- ***Nebenbedingung** finden* — $2x + 2y = 20$; *nach y auflösen:* $y = 10 - x$
  Beziehung zwischen Variablen herstellen
- ***Zielfunktion** aufstellen* — $A(x) = x \cdot (10 - x) = -x^2 + 10x$
  Nebenbedingung einsetzen
- *Definitionsbereich festlegen* — $D = [0; 10]$
- *Lokale Extremstellen bestimmen* — $A'(x) = -2x + 10$; *also Extremstelle* $x = 5$
- *Randwerte prüfen* — $A(5) = 25 \quad A(0) = 0; \; A(10) = 0$
  An der Stelle $x = 5$ *liegt das globale Maximum.*
- *Ergebnis am Sachverhalt prüfen* — $x = 5\,\text{cm}$; $y = 5\,\text{cm}$ *geometrisch möglich* ✓
- *Ergebnis im Sachzusammenhang angeben* — *Das Rechteck ist ein Quadrat mit der Seitenlänge 5 cm. Der maximale Flächeninhalt beträgt 25 cm².*

Funktionenscharen untersuchen

Seite 28

- *Schreibweise z. B.* f_a
  *Funktionsterm enthält außer der Variablen noch einen **Parameter** a.*
- *Beim Ableiten: a wird wie ein konstanter Wert behandelt.*
- *eventuell Fallunterscheidungen machen*

$f_a(x) = x^3 - 3ax$; $a \in \mathbb{R}$

$f_a'(x) = 3x^2 - 3a$

Extremstellen: notwendige Bedingung $f_a'(x) = 0$

- $a > 0$: $3x^2 - 3a = 0$ hat die Lösungen $x = \pm\sqrt{a}$
- $a = 0$: $3x^2 = 0$ hat die Lösung $x = 0$
- $a < 0$: $3x^2 - 3a = 0$ hat keine Lösung

Term der Umkehrfunktion bestimmen

Seite 35

$f(x) = (x+2)^2 - 1$

- *Graphen von f betrachten*

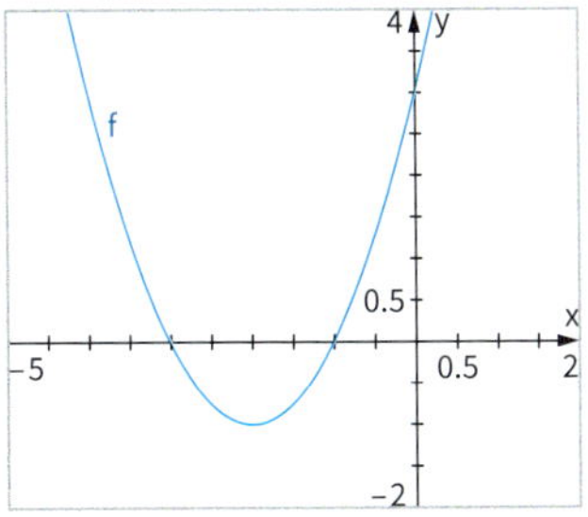

- *ggf.* D_f *einschränken* — z. B. $D_f = [-2; \infty[$, dann $W_f = [-1; \infty[$
- *x und y vertauschen*

$y = (x+2)^2 - 1 \quad x \geq -2$

$x = (y+2)^2 - 1 \quad y \geq -2$

- *nach y auflösen*

$x + 1 = (y+2)^2$

$y = \sqrt{x+1} - 2$ *positive Wurzel!*

Für $D_f = [-2; \infty[$ *existiert eine Umkehrfunktion* f^{-1} *mit*

$f^{-1}(x) = \sqrt{x+1} - 2$; $D_{f^{-1}} = [-1; \infty[$; $W_{f^{-1}} = [-2; \infty[$.

Wiederholen für die Klausur

Lösungen auf Seite 396

Teil A – Aufgaben ohne Hilfsmittel

1 Lineare Gleichungssysteme

Bestimmen Sie die Lösungsmenge durch Anwenden des Gauß-Algorithmus.

a) $\left| \begin{array}{l} x - y + z = -2 \\ 2x + y + z = 3 \\ -x + 2y - z = 4 \end{array} \right|$ b) $\left| \begin{array}{l} x - 2y + z = 3 \\ 3x - 5y + 2z = 9 \\ x - 3y + 2z = 3 \end{array} \right|$ c) $\left| \begin{array}{l} 4x - 3y - 3z = 3 \\ 2x - 5y - z = 1 \\ x + y - z = 2 \end{array} \right|$

2 Funktionsterm bestimmen

Bestimmen Sie eine ganzrationale Funktion dritten Grades, die in $H(0|0)$ einen Hochpunkt hat, durch den Punkt $P(2|4)$ verläuft und an der Stelle $x = 1$ eine Nullstelle besitzt.

3 Funktionenschar

Gegeben ist die Funktionenschar f_t mit $f_t(x) = t \cdot x^3 - 3x^2 + 9x$.

a) Ermitteln Sie die Anzahl der Nullstellen von f_t in Abhängigkeit von t.

b) Bestimmen Sie den Wert des Parameters t so, dass der Graph der zugehörigen Funktion f_t einen Wendepunkt an der Stelle $x = 3$ hat.

4 Graph der Umkehrfunktion zeichnen

Die Abbildung zeigt den Graphen einer Funktion f.

a) Zeichnen Sie den Graphen der Umkehrfunktion f^{-1}.

b) Geben Sie jeweils den Definitions- und den Wertebereich von f und f^{-1} an.

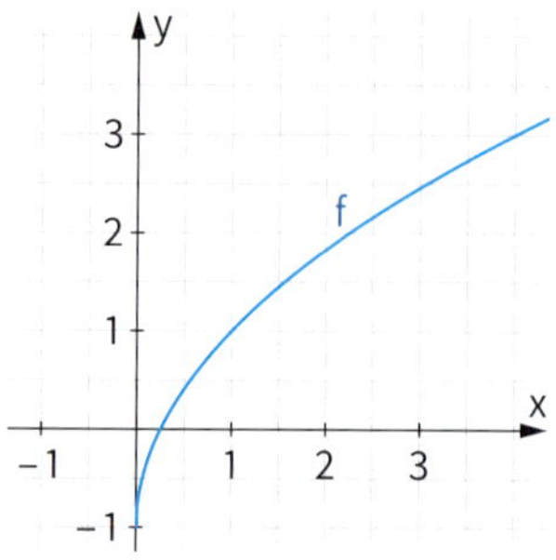

5 Temperatureinheiten

Zur Umrechnung in Grad Fahrenheit (°F) multipliziert man eine Temperatur, die in Grad Celsius (°C) gegeben ist, mit 1,8 und addiert anschließend 32.

a) Stellen Sie einen Funktionsterm für die Umrechnung von °C in °F auf.

b) Rechnen Sie in °F um: (1) −15 °C (2) 0 °C (3) 25 °C (4) 50 °C (5) 100 °C

c) Die durchschnittliche Temperatur in Orlando, Florida, im August 2023 betrug 86 °F. Rechnen Sie in °C um. Bestimmen Sie dazu einen passenden Funktionsterm.

6 Ableitungsregeln anwenden

Bestimmen Sie die erste Ableitung der Funktion f.

a) $f(x) = \sqrt{2x - 4}$ b) $f(x) = 3x^2 \cdot \sqrt{x}$ c) $f(x) = \sqrt{\frac{1}{x^3}}$

7 Tangente und Normale

Gegeben ist die Funktion f mit $f(x) = \sqrt{x} - \frac{2}{x}$.

a) Berechnen Sie $f'(x)$.

b) Bestimmen Sie die Gleichung der Tangente und der Normalen an den Graphen von f an der Stelle $x_0 = 1$.

8 Ableitung einer Kosinusfunktion

Gegeben ist die Funktion f mit $f(x) = -\cos(x)$.

a) Zeichnen Sie den Graphen von f in ein geeignetes Koordinatensystem.

b) Berechnen Sie $f'(x)$.

c) Zeichnen Sie den Graphen von f′ in das gleiche Koordinatensystem und erklären Sie die Zusammenhänge beider Graphen.

d) Erklären Sie die Bedeutung des Terms $\frac{f\left(\frac{\pi}{2} + h\right) - f\left(\frac{\pi}{2}\right)}{h}$ für $h \to 0$ und bestimmen Sie diesen Grenzwert.

Teil B – Aufgaben mit Hilfsmitteln

Lösungen auf Seite 397

9 **Volumen eines Pakets**

Eine Kartonagenfabrik stellt quaderförmige Pakete mit quadratischen Seitenflächen her. Damit die Pakete nicht zu unhandlich werden, sollen zwei Bedingungen erfüllt sein:

- Die Länge soll nicht größer als 200 cm sein.
- Länge plus Umfang der quadratischen Seitenfläche soll 360 cm groß sein.

Ermitteln Sie die Abmessungen des Pakets mit dem größten Volumen und geben Sie das maximale Volumen an.

10 **Funktion dritten Grades bestimmen**

Bestimmen Sie eine ganzrationale Funktion dritten Grades, die folgende Bedingungen erfüllt:

- Die Stelle $x = -1$ ist eine Nullstelle von f.
- Der Funktionsgraph hat an der Stelle $x = -2$ einen Wendepunkt.
- Die Gleichung der Wendetangente lautet $y = 3x + 2{,}5$.

11 **Funktion vierten Grades bestimmen**

Der Graph einer ganzrationalen Funktion vierten Grades ist symmetrisch zur y-Achse, geht durch den Punkt $P(0|2)$ und hat im Punkt $Q(2|0)$ eine Tangente mit der Steigung 2. Bestimmen Sie die Gleichung dieser Funktion.

12 **Verlauf einer Krankheit**

Die Grafik zeigt den Verlauf einer Krankheit. Diesen kann man mit einer ganzrationalen Funktion vierten Grades annähern.

a) Beschreiben Sie anhand des Graphen den Krankheitsverlauf.

b) Bestimmen Sie die zugehörige Funktionsgleichung.

c) Berechnen Sie die maximale Anzahl an erkrankten Personen im Verlauf der Krankheitswelle.

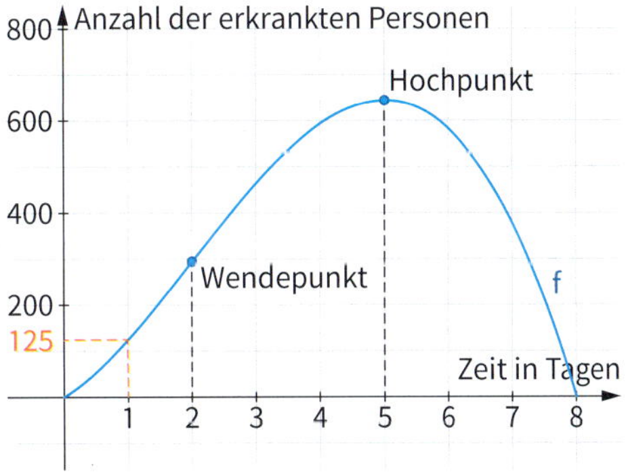

13 **Parameter bestimmen**

Berechnen Sie, für welche Werte von $t \in \mathbb{R}$ der Graph von f_t mit $f_t(x) = \frac{1}{2}x^3 + tx^2 + 6x - 2$

(1) keine Punkte mit waagerechter Tangente hat;

(2) genau einen Punkt mit waagerechter Tangente hat.
Begründen Sie, dass dieser Punkt kein Extrempunkt sein kann.

14 **Term der Umkehrfunktion bilden**

Bestimmen Sie für einen geeigneten Definitionsbereich der Funktion f den Term der Umkehrfunktion f^{-1}. Geben Sie den Definitionsbereich und den Wertebereich von f^{-1} an.

a) $f(x) = x^2 - 2x + 1$

b) $f(x) = \sqrt{2 - x}$

15 **Minimaler Umfang bei gegebener Fläche**

Ein Rechteck soll bei einem Flächeninhalt von $64\,cm^2$ einen minimalen Umfang haben. Bestimmen Sie die Maße des Rechtecks.

16 **Ableitung einer Sinusfunktion**

Gegeben ist die Funktion f mit $f(x) = \sin(2x)$.

a) Beschreiben Sie, wie der Graph von f aus der Sinuskurve hervorgeht.

b) Stellen Sie eine Vermutung für den Funktionsterm von f′ auf und begründen Sie diese geometrisch.

2 Integralrechnung

Drohnen-Shows werden beliebter. Dabei werden fließende Lichteffekte durch synchron fliegende Drohnen erzeugt.
Auch private Drohnen erfreuen sich zunehmender Beliebtheit. Diese erreichen Steiggeschwindigkeiten bis zu 2 m/s und können in einer bestimmten Höhe verweilen. Ihre vorgeschriebene maximale Flughöhe ohne Genehmigung beträgt 120 m.

- Wie kann man aus gegebenen Änderungsraten den Bestand einer Größe bestimmen?
- Was ist ein Integral und wie bestimmt man es?
- Wie kann man Flächeninhalte von krummlinig berandeten Flächen mithilfe von Integralen bestimmen?

2.1 Von der Änderung zum Bestand

Vorbereiten
Seite 369

Gefüllte Punkte gehören zum Graphen, ungefüllte nicht.

Die Grafik zeigt die momentane Steiggeschwindigkeit einer Drohne in Meter pro Sekunde in einem Zeitraum von 60 s ab Beobachtungsbeginn. Zu Beginn hat die Drohne eine Flughöhe von 10 m.

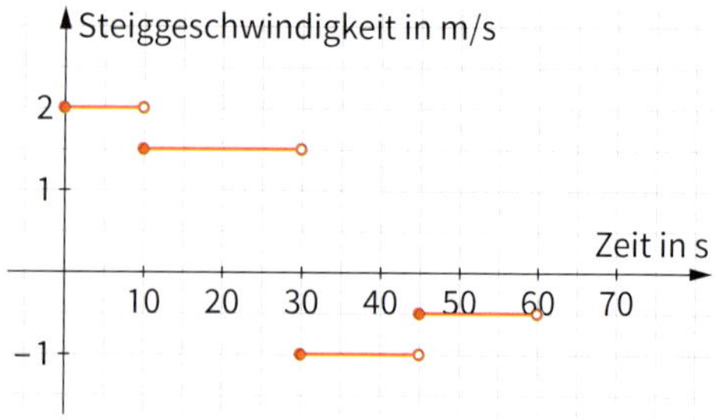

- Welche Flughöhe hat die Drohne am Anfang und am Ende der einzelnen Teilzeiträume? Wie hat sich die Flughöhe im gesamten Zeitraum verändert?
- Welche Zusammenhänge zwischen der Steiggeschwindigkeit und der Flughöhe lassen sich erkennen? Stellen Sie dazu die Flughöhe der Drohne grafisch dar.
- Welche Bedeutung haben die Flächeninhalte der Rechtecke, die in den einzelnen Intervallen zwischen Graph und x-Achse liegen?

Lösung – Flughöhe

Die Drohne hat zum Zeitpunkt 0 s eine Flughöhe von 10 m. Im Zeitraum 0 s bis 10 s steigt sie 10 s lang mit der konstanten Steiggeschwindigkeit von 2 m/s. Die Flughöhe ändert sich somit um $10\,\text{s} \cdot 2\,\text{m/s}$, also um 20 m, und beträgt am Ende nach 10 s dann 30 m.
Entsprechend berechnet man die Flughöhe in den anderen Zeiträumen.

Zeitraum	Flughöhe zu Beginn des Zeitraums in m	Änderung der Flughöhe in m	Flughöhe am Ende des Zeitraums in m
0 s bis 10 s	10	$10 \cdot 2 = 20$	$10 + 20 = 30$
10 s bis 30 s	30	$20 \cdot 1{,}5 = 30$	$30 + 30 = 60$
30 s bis 45 s	60	$15 \cdot (-1) = -15$	$60 - 15 = 45$
45 s bis 60 s	45	$15 \cdot (-0{,}5) = -7{,}5$	$45 - 7{,}5 = 37{,}5$

Die Flughöhe beträgt zu Beginn des gesamten Zeitraums 10 m und am Ende 37,5 m. Sie hat somit um 27,5 m zugenommen.

Lösung – grafische Darstellung

Da die momentanen Steiggeschwindigkeiten in den Teilintervallen konstant sind, ist die Flughöhe linear abhängig von der Zeit und man kann den Graphen der Flughöhe in Abhängigkeit von der Zeit als Streckenzug zeichnen.
Ist die Steiggeschwindigkeit positiv, nimmt die Flughöhe zu. Ist die Steiggeschwindigkeit negativ, nimmt die Flughöhe ab.

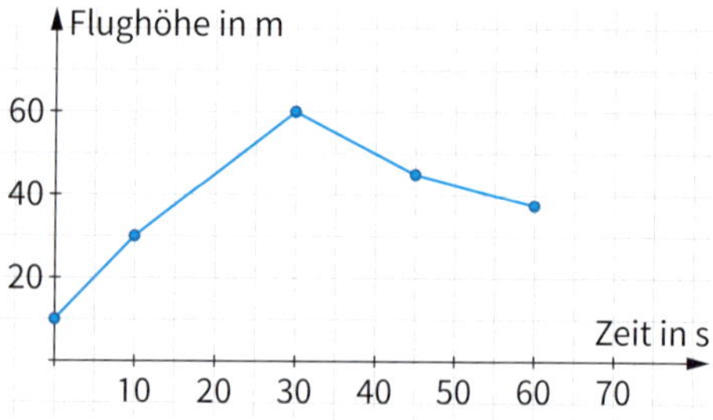

Lösung – Deutung der Flächeninhalte

Die Flächeninhalte entsprechen der Zu- bzw. Abnahme der Flughöhe. Nimmt die Flughöhe zu, liegt die Fläche oberhalb der x-Achse und ihr Flächeninhalt wird zur vorherigen Flughöhe addiert. Nimmt die Flughöhe ab, liegt die Fläche unterhalb der x-Achse und ihr Flächeninhalt wird von der vorherigen Flughöhe subtrahiert.

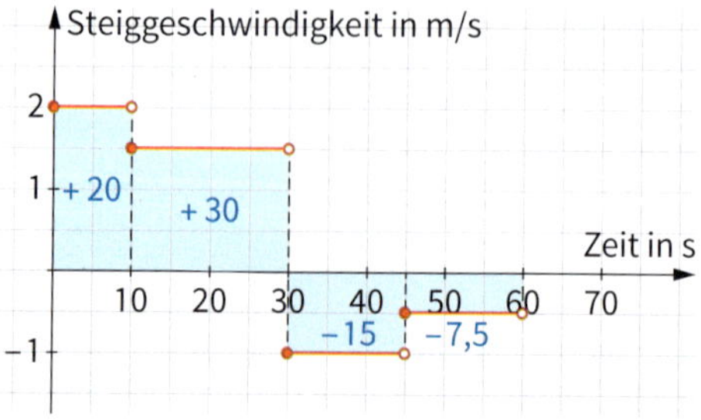

Bestand aus konstanten Änderungsraten rekonstruieren

Die abschnittsweise konstante Funktion f beschreibt die Änderungsrate einer Funktion F über dem Intervall $[a; b]$. Die Funktion F beschreibt den **Bestand** einer Größe.

Die **Änderung** von F über einem Teilintervall entspricht dann dem Flächeninhalt des zugehörigen Rechtecks. Flächeninhalte unterhalb der x-Achse bekommen hierbei ein negatives Vorzeichen. Man spricht deshalb von **orientierten Flächeninhalten**.

Die **gesamte Änderung $F(b) - F(a)$** ist die Summe aller orientierten Flächeninhalte:

$F(b) - F(a) = A_1 + A_2 + (-A_3) + A_4$

Kennt man neben den Änderungsraten den **Anfangsbestand $F(a)$**, so lässt sich der **Bestand $F(b)$** rekonstruieren:

$F(b) = F(a) + A_1 + A_2 + (-A_3) + A_4$

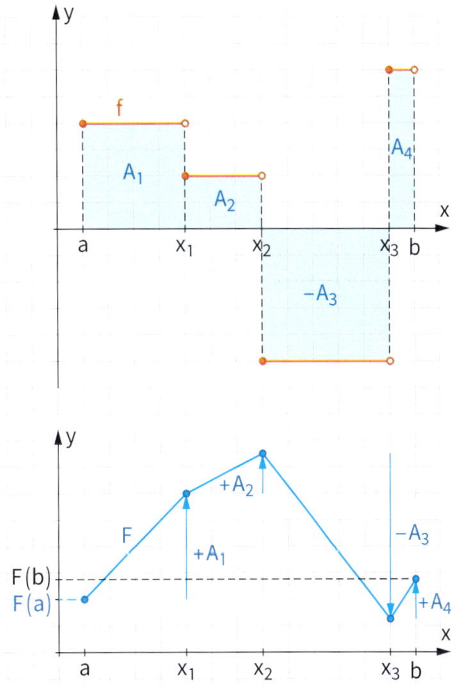

WES-109471-201

1 **Regenwasserspeicher**

In einem Regenwasserspeicher befinden sich zu Beobachtungsbeginn 100 Liter Wasser. Die Grafik zeigt die Änderung der Wassermenge im Wasserspeicher in Liter pro Stunde in einem Zeitraum von 8 Stunden.

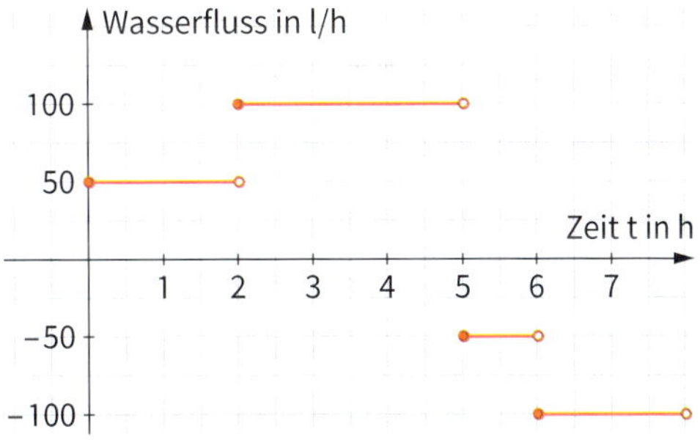

a) Erläutern Sie, welche Bedeutung ein positiver bzw. negativer Wasserfluss für den Inhalt des Wasserspeichers hat.

b) Bestimmen Sie die Wassermenge, die sich am Anfang und am Ende der jeweiligen Teilzeiträume im Wasserspeicher befindet. Wie hat sich die Wassermenge im gesamten Zeitraum verändert?

c) Stellen Sie die Wassermenge im Zeitraum von 8 Stunden grafisch dar.

2 **Pumpspeicherwerk**

In Pumpspeicherwerken wird Wasser mit überflüssigem Strom in das obere Becken gepumpt und bei Bedarf zur Stromgewinnung in das untere Becken geleitet.
Die Tabelle zeigt die momentane Änderungsrate der Wassermenge im oberen Becken eines Pumpspeicherwerks.

Zeitraum	0 bis 9 Uhr	9 bis 14 Uhr	14 bis 18 Uhr
Änderungsrate in m^3 pro Stunde	300 000	−600 000	200 000

Um 0 Uhr sind 120 Mio. Kubikmeter Wasser im oberen Becken.
Stellen Sie die zeitliche Entwicklung der Wassermenge im oberen Becken grafisch dar.

Hektar: ha
1 ha = 10 000 m²
1 km² = 1000 ha

3 Waldfläche

Eine Waldfläche wird durch Holzeinschlag um 10 Hektar pro Jahr verringert. Nach 5 Jahren wird der Einschlag beendet und die Fläche wird wieder aufgeforstet, sodass die Waldfläche dann um 7 Hektar pro Jahr zunimmt.

a) Die Funktion f beschreibt die Änderungsrate der Waldfläche in Hektar pro Jahr. Zeichnen Sie den Graphen von f.

b) Untersuchen Sie, wann die Waldfläche wieder ihre ursprüngliche Größe erreicht hat.

c) Bestimmen Sie jeweils die Änderung der Waldfläche in der Zeit
(1) von 0 bis 5 Jahren; (2) von 5 bis 15 Jahren; (3) von 2 bis 10 Jahren.

4 Fahrtzeiten

Ein Navigationssystem rechnet für die Fahrt auf einer Autobahn mit einer durchschnittlichen Geschwindigkeit von 120 km/h und für die Fahrt auf einer Landstraße mit einer durchschnittlichen Geschwindigkeit von 80 km/h.

a) Das Navigationssystem schlägt eine Route vor, die eine Stunde über Land, vier Stunden über die Autobahn und eine weitere halbe Stunde über Land führt.
Veranschaulichen Sie den Sachverhalt grafisch und berechnen Sie die Länge der Route.

b) Während der Fahrt kann die zugrunde gelegte Durchschnittsgeschwindigkeit wegen eines hohen Verkehrsaufkommens nicht erreicht werden. Die tatsächliche Durchschnittsgeschwindigkeit beträgt auf der Landstraße 65 km/h und auf der Autobahn 100 km/h.
Veranschaulichen Sie dies ebenfalls grafisch und berechnen Sie die Fahrtzeit.

WES-109471-202

Bestand aus linearen Änderungsraten rekonstruieren

Bei linearen Änderungsraten f entspricht die Änderung von F ebenfalls dem Flächeninhalt der zugehörigen Fläche zwischen dem Graphen von f und der x-Achse.
Dies wird plausibel, wenn man die Fläche in beliebig kleine Teilflächen mit konstanten Änderungsraten zerlegt. Die Summe der Rechteckflächen unterscheidet sich dann kaum noch von der Fläche unter dem Graphen von f.

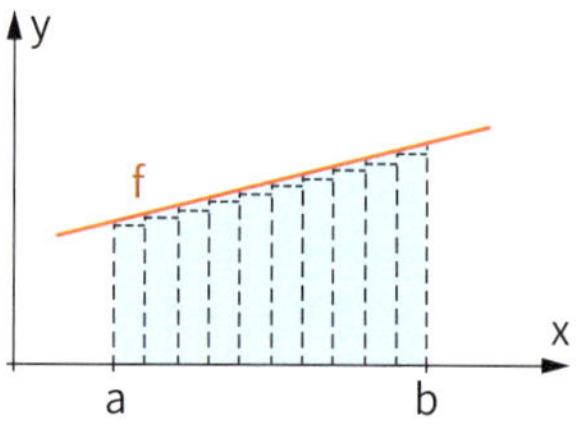

Bestand aus linearen Änderungraten rekonstruieren

Die Grafik zeigt die momentane Änderungsrate der Ausbreitungsgeschwindigkeit eines Feuers bei einem Waldbrand. Die Anfangsgeschwindigkeit lag bei 0,3 km/h.
Bestimmen Sie die Ausbreitungsgeschwindigkeit des Feuers nach 6 Stunden.

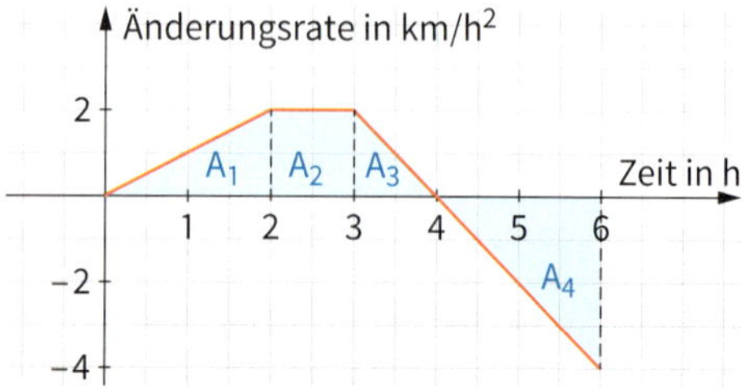

Lösung

Flächeninhalte der Teilflächen berechnen

$A_1 = \frac{1}{2} \cdot (2-0) \cdot 2 = 2$ $A_2 = (3-2) \cdot 2 = 2$ $A_3 = \frac{1}{2} \cdot (4-3) \cdot 2 = 1$ $A_4 = \frac{1}{2} \cdot (6-4) \cdot 4 = 4$

Bestand bestimmen

$0{,}3 + A_1 + A_2 + A_3 + (-A_4) = 0{,}3 + 2 + 2 + 1 - 4 = 1{,}3$

Nach 6 Stunden breitet sich das Feuer mit einer Geschwindigkeit von 1,3 km/h aus.

5 = **Gewicht eines Igels**

Igel sind die einzigen Insektenfresser, die in den Winterschlaf gehen. Die Grafik zeigt die momentane Änderungsrate des Gewichts eines Igels innerhalb eines Jahres. Zu Beginn hatte der Igel ein Gewicht von 250 g. Berechnen Sie das Gewicht des Igels nach 3; 5; 11 und 12 Monaten.

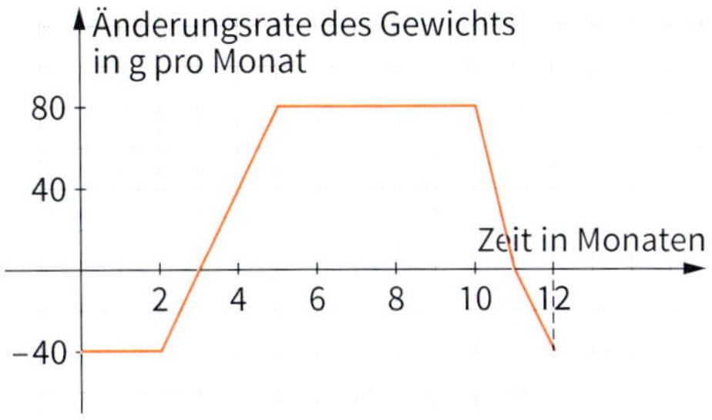

6 = **Änderung einer Größe**

Die Graphen beschreiben jeweils die Änderungsrate einer Größe.

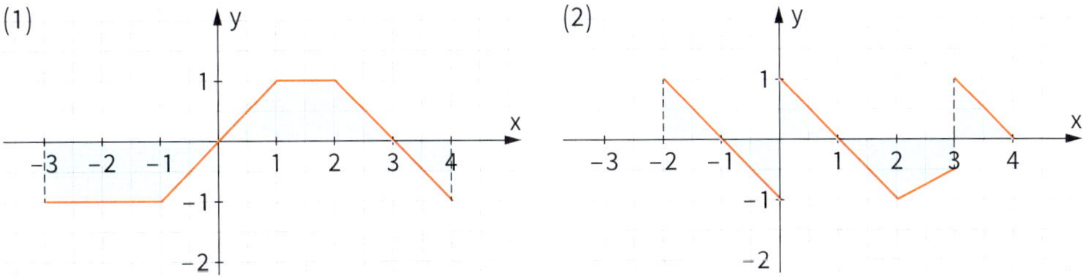

a) Bestimmen Sie die Änderung der Größe im Intervall [−2; 3].
b) Bestimmen Sie die Änderung der Größe im gesamten abgebildeten Intervall.

7 = **Energiespeicher**

Ein Energiespeicher enthält zu Beginn 100 MWh Energie. In einem Zeitraum von drei Monaten werden ihm monatlich konstant 150 MWh Energie zugeführt. Dann erhöht sich die Energiezufuhr innerhalb von 2 Monaten gleichmäßig auf 200 MWh. Die Energiezufuhr von 200 MWh kann über einen Zeitraum von 4 Monaten beibehalten werden, bevor sie gleichmäßig innerhalb von drei Monaten auf 50 MWh gesenkt werden muss.

MWh: Megawattstunde 1 MWh = 1000 kWh

a) Stellen Sie den beschriebenen Sachverhalt grafisch dar.
b) Berechnen Sie, wie viel Energie sich am Ende des Zeitraums im Energiespeicher befindet.

8 = Die Graphen beschreiben jeweils die Änderungsrate einer Größe.

Prüfe dich! Lösungen auf Seite 399

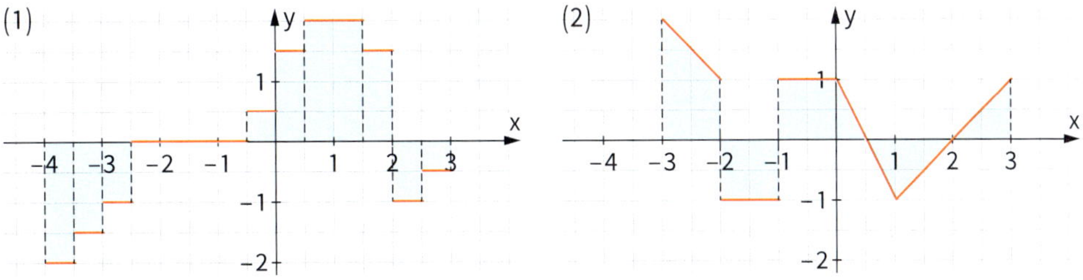

a) Bestimmen Sie die Änderung der Größe im Intervall [−1; 1].
b) Bestimmen Sie die Änderung der Größe im gesamten abgebildeten Intervall.

9 – Beim Auftauchen müssen Taucher darauf achten, dass ihre Auftauchgeschwindigkeit 10 m pro Minute nicht überschreitet.
Ein Taucher beginnt das Auftauchen mit einer Geschwindigkeit von 5 m pro Minute.
Nach anderthalb Minuten erhöht er seine Auftauchgeschwindigkeit auf 8 m pro Minute. Nach einer weiteren halben Minute taucht er mit einer Geschwindigkeit von 10 m pro Minute auf und erreicht nach einer weiteren Minute die Wasseroberfläche.
Stellen Sie den Sachverhalt grafisch dar und bestimmen Sie die Wassertiefe, in der der Taucher mit dem Auftauchen begonnen hat.

2.2 Integral als Grenzwert

Die Funktion f mit $f(x) = -0{,}1 \cdot (x-3)^2 + 3$ beschreibt näherungsweise die Steiggeschwindigkeit eines Modellflugzeugs in m/s in einem Zeitraum von 8 s.

- Bestimmen Sie näherungsweise die Änderung der Flughöhe im Zeitraum von 0 bis 8 s mithilfe von acht gleich breiten Rechtecken.
- Bestimmen Sie genauere Näherungswerte für die Änderung der Flughöhe, indem Sie mehr Rechtecke verwenden. Nutzen Sie dazu einen Rechner.

Lösung

Der Graph von f ist gekrümmt. Man kann aber einen gekrümmten Graphen in kleinen Intervallen durch abschnittsweise lineare Graphen annähern. Der (orientierte) Flächeninhalt zwischen Graph und x-Achse entspricht daher auch bei nichtlinearen Änderungsraten der Änderung der Größe.

Bezeichnet man die Flughöhe mit F, so ist $F(8) - F(0)$ die gesuchte Änderung. Sie entspricht dem Flächeninhalt der Fläche unter dem Graphen von f über dem Intervall [0; 8].

Diese Fläche soll hier durch die Summe von acht gleich breiten Rechtecken angenähert werden. Dazu „ersetzt" man den Graphen von f z. B. wie abgebildet durch acht abschnittsweise konstante Funktionen. Die Rechtecke haben dann jeweils die Breite 1; die Höhe entspricht dem Funktionswert von f am linken Rand des Rechtecks.

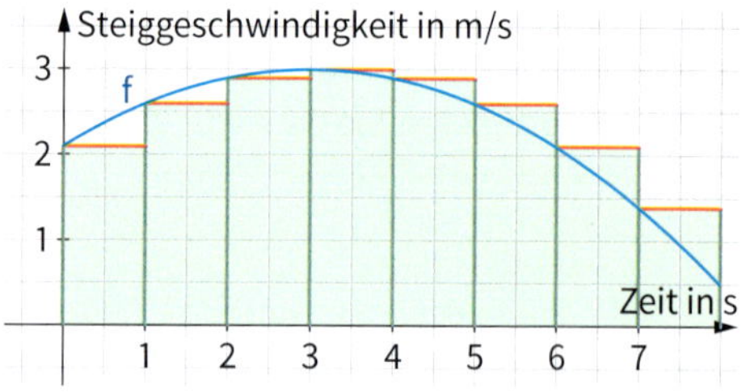

$F(8) - F(0) \approx 1 \cdot f(0) + 1 \cdot f(1) + 1 \cdot f(2) + 1 \cdot f(3) + 1 \cdot f(4) + 1 \cdot f(5) + 1 \cdot f(6) + 1 \cdot f(7)$

$= 1 \cdot 2{,}1 + 1 \cdot 2{,}6 + 1 \cdot 2{,}9 + 1 \cdot 3 + 1 \cdot 2{,}9 + 1 \cdot 2{,}6 + 1 \cdot 2{,}1 + 1 \cdot 1{,}4 = 19{,}6$

Die Höhe des Modellflugzeugs hat sich im Zeitraum von 0 bis 8 s um etwa 19,6 m erhöht.

Man kann das Ergebnis verbessern, indem man das Intervall [0; 8] in noch kleinere Teilintervalle zerlegt. Dadurch erhält man mehr Rechtecke, deren Breite geringer ist.

16 Rechtecke:

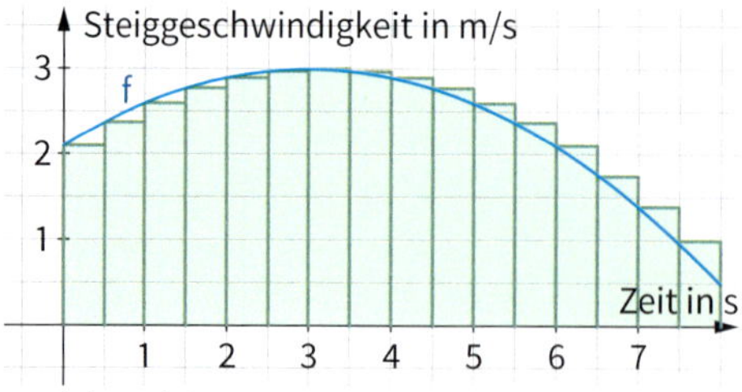

$F(8) - F(0)$
$\approx 0{,}5 \cdot f(0) + 0{,}5 \cdot f(0{,}5) + \ldots + 0{,}5 \cdot f(7{,}5)$
$\approx 19{,}3$

32 Rechtecke:

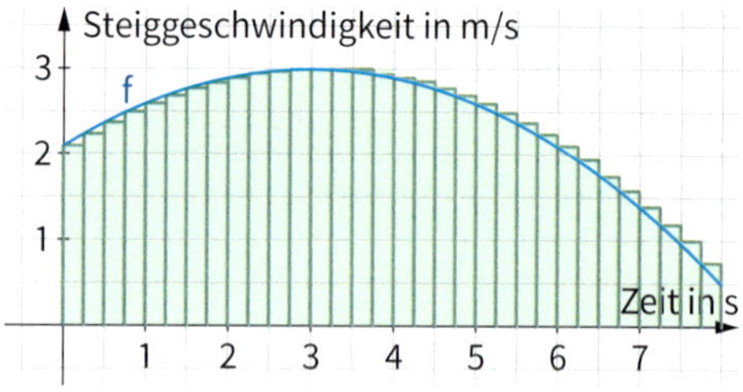

$F(8) - F(0)$
$\approx 0{,}25 \cdot f(0) + 0{,}25 \cdot f(0{,}25) + \ldots + 0{,}25 \cdot f(7{,}75)$
$\approx 19{,}1$

Bei den meisten Rechnern kann man zur schnelleren Summenbildung den *Summenbefehl* verwenden. Dabei ist k eine Variable, die hier nacheinander alle 32 Werte von 0 bis 31 durchläuft. Für jedes k wird dann der zugehörige Flächeninhalt $0{,}25 \cdot f(0{,}25 \cdot k)$ in die Summe mit einbezogen.

Σ (griech.): Sigma Zeichen für Summe

$f(x) := -0.1 \cdot (x-3)^2 + 3$	*Fertig*
$\sum_{\square=\square}^{\square} (\square)$	
$\sum_{k=0}^{31} (0.25 \cdot f(0.25 \cdot k))$	19.125

Das Integral als Grenzwert von Produktsummen

Gegeben ist eine Funktion f, die über einem Intervall [a; b] definiert ist. Das **Integral** der Funktion f über dem Intervall [a; b] ist eine reelle Zahl. Diese erhält man wie folgt:

WES-109471-203

1) Das Intervall [a; b] wird in n gleich breite Teilintervalle der Breite $\Delta x = \frac{b-a}{n}$ zerlegt.

Δ wird gelesen: „Delta"

2) Man bildet eine **Produktsumme**:

$S_n = \Delta x \cdot f(x_1) + \Delta x \cdot f(x_2) + \ldots + \Delta x \cdot f(x_n)$

Dabei ist x_1 ein Wert im ersten Teilintervall, x_2 ein Wert im zweiten Teilintervall usw. Die Werte x_1 bis x_n können am Rand oder im Inneren des jeweiligen Teilintervalls liegen.

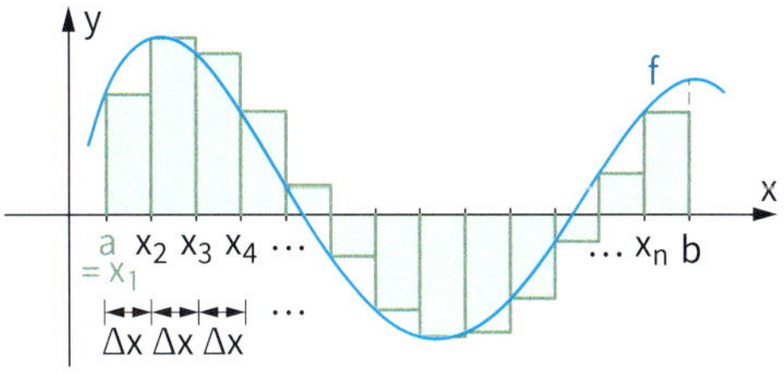

Hier liegen die x_i am linken Rand des jeweiligen Teilintervalls.

Geometrisch gedeutet ergibt sich die Produktsumme aus der Summe der Flächeninhalte aller Rechtecke über der x-Achse minus der Summe der Flächeninhalte aller Rechtecke unter der x-Achse.

3) Streben alle Produktsummen für $n \to \infty$ gegen dieselbe Zahl, den Grenzwert der Produktsumme, so nennt man diese Zahl das Integral von f über [a; b].

Schreibweise:

$$\lim_{n \to \infty} S_n = \int_a^b f(x)\,dx$$

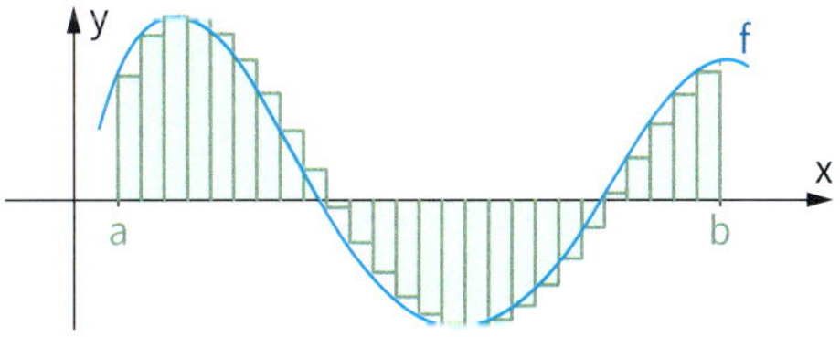

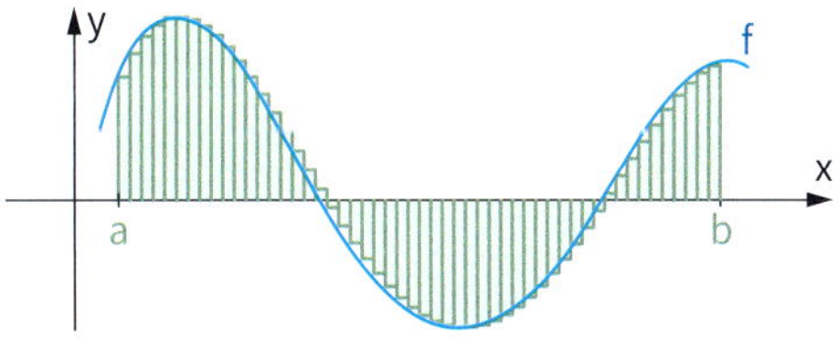

Geometrische Deutung des Integrals

Das Integral von f über [a; b] ergibt sich aus den Flächeninhalten aller Flächen zwischen dem Graphen von f und der x-Achse über dem Intervall [a; b].
Flächeninhalte von Teilflächen, die oberhalb der x-Achse liegen, werden addiert. Flächeninhalte von Teilflächen, die unterhalb der x-Achse liegen, werden subtrahiert.

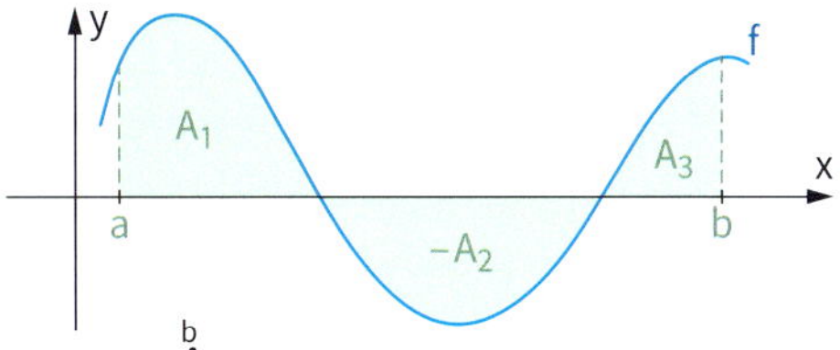

$$\int_a^b f(x)\,dx = A_1 - A_2 + A_3$$

Also die Summe der orientierten Flächeninhalte

Das Integralzeichen ∫ ist ein lang gezogenes S und ist auf die Summe der Produkte $\Delta x \cdot f(x)$ zurückzuführen. Das dx erinnert an die beliebig kleinen Intervallbreiten Δx. Man bezeichnet a als *untere Integrationsgrenze* und b als *obere Integrationsgrenze*.

Bemerkung: Wenn der Graph von f in jedem Teilintervall durchgehend ist, also keine Sprünge hat, dann gilt: Je kleiner die Intervallbreite Δx, umso weniger unterscheiden sich die Funktionswerte eines Teilintervalls voneinander und es ist egal, welchen x-Wert eines Teilintervalls man für die Höhe des Rechtecks wählt. Bei Funktionen mit einem durchgehenden Graphen genügt z. B. der Funktionswert am linken Rand.

*Solche Funktionen heißen **stetig**.*

Es gibt Funktionen, bei denen die Produktsummen für $n \to \infty$ *nicht* alle gegen dieselbe Zahl streben (siehe Aufgabe 10).

Integral der Quadratfunktion näherungsweise mit Produktsummen bestimmen

$f(x) = x^2$; Intervall $[0; 2]$

Intervall zerlegen	z. B. in 10 Teilintervalle: $\Delta x = \frac{2-0}{10} = 0{,}2$
Produktsumme bilden	$S_{10} = \Delta x \cdot f(0) + \Delta x \cdot f(0{,}2) + \Delta x \cdot f(0{,}4) + \ldots + \Delta x \cdot f(1{,}8)$ $= 0{,}2 \cdot (0^2 + 0{,}2^2 + 0{,}4^2 + \ldots + 1{,}8^2)$ $= 2{,}28$
Ergebnis notieren	$\int_0^2 x^2\,dx \approx 2{,}28$

1 Näherungswerte für Integrale der Quadratfunktion

a) Erläutern Sie die Rechnung aus dem Beispiel und bestimmen Sie die Produktsumme S_{20}.

b) Bestimmen Sie einen Näherungswert für $\int_0^5 x^2\,dx$ mit Produktsummen.

Zerlegen Sie dazu das Intervall $[0; 5]$ in (1) 10 Teilintervalle; (2) 20 Teilintervalle und vergleichen Sie Ihre Ergebnisse.

WES-109471-204

Integral der Quadratfunktion

Satz: Für die Funktion f mit $f(x) = x^2$ und $b > 0$ gilt:

$$\int_0^b x^2\,dx = \frac{1}{3} \cdot b^3$$

$$\int_0^2 x^2\,dx = \frac{1}{3} \cdot 2^3 = \frac{8}{3} = 2{,}\overline{6}$$

Beweis des Satzes

(1) Das Intervall $[0; b]$ wird in n Teilintervalle zerlegt.
Die Breite eines Teilintervalls beträgt $\Delta x = \frac{b-0}{n} = \frac{b}{n}$ und die Intervallgrenzen der Teilintervalle sind
$x_1 = 0,\ x_2 = \frac{b}{n},\ x_3 = 2 \cdot \frac{b}{n},\ \ldots,\ x_n = (n-1) \cdot \frac{b}{n}$ und b.

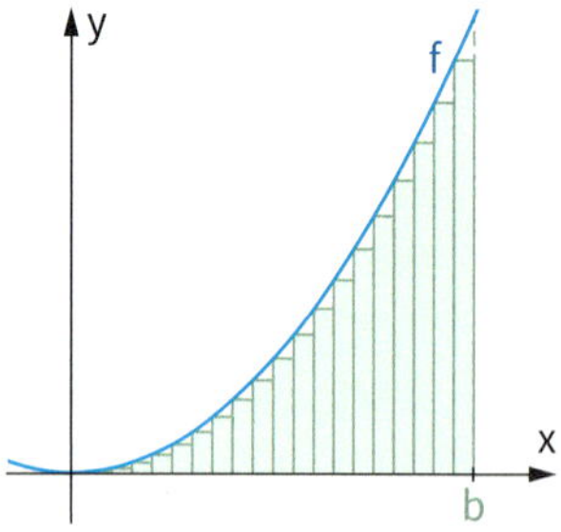

(2) Man bestimmt die zugehörigen Produktummen S_n:

$$S_n = \Delta x \cdot f(x_1) + \Delta x \cdot f(x_2) + \ldots + \Delta x \cdot f(x_n)$$
$$= \frac{b}{n} \cdot \left(f(0) + f\left(\frac{b}{n}\right) + f\left(2 \cdot \frac{b}{n}\right) + \ldots + f\left((n-1) \cdot \frac{b}{n}\right)\right)$$
$$= \frac{b}{n} \cdot \left(0^2 + \left(\frac{b}{n}\right)^2 + \left(2 \cdot \frac{b}{n}\right)^2 + \ldots + \left((n-1) \cdot \frac{b}{n}\right)^2\right)$$
$$= \left(\frac{b}{n}\right)^3 \cdot (0^2 + 1^2 + 2^2 + \ldots + (n-1)^2)$$
$$= \frac{b^3}{n^3} \cdot \left(\frac{n^3}{3} - \frac{n^2}{2} + \frac{n}{6}\right) = b^3 \cdot \left(\frac{1}{n^3} \cdot \frac{n^3}{3} - \frac{1}{n^3} \cdot \frac{n^2}{2} + \frac{1}{n^3} \cdot \frac{n}{6}\right)$$
$$= b^3 \cdot \left(\frac{1}{3} - \frac{1}{2n} + \frac{1}{6n^2}\right)$$

$\left(\frac{b}{n}\right)^2$ ausklammern

$\sum_{k=0}^{n-1} (k^2)$	$\frac{n^3}{3} - \frac{n^2}{2} + \frac{n}{6}$

(3) Grenzwertbestimmung:
Für $n \to \infty$ gilt: $S_n = b^3 \cdot \left(\frac{1}{3} - \underbrace{\frac{1}{2n}}_{\to 0} + \underbrace{\frac{1}{6n^2}}_{\to 0}\right) \to b^3 \cdot \frac{1}{3}$; damit erhält man: $\int_0^b x^2\,dx = \frac{1}{3} \cdot b^3$

2 **Integral mit Formel bestimmen**

Bestimmen Sie das Integral mithilfe der Formel aus dem Satz.

a) $\int_0^3 x^2\,dx$ b) $\int_0^8 x^2\,dx$ c) $\int_0^1 x^2\,dx$ d) $\int_0^{0{,}25} x^2\,dx$

3 **Integral als Differenz zweier Integrale**

Erläutern Sie, wie man mit der Formel den Flächeninhalt der grün gefärbten Fläche bestimmen kann, und bestimmen Sie damit jeweils das Integral.

(1) $\int_1^3 x^2\,dx$ (2) $\int_5^8 x^2\,dx$

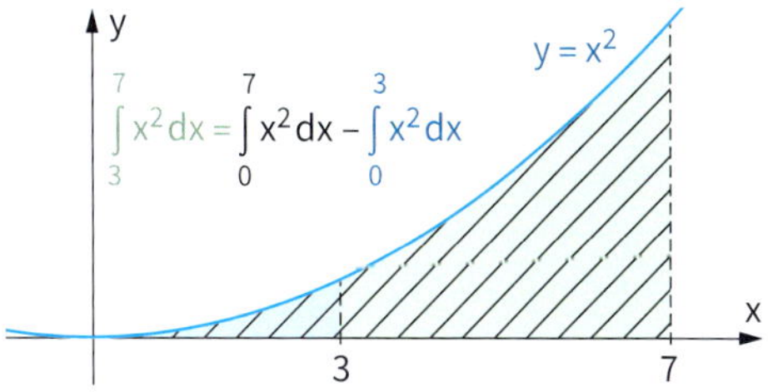

4 **Integral mithilfe von Symmetrie bestimmen**

Bestimmen Sie das Integral $\int_{-2}^{0} x^2\,dx$ mithilfe der Symmetrie der Quadratfunktion.

5 Bestimmen Sie das Integral.

a) $\int_0^4 x^2\,dx$ b) $\int_1^2 x^2\,dx$ c) $\int_{-3}^{-1} x^2\,dx$ d) $\int_{-3}^{1} x^2\,dx$

Prüfe dich!
Lösungen auf Seite 399

6 **Verschobene Normalparabel**

Überlegen Sie, wie der Graph der Funktion g mit $g(x) = x^2 + 3$ aus dem Graphen der Quadratfunktion hervorgeht, und berechnen Sie das Integral von g über dem Intervall $[5; 8]$.

7 **Integral der Kubikfunktion mit Produktsummen bestimmen**

Das Integral der Funktion f mit $f(x) = x^3$ soll bestimmt werden. Gehen Sie dazu in folgenden Schritten vor:

(1) Bestimmen Sie einen Näherungswert für $\int_0^1 x^3\,dx$ mit Produktsummen.

Zerlegen Sie dazu das Intervall $[0; 1]$ in 10 Teilintervalle.

(2) Die Produktsumme S_{10} aus Teilaufgabe (1) kann man mit einem Rechner bestimmen.

Die Berechnung kann dort mithilfe des Summenzeichens durchgeführt werden.

$S_{10} = 0{,}1 \cdot (0^3 + 0{,}1^3 + 0{,}2^3 \ldots + 0{,}9^3)$

$= 0{,}1 \cdot \sum_{k=0}^{9} (k \cdot 0{,}1)^3$

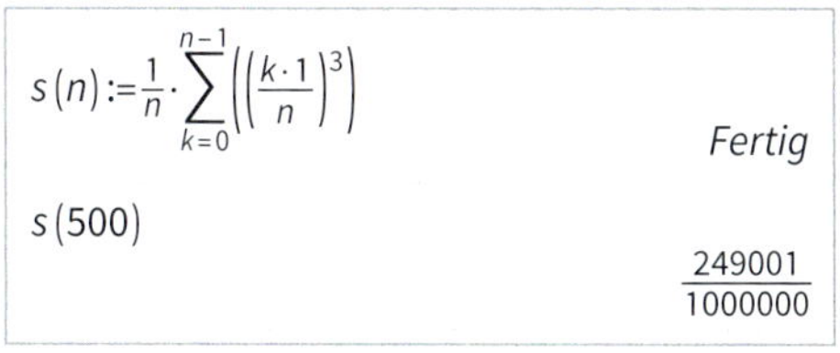

Überprüfen Sie Ihr Ergebnis aus Teilaufgabe (1) mit einem Rechner.
Bestimmen Sie dann die Produktsummen S_{20}, S_{50}, S_{100} und S_{1000} und äußern Sie eine Vermutung zum Grenzwert der Produktsummen.

(3) Beweisen Sie den angegebenen Satz. Gehen Sie so vor wie in dem Beweis auf Seite 62.

Integral der Kubikfunktion

Für die Funktion f mit $f(x) = x^3$ und $b > 0$ gilt: $\int_0^b x^3\,dx = \frac{1}{4} b^4$

Hinweis: Für die Summe der Kubikzahlen gilt: $0^3 + 1^3 + 2^3 \ldots + (n-1)^3 = \frac{1}{4}(n-1)^2 \cdot n^2$

8 **Integral der Kubikfunktion mit der Formel bestimmen**

Bestimmen Sie das Integral mithilfe der Formel aus Aufgabe 7 und weiterer geometrischer Überlegungen.

a) $\int_0^2 x^3\,dx$ b) $\int_0^{100} x^3\,dx$ c) $\int_{-5}^0 x^3\,dx$ d) $\int_1^3 x^3 + 1\,dx$

Prüfe dich!
Lösungen auf Seite 400

9 Berechnen Sie das Integral mithilfe der Formel aus Aufgabe 7 und weiterer geometrischer Überlegungen.

a) $\int_0^5 x^3\,dx$ b) $\int_1^3 x^3\,dx$ c) $\int_{-10}^{10} x^3\,dx$ d) $\int_{-5}^5 x^3 + 2\,dx$

10 **Integral einer linearen Funktion bestimmen**

Fertigen Sie eine Skizze an und bestimmen Sie das Integral.

a) $\int_0^3 x\,dx$ b) $\int_2^4 x\,dx$ c) $\int_{-3}^1 3x\,dx$ d) $\int_a^b m\,x\,dx$

11 **Integral näherungsweise mit Produktsummen bestimmen**

Bestimmen Sie das Integral näherungsweise mit Produktsummen.

a) $\int_0^4 x^4\,dx$ b) $\int_0^1 (x^4 - x)\,dx$ c) $\int_1^3 3x^4\,dx$ d) $\int_0^2 3^x\,dx$

12 **Integrale im Sachzusammenhang**

Die Funktion f beschreibt die Änderungsrate des Gasvolumens in Kubikmeter pro Stunde in einem Gasometer für das Zeitintervall von 0 bis 12 Stunden.

a) Deuten Sie jeweils den Ausdruck im Sachzusammenhang.

(1) $\int_0^4 f(x)\,dx = 60$ (2) $\int_4^9 f(x)\,dx = -150$ (3) $\int_9^{12} f(x)\,dx = 50$

b) Zu Beobachtungsbeginn befanden sich 820 m^3 Gas im Gasometer. Wie groß war das Gasvolumen nach 12 Stunden?

13 **Schüttkegel**

Bei sogenannten Schüttkegeln kann man beobachten, dass sich beim Aufschütten von Kies sowohl die Höhe als auch der Radius des Kegels ändern. Die Höhe und der Radius solcher Kegel stehen in einem Verhältnis zueinander. Die Änderungsrate der Masse eines Schüttkegels kann deshalb in Abhängigkeit von der Höhe x beschrieben werden.

Für eine bestimmte Kiessorte gilt für die Änderungsrate f der Masse näherungsweise $f(x) = 10{,}6\,x^2$, dabei wird x in Meter und $f(x)$ in Tonnen pro Meter angegeben.

a) Zeichnen Sie den Graphen von f über dem Intervall [0; 4].

b) Deuten Sie den Flächeninhalt der Fläche zwischen dem Graphen von f und der x-Achse über dem Intervall [0; 4] für diesen Sachverhalt.

c) Berechnen Sie die Masse eines 4 m hohen Schüttkegels.

14 ≡ **Graphen skizzieren**

Skizzieren Sie den Graphen einer Funktion f so, dass mit den Flächeninhalten $A_1, \ldots, A_4$ gilt:

a) $\int_a^b f(x)\,dx = A_1 - A_2 + A_3 - A_4$

b) $\int_a^b f(x)\,dx = -A_1 + A_2 + A_3 - A_4$

15 ≡ **Integral einer Funktion dritten Grades**

Gegeben ist die Funktion f mit $f(x) = (x+3)\cdot(x-1)\cdot(x-5) = x^3 - 3x^2 - 13x + 15$.

Begründen Sie ohne Rechnung, dass $\int_{-3}^{5} f(x)\,dx = 0$ gilt.

16 ≡ **Fläche einer Parabel**

Eine Parabelschablone ist 6 cm breit und 9 cm hoch. Berechnen Sie ihren Flächeninhalt.

17 ≡ **Obersummen und Untersummen**

Gegeben ist die Funktion f mit $f(x) = 2 - x^2$.
Lisa und Theo wollen das Integral von f von 0 bis 1 näherungsweise mithilfe von Produktsummen berechnen. Sie verwenden dabei verschiedene Produktsummen.

Lisa berechnet die sogenannte **Obersumme**, indem sie den *maximalen* Funktionswert des jeweiligen Teilintervalls als Rechteckhöhe verwendet.

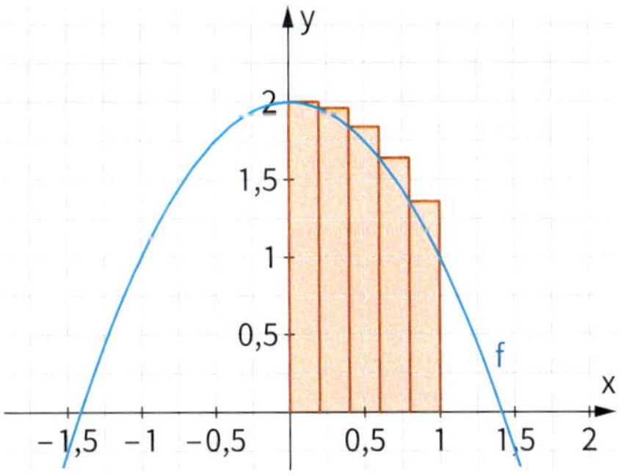

Theo berechnet die sogenannte **Untersumme**, indem er den *minimalen* Funktionswert des jeweiligen Teilintervalls als Rechteckhöhe wählt.

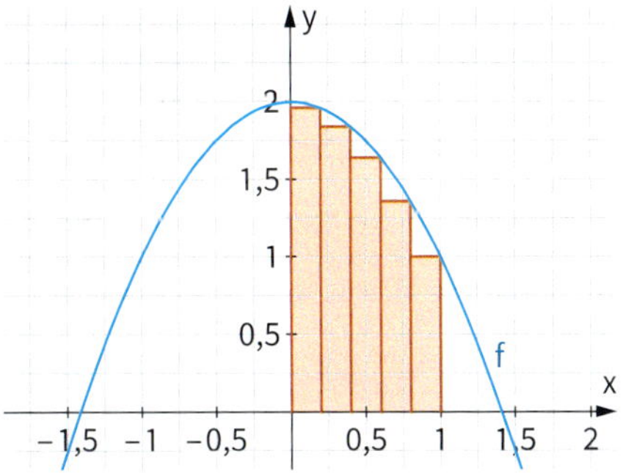

a) Berechnen Sie das Integral jeweils für die Obersumme und die Untersumme, erst für 5 Rechtecke und dann für 500 Rechtecke, und vergleichen Sie jeweils beide Ergebnisse miteinander.
b) Schätzen Sie mithilfe Ihrer Ergebnisse aus Teilaufgabe a) das Integral $\int_0^1 2 - x^2\,dx$ mithilfe der Untersumme nach unten und mithilfe der Obersumme nach oben ab.
Untersuchen Sie, wie sich die Untersummen und die Obersummen entwickeln, wenn man über dem Intervall [0; 1] immer mehr und immer schmalere Rechtecke für die Berechnung des Integrals verwendet.
c) Bestimmen Sie den Grenzwert der Untersummen und der Obersummen über dem Intervall [0; 1].

18 ≡ **Produktsummen mit verschiedenen Grenzwerten**

Gegeben ist die Funktion f über dem Intervall [0; 1] mit $f(x) = \begin{cases} 1, & \text{falls x rational ist;} \\ 0, & \text{falls x irrational ist.} \end{cases}$

a) Beschreiben Sie den Funktionsgraphen. Welche Probleme gibt es bei seiner Darstellung?
b) Begründen Sie, dass es für die Funktion f Produktsummen mit verschiedenen Grenzwerten gibt und deshalb das Integral von f über [0; 1] nicht definiert ist.

irrationale Zahl: nicht abbrechende und nicht periodische Dezimalzahl

2.3 Hauptsatz der Differenzial- und Integralrechnung

Bambus zählt zu den am schnellsten wachsenden Pflanzenarten auf unserem Planeten. Die momentane Wachstumsgeschwindigkeit einer Bambuspflanze in einem Zeitraum von 6 Tagen kann modellhaft durch die Funktion f mit $f(x) = 0{,}1\,x^3 - 1{,}5\,x^2 + 5\,x + 10$ beschrieben werden. Dabei wird x in Tagen und f(x) in cm pro Tag angegeben. Zu Beobachtungsbeginn war die Bambuspflanze 25 cm hoch.

- Gegeben ist die Funktion F mit $F(x) = 0{,}025\,x^4 - 0{,}5\,x^3 + 2{,}5\,x^2 + 10\,x + 25$. Warum gibt diese Funktion die Höhe der Bambuspflanze in cm zum Zeitpunkt x an?
- Deuten Sie das Integral $\int_2^6 f(x)\,dx$ im Sachzusammenhang und berechnen Sie es mithilfe der Funktion F.

Lösung – Begründung

Wenn die Funktion F die Höhe der Bambuspflanze beschreibt, muss die Ableitung von F die Funktion f sein. Außerdem muss F die Anfangshöhe der Bambuspflanze korrekt angeben.
Tatsächlich gilt: $F'(x) = 0{,}1\,x^3 - 1{,}5\,x^2 + 5\,x + 10 = f(x)$
Wegen $F(0) = 25$ ist auch die Anfangshöhe der Bambuspflanze korrekt.

Lösung – Deutung und Berechnung

Das Integral $\int_2^6 f(x)\,dx$ gibt an, um wie viel cm die Bambuspflanze im Zeitraum von 2 bis 6 Tagen nach Beobachtungsbeginn gewachsen ist. Die Funktion F gibt die Höhe der Bambuspflanze an, also kann man das Integral als Differenz der Funktionswerte von F berechnen.

$$\int_2^6 f(x)\,dx = F(6) - F(2) = 99{,}4 - 51{,}4 = 48$$

In diesem Zeitraum ist die Bambuspflanze 48 cm gewachsen.

WES-109471-205

Die Klammern um den Funktionsterm können weggelassen werden.

Gelesen: „Stammfunktion F in den Grenzen von a bis b"

Stammfunktion

Eine Funktion F heißt **Stammfunktion** einer Funktion f, wenn f die Ableitung von F ist, also wenn $\mathbf{F'(x) = f(x)}$ gilt.

Hauptsatz der Differenzial- und Integralrechnung – erster Teil

Ist die Funktion F eine Stammfunktion einer Funktion f im Intervall [a; b], so gilt:

$$\int_a^b f(x)\,dx = F(b) - F(a)$$

Kurzschreibweise:

$$[F(x)]_a^b = F(b) - F(a)$$

$f(x) = 2\,x^3 - 3\,x^2 + 6\,x - 8$

$F(x) = \frac{1}{2}x^4 - x^3 + 3\,x^2 - 8\,x$

Es gilt: $F'(x) = f(x)$
Also F ist eine Stammfunktion von f.

$$\int_2^4 (2\,x^3 - 3\,x^2 + 6\,x - 8)\,dx$$
$$= \left[\frac{1}{2}x^4 - x^3 + 3\,x^2 - 8\,x\right]_2^4$$
$$= (128 - 64 + 48 - 32) - (8 - 8 + 12 - 16)$$
$$= 80 - (-4)$$
$$= 84$$

1 Stammfunktionen erkennen

Zeigen Sie, dass die Funktion F eine Stammfunktion der Funktion f ist, und geben Sie drei weitere Stammfunktionen von f an.

a) $F(x) = 2x^3$ $\quad f(x) = 6x^2$ $\qquad$ b) $F(x) = -0{,}3x^4 + x$ $\quad f(x) = -1{,}2x^3 + 1$

c) $F(x) = 4x^3 + x + 12$ $\quad f(x) = 12x^2 + 1$ $\qquad$ d) $F(x) = 2x^4 - 3x^3 + 5$ $\quad f(x) = 8x^3 - 9x^2$

WES-109471-206

Alle Stammfunktionen einer Funktion f

Sind F_1 und F_2 zwei Stammfunktionen derselben Funktion f, so haben die Graphen von F_1 und F_2 an jeder Stelle x dieselbe Steigung f(x), da $F_1'(x) = F_2'(x) = f(x)$ gilt. Die Funktionen F_1 und F_2 können sich daher nur um eine additive Konstante unterscheiden: $\mathbf{F_2(x) = F_1(x) + c}$ mit $c \in \mathbb{R}$

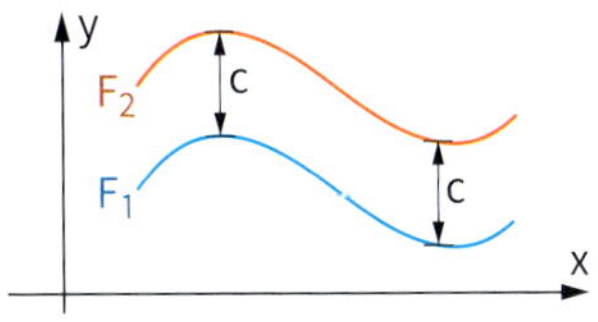

Beim Berechnen des Integrals kommt es allerdings nicht darauf an, welche Stammfunktion gewählt wird, da die Konstante c bei der Bildung der Differenz wegfällt:

$F_2(b) - F_2(a) = (F_1(b) + c) - (F_1(a) + c) = F_1(b) - F_1(a)$

Stammfunktionen zu bekannten Funktionen f

f(x)	m	x	x^2	x^n, $n \in \mathbb{R}$, $n \neq 1$	$\frac{1}{x^2} = x^{-2}$	sin(x)	cos(x)
F(x)	$m \cdot x$	$\frac{1}{2}x^2$	$\frac{1}{3}x^3$	$\frac{1}{n+1} \cdot x^{n+1}$	$-\frac{1}{x} = -x^{-1}$	$-\cos(x)$	$\sin(x)$

Alle Stammfunktionen einer Funktion angeben

Gegeben ist die Funktion f mit $f(x) = 6x^2 - 2x + 3$. Geben Sie alle Stammfunktionen von f an.

Lösung

Eine Stammfunktion bestimmen

Bei ganzrationalen Funktionen f geht man wie folgt vor:

Auch: „Aufleiten"

Nur bei ganzrationalen Funktionen!

$$f(x) = 6x^2 - 2x^1 + 3x^0$$

Jeden Exponenten um 1 erhöhen

Jeden Vorfaktor durch den neuen Exponenten dividieren

$$F(x) = \frac{6}{3}x^3 - \frac{2}{2}x^2 + \frac{3}{1}x^1 = 2x^3 - x^2 + 3x$$

Es gilt $F'(x) = f(x)$, damit ist F eine Stammfunktion von f.

Alle Stammfunktionen angeben

Alle Stammfunktionen von f sind gegeben durch: $F_c(x) = 2x^3 - x^2 + 3x + c$ mit $c \in \mathbb{R}$

2 Stammfunktionen finden

Bestimmen Sie alle Stammfunktionen von f.

a) $f(x) = 3x - 1$ $\qquad$ b) $f(x) = 5$ $\qquad$ c) $f(x) = \frac{2}{x^2}$ $\qquad$ d) $f(x) = 4x^3 - 7x + 6$

e) $f(x) = x^2 - 4x$ $\qquad$ f) $f(x) = \frac{1}{x^2} - x^2$ $\qquad$ g) $f(x) = \frac{3}{2}x^5 - \frac{4}{3}x^3 + 2$ $\qquad$ h) $f(x) = \sin(x)$

3 Integrale berechnen

Berechnen Sie das Integral mithilfe einer Stammfunktion.

a) $\int_0^3 x^2 - 2\,dx$ $\qquad$ b) $\int_{-3}^{-1} 3x^{-2}\,dx$ $\qquad$ c) $\int_0^6 x^3 - 2x^2\,dx$ $\qquad$ d) $\int_0^{2\pi} \cos(x)\,dx$

4 **Fehler gesucht**

Noah rechnet:

$$\int_0^1 2x\cdot(6x-1)\,dx = \left[x^2\cdot(3x^2-x)\right]_0^1 = 1\cdot(3-1) = 2$$

Der Rechner liefert als Ergebnis aber 3. Was hat Noah falsch gemacht?

Prüfe dich!
Lösungen auf
Seite 400

5 Berechnen Sie das Integral mithilfe einer Stammfunktion.

a) $\int_{-2}^{0} -2x^3+3x^2-4\,dx$ b) $\int_{-1}^{1} x^5-5x^4+2x-3\,dx$ c) $\int_{-2}^{0} \frac{1}{3}x^3-\frac{1}{2}x^2+1\,dx$

6 Anna und Karolin berechnen beide das Integral $\int_{-5}^{10} x^4-2x\,dx$ mithilfe einer Stammfunktion.

Anna wählt $F_A(x)=0{,}2x^5-x^2$; Karolin nimmt lieber $F_K(x)=0{,}2x^5-x^2-10$.
Überprüfen Sie, ob beide Varianten zum gleichen Ergebnis führen, und begründen Sie Ihre Beobachtung.

---

7 **Rechenregeln für Integrale**

Begründen Sie mithilfe des Hauptsatzes die folgenden Rechenregeln für Integrale.

(1) Integral von a bis a

$$\int_a^a f(x)\,dx = 0$$

(2) Intervalladditivität

$$\int_a^b f(x)\,dx + \int_b^c f(x)\,dx = \int_a^c f(x)\,dx$$

(3) Faktorregel

$$\int_a^b k\cdot f(x)\,dx = k\cdot\int_a^b f(x)\,dx$$

(4) Summenregel

$$\int_a^b f(x)+g(x)\,dx = \int_a^b f(x)\,dx + \int_a^b g(x)\,dx$$

8 **Gasmenge aus Änderungsrate rekonstruieren**

In einigen Windkraftanlagen wird die produzierte Energie in Form von Gas gespeichert.
Die Funktion f mit $f(t)=0{,}4t^3-2t$ beschreibt die momentane Produktionsrate des produzierten Gases in Kubikmeter pro Tag in Abhängigkeit von der Zeit t in Tagen.
Für die Menge des Gases F(a) in m^3, das sich zum Zeitpunkt a im Speichertank befindet, gilt $F(100)=0$.
Bestimmen Sie die Bestandsfunktion F.

9 **Freier Fall**

Bei einem Sprung vom 10-Meter-Turm eines Freibads kann man den Luftwiderstand vernachlässigen, also von einem freien Fall ausgehen. Dabei nimmt die Geschwindigkeit pro Sekunde um etwa 9,81 m/s zu. Diese sogenannte *Erdbeschleunigung* ist nach unten gerichtet, daher kann die Geschwindigkeit v(t) in Abhängigkeit von der Zeit t durch $v(t)=-9{,}81\,t$ beschrieben werden. Dabei wird t in Sekunden und v(t) in Meter pro Sekunde angegeben.

a) Bestimmen Sie die Funktion h, die die Höhe eines Springers nach t Sekunden angibt.

b) Wie lange dauert es etwa, bis der Springer die Wasseroberfläche erreicht? Mit welcher Geschwindigkeit taucht er ein?

c) Berechnen Sie $\int_0^1 v(t)\,dt$ und interpretieren Sie den Wert im Sachzusammenhang.

10 = **Folgerungen aus der Kettenregel**

a) Bestimmen Sie eine Stammfunktion der Funktion f. Prüfen Sie Ihr Ergebnis mithilfe der Kettenregel.

(1) $f(x) = \cos(2x)$ (2) $f(x) = \sin(-x) + x$

(3) $f(x) = \sqrt{3x-1}$ (4) $f(x) = (4-2x)^8$

b) Zeigen Sie:

Hat die Funktion f die Stammfunktion F, so hat die Funktion g mit $g(x) = f(ax+b)$ für reelle Zahlen a und b die Stammfunktion G mit

$\mathbf{G(x) = \frac{1}{a} \cdot F(ax+b)}$.

Kettenregel nutzen

$f(x) = \sqrt[3]{-2x+1}$

Äußere Funktion: $u(x) = \sqrt[3]{x} = x^{\frac{1}{3}}$

Innere Funktion: $v(x) = -2x+1$

Stammfunktion von u: $U(x) = \frac{3}{4}x^{\frac{4}{3}}$

$G(x) = U(-2x+1)$ ist **keine** Stammfunktion von f:

$G'(x) = \frac{4}{3} \cdot \frac{3}{4} \cdot (-2x+1)^{\frac{4}{3}-1} \cdot (-2)$

$= (-2x+1)^{\frac{1}{3}} \cdot (-2) = -2 \cdot f(x)$; also

$F(x) = -\frac{1}{2} \cdot \frac{3}{4} \cdot (-2x+1)^{\frac{4}{3}} = -\frac{3}{8} \cdot \left(\sqrt[3]{-2x+1}\right)^4$

---

11 = Die Wachstumsgeschwindigkeit einer Pflanze lässt sich in den ersten zwei Jahren nach Beobachtungsbeginn durch die Funktion v mit $v(t) = \frac{20}{\sqrt{2t+1}}$ beschreiben. Dabei ist t in Monaten und v(t) in cm pro Monat angegeben. Zu Beobachtungsbeginn hat die Pflanze eine Höhe von 20 cm.

a) Berechnen Sie die Höhe der Pflanze nach zwei Jahren.

b) Bestimmen Sie den Zeitpunkt, zu dem die Pflanze eine Höhe von einem Meter hat.

Prüfe dich!
Lösungen auf Seite 400

---

12 = **Parameter als obere Integrationsgrenze**

Verdeutlichen Sie das Integral an einer Skizze und bestimmen Sie $b > 0$ so, dass die Gleichung erfüllt ist.

a) $\int_0^b x^2 - 3\,dx = 0$ b) $\int_1^b 4 - x\,dx = -4$ c) $\int_{-1}^b x^3\,dx = \frac{15}{4}$ d) $\int_0^b \sin(x)\,dx = 1$

13 = **Integrale mit einem Rechner bestimmen**

Das Rechnerfenster zeigt, wie man ein Integral mit einem Rechner bestimmen kann.

$$\int_{-5}^{3} (x^3 - 2\cdot x^2 + x - 4)\,dx \qquad \frac{-32}{3}$$

$$\int_{\square}^{\square} \square\, d\square$$

a) Untersuchen Sie am Beispiel des Integrals (1), welche Möglichkeiten Ihr Rechner zur Berechnung von Integralen hat. Erläutern Sie die Eingaben.

b) Berechnen Sie die Integrale (1) bis (4) mithilfe des Hauptsatzes der Differenzial- und Integralrechnung und kontrollieren Sie Ihre Ergebnisse mit einem Rechner.

c) Bestimmen Sie die Integrale (5) und (6) mit einem Rechner und veranschaulichen Sie Ihre Ergebnisse grafisch.

(1) $\int_1^3 0{,}4x^3 - 0{,}5x^4 - 7\,dx$

(2) $\int_{-1}^5 \frac{x^3}{4} - \frac{x^2}{3} + \frac{1}{5}\,dx$

(3) $\int_1^2 \frac{x}{2} + \frac{1}{x^2}\,dx$

(4) $\int_0^\pi \sin(x)\,dx$

(5) $\int_0^2 \sqrt{x}\,dx$

(6) $\int_1^2 0{,}5^x\,dx$

2.4 Integralfunktion

Nicht immer findet man durch sogenanntes „Aufleiten“ des Terms f(x) den Term F(x) einer Stammfunktion F. Manchmal kennt man auch nur den Graphen der Funktion f. Deshalb geht es in diesem Abschnitt darum, wie man aus dem Graphen von f den Graphen einer Stammfunktion rekonstruieren kann.

Gegeben ist der Graph einer Funktion f.
Im Intervall [1; 4] soll der Graph einer Funktion F gezeichnet werden, die jedem x den orientierten Flächeninhalt unter dem Graphen von f über dem Intervall [1; x] zuordnet. Der Graph von F soll dabei durch den Punkt P(1 | 0) verlaufen.

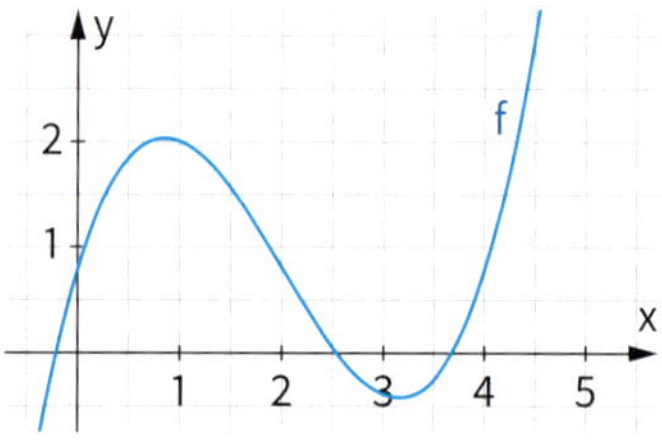

Funktionswerte von F bestimmen

Durch den Punkt P(1 | 0) ist der Funktionswert $F(1) = 0$ gegeben.
Die weiteren Funktionswerte von F kann man z. B. durch Zählen der Kästchen unter dem Graphen von f über dem zugehörigen Intervall abschätzen, wobei Kästchen unterhalb der x-Achse abgezogen werden müssen.

Im Intervall [1; 2] liegen etwa 6 Kästchen oberhalb der x-Achse. Ein Kästchen entspricht $0{,}5 \cdot 0{,}5 = 0{,}25$ Flächeneinheiten.
Man erhält: $F(2) = 6 \cdot 0{,}25 = 1{,}5$

x	1	2		
F(x)	0	1,5		

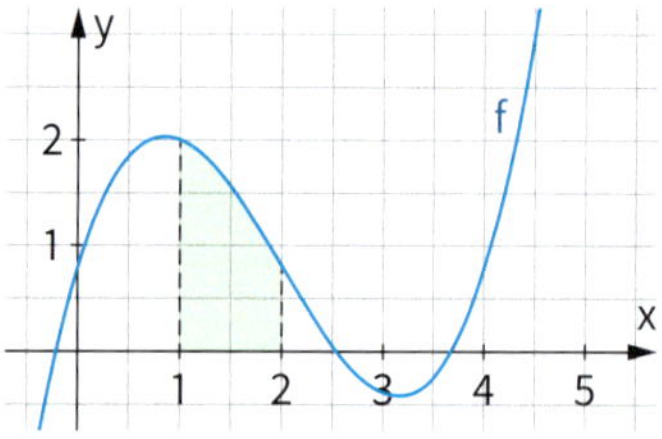

Im Intervall [2; 3] liegen etwa 0,9 Kästchen oberhalb und etwa 0,5 Kästchen unterhalb der x-Achse. Somit kommen etwa 0,4 Kästchen hinzu, was $0{,}4 \cdot 0{,}25 = 0{,}1$ Flächeneinheiten entspricht.
Man erhält: $F(3) = 1{,}5 + 0{,}1 = 1{,}6$

x	1	2	3	
F(x)	0	1,5	1,6	

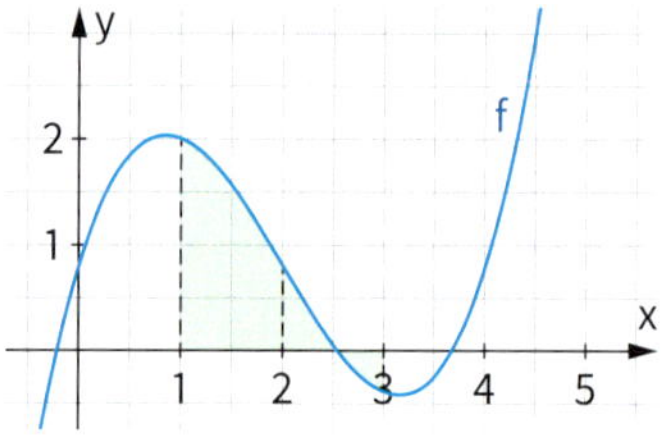

Im Intervall [3; 4] liegen etwa 0,9 Kästchen unterhalb und etwa 0,5 Kästchen oberhalb der x-Achse. Somit müssen etwa 0,4 Kästchen abgezogen werden, was $0{,}4 \cdot 0{,}25 = 0{,}1$ Flächeneinheiten entspricht.
Man erhält: $F(4) = 1{,}6 - 0{,}1 = 1{,}5$

x	1	2	3	4
F(x)	0	1,5	1,6	1,5

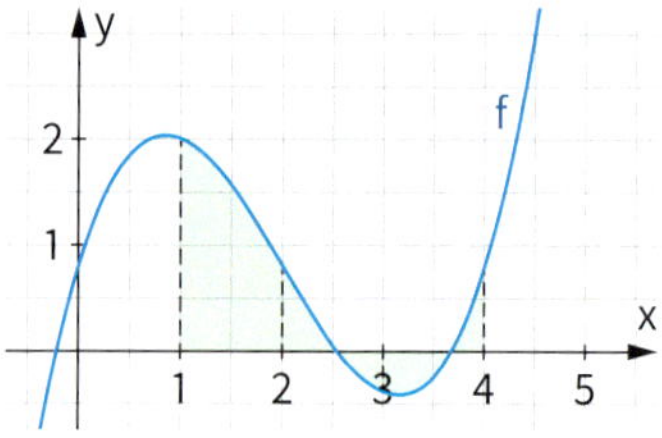

Graphen von F skizzieren

Mithilfe der Wertetabelle kann man den Graphen von F im Intervall [1; 4] ungefähr skizzieren.
An den Nullstellen von f erkennt man außerdem, dass F etwa an der Stelle 2,5 ein Maximum und etwa an der Stelle 3,7 ein Minimum haben muss. Diese Punkte kann man einzeichnen, um den Graphen von F etwas genauer zu skizzieren.

siehe Extremstellen / Funktionsuntersuchung

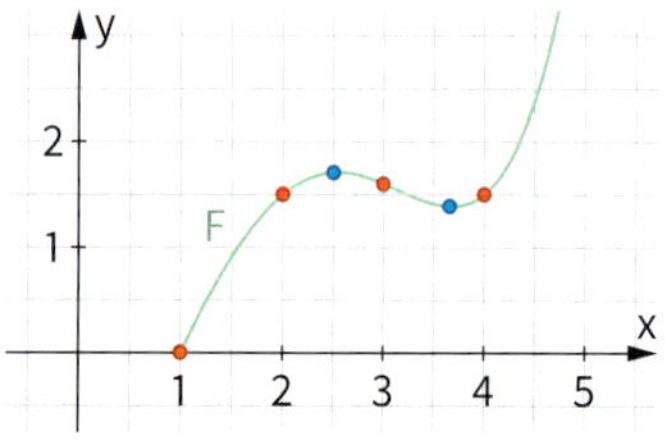

Integralfunktion

Die Funktion, die jeder Stelle x einer Funktion f mit $x \geq a$ den orientierten Flächeninhalt unter dem Graphen von f über dem Intervall $[a; x]$ zuordnet, heißt **Integralfunktion** von f mit der unteren Grenze a.

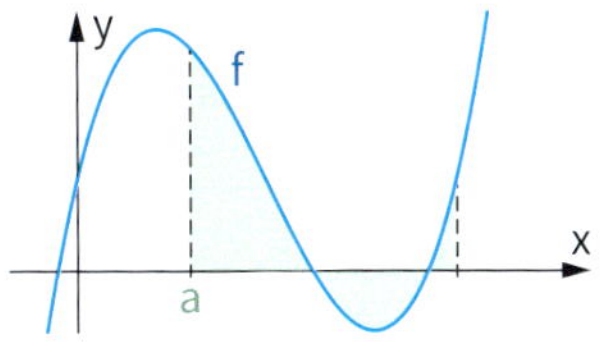

Schreibweise: $\mathbf{I_a(x)} = \int_a^x f(t)\,dt$

Erzeugt man aus dem Graphen einer Funktion f den Graphen der Integralfunktion I_a von f, spricht man vom **grafischen Integrieren**.

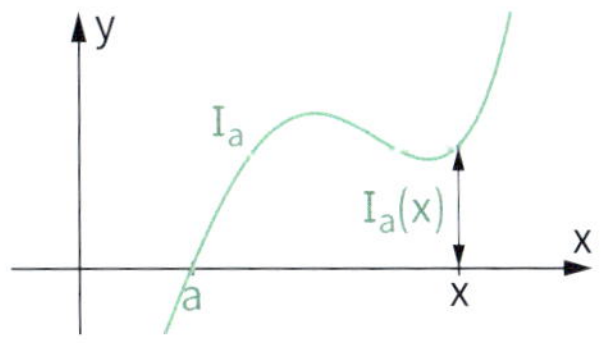

Für jede Integralfunktion gilt: $I_a(a) = \int_a^a f(t)\,dt = 0$

WES-109471-207

Untere Grenze a ist fest, obere Grenze x ist variabel.

Hauptsatz der Differenzial- und Integralrechnung – zweiter Teil

Kann der Graph einer Funktion f zusammenhängend gezeichnet werden, so gilt für jede Integralfunktion I_a von f:

$$\mathbf{I_a'(x) = f(x)}$$

Das heißt, die Ableitung einer Integralfunktion I_a von f ist die Funktion f. Somit ist jede Integralfunktion I_a von f eine Stammfunktion von f.

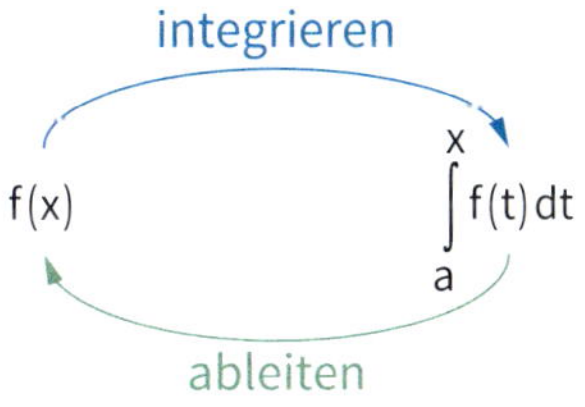

Begründung des Satzes

- **mithilfe des ersten Teils des Hauptsatzes**

Ist F eine Stammfunktion von f, so gilt $\int_a^x f(t)\,dt = [F(t)]_a^x$, also $I_a(x) = [F(t)]_a^x = F(x) - F(a)$.

Da F(a) eine Konstante ist, folgt $I_a'(x) = F'(x) - 0 = F'(x) = f(x)$.

- **mithilfe des Differenzenquotienten (anschaulich)**

Gesucht ist die Ableitung der Funktion I_a an der Stelle x.
Der Differenzenquotient ergibt:

$$\frac{I_a(x+h) - I_a(x)}{h} = \frac{\int_a^{x+h} f(t)\,dt - \int_a^x f(t)\,dt}{h} = \frac{\int_x^{x+h} f(t)\,dt}{h}$$

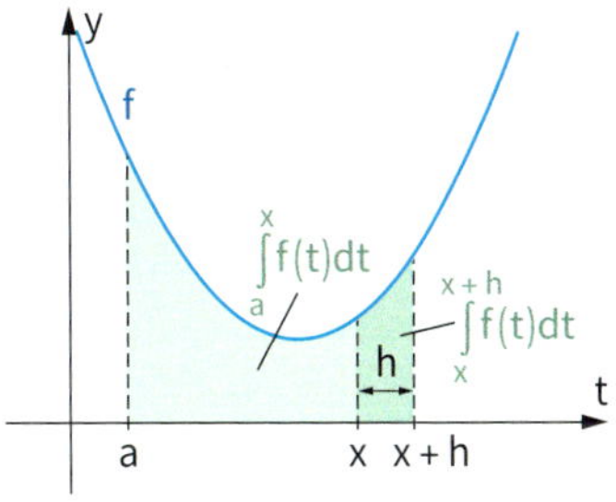

Ist h sehr klein, so unterscheidet sich die Fläche unter dem Graphen von f im Intervall $[x; x+h]$ kaum noch von einem Rechteck der Breite h und der Länge f(x).
Dividiert man aber den Flächeninhalt eines Rechtecks durch dessen Breite, so erhält man dessen Länge. Daher ist es plausibel, dass sich für den Grenzwert des Differenzenquotienten f(x) ergibt:

$$I_a'(x) = \lim_{h \to 0} \frac{\int_x^{x+h} f(t)\,dt}{h} = f(x)$$

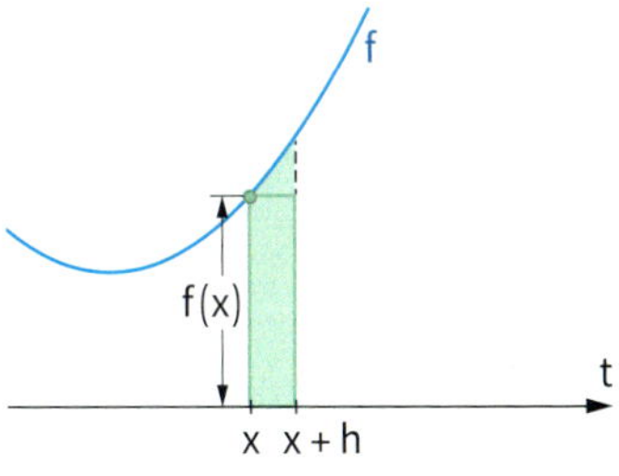

1 Grafisch integrieren

Gegeben ist der Graph der Funktion f. Zeichnen Sie näherungsweise den Graphen der Integralfunktion I_{-3} von f im Intervall $[-3; 3]$.

a)

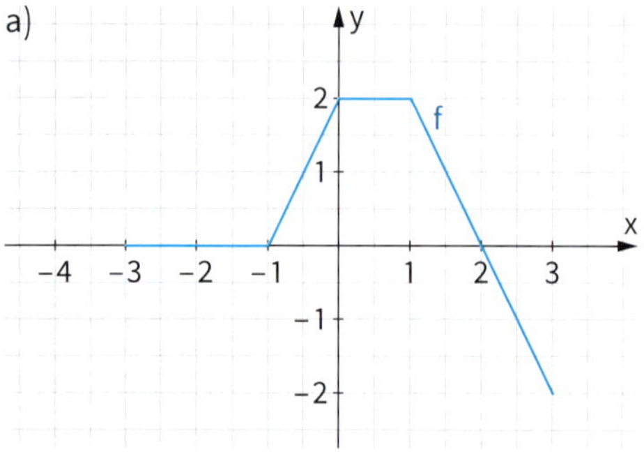

b)

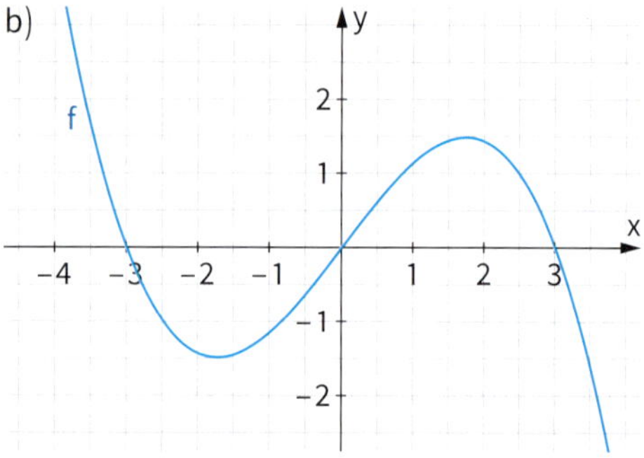

2 Schulweg

Tina nutzt für den Schulweg die S-Bahn. Während der 3-minütigen Fahrt beschleunigt die S-Bahn in den ersten 20 Sekunden konstant auf eine Geschwindigkeit von 20 m/s, fährt dann 2 Minuten konstant mit dieser Geschwindigkeit und bremst die folgenden 40 Sekunden gleichmäßig, bis sie am Zielbahnhof zum Halten kommt.

a) Skizzieren Sie den Geschwindigkeitsverlauf.

b) Bestimmen Sie, welche Strecke die S-Bahn nach 20 s, nach 60 s, nach 140 s und nach 180 s zurückgelegt hat.

c) Skizzieren Sie den Graphen der zugehörigen Integralfunktion I_0 und beschreiben Sie ihre Bedeutung im Sachzusammenhang.

3 Wassereinlauf in eine Badewanne

Bei der Zubereitung eines Wannenbads wird 5 Minuten lang 10 Liter Wasser pro Minute eingelassen, dann 2 Minuten lang 5 Liter pro Minute und wieder 5 Minuten lang 10 Liter pro Minute. Nach einem 10-minütigen Bad fließt das Wasser mit 15 Liter pro Minute ab.

a) Berechnen Sie den Zeitpunkt, an dem die Badewanne wieder leer ist.

b) Skizzieren Sie den zeitlichen Verlauf der Zuflussgeschwindigkeiten.

c) Zeichnen Sie den Graphen der zugehörigen Integralfunktion I_0 und beschreiben Sie ihre Bedeutung im Sachzusammenhang.

4 Rote Welle

Eine typische Situation im Stadtverkehr:

Man hält bei Rot an einer Ampel an, nach etwa einer Minute fährt man bei Grün mit zunächst konstanter Beschleunigung und anschließend mit konstanter Geschwindigkeit weiter.

Kaum hat man diese Geschwindigkeit erreicht, kommt die nächste Ampel, an der man stoppen muss.

a) Stellen Sie den zeitlichen Verlauf der Geschwindigkeit $v = f(t)$ grafisch dar.

b) Welche Bedeutung hat hier die Integralfunktion I_0? Zeichnen Sie deren Graphen direkt unterhalb des Graphen von f.

c) Untersuchen Sie, welcher inhaltliche Zusammenhang zwischen den beiden Funktionen besteht. Erläutern Sie, welche Bedeutung die Ableitung der Integralfunktion hat.

5 Die Funktion f beschreibt die momentane Änderungsrate eines Tankinhalts. Die Grafik zeigt den Graphen von f.

a) Zeichnen Sie näherungsweise den Graphen der Integralfunktion I_{-3} von f im Intervall $[-3; 8]$.

b) Erläutern Sie die Bedeutung der Integralfunktion für den Sachzusammenhang.

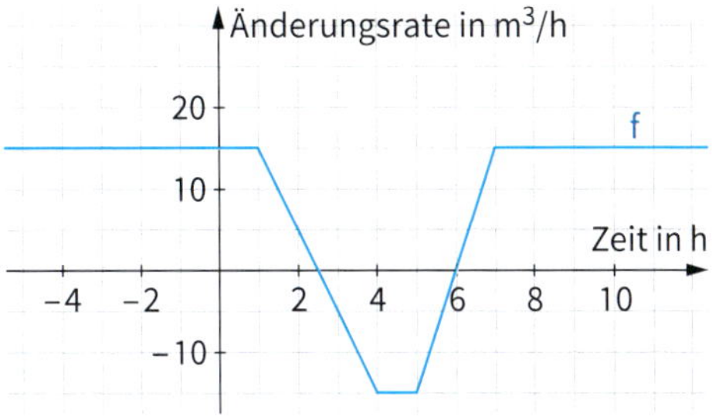

Prüfe dich! Lösungen auf Seite 400

6 Wasserreservoir

Ein Wasserreservoir in einem Wüstengebiet wird von einem Fluss gespeist, der lange Zeit des Jahres trocken liegt. Die Bewohner eines kleinen Dorfes nutzen dieses Reservoir für ihre Wasserversorgung und möchten deshalb ungefähr wissen, wie viel Wasser im Reservoir vorhanden ist.

Der Wasserzufluss kann durch den abgebildeten Graphen beschrieben werden.

a) Bestimmen Sie näherungsweise das Wasservolumen in m^3, das nach 10 Tagen, 20 Tagen, ..., 120 Tagen in das Reservoir geflossen ist. Skizzieren Sie damit den Graphen der Funktion F, die jedem Zeitpunkt t in Tagen das Wasservolumen in m^3 zuordnet.

b) Erläutern Sie, warum die Funktion F eine Stammfunktion von f ist.

c) Erläutern Sie die Zusammenhänge der beiden Graphen.

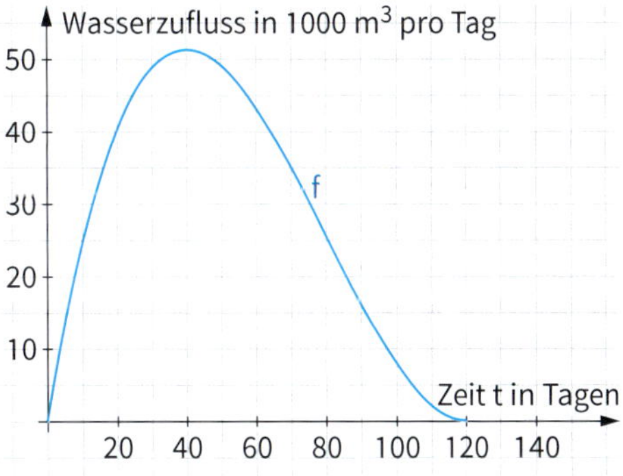

7 Terme von Integralfunktionen bestimmen

Bestimmen Sie jeweils zum vorgegebenen Wert von a die Integralfunktion I_a von f und schreiben Sie den Funktionsterm ohne Verwendung des Integralzeichens.
Zeichnen Sie die Graphen von f und I_a in ein Koordinatensystem und erläutern Sie die Zusammenhänge der beiden Graphen.

a) $f(x) = 3x + 1$ $a = 0;\ a = 2;\ a = -1$

b) $f(x) = 2x - 6$ $a = 0;\ a = 3;\ a = -2$

c) $f(x) = \frac{1}{2}x - 1$ $a = 0;\ a = 1;\ a = -4$

d) $f(x) = x^2 + 1$ $a = 0;\ a = 1;\ a = -1$

8 Stammfunktion und Integralfunktion

Nach dem Hauptsatz der Differenzial- und Integralrechnung ist jede Integralfunktion einer stetigen Funktion f auch eine Stammfunktion zu f, da $I_a'(x) = f(x)$ gilt.
Untersuchen Sie umgekehrt, welche der folgenden Stammfunktionen F einer Funktion f auch Integralfunktionen sind.

(1) $F(x) = x^2 - 1$ (2) $F(x) = x^2 + 1$

(3) $F(x) = \cos(x)$ (4) $F(x) = \cos(x) + 2$

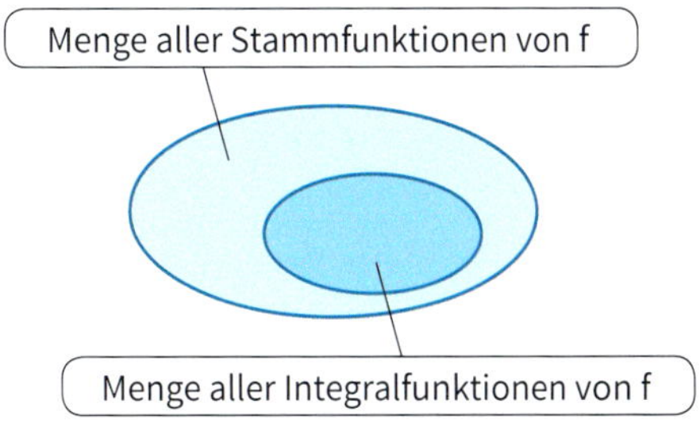

Mittelwert über einem Intervall

Photovoltaikanlagen wandeln Sonnenlicht in elektrischen Strom um.
Die Leistung einer Photovoltaikanlage im Tagesverlauf kann man sich mit einer App grafisch anzeigen lassen.
An einem sonnigen Oktobertag ergibt sich von 9 bis 17 Uhr der abgebildete Verlauf, der näherungsweise durch die Funktion f mit $f(t) = \frac{5}{256}t^4 - \frac{5}{16}t^3 + \frac{5}{4}t^2$ beschrieben werden kann.
Dabei ist $0 \le t \le 8$ die Zeit in Stunden ab 9 Uhr und f(t) die Leistung in Kilowatt.

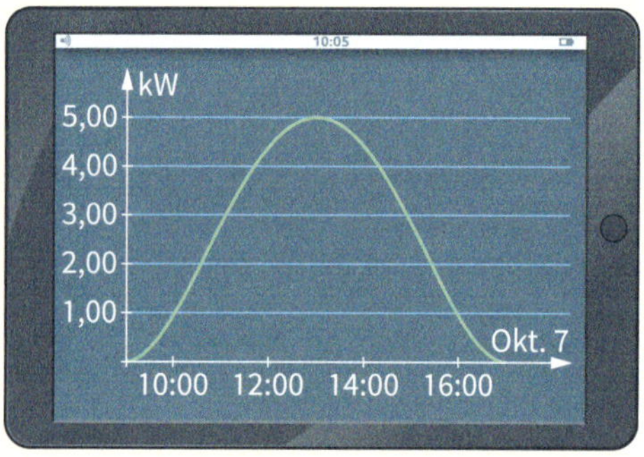

Wie groß war die mittlere Leistung der Anlage an diesem Tag zwischen 9 und 17 Uhr?

μ wird gelesen: „mü“

Gesamtenergie der Anlage

Um die mittlere Leistung μ zu berechnen, bestimmt man zunächst die Gesamtenergie, die von der Photovoltaikanlage an diesem Tag erzeugt wurde.

kWh: Kilowattstunde

Für eine konstante elektrische Leistung gilt *„Energie = Leistung · Zeit“*.
Da bei der Photovoltaikanlage die Leistung aber variiert, lässt sich die Gesamtenergie in kWh hier durch das Integral berechnen:

$$\int_0^8 f(t)\,dt = \left[\frac{1}{256}t^5 - \frac{5}{64}t^4 + \frac{5}{12}t^3\right]_0^8 = \frac{64}{3}$$

Dieser Wert von etwa 21 kWh lässt sich als Flächeninhalt der Fläche unter dem Graphen von f deuten.

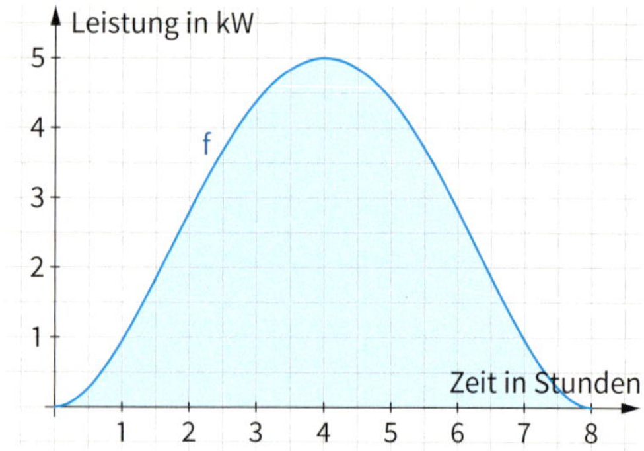

Mittlere Leistung der Anlage

Die mittlere Leistung μ berechnet sich aus Gesamtenergie dividiert durch die Zeit:

$$\mu = \frac{64}{3}\,\text{kWh} : 8\,\text{h} = \frac{8}{3}\,\text{kW}$$

Das bedeutet: Würde die Anlage über 8 Stunden hinweg eine konstante Leistung von $\frac{8}{3}$ kW erbringen, ergäbe sich die gleiche Gesamtenergie.
Die Flächeninhalte unter dem Graphen von f und der konstanten Funktion $y = \mu$ im Intervall [0; 8] stimmen also überein.

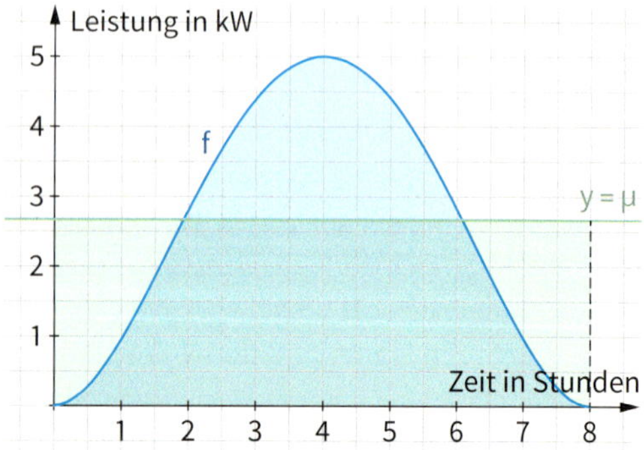

Mittelwert über einem Intervall

Der **Mittelwert μ** der Funktionswerte einer Funktion f über einem Intervall [a; b] ist die Zahl $\frac{1}{b-a} \cdot \int_a^b f(x)\,dx$.

Geometrische Bedeutung

Der orientierte Flächeninhalt unter dem Graphen der Funktion f über [a; b] und unter dem Graphen der konstanten Funktion $y = \mu$ über [a; b] sind gleich groß:

$$\mu \cdot (b-a) = \int_a^b f(x)\,dx$$

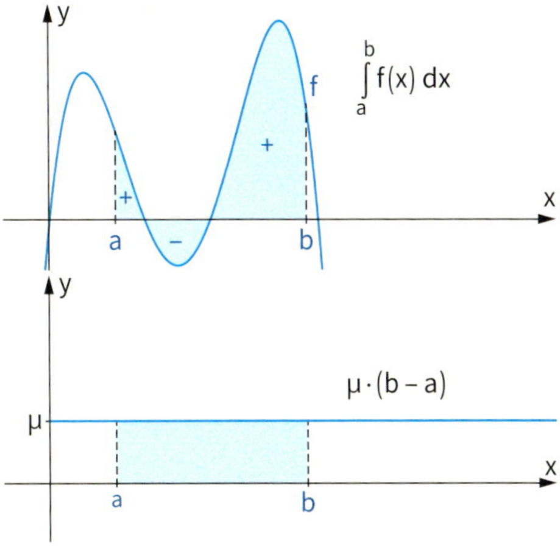

1 **Mittelwert über einem Intervall – Quadratfunktion**
Gegeben ist die Funktion f mit $f(x) = x^2$.
Schätzen Sie am Graphen von f, wie groß der Mittelwert der Funktionswerte von f über dem Intervall [0; 3] ist. Bestimmen Sie anschließend den Mittelwert rechnerisch.

2 **Mittelwert über einem Intervall – Funktion dritten Grades**
Gegeben ist die Funktion f mit $f(x) = \frac{1}{12}x \cdot (5 - x) \cdot (x - 15)$.
Zeichnen Sie den Graphen von f im Intervall [0; 15] und schätzen Sie am Graphen ab, an welcher Stelle auf der y-Achse der Mittelwert der Funktionswerte von f über dem Intervall [0; 15] liegt. Bestimmen Sie anschließend den Mittelwert rechnerisch.

3 **Mittlere Temperatur**
Der Temperaturverlauf an einem Wintertag kann näherungsweise durch die Funktion f mit $f(t) = -0{,}05\,t^2 + 1{,}2\,t - 6$ für $0 \le t \le 24$ beschrieben werden. Dabei ist t in Stunden ab 0 Uhr und f(t) in °C angegeben.
a) Berechnen Sie die mittlere Temperatur an diesem Tag. Wann wurde diese Temperatur im Laufe des Tages erreicht?
b) Veranschaulichen Sie Ihr Ergebnis am Graphen von f mithilfe von Flächeninhalten.

4 **Mittelwertsatz**
Begründen Sie den folgenden Satz:

> Hat eine Funktion f mit einem durchgehenden Graphen über dem Intervall [a; b] den Mittelwert μ, dann gibt es eine Stelle $c \in [a; b]$, sodass $\mathbf{f(c) = \mu}$ gilt.

5 **Folgerungen aus dem Mittelwertsatz**
Gegeben ist eine Funktion f über dem Intervall [1; 3] mit $\int_1^3 f(x)\,dx = 10$.
Der Graph der Funktion f über dem Intervall [1; 3] kann durchgehend gezeichnet werden.
a) Zeigen Sie, dass f den Wert 5 mindestens einmal im Intervall [1; 3] annimmt.
b) Zeigen Sie allgemein:

> Ist μ der Mittelwert einer Funktion f über dem Intervall [a; b], so gilt: $\int_a^b \mathbf{f(x) - \mu\,dx = 0}$

2.5 Fläche zwischen Graph und x-Achse

Vorbereiten
Seite 67

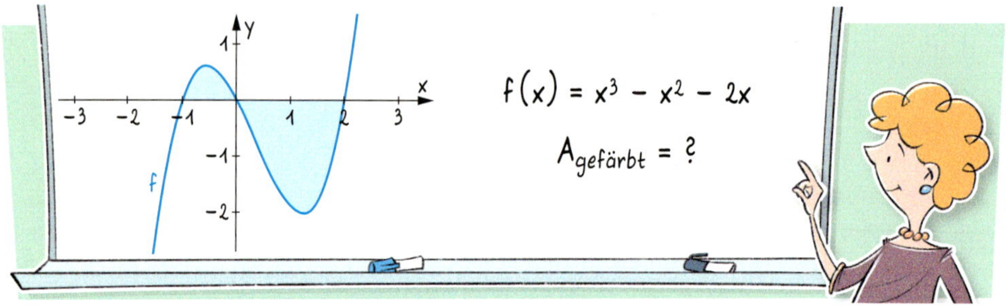

- Wie kann man den Flächeninhalt der von dem Graphen von f und der x-Achse eingeschlossenen Fläche berechnen?

WES-109471-208

Flächeninhalt der Fläche zwischen Funktionsgraph und x-Achse bestimmen

Der Flächeninhalt A einer Fläche zwischen dem Graphen einer Funktion f und der x-Achse über einem Intervall [a; b] kann wie folgt bestimmt werden:

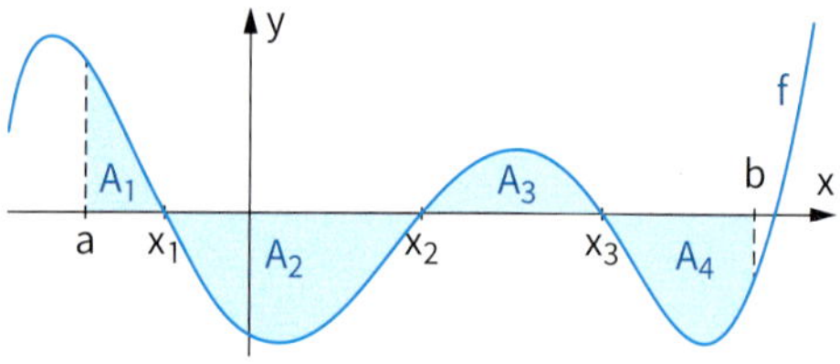

1) **Nullstellen** von f im Intervall [a; b] bestimmen

Nullstellen in [a; b]: x_1, x_2, x_3

2) **Flächeninhalte der Teilflächen** mit den Integralen von f (x) über den Teilintervallen berechnen; bei negativen Integralwerten Beträge bilden

Oder: einfach immer Betrag bilden

$A_1 = \int_a^{x_1} f(x)\,dx \qquad A_2 = \left|\int_{x_1}^{x_2} f(x)\,dx\right|$

$A_3 = \int_{x_2}^{x_3} f(x)\,dx \qquad A_4 = \left|\int_{x_3}^{b} f(x)\,dx\right|$

3) Flächeninhalte der Teilflächen **addieren**

$A = A_1 + A_2 + A_3 + A_4$

Flächeninhalt der Fläche zwischen Funktionsgraph und x-Achse bestimmen

Berechnen Sie den Flächeninhalt A der Fläche zwischen dem Graphen der Funktion f mit $f(x) = 0{,}6 \cdot (x^2 - 1) \cdot (x - 2)$ und der x-Achse.

Lösung

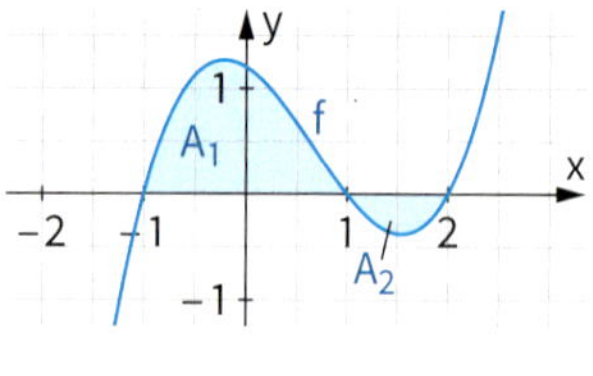

1) *Nullstellen:* Aus $f(x) = 0$ folgt: $x_1 = -1$; $x_2 = 1$; $x_3 = 2$

2) *Stammfunktion:*

$f(x) = 0{,}6\,x^3 - 1{,}2\,x^2 - 0{,}6\,x + 1{,}2$

$F(x) = 0{,}15\,x^4 - 0{,}4\,x^3 - 0{,}3\,x^2 + 1{,}2\,x$

Flächeninhalte der Teilflächen:

$\int_{-1}^{1} f(x)\,dx = F(1) - F(-1) = 0{,}65 - (-0{,}95) = 1{,}6$; also $A_1 = 1{,}6$

$\int_{1}^{2} f(x)\,dx = F(2) - F(1) = 0{,}4 - 0{,}65 = -0{,}25$; also $A_2 = 0{,}25$

3) *Flächeninhalt der Gesamtfläche:* $A = A_1 + A_2 = 1{,}6 + 0{,}25 = 1{,}85$

1 **Graphen skizzieren und Flächeninhalt berechnen**
Skizzieren Sie den Graphen der Funktion f und berechnen Sie den Flächeninhalt der Fläche, die der Graph mit der x-Achse einschließt.
a) $f(x) = x^2 - 9$ b) $f(x) = x^3 - 4x$ c) $f(x) = x^4 - 4x^2$

2 **Fläche zwischen Graph und x-Achse**
Berechnen Sie den Flächeninhalt der Fläche, die der Graph von f mit der x-Achse einschließt.
a) $f(x) = 4 - x^2$ b) $f(x) = x \cdot (x - 1) \cdot (3 - x)$ c) $f(x) = -x^2 + 6x + 7$

3 **Fläche zwischen Graph und x-Achse über einem Intervall**
Skizzieren Sie den Graphen der Funktion f und markieren Sie die Fläche, die der Graph über dem Intervall I mit der x-Achse einschließt. Bestimmen Sie den Flächeninhalt dieser Fläche.
a) $f(x) = -x^2 + 6x - 5;\ I = [0; 5]$ b) $f(x) = x^3 - 3x^2 - 6x + 8;\ I = [-2; 4]$
c) $f(x) = x^3 - 6x^2 + 5x + 12;\ I = [0; 4]$ d) $f(x) = x^4 - 10x^3 + 35x^2 - 50x + 24;\ I = [1; 4]$

4 **Lösungen kontrollieren und erläutern**

Dominik und Betül berechnen den Flächeninhalt der Fläche, die von der Sinuskurve und der x-Achse über dem Intervall $[0; 2\pi]$ eingeschlossen wird.

Dominik: $A = \int_0^{2\pi} \sin(x)\,dx = 0$ *Betül:* $A = 2 \cdot \int_0^{\pi} \sin(x)\,dx$

Erläutern Sie Dominiks Fehler und Betüls Überlegungen.

---

5 Berechnen Sie den Flächeninhalt der Fläche, die der Graph von f mit der x-Achse einschließt.
a) $f(x) = x^2 - 2x - 3$ b) $f(x) = x^3 - 2x^2$

Prüfe dich!
Lösungen auf
Seite 401

6 Gegeben ist die Funktion f mit $f(x) = 0{,}5x^3 - x^2 - 0{,}5x + 1 = 0{,}5 \cdot (x - 2) \cdot (x + 1) \cdot (x - 1)$.
Berechnen Sie den Flächeninhalt der Fläche, die der Graph von f über dem Intervall [0; 2] mit der x-Achse einschließt.

---

7 **Kirchentor**
Das Eingangstor einer alten Kirche muss neu gestrichen werden. Die obere Begrenzungslinie des Tores kann in einem Koordinatensystem mit der Einheit Meter durch den Graphen der Funktion f mit $f(x) = -\frac{1}{8}x^4 + 4$ für $-2 \le x \le 2$ und die Geraden zu $x = 2$ und $x = -2$ modelliert werden.
Berechnen Sie den Flächeninhalt des Tores.

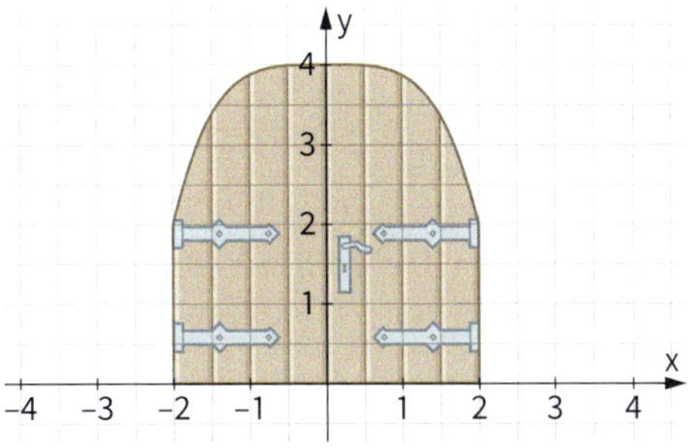

8 **Berliner Bogen**
Der „Berliner Bogen“ in Hamburg ist ein preisgekröntes Bürogebäude aus Glas und Stahl. Die obere Begrenzungslinie der Glasfront des Gebäudes kann in einem Koordinatensystem mit der Einheit Meter annähernd durch die Funktion f mit $f(x) = -\frac{1}{30}x^2 + 30$ modelliert werden.
Berechnen Sie den Flächeninhalt der Glasfront.

9 **Entwässerungsgraben**

Der Querschnitt eines Entwässerungsgrabens kann in einem Koordinatensystem mit der Einheit dm näherungsweise durch die Funktion f mit $f(x) = x^2 - 9$ für $-3 \le x \le 3$ beschrieben werden. Nehmen Sie an, dass der Graben randvoll gefüllt ist, und bestimmen Sie, wie viel Liter Wasser pro Meter im Graben enthalten sind.

Prüfe dich!
Lösungen auf Seite 401

10 Der Wasserstand in einem Rückhaltebecken wird mithilfe eines 300 Meter langen Ablaufkanals kontrolliert. Der Querschnitt des Ablaufkanals kann in einem Koordinatensystem mit der Einheit Meter durch die Funktion f mit $f(x) = \frac{1}{2}x^2 - 2$ beschrieben werden.
Bestimmen Sie, wie viel Liter Wasser der Ablaufkanal fassen kann.

11 **Integral und Betragsfunktion**

Die Grafik zeigt den Graphen der Funktion f mit $f(x) = -x^3 + x^2 + 2x$ und den Graphen der Funktion g mit $g(x) = |f(x)|$.

a) Beschreiben Sie, wie der Graph von g aus dem Graphen von f entsteht.

b) Begründen Sie, dass für den Flächeninhalt A der Fläche, die der Graph von f mit der x-Achse einschließt, gilt:

$$A = \int_{-1}^{2} |f(x)|\, dx$$

c) Berechnen Sie damit den Flächeninhalt A mit einem Rechner.

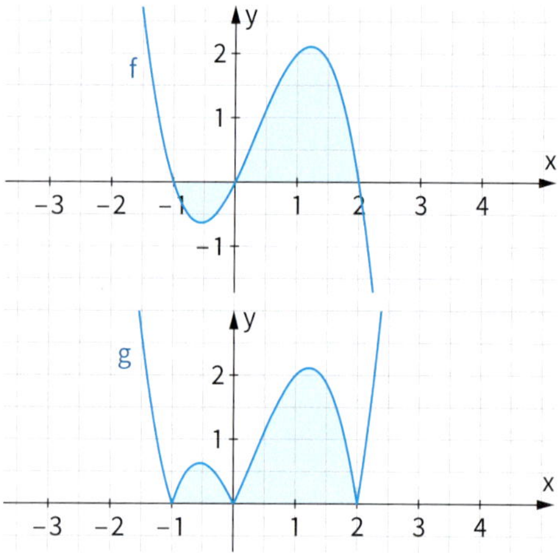

Flächeninhalt mithilfe des Betrags bestimmen

Gegeben ist die Funktion f mit $f(x) = x^3 - 19x + 30$. Bestimmen Sie mithilfe des Betrags den Flächeninhalt A der Fläche, die der Graph von f mit der x-Achse einschließt.

Lösung

Äußere Nullstellen bestimmen

solve$(x^3 - 19 \cdot x + 30 = 0, x)$
$x = -5$ or $x = 2$ or $x = 3$

Kleinste Nullstelle: −5
Größte Nullstelle: 3

Flächeninhalt bestimmen

$\int_{-5}^{3} \text{abs}(x^3 - 19 \cdot x + 30)\, dx$

$\int_{-5}^{3} |x^3 - 19 \cdot x + 30|\, dx \qquad \frac{517}{2}$

$A = 258{,}5$

12 **Flächeninhalt mithilfe des Betrags bestimmen**

Bestimmen Sie mithilfe des Betrags den Flächeninhalt der Fläche, die der Graph der Funktion f mit der x-Achse einschließt.

a) $f(x) = x^4 - 8x^3 + 18x^2 - 8x$
b) $f(x) = x^3 - x^2 - 2x$
c) $f(x) = x^3 - 9x^2 + 23x - 15$

13 **Fläche über einem Intervall**

Der Graph der Funktion f mit $f(x) = x^2 - 2x - 3$ schließt mit der x-Achse über dem Intervall $[-2; 4]$ eine Fläche ein. Skizzieren Sie diese Fläche und erläutern Sie, dass man ihren Flächeninhalt mithilfe des Betrags bestimmen kann, ohne die Nullstellen von f zu berechnen.

14 = **Zisterne**

Für den Bau einer Zisterne wird eine Grube ausgehoben. Die Querschnittsfläche der Grube wird vom Graphen der Funktion f mit $f(x) = \frac{3}{128}x^4 - 6$ für $-4 \le x \le 4$ in einem Koordinatensystem mit der Einheit Meter begrenzt.

a) Berechnen Sie den Flächeninhalt der Querschnittsfläche der Grube.

b) Die Grube hat eine Länge von 20 m. Wie viel Kubikmeter Erde wurden ausgehoben?

15 = **Funktionsterm ermitteln und Flächeninhalt bestimmen**

Ermitteln Sie einen passenden Funktionsterm für den Graphen und bestimmen Sie den Flächeninhalt der gefärbten Fläche.

a)
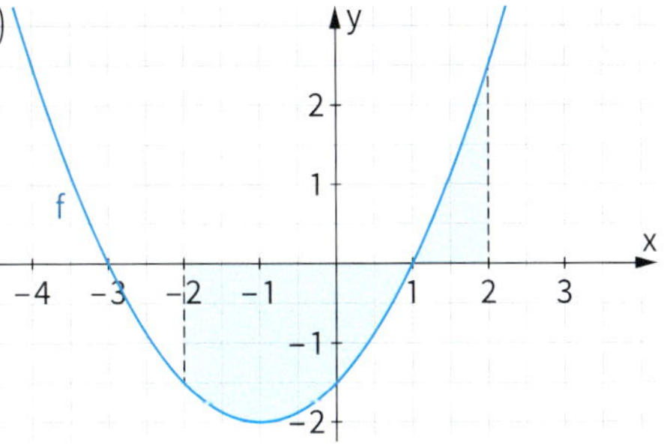

b)
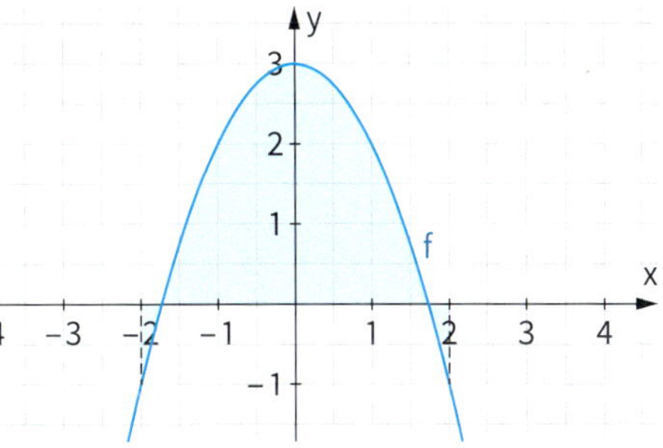

c)
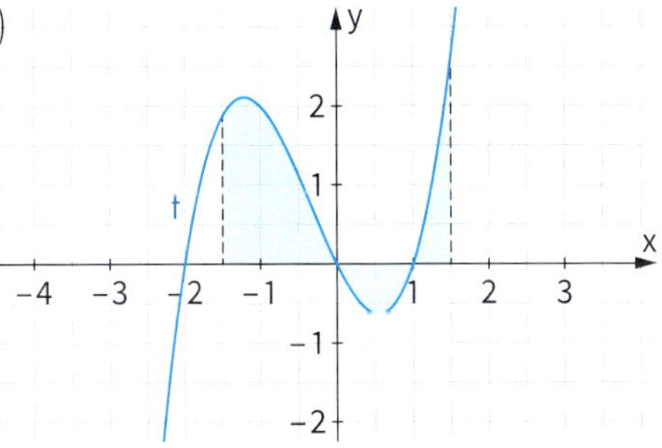

d)
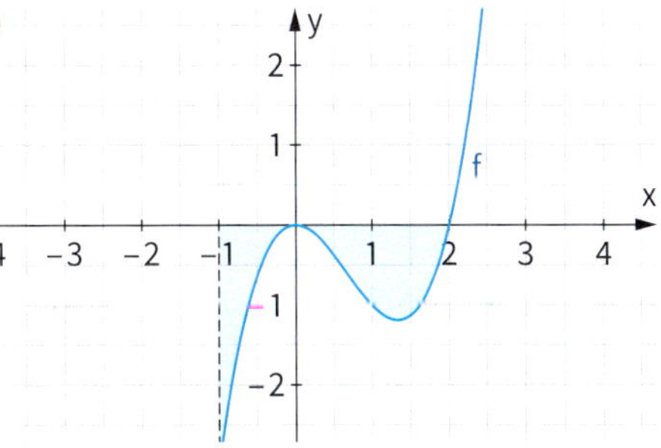

16 ≡ **Öffnungsflächen von Torbögen**

Seit der Antike beherrschen Baumeister die Kunst, Torbögen zu konstruieren, zum Beispiel für Tore, Brücken oder Aquädukte. Die Bögen des im 1. Jh. n. Chr. von den Römern erbauten Aquädukts Pont du Gard in Südfrankreich sind in Halbkreisform gebaut.
Als sehr stabil erweisen sich auch Bögen, die von Parabelbögen gebildet werden.

a) Beschreiben Sie anhand des Torbogens (A), wie man den Flächeninhalt der Öffnungsfläche bei einem Torbogen in Halbkreisform berechnen könnte.

b) Der Torbogen (B) ist von einem Parabelbogen begrenzt. Wie müsste man hier vorgehen, wenn man den Flächeninhalt der Öffnungsfläche beim Torbogen bestimmen möchte?

(A)
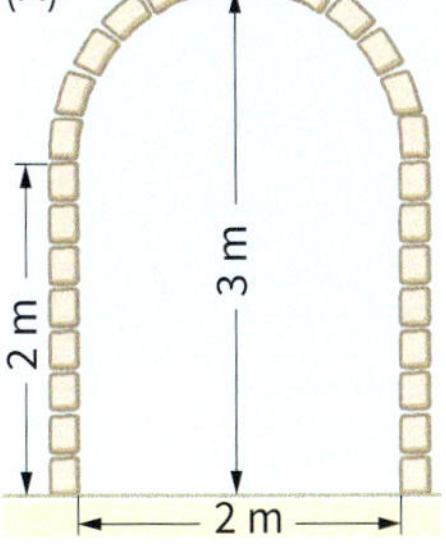

(B)
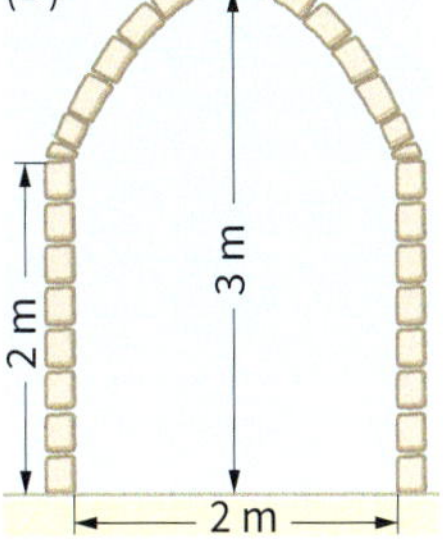

c) Vergleichen Sie die Flächeninhalte der Öffnungsflächen der beiden Torbögen (A) und (B).

17 ☰ **Parameter bestimmen**

Bestimmen Sie $k \in \mathbb{R}$ so, dass der Graph von f mit der x-Achse eine Fläche vom Flächeninhalt A einschließt.

a) $f(x) = -x^2 + k;\ A = 36$ b) $f(x) = x \cdot (x - k);\ A = 36$ c) $f(x) = x^2 \cdot (x - k);\ A = 108$

18 ☰ **Fläche in zwei inhaltsgleiche Flächenstücke zerlegen**

Gegeben ist die Funktion f mit $f(x) = -x^3 + 3x^2$.

Zerlegen Sie die Fläche, die der Graph von f mit der x-Achse einschließt, so durch eine Parallele zur y-Achse, dass zwei Flächen mit demselben Flächeninhalt entstehen.

19 ☰ **Rechenweg erläutern**

Katharina hat den Flächeninhalt A der Fläche zwischen dem Graphen der Funktion f mit $f(x) = x^4 - 16$ und der x-Achse berechnet:

$$\int_{-2}^{2} x^4 - 16\,dx = 2 \cdot \int_{0}^{2} x^4 - 16\,dx = 2 \cdot \left[\frac{1}{5}x^5 - 16x\right]_0^2 = 2 \cdot \left(\frac{32}{5} - 32\right) = 2 \cdot \left(-\frac{128}{5}\right) = -\frac{256}{5}$$

Somit erhält man für den Flächeninhalt: $A = 51{,}2$

Erläutern Sie Katharinas Rechnung. Fertigen Sie dazu eine Skizze vom Graphen an.

20 ☰ **Symmetrie des Graphen ausnutzen**

Berechnen Sie unter Verwendung der Symmetrie des Graphen von f den Flächeninhalt der Fläche zwischen dem Graphen von f und der x-Achse.

a) $f(x) = 9 - x^2$ b) $f(x) = 3x^3 - 2x$

c) $f(x) = \sin(x)$ für $-\pi \le x \le \pi$ d) $f(x) = x - \sin(0{,}5\pi \cdot x)$ für $-1 \le x \le 1$

21 ☰ **Funktionenschar untersuchen**

Untersuchen Sie die Funktionenschar f_k mit $f_k(x) = x^3 - k \cdot x^2$.

Skizzieren Sie einen Graphen der Funktionenschar und erläutern Sie, wie sich der Parameter k auf die Graphen auswirkt. Berechnen Sie dann in Abhängigkeit von k den Flächeninhalt der Fläche, den der Graph von f_k mit der x-Achse einschließt.

22 ☰ **Gleichgroße Teilflächen**

Der Graph der Funktion f_k mit $f_k(x) = x^2 - k$ schließt für $0 < k < 9$ mit der x-Achse im Intervall $[-3; 3]$ drei Teilflächen ein. Untersuchen Sie, für welchen Wert des Parameters k diese drei Teilflächen gleich groß sind.

23 ☰ **Wassersportkanal**

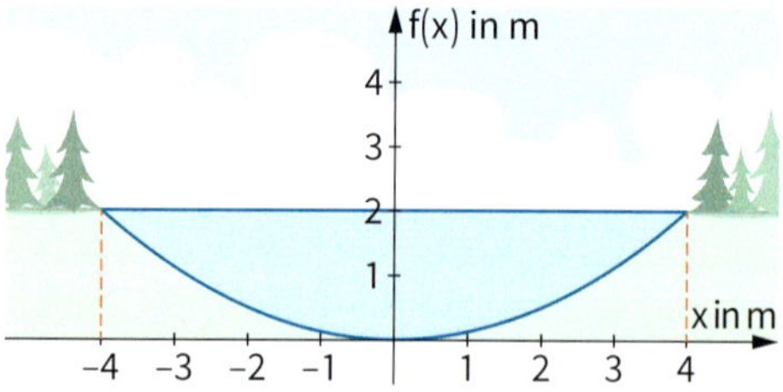

Für Freizeitaktivitäten im Wassersport wird ein neuer Kanal angelegt.

a) Bestimmen Sie einen Funktionsterm f(x) für den abgebildeten Kanalboden.

b) Berechnen Sie den Flächeninhalt der Querschnittsfläche des Kanals.

c) Betrachten Sie die Funktion g, die durch Verschieben des Graphen der Funktion f um zwei Einheiten nach unten entsteht: $g(x) = f(x) - 2$
Die x-Achse beschreibt nun die Wasseroberfläche.
Berechnen Sie mithilfe der Funktion g den Flächeninhalt der Querschnittsfläche.

d) Der Kanal hat eine Länge von 1 km. Berechnen Sie das gesamte Wasservolumen.

e) Im Sommer steht das Wasser im Kanal an der tiefsten Stelle nur 1 m hoch.
Bestimmen Sie das Wasservolumen des beschriebenen Kanals im Sommer.

2.6 Fläche zwischen zwei Graphen

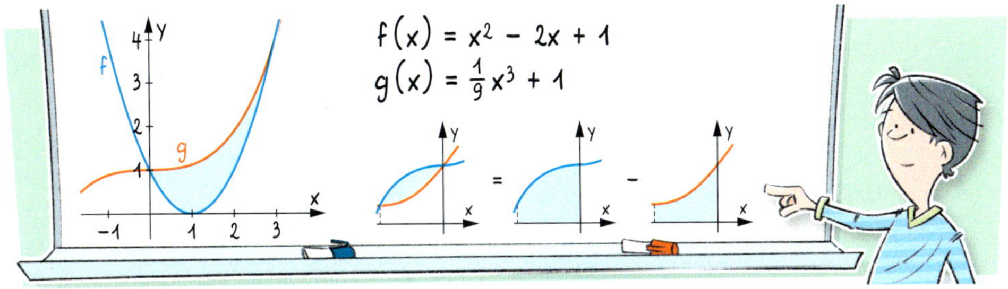

- Wie kann man den Flächeninhalt der von den Graphen von f und g eingeschlossenen Fläche berechnen?

Flächeninhalt der Fläche zwischen zwei Funktionsgraphen bestimmen

Der Flächeninhalt A einer Fläche zwischen dem Graphen zweier Funktionen f und g über einem Intervall [a; b] kann wie folgt bestimmt werden:

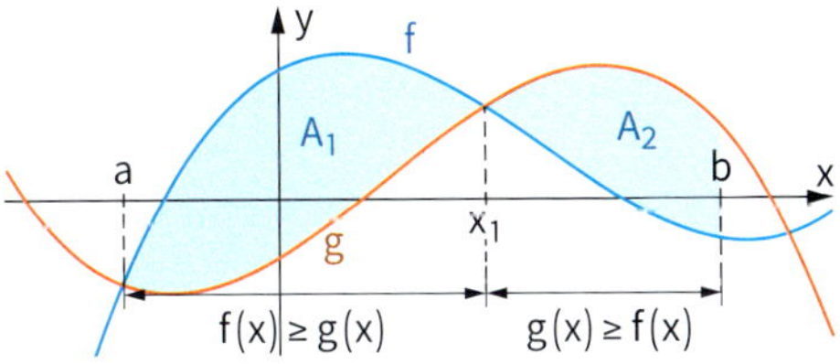

1) **Schnittstellen** der Graphen im Intervall [a; b] bestimmen — Schnittstellen in [a; b]: a und x_1

2) **Flächeninhalte der Teilflächen** mit den Integralen von $f(x) - g(x)$ über den Teilintervallen berechnen; bei negativen Integralwerten Beträge bilden

$$A_1 = \int_a^{x_1} f(x) - g(x)\,dx$$

$$A_2 = \left| \int_{x_1}^{x_2} f(x) - g(x)\,dx \right|$$

3) Flächeninhalte der Teilflächen **addieren** — $A = A_1 + A_2$

WES-109471-209

Oder: einfach immer Betrag bilden

Flächeninhalt der Fläche zwischen zwei Funktionsgraphen bestimmen

Berechnen Sie den Flächeninhalt A der Fläche zwischen den Graphen der Funktionen f und g mit $f(x) = 0{,}5x^3 - 2x^2 - 0{,}5x + 3$ und $g(x) = -0{,}5x^2 + 1{,}5$.

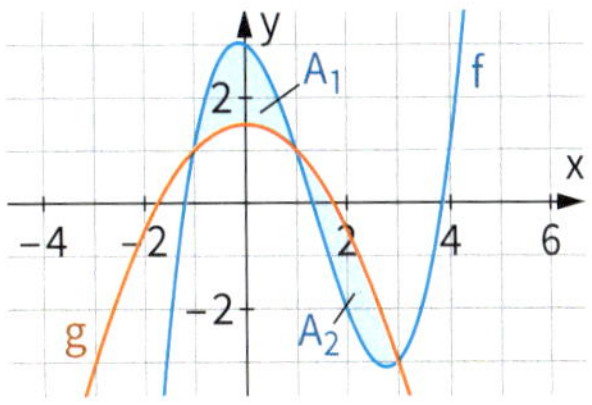

Lösung

1) *Schnittstellen:* Aus $f(x) = g(x)$ folgt: $x_1 = -1;\ x_2 = 1;\ x_3 = 3$

2) *Stammfunktion:*
$d(x) = f(x) - g(x) = 0{,}5x^3 - 1{,}5x^2 - 0{,}5x + 1{,}5$
$D(x) = 0{,}125x^4 - 0{,}5x^3 - 0{,}25x^2 + 1{,}5x$

Flächeninhalte der Teilflächen:

$$\int_{-1}^{1} d(x)\,dx = D(1) - D(-1) = 0{,}875 - (-1{,}125) = 2; \quad \text{also } A_1 = 2$$

$$\int_{1}^{3} d(x)\,dx = D(3) - D(1) = -1{,}125 - 0{,}875 = -2; \quad \text{also } A_2 = 2$$

3) *Flächeninhalt der Gesamtfläche:* $A = A_1 + A_2 = 2 + 2 = 4$

1 **Flächeninhalt bei verschobenen Graphen**

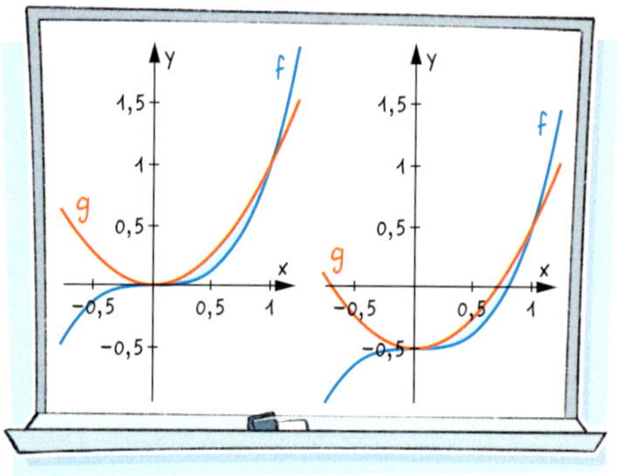

a) Die Graphen der Funktionen f und g mit $f(x) = x^3$ und $g(x) = x^2$ schließen eine Fläche ein, die oberhalb der x-Achse liegt. Berechnen Sie den Flächeninhalt dieser Fläche.

b) Wenn man beide Graphen um 0,5 nach unten verschiebt, so liegt ein Teil der Fläche unterhalb der x-Achse. Begründen Sie, dass sich das nicht auf die Berechnung des Flächeninhalts auswirkt.

2 **Fläche zwischen zwei Graphen**

Berechnen Sie den Flächeninhalt der Fläche zwischen den Graphen von f und g.

a) $f(x) = x^2 - 8x + 14 \quad g(x) = -x^2 + 6x - 6$
b) $f(x) = x^3 - x - 3 \quad g(x) = 3x - 3$

3 **Graphen skizzieren und Flächeninhalt berechnen**

Skizzieren Sie die Graphen von f und g und berechnen Sie den Flächeninhalt der eingeschlossenen Fläche.

a) $f(x) = x^3 - x^2 - 4x + 3 \quad g(x) = -x^2 + 3$
b) $f(x) = 3x^3 - 9x^2 \quad g(x) = -x^4 + 3x^3$
c) $f(x) = x^3 + x^2 \quad g(x) = 2x$
d) $f(x) = x^4 \quad g(x) = 20 - x^2$

4 **Brillengläser**

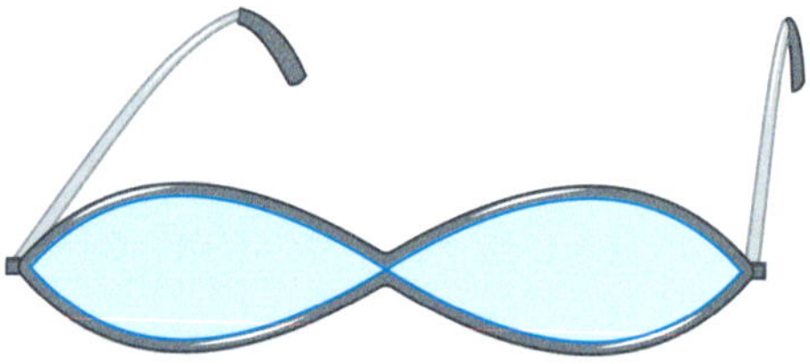

Ein Optiker hat die neue Brille „Dracula Cubicula“ im Sortiment. Der innere Brillenrand wird durch die Graphen der Funktionen f und g mit $f(x) = -0{,}01x^3 + 0{,}49x + 1{,}5$ und $g(x) = 0{,}01x^3 - 0{,}49x + 1{,}5$ beschrieben, wobei x in cm angegeben wird.

Berechnen Sie den Flächeninhalt der beiden Brillengläser. Beschreiben Sie Ihre Strategie.

5 **Fischerei-Logo**

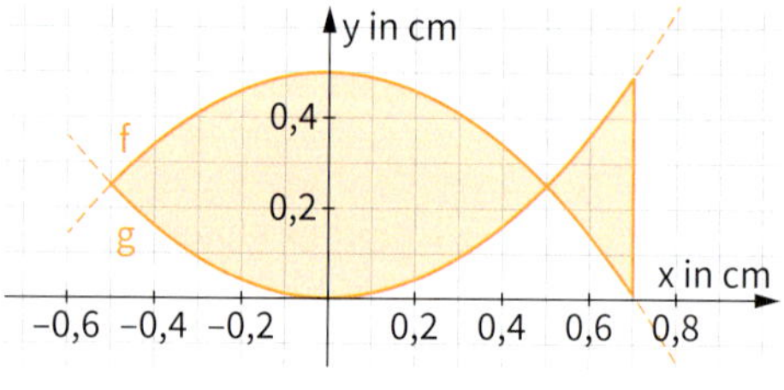

Das neue Firmenlogo einer Fischerei hat die Form eines Fisches, der durch die Graphen der Funktionen f und g mit $f(x) = 0{,}5 - x^2$ und $g(x) = x^2$ begrenzt wird.

a) Berechnen Sie den Flächeninhalt des Firmenlogos.

b) Das Firmenlogo soll als Werbegeschenk in Kupfer hergestellt werden, wobei die Dicke 1 mm betragen soll. 1 cm^3 Kupfer hat eine Masse von 8,96 g. Berechnen Sie, wie schwer ein Werbegeschenk aus Kupfer ist.

6 **Sinuskurve und Sekante**

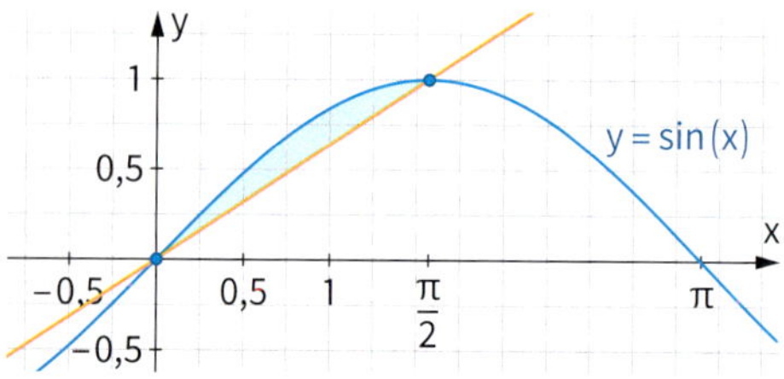

Eine Sekante der Sinuskurve verläuft durch den Koordinatenursprung und einen Hochpunkt der Sinuskurve.

a) Die Sinuskurve und die Sekante schließen die abgebildete Fläche ein. Berechnen Sie den Flächeninhalt dieser Fläche.

b) Wie groß ist der Flächeninhalt der restlichen Fläche, die von der Sekante, der Sinuskurve und der x-Ache begrenzt wird?

7 = Ein Modellflugzeugclub hat ein Logo mit einem stilisierten Propeller entwickelt. Der Propeller wird durch die Graphen der Funktionen f und g mit $f(x) = \frac{1}{10}x^3 - \frac{2}{5}x + 2$ und $g(x) = \frac{1}{2}x + 2$ begrenzt.
Berechnen Sie den Flächeninhalt des Propellers, wenn x in cm angegeben ist.

Prüfe dich!
Lösungen auf Seite 401

8 – **Flächeninhalte als Integral schreiben**
Die Fläche zwischen den Graphen der Funktionen f und g wird wie abgebildet in sechs Teilflächen zerlegt.
Notieren Sie die Flächeninhalte $A_1, \ldots, A_6$ der zugehörigen Flächen mithilfe von Integralen, ohne die Funktionsterme von f und g zu bestimmen.

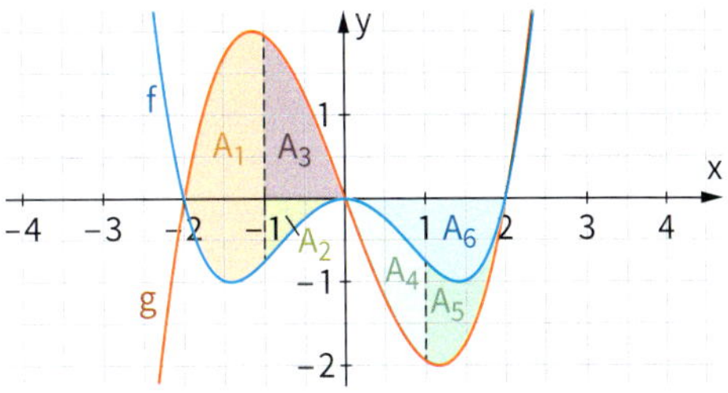

9 = **Integral und Betrag der Differenzfunktion**
Die Grafik zeigt die Graphen der Funktionen f und g mit $f(x) = \frac{1}{4}x^3 - x^2 - \frac{1}{4}x + 2$ und $g(x) = -\frac{1}{2}x + \frac{1}{2}$ sowie die Graphen der Funktionen d und h mit $d(x) = f(x) - g(x)$ und $h(x) = |d(x)|$.

a) Erläutern Sie, wie der Graph von d bzw. h aus den Graphen von f und g entsteht.
b) Begründen Sie, dass für den Flächeninhalt A der Fläche, die die Graphen von f und g einschließen, gilt:
$$A = \int_{-1}^{3} |d(x)|\,dx = \int_{-1}^{3} |f(x) - g(x)|\,dx$$
c) Berechnen Sie damit den Flächeninhalt A mit einem Rechner.

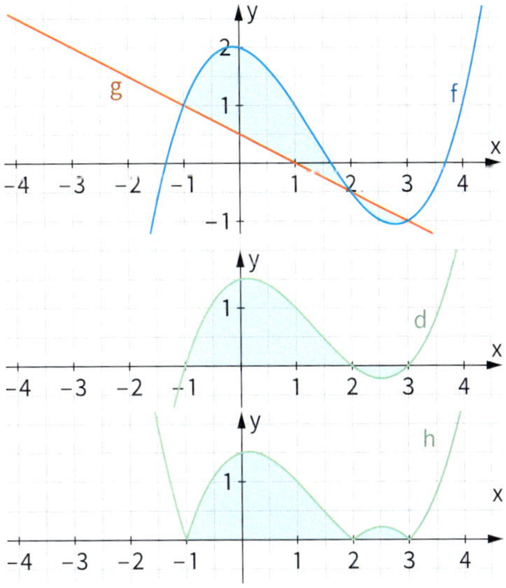

Flächeninhalt mithilfe des Betrags der Differenzfunktion bestimmen

Bestimmen Sie mithilfe des Betrags den Flächeninhalt A der Fläche, die die Graphen von f und g mit $f(x) = -3x^2 + 2x$ und $g(x) = 2x^3 - 3x$ einschließen.

Lösung

Äußere Schnittstellen bestimmen

$f(x) := -3 \cdot x^2 + 2 \cdot x$	*Fertig*
$g(x) := 2 \cdot x^3 - 3 \cdot x$	*Fertig*
$\text{solve}(f(x) = g(x), x)$	$x = \frac{-5}{2}$ or $x = 0$ or $x = 1$

Kleinste Schnittstelle: −2,5
Größte Schnittstelle: 1

Flächeninhalt bestimmen

$\int_{-2.5}^{1} \text{abs}(-3 \cdot x^2 + 2 \cdot x - 2 \cdot x^3 + 3 \cdot x)\,dx$	
$\int_{-2.5}^{1} \lvert -3 \cdot x^2 + 2 \cdot x - 2 \cdot x^3 + 3 \cdot x \rvert\,dx$	12.7188

$A \approx 12{,}72$

10 **Flächeninhalt mithilfe des Betrags der Differenzfunktion bestimmen**

Bestimmen Sie mithilfe des Betrags den Flächeninhalt der Fläche, die von den Graphen der Funktionen f und g mit $f(x) = x^3 - 2$ und $g(x) = 4x - 2$ eingeschlossen wird.

11 **Fläche über einem Intervall**

Bestimmen Sie mithilfe des Betrags den Flächeninhalt der von den Graphen der Funktionen f und g eingeschlossenen Fläche über dem Intervall I.

a) $f(x) = -3x^2 + 3x + 8$ $\quad g(x) = 8x^{-2}$ $\quad I = [1; 2]$

b) $f(x) = -x^4 + x^3 - 50$ $\quad g(x) = 2x^3 - 17x^2 - 5x + 10$ $\quad I = [-5; 5]$

12 **Funktionsterme ermitteln und Flächeninhalte bestimmen**

Ermitteln Sie passende Funktionsterme zu den Graphen und bestimmen Sie den Flächeninhalt der gefärbten Fläche.

a)

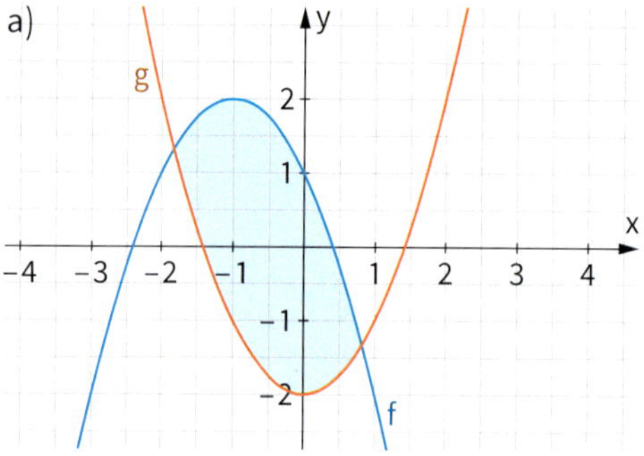

b)

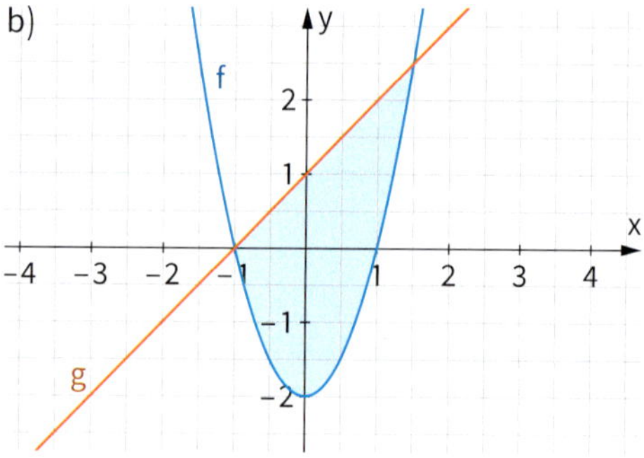

13 **Parabel und Tangente**

Berechnen Sie den Flächeninhalt der Fläche, die die abgebildete Parabel, die Tangente an die Parabel an der Stelle 2 und die x-Achse einschließen.

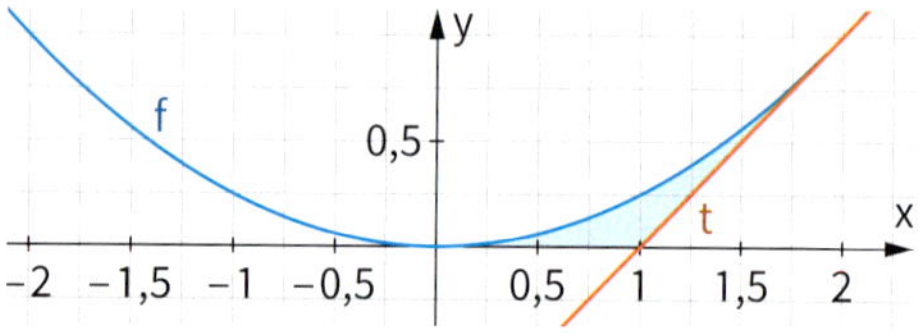

14 **Schmuckform**

Ein Goldschmied hat eine neue Schmuckform in seine Kollektion aufgenommen.
Die gefärbten Teile der Schmuckform sollen einseitig mit Blattgold belegt werden.
Die Linien sind Parabelbögen.
1 cm^2 Blattgold einschließlich Belegung kostet 7,99 €.
Wie teuer wird die Blattgoldarbeit? Legen Sie das Koordinatensystem geeignet fest.

a)

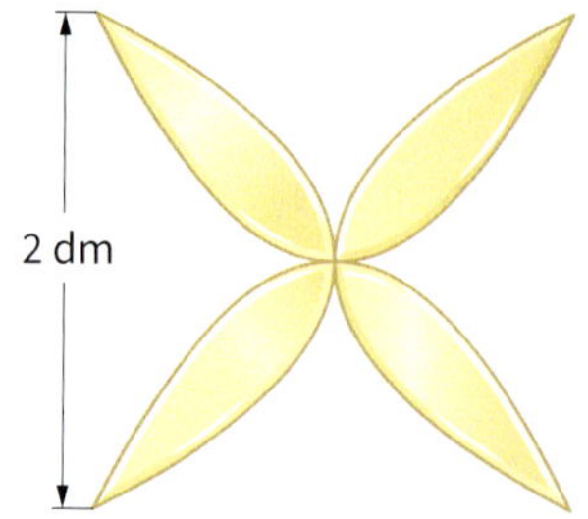

b)

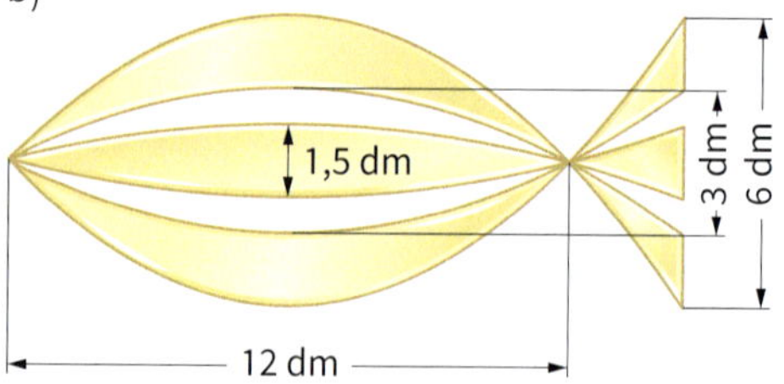

15 **Yachthafen**

Der Yachthafen eines Segelclubs wird näherungsweise durch parabelförmig angelegte Kaimauern begrenzt.
Bestimmen Sie den Flächeninhalt der blau gefärbten Wendefläche für die Boote. Legen Sie das Koordinatensystem geeignet fest.

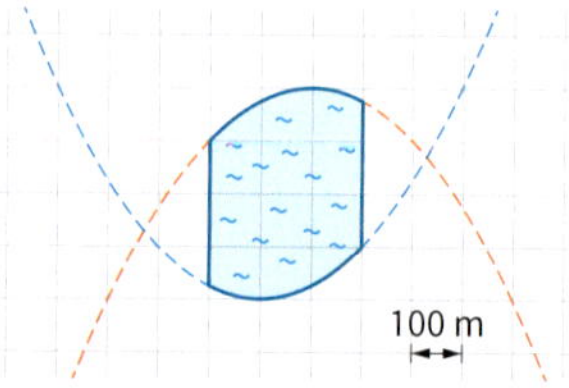

16 Parameter bestimmen

Für $k > 0$ schließt der Graph der Funktion f_k mit $f_k(x) = -x^2 + k \cdot x$ mit der Normalparabel zu $y = x^2$ eine Fläche ein.

a) Skizzieren Sie den Graphen der Funktion f_4 und die Normalparabel. Berechnen Sie den Flächeninhalt der eingeschlossenen Fläche.

b) Bestimmen Sie $k > 0$ so, dass der Flächeninhalt der eingeschlossenen Fläche 9 beträgt.

17 Einfluss von Parametern

Bestimmen Sie $k > 0$ so, dass die von den Graphen der Funktionen f und g eingeschlossene Fläche den Flächeninhalt A hat. Fertigen Sie dazu zunächst eine Skizze an und erläutern Sie daran den Einfluss des Parameters k.

a) $f(x) = x^3;\ g(x) = 2kx^2 - k^2x;\ A = \frac{4}{3}$

b) $f(x) = x^2;\ g(x) = -x^2 + k;\ A = 1$

c) $f(x) = x^2;\ g(x) = 1 - kx^2;\ A = \frac{2}{3}$

d) $f(x) = x^3;\ g(x) = kx;\ A = 8$

b) $f(x) = x^2 + 4x;\ g(x) = k \cdot (x + 4);\ A = \frac{125}{6}$

c) $f(x) = x^2 - k;\ g(x) = k - x^2;\ A = \frac{8}{3}$

18 Funktionenschar untersuchen

Für $k > 0$ ist die Funktionenschar f_k gegeben durch $f_k(x) = x^3 - 2k \cdot x^2 + k^2 \cdot x$.

a) Zeigen Sie, dass alle Funktionsgraphen einen Tiefpunkt auf der x-Achse haben.

b) Für welchen Wert von k schließt der Graph der zugehörigen Funktion f_k mit der x-Achse eine Fläche mit dem Flächeninhalt 108 ein?

c) Bestimmen Sie den Flächeninhalt der Fläche, die der Graph von f_1 mit der Geraden zu $y = x$ einschließt.

19 Flächeninhalt maximieren

Untersuchen Sie, für welches $k > 0$ der Flächeninhalt der Fläche, die der Graph der Funktion f_k mit $f_k(x) = \frac{k - 10}{k} \cdot x^2 + (20 - 2k) \cdot x$ mit der x-Achse einschließt, maximal wird.

20 Formel von Archimedes

Archimedes von Syrakus (287 – 212 v. Chr.) war ein griechischer Mathematiker und einer der bedeutendsten Erfinder der Antike. Zu seinen Entdeckungen zählen unter anderem die Hebelgesetze. Außerdem entwickelte er die sogenannte *Archimedische Schraube*, ein einfaches, aber wirkungsvolles Förderinstrument zur künstlichen Bewässerung.

Folgende Formeln wurden von ihm formuliert:

Formel für Parabelbögen
Der Flächeninhalt der Fläche unter einer Parabel beträgt zwei Drittel vom Produkt aus Grundseite g und Höhe h.

Formel für Parabelsegmente
Der Flächeninhalt eines Parabelsegments beträgt zwei Drittel vom Flächeninhalt des Parallelogramms, das durch die Sehne und die zu ihr parallele Tangente bestimmt ist.

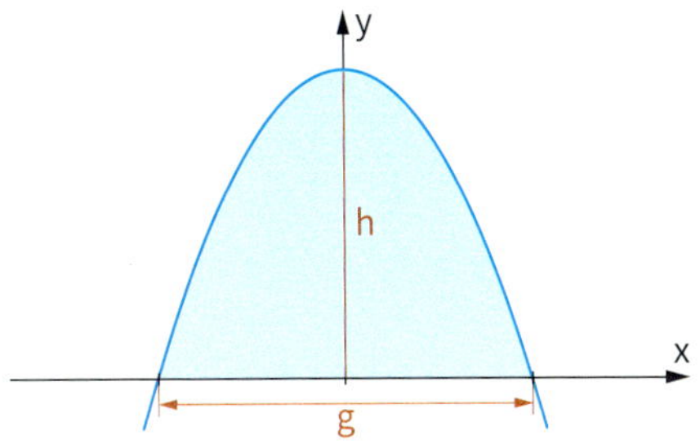

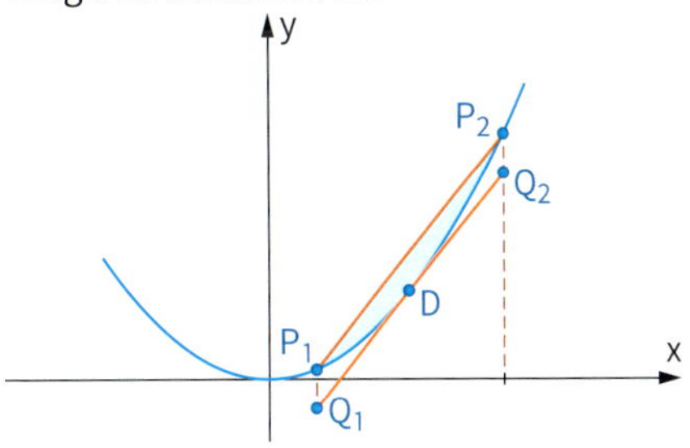

Begründen Sie die Formel des Archimedes für Parabelbögen und für Parabelsegmente.

2.7 Uneigentliche Integrale

$f(x) = \frac{1}{x^2}$ $\qquad$ $g(x) = \frac{1}{\sqrt{x}}$

Die Graphen der Funktionen f und g schließen über dem Intervall $[1; \infty[$ mit der x-Achse und über dem Intervall $]0; 1]$ mit der y-Achse jeweils eine unendlich ausgedehnte Fläche ein.

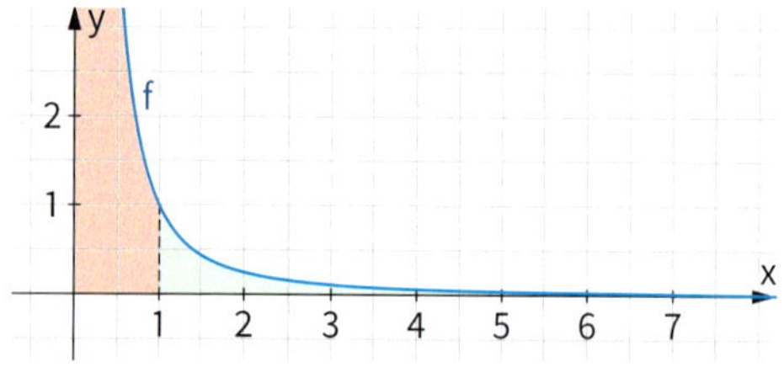

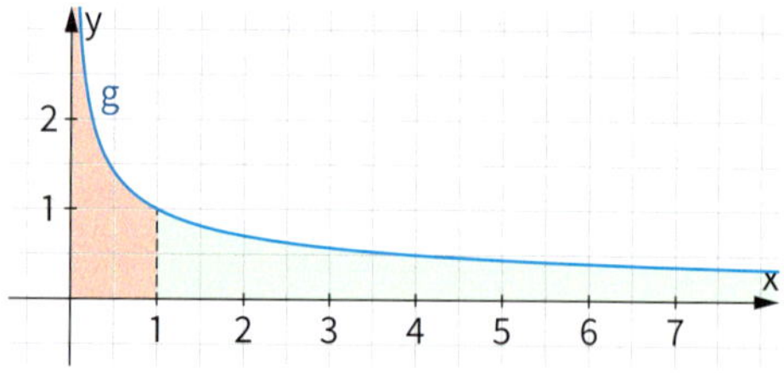

- Kann man für diese Flächen einen Flächeninhalt angeben?

Lösung – Fläche über $[1; \infty[$

Man untersucht, wie sich das Integral der jeweiligen Funktion über dem Intervall $[1; b]$ verhält, wenn die obere Integrationsgrenze b beliebig groß wird.

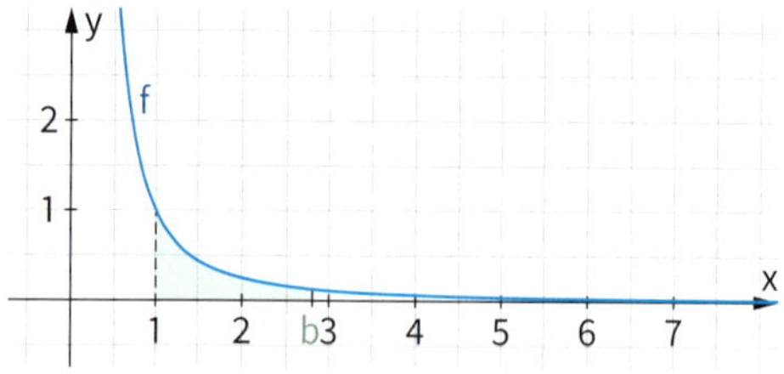

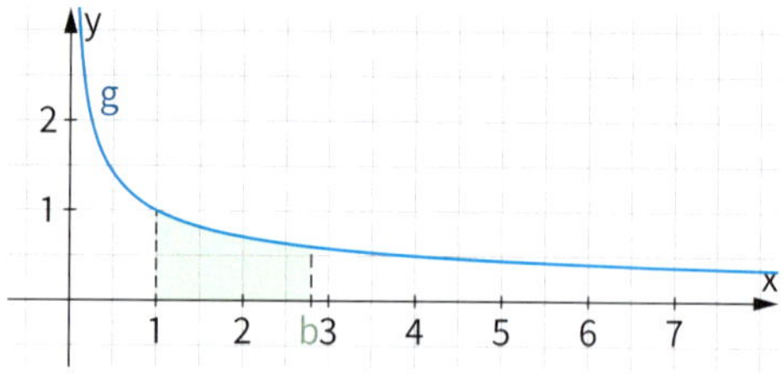

$$\int_1^b \frac{1}{x^2}\,dx = \left[-\frac{1}{x}\right]_1^b = -\frac{1}{b} + 1$$

Für $b \to \infty$ gilt: $-\frac{1}{b} + 1 \to 1$

Der Flächeninhalt der Fläche über dem Intervall $[1; \infty[$ ist 1, obwohl die Fläche nach rechts bis ins Unendliche ausgedehnt ist.

$$\int_1^b \frac{1}{\sqrt{x}}\,dx = \left[2\sqrt{x}\right]_1^b = 2\sqrt{b} - 2$$

Für $b \to \infty$ gilt: $2\sqrt{b} - 2 \to \infty$

Der Flächeninhalt der Fläche über dem Intervall $[1; \infty[$ ist unendlich groß.

Für $b \to \infty$ gilt:
$\frac{1}{b} \to 0$ und $\sqrt{b} \to \infty$

Lösung – Fläche über $]0; 1]$

Man untersucht, wie sich das Integral der jeweiligen Funktion über dem Intervall $[a; 1]$ verhält, wenn sich die untere Integrationsgrenze a von rechts dem Wert 0 nähert.

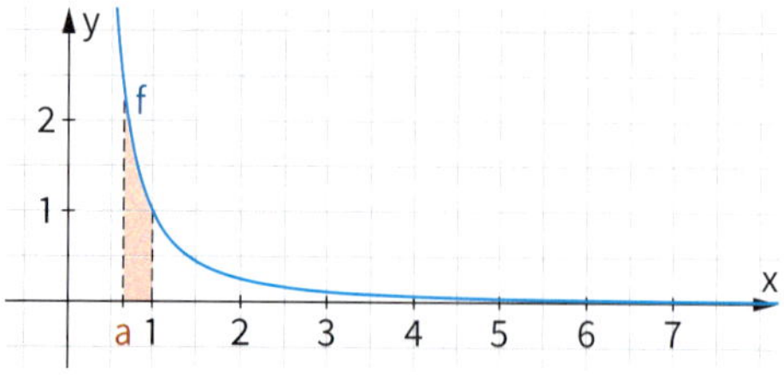

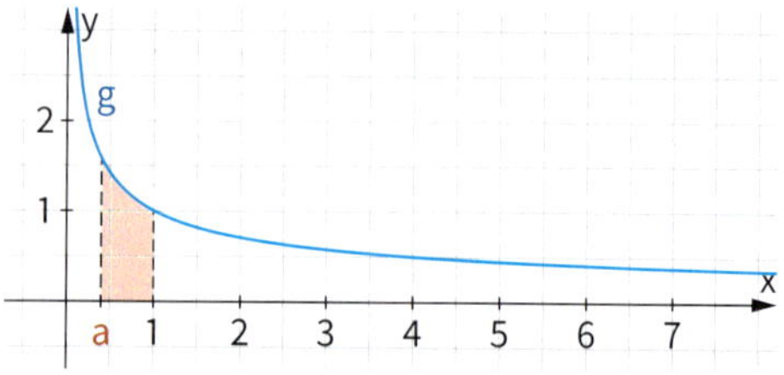

$$\int_a^1 \frac{1}{x^2}\,dx = \left[-\frac{1}{x}\right]_a^1 = -1 + \frac{1}{a}$$

Für $a \to 0$ gilt: $-1 + \frac{1}{a} \to \infty$

Der Flächeninhalt der Fläche über dem Intervall $]0; 1]$ ist unendlich groß.

$$\int_a^1 \frac{1}{\sqrt{x}}\,dx = \left[2\sqrt{x}\right]_a^1 = 2 - 2\sqrt{a}$$

Für $a \to 0$ gilt: $2 - 2\sqrt{a} \to 2$

Der Flächeninhalt der Fläche über dem Intervall $]0; 1]$ ist 2.

Für $a \to 0$ gilt:
$\frac{1}{a} \to \infty$ und $\sqrt{a} \to 0$

Uneigentliche Integrale

Gegeben ist eine Funktion f.

(1) Existiert der Grenzwert

$$\lim_{b \to \infty} \int_a^b f(x)\,dx = \int_a^{\infty} f(x)\,dx$$

bzw. $\lim_{a \to -\infty} \int_a^b f(x)\,dx = \int_{-\infty}^b f(x)\,dx$,

so nennt man diesen Grenzwert das **uneigentliche Integral von f über dem Intervall [a, ∞[** bzw. **]−∞, b]**.

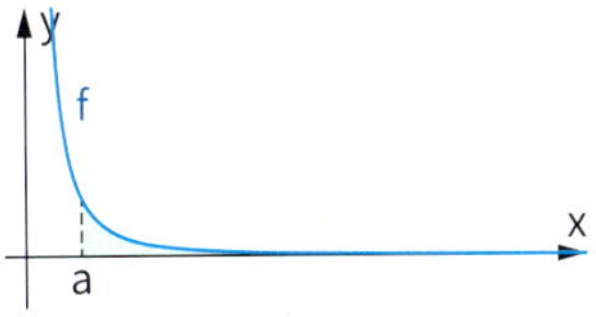

$\int_a^b f(x)\,dx$

$b \to \infty$

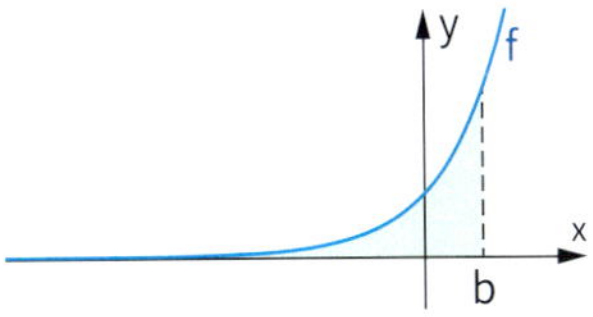

$\int_a^b f(x)\,dx$

$a \to -\infty$

(2) Ist die Stelle x_0 eine Definitionslücke von f und existiert der Grenzwert

$$\lim_{a \to x_0} \int_a^b f(x)\,dx = \int_{x_0}^b f(x)\,dx$$

bzw. $\lim_{b \to x_0} \int_a^b f(x)\,dx = \int_a^{x_0} f(x)\,dx$,

so nennt man diesen Grenzwert das **uneigentliche Integral von f über dem Intervall]x_0, b]** bzw. **[a, x_0[**.

z. B. $x_0 = 0$

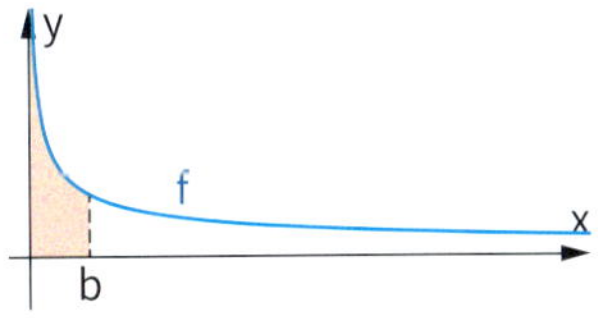

$\int_a^b f(x)\,dx$

$a \to 0$

(von rechts)

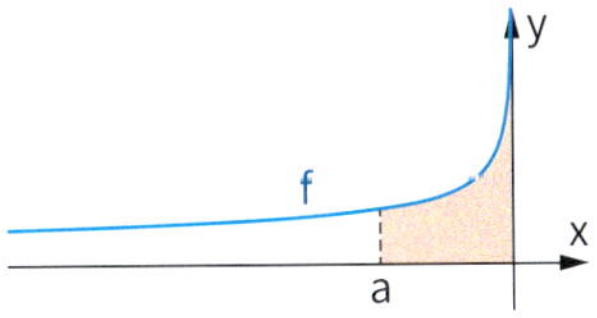

$\int_a^b f(x)\,dx$

$b \to 0$

(von links)

1 Fläche über [1; ∞[

Untersuchen Sie, ob die unendlich ausgedehnte Fläche, die der Graph der Funktion f über dem Intervall [1; ∞[mit der x-Achse einschließt, einen endlichen Flächeninhalt hat.

a) $f(x) = \frac{1}{x^3}$ b) $f(x) = -\frac{1}{x^2}$ c) $f(x) = \frac{1}{\sqrt[3]{x}}$ d) $f(x) = \frac{1}{(x+1)^2}$

2 Fläche über]0; 1] oder [0; 1[

Untersuchen Sie, ob die unendlich ausgedehnte Fläche, die der Graph der Funktion f über dem Intervall I mit der x-Achse einschließt, einen endlichen Flächeninhalt hat.

a) $f(x) = \frac{1}{x^3}$; I =]0; 1]
b) $f(x) = -\frac{1}{4x^3}$; I =]0; 1]
c) $f(x) = \frac{1}{(x-1)^2}$; I = [0; 1[
d) $f(x) = -\frac{1}{(x-1)^2}$; I = [0; 1[

3 Auf uneigentliches Integral prüfen

Gegeben ist die Funktion f. Untersuchen Sie, ob das uneigentliche Integral $\int_a^{\infty} f(x)\,dx$ existiert, und berechnen Sie gegebenenfalls seinen Wert.

a) $f(x) = \frac{2}{x^3}$; a = 1 b) $f(x) = \frac{1}{\sqrt[3]{x}}$; a = 8 c) $f(x) = \frac{1}{2x^2}$; a = 1 d) $f(x) = \frac{1}{x^4}$; a = 1

4

Untersuchen Sie, ob das uneigentliche Integral existiert, und berechnen Sie gegebenenfalls seinen Wert.

a) $\int_0^1 \frac{1}{x^2} + 1\,dx$ b) $\int_1^{\infty} \frac{1}{x^2} + 1\,dx$ c) $\int_1^{\infty} \frac{1}{x^4}\,dx$ d) $\int_{-\infty}^{-2} \frac{1}{x^2}\,dx$

Prüfe dich!
Lösungen auf Seite 401

WES-109471-210

5 = **Fläche zwischen zwei Graphen**

Gegeben sind die Funktionen g und h mit $g(x) = \frac{1}{\sqrt{x}}$ und $h(x) = -\frac{1}{\sqrt{x}}$.

Die Graphen von g und h schließen zusammen mit der y-Achse und der Geraden $x = 4$ eine Fläche ein. Berechnen Sie den Flächeninhalt dieser Fläche.

6 = **Flächeninhalt gesucht**

Gegeben sind die Funktionen f und g mit $f(x) = 3 - \frac{3}{x^3}$ und $g(x) = 3$.

Die Graphen von f und g schließen zusammen mit der x-Achse und der y-Achse eine Fläche ein. Bestimmen Sie den Flächeninhalt dieser Fläche.

7 = **Uneigentliche Integrale von Potenzfunktionen klassifizieren**

Gegeben ist die Funktion f mit $f(x) = x^{-k}$, $k > 1$.

a) Berechnen Sie für $b > 1$ den Flächeninhalt der Fläche, die der Graph von f über dem Intervall $[1; b]$ mit der x-Achse einschließt. Untersuchen Sie das Verhalten des Flächeninhalts für $b \to \infty$. Deuten Sie das Ergebnis anschaulich.

b) Führen Sie die Untersuchungen aus Teilaufgabe a) für Exponenten k mit $0 < k < 1$ durch.

8 = **Integrationsgrenze bestimmen**

Berechnen Sie den Wert für die Integrationsgrenze a bzw. b so, dass das uneigentliche Integral den angegebenen Wert annimmt.

a) $\int_0^b \frac{1}{\sqrt{x}}\,dx = 1$ b) $\int_a^\infty \frac{1}{x^2}\,dx = \frac{1}{4}$ c) $\int_0^b x^{-\frac{2}{3}}\,dx = 2$ d) $\int_a^\infty \frac{1}{x^3}\,dx = 8$

9 = **Integral über $]-\infty; \infty[$**

Gegeben ist die Funktion f mit $f(x) = \frac{2x}{(1+x^2)^2}$.

a) Zeigen Sie, dass die Funktion F mit $F(x) = -\frac{1}{1+x^2}$ eine Stammfunktion von f ist.

b) Bestimmen Sie das Integral von f über dem Intervall $[0; \infty[$.

c) Beurteilen Sie, ob das uneigentliche Integral $\int_{-\infty}^{\infty} f(x)\,dx$ existiert.

10 = **Mit uneigentlichen Integralen argumentieren**

Gegeben ist die Funktion f mit $f(x) = \frac{x}{\sqrt{1+x^2}}$.

a) Zeigen Sie, dass die Funktion F mit $F(x) = \sqrt{1+x^2}$ eine Stammfunktion von f ist.

b) Zeigen Sie, dass $\int_{-b}^{b} f(x)\,dx = 0$ für alle $b > 0$ gilt.

c) Beurteilen Sie, ob die uneigentlichen Integrale $\int_0^\infty f(x)\,dx$ und $\int_{-\infty}^\infty f(x)\,dx$ existieren.

11 ≡ **Uneigentliches Integral mit zwei kritischen Grenzen**

a) Weisen Sie nach, dass gilt:

$$\int_0^1 \frac{1}{\sqrt{1-x}}\,dx = \int_{-1}^0 \frac{1}{\sqrt{1+x}}\,dx = \int_0^1 \frac{1}{\sqrt{x}}\,dx$$

b) Berechnen Sie mit den Ergebnissen aus Teilaufgabe a) den Flächeninhalt der Fläche, die der Graph von f mit $f(x) = \frac{1}{\sqrt{1-x}} + \frac{1}{\sqrt{1+x}}$ über dem Intervall $]-1; 1[$ mit der x-Achse einschließt.

12 ≡ „Turm von Babel“

Eine *Zikkurat* ist ein Tempel in Form eines gestuften Turms in Mesopotamien. Ein solches Gebäude gab es im 6. Jh. v. Chr in der Stadt Babylon.
Für manche Forscher bildet diese Zikkurat die Vorlage zu dem „Turm von Babel“, einer der bekanntesten biblischen Erzählungen. Darin wollten die Menschen einen Turm bis in den Himmel bauen.

Betrachten Sie einen solchen gestuften Turm, der entsteht, wenn man eine bestimmte Anzahl an Würfeln aufeinanderstapelt. Der erste (unterste) Würfel hat die Kantenlänge 1. Für $n \in \mathbb{N}$ hat der n-te Würfel die Kantenlänge $\frac{1}{n^2}$.

a) Berechnen Sie die Höhe des Turms, wenn man 5; 8 bzw. 10 Würfel aufeinanderstapelt.
b) Geben Sie mithilfe des Summenzeichens einen Term an, mit dem Sie die Höhe des Turms berechnen können, wenn beliebig viele Würfel aufeinandergestapelt werden.
Ist es möglich, mit dieser Konstruktion irgendwann „den Himmel“ zu erreichen? Stellen Sie eine Vermutung auf.
c) Mithilfe der Abbildung kann man untersuchen, wie die Höhe des Turms ab dem zweiten Würfel anwächst.
Erläutern Sie ein mögliches Vorgehen zur Abschätzung der gesamten Turmhöhe, indem Sie insbesondere die Konstruktion der Rechtecke zur Begründung heranziehen. Überprüfen Sie damit Ihre Vermutung aus Teilaufgabe b).

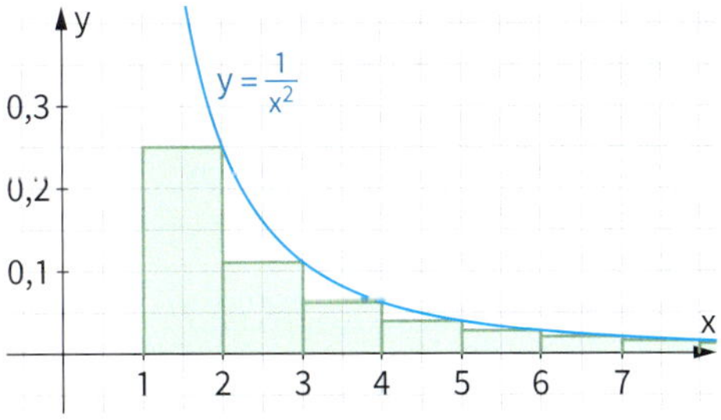

d) Untersuchen Sie mit einem Rechner, ob ein Turm aus n Würfeln mit der Kantenlänge $\frac{1}{n}$ „den Himmel“ erreichen kann. Untersuchen Sie außerdem, ob dessen Volumen bei Verwendung von beliebig vielen Würfeln unendlich groß wird.

13 ≡ Gravitation

Der Mittelpunkt der Erde liegt etwa $6{,}371 \cdot 10^6$ m unter der Erdoberfläche.
In der weiteren Umgebung der Erdoberfläche gilt für die Gravitationskraft F_G das *Newton'sche Gravitationsgesetz*:

$F_G = G \cdot \frac{m_1 \cdot m_2}{r^2}$; hierbei ist $G = 6{,}672 \cdot 10^{-11}\,\frac{m^3}{kg \cdot s^2}$ die Gravitationskonstante;
$m_1 = 5{,}977 \cdot 10^{24}$ kg die Erdmasse; m_2 die Masse des zweiten Körpers und r der Abstand des Körpers vom Erdmittelpunkt

a) Ein Körper der Masse 1 kg befindet sich auf der Erdoberfläche. Welche Kraft ist erforderlich, um den Körper in eine Höhe x über der Erdoberfläche zu heben? Beschreiben Sie diese Kraft durch eine Funktion und skizzieren Sie den zugehörigen Graphen.
b) Welche Bedeutung hat der Flächeninhalt unter dem Graphen der Funktion aus Teilaufgabe a)? Bestimmen Sie die Arbeit W_G, die erforderlich ist, um den Körper in eine Höhe x über der Erdoberfläche zu heben.
c) Welche Arbeit ist erforderlich, damit der Körper das Gravitationsfeld der Erde verlassen kann? In welcher Höhe über der Erdoberfläche befindet sich dann der Körper?

2.8 Volumina von Rotationskörpern

Vorbereiten
Seite 61

Einen Rohling aus Stahl für die Herstellung von Schrauben kann man sich durch Rotation der Fläche unter dem abgebildeten Graphen entstanden denken.

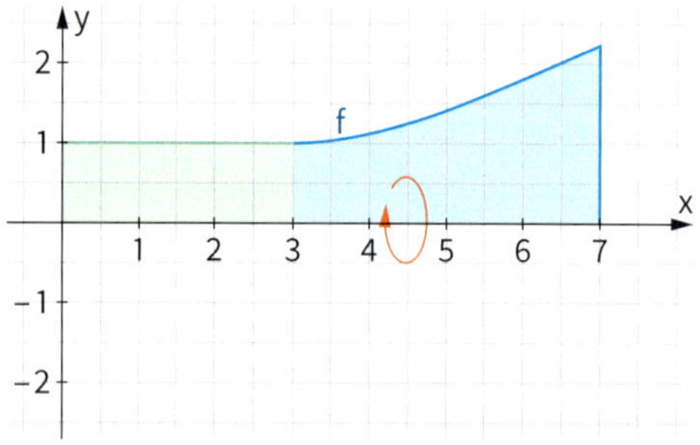

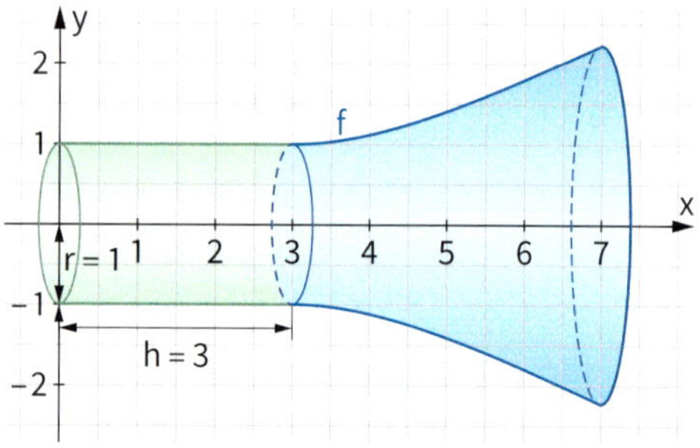

Die Einheit ist Millimeter. Zwischen 0 und 3 verläuft der Graph parallel zur x-Achse.

Für $3 \le x \le 7$ gilt: $f(x) = \frac{1}{2}\sqrt{x^2 - 6x + 13}$

Volumen des Rohlings bestimmen

Der zu $0 \le x \le 3$ gehörende linke Teil des Rohlings ist ein Zylinder mit der Höhe $h = 3$ und dem Radius $r = 1$, somit gilt: $V_{[0;\,3]} = \pi \cdot r^2 \cdot h = 3\pi$

Für das Volumen des zu $3 \le x \le 7$ gehörenden rechten Teils geht man wie folgt vor:

Intervall zerlegen

Um näherungsweise das Volumen des rechten Teils des Rohlings zu bestimmen, wird er über dem Intervall [3; 7] in n gleich dicke Scheiben geschnitten.
Jede Scheibe hat dann die Dicke $\Delta x = \frac{7-3}{n}$ und kann durch eine zylinderförmige Scheibe mit der Höhe $h = \Delta x$ und dem Radius $r = f(x_i)$ angenähert werden, wobei x_i der linke Rand des Teilintervalls ist.

„wie beim Integral, nur im 3D"

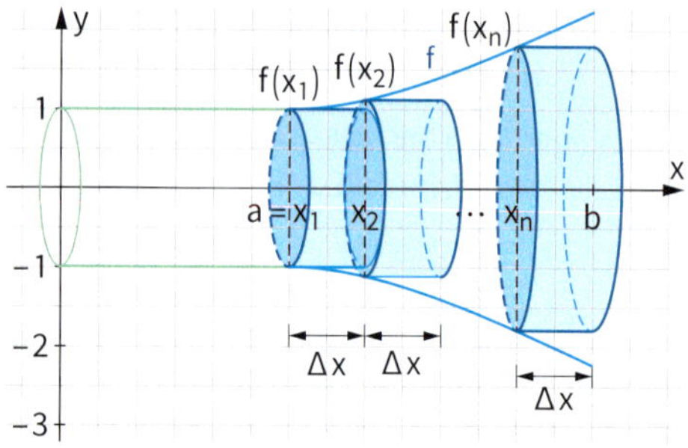

Volumen der Zylinderscheiben bestimmen

Dadurch entsteht ein Körper aus Zylinder-Scheiben. Das Volumen S_n dieses Körpers nähert sich für $n \to \infty$ immer mehr dem Volumen $V_{[3;\,7]}$ des rechten Teils des Rohlings.

Es gilt: $S_n = \pi \cdot (f(x_1))^2 \cdot \Delta x + \pi \cdot (f(x_2))^2 \cdot \Delta x + \ldots + \pi \cdot (f(x_n))^2 \cdot \Delta x$

Grenzwert bilden

Die Faktoren $\pi \cdot (f(x_i))^2$ in dieser Summe ergeben jeweils den Flächeninhalt des Grundflächenkreises des zugehörigen Zylinders. Man kann diese Faktoren als Funktionswerte einer neuen Funktion g mit $g(x) = \pi \cdot (f(x))^2$ auffassen. Das Volumen S_n des Körpers aus Zylinderscheiben ist dann eine Produktsumme dieser Funktion g.

Für $n \to \infty$ gilt deshalb: $S_n \to \int_3^7 \pi \cdot (f(x))^2\,dx$; also $V_{[3;\,7]} = \int_3^7 \pi \cdot (f(x))^2\,dx$

Setzt man den Funktionsterm ein, so erhält man:

$$V_{[3;\,7]} = \int_3^7 \pi \cdot \left(\frac{1}{2}\sqrt{x^2 - 6x + 13}\right)^2 dx = \frac{\pi}{4} \cdot \int_3^7 x^2 - 6x + 13\,dx = \frac{\pi}{4} \cdot \left[\frac{1}{3}x^3 - 3x^2 + 13x\right]_3^7 = \frac{28}{3}\pi$$

Insgesamt hat der Rohling ein Volumen von $3\pi + \frac{28}{3}\pi = \frac{37}{3}\pi$, also etwa $38{,}75\,\text{mm}^3$.

Volumen eines Rotationskörpers

Rotiert die Fläche unter dem Graphen einer Funktion f über dem Intervall [a; b] um die x-Achse, dann gilt für das Volumen des entstehenden Rotationskörpers:

$$V = \pi \cdot \int_a^b (f(x))^2\, dx$$

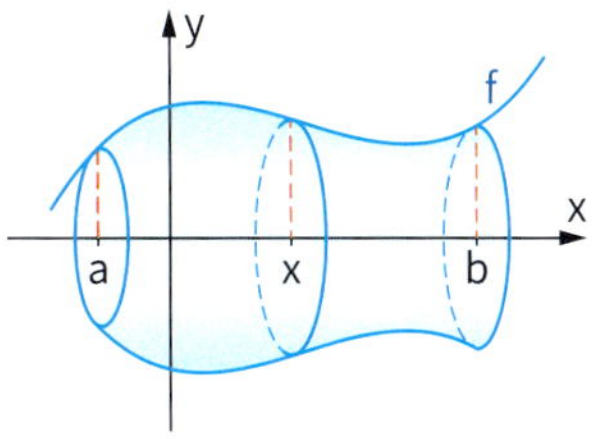

WES-109471-211

1 Volumina von Rotationskörpern berechnen

Berechnen Sie das Volumen des Körpers, der durch Rotation der Fläche zwischen dem Graphen der Funktion f und der x-Achse über dem angegebenen Intervall entsteht. Beschreiben Sie die Form des Rotationskörpers.

a) $f(x) = x - 1$; $[0; 2]$ b) $f(x) = \sqrt{2x + 2}$; $[-1; 1]$ c) $f(x) = \sqrt{4 - x^2}$; $[-2; 2]$

2 Wok als Rotationskörper beschreiben

Die Form eines Woks kann näherungsweise durch die Mantelfläche einer Kugelschicht beschrieben werden.
Die Kugel hat den Radius von $r = 25\,\text{cm}$.
Die Schicht hat eine Höhe von 9 cm und einen oberen Durchmesser von 40 cm.
Berechnen Sie das Fassungsvermögen des Woks.

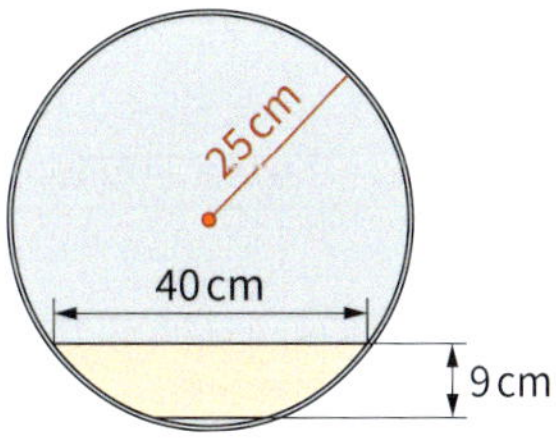

3 Die Fläche unter dem Graphen der Funktion f mit $f(x) = \sqrt{16 - x^2}$ rotiert um die x-Achse.
Skizzieren Sie den Graphen von f und die Fläche.
Berechnen Sie das Volumen des zugehörigen Rotationskörpers.

Prüfe dich!
Lösungen auf Seite 402

4 Rotationskörper aus Fläche zwischen zwei Graphen

Die Fläche zwischen den Graphen der Funktionen f und g mit $f(x) = \sqrt{x + 2}$ und $g(x) = \sqrt{x}$ rotiert über dem Intervall [0; 5] um die x-Achse.
Frederik und Cosima haben im Internet unterschiedliche Lösungswege gefunden, wie man das Volumen des entstehenden Rotationskörpers berechnen soll.

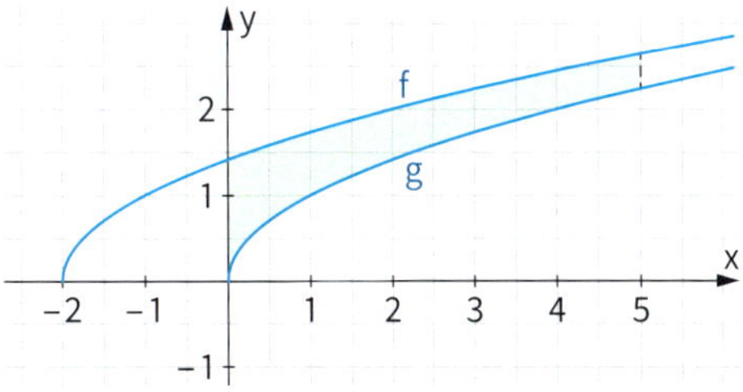

Frederik:

$$V = \pi \cdot \int_0^5 (f(x) - g(x))^2\, dx$$

Cosima:

$$V = \pi \cdot \int_0^5 (f(x))^2 - (g(x))^2\, dx$$

Nehmen Sie zu den Lösungsvorschlägen Stellung.

5 Volumen eines Footballs

Der beim American Football verwendete Ball, der sogenannte *Pigskin*, ist rotationssymmetrisch mit spitzen Enden.
Die Länge des Footballs beträgt 27,6 cm bis 29 cm, sein Querumfang 52,7 cm bis 54 cm.
Berechnen Sie, wie viel Luft in einen Football passt.

Bogenlänge

Die Länge eines Graphenstücks einer Funktion wird auch als **Bogenlänge** bezeichnet.
Im Folgenden wird hergeleitet, wie sich die Bogenlänge l des Graphenstücks einer Funktion f über einem Intervall [a; b] bestimmen lässt.

Bogenlänge eines Graphenstücks bestimmen

1) Graphenstück durch Sekanten annähern

Das Intervall [a; b] wird in n gleich breite Teilintervalle der Breite $\Delta x = \frac{b-a}{n}$ zerlegt.
Über jedem Teilintervall gibt es eine Sekante.
Die Summe aller Sekantenlängen ist ein Näherungswert für die Bogenlänge l.

$$l \approx |P_1P_2| + |P_2P_3| + \ldots + |P_{n-1}P_n| + |P_nP_{n+1}|$$

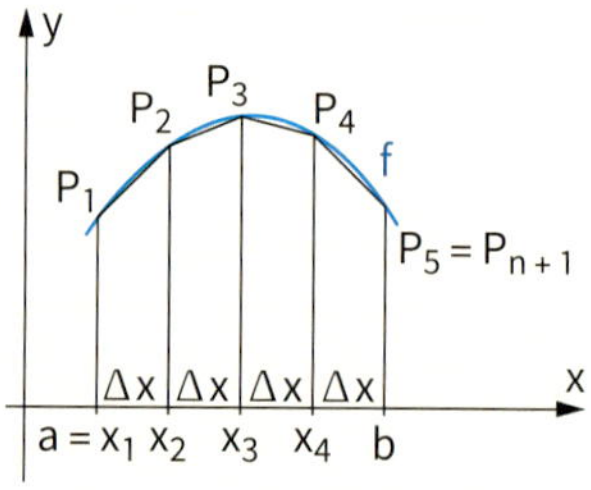

2) Länge der einzelnen Sekanten berechnen

Die Länge der Sekante $\overline{P_iP_{i+1}}$ über dem Intervall $[x_i; x_{i+1}]$ berechnet man mithilfe des Satzes des Pythagoras:

$$|P_iP_{i+1}| = \sqrt{(f(x_{i+1}) - f(x_i))^2 + (x_{i+1} - x_i)^2}$$

$$= (x_{i+1} - x_i) \cdot \sqrt{\left(\frac{f(x_{i+1}) - f(x_i)}{x_{i+1} - x_i}\right)^2 + 1}$$

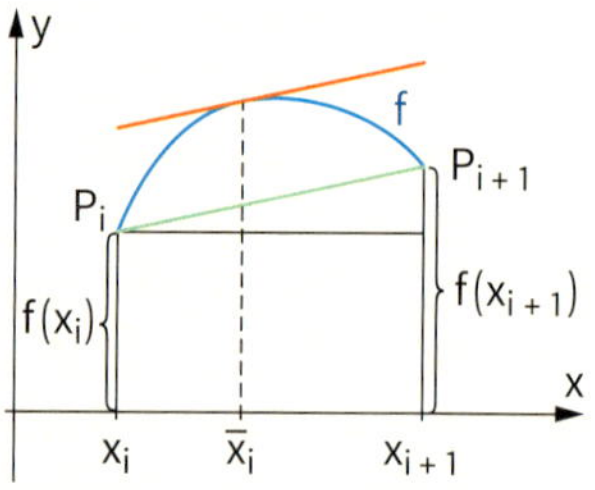

Zwischen x_i und x_{i+1} kann man eine Stelle $\overline{x}_i$ finden, an der die Tangente an den Graphen von f parallel zur Sekante $\overline{P_iP_{i+1}}$ ist. Der Term $\frac{f(x_{i+1}) - f(x_i)}{x_{i+1} - x_i}$ gibt die Steigung dieser Sekante an und ist damit gleich der Steigung $f'(\overline{x}_i)$.

Also ergibt sich: $|P_iP_{i+1}| = (x_{i+1} - x_i) \cdot \sqrt{(f'(\overline{x}_i))^2 + 1} = \sqrt{1 + (f'(\overline{x}_i))^2} \cdot \Delta x$

3) Grenzwert bilden

Für die Bogenlänge l erhält man somit näherungsweise:

$$l \approx \sqrt{1 + (f'(\overline{x}_1))^2} \cdot \Delta x + \sqrt{1 + (f'(\overline{x}_2))^2} \cdot \Delta x + \ldots + \sqrt{1 + (f'(\overline{x}_n))^2} \cdot \Delta x$$

Betrachtet man die Funktion g mit $g(x) = \sqrt{1 + (f'(x))^2}$, so kann man diese Summe auch als Näherungswert für die Berechnung des Flächeninhalts der Fläche unter dem Graphen der Funktion g über dem Intervall [a; b] mit dem Grenzwert $\int_a^b g(x)\,dx$ deuten.

Bogenlänge eines Graphenstücks

Für die Bogenlänge des Graphenstücks einer Funktion f über dem Intervall [a; b] gilt:

$$\mathbf{l = \int_a^b \sqrt{1 + (f'(x))^2}\,dx}$$

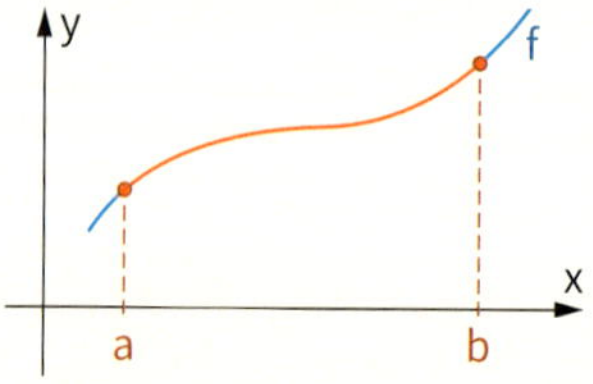

1 Neil'sche Parabel

Berechnen Sie die Bogenlänge der *Neil'schen Parabel* mit der Gleichung $y = \sqrt{x^3}$ über dem Intervall $[0; 2]$.

2 Länge einer Kette

Der Bereich einer Straßenkreuzung wird zum Schutz für Fußgänger mithilfe von Ketten eingefasst. Für die Kalkulation der Kosten ist die Länge der Ketten zu berechnen.
Die Pfeiler sind im Abstand von einem Meter aufgestellt.
Jede Kette ist in einer Höhe von 80 cm an den Pfeilern anzubringen und soll an der tiefsten Stelle 30 cm über dem Erdboden hängen.
Bestimmen Sie die Bogenlänge der Kette, indem Sie die Form der Kette durch die ganzrationale Funktion f zweiten Grades mit $f(x) = \frac{1}{50}x^2 - 2x + 80$ modellieren und ihren Verlauf im Intervall $[0; 100]$ betrachten.

3 Wellblech

Zur Herstellung von Wellblechdächern werden Metallbleche sinusförmig verformt.

a) Bestimmen Sie die Gleichung einer Funktion, deren Graph die verformte Kante näherungsweise beschreibt.

b) Welche Breite b hatte das Blech vor der Verformung?

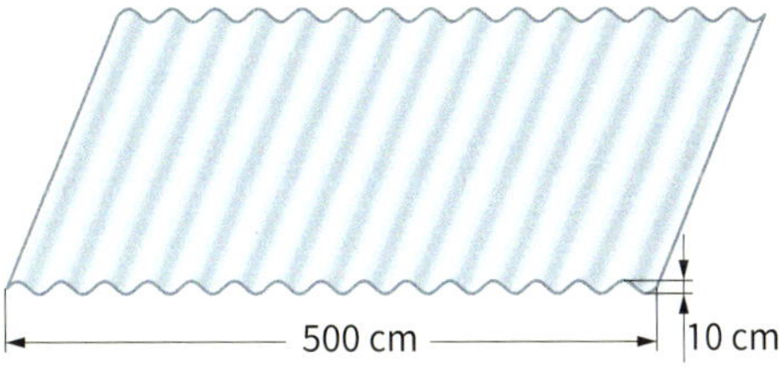

4 Die Storebælt-Brücke in Dänemark

Die 18 km lange Brücke verläuft über den Großen Belt und verbindet Ost- und Westdänemark miteinander. Die Fahrbahn der Brücke wird durch Trageseile gehalten, die an den beiden Brückenständern, sogenannte *Pylonen*, befestigt sind.

Der tiefste Punkt des Trageseils der Brücke befindet sich 77 m über der Wasseroberfläche, der höchste 254 m. Der waagerechte Abstand der Pylonen beträgt 1624 m.

Zur Beschreibung der Trageseile und der Fahrbahn wählt man ein Koordinatensystem, dessen Ursprung auf der Wasseroberfläche genau in der Mitte zwischen den Pylonen liegt.
Aufgrund der technischen Konstruktion weiß man:

- Die Trageseile zwischen den beiden Pylonen folgen dem Verlauf einer Parabel.
- Der Verlauf der Fahrbahn zwischen den Pylonen wurde als Ausschnitt eines Kreises vom Radius 45 km, dessen Mittelpunkt 44,928 km unter dem Ursprung des Koordinatensystems liegt, konstruiert.

a) Leiten Sie aus den Angaben her, dass
   (1) die Funktion p mit $p(x) = 0{,}000268\,x^2 + 77$ den Verlauf eines Trageseils beschreibt;
   (2) die Funktion c mit $c(x) = \sqrt{45\,000^2 - x^2} - 44\,928$ den Verlauf der Fahrbahn beschreibt.

b) Bestimmen Sie folgende Längen:
   (1) die Länge des Trageseils zwischen den Pylonen
   (2) die Länge der Fahrbahn zwischen den Pylonen

Mein Merkzettel

Seite 61

Integral als Grenzwert von Produktsummen

- *Intervall zerlegen;*
  Breite eines Teilintervalls: $\Delta x = \frac{b-a}{n}$
- ***Produktsumme** bilden:*
  $S_n = \Delta x \cdot (f(x_1) + f(x_2) + \ldots + f(x_n))$
- *Wenn n größer wird, werden die Teilintervalle kleiner. Der Grenzwert aller Produktsummen für* $n \to \infty$ *ist das **Integral** von f über* $[a; b]$.
  $\lim\limits_{n \to \infty} S_n = \int_a^b f(x)\,dx$
- ***Geometrische Deutung**:*
  $\int_a^b f(x)\,dx = A_1 - A_2 + A_3$
  *Summe der **orientierten Flächeninhalte***

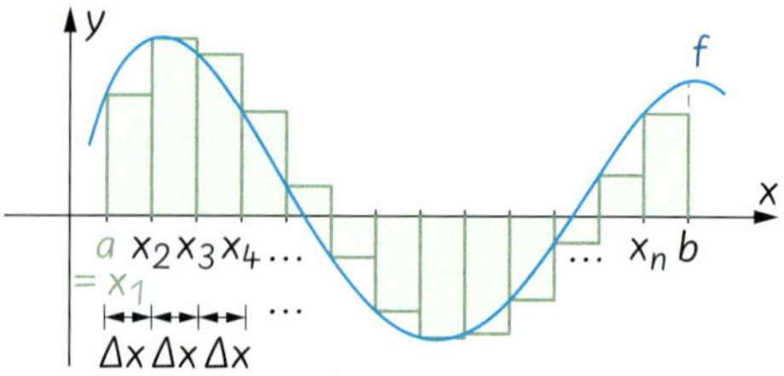

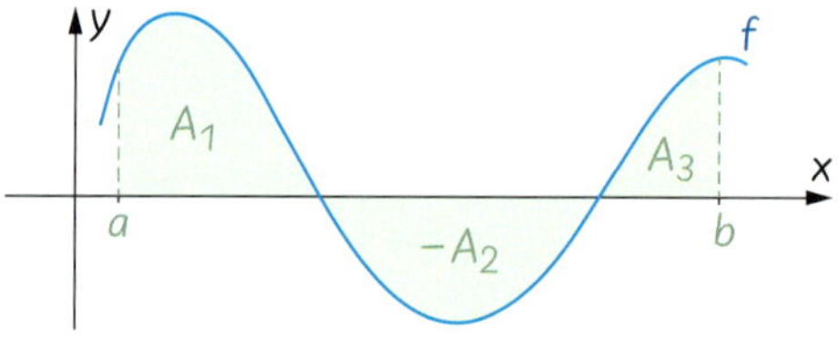

Seite 66
Seite 67

Stammfunktion

- *F heißt **Stammfunktion** von f, wenn* $F'(x) = f(x)$ *gilt.*
- *Zwei Stammfunktionen von f unterscheiden sich nur durch eine additive Konstante.*
  Also sind alle Stammfunktionen von f gegeben durch $F(x) + c$ *mit* $c \in \mathbb{R}$.

$f(x) = 2x + 3$
$F(x) = x^2 + 3x$
Es gilt $F'(x) = f(x)$, *also ist F eine Stammfunktion von f.*
Alle Stammfunktionen von f:
$F(x) + c = x^2 + 3x + c;\ c \in \mathbb{R}$

Seite 67

Stammfunktionen zu bekannten Funktionen f

f(x)	m	x	x^2	$x^n;\ n \in \mathbb{R};\ n \neq -1$	$\frac{1}{x^2} = x^{-2}$	$\sin(x)$	$\cos(x)$
F(x)	$m \cdot x$	$\frac{1}{2}x^2$	$\frac{1}{3}x^3$	$\frac{1}{n+1} \cdot x^{n+1}$	$-\frac{1}{x} = -x^{-1}$	$-\cos(x)$	$\sin(x)$

Rechenregeln für Stammfunktionen

Faktorregel

$f(x) = a \cdot g(x)$ — $f(x) = 5\cos(x)$

$F(x) = a \cdot G(x)$ — $F(x) = 5\sin(x)$

Summenregel

$f(x) = g(x) + h(x)$ — $f(x) = x + x^{-2}$

$F(x) = G(x) + H(x)$ — $F(x) = \frac{1}{2}x^2 - x^{-1}$

Seite 66
Seite 86

Integral berechnen

Ist F eine Stammfunktion von f, so gilt:

$$\int_a^b f(x)\,dx = [F(x)]_a^b = F(b) - F(a)$$

$$\int_1^2 2x + 3\,dx = [x^2 + 3x]_1^2 = (4+6) - (1+3) = 6$$

Uneigentliche Integrale

$$\int_1^b \frac{1}{x^3}\,dx = \left[-\frac{1}{2x^2}\right]_1^b = -\frac{1}{2b^2} + \frac{1}{2} \xrightarrow{b \to \infty} \frac{1}{2}$$

uneigentliches Integral existiert;
Flächeninhalt endlich groß

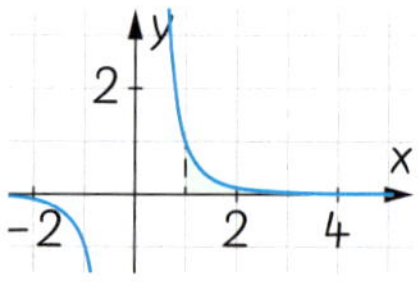

$$\int_a^2 \frac{1}{x^3}\,dx = \left[-\frac{1}{2x^2}\right]_a^2 = -\frac{1}{8} + \frac{1}{2a^2} \xrightarrow{a \to 0} \infty$$

uneigentliches Integral existiert nicht;
Flächeninhalt unendlich groß

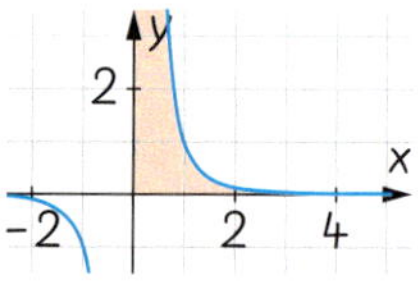

Fläche zwischen Graph und x-Achse

Seite 76
Seite 81

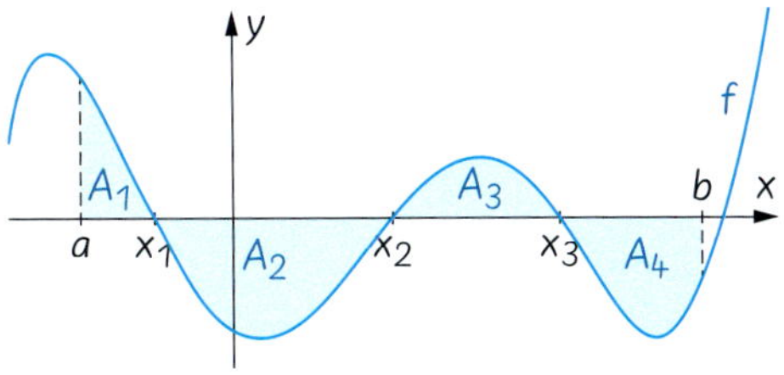

- Nullstellen in $[a; b]$: x_1; x_2; x_3
- Flächeninhalte der Teilflächen (positiv!):

$$A_1 = \int_a^{x_1} f(x)\,dx \qquad A_2 = \left|\int_{x_1}^{x_2} f(x)\,dx\right|$$

$$A_3 = \int_{x_2}^{x_3} f(x)\,dx \qquad A_4 = \left|\int_{x_3}^{b} f(x)\,dx\right|$$

- $A = A_1 + A_2 + A_3 + A_4$

Fläche zwischen zwei Graphen

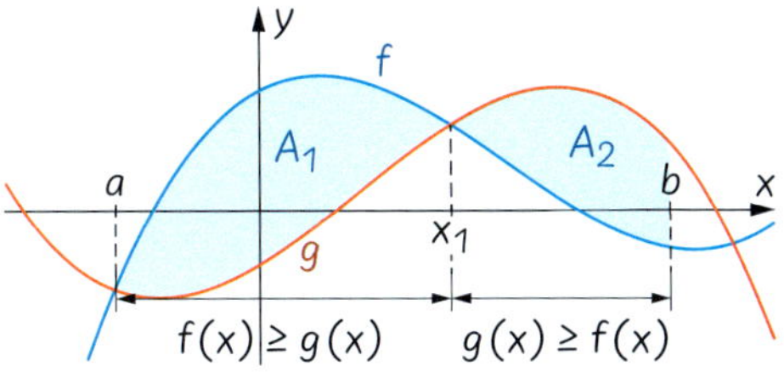

- Schnittstellen in $[a; b]$: a; x_1
- Flächeninhalte der Teilflächen (positiv!):

$$A_1 = \int_a^{x_1} f(x) - g(x)\,dx$$

$$A_2 = \left|\int_{x_1}^{b} f(x) - g(x)\,dx\right|$$

- $A = A_1 + A_2$

Volumen eines Rotationskörpers berechnen

Seite 91

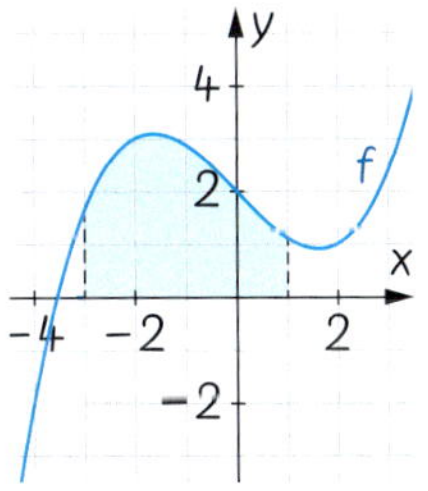

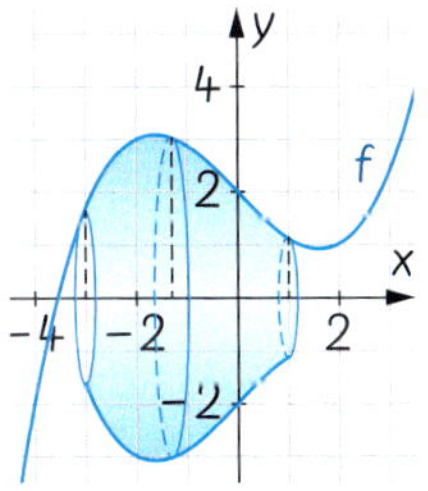

Gegeben: $f(x) = \frac{1}{8}x^3 - x + 2$

Der Graph von f rotiert über $[-3; 1]$ um die x-Achse.

Volumen des zugehörigen Rotationskörpers:

$$V = \pi \cdot \int_{-3}^{1} (f(x))^2\,dx = \pi \cdot \int_{-3}^{1} \left(\frac{1}{8}x^3 - x + 2\right)^2 dx \approx 75{,}45$$

Integralfunktion – Grafisch integrieren

Seite 70
Seite 71

- **Integralfunktion** I_a *von f mit a als untere Grenze:* $I_a(x) = \int_a^x f(t)\,dt$

  ordnet jedem x den orientierten Flächeninhalt unter dem Graphen von f über $[a; x]$ zu
- *Hat f einen zusammenhängenden Graphen, so gilt* $I_a'(x) = f(x)$. *Jede Integralfunktion I_a ist also eine Stammfunktion von f.*

Graph von I_a aus Graphen von f erzeugen

- *Funktionswerte $I_a(x)$ bestimmen:*
  orientierte Flächeninhalte über $[a; x]$ bestimmen,
  z. B. näherungsweise durch Kästchenzählen
- *Optional: Nullstellen von f betrachten, um Extrem- bzw. Sattelpunkte auf dem Graphen von I_a zu finden*

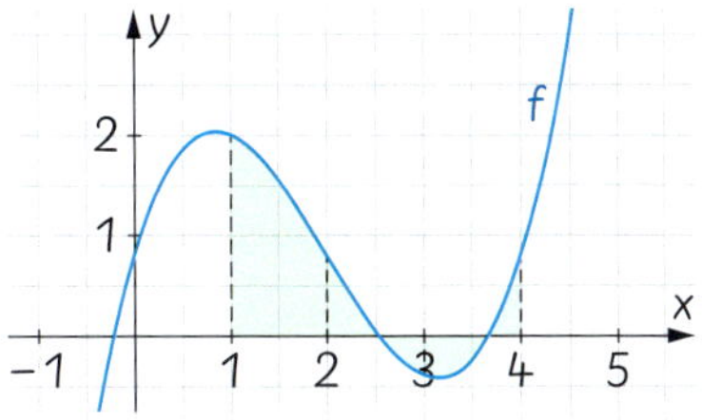

Gesucht: Graph von I_1

- *Funktionswerte $I_1(x)$ durch Kästchenzählen:*

x	1	2	3	4
$I_1(x)$	0	≈ 1,5	≈ 1,6	≈ 1,5

- *Der Graph von I_1 hat einen Hochpunkt etwa an der Stelle 2,5 und einen Tiefpunkt etwa an der Stelle 3,7.*

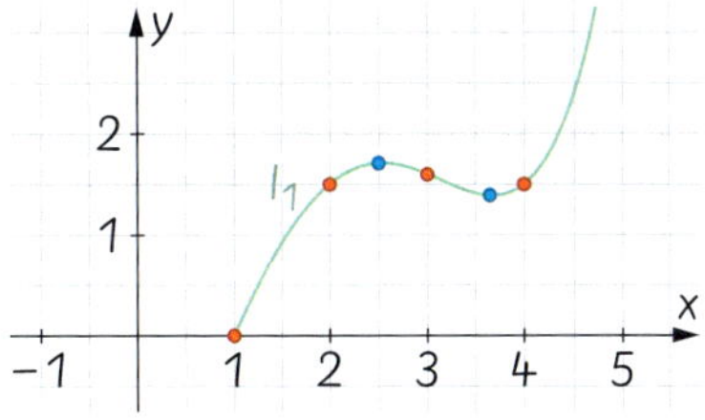

Wiederholen für die Klausur

Lösungen auf Seite 402

Teil A – Aufgaben ohne Hilfsmittel

1 Flächeninhalt und Integral

a) Bestimmen Sie den Flächeninhalt der gefärbten Fläche.

b) Bestimmen Sie den Wert des Integrals der Funktion f über dem Intervall [–3; 3] und erläutern Sie den Unterschied zum Flächeninhalt aus Teilaufgabe a).

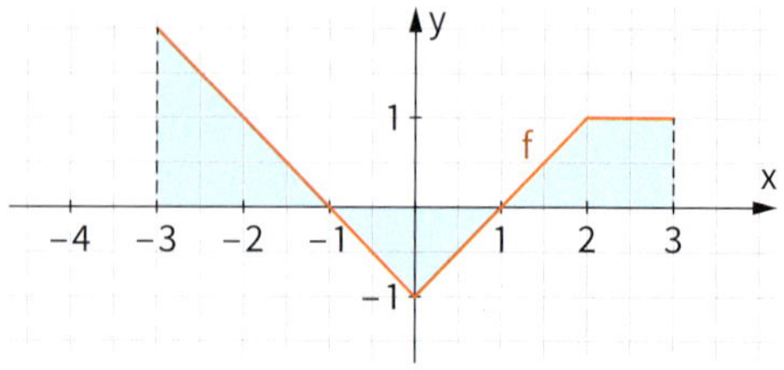

2 Integrale berechnen

Berechnen Sie das Integral.

a) $\int_0^3 x^2\,dx$ b) $\int_{-10}^{10} 3x^2 - 2x\,dx$ c) $\int_{-4}^{4} x^3 - x\,dx$ d) $\int_{-1}^{1} 10x^4 - 8x^3\,dx$

3 Fläche zwischen Graph und x-Achse

Gegeben ist die Funktion f mit $f(x) = x - x^3$.

a) Begründen Sie geometrisch, dass $\int_{-1}^{1} f(x)\,dx = 0$ gilt.

b) Berechnen Sie den Flächeninhalt der Fläche, die der Graph von f mit der x-Achse einschließt.

4 Fläche zwischen Parabeln

Gegeben sind die Funktionen f und g mit $f(x) = \frac{3}{4}x^2$ und $g(x) = -\frac{1}{4}x^2 + 4$.

a) Berechnen Sie die Schnittstellen der beiden Graphen. Berechnen Sie dann den Flächeninhalt der Fläche, die von den beiden Graphen eingeschlossen wird.

b) Untersuchen Sie, ob der Graph der Funktion h mit $h(x) = \frac{1}{4}x^2 + 2$ die eingeschlossene Fläche aus Teilaufgabe a) halbiert.

5 Flächenverhältnis

Die Abbildung zeigt die Funktion f mit $f(x) = x^2$ und die Gerade mit der Gleichung $y = a^2$.

Untersuchen Sie, wie sich der Flächeninhalt des Dreiecks, welches in die Parabel einbeschrieben ist, zum Flächeninhalt der Fläche zwischen dem Graphen von f und der Geraden in Abhängigkeit von a verhält.

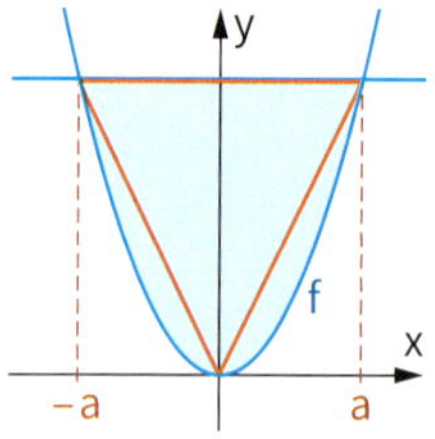

6 Flächenzerlegung

Zerlegen Sie die Fläche, die der Graph der Funktion f mit $f(x) = 9 - x^2$ mit der x-Achse einschließt, so durch eine Parallele zur x-Achse, dass zwei Flächen mit demselben Flächeninhalt entstehen. Skizzieren Sie den Sachverhalt und geben Sie die Geradengleichung an.

7 Unbestimmtes Integral

Gegeben ist die Funktion f mit $f(x) = x^{-5}$.

a) Bestimmen Sie das Integral $\int_a^{\infty} f(x)\,dx$ für $a > 0$ in Abhängigkeit von a.

b) Berechnen Sie den Wert des Parameters a, für den gilt: $\int_a^{\infty} f(x)\,dx = 4$

Teil B – Aufgaben mit Hilfsmitteln

Lösungen auf Seite 403

8 Wasserreservoir

In den Zulauf eines Wasserreservoirs wurde ein Messgerät eingebaut, das ständig den Wasserzufluss registriert und als Graph aufzeichnet.

Ein solcher Graph ist hier vereinfacht abgebildet. Die Zeit t wird dabei in Stunden und der Wasserzufluss w(t) in $1000\,m^3$ pro Stunde gemessen.

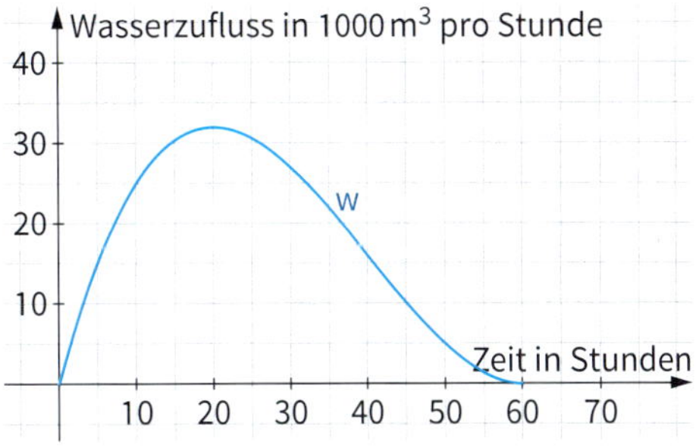

a) Beschreiben Sie den Verlauf des Graphen von w im Sachkontext.

b) Begründen Sie, dass eine quadratische Funktion zur Modellierung des Wasserzuflusses nicht geeignet ist.

c) Die Funktion w kann durch eine ganzrationale Funktion dritten Grades der Form $w(t) = a \cdot (t - 60)^2 \cdot t$ beschrieben werden. Gehen Sie davon aus, dass der Wasserzufluss nach 10 Stunden $25\,000\,m^3/h$ beträgt, und bestimmen Sie den Faktor a.

d) Zu Beginn der aufgezeichneten Messung befanden sich $20\,000\,m^3$ Wasser im Reservoir. Bestimmen Sie aus der Funktion w mit $a = 0{,}001$ die Funktion W, die die Wassermenge im Reservoir in $1000\,m^3$ in Abhängigkeit von der Zeit angibt.

e) Berechnen Sie, wie viel Wasser sich nach 60 Stunden im Reservoir befindet.

9 Vereinslogo

Der Wanderverein *Mountain Tours* sucht ein neues Logo für den Briefkopf und als Vorlage für ein Ehrenabzeichen.
Die Abbildung zeigt einen Entwurf.
Das Logo soll dabei von einer Parabel und dem Graphen einer ganzrationalen Funktion vierten Grades begrenzt werden.

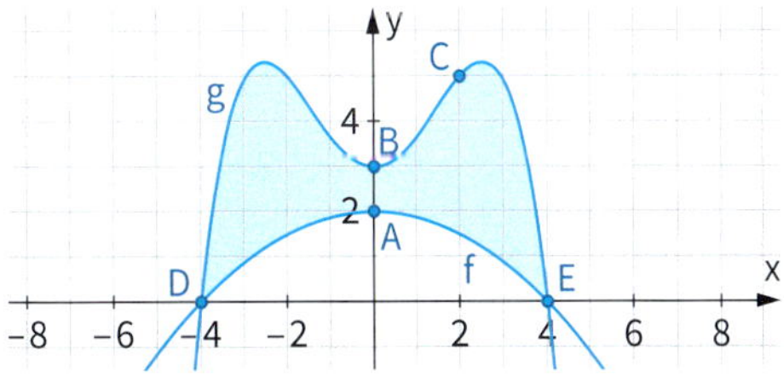

a) Ermitteln Sie mithilfe der eingezeichneten Punkte die zugehörigen Funktionsterme.

b) Berechnen Sie den Flächeninhalt der Fläche zwischen den beiden Graphen.

c) Der Schatzmeister von *Mountain Tours* macht einen anderen Vorschlag:
Der Parabelbogen soll durch den abgebildeten Graphen der Funktion h ersetzt werden; dieser entsteht aus dem Graphen von g durch Strecken in Richtung der y-Achse mit dem Faktor $\frac{2}{3}$.

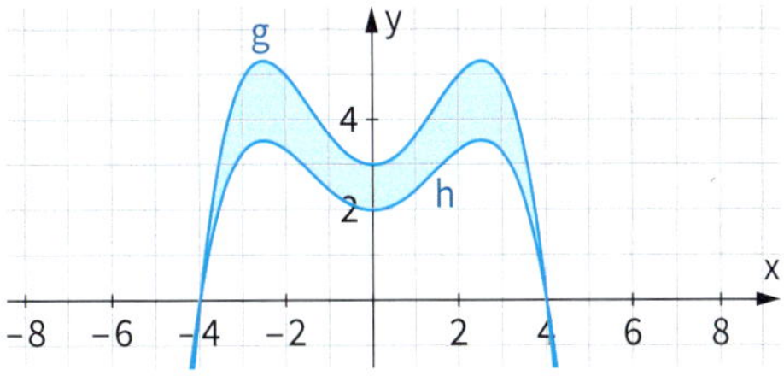

Der Schatzmeister behauptet, dass die Materialkosten für dieses Abzeichen nur die Hälfte der Materialkosten des ersten Vorschlags betragen. Beurteilen Sie, ob er recht hat.

10 Rotationskörper

Die von den Graphen zu $y = -x + 6$ und $y = -2x^2 + 4x + 6$ eingeschlossene Fläche rotiert um die x-Achse. Berechnen Sie das Volumen des entstehenden Rotationskörpers.

11 Zwiebelförmiger Körper

Die Fläche, die der Graph der Funktion f mit $f(x) = x^3 - 3x$ mit der Tangente im Tiefpunkt einschließt, rotiert um die Tangente im Tiefpunkt. Dabei entsteht ein zwiebelförmiger Körper. Berechnen Sie sein Volumen.

3 Wachstum beschreiben

Der Wasserspiegel des Naivasha-Sees in Kenia ist von 2011 bis 2016 um mehr als zwei Meter gestiegen. Die abgestorbenen Bäume bildeten die ehemalige Ufergrenze.
Der See wird von Wasserhyazinthen überwuchert, die sich immer mehr ausbreiten und den Sauerstoffgehalt im Wasser senken.

- **Wie beschreibt man exponentielle Wachstumsvorgänge?**
- **Welche besondere Eigenschaften hat die e-Funktion?**
- **Welche Wachstumsvorgänge können mithilfe der e-Funktion beschrieben werden?**

3.1 Exponentielles Wachstum

Vorbereiten
Seite 368

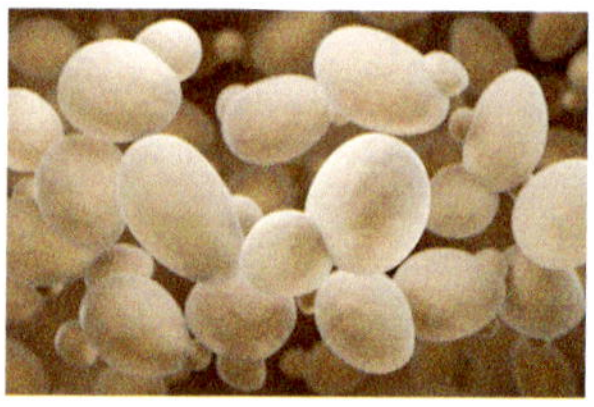

Hefen sind einzellige Organismen. Sie finden z. B. Verwendung beim Backen oder beim Bierbrauen.
Die Masse einer Hefepilzkultur nimmt jede Stunde um 50 % zu. Zu Beginn sind 10 g Hefepilze vorhanden.

- Wie groß ist die Masse der Hefepilze nach vier Stunden?
- Nach welcher Zeit sind 60 g der Hefepilze vorhanden?

Lösung – Funktionswerte bestimmen

Zu Beginn sind 10 g Hefepilze vorhanden, also gilt $f(0) = 10$.
Nach einer Stunde ist die Masse der Hefepilze 1,5-mal so groß wie zu Beginn, somit gilt:
$f(1) = 10 \cdot 1{,}5 = 15$
Weiter ergibt sich: $f(2) = 10 \cdot 1{,}5 \cdot 1{,}5 = 10 \cdot 1{,}5^2$; $f(3) = 10 \cdot 1{,}5^3$; $f(4) = 10 \cdot 1{,}5^4 = 50{,}625$
Nach vier Stunden sind also 50,625 g Hefepilze vorhanden.
Allgemein gilt $f(x) = 10 \cdot 1{,}5^x$ mit x in Stunden und f(x) in g.

Lösung – Zeitpunkt bestimmen

Um die Frage zu beantworten, wann 60 g Hefepilze vorhanden sind, sucht man den x-Wert mit $f(x) = 10 \cdot 1{,}5^x = 60$. Daraus ergibt sich die Exponentialgleichung $1{,}5^x = 6$, die man auf verschiedene Weise mit einem Rechner lösen kann.

Durch Probieren:

$(1.5)^{4,4}$	5.9539
$(1.5)^{4,5}$	6.20027

Mit dem Gleichungslöser:

$\text{solve}((1.5)^x = 6, x)$
$x = 4.41902$

Durch Logarithmieren:

$\log_{1.5}(6)$	4.41902

x ist der Logarithmus von 6 zur Basis 1,5

Nach etwa 4 Stunden und 25 Minuten sind 60 g Hefepilze vorhanden.

WES-109471-301

Exponentielles Wachstum

Vervielfacht sich eine Größe in einer Zeiteinheit immer mit dem gleichen Faktor, so liegt **exponentielles Wachstum** vor. Es kann durch eine Exponentialfunktion f mit $\mathbf{f(x) = a \cdot b^x}$ mit $a \neq 0$, $b > 0$ und $b \neq 1$ beschreiben werden.
Die Zahl $a = f(0)$ heißt der **Anfangswert** der Größe zum Zeitpunkt $x = 0$ und die Zahl b der **Wachstumsfaktor** pro Zeiteinheit.

Ist $b > 1$, so liegt exponentielle Zunahme vor. Bei einer exponentiellen Zunahme um p % ist $b = 1 + \frac{p}{100}$.
Die Zeit, in der sich ein Bestand verdoppelt, heißt **Verdopplungszeit**.

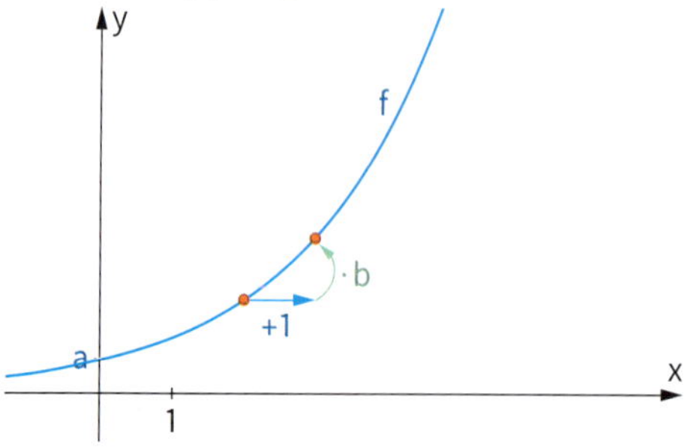

Ist $0 < b < 1$, so liegt exponentielle Abnahme vor. Bei einer exponentiellen Abnahme um p % ist $b = 1 - \frac{p}{100}$.
Die Zeit, in der sich ein Bestand halbiert, heißt **Halbwertszeit**.

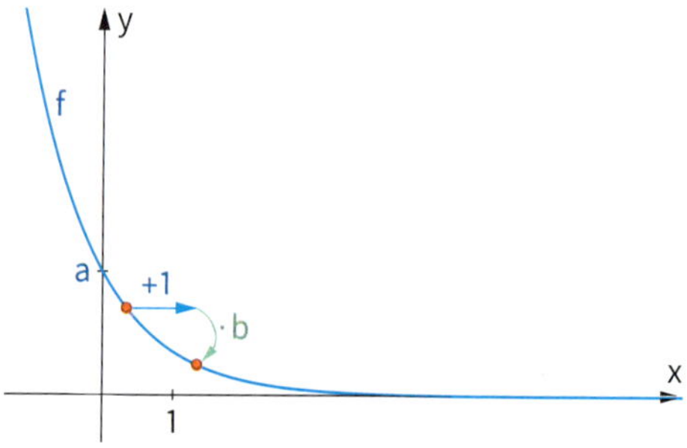

Exponentialfunktion bestimmen

Ein Anfangsbestand von 10 verdoppelt sich jede Minute.
Bestimmen Sie eine Funktionsgleichung zur Beschreibung des Wachstumsprozesses.

Lösung

Ansatz	$f(x) = a \cdot b^x$	
Angaben zuordnen	Anfangswert: $a = 10$	Wachstumsfaktor: $b = 2$
Einsetzen	$f(x) = 10 \cdot 2^x$; x in Minuten	

Halbwertszeit bestimmen

Die Konzentration eines Medikaments im Körper eines Patienten verringert sich stündlich um 6 %. Nach wie viel Stunden ist nur noch die Hälfte des Medikaments vorhanden?

Lösung

Angaben zuordnen	Wachstumsfaktor: $b = 1 - \frac{6}{100} = 0{,}94$
Funktionsterm angeben	$f(x) = a \cdot 0{,}94^x$; x in Stunden
Gleichung für Halbwertszeit	$a \cdot 0{,}94^x = 0{,}5 \cdot a$; also $0{,}94^x = 0{,}5$
Gleichung lösen	solve((0.94)^x=0.5, x) x=11.2023

Nach ca. 11,2 Stunden ist die Konzentration des Medikaments nur noch halb so hoch.

1 **Exponentialfunktion bestimmen**

Bestimmen Sie eine Funktionsgleichung zur Beschreibung des Wachstumsprozesses. Geben Sie die zugehörige Zeiteinheit an.

a) Ein Anfangsbestand von 20 verdreifacht sich jede Stunde.
b) Ein Anfangsbestand von 80 halbiert sich jeden Monat.
c) Ein Anfangsbestand von 40 wächst um 5 % pro Tag.
d) Ein Anfangsbestand von 80 verringert sich jede Woche um ein Viertel.

2 **Virusinfektion**

In einer Kleinstadt breitet sich eine Virusinfektion aus. Die Zahl der Erkrankungen kann näherungsweise durch die Exponentialfunktion f mit $f(x) = 5 \cdot 1{,}35^x$ beschrieben werden. Dabei gibt x die Anzahl der Tage nach Beginn der Erkrankungen an.

a) Geben Sie die Zahl der Erkrankungen zu Beginn und die prozentuale Zunahme pro Tag an.
b) Berechnen Sie die Zahl der Erkrankungen nach 7 Tagen, 10 Tagen und 3 Wochen.
c) Zeichnen Sie den Graphen von f.
d) Wie lange würde es rein rechnerisch dauern, bis 15 000 Personen der Kleinstadt erkrankt sind? Schätzen Sie zunächst und rechnen Sie dann nach.
e) Bestimmen Sie rechnerisch die Verdopplungszeit.

3 **Zerfall von Schwefel**

Radioaktiver Schwefel zerfällt so, dass die Masse jedes Jahr um $\frac{1}{12}$ abnimmt. Zu Beginn der Beobachtung sind 6 g Schwefel vorhanden.

a) Geben Sie einen Funktionsterm zur Beschreibung des Zerfallsprozesses an.
b) Berechnen Sie die noch vorhandene Masse des Schwefels nach einem Jahr, nach zwei Jahren, …, nach 10 Jahren.
c) Zeichnen Sie den Graphen der Exponentialfunktion.
d) Ermitteln Sie die Halbwertszeit des Schwefelzerfalls.

Prüfe dich!
Lösungen auf
Seite 405

4 Bestimmen Sie eine Funktionsgleichung zur Beschreibung des Wachstumsprozesses, berechnen Sie den Bestand nach 5 Zeiteinheiten und ermitteln Sie die Verdopplungs- bzw. Halbwertszeit.

a) Die Fläche eines Algenteppichs auf einem See verdreifacht sich jede Woche. Zu Beginn ist die Fläche $4\,m^2$ groß.

b) Der Wert eines Pkw verringert sich jedes Jahr um 20 %. Der Neupreis betrug 23 000 €.

5 **Bevölkerung in Senegal**

Im Jahr 2022 lebten im westafrikanischen Senegal ca. 17,9 Millionen Menschen. Die prozentuale jährliche Wachstumsrate wird für die nachfolgenden Jahre auf 2,7 % geschätzt.

a) Geben Sie einen Funktionsterm an, der die Bevölkerungsentwicklung Senegals ab dem Jahr 2022 beschreibt.

b) Berechnen Sie Prognosewerte für die Bevölkerung Senegals nach 10 Jahren und für das Jahr 2050.

c) Ermitteln Sie durch Probieren, nach wie vielen Jahren sich die Bevölkerung Senegals verdoppelt haben wird. Bestimmen Sie dann die Verdopplungszeit rechnerisch.

d) Nehmen Sie kritisch Stellung dazu, wie realistisch die Annahme eines exponentiellen Bevölkerungswachstums ist.

Funktionsterm aus Halbwertszeit bestimmen

Eine Substanz hat eine Halbwertszeit von 10 Tagen. Der Anfangsbestand beträgt 3 g. Bestimmen Sie einen Term für die Funktion f, die diesen Wachstumsprozess beschreibt.

Lösung

Angaben zuordnen	Anfangwert $a = 3$
Gleichung für Halbwertszeit	$3 \cdot b^{10} = 0{,}5 \cdot 3$; also $b^{10} = 0{,}5$
Wachstumsfaktor bestimmen	$b = \sqrt[10]{0{,}5} = 0{,}5^{\frac{1}{10}} \approx 0{,}93$
Einsetzen	$f(x) \approx 3 \cdot 0{,}93^x$; x in Tagen

6 **Funktionsterm aus Halbwertszeit bestimmen**

Das Nuklid Caesium-137 ist ein Beta- und Gammastrahler. Seine Halbwertszeit beträgt etwa 30 Jahre. Zu Beginn der Beobachtung sind 5 mg Caesium-137 vorhanden.

a) Ermitteln Sie einen Funktionsterm für die Zuordnung *Zeit in Jahren → Masse in mg* und zeichnen Sie den Graphen.

b) Wie viel Prozent der ursprünglichen Masse sind nach 10 Jahren noch vorhanden?

c) Ermitteln Sie die Zeitspanne, nach der noch 1 % der Ausgangssubstanz vorhanden ist.

7 **Wachstumsfaktor bestimmen**

Bestimmen Sie den Wachstumsfaktor.

a) Ein Bestand halbiert sich alle drei Jahre.

b) Ein Bestand drittelt sich alle 5 Stunden.

c) Ein Bestand verdoppelt sich alle 4 Tage.

d) Ein Bestand verdreifacht sich alle 2 Tage.

e) Ein Anfangsbestand von 200 verringert sich jeweils in einem halben Jahr um 10 %.

f) Ein Anfangsbestand von 16 verdoppelt sich jeweils nach einer Viertelstunde.

8 = **Exponentielles Wachstum nachweisen**

Die Tabelle zeigt das Wachstum einer Bakterienkultur.

Zeit in h	0	0,5	1	1,5	▪
von Bakterien bedeckte Fläche in mm^2	▪	8	12,8	20,48	50

a) Weisen Sie nach, dass hier exponentielles Wachstum vorliegt, und ermitteln Sie den Term einer geeigneten Exponentialfunktion.

b) Ergänzen Sie die fehlenden Werte in der Tabelle.

c) Diskutieren Sie, inwiefern sich eine Exponentialfunktion in diesem Kontext zur Beschreibung des Bakterienwachstums eignet.

9 = Iod hat eine Halbwertszeit von 8 Jahren. Zu Beobachtungsbeginn sind 10 mg Iod vorhanden. Ermitteln Sie einen Funktionsterm für die Zuordnung *Zeit in Jahren → Masse in mg*.

Prüfe dich! Lösungen auf Seite 405

Graphen von Exponentialfunktionen

Einstieg

- Welche Eigenschaften hat der Graph der Funktion f?
- Wie geht der Graph der Funktion g bzw. h aus dem Graphen von f hervor?

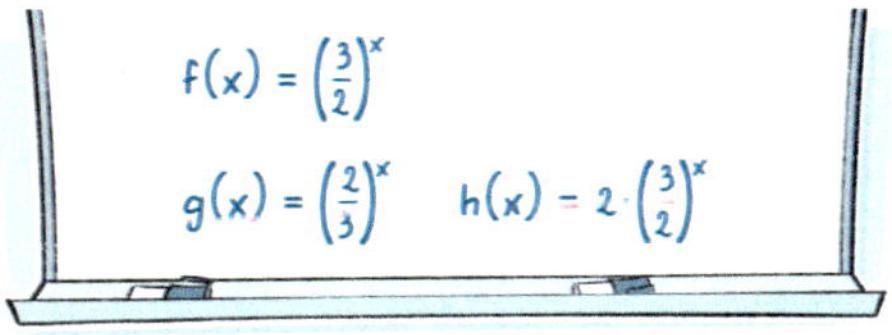

WES-109471-302

Eigenschaften von Exponentialfunktionen

Für Exponentialfunktionen f mit $f(x) = a \cdot b^x$ kann man vier Fälle unterscheiden.

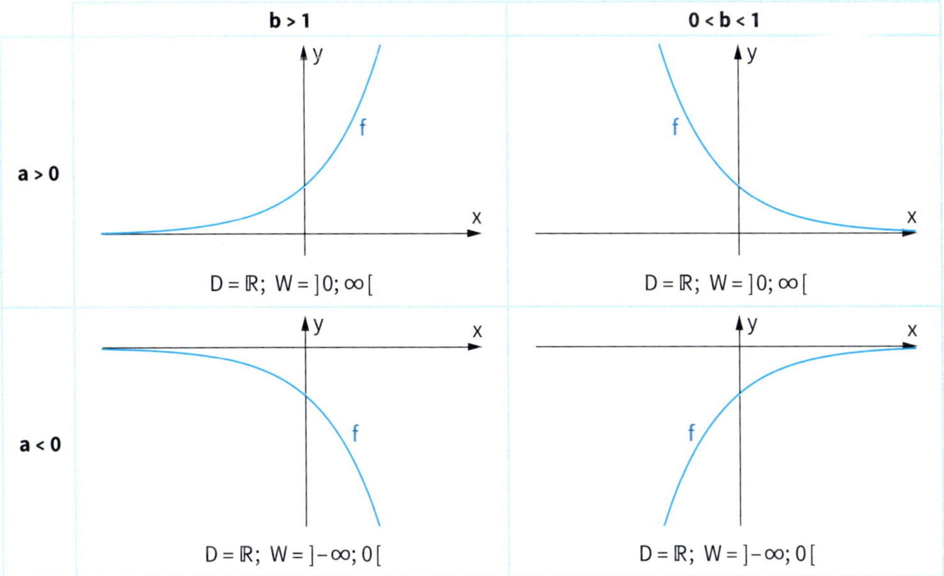

Für $x \to -\infty$ gilt $f(x) \to 0$. Die Graphen schmiegen sich dem negativen Teil der x-Achse an.	Für $x \to \infty$ gilt $f(x) \to 0$. Die Graphen schmiegen sich dem positiven Teil der x-Achse an.

- Alle Graphen verlaufen durch die Punkte $S(0 \mid a)$ und $P(1 \mid a b)$.
- Der Graph zu $y = -a \cdot b^x$ entsteht durch Spiegelung des Graphen zu $y = a \cdot b^x$ an der x-Achse.
- Der Graph zu $y = a \cdot \left(\frac{1}{b}\right)^x = a \cdot b^{-x}$ entsteht durch Spiegelung des Graphen zu $y = a \cdot b^x$ an der y-Achse.

10 Graphen zuordnen

Ordnen Sie den Funktionstermen die passenden Graphen begründet zu.

a) (1) $y = 2^x$ (2) $y = 2 \cdot 3^x$ (3) $y = 0{,}8^x$ b) (1) $y = -\frac{1}{2} \cdot 2^x$ (2) $y = -2 \cdot 3^x$ (3) $y = -0{,}5^x$

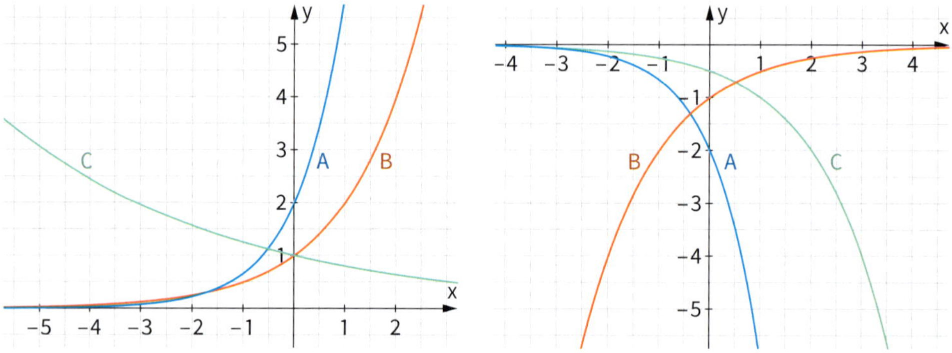

11 Paare finden

Bilden Sie Paare von Funktionstermen, deren Graphen jeweils durch Spiegelung an der y-Achse auseinander hervorgehen.

$\left(\frac{3}{4}\right)^x$ | 0^x | $1{,}2^x$ | $\left(\frac{4}{3}\right)^x$ | $1{,}4^x$ | $\left(\frac{5}{6}\right)^x$ | $\left(\frac{5}{7}\right)^x$

12 Graphen einer Exponentialfunktion verschieben und strecken

Gegeben ist die Exponentialfunktion f mit $f(x) = 3^x$.
Der Graph einer Exponentialfunktion g entsteht wie angegeben aus dem Graphen von f.
Bestimmen Sie einen Funktionsterm für die Funktion g.

a) Der Graph von f wird um 2 Einheiten nach unten verschoben.
b) Der Graph von f wird um 2 Einheiten nach rechts verschoben.
c) Der Graph von f wird mit dem Faktor 4 in y-Richtung gestreckt.
d) Der Graph von f wird mit dem Faktor 4 in x-Richtung gestreckt.

WES-109471-303

Funktionsgleichung aus zwei Punkten bestimmen

Der Graph einer Exponentialfunktion f verläuft durch die Punkte P(2|0,8) und Q(4|5).
Bestimmen Sie eine passende Funktionsgleichung.

Lösung

Ansatz $f(x) = a \cdot b^x$

Koordinaten einsetzen P(2|0,8); also $0{,}8 = a \cdot b^2$
Q(4|5); also $5 = a \cdot b^4$

Quotienten bilden

b bestimmen $\frac{5}{0{,}8} = \frac{a \cdot b^4}{a \cdot b^2}$; also $\frac{5}{0{,}8} = b^2$ und damit $b = \sqrt{\frac{5}{0{,}8}} = 2{,}5$

a bestimmen $0{,}8 = a \cdot 2{,}5^2$; also $a = \frac{0{,}8}{6{,}25} = 0{,}128$

Einsetzen $f(x) = 0{,}128 \cdot 2{,}5^x$

13 Funktionsgleichung aus zwei Punkten bestimmen

Der Graph einer Exponentialfunktion f mit $f(x) = a \cdot b^x$ verläuft durch die Punkte P und Q.
Bestimmen Sie a und b und geben Sie die Funktionsgleichung an.

a) P(1|6); Q(2|18) b) P(−1|0,3); Q(2|37,5) c) P(4|12,5); Q(1|0,8)
d) P(−2|40); Q(−4|160) e) P(0,5|3), Q(2|18) f) P(0|3); Q(1|1,8)

14 Funktionsgleichung aus Graphen bestimmen

Bestimmen Sie jeweils die Funktionsgleichung zum dargestellten Graphen.

a)

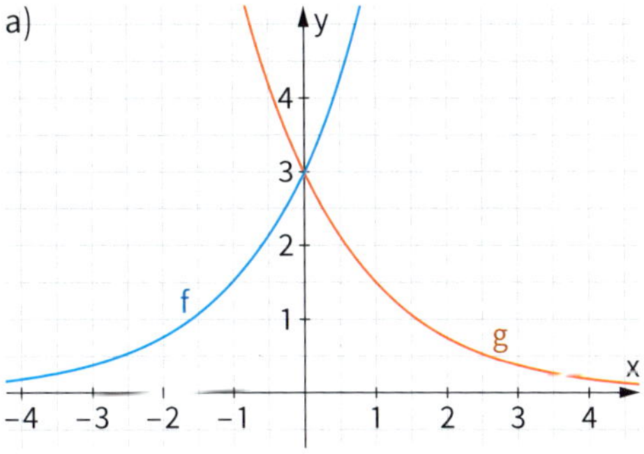

b)

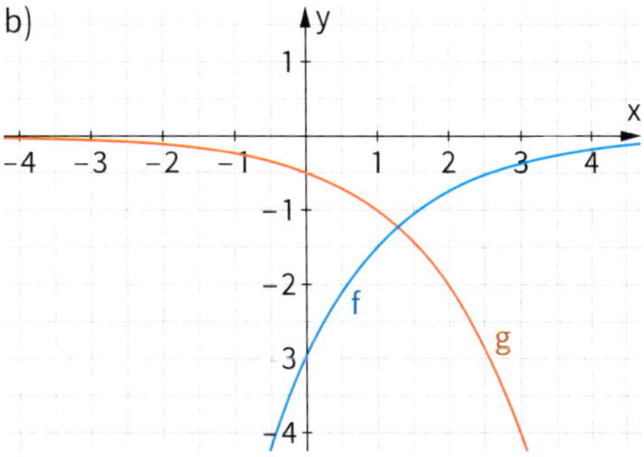

15 Nennen Sie Eigenschaften der Exponentialfunktionen und skizzieren Sie die Graphen in einem Koordinatensystem.

(1) $f(x) = 3 \cdot 2^x$ (2) $g(x) = 3 \cdot \left(\frac{1}{2}\right)^x$

Prüfe dich!
Lösungen auf Seite 405

16 Bestimmen Sie die Gleichung für den Graphen der Exponentialfunktion g, der wie angegeben aus dem Graphen der Funktion f entsteht:

a) $f(x) = 3^x$ Strecken mit dem Faktor 2,5 in Richtung der y-Achse
b) $f(x) = 6^x$ Verschieben um 4 Einheiten nach unten
c) $f(x) = 0{,}5^x$ Verschieben um 3 Einheiten nach links
d) $f(x) = 4^x$ Strecken mit dem Faktor 2 in Richtung der x-Achse
e) $f(x) = 1{,}8 \cdot \left(\frac{2}{5}\right)^x$ Spiegeln an der y-Achse

17 Der Graph einer Exponentialfunktion f verläuft durch die Punkte P und Q. Bestimmen Sie eine passende Funktionsgleichung.

a) $P(0\,|\,2{,}1)$ und $Q(1\,|\,0{,}7)$ b) $P\left(1\,\middle|\,\frac{3}{2}\right)$ und $Q\left(3\,\middle|\,\frac{27}{8}\right)$

18 Blatt Papier bis zum Mond

Der Graph der Funktion f mit $f(x) = 3^x$ soll in ein Koordinatensystem mit der Einheit 1 cm gezeichnet werden, wobei der Ursprung links unten auf dem Papier ist.

a) Ermitteln Sie, bis zu welchem x-Wert der Graph auf einem Blatt Papier im DIN-A4-Format gezeichnet werden kann.

b) Stellen Sie sich vor, das Blatt Papier ist so hoch, dass es bis zum 384 000 km entfernten Mond reicht. Schätzen Sie zunächst und berechnen Sie dann, bis zu welchem x-Wert der Graph nun gezeichnet werden kann.

19 Intensität von Röntgenstrahlen

Röntgenstrahlen werden durch Bleiplatten abgeschirmt. Pro Millimeter Plattendicke nimmt die Strahlungsintensität um 5 % ab. Bestimmen Sie, wie dick eine Bleiplatte sein muss, damit die Strahlung auf ein Zehntel der ursprünglichen Intensität vermindert wird.

20 Potenzgleichungen und Exponentialgleichungen vergleichen

a) Lösen Sie jeweils die Gleichung.

(1) $2^x = 10$ (2) $1{,}3^x = 0{,}8$ (3) $b^5 = 19$ (4) $b^6 = 0{,}5$

b) Bei Gleichungen der Form $b^x = c$ wird manchmal der Exponent x und manchmal die Basis b gesucht. Vergleichen Sie beide Gleichungstypen in einer tabellarischen Übersicht. Nennen Sie dabei typische Anwendungen, Beispiele und Lösungswege.

3.2 Die e-Funktion

Im Sommer kann die Wasserfläche kleinerer Gewässer sehr schnell mit einem grünen Schwimmteppich aus Wasserlinsen zugedeckt werden. Bei z. B. einer wöchentlichen Verdopplung der bewachsenen Fläche lässt sich der Wachstumsvorgang durch die Funktion f mit $f(x) = 2^x$ beschreiben.

Häufig ist die Wachstumsgeschwindigkeit von Interesse und man möchte einen Term für die Ableitungsfunktion f′ angeben.

Ableitung näherungsweise durch grafisches Differenzieren bestimmen

Man legt Tangenten an den Graphen von f und schätzt ihre Steigungen ab. Daraus erhält man ungefähr den Graphen von f′.

siehe Tangente an den Graphen einer Funktion

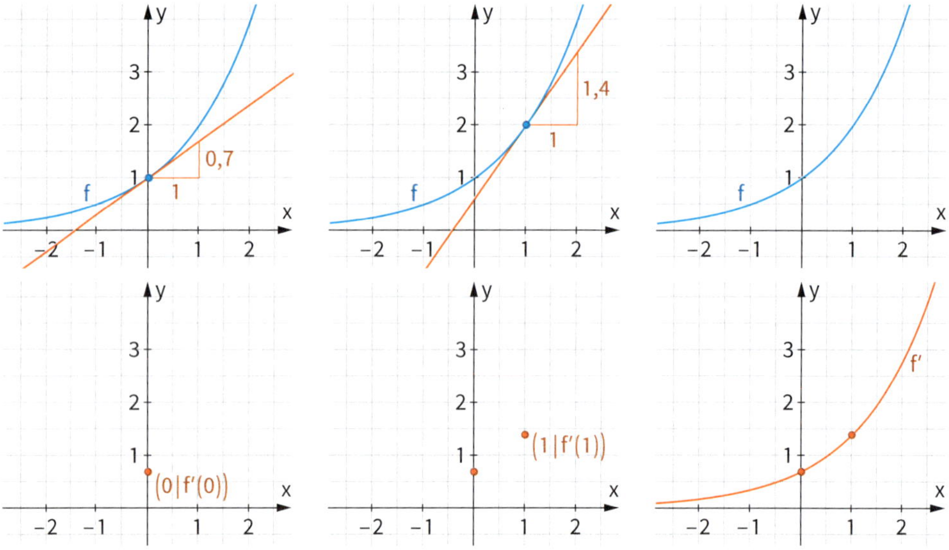

Am Graphen von f′ erkennt man, dass sich die Steigung bei jeder Erhöhung von x um 1 ungefähr verdoppelt. Also liegt die Vermutung nahe, dass die Ableitungsfunktion wieder eine Exponentialfunktion ist. Man erhält: $f'(x) \approx 0{,}7 \cdot 2^x$

Die Vermutung, dass die Ableitung die gleiche Exponentialfunktion multipliziert mit einem konstanten Faktor ist, kann man mit dem Differenzenquotienten begründen.

Ableitung mit Differenzenquotienten bestimmen

Für $h \neq 0$ gilt: $\frac{f(x+h) - f(x)}{h} = \frac{2^{x+h} - 2^x}{h}$ Potenzregel $a^{n+m} = a^n \cdot a^m$

$= \frac{2^x \cdot 2^h - 2^x}{h}$ 2^x ausklammern

$= \frac{2^h - 1}{h} \cdot 2^x$

Wegen $\frac{f(0+h) - f(0)}{h} = \frac{2^{0+h} - 2^0}{h} = \frac{2^h - 1}{h}$ gilt $\frac{2^h - 1}{h} \to f'(0)$ für $h \to 0$.

Daher gilt: $f'(x) = \lim\limits_{h \to 0} \frac{f(x+h) - f(x)}{h} = \lim\limits_{h \to 0} \left(\frac{2^h - 1}{h} \cdot 2^x\right) = f'(0) \cdot 2^x$

Wie man beim grafischen Differenzieren von f mit $f(x) = 2^x$ gesehen hat, gilt $f'(0) \approx 0{,}7$.

Ableitung einer Exponentialfunktion

Die Ableitung f′ einer Exponentialfunktion f ist wieder eine Exponentialfunktion.

Satz

Für die Funktion f mit $f(x) = b^x$, $b > 0$ gilt:

$\mathbf{f'(x) = c \cdot b^x}$ mit $\mathbf{c = f'(0)}$

Der Graph von f′ entsteht aus dem Graphen von f durch Strecken mit dem Faktor $c = f'(0)$ in y-Richtung.

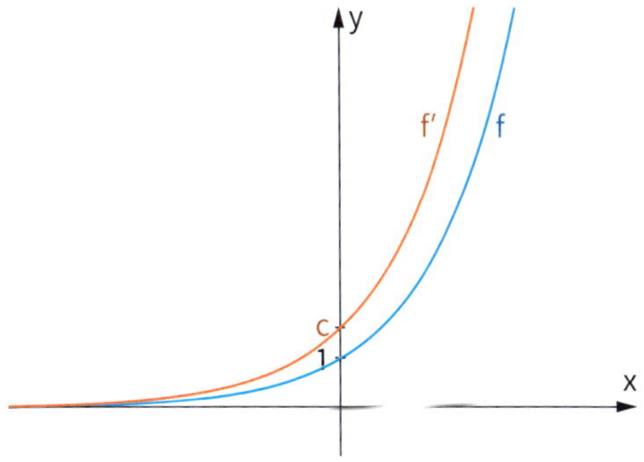

WES-109471-304

Bemerkung: Beschreibt man den exponentiellen Wachstumsprozess einer Größe durch den Term $f(x) = b^x$, so bedeutet $f'(x) = c \cdot b^x$, dass die momentane Wachstumsgeschwindigkeit der Größe proportional zum Bestand der Größe in diesem Moment ist. Der Proportionalitätsfaktor $c = f'(0)$ ist dabei die Wachstumsgeschwindigkeit zum Zeitpunkt 0.

Begründung des Satzes

Man bestimmt für eine beliebige Stelle x die Steigung der Sekante durch die Punkte $P(x \mid b^x)$ und $Q(x+h \mid b^{x+h})$ mit $h \neq 0$ auf dem Graphen von f.

Für den Differenzenquotienten gilt:

$$\frac{f(x+h) - f(x)}{h} = \frac{b^{x+h} - b^x}{h}$$ Potenzregel $a^{n+m} = a^n \cdot a^m$

$$= \frac{b^x \cdot b^h - b^x}{h}$$ b^x ausklammern

$$= \frac{b^h - 1}{h} \cdot b^x$$

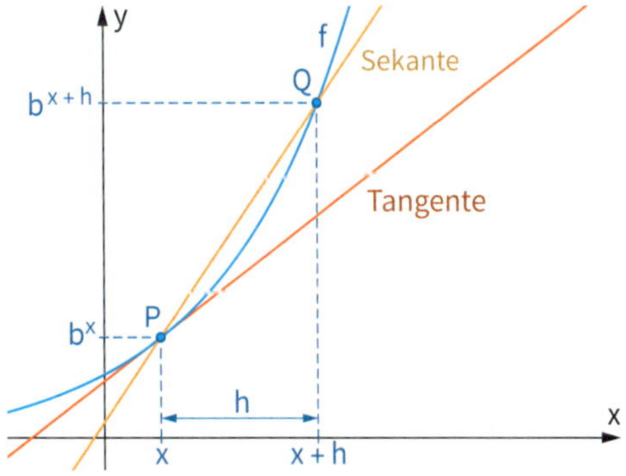

Außerdem ist $\frac{f(0+h) - f(0)}{h} = \frac{b^{0+h} - b^0}{h} = \frac{b^h - 1}{h}$, also erhält man $\frac{b^h - 1}{h} \to f'(0)$ für $h \to 0$.

Somit gilt: $f'(x) = \lim\limits_{h \to 0} \frac{f(x+h) - f(x)}{h} = \lim\limits_{h \to 0} \left(\frac{b^h - 1}{h} \cdot b^x\right) = f'(0) \cdot b^x$

1 **Ableitung einer Exponentialfunktion**

Bestimmen Sie $f'(0)$ näherungsweise am Graphen der Funktion f mit einem Rechner und geben Sie einen Term für die Ableitungsfunktion f′ von f an.

Hinweis: Viele Rechner haben einen Tangenten-Befehl.

a) $f(x) = 5^x$ b) $f(x) = 4^x$
c) $f(x) = 0{,}8^x$ d) $f(x) = 0{,}2^x$

Tangenten-Befehl verwenden

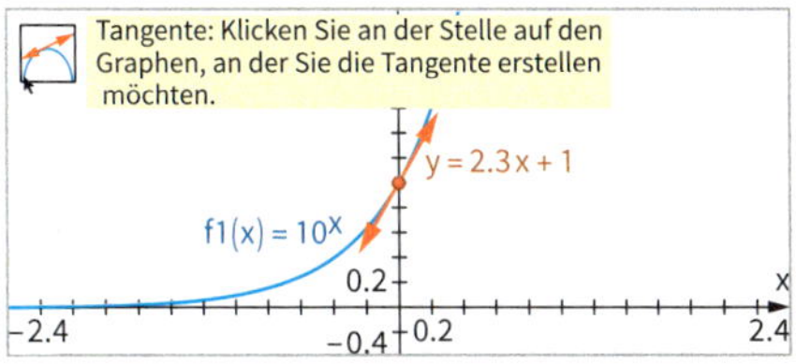

$f(x) = 10^x$ $f'(0) \approx 2{,}3$ $f'(x) \approx 2{,}3 \cdot 10^x$

2 **Häufige Fehler beim Ableiten**

Marc hat die Funktion f mit $f(x) = 2^x$ abgeleitet. Warum hat seine Mathe-Lehrerin „falsch“ dahinter geschrieben?

$f(x) = 2^x$
$f'(x) = x \cdot 2^{x-1}$ *falsch*

3 **Vergleich der Graphen von f und f′**

Zeichnen Sie mit einem Rechner die Graphen der Exponentialfunktionen 2^x, 3^x und 4^x und lassen Sie sich auch die Graphen der Ableitungen anzeigen. Beschreiben Sie jeweils, wie sich der Graph der Ableitungsfunktion vom Graphen der Funktion unterscheidet.

4 **Streckfaktor f′(0) näherungsweise bestimmen**

Gegeben ist die Funktion f mit $f(x) = 3^x$.

a) Zeigen Sie mithilfe des Differenzenquotienten $\frac{3^h - 1}{h}$ für kleine Werte von h, dass der Wert von f′(0) auf drei Nachkommastellen genau 1,099 beträgt.

b) Zeichnen Sie die Graphen von f und f′ in ein Koordinatensystem und beschreiben Sie, wie der Graph von f′ aus dem von f hervorgeht.

Einstieg

Eine Exponentialfunktion, die mit ihrer Ableitung übereinstimmt

- Bestimmen Sie näherungsweise die Basis b einer Exponentialfunktion f mit $f(x) = b^x$, die mit ihrer Ableitung übereinstimmt, d. h. für die $f'(x) = 1 \cdot b^x = b^x$ gilt.

Lösung

Für die Ableitung einer Exponentialfunktion f mit $f(x) = b^x$ gilt $f'(x) = f'(0) \cdot b^x$.
Da in diesem Fall $f'(0) = 1$ gelten soll, betrachtet man den Differenzenquotienten
$\frac{b^{0+h} - b^0}{h} = \frac{b^h - 1}{h}$ für sehr kleine Werte von h.

Man kann z. B. $h = \frac{1}{1000}$ wählen und folgenden Ansatz machen: $\frac{b^{\frac{1}{1000}} - 1}{\frac{1}{1000}} \approx 1$

Daraus ergibt sich $b^{\frac{1}{1000}} - 1 \approx \frac{1}{1000}$, also $b^{\frac{1}{1000}} \approx 1 + \frac{1}{1000}$.

Durch Potenzieren mit 1000 erhält man: $b \approx \left(1 + \frac{1}{1000}\right)^{1000} = 1{,}001^{1000} \approx 2{,}72$

WES-109471-305

irrationale Zahl: nicht abbrechende und nicht periodische Dezimalzahl

Euler'sche Zahl und e-Funktion

Die **Euler'sche Zahl e** ist der Grenzwert

$e = \lim\limits_{n \to \infty} \left(1 + \frac{1}{n}\right)^n = 2{,}71828\ldots$

Man kann zeigen, dass die Euler'sche Zahl e eine irrationale Zahl ist.
Die Exponentialfunktion f mit $f(x) = e^x$ wird **e-Funktion** genannt.

Satz

- Die e-Funktion stimmt mit ihrer Ableitung überein, d. h., für die e-Funktion f gilt:
  $\mathbf{f'(x) = e^x}$
- Jede Funktion F mit $\mathbf{F(x) = e^x + c}$, $c \in \mathbb{R}$ ist eine Stammfunktion der e-Funktion f.

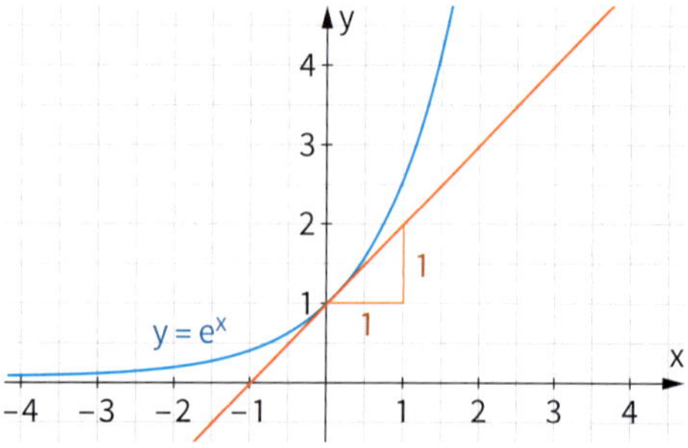

Die Tangente an den Graphen von e^x an der Stelle 0 hat die Steigung 1.

$\int_0^1 e^x\,dx = [e^x]_0^1 = e^1 - e^0 = e - 1 \approx 1{,}72$

Begründung des Satzes

Gesucht ist die Basis b in $f(x) = b^x$, sodass $f'(0) = 1$ gilt.

Dafür kann man statt $h = \frac{1}{1000}$ allgemeiner $h = \frac{1}{n}$ für große n in den Term $\frac{b^h - 1}{h}$ einsetzen.

Man erhält den Ansatz $\frac{b^{\frac{1}{n}} - 1}{\frac{1}{n}} \approx 1$.

Multiplikation mit $\frac{1}{n}$ ergibt $b^{\frac{1}{n}} - 1 \approx \frac{1}{n}$, also $b^{\frac{1}{n}} \approx 1 + \frac{1}{n}$.

Durch Potenzieren mit n erhält man $b \approx \left(1 + \frac{1}{n}\right)^n$.

Somit ist $b = \lim\limits_{n \to \infty} \left(1 + \frac{1}{n}\right)^n$ die Basis der Exponentialfunktion, die mit ihrer Ableitung übereinstimmt.

Ableitungsregeln anwenden

Faktor- und Summenregel	**Tangente an der Stelle x_0**
$f(x) = 3e^x + 2x^2 + 1$	$f(x) - 2e^x$; $x_0 = 1$
$f'(x) = 3e^x + 2 \cdot 2x + 0 = 3e^x + 4x$	$f'(x) = 2e^x$; $f'(1) = 2e$; $f(1) = 2e$
$f''(x) = 3e^x + 4$	$y = f'(x_0) \cdot (x - x_0) + f(x_0) = 2e \cdot (x - 1) + 2e$

5 **Zusammengesetzte Funktionen ableiten**

Bilden Sie die Ableitungen f′ und f″.

a) $f(x) = e^x + 1$ b) $f(x) = e^x + x$ c) $f(x) = 2e^x$ d) $f(x) = -3e^x$
e) $f(x) = e^x + x^2 + x + 1$ f) $f(x) = -e^x - x + 5$ g) $f(x) = 4e^x - 1$ h) $f(x) = -e^x + 3$

6 **Funktionswerte und Wachstumsgeschwindigkeiten berechnen**

Die Größe der Fläche in cm^2, die von einer bestimmten Schimmelpilzkultur bedeckt wird, kann durch den Funktionsterm $f(t) = 3 \cdot e^t$ beschrieben werden, wobei t für die Zeit in Stunden steht. Ermitteln Sie die Größe der jeweils bedeckten Flächen und die momentanen Wachstumsgeschwindigkeiten zu den Zeitpunkten

(1) $t = 0$; (2) $t = 1$; (3) $t = 2$; (4) $t = 3$.

7 **Tangenten an den Graphen der e-Funktion**

Legen Sie eine geeignete Wertetabelle an und zeichnen Sie damit den Graphen der e-Funktion in ein Koordinatensystem. Ermitteln Sie die Gleichungen der Tangenten an den Stellen $x = 0$ und $x = 1$ und zeichnen Sie beide Tangenten ein.

8 **Gestreckte und verschobene e-Funktionen**

Zeichnen Sie den Graphen der Funktion f und geben Sie an, wie er aus dem Graphen der e-Funktion entsteht.

a) $f(x) = e^x - 1$ b) $f(x) = \frac{1}{2}e^x$ c) $f(x) = -\frac{1}{4}e^x$ d) $f(x) = 2e^x - 3$

9 Gegeben ist die Funktion f mit $f(x) = e^x - 2$.

a) Geben Sie die Gleichung der Ableitungsfunktion f′ an.
b) Berechnen Sie f(0) und f′(0).
c) Ermitteln Sie die Gleichung der Tangente an den Graphen von f an der Stelle $x = 1$.
d) Skizzieren Sie den Verlauf des Graphen von f und der Tangente an der Stelle $x = 1$.

Prüfe dich!
Lösungen auf Seite 405

10 **Extrem- und Wendepunkte bei e-Funktionen berechnen**

Gegeben ist die Funktion f mit $f(x) = e^x - x$.

a) Untersuchen Sie den Graphen von f auf Extrempunkte sowie auf Monotonie.

b) Begründen Sie, dass der Graph von f keine Wendepunkte hat.

c) Zeichnen Sie den Graphen von f.

11 **Die Euler'sche Zahl als Grenzwert berechnen**

Berechnen Sie $\left(1 + \frac{1}{n}\right)^n$ für $n = 1; 10; 100; \ldots; 10^{14}$. Was fällt auf? Begründen Sie.

12 **Vorsicht bei der Grenzwertbestimmung**

Nehmen Sie Stellung zu den Argumentationen.

Max:

$1 + \frac{1}{n} > 1$ für $n \in \mathbb{N}$

Also: $\left(1 + \frac{1}{n}\right)^n \to \infty$ für $n \to \infty$

Lea:

$1 + \frac{1}{n} \to 1$ für $n \to \infty$; $1^n = 1$ für alle n

Also: $\left(1 + \frac{1}{n}\right)^n \to 1$ für $n \to \infty$

13 **Verschiebungen bei Exponentialfunktionen untersuchen**

Tipp: $b^{x+k} = b^x \cdot b^k$

Gegeben sind die Funktionen f und g mit $f(x) = 2^x$ und $g(x) = 2^{x+1}$.

a) Zeichnen Sie die Graphen von f und g in ein Koordinatensystem und beschreiben Sie, wie der Graph von g aus dem Graphen von f hervorgeht.

b) Begründen Sie, dass jede Verschiebung einer Exponentialfunktion in Richtung der x-Achse auch als Streckung in y-Richtung aufgefasst werden kann.

c) Überprüfen Sie folgende Behauptung:

Der Graph der Ableitung einer Exponentialfunktion f mit $f(x) = b^x$ entsteht durch Verschieben des Graphen von f in x-Richtung. Für Basen größer als e ist ihr Graph nach links verschoben, für Basen kleiner als e nach rechts.

Integral berechnen

Berechnen Sie das Integral $\int_0^1 f(x)\,dx$ für die Funktion f mit $f(x) = 3e^x - 2x$.

Lösung

Stammfunktion bestimmen

$f(x) = 3e^x - 2x$

konstanter Faktor — Stammfunktionen der Summanden

$F(x) = 3e^x - x^2$

Integral berechnen

$\int_0^1 f(x)\,dx = F(1) - F(0) = (3e - 1) - (3 - 0) = 3e - 4 \approx 4{,}15$

14 **Integral für die e-Funktion abschätzen und berechnen**

Ermitteln Sie anhand der Grafik einen Schätzwert für das Integral $\int_{-1}^{1} e^x\,dx$.

Berechnen Sie dann das Integral exakt mithilfe einer Stammfunktion. Vergleichen Sie mit Ihrer Schätzung und kontrollieren Sie mit dem Rechner.

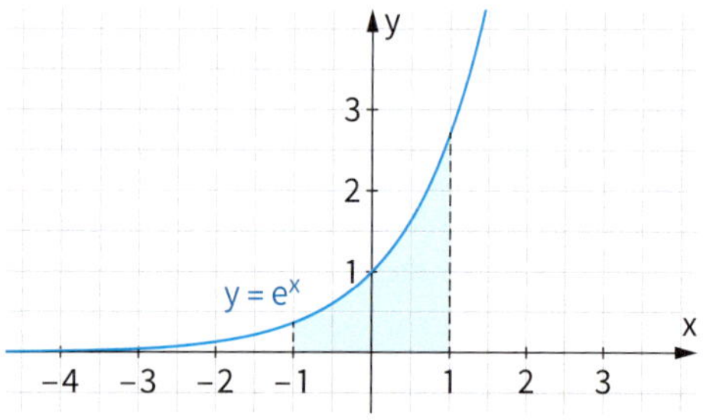

15 – **Integrale berechnen**

Berechnen Sie $\int_0^1 f(x)\,dx$ für die Funktion f.

a) $f(x) = e^x + 1$ b) $f(x) = 2e^x$ c) $f(x) = -e^x - x$ d) $f(x) = 2e^x + x^2 - x$

16 – **Fehlersuche bei der Integralrechnung**

Friederike rechnet:

$$\int_0^1 e^x - x\,dx = \left[e^x - \frac{1}{2}x^2\right]_0^1 = e^1 - \frac{1}{2}\cdot 1^2 - 0 = e - \frac{1}{2} \approx 2{,}21828$$

Was hat sie bei ihrer Berechnung falsch gemacht?

17 – **Flächeninhalte berechnen**

Berechnen Sie den Flächeninhalt der Fläche zwischen dem Graphen von f und der x-Achse über dem Intervall [0; 2].

a) $f(x) = e^x$ b) $f(x) = 8 - e^x$ c) $f(x) = e^x + x + 2$ d) $f(x) = e^x - x$

---

18 – Gegeben ist die Funktion f mit $f(x) = 2e^x + x$.

a) Bestimmen Sie die Ableitung f′ sowie eine Stammfunktion F von f.

b) Berechnen Sie jeweils den Flächeninhalt der Fläche zwischen dem Graphen von f und der x-Achse über den Intervallen [0; 1] und [−2; −1]. Kontrollieren Sie mit einem Rechner.

Prüfe dich!
Lösungen auf Seite 406

---

19 = **Integral und Flächeninhalt**

Die Grafik zeigt die Graphen der Funktionen g und h mit $g(x) = e^x$ und $h(x) = e^{-x}$.

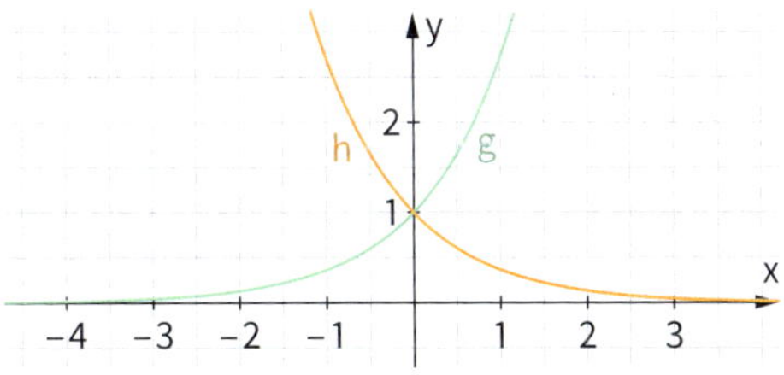

a) Erläutern Sie, wie der Graph von h aus dem Graphen der e-Funktion entsteht.

b) Berechnen Sie $\int_{-2}^{0} g(x)\,dx$.

c) Bestimmen Sie den Flächeninhalt, den beide Graphen mit der x-Achse über dem Intervall [−2; 2] einschließen.

20 = **Fläche zwischen Graph und Tangente**

Gegeben ist die Funktion f mit $f(x) = e^x + 1$. Der Graph von f, die Tangente an den Graphen im Schnittpunkt mit der y-Achse, die x-Achse und die Gerade mit $x = -4$ begrenzen eine Fläche. Berechnen Sie deren Flächeninhalt.

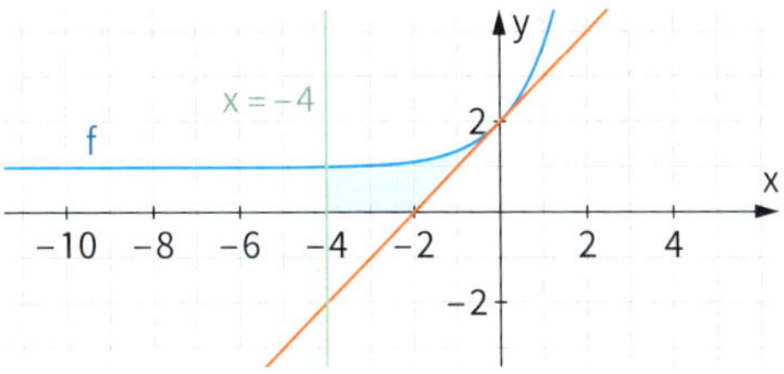

21 = **Stammfunktion durch einen Punkt bestimmen**

Bestimmen Sie diejenige Stammfunktion von f, deren Graph durch den Punkt P verläuft.

a) $f(x) = 2e^x + 1$ $P\left(-1 \,\middle|\, \frac{1}{2} + \frac{2}{e}\right)$ b) $f(x) = 3x^2 - \frac{e^x}{2}$ $P\left(-1 \,\middle|\, -\frac{1}{2e}\right)$

22 ≡ **Schnittpunkt der Tangente mit der x-Achse**

a) Ermitteln Sie die Gleichungen der Tangenten an den Graphen der e-Funktion an den Stellen 0; 1; 2; 3 und 4. Bestimmen Sie die Schnittstellen dieser Tangenten mit der x-Achse. Was fällt auf?

b) Beweisen Sie Ihre Vermutung aus Teilaufgabe a).

3.3 Exponentialfunktionen ableiten

Vorbereiten
Seite 38

Clara hat die Funktion f mit $f(x) = e^{\frac{1}{3}x}$ mit ihrem Rechner abgeleitet. Sie sagt:
„Man kann f mit der Kettenregel ableiten. Danach gilt $(u(v(x)))' = u'(v(x)) \cdot v'(x)$. Die äußere Funktion ist hier e^x und die innere Funktion $\frac{1}{3}x$."

- Bestimmen Sie damit die Ableitung der folgenden Funktionen:

$g(x) = e^{0,5x-2}$ $h(x) = 4 \cdot e^{-0,2x}$ $j(x) = e^{x^2-1}$

WES-109471-306

Kettenregel für e-Funktionen

Satz

Eine Exponentialfunktion f mit $f(x) = e^{g(x)}$ hat die Ableitung $\mathbf{f'(x) = g'(x) \cdot e^{g(x)}}$.

Hat f die Form $f(x) = e^{k \cdot x + n}$; $k, n \in \mathbb{R}$, $k \neq 0$, so ist jede Funktion F mit $\mathbf{F(x) = \frac{1}{k} \cdot e^{k \cdot x + n} + c}$, $c \in \mathbb{R}$, eine Stammfunktion von f.

e-Funktionen ableiten und integrieren

$f(x) = 3 \cdot e^{-2x+1}$

Ableitung bestimmen

$f'(x) = 3 \cdot (-2) \cdot e^{-2x+1} = -6 \cdot e^{-2x+1}$

Gleichung der Tangente bestimmen

an der Stelle $x_0 = 0$:

$f'(0) = -6e \qquad f(0) = 3e$

$y = f'(x_0) \cdot (x - x_0) + f(x_0)$
$= -6e \cdot (x - 0) + 3e = -6e \cdot x + 3e$

$g(x) = 2 \cdot e^{3x}$

Stammfunktion bestimmen

$G(x) = \frac{2}{3} \cdot e^{3x}$

Integral bestimmen

$\int_0^1 g(x)\,dx = G(1) - G(0)$
$= \frac{2}{3} \cdot e^3 - \frac{2}{3} \approx 12,72$

1 **e-Funktionen ableiten**

Bilden Sie die Ableitung der Funktion f.

a) $f(x) = e^{0,1x+5}$
b) $f(x) = 3,5 \cdot e^{-4x-9}$
c) $f(x) = 1,5x - 1,5 \cdot e^{\frac{2}{3}x}$
d) $f(x) = e^{-(x+2)}$
e) $f(x) = -e^{-x} - x$
f) $f(x) = 8 + 0,2 \cdot e^{-10x}$
g) $f(x) = e^{3x^2} - 4$
h) $f(x) = -0,5e^{x^3-2x}$
i) $f(x) = e^{-x^4} + e^{x^{-4}}$

2 **Ableitung am Graphen erläutern**

Gegeben ist die Funktion f mit $f(x) = e^{-x}$.
Bestimmen Sie mithilfe der Ableitungsregel aus der Information die Ableitungsfunktion f′.
Erläutern Sie das Ergebnis anhand der Graphen von f und f′.

3 **e-Funktionen mehrfach ableiten**

Bilden Sie die erste und die zweite Ableitung von f.

a) $f(x) = 2 \cdot e^{x-1}$
b) $f(x) = k \cdot e^{k \cdot x}$; $k \in \mathbb{R}$
c) $f(x) = e^x - e^{-x}$
d) $f(x) = e^{2x} - e^{-2x}$

4 **Graphen und Funktionsterme zuordnen**

Ordnen Sie dem Funktionsterm den passenden Graphen zu.

(1) $f(x) = e^{-3x}$	(2) $f(x) = e^{0,5x}$	(3) $f(x) = -e^{\frac{1}{2}x}$	(4) $f(x) = -e^{2x}$

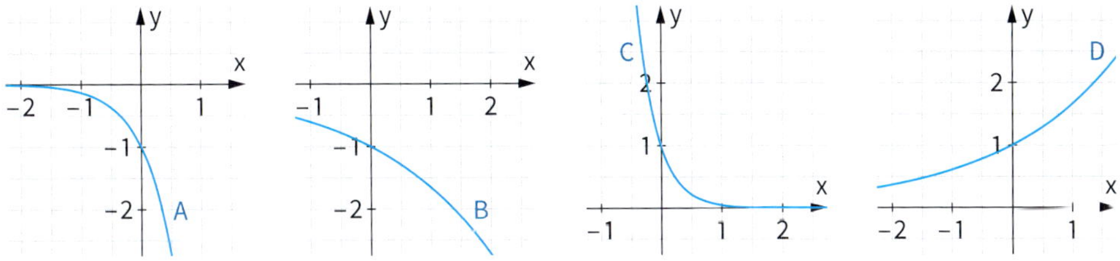

5 **Graphen mit positiven und negativen Exponenten vergleichen**

Vergleichen Sie für ein fest gewähltes $k > 0$ die Graphen der Exponentialfunktionen f_k und g_k mit $f_k(x) = e^{k \cdot x}$ und $g_k(x) = e^{-k \cdot x}$.
Berücksichtigen Sie dabei Definitions- und Wertebereich, Monotonieverhalten, Globalverlauf und Achsenschnittpunkte. Zeichnen Sie für verschiedene k die jeweiligen Graphen.

6 **Tangentengleichung ermitteln**

Gegeben ist die Funktion f mit $f(x) = 4 \cdot e^{1,5x-3}$.

a) Zeichnen Sie den Graphen der Funktion f und beschreiben Sie, wie der Graph von f aus dem Graphen der e-Funktion hervorgeht.

b) Ermitteln Sie die Gleichung der Tangente an den Graphen von f im Punkt $P(0 \mid f(0))$.

7 **Stammfunktionen bestimmen**

Geben Sie eine Stammfunktion der Funktion f an.

a) $f(x) = \frac{1}{3} \cdot e^{2x}$ b) $f(x) = 2 \cdot e^{-5x}$ c) $f(x) = 3x^2 - e^{3x}$ d) $f(x) = e^{2x} + e^{-2x}$

8 **Stammfunktion und Flächeninhalt**

Gegeben ist die Funktion f mit $f(x) = e^{0,5x-1}$.

a) Begründen Sie, dass die Funktion F mit $F(x) = 2 \cdot e^{0,5x-1}$ eine Stammfunktion von f ist.

b) Zeichen Sie den Graphen von f und berechnen Sie den Flächeninhalt der Fläche, die der Graph von f im Intervall $[-1; 2]$ mit der x-Achse einschließt. Kontrollieren Sie Ihr Ergebnis mit einem Rechner.

9 **Integrale berechnen**

Berechnen Sie das Integral mithilfe einer Stammfunktion.

a) $\int_{-1}^{0} e^{2x} + 2\,dx$ b) $\int_{1}^{3} 2x - 7 \cdot e^{3,5x}\,dx$ c) $\int_{0}^{1} 0,5 \cdot e^{0,5x+5}\,dx$ d) $\int_{-1}^{1} e^{-x} + 1\,dx$

Prüfe dich!
Lösungen auf Seite 406

10 a) Bilden Sie die Ableitungen f′ und g′ der Funktionen f und g.

$f(x) = e^{1,5x}$ $g(x) = 3 \cdot e^{-\frac{1}{3}x}$

b) Vergleichen Sie die Graphen von f und f′ sowie die Graphen von g und g′.
Berücksichtigen Sie dabei Definitions- und Wertebereich, Monotonieverhalten, Globalverlauf und Achsenschnittpunkte.

c) Bestimmen Sie für f und g die Gleichung der Tangente an den Graphen an der Stelle $x = 0$.

11 Gegeben ist die Funktion f mit $f(x) = 2 \cdot e^{-0,5x}$.

a) Bestimmen Sie die Ableitung f′ sowie eine Stammfunktion F von f.

b) Berechnen Sie jeweils den Flächeninhalt der Fläche zwischen dem Graphen von f und der x-Achse über den Intervallen $[0; 1]$ und $[-2; -1]$. Kontrollieren Sie mit einem Rechner.

Einstieg

Vorbereiten
Seite 368

Ableitung einer Exponentialfunktion mit einer anderen Basis als e

Die Funktion f mit $f(x) = 5^x$ soll abgeleitet werden.
Emre sagt: *„Ich schreibe die Funktion f einfach in der Form $f(x) = e^{k \cdot x}$, denn die kann ich ableiten."*

$f(x) = 5^x$
↓ Wie umwandeln?
$f(x) = e^{k \cdot x}$

- Führen Sie Emres Idee durch und ermitteln Sie so die Ableitung von f.

Lösung

Der Ansatz $5^x = e^{k \cdot x} = (e^k)^x$ führt auf die Gleichung $e^k = 5$, die man durch Probieren oder durch den *nSolve*-Befehl mit einem Rechner lösen kann.

nSolve$(e^k = 5, k)$
1.60944

Es ergibt sich $k \approx 1{,}60944$. Also ist $f(x) = 5^x \approx e^{1{,}60944x}$ und mit der Kettenregel erhält man:
$f'(x) \approx 1{,}60944 \cdot e^{1{,}60944 \cdot x} \approx 1{,}60944 \cdot 5^x$

WES-109471-307

ln wird gelesen: „el – en"

$\ln(b) = \log_e(b)$

Natürlicher Logarithmus

Für eine positive reelle Zahl b ist ihr **natürlicher Logarithmus ln (b)** der Exponent, mit dem man die Zahl e potenzieren muss, um b zu erhalten: $e^{\ln(b)} = b$ bzw. $\ln(e^b) = b$

$e^k = b$ hat die Lösung $k = \ln(b)$.

$\ln(1) = 0$, da $e^0 = 1$
$\ln(e) = 1$, da $e^1 = e$
$\ln\left(\frac{1}{e}\right) = -1$, da $e^{-1} = \frac{1}{e}$
$\ln(\sqrt{e}) = \frac{1}{2}$, da $e^{\frac{1}{2}} = \sqrt{e}$

Exponentialfunktionen mit Basis e schreiben

Jede Exponentialfunktion f mit $f(x) = a \cdot b^x$ mit $a, b \in \mathbb{R}$, $b > 0$, $b \neq 1$ kann als e-Funktion geschrieben werden: $\mathbf{f(x) = a \cdot e^{\ln(b) \cdot x}}$

$f(x) = 3 \cdot 2^x$
↑
$2^x = e^{\ln(2) \cdot x}$

Also: $f(x) = 3 \cdot e^{\ln(2) \cdot x} \approx 3 \cdot e^{0{,}6931 \cdot x}$

Ableitung einer Exponentialfunktion

Satz:
Die Funktion f mit $f(x) = b^x$ hat die Ableitung
$\mathbf{f'(x) = \ln(b) \cdot b^x}$.

$f'(x) = 3 \cdot \ln(2) \cdot e^{\ln(2) \cdot x}$
$= 3 \cdot \ln(2) \cdot 2^x \approx 2{,}08 \cdot 2^x$

12 **Natürliche Logarithmen berechnen**

Bestimmen Sie ohne Rechner.

a) $\ln(e^2)$ b) $\ln(e^{-3})$ c) $\ln(e^{0{,}07})$ d) $\ln(e^{\sqrt{5}})$
e) $\ln(e^{\pi})$ f) $\ln(e^e)$ g) $\ln(1)$ h) $\ln(0)$
i) $\ln\left(\frac{1}{e^4}\right)$ j) $\ln(\sqrt[3]{e})$ k) $\ln(\sqrt{e^3})$ l) $\ln\left(\sqrt[4]{\frac{1}{e^3}}\right)$

13 **Exponentialgleichungen lösen**

Bestimmen Sie die Lösung der Gleichung rechnerisch mithilfe des natürlichen Logarithmus.

a) $e^x = 2$ b) $e^x = \pi$ c) $e^{0{,}5x} = 3$
d) $e^{2x+1} = 0{,}5$ e) $e^{x-7} = 1$ f) $e^{-3x} = 5$
g) $e^{-2x} = 0{,}5$ h) $e^{1{,}5x} - 2 = 0$ i) $e^{\frac{1}{2}x} - 5 = 0$

Beispiel

$e^{0{,}3x} = 2 \quad |\ln(\ )$
$0{,}3x = \ln(2)$
$x = \frac{\ln(2)}{0{,}3} \approx 2{,}31$

14 Exponentialfunktionen mit Basis e schreiben

Schreiben Sie die Funktion f mit Basis e und bestimmen Sie die Ableitung.

a) $f(x) = 3^x$ b) $f(x) = \left(\frac{1}{3}\right)^x$ c) $f(t) = 2 \cdot 0{,}7^t$ d) $f(t) = 0{,}04 \cdot 1{,}06^t$

15 Exponentialfunktionen mit beliebiger Basis ableiten

Bilden Sie die erste und die zweite Ableitung der Funktion f.

a) $f(x) = 3^x$ b) $f(x) = 2 \cdot 3^x$ c) $f(t) = 1{,}02^t + t^2$ d) $f(x) = 3^x - e^x$

16 Gegeben sind die Funktionen f und g mit $f(x) = 2 \cdot 1{,}5^x$ und $g(x) = 3 \cdot 0{,}8^x$.

a) Schreiben Sie die Funktionensterme von f und g zur Basis e.

b) Lösen Sie mithilfe des natürlichen Logarithmus die Gleichungen $f(x) = 6$ und $g(x) = 6$.

c) Geben Sie die Ableitungsfunktionen f′ und g′ an und berechnen Sie $f'(2)$ und $g'(-3)$.

Prüfe dich!
Lösungen auf Seite 406

17 Argumentieren mit dem natürlichen Logarithmus

Begründen Sie die Aussage.

a) Die Gleichung $e^x = -1$ hat keine Lösung.

b) Für Werte von a zwischen 0 und 1 ist $\ln(a)$ negativ.

18 Tiefpunkt berechnen und Verhalten eines Graphen im Unendlichen untersuchen

Gegeben ist die Funktion f mit $f(x) = x + e^{-\frac{1}{2}x}$.

a) Bestimmen Sie den Tiefpunkt des Funktionsgraphen.

b) Bestimmen Sie rechnerisch, dass sich der Graph von f für $x \to \infty$ der Geraden mit $y = x$ nähert.

19 Zusammenhänge beim Basiswechsel zu e begründen

Gegeben sind die Funktionen f und g mit $f(x) = 2^x$ und $g(x) = 0{,}5^x$.

a) Schreiben Sie die Funktionen f und g als Exponentialfunktionen zur Basis e. Was fällt auf?

b) Verallgemeinern Sie den Zusammenhang für die Funktionen f und g mit $f(x) = b^x$ und $g(x) = \left(\frac{1}{b}\right)^x$ und begründen Sie.

20 Integrale unter Verwendung des natürlichen Logarithmus berechnen

Berechnen Sie das Integral mithilfe einer Stammfunktion.

a) $\int_1^{\ln(2)} e^x + 1\,dx$ b) $\int_0^{\ln(3)} e^{2x} - x\,dx$ c) $\int_1^2 e^{\frac{x}{2}} - \ln(2)\,dx$ d) $\int_0^1 2^x\,dx$

21 Intervallgrenzen zum vorgegebenen Integral berechnen

Bestimmen Sie die Intervallgrenze k so, dass das Integral den angegebenen Wert hat.

a) $\int_0^k e^x\,dx = e - 1$ b) $\int_0^k e^{-x}\,dx = 0{,}5$ c) $\int_1^k e^{2x}\,dx = 2$ d) $\int_0^k e^{x-1}\,dx = e$

22 Flächenberechnung mit einer beliebigen Exponentialfunktion

Bestimmen Sie rechnerisch den Flächeninhalt der Fläche, die von dem Graphen der Funktion f mit $f(x) = 2^x$ und den Geraden zu $x = 0$ sowie $y = 5$ eingeschlossen wird.

23 Unbegrenzte Flächen untersuchen

Untersuchen Sie, ob die unbegrenzte Fläche unter dem Graphen der Exponentialfunktion f mit $f(x) = \left(\frac{1}{2}\right)^x$ im 1. Quadranten einen endlichen Flächeninhalt hat.

3.4 Wachstum mit e-Funktionen beschreiben

Der Stamm einer Linde hat zu Beobachtungsbeginn einen Durchmesser von 7 cm. Dieser nimmt in den nächsten Jahren jeweils um 6,1 % pro Jahr zu.

- Begründen Sie: *Die Entwicklung des Durchmessers in Metern in den ersten t Jahren lässt sich durch die Exponentialfunktion f mit $f(t) = 0{,}07 \cdot e^{0{,}059t}$ beschreiben.*
- Nach wie vielen Jahren verdoppelt sich der Stammdurchmesser der Linde?

WES-109471-308

$ln(b) = log_e(b)$

Exponentielles Wachstum mit der e-Funktion beschreiben

Jede Exponentialfunktion f kann mithilfe der e-Funktion geschrieben werden:

$$\mathbf{f(t) = a \cdot b^t = a \cdot e^{k \cdot t}} \text{ mit } a, b \in \mathbb{R} \text{ und } b > 0,\ b \neq 1$$

Die Zahl k ist hierbei der natürliche Logarithmus von b, also $\mathbf{k = \ln(b)}$.

- Beschreibt f eine exponentielle Zunahme, dann ist $k > 0$.
  Die Verdopplungszeit t_V berechnet sich aus $\mathbf{t_V = \frac{\ln(2)}{k}}$.
  Sie ist also unabhängig vom Anfangswert a.

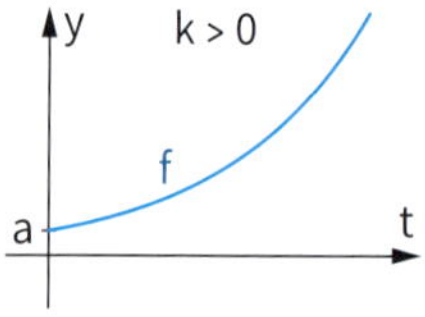

- Beschreibt f eine exponentielle Abnahme, dann ist $k < 0$.
  Die Halbwertszeit t_H berechnet sich aus $\mathbf{t_H = \frac{\ln(0{,}5)}{k}}$.
  Sie ist also unabhängig vom Anfangswert a.

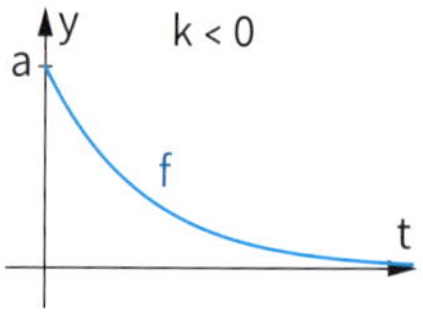

t_H ist positiv, da k negativ ist.

Exponentielle Zunahme

Zunahme von 25 % pro Tag bei einem Anfangswert von 4

Mit e-Funktion beschreiben

$f(t) = 4 \cdot \left(1 + \frac{25}{100}\right)^t = 4 \cdot 1{,}25^t$

$= 4 \cdot e^{\ln(1{,}25) \cdot t} \approx 4 \cdot e^{0{,}2231 \cdot t}$

Verdopplungszeit bestimmen

$e^{\ln(1{,}25) \cdot t_V} = 2$, also $\ln(1{,}25) \cdot t_V = \ln(2)$

$t_V = \frac{\ln(2)}{\ln(1{,}25)} \approx 3{,}11$

Die Verdopplungszeit beträgt ca. 3 Tage.

Exponentielle Abnahme

Abnahme von 33 % pro Sekunde bei einem Anfangswert von 9

Mit e-Funktion beschreiben

$f(t) = 9 \cdot \left(1 - \frac{33}{100}\right)^t = 9 \cdot 0{,}67^t$

$= 9 \cdot e^{\ln(0{,}67) \cdot t} \approx 9 \cdot e^{-0{,}4005 \cdot t}$

Halbwertszeit bestimmen

$e^{\ln(0{,}67) \cdot t_H} = \frac{1}{2}$, also $\ln(0{,}67) \cdot t_H = \ln\left(\frac{1}{2}\right)$

$t_H = \frac{\ln\left(\frac{1}{2}\right)}{\ln(0{,}67)} \approx 1{,}73$

Die Halbwertszeit beträgt ca. 1,7 Sekunden.

1 **Wachstumsprozesse mit e-Funktionen beschreiben**

Beschreiben Sie den Wachstumsprozess mithilfe einer e-Funktion der Form $f(t) = a \cdot e^{k \cdot t}$.

a) Ein Bestand von 20 nimmt pro Stunde um 6,5 % zu.
b) Ein Bestand von 80 verringert sich pro Woche um 12 %.
c) Von einem Bestand von 250 sind nach jeweils einem Jahr nur noch 91 % vorhanden.

2 **Verdopplungszeit berechnen**

In einem Labor wird das Wachstum von Keimen untersucht. Es wird vermutet, dass die Keime stündlich um 4 % zunehmen. Um dies zu prüfen, wird eine Nährlösung angelegt, die anfänglich 300 Keime enthält.
Geben Sie die Funktion für diese Modellierung zur Basis e an. Nach welcher Zeit müsste sich die Anzahl der Keime verdoppeln, falls die Vermutung stimmt?

3 **Halbwertszeit berechnen**

Nach der Einnahme eines Medikaments rechnet man damit, dass ein Patient pro Stunde etwa 15 % des vorhandenen Wirkstoffs im Körper wieder abbaut.

a) Beschreiben Sie die im Körper vorhandene Wirkstoffmenge für einen Patienten, der 10 mg des Wirkstoffs eingenommen hat, mithilfe einer e-Funktion.
b) Untersuchen Sie, nach welcher Zeit nur noch die Hälfte der eingenommenen Wirkstoffmenge im Körper vorhanden ist.

4 **Radioaktiven Zerfallsprozess mit e-Funktion beschreiben**

Über die Atmung, die Haut und die Nahrungsmittel nimmt der Mensch täglich radioaktive Stoffe auf, die sich im Körper ablagern. Das radioaktive Iod-Isotop ^{131}I lagert sich fast ausschließlich in der Schilddrüse ab und kann Schilddrüsenkrebs auslösen. Pro Tag zerfallen ca. 8,3 % der aktuellen Masse.
Von einer Person wurden 0,5 mg Iod-Isotop ^{131}I aufgenommen.

a) Geben Sie einen Funktionsterm der Exponentialfunktion an, die diesen Zerfallsprozess beschreibt. Verwenden Sie zur Beschreibung die Basis e.
b) Wie lange dauert es, bis noch 320 µg vorhanden sind?
c) Wie lange dauert es, bis die Iodmenge (1) 0,25 mg; (2) 0,125 mg beträgt? Was fällt auf?

^{131}I wird gelesen: „I 131"

µg: Mikrogramm
$1\,\mu g = 10^{-6}\,g$

Parameter k bestimmen

Gegeben:	Anfangswert $a = 500$; der Bestand nach 4 Zeiteinheiten ist 3000
Gesucht:	$f(t) = a \cdot e^{k \cdot t}$
Ansatz:	$500 \cdot e^{k \cdot 4} = 3000$; also $e^{k \cdot 4} = 6$
Gleichung lösen:	$k = \frac{\ln(6)}{4} \approx 0{,}4479$
Funktionsgleichung:	$f(t) \approx 500 \cdot e^{0{,}4479 \cdot t}$

Gegeben:	Anfangswert $a = 120$; die Halbwertszeit beträgt 8 Zeiteinheiten
Gesucht:	$f(t) = a \cdot e^{k \cdot t}$
Ansatz:	$e^{k \cdot 8} = \frac{1}{2}$
Gleichung lösen:	$k = \frac{\ln\left(\frac{1}{2}\right)}{8} \approx -0{,}0866$
Funktionsgleichung:	$f(t) \approx 120 \cdot e^{-0{,}0866 \cdot t}$

5 **Funktionsgleichung aus Halbwertszeit bestimmen**

Radioaktives Strontium-90 hat eine Halbwertszeit von 29 Jahren.

a) Beschreiben Sie den Zerfallsprozess einer Probe von 15 g Strontium-90 durch eine Exponentialfunktion zur Basis e.
b) Berechnen Sie, wann von dieser Probe nur noch 5 g Strontium-90 vorhanden sind.

6 = Salmonellen

Frisch zubereitete Salate, vor allem Kartoffel-, Geflügel- und Meeresfrüchtesalate, können leicht zum Erreger für eine Salmonellenerkrankung werden. Salmonellen finden bei Temperaturen zwischen 15 und 45° C ideale Wachstumsbedingungen.
Eine staatliche Beratungsstelle wies darauf hin, dass sich Salmonellen im lauwarmen Kartoffelsalat und nicht durchgegarten Frikadellen von 800 Keimen innerhalb von vier Stunden auf über drei Millionen vermehren. Es wird empfohlen, frisch zubereitete Salate schnell abkühlen zu lassen und in kleinen Portionen im Kühlschrank aufzubewahren.

a) Beschreiben Sie das Anwachsen der Salmonellen-Anzahl durch eine Exponentialfunktion mit e als Basis und 800 als Anfangswert.
b) Berechnen Sie, wann 1600, 3200, 6400 Salmonellen vorhanden sind. Was fällt auf?
c) Zeigen Sie, dass Ihre Vermutung aus Teilaufgabe b) richtig ist.

Prüfe dich!
Lösungen auf Seite 406

7

a) Ein Neuwagen zum Preis von 38 000 € verliert jedes Jahr 15 % seines Werts. Bestimmen Sie eine e-Funktion, die den Werteverlust beschreibt, und geben Sie den Zeitpunkt an, zu dem das Auto nur noch die Hälfte des Kaufpreises wert ist.
b) Ein Anfangsbestand von 120 wächst exponentiell. Nach 5 Tagen beträgt der Bestand 380. Bestimmen Sie eine e-Funktion, die den Wachstumsprozess beschreibt, und ermitteln Sie die Verdopplungszeit.
c) Eine 5 Hektar große Teilfläche eines Waldgebietes ist von Schädlingen befallen. Bei einem Wachstumsmodell geht man davon aus, dass sich die befallene Fläche jährlich um 28 % vergrößert.
Beschreiben Sie die Entwicklung der befallenen Fläche mit einer e-Funktion.
Bestimmen Sie die Zeit, in der die befallene Fläche auf 30 Hektar angewachsen ist, falls keine Schädlingsbekämpfung durchgeführt wird.

---

8 = Verkaufszahlen

Die Verkaufszahlen eines neuen Handys in den ersten Jahren nach Einführung können durch die Funktion f mit $f(t) = 50 \cdot e^{0{,}349 \cdot t}$ beschrieben werden. Dabei wird t in Jahren und f(t) in Tausend Stück gemessen.
a) Berechnen Sie die jährlichen Verkaufszahlen für die ersten 5 Jahre nach Einführung.
b) Wann übersteigen die Verkaufszahlen erstmalig eine Grenze von einer Million? Diskutieren Sie, wie realistisch der berechnete Wert im Sachzusammenhang ist.
c) Geben Sie die Wachstumsgeschwindigkeit am Ende des dritten Jahres an.

9 = Bambuspflanze

Eine Bambuspflanze ist zu Beginn der Wachstumsphase 50 cm groß und nimmt dann wöchentlich um 15 % an Höhe zu.
a) Beschreiben Sie die Entwicklung der Bambuspflanze mithilfe einer e-Funktion und berechnen Sie die Höhe der Pflanze nach 6 Wochen.
b) Geben Sie einen Term für die Wachstumsgeschwindigkeit der Pflanze in cm pro Woche an.
c) Berechnen Sie die höchste Wachstumsgeschwindigkeit, die in den ersten 6 Wochen erreicht wird.

10 Bevölkerungswachstum in Indien

Seit 2023 gilt nicht mehr China, sondern Indien mit 1,43 Milliarden Menschen als bevölkerungsreichstes Land der Erde. Im Jahr 2000 hatte Indien die Milliardengrenze überschritten.

a) Beschreiben Sie die Entwicklung von Indiens Bevölkerung seit dem Jahr 2000 durch eine Exponentialfunktion zur Basis e.

b) Stellen Sie eine Funktionsgleichung für die Wachstumsgeschwindigkeit auf und geben Sie die Wachstumsgeschwindigkeiten für die Jahre 2000 und 2023 in Personen pro Jahr an.

c) Analysieren Sie, welche Probleme eine Prognose der Bevölkerungszahl für das Jahr 2050 beinhaltet.

11 Von Wachstumsgeschwindigkeit zu Änderung des Bestands

Die Wachstumsgeschwindigkeit eines Bestands wird durch die Funktion f mit $f(t) = 0{,}3 \cdot e^{0{,}3t}$ beschrieben. Berechnen Sie die Änderung des Bestands für das Intervall $[0; 5]$ mithilfe einer Stammfunktion von f.

12 Wachstum einer Bakterienkultur

Die momentane Wachstumsgeschwindigkeit f einer Bakterienkultur beträgt $f(t) = 1000 \cdot e^{0{,}1t}$ pro Stunde, t in Stunden. Zum Zeitpunkt $t = 0$ betrug die Anzahl der Bakterien $F(0) = 10\,000$.

a) Berechnen Sie die Anzahl der Bakterien nach zwei Stunden.

b) Geben Sie einen Funktionsterm für die Anzahl der Bakterien zum Zeitpunkt t an.

Term einer e-Funktion aus zwei Punkten bestimmen

Der Graph einer e-Funktion f verläuft durch die Punkte $P(5|1)$ und $Q(8|2{,}5)$. Bestimmen Sie eine passende Funktionsgleichung.

WES-109471-300

Lösung

Ansatz	$f(x) = a \cdot e^{k \cdot x}$
Koordinaten einsetzen	$P(5\|1)$; also $1 = a \cdot e^{5k}$
	$Q(8\|2{,}5)$; also $2{,}5 = a \cdot e^{8k}$
k bestimmen	$\frac{2{,}5}{1} = \frac{a \cdot e^{8k}}{a \cdot e^{5k}}$; also $2{,}5 = e^{3k}$ und damit $k = \frac{\ln(2{,}5)}{3} \approx 0{,}3054$
a bestimmen	$1 = a \cdot e^{5 \cdot 0{,}3054}$; also $a = \frac{1}{e^{5 \cdot 0{,}3054}} \approx 0{,}2172$
Einsetzen	$f(x) \approx 0{,}2172 \cdot e^{0{,}3054 \cdot x}$

Quotienten bilden

13 Höhe einer Alge

Spezielle Algen werden zur Gewinnung des seltenen Elements Iod gezüchtet. Das Höhenwachstum der Algen erfolgt in den ersten Wochen exponentiell.

a) Beschreiben Sie das Wachstum einer solchen Alge, die nach 2 Wochen 20 cm und nach 4 Wochen 80 cm hoch ist, mithilfe einer e-Funktion.

b) Welche Höhe erwartet man nach $5\frac{1}{2}$ Wochen?

14 Joghurt-Herstellung

Bei der Joghurt-Herstellung wird Milch mit besonderen Bakterien versetzt, die sich nährungsweise exponentiell vermehren. Das schweizerische Lebensmittelgesetz legt fest: In Joghurt müssen mindestens 100 Millionen solcher Bakterien je Gramm vorhanden sein.
Eine Joghurt-Kultur weist nach einer halben Stunde Reifung 6 Millionen Bakterien pro Gramm auf, nach 2 Stunden 48 Millionen. Reichen $2\frac{1}{2}$ Stunden Reifungszeit, um den geforderten Mindestzahl an Bakterien zu erreichen? Ermitteln Sie dazu eine e-Funktion, die die Anzahl der Bakterien in Abhängigkeit von der Zeit nach Reifungsbeginn beschreibt.

15 = **Untersuchung von Tumoren**

Zur Untersuchung von Tumoren erhalten Personen intravenös ein Medikament mit radioaktivem Iod. Dieses reichert sich im kranken und im gesunden Gewebe unterschiedlich stark an, sodass mit der von ihm ausgesandten radioaktiven Strahlung Lage und Größe von Tumoren erkannt werden können. Das verwendete radioaktive Iod-Isotop ^{131}I zerfällt nur langsam: Wöchentlich halbiert sich seine Menge.

^{131}I wird gelesen: „I 131"

Eine Patientin hat eine Woche nach der Untersuchung noch eine Menge von 0,8 mg radioaktivem ^{131}I im Körper, nach 5 Wochen noch 0,05 mg.
Geben Sie eine e-Funktion zur Beschreibung der Menge an radioaktivem Iod im Körper der Patientin an. Berechnen Sie damit die Iod-Menge nach 8 Wochen.

Prüfe dich!
Lösungen auf Seite 407

16 = In einem See waren nach 2 Tagen 4 m² von Algen bedeckt, nach 5 Tagen 28 m².

a) Bestimmen Sie eine e-Funktion, die das Algenwachstum beschreibt.
b) Berechnen Sie, nach wie vielen Tagen die Algenfläche 100 m² erreicht.
c) Geben Sie eine Funktionsgleichung für die Wachstumsgeschwindigkeit der von Algen bedeckten Fläche an.

---

17 = **Strahlenbelastung nach einem Atomunfall**

Am 11. März 2011 ereignete sich vor der Ostküste der japanischen Hauptinsel Honshu das bis dahin schwerste Erdbeben in Japan. Das Beben und der dadurch verursachte Tsunami verwüsteten weite Gebiete im Osten Japans und führten zu einer enormen Zahl an Opfern. Am Kernkraftwerksstandort Fukushima kam es zum fast vollständigen Ausfall der Stromversorgung von 4 der insgesamt 6 Reaktorblöcke und damit zum schwersten Reaktorunfall nach Tschernobyl (Ukraine) am 26. April 1986.

In den ersten Tagen nach dem Unfall gelangten erhebliche Mengen radioaktiver Stoffe in die Atmosphäre. Am höchsten waren die Werte in unmittelbarer Umgebung zum Kernkraftwerk. Auf einer Fläche von ca. 1800 km² wurden über $300\,\frac{\text{kBq}}{\text{m}^2}$ Cäsium-137 festgestellt. Der höchste Wert wurde in Minami Machi (Futaba Gun) mit bis zu $14\,000\,\frac{\text{kBq}}{\text{m}^2} = 14\,000\,000\,\frac{\text{Bq}}{\text{m}^2}$ gemessen. Cäsium-137 hat eine Halbwertszeit von 30 Jahren. Als „unverseucht" gelten Gebiete mit einer Bodenbelastung unter $35\,000\,\frac{\text{Bq}}{\text{m}^2}$. Bestimmen Sie, wann das Gebiet mit der schlimmsten Verseuchung wieder bewohnbar sein wird.

18 = **Radiocarbon-Methode**

^{14}C wird gelesen: „C 14"

Die Radiocarbon-Methode (^{14}C-Methode) ist ein wichtiges Verfahren zur Altersbestimmung in der Archäologie und Geologie. Sie beruht auf dem radioaktiven Zerfall des Kohlenstoffisotops ^{14}C, das mit einer Halbwertszeit von 5730 Jahren zerfällt.
Lebende Organismen enthalten einen bestimmten Anteil von ^{14}C, der durch ständigen Ausgleich mit der Umgebung stabil bleibt und gleich der bekannten, im Wesentlichen konstanten ^{14}C-Konzentration in der Natur ist.
Mit dem Absterben eines Organismus wird der Kohlenstoffaustausch unterbunden und das im Organismus vorhandene ^{14}C zerfällt unaufhörlich. Der Prozentsatz des noch vorhandenen ^{14}C lässt einen Rückschluss auf das Alter eines Fundes zu.

Am 19. September 1991 fand ein deutsches Ehepaar beim Bergsteigen am Hauslabjoch (Italien) eine Gletschermumie, die als „Ötzi" weltweit berühmt wurde. In der Kleidung von Ötzi fand man Gräser, die noch ca. 53 % der ursprünglichen ^{14}C-Menge enthielten.
Zu welcher Zeit lebte Ötzi?

19 ≡ Abbau eines Medikaments

Vor einer langwierigen Operation wird Patienten ein Medikament für die Vollnarkose injiziert, das mit einer Halbwertszeit von 50 Minuten abgebaut wird.

a) Ein Patient erhält 30 Minuten vor der Operation 5 mg des Medikaments. Welche Menge ist bei Operationsbeginn noch vorhanden?

b) Eine Stunde nach der ersten Injektion erhält der Patient eine zweite Dosis des Medikaments von 5 mg. Er beginnt aufzuwachen, wenn höchstens noch 1 mg des Medikaments in seinem Körper vorhanden ist. Wann ist dies der Fall?

20 = Feuerbohne

Joshua protokolliert das Wachstum einer Feuerbohne. Für den 8. und den 9. Tag nach Beobachtungsbeginn notiert er:

29.04.2025: Länge der Bohne: 5,5 cm
30.04.2025: Länge der Bohne: 11,1 cm

a) Gehen Sie davon aus, dass exponentielles Wachstum vorliegt, und geben Sie eine Funktionsgleichung für die Länge der Feuerbohne an.

b) Wie lang wird die Bohne voraussichtlich am 12. Tag sein?

c) Wann wird die Bohne bei diesem Wachstum eine Höhe von 1,20 m erreicht haben?

d) Beurteilen Sie die Güte dieser Modellierung: Wie geeignet ist dieses Modell auf lange Sicht?

21 = Datenvolumen im Mobilfunk

Das im deutschen Mobilfunk insgesamt übertragene Datenvolumen hat stark zugenommen. Die Zahlen lassen ein exponentielles Wachstum vermuten.

Jahr	2014	2015	2016	2017	2018	2019	2020	2021	2022
Datenvolumen in Mio. GB	395	575	913	1388	1993	2757	3972	5457	6714

a) Begründen Sie anhand der Tabelle, warum die Daten ein exponentielles Wachstum nahelegen.

b) Ermitteln Sie ausgehend von den Zahlen der Jahre 2014 und 2020 eine Funktionsgleichung für die Entwicklung des Datenvolumens ab 2014.

c) Berechnen Sie mit der Funktionsgleichung aus Teilaufgabe b) das Datenvolumen für alle Jahre des Zeitraums und vergleichen Sie mit den Werten in der Tabelle. Beurteilen Sie, wie gut sich die von Ihnen aufgestellte Funktion zur Modellierung der tatsächlichen Entwicklung des Datenvolumens eignet.

22 ≡ Krankmeldungen

An einer Schule hat sich die Zahl der krankgemeldeten Jugendlichen innerhalb einer Woche im Januar fast verdoppelt.

Wochentag	Montag	Dienstag	Mittwoch	Donnertag	Freitag
Krankmeldungen	31	38	46	57	64

a) Legen Sie exponentielles Wachstum zugrunde und ermitteln Sie aus den Daten mindestens zwei verschiedene e-Funktionen, die die Entwicklung der Krankmeldungen beschreiben. Wählen Sie begründet eine Funktion aus, die sich gut zur Modellierung der vorliegenden Daten eignet.

b) Die Direktorin ist besorgt: „*Wenn das so weitergeht, haben wir nächste Woche über 100 Krankmeldungen!*“ Ihr Stellvertreter beruhigt sie: „*Die Zunahme hat sich von Donnerstag auf Freitag schon abgeschwächt.*“
Nehmen Sie Stellung zu den Aussagen.

3.5 Begrenztes Wachstum

Newton'sches Abkühlungsgesetz

Isaac Newton (1643 – 1727) war ein englischer Physiker, Astronom und Mathematiker. Zu seinen größten Errungenschaften gehören seine Entdeckung zur Schwerkraft, zu Licht und Farben und zur Differenzialrechnung.
Auch das folgende Gesetz wurde von ihm entdeckt und wird deshalb als Newton'sches Abkühlungsgesetz bezeichnet:
Die momentane Änderungsrate der Temperatur eines abkühlenden Körpers ist proportional zur Temperaturdifferenz aus der Temperatur des Körpers und der Umgebungstemperatur.

Eine Tasse mit 80 °C heißem Tee wird in einem 20 °C warmen Raum stehen gelassen. In jedem Moment beträgt die Abkühlungsgeschwindigkeit in °C pro Minute 3 % der Temperaturdifferenz zur Raumtemperatur. Die Grafik stellt den Temperaturverlauf mithilfe einer Exponentialfunktion f dar.

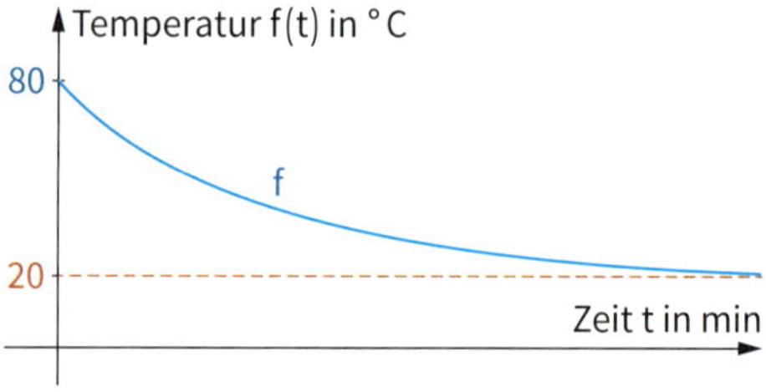

Funktionsterm für die Temperatur bestimmen

Der Graph von f sieht aus wie der einer exponentiellen Abnahme, der um 20 nach oben verschoben wurde. Daher macht man den Ansatz $f(t) = a \cdot e^{k \cdot t} + 20$.

Aus der Anfangsbedingung $f(0) = a + 20 = 80$ folgt $a = 60$ und damit $f(t) = 60 \cdot e^{k \cdot t} + 20$.
Die momentane Abkühlungsgeschwindigkeit ist durch die Ableitung f' mit $f'(t) = 60 \cdot k \cdot e^{k \cdot t}$ gegeben. Da diese 3 % der Temperaturdifferenz $f(t) - 20$ beträgt, gilt:

Abkühlungsgeschwindigkeiten sind negativ.

$$f'(t) = -0{,}03 \cdot (f(t) - 20) \quad \text{einsetzen}$$
$$60 \cdot k \cdot e^{k \cdot t} = -0{,}03 \cdot 60 \cdot e^{k \cdot t}$$

Durch Vergleichen der beiden Seiten ergibt sich $k = -0{,}03$.
Der Funktionsterm lautet also $f(t) = 60 \cdot e^{-0{,}03t} + 20$.

Zeitpunkt bestimmen, zu dem eine bestimmte Temperatur erreicht ist

Mit einem Thermometer wird die Temperatur des Tees auf ein zehntel Grad genau messen. Wann zeigt das Thermometer 20 °C an?

Das Thermometer zeigt 20,0 °C an, sobald die Temperatur unter 20,05 °C gesunken ist.
Damit ergibt sich $60 \cdot e^{-0{,}03t} + 20 = 20{,}05$; also $e^{-0{,}03t} = \frac{1}{1200}$ bzw. $-0{,}03t = \ln\left(\frac{1}{1200}\right)$.
Die Lösung $t \approx 236{,}34$ erhält man mit einem Rechner.
Nach etwas mehr als 236 Minuten, also knapp 4 Stunden, ist der Tee so weit abgekühlt, dass das Thermometer eine Temperatur von 20,0 °C anzeigt.

Mathematisches Modell und Realität

Der Funktionsterm $f(t) = 60 \cdot e^{-0{,}03t} + 20$ ist ein mathematisches Modell, das die Temperatur des Tees beschreibt. Da $e^{-0{,}03t} > 0$ für alle t gilt, erreicht der Tee nach diesem Modell niemals die Zimmertemperatur von 20 °C.
Dies ist in der Realität anders, danach wird die Zimmertemperatur nach etwa 4 Stunden erreicht.

Begrenztes Wachstum

Ein Wachstumsprozess, der durch eine Funktion f der Form $\mathbf{f(t) = S + (f(0) - S) \cdot e^{-k \cdot t}}$ mit einem konstanten Faktor $k > 0$ dargestellt werden kann, heißt **begrenztes Wachstum**. Für $t \to \infty$ kommen die Funktionswerte beliebig nah an die reelle Zahl S, die **Sättigungsgrenze** genannt wird. Die Zahl k heißt **Wachstumskonstante**.

WES-109471-310

Für $S > f(0)$ liegt begrenzte Zunahme vor.

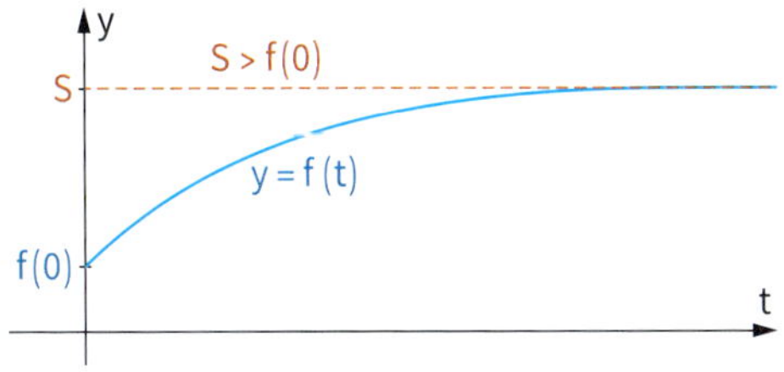

Für $S < f(0)$ liegt begrenzte Abnahme vor.

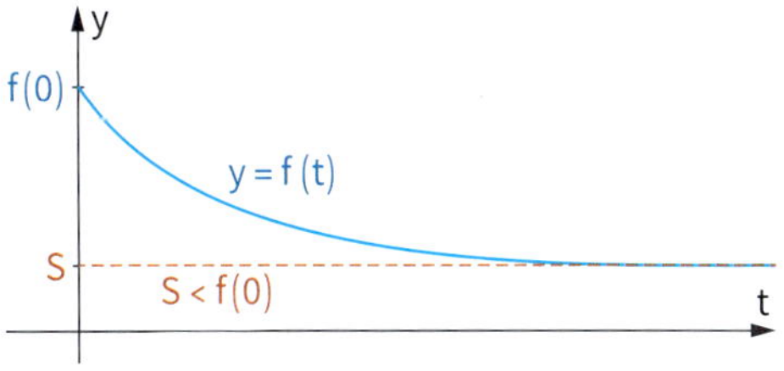

In beiden Fällen gilt $\mathbf{f'(t) = k \cdot (S - f(t))}$, d. h., die Wachstumsgeschwindigkeit $f'(t)$ ist proportional zur Differenz aus Sättigungsgrenze S und aktuellem Bestand $f(t)$. Die Wachstumskonstante k bestimmt also die Geschwindigkeit der Zu- bzw. Abnahme.

Bemerkung: Ist z. B. $k = 0{,}2$, so bedeutet dies, dass die Wachstumsgeschwindigkeit zu jedem Zeitpunkt 20 % der Differenz aus Sättigungsgrenze und aktuellem Bestand beträgt.

Begrenzte Zunahme beschreiben

Ein Glas Saft wird mit einer Temperatur von 7 °C aus dem Kühlschrank in ein Zimmer mit 24 °C gestellt. Die momentane Erwärmungsgeschwindigkeit in °C pro Minute beträgt 5 % der Temperaturdifferenz aus Zimmertemperatur und aktueller Temperatur des Safts. Wann hat sich der Saft auf 23 °C erwärmt?

Lösung

Angaben zuordnen — Anfangswert: $f(0) = 7$ — Wachstumskonstante: $k = 0{,}05$
Sättigungsgrenze: $S = 24$

Funktionsterm angeben — $f(t) = 24 + (7 - 24) \cdot e^{-0{,}05t} = 24 - 17 \cdot e^{-0{,}05t}$

Gleichung lösen — $24 - 17 \cdot e^{-0{,}05 \cdot t} = 23$; also $e^{-0{,}05 \cdot t} = \frac{1}{17}$ bzw. $-0{,}05t = \ln\left(\frac{1}{17}\right)$
Daraus erhält man: $t \approx 56{,}66$

Nach knapp einer Stunde hat sich der Saft auf 23 °C erwärmt.

1 Glasfaseranschlüsse in einer Stadt

In einer Stadt sollen alle Haushalte mit Glasfaseranschlüssen ausgestattet werden. Die Zahl der Glasfaseranschlüsse zum Zeitpunkt t in Monaten kann durch die Funktion f mit $f(t) = 5000 - 4840 \cdot e^{-0{,}1t}$ angegeben werden.

a) Berechnen Sie f(0) und beschreiben Sie die Bedeutung der Werte $f(0)$, 5000 und 0,1 in diesem Sachkontext.

b) Bestätigen Sie durch eine Rechnung, dass die Gleichung $f'(t) = 0{,}1 \cdot (5000 - f(t))$ gilt.

2 Funktionsterm für begrenztes Wachstum angeben

Eine Größe f(t) wächst begrenzt mit dem Anfangswert f(0) und der Wachstumsgeschwindigkeit f′(t). Geben Sie den Funktionsterm f(t) an.

a) $f(0) = 100$; $f'(t) = 0{,}18 \cdot (3000 - f(t))$

b) $f(0) = 2500$; $f'(t) = 30 - 0{,}2 \cdot f(t)$

3 Kalte Limonade

Mark ist bei einer Temperatur von 28 °C im Freibad und holt sich eine 5 °C kalte Limonade. Die Limonade erwärmt sich in jedem Moment pro Minute um 4 % der aktuellen Temperaturdifferenz zur Außentemperatur.

a) Geben Sie eine Gleichung für die Geschwindigkeit an, mit der sich die Limonade erwärmt.

b) Bestimmen Sie eine Gleichung für die Temperatur der Limonade in Anhängigkeit von der Zeit. Skizzieren Sie den zugehörigen Graphen.

4 Erwärmung von Milch

Milch mit einer Temperatur von 6 °C wird aus dem Kühlschrank genommen und in einen 25 °C warmen Raum gestellt. In jedem Moment erwärmt sie sich pro Minute um 6 % der noch herrschenden Temperaturdifferenz zur Raumtemperatur.

a) Ermitteln Sie eine Gleichung für die Erwärmungsgeschwindigkeit und einen Term für die Temperatur in Abhängigkeit von der Zeit.

b) Wann hat die Milch ungefähr die Raumtemperatur erreicht?

5 Vorsicht, Fehler

Eine Patientin hat Fieber mit 40 °C Körpertemperatur. Ein fiebersenkendes Mittel sorgt dafür, dass die momentane Änderungsrate der Körpertemperatur zu jedem Zeitpunkt 80 % der Differenz der momentanen zur normalen Körpertemperatur von 36,8 °C beträgt.
Dora beschreibt den Temperaturverlauf durch eine Funktion f mit folgendem Ansatz:

Anfangswert $f(0) = 40$
Sättigungsgrenze $S = 36{,}8$; *also* $f(0) - S = 3{,}2$
Wachstumskonstante $0{,}8$
Somit erhalte ich: $f(t) = 36{,}8 + 3{,}2 \cdot 0{,}8^t = 36{,}8 + 3{,}2 \cdot e^{\ln(0{,}8) \cdot t}$

Korrigieren Sie Doras Ansatz und stellen Sie die korrekte Funktionsgleichung auf.

Prüfe dich!
Lösungen auf Seite 407

6 Eine Insel hat insgesamt 77 000 Einwohner. Einer der Bewohner kommt mit einem Virus aus dem Urlaub zurück. Wenn keine Schutzmaßnahmen ergriffen werden, kann man davon ausgehen, dass sich das Virus mit einer Geschwindigkeit von 40 % der Differenz aus der Einwohnerzahl und der Anzahl der aktuell infizierten Einwohner pro Woche auf der Insel ausbreitet.

a) Bestimmen Sie eine Funktion, die die Anzahl der infizierten Einwohner auf der Insel in Abhängigkeit von der Zeit beschreibt, wenn keine Schutzmaßnahmen getroffen werden. Skizzieren Sie den zugehörigen Graphen.

b) Bestimmen Sie die Anzahl der infizierten Einwohner auf der Insel nach 3 Wochen, wenn keine Schutzmaßnahmen getroffen werden.

c) Man vermutet, dass durch Schutzmaßnahmen die Geschwindigkeit, mit der sich das Virus ausbreitet, halbiert werden kann. Bestimmen Sie, wie viele Infizierte nach 3 Wochen zu erwarten sind, wenn Schutzmaßnahmen ergriffen werden.

7 **Durchschnittstemperatur und Erwärmungsgeschwindigkeit**

Eine Materialprobe wird in einem Labor erhitzt. Die Erwärmung wird durch die Funktion f mit $f(t) = 70 - 50 \cdot e^{-0{,}2t}$ und $t > 0$ beschrieben. Dabei wird t in Minuten und f(t) in °C angegeben.

a) Skizzieren Sie die Graphen von f und f′.

b) Zu welchem Zeitpunkt ist die Geschwindigkeit, mit der sich die Probe erwärmt, am größten? Wie groß ist sie?

c) Berechnen Sie die Durchschnittstemperatur der ersten 10 Minuten.

d) Nach welcher Zeit hat sich die Probe auf die Hälfte ihrer Endtemperatur erwärmt?

e) Nach welcher Zeit hat sich die anfängliche Erwärmungsgeschwindigkeit halbiert?

8 **Tropfinfusion**

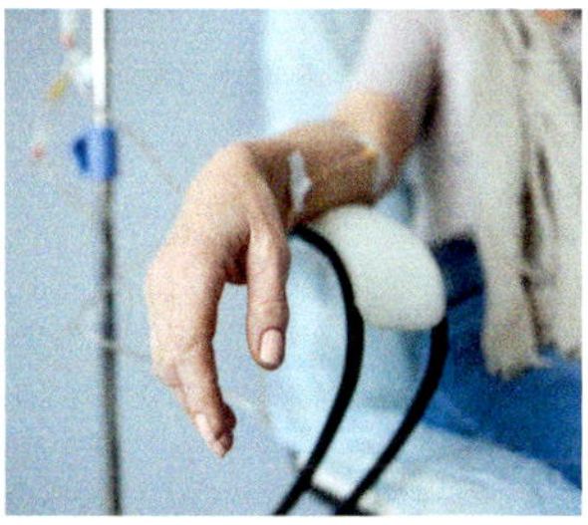

Einer Patientin wird ein Medikament durch eine Tropfinfusion zugeführt. Die Wirkstoffmenge im Blut erhöht sich mit jedem Tropfen, aber zugleich beginnen Nieren und Leber, die Substanz wieder auszuscheiden.

Die Wirkstoffmenge im Blut der Patientin lässt sich durch die Funktion f mit $f(t) = 80 - 80 \cdot e^{-0{,}05t}$ beschreiben, dabei wird t in Minuten seit Infusionsbeginn und f(t) in mg angegeben.

a) Skizzieren Sie die Graphen von f und f′ im Intervall [0; 150] und interpretieren Sie ihren Verlauf im Sachzusammenhang.

b) Bestimmen Sie den Zeitpunkt, zu dem die momentane Änderungsrate der Wirkstoffmenge im Blut 1 mg pro Minute beträgt.

c) In welchem 15-Minuten-Zeitraum ändert sich die Wirkstoffmenge um 30 mg?

d) Zeigen Sie, dass f die Gleichung $f'(t) = 0{,}05 \cdot (80 - f(t))$ erfüllt.
Erläutern Sie diese Gleichung im Sachzusammenhang und geben Sie die Bedeutung des Faktors 0,05 an.

e) Nach 4 Stunden wird der Tropf abgesetzt. Der Abbau des Medikaments erfolgt mit exponentiellem Zerfall mit einer Halbwertszeit von 5 Stunden. Bestimmen Sie die Gleichung einer Funktion g, die die Wirkstoffmenge im Blut beschreibt.

9 **Anfangstemperatur und Wachstumsfaktor bestimmen**

Eine heiße Flüssigkeit wird bei einer konstanten Umgebungstemperatur von 20 °C abgekühlt. Die Geschwindigkeit der Temperaturabnahme kann näherungsweise durch eine Funktion a mit $a(t) = -69 \cdot k \cdot e^{-k \cdot t}$ beschrieben werden.

a) Bestimmen Sie einen Funktionsterm für die Temperatur der Flüssigkeit und berechnen Sie die Anfangstemperatur.

b) Drei Minuten nach Messbeginn hatte die Flüssigkeit eine Temperatur von 73 °C.
Zu welchem Zeitpunkt nimmt die Temperatur erstmals um weniger als 1 °C pro Minute ab?

10 **Wachstumsprozesse vergleichen**

Erläutern Sie an selbst gewählten Beispielen für die drei Typen von Wachstumsprozessen die mathematische Modellierung dieser Prozesse.

(1) lineares Wachstum | (2) exponentielles Wachstum | (3) begrenztes Wachstum

Gehen Sie dabei auf die Änderungsraten, also die Wachstumsgeschwindigkeiten, ein. Untersuchen Sie, woran man erkennen kann, welches dieser drei Modelle einen Wachstumsprozess am besten beschreibt.

Ausbreitung von Epidemien

Ab März 2020 haben sich in Europa und der ganzen Welt so viele Menschen so schnell mit dem Coronavirus infiziert, dass die Gefahr einer Überlastung der Gesundheitssysteme bestand. Daher wurden von den Regierungen zahlreiche Gegenmaßnahmen bis hin zu Shutdowns des öffentlichen Lebens verfügt.

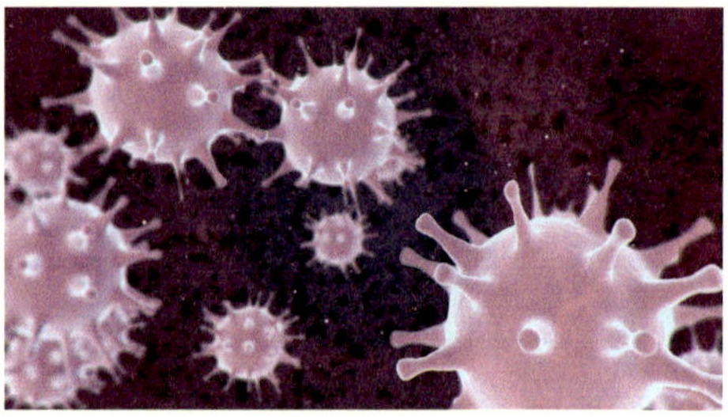

Die Verbreitung der Epidemie wurde durch verschiedene Kenngrößen beschrieben, die täglich publiziert und in den verschiedenen Phasen der Epidemie verschieden häufig verwendet wurden.

Die **Reproduktionszahl R** gibt an, wie viele Menschen eine infizierte Person in einer bestimmten Zeiteinheit durchschnittlich ansteckt. Das Robert-Koch-Institut (RKI) berechnet die Reproduktionszahl zu einem Zeitpunkt t als Quotient aus der Anzahl der Neuinfektionen in den letzten 4 Tagen bis einschließlich t und der Anzahl der Neuinfektionen in den 4 Tagen davor.

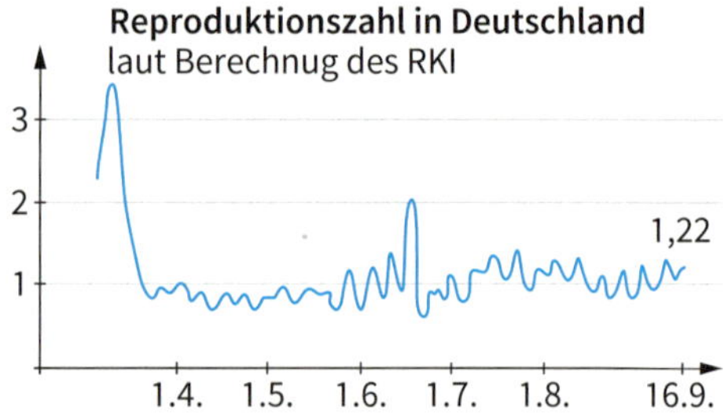

- Ist $R > 1$, so steigt die Zahl der Neuinfektionen. Die Zahl der Infektionen wächst exponentiell; die Krankheit breitet sich also weiter aus und das Gesundheitssystem könnte an seine Grenzen stoßen.
- Ist $R = 1$, so liegt ein lineares Wachstum der Fallzahlen vor.
- Ist $R < 1$, so gibt es immer weniger Neuinfektionen; die Epidemie nimmt exponentiell ab.

1 **Corona in NRW**

a) Die Tabelle zeigt die Anzahl der mit Corona infizierten Personen in Nordrhein-Westfalen im Januar 2021 jeweils am Ende des Tages.

Datum	21.01.	22.01.	23.01.	24.01.	25.01.	26.01.	27.01.	28.01.	29.01.
Anzahl	460 710	464 140	467 472	470 083	471 080	472 483	475 014	478 264	481 042

Berechnen Sie die Reproduktionszahl für den 29. Januar 2021.

b) Von der Reproduktionszahl kann man auf die Wachstumsart schließen.
Hier soll umgekehrt für exponentielles und lineares Wachstum die Reproduktionszahl berechnet werden.
Die Funktion f beschreibt die Gesamtanzahl f(t) der Infektionen zum Zeitpunkt t in Tagen nach Beginn. Erläutern Sie, dass für die Reproduktionszahl R(t) zum Zeitpunkt t gilt:
$R(t) = \frac{f(t) - f(t-4)}{f(t-4) - f(t-8)}$

c) Betrachten Sie exponentielles Anwachsen der Anzahl der Infektionen, das durch $f(t) = 2^t$ beschrieben wird. Berechnen Sie die Reproduktionszahl R(t). Was fällt auf?
Verallgemeinern Sie auf exponentielles Wachstum, das durch $f(t) = a \cdot b^t$ mit Anfangswert a und Basis $b > 1$ beschrieben wird. Zeigen Sie, dass R(t) unabhängig von t ist und $R(t) > 1$ gilt.

d) Betrachten Sie lineares Wachstum der Anzahl der Infektionen, das durch $f(t) = m \cdot t + n$ beschrieben wird. Zeigen Sie, dass R unabhängig von t, m und n den Wert 1 hat.
e) Das Abklingen einer Epidemie erfolgt exponentiell gemäß $f(t) = a \cdot b^t$ mit Basis $0 < b < 1$. Welche Folgerung können Sie daraus für die Reproduktionszahl R ziehen?

Schon geringe Veränderungen der Reproduktionszahl haben große Auswirkungen. Liegt der R-Wert bei 1,1, verdoppelt sich die Zahl der Infizierten in gut sieben Zeiteinheiten; steigt er auf 1,4, so dauert es nur gut zwei Zeiteinheiten, bis doppelt so viele Menschen infiziert sind.
Die Ausbreitung einer Epidemie kann somit durch die **Verdopplungszeit** beschrieben werden. Das ist die Zeitspanne, in der sich die Anzahl der Infektionen verdoppelt.

2 Reproduktionszahl und Verdopplungszeit

a) Betrachten Sie exponentielles Anwachsen der Anzahl der Infektionen mit einem Funktionsterm der Form $f(t) = a \cdot b^t$. Überprüfen Sie die Aussagen, die im Text zu den Werten von 1,1 und 1,4 für R getroffen werden.
b) Bestimmen Sie die Verdopplungszeit für eine beliebige Basis b.
Zeichnen Sie den Graphen der Funktion, die jeder Reproduktionszahl die zugehörige Verdopplungszeit zuordnet. Beschreiben Sie den Graphen und stellen Sie einen Zusammenhang zum Text her.
c) Leiten Sie einen Term für die Verdopplungszeit bei linearem Wachstum gemäß $f(t) = m \cdot t + n$ her und interpretieren Sie Ihr Ergebnis.

Die **7-Tage-Inzidenz** ist eine wichtige Grundlage für die Einschätzung der Entwicklung der Corona-Pandemie. Dieser Wert ist die Anzahl der Neuinfektionen pro 100 000 Einwohner in den letzten 7 Tagen.

Covid-19: 7-Tage-Inzidenz pro 100 000 Einwohner
Stand: 29.01.2021, 00:00 Uhr

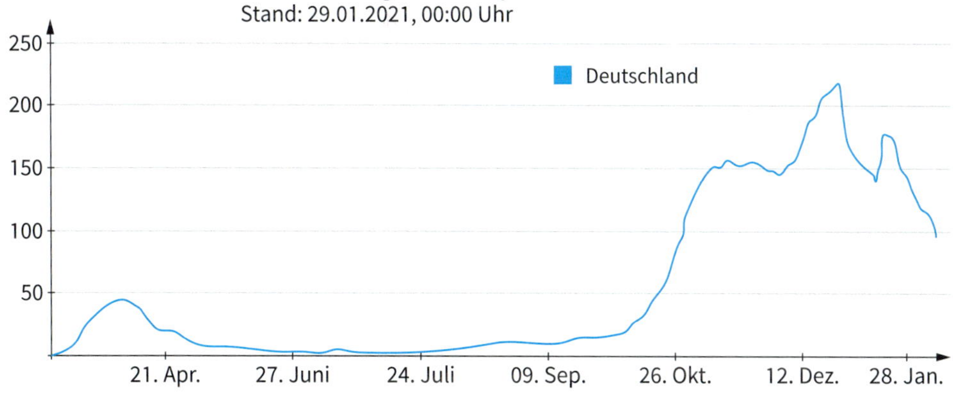

3 7-Tage-Inzidenz

a) Die 7-Tage-Inzidenz ist zur Beschreibung der Auslastung der Gesundheitssysteme eingeführt worden. Analysieren Sie, ob die 7-Tage-Inzidenz dafür geeignet ist.
b) Betrachten Sie die Ausbreitung einer Epidemie, bei der die Gesamtanzahl der Infektionen durch $f(t) = 1{,}4^t$ beschrieben wird, wobei t in Tagen gemessen wird. Die Population beträgt 100 000 Einwohner. Berechnen Sie die 7-Tage-Inzidenz-Werte für die Zeitpunkte t von 7 bis 15. Beschreiben Sie Ihr Ergebnis.

3.6 Produkte mit e-Funktionen

Vorbereiten
Globalverlauf
Seite 378

Felipe möchte den Graphen der Funktion f mit $f(x) = x^2 \cdot e^{-x}$ zeichnen. Dazu betrachtet er zunächst die bekannten Graphen zu $y = x^2$ und zu $y = e^{-x}$.
Felipe sagt: *„Für $x \to -\infty$ ist alles klar. Aber für $x \to \infty$ geht die eine Funktion gegen 0 und die andere gegen ∞. Die Frage ist: Wer gewinnt das Rennen?“*

- Untersuchen Sie diese Frage und zeichnen Sie den Graphen von f.

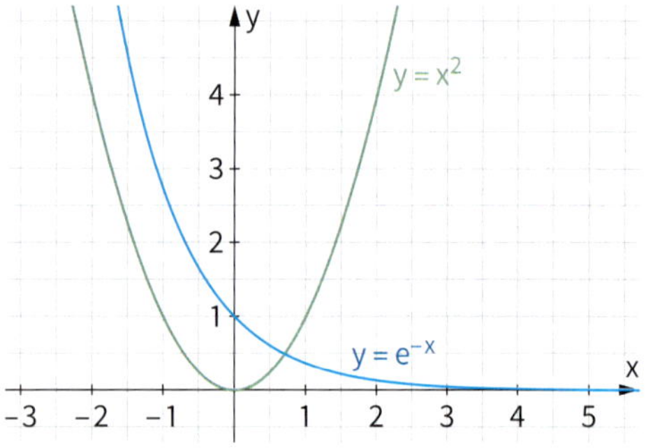

WES-109471-311

„Die e-Funktion dominiert.“

Wachstumsvergleich der e-Funktion mit Potenzfunktionen

Satz: Die e-Funktion wächst für $x \to \infty$ schneller gegen ∞ als jede Potenzfunktion.

(1) $\mathbf{x^n \cdot e^{-x} \to 0}$ für $\mathbf{x \to \infty}$

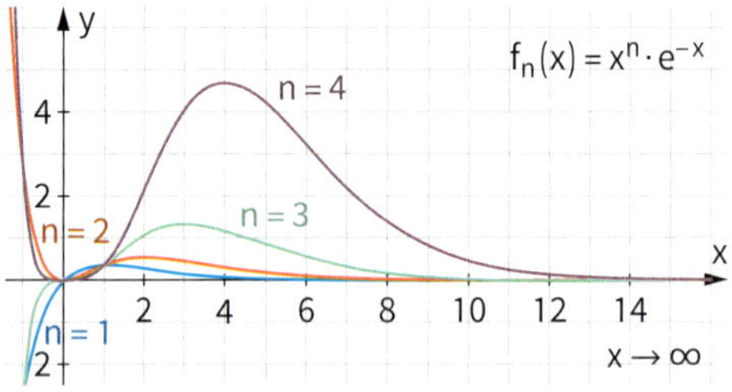

(2) $\mathbf{x^n \cdot e^{x} \to 0}$ für $\mathbf{x \to -\infty}$

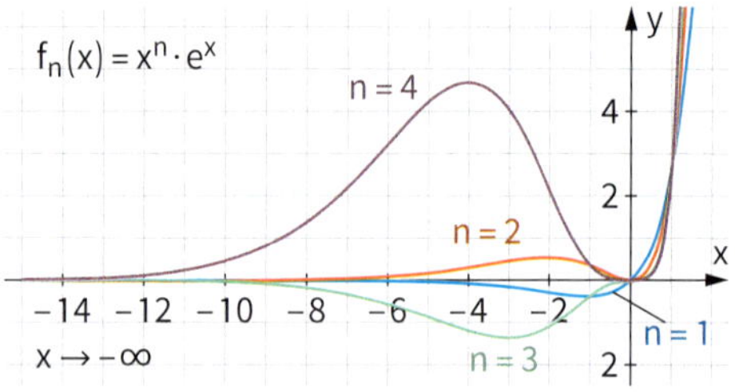

Begründung des Satzes

Vergleicht man für f mit $f(x) = x^n \cdot e^{-x}$ den Funktionswert an der Stelle x mit dem Funktionswert an der Stelle $x + 1$, so fällt auf:

$$f(x+1) = (x+1)^n \cdot e^{-(x+1)} = (x+1)^n \cdot e^{-x} \cdot \tfrac{1}{e} = \frac{(x+1)^n}{x^n} \cdot x^n \cdot e^{-x} \cdot \tfrac{1}{e} = \left(\frac{x+1}{x}\right)^n \cdot f(x) \cdot \tfrac{1}{e}$$

Da n eine feste Zahl ist, geht der Faktor $\left(\frac{x+1}{x}\right)^n = \left(1 + \frac{1}{x}\right)^n$ gegen 1 für $x \to \infty$.

Für große x bewirkt jede Erhöhung von x um 1 also ungefähr eine Multiplikation des Funktionswerts mit dem Faktor $\frac{1}{e}$, der kleiner als 1 ist. Somit gilt $f(x) \to 0$ für $x \to \infty$.

Wachstumsverhalten untersuchen

Gegeben ist die Funktion f mit $f(x) = (2x + 1) \cdot e^{-x}$.
Untersuchen Sie das Wachstumsverhalten von f(x) für betragsmäßig große x.

Lösung

Verhalten für $x \to -\infty$: Für die einzelnen Faktoren gilt: $2x + 1 \to -\infty$ und $e^{-x} \to \infty$
Somit gilt: $f(x) \to -\infty$

Verhalten für $x \to \infty$: Für die einzelnen Faktoren gilt: $2x + 1 \to \infty$ und $e^{-x} \to 0$
Somit gilt: $f(x) \to 0$

1 Wachstumsverhalten untersuchen

Untersuchen Sie das Verhalten des Graphen von f.

a) $f(x) = \frac{x^2}{e^x}$ für $x \to \infty$

b) $f(x) = \frac{x^3}{e^x}$ für $x \to -\infty$

c) $f(x) = x \cdot e^x$ für $x \to -\infty$

d) $f(x) = 50 \cdot x^2 \cdot e^{-0,5x}$ für $x \to \infty$

2 Graphen und Funktionsterme zuordnen

Ordnen Sie die Funktionsterme und die Graphen einander zu. Begründen Sie Ihre Zuordnung mit mindestens zwei Argumenten.

$f(x) = (x-1)^2 \cdot e^x$ | $g(x) = (x-1) \cdot e^x$ | $h(x) = (1-x) \cdot e^x$ | $i(x) = (x-1) \cdot e^{-x}$

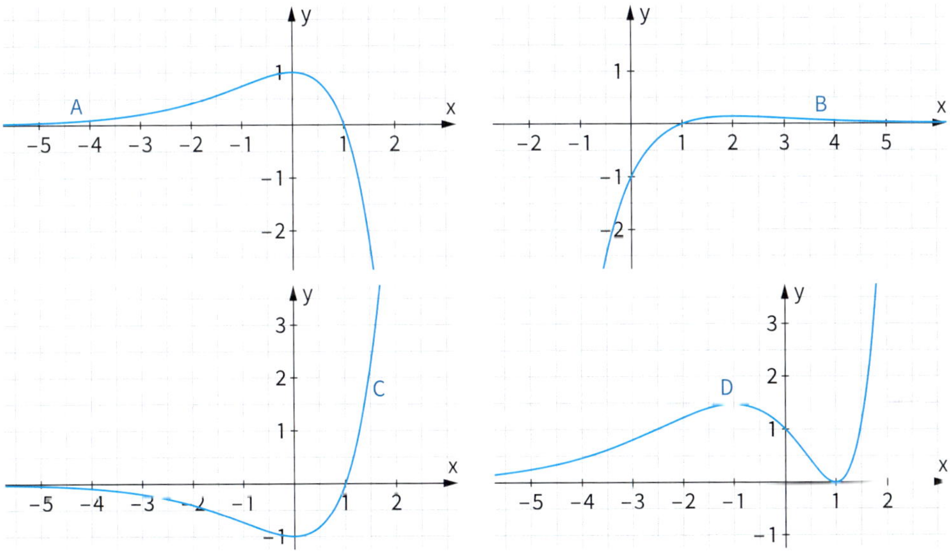

3 Bestimmen Sie den Globalverlauf der Funktion f.

a) $f(x) = \frac{x^{10}}{e^x}$

b) $f(x) = x^2 \cdot e^{2x}$

c) $f(x) = (x^2 - 1) \cdot e^{-x}$

d) $f(x) = 3x \cdot e^{-0,5x}$

Prüfe dich!
Lösungen auf Seite 407

4 Ableitungen prüfen

Kumeirah hat Ableitungen berechnet. Kontrollieren Sie, ob sie alles richtig gemacht hat, und korrigieren Sie, falls nötig, ihre Ergebnisse.

a) $f(x) = x \cdot e^{2x}$
$f'(x) = e^{2x} + x \cdot e^2$

b) $f(x) = (x^2 + 3) \cdot e^x$
$f'(x) = 2x \cdot e^x + (x^2 + 3) \cdot e^x$

5 Höhere Ableitungen bestimmen

Ermitteln Sie die erste, zweite und dritte Ableitung der Funktion f. Erläutern Sie, welchen Vorteil es hat, wenn man vor jeder Ableitung ausklammert.

a) $f(x) = (4x + 1) \cdot e^x$

b) $f(x) = (x^2 + 1) \cdot e^x$

c) $f(x) = (2x + 1) \cdot e^{-x}$

d) $f(x) = 5x^2 \cdot e^{-0,25x}$

6 Tangentengleichung bestimmen

Gegeben ist die Funktion f mit $f(x) = \frac{1}{x} \cdot e^x$.

a) Zeigen Sie, dass der Graph von f an der Stelle 1 eine waagerechte Tangente hat. Geben Sie die Gleichung dieser Tangente an.

b) Bestimmen Sie die Gleichung der Tangente an den Graphen von f an der Stelle −1.

e^x *ist stets ungleich null!*

Extrempunkte bestimmen

Bestimmen Sie die Extrempunkte des Graphen der Funktion f mit $f(x) = (x^2 - x - 1) \cdot e^x$.

Lösung

1. Ableitung bestimmen	$f'(x) = (2x - 1) \cdot e^x + (x^2 - x - 1) \cdot e^x = (x^2 + x - 2) \cdot e^x$
Notwendiges Kriterium	Aus $f'(x) = 0$ folgt $x^2 + x - 2 = 0$ und damit $x_1 = -2$; $x_2 = 1$
2. Ableitung bestimmen	$f''(x) = (2x + 1) \cdot e^x + (x^2 + x - 2) \cdot e^x = (x^2 + 3x - 1) \cdot e^x$
Hinreichendes Kriterium	$f''(-2) = -3 \cdot e^{-2} < 0$ Also: Hochpunkt $H(-2 \mid 5e^{-2})$
	$f''(1) = 3e > 0$ Also: Tiefpunkt $T(1 \mid -e)$

7 ≡ **Hoch- und Tiefpunkte bestimmen**

Bestimmen Sie alle Hoch- und Tiefpunkte des Graphen der Funktion f.

a) $f(x) = (2x - 1) \cdot e^x$
b) $f(x) = (x + 4) \cdot e^{2x}$
c) $f(x) = (x^2 + 3x - 14) \cdot e^{-x}$
d) $f(x) = (-x^2 + 2x + 2) \cdot e^x$
e) $f(x) = e^{x^2}$
f) $f(x) = x^2 \cdot e^{-x^2}$

8 ≡ **Produkt einer quadratischen Funktion mit der e-Funktion untersuchen**

Die Funktion f ist gegeben durch $f(x) = (x^2 - 8) \cdot e^x$.

a) Untersuchen Sie das Verhalten des Graphen von f für $x \to \infty$ und $x \to -\infty$.
b) Bestimmen Sie die Koordinaten der Hoch- und Tiefpunkte von f.
c) Skizzieren Sie ohne weitere Rechnung einen passenden Funktionsgraphen.

Wendepunkt und Wendetangente

Gegeben ist die Funktion f mit $f(x) = x \cdot e^{-x}$.
Bestimmen Sie den Wendepunkt des Graphen und die Gleichung der Wendetangente.

Lösung

Ableitungen bestimmen	$f'(x) = (1 - x) \cdot e^{-x}$ $f''(x) = (x - 2) \cdot e^{-x}$
Notwendiges Kriterium	Aus $f''(x) = 0$ folgt: $x = 2$
Hinreichendes Kriterium	$x = 2$ ist Nullstelle von $f''(x)$ mit Vorzeichenwechsel, also Wendepunkt $W(2 \mid 2e^{-2})$
Gleichung der Wendetangente	$f'(2) = -e^{-2}$; also $y = -e^{-2} \cdot (x - 2) + 2e^{-2} = -e^{-2} \cdot x + 4e^{-2}$

9 ≡ **Wendetangente**

Gegeben ist die Funktion f mit $f(x) = 5 \cdot (x + 1) \cdot e^{-0{,}5x}$.

a) Bestimmen Sie die Nullstellen von f und untersuchen Sie das Verhalten des Graphen für $x \to \infty$ und $x \to -\infty$.
Skizzieren Sie damit ohne weitere Rechnung und ohne Verwendung eines Rechners einen möglichen Graphen von f.
b) Bestimmen Sie die Gleichung der Wendetangente.

10 ≡ **Dreiecksberechnungen mit Wendetangente**

Gegeben ist die Funktion f mit $f(x) = 10x \cdot e^{-x}$.

a) Begründen Sie, dass der Graph von f immer unterhalb der Geraden zu $y = 4$ liegt.
b) Die Wendetangente an den Graphen von f bildet zusammen mit den beiden Koordinatenachsen ein Dreieck. Berechnen Sie den Flächeninhalt dieses Dreiecks.

Prüfe dich!
Lösungen auf Seite 407

11 a) Bestimmen Sie alle Extrempunkte des Graphen von f mit $f(x) = (-3x + 2) \cdot e^{-x}$.
b) Zeigen Sie, dass der Graph von f mit $f(x) = (x^2 - 15) \cdot e^x$ einen Tiefpunkt an der Stelle 3 hat.

12 Gegeben sind die Funktionen f und g mit
$f(x) = -20x \cdot e^x$ und $g(x) = 10x^2 \cdot e^x$.
a) Begründen Sie, dass der Graph (1) zur Funktion g und der Graph (2) zur Funktion f gehört.
b) Untersuchen Sie, ob der Hochpunkt des Graphen (1) und der mögliche Wendepunkt des Graphen (2) zusammenfallen.

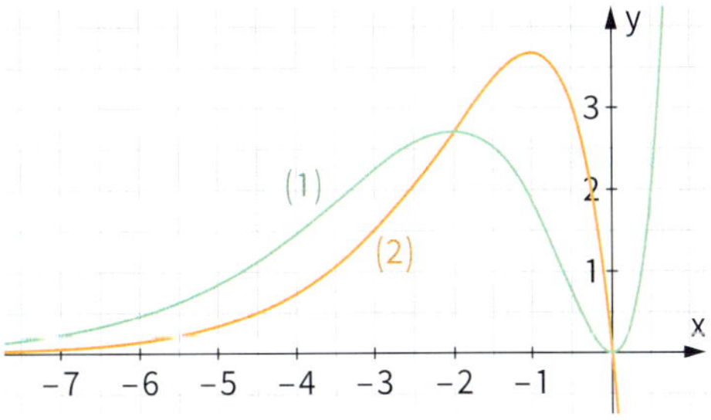

13 **Vergleich zweier Graphen**
Untersuchen Sie die Graphen von f und g mit $f(x) = (x - 1) \cdot e^{x+1}$ und $g(x) = e^{x+1}$ auf Gemeinsamkeiten und Unterschiede. Berücksichtigen Sie zum Beispiel Grenzverhalten, Extrema und Nullstellen.

14 **Regelmäßigkeiten bei höheren Ableitungen entdecken**
Bestimmen Sie die erste und die zweite Ableitung der Funktion f.
Welche Regelmäßigkeit vermuten Sie? Wie müsste die dritte und die vierte Ableitung von f lauten? Können Sie eine Stammfunktion von f angeben?
Erläutern Sie Ihr Vorgehen und überprüfen Sie Ihr Ergebnis.
a) $f(x) = (x - 5) \cdot e^x$ b) $f(x) = (x + 1) \cdot e^x$ c) $f(x) = (x + 3) \cdot e^{-x}$

Funktionenschar untersuchen

Bei der Untersuchung einer Funktionenschar wird der Parameter als feste Zahl behandelt.

Nachschlagen
Seite 28
Seite 30

15 **Ortslinie der Extrema bestimmen**
Gegeben ist die Funktionenschar f_t mit
$f_t(x) = x \cdot e^{-t \cdot x}$ und $t > 0$.
a) Untersuchen Sie die Funktionenschar f_t.
b) Zeigen Sie, dass alle Extrempunkte der Funktionenschar auf dem Graphen einer Funktion g liegen, und bestimmen Sie den Funktionsterm von g.

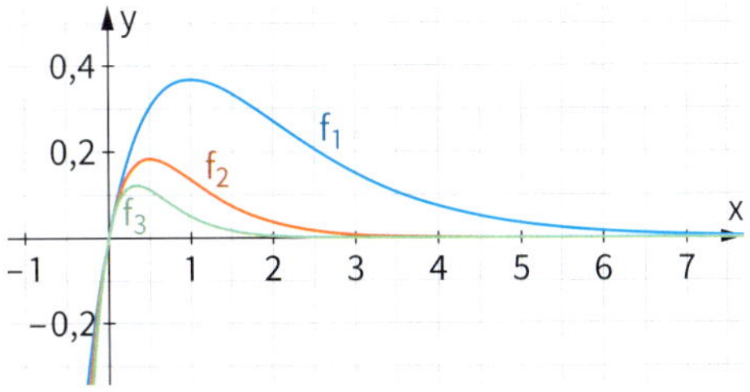

16 **Funktionenschar untersuchen mit Flächeninhaltsberechnung**
Gegeben ist die Funktionenschar f_b mit $f_b(x) = (x - b) \cdot e^x$; $b \in \mathbb{R}$.
a) Ermitteln Sie Eigenschaften von f_b und skizzieren Sie den Graphen zu f_2.
b) Vergleichen Sie die beiden Funktionen f_2' und f_1. Verallgemeinern Sie begründet den Zusammenhang.
c) Der Graph von f_b und die x-Achse begrenzen für jedes b eine Fläche.
Bestimmen Sie den Flächeninhalt und erläutern Sie das benutzte Verfahren. Deuten Sie das Ergebnis für $b \to -\infty$.
d) Bestimmen Sie die Gleichung der Tangente an den Graphen von f_b an der Stelle $x = 0$.
Berechnen Sie den Schnittpunkt zweier derartiger Tangenten zu unterschiedlichen Werten des Parameters b. Wählen Sie dann die Parameterwerte allgemein und interpretieren Sie das Ergebnis.

17 Graphen den Parametern zuordnen

Ordnen Sie die Graphen zu $f_k(x)$ den Parametern $k = -2; -1; 0; 1; 2$ begründet zu.

a) $f_k(x) = e^{-k \cdot x}$

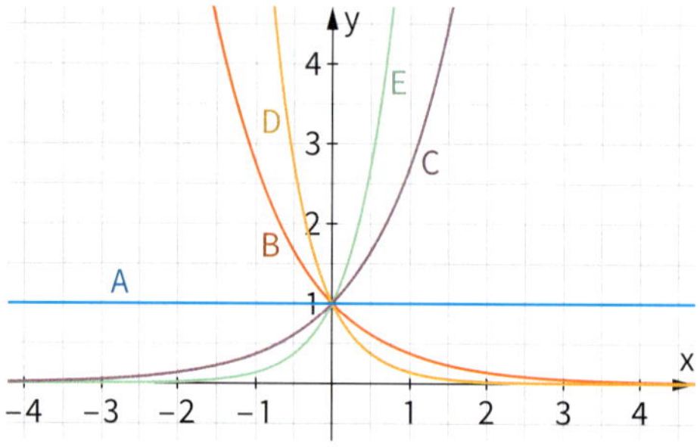

b) $f_k(x) = (x^2 - k) \cdot e^x$

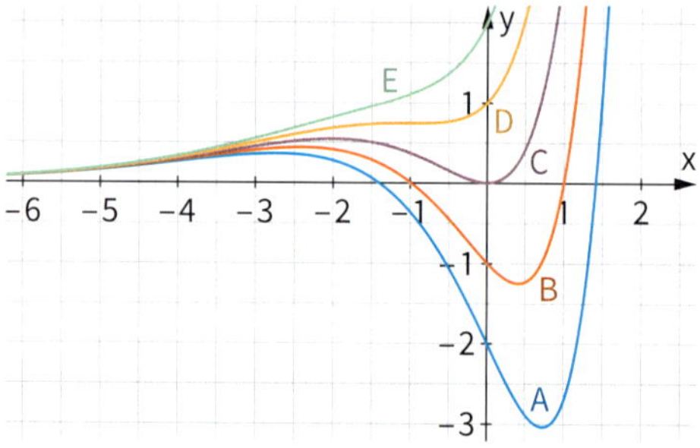

c) $f_k(x) = (x - k) \cdot e^x$

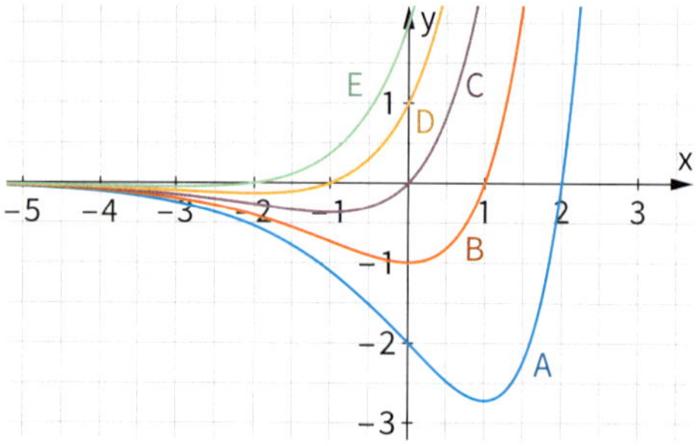

d) $f_k(x) = x \cdot (x - k) \cdot e^{-x}$

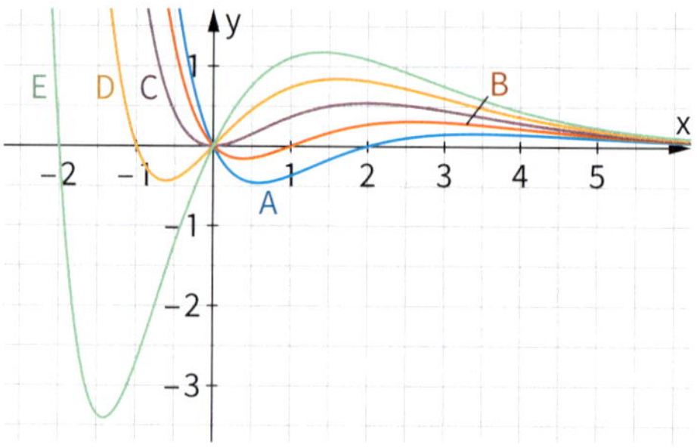

18 Punkte mit waagerechter Tangente

Für $t \in \mathbb{R}$ ist die Funktionenschar f_t gegeben mit $f_t(x) = (x^2 + t - 1) \cdot e^x$.

a) Bestimmen Sie die Nullstellen von f_t in Abhängigkeit von t.

b) Untersuchen Sie, ob es Funktionen der Schar gibt, deren Graphen sich schneiden.

c) Bestimmen Sie in Abhängigkeit von t die Anzahl der Punkte des Graphen von f_t mit waagerechter Tangente. Bestimmen Sie die Ortslinie dieser Punkte.

Prüfe dich!
Lösungen auf Seite 408

19

a) Die Abbildung zeigt den Graphen der Funktion f mit $f(x) = -x \cdot e^{a \cdot x + b} + c$. Bestimmen Sie den Funktionsterm f(x).

b) Für $b = c = 1$ erhält man die Funktionenschar f_a mit $f_a(x) = -x \cdot e^{ax+1} + 1$. Bestimmen Sie den Hochpunkt der Funktionenschar in Abhängigkeit von a.

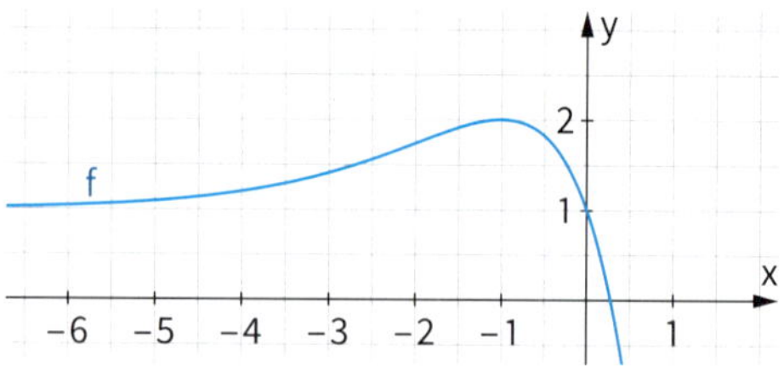

20 Rotationskörper

Für $t \in \mathbb{R}$ ist eine Funktionenschar f_t gegeben durch $f_t(x) = (x - t) \cdot e^{-x}$.

a) Bestimmen Sie die Ortslinie der Wendepunkte aller Graphen der Schar. Zeigen Sie, dass zwei verschiedene Graphen der Schar keine gemeinsamen Punkte besitzen.

b) Der Graph von f_{-3}, die Koordinatenachsen und die Gerade $x = 3$ begrenzen eine Fläche, die um die x-Achse rotiert. Berechnen Sie das Volumen des Rotationskörpers.

c) Aus dem massiven Rotationskörper soll ein Kegel mit der Höhe 3 Längeneinheiten und möglichst großem Volumen herausgebohrt werden. Berechnen Sie den Grundkreisradius dieses Kegels.

21 ≡ **Parameter im Funktionsterm bestimmen**

Der Graph der Funktion f mit $f(x) = a \cdot x \cdot e^{b \cdot x}$ verläuft durch die Punkte $P\left(1 \left| \frac{1}{2 \cdot e}\right.\right)$ und $Q\left(-1 \left| -\frac{e}{2}\right.\right)$.

Bestimmen Sie die Parameter a und b.

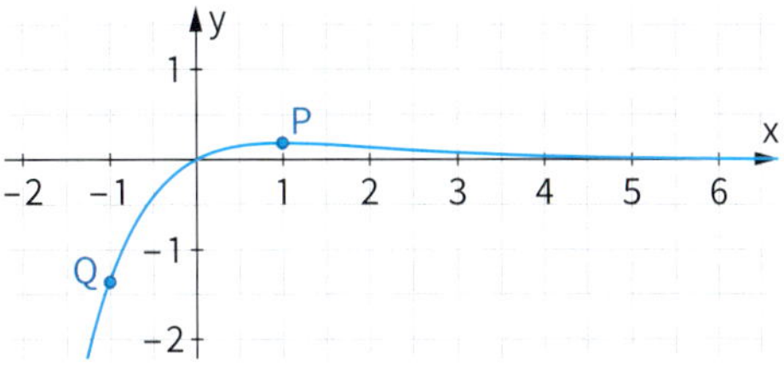

22 = **Kettenlinie**

Wenn man eine Kette oder ein Seil aus homogenem Material an zwei Punkten A und B aufhängt, so nimmt sie unter dem Einfluss der Schwerkraft die Form der sogenannten *Kettenlinie* an, die sich durch eine Funktion f_a mit $f_a(x) = \frac{a}{2} \cdot \left(e^{\frac{x}{2}} + e^{-\frac{x}{2}}\right)$ mit einem geeigneten Parameter $a > 0$ beschreiben lässt.

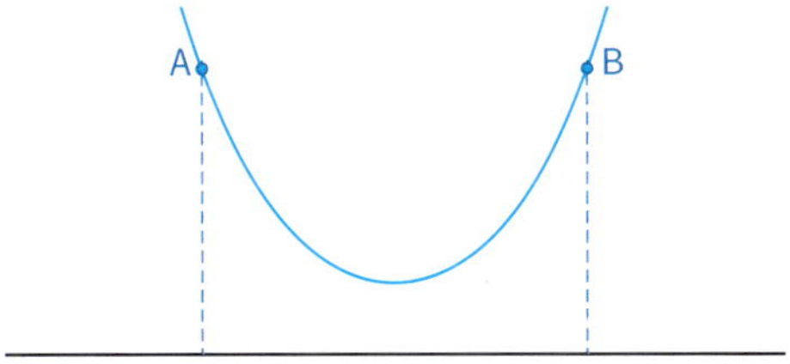

a) Untersuchen und zeichnen Sie die Kettenlinie für $a = 5$.

b) Zeigen Sie, dass alle Kettenlinien einen Tiefpunkt an der Stelle $x = 0$ haben.

23 = **Biquadratischer Term in der Ableitung**

Nachschlagen Seite 33

Bestimmen Sie alle Extremstellen der Funktion f, ohne einen Rechner zu verwenden.

a) $f(x) = (x^4 - 4x^3 + 14x^2 - 28x - 3) \cdot e^x$ b) $f(x) = (2x^4 - 8x^3 + 28x^2 - 56x - 16) \cdot e^x$

Mit Teilfunktionen argumentieren

Ermitteln Sie Eigenschaften der Funktion f mit $f(x) = x^3 \cdot e^x$ mithilfe geeigneter Teilfunktionen.

Lösung

- An der Stelle $x = 0$ hat f eine dreifache Nullstelle, also gilt $f'(0) = 0$.
- Für $x \geq 0$ gilt $e^x > 0$ und $x^3 \geq 0$; also $f(x) \geq 0$;
  für $x < 0$ gilt $e^x > 0$ und $x^3 < 0$; also $f(x) < 0$
- Für $x \to \infty$ gilt $f(x) \to \infty$; für $x \to -\infty$ gilt $f(x) \to 0$.

Damit muss f für $x < 0$ einen Tiefpunkt haben.

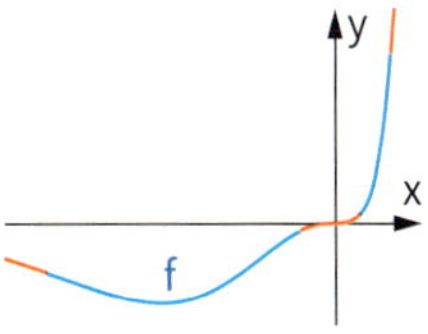

24 = **Mit Teilfunktionen argumentieren**

Ermitteln Sie Eigenschaften von f mithilfe geeigneter Teilfunktionen und skizzieren Sie den Graphen von f.

a) $f(x) = x^2 \cdot e^x$ b) $f(x) = (x^2 - x) \cdot e^{-x}$ c) $f(x) = (2x - 1) \cdot e^{-x}$ d) $f(x) = (x + 1) \cdot e^{2x}$

25 = **Behauptungen über Teilfunktionen überprüfen**

Lena untersucht die Funktion f mit $f(x) = x^2 \cdot e^{-x}$, ohne einen Rechner zu verwenden.
Sie behauptet:
„Der Graph von f hat an der Stelle $x = 0$ einen Tiefpunkt, da der Graph der Teilfunktion g mit $g(x) = x^2$ an dieser Stelle einen Tiefpunkt hat."

a) Nehmen Sie zu dieser Behauptung Stellung.

b) Geben Sie Eigenschaften von f an, die Sie aus den Teilfunktionen ermitteln, und skizzieren Sie den Graphen.

3.7 e-Funktionen in Anwendungen

Volles Stadion

Das Dortmunder Stadion mit seinen 81 365 Plätzen war wieder einmal ausverkauft. Die Stadioneingänge wurden bereits um 18 Uhr geöffnet, damit die Fans rechtzeitig zum Spielbeginn um 20:30 Uhr auf ihren Plätzen sein konnten.

Der Ansturm der Fans an den Eingängen kann näherungsweise durch die Funktion f mit $f(t) = 40t \cdot e^{-0{,}02t}$ beschrieben werden. Dabei wird t in Minuten ab der Öffnung der Eingänge um 18 Uhr und f(t) in Personen pro Minute gemessen.

- Skizzieren Sie den Graphen von f. Beschreiben Sie seinen Verlauf in Worten.
- Zu welchem Zeitpunkt war der Personenandrang am größten? Wie viele Personen pro Minute kamen zu diesem Zeitpunkt an den Eingängen an?
- Wie viele Personen waren nach diesem Modell um 20:30 Uhr im Stadion?
- Für wie realistisch halten Sie dieses Modell?

WES-109471-312

Typische Aufgabenstellungen bei Anwendungssituationen

In Anwendungssituationen versucht man eine bestimmte Größe durch eine Funktion zu beschreiben. Diese Funktion nennt man *Bestandsfunktion*. Manchmal ist die Bestandsfunktion vorgegeben, manchmal ist stattdessen nur ihre Änderungsrate bekannt.
In solchen Anwendungssituationen tauchen immer wieder bestimmte Fragen auf, bei deren Beantwortung die hier aufgelisteten Lösungsstrategien typisch sind:

(1) Höchstwerte und Tiefstwerte ermitteln

Extremstellen können z. B. mithilfe der Nullstellen der ersten Ableitung bestimmt werden.

(2) Kleinste bzw. größte Änderungsrate ermitteln

In Wendepunkten sind die Änderungsraten maximal oder minimal. Wendestellen können z. B. als Nullstellen der zweiten Ableitung bestimmt werden.

(3) Den Bestand zu einem bestimmten Zeitpunkt t_0 ermitteln

- Wenn die Bestandsfunktion B gegeben ist, wird $B(t_0)$ bestimmt.
- Wenn nur die momentane Änderungsrate f gegeben ist, wird zum Anfangswert B(0) das Integral von f vom Beobachtungsbeginn bis zum Zeitpunkt t_0 addiert:

  $$B(t_0) = B(0) + \int_0^{t_0} f(t)\,dt$$

(4) Zeitpunkte ermitteln, zu denen ein bestimmter Bestand erreicht ist

- Wenn die Bestandsfunktion B gegeben ist, werden die Schnittstellen des Graphen mit der gegebenen Parallelen zur x-Achse bestimmt.

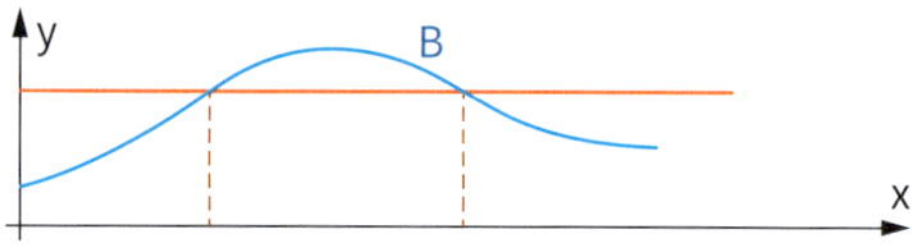

- Ist nur die Änderungsrate f gegeben, kann man die Bestandsfunktion als Integralfunktion definieren und wieder das Schnittpunktverfahren anwenden. Man sucht dabei die Stelle x, für die gilt: $B(x) = B(0) + \int_0^{x} f(t)\,dt$

Modellieren mit einer e-Funktion vom Typ $f(x) = a\,x \cdot e^{b\,x}$

Schneidet man im Frühjahr Äste von Bäumen ab, so tritt aus der Schnittfläche eine klare Flüssigkeit aus. Die momentane Austrittgeschwindigkeit der Flüssigkeit kann durch die Funktion f mit $f(x) = 5\,x \cdot e^{-0{,}4\,x}$ beschrieben werden. Hierbei wird x in Stunden und f(x) in Milliliter pro Stunde angegeben.

Wann ist die momentane Austrittsgeschwindigkeit am größten?

Gesucht: Globales Maximum; Definitionsbereich: $x \geq 0$

Am Graphen ablesen:

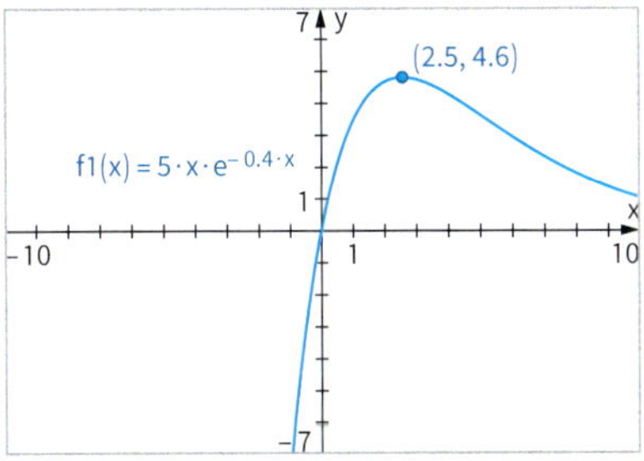

Rechnerisch bestimmen:

- $f'(x) = (5 - 2\,x) \cdot e^{-0{,}4\,x}$;
  aus $f'(x) = 0$ folgt: $x = 2{,}5$
- $f(2{,}5) \approx 4{,}6$
- Randwerte prüfen:
  $f(0) = 0$; für $x \to \infty$ gilt $f(x) \to 0$
- Globales Maximum an der Stelle $x = 2{,}5$

Nach 2,5 Stunden ist die momentane Austrittsgeschwindigkeit mit etwa 4,6 ml/h am größten.

Wann ändert sich die momentane Austrittsgeschwindigkeit am stärksten, wann am geringsten?

Gesucht: Wendestellen

- Die Steigung des Graphen von f ist an der Stelle $x = 0$ am größten.
- Wendestellen bestimmen: $f''(x) = (0{,}8\,x - 4) \cdot e^{-0{,}4\,x}$; aus $f''(x) = 0$ folgt: $x = 5$
- $f'(0) = 5$; $f'(5) \approx -0{,}68$

Die momentane Änderungsrate der Austrittsgeschwindigkeit ist zu Beginn mit 5 ml/h² am stärksten und nach 5 Stunden mit etwa –0,68 ml/h² am geringsten.

Wie viel Flüssigkeit ist in den ersten 10 Stunden ausgetreten?

Gesucht: Wert des Integrals in [0; 10]; Anfangsbestand ist 0

$$\int_0^{10} 5\,x \cdot e^{-0{,}4\,x}\,dx = 28{,}4$$

In den ersten 10 Stunden sind 28,4 ml Flüssigkeit ausgetreten.

Wie lange dauert es, bis 30 ml Flüssigkeit ausgetreten sind?

Gesucht: Diejenige Stelle x, sodass in [0; x] der Wert des Integrals 30 beträgt

Durch Probieren:

$m(x) := \int_0^x \left(5 \cdot t \cdot e^{-0.4 \cdot t}\right) dt$	*Fertig*
$m(12)$	29.7584
$m(13)$	30.1812
$m(12.5)$	29.9866

Schnittpunktverfahren:

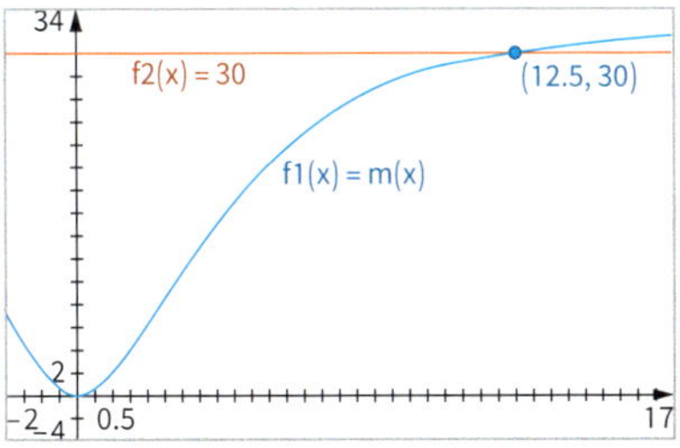

Es dauert knapp 12,5 Stunden, bis 30 ml Flüssigkeit ausgetreten sind.

1 = **Änderungsrate der Füllhöhe in einem Chemikalientank**

Um 8 Uhr beträgt die Füllhöhe in einem Chemikalientank 1,50 m. Die momentane Änderungsrate der Füllhöhe kann durch die Funktion h mit $h(t) = 4e^{-0{,}15t} - 2e^{-t} - 1{,}2$ für $0 \le t \le 24$ beschrieben werden. Dabei ist t in Stunden und h(t) in Meter pro Stunde angegeben.

a) Bestimmen Sie die maximale Änderungsrate der Füllhöhe.
In welchem Zeitraum ist die Änderungsrate größer als ein Meter pro Stunde?

b) Bestimmen Sie die Füllhöhe des Tanks um 13 Uhr.
Berechnen Sie, wann die Füllhöhe des Tanks 6 m beträgt.

2 = **Änderungsrate der Schneehöhe**

Die momentane Änderungsrate der Schneehöhe in einem Skigebiet kann während eines Schneefalls durch die Funktion f mit $f(x) = 3x \cdot e^{-\frac{1}{4}x}$ für $0 \le x \le 12$ beschrieben werden. Dabei wird x in Stunden ab Beginn des Schneefalls um 8 Uhr und f(x) in cm pro Stunde gemessen.

a) Zeichnen Sie den Graphen von f und bestimmen Sie die maximale momentane Änderungsrate der Schneehöhe. Zu welchem Zeitpunkt ist dieser Wert erreicht?
Ermitteln Sie am Graphen von f den Zeitraum, in dem die momentane Änderungsrate der Schneehöhe mindestens 2 cm pro Stunde beträgt.

b) Um 8 Uhr betrug die Schneehöhe 120 cm.
Berechnen Sie, wie hoch der Schnee um 12 Uhr liegt. Zeigen Sie hierzu, dass die Funktion F mit $F(x) = -12 \cdot (x + 4) \cdot e^{-\frac{1}{4}x}$ eine Stammfunktion von f ist.

c) Zu welchem Zeitpunkt x_0 ist die Abnahme der momentanen Änderungsrate am größten?

3 = **Grippevirus**

In einer Großstadt breitet sich ein Grippevirus aus. Die momentane Erkrankungsrate wird modellhaft durch die Funktion f mit $f(t) = 250\,t^2 \cdot e^{-0{,}25t}$ beschrieben. Dabei ist $t \ge 0$ die Zeit in Tagen seit Beginn der ersten Meldungen und f(t) die Anzahl der Neuerkrankungen pro Tag.

a) Beschreiben Sie den Verlauf der Krankheitswelle. Geben Sie an, wann die meisten Personen erkranken, und begründen Sie, dass ab diesem Zeitpunkt die momentane Erkrankungsrate rückläufig ist.

b) Wann nimmt die momentane Erkrankungsrate am stärksten ab?

c) Wie viele Personen sind nach 14 Tagen insgesamt neu erkrankt?
Zeigen Sie, dass die Funktion F mit $F(t) = -1000 \cdot (t^2 + 8t + 32) \cdot e^{-0{,}25t}$ eine Stammfunktion von f ist. Weisen Sie nach, dass die Gesamtzahl der Erkrankten nach diesem Modell unter 35 000 bleiben wird.

4 = **Abkühlung von Kaffee**

Die Temperatur eines Kaffees in einer Tasse wird durch die Funktion f mit $f(t) = a + b \cdot e^{-k \cdot t}$ beschrieben, t in Minuten und f(t) in °C.

a) Die Anfangstemperatur des Kaffees beträgt 80 °C, die Temperatur nach 10 Minuten 37,1 °C und der Abkühlungsfaktor $k = 0{,}13$. Zeigen Sie, dass $f(t) = 21 + 59 \cdot e^{-0{,}13t}$ ist.

b) Der Kaffee gilt als trinkbar, wenn seine Temperatur auf 45 °C gesunken ist.
Berechnen Sie, wie lange man mindestens warten muss, bis man ihn trinken kann.

c) Berechnen Sie f'(10) und interpretieren Sie den Wert im Sachzusammenhang.

d) Begründen Sie mit dem Funktionsterm, wie hoch die Umgebungstemperatur ist.

e) Wie verändert sich der Abkühlungsfaktor k im Term von f(t), wenn man den Kaffee in einen Isolierbecher und nicht wie in Teilaufgabe a) in einer Tasse abkühlen lässt? Begründen Sie.

5 ≡ **Wirkstoffkonzentration eines Medikaments**

Die Konzentration des Wirkstoffs eines Medikaments im Blut eines Patienten kann näherungsweise durch eine Funktion f mit $f(t) = 3t \cdot e^{-0{,}25t}$ beschrieben werden. Dabei wird t in Stunden ab der Einnahme und f(t) in mg pro Liter Blut gemessen.

a) Zeichnen Sie den Graphen von f im Intervall [0; 15] und beschreiben Sie den zeitlichen Verlauf der Konzentration. Nach welcher Zeit erreicht die Konzentration ihren höchsten Wert? Berechnen Sie, wie groß die maximale Konzentration ist.

b) Der Wirkstoff ist nur wirksam, solange seine Konzentration im Blut mindestens 2 mg pro Liter beträgt. Bestimmen Sie die Wirkungsdauer näherungsweise zeichnerisch. Überprüfen Sie Ihr Ergebnis mit einem Rechner.

c) Begründen Sie, dass im Wendepunkt des Graphen die Konzentration des Wirkstoffs am stärksten abnimmt. Weisen Sie nach, dass der Wendepunkt bei $W(8 \mid 24e^{-2})$ liegt.

d) Ab diesem Zeitpunkt nimmt die Konzentration des Wirkstoffs linear ab. Verdeutlichen Sie diesen Sachverhalt an einer Skizze und ermitteln Sie grafisch, wann nach diesem Modell der Wirkstoff vollständig abgebaut ist. Überprüfen Sie Ihre grafische Lösung rechnerisch.

6 ≡ **Erwärmung einer Elektrolyt-Flüssigkeit**

Um die Elektrolyt-Flüssigkeit von Autobatterien herzustellen, gibt man konzentrierte Schwefelsäure in destilliertes Wasser. Dabei erwärmt sich die Elektrolyt-Flüssigkeit.
Die Temperatur der Gefäßwand wird durch die Funktion f mit $f(t) = 7{,}5t \cdot e^{-0{,}075 \cdot t} + 20$ für $0 \leq t \leq 90$ modelliert, t in Minuten seit dem Zusammenmischen, f(t) in °C.

a) Die Temperatur der Gefäßwand sollte höchstens 15 Minuten lang über 50 °C liegen. Überprüfen Sie diese Bedingung.

b) Zu welchem Zeitpunkt ist die Temperatur der Gefäßwand maximal? Wann ist die Temperaturabnahme am größten?

c) Ab dem Zeitpunkt $t = 90$ wird die weitere Temperaturänderung als konstant angenommen. Sie hat den Wert f′(90). Bestimmen Sie den Zeitpunkt, zu dem die Gefäßwand nach diesem Modell wieder Umgebungstemperatur hat.

7 ≡ **Änderung der Wassermenge in einem Wassertank**

Ein Wassertank hat ein Fassungsvermögen von 550 Litern.
Die Wassermenge zum Zeitpunkt t kann durch die Funktion f mit $f(t) = 520 - 280 \cdot e^{-\frac{1}{15}t}$ beschrieben werden. Dabei wird t in Minuten ab Beobachtungsbeginn und f(t) in Liter gemessen.

a) Wie viel Wasser ist bei Beobachtungsbeginn im Wassertank? Wie lange dauert es, bis der Tank zu drei Viertel seines Fassungsvermögens gefüllt ist? Zeigen Sie, dass die Wassermenge im Tank ständig zunimmt. Bedeutet dies, dass das Fassungsvermögen des Tanks auf Dauer nicht ausreicht? Begründen Sie.

b) Nach 15 Minuten wird der Zufluss gestoppt und ein Abfluss geöffnet. Die momentane Abflussrate beträgt 0,5 % der vorhandenen Wassermenge pro Minute. Geben Sie eine Funktion g an, die den Wasserstand zum Zeitpunkt t während des Abflusses beschreibt. Wie lange dauert es, bis die Wassermenge bei Beobachtungsbeginn wieder erreicht ist?

c) Der Tank soll nun vollständig geleert werden. Dazu wird 40 Minuten nach Beobachtungsbeginn der Abfluss geändert. Er kann nun durch eine lineare Funktion beschrieben werden, deren Steigung der momentanen Abflussrate zum Zeitpunkt der Änderung entspricht. Wie lange dauert es bis zur vollständigen Leerung des Tanks?

Prüfe dich!
Lösungen auf Seite 408

8 Die Entwicklung der Algenkonzentration in einem Gartenteich in den ersten zwei Wochen nach Anwendung eines Anti-Algen-Wirkstoffs kann näherungsweise durch die Funktion f mit $f(t) = 8 - 5t \cdot e^{-0{,}4t} + 0{,}08t$ modelliert werden. Dabei ist t in Tagen ab der Anwendung und f(t) die Konzentration der Algen in Gramm pro Liter Teichwasser.

a) Skizzieren Sie den Graphen der Funktion f und beschreiben Sie die Entwicklung der Algenkonzentration im Gartenteich.

b) Geben Sie an, wie hoch die Algenkonzentration zu Beginn ist.
Ermitteln Sie mithilfe des Graphen von f
(1) den Zeitpunkt, zu dem die Algenkonzentration am niedrigsten ist;
(2) den Zeitpunkt, zu dem die Algenkonzentration höher ist als zu Beginn.

c) Bestimmen Sie den Zeitpunkt, zu dem die Algenkonzentration am stärksten zunimmt.

9 **Deichprofil**

Das Profil eines Deichquerschnitts kann näherungsweise durch den Graphen der Funktion f mit $f(x) = 2{,}4x^2 \cdot e^{-0{,}5x}$ im Intervall [0; 15] modelliert werden. Dabei sind x und f(x) in Metern angegeben.
Die Deichsohle liegt im Deichquerschnitt auf der x-Achse.

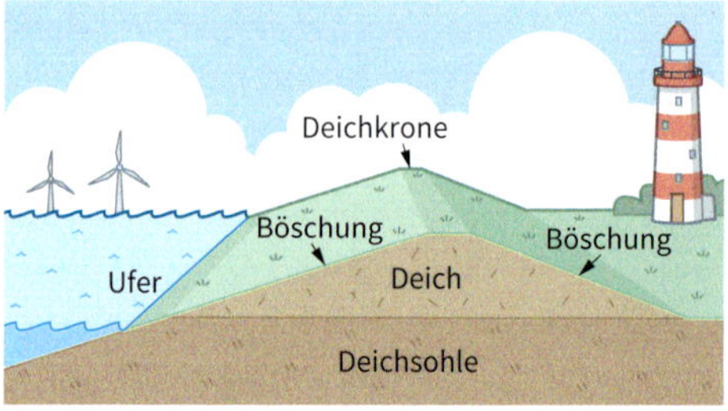

a) Zeichnen Sie das Profil des Deichquerschnitts.
Welche Seite des Deichs ist die dem Wasser zugewandte Seite? Begründen Sie.

b) Bestimmen Sie die Höhe des Deichs.

c) Zeigen Sie, dass das maximale Gefälle der Böschung auf der Wasserseite des Deichs nicht größer als 45° ist.

d) Es ist geplant, die Deichkrone auf einer Höhe von 4,50 m abzutragen, um darauf einen Radweg anzulegen. Wie breit wird dieser Radweg?

e) Wie viel Kubikmeter Erde müssen dazu auf einer Länge von einem Kilometer abgetragen werden?

10 **Zeitliche Verteilung von Kinobesuchern**

Eine Kinovorführung in einem Filmpalast beginnt um 21 Uhr. Dafür werden die Kassen um 19:30 Uhr geöffnet. Die Anzahl der ankommenden Personen pro Minute kann modellhaft durch die Funktion f mit $f(x) = 0{,}05x^2 \cdot e^{-0{,}064x}$ beschrieben werden. Dabei ist x die Zeit in Minuten ab 19:30 Uhr.
Vor 19:30 Uhr befinden sich noch keine Besucher an den Kassen.

a) Skizzieren Sie den Graphen der Funktion f und beschreiben Sie seinen Verlauf.

b) Bestimmen Sie den Zeitpunkt, zu dem die meisten Personen pro Minute an den Kassen ankommen. Wie viele Personen sind das?
Ab wann kommen weniger als drei Personen pro Minute an den Kassen an?

c) Zeigen Sie, dass die Funktion G mit $G(x) = -0{,}78125 \cdot (x^2 + 31{,}25x + 488{,}28125) \cdot e^{-0{,}064x}$ eine Stammfunktion von f ist.
Geben Sie eine Funktion H an, die die Gesamtzahl der Personen, die zum Zeitpunkt x bereits an den Kassen angekommen sind, beschreibt. Wie viele Personen sind bis zum Beginn der Vorstellung um 21 Uhr ins Kino gekommen?

d) Bedingt durch eine Panne können die Kassen des Kinos erst um 19:50 Uhr öffnen.
Pro Minute können durchschnittlich für 10 Personen Karten ausgegeben werden.
Mit welcher Wartezeit muss eine Person rechnen, die um 19:50 Uhr im Kino ankommt?

11 ≡ **Szenarien für den weltweiten CO_2-Ausstoß**

Nach dem Kyoto-Protokoll von 1997 sollen die Industrieländer den CO_2-Ausstoß gegenüber dem Stand von 1990 jährlich durchschnittlich um 5,25 % reduzieren. Auf der UN-Klimakonferenz in Quatar im Jahr 2012 wurde die Verlängerung des Kyoto-Protokolls bis zum Jahr 2020 beschlossen.

Eine UN-Kommission hat zwei verschiedene Szenarien A und B für die Entwicklung der weltweiten CO_2-Emissionen entworfen.

a) Das Szenario A kann durch den Graphen der Funktion f mit $f(t) = 0{,}024\,t^2 \cdot e^{-0{,}019 \cdot t} + 7$ beschrieben werden. Dabei entspricht $t = 0$ dem Jahr 1950 und f(t) gibt die jährliche CO_2-Emission zum Zeitpunkt t in Milliarden Tonnen pro Jahr an.
   (1) Ermitteln Sie mithilfe des Graphen, in welchem Jahr die höchste CO_2-Emission stattfinden würde. Geben Sie an, ab welchem Jahr sich der jährliche Ausstoß auf weniger als die Hälfte des maximalen Ausstoßes verringern würde.
   (2) Berechnen Sie, wie viele Tonnen CO_2 nach diesem Szenario in den Jahren 2000 bis 2020 insgesamt ausgestoßen werden. Recherchieren Sie, wie hoch dieser Ausstoß wirklich war.

b) Das optimistischere Szenario B kann durch den Graphen einer Funktion g der Form $g(t) = a \cdot t^2 \cdot e^{-\frac{1}{45}t} + 7$ beschrieben werden. Dabei entspricht wiederum $t = 0$ dem Jahr 1950.
   (1) Dieses Modell geht davon aus, dass der maximale Ausstoß von ca. 31 Milliarden Tonnen CO_2 im Jahr 2040 erreicht wird. Bestimmen Sie damit den Parameter a.
   (2) Wie viele Tonnen CO_2 könnten in den Jahren 2020 bis 2050 vermieden werden, wenn statt der Entwicklung von Szenario A eine Reduzierung der CO_2-Emission gemäß Szenario B umgesetzt werden könnte?

12 ≡ **Golden Gate Bridge**

Die Golden Gate Bridge war nach ihrer Erbauung im Jahr 1937 mehr als 25 Jahre lang die längste Brücke der Welt. Die beiden Hauptkabel sind an der Spitze der beiden Pfeiler in 152 m Höhe über der Straße befestigt. Der tiefste Punkt jedes der beiden Kabel befindet sich in ca. 20 m Höhe über der Straße.

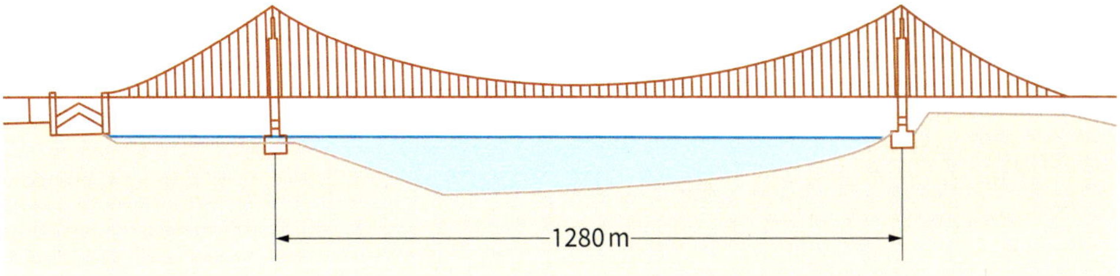

a) Beschreiben Sie die Lage des Kabels zwischen den beiden Pfeilern durch
   (1) eine Parabel;
   (2) eine sogenannte Kettenlinie der Form $g(x) = a \cdot (e^{b \cdot x} + e^{-b \cdot x})$ mit $a, b > 0$.
   Alle Einheiten sollen dabei in Metern angegeben sein.
   Zeichnen Sie die beiden Graphen in ein gemeinsames Koordinatensystem und bestimmen Sie den größten Abstand der beiden Graphen.

b) In welchem Bereich steigt die Parabel schneller als die Kettenlinie? Wie groß ist jeweils die Steigung an der Pfeilerspitze?

13 ≡ Beruhigungsmittel

Für tierärztliche Untersuchungen werden orale Beruhigungsmittel zur Ruhigstellung der Tiere verabreicht. Die Dosierung wird auf Art, Alter, Körpergröße, Gewicht und Stoffwechsel der Tiere abgestimmt.
die Entwicklung der Wirkstoffmenge des Beruhigungsmittels in ml in Abhängigkeit von der Zeit t in Stunden kann durch die Funktionenschar f_k mit $f_k(t) = t \cdot e^{-k \cdot t}$; $k \in \mathbb{R}$; $0 < k < 1$; beschrieben werden.

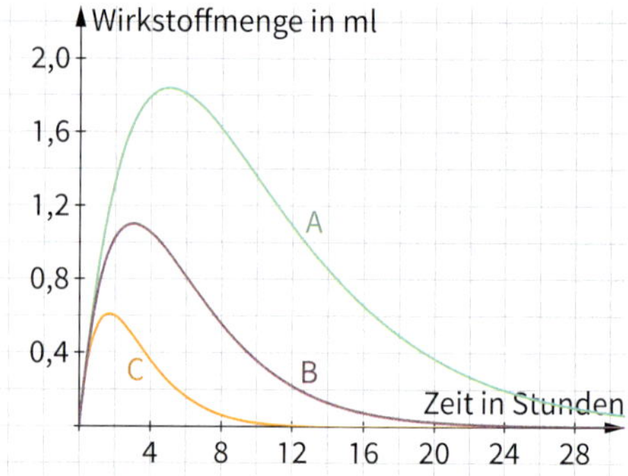

a) Ordnen Sie den Graphen in der Abbildung den Funktionen $f_{0,6}$, $f_{0,2}$ und $f_{\frac{1}{3}}$ begründet zu.

b) Vergleichen Sie für die drei in Teilaufgabe a) gegebenen Funktionen die Zeitspannen, in denen mehr als 0,5 ml Wirkstoff im Blut sind.

c) Bestimmen Sie in Abhängigkeit von k, nach wie vielen Stunden nach Einnahme die maximale Wirkstoffmenge im Blut erreicht wird, und geben Sie ihre Höhe an.

14 ≡ Smartphones

Eine Firma in einem wirtschaftlich aufstrebenden Schwellenland möchte vom Boom bei Smartphones profitieren und ein eigenes Modell auf den Markt bringen. Es ist naheliegend, dass niemand dieses Modell kaufen würde, wenn es genauso teuer ist wie das Original des Marktführers. Jedoch würden sich immer mehr Käufer x für dieses Modell entscheiden, wenn der Preis P (x) bei gleicher Qualität sinkt.

a) Erläutern Sie, inwiefern die Funktion P_k mit $P_k(x) = 1000 \cdot e^{-k \cdot x}$ für $x > 0$ eine angemessene Modellierung des Sachverhalts darstellt.

b) Ordnen Sie die Parameterwerte $k = 0{,}005$; $k = 0{,}01$ und $k = 0{,}05$ den Graphen begründet zu. Entnehmen Sie den Graphen den Preis des Marktführers.

c) Bestimmen Sie den Wert von k so, dass 1000 Personen das Smartphone zu einem Preis von 500 € kaufen würden.

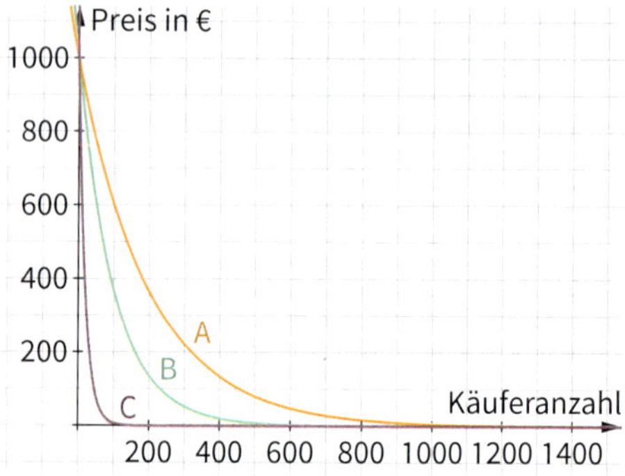

d) Die Umsatzfunktion U ist definiert als $U(x) = x \cdot P(x)$.
Erläutern Sie die Bedeutung dieser Funktion im Sachverhalt. Skizzieren Sie für die Parameterwerte aus Teilaufgabe b) die zugehörigen Graphen zu U_k.

e) Bestimmen Sie in Abhängigkeit von k, für welche Käuferzahlen der Umsatz der Firma maximal wird.

15 ≡ Höhe einer Pflanze

Die Höhe einer Pflanze in dm zur Zeit t in Wochen seit Beobachtungsbeginn kann näherungsweise durch die Funktion h mit $h(t) = a - b \cdot e^{-0{,}5t} - \frac{1}{t+1}$ mit $t > 0$ und positiven Konstanten a und b beschrieben werden.

a) Bestimmen Sie die Parameter a und b, wenn die Pflanze zu Beobachtungsbeginn genau 1 dm hoch war und höchstens 4 dm hoch werden kann.

b) Ermitteln Sie, wann die Pflanze 75 % ihrer maximalen Größe erreicht hat.

c) Die Pflanze wird geerntet, wenn die momentane Wachstumsrate nur noch höchstens 0,1 dm pro Woche beträgt. Ab welcher Woche kann mit der Ernte begonnen werden?

16 Abwasserkanal

Der Graph der Funktion f mit $f(x) = \frac{1}{4} \cdot (e^x + e^{-x})$ beschreibt für $-3 \leq x \leq 3$ den Querschnitt eines Abwasserkanals. Hierbei sind x und f(x) in Meter angegeben.

a) Bestimmen Sie die Tiefe des 6 m breiten Abwasserkanals.

b) Im Kanal steht das Wasser 3 m hoch. Bestimmen Sie das Wasservolumen in einem 100 m langen geraden Kanalstück.

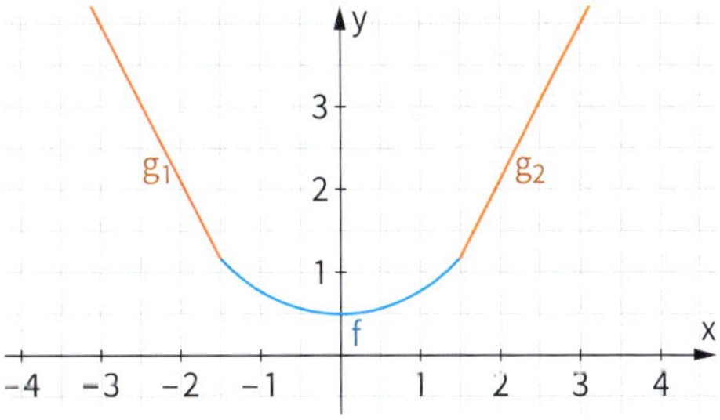

c) Da die Kanalwände an den Rändern sehr steil sind, will man sie für $x > 1{,}5$ und $x < -1{,}5$ abflachen. Die Kanalbreite von 6 m soll erhalten bleiben, die Kanaltiefe aber auf 3,5 m reduziert werden. Dazu wird der Querschnitt des Kanals für $-3 \leq x \leq -1{,}5$ und $1{,}5 \leq x \leq 3$ durch zwei Geradenstücke symmetrisch zur y-Achse gebildet.
Bestimmen Sie die Gleichungen der beiden Geraden.
Wie groß wäre nach diesem Plan das Wasservolumen in einem 100 m langen geraden Kanalstück, wenn das Wasser im Kanal 3 m hoch steht?

d) Untersuchen Sie, unabhängig vom Sachzusammenhang, die Symmetrie der Graphen aller Funktionen f des Typs $f(x) = a \cdot (e^{b \cdot x} + e^{-b \cdot x})$ mit $a, b > 0$.

17 Waschbären

Der Waschbär ist ein sogenanntes Neozoon, also eine Tierart, die erst durch den Menschen in Europa heimisch wurde. Einige Waschbären wurden 1934 am Edersee in Hessen ausgesetzt. Inzwischen gibt es in Deutschland vermutlich zwischen 300 000 und 700 000 Waschbären. Die genaue Zahl ist unbekannt. Als sicher gilt, dass die Zahl stark steigt.
Experten gehen davon aus, dass sich die Anzahl der Kleinbären alle 8 bis 10 Jahre verdoppelt

Gehen Sie davon aus, dass es im Jahr 2025 in Deutschland 500 000 Waschbären gibt.

a) Wie viele Waschbären wird es im Jahr 2050 geben, wenn man von einer Verdopplungszeit von 8,5 Jahren ausgeht?

b) Wann wird die Population der Waschbären auf 1 Millionen angewachsen sein, wenn das Wachstum mit einer Verdopplungszeit von 8,5 Jahren weitergeht?

c) Bestimmen Sie das Jahr, in dem es „nur" 1 000 Waschbären gab, wenn man davon ausgeht, dass auch in der Vergangenheit das Wachstum nach der Gesetzmäßigkeit aus Teilaufgabe a) verlief.

d) Wie viele Waschbären gab es nach diesem Modell 1934, als die Tiere in Hessen angesiedelt wurden?

3.8 Die natürliche Logarithmusfunktion

Vorbereiten
Umkehrfunktion
Seite 34

Malte hat den Graphen der e-Funktion gezeichnet. Er stellt einen Spiegel auf die Winkelhalbierende des Koordinatensystems und betrachtet den gespiegelten Graphen.

- Gehen Sie von den Eigenschaften des Graphen der e-Funktion aus und beschreiben Sie den Verlauf des gespiegelten Graphen.
- Nennen Sie möglichst viele Eigenschaften der zugehörigen Funktion.

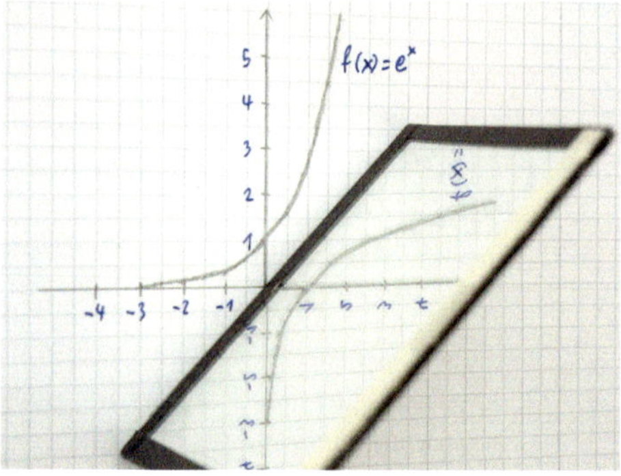

WES-109471-313

Die ln-Funktion

Die Umkehrfunktion der e-Funktion nennt man **natürliche Logarithmusfunktion** oder **ln-Funktion**.

Schreibweise: $f(x) = \ln(x)$

Sprechweise für ln: *„el – en“*

Die ln-Funktion ist nur für $x > 0$ definiert, da die e-Funktion nur positive Funktionswerte hat.
Den Graphen der ln-Funktion enthält man aus dem Graphen der e-Funktion durch Spiegelung an der Winkelhalbierenden $y = x$.

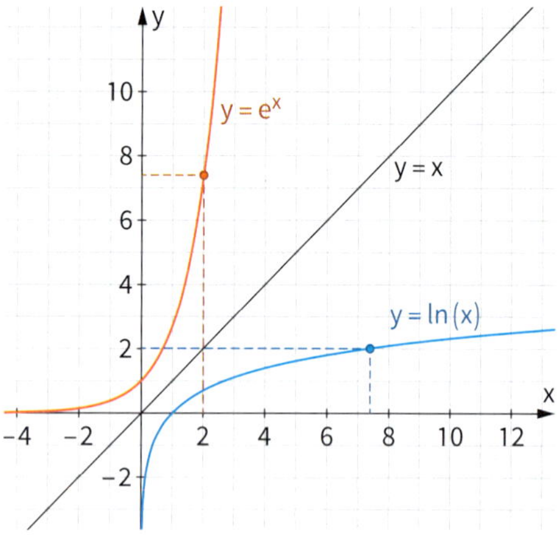

1 e-Funktion und ln-Funktion vergleichen

Übertragen Sie die Tabelle in Ihr Heft und ergänzen Sie diese.

Eigenschaft	$f(x) = e^x$	$f(x) = \ln(x)$
Definitionsbereich	alle reellen Zahlen: $D = \mathbb{R}$	
Wertemenge	alle positiven reellen Zahlen: $W = \mathbb{R}^+$	
Nullstellen	keine	
y-Achsenabschnitt		
Verhalten für $x \to \infty$		
Verhalten für $x \to -\infty$		
Monotonie	streng monoton wachsend	
Krümmungsverhalten	linksgekrümmt	
Extrempunkte		
Wendepunkte		

2 Graphen der ln-Funktion verschieben und strecken

Beschreiben Sie, wie der Graph der Funktion f aus dem Graphen der ln-Funktion entsteht.

a) $f(x) = \ln(x) + 1$
b) $f(x) = \ln(x) - 3$
c) $f(x) = \ln(x + 1)$
d) $f(x) = \ln(x - 3)$
e) $f(x) = 2 \cdot \ln(x)$
f) $f(x) = \ln\left(\frac{1}{3}x\right)$
g) $f(x) = \ln(2x)$
h) $f(x) = \frac{1}{3} \cdot \ln(x)$

3 Funktionsterme aus dem Graphen bestimmen

Bestimmen Sie mögliche Funktionsterme zu den Graphen und prüfen Sie Ihr Ergebnis mit einem Rechner.

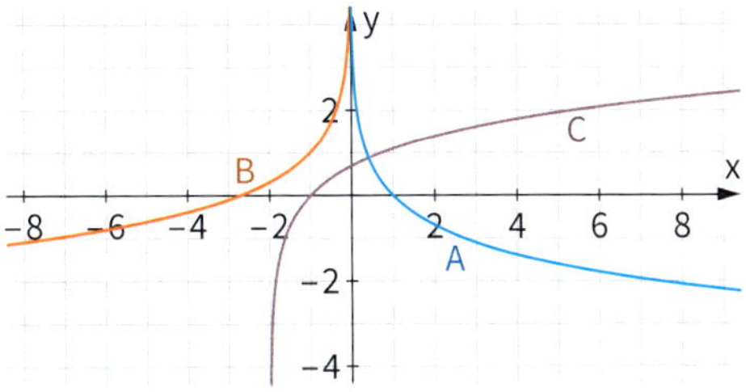

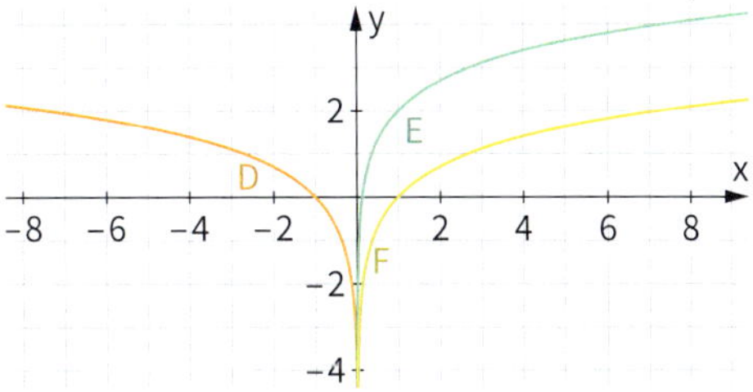

4 Umkehrfunktionen zuordnen

Jeweils zwei der folgenden Funktionen sind Umkehrfunktionen zueinander. Finden Sie die passenden Paare und überprüfen Sie mit einem Rechner.

$f_1(x) = e^{x-2}$	$f_2(x) = \ln\left(\frac{1}{2}x\right)$	$f_3(x) = \frac{1}{2}\ln(x)$	$i(x) = 2e^x$
$f_5(x) = e^{2x}$	$f_6(x) = \ln(x+2)$	$f_7(x) = e^x - 2$	$f_8(x) = \ln(x) + 2$

5 Nullstellen und Definitionsbereich

Geben Sie die Nullstelle und den Definitionsbereich der Funktion f an.

a) $f(x) = \ln(x+1)$ b) $f(x) = \ln(3x)$

c) $f(x) = \ln(2x-1)$ d) $f(x) = \ln(2x) + 1$

Beispiel: $f(x) = \ln(x-2)$

- Aus $\ln(x-2) = 0$ folgt $x - 2 = 1$, da $\ln(1) = 0$; also Nullstelle $x = 3$
- Es muss $x - 2 > 0$ gelten, also $D = \{x > 2\}$

---

6 Gegeben ist die Funktion f mit $f(x) = \ln(x+3)$.

a) Skizzieren Sie den Verlauf des Graphen von f und beschreiben Sie ihn.

b) Bestimmen Sie die Schnittpunkte des Graphen von f mit den Koordinatenachsen.

c) Begründen Sie, dass g mit $g(x) = e^x - 3$ die Umkehrfunktion von f ist.

Prüfe dich!
Lösungen auf Seite 409

---

7 Wachstumsvergleich mit einer Wurzelfunktion

Gegeben sind die Funktionen f und g mit $f(x) = \ln(x)$ und $g(x) = \sqrt[4]{x}$.

a) Zeichnen Sie die Graphen von f und g mit einem Rechner.
Für welche Werte von x liegen die Funktionswerte der Funktion f oberhalb der Funktionswerte der Funktion g?
Beschreiben Sie das Wachstumsverhalten der beiden Graphen für $x \to \infty$.

b) Ermitteln Sie mit einem Rechner näherungsweise den Schnittpunkt der beiden Graphen.

8 Wachstumsvergleich mit Potenzfunktionen

Die Funktion $f(x) = x^2 \cdot \ln(x)$ ist für alle $x > 0$ definiert.
Antonia und Vivien diskutieren, wie sich der Graph von f für $x \to 0$ verhalten müsste.
Antonia sagt: *„0^2 ist 0 und für x gegen 0 geht x^2 gegen 0, also muss f(x) gegen 0 gehen."*
Vivien erwidert: *„Aber für x gegen 0 geht ln(x) gegen $-\infty$, daher sollten doch auch die Werte von f gegen $-\infty$ gehen."*

a) Überprüfen Sie die Aussagen, indem Sie x^2, $\ln(x)$ und das Produkt $x^2 \cdot \ln(x)$ für kleine x-Werte nahe 0 berechnen und die Graphen zeichnen.

b) Gehen Sie für $f_k(x) = x^k \cdot \ln(x)$ mit anderen Exponenten k ähnlich vor und formulieren Sie eine allgemeine Aussage.

Einstieg

Ableitung der ln-Funktion herleiten

Luise hat die Ableitung der natürlichen Logarithmusfunktion bestimmt.

- Erläutern Sie, wie Luise dabei vorgegangen ist.

$f(x) = e^{\ln(x)} = x$

$f'(x) = (\ln(x))' \cdot e^{\ln(x)} = 1$

Also: $(\ln(x))' = \frac{1}{e^{\ln(x)}} = \frac{1}{x}$

WES-109471-314

Ableitung der ln-Funktion

Satz

Die natürliche Logarithmusfunktion f mit $f(x) = \ln(x)$ hat für alle $x > 0$ die Ableitung

$\mathbf{f'(x) = \frac{1}{x}}$.

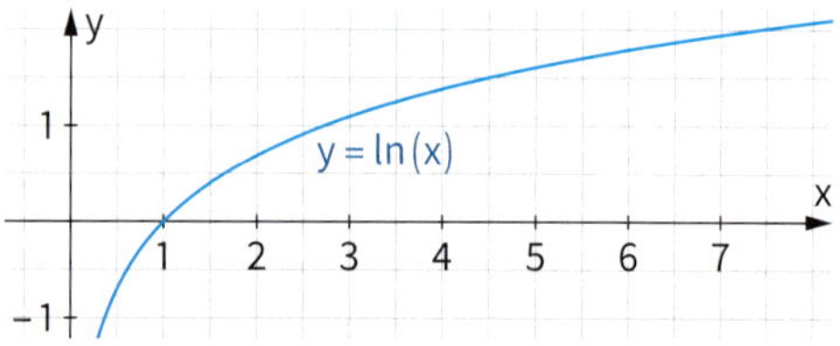

Stammfunktion der Kehrwertfunktion

Satz

Für $x > 0$ ist die Funktion G mit $G(x) = \ln(x)$ eine Stammfunktion zur Kehrwertfunktion g mit $g(x) = \frac{1}{x}$.

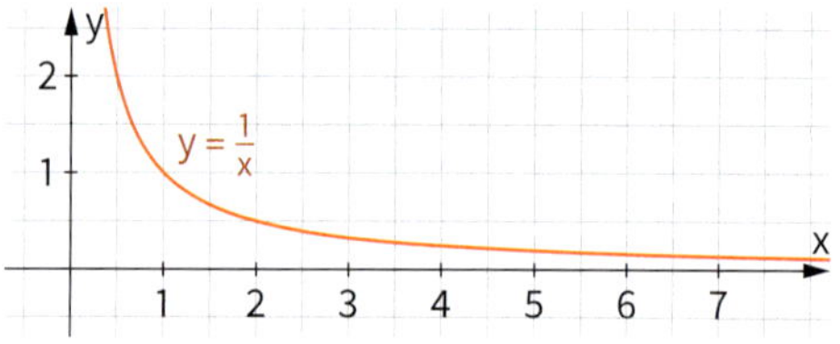

9 **Funktion ableiten**

Bilden Sie die erste Ableitung der Funktion f.

a) $f(x) = 2 \cdot \ln(x)$ b) $f(x) = \frac{\ln(x)}{3} + \frac{3}{x}$ c) $f(t) = \frac{\ln(t) + t}{4}$ d) $f(t) = 2 \cdot \ln(t) - e^{2t}$

10 **Ableitungsregeln anwenden**

Bestimmen Sie die erste Ableitung und geben Sie die verwendeten Ableitungsregeln an.

a) $f(x) = x \cdot \ln(x)$ b) $f(x) = \ln(2x)$ c) $f(x) = \ln\left(\frac{1}{3}x + 2\right)$ d) $f(x) = (\ln(x))^3$

e) $f(t) = \ln(t^2 + 1)$ f) $f(t) = t^2 \cdot \ln(2t)$ g) $f(t) = e^t \cdot \ln(0{,}5t)$ h) $f(t) = t \cdot \ln(t^2 - 1)$

11 **Integral berechnen**

Berechnen Sie das Integral mithilfe einer Stammfunktion.

a) $\int_1^5 \frac{1}{x}\,dx$ b) $\int_2^5 \frac{2}{x}\,dx$ c) $\int_1^4 x^2 - \frac{1}{x}\,dx$ d) $\int_{0{,}5}^2 \frac{1}{2x}\,dx$

12 **Integral der natürlichen Logarithmusfunktion berechnen**

Weisen Sie nach, dass die Funktion F mit $F(x) = x \cdot \ln(x) - x$ eine Stammfunktion zur Funktion f mit $f(x) = \ln(x)$ ist. Berechnen Sie damit die folgenden Integrale:

(1) $\int_1^e \ln(x)\,dx$ (2) $\int_e^{e^2} \ln(x)\,dx$ (3) $\int_1^{e^3} \ln(x)\,dx$ (4) $\int_e^{e^n} \ln(x)\,dx;\ n \in \mathbb{N}$

Prüfe dich!
Lösungen auf Seite 409

13 a) Bilden Sie jeweils die erste Ableitung der Funktion f und berechnen Sie jeweils die Steigung der Tangente an den Graphen an der Stelle $x = 1$.

(1) $f(x) = \ln(x) + 1$ (2) $f(x) = 2\ln(x) + x$ (3) $f(x) = x \cdot \ln(x)$

b) Berechnen Sie das Integral jeweils mit einer Stammfunktion.

(1) $\int_1^e \frac{1}{x}\,dx$ (2) $\int_{0{,}5}^3 e^x + \frac{2}{x}\,dx$

14 ≡ **Integrationsgrenze bestimmen**

Bestimmen Sie den Wert für k so, dass das Integral den angegebenen Wert hat.

a) $\int_1^k \frac{1}{x}\,dx = 1$ b) $\int_2^k \frac{1}{x}\,dx = \ln(2)$ c) $\int_e^k \frac{1}{x}\,dx = 1$ d) $\int_k^e \frac{2}{x}\,dx = 1$

15 ≡ **Uneigentliche Integrale untersuchen**

Untersuchen Sie, ob das uneigentliche Integral existiert.

a) $\int_0^1 \frac{1}{x}\,dx$ b) $\int_1^\infty \frac{1}{x}\,dx$ c) $\int_0^1 \frac{2}{x}\,dx$ b) $\int_1^\infty \frac{2}{x}\,dx$

16 ≡ **Schnittpunkt von Tangenten**

Die Tangente an den Graphen der ln-Funktion an der Stelle $x = 2$ und die Tangente an den Graphen der e-Funktion an der Stelle $x = \ln(2)$ schneiden sich in einem Punkt S.

a) Begründen Sie, dass S auf der Winkelhalbierenden $y = x$ liegen muss.
b) Bestimmen Sie die Koordinaten des Schnittpunktes S.

17 ≡ **Fläche zwischen zwei Graphen**

Gegeben sind die Funktionen f und g mit $f(x) = 3^x$ und $g(x) = \frac{1}{x}$.

a) Bestimmen Sie näherungsweise den Schnittpunkt der beiden Graphen.
b) Berechnen Sie den Flächeninhalt der Fläche, die die beiden Graphen über dem Intervall $[-2, 2]$ oberhalb der x-Achse einschließen.

18 ≡ **Volumen eines Rotationskörpers**

Berechnen Sie das Volumen des Körpers, der durch Rotation des Graphen der Funktion f mit $f(x) = \frac{1}{\sqrt{x}}$ um die x-Achse für $1 \leq x \leq 5$ entsteht.

19 ≡ **Auf gemeinsame Punkte untersuchen**

Zeigen Sie, dass die Graphen der Funktionen f und g mit $f(x) = \ln(x)$ und $g(x) = x^{\frac{1}{e}}$ genau einen gemeinsamen Punkt besitzen.

20 ≡ **Flächeninhalt mithilfe der Umkehrfunktion berechnen**

Berechnen Sie den Flächeninhalt der Fläche, die von dem Graphen der ln-Funktion, den Koordinatenachsen und der Geraden zu $y = 1$ begrenzt wird.
Spiegeln Sie dazu die Fläche an der Winkelhalbierenden $y = x$ und berechnen Sie den Flächeninhalt mithilfe der Umkehrfunktion.

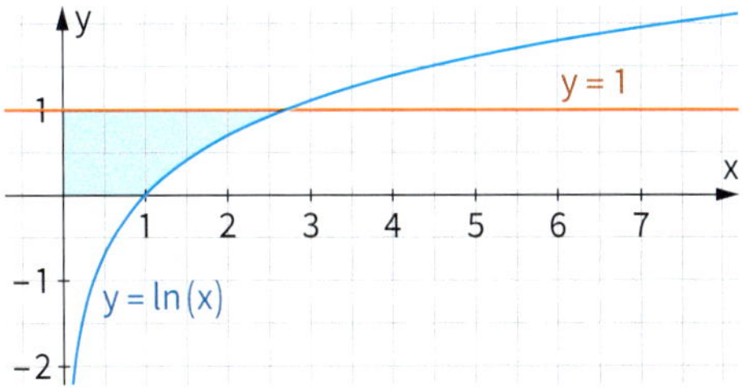

21 ≡ **Fläche zwischen zwei Tangenten**

Gegeben ist die Funktion f mit $f(x) = \ln(x^2 + 1)$.

a) Bestimmen Sie die Steigung des Graphen von f an den Stellen −1 und 1.
b) Geben Sie für die Stellen −1 und 1 die Tangentengleichungen an und zeigen Sie, dass die beiden Tangenten orthogonal zueinander sind.
c) Die beiden Tangenten aus Teilaufgabe b) schließen mit der x-Achse ein Dreieck ein. Berechnen Sie seinen Flächeninhalt.

22 ≡ **Die ln-Funktion als Stammfunktion für negative x**

Begründen Sie:

Für $x \neq 0$ ist die Funktion F mit $\mathbf{F(x) = \ln(|x|)}$ eine Stammfunktion zu $f(x) = \frac{1}{x}$.

Mein Merkzettel

Seite 108

Euler'sche Zahl

$e \approx 2{,}71828\ldots$ irrational

Die e-Funktion $f(x) = e^x$

Ableitung: $f'(x) = e^x$ **„wie f"** Stammfunktion: $F(x) = e^x + c;\ c \in \mathbb{R}$

Seite 100
Seite 116

Exponentielles Wachstum

- kann beschrieben werden durch
  $f(t) = a \cdot b^t;\quad a \neq 0,\ b > 0$ und $b \neq 1$
  Anfangswert (a) **Wachstumsfaktor** (b)
- oder mit Basis e: $f(t) = a \cdot e^{k \cdot t}$
  $k = \ln(b)$ **natürlicher Logarithmus** von b
- $b = 1 + \frac{p}{100}$ Zunahme um p % pro Zeiteinheit
  $b = 1 - \frac{p}{100}$ Abnahme um p % pro Zeiteinheit

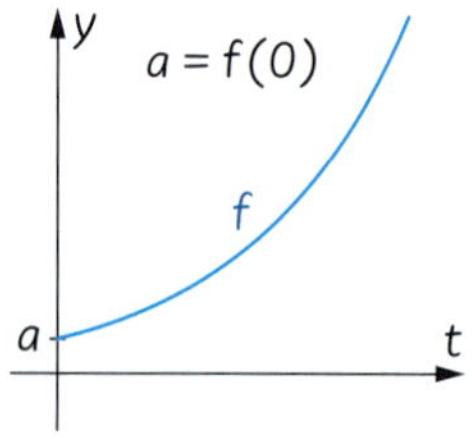

Zunahme:
$b > 1$ bzw. $k > 0$

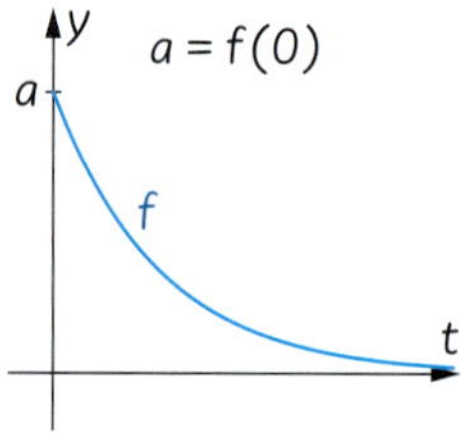

Abnahme:
$0 < b < 1$ bzw. $k < 0$

Seite 101
Seite 116

Funktionsgleichung aufstellen

Gegeben: Zunahme von 20 % pro Stunde bei einem Anfangsbestand von 8

$a = 8 \quad b = 1 + \frac{20}{100} = 1{,}2$

$f(t) = 8 \cdot 1{,}2^t$ bzw.

$f(t) = 8 \cdot e^{\ln(1{,}2) \cdot t} \approx 8 \cdot e^{0{,}1823 \cdot t}$; t in Stunden

Gegeben: Abnahme von 3 % pro Tag bei einem Anfangsbestand von 50

$a = 50 \quad b = 1 - \frac{3}{100} = 0{,}97$

$f(t) = 50 \cdot 0{,}97^t$ bzw.

$f(t) = 50 \cdot e^{\ln(0{,}97) \cdot t} \approx 50 \cdot e^{-0{,}0305 \cdot t}$; t in Tagen

Seite 101
Seite 116

Verdopplungszeit / Halbwertszeit berechnen

- Verdopplungszeit t_V und Halbwertszeit t_H sind unabhängig vom Anfangswert

Gegeben: Zunahme von 20 % pro Stunde

Ansatz: $b^{t_V} = 2$ bzw. $t_V = \frac{\ln(2)}{k}$ mit $k = \ln(b)$

$b = 1 + \frac{20}{100} = 1{,}2$; damit $t_V = \frac{\ln(2)}{\ln(1{,}2)} \approx 3{,}80$

Die Verdopplungszeit beträgt etwa 3,8 Stunden.

Gegeben: Abnahme von 3 % pro Tag

Ansatz: $b^{t_H} = 0{,}5$ bzw. $t_H = \frac{\ln(0{,}5)}{k}$ mit $k = \ln(b)$

$b = 1 - \frac{3}{100} = 0{,}97$; damit $t_H = \frac{\ln(0{,}5)}{\ln(0{,}97)} \approx 22{,}76$

Die Halbwertszeit beträgt etwa 23 Tage.

Seite 117

Parameter k bestimmen

Gegeben: Zunahme eines Anfangsbestands von 200 auf 1200 in 4 Zeiteinheiten

$1200 = 200 \cdot e^{k \cdot 4}$; also $e^{k \cdot 4} = 6$ und damit $k = \frac{\ln(6)}{4} \approx 0{,}4479$

Seite 112

Ableitung von $f(x) = e^{g(x)}$

$f'(x) = g'(x) \cdot e^{g(x)}$

Stammfunktion von $f(x) = e^{k \cdot x + n}$

$F(x) = \frac{1}{k} \cdot e^{k \cdot x + n} + c;\ c \in \mathbb{R}$

Seite 128
Seite 142
Seite 144

Wachstum bei Produkten untersuchen

„Die e-Funktion dominiert"

$f(x) = (3x + 2) \cdot e^{4x}$

- Verhalten für $x \to \infty$:
  $3x + 2 \to \infty$ und $e^{4x} \to \infty$; also $f(x) \to \infty$
- Verhalten für $x \to -\infty$:
  $3x + 2 \to -\infty$ und $e^{4x} \to 0$; also $f(x) \to 0$

Die ln-Funktion $f(x) = \ln(x)$

- ist die Umkehrfunktion der e-Funktion
- ist nur für $x > 0$ definiert (!)
- für $x \to \infty$ gilt $f(x) \to \infty$;
  für $x \to 0$ gilt $f(x) \to -\infty$
- Ableitung: $f'(x) = \frac{1}{x}$ für $x > 0$
  „ln ist Stammfunktion von $\frac{1}{x}$"

Begrenztes Wachstum

Seite 123

- *Zunahme bzw. Abnahme ist begrenzt*
- *kann beschrieben werden durch*

$f(t) = S + (f(0) - S) \cdot e^{-k \cdot t}; \quad k > 0$

Sättigungsgrenze (S), **Anfangswert** ($f(0)$), **Wachstumskonstante** (k)

- $S > f(0)$ begrenzte Zunahme
  $S < f(0)$ begrenzte Abnahme
- Es gilt immer: $\mathbf{f'(t) = k \cdot (S - f(t))}$
  Die Wachstumsgeschwindigkeit entspricht immer dem k-Fachen der Differenz zwischen Sättigungsgrenze und aktuellem Bestand.

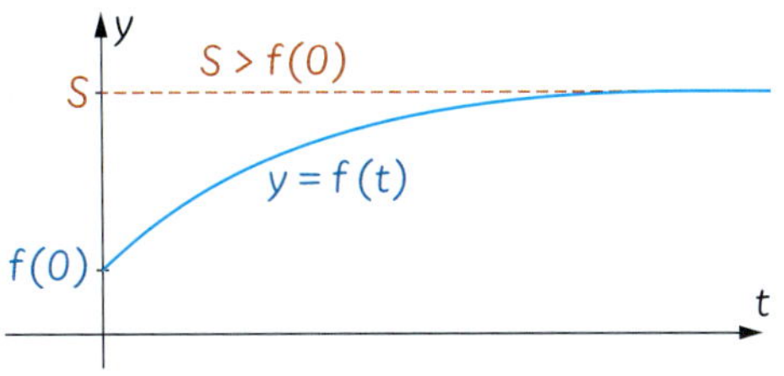

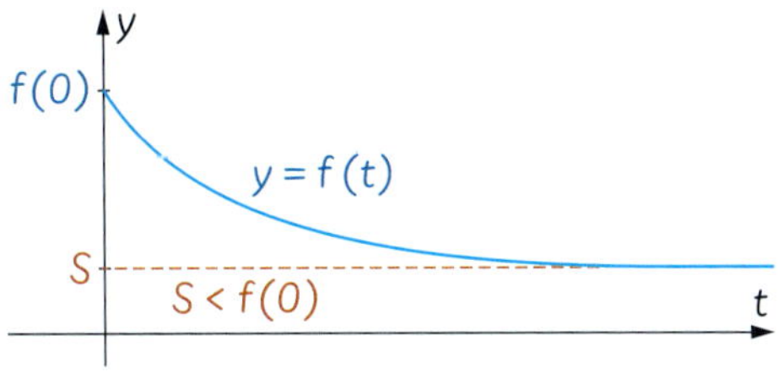

Begrenzten Wachstumsprozess beschreiben

Seite 123

Situation: Ein Glas Wasser mit einer Temperatur von 5 °C wird in ein Zimmer mit 20 °C gestellt. Die momentane Erwärmungsgeschwindigkeit in °C pro Minute beträgt 5 % der Temperaturdifferenz aus Zimmertemperatur und aktueller Temperatur des Wassers.

Funktionsterm angeben

$f(0) = 5 \qquad S = 20 \qquad k = 0{,}05$

$f(t) = 20 + (5 - 20) \cdot e^{-0{,}05 \cdot t} = 20 - 15\,e^{-0{,}05\,t}$; t in Minuten, f(t) in °C

Zeitpunkt bestimmen: Wann hat sich das Wasser auf 18 °C erwärmt?

$20 - 15\,e^{-0{,}05\,t} = 18$; also $e^{-0{,}05\,t} = \frac{2}{15}$ bzw. $-0{,}05\,t = \ln\left(\frac{2}{15}\right)$ und damit $t \approx 40{,}30$

Nach ungefähr 40 Minuten hat sich das Wasser auf 18 °C erwärmt.

Typische Fragestellungen bei Anwendungen

Seite 134
Seite 135

Situation: Die Wachstumsgeschwindigkeit eines Baums wird durch die Funktion f mit $f(t) = 3{,}5\,t \cdot e^{-0{,}28\,t}$ beschrieben, mit t in Jahren und f(t) in dm pro Jahr. Zu Messbeginn ist der Baum 17 dm hoch.

Höchstwert / Tiefstwert ermitteln

z. B.: Wie groß ist die maximale Wachstumsgeschwindigkeit des Baumes?

Gesucht: globales Extremum von f

- Nullstellen von f′ bestimmen
  (Achtung: müssen in D_f liegen!)
- Randwerte prüfen

Kleinste / größte Änderungsrate ermitteln

z. B.: Zu welchem Zeitpunkt nimmt die Wachstumsgeschwindigkeit am stärksten ab / zu?

Gesucht: Wendestellen von f

- Nullstellen von f″ bestimmen
  (Achtung: müssen in D_f liegen!)
- Randwerte prüfen

Bestand zu einem gegebenen Zeitpunkt ermitteln

z. B.: Bestimmen Sie, welche Höhe der Baum nach 20 Jahren erreicht.

- Die Höhe des Baums wird in dm angegeben; die Einheit von f(x) ist dm pro Jahr.
  Also ist f die Änderungsrate des Bestands.

Gesucht: Wert von $17 + \int_0^{20} f(t)\,dt$

Zeitpunkte ermitteln, zu denen ein bestimmter Bestand erreicht wird

z. B.: Bestimmen Sie, nach wie vielen Jahren der Baum 40 dm hoch ist.

- Die Höhe des Baums wird in dm angegeben; die Einheit von f(x) ist dm pro Jahr.
  Also ist f die Änderungsrate des Bestands.

Gesucht: Wert x, sodass $17 + \int_0^{x} f(t)\,dt = 40$

Wiederholen für die Klausur

Lösungen auf Seite 409

Teil A – Aufgaben ohne Hilfsmittel

1 e-Funktion ableiten

Bilden Sie die erste Ableitung und vereinfachen Sie so weit wie möglich.

a) $f(x) = 4 \cdot e^{2-\frac{3}{4}x}$ b) $f(x) = (x^2+3) \cdot e^{1-2x}$ c) $f(x) = e^{-2x} + \sqrt{5}\,x$ d) $f(x) = 3 - 2 \cdot e^{2x+1}$

2 e-Funktion integrieren

Berechnen Sie das Integral, indem Sie das Ergebnis mithilfe von e schreiben.

a) $\int_0^2 e^x + e^{-x}\,dx$ b) $\int_0^2 e^{1+2x}\,dx$ c) $\int_0^3 e^{-2x} + 1\,dx$ d) $\int_{-1}^0 2e^{2x}\,dx$

3 Graphen zuordnen

Ordnen Sie die Funktionsterme und die Graphen einander begründet zu.

$f(x) = x \cdot e^x$ $g(x) = x^2 \cdot e^x$ $h(x) = x \cdot e^{-x}$ $i(x) = x^2 \cdot e^{-x}$

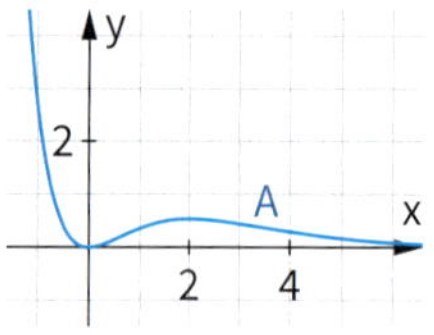

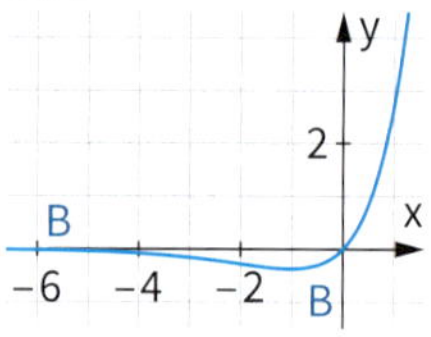

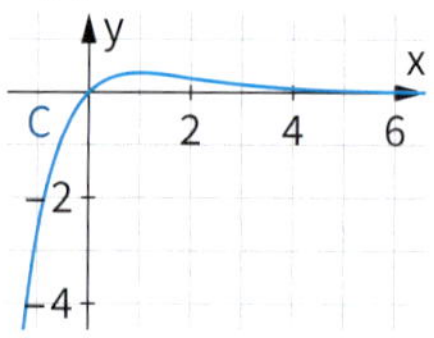

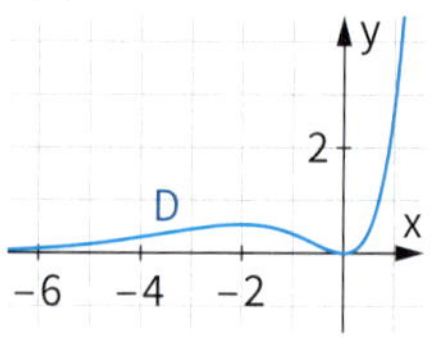

4 Produkt mit e-Funktion untersuchen

Die Funktion f ist gegeben durch $f(x) = (x+1) \cdot e^{-2x}$.

a) Bestimmen Sie die Nullstellen von f und untersuchen Sie das Verhalten der Funktionswerte für $x \to \infty$ und $x \to -\infty$. Skizzieren Sie damit ohne weitere Rechnung einen möglichen Graphen von f.

b) Zeigen Sie, dass die Funktion F mit $F(x) = -\frac{1}{4} \cdot (2x+3) \cdot e^{-2x}$ eine Stammfunktion von f ist.

5 e-Funktionen vergleichen

Gegeben sind die Funktionen g und h mit $g(x) = e^{x-1}$ und $h(x) = e^x - 1$.

a) Skizzieren Sie die Graphen von g und h. Beschreiben Sie, wie die beiden Graphen aus dem Graphen der Funktion f mit $f(x) = e^x$ hervorgehen.

b) Berechnen Sie die Schnittstelle von g und h.

6 Flächeninhalt berechnen

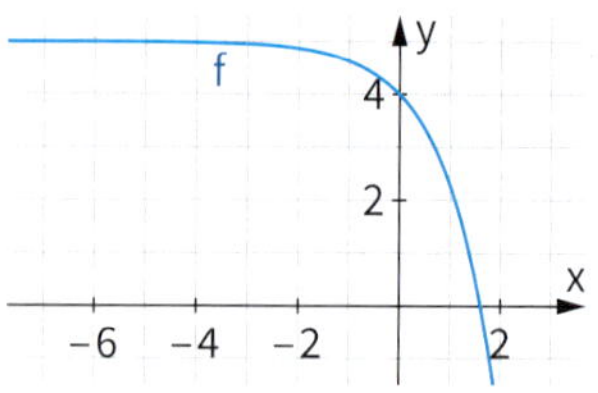

Gegeben ist der Graph der Funktion f mit $f(x) = 5 - e^x$.

a) Begründen Sie den Verlauf des Graphen, indem Sie das Verhalten der Funktionswerte für $x \to \infty$ und für $x \to -\infty$ untersuchen und die Schnittpunkte des Graphen mit den Koordinatenachsen bestimmen.

b) Der Graph von f und die Koordinatenachsen begrenzen eine Fläche. Berechnen Sie den Flächeninhalt dieser Fläche.

Teil B – Aufgaben mit Hilfsmitteln

7 Tierpopulation

Eine Tierpopulation hat sich in zehn Jahren von 800 auf 2500 Tiere vermehrt.

a) Beschreiben Sie diesen Wachstumsprozess mithilfe einer Exponentialfunktion.

b) Ermitteln Sie, wie viel Prozent das jährliche Wachstum beträgt, und bestimmen Sie die Verdopplungszeit.

Lösungen auf Seite 410

8 = Alter von Whisky

Das Alter von Whisky kann nach einer Methode von Libby mithilfe des Gehaltes am radioaktiven Wasserstoff-Isotop Tritium ^3H bestimmt werden. Dessen Gehalt ist im natürlichen Wasserkreislauf konstant; in abgetrennten Flüssigkeitsproben kommt kein neues Tritium aus der Atmosphäre hinzu. Der Gehalt nimmt ab mit einer Halbwertszeit von 12,3 Jahren. Bestimmen Sie das Alter eines Whiskys, der nur noch 30 % des ursprünglichen Tritiumgehaltes aufweist.

9 = e-Funktion untersuchen

Die Funktion f ist gegeben durch $f(x) = \left(2 - \frac{1}{2}x\right) \cdot e^x$.

a) Bestimmen Sie die Nullstellen und die Extremstellen von f.

b) Die Gerade g mit der Gleichung $y = \frac{3}{2}x + 2$ berührt den Graphen der Funktion f im Punkt B. Ermitteln Sie die Koordinaten von B. Zeichnen Sie die Graphen von f und g.

c) Die beiden Graphen schließen eine Fläche ein. Bestimmen Sie näherungsweise den Flächeninhalt dieser Fläche.

10 = Erdöl

Die Erdölfördermenge eines Staates kann ab dem Jahr 2001 näherungsweise durch die Funktion f mit $f(x) = (150 - 3x) \cdot e^{0{,}06x}$ beschrieben werden, mit x in Jahren ab 2001 und f(x) Fördermenge zum Zeitpunkt x in 10^8 Tonnen Erdöl.

a) Skizzieren Sie den Graphen im Intervall [0; 50] und beschreiben Sie seinen Verlauf.

b) Berechnen Sie das Jahr, in dem die Fördermenge maximal ist, und berechnen Sie die maximale Fördermenge des Erdöls.
Berechnen Sie den Zeitpunkt, zu dem die Fördermenge den maximalen Zuwachs erfährt.

c) Bestimmen Sie, in welchem Zeitraum mehr als $200 \cdot 10^8$ Tonnen jährlich gefördert werden.

d) Berechnen Sie den Gesamtförderzeitraum nach diesem Modell. Bestimmen Sie, wie viele Tonnen Erdöl in diesem Zeitraum gefördert werden.

11 = Abkühlung von Wasser

Eine Tasse heißes Wasser wird in einem Raum mit konstanter Lufttemperatur stehen gelassen. Die Temperatur des Wassers in °C nach t Minuten kann durch die Funktion f mit $f(t) = 63 \cdot e^{-kt} + 22$ beschrieben werden.

a) Geben Sie die Anfangstemperatur des Wassers und die Raumtemperatur an.

b) Beschreiben Sie die Bedeutung des Faktors k im Sachzusammenhang.

c) Nach 60 Minuten hat das Wasser eine Temperatur von 32 °C erreicht. Bestimmen Sie den Wert für k und berechnen Sie damit die Zeit, bis das Wasser auf 23 °C abgekühlt ist.

d) Bestimmen Sie für $k = 0{,}03$ den Zeitpunkt, ab dem die Abkühlungsgeschwindigkeit weniger als 1 °C pro Minute beträgt.

e) Beschreiben Sie die Bedeutung des Terms $\int_{20}^{40} -63k \cdot e^{-kt}\,dt$ in diesem Sachkontext.

12 ≡ Funktionenschar

Für $t > 0$ ist die Funktionenschar f_t mit $f_t(x) = (x + t) \cdot e^{t - x}$ gegeben.

a) Untersuchen Sie das Verhalten von f_t für $x \to \infty$ und für $x \to -\infty$.
Geben Sie eine Gleichung für die Ortslinie der Wendepunkte an. Skizzieren Sie mehrere Graphen der Schar sowie die Ortslinie in einem Koordinatensystem.

b) Eine Stammfunktion F_1 der Funktion f_1 hat die Form $F_1(x) = (ax + b) \cdot e^{1 - x}$.
Bestimmen Sie die Parameter a und b.

c) Der Graph von f_1, die x-Achse und die Gerade zu $x = z$ mit $z > 0$ begrenzen eine Fläche.
Berechnen Sie den Flächeninhalt dieser Fläche.
Untersuchen Sie, welche Werte dieser Flächeninhalt annehmen kann.

4 Analytische Geometrie

Für die Planung und den Bau von Häusern sind viele Berechnungen erforderlich.
Dazu muss die Lage von Flächen und Kanten im Raum mathematisch genau beschrieben werden. Außerdem müssen Winkel berechnet werden, die durch Flächen oder Kanten eingeschlossen sind.

- Was ist das Skalarprodukt?
- Wie kann man Ebenen im Raum beschreiben?
- Was ist ein Normalenvektor?
- Wie bestimmt man die Lage einer Geraden und einer Ebene zueinander?
- Wie berechnet man Winkel und Abstände im Raum?

4.1 Orthogonalität – Skalarprodukt

Vorbereiten
Seite 380
Satz des Pythagoras
Seite 372

Ein dreieckiges Segel hat aufgespannt bezüglich eines Koordinatensystems mit der Einheit Meter die Eckpunkte $A(5|3|6)$, $B(1|1|2)$ und $C(2|-1|2)$.

- Hat das Segel die Form eines rechtwinkligen Dreiecks?
- Wie kann man prüfen, ob die Pfeile zweier Vektoren $\vec{u}$ und $\vec{v}$ einen rechten Winkel einschließen? Wenden Sie dieses Kriterium bei den Seiten des Segels an.

Lösung – Dreieck auf Rechtwinkligkeit prüfen

Man verwendet die Umkehrung des Satzes des Pythagoras: Gilt $a^2 + b^2 = c^2$ im Dreieck ABC mit den Seitenlängen a, b, c, dann hat das Dreieck bei C einen rechten Winkel.

Für die Seitenlängen des Segels erhält man:

$$a = |\overrightarrow{BC}| = \left|\begin{pmatrix} 1 \\ -2 \\ 0 \end{pmatrix}\right| = \sqrt{5} \qquad b = |\overrightarrow{AC}| = \left|\begin{pmatrix} -3 \\ -4 \\ -4 \end{pmatrix}\right| = \sqrt{41} \qquad c = |\overrightarrow{AB}| = \left|\begin{pmatrix} -4 \\ -2 \\ -4 \end{pmatrix}\right| = \sqrt{36} = 6$$

Es gilt $36 + 5 = 41$, also $c^2 + a^2 = b^2$ bzw. $|\overrightarrow{AB}|^2 + |\overrightarrow{BC}|^2 = |\overrightarrow{AC}|^2$.

Daher beschreiben $\overrightarrow{AB}$ und $\overrightarrow{BC}$ die Katheten und $\overrightarrow{AC}$ die Hypotenuse des rechtwinkligen Dreiecks ABC.

Lösung – Allgemeines Kriterium

Damit die zugehörigen Pfeile eine Länge haben, setzt man $\vec{u} \neq \vec{o}$ und $\vec{v} \neq \vec{o}$.

Nach dem Satz des Pythagoras und seiner Umkehrung schließen zwei Pfeile von $\vec{u}$ und $\vec{v}$ genau dann einen rechten Winkel ein, wenn $|\vec{u}|^2 + |\vec{v}|^2 = |\vec{u} - \vec{v}|^2$ gilt.

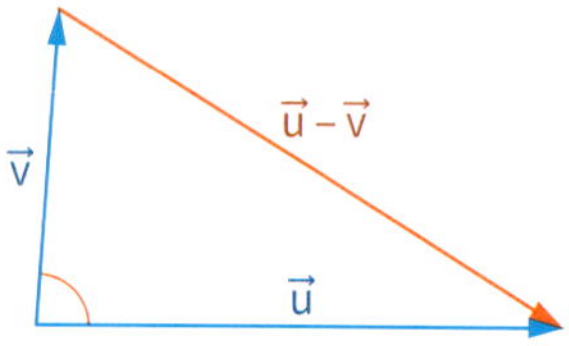

Für $\vec{u} = \begin{pmatrix} u_1 \\ u_2 \\ u_3 \end{pmatrix}$ und $\vec{v} = \begin{pmatrix} v_1 \\ v_2 \\ v_3 \end{pmatrix}$ lässt sich dies so schreiben:

2. binomische Formel

$$u_1^2 + u_2^2 + u_3^2 + v_1^2 + v_2^2 + v_3^2 = (u_1 - v_1)^2 + (u_2 - v_2)^2 + (u_3 - v_3)^2$$
$$= u_1^2 - 2u_1v_1 + v_1^2 + u_2^2 - 2u_2v_2 + v_2^2 + u_3^2 - 2u_3v_3 + v_3^2$$

Subtrahiert man die quadratischen Terme auf beiden Seiten, so erhält man daraus $0 = -2u_1v_1 - 2u_2v_2 - 2u_3v_3$ und damit die Bedingung $u_1v_1 + u_2v_2 + u_3v_3 = 0$.

Die Pfeile zweier Vektoren $\vec{u}$ und $\vec{v}$ schließen also genau dann einen rechten Winkel ein, wenn $u_1v_1 + u_2v_2 + u_3v_3 = 0$ gilt.

Lösung – Allgemeines Kriterium beim Segel anwenden

Setzt man bei den Seiten des Segels $\vec{a} = \overrightarrow{BC}$, $\vec{b} = \overrightarrow{AC}$ und $\vec{c} = \overrightarrow{AB}$, so erhält man:

- $a_1 \cdot b_1 + a_2 \cdot b_2 + a_3 \cdot b_3 = 1 \cdot (-3) + (-2) \cdot (-4) + 0 \cdot (-4) = 5 \neq 0$
  Die Seiten a und b sind also nicht orthogonal zueinander.
- $a_1 \cdot c_1 + a_2 \cdot c_2 + a_3 \cdot c_3 = 1 \cdot (-4) + (-2) \cdot (-2) + 0 \cdot (-4) = 0$
  Die Seiten a und c sind also orthogonal zueinander.
- $b_1 \cdot c_1 + b_2 \cdot c_2 + b_3 \cdot c_3 = (-3) \cdot (-4) + (-4) \cdot (-2) + (-4) \cdot (-4) = 36 \neq 0$
  Die Seiten b und c sind also nicht orthogonal zueinander.

Orthogonalität von Vektoren

Zwei Vektoren $\vec{u}$ und $\vec{v}$ heißen **orthogonal** zueinander, wenn ihre zugehörigen Pfeile einen rechten Winkel einschließen.

Schreibweise: $\vec{u} \perp \vec{v}$

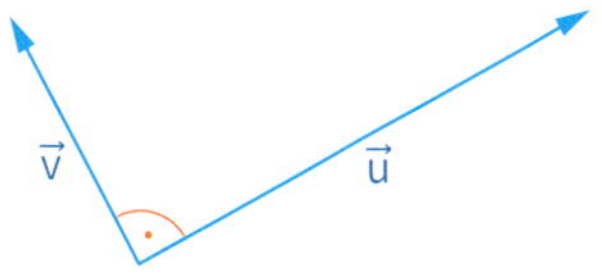

WES-109471-401

Skalarprodukt

Das **Skalarprodukt $\vec{u} \circ \vec{v}$** zweier Vektoren $\vec{u} = \begin{pmatrix} u_1 \\ u_2 \\ u_3 \end{pmatrix}$ und $\vec{v} = \begin{pmatrix} v_1 \\ v_2 \\ v_3 \end{pmatrix}$ ist die reelle Zahl

$$\vec{u} \circ \vec{v} = \begin{pmatrix} u_1 \\ u_2 \\ u_3 \end{pmatrix} \circ \begin{pmatrix} v_1 \\ v_2 \\ v_3 \end{pmatrix} = \mathbf{u_1 v_1 + u_2 v_2 + u_3 v_3}.$$

Skalar: reelle Zahl in der Vektorrechnung und der Physik

Satz

Zwei Vektoren $\vec{u} \neq \vec{o}$ und $\vec{v} \neq \vec{o}$ sind orthogonal zueinander, wenn $\vec{u} \circ \vec{v} = 0$, sonst nicht.

Vektoren auf Orthogonalität untersuchen

$\vec{a} = \begin{pmatrix} 2 \\ 3 \\ -1 \end{pmatrix}; \ \vec{b} = \begin{pmatrix} 1 \\ 4 \\ 7 \end{pmatrix}$

$\vec{a} \circ \vec{b} = 2 \cdot 1 + 3 \cdot 4 + (-1) \cdot 7 = 7 \neq 0$

$\vec{a}, \vec{b}$ sind nicht orthogonal zueinander.

$\vec{c} = \begin{pmatrix} 2 \\ -3 \\ 4 \end{pmatrix}; \ \vec{d} = \begin{pmatrix} 5 \\ 2 \\ -1 \end{pmatrix}$

$\vec{c} \circ \vec{d} = 2 \cdot 5 + (-3) \cdot 2 + 4 \cdot (-1) = 0$

$\vec{c}, \vec{d}$ sind orthogonal zueinander.

1 Skalarprodukt zweier Vektoren

Berechnen Sie das Skalarprodukt der beiden Vektoren.

a) $\begin{pmatrix} 1 \\ -2 \\ 3 \end{pmatrix} \circ \begin{pmatrix} 2 \\ 4 \\ 7 \end{pmatrix}$ b) $\begin{pmatrix} 3 \\ 0 \\ 4 \end{pmatrix} \circ \begin{pmatrix} 6 \\ 7 \\ -4 \end{pmatrix}$ c) $\begin{pmatrix} 1 \\ -2 \\ 0 \end{pmatrix} \circ \begin{pmatrix} 2 \\ 1 \\ 7 \end{pmatrix}$ d) $\begin{pmatrix} 1 \\ 0 \\ 3 \end{pmatrix} \circ \begin{pmatrix} 0 \\ -2 \\ 0 \end{pmatrix}$

2 Vorsicht, Fehler

Finden Sie den Fehler und korrigieren Sie das Ergebnis.

a) $\begin{pmatrix} 2 \\ -1 \\ 3 \end{pmatrix} \circ \begin{pmatrix} 1 \\ 4 \\ 2 \end{pmatrix} = \begin{pmatrix} 2 \\ -4 \\ 6 \end{pmatrix}$ b) $\begin{pmatrix} 1 \\ 1 \\ 1 \end{pmatrix} \circ \begin{pmatrix} 1 \\ 1 \\ 1 \end{pmatrix} = 1$ c) $\begin{pmatrix} 0 \\ 2 \\ 1 \end{pmatrix} \circ \begin{pmatrix} 1 \\ 1 \\ 2 \end{pmatrix} = 5$ d) $\begin{pmatrix} 2 \\ 2 \\ 2 \end{pmatrix} \circ \begin{pmatrix} -1 \\ -1 \\ -1 \end{pmatrix} = -2$

3 Vektoren auf Orthogonalität prüfen

Überprüfen Sie mit dem Skalarprodukt, ob $\vec{u}$ und $\vec{v}$ orthogonal zueinander sind.

a) $\vec{u} = \begin{pmatrix} 2 \\ 3 \\ -2 \end{pmatrix}; \ \vec{v} = \begin{pmatrix} 1 \\ 2 \\ 4 \end{pmatrix}$ b) $\vec{u} = \begin{pmatrix} -1 \\ 2 \\ -4 \end{pmatrix}; \ \vec{v} = \begin{pmatrix} 2 \\ -2 \\ 1 \end{pmatrix}$ c) $\vec{u} = \begin{pmatrix} 3 \\ -5 \\ -4 \end{pmatrix}; \ \vec{v} = \begin{pmatrix} 3 \\ 3 \\ 10 \end{pmatrix}$

d) $\vec{u} = \begin{pmatrix} 0 \\ 0 \\ 1 \end{pmatrix}; \ \vec{v} = \begin{pmatrix} 1 \\ 1 \\ 0 \end{pmatrix}$ e) $\vec{u} = \begin{pmatrix} 2 \\ k \\ 4 \end{pmatrix}; \ \vec{v} = \begin{pmatrix} k \\ 2 \\ -k \end{pmatrix}; \ k \in \mathbb{R}$ f) $\vec{u} = \begin{pmatrix} k \\ 1 \\ 6 \end{pmatrix}; \ \vec{v} = \begin{pmatrix} -1 \\ k \\ 3 \end{pmatrix}; \ k \in \mathbb{R}$

4 Skalarprodukt mit einem Rechner bestimmen

Informieren Sie sich, wie Sie mit Ihrem Rechner das Skalarprodukt berechnen können.

Überprüfen Sie damit Ihre Ergebnisse aus Aufgabe 3.

$a := \begin{bmatrix} 1 \\ 2 \\ -4 \end{bmatrix}$	$\begin{bmatrix} 1 \\ 2 \\ -4 \end{bmatrix}$
$b := \begin{bmatrix} 2 \\ 1 \\ 1 \end{bmatrix}$	$\begin{bmatrix} 2 \\ 1 \\ 1 \end{bmatrix}$
dotP(a, b)	0

5 ≡ **Dachfläche**

Auf einem Spielplatz stehen Klettertürme mit dreieckförmigen Dachflächen.
Die Eckpunkte A, B und C einer der Dachflächen haben in einem Koordinatensystem mit der Einheit Meter die Koordinaten A(2,45 | 1,3 | 2,25), B(1,9 | 4,45 | 2,38) und C(3,75 | 3,05 | 2,57).

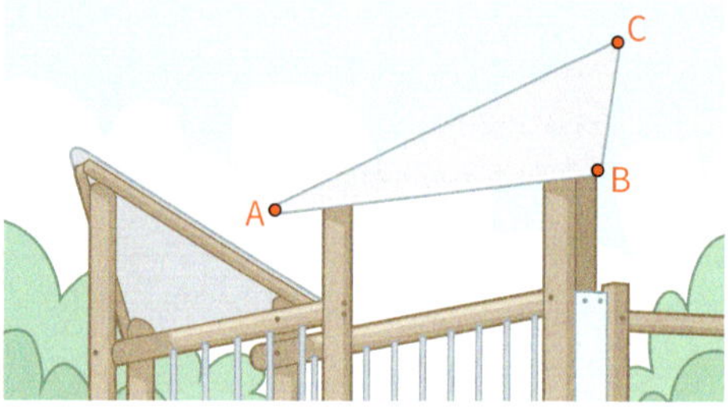

Bei der Einweihung des Spielplatzes wurde von einer rechtwinkligen Dachfläche gesprochen. Stimmt dies?

6 = **Orthogonalen Vektor bestimmen**

Geben Sie drei Vektoren an, die orthogonal zum Vektor $\vec{u}$ sind.

a) $\vec{u} = \begin{pmatrix} 1 \\ 2 \\ 3 \end{pmatrix}$ b) $\vec{u} = \begin{pmatrix} -1 \\ 2 \\ 4 \end{pmatrix}$ c) $\vec{u} = \begin{pmatrix} 3 \\ -2 \\ 7 \end{pmatrix}$ d) $\vec{u} = \begin{pmatrix} -2 \\ -6 \\ 1 \end{pmatrix}$

Prüfe dich!
Lösungen auf Seite 413

7 = Untersuchen Sie, ob die Vektoren orthogonal zueinander sind.

a) $\begin{pmatrix} 0 \\ -3 \\ 1 \end{pmatrix}; \begin{pmatrix} 4 \\ 2 \\ 6 \end{pmatrix}$ b) $\begin{pmatrix} 1 \\ 1 \\ -1 \end{pmatrix}; \begin{pmatrix} 5 \\ 2 \\ 7 \end{pmatrix}$ c) $\begin{pmatrix} 1 \\ 2 \\ 3 \end{pmatrix}; \begin{pmatrix} -3 \\ 2 \\ 1 \end{pmatrix}$ d) $\begin{pmatrix} a \\ 0 \\ -1 \end{pmatrix}; \begin{pmatrix} 1 \\ \pi \\ a \end{pmatrix}$

8 = Die Glaskuppel auf dem Dach eines mehrstöckigen Hauses besteht aus Glaselementen, die von Metallstreben zusammengehalten werden. Einige dieser Streben laufen von der Dachspitze strahlenförmig nach außen.

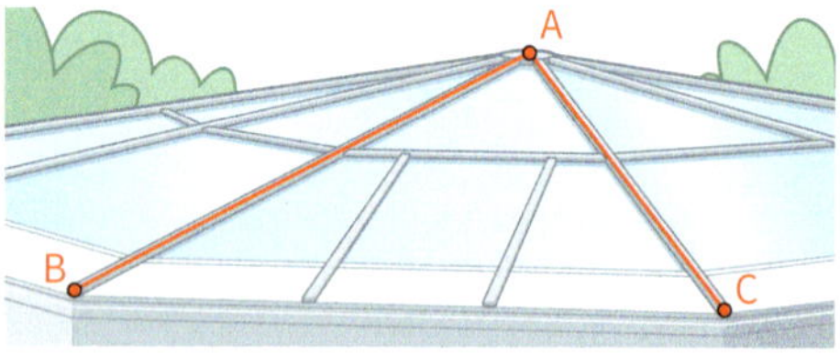

Den Bauplänen kann man die Koordinaten der Endpunkte A, B und C zweier solcher Streben entnehmen: A(0 | 0 | 15), B(4 | −2 | 14) und C(4 | 2 | 14), Einheiten in Metern.
Untersuchen Sie, ob die beiden Dachstreben einen rechten Winkel einschließen.

9 = Geben Sie zwei Vektoren an, die zum Vektor $\begin{pmatrix} -4 \\ 3 \\ 6 \end{pmatrix}$ orthogonal sind.

10 = **Rechengesetze für das Skalarprodukt**

Zeigen Sie anhand selbst gewählter Vektoren und begründen Sie dann allgemein, dass für das Skalarprodukt gilt:

Kommutativgesetz
$\vec{a} \circ \vec{b} = \vec{b} \circ \vec{a}$

Distributivgesetz
$\vec{a} \circ (\vec{b} + \vec{c}) = \vec{a} \circ \vec{b} + \vec{a} \circ \vec{c}$

11 = **Kein Assoziativgesetz für das Skalarprodukt**

Für die Multiplikation reeller Zahlen gilt das Assoziativgesetz $a \cdot (b \cdot c) = (a \cdot b) \cdot c$.
Begründen Sie, dass man für das Skalarprodukt kein Assoziativgesetz formulieren kann.

12 ≡ **Skalarprodukt zueinander paralleler Vektoren**

Zeigen Sie anhand selbst gewählter Vektoren und begründen Sie dann allgemein, dass gilt:

(1) $\vec{a} \circ \vec{a} = |\vec{a}| \cdot |\vec{a}| = |\vec{a}|^2$

(2) $\vec{a} \circ \vec{b} = |\vec{a}| \cdot |\vec{b}|$, wenn $\vec{a} \parallel \vec{b}$ und beide Vektoren gleichgerichtet sind.

(3) $\vec{a} \circ \vec{b} = -|\vec{a}| \cdot |\vec{b}|$, wenn $\vec{a} \parallel \vec{b}$ und beide Vektoren entgegengesetzt gerichtet sind.

Dreieck untersuchen

Untersuchen Sie, ob das Dreieck ABC mit A(1|4|5), B(1|1|1) und C(6|1|1) rechtwinklig, gleichschenklig oder gleichseitig ist.

Lösung

Verbindungsvektoren bestimmen	$\overrightarrow{AB} = \begin{pmatrix} 0 \\ -3 \\ -4 \end{pmatrix}$	$\overrightarrow{AC} = \begin{pmatrix} 5 \\ -3 \\ -4 \end{pmatrix}$	$\overrightarrow{BC} = \begin{pmatrix} 5 \\ 0 \\ 0 \end{pmatrix}$
Auf Rechtwinkligkeit prüfen	$\overrightarrow{AB} \circ \overrightarrow{AC} = 25 \neq 0$	$\overrightarrow{AB} \circ \overrightarrow{BC} = 0$	
Seitenlängen bestimmen	$\lvert\overrightarrow{AB}\rvert = \sqrt{25} = 5$	$\lvert\overrightarrow{AC}\rvert = \sqrt{50}$	$\lvert\overrightarrow{BC}\rvert = \sqrt{25} = 5$

Das Dreieck ABC ist rechtwinklig und gleichschenklig.

13 = **Dreiecke untersuchen**

Untersuchen Sie, ob das Dreieck ABC rechtwinklig, gleichschenklig oder gleichseitig ist.

a) A(0|−1|3); B(−2|1|3); C(−2|−1|8)
b) A(1|2|1); B(5|2|−3); C(1|6|−3)
c) A(1|2|3); B(4|2|6); C(1|2|1)
d) A(3|0|1); B(7|4|−1); C(1|4|5)

14 = **Viereck untersuchen**

Untersuchen Sie, welche besondere Eigenschaften das Viereck ABCD mit den Punkten A(2|1|3), B(2|7|11), C(12|7|11) und D(12|1|3) hat.

15 = **Punkt für orthogonalen Verbindungsvektor bestimmen**

Gegeben sind die Punkte A und B.
Bestimmen Sie einen Punkt C so, dass die Vektoren $\overrightarrow{AB}$ und $\overrightarrow{AC}$ orthogonal zueinander sind.

a) A(0|−1|−3); B(2|4|−1)
b) A(−4|2|3); B(6|−2|5)

16 = a) Zeigen Sie, dass das Viereck ABCD mit A(3|1|−2), B(5|0|0), C(6|2|0) und D(4|3|−2) ein Rechteck ist.

b) Untersuchen Sie, ob das Dreieck ABC mit A(3|7|−4), B(7|7|−1) und C(0|7|0) rechtwinklig, gleichschenklig oder gleichseitig ist.

Prüfe dich!
Lösungen auf Seite 413

17 = **Raumdiagonalen im Würfel**

Der abgebildete Würfel hat die Eckpunkte A(0|0|0) und G(1|1|1).

a) Geben Sie die Koordinaten der übrigen Eckpunkte an.

b) Untersuchen Sie, ob die Vektoren $\overrightarrow{AG}$ und $\overrightarrow{BH}$ orthogonal zueinander sind.

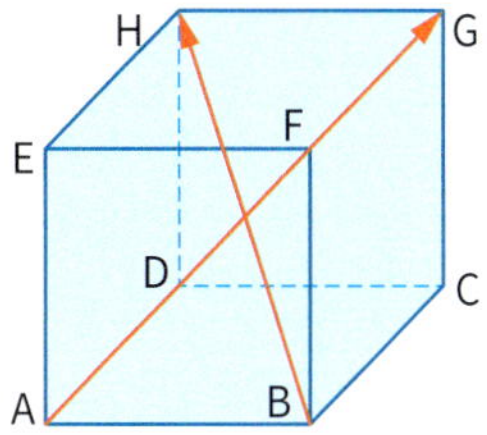

18 ≡ **Diagonalen in einer Raute**

Eine Raute kann durch zwei Vektoren $\vec{a}$ und $\vec{b}$ mit $|\vec{a}| = |\vec{b}|$ beschrieben werden.
Zeigen Sie, dass die Diagonalen in jeder Raute orthogonal zueinander sind. Stellen Sie dazu die Diagonalen mithilfe von $\vec{a}$ und $\vec{b}$ dar und verwenden Sie das Skalarprodukt.

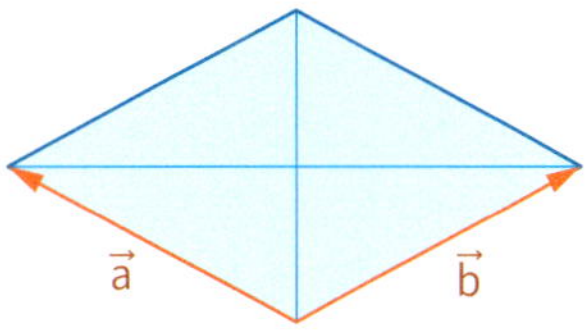

19 ≡ **Geometrische Lage orthogonaler Vektoren**

Wie viele Vektoren gibt es, die orthogonal zum Vektor $\vec{u} = \begin{pmatrix} 1 \\ 0 \\ 0 \end{pmatrix}$ sind?

Beschreiben Sie ihre geometrische Lage und verallgemeinern Sie dies für einen beliebigen Vektor $\vec{u}$.

4.2 Winkel zwischen Vektoren

Vorbereiten
Seite 373

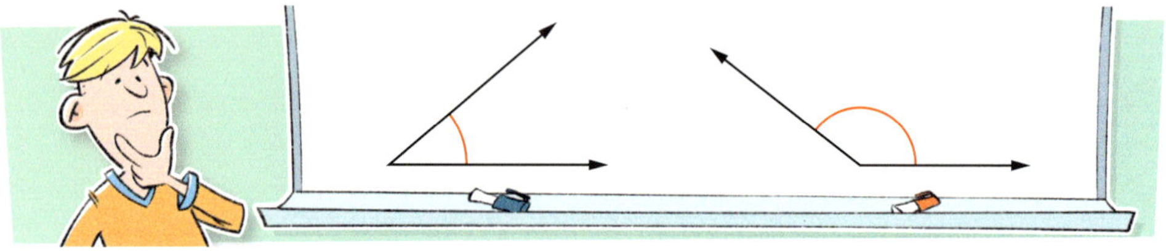

- Die Pfeile zweier Vektoren $\vec{u} \neq \vec{o}$ und $\vec{u} \neq \vec{o}$ schließen in einem gemeinsamen Anfangspunkt einen Winkel $\alpha \leq 180°$ ein. Wie kann man diesen Winkel berechnen?

(1) Der Fall $\alpha < 90°$

Der Vektor $\vec{v}$ kann wie in der Abbildung dargestellt in zwei Teilvektoren zerlegt werden, und zwar in einen zum Vektor $\vec{u}$ parallelen Teil $\vec{v}_{\parallel}$ und einen zum Vektor $\vec{u}$ orthogonalen Teil $\vec{v}_{\perp}$.

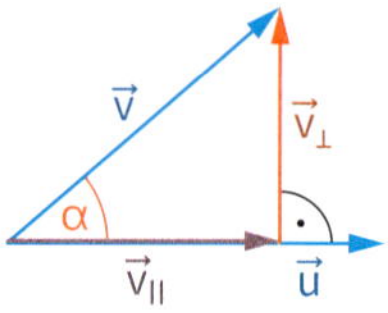

Es gilt also $\vec{v} = \vec{v}_{\parallel} + \vec{v}_{\perp}$ mit $\vec{v}_{\parallel} \parallel \vec{u}$ und $\vec{v}_{\perp} \perp \vec{u}$.

Den Winkel α kann man mit dem Kosinus bestimmen: $\cos(\alpha) = \frac{|\vec{v}_{\parallel}|}{|\vec{v}|}$

Nachschlagen
Seite 154

Man erhält somit: $\vec{u} \circ \vec{v} = \vec{u} \circ (\vec{v}_{\parallel} + \vec{v}_{\perp})$

$= \vec{u} \circ \vec{v}_{\parallel} + \vec{u} \circ \vec{v}_{\perp}$ — Distributivgesetz für das Skalarprodukt

$= \vec{u} \circ \vec{v}_{\parallel}$ — $\vec{v}_{\perp} \perp \vec{u}$, also $\vec{v}_{\perp} \circ \vec{u} = 0$

$= |\vec{u}| \cdot |\vec{v}_{\parallel}|$ — $\vec{v}_{\parallel}$ und $\vec{u}$ parallel und gleich gerichtet

Daraus folgt $|\vec{v}_{\parallel}| = \frac{\vec{u} \circ \vec{v}}{|\vec{u}|}$ und damit $\cos(\alpha) = \frac{|\vec{v}_{\parallel}|}{|\vec{v}|} = \frac{\vec{u} \circ \vec{v}}{|\vec{u}| \cdot |\vec{v}|}$.

(2) Der Fall $\alpha > 90°$

Betrachtet man in diesem Fall den Winkel $\beta = 180° - \alpha$, so ergibt sich mit dem Ergebnis von oben:

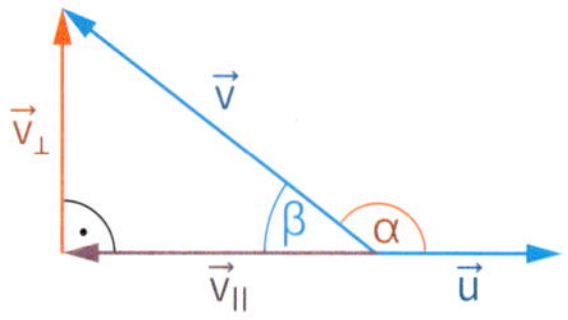

$\cos(\beta) = \cos(180° - \alpha)$

$= \frac{(-\vec{u}) \circ \vec{v}}{|-\vec{u}| \cdot |\vec{v}|} = \frac{-(\vec{u} \circ \vec{v})}{|\vec{u}| \cdot |\vec{v}|}$

Die Kosinuskurve ist punktsymmetrisch zum Punkt $(90° | 0)$. Daraus erhält man dann:

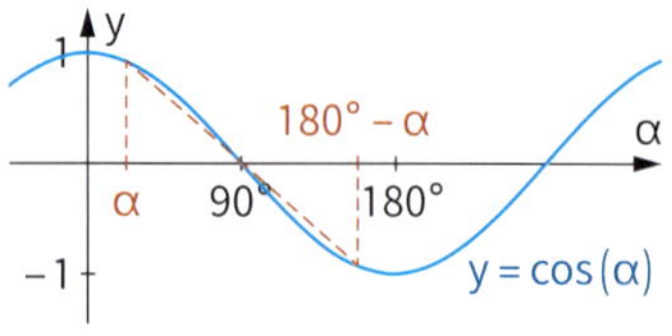

$\cos(\alpha) = -\cos(180° - \alpha)$

$= -\frac{-(\vec{u} \circ \vec{v})}{|\vec{u}| \cdot |\vec{v}|} = \frac{\vec{u} \circ \vec{v}}{|\vec{u}| \cdot |\vec{v}|}$

WES-109471-402

Winkel zwischen zwei Vektoren

Die Pfeile zweier Vektoren $\vec{u} \neq \vec{o}$ und $\vec{v} \neq \vec{o}$ schließen in einem gemeinsamen Anfangspunkt einen Winkel $\alpha \leq 180°$ ein. Dieser Winkel α heißt **Winkel zwischen den Vektoren** $\vec{u}$ und $\vec{v}$.

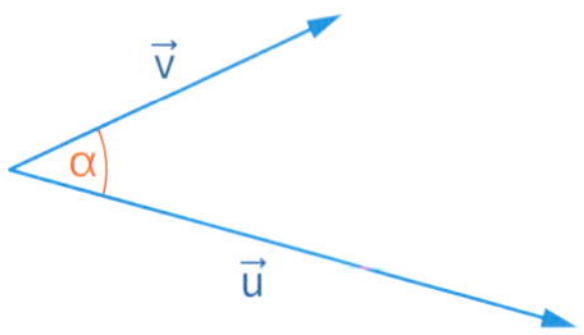

Satz

Für den Winkel α zwischen zwei Vektoren $\vec{u}$ und $\vec{v}$ gilt: $\mathbf{\cos(\alpha) = \frac{\vec{u} \circ \vec{v}}{|\vec{u}| \cdot |\vec{v}|}}$

Winkel zwischen zwei Vektoren berechnen

$$\vec{u} = \begin{pmatrix} -2 \\ -2 \\ 1 \end{pmatrix}; \ \vec{v} = \begin{pmatrix} 1 \\ 3 \\ 4 \end{pmatrix}: \quad \cos(\alpha) = \frac{\vec{u} \circ \vec{v}}{|\vec{u}| \cdot |\vec{v}|} = \frac{\begin{pmatrix} -2 \\ -2 \\ 1 \end{pmatrix} \circ \begin{pmatrix} 1 \\ 3 \\ 4 \end{pmatrix}}{\left|\begin{pmatrix} -2 \\ -2 \\ 1 \end{pmatrix}\right| \cdot \left|\begin{pmatrix} 1 \\ 3 \\ 4 \end{pmatrix}\right|} = \frac{-2 + (-6) + 4}{\sqrt{4+4+1} \cdot \sqrt{1+9+16}} = \frac{-4}{3 \cdot \sqrt{26}}; \text{ also } \alpha \approx 105{,}2°$$

Befehl $\cos^{-1}$ auf dem Rechner

1 Winkel zwischen Vektoren

Berechnen Sie den Winkel zwischen den Vektoren $\vec{u}$ und $\vec{v}$.

a) $\vec{u} = \begin{pmatrix} 2 \\ -1 \\ 2 \end{pmatrix}; \ \vec{v} = \begin{pmatrix} 4 \\ 0 \\ -3 \end{pmatrix}$
b) $\vec{u} = \begin{pmatrix} 1 \\ 1 \\ 1 \end{pmatrix}; \ \vec{v} = \begin{pmatrix} -5 \\ 3 \\ -1 \end{pmatrix}$
c) $\vec{u} = \begin{pmatrix} -3 \\ -2 \\ 5 \end{pmatrix}; \ \vec{v} = \begin{pmatrix} 7 \\ 1 \\ -4 \end{pmatrix}$

d) $\vec{u} = \begin{pmatrix} 2 \\ -1 \\ 5 \end{pmatrix}; \ \vec{v} = \begin{pmatrix} 6 \\ 7 \\ 2 \end{pmatrix}$
e) $\vec{u} = \begin{pmatrix} 12 \\ 3 \\ 5 \end{pmatrix}; \ \vec{v} = \begin{pmatrix} 6 \\ 1 \\ -9 \end{pmatrix}$
f) $\vec{u} = \begin{pmatrix} 1 \\ -2 \\ -3 \end{pmatrix}; \ \vec{v} = \begin{pmatrix} -3 \\ 3 \\ 1 \end{pmatrix}$

2 Innenwinkel in Dreiecken

a) Bestimmen Sie die Längen der Dreiecksseiten und die Innenwinkel des Dreiecks ABC in der Abbildung.
b) Bestimmen Sie im Dreieck ABC mit A(1 | 0 | −4), B(2 | −2 | 0) und C(4 | 4 | 5) den Innenwinkel bei B.
c) Bestimmen Sie im Dreieck ABC mit A(−1 | 0 | 0), B(0 | 1 | 0) und C(−4 | 3 | −2) den Innenwinkel bei C.

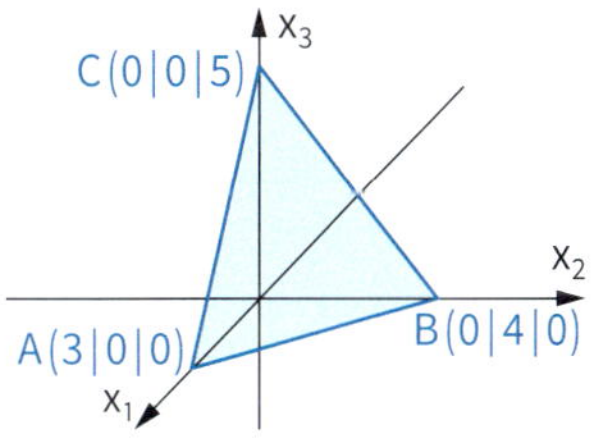

3 Wo steckt der Fehler?

Emma soll im Dreieck ABC mit A(1 | 2 | 3), B(2 | 1 | 3) und C(3 | 5 | 4) den Innenwinkel α bei A bestimmen. Dazu berechnet sie den Winkel zwischen $\overrightarrow{AC} = \begin{pmatrix} 2 \\ 3 \\ 1 \end{pmatrix}$ und $\overrightarrow{BA} = \begin{pmatrix} -1 \\ 1 \\ 0 \end{pmatrix}$ und erhält $\alpha \approx 79{,}11°$.
Sophie sagt: *„Ich habe $\alpha \approx 100{,}89°$ herausbekommen.“*
Erklären Sie, welchen Fehler Emma gemacht hat.

4 Winkel am Hausgiebel

Auf dem Dach eines alten Bauernhauses wurde eine Photovoltaik-Anlage installiert. Bei der Planung der Anlage wurde auch der Winkel am Giebel bestimmt.
Drei Eckpunkte der Dachflächen sind in einem Koordinatensystem mit der Einheit Meter durch A(−7 | 5 | 3), B(7,5 | 5 | 4,5) und C(3 | 5 | 6) gegeben.

Berechnen Sie den Winkel, den die Dachkanten im Eckpunkt C miteinander einschließen.

---

5 Zeigen Sie, dass das Dreieck ABC mit A(4 | 2 | −1), B(4 | 4 | −5) und C(6 | 3 | −4) im Punkt C einen rechten Winkel hat. Bestimmen Sie die beiden anderen Innenwinkel.

Prüfe dich!
Lösungen auf Seite 413

---

6 Spitzer und stumpfer Winkel

Sven meint: *„Wenn das Skalarprodukt zweier Vektoren negativ ist, so ist der eingeschlossene Winkel ein stumpfer Winkel. Ist es aber positiv, so ist es ein spitzer Winkel.“*
Begründen Sie seine Aussage.

WES-109471-403

Winkel zwischen zwei Geraden

Schneiden sich zwei Geraden, so wird der kleinste von ihnen eingeschlossene Winkel als ihr **Schnittwinkel** bezeichnet. Dieser beträgt höchstens 90°.

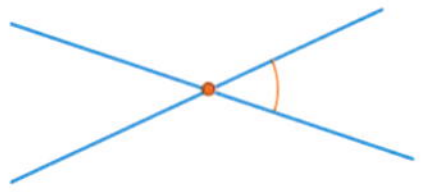

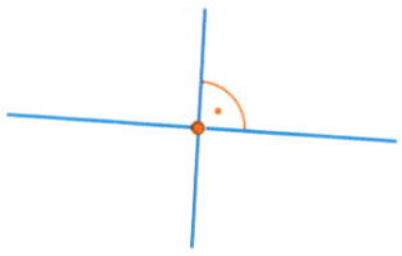

Schnittwinkel zweier Geraden berechnen

Für den Schnittwinkel α zweier Geraden mit den Richtungsvektoren $\vec{u}$ und $\vec{v}$ gilt:

$$\cos(\alpha) = \frac{|\vec{u} \circ \vec{v}|}{|\vec{u}| \cdot |\vec{v}|}$$

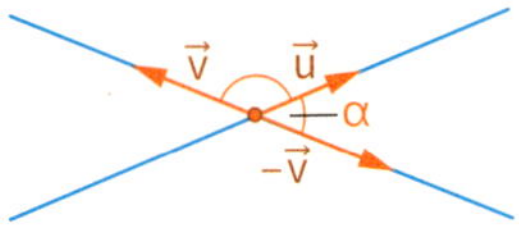

$\vec{u} \circ (-\vec{v}) = -(\vec{u} \circ \vec{v})$

Durch den Betrag muss man nicht mehr auf die Richtung achten.

Gegeben:
$g: \vec{x} = \begin{pmatrix} 3 \\ -6 \\ 11 \end{pmatrix} + r \cdot \begin{pmatrix} 2 \\ 0 \\ 4 \end{pmatrix}$; $h: \vec{x} = \begin{pmatrix} 2 \\ -4 \\ 6 \end{pmatrix} + s \cdot \begin{pmatrix} 1 \\ 2 \\ -1 \end{pmatrix}$

g und h schneiden sich im Punkt S(1|−6|7).

Gesucht: Schnittwinkel in S

$\cos(\alpha) = \frac{\left|\begin{pmatrix} 2 \\ 0 \\ 4 \end{pmatrix} \circ \begin{pmatrix} 1 \\ 2 \\ -1 \end{pmatrix}\right|}{\sqrt{20} \cdot \sqrt{6}} = \frac{|-2|}{\sqrt{120}} = \frac{2}{\sqrt{120}}$;

also $\alpha \approx 79{,}5°$

7 **Schnittwinkel zweier Geraden**

Untersuchen Sie, ob sich die Geraden g und h schneiden, und berechnen Sie gegebenenfalls den Schnittwinkel der beiden Geraden.

a) $g: \vec{x} = \begin{pmatrix} 1 \\ 1 \\ 1 \end{pmatrix} + t \cdot \begin{pmatrix} -2 \\ 3 \\ 1 \end{pmatrix}$; $h: \vec{x} = \begin{pmatrix} 3 \\ -2 \\ 0 \end{pmatrix} + s \cdot \begin{pmatrix} 1 \\ 0 \\ 4 \end{pmatrix}$

b) $g: \vec{x} = \begin{pmatrix} 1 \\ 3 \\ 1 \end{pmatrix} + t \cdot \begin{pmatrix} 1 \\ -4 \\ 6 \end{pmatrix}$; $h: \vec{x} = \begin{pmatrix} 3 \\ -2 \\ 1 \end{pmatrix} + s \cdot \begin{pmatrix} -5 \\ 1 \\ 7 \end{pmatrix}$

c) $g: \vec{x} = t \cdot \begin{pmatrix} -6 \\ 1 \\ -2 \end{pmatrix}$; $h: \vec{x} = \begin{pmatrix} 2 \\ -4 \\ 6 \end{pmatrix} + s \cdot \begin{pmatrix} -1 \\ 2 \\ -3 \end{pmatrix}$

d) $g: \vec{x} = \begin{pmatrix} 2 \\ 1 \\ 4 \end{pmatrix} + t \cdot \begin{pmatrix} 2 \\ 1 \\ -2 \end{pmatrix}$; $h: \vec{x} = \begin{pmatrix} -2 \\ -1 \\ 8 \end{pmatrix} + s \cdot \begin{pmatrix} 2 \\ -1 \\ 2 \end{pmatrix}$

8 **Schnittwinkel mit Koordinatenachsen**

Die Gerade g hat die Parameterdarstellung $\vec{x} = t \cdot \begin{pmatrix} 1 \\ 2 \\ 2 \end{pmatrix}$; $t \in \mathbb{R}$.

Begründen Sie, dass g durch den Koordinatenursprung verläuft, und berechnen Sie die Schnittwinkel von g mit den Koordinatenachsen.

Prüfe dich!
Lösungen auf Seite 413

9 Zeigen Sie, dass sich die beiden Geraden g und h im Punkt S(3|4|−2) schneiden, und berechnen Sie den Schnittwinkel.

$g: \vec{x} = \begin{pmatrix} 3 \\ 2 \\ 0 \end{pmatrix} + t \cdot \begin{pmatrix} 0 \\ 1 \\ -1 \end{pmatrix}$; $t \in \mathbb{R}$ $\quad h: \vec{x} = \begin{pmatrix} 5 \\ 5 \\ 0 \end{pmatrix} + s \cdot \begin{pmatrix} 2 \\ 1 \\ 2 \end{pmatrix}$; $s \in \mathbb{R}$

10 **Würfel mit abgeschnittener Ecke**

Von einem Würfel mit der Kantenlänge 12 wurde eine Ecke abgeschnitten, wodurch das Dreieck PQR entstand. Bestimmen Sie die Innenwinkel dieses Dreiecks.

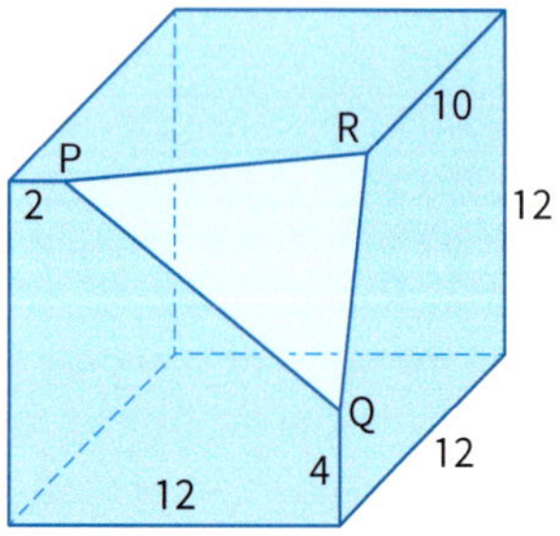

11 **Winkel in einem Parallelogramm**

Ein Viereck hat die Eckpunkte A(−3|2|5), B(4|−2|1), C(5|6|8) und D(−2|10|12).
Zeigen Sie, dass das Viereck ein Parallelogramm ist, und berechnen Sie die Seitenlängen und die Innenwinkel.

12 ≡ **Winkel in einer Raute**

a) Weisen Sie nach, dass durch die Vektoren $\vec{u} = \begin{pmatrix} 2 \\ -1 \\ 2 \end{pmatrix}$ und $\vec{v} = \begin{pmatrix} 1 \\ 2 \\ -2 \end{pmatrix}$ und den gemeinsamen Anfangspunkt A(1 | 1 | 2) eine Raute bestimmt wird.

b) Ermitteln Sie die Koordinaten der restlichen Eckpunkte der Raute sowie den Schnittpunkt und den Schnittwinkel der Diagonalen.

13 ≡ **Winkel in einer Pyramide**

Eine gerade Pyramide hat eine rechteckige Grundfläche mit den Seitenlängen 4 cm und 5 cm und ist 8 cm hoch.

a) Zeichnen Sie ein Schrägbild der Pyramide in ein Koordinatensystem und bestimmen Sie die Koordinaten aller Eckpunkte.

b) Berechnen Sie die Innenwinkel der Seitenflächen in der Pyramidenspitze.

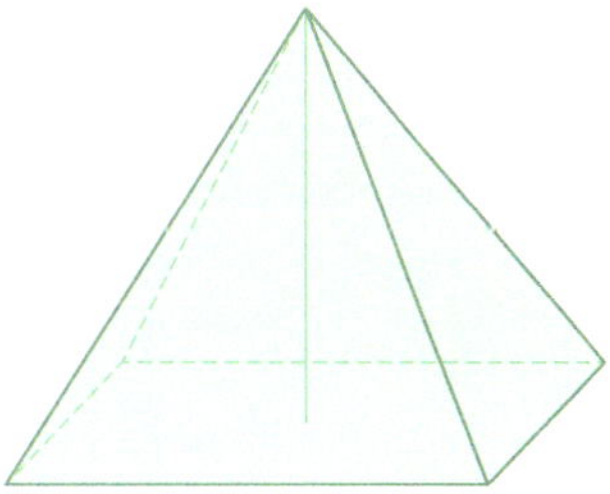

14 ≡ **Winkel zwischen Raumdiagonalen im Würfel**

Gegeben ist ein Würfel mit der Kantenlänge 4 dm.
In der Abbildung sind die vier Raumdiagonalen des Würfels eingezeichnet.
Schätzen Sie zunächst, in welchem Winkel sich jeweils zwei Raumdiagonalen schneiden.
Bestimmen Sie dann die Schnittwinkel der Raumdiagonalen rechnerisch.

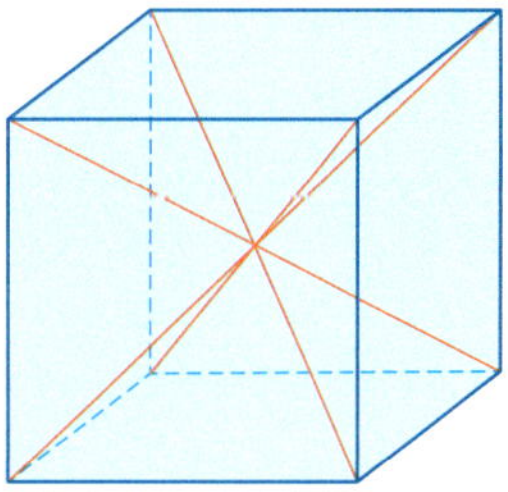

15 ≡ **Geometrische Deutung des Skalarprodukts**

Zu zwei Vektoren $\vec{u}$ und $\vec{v}$ mit dem eingeschlossenen Winkel α kann man ein Rechteck festlegen.
Zeigen Sie, dass man den Flächeninhalt A dieses Rechtecks wie folgt berechnen kann:

$$\mathbf{A = |\vec{u}| \cdot |\vec{v}| \cdot \cos(\alpha)}$$

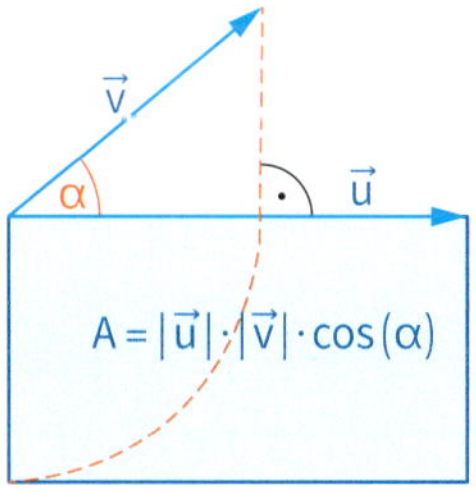

16 ≡ **Vektoren mit gleichen Skalarprodukten**

a) Begründen Sie, dass für den Vektor $\vec{x}$ gilt:

$$\vec{u} \circ \vec{x} = \vec{u} \circ \vec{v}$$

b) Übertragen Sie die Skizze in Ihr Heft und zeichnen Sie weitere Vektoren $\vec{x}$ ein, für die diese Gleichung gilt.

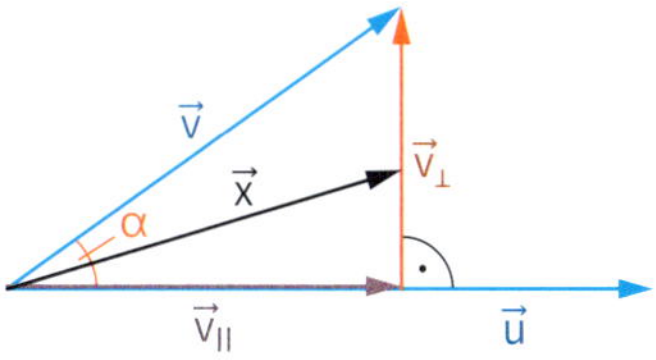

17 ≡ **Kraft und Arbeit**

Lea zieht einen Schlitten mit ihrem Bruder Alexander 300 m weit über eine schiefe ebene Schneefläche. Sie bringt dabei eine konstante Kraft von 240 N auf.
Die entstehenden Reibungskräfte können vernachlässigt werden.

a) Bestimmen Sie, wie groß die Kraft $\vec{F_S}$ ist, die in Wegrichtung wirksam wird.

b) Berechnen Sie die verrichtete Arbeit W und erklären Sie, dass man sie als Skalarprodukt deuten kann.

4.3 Parameterdarstellung einer Ebene

Vorbereiten
Seite 381

Die linke untere Ecke A einer Solaranlage hat in einem Koordinatensystem mit der Einheit Meter die Koordinaten A(0 | 0 | 4).
Ein Kollektor kann beschrieben werden durch die Vektoren $\vec{u} = \begin{pmatrix} 0 \\ 0{,}8 \\ 0 \end{pmatrix}$ und $\vec{v} = \begin{pmatrix} -0{,}8 \\ 0 \\ 0{,}6 \end{pmatrix}$.

- Welche Koordinaten haben die eingezeichneten Punkte B und C?

Lösung

Man erhält die Koordinaten des Punktes B, indem man am Punkt A sechsmal den Vektor $\vec{u}$ und dann einmal den Vektor $\vec{v}$ anträgt.

$$\overrightarrow{OB} = \overrightarrow{OA} + 6 \cdot \vec{u} + 1 \cdot \vec{v} = \begin{pmatrix} 0 \\ 0 \\ 4 \end{pmatrix} + 6 \cdot \begin{pmatrix} 0 \\ 0{,}8 \\ 0 \end{pmatrix} + 1 \cdot \begin{pmatrix} -0{,}8 \\ 0 \\ 0{,}6 \end{pmatrix} = \begin{pmatrix} -0{,}8 \\ 4{,}8 \\ 4{,}6 \end{pmatrix}; \text{ also } B(-0{,}8 \,|\, 4{,}8 \,|\, 4{,}6)$$

Entsprechend erhält man die Koordinaten des Punktes C, indem man am Punkt A viermal den Vektor $\vec{u}$ und dann zweimal den Vektor $\vec{v}$ anträgt.

$$\overrightarrow{OC} = \overrightarrow{OA} + 4 \cdot \vec{u} + 2 \cdot \vec{v} = \begin{pmatrix} 0 \\ 0 \\ 4 \end{pmatrix} + 4 \cdot \begin{pmatrix} 0 \\ 0{,}8 \\ 0 \end{pmatrix} + 2 \cdot \begin{pmatrix} -0{,}8 \\ 0 \\ 0{,}6 \end{pmatrix} = \begin{pmatrix} -1{,}6 \\ 3{,}2 \\ 5{,}2 \end{pmatrix}; \text{ also } C(-1{,}6 \,|\, 3{,}2 \,|\, 5{,}2)$$

WES-109471-404

$\vec{x} = \overrightarrow{OX}$

Parameterdarstellung einer Ebene

Durch einen Punkt A und zwei Vektoren $\vec{u} \neq \vec{o}$ und $\vec{v} \neq \vec{o}$, die nicht parallel zueinander sind, ist eine Ebene E bestimmt.

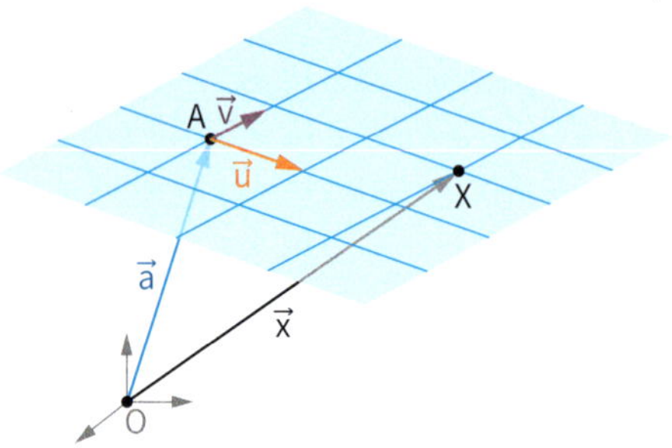

Für jeden Punkt X in der Ebene E gibt es Zahlen $r, s \in \mathbb{R}$, sodass gilt:

$$\mathbf{E\colon \vec{x} = \vec{a} + r \cdot \vec{u} + s \cdot \vec{v}}$$

Für Punkte, die nicht in der Ebene E liegen, gibt es solche Zahlen nicht.

Diese Gleichung bezeichnet man als **Parameterdarstellung** der Ebene E mit den **Parametern** r und s. Der Vektor $\vec{a}$ heißt **Stützvektor** von E, die Vektoren $\vec{u}$ und $\vec{v}$ **Richtungsvektoren** von E.

Punkte einer Ebene bestimmen

Bestimmen Sie die Koordinaten zweier Punkte, die in $E\colon \vec{x} = \begin{pmatrix} 2 \\ -1 \\ 3 \end{pmatrix} + r \cdot \begin{pmatrix} 1 \\ 0 \\ 2 \end{pmatrix} + s \cdot \begin{pmatrix} -6 \\ 5 \\ 9 \end{pmatrix}$ liegen.

Lösung

Für s und t zwei beliebige Zahlen einsetzen

z. B. für $r = 0$ und $s = 1$ $\quad \begin{pmatrix} 2 \\ -1 \\ 3 \end{pmatrix} + 0 \cdot \begin{pmatrix} 1 \\ 0 \\ 2 \end{pmatrix} + 1 \cdot \begin{pmatrix} -6 \\ 5 \\ 9 \end{pmatrix} = \begin{pmatrix} -4 \\ 4 \\ 12 \end{pmatrix}$; also $P_1(-4 \,|\, 4 \,|\, 12)$

z. B. für $r = -1$ und $s = 0$ $\quad \begin{pmatrix} 2 \\ -1 \\ 3 \end{pmatrix} + (-1) \cdot \begin{pmatrix} 1 \\ 0 \\ 2 \end{pmatrix} + 0 \cdot \begin{pmatrix} -6 \\ 5 \\ 9 \end{pmatrix} = \begin{pmatrix} 1 \\ -1 \\ 1 \end{pmatrix}$; also $P_2(1 \,|\, -1 \,|\, 1)$

1 **Punkte einer Ebene bestimmen**

Gegeben ist die Parameterdarstellung der Ebene $E: \vec{x} = \begin{pmatrix} 3 \\ -5 \\ 10 \end{pmatrix} + r \cdot \begin{pmatrix} -1 \\ 6 \\ 2 \end{pmatrix} + s \cdot \begin{pmatrix} 3 \\ -0{,}5 \\ 12 \end{pmatrix}$; $r, s \in \mathbb{R}$.

a) Bestimmen Sie den Punkt der Ebene E, der zu $r = 2$ und $s = 3$ gehört.

b) Bestimmen Sie vier weitere Punkte der Ebene E.

2 **Parameterwerte bestimmen**

Die Ebene E kann durch die Parameterdarstellung $E: \vec{x} = \overrightarrow{OA} + r \cdot \vec{u} + s \cdot \vec{v}$; $r, s \in \mathbb{R}$ beschrieben werden.

Welche Werte muss man für die Parameter r und s einsetzen, damit man die eingezeichneten Punkte B, C bzw. D erhält?

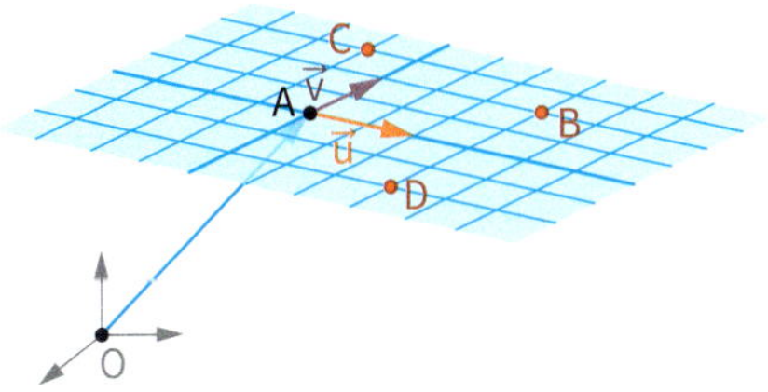

3 **Punkte einer Markise**

Familie Jost möchte ihren Balkon mit einer Markise versehen. Die Markisenecke A hat in einem Koordinatensystem mit der Einheit Meter die Koordinaten A(0|0|3).

Die Markise wird durch die Vektoren $\vec{u} = \begin{pmatrix} -1 \\ 2 \\ 0 \end{pmatrix}$ und $\vec{v} = \begin{pmatrix} -1 \\ -0{,}5 \\ 1 \end{pmatrix}$ aufgespannt.

Erläutern Sie, wie man die Koordinaten eines beliebigen Punktes der Markise erhalten kann.

4 Geben Sie fünf Punkte an, die in der Ebene E liegen.

$E: \vec{x} = \begin{pmatrix} 2 \\ -5 \\ 3 \end{pmatrix} + r \cdot \begin{pmatrix} -1 \\ 0 \\ 2 \end{pmatrix} + s \cdot \begin{pmatrix} 3 \\ 3 \\ 1 \end{pmatrix}$; $r, s \in \mathbb{R}$

Prüfe dich!
Lösungen auf Seite 413

Ebene durch drei Punkte

Eine Ebene ist durch drei Punkte, die nicht auf einer Geraden liegen, festgelegt.
Bestimmen Sie eine Parameterdarstellung der Ebene E durch die Punkte A(7|−3|5), B(3|−4|6) und C(−8|1|0).

Lösung

Stützvektor wählen z. B. $\vec{a} = \overrightarrow{OA} = \begin{pmatrix} 7 \\ -3 \\ 5 \end{pmatrix}$

Richtungsvektoren bestimmen z. B. $\vec{u} = \overrightarrow{AB} = \overrightarrow{OB} - \overrightarrow{OA} = \begin{pmatrix} 3 \\ -4 \\ 6 \end{pmatrix} - \begin{pmatrix} 7 \\ -3 \\ 5 \end{pmatrix} = \begin{pmatrix} -4 \\ -1 \\ 1 \end{pmatrix}$

$\vec{v} = \overrightarrow{AC} = \overrightarrow{OC} - \overrightarrow{OA} = \begin{pmatrix} -8 \\ 1 \\ 0 \end{pmatrix} - \begin{pmatrix} 7 \\ -3 \\ 5 \end{pmatrix} = \begin{pmatrix} -15 \\ 4 \\ -5 \end{pmatrix}$

Parameterdarstellung aufstellen $E: \vec{x} = \begin{pmatrix} 7 \\ -3 \\ 5 \end{pmatrix} + r \cdot \begin{pmatrix} -4 \\ -1 \\ 1 \end{pmatrix} + s \cdot \begin{pmatrix} -15 \\ 4 \\ 5 \end{pmatrix}$; $r, s \in \mathbb{R}$

Man kann andere Stütz-/Richtungsvektoren wählen.

5 **Ebene durch drei Punkte**

Die drei Punkte A, B und C liegen in der Ebene E. Bestimmen Sie eine Parameterdarstellung dieser Ebene.

a) A(3|−5|0); B(9|0|−1); C(5|−3|4)

b) A(7|0|8); B(6|−3|10); C(0|8|7)

6 **Verschiedene Parameterdarstellungen einer Ebene**

Maren und Janik haben Parameterdarstellungen für die Ebene E durch die drei Punkte A(2|3|−2), B(−2|5|6) und C(7|0|−7) bestimmt.

Maren:
$$E: \vec{x} = \begin{pmatrix} 2 \\ 3 \\ -2 \end{pmatrix} + r \cdot \begin{pmatrix} -4 \\ 2 \\ 8 \end{pmatrix} + s \cdot \begin{pmatrix} 5 \\ -3 \\ -5 \end{pmatrix}$$

Janik:
$$E: \vec{x} = \begin{pmatrix} -2 \\ 5 \\ 6 \end{pmatrix} + r \cdot \begin{pmatrix} 2 \\ -1 \\ -4 \end{pmatrix} + s \cdot \begin{pmatrix} 9 \\ -5 \\ -13 \end{pmatrix}$$

Erläutern Sie die Vorgehensweise der beiden. Geben Sie selbst zwei weitere Parameterdarstellungen für die Ebene E an.

7 **Korrekt gelöst?**

Kim hat zu den drei Punkten A, B und C eine Parameterdarstellung einer Ebene aufgestellt, in der diese drei Punkte liegen. Beurteilen Sie ihre Lösung.

A(2|4|0); B(5|7|−2); C(11|13|−6)

$$\overrightarrow{OX} = \begin{pmatrix} 2 \\ 4 \\ 0 \end{pmatrix} + r \cdot \begin{pmatrix} 5-2 \\ 7-4 \\ -2-0 \end{pmatrix} + s \cdot \begin{pmatrix} 11-2 \\ 13-4 \\ -6-0 \end{pmatrix} = \begin{pmatrix} 2 \\ 4 \\ 0 \end{pmatrix} + r \cdot \begin{pmatrix} 3 \\ 3 \\ -2 \end{pmatrix} + s \cdot \begin{pmatrix} 9 \\ 9 \\ -6 \end{pmatrix};\ r, s \in \mathbb{R}$$

8 **Parameterdarstellungen, die keine Ebene beschreiben**

a) Begründen Sie, dass die Parameterdarstellungen keine Ebene beschreiben.

(1) $\vec{x} = \begin{pmatrix} -3 \\ 2 \\ 6 \end{pmatrix} + r \cdot \begin{pmatrix} 4 \\ 16 \\ -12 \end{pmatrix} + s \cdot \begin{pmatrix} -1 \\ -4 \\ 3 \end{pmatrix};\ r, s \in \mathbb{R}$

(2) $\vec{x} = \begin{pmatrix} 9 \\ 9 \\ 9 \end{pmatrix} + r \cdot \begin{pmatrix} 5 \\ -3 \\ 8 \end{pmatrix} + s \cdot \begin{pmatrix} -25 \\ 15 \\ -40 \end{pmatrix};\ r, s \in \mathbb{R}$

b) Ändern Sie jeweils den zweiten Richtungsvektor so, dass durch die Parameterdarstellung eine Ebene bestimmt ist, die den Punkt P(0|0|−9) enthält.

Punktprobe

Untersuchen Sie, ob die Punkte A(4|15|29) und B(−3|2|8) in der Ebene E liegen.

$$E: \vec{x} = \begin{pmatrix} 2 \\ 0 \\ -1 \end{pmatrix} + r \cdot \begin{pmatrix} -1 \\ 1 \\ 3 \end{pmatrix} + s \cdot \begin{pmatrix} 2 \\ 1 \\ 0 \end{pmatrix};\ r, s \in \mathbb{R}$$

Lösung

Falls A in E liegt, so gibt es $r, s \in \mathbb{R}$ mit

$$\begin{pmatrix} 2 \\ 0 \\ -1 \end{pmatrix} + r \cdot \begin{pmatrix} -1 \\ 1 \\ 3 \end{pmatrix} + s \cdot \begin{pmatrix} 2 \\ 1 \\ 0 \end{pmatrix} = \begin{pmatrix} 4 \\ 15 \\ 29 \end{pmatrix}$$

Dazugehöriges Gleichungssystem lösen

$$\text{solve}\left(\begin{cases} 2-r+2\cdot s=4 \\ r+s=15 \\ -1+3r=29 \end{cases}, \{r,s\}\right) \qquad \text{false}$$

Das Gleichungssystem hat keine Lösung. Somit liegt A nicht in E.

Falls B in E liegt, so gibt es $r, s \in \mathbb{R}$ mit

$$\begin{pmatrix} 2 \\ 0 \\ -1 \end{pmatrix} + r \cdot \begin{pmatrix} -1 \\ 1 \\ 3 \end{pmatrix} + s \cdot \begin{pmatrix} 2 \\ 1 \\ 0 \end{pmatrix} = \begin{pmatrix} -3 \\ 2 \\ 8 \end{pmatrix}$$

Dazugehöriges Gleichungssystem lösen

$$\text{solve}\left(\begin{cases} 2-r+2\cdot s=-3 \\ r+s=2 \\ -1+3r=8 \end{cases}, \{r,s\}\right) \qquad r=3 \text{ and } s=-1$$

Das Gleichungssystem hat die Lösung $r = 3$ und $s = -1$. Somit liegt B in E.

9 **Punktprobe**

Untersuchen Sie, ob die Punkte A, B und C in der Ebene E liegen.

a) $E: \vec{x} = \begin{pmatrix} 1 \\ 5 \\ -1 \end{pmatrix} + r \cdot \begin{pmatrix} 2 \\ -3 \\ 6 \end{pmatrix} + s \cdot \begin{pmatrix} 0 \\ 1 \\ 4 \end{pmatrix};\ r, s \in \mathbb{R}$

A(5|−3|9); B(3|5|17); C(6|−10|29)

b) $E: \vec{x} = \begin{pmatrix} 1 \\ 2 \\ 0 \end{pmatrix} + r \cdot \begin{pmatrix} -2 \\ 4 \\ 5 \end{pmatrix} + s \cdot \begin{pmatrix} 2 \\ 3 \\ -4 \end{pmatrix};\ r, s \in \mathbb{R}$

A(9|14|−16); B(3|19|−2); C(4|15|29)

10 = Fehlersuche

Timo hat überprüft, ob der Punkt P(5|0|11) in der Ebene $\vec{x} = \begin{pmatrix} 3 \\ 1 \\ 4 \end{pmatrix} + r \cdot \begin{pmatrix} -2 \\ 3 \\ 1 \end{pmatrix} + s \cdot \begin{pmatrix} 0 \\ 1 \\ 3 \end{pmatrix}$ liegt.
Erläutern Sie, was er falsch gemacht hat.

$$\begin{pmatrix} 5 \\ 0 \\ 11 \end{pmatrix} = \begin{pmatrix} 3 \\ 1 \\ 4 \end{pmatrix} + r \cdot \begin{pmatrix} -2 \\ 3 \\ 1 \end{pmatrix} + s \cdot \begin{pmatrix} 0 \\ 1 \\ 3 \end{pmatrix}; \text{ also } \left| \begin{array}{l} 2 = -2r \\ -1 = 3r + s \\ 7 = r + 3s \end{array} \right|$$

Aus der ersten Zeile erhalte ich $r = -1$. Eingesetzt in die zweite Zeile erhalte ich daraus $s = 2$. Also liegt P in der Ebene.

11 =

Durch die Punkte A(10|12|9), B(5|−4|0) und C(1|−2|8) ist eine Ebene E festgelegt.

a) Bestimmen Sie zwei Parameterdarstellungen für E.

b) Überprüfen Sie, ob die Punkte P(−4|−18|−1) und Q(5|−4|8) in E liegen.

Prüfe dich!
Lösungen auf Seite 414

12 = Möglichkeiten, eine Ebene festzulegen

Die Bilder zeigen Möglichkeiten, wie man eine Glasplatte auf Füße und Latten legen kann.

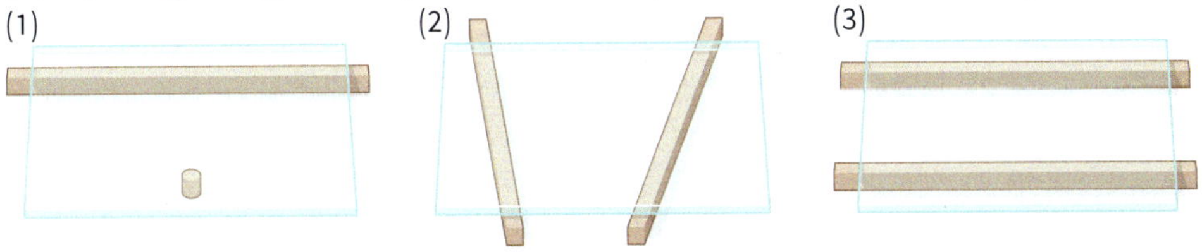

a) Unterscheiden Sie die drei Fälle voneinander und erläutern Sie, wie man jeweils eine Parameterdarstellung der durch die Glasplatte dargestellten Ebene erhält.

b) Geben Sie eine Parameterdarstellung der Ebene E an, die durch die Gerade g und den Punkt P festgelegt wird.

$g: \vec{x} = \begin{pmatrix} 4 \\ 0 \\ 2 \end{pmatrix} + t \cdot \begin{pmatrix} 3 \\ -1 \\ -3 \end{pmatrix}; \ t \in \mathbb{R}$ $\qquad$ P(1|4|−1)

c) Zeigen Sie, dass sich die Geraden g und h schneiden, und geben Sie eine Parameterdarstellung der Ebene E an, die durch g und h festgelegt wird.

$g: \vec{x} = \begin{pmatrix} -3 \\ 2 \\ -1 \end{pmatrix} + t \cdot \begin{pmatrix} -1 \\ 2 \\ 1 \end{pmatrix}; \ t \in \mathbb{R}$ $\qquad$ $h: \vec{x} = \begin{pmatrix} -2 \\ 0 \\ -2 \end{pmatrix} + s \cdot \begin{pmatrix} 2 \\ 1 \\ -1 \end{pmatrix}; \ s \in \mathbb{R}$

d) Zeigen Sie, dass die Geraden g und h parallel zueinander sind, und geben Sie eine Parameterdarstellung der Ebene E an, in der g und h liegen.

$g: \vec{x} = \begin{pmatrix} 5 \\ 0 \\ 2 \end{pmatrix} + t \cdot \begin{pmatrix} 3 \\ -1 \\ 4 \end{pmatrix}; \ t \in \mathbb{R}$ $\qquad$ $h: \vec{x} = \begin{pmatrix} 0 \\ -1 \\ -1 \end{pmatrix} + s \cdot \begin{pmatrix} -3 \\ 1 \\ -4 \end{pmatrix}; \ s \in \mathbb{R}$

13 = Besondere Ebenen

Geben Sie eine Parameterdarstellung der Ebene an, die

a) durch die x_1- und die x_2-Achse aufgespannt wird (x_1x_2-Koordinatenebene);

b) durch die x_2- und die x_3-Achse aufgespannt wird (x_2x_3-Koordinatenebene);

c) durch P(3|1|−2) verläuft und parallel zur x_1x_3-Koordinatenebene ist;

d) parallel zur x_1- und zur x_2-Achse ist und die x_3-Achse an der Stelle 2 schneidet;

e) die x_1-Achse an der Stelle 3, die x_2-Achse an der Stelle 1 und die x_3-Achse an der Stelle −1 schneidet;

f) mit der x_1x_2-Koordinatenebene die Punkte P(3|0|0) und Q(0|−2|0) gemeinsam hat und die x_3-Achse an der Stelle 4 schneidet;

g) die x_3-Achse enthält und mit der x_1x_2-Ebene die Gerade $g: \vec{x} = t \cdot \begin{pmatrix} 1 \\ 2 \\ 0 \end{pmatrix}$ gemeinsam hat.

14 Zwei Geraden, die keine Ebene aufspannen

Gegeben sind die Geraden g und h mit $g: \vec{x} = \begin{pmatrix} 5 \\ 6 \\ -1 \end{pmatrix} + t \cdot \begin{pmatrix} -3 \\ 1 \\ -4 \end{pmatrix}$ und $h: \vec{x} = \begin{pmatrix} 4 \\ 5 \\ 0 \end{pmatrix} + s \cdot \begin{pmatrix} 3 \\ 2 \\ -1 \end{pmatrix}$.

Begründen Sie, dass die Geraden g und h keine Ebene aufspannen können. Verallgemeinern Sie das Ergebnis.

Prüfe dich! Lösungen auf Seite 414

15
Prüfen Sie, ob durch die Angaben eine Ebene festgelegt ist. Formulieren Sie zunächst die zu prüfenden Kriterien.

a) Gegeben sind drei Punkte P, Q und R.
(1) P(1|2|3); Q(2|3|4); R(3|4|5) (2) P(4|0|1); Q(−1|0|−2); R(−6|0|−5)

b) Gegeben sind eine Gerade g und ein Punkt P.
(1) $g: \vec{x} = \begin{pmatrix} 1 \\ 0 \\ 0 \end{pmatrix} + t \cdot \begin{pmatrix} 5 \\ 2 \\ -3 \end{pmatrix}$; P(14|6|9) (2) $g: \vec{x} = \begin{pmatrix} 1 \\ -1 \\ 2 \end{pmatrix} + t \cdot \begin{pmatrix} -1 \\ 0 \\ 3 \end{pmatrix}$; P(−9|−1|32)

c) Gegeben sind zwei Geraden g_1 und g_2.
(1) $g_1: \vec{x} = \begin{pmatrix} 2 \\ 1 \\ 4 \end{pmatrix} + t \cdot \begin{pmatrix} 3 \\ 0 \\ 1 \end{pmatrix}$; $g_2: x = \begin{pmatrix} 1 \\ 2 \\ 3 \end{pmatrix} + s \cdot \begin{pmatrix} -1 \\ 2 \\ 1 \end{pmatrix}$ (2) $g_1: \vec{x} = t \cdot \begin{pmatrix} 2 \\ -1 \\ 0 \end{pmatrix}$; $g_2: \vec{x} = \begin{pmatrix} 2 \\ 3 \\ 1 \end{pmatrix} + s \cdot \begin{pmatrix} 4 \\ -2 \\ 0 \end{pmatrix}$

16 Viereck im Raum

Untersuchen Sie, ob die vier Punkte ein *ebenes Viereck* bestimmen, also ein Viereck, das in einer Ebene liegt. Erläutern Sie, wie Sie dabei vorgegangen sind.

a) $P_1(7|2|-1)$ $P_2(-1|2|3)$ $P_3(0|-2|2)$ $P_4(3|2|1)$

b) $P_1(2|1|3)$ $P_2(-2|2|1)$ $P_3(0|0|4)$ $P_4(-2|-1|5)$

17 Punkte eines Parallelogramms

Von einem Parallelogramm ABCD sind die drei Eckpunkte A(1|4|3), B(2|3|8) und C(4|5|2) bekannt.

a) Bestimmen Sie die Koordinaten des Punktes D.

b) Untersuchen Sie, ob die Punkte F(2,5|4,5|2,5) und P(−1|−2|25) im Parallelogramm ABCD liegen.

Tipp: $E: \vec{x} = \overrightarrow{OA} + r \cdot \overrightarrow{AB} + s \cdot \overrightarrow{AD}$; $r, s \in \mathbb{R}$

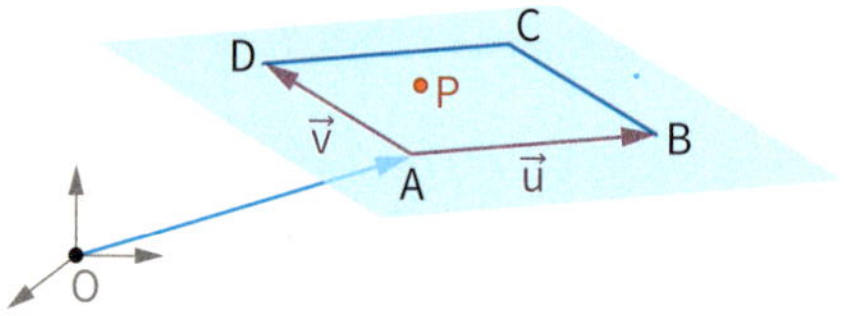

P liegt im Parallelogramm, wenn gilt: $0 \le r \le 1$ und $0 \le s \le 1$

18 Dachfläche

Die im Foto sichtbare Dachfläche eines Hauses liegt in einer Ebene, zu der in einem Koordinatensystem mit Einheit Meter der Punkt A(0|7|4) und die Richtungsvektoren $\vec{u} = \begin{pmatrix} 0 \\ -2 \\ 0 \end{pmatrix}$ und $\vec{v} = \begin{pmatrix} -2 \\ 0 \\ 2 \end{pmatrix}$ gehören.

Die Dachfläche misst 7 m mal 4 m.

a) Bestimmen Sie eine Parameterdarstellung der Ebene, in der die Dachfläche liegt.

b) Man kann alle Punkte der Dachfläche beschreiben, indem man die Parameter für die Ebene einschränkt. Führen Sie dies durch.

c) Geben Sie die Koordinaten aller Eckpunkte der Dachfläche an.
Bestimmen Sie drei Punkte, die außerhalb der Dachfläche, aber in derselben Ebene wie die Dachfläche liegen.

19 Ebene, in der eine Fläche liegt

Geben Sie eine Parameterdarstellung für die Ebene an, in der das Dreieck bzw. das Viereck liegt. Die roten Punkte liegen dabei entweder in den Koordinatenebenen oder ihr Abstand zur x_1x_2-Ebene ist eingezeichnet. Eine Kästchenlänge entspricht einer Koordinateneinheit.

a)

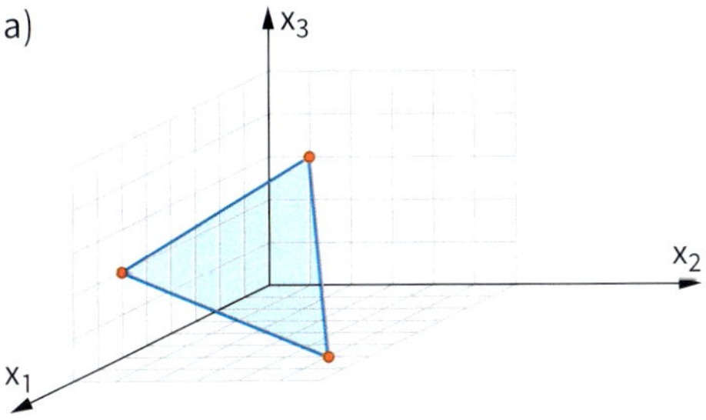

b)

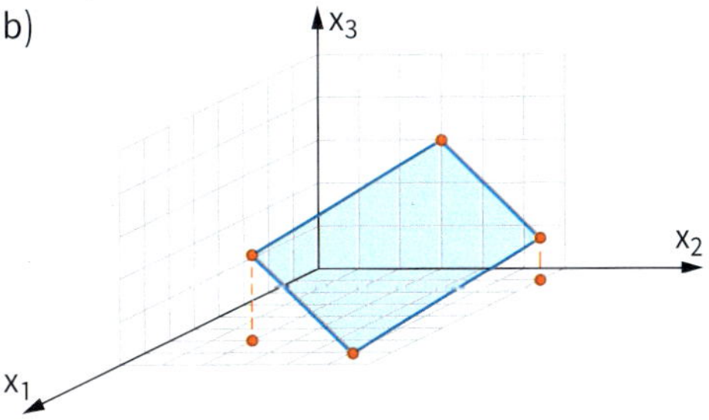

20 Dach einer Kirche

Das Dach einer Kirche hat die Form einer geraden quadratischen Pyramide mit einer Höhe von 12 m und einer Breite von 5 m.
Legen Sie ein Koordinatensystem fest, in dem die Pyramide liegen soll.
Bestimmen Sie Parameterdarstellungen für die Ebenen, in denen jeweils eine der vier Seitenflächen oder die Grundfläche der Pyramide liegen.

21 Dreieck beschreiben

Von einem Würfel mit der Kantenlänge 4 wird eine Ecke abgeschnitten.

a) Geben Sie eine Parameterdarstellung für die Ebene an, in der die Schnittfläche liegt.
b) Welche Einschränkungen sind für die Parameter vorzunehmen, damit die Gleichung die dreieckige Schnittfläche beschreibt?

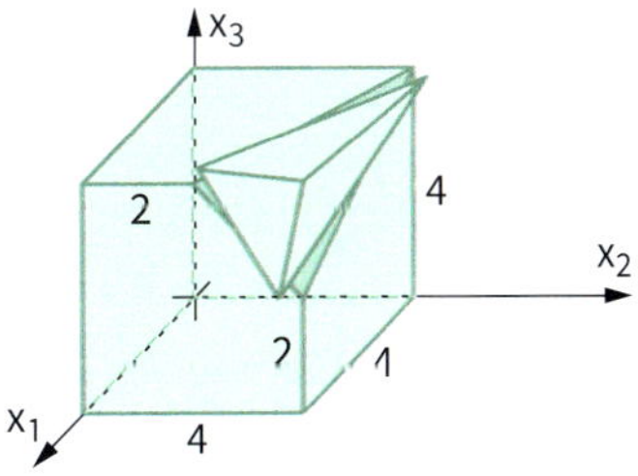

22 Punkte eines Dreiecks

Eine Ebene E verläuft durch die drei Punkte A(−3|5|8), B(4|−2|1) und C(5|−5|2).

a) Bestimmen Sie eine Parameterdarstellung der Ebene E, in der das Dreieck ABC liegt.
b) Untersuchen Sie an der Parameterdarstellung der Ebene E, ob die Punkte P(2|−1|4) und Q(6|−6|1) im Dreieck ABC liegen.
c) Bestimmen Sie zwei weitere Punkte in E: Ein Punkt soll im Dreieck ABC liegen, der andere außerhalb.

Tipp: $E: \vec{x} = \overrightarrow{OA} + r \cdot \overrightarrow{AB} + s \cdot \overrightarrow{AC}$; $r, s \in \mathbb{R}$

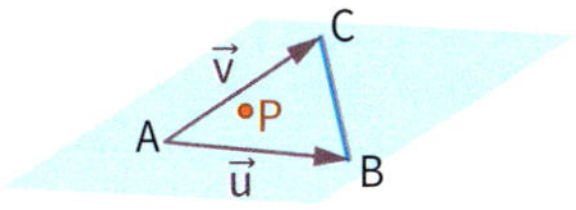

P liegt im Dreieck, wenn gilt:
$0 \leq r \leq 1$ und $0 \leq s \leq 1$ und $r + s \leq 1$

23 Geraden in einer Ebene

Begründen Sie ohne Rechnung, warum die Geraden in der Ebene E liegen.

a) $E: \vec{x} = \begin{pmatrix} 3 \\ 1 \\ 4 \end{pmatrix} + r \cdot \begin{pmatrix} -1 \\ 2 \\ 2 \end{pmatrix} + s \cdot \begin{pmatrix} 3 \\ 1 \\ -1 \end{pmatrix}$; $r, s \in \mathbb{R}$

(1) $g: \vec{x} = \begin{pmatrix} 3 \\ 1 \\ 4 \end{pmatrix} + t \cdot \begin{pmatrix} -1 \\ 2 \\ 2 \end{pmatrix}$; $t \in \mathbb{R}$ (2) $g: \vec{x} = \begin{pmatrix} 3 \\ 1 \\ 4 \end{pmatrix} + t \cdot \begin{pmatrix} 3 \\ 1 \\ -1 \end{pmatrix}$; $t \in \mathbb{R}$

b) $E: \vec{x} = \vec{a} + r \cdot \vec{u} + s \cdot \vec{v}$; $r, s \in \mathbb{R}$

(1) $g: \vec{x} = \vec{a} + t \cdot \vec{u}$; $t \in \mathbb{R}$ (2) $g: \vec{x} = \vec{a} + t \cdot \vec{v}$; $t \in \mathbb{R}$
(3) $g: \vec{x} = \vec{a} + \vec{u} + t \cdot \vec{v}$; $t \in \mathbb{R}$ (4) $g: \vec{x} = \vec{a} + 3\vec{v} + t \cdot \vec{u}$; $t \in \mathbb{R}$

4.4 Koordinatenform einer Ebene

Die Gerade g verläuft durch den Ursprung und hat den Richtungsvektor $\vec{v} = \begin{pmatrix} 2 \\ 1 \\ 2 \end{pmatrix}$. Die Ebene E ist orthogonal zur Geraden g und schneidet diese im Punkt $P(4|2|4)$.

- Liegen die Punkte $Q(3|16|-2)$ und $R(-1|8|5)$ in E?
- Wie kann man prüfen, ob ein beliebiger Punkt $X(x_1|x_2|x_3)$ in E liegt?

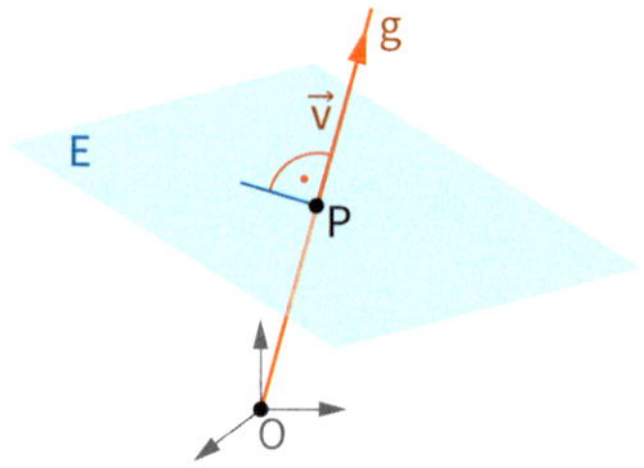

Lösung – Prüfen, ob Q und R in E liegen

Der Punkt P liegt in der Ebene E.

Falls der Punkt Q auch in E liegt, so müsste der Vektor $\overrightarrow{PQ}$ orthogonal zum Richtungsvektor $\vec{v}$ von g sein.

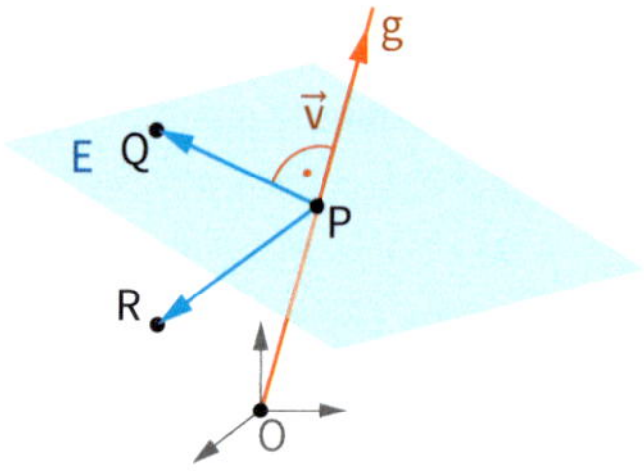

Nachschlagen
Seite 153

Es gilt $\vec{v} \circ \overrightarrow{PQ} = \begin{pmatrix} 2 \\ 1 \\ 2 \end{pmatrix} \circ \begin{pmatrix} -1 \\ 14 \\ -6 \end{pmatrix} = 0$; also liegt Q in E.

Für den Vektor $\overrightarrow{PR}$ erhält man entsprechend:

$\vec{v} \circ \overrightarrow{PR} = \begin{pmatrix} 2 \\ 1 \\ 2 \end{pmatrix} \circ \begin{pmatrix} -5 \\ 6 \\ 1 \end{pmatrix} = -2 \neq 0$

Der Vektor $\overrightarrow{PR}$ ist nicht orthogonal zum Richtungsvektor $\vec{v}$ von g. Damit liegt R nicht in E.

Lösung – Allgemeines Kriterium

Ist $X(x_1|x_2|x_3)$ ein Punkt der Ebene E, so ist der Vektor $\overrightarrow{PX}$ orthogonal zum Richtungsvektor $\vec{v}$ von g, d. h. es gilt:

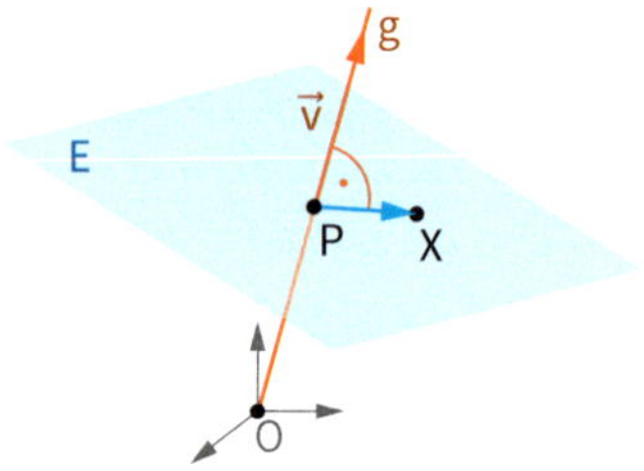

$$0 = \vec{v} \circ \overrightarrow{PX} = \vec{v} \circ \left(\overrightarrow{OX} - \overrightarrow{OP}\right)$$

$$= \begin{pmatrix} 2 \\ 1 \\ 2 \end{pmatrix} \circ \left(\begin{pmatrix} x_1 \\ x_2 \\ x_3 \end{pmatrix} - \begin{pmatrix} 4 \\ 2 \\ 4 \end{pmatrix}\right) = \begin{pmatrix} 2 \\ 1 \\ 2 \end{pmatrix} \circ \begin{pmatrix} x_1 \\ x_2 \\ x_3 \end{pmatrix} - \begin{pmatrix} 2 \\ 1 \\ 2 \end{pmatrix} \circ \begin{pmatrix} 4 \\ 2 \\ 4 \end{pmatrix}$$

Daraus folgt: $2x_1 + x_2 + 2x_3 - 18 = 0$

Ein beliebiger Punkt $X(x_1|x_2|x_3)$ liegt also in der Ebene E, wenn seine Koordinaten die Gleichung $2x_1 + x_2 + 2x_3 = 18$ erfüllen, sonst nicht.

WES-109471-405

Normalenvektor einer Ebene

Ein Vektor $\vec{n} \neq \vec{o}$ heißt **Normalenvektor** einer Ebene E, wenn er orthogonal zur Ebene E und somit orthogonal zu allen Richtungsvektoren von E ist.

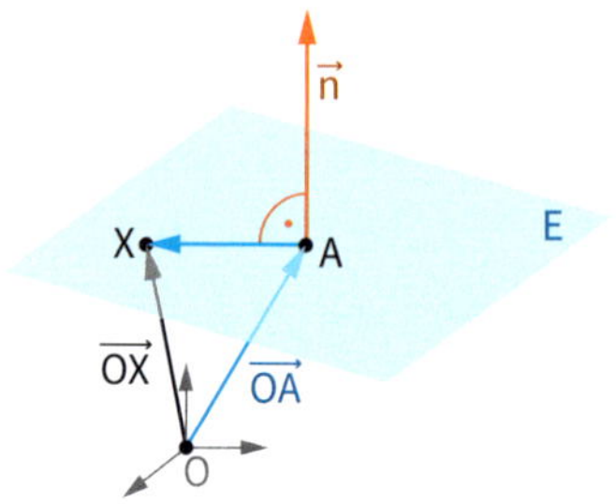

Satz: Eine Ebene E ist durch einen Punkt A in E und einen Normalenvektor $\vec{n}$ festgelegt. Ein Punkt $X(x_1|x_2|x_3)$ liegt in der Ebene E, wenn

$\vec{n} \circ \overrightarrow{AX} = 0$ bzw. $\vec{n} \circ \overrightarrow{OX} = \vec{n} \circ \overrightarrow{OA}$ gilt, sonst nicht.

Ebenengleichungen

Die Gleichung **E:** $\vec{n} \circ \left(\overrightarrow{OX} - \overrightarrow{OA}\right) = 0$ heißt **Normalenform** der Ebene E.

Die Gleichung **E:** $n_1x_1 + n_2x_2 + n_3x_3 = d$ mit $\vec{n} = \begin{pmatrix} n_1 \\ n_2 \\ n_3 \end{pmatrix}$ und $d = \vec{n} \circ \overrightarrow{OA}$ heißt **Koordinatenform** der Ebene E.

Koordinatenform bestimmen

Die Ebene E enthält den Punkt $A(-6|5|7)$ und hat den Normalenvektor $\vec{n} = \begin{pmatrix} 2 \\ -3 \\ 4 \end{pmatrix}$.
Bestimmen Sie eine Koordinatenform von E.

Lösung

d bestimmen $d = \vec{n} \circ \overrightarrow{OA} = \begin{pmatrix} 2 \\ -3 \\ 4 \end{pmatrix} \circ \begin{pmatrix} -6 \\ 5 \\ 7 \end{pmatrix} = 1$

Koordinatenform aufstellen $E: 2x_1 - 3x_2 + 4x_3 = 1$

Punktprobe

Prüfen Sie, ob die Punkte $P(3|-4|1)$ und $Q(2|1|0)$ in $E: 2x_1 - 3x_2 + 4x_3 = 1$ liegen.

Lösung

Koordinaten einsetzen

Punkt P: $2 \cdot 3 - 3 \cdot (-4) + 4 \cdot 1 = 22 \neq 1$ P liegt nicht in E.

Punkt Q: $2 \cdot 2 - 3 \cdot 1 + 4 \cdot 0 = 1$ ✓ Q liegt in E.

1 Koordinatenform und Punktprobe

Die Ebene E enthält den Punkt A und hat den Normalenvektor $\vec{n}$. Bestimmen Sie eine Koordinatenform der Ebene E und prüfen Sie, ob der Punkt $B(-3|-27|0)$ in E liegt.

a) $A(3|-5|2)$, $\vec{n} = \begin{pmatrix} 3 \\ -1 \\ 2 \end{pmatrix}$
b) $A(-1|-1|4)$, $\vec{n} = \begin{pmatrix} 2 \\ 0 \\ -1 \end{pmatrix}$
c) $A(0|0|0)$, $\vec{n} = \begin{pmatrix} 2 \\ 1 \\ -2 \end{pmatrix}$
d) $A(7|-20|-3)$, $\vec{n} = \begin{pmatrix} 1 \\ -1 \\ -1 \end{pmatrix}$

2 Verschiedene Normalenvektoren einer Ebene

a) Begründen Sie:

(1) Alle Normalenvektoren einer Ebene sind Vielfache voneinander.

(2) Zwei Koordinatenformen beschreiben dieselbe Ebene, wenn sich die eine Koordinatenform durch Multiplikation mit einer von 0 verschiedenen Zahl in die andere Koordinatenform überführen lässt.

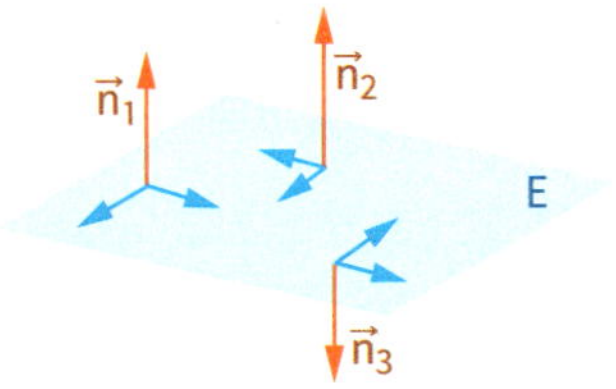

b) Geben Sie drei Normalenvektoren und drei weitere Koordinatenformen für die Ebene $E: -2x_1 + x_2 + 5x_3 = -3$ an.

3 Punkte außerhalb einer Ebene

Gegeben ist die Ebene $E: 2x_1 - x_2 + 4x_3 = 8$.
Bestimmen Sie drei Punkte, die in der Ebene E liegen, und drei Punkte, die nicht in der Ebene E liegen. Beschreiben Sie Ihr Vorgehen.

4 Sonnenuhr

Der Schattenstab einer Sonnenuhr hat die Richtung des Vektors $\vec{r} = \begin{pmatrix} 1 \\ 1 \\ 2 \end{pmatrix}$ und steht im Punkt $A(-3|2|2)$ orthogonal auf der Ebene E, in der das Ziffernblatt der Sonnenuhr liegt. Ein Punkt auf dem Ziffernblatt hat die Koordinaten $B(-2|3|1)$.
Bestimmen Sie für die Ebene E eine Koordinatenform und prüfen Sie, ob die Punkte $C(-1|-2|3)$ und $D(1|1|0)$ in dieser Ebene liegen.

Prüfe dich!
Lösungen auf Seite 414

5 Die Ebene E verläuft durch den Punkt A und hat den Normalenvektor $\vec{n}$.

a) Bestimmen Sie für $A(2|-4|1)$ und $\vec{n} = \begin{pmatrix} 10 \\ 1 \\ -5 \end{pmatrix}$ eine Koordinatenform der Ebene E.

b) Geben Sie die Koordinaten von drei Punkten an, die in E liegen.

c) Prüfen Sie, ob die Punkte $P(2|11|4)$, $Q(3|1|4)$ und $R(-2|5|-4)$ in E liegen.

WES-109471-406

Von Parameterdarstellung zu Koordinatenform

Bestimmen Sie eine Koordinatenform der Ebene $E: \vec{x} = \vec{a} + r \cdot \vec{u} + s \cdot \vec{v} = \begin{pmatrix} -4 \\ 2 \\ 5 \end{pmatrix} + r \cdot \begin{pmatrix} 2 \\ 0 \\ -1 \end{pmatrix} + s \cdot \begin{pmatrix} 1 \\ 2 \\ -1 \end{pmatrix}$.

Lösung

Einen Normalenvektor $\vec{n}$ von E bestimmen

Bedingungen aufstellen $\left| \begin{array}{l} \vec{n} \circ \vec{u} = 0 \\ \vec{n} \circ \vec{v} = 0 \end{array} \right|$; also $\left| \begin{array}{l} 2n_1 - n_3 = 0 \\ n_1 + 2n_2 - n_3 = 0 \end{array} \right|$ bzw. $\left| \begin{array}{l} n_3 = 2n_1 \\ n_2 = 0{,}5\,n_1 \end{array} \right|$

Eine Lösung bestimmen z. B. $n_1 = 1$ setzen

Damit folgt $n_3 = 2$ und $n_2 = 0{,}5$; also $\vec{n} = \begin{pmatrix} 1 \\ 0{,}5 \\ 2 \end{pmatrix}$

Koordinatenform aufstellen

$\vec{n} \circ \vec{a} = \begin{pmatrix} 1 \\ 0{,}5 \\ 2 \end{pmatrix} \circ \begin{pmatrix} -4 \\ 2 \\ 5 \end{pmatrix} = 7$; damit ergibt sich die Koordinatenform $E: x_1 + 0{,}5x_2 + 2x_3 = 7$.

6 **Von Parameterdarstellung zu Koordinatenform**

Bestimmen Sie ohne Rechner eine Koordinatenform der Ebene E.

a) $E: \vec{x} = \begin{pmatrix} 3 \\ 0 \\ 0 \end{pmatrix} + r \cdot \begin{pmatrix} 2 \\ 1 \\ 0 \end{pmatrix} + s \cdot \begin{pmatrix} -1 \\ -2 \\ 1 \end{pmatrix}$; $r, s \in \mathbb{R}$

b) $E: \vec{x} = \begin{pmatrix} 1 \\ 1 \\ -3 \end{pmatrix} + r \cdot \begin{pmatrix} -3 \\ 1 \\ 0 \end{pmatrix} + s \cdot \begin{pmatrix} 1 \\ -3 \\ 1 \end{pmatrix}$; $r, s \in \mathbb{R}$

c) $E: \vec{x} = r \cdot \begin{pmatrix} 3 \\ 1 \\ -1 \end{pmatrix} + s \cdot \begin{pmatrix} -2 \\ 1 \\ 2 \end{pmatrix}$; $r, s \in \mathbb{R}$

d) $E: \vec{x} = \begin{pmatrix} 7 \\ 2 \\ -5 \end{pmatrix} + r \cdot \begin{pmatrix} 0 \\ 1 \\ 0 \end{pmatrix} + s \cdot \begin{pmatrix} 0 \\ 0 \\ 1 \end{pmatrix}$; $r, s \in \mathbb{R}$

7 **Koordinatenform einer Ebene durch drei Punkte**

Die Ebene E verläuft durch die Punkte $A(3|2|4)$, $B(-7|0|5)$ und $C(6|-1|1)$.
Mila sagt: *„Ich bestimme erst eine Parameterdarstellung und daraus eine Koordinatenform."*
Joris bestimmt eine Koordinatenform mithilfe seines Rechners:

solve$\left(\left\{ \begin{array}{l} 3\cdot a+2\cdot b+4\cdot c=d \\ -7\cdot a+5\cdot c=d \\ 6\cdot a-b+c=d \end{array} \right., \{a,b,c,d\} \right)$

$a=\frac{c1}{13}$ and $b=\frac{-3\cdot c1}{13}$ and $c=\frac{4\cdot c1}{13}$ and $d=c1$

c1 = 13 setzen:
a = 1; b = −3; c = 4; d = 13
Koordinatenform:
$x_1 - 3x_2 + 4x_3 = 13$

a) Erläutern Sie, wie Joris die Koordinatenform gefunden hat. Geben Sie zwei weitere Koordinatenformen für die Ebene E an.

b) Bestimmen Sie jeweils zwei Koordinatenformen für die Ebene E durch die Punkte A, B und C. Entscheiden Sie selbst, ob Sie dabei so wie Mila oder so wie Joris vorgehen.

(1) $A(1|0|3)$; $B(0|2|1)$; $C(2|2|4)$
(2) $A(0|1|2)$; $B(3|3|3)$; $C(-1|1|4)$
(3) $A(2|2|2)$; $B(5|2|1)$; $C(3|2|4)$
(4) $A(0|0|0)$; $B(1|0|3)$; $C(-1|2|0)$

8 **Koordinatenformen der Koordinatenebenen**

a) Begründen Sie, dass die Koordinatenform $x_3 = 0$ die x_1x_2-Ebene beschreibt. Geben Sie zwei weitere Koordinatenformen und eine Parameterdarstellung für die x_1x_2-Ebene an.

b) Geben Sie für die x_2x_3-Ebene und für die x_1x_3-Ebene jeweils zwei Koordinatenformen an.

9 = Ebenen, in denen eine Koordinatenachse liegt

a) Gegeben sind die Ebenen $E_1: x_1 + 2x_3 = 0$; $E_2: 5x_1 - 6x_3 = 0$; $E_3: x_1 + x_3 = 0$; $E_4: x_1 - 2x_3 = 0$. Begründen Sie, dass alle Ebenen die x_2-Achse, aber nicht die x_1- und x_3-Achse enthalten.

b) Geben Sie für drei Ebenen, in denen die x_3-Achse liegt, jeweils eine Koordinatenform an.

10 =

Prüfe dich!
Lösungen auf Seite 414

a) Bestimmen Sie eine Koordinatenform der Ebene E.

$$E: \vec{x} = \begin{pmatrix} -2 \\ 5 \\ 1 \end{pmatrix} + r \cdot \begin{pmatrix} 4 \\ 2 \\ 3 \end{pmatrix} + s \cdot \begin{pmatrix} 2 \\ 1 \\ -7 \end{pmatrix}; \; r, s \in \mathbb{R}$$

b) Die Punkte $A(4|0|0)$, $B(0|-2|0)$ und $C(0|0|3)$ liegen in einer Ebene. Bestimmen Sie zwei Koordinatenformen dieser Ebene.

c) Die Ebene E ist die x_1x_3-Ebene. Geben Sie eine Koordinatenformen für diese Ebene an.

d) Die Ebene E ist orthogonal zur x_1-Achse und enthält den Punkt $P(2|1|2)$. Bestimmen Sie eine Koordinatenform und eine Parameterdarstellung der Ebene E.

11 = Koordinatenform und Parameterdarstellung

Eine Ebene E ist durch die Koordinatenform $E: 2x_1 - 2x_2 + 4x_3 = 8$ gegeben. Welche der vier Parameterdarstellungen beschreiben die Ebene E? Begründen Sie.

(1) $\vec{x} = \begin{pmatrix} 1 \\ 2 \\ 1 \end{pmatrix} + r \cdot \begin{pmatrix} 1 \\ 1 \\ 0 \end{pmatrix} + s \cdot \begin{pmatrix} 0 \\ 2 \\ 1 \end{pmatrix}; \; r, s \in \mathbb{R}$

(2) $\vec{x} = \begin{pmatrix} 1 \\ 1 \\ 2 \end{pmatrix} + r \cdot \begin{pmatrix} 1 \\ 1 \\ 0 \end{pmatrix} + s \cdot \begin{pmatrix} 0 \\ 2 \\ 1 \end{pmatrix}; \; r, s \in \mathbb{R}$

(3) $\vec{x} = \begin{pmatrix} 2 \\ -2 \\ 0 \end{pmatrix} + r \cdot \begin{pmatrix} -1 \\ 1 \\ 1 \end{pmatrix} + s \cdot \begin{pmatrix} 1 \\ 5 \\ 2 \end{pmatrix}; \; r, s \in \mathbb{R}$

(4) $\vec{x} = \begin{pmatrix} 2 \\ -2 \\ 0 \end{pmatrix} + r \cdot \begin{pmatrix} 1 \\ -1 \\ 1 \end{pmatrix} + s \cdot \begin{pmatrix} 1 \\ 5 \\ 2 \end{pmatrix}; \; r, s \in \mathbb{R}$

12 = Koordinatenform aus Bild bestimmen

Bestimmen Sie eine Koordinatenform zu der Ebene, in der die abgebildete Fläche liegt.

a)
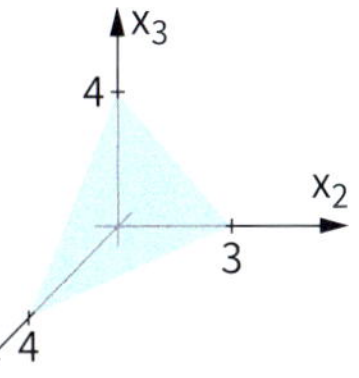

b)
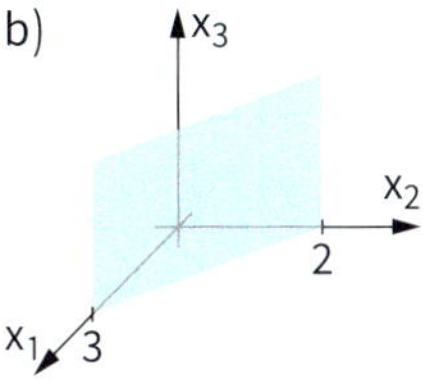

c)
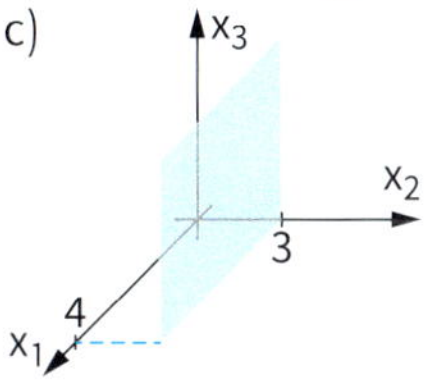

d)
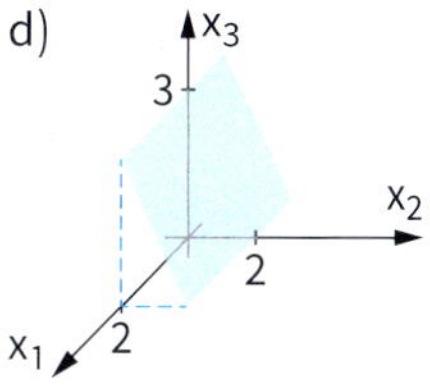

13 = Dachflächen eines Turms

Das Dach eines Turms hat die Form einer quadratischen Pyramide, deren Grundkanten die Länge 6 m haben. Die Höhe der Pyramide beträgt 4 m.

a) Legen Sie ein geeignetes Koordinatensystem fest und zeichnen Sie das Dach ein.

b) Bestimmen Sie Koordinatenformen für die Ebenen, in denen jeweils eine der vier Seitenflächen des Dachs liegen. Vergleichen Sie Ihre Ergebnisse miteinander.

14 = Schnittebene an einem Würfel

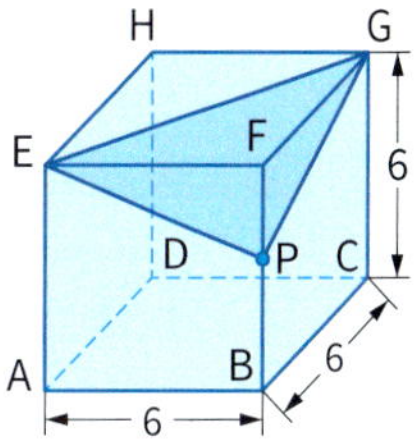

Gegeben ist ein Würfel mit der Kantenlänge 6. Der Punkt P liegt auf der Kante $\overline{BF}$ zwischen den Eckpunkten B und F.

a) Legen Sie ein geeignetes Koordinatensystem fest und zeichnen Sie den Würfel ein.

b) Die Ebene E enthält die Punkte E, P und G. Bestimmen Sie eine Koordinatenform von E, wenn der Punkt P der Mittelpunkt der Strecke $\overline{BF}$ ist.

Einstieg

Spurpunkte einer Ebene

Gegeben ist die Ebene $E: 4x_1 + 3x_2 - 4x_3 = 12$.
Mila hat die Schnittpunkte der Ebene E mit den Koordinatenachsen berechnet.
Damit zeichnet sie einen Ausschnitt der Ebene E im Koordinatensystem.

- Wie berechnet man die Koordinaten dieser Schnittpunkte?

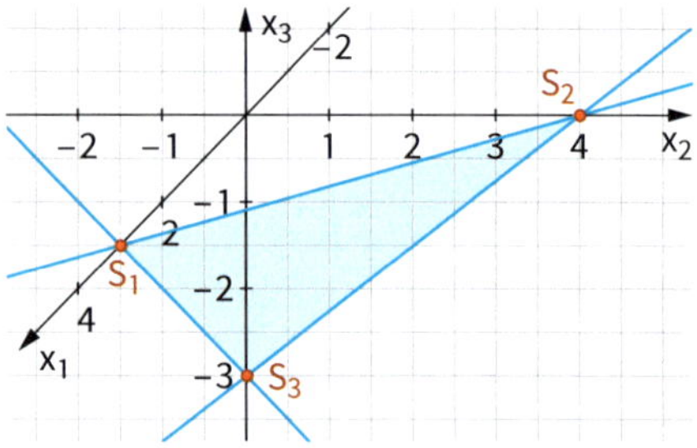

WES-109471-407

Spurpunkte einer Ebene

Die Schnittpunkte einer Ebene mit den Koordinatenachsen heißen **Spurpunkte** der Ebene.

Schreibweise: $\mathbf{S_1}(x_1 \mid 0 \mid 0)$; $\mathbf{S_2}(0 \mid x_2 \mid 0)$; $\mathbf{S_3}(0 \mid 0 \mid x_3)$

Spurgeraden einer Ebene

Die Schnittgeraden einer Ebene mit den Koordinatenebenen heißen **Spurgeraden** der Ebene.

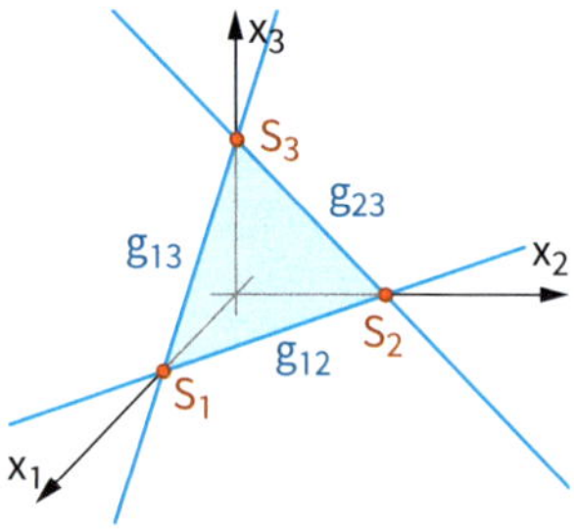

Spurpunkte bestimmen

$E: -2x_1 + x_2 + 4x_3 = 8$

Spurpunkt S_1

2. und 3. Koordinate 0 setzen $-2x_1 = 8$

Nach x_1 auflösen $x_1 = -4$; also $S_1(-4 \mid 0 \mid 0)$

Entsprechend erhält man $S_2(0 \mid 8 \mid 0)$ und $S_3(0 \mid 0 \mid 2)$.

15 **Ebenen mit drei Spurpunkten**

Stellen Sie die Ebene E mithilfe ihrer Spurpunkte in einem Koordinatensystem dar. Geben Sie für jede Spurgerade von E eine Parameterdarstellung an.

a) $E: 3x_1 - 2x_2 - 9x_3 = 18$ b) $E: 10x_1 + 5x_2 - 4x_3 = 20$ c) $E: 7x_1 - 3x_2 + x_3 = -21$

16 **Ebenen mit zwei Spurpunkten**

Bestimmen Sie die Spurpunkte der Ebene E und begründen Sie, dass E parallel zu einer Koordinatenachse liegt. Skizzieren Sie die Ebene E in ein Koordinatensystem. Bestimmen Sie außerdem die Spurgeraden von E.

a) $E: 2x_2 - 3x_3 = 12$ b) $E: x_1 - 5x_2 = 15$ c) $E: 7x_1 + 2x_2 = 14$

17 **Ebenen mit einem Spurpunkt**

Beschreiben Sie die Lage der Ebene E im Koordinatensystem mithilfe ihres Spurpunktes.

a) $E: x_3 = -4$ b) $E: x_1 = 5$ c) $E: 2x_2 = 9$ d) $E: 2x_1 = -5$ f) $E: -x_2 = 7$

18 **Spurpunkte und Spurgeraden**

Gegeben sind die drei Ebenen E_1, E_2 und E_3 mit den Koordinatenformen $E_1: 5x_1 + 6x_3 - 30 = 0$; $E_2: x_1 - 6x_2 = 6$ und $E_3: 4x_3 - 20 = 0$.

a) Bestimmen Sie die Spurpunkte der drei Ebenen.
Skizzieren Sie die Ebenen mithilfe ihrer Spurpunkte und ihrer Spurgeraden und beschreiben Sie ihre besondere Lage im Koordinatensystem.

b) Geben Sie Parameterdarstellungen für alle Spurgeraden jeder Ebene an.

19 Bestimmen Sie die Spurpunkte der Ebene $E: -3x_1 + 4x_2 + 3x_3 = 12$ und skizzieren Sie damit die Ebene E in ein Koordinatensystem.

Prüfe dich! Lösungen auf Seite 415

20 **Achsenabschnittsform einer Ebene**

Eine Ebene E hat als Koordinatenform $ax_1 + bx_2 + cx_3 = d$.
Sind alle Zahlen a, b, c und d ungleich 0, so kann man die Koordinatenform in der Form $\frac{x_1}{a_1} + \frac{x_2}{a_2} + \frac{x_3}{a_3} = 1$ schreiben.

a) Zeigen Sie dies für die Ebene $E: 4x_1 - 2x_2 + 3x_3 = 12$.
Bestimmen Sie die Spurpunkte von E und skizzieren Sie E in einem Koordinatensystem.

b) Zeigen Sie:

Achsenabschnittsform einer Ebene
Eine Ebene mit einer Koordinatenform in der Form
$\mathbf{\frac{x_1}{a_1} + \frac{x_2}{a_2} + \frac{x_3}{a_3} = 1}$ und $a_1 \neq 0,\ a_2 \neq 0,\ a_3 \neq 0$
hat die Spurpunkte $S_1(a_1|0|0)$, $S_2(0|a_2|0)$ und $S_3(0|0|a_3)$.

c) Untersuchen Sie, ob es eine solche Achsenabschnittsform auch dann gibt, wenn die Ebene nur zwei Spurpunkte oder nur einen Spurpunkt besitzt.

21 **Koordinatenform einer Ebene aus Spurpunkten bestimmen**

Joris schreibt: „*Wenn ich die Spurpunkte einer Ebene kenne, kann ich sofort eine Koordinatenform dieser Ebene angeben. Hat eine Ebene E zum Beispiel die Spurpunkte $S_1(5|0|0)$, $S_2(0|2|0)$ und $S_3(0|0|-7)$, so ist $\frac{x_1}{5} + \frac{x_2}{2} - \frac{x_3}{7} = 1$ eine Koordinatenform von E.*“

a) Zeigen Sie, dass Joris recht hat.

b) Geben Sie zwei weitere Koordinatenformen für die Ebene E an.

22 **Koordinatenform aus Ebenenausschnitt bestimmen**

Bestimmen Sie eine Koordinatenform der Ebene, deren Ausschnitt abgebildet ist.

a)
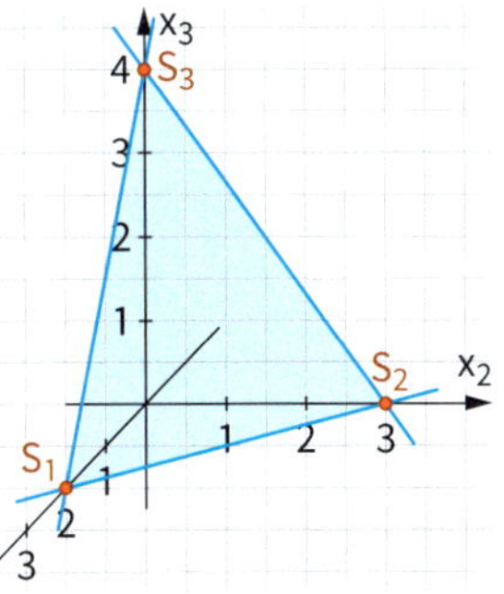

b)
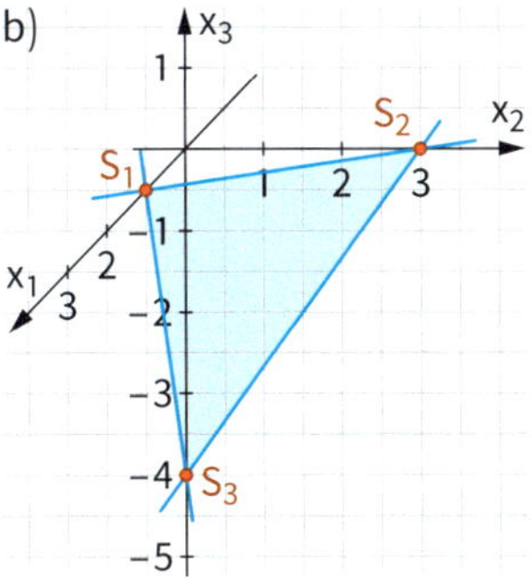

c)
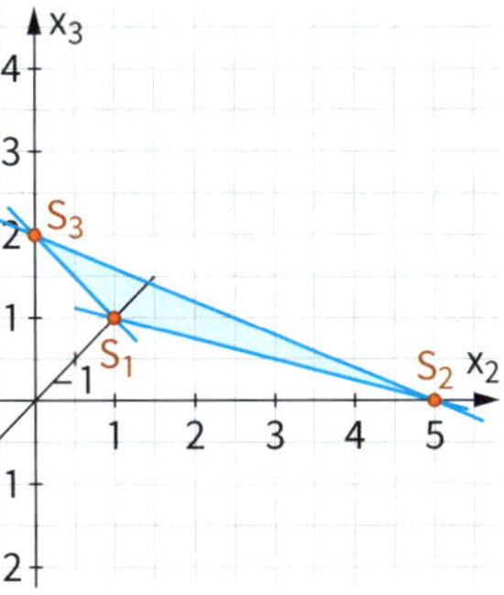

23 **Besondere Lage von Ebenen im Koordinatensystem**

Bestimmen Sie eine Koordinatenform der Ebene, deren Ausschnitt abgebildet ist.

a)
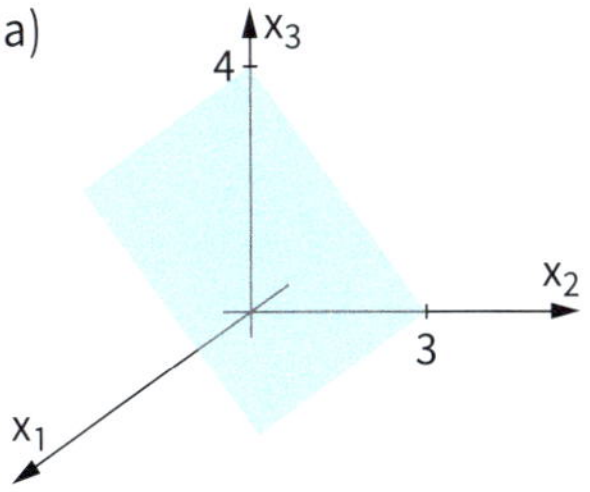

b)
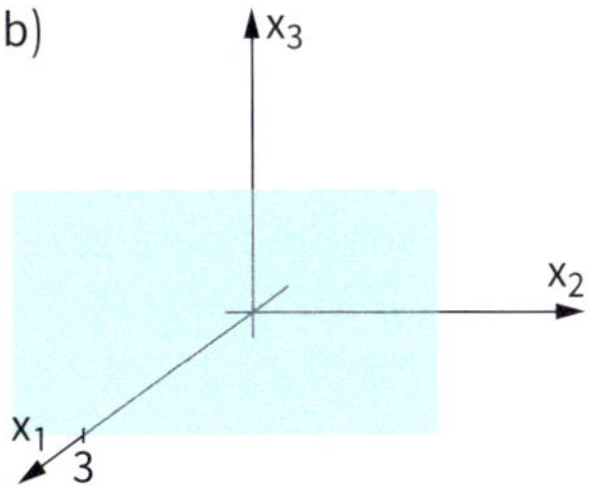

c)
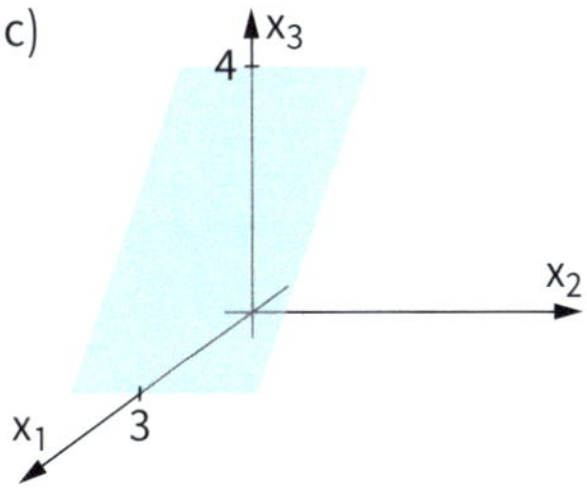

Vektorprodukt

Um eine Parameterdarstellung einer Ebene in eine Koordinatenform dieser Ebene umzuwandeln, muss man einen Normalenvektor für die Ebene bestimmen. Dabei sucht man einen Vektor, der zu den beiden Richtungsvektoren der Ebene orthogonal ist.

Vektoren, die zu zwei Vektoren orthogonal sind

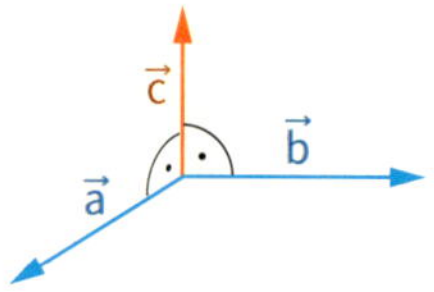

Gegeben sind zwei Vektoren $\vec{a}$ und $\vec{b}$.
Gesucht ist ein Vektor $\vec{c}$, der zu beiden Vektoren $\vec{a}$ und $\vec{b}$ orthogonal ist. Für diesen Vektor $\vec{c} = \begin{pmatrix} c_1 \\ c_2 \\ c_3 \end{pmatrix}$ muss $\vec{a} \circ \vec{c} = 0$ und $\vec{b} \circ \vec{c} = 0$ gelten.

Beispiel

$$\vec{a} = \begin{pmatrix} 2 \\ -3 \\ 1 \end{pmatrix};\ \vec{b} = \begin{pmatrix} 1 \\ 2 \\ -1 \end{pmatrix}$$

$$\left| \begin{aligned} 2c_1 - 3c_2 + c_3 &= 0 \\ c_1 + 2c_2 - c_3 &= 0 \end{aligned} \right|$$

$$\left| \begin{aligned} 2c_1 - 3c_2 &= -c_3 \\ c_1 + 2c_2 &= c_3 \end{aligned} \right| \begin{aligned} &\cdot 2 \ \oplus \\ &\cdot 3 \end{aligned} \quad \begin{aligned} &\cdot(-2) \ \oplus \end{aligned}$$

$$\left| \begin{aligned} 7c_1 &= c_3 \\ -7c_2 &= -3c_3 \end{aligned} \right|$$

$$\left| \begin{aligned} c_1 &= \tfrac{1}{7}c_3 \\ c_2 &= \tfrac{3}{7}c_3 \end{aligned} \right|$$

Allgemein

$$\vec{a} = \begin{pmatrix} a_1 \\ a_2 \\ a_3 \end{pmatrix};\ \vec{b} = \begin{pmatrix} b_1 \\ b_2 \\ b_3 \end{pmatrix}$$

$$\left| \begin{aligned} a_1 c_1 + a_2 c_2 + a_3 c_3 &= 0 \\ b_1 c_1 + b_2 c_2 + b_3 c_3 &= 0 \end{aligned} \right|$$

$$\left| \begin{aligned} a_1 c_1 + a_2 c_2 &= -a_3 c_3 \\ b_1 c_1 + b_2 c_2 &= -b_3 c_3 \end{aligned} \right| \begin{aligned} &\cdot\ b_2 \ \oplus \\ &\cdot(-a_2) \end{aligned} \quad \begin{aligned} &\cdot\ b_1 \ \oplus \\ &\cdot(-a_1) \end{aligned}$$

$$\left| \begin{aligned} (a_1 b_2 - a_2 b_1) \cdot c_1 &= (-a_3 b_2 + a_2 b_3) \cdot c_3 \\ (a_2 b_1 - a_1 b_2) \cdot c_2 &= (-a_3 b_1 + a_1 b_3) \cdot c_3 \end{aligned} \right|$$

$$\left| \begin{aligned} c_1 &= \frac{a_2 b_3 - a_3 b_2}{a_1 b_2 - a_2 b_1} \cdot c_3 \\ c_2 &= \frac{a_3 b_1 - a_1 b_3}{a_1 b_2 - a_2 b_1} \cdot c_3 \end{aligned} \right| \quad \text{falls } a_1 b_2 - a_2 b_1 \neq 0$$

Für jede beliebige Wahl von c_3 erhält man einen Vektor, der zu $\vec{a}$ und $\vec{b}$ orthogonal ist. Dieser lässt sich mit $c_3 = 7t$ bzw. allgemein $c_3 = (a_1 b_2 - a_2 b_1) \cdot t$ schreiben als:

$$\vec{c} = t \cdot \begin{pmatrix} 1 \\ 3 \\ 7 \end{pmatrix};\ t \in \mathbb{R},\ t \neq 0 \qquad \vec{c} = t \cdot \begin{pmatrix} a_2 b_3 - a_3 b_2 \\ a_3 b_1 - a_1 b_3 \\ a_1 b_2 - a_2 b_1 \end{pmatrix};\ t \in \mathbb{R},\ t \neq 0$$

Auch wenn obige Umformungen nur für a_1, a_2, b_1, b_2 und $a_1 b_2 - a_2 b_1$ ungleich 0 durchgeführt werden können, ist der berechnete Vektor $\vec{c}$ in jedem Fall eine Lösung des Gleichungssystems, wie man durch Einsetzen überprüfen kann.

WES-109471-419

Auch: Kreuzprodukt

Vektorprodukt

Das **Vektorprodukt** $\vec{u} \times \vec{v}$ zweier Vektoren $\vec{u} = \begin{pmatrix} u_1 \\ u_2 \\ u_3 \end{pmatrix}$ und $\vec{v} = \begin{pmatrix} v_1 \\ v_2 \\ v_3 \end{pmatrix}$ ist der Vektor

$$\vec{u} \times \vec{v} = \begin{pmatrix} u_1 \\ u_2 \\ u_3 \end{pmatrix} \times \begin{pmatrix} v_1 \\ v_2 \\ v_3 \end{pmatrix} = \begin{pmatrix} \mathbf{u_2 v_3 - u_3 v_2} \\ \mathbf{u_3 v_1 - u_1 v_3} \\ \mathbf{u_1 v_2 - u_2 v_1} \end{pmatrix}.$$

Sprechweise: *„u Kreuz v“*

Geometrische Deutung

Sind die Vektoren $\vec{u} \neq \vec{o}$ und $\vec{v} \neq \vec{o}$ keine Vielfachen voneinander, so ist der Vektor $\vec{u} \times \vec{v}$ sowohl zum Vektor $\vec{u}$ als auch zum Vektor $\vec{v}$ orthogonal.
Die drei Vektoren bilden ein sogenanntes *Rechtssystem*.

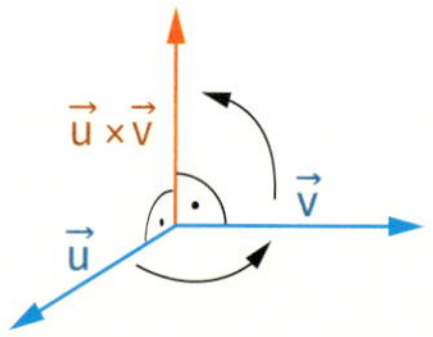

Vektorprodukt berechnen

$\vec{u} = \begin{pmatrix} 0 \\ 4 \\ 5 \end{pmatrix};\ \vec{v} = \begin{pmatrix} 5 \\ -2 \\ 3 \end{pmatrix}$

Ohne Rechner

$\vec{u} \times \vec{u} = \begin{pmatrix} u_2 v_3 - u_3 v_2 \\ u_3 v_1 - u_1 v_3 \\ u_1 v_2 - u_2 v_1 \end{pmatrix}$

Einsetzen:

$\vec{u} \times \vec{v} = \begin{pmatrix} 4 \cdot 3 - 5 \cdot (-2) \\ 5 \cdot 5 - 0 \cdot 3 \\ 0 \cdot (-2) - 4 \cdot 5 \end{pmatrix} = \begin{pmatrix} 22 \\ 25 \\ -20 \end{pmatrix}$

Merkhilfe:

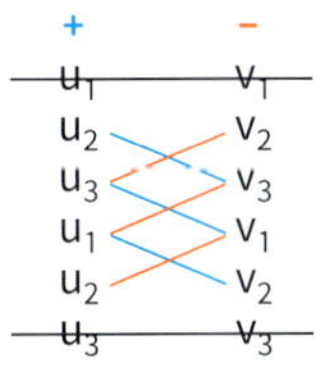

Mit Rechner

crossP$\left(\begin{bmatrix} 0 \\ 4 \\ 5 \end{bmatrix}, \begin{bmatrix} 5 \\ -2 \\ 3 \end{bmatrix}\right)$

$\begin{bmatrix} 22 \\ 25 \\ -20 \end{bmatrix}$

1 **Vektorprodukt berechnen**

Berechnen Sie das Vektorprodukt der Vektoren $\vec{u}$ und $\vec{v}$.

a) $\vec{u} = \begin{pmatrix} 3 \\ -1 \\ 2 \end{pmatrix};\ \vec{v} = \begin{pmatrix} 4 \\ 2 \\ -3 \end{pmatrix}$ b) $\vec{u} = \begin{pmatrix} 0 \\ -5 \\ 2 \end{pmatrix};\ \vec{v} = \begin{pmatrix} 3 \\ 2 \\ -4 \end{pmatrix}$ c) $\vec{u} = \begin{pmatrix} 2 \\ -1 \\ 1 \end{pmatrix};\ \vec{v} = \begin{pmatrix} 1 \\ 0 \\ 4 \end{pmatrix}$

2 **Normalenvektor mit dem Vektorprodukt bestimmen**

Bestimmen Sie eine Koordinatenform der Ebene E mithilfe des Vektorprodukts.

a) $E: \vec{x} = \begin{pmatrix} 3 \\ 0 \\ 0 \end{pmatrix} + r \cdot \begin{pmatrix} 2 \\ 1 \\ 0 \end{pmatrix} + s \cdot \begin{pmatrix} -1 \\ -2 \\ 1 \end{pmatrix}$ b) $E: \vec{x} = \begin{pmatrix} 1 \\ 1 \\ -3 \end{pmatrix} + r \cdot \begin{pmatrix} -3 \\ 1 \\ 0 \end{pmatrix} + s \cdot \begin{pmatrix} 1 \\ -3 \\ 1 \end{pmatrix}$

c) $E: \vec{x} = \begin{pmatrix} 0 \\ -1 \\ 2 \end{pmatrix} + r \cdot \begin{pmatrix} 0 \\ 2 \\ 3 \end{pmatrix} + s \cdot \begin{pmatrix} 0 \\ -3 \\ 1 \end{pmatrix}$ d) $E: \vec{x} = \begin{pmatrix} 1 \\ -2 \\ 1 \end{pmatrix} + r \cdot \begin{pmatrix} 1 \\ -4 \\ -1 \end{pmatrix} + s \cdot \begin{pmatrix} 0 \\ 7 \\ 1 \end{pmatrix}$

3 **Länge des Vektorprodukts**

Zu zwei Vektoren $\vec{u}$ und $\vec{v}$ mit dem eingeschlossenen Winkel α kann man ein Parallelogramm festlegen.
Zeigen Sie:

$|\vec{u} \times \vec{v}|^2 = |\vec{u}|^2 \cdot |\vec{v}|^2 - (\vec{u} \circ \vec{v})^2$ und $|\vec{u} \times \vec{v}| = |\vec{u}| \cdot |\vec{v}| \cdot \sin(\alpha)$

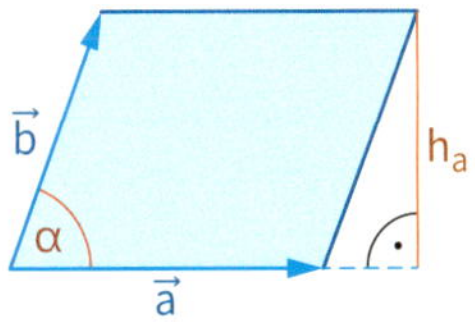

Die Länge des Vektorprodukts $\vec{u} \times \vec{v}$ ist also der Flächeninhalt des von $\vec{u}$ und $\vec{v}$ aufgespannten Parallelogramms.

4 **Flächeninhalt eines Dreiecks**

a) Begründen Sie:

Für den Flächeninhalt eines Dreiecks ABC gilt:

$A = \frac{1}{2} \cdot |\overrightarrow{AB} \times \overrightarrow{AC}|$

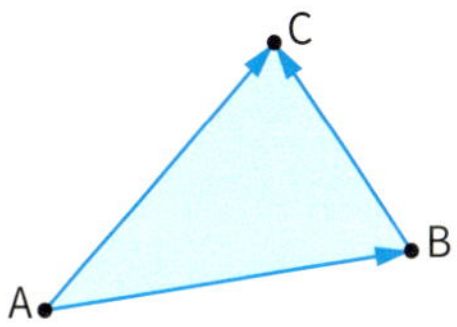

b) Berechnen Sie mit dieser Formel jeweils den Flächeninhalt des Dreiecks PQR.
(1) P(−3|1|4); Q(2|−5|8); R(6|8|−5) (2) P(−4|−5|3); Q(0|2|−4); R(−1|7|12)

5 **Antikommutativgesetz für das Vektorprodukt**

Beweisen Sie das Antikommutativgesetz für das Vektorprodukt:

$\vec{u} \times \vec{v} = -\vec{v} \times \vec{u}$

4.5 Lagebeziehungen im Raum

Schwimmende Offshore-Windkrafträder werden auf schwimmenden Plattformen errichtet. Die Plattformen werden auf dem Meeresboden verankert.

In einem Koordinatensystem mit der Meeresoberfläche als x_1x_2-Ebene und der Einheit Meter liegt der Punkt $P(826\,|\,722\,|-12)$ am Boden einer Plattform. Von P aus soll ein Stahlseil auf dem Meeresboden befestigt werden.

Aus statischen Gründen soll es in Richtung $\vec{v} = \begin{pmatrix} 37 \\ 39 \\ -280 \end{pmatrix}$ verlaufen. Der Meeresboden in diesem Bereich wird durch die Ebene $E: -5x_1 + 7x_2 + 11x_3 = -2200$ modelliert.

- In welchem Punkt S wird das Stahlseil auf dem Meeresboden verankert?
- Um den Meeresboden zu scannen, wird ein Tauchroboter eingesetzt, der sich in Richtung $\vec{w} = \begin{pmatrix} 14 \\ 10 \\ 0 \end{pmatrix}$ bewegt. Wie kann man rechnerisch nachweisen, dass sich der Tauchroboter parallel zum Meeresboden bewegt? Fertigen Sie dazu eine Skizze an.

Lösung – Koordinaten von S

Das Stahlseil wird durch die Gerade g mit $g: \vec{x} = \overrightarrow{OP} + t \cdot \vec{v} = \begin{pmatrix} 826 \\ 722 \\ -12 \end{pmatrix} + t \cdot \begin{pmatrix} 37 \\ 39 \\ -280 \end{pmatrix}$ modelliert.

Der gesuchte Punkt $S(s_1\,|\,s_2\,|\,s_3)$ ist der Schnittpunkt der Geraden g mit der Ebene E, liegt also sowohl auf g als auch in E. Damit muss gelten:

$$\begin{pmatrix} s_1 \\ s_2 \\ s_3 \end{pmatrix} = \begin{pmatrix} 826 \\ 722 \\ -12 \end{pmatrix} + t \cdot \begin{pmatrix} 37 \\ 39 \\ -280 \end{pmatrix} \text{ bzw. } \left| \begin{array}{l} s_1 = 826 + 37t \\ s_2 = 722 + 39t \\ s_3 = -12 - 280t \end{array} \right| \quad \text{und} \quad -5s_1 + 7s_2 + 11s_3 = -2200$$

Eingesetzt erhält man:

$-5 \cdot (826 + 37t) + 7 \cdot (722 + 39t) + 11 \cdot (-12 - 280t) = -2200$

Daraus ergibt sich die Lösung $t = 1$.

Setzt man $t = 1$ in die Parameterdarstellung von g ein, so erhält man den Ortsvektor $\overrightarrow{OS}$ des Schnittpunktes S:

$$\overrightarrow{OS} = \begin{pmatrix} 826 \\ 722 \\ -12 \end{pmatrix} + 1 \cdot \begin{pmatrix} 37 \\ 39 \\ -280 \end{pmatrix} = \begin{pmatrix} 863 \\ 761 \\ -292 \end{pmatrix}$$

Das Stahlseil wird auf dem Meeresboden im Punkt $S(863\,|\,761\,|-292)$ verankert.

Lösung – Richtung des Tauchroboters

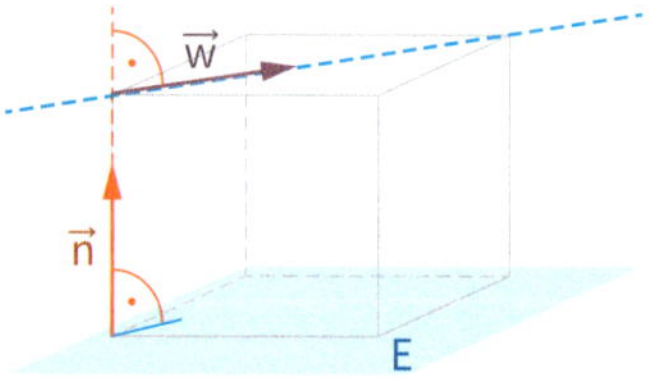

Der Meeresboden liegt in der Ebene E mit dem Normalenvektor $\vec{n} = \begin{pmatrix} -5 \\ 7 \\ 11 \end{pmatrix}$. Gilt die Gleichung $\vec{w} \circ \vec{n} = 0$, so sind die Vektoren $\vec{w}$ und $\vec{n}$ orthogonal zueinander und $\vec{w}$ liegt parallel zur Ebene E.

$$\vec{w} \circ \vec{n} = \begin{pmatrix} 14 \\ 10 \\ 0 \end{pmatrix} \circ \begin{pmatrix} -5 \\ 7 \\ 11 \end{pmatrix} = 14 \cdot (-5) + 10 \cdot 7 + 0 \cdot 11 = 0$$

Der Tauchroboter bewegt sich somit parallel zum Meeresboden.

Lage einer Geraden und einer Ebene im Raum untersuchen

Gegeben sind die Gerade $g: \vec{x} = \vec{a} + t \cdot \vec{u}$ und die Ebene $E: \vec{n} \circ \vec{x} = d$ mit Normalenvektor $\vec{n}$.
Es bietet sich folgende Strategie an:

Auf Parallelität prüfen:
Ist der Vektor $\vec{u}$ orthogonal zum Vektor $\vec{n}$?
Gilt $\vec{u} \circ \vec{n} = 0$?

- nein → g und E sind nicht parallel zueinander.
  → g und E **schneiden sich** in einem Punkt S.

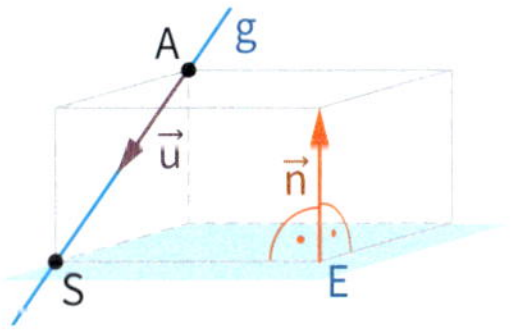

- ja → g und E sind parallel zueinander.
  Punktprobe:
  Liegt der Punkt A mit dem Ortsvektor $\vec{a}$ in E?
  Gilt $\vec{n} \circ \vec{a} = d$?
  - nein → g ist **parallel** zu E, liegt aber nicht in E.

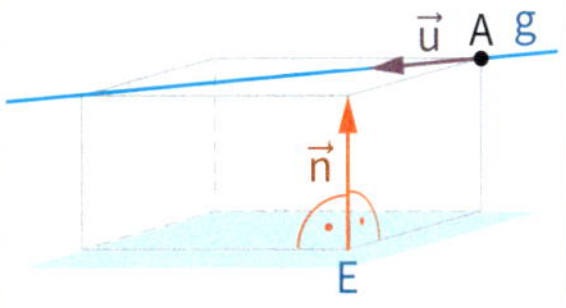

  - ja → g ist parallel zu E und **liegt in** E.

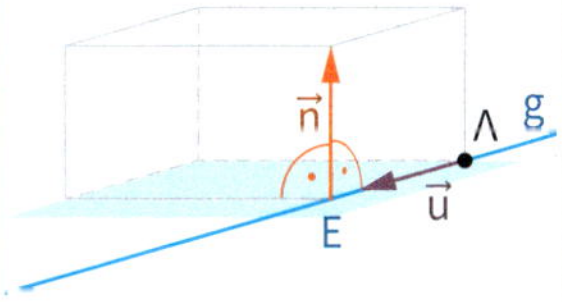

WES-109471-408

Lage zwischen Gerade und Ebene untersuchen

Bestimmen Sie die Lage der drei Geraden g_1, g_2 und g_3 zur Ebene $E: 2x_1 - 6x_2 + x_3 = 7$.

$g_1: \vec{x} = \begin{pmatrix} 9 \\ 1 \\ 7 \end{pmatrix} + t \cdot \begin{pmatrix} 5 \\ 5 \\ 0 \end{pmatrix};\ t \in \mathbb{R}$ $\quad g_2: \vec{x} = \begin{pmatrix} 9 \\ 1 \\ 7 \end{pmatrix} + t \cdot \begin{pmatrix} 6 \\ 2 \\ 0 \end{pmatrix};\ t \in \mathbb{R}$ $\quad g_3: \vec{x} = \begin{pmatrix} 0 \\ 0 \\ 7 \end{pmatrix} + t \cdot \begin{pmatrix} 6 \\ 2 \\ 0 \end{pmatrix};\ t \in \mathbb{R}$

Lösung

Gerade g_1

Auf Parallelität prüfen $\quad \begin{pmatrix} 2 \\ -6 \\ 1 \end{pmatrix} \circ \begin{pmatrix} 5 \\ 5 \\ 0 \end{pmatrix} = -20 \neq 0$; also $g_1 \nparallel E$.

Schnittpunkt berechnen $\quad 2 \cdot (9 + 5t) - 6 \cdot (1 + 5t) + (7 + 0t) = 7$; also $t = 0{,}6$.
g_1 und E schneiden sich in $S(12 | 4 | 7)$.

t in g_1 einsetzen

Gerade g_2

Auf Parallelität prüfen $\quad \begin{pmatrix} 2 \\ -6 \\ 1 \end{pmatrix} \circ \begin{pmatrix} 6 \\ 2 \\ 0 \end{pmatrix} = 0$; also $g_2 \parallel E$.

Punktprobe $\quad 2 \cdot 9 - 6 \cdot 1 + 7 = 19 \neq 7$; also liegt A nicht in E.
g_2 ist parallel zu E, liegt aber nicht in E.

Gerade g_3

Auf Parallelität prüfen $\quad \begin{pmatrix} 2 \\ -6 \\ 1 \end{pmatrix} \circ \begin{pmatrix} 6 \\ 2 \\ 0 \end{pmatrix} = 0$; also $g_3 \parallel E$.

Punktprobe $\quad 2 \cdot 0 - 6 \cdot 0 + 7 = 7$; also liegt A in E.
g_3 liegt in E.

1 **Gerade schneidet Ebene**
Begründen Sie, dass eine Gerade g mit dem Richtungsvektor $\vec{u}$ eine Ebene E mit dem Normalenvektor $\vec{n}$ in einem Punkt schneidet.

a) $\vec{u} = \begin{pmatrix} 2 \\ -5 \\ 3 \end{pmatrix}$; $\vec{n} = \begin{pmatrix} 1 \\ 0 \\ 2 \end{pmatrix}$ b) $\vec{u} = \begin{pmatrix} 4 \\ 6 \\ -9 \end{pmatrix}$; $\vec{n} = \begin{pmatrix} 5 \\ 1 \\ -2 \end{pmatrix}$ c) $\vec{u} = \begin{pmatrix} 0{,}2 \\ 2{,}5 \\ -1{,}4 \end{pmatrix}$; $\vec{n} = \begin{pmatrix} -0{,}1 \\ 0 \\ 0{,}5 \end{pmatrix}$

2 **Lagebeziehungen einer Geraden zu einer Ebene**
Prüfen Sie, welcher der drei Fälle aus der Information für die Gerade g und die Ebene E zutrifft, und bestimmen Sie gegebenenfalls den Schnittpunkt von g und E.

a) $g: \vec{x} = \begin{pmatrix} 2 \\ 1 \\ 4 \end{pmatrix} + t \cdot \begin{pmatrix} 3 \\ 1 \\ 2 \end{pmatrix}$; $E: x_1 + x_2 - 2x_3 = 3$

b) $g: \vec{x} = \begin{pmatrix} 3 \\ 2 \\ 1 \end{pmatrix} + t \cdot \begin{pmatrix} 1 \\ -1 \\ 0 \end{pmatrix}$; $E: 2x_1 + 3x_2 - 7x_3 = 11$

c) $g: \vec{x} = \begin{pmatrix} 0 \\ 1 \\ -1 \end{pmatrix} + t \cdot \begin{pmatrix} 3 \\ -2 \\ -1 \end{pmatrix}$; $E: x_1 + 2x_2 - x_3 = 3$

d) g verläuft durch $A(3|-2|-1)$ und $B(6|1|-7)$; $E: x_1 - x_2 + x_3 = 2$

3 **Schnittpunkt einer Geraden mit einer Ebene**
Die Gerade g verläuft durch den Punkt A und hat den Richtungsvektor $\vec{u}$. Bestimmen Sie alle gemeinsamen Punkte der Geraden g und der Ebene E.

a) $A(1|2|3)$; $\vec{u} = \begin{pmatrix} 1 \\ 2 \\ -3 \end{pmatrix}$; $E: x_1 - 2x_2 - 3x_3 = 6$ b) $A(0|3|2)$; $\vec{u} = \begin{pmatrix} 1 \\ 2 \\ 3 \end{pmatrix}$; $E: 2x_1 - 2x_2 - 2x_3 = 3$

c) $A(2|-1|1)$; $\vec{u} = \begin{pmatrix} -1 \\ 3 \\ 1 \end{pmatrix}$; $E: x_1 + x_2 - 3x_3 = 1$ d) $A(3|-2|-1)$; $\vec{u} = \begin{pmatrix} 1 \\ 1 \\ -2 \end{pmatrix}$; $E: -x_1 + x_2 - x_3 = -2$

4 **Flug eines Hanggleiters**
Eine Bergwiese liegt in der Ebene E mit $E: \vec{x} = 2x_1 - 2x_2 + 9x_3 = 7$. Ein Hanggleiter fliegt für kurze Zeit in Richtung des Vektors $\vec{v} = \begin{pmatrix} -1{,}5 \\ 3 \\ 1 \end{pmatrix}$ über die Bergwiese.

a) Zeigen Sie, dass der Gleiter parallel zur Bergwiese fliegt.
b) Im Punkt $A(-0{,}5|3|2)$ ändert der Gleiter seine Richtung in $\vec{u} = \begin{pmatrix} -1 \\ 3 \\ 0 \end{pmatrix}$, um zu landen. In welchem Punkt trifft er auf die Bergwiese?

WES-109471-409

5 **Lagebeziehung an der Lösungsmenge erkennen**
Lina untersucht die Lage der Geraden g und der Ebene E mit $g: \vec{x} = \begin{pmatrix} 3 \\ 1 \\ -1 \end{pmatrix} + t \cdot \begin{pmatrix} 1 \\ -1 \\ 2 \end{pmatrix}$ und $E: 2x_1 - 4x_2 + x_3 = 9$:

Ich setze die drei Koordinaten $x_1 = 3 + t$, $x_2 = 1 - t$ und $x_3 = -1 + 2t$ in die Koordinatenform von E ein. An der Lösungsmenge der Gleichung sehe ich sofort, welcher Fall vorliegt.

a) Erläutern Sie Linas Überlegung und überprüfen Sie damit die Lage zwischen E und g.
b) Untersuchen Sie auf die gleiche Weise die Lage von E und der Geraden h mit
$h: \vec{x} = \begin{pmatrix} -5 \\ -2 \\ 11 \end{pmatrix} + t \cdot \begin{pmatrix} 3 \\ 2 \\ 2 \end{pmatrix}$; $t \in \mathbb{R}$.

Prüfe dich!
Lösungen auf Seite 415

6 Ermitteln Sie die Lage der Geraden g und der Ebene E zueinander.

a) $g: \vec{x} = \begin{pmatrix} 2 \\ 9 \\ -4 \end{pmatrix} + t \cdot \begin{pmatrix} 1 \\ 2 \\ 3 \end{pmatrix}$; $E: x_1 + 2x_2 + 3x_3 = 8$ b) $g: \vec{x} = \begin{pmatrix} 3 \\ 5 \\ 2 \end{pmatrix} + t \cdot \begin{pmatrix} 1 \\ 3 \\ 2 \end{pmatrix}$; $E: 2x_2 - 3x_3 = 11$

7 = **Geraden mit vorgegebener Lagebeziehung zu einer Ebene**

Gegeben sind die Ebene $E: -2x_1 + 5x_2 - x_3 = 10$ und der Punkt $A(1|-2|4)$.
Geben Sie eine Parameterdarstellung einer Geraden an, die
(1) A enthält und E schneidet; (2) A enthält und E nicht schneidet; (3) in E liegt.

Lage von Ebenen zueinander

Einstieg

- Untersuchen Sie die Lage von jeweils zwei der Ebenen zueinander.
  Wie kann man an den Koordinatenformen erkennen, wie die Ebenen zueinander liegen?

$E_1: 2x_1 + 5x_2 - x_3 = -8$

$E_2: 3x_1 - x_2 + 2x_3 = 12$

$E_3: -8x_1 - 20x_2 + 4x_3 = 32$

$E_4: 6x_1 + 15x_2 - 3x_3 = 27$

Lage zweier Ebenen im Raum untersuchen

Gegeben sind die Ebenen $E_1: \vec{n}_1 \circ \vec{x} = d_1$ und $E_2: \vec{n}_2 \circ \vec{x} = d_2$ mit Normalenvektoren $\vec{n}_1$ und $\vec{n}_2$.
Es bietet sich folgende Strategie an:

Auf Parallelität prüfen:
Sind $\vec{n}_1$ und $\vec{n}_2$ Vielfache voneinander?
Gibt es $k \in \mathbb{R}$ mit $\vec{n}_2 = k \cdot \vec{n}_1$?

nein → E_1 und E_2 sind nicht parallel zueinander. → E_1 und E_2 **schneiden sich** in einer Geraden g.

ja → E_1 und E_2 sind parallel zueinander.

Auf identische Ebene prüfen:
Sind die Koordinatenformen Vielfache voneinander?
Gilt $k \cdot d_1 = d_2$?

nein → E_1 und E_2 sind **parallel**, aber nicht identisch.

ja → E_1 und E_2 sind **identisch**.

k ist der Faktor, falls die Normalenvektoren parallel sind.

WES-109461-410

E_1 und E_2 **schneiden sich** in einer Geraden g.

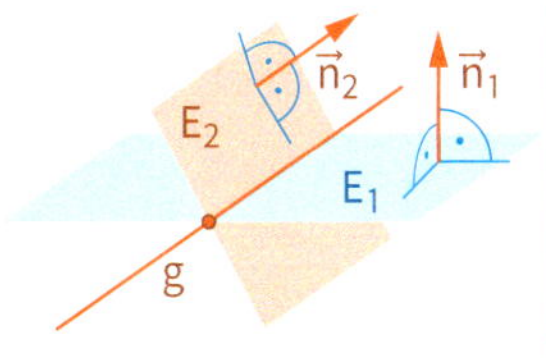

$E_1: x_1 - 2x_2 + 4x_3 = 1$
$E_2: x_1 \quad + 3x_3 = 2$

$$\begin{pmatrix} 1 \\ -2 \\ 4 \end{pmatrix} = k \cdot \begin{pmatrix} 1 \\ 0 \\ 3 \end{pmatrix}$$

hat keine Lösung.

E_1 und E_2 sind **parallel**, aber nicht identisch.

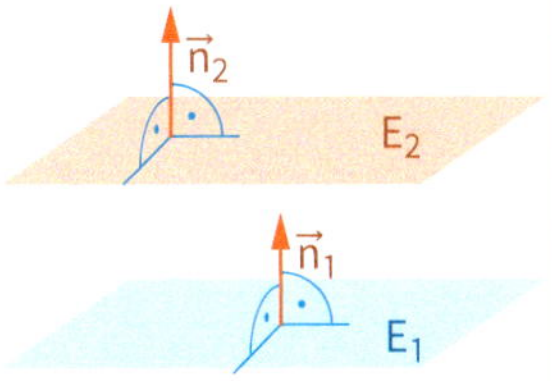

$E_1: x_1 - 2x_2 + 4x_3 = 1$
$E_2: x_1 - 2x_2 + 4x_3 = 5$

$$\begin{pmatrix} 1 \\ -2 \\ 4 \end{pmatrix} = 1 \cdot \begin{pmatrix} 1 \\ -2 \\ 4 \end{pmatrix}$$

$1 \cdot 1 = 1 \neq 5$

E_1 und E_2 sind **identisch**.

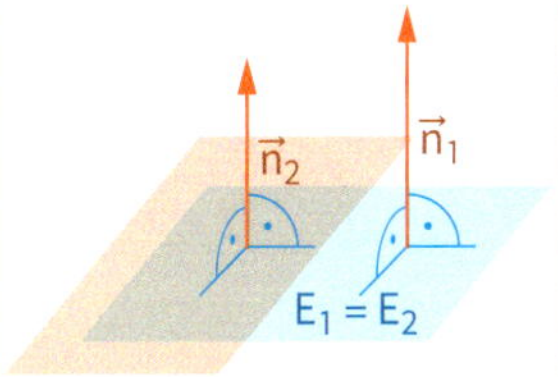

$E_1: x_1 - 2x_2 + 4x_3 = 1$
$E_2: 2x_1 - 4x_2 + 8x_3 = 2$

$$\begin{pmatrix} 2 \\ -4 \\ 8 \end{pmatrix} = 2 \cdot \begin{pmatrix} 1 \\ -2 \\ 4 \end{pmatrix}$$

$2 \cdot 1 = 2$ ✓

8 **Lage zwischen Ebenen untersuchen**

Untersuchen Sie, wie die beiden Ebenen E_1 und E_2 zueinander liegen.

a) $E_1: 6x_1 + 3x_2 - 9x_3 = 15$
$E_2: -2x_1 - x_2 + 3x_3 + 5 = 0$

b) $E_1: 3x_1 - 12x_2 + 6x_3 = -18$
$E_2: -2x_1 + 8x_2 - 4x_3 + 12 = 0$

c) $E_1: 4x_1 + 2x_2 + x_3 = 10$
$E_2: -x_1 - 3x_2 + 4x_3 + 6 = 0$

d) $E_1: \vec{x} = \begin{pmatrix} -1 \\ 2 \\ 2 \end{pmatrix} + r \cdot \begin{pmatrix} -2 \\ 3 \\ 2 \end{pmatrix} + s \cdot \begin{pmatrix} 6 \\ -5 \\ 2 \end{pmatrix};\ r, s \in \mathbb{R}$
$E_2: 2x_1 + 2x_2 - x_3 - 4 = 0$

WES-109471-411

Schnittgerade zweier Ebenen bestimmen

Die Ebenen $E_1: x_1 - 2x_2 + 4x_3 = 1$ und $E_2: x_1 + 3x_3 = 2$ schneiden sich in einer Geraden g. Bestimmen Sie eine Parameterdarstellung dieser Schnittgeraden.

Lösung

Ansatz	Jeder Punkt auf g erfüllt beide Ebenengleichungen.
Gleichungssystem aufstellen	$\left\lvert \begin{array}{l} x_1 - 2x_2 + 4x_3 = 1 \\ x_1 + 0x_2 + 3x_3 = 2 \end{array} \right\rvert$
Gleichungssystem lösen	$x_1 = 2 - 3t \quad x_2 = 0{,}5 + 0{,}5t \quad x_3 = t$
Parameterform angeben	$g: \vec{x} = \begin{pmatrix} 2 \\ 0{,}5 \\ 0 \end{pmatrix} + t \cdot \begin{pmatrix} -3 \\ 0{,}5 \\ 1 \end{pmatrix};\ t \in \mathbb{R}$

9 **Schnittgerade zweier Ebenen bestimmen**

Bestimmen Sie eine Parameterdarstellung der Schnittgeraden beider Ebenen.

a) $E_1: x_1 + x_2 - x_3 = 1$
$E_2: 4x_1 - x_2 - x_3 = 3$

b) $E_1: -2x_1 + 3x_2 - 4x_3 = 12$
$E_2: -x_1 + 4x_2 - 3x_3 = 0$

c) $E_1: 3x_1 - 2x_2 + x_3 = 4$
$E_2: x_1 - 2x_3 = -1$

10 **Koordinatenform einer parallelen Ebene**

Bestimmen Sie eine Koordinatenform der Ebene E, die durch die Punkte A, B und C festgelegt ist. Geben Sie außerdem eine Koordinatenform der Ebene F an, die parallel zu E ist und die den Punkt P enthält.

a) $A(0|1|2)$; $B(2|0|4)$; $C(4|8|0)$; $P(3|-4|1)$
b) $A(3|1|-1)$; $B(4|1|1)$; $C(-2|-2|3)$; $P(5|-2|2)$

Prüfe dich!
Lösungen auf Seite 415

11 Gegeben ist die Ebene E durch ihre Koordinatenform. $E: x_1 - 3x_2 + 5x_3 = 9$

a) Zeigen Sie, dass der Punkt $P(2|4|2)$ nicht in E liegt.
b) Geben Sie eine Koordinatenform einer Ebene F an, die parallel zu E liegt und P enthält.
c) Begründen Sie, dass die Ebene F durch den Koordinatenursprung verläuft, aber sonst keine weiteren Schnittpunkte mit den Koordinatenachsen hat.

12 Untersuchen Sie die Lage der Ebenen. Bestimmen Sie gegebenenfalls die Schnittgerade.

$E_1: 2x_1 + x_2 = 5 \qquad E_2: 4x_1 + 2x_2 + x_3 = 10 \qquad E_3: 4x_1 + 2x_2 = 3$

13 **Ebenen gesucht**

Die Gerade g hat die Parameterdarstellung $g: \vec{x} = \begin{pmatrix} 1 \\ 2 \\ 1 \end{pmatrix} + t \cdot \begin{pmatrix} 2 \\ -1 \\ 3 \end{pmatrix};\ t \in \mathbb{R}$.

a) Bestimmen Sie Parameterdarstellungen zweier Ebenen, die sich in g schneiden. Erläutern Sie Ihre Vorgehensweise.
b) Geben Sie Koordinatengleichungen für die beiden Ebenen an.

14 Identische Ebenen

Prüfen Sie, welche der folgenden Gleichungen dieselbe Ebene beschreiben.

$$E_1: \begin{pmatrix} 1 \\ -1 \\ 2 \end{pmatrix} \circ \left[\vec{x} - \begin{pmatrix} 4 \\ 2 \\ -2 \end{pmatrix}\right] = 0 \qquad E_2: \begin{pmatrix} -1 \\ 1 \\ 2 \end{pmatrix} \circ \left[\vec{x} - \begin{pmatrix} 1 \\ 1 \\ 2 \end{pmatrix}\right] = 0$$

$$E_3: \vec{x} = \begin{pmatrix} 3 \\ 3 \\ 2 \end{pmatrix} + r \cdot \begin{pmatrix} 2 \\ 0 \\ -1 \end{pmatrix} + s \cdot \begin{pmatrix} 4 \\ 6 \\ 1 \end{pmatrix};\ r, s \in \mathbb{R} \qquad E_4: \vec{x} = \begin{pmatrix} 1 \\ 1 \\ 2 \end{pmatrix} + r \cdot \begin{pmatrix} 1 \\ -2 \\ 1 \end{pmatrix} + s \cdot \begin{pmatrix} 4 \\ 0 \\ -4 \end{pmatrix};\ r, s \in \mathbb{R}$$

$$E_5: x_1 - x_2 + 2x_3 = 6 \qquad E_6: 2x_1 - 2x_2 + 4x_3 = 8$$

15 Dreiecksflächen im Oktaeder

Ein regelmäßiges Oktaeder hat acht kongruente gleichseitige Dreiecke als Seitenflächen.

a) Weisen Sie nach, dass es sich bei dem abgebildeten Körper um ein Oktaeder handelt.

b) Welche Dreiecksflächen in der Abbildung sind parallel bzw. orthogonal zueinander? Stellen Sie jeweils eine Vermutung auf.

c) Weisen Sie Ihre Vermutungen aus Teilaufgabe b) nach. Verwenden Sie dazu die Normalen- bzw. die Koordinatenformen der Ebenen, in denen die Dreiecke liegen.

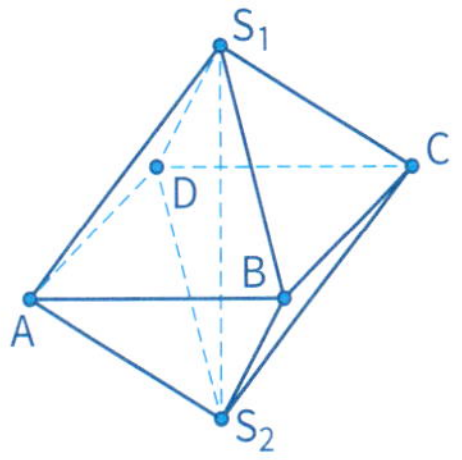

$A(4|-4|0)$ $B(4|4|0)$
$C(-4|4|0)$ $D(-4|-4|0)$
$S_1(0|0|\sqrt{32})$ $S_2(0|0|-\sqrt{32})$

16 Orthogonale Ebenen

Für $a \in \mathbb{R}$ ist die Ebenenschar E_a mit $E_a: (a-4) \cdot x_1 - 2x_2 + 6x_3 = 2a$ gegeben.

a) Die Ebene F ist orthogonal zur Ebene E_6 und geht durch den Punkt $P(5|3|-1)$. Bestimmen Sie eine Koordinatenform von F. Geben Sie eine Parameterdarstellung der Schnittgeraden der beiden Ebenen an.

b) Es gibt genau eine Ebene der Schar, die zu keiner anderen Ebene der Schar orthogonal ist. Geben Sie diese Ebene an.

c) Welche Ebene der Schar ist parallel zur Geraden $g: \vec{x} = \begin{pmatrix} 0 \\ -3 \\ 6 \end{pmatrix} + t \cdot \begin{pmatrix} 1 \\ -1 \\ 1 \end{pmatrix};\ t \in \mathbb{R}$?

17 Parallele Ebenen

Für $t \in \mathbb{R}$ ist die Ebenenschar E_t gegeben durch $E_t: x_1 + t \cdot x_2 - (3t+1) = 0$.

a) Untersuchen Sie, ob es eine Ebene E_t gibt, die parallel zur Ebene $F: 3x_1 + x_2 = 6$ ist.

b) Zeigen Sie, dass sich alle Ebenen der Schar in einer Geraden s schneiden, und geben Sie eine Gleichung von s an.

c) Bestimmen Sie einen Wert t_0, sodass die Gerade $g: \vec{x} = \begin{pmatrix} 3 \\ 4 \\ 8 \end{pmatrix} + k \cdot \begin{pmatrix} 0 \\ 0 \\ 1 \end{pmatrix}$ in der Ebene E_{t_0} liegt.

Begründen Sie: Die Gerade g ist zu allen übrigen Ebenen der Schar E_t parallel, liegt aber in keiner von ihnen.

18 Schnittgeraden

Gegeben sind die beiden Ebenen $F: x_1 + x_3 = -1$ und $G: x_1 + x_2 - x_3 + 3 = 0$.

a) Zeigen Sie, dass die beiden Ebenen sich schneiden, und bestimmen Sie eine Gleichung ihrer Schnittgeraden s.

b) Für $t \in \mathbb{R}$ ist die Ebenenschar $E_t: (t+1) \cdot x_1 + x_2 + (t-1) \cdot x_3 + 3 + t = 0$ gegeben. Weisen Sie nach, dass alle Ebenen der Ebenenschar die Gerade s enthalten. Überprüfen Sie, ob die beiden Ebenen F und G Ebenen der Ebenenschar E_t sind.

c) Welche Beziehung besteht zwischen t und t*, wenn die Ebenen E_t und E_{t^*} orthogonal zueinander sind? Untersuchen Sie, zu welcher Ebene E_t es keine solche Ebene E_{t^*} der Schar gibt.

Licht und Schatten

Wenn Licht auf einen Gegenstand fällt, dann entsteht am Boden oder an der nebenstehenden Wand ein Schatten. Dabei unterscheidet man zwei Fälle:

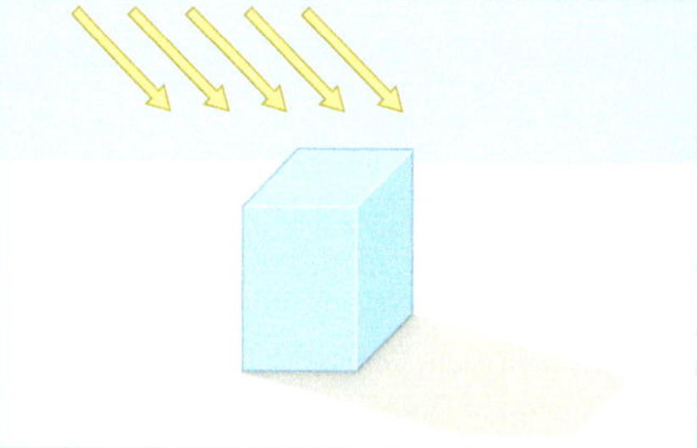

Fällt das Licht parallel ein (z. B. Sonnenlicht), spricht man von **Parallelprojektion**.

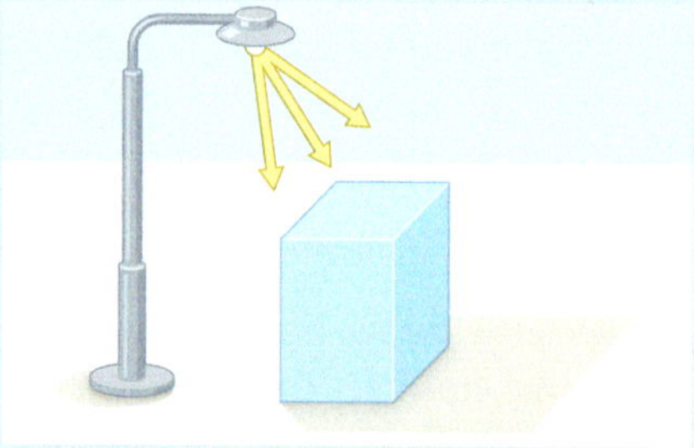

Geht das Licht von einer punktförmigen Lichtquelle aus, spricht man von **Zentralprojektion**.

Schattenpunkte berechnen: Parallelprojektion

„Alle Lichtstrahlen haben den gleichen Richtungsvektor."

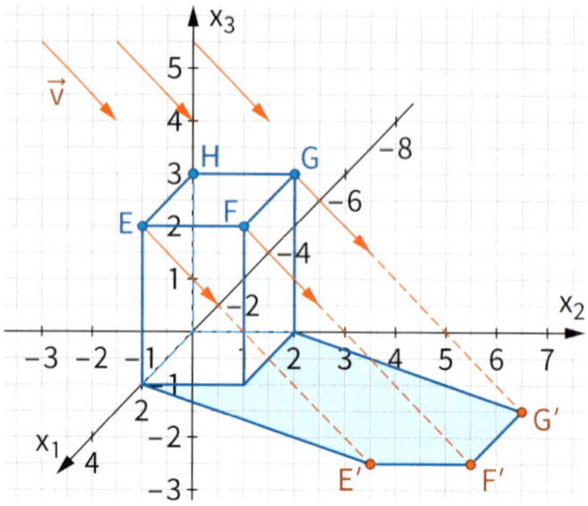

Gegeben: $E(2|0|3)$; $\vec{v} = \begin{pmatrix} 1 \\ 2 \\ -1 \end{pmatrix}$

Gesucht: Schattenpunkt E'

Lösung

Gerade durch E bestimmen

$$\vec{x} = \begin{pmatrix} 2 \\ 0 \\ 3 \end{pmatrix} + t \cdot \begin{pmatrix} 1 \\ 2 \\ -1 \end{pmatrix};\ t \in \mathbb{R}$$

Schnittpunkt mit x_1x_2-Ebene bestimmen

Also Spurpunkt S_{12} bestimmen

$x_3 = 0$; also $0 = 3 - t$ und damit $t = 3$.

Daraus folgt: $E'(5|6|0)$

Andere Schattenpunkte

$F(2|2|3)$: Schattenpunkt $F'(5|8|0)$

$G(0|2|3)$: Schattenpunkt $G'(3|8|0)$

$H(0|0|3)$: Schattenpunkt $H'(3|6|0)$ (liegt im Schatten)

Schattenpunkte berechnen: Zentralprojektion

„Jeder Lichtstrahl hat einen anderen Richtungsvektor."

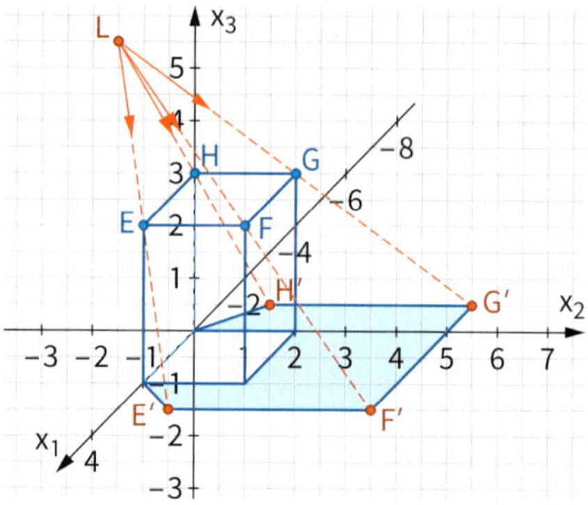

Gegeben: $E(2|0|3)$; $L(1|-1|6)$

Gesucht: Schattenpunkt E'

Lösung

Gerade durch L und E bestimmen

$$\vec{x} = \begin{pmatrix} 2 \\ 0 \\ 3 \end{pmatrix} + t \cdot \begin{pmatrix} 2-1 \\ 0+1 \\ 3-6 \end{pmatrix} = \begin{pmatrix} 2 \\ 0 \\ 3 \end{pmatrix} + t \cdot \begin{pmatrix} 1 \\ 1 \\ -3 \end{pmatrix};\ t \in \mathbb{R}$$

Schnittpunkt mit x_1x_2-Ebene bestimmen

$x_3 = 0$; also $0 = 3 - 3t$ und damit $t = 1$.

Daraus folgt: $E'(3|1|0)$

Andere Schattenpunkte

$F(2|2|3)$: Schattenpunkt $F'(3|5|0)$

$G(0|2|3)$: Schattenpunkt $G'(-1|5|0)$

$H(0|0|3)$: Schattenpunkt $H'(-1|1|0)$

1 **Schatten eines Windrades**

In Wohngebieten und auf Landstraßen werden bewegliche Schatten als störend empfunden. Die Schatten sind besonders lang, wenn die Sonne weit östlich oder westlich am Himmel steht.

Große Windräder können eine Gesamthöhe von 200 m haben. Berechnen Sie jeweils die Länge des Schattens einer solchen Anlage für Sonnenstrahlen, die mit der Richtung $\vec{v} = \begin{pmatrix} 1 \\ 1 \\ -1 \end{pmatrix}$ bzw. $\vec{u} = \begin{pmatrix} 2 \\ -6 \\ -1 \end{pmatrix}$ auf das Windrad treffen.

2 **Schatten einer Pyramide**

Vor einer Wand steht eine gerade quadratische Pyramide mit der Kantenlänge 4 und der Höhe 5.

a) Die Pyramide wird von der Sonne beschienen. Die Sonnenstrahlen treffen mit der Richtung $\vec{v} = \begin{pmatrix} 2 \\ 3 \\ -2 \end{pmatrix}$ auf die Pyramide.
Berechnen Sie die Koordinaten des Schattenpunktes S′ und zeichnen Sie den Schatten der Pyramide am Boden.

b) Parallele Lichtstrahlen fallen mit der Richtung $\vec{v} = \begin{pmatrix} 0{,}5 \\ -2 \\ -1 \end{pmatrix}$ auf die Pyramide.
Berechnen Sie die Koordinaten der Schattenpunkte und zeichnen Sie den Schatten, der am Boden und an der Wand in der x_1x_3-Ebene entsteht.
Hinweis: Berechnen Sie zunächst den Schattenpunkt von S am Boden, um die „Knickstellen" an der x_1-Achse zu erhalten.

c) Berechnen Sie die Koordinaten der Schattenpunkte und zeichnen Sie den Schatten am Boden für eine Zentralprojektion mit einer Lichtquelle in L (0 | 2 | 10).

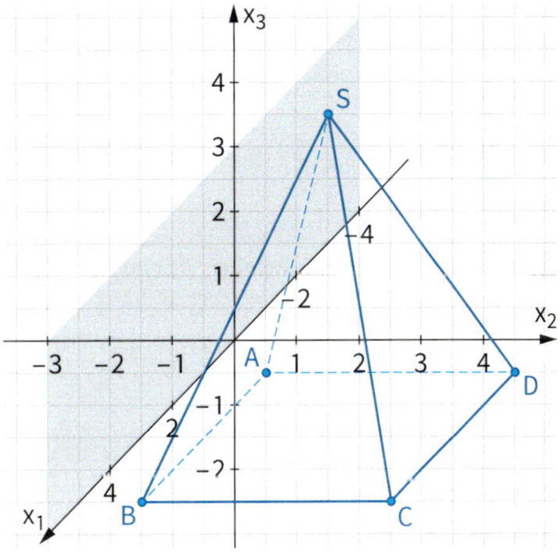

3 **Schatten eines Turms**

Vor einer Wand in der x_2x_3-Ebene steht ein kleiner Turm mit quadratischer Grundfläche und der Höhe 6 m.

a) Bestimmen Sie die Koordinaten der Eckpunkte des Turms.

b) Berechnen Sie die Koordinaten der Schattenpunkte des Turms an der Wand und am Boden für Sonnenstrahlen, die mit der Richtung $\vec{v} = \begin{pmatrix} -5 \\ 3 \\ -3 \end{pmatrix}$ einfallen.

c) Berechnen Sie die Koordinaten der Schattenpunkte und zeichnen Sie den Schatten für den Fall, dass der Turm von einer Lichtquelle in L (2 | 0 | 10) beleuchtet wird.

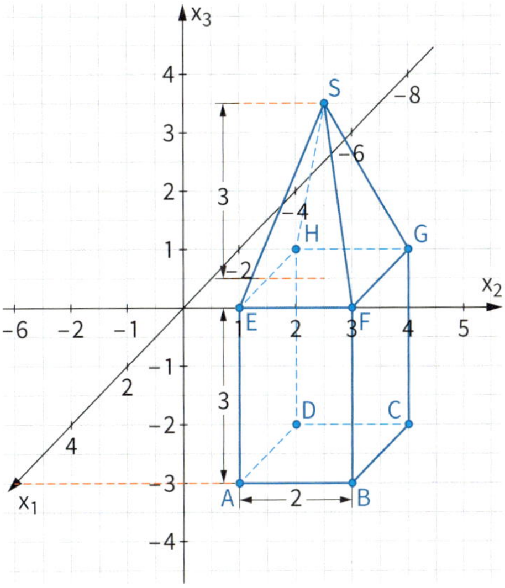

4.6 Schnittwinkel mit Ebenen

Vorbereiten
Seite 156
Seite 158

Der Wirkungsgrad einer Solaranlage hängt sowohl vom Einfallswinkel der Sonnenstrahlen auf das Hausdach als auch vom Neigungswinkel der Dachfläche ab.

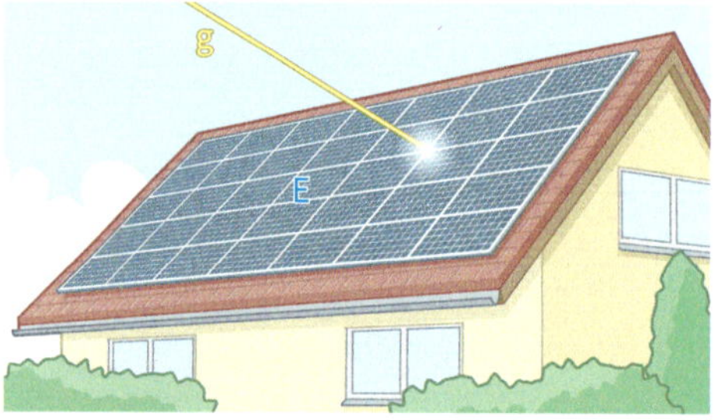

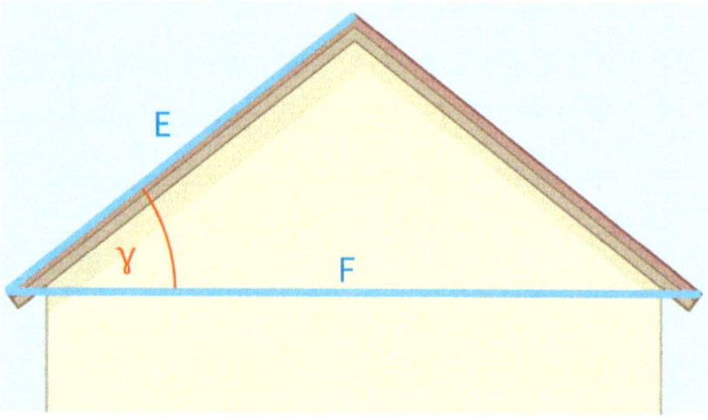

Ein Hausdach wird durch die Ebene E: $2x_1 - 2x_2 + 5x_3 = 18$ und ein Sonnenstrahl durch die Gerade g: $\vec{x} = \begin{pmatrix} 2 \\ 3 \\ 5 \end{pmatrix} + t \cdot \begin{pmatrix} -4 \\ 3 \\ -1 \end{pmatrix}$ modelliert.

- Wie kann man den Winkel α zwischen der Dachebene E und dem einfallenden Sonnenstrahl g bestimmen? Fertigen Sie dazu eine Skizze an.
- Wie kann man den Winkel γ zwischen zwei Ebenen E und F bestimmen? Berechnen Sie damit den Neigungswinkel der Dachfläche.

Lösung – Einfallswinkel

Der Winkel α zwischen der Dachebene E und dem einfallenden Sonnenstrahl g liegt in der Ebene, die von einem Normalenvektor $\vec{n}_E$ von E und dem Richtungsvektor $\vec{u}$ von g aufgespannt wird.

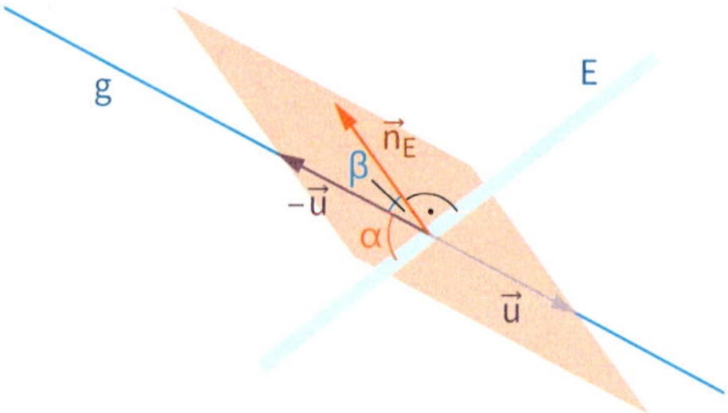

„Sonnenstrahl" legt hier die Richtung von $\vec{u}$ fest.

In dieser Ebene liegt auch der Winkel β zwischen dem Richtungsvektor $-\vec{u}$ des Sonnenstrahls g und dem Normalenvektor $\vec{n}_E$ der Dachebene E. Es gilt $\alpha = 90° - \beta$.

Damit erhält man: $\cos(\beta) = \frac{-\vec{u} \circ \vec{n}_E}{|\vec{u}| \cdot |\vec{n}_E|} = \frac{19}{\sqrt{26} \cdot \sqrt{33}} \approx 0{,}6486$; also $\beta \approx 49{,}6°$ und $\alpha = 90° - \beta \approx 40{,}4°$

Der Einfallswinkel des Sonnenstrahls auf das Hausdach beträgt etwa 40°.

Lösung – Neigungswinkel

Der Winkel γ zwischen zwei Ebenen E und F liegt in einer Ebene, die orthogonal zur Schnittgeraden h der beiden Ebenen liegt. Er ist genau so groß wie der Winkel zwischen zwei Normalenvektoren $\vec{n}_E$ und $\vec{n}_F$ der Ebenen E und F, da sie jeweils orthogonal zu ihrer Ebene sind.

Blick auf die Schnittgerade h der Ebenen E und F

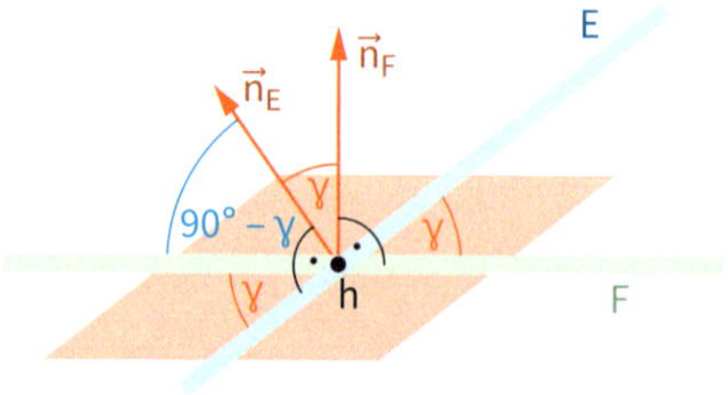

In diesem Fall ist $\vec{n}_E = \begin{pmatrix} 2 \\ -2 \\ 5 \end{pmatrix}$ und $\vec{n}_F = \begin{pmatrix} 0 \\ 0 \\ 1 \end{pmatrix}$.

Damit erhält man: $\cos(\gamma) = \frac{\vec{n}_E \circ \vec{n}_F}{|\vec{n}_E| \cdot |\vec{n}_F|} = \frac{5}{\sqrt{33}} \approx 0{,}8704$; also $\gamma \approx 29{,}5°$

Der Neigungswinkel der Dachfläche beträgt etwa 30°.

Schnittwinkel

Ein **Schnittwinkel** ist der kleinste eingeschlossene Winkel, der sich beim Schnitt ergibt, und somit höchstens 90°.

Schnittwinkel berechnen

Zwischen Gerade und Ebene

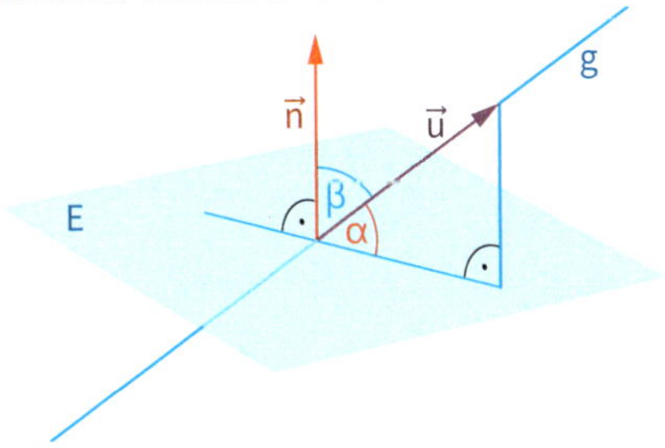

Für den Schnittwinkel α zwischen einer Geraden g mit Richtungsvektor $\vec{u}$ und einer Ebene E mit Normalenvektor $\vec{n}$ gilt:

$$\alpha = 90° - \beta \quad \text{mit} \quad \cos(\beta) = \frac{|\vec{u} \circ \vec{n}|}{|\vec{u}| \cdot |\vec{n}|}$$

Zwischen zwei Ebenen

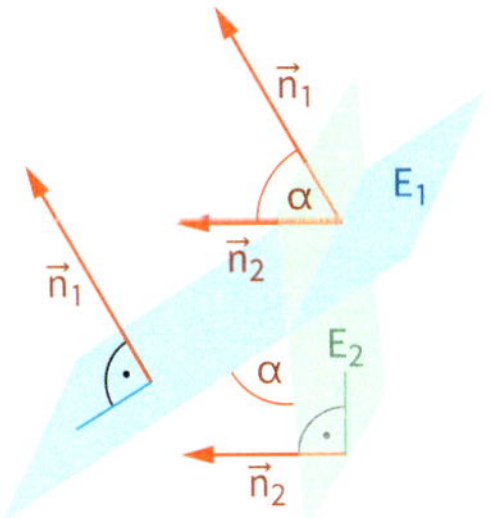

Für den Schnittwinkel α zwischen zwei Ebenen E_1 und E_2 mit Normalenvektor $\vec{n}_1$ bzw. $\vec{n}_2$ gilt:

$$\cos(\alpha) = \frac{|\vec{n}_1 \circ \vec{n}_2|}{|\vec{n}_1| \cdot |\vec{n}_2|}$$

Durch den Betrag muss man nicht mehr auf die Richtung achten.

Bemerkung: Oft ist nicht ersichtlich, ob der gesuchte Winkel $\alpha \leq 90°$ von den gegebenen Vektoren oder von einem Vektor und einem Gegenvektor der gegebenen Vektoren eingeschlossen wird.
Aus diesem Grund wird im Zähler der Betrag des Skalarprodukts der beiden Vektoren verwendet.

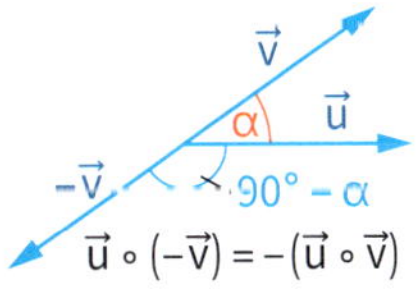

Nachschlagen
Seite 158

WES-109461-412

Schnittwinkel berechnen: Gerade – Ebene

Gegeben: $g\colon \vec{x} = \begin{pmatrix} 3 \\ 4 \\ 2 \end{pmatrix} + t \cdot \begin{pmatrix} -2 \\ 1 \\ 0 \end{pmatrix};\ t \in \mathbb{R}$ $\qquad E\colon x_1 - x_2 + 2x_3 = 22$

Lösung

Angaben zuordnen $\quad \vec{u} = \begin{pmatrix} -2 \\ 1 \\ 0 \end{pmatrix} \qquad \vec{n} = \begin{pmatrix} 1 \\ -1 \\ 2 \end{pmatrix}$

Werte berechnen $\quad |\vec{u} \circ \vec{n}| = 3 \qquad |\vec{u}| = \sqrt{4+1+0} = \sqrt{5} \qquad |\vec{n}| = \sqrt{1+1+4} = \sqrt{6}$

Schnittwinkel berechnen $\quad \cos(\beta) = \frac{3}{\sqrt{5} \cdot \sqrt{6}} \approx 0{,}5477$; also $\beta \approx 56{,}8°$

$\alpha = 90° - \beta \approx 33{,}2°$

Schnittwinkel berechnen: Ebene – Ebene

Gegeben: $E\colon x_1 + x_2 + 2x_3 = 22 \qquad F\colon x_1 - 8x_2 + 4x_3 = 25$

Lösung

Angaben zuordnen $\quad \vec{n}_E = \begin{pmatrix} 1 \\ 1 \\ 2 \end{pmatrix} \qquad \vec{n}_F = \begin{pmatrix} 1 \\ -8 \\ 4 \end{pmatrix}$

Werte berechnen $\quad |\vec{n}_E \circ \vec{n}_F| = 1 \qquad |\vec{n}_E| = \sqrt{1+1+4} = \sqrt{6} \qquad |\vec{n}_F| = \sqrt{1+64+16} = 9$

Schnittwinkel berechnen $\quad \cos(\alpha) = \frac{1}{\sqrt{6} \cdot 9} \approx 0{,}0454$; also $\alpha \approx 87{,}4°$

1 Schnittwinkel: Gerade – Ebene

Zeigen Sie, dass sich die Gerade g und die Ebene E schneiden, und bestimmen Sie den Schnittwinkel zwischen g und E.

a) $g: \vec{x} = \begin{pmatrix} 4 \\ -1 \\ 3 \end{pmatrix} + t \cdot \begin{pmatrix} 0 \\ -2 \\ 1 \end{pmatrix};\ t \in \mathbb{R}$
E: $5x_1 + x_2 + 3x_3 = 3$

b) $g: \vec{x} = \begin{pmatrix} 3 \\ 1 \\ 2 \end{pmatrix} + t \cdot \begin{pmatrix} -2 \\ 5 \\ 8 \end{pmatrix};\ t \in \mathbb{R}$
E: $x_1 + 2x_3 = 6$

c) $g: \vec{x} = \begin{pmatrix} 1 \\ 4 \\ -1 \end{pmatrix} + t \cdot \begin{pmatrix} 0 \\ -1 \\ 0 \end{pmatrix};\ t \in \mathbb{R}$
E: $3x_1 + 2x_2 + x_3 = -4$

2 Schnittwinkel: Ebene – Koordinatenachse

Bestimmen Sie die Spurpunkte der Ebene E und stellen Sie damit die Ebene E in einem Koordinatensystem dar. Bestimmen Sie dann die Winkel zwischen der Ebene E und den drei Koordinatenachsen.

a) E: $3x_1 - 2x_2 + x_3 = 2$
b) E: $x_1 - x_2 + 2x_3 = 0$
c) E: $2x_1 = 5$

3 Schnittwinkel: Gerade – Koordinatenebene

Bestimmen Sie die Winkel zwischen der Geraden g und den drei Koordinatenebenen.

a) $g: \vec{x} = t \cdot \begin{pmatrix} -2 \\ 1 \\ 2 \end{pmatrix};\ t \in \mathbb{R}$
b) $g: \vec{x} = \begin{pmatrix} 1 \\ 1 \\ -1 \end{pmatrix} + t \cdot \begin{pmatrix} 0 \\ 5 \\ -2 \end{pmatrix};\ t \in \mathbb{R}$
c) $g: \vec{x} = \begin{pmatrix} 2 \\ 0 \\ -2 \end{pmatrix} + t \cdot \begin{pmatrix} 3 \\ -3 \\ 2 \end{pmatrix};\ t \in \mathbb{R}$

4 Schnittwinkel: Ebene – Ebene

Bestimmen Sie den Schnittwinkel zwischen den Ebenen E_1 und E_2.

a) $E_1: x_1 + x_2 + x_3 = 3$
$E_2: x_1 - x_2 + x_3 = 3$

b) $E_1: x_1 - x_2 = 1$
$E_2: x_1 + x_3 = 2$

c) $E_1: 2x_1 + 3x_2 = 6$
$E_2: 5x_3 = 4$

5 Schnittwinkel: Ebene – Koordinatenebene

In welchen Winkeln schneidet die Ebene E die drei Koordinatenebenen?
Bestimmen Sie außerdem die Spurpunkte der Ebene E und zeichnen Sie damit einen Ausschnitt von E in ein Koordinatensystem.

a) E: $x_1 - x_2 - 2x_3 = 6$
b) E: $x_1 + 3x_2 - 4x_3 - 12 = 0$
c) E: $x_1 + x_2 + x_3 = 1$

6 Vorsicht, Fehler

Mario hat den Winkel zwischen g und E berechnet. Nehmen Sie Stellung.

$g: \vec{x} = \begin{pmatrix} 1 \\ 2 \\ 3 \end{pmatrix} + t \cdot \begin{pmatrix} -1 \\ 1 \\ 1 \end{pmatrix};\ t \in \mathbb{R}$ E: $2x_1 - x_2 + 3x_3 = 12$

$\begin{pmatrix} -1 \\ 1 \\ 1 \end{pmatrix} \circ \begin{pmatrix} 2 \\ -1 \\ 3 \end{pmatrix} = 0$ $\left|\begin{pmatrix} -1 \\ 1 \\ 1 \end{pmatrix}\right| = \sqrt{3}$ $\left|\begin{pmatrix} 2 \\ -1 \\ 3 \end{pmatrix}\right| = \sqrt{4+1+9} = \sqrt{14}$ $\cos(\beta) = 0$

g und E schneiden sich in einem Winkel von 0°.

7 Winkel mit Raumdiagonalen

a) Berechnen Sie die Koordinaten des Schnittpunktes S der eingezeichneten Raumdiagonalen des Quaders und bestimmen Sie den Schnittwinkel zwischen diesen beiden Raumdiagonalen.

b) Wie groß sind die Winkel, den die Raumdiagonalen mit der Deckfläche und der rechten Seitenfläche des Quaders einschließen?

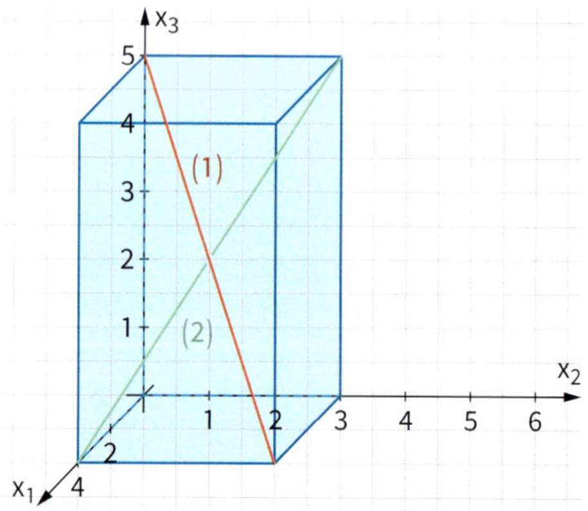

8 Gegeben sind eine Gerade g und eine Ebene E.

$g: \vec{x} = \begin{pmatrix} 1 \\ 2 \\ -1 \end{pmatrix} + t \cdot \begin{pmatrix} 5 \\ 0 \\ 3 \end{pmatrix};\ t \in \mathbb{R}$ $\qquad E: 2x_1 - x_2 + 3x_3 = 8$

a) Bestimmen Sie den Schnittwinkel der Geraden g mit der Ebene E.
b) Ermitteln Sie den Schnittwinkel der Geraden g mit der x_1x_2-Ebene.
c) Bestimmen Sie den Schnittwinkel der Ebene E mit der x_3-Achse.

Prüfe dich! Lösungen auf Seite 416

9 Die Punkte $A(-4|-1|6)$, $B(0|-3|2)$, $C(-2|1|-2)$ und D bilden die Grundfläche einer geraden quadratischen Pyramide der Höhe 9. Die Spitze S liegt oberhalb der x_1x_2-Ebene.
a) Geben Sie die Koordinaten des Eckpunktes D an.
b) Zeigen Sie, dass ABCD in der Ebene $E: 2x_1 + 2x_2 + x_3 = -4$ liegt und $S(3|6|5)$ die Spitze ist.
c) Bestimmen Sie den Winkel, den eine Seitenkante mit der Grundfläche einschließt.
d) Ermitteln Sie den Winkel zwischen Seitenflächen und Pyramidenhöhe.

10 **Sinus-Formel**

Beweisen Sie folgende Aussage aus einer Formelsammlung:

Für den Schnittwinkel α zwischen einer Geraden g mit Richtungsvektor $\vec{u}$ und einer Ebene E mit Normalenvektor $\vec{n}$ gilt:

$$\sin(\alpha) = \frac{|\vec{u} \circ \vec{n}|}{|\vec{u}| \cdot |\vec{n}|}$$

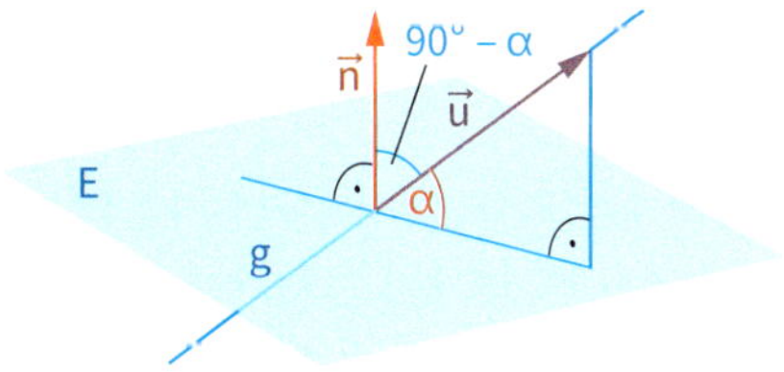

11 **Hausdach**

In einem Koordinatensystem mit der Einheit Meter liegt der Dachboden ABCD eines Hausdachs in der x_1x_2-Ebene. Das Dach ist symmetrisch zur x_1x_3-Ebene und zur x_2x_3-Ebene. Gegeben sind die Eckpunkte $A(3|-5|0)$, $B(3|5|0)$, $E(2|-3|3)$ und $F(2|3|3)$.

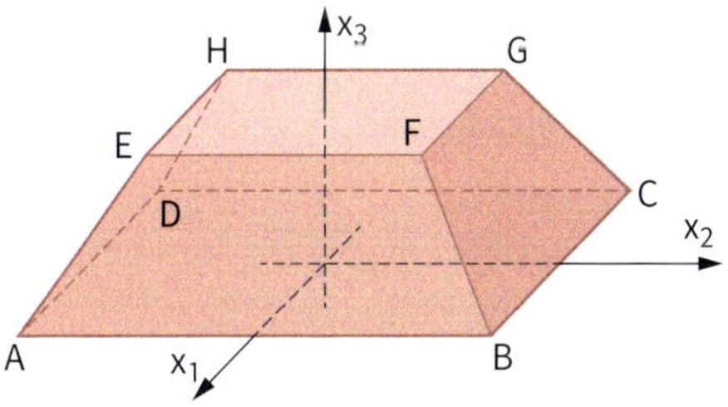

a) Geben Sie die Koordinaten der übrigen Eckpunkte des Dachs an und bestimmen Sie die Neigungswinkel der Seitenflächen des Dachs.
b) Im Punkt $P(0|4|0)$ steht ein 5 Meter langer Mast orthogonal auf dem Dachboden. Wie weit ragt der Mast aus dem Dach heraus?

12 **Winkel in einer Pyramide**

Eine Pyramide mit dreieckigen Seitenflächen hat die Eckpunkte $A(6|-1|1)$, $B(4|8|3)$, $C(1|3|6)$ und $D(0|1|3)$. Bestimmen Sie den Winkel zwischen der Kante $\overline{CD}$ und der Seitenfläche ABC.

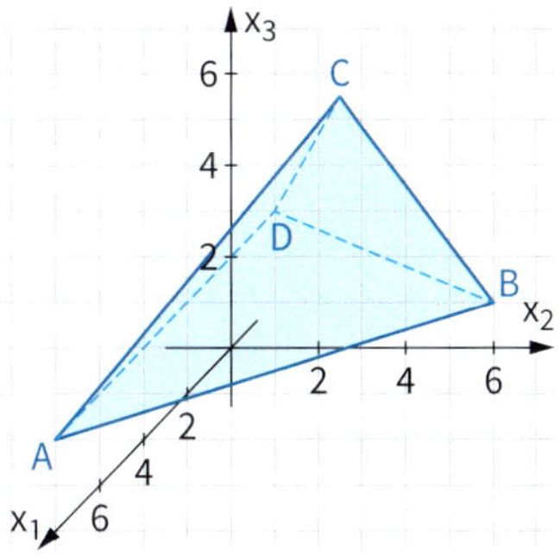

13 **Winkel mit Koordinatenebenen**

Gegeben ist die Gerade g mit $g: \vec{x} = t \cdot \begin{pmatrix} 3 \\ 0 \\ 4 \end{pmatrix};\ t \in \mathbb{R}$.

Begründen Sie, dass die Gerade g durch den Koordinatenursprung verläuft und in der x_1x_3-Ebene liegt. Berechnen Sie die Schnittwinkel zwischen g und den anderen Koordinatenebenen. Was stellen Sie fest?

4.7 Abstände zu Ebenen

Der *Abstand* der abgebildeten Ebene $E\colon \vec{n} \circ \vec{x} = d$ vom Koordinatenursprung ist gleich der Länge des kürzesten Ortsvektors $\vec{p} = \overrightarrow{OP}$ eines Punktes P in E.

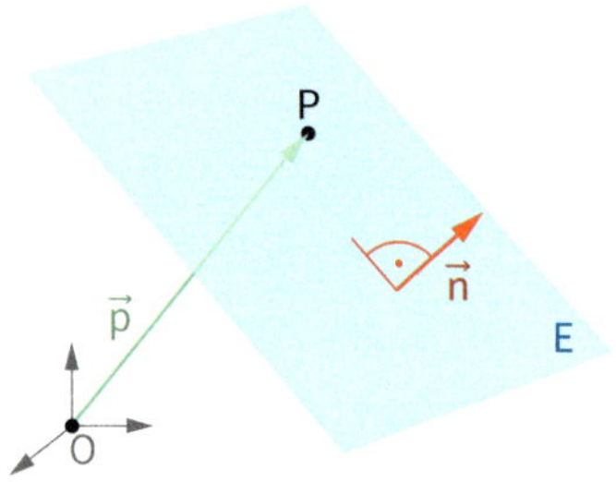

- Wie muss $\vec{p}$ verlaufen, damit $|\vec{p}|$ den Abstand der Ebene E vom Koordinatenursprung angibt? Entwickeln Sie daraus eine Formel für $|\vec{p}|$.
- Wie muss die Formel angepasst werden, wenn $\vec{p}$ und $\vec{n}$ entgegengesetzt gerichtet sind? Geben Sie nun eine Formel für beide Fälle an.

Lösung – gleiche Richtung von $\vec{p}$ und $\vec{n}$

Der „Abstandsvektor" $\vec{p}$ muss orthogonal zur Ebene E, also parallel zu $\vec{n}$ verlaufen.
Da $\vec{p}$ der Ortsvektor eines Punktes P in E ist, gilt $\vec{n} \circ \vec{p} = d$.

Nachschlagen
Seite 154

Außerdem gilt $\vec{n} \circ \vec{p} = |\vec{n}| \cdot |\vec{p}|$, da $\vec{p}$ parallel zu $\vec{n}$ ist und in die gleiche Richtung wie $\vec{n}$ zeigt.
Daraus folgt $d = |\vec{n}| \cdot |\vec{p}|$ und damit $|\vec{p}| = \frac{d}{|\vec{n}|}$.

Lösung – entgegengesetzte Richtung von $\vec{p}$ und $\vec{n}$

In diesem Fall gilt auch $\vec{n} \circ \vec{p} = d$.
Allerdings ist nun $\vec{n} \circ \vec{p} = -|\vec{n}| \cdot |\vec{p}|$ und damit $d = -|\vec{n}| \cdot |\vec{p}|$.
Somit ergibt sich in diesem Fall $|\vec{p}| = -\frac{d}{|\vec{n}|}$.

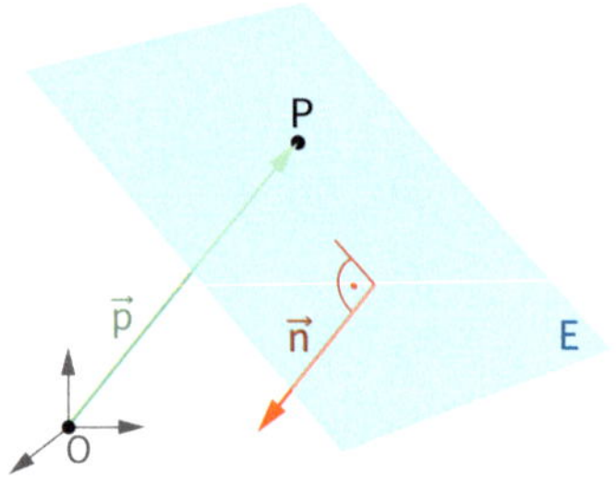

Bei gleicher Richtung von $\vec{p}$ und $\vec{n}$ gilt $d = |\vec{n}| \cdot |\vec{p}| > 0$ und bei entgegengesetzter Richtung $d = -|\vec{n}| \cdot |\vec{p}| < 0$.
Deshalb kann man die Formeln dieser beiden Fälle zusammenfassen zu: $|\vec{p}| = \frac{|d|}{|\vec{n}|}$

WES-109471-413

Abstand einer Ebene vom Koordinatenursprung

Der **Abstand** einer Ebene $E\colon \vec{n} \circ \vec{x} = d$ vom Koordinatenursprung ist gleich der Länge des Abstandsvektors $\vec{p}$, dessen Pfeil vom Koordinatenursprung aus orthogonal in einem Punkt P auf die Ebene E trifft.

Es gilt: $\mathbf{Abst(O, E)} = |\vec{p}| = \frac{|d|}{|\vec{n}|}$

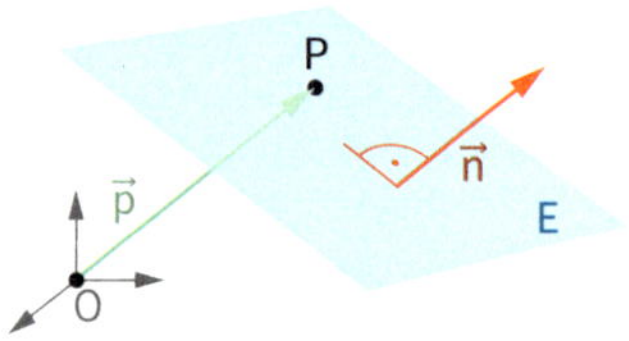

Abstand berechnen: Ebene – Koordinatenursprung

Gegeben: $E\colon 3x_1 - 5x_2 + x_3 = -6$

Werte zuordnen	$d = -6$; also $\lvert d\rvert = 6$	$\vec{n} = \begin{pmatrix} 3 \\ -5 \\ 1 \end{pmatrix}$; also $\lvert\vec{n}\rvert = \sqrt{35}$
Abstand berechnen	$\text{Abst}(O, E) = \frac{6}{\sqrt{35}} \approx 1{,}01$	

1 ≡ **Abstand: Ebene – Koordinatenursprung**

Bestimmen Sie den Abstand der Ebene E vom Koordinatenursprung.

a) $E: -2x_1 + x_2 - 3x_3 = -2$ b) $E: x_1 - x_3 = 4$ c) $E: x_1 = 5$

2 = **Höhe einer Pyramide**

Eine Pyramide hat die dreieckige Grundfläche ABC mit A(10|2|−10), B(6|6|−10), C(10|6|−5) und die Spitze S im Koordinatenursprung. Berechnen Sie die Höhe der Pyramide.

3 ≡ **Abstand und Spiegelpunkt**

Gegeben ist die Ebene E mit $E: 4x_1 - 4x_2 + 2x_3 = 18$.

a) Berechnen Sie den Abstand des Koordinatenursprungs von der Ebene E.
b) Stellen Sie die Ebene E mithilfe ihrer Spurpunkte im Koordinatensystem dar. Ermitteln Sie den Abstandsvektor $\vec{p}$ und zeichnen Sie ihn ein.
c) Der Koordinatenursprung wird an E gespiegelt. Bestimmen Sie den Spiegelpunkt.

4 = Gegeben ist die Ebene $E: 8x_1 + 4x_2 - x_3 = 30$.
Berechnen Sie den Abstand der Ebene E vom Koordinatenursprung.

Prüfe dich!
Lösungen auf Seite 417

Abstand zwischen parallelen Ebenen

Einstieg

Luise und Joris haben den Abstand zwischen zwei parallelen Ebenen berechnet.

Luise

$E_1: 2x_1 - x_2 + 2x_3 = 6$
$E_2: 2x_1 - x_2 + 2x_3 = 18$

$Abst(O, E_1) = \frac{|d_1|}{|\vec{n}|} = \frac{6}{\sqrt{4+1+4}} = \frac{6}{3} = 2$

$Abst(O, E_2) = \frac{|d_2|}{|\vec{n}|} = \frac{18}{\sqrt{4+1+4}} = \frac{18}{3} = 6$

Abstand der beiden Ebenen:
$Abst(E_1, E_2) = 6 - 2 = 4$

Joris

$E_1: 2x_1 - x_2 + 2x_3 = 6$
$E_2: 2x_1 - x_2 + 2x_3 = -3$

$Abst(O, E_1) = \frac{|d_1|}{|\vec{n}|} = \frac{6}{\sqrt{4+1+4}} = \frac{6}{3} = 2$

$Abst(O, E_2) = \frac{|d_2|}{|\vec{n}|} = \frac{|-3|}{\sqrt{4+1+4}} = \frac{3}{3} = 1$

Abstand der beiden Ebenen:
$Abst(E_1, E_2) = 2 + 1 = 3$

- Erläutern Sie die Berechnungen von Luise und Joris.
  Geben Sie eine Formel zur Berechnung des Abstands zweier paralleler Ebenen an.

Lösung

Beide haben zunächst die Abstände der Ebenen vom Koordinatenursprung berechnet.

Luise hat dann die Abstände voneinander subtrahiert, weil der Koordinatenursprung nicht zwischen E_1 und E_2 liegt.

Dies erkennt man bei übereinstimmenden linken Seiten der Koordinatengleichungen daran, dass die rechten Seiten dasselbe Vorzeichen haben.

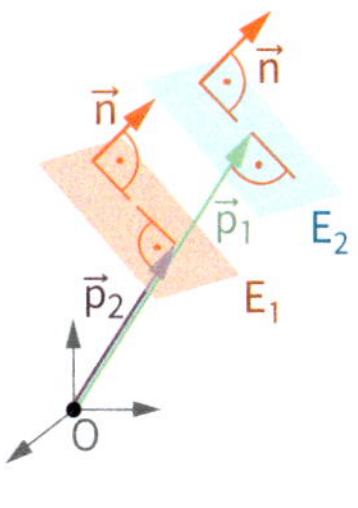

Joris hat dann die beiden Abstände addiert, weil der Koordinatenursprung zwischen E_1 und E_2 liegt.

Dies erkennt man bei übereinstimmenden linken Seiten der Koordinatengleichungen daran, dass die rechten Seiten verschiedene Vorzeichen haben.

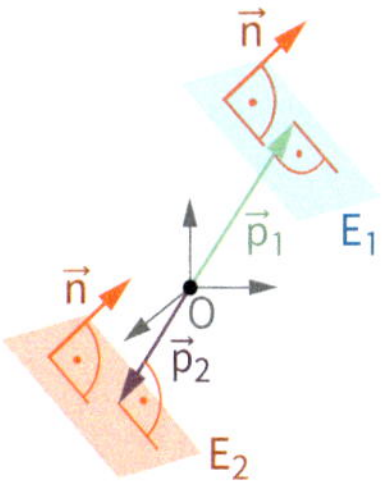

Bei unterschiedlichen Vorzeichen zweier Zahlen d_1 und d_2 gilt: $|d_1 - d_2| = |d_1| + |d_2|$

Somit erhält man in beiden Fällen: $Abst(E_1, E_2) = \frac{|d_1 - d_2|}{|\vec{n}|}$

WES-109471-414

Abstand zwischen parallelen Ebenen

Für den Abstand zwischen zwei parallelen Ebenen E_1 und E_2 mit den Koordinatengleichungen

$E_1: \vec{n} \circ \vec{x} = d_1$ und $E_2: \vec{n} \circ \vec{x} = d_2$ gilt: $\textbf{Abst}(\mathbf{E_1}, \mathbf{E_2}) = \frac{|d_1 - d_2|}{|\vec{n}|}$

Abstand berechnen: Parallele Ebenen

Gegeben: $E_1: x_1 + 2x_2 - 3x_3 = 5$ und $E_2: 3x_1 + 6x_2 - 9x_3 = -21$

Den gleichen Normalenvektor $\vec{n}$ erzeugen!

Gleichungen anpassen — z. B. Gleichung von E_2 auf beiden Seiten durch 3 dividieren:
$E_2: x_1 + 2x_2 - 3x_3 = -7$
Damit stimmen die linken Seiten der Gleichungen überein.

Werte zuordnen — $d_1 = 5$; $d_2 = -7$ $\quad \vec{n} = \begin{pmatrix} 1 \\ 2 \\ -3 \end{pmatrix}$; also $|\vec{n}| = \sqrt{14}$

Abstand berechnen — $\text{Abst}(E_1, E_2) = \frac{|5-(-7)|}{\sqrt{14}} = \frac{12}{\sqrt{14}} \approx 3{,}21$

5 Abstand: Parallele Ebenen

Zeigen Sie, dass die Ebenen E_1 und E_2 parallel zueinander sind, und berechnen Sie ihren Abstand.

a) $E_1: 3x_1 - x_2 + 2x_3 = 6$ $\qquad E_2: -9x_1 + 3x_2 - 6x_3 = 24$

b) $E_1: 4x_1 - 8x_2 = 3$ $\qquad E_2: -x_1 + 2x_2 = 3$

c) $E_1: \vec{x} = \begin{pmatrix} -1 \\ 1 \\ 3 \end{pmatrix} + r \cdot \begin{pmatrix} 1 \\ 1 \\ -1 \end{pmatrix} + s \cdot \begin{pmatrix} -1 \\ 2 \\ 0 \end{pmatrix}$; $r, s \in \mathbb{R}$ $\qquad E_2: \vec{x} = \begin{pmatrix} 4 \\ 3 \\ 5 \end{pmatrix} + k \cdot \begin{pmatrix} -3 \\ 3 \\ 1 \end{pmatrix} + t \cdot \begin{pmatrix} 5 \\ -4 \\ -2 \end{pmatrix}$; $k, t \in \mathbb{R}$

6 Fehlersuche

Timon hat den Abstand der Ebenen
$E_1: x_1 + 2x_2 - 4x_3 = 5$ und
$E_2: 3x_1 + 6x_2 - 12x_3 = -12$ berechnet.
Was hat er dabei falsch gemacht?
Korrigieren Sie seine Berechnungen.

$Abst(E_1, E_2) = \frac{|d_1 - d_2|}{|\vec{n}|} = \frac{5-(-12)}{\left|\begin{pmatrix} 1 \\ 2 \\ -4 \end{pmatrix}\right|} = \frac{17}{\sqrt{21}}$

7 Mittelebene bestimmen

a) Zeigen Sie, dass die Ebenen $E_1: 6x_1 - 6x_2 - 9x_3 = 3$ und $E_2: 2x_1 - 2x_2 - 3x_3 - 5 = 0$ parallel zueinander sind, und bestimmen Sie ihren Abstand.

b) Geben Sie eine Gleichung der Ebene E_3 an, die genau in der Mitte zwischen den beiden Ebenen liegt und zu ihnen parallel ist.

8 Parallele Flächen im Oktaeder

Ein Oktaeder hat die Eckpunkte $A(0|0|0)$, $B(4|0|0)$, $C(4|4|0)$, $D(0|4|0)$, $E(2|2|\sqrt{8})$ und $F(2|2|-\sqrt{8})$.
Zeigen Sie, dass es Dreiecksflächen gibt, die parallel zueinander sind, und bestimmen Sie den Abstand, den diese Dreiecksflächen voneinander haben.

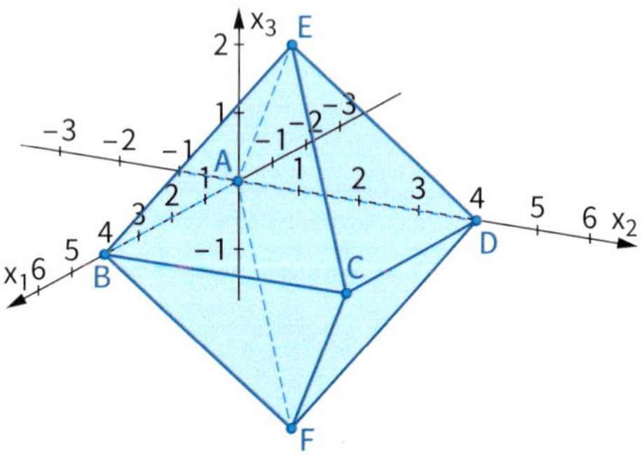

9 Gegeben ist die Ebene E: $8x_1 + 4x_2 - x_3 = 30$.
Begründen Sie, dass die Ebene F: $8x_1 + 4x_2 - x_3 = -3$ parallel zur Ebene E ist, und berechnen Sie den Abstand zwischen den Ebenen E und F.

Prüfe dich!
Lösungen auf Seite 417

10 **Abstand eines Punktes von einer Ebene**

Gegeben sind die Ebene E mit E: $\begin{pmatrix} 1 \\ -2 \\ 2 \end{pmatrix} \circ \vec{x} = 9$ und der Punkt P(5|1|12).

a) Berechnen Sie den Abstand des Punktes P von der Ebene E mit der folgenden Strategie:

- Man betrachtet eine zur Ebene E parallele Hilfsebene E_P durch den Punkt P.
- Man nutzt die Kenntnisse über den Abstand zueinander paralleler Ebenen

b) Verallgemeinern Sie das Ergebnis aus Teilaufgabe a).

Abstand eines Punktes von einer Ebene

Für den Abstand d eines Punktes P von einer Ebene E mit der Gleichung E: $\vec{n} \circ \vec{x} = d$ gilt:

$$\textbf{Abst}(P, E) = \frac{|\vec{n} \circ \overrightarrow{OP} - d|}{|\vec{n}|}$$

WES-109471-415

Abstand berechnen: Punkt – Ebene

Gegeben: E: $x_1 + 2x_2 - 3x_3 = 5$ und P(4|3|0)

Werte berechnen $\vec{n} = \begin{pmatrix} 1 \\ 2 \\ -3 \end{pmatrix}$; also $|\vec{n}| = \sqrt{14}$ $\vec{n} \circ \overrightarrow{OP} = \begin{pmatrix} 1 \\ 2 \\ -3 \end{pmatrix} \circ \begin{pmatrix} 4 \\ 3 \\ 0 \end{pmatrix} = 10$

Abstand berechnen $\text{Abst}(P, E) = \frac{|10 - 5|}{\sqrt{14}} = \frac{5}{\sqrt{14}} \approx 1{,}34$

11 **Abstand: Punkt – Ebene**
Berechnen Sie den Abstand des Punktes P von der Ebene E.

a) P(2|−1|2); E: $2x_1 + x_2 + 2x_3 = 6$
b) P(−1|8|6); E: $8x_1 + 4x_2 + x_3 - 27 = 0$
c) P(8|0|2); E: $12x_1 - 4x_2 + 3x_3 + 26 = 0$
d) P(0|1|2); E: $x_1 = 7$

12 **Mindestabstand von einer Dachfläche**
In einem Baugebiet muss nach den gültigen Richtlinien der Schornstein den First um 0,5 m überragen oder die Ausströmöffnung (Schornsteinoberkante) muss von der Dachfläche einen Mindestabstand von einem Meter besitzen.

In einem Koordinatensystem mit der Einheit Meter, das durch die Bodenplatte des Hauses und eine Vertikale bestimmt wird, kann die Dachfläche durch eine Ebene mit der Gleichung $3x_1 + 4x_3 = 12$ beschrieben werden. Der höchste Punkt des Schornsteins ist P(−2|3|6). Die Firstlinie verläuft durch die Punkte S(−4|0|6) und T(−4|6|6).

a) Untersuchen Sie, ob der Schornstein mit der Ausströmöffnung den First überragt.
b) Überprüfen Sie, ob der Punkt P den erforderlichen Abstand von der Dachfläche hat.

Prüfe dich!
Lösungen auf Seite 417

13 Gegeben ist die Ebene $E: 8x_1 + 4x_2 - x_3 = 30$.
Berechnen Sie den Abstand der Ebene E vom Punkt $P(5|8|11)$.

14 Die Punkte $A(2|0|4)$, $B(-2|5|1)$, $C(2|10|4)$, $D(6|5|7)$ und S bilden eine Pyramide mit der Spitze S.

a) Weisen Sie nach, dass das Viereck ABCD ein Quadrat ist.

b) Der Punkt S liegt in der Ebene F mit $F: 3x_1 - 4x_3 = 2$. Zeigen Sie, dass F parallel zur Grundfläche verläuft, und berechnen Sie das Volumen der Pyramide.

15 Abstand: Gerade – parallele Ebene

Gegeben sind die Gerade $g: \vec{x} = \begin{pmatrix} 3 \\ 0 \\ 13 \end{pmatrix} + t \cdot \begin{pmatrix} 6 \\ -4 \\ 1 \end{pmatrix}$; $t \in \mathbb{R}$ und die Ebene $E: 4x_1 + 3x_2 - 12x_3 = 25$.

a) Zeigen Sie, dass g parallel zu E verläuft, aber nicht in E liegt.

b) Beschreiben Sie anhand der Skizze, wie man den Abstand einer Geraden g zu einer zu ihr parallelen Ebene E berechnen kann.

c) Führen Sie dieses Verfahren am Beispiel der Ebene E und der Geraden g durch.

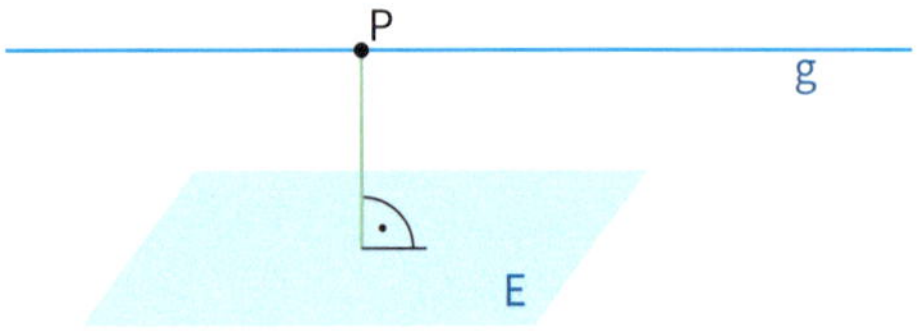

16 Alternative Abstandsberechnung: Lotfußpunktverfahren

WES-109471-416

Der Abstand des Punktes $P(6|-5|7)$ von der Ebene $E: 2x_1 - 3x_2 + x_3 = 6$ soll berechnet werden. Clara hat dazu die Gerade $g: \vec{x} = \begin{pmatrix} 6 \\ -5 \\ 7 \end{pmatrix} + t \cdot \begin{pmatrix} 2 \\ -3 \\ 1 \end{pmatrix}$; $t \in \mathbb{R}$ bestimmt, die orthogonal zu E durch den Punkt P verläuft.

Beschreiben Sie, wie Clara mithilfe der Geraden g und des zugehörigen Lotfußpunktes F den Abstand des Punktes P von der Ebene E berechnet.
Beurteilen Sie Claras Verfahren und berechnen Sie damit den Abstand.

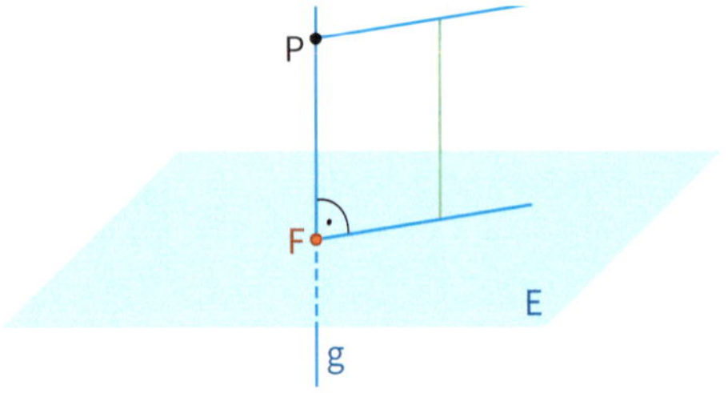

17 Lotfußpunktverfahren anwenden

Berechnen Sie mit dem Lotfußpunktverfahren den Abstand des Punktes P von der Ebene E.

a) $P(2|-2|-8)$; $E: -2x_1 + x_2 - 2x_3 = 1$

b) $P(10|4|-5)$; $E: 2x_1 - 2x_2 + x_3 = -2$

c) $P(3|1|-1)$; $E: \begin{pmatrix} 2 \\ 2 \\ -1 \end{pmatrix} \circ \left(\vec{x} - \begin{pmatrix} 5 \\ 3 \\ -2 \end{pmatrix}\right) = 0$

d) $P(-2|2|3)$; $E: \begin{pmatrix} 4 \\ 5 \\ 1 \end{pmatrix} \circ \vec{x} = -5$

18 Befestigungsseil im Kletterwald

In einem am Hang liegenden Kletterwald soll eine Plattform vom Punkt $P(6|2|7)$ aus durch ein möglichst kurzes Stahlseil mit dem Berghang verbunden werden. Der Hang kann durch eine Ebene E mit der Gleichung $E: 2x_1 + x_2 - 2x_3 = 12$ beschrieben werden. Berechnen Sie die notwendige Seillänge und ermitteln Sie, in welchem Punkt F das Seil am Hang verankert werden muss.

19 ≡ **Punkt an Ebene spiegeln**

a) Erläutern Sie anhand der Skizze, wie man den Spiegelpunkt P′ zum Punkt P bestimmen kann.

b) Berechnen Sie mithilfe dieser Methode die Koordinaten des Spiegelpunktes P′ vom Punkt P.

(1) $E: 3x_1 - x_2 + 2x_3 = 12$; $P(-8|0|4)$

(2) $E: \vec{x} = \begin{pmatrix} 3 \\ 0 \\ 0 \end{pmatrix} + r \cdot \begin{pmatrix} 2 \\ 1 \\ 0 \end{pmatrix} + s \cdot \begin{pmatrix} -1 \\ -2 \\ 1 \end{pmatrix}$; $P(1|11|6)$

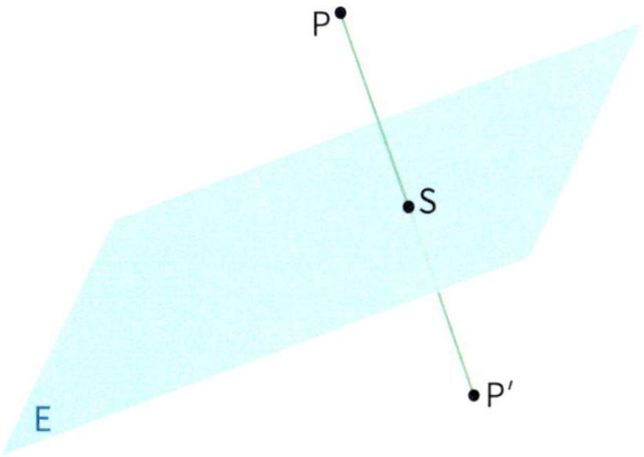

20 ≡ **Gerade an Ebene spiegeln**

Die Gerade g wird an der Ebene E mit $E: 2x_1 - x_2 + 3x_3 = 6$ gespiegelt.
Ermitteln Sie eine Gleichung der gespiegelten Geraden g′. Beachten Sie dabei die unterschiedlichen Lagen von g und E. Bestimmen Sie außerdem, falls möglich, den Winkel zwischen den Geraden g und g′.

a) $g: \vec{x} = \begin{pmatrix} -3 \\ 1 \\ -7 \end{pmatrix} + t \cdot \begin{pmatrix} 2 \\ -1 \\ 4 \end{pmatrix}$; $t \in \mathbb{R}$ b) $g: \vec{x} = \begin{pmatrix} 4 \\ 2 \\ -2 \end{pmatrix} + t \cdot \begin{pmatrix} 2 \\ -1 \\ 3 \end{pmatrix}$; $t \in \mathbb{R}$ c) $g: \vec{x} = \begin{pmatrix} 3 \\ 0 \\ 4 \end{pmatrix} + t \cdot \begin{pmatrix} -2 \\ 2 \\ 2 \end{pmatrix}$; $t \in \mathbb{R}$

21 ≡ **Lasershow**

Bei einer Lasershow werden Lichtstrahlen an einem Spiegel reflektiert, der in der Ebene $E: 2x_1 - x_2 + 2x_3 = 10$ liegt. Ein Lichtstrahl geht vom Punkt $L(6|-4|6)$ aus und trifft den Spiegel im Punkt $P(2|-4|1)$.
Bestimmen Sie eine Gleichung der Geraden, auf der der reflektierte Strahl verläuft.

22 ≡ **Spiegelebene bestimmen**

Der Punkt $P(-4|3|8)$ wird durch eine Spiegelung an der Ebene E auf den Punkt $Q(2|-5|-2)$ abgebildet. Bestimmen Sie eine Gleichung der Ebene E.

23 ≡ **Volumen einer Pyramide**

Eine Pyramide hat die dreieckige Grundfläche ABC mit $A(13|-1|5)$, $B(9|3|5)$, $C(13|3|10)$ und die Spitze $S(3|-3|15)$. Zeigen Sie, dass das Dreieck ABC gleichschenklig ist, und berechnen Sie die Höhe und das Volumen der Pyramide.

24 ≡ **Punkte mit vorgegebenem Abstand bestimmen**

Gegeben ist die Ebene $E: 2x_1 - 5x_2 + x_3 = 13$. Bestimmen Sie alle Punkte, die von der Ebene E den Abstand 3 haben.

25 ≡ **Geradenpunkte mit vorgegebenem Abstand bestimmen**

Gegeben sind die Ebene E mit der Koordinatengleichung $E: 2x_1 + x_2 + 2x_3 + 20 = 0$ und die Gerade g mit der Parameterform $g: \vec{x} = \begin{pmatrix} 11 \\ -7 \\ 5 \end{pmatrix} + t \cdot \begin{pmatrix} 3 \\ -1 \\ 5 \end{pmatrix}$; $t \in \mathbb{R}$.

a) Zeigen Sie, dass die Gerade g die Ebene E schneidet, und bestimmen Sie die Koordinaten des Schnittpunkts.

b) Ermitteln Sie alle Punkte auf der Geraden g, die von der Ebene E den Abstand 5 haben.

26 ≡ **Ebene mit vorgegebenem Abstand vom Ursprung bestimmen**

Gegeben ist die Ebene $E: 5x_1 + x_2 + 3x_3 = -7$.

a) Berechnen Sie den Abstand der Ebene E vom Koordinatenursprung.

b) Die Ebene E gehört zur Ebenenschar $E_a: (a+1) \cdot x_1 + x_2 + (a-1) \cdot x_3 = -3 - a$; $a \in \mathbb{R}$.
Bestimmen Sie a so, dass die zugehörige Ebene E_a vom Ursprung den Abstand $\sqrt{3}$ hat.

4.8 Abstände zu Geraden

Der Abstand eines Punktes P von einer Geraden g ist gleich der Länge der Strecke $\overline{PF}$, die im Punkt F orthogonal zu g ist.

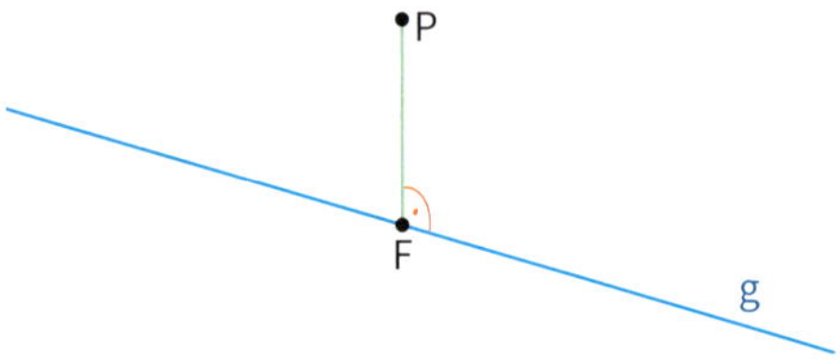

Anhand des Punktes P(−2|3|3) und der Geraden $g: \vec{x} = \begin{pmatrix} 6 \\ 3 \\ 5 \end{pmatrix} + t \cdot \begin{pmatrix} 3 \\ 1 \\ 2 \end{pmatrix}$ wird nun gezeigt, wie man ihren Abstand berechnet.

1. Schritt: Hilfsebene E bestimmen

Die Strecke $\overline{PF}$ liegt in einer Ebene E, die orthogonal zu g ist und die Punkte P und F enthält. Der Richtungsvektor von g ist ein Normalenvektor dieser Ebene E.

Mit dem Punkt P(−2|3|3) ergibt sich:

$$\begin{pmatrix} 3 \\ 1 \\ 2 \end{pmatrix} \circ \begin{pmatrix} -2 \\ 3 \\ 3 \end{pmatrix} = -6 + 3 + 6 = 3$$

Somit erhält man für die Ebene E die Koordinatenform $E: \begin{pmatrix} 3 \\ 1 \\ 2 \end{pmatrix} \circ \vec{x} = 3$.

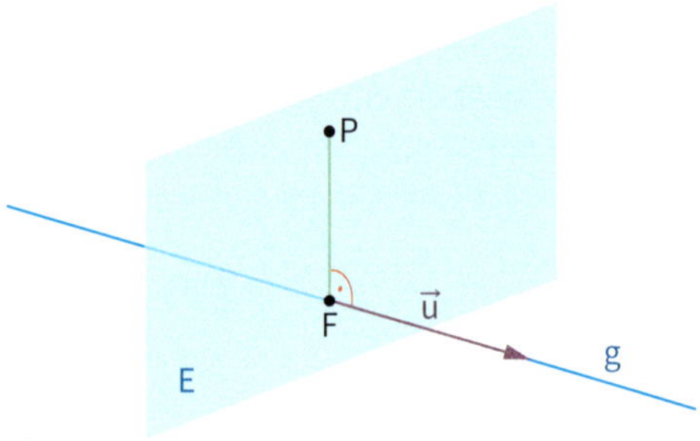

2. Schritt: Schnittpunkt F von E und g berechnen

Der Punkt F ist der Schnittpunkt der Ebene E mit der Geraden g.
Man ermittelt ihn durch Einsetzen von g in E und Berechnen des Parameters t:

$$\begin{pmatrix} 3 \\ 1 \\ 2 \end{pmatrix} \circ \begin{pmatrix} 6+3t \\ 3+t \\ 5+2t \end{pmatrix} = 3; \text{ also } 3 \cdot (6+3t) + 1 \cdot (3+t) + 2 \cdot (5+2t) = 3 \text{ und damit } t = -2.$$

Somit erhält man $\overrightarrow{OF} = \begin{pmatrix} 6 \\ 3 \\ 5 \end{pmatrix} - 2 \cdot \begin{pmatrix} 3 \\ 1 \\ 2 \end{pmatrix} = \begin{pmatrix} 0 \\ 1 \\ 1 \end{pmatrix}$; also F(0|1|1).

3. Schritt: Abstand von P und F berechnen

Der Abstand des Punktes P von der Geraden g ist der Abstand der Punkte P und F.

$$\text{Abst}(P, g) = |\overrightarrow{PF}| = \left| \begin{pmatrix} 0 \\ 1 \\ 1 \end{pmatrix} - \begin{pmatrix} -2 \\ 3 \\ 3 \end{pmatrix} \right| = \left| \begin{pmatrix} 2 \\ -2 \\ -2 \end{pmatrix} \right| = \sqrt{12} \approx 3{,}464$$

WES-109471-417

Abstand eines Punktes von einer Geraden

Der Abstand eines Punktes P von einer Geraden $g: \vec{x} = \vec{a} + t \cdot \vec{u}$ kann wie folgt bestimmt werden:

1) **Hilfsebene** E bestimmen, die orthogonal zu g ist und P enthält:
   $\mathbf{E}: \vec{u} \circ \vec{x} = \vec{u} \circ \overrightarrow{OP}$
2) **Schnittpunkt** F der Hilfsebene E mit der Geraden g bestimmen
3) Der gesuchte Abstand ist der **Abstand** der Punkte P und F:
   $\mathbf{Abst(P, g)} = |\overrightarrow{PF}|$

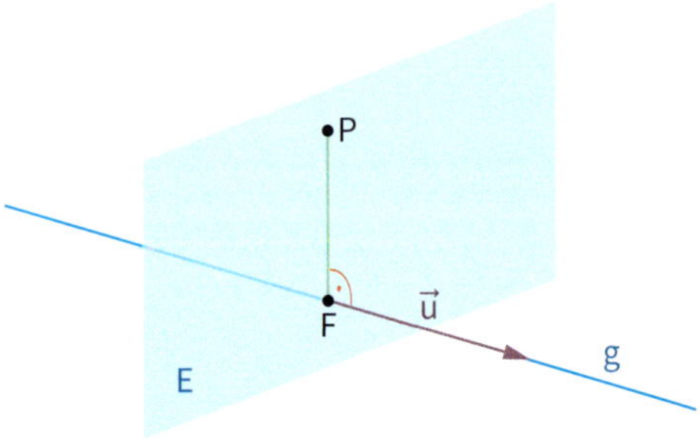

Abstand berechnen: Punkt – Gerade

Berechnen Sie den Abstand des Punktes $P(4|6|2)$ von der Geraden $g: \vec{x} = \begin{pmatrix} -1 \\ 5 \\ 3 \end{pmatrix} + t \cdot \begin{pmatrix} 2 \\ 1 \\ -1 \end{pmatrix}$.

Lösung

1) *Hilfsebene E bestimmen:* $E: \begin{pmatrix} 2 \\ 1 \\ -1 \end{pmatrix} \circ \vec{x} = \begin{pmatrix} 2 \\ 1 \\ -1 \end{pmatrix} \circ \begin{pmatrix} 4 \\ 6 \\ 2 \end{pmatrix}$; also $E: \begin{pmatrix} 2 \\ 1 \\ -1 \end{pmatrix} \circ \vec{x} = 12$

2) *Schnittpunkt F von g und E berechnen:*

$\begin{pmatrix} 2 \\ 1 \\ -1 \end{pmatrix} \circ \begin{pmatrix} -1+2\cdot t \\ 5+1\cdot t \\ 3-1\cdot t \end{pmatrix} = 12$; also $6t = 12$ und somit $t = 2$.

$t = 2$ in die Geradengleichung von g einsetzen: $\overrightarrow{OF} = \begin{pmatrix} 3 \\ 7 \\ 2 \end{pmatrix}$; also $F(3|7|1)$

3) *Abstand berechnen:* $\text{Abst}(P, g) = |\overrightarrow{PF}| = \left| \begin{pmatrix} 3-4 \\ 7-6 \\ 1-2 \end{pmatrix} \right| = \sqrt{1+1+1} = \sqrt{3} \approx 1{,}732$

1 **Abstand: Punkt – Gerade**

Berechnen Sie den Abstand des Punktes P von der Geraden g.

a) $g: \vec{x} = \begin{pmatrix} 0 \\ -1 \\ 1 \end{pmatrix} + t \cdot \begin{pmatrix} 2 \\ 1 \\ 0 \end{pmatrix}$; $P(4|1|4)$

b) $g: \vec{x} = \begin{pmatrix} 3 \\ 1 \\ 0 \end{pmatrix} + t \cdot \begin{pmatrix} 4 \\ 1 \\ 2 \end{pmatrix}$; $P(1|2|2)$

c) g verläuft durch $A(1|1|0)$ und $B(1|3|2)$; $P(2|1|4)$

d) g verläuft durch $A(6|2|-1)$ und $B(2|1|0)$; $P(1|1|5)$

2 **Abstand eines Punktes von einer Flugbahn**

Kurz nach dem Start fliegt ein Flugzeug eine Zeit lang auf einem Kurs, der näherungsweise durch die Gerade g mit $g: \vec{x} = \begin{pmatrix} 2 \\ 0 \\ 0 \end{pmatrix} + t \cdot \begin{pmatrix} 2 \\ 2 \\ 1 \end{pmatrix}$ mit $t \geq 0$ in einem Koordinatensystem mit der Einheit km beschrieben werden kann. Die Spitze der Antenne des höchsten Bürohauses der Stadt hat die Koordinaten $B(8|7{,}4|0{,}2)$.

Berechnen Sie die minimale Entfernung des Flugzeugs zur Antennenspitze B.

3 **Höhe im Dreieck berechnen**

Gegeben ist das Dreieck ABC mit $A(-3|0|2)$, $B(4|6|-3)$ und $C(6|6|5)$. Berechnen Sie die Höhe zur Seite $\overline{AC}$.

4 **Abstand paralleler Geraden bestimmen**

Erläutern Sie mithilfe einer Skizze, wie man den Abstand zweier paralleler Geraden bestimmen kann. Bestimmen Sie damit den Abstand der parallelen Geraden g und h.

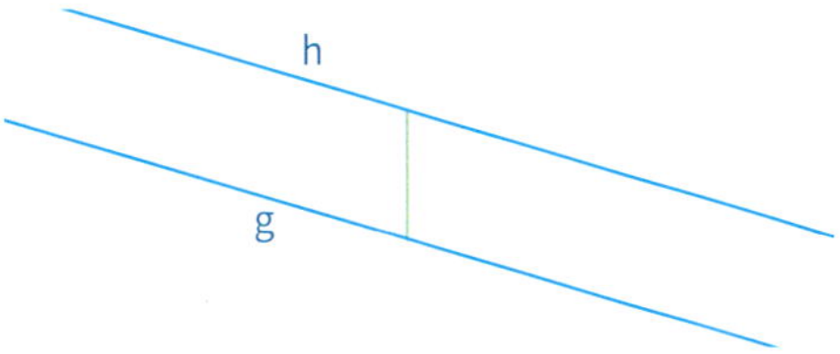

$g: \vec{x} = \begin{pmatrix} 4 \\ 0 \\ -2 \end{pmatrix} + r \cdot \begin{pmatrix} 1 \\ 1 \\ -4 \end{pmatrix}$ $\quad h: \vec{x} = \begin{pmatrix} 9 \\ 5 \\ -4 \end{pmatrix} + s \cdot \begin{pmatrix} 1 \\ 1 \\ -4 \end{pmatrix}$

5 **Abstand: Parallele Geraden**

Zeigen Sie, dass die beiden Geraden g und h parallel zueinander sind, und berechnen Sie ihren Abstand.

a) $g: \vec{x} = \begin{pmatrix} 4 \\ 0 \\ 3 \end{pmatrix} + s \cdot \begin{pmatrix} 2 \\ -1 \\ 2 \end{pmatrix}$; $h: \vec{x} = \begin{pmatrix} -5 \\ -3 \\ 4 \end{pmatrix} + t \cdot \begin{pmatrix} 4 \\ -2 \\ 4 \end{pmatrix}$

b) $g: \vec{x} = \begin{pmatrix} 2 \\ -2 \\ 8 \end{pmatrix} + s \cdot \begin{pmatrix} 1 \\ -3 \\ 4 \end{pmatrix}$; $h: \vec{x} = \begin{pmatrix} -8 \\ 4 \\ 2 \end{pmatrix} + t \cdot \begin{pmatrix} -2 \\ 6 \\ -8 \end{pmatrix}$

c) $g: \vec{x} = \begin{pmatrix} 2 \\ 0 \\ 3 \end{pmatrix} + s \cdot \begin{pmatrix} 0 \\ 6 \\ 2 \end{pmatrix}$; $h: \vec{x} = \begin{pmatrix} 1 \\ 1 \\ -5 \end{pmatrix} + t \cdot \begin{pmatrix} 0 \\ 3 \\ 1 \end{pmatrix}$

d) $g: \vec{x} = \begin{pmatrix} 3 \\ -4 \\ -1 \end{pmatrix} + s \cdot \begin{pmatrix} 1 \\ 4 \\ -1 \end{pmatrix}$; $h: \vec{x} = \begin{pmatrix} 0 \\ 2 \\ 0 \end{pmatrix} + t \cdot \begin{pmatrix} 3 \\ 12 \\ -3 \end{pmatrix}$

Prüfe dich!
Lösungen auf Seite 417

6 Berechnen Sie den Abstand des Punktes P von der Geraden g.

$P(2|-1|5)$ $\quad g: \vec{x} = \begin{pmatrix} 1 \\ 4 \\ 8 \end{pmatrix} + t \cdot \begin{pmatrix} -3 \\ 4 \\ 1 \end{pmatrix};\ t \in \mathbb{R}$

7 Gegeben ist das Trapez ABCD mit $A(2|3|1)$, $B(5|7|1)$, $C(9|8|4)$ und $D(3|0|4)$. Berechnen Sie den Abstand zwischen den parallelen Seiten.

8 **Alternative Abstandsberechnung Punkt – Gerade**

Erläutern Sie das dargestellte Verfahren.

$g: \vec{x} = \begin{pmatrix} 6 \\ 3 \\ -2 \end{pmatrix} + t \cdot \begin{pmatrix} 3 \\ 1 \\ -1 \end{pmatrix};\ P(2|-2|3)$

① $F(6+3t|3+t|-2-t)$; also $\overrightarrow{PF} = \begin{pmatrix} 4+3t \\ 5+t \\ -5-t \end{pmatrix}$

② Setze $\overrightarrow{PF} \circ \begin{pmatrix} 3 \\ 1 \\ -1 \end{pmatrix} = 0$; also $11t + 22 = 0$.

Damit gilt: $t = -2$ und $F(0|1|0)$

③ $\text{Abst}(P, g) = |\overrightarrow{PF}| = \left|\begin{pmatrix} -2 \\ 3 \\ -3 \end{pmatrix}\right| = \sqrt{22}$

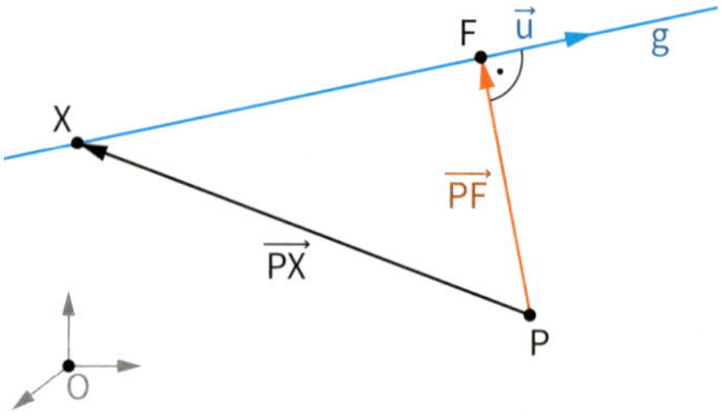

9 **Alternative Abstandsberechnung Punkt – Gerade: Vektorprodukt**

Erläutern Sie das dargestellte Verfahren an einem selbst gewählten Beispiel.

① $A_\Delta = \frac{1}{2} \cdot |\overrightarrow{QP} \times \vec{u}|$

② $A_\Delta = \frac{1}{2} \cdot |\vec{u}| \cdot h$

③ Aus ① und ② folgt $|\overrightarrow{QP} \times \vec{u}| = |\vec{u}| \cdot h$;
also erhält man:

$\text{Abst}(P, g) = \frac{|\overrightarrow{QP} \times \vec{u}|}{|\vec{u}|}$

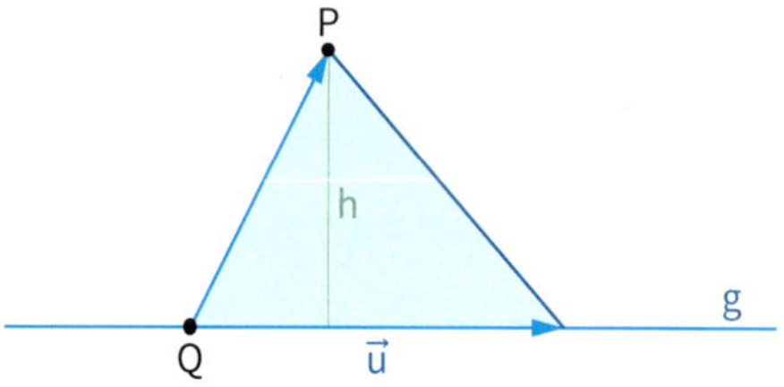

10 **Alternative Abstandsberechnung Punkt – Gerade: Mittel der Analysis**

a) Alina soll den Abstand des Punktes $P(-5|20|-1)$ von der Geraden g mit der Parameterdarstellung $g: \vec{x} = \begin{pmatrix} -2 \\ 3 \\ 1 \end{pmatrix} + t \cdot \begin{pmatrix} 2 \\ -1 \\ 2 \end{pmatrix};\ t \in \mathbb{R}$ berechnen. Dazu überlegt sie:

Der Abstand von P zu g ist die kleinste Entfernung eines Punktes Q_t auf g zu P.
Also muss ich t so bestimmen, dass $|\overrightarrow{Q_tP}|$ möglichst klein wird.
$\overrightarrow{Q_tP} = \begin{pmatrix} -3-2t \\ 17+t \\ -2-2t \end{pmatrix}$; *also ist* $|\overrightarrow{Q_tP}| = \sqrt{(-3-2t)^2 + (17+t)^2 + (-2-2t)^2}$
Das fasse ich als Funktion von t auf, also $f(t) = \sqrt{(-3-2t)^2 + (17+t)^2 + (-2-2t)^2}$
Um ein Minimum von f zu finden, genügt es, den Term unter der Wurzel zu minimieren …

Führen Sie Alinas Überlegungen zu Ende und bestimmen Sie den gesuchten Abstand.

b) Clara soll den Abstand des Punktes $P(-5|-3|19)$ von der Geraden g mit der Parameterdarstellung $g: \vec{x} = \begin{pmatrix} 1 \\ 0 \\ 7 \end{pmatrix} + t \cdot \begin{pmatrix} 2 \\ 1 \\ -4 \end{pmatrix};\ t \in \mathbb{R}$ berechnen. Sie rechnet wie Alina und erhält $t = -3$ und damit das Ergebnis 0. Wie ist dies zu erklären?

Einstieg

Abstand zwischen windschiefen Geraden

In einem örtlichen Koordinatensystem mit der Einheit km kann die Flugroute eines Sportflugzeugs durch die Gerade $g: \vec{x} = \begin{pmatrix} -2 \\ 3 \\ 5 \end{pmatrix} + t \cdot \begin{pmatrix} 1 \\ 2 \\ 0 \end{pmatrix}$ und die Flugroute eines Verkehrsflugzeugs durch die dazu windschiefe Gerade $h: \vec{x} = \begin{pmatrix} 1 \\ -6 \\ 2 \end{pmatrix} + s \cdot \begin{pmatrix} 2 \\ 6 \\ 1 \end{pmatrix}$ beschrieben werden.

Um den den Abstand zwischen den Flugrouten zu berechnen, geht man wie folgt vor:

Vorüberlegung

Als kürzeste Verbindung zwischen g und h muss es eine Strecke geben, die sowohl zu g als auch zu h orthogonal ist. Die Länge dieser Strecke ist der Abstand zwischen den Geraden g und h. Diesen kann man bestimmen, indem man eine Hilfsebene E festlegt, die g enthält und parallel zu h verläuft.

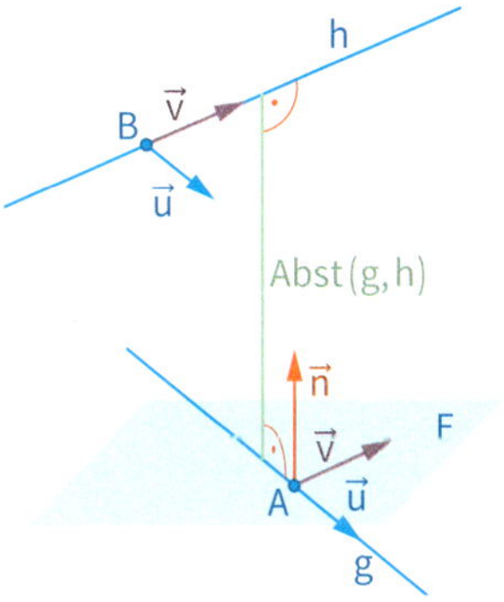

Windschiefe Geraden liegen in parallenen Ebenen.

1. Schritt: Hilfsebene E festlegen

Die Hilfsebene E kann man durch einen Punkt auf g und die beiden Richtungsvektoren von g und h beschreiben:

$E: \vec{x} = \begin{pmatrix} -2 \\ 3 \\ 5 \end{pmatrix} + t \cdot \begin{pmatrix} 1 \\ 2 \\ 0 \end{pmatrix} + s \cdot \begin{pmatrix} 2 \\ 6 \\ 1 \end{pmatrix};\ t, s \in \mathbb{R}$

Diese Parameterdarstellung wandelt man in eine Koordinatenform um.

Ein Normalenvektor $\vec{n}$ der Ebene E ist z. B.: $\vec{n} = \begin{pmatrix} 2 \\ -1 \\ 2 \end{pmatrix}$

$\begin{pmatrix} 2 \\ -1 \\ 2 \end{pmatrix} \circ \begin{pmatrix} -2 \\ 3 \\ 5 \end{pmatrix} = 3$; damit erhält man für die Ebene E die Koordinatenform $E: \begin{pmatrix} 2 \\ -1 \\ 2 \end{pmatrix} \circ \vec{x} = 3$

2. Schritt: Abstand von h und E berechnen

Der Abstand zwischen den Geraden g und h ist der Abstand der Geraden h von der Hilfsebene E. Dieser ist gleich dem Abstand eines Punktes auf h von E.

$$\text{Abst}(g, h) = \text{Abst}(h, E) = \frac{\left| \vec{n} \circ \begin{pmatrix} 1 \\ -6 \\ 2 \end{pmatrix} - 3 \right|}{|\vec{n}|} = \frac{\left| \begin{pmatrix} 2 \\ -1 \\ 2 \end{pmatrix} \circ \begin{pmatrix} 1 \\ -6 \\ 2 \end{pmatrix} - 3 \right|}{\left| \begin{pmatrix} 2 \\ -1 \\ 2 \end{pmatrix} \right|} = \frac{|12 - 3|}{\sqrt{4 + 1 + 4}} = \frac{9}{3} = 3$$

Der Abstand zwischen den Flugrouten beträgt somit 3 km.

Abstand zwischen windschiefen Geraden bestimmen

Der Abstand zwischen zwei windschiefen Geraden $g: \vec{x} = \vec{a} + t \cdot \vec{u}$ und $h: \vec{x} = \vec{b} + s \cdot \vec{v}$ kann wie folgt bestimmt werden:

1) Einen **Normalenvektor** $\vec{n}$ der Hilfsebene E bestimmen, die parallel zu h verläuft und g enthält
2) Der gesuchte Abstand ist der **Abstand** der Geraden h von der Hilfsebene E:

$$\textbf{Abst}(g, h) = \frac{|\vec{n} \circ \vec{b} - \vec{n} \circ \vec{a}|}{|\vec{n}|} = \frac{|\vec{n} \circ (\vec{b} - \vec{a})|}{|\vec{n}|}$$

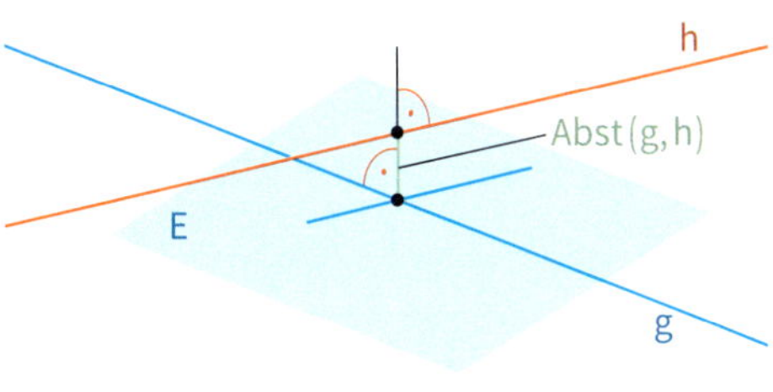

WES-109471-418

Abstand berechnen: Windschiefe Geraden

Berechnen Sie den Abstand der zueinander windschiefen Geraden g und h.

$$g: \vec{x} = \begin{pmatrix} 1 \\ 1 \\ 0 \end{pmatrix} + t \cdot \begin{pmatrix} 0 \\ 2 \\ 2 \end{pmatrix}; \; h: \vec{x} = \begin{pmatrix} 0 \\ 0 \\ 4 \end{pmatrix} + s \cdot \begin{pmatrix} 2 \\ 1 \\ 0 \end{pmatrix}; \; t, s \in \mathbb{R}$$

Lösung

1) *Einen orthogonalen Vektor zu beiden Richtungsvektoren bestimmen:* z. B. $\vec{n} = \begin{pmatrix} -2 \\ 4 \\ -4 \end{pmatrix}$

2) *Abstand berechnen*

$$\vec{a} = \begin{pmatrix} 1 \\ 1 \\ 0 \end{pmatrix}; \; \vec{b} = \begin{pmatrix} 0 \\ 0 \\ 4 \end{pmatrix}; \; \text{Abst}(g, h) = \frac{|\vec{n} \circ (\vec{b} - \vec{a})|}{|\vec{n}|} = \frac{\left|\begin{pmatrix} -2 \\ 4 \\ -4 \end{pmatrix} \circ \begin{pmatrix} 0-1 \\ 0-1 \\ 4-0 \end{pmatrix}\right|}{\left|\begin{pmatrix} -2 \\ 4 \\ -4 \end{pmatrix}\right|} = \frac{|-18|}{\sqrt{4+16+16}} = \frac{18}{\sqrt{36}} = 3$$

11 **Abstand: Windschiefe Geraden**

Zeigen Sie, dass die beiden Geraden g und h windschief zueinander sind, und berechnen Sie ihren Abstand.

a) $g: \vec{x} = \begin{pmatrix} 3 \\ 2 \\ 1 \end{pmatrix} + t \cdot \begin{pmatrix} -2 \\ 1 \\ 2 \end{pmatrix}; \; h: \vec{x} = \begin{pmatrix} 4 \\ 3 \\ 3 \end{pmatrix} + s \cdot \begin{pmatrix} 3 \\ -2 \\ -2 \end{pmatrix}$

b) $g: \vec{x} = \begin{pmatrix} 0 \\ 2 \\ 2 \end{pmatrix} + t \cdot \begin{pmatrix} 1 \\ 4 \\ 0 \end{pmatrix}; \; h: \vec{x} = \begin{pmatrix} 1 \\ 2 \\ 4 \end{pmatrix} + s \cdot \begin{pmatrix} 1 \\ 0 \\ 1 \end{pmatrix}$

c) $g: \vec{x} = \begin{pmatrix} 2 \\ 7 \\ -6 \end{pmatrix} + t \cdot \begin{pmatrix} 2 \\ 3 \\ 0 \end{pmatrix}; \; h: \vec{x} = \begin{pmatrix} 2 \\ -3 \\ 7 \end{pmatrix} + s \cdot \begin{pmatrix} 2 \\ 0 \\ -1 \end{pmatrix}$

c) $g: \vec{x} = \begin{pmatrix} -1 \\ -3 \\ 2 \end{pmatrix} + t \cdot \begin{pmatrix} 1 \\ 2 \\ -3 \end{pmatrix}; \; h: \vec{x} = \begin{pmatrix} 12 \\ 4 \\ 3 \end{pmatrix} + s \cdot \begin{pmatrix} 2 \\ -3 \\ 0 \end{pmatrix}$

12 **Wahr oder falsch?**

Gegeben sind die Geraden g und h mit $g: \vec{x} = \begin{pmatrix} 3 \\ 4 \\ 6 \end{pmatrix} + t \cdot \begin{pmatrix} 2 \\ -3 \\ 0 \end{pmatrix}$ und $h: \vec{x} = \begin{pmatrix} -2 \\ 1 \\ 14 \end{pmatrix} + s \cdot \begin{pmatrix} -4 \\ 1 \\ 0 \end{pmatrix}$; $t, s \in \mathbb{R}$.

Tina behauptet: *„Die Geraden sind zueinander windschief und ihr Abstand beträgt $14 - 6 = 8$. Das kann ich direkt aus den Parameterdarstellungen ablesen."*

Erläutern Sie Tinas Überlegung. Hat sie recht?

13 **Abstand zwischen Flugrouten**

Eine Flugüberwachung ortet ein Verkehrsflugzeug. Bezogen auf ein lokales Koordinatensystem mit der Einheit km, in dessen Ursprung sich die Flugüberwachung befindet, kann die Flugroute des Verkehrsflugzeugs durch die Gerade g angegeben werden.
Zum gleichen Zeitpunkt erfasst die Flugüberwachung ein Sportflugzeug, dessen Kurs durch die Gerade h beschrieben werden kann.

$$g: \vec{x} = \begin{pmatrix} -2 \\ 3 \\ 2 \end{pmatrix} + t \cdot \begin{pmatrix} 3 \\ -5 \\ 1 \end{pmatrix}; \; h: \vec{x} = \begin{pmatrix} 1 \\ 4 \\ 3 \end{pmatrix} + s \cdot \begin{pmatrix} -2 \\ -2 \\ 0 \end{pmatrix}; \; t, s \in \mathbb{R}$$

Untersuchen Sie, ob die beiden Flugzeuge auf diesen Routen jederzeit einen geforderten Mindestabstand von 600 m einhalten.

Prüfe dich!
Lösungen auf Seite 418

14 Zeigen Sie, dass die beiden Geraden g und h zueinander windschief sind, und berechnen Sie ihren Abstand.

$$g: \vec{x} = \begin{pmatrix} 2 \\ 0 \\ 1 \end{pmatrix} + t \cdot \begin{pmatrix} -2 \\ 1 \\ 1 \end{pmatrix} \text{ und } h: \vec{x} = \begin{pmatrix} 2 \\ 1 \\ 0 \end{pmatrix} + s \cdot \begin{pmatrix} -1 \\ 1 \\ 2 \end{pmatrix}; \; t, s \in \mathbb{R}$$

15 In einem Klettergarten ist ein Seil nahezu geradlinig zwischen den Punkten P(6 | 1 | 2) und Q(−6 | 1 | 4) gespannt (Einheit 1 m). Ein zweites Seil soll von Punkt R(8 | −2 | 6) zu Punkt S(−4 | 4 | 6) gespannt werden. Die Seile sollen einen Mindestabstand von 3 m haben. Überprüfen Sie, ob dies eingehalten wird.

16 = Alternative Abstandsberechnung für windschiefe Geraden

g: $\vec{x} = \vec{a} + r \cdot \vec{u}$ und h: $\vec{x} = \vec{b} + s \cdot \vec{v}$ sind windschief zueinander.

P ist ein Punkt auf g und Q ein Punkt auf h.

$\overrightarrow{PQ}$ muss **orthogonal** zu g und zu h sein, also erhält man das lineare Gleichungssystem

$\overrightarrow{PQ} \circ \vec{u} = 0$ und $\overrightarrow{PQ} \circ \vec{v} = 0$.

Mit seiner Lösung bestimmt man P und Q sowie den Abstand zwischen den Geraden:

Abst (g, h) = $\left|\overrightarrow{PQ}\right|$

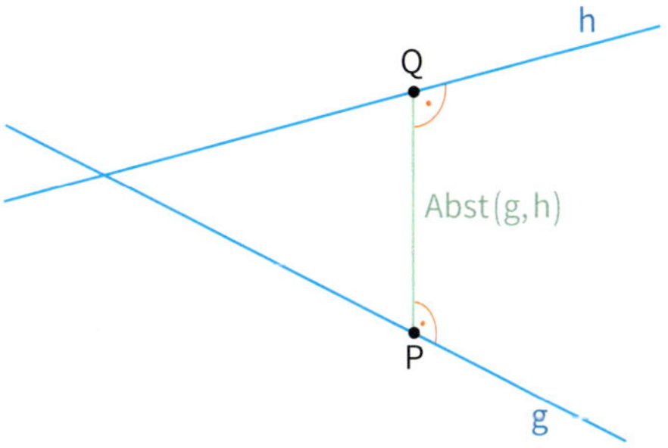

a) Begründen Sie, dass man mit diesem Verfahren den Abstand zwischen zwei windschiefen Geraden berechnen kann.

b) Berechnen Sie mit diesem Verfahren den Abstand der windschiefen Geraden g und h

mit g: $\vec{x} = \begin{pmatrix} 2 \\ 7 \\ -6 \end{pmatrix} + t \cdot \begin{pmatrix} 2 \\ 3 \\ 0 \end{pmatrix}$ und h: $\vec{x} = \begin{pmatrix} 2 \\ -3 \\ 7 \end{pmatrix} + s \cdot \begin{pmatrix} 2 \\ 0 \\ -1 \end{pmatrix}$; $t, s \in \mathbb{R}$.

Beschreiben Sie den Unterschied zum Verfahren in der Information auf Seite 195.

c) Bestimmen Sie eine Parameterdarstellung einer Geraden k, die parallel zur Geraden g verläuft, die Gerade h schneidet und den geringsten Abstand zur Geraden g hat.

17 = Punkte mit minimalem Abstand auf windschiefen Geraden bestimmen

Bestimmen Sie die Punkte P auf der Geraden g und die zugehörigen Punkte Q auf der jeweiligen Koordinatenachse, die den geringsten Abstand voneinander haben.

a) g: $\vec{x} = \begin{pmatrix} 3 \\ 1 \\ -2 \end{pmatrix} + t \cdot \begin{pmatrix} 1 \\ -1 \\ 2 \end{pmatrix}$; $t \in \mathbb{R}$

b) g: $\vec{x} = \begin{pmatrix} 1 \\ 2 \\ 1 \end{pmatrix} + t \cdot \begin{pmatrix} -2 \\ 1 \\ 3 \end{pmatrix}$; $t \in \mathbb{R}$

18 = Abstände bei Flugzeugen

Ein Verkehrsflugzeug fliegt über einer nahezu ebenen Landschaft, die in einem lokalen Koordinatensystem mit der Einheit km durch die $x_1 x_2$-Ebene beschrieben werden kann. Es fliegt mit konstanter Geschwindigkeit und auf geradlinigem Kurs innerhalb von fünf Minuten von $P_1(-225 \mid 317 \mid 1{,}1)$ nach $P_2(-200 \mid 257 \mid 1{,}6)$.

a) Das Flugzeug fliegt danach auf diesem Kurs weiter. Wann erreicht es eine Höhe von 4 km? Bestimmen Sie die Geschwindigkeit des Flugzeugs.

b) Zum gleichen Zeitpunkt, an dem das Verkehrsflugzeug den Punkt P_2 passiert, befindet sich ein Sportflugzeug im Punkt $Q_1(-198 \mid 251 \mid 2{,}3)$. Dieses passiert drei Minuten später den Punkt $Q_2(-204 \mid 242 \mid 1{,}8)$.
Untersuchen Sie, ob es auf den beiden Flugbahnen zu einer Kollision kommen kann, vorausgesetzt, dass auch das Sportflugzeug mit konstanter Geschwindigkeit und auf geradlinigem Kurs fliegt.
Bestimmen Sie die minimale Entfernung zwischen den beiden Flugbahnen.

c) Bestimmen Sie den Zeitpunkt, zu dem sich die beiden Flugzeuge tatsächlich am nächsten sind. Welche Entfernung haben sie zu diesem Zeitpunkt?

19 ≡ Windschiefe Gerade zu vorgegebenem Abstand bestimmen

Gegeben ist die Gerade g mit g: $\vec{x} = \begin{pmatrix} -2 \\ 1 \\ 3 \end{pmatrix} + t \cdot \begin{pmatrix} 4 \\ -2 \\ 1 \end{pmatrix}$; $t \in \mathbb{R}$.

Überlegen Sie, wie man eine Gerade h finden kann, die windschief zu g ist und von g den Abstand 10 hat. Fertigen Sie dazu Skizzen an, mit deren Hilfe Sie Ihr Vorgehen beschreiben. Vergleichen Sie Ihre Lösungsstrategien miteinander.

Mein Merkzettel

Seite 153

Vektoren auf Orthogonalität prüfen

Gegeben: $\vec{u} = \begin{pmatrix} u_1 \\ u_2 \\ u_3 \end{pmatrix}$; $\vec{v} = \begin{pmatrix} v_1 \\ v_2 \\ v_3 \end{pmatrix}$

- **Skalarprodukt** bilden:

  $\vec{u} \circ \vec{v} = \begin{pmatrix} u_1 \\ u_2 \\ u_3 \end{pmatrix} \circ \begin{pmatrix} v_1 \\ v_2 \\ v_3 \end{pmatrix} = u_1 v_1 + u_2 v_2 + u_3 v_3$

  ist eine reelle Zahl
- Wenn $\vec{u} \circ \vec{v} = 0$, so sind $\vec{u}$ und $\vec{v}$ orthogonal zueinander. Ansonsten sind $\vec{u}$ und $\vec{v}$ nicht orthogonal zueinander.

$\vec{a} = \begin{pmatrix} 2 \\ 3 \\ -1 \end{pmatrix}$; $\vec{b} = \begin{pmatrix} 1 \\ 4 \\ 7 \end{pmatrix}$

$\vec{a} \circ \vec{b} = 2 \cdot 1 + 3 \cdot 4 + (-1) \cdot 7 = 7 \neq 0$

$\vec{a}$, $\vec{b}$ sind nicht orthogonal zueinander.

$\vec{c} = \begin{pmatrix} 2 \\ -3 \\ 4 \end{pmatrix}$; $\vec{d} = \begin{pmatrix} 5 \\ 2 \\ -1 \end{pmatrix}$

$\vec{c} \circ \vec{d} = 2 \cdot 5 + (-3) \cdot 2 + 4 \cdot (-1) = 0$

$\vec{c}$, $\vec{d}$ sind orthogonal zueinander.

Seite 160

Parameterdarstellung einer Ebene

Ebene E durch den Punkt A in den Richtungen $\vec{u} \neq \vec{o}$ und $\vec{v} \neq \vec{o}$; $\vec{u} \nparallel \vec{v}$:

$$E: \vec{x} = \vec{a} + r \cdot \vec{u} + s \cdot \vec{v}; \quad r, s \in \mathbb{R}$$

Stützvektor ($\vec{a}$) **Richtungsvektoren** ($\vec{u}$, $\vec{v}$)

Achtung: Eine Ebene kann durch verschiedene Parameterdarstellungen beschrieben werden.

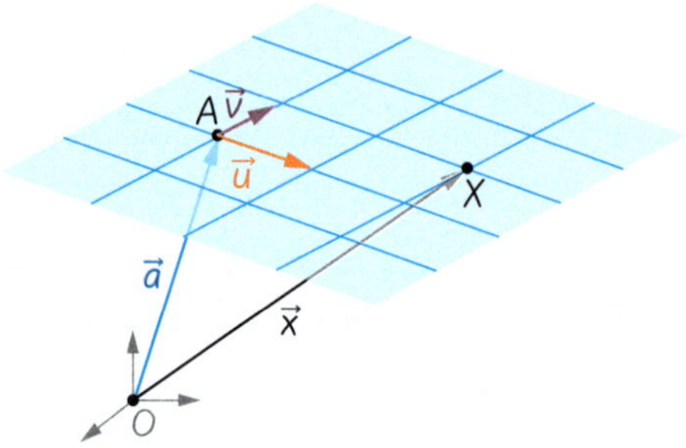

Seite 161

Parameterdarstellung einer Ebene durch drei Punkte A, B und C

A, B, C dürfen nicht auf einer Geraden liegen!

Mögliche Parameterdarstellung:

- als Stützvektor $\overrightarrow{OA}$ wählen
- als Richtungsvektoren $\overrightarrow{AB}$ und $\overrightarrow{AC}$ wählen

$A(2|-3|1)$; $B(3|-1|-1)$; $C(-2|1|0)$

$E: \vec{x} = \begin{pmatrix} 2 \\ -3 \\ 1 \end{pmatrix} + r \cdot \begin{pmatrix} 1 \\ 2 \\ -2 \end{pmatrix} + s \cdot \begin{pmatrix} -4 \\ 4 \\ -1 \end{pmatrix}$; $r, s \in \mathbb{R}$

Seite 162

Punktprobe

$E: \vec{x} = \vec{a} + r \cdot \vec{u} + s \cdot \vec{v}$; $r, s \in \mathbb{R}$

Liegt ein Punkt P in E?

- $\vec{a} + r \cdot \vec{u} + s \cdot \vec{v} = \overrightarrow{OP}$ lösen
- Wenn das Gleichungssystem eine Lösung hat, so liegt P in E. Ansonsten liegt P nicht in E.

$E: \vec{x} = \begin{pmatrix} 2 \\ -3 \\ 1 \end{pmatrix} + r \cdot \begin{pmatrix} 1 \\ 2 \\ -2 \end{pmatrix} + s \cdot \begin{pmatrix} -4 \\ 4 \\ -1 \end{pmatrix}$; $P(0|0|1)$

$\left| \begin{array}{l} 2 + r - 4s = 0 \\ -3 + 2r + 4s = 0 \\ 1 - 2r - s = 1 \end{array} \right|$ hat keine Lösung.

Somit liegt P nicht in E.

Seite 168

Normalenvektor bestimmen

Gegeben: Richtungsvektoren $\vec{u}$, $\vec{v}$ einer Ebene

Gesucht: $\vec{n}$ orthogonal zu $\vec{u}$ und zu $\vec{v}$

- Gleichungssystem aufstellen:

  $\left| \begin{array}{l} \vec{n} \circ \vec{u} = 0 \\ \vec{n} \circ \vec{v} = 0 \end{array} \right|$

  hat immer unendlich viele Lösungen
- eine Variable frei wählen

$\vec{u} = \begin{pmatrix} 1 \\ 2 \\ -2 \end{pmatrix}$; $\vec{v} = \begin{pmatrix} -4 \\ 4 \\ -1 \end{pmatrix}$

$\left| \begin{array}{l} n_1 + 2n_2 - 2n_3 = 0 \\ -4n_1 + 4n_2 - n_3 = 0 \end{array} \right|$ liefert z. B. $\left| \begin{array}{l} n_2 = \frac{3}{2} n_1 \\ n_3 = 2n_1 \end{array} \right|$

z. B. $n_1 = 2$ setzen, dann $n_2 = 3$; $n_3 = 4$

Damit folgt: $\vec{n} = \begin{pmatrix} 2 \\ 3 \\ 4 \end{pmatrix}$

Koordinatenform einer Ebene

Seite 167

Ebene E durch den Punkt A mit Normalenvektor $\vec{n} = \begin{pmatrix} n_1 \\ n_2 \\ n_3 \end{pmatrix}$:

$$E: \underbrace{\vec{n} \circ \vec{x}}_{n_1x_1 + n_2x_2 + n_3x_3} = \underbrace{\vec{n} \circ \overrightarrow{OA}}_{d}$$

$A(2|-3|1)$; $\vec{n} = \begin{pmatrix} 2 \\ 3 \\ 4 \end{pmatrix}$: $\vec{n} \circ \overrightarrow{OA} = 4 + (-9) + 4 = -1$;
also $E: 2x_1 + 3x_2 + 4x_3 = -1$

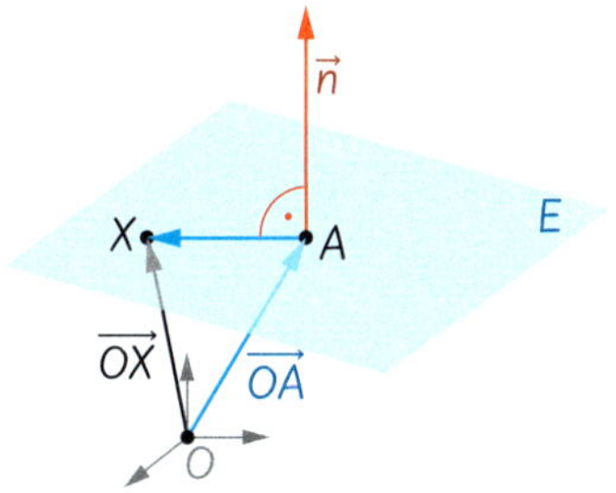

- Alle Normalenvektoren einer Ebene sind Vielfache voneinander.

Koordinatenform einer Ebene durch drei Punkte A, B und C

Seite 168

A, B, C dürfen nicht auf einer Geraden liegen!

Ansatz: $E: ax_1 + bx_2 + cx_3 = d$

- Koordinaten der Punkte einsetzen und dazugehöriges Gleichungssystem lösen (unendlich viele Lösungen)
- eine Variable frei wählen

$A(2|-3|1)$; $B(3|-1|-1)$; $C(-2|1|0)$

$$\left| \begin{array}{l} 2a - 3b + c = d \\ 3a - b - c = d \\ -2a + b \quad = d \end{array} \right| \text{ liefert z. B. } \left| \begin{array}{l} a = -2d \\ b = -3d \\ c = -4d \end{array} \right|$$

z. B. $d = -1$ setzen, dann $a = 2$; $b = 3$; $c = 4$

Damit folgt: $E: 2x_1 + 3x_2 + 4x_3 = -1$

Lage zwischen Gerade und Ebene untersuchen

Seite 175
Seite 176

Gegeben: $g: \vec{x} = \vec{a} + t \cdot \vec{u}$ und $E: \vec{n} \circ \vec{x} = d$

$\vec{n} \circ (\vec{a} + t \cdot \vec{u}) = d$ lösen

genau eine Lösung	keine Lösung	unendlich viele Lösungen
d. h. $\vec{n} \circ \vec{u} \neq 0$	d. h. $\vec{n} \circ \vec{u} = 0$ und $\vec{n} \circ \vec{a} \neq d$	d. h. $\vec{n} \circ \vec{u} = 0$ und $\vec{n} \circ \vec{a} = d$
g und E **schneiden sich**	g und E **echt parallel**	g **liegt in** E

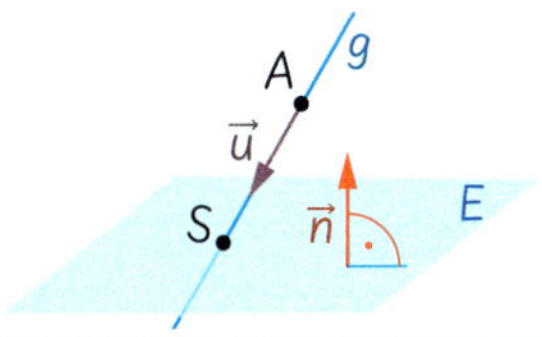

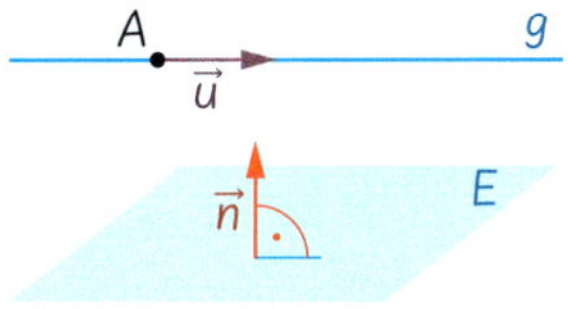

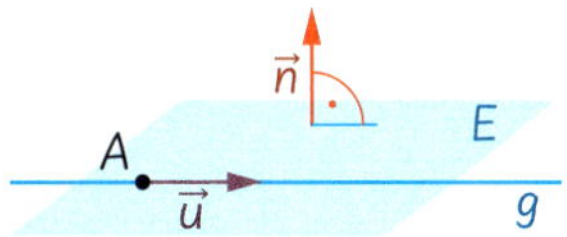

Winkel berechnen

Seite 157
Seite 158
Seite 183

zwischen Vektoren

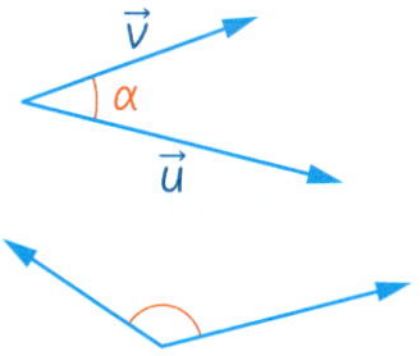

- $0° \leq \alpha \leq 180°$

$$\cos(\alpha) = \frac{\vec{u} \circ \vec{v}}{|\vec{u}| \cdot |\vec{v}|}$$

Schnittwinkel

- ist höchstens 90°, daher einfach Betrag im Zähler

„Man muss nicht auf die Richtung achten."

Gerade – Gerade: $\cos(\alpha) = \frac{|\vec{u} \circ \vec{v}|}{|\vec{u}| \cdot |\vec{v}|}$

Gerade – Ebene: $\alpha = 90° - \beta$ mit $\cos(\beta) = \frac{|\vec{u} \circ \vec{n}|}{|\vec{u}| \cdot |\vec{n}|}$

Ebene – Ebene: $\cos(\alpha) = \frac{|\vec{n}_1 \circ \vec{n}_2|}{|\vec{n}_1| \cdot |\vec{n}_2|}$

$\vec{u}$, $\vec{v}$ Richtungsvektoren (Gerade); $\vec{n}$, $\vec{n}_1$, $\vec{n}_2$ Normalenvektoren

Achtung: Rechner auf **Gradmaß** (DEG) einstellen!

Abstand zu Ebenen berechnen

Seite 186
Seite 188

Ebene – Koordinatenursprung

Gegeben: E: $\vec{n} \circ \vec{x} = d$

$\text{Abst}(O, E) = |\vec{p}| = \frac{|d|}{|\vec{n}|}$ $\vec{p}$: Abstandsvektor

- Pfeil von $\vec{p}$ trifft vom Ursprung O aus orthogonal in einem Punkt P auf E

Parallele Ebenen

Gegeben: E_1: $\vec{n} \circ \vec{x} = d_1$; E_2: $\vec{n} \circ \vec{x} = d_2$

$\text{Abst}(E_1, E_2) = \frac{|d_1 - d_2|}{|\vec{n}|}$

Achtung: Normalenvektor $\vec{n}$ muss gleich sein! Evtl. Gleichung anpassen!

Seite 189

Punkt – Ebene

Gegeben: E: $\vec{n} \circ \vec{x} = d$; Punkt P

$\text{Abst}(P, E) = \frac{|\vec{n} \circ \overrightarrow{OP} - d|}{|\vec{n}|}$

Gerade – parallele Ebene

Gegeben: Gerade g; dazu parallele Ebene E

Abst (g, E) = Abst (P, E)

P ist ein beliebiger Punkt auf g

Abstand zu Geraden berechnen

Seite 192
Seite 195

Punkt – Gerade

Gegeben: g: $\vec{x} = \vec{a} + t \cdot \vec{u}$; Punkt P

- Hilfsebene E: $\vec{u} \circ \vec{x} = \vec{u} \circ \overrightarrow{OP}$ bestimmen, die orthogonal zu g verläuft und P enthält
- Schnittpunkt F von E und g bestimmen
- $\text{Abst}(P, g) = |\overrightarrow{PF}|$

Windschiefe Geraden

Gegeben: g: $\vec{x} = \vec{a} + t \cdot \vec{u}$; h: $\vec{x} = \vec{b} + t \cdot \vec{v}$

- Einen Normalenvektor $\vec{n}$ der Hilfsebene E mit Richtungsvektoren $\vec{u}$ und $\vec{v}$ bestimmen
- $\text{Abst}(g, h) = \frac{|\vec{n} \circ (\vec{b} - \vec{a})|}{|\vec{n}|}$

Parallele Geraden g, h

- z. B. den Abstand eines beliebigen Punktes auf g zu h berechnen

Seite 177

Lage zwischen Ebenen untersuchen

Gegeben: E_1: $\vec{n}_1 \circ \vec{x} = d_1$ und E_2: $\vec{n}_2 \circ \vec{x} = d_2$

Auf Parallelität prüfen:
Sind $\vec{n}_1$ und $\vec{n}_2$ Vielfache voneinander?

nein → E_1 und E_2 **schneiden sich**

ja → **Auf identische Ebene prüfen:**
Sind die Koordinatenformen Vielfache voneinander?

nein → E_1 und E_2 **echt parallel**

ja → E_1 und E_2 **identisch**

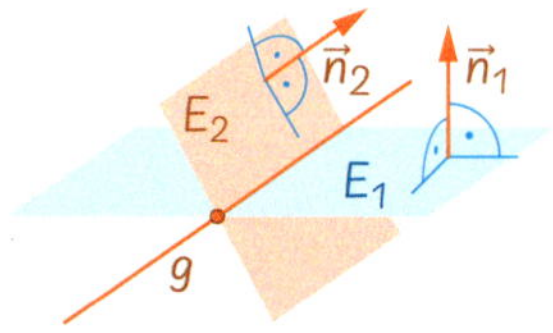

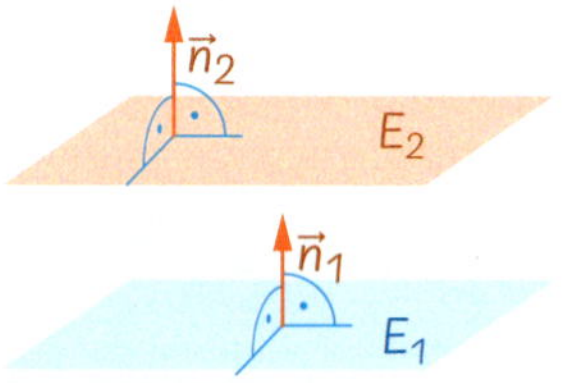

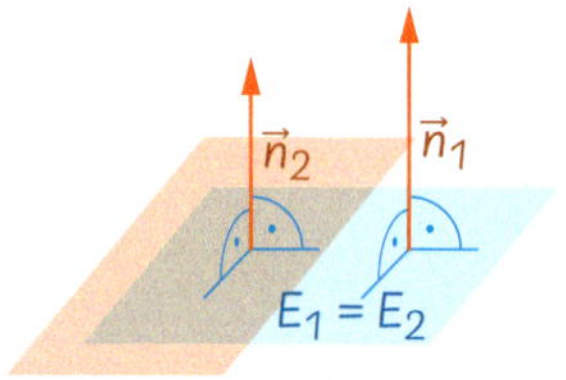

Seite 178

Schnittgeraden zweier Ebenen bestimmen

- Gleichungssytem aus den Koordinatenformen aufstellen und lösen

$\left| \begin{array}{l} x_1 - 2x_2 + 4x_3 = 1 \\ x_1 \qquad\quad + 3x_3 = 2 \end{array} \right|$ hat die Lösung $x_1 = 2 - 3t$; $x_2 = 0{,}5 + 0{,}5t$; $x_3 = 1$; also g: $\vec{x} = \begin{pmatrix} 2 \\ 0{,}5 \\ 1 \end{pmatrix} + t \cdot \begin{pmatrix} -3 \\ 0{,}5 \\ 0 \end{pmatrix}$

Wiederholen für die Klausur

Teil A – Aufgaben ohne Hilfsmittel

Lösungen auf Seite 418

1 Orthogonale Vektoren

Gegeben sind die Vektoren $\vec{u} = \begin{pmatrix} 1 \\ -2 \\ 3 \end{pmatrix}$, $\vec{v} = \begin{pmatrix} 2 \\ 1 \\ 3 \end{pmatrix}$ und $\vec{w} = \begin{pmatrix} -1 \\ 1 \\ 1 \end{pmatrix}$.

a) Untersuchen Sie, welche der Vektoren orthogonal zueinander sind.

b) Bestimmen Sie einen Vektor $\vec{a}$, der sowohl zu $\vec{u}$ als auch zu $\vec{v}$ orthogonal ist.

2 Parameterdarstellung einer Ebene

Von einer Ebene sind der Punkt $A(3|-1|5)$ und die Richtungsvektoren $\vec{u} = \begin{pmatrix} -1 \\ 0 \\ 2 \end{pmatrix}$ und $\vec{v} = \begin{pmatrix} 3 \\ 1 \\ 2 \end{pmatrix}$ bekannt.

a) Geben Sie eine Parameterdarstellung für diese Ebene an.

b) Bestimmen Sie drei Punkte, die in dieser Ebene liegen.

c) Ermitteln Sie Parameterdarstellungen zweier Geraden, die in dieser Ebene liegen.

d) Untersuchen Sie, ob die Punkte $O(0|0|0)$ und $Q(6|1|15)$ in dieser Ebene liegen.

3 Koordinatenform einer Ebene

Bestimmen Sie für die dargestellte Ebene E eine Koordinatenform. Geben Sie außerdem einen Normalenvektor für die Ebene E an.

a)

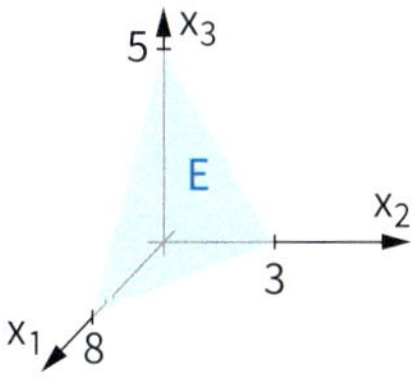

b)

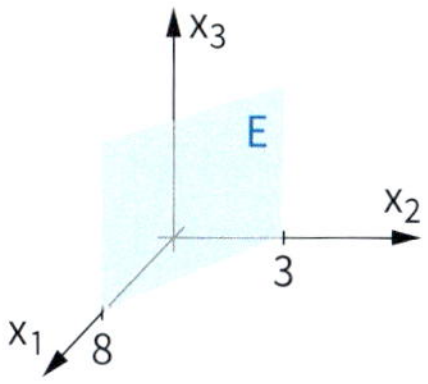

4 Spurgeraden einer Ebene

In der Abbildung ist eine Ebene E mithilfe ihrer drei Spurgeraden dargestellt.

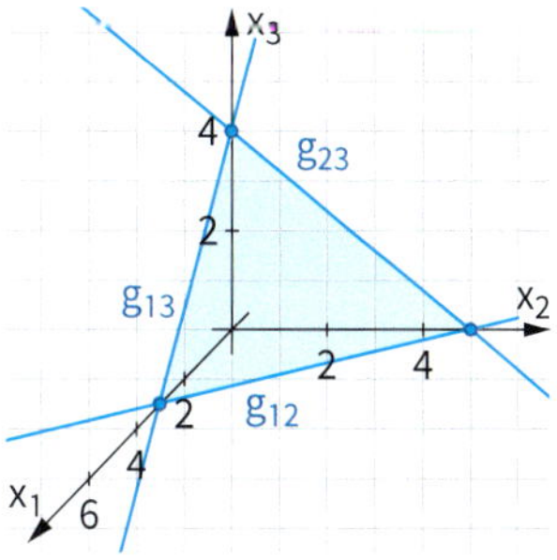

a) Beschreiben Sie die Lage von E im Koordinatensystem.

b) Bestimmen Sie für jede Spurgerade eine Parameterdarstellung.

c) Bestimmen Sie eine Parameterdarstellung von E.

d) Geben Sie eine Parameterdarstellung einer Ebene durch den Koordinatenursprung an, die parallel zu E verläuft.

5 Ebene und Gerade

Eine Ebene E ist parallel zur x_1-Achse und enthält die Punkte $A(12|3|4)$ und $B(2|6|0)$.

a) Stellen Sie eine Koordinatenform von E auf.

b) Bestimmen Sie eine Parameterdarstellung derjenigen Geraden g, die in E liegt und im Punkt B orthogonal zur Geraden AB ist.

6 Gerade mit besonderer Lage

Gegeben sind die Ebene $E\colon 2x_1 - x_3 = 4$ und der Punkt $P(4|2|-1)$.

a) Geben Sie eine Parameterdarstellung einer Geraden g an, die

(1) parallel zu E durch P verläuft; (2) orthogonal zu E durch P verläuft.

b) Beschreiben Sie die Lage aller möglichen Geraden, die parallel zur Ebene E sind und den Punkt P enthalten.

7 Punkte mit festem Abstand zur Ebene

Stellen Sie die Ebene $E\colon 3x_2 + 4x_3 = 12$ in einem Koordinatensystem dar und bestimmen Sie die Punkte auf der x_2-Achse, die von der Ebene E den Abstand 6 haben.

Lösungen auf Seite 420

8 Abstand: Punkt – Ebene

Gegeben sind die Ebene $E: 3x_2 + 4x_3 = 18$ und der Punkt $P(4|15|-3)$.

a) Berechnen Sie den Abstand des Punktes P von der Ebene E.

b) Der Punkt $S(-1|2|3)$ liegt auf E. Bestimmen Sie den Punkt Q auf der Geraden durch die Punkte S und P, der genauso weit von E entfernt ist wie der Punkt P.

9 Abstand: Punkt – Gerade

Gegeben sind der Punkt $P(3|5|3)$ und die Gerade $g: \vec{x} = \begin{pmatrix} 8 \\ 3 \\ -1 \end{pmatrix} + t \cdot \begin{pmatrix} -2 \\ 2 \\ 1 \end{pmatrix}$; $t \in \mathbb{R}$.

a) Bestimmen Sie eine Koordinatenform der Ebene E, die g und P enthält.

b) Berechnen Sie den Abstand des Punktes P von der Geraden g.

10 Lage zwischen Ebene und Gerade

Gegeben sind die Ebene $E: 4x_1 - 8x_2 - 10x_3 = 80$ und die Gerade $g: \vec{x} = \begin{pmatrix} 1 \\ 3 \\ -1 \end{pmatrix} + t \cdot \begin{pmatrix} -1 \\ 2 \\ -2 \end{pmatrix}$; $t \in \mathbb{R}$.

a) Zeigen Sie, dass g parallel zu E ist, aber nicht in E liegt.

b) Berechnen Sie den Abstand der Geraden g von der Ebene E.

c) Der Punkt $P(1|3|-1)$ wird an der Ebene E gespiegelt. Bestimmen Sie den Bildpunkt.

11 Ebenenschar

Für $a \in \mathbb{R}$ ist die Ebenenschar $E_a: a \cdot x_1 + (a+6) \cdot x_3 - (11a + 30) = 0$ gegeben.

a) Zeigen Sie, dass sich alle Ebenen der Schar in einer gemeinsamen Geraden s schneiden. Geben Sie eine Gleichung von s an.

b) Bestimmen Sie einen Wert a_0 so, dass die Gerade $g: \vec{x} = \begin{pmatrix} 4 \\ 7 \\ -5 \end{pmatrix} + t \cdot \begin{pmatrix} 0 \\ 1 \\ 0 \end{pmatrix}$; $t \in \mathbb{R}$ in E_{a_0} liegt.

c) Begründen Sie: Die Gerade g ist zu allen übrigen Ebenen E_a der Schar echt parallel.

Teil B – Aufgaben mit Hilfsmitteln

12 Lage zwischen Gerade und Ebene

Die Abbildung stellt einen Ausschnitt einer Ebene und der Geraden g dar. Die roten Punkte liegen dabei in den Koordinatenebenen. Untersuchen Sie die Lage zwischen der Geraden g und der Ebene.

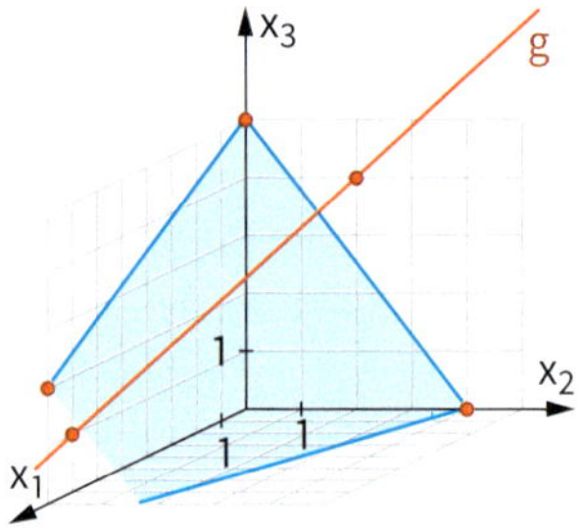

13 Schnittwinkel

Gegeben sind die Punkte $A(1|-1|2)$, $B(2|-3|0)$, $C(4|1|3)$ und $D(0|-1|3)$. Die Ebene E enthält die Punkte A, B und C, die Gerade g die Punkte A und D.
Ermitteln Sie den Schnittwinkel zwischen g und E.

14 Flugrouten

Bezüglich eines lokalen Koordinatensystems mit der Einheit km befindet sich ein Flugzeug um 12:37 Uhr im Punkt $A_1(3|-2|8)$. Zum gleichen Zeitpunkt erfasst die Flugüberwachung ein zweites Flugzeug im Punkt $B_1(-1|2|5)$. Beide Flugzeuge sind während der nächsten Minuten mit konstanter Geschwindigkeit nahezu geradlinig unterwegs.
Drei Minuten später ist das erste Flugzeug im Punkt $A_2(27|25|8)$. Nach einer weiteren Minute beobachtet der Fluglotse das zweite Flugzeug im Punkt $B_2(27|26|7)$.

a) Beschreiben Sie die Flugrouten der beiden Flugzeuge jeweils durch eine Gerade.

b) Bestimmen Sie die Geschwindigkeiten der beiden Flugzeuge im Beobachtungszeitraum. Untersuchen Sie, wie lange es dauert, bis das zweite Flugzeug die Höhe des ersten Flugzeugs erreicht hat.

c) Zeigen Sie, dass sich die Flugrouten nicht schneiden.

Lösungen auf Seite 423

15 ☰ **Berechnungen am Würfel**

Der abgebildete Würfel hat die Kantenlänge 6. Der Punkt M ist der Mittelpunkt der Kante $\overline{AB}$.

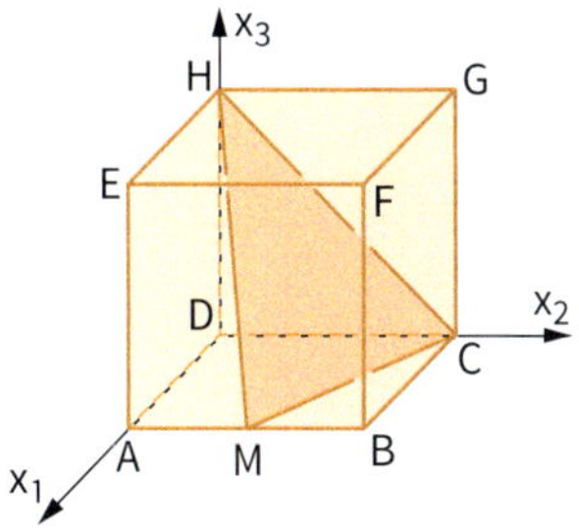

a) Bestimmen Sie eine Koordinatenform der Ebene, in der das Dreieck HMC liegt.

b) Berechnen Sie die Innenwinkel des Dreiecks HMC.

c) Berechnen Sie die Koordinaten des Schnittpunktes der Würfeldiagonalen $\overline{DF}$ mit dem Dreieck HMC.

16 ☰ **Heißluftballon**

Für die Modellierung der Fahrt mit einem Heißluftballon wird die Talstation als Ursprung $O(0|0|0)$ festgelegt. Der Heißluftballon steigt um 18 Uhr geradlinig aus der Startposition $S(-3|4|0{,}5)$ auf und befindet sich um 18:30 Uhr im Punkt $B(2|-2|1)$. Die Koordinaten sind alle in der Einheit Kilometer angegeben. Die x_3-Koordinate beschreibt die Höhe.

a) Bestimmen Sie eine Gleichung der Geraden g, die den Aufstieg des Ballons beschreibt.

b) Berechnen Sie die Länge des Richtungsvektors von g und interpretieren Sie den ermittelten Wert im Sachkontext.

c) Untersuchen Sie, ob sich der Heißluftballon auf seiner Fahrt irgendwann genau über dem Punkt $L(7|-8|0)$ befindet.

17 ☰ **Lage dreier Geraden**

Gegeben sind die Geraden $g: \vec{x} = \begin{pmatrix} 1 \\ -4 \\ 3 \end{pmatrix} + t \cdot \begin{pmatrix} -4 \\ -1 \\ 2 \end{pmatrix}$ und $h: \vec{x} = \begin{pmatrix} -7 \\ -6 \\ 7 \end{pmatrix} + s \cdot \begin{pmatrix} 3 \\ 2 \\ 1 \end{pmatrix}$; $t, s \in \mathbb{R}$.

a) Weisen Sie nach, dass sich g und h schneiden, und berechnen Sie den Schnittwinkel.

b) Zeigen Sie, dass der Punkt $P(2|0|10)$ auf der Geraden h liegt.
Bestimmen Sie eine Gerade k durch den Punkt P, die parallel zur Geraden g verläuft.

c) Berechnen Sie den Abstand der Geraden g und k.

18 ☰ **Berechnungen an einer Pyramide**

Eine quadratische Pyramide hat die Grundfläche ABCD mit $A(4|0|0)$, $B(0|4|0)$, $C(-4|0|0)$, $D(0|-4|0)$ und die Spitze $S(0|0|8)$.

a) Berechnen Sie das Volumen der Pyramide.

b) Im Inneren der Pyramide gibt es einen Punkt, der von allen Flächen der Pyramide den gleichen Abstand hat. Bestimmen Sie seine Koordinaten.

c) Der Punkt S_t ist ein Punkt der Geraden $s: \vec{x} = \begin{pmatrix} 0 \\ 0 \\ 8 \end{pmatrix} + t \cdot \begin{pmatrix} 2 \\ 1 \\ 0 \end{pmatrix}$; $t \in \mathbb{R}$.
Begründen Sie: Alle Pyramiden ABCD mit der Spitze S_t haben das gleiche Volumen.

19 ☰ **Berechnungen an einem Quadrat**

Gegeben sind die Punkte $A(3|-2|1)$, $B(3|3|1)$ und $C(6|3|5)$.

a) Geben Sie eine Koordinatenform der Ebene E durch die Punkte A, B, C an.

b) Begründen Sie die folgende Aussage anhand einer Rechnung:
Ein weiterer Punkt D kann so gewählt werden, dass das Viereck ABCD ein Quadrat ist.
Berechnen Sie die Koordinaten des Punktes D.

c) Für $k \in \mathbb{R}$ ist der Punkt $S_k(3k|3+5k|9{,}5+4k)$ gegeben.
Weisen Sie nach, dass die Punkte S_k für alle Werte von k auf einer Geraden g liegen, und geben Sie eine Gleichung dieser Geraden an.
Zeigen Sie, dass g parallel zu E verläuft, und bestimmen Sie den Abstand von g zu E.

d) Der Punkt F ist der Schnittpunkt der Diagonalen des Quadrats ABCD.
Zeigen Sie: Es gibt einen Wert k_0 so, dass die Gerade FS_{k_0} orthogonal zur Ebene E ist.
Berechnen Sie die Koordinaten des Punktes S_{k_0}.

5 Daten und Zufall

Jedes Jahr im Mai ruft der NABU (Bund für Umwelt und Naturschutz Deutschland) zur bundesweiten Aktion „Stunde der Gartenvögel“ auf. Dabei werden über einen Beobachtungszeitraum von einer Stunde die Vogelarten im Garten und ihre Anzahl bestimmt.
Die Ergebnisse werden gemeldet und vom NABU ausgewertet.

- **Welche Kenngrößen lassen sich aus Daten gewinnen?**
- **Wie modelliert man mehrstufige Zufallsexperimente?**
- **Wann sind zwei Ereignisse stochastisch unabhängig und wie stellt man Daten in einer Vierfeldertafel dar?**
- **Was sind Zufallsgrößen und wie bestimmt man zugehörige Wahrscheinlichkeitsverteilungen und Kenngrößen?**

5.1 Mittelwert und Standardabweichung

Vorbereiten
Seite 382

Das neue Trendgetränk Coala gibt es in den zwei Geschmacksrichtungen „Coala Blue" und „Coala Yellow". Es wird in kleinen Flaschen verkauft. Die Abbildungen zeigen das Ergebnis einer Umfrage zum wöchentlichen Konsum der Sorten unter Jugendlichen.

Coala Blue

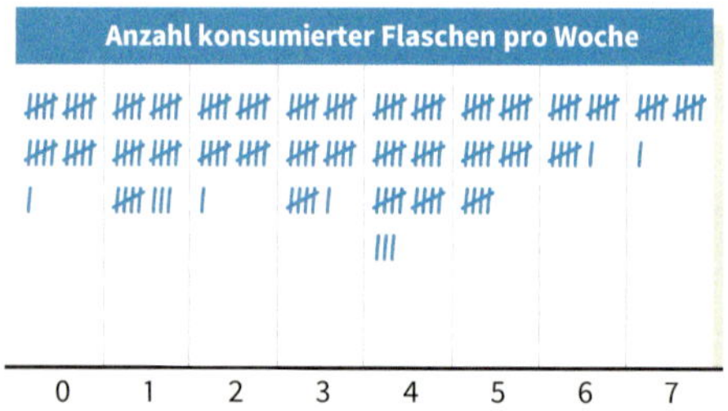

Coala Yellow

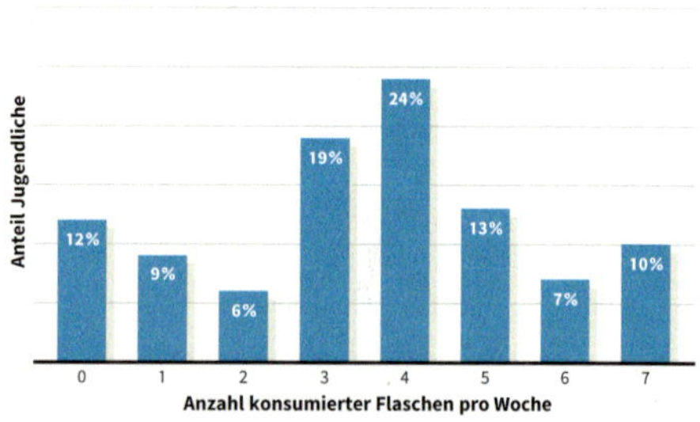

- Welche Sorte ist unter Jugendlichen beliebter? Berechnen Sie dazu jeweils den durchschnittlichen Konsum pro Woche.

WES-109471-501

„Durchschnitt" oder „Mittelwert" im Alltag

Σ (griech.): Sigma Zeichen für Summe

Häufigkeitsverteilung

Die Zuordnung, die jedem Wert eines Datensatzes seine (relative) Häufigkeit zuordnet, heißt **Häufigkeitsverteilung**. Die Summe aller relativen Häufigkeiten ist 1 bzw. 100 %.

Arithmetisches Mittel einer Häufigkeitsverteilung

Treten die Werte $x_1, x_2, \ldots, x_m$ mit den relativen Häufigkeiten $h(x_1), h(x_2), \ldots, h(x_m)$ auf, so erhält man das **arithmetische Mittel** $\bar{x}$ der Häufigkeitsverteilung, indem man jeden Wert mit der zugehörigen relativen Häufigkeit multipliziert und die Summe der Produkte bildet:

$$\bar{x} = x_1 \cdot h(x_1) + x_2 \cdot h(x_2) + \ldots + x_m \cdot h(x_m) = \sum_{i=1}^{m} x_i \cdot h(x_i)$$

Arithmetisches Mittel berechnen

Wert	10	14	18	24
absolute Häufigkeit	5	9	3	8

Mit absoluten Häufigkeiten

Anzahl der Werte: $5 + 9 + 3 + 8 = 25$

$$\bar{x} = \frac{10 \cdot 5 + 14 \cdot 9 + 18 \cdot 3 + 24 \cdot 8}{25} = 16{,}88$$

Mit relativen Häufigkeiten

Anzahl der Werte: $5 + 9 + 3 + 8 = 25$

$$\bar{x} = 10 \cdot \frac{5}{25} + 14 \cdot \frac{9}{25} + 18 \cdot \frac{3}{25} + 24 \cdot \frac{8}{25} = 16{,}88$$

Mit einem Rechner

Rechner verwenden oft den Befehl *mean* aus einem Statistikmenü. Die Daten werden dabei wie hier direkt oder als Listen in einer Tabelle eingegeben.

$\text{mean}(\{10, 14, 18, 24\}, \{5, 9, 3, 8\})$

$\frac{422}{25}$

$\text{mean}\left(\{10, 14, 18, 24\}, \left\{\frac{5}{25}, \frac{9}{25}, \frac{3}{25}, \frac{8}{25}\right\}\right)$

$\frac{422}{25}$

1 Arithmetisches Mittel aus Häufigkeiten berechnen

Berechnen Sie zu den Umfrageergebnissen in einer Schulklasse das arithmetische Mittel.

a) *„Wie viele Stunden Sport treiben Sie pro Woche?“*

Stunden	0	1	2	3	4	12
absolute Häufigkeit	3	7	4	2	5	1

b) *„Wie viele Stunden schlafen Sie pro Nacht während einer Schulwoche?“*

Stunden	5	6	7	7,5	8	8,5
relative Häufigkeit	8 %	14 %	38 %	23 %	12 %	5 %

2 Auswertung einer eigenen Umfrage

Erheben Sie in Ihrem Kurs Daten zur Anzahl der Geschwister der Jugendlichen.

a) Berechnen Sie die relativen Häufigkeiten, mit denen die jeweilige Anzahl an Geschwistern in Ihrem Kurs auftritt.

b) Berechnen Sie die mittlere Anzahl an Geschwistern in Ihrem Kurs.

Hinweis: Zur Auswertung hilft z. B. eine Tabelle.

Anzahl x_i der Geschwister	0	1	2	…	Summe
absolute Häufigkeit					Kontrolle: Stichprobengröße
relative Häufigkeit $h(x_i)$					Kontrolle: 1
Produkte $x_i \cdot h(x_i)$					$\overline{x} = \ldots$

3

In einer Schule wurde eine Umfrage zur Häufigkeit der Schwimmbadbesuche pro Jahr durchgeführt.
Berechnen Sie, wie oft im Mittel die Schülerinnen und Schüler dieser Schule im Jahr ein Schwimmbad besuchen.

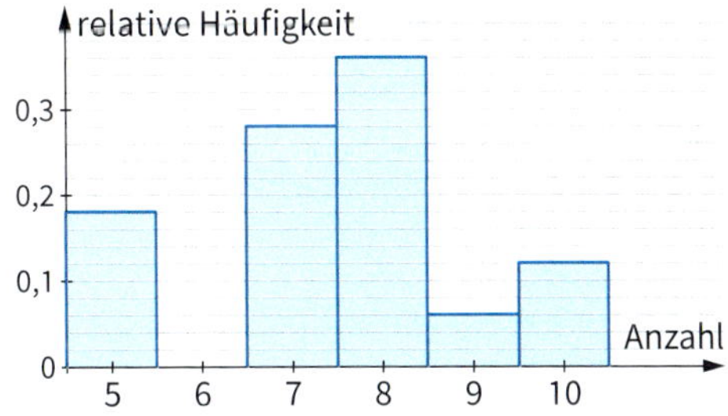

Prüfe dich!
Lösungen auf Seite 425

4 Durchschnittliche Schrittzahl

Linnea hat eine App, die ihre Schritte pro Tag zählt. Um gesund zu bleiben, sollte man im Durchschnitt etwa 10 000 Schritte pro Tag gehen. Hat Linnea dieses Ziel erreicht?

Wochentag	Montag	Dienstag	Mittwoch	Donnerstag	Freitag
Anzahl der Schritte	9875	10 125	8925	13 548	7960

5 Fehlende Daten bestimmen

Berechnen Sie den fehlenden Wert.

a) Tine hat beim Weitwurf im Durchschnitt 39,66 m geschafft.

Wurf	1	2	3	4	5
Weite in m	■	39,8	41,3	38,1	36,7

b) Für ein Theaterstück gibt es Karten in verschiedenen Preisklassen, abhängig vom Sitzplatz. Im Durchschnitt wurden pro Karte 6,875 € eingenommen.

Kartenpreis in €	12	8	6,5	■	3
verkaufte Karten	20	30	50	25	15

Einstieg

Streuung um das arithmetische Mittel

In einer Firma füllen drei Maschinen Blumensamen in 10-g-Tüten ab. Bei einer Qualitätskontrolle werden abgefüllte Tüten nachgewogen.

gemessenes Gewicht in g		9,7	9,8	9,9	10,0	10,1	10,2	10,3
Anzahl der Tüten von	Maschine A	0	1	4	4	2	2	0
	Maschine B	0	3	2	3	2	3	0
	Maschine C	1	2	2	4	0	3	1

Man erkennt, dass die Maschinen nicht alle gleich gut arbeiten. Welche Maschine arbeitet aber am genauesten?

Um die Arbeitsgenauigkeit der Maschinen beurteilen zu können, wertet man die erhobenen Daten auf verschiedene Weisen aus.

Arithmetisches Mittel der Abfüllmengen

Alle drei Maschinen liefern als arithmetisches Mittel ihrer Tütenfüllungen 10 g.

Spannweite der Abfüllmengen

Spannweite: größter minus kleinster Wert

Die Spannweite von Maschine C beträgt 10,3 g − 9,7 g = 0,6 g, die von Maschine A bzw. B beträgt nur 10,2 g − 9,8 g = 0,4 g.

Streuung der Abfüllmengen um ihr arithmetisches Mittel

Trotz gleicher Spannweite arbeitet Maschine A genauer als Maschine B: Bei Maschine A haben mehr Tüten eine Abfüllmenge, die in der Nähe des arithmetischen Mittels von 10 g liegt.

gemessenes Gewicht in g		9,7	9,8	9,9	10,0	10,1	10,2	10,3
Anzahl der Tüten von	Maschine A		1	4	4	2	2	
	Maschine B		3	2	3	2	3	

Diese Streuung um das arithmetische Mittel will man quantitativ beschreiben.

Arithmetisches Mittel der Abweichungen der Abfüllmengen

Für z. B. Maschine A erhält man:

$$\frac{(9{,}8-10)\cdot 1+(9{,}9-10)\cdot 4+(10-10)\cdot 4+(10{,}1-10)\cdot 2+(10{,}2-10)\cdot 2}{13}=0$$

Das liegt daran, dass sich positive und negative Abweichungen vom arithmetischen Mittel jeweils aufheben. Dieses Vorgehen liefert also kein aussagekräftiges Ergebnis.

Maß für die Streuung der Abfüllmengen um ihr arithmetisches Mittel

Man könnte nun die Beträge der Abweichungen bilden. Gebräuchlicher ist es jedoch, die Abweichungen zu quadrieren und das arithmetische Mittel dieser Quadrate zu bilden. Anschließend zieht man daraus die Wurzel, um ein Ergebnis in der Einheit Gramm wie die Abfüllmengen zu erhalten.

Quadrieren führt zur Einheit g^2.

Maschine A:

$$\sqrt{\frac{(9{,}8-10)^2\cdot 1+(9{,}9-10)^2\cdot 4+(10-10)^2\cdot 4+(10{,}1-10)^2\cdot 2+(10{,}2-10)^2\cdot 2}{13}}\approx 0{,}117$$

Maschine B:

$$\sqrt{\frac{(9{,}8-10)^2\cdot 3+(9{,}9-10)^2\cdot 2+(10-10)^2\cdot 3+(10{,}1-10)^2\cdot 2+(10{,}2-10)^2\cdot 3}{13}}\approx 0{,}148$$

Maschine C:

$$\sqrt{\frac{(9{,}7-10)^2\cdot 1+(9{,}8-10)^2\cdot 2+(9{,}9-10)^2\cdot 2+(10-10)^2\cdot 4+(10{,}2-10)^2\cdot 3+(10{,}3-10)^2\cdot 1}{13}}\approx 0{,}175$$

Bei Maschine A streuen die Abfüllmengen also am wenigsten um ihr arithmetisches Mittel, bei Maschine B etwas mehr und bei Maschine C am stärksten.

Empirische Standardabweichung einer Häufigkeitsverteilung

Die **(empirische) Standardabweichung $\bar{s}$** ist ein Maß für die Streuung einer Häufigkeitsverteilung um ihr arithmetisches Mittel $\bar{x}$. Hat die Häufigkeitsverteilung die Werte $x_1, \ldots, x_m$ mit den relativen Häufigkeiten $h(x_1), \ldots, h(x_m)$, so wird festgelegt:

$$\bar{s} = \sqrt{(x_1 - \bar{x})^2 \cdot h(x_1) + \ldots + (x_m - \bar{x})^2 \cdot h(x_m)}$$

WES-109471-502

Standardabweichung schrittweise berechnen

(1) Arithmetisches Mittel $\bar{x}$ berechnen

(2) **Mittlere quadratische Abweichung** bzw. **Varianz $\bar{s}^2$** berechnen:

$$\bar{s}^2 = (x_1 - \bar{x})^2 \cdot h(x_1) + \ldots + (x_m - \bar{x})^2 \cdot h(x_m) = \sum_{i=1}^{m} (x_i - \bar{x})^2 \cdot h(x_i)$$

(3) Die empirische Standardabweichung ist die Wurzel aus der Varianz: $\bar{s} = \sqrt{\bar{s}^2}$

Standardabweichung berechnen

Wert	10	14	18	24
relative Häufigkeit	0,2	0,36	0,12	0,32

Schrittweise

Arithmetisches Mittel berechnen $\bar{x} = 10 \cdot 0{,}2 + 14 \cdot 0{,}36 + 18 \cdot 0{,}12 + 24 \cdot 0{,}32 = 16{,}88$

Varianz berechnen $\bar{s}^2 = (10 - 16{,}88)^2 \cdot 0{,}2 + (14 - 16{,}88)^2 \cdot 0{,}36 + (18 - 16{,}88)^2 \cdot 0{,}12 + (24 - 16{,}88)^2 \cdot 0{,}32 = 28{,}8256$

Standardabweichung berechnen $\bar{s} = \sqrt{28{,}8256} \approx 5{,}37$

Mit einem Rechner

Viele Rechner haben ein Statistikmenü. Hier ist es das Menü „Statistik mit einer Variable“. Man legt Namen für die Werteliste und die Häufigkeitsliste fest und trägt sie im Menü ein.

```
w:={10,14,18,24}                {10,14,18,24}
h:={0.2,0.36,0.12,0.32}
                         {0.2,0.36,0.12,0.32}
```

Statistik mit einer Variable

X1-Liste:	w
Häufigkeitsliste:	h

Danach erhält man eine Liste, in der auch das arithmetische Mittel und die Standardabweichung enthalten sind.

"Titel"	"Statistik mit einer Variable"
"$\bar{x}$"	16.88
"σx:=σnx"	5.3685

6 Katzenbabys

Ein Tierheim hat ein Jahr lang über alle Katzengeburten im Heim Buch geführt. Notiert wurde, wie viele junge Kätzchen eine Katzenmutter zur Welt brachte. Bestimmen Sie die empirische Standardabweichung dieser Häufigkeitsverteilung.

Anzahl x_i der Babys bei einer Geburt	1	2	3	4	5	6	7
Anzahl der Katzenmütter mit x_i Babys	0	1	2	6	5	3	1

7 **Gummibärchen**
Mia isst von allen Süßigkeiten am liebsten Gummibärchen. Besonders mag sie die dunkelroten Bärchen.
Seit einiger Zeit zählt Mia die Anzahl der dunkelroten Bärchen in einer Packung.
Berechnen Sie das arithmetische Mittel und die Standardabweichung.
Interpretieren Sie die Ergebnisse im Sachzusammenhang.

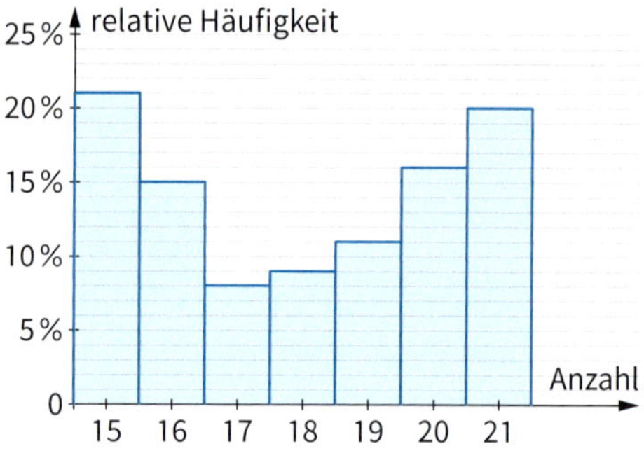

8 **Tanzpaare**
Die Tabelle zeigt Wertungen der beiden erstplatzierten Paare in einer Tanzshow.

	Wertung der gezeigten Tänze							
Tanzpaar 1	24	26	20	25	20	24	26	23
Tanzpaar 2	29	18	21	27	17	26	21	29

Bestimmen Sie das arithmetische Mittel und die Standardabweichung und diskutieren Sie, welches Paar als Sieger gekürt werden sollte.

Prüfe dich!
Lösungen auf Seite 425

9 Ein Lebensmittelhändler möchte Aprikosen von möglichst gleichmäßiger Qualität verkaufen. Er vergleicht je eine Stichprobe zweier Anbieter.

Anbieter A										
Gewicht x_i in g	34	35	36	37	38	39	40	41	42	43
$h(x_i)$	0,06	0,1	0,12	0,15	0,13	0,14	0,11	0,08	0,07	0,04

Anbieter B										
Gewicht x_i in g	33	34	35	36	37	38	39	40	41	42
$h(x_i)$	0,01	0,03	0,06	0,09	0,13	0,21	0,21	0,17	0,07	0,02

Vergleichen Sie das mittlere Gewicht und die Standardabweichung des Gewichts der Aprikosen der beiden Anbieter. Beurteilen Sie damit, für welchen Anbieter sich der Händler entscheiden sollte.

10 **Jurybewertungen analysieren**
Nathan Chen wurde bei der WM 2019 Weltmeister im Eiskunstlauf. Die Tabelle zeigt die Bewertung der einzelnen Programmkomponenten seiner Kür durch die neun Jurymitglieder.

Juror / Programmkomponente	J1	J2	J3	J4	J5	J6	J7	J8	J9
Scating Skills (Eislauffertigkeit)	9,75	9,50	9,50	9,50	9,25	9,75	9,50	9,50	9,25
Transitions (Verbindungselemente)	9,50	9,00	9,50	9,25	9,00	9,75	8,75	9,25	9,00
Performance (Durchführung)	9,50	9,50	9,50	9,75	9,75	10,00	9,00	9,75	9,50
Composition (Choreografie)	9,50	9,25	9,75	9,50	9,50	9,75	9,25	9,75	9,25
Interpretation	9,50	9,75	9,50	9,50	9,50	9,75	9,00	9,75	9,50

a) Bestimmen Sie arbeitsteilig
   (1) das arithmetische Mittel der Punkte für jede Programmkomponente;
   (2) die empirische Standardabweichung der Punkte für jede Programmkomponente.
b) Tragen Sie die Ergebnisse zusammen. Bei welcher Programmkomponente waren sich die Juroren besonders uneinig, bei welcher besonders einig?

11 Abfüllmengen

Bei Lebensmitteln stimmen die angegebenen Inhaltsmengen oft nicht exakt. Eine Überprüfung der Inhalte von Kakaopackungen ergab folgende relative Häufigkeiten:

Inhalt in g	491	492	493	494	495	496	497	498	499	500
Sorte A	0,00	0,02	0,00	0,04	0,08	0,09	0,05	0,09	0,08	0,10
Sorte B	0,01	0,00	0,03	0,04	0,08	0,05	0,07	0,09	0,06	0,07

Inhalt in g	501	502	503	504	505	506	507	508	509	510
Sorte A	0,09	0,13	0,10	0,08	0,01	0,00	0,03	0,00	0,00	0,01
Sorte B	0,08	0,10	0,11	0,09	0,05	0,04	0,01	0,00	0,02	0,00

Vergleichen Sie die Inhaltsmengen der beiden Sorten mithilfe des arithmetischen Mittels und der empirischen Standardabweichung.

12 Temperaturdaten

Die Tabelle zeigt die langjährigen mittleren Temperaturmaxima in °C von den Städten Berlin und Bonn in den einzelnen Monaten.

mittleres Temperaturmaximum: Mittelwert der täglichen Temperaturmaxima

	Jan.	Feb.	Mär.	Apr.	Mai	Jun.	Jul.	Aug.	Sep.	Okt.	Nov.	Dez.
Berlin	1,7	3,0	7,9	13,5	19,1	22,3	23,8	23,3	19,4	13,3	7,0	3,2
Bonn	4,7	6,1	9,9	14,1	18,6	21,8	23,2	22,8	19,8	14,7	9,0	5,8

Vergleichen Sie die Städte mithilfe des arithmetischen Mittels und der empirischen Standardabweichung.

13 Messqualität beurteilen

Drei neue Radarmessgeräte sollen einem Gütetest unterzogen werden. Dazu ist mehrfach ein Auto mit einer Geschwindigkeit von exakt 80 km/h an den drei Testgeräten vorbeigefahren.
Die Tabelle zeigt die gemessenen Geschwindigkeiten.

	gemessene Geschwindigkeit in km/h											
Testgerät 1	81,3	79,0	77,1	78,3	80,9	82,6	83,8	78,3	78,1	80,6		
Testgerät 2	80,4	78,1	80,3	81,1	78,4	82,0	80,2	82,0	78,6	79,7	78,7	80,5
Testgerät 3	81,2	80,5	77,5	78,4	80,4	82,2	79,3	79,0	80,7	79,8	81,5	80,5

Von einem guten Gerät erwartet man folgende Eigenschaften:
(1) Das arithmetische Mittel der Messungen liegt nahe bei dem tatsächlichen Wert.
(2) Die einzelnen Messwerte weichen nicht zu stark voneinander ab.

Vergleichen Sie mithilfe dieser Kriterien die Qualität der drei Testgeräte.

14 Ergebnis einer Klausur untersuchen

Bei einer Klausur wurde ein Kurs in zwei Gruppen A und B aufgeteilt. Beide Gruppen erhielten Aufgaben mit gleichem Schwierigkeitsgrad. 40 Punkte konnten erreicht werden.

Gruppe A	25	31	17	37	26	32	22	14	27	24	19	22	28	23	29
Gruppe B	28	21	32	37	18	27	35	12	40	24	31	23	26		

a) Berechnen Sie für beide Gruppen die durchschnittlich erreichte Punktzahl, die Spannweite der erreichten Punktzahlen sowie die Standardabweichung.
b) Vergleichen Sie beide Gruppen hinsichtlich der Leistungsfähigkeit und der Leistungsunterschiede.
c) Berechnen Sie das arithmetische Mittel und die empirische Standardabweichung für den gesamten Kurs. Vergleichen Sie die Ergebnisse mit denen der beiden Einzelgruppen.

5.2 Daten klassieren

Die Jugendlichen aus einem Kurs haben mithilfe eines Videos zu Situationen im Straßenverkehr ihre Reaktionszeiten auf ein unerwartetes Ereignis gemessen. Christo zeichnet dazu ein Säulendiagramm.

Reaktionszeiten
1,02 s; 1,15 s; 1,10 s; 1,26 s;
1,19 s; 1,11 s; 1,06 s; 1,13 s;
1,15 s; 1,18 s; 1,22 s; 1,11 s;
1,04 s; 1,16 s; 1,17 s; 1,24 s;
1,07 s; 1,21 s; 1,09 s; 1,14 s

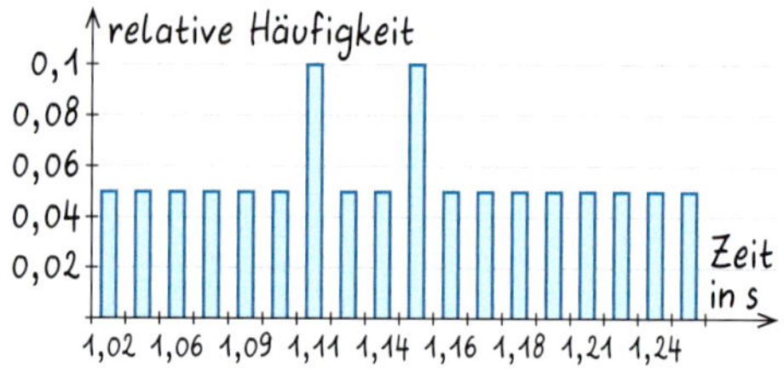

- Warum ist Christos Diagramm ungeeignet? Zeichnen Sie zu den Daten ein aussagekräftiges Säulendiagramm und erläutern Sie Ihr Vorgehen.

WES-109471-503

Daten klassieren

Kommen bei einer Datenerhebung Merkmale mit sehr vielen zahlenmäßig verschiedenen Werten vor, so ist es sinnvoll, ähnliche Werte zu sogenannten **Klassen** zusammenzufassen.

Werte, die genau auf einer Klassengrenze liegen, werden im Allgemeinen der unteren Klasse zugeordnet.

Die Anzahl der Klassen sollte nicht zu groß, aber auch nicht zu klein gewählt werden: zwischen 6 und 15 Klassen sind üblich.

Daten in Klassen einteilen

Gegebener Datensatz:

Gewicht in Gramm	94,7	112,5	86,4	103,1	118,2	95,3	109,6	114,3

Mögliche Klasseneinteilung

Klasse	unter 90 g	90 g–110 g	über 110 g
zugehörige Werte	86,4	94,7; 103,1; 95,3; 109,6	112,5; 118,2; 114,3
relative Häufigkeit	0,125	0,5	0,375

1 **Brothülle**

In einer Fabrik für Verpackungsmaterial wurde eine neue Art von Brothülle auf ihre Wasserdampfdurchlässigkeit geprüft. Bei 50 Exemplaren fand man nach einer zweitägigen Lagerung bei 40 °C bei den verpackten Broten folgende Gewichtsminderung in Gramm:

5,6	1,0	4,6	8,1	2,7	2,6	13,0	9,8	11,9	2,0
3,4	12,4	1,8	4,5	6,3	5,0	8,3	8,0	8,2	3,1
3,0	3,8	5,8	1,8	11,8	4,0	5,7	2,6	8,2	4,7
3,8	5,9	1,8	2,4	2,6	2,5	4,0	1,4	3,5	6,0
5,9	1,7	10,4	6,0	8,1	3,2	9,8	7,7	2,0	8,1

a) Begründen Sie, warum es sinnvoll ist, eine Klasseneinteilung vorzunehmen.

b) Klassiere Sie die Daten wie folgt: *0 g bis unter 2,5 g; 2,5 g bis unter 5 g ...*
Berechnen Sie die relativen Häufigkeiten und zeichnen Sie ein Säulendiagramm.

Unterschiedliche Klassenbreite – Histogramm

Einstieg

Die Arbeitnehmer in Deutschland haben teilweise lange Wege zur Arbeitsstätte.

Weg l zum Arbeitsplatz in km	$0 \le l < 10$	$10 \le l < 20$	$20 \le l < 50$	$50 \le l < 100$
Anteil der Arbeitnehmer in %	47	27	21	5

- Vergleichen Sie die beiden grafischen Darstellungen zu diesen Daten.

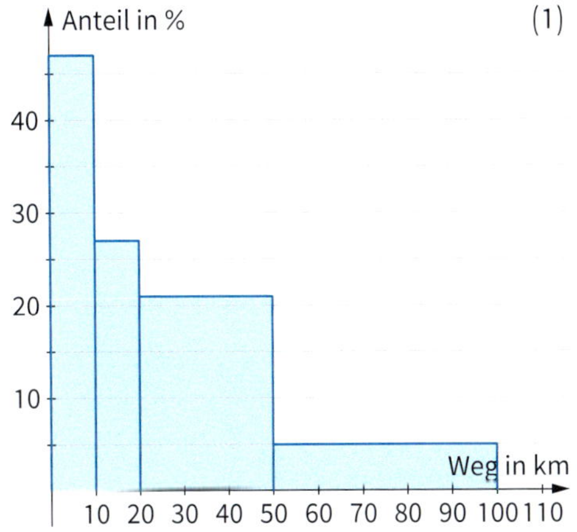

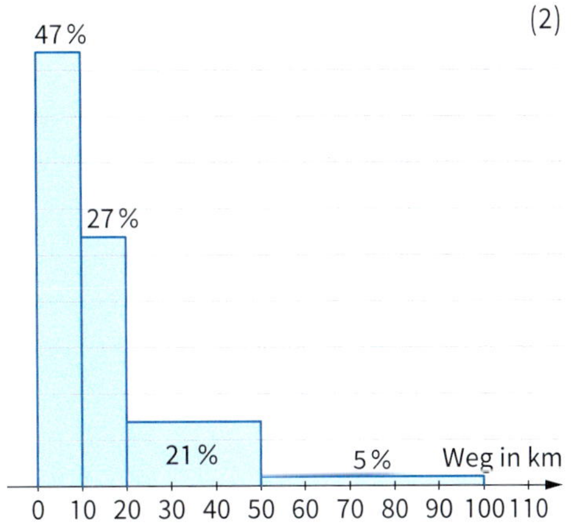

Lösung

Die Klassen sind unterschiedlich breit.
In Abbildung (1) wurden die Säulenhöhen entsprechend den relativen Häufigkeiten gezeichnet. Da man sich unwillkürlich an den Flächeninhalten orientiert, erscheint z. B. der Anteil der Klasse *„20 bis 50 km"* wesentlich größer als der Anteil der Klasse *„10 bis 20 km"*.
In Abbildung (2) wurde die Säulenhöhe der dreimal so breiten Klasse *„20 bis 50 km"* auf ein Drittel verringert, die der fünfmal so breiten Klasse *„50 bis 100 km"* auf ein Fünftel. Dadurch vermittelt das Diagramm einen angemessenen Eindruck.

Histogramme klassierter Daten

Liegen statistische Daten klassiert vor, so wird die Häufigkeitsverteilung oft als **Histogramm** dargestellt.

Hierbei ist

- Breite der Säule = Klassenbreite
- Höhe der Säule = $\frac{\text{rel. Häufigkeit der Klasse}}{\text{Klassenbreite}}$

Der Flächeninhalt der Säule ist proportional zur zugehörigen Häufigkeit.

Um Fehlinterpretationen beim „Lesen" eines Histogramms zu vermeiden, werden keine Werte an die y-Achse, sondern die relativen Häufigkeiten in bzw. an die Säulen geschrieben.

Klasse	$0 \le x < 1$	$1 \le x < 3$	$3 \le x < 5$
Anzahl	5	5	10
Anteil	25 %	25 %	50 %

Breite der Säulen bestimmen:

Breite	$1 - 0 = 1$	$3 - 1 = 2$	$5 - 3 = 2$

Höhe der Säulen bestimmen:

Höhe	$\frac{0{,}25}{1} = 0{,}25$	$\frac{0{,}25}{2} = 0{,}125$	$\frac{0{,}5}{2} = 0{,}25$

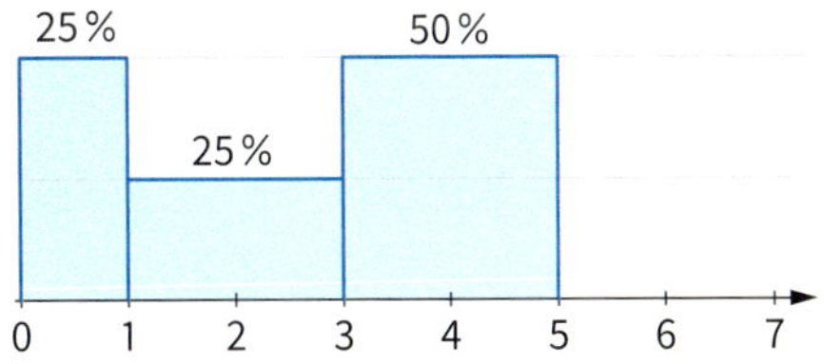

WES-109471-504

Hinweis: Ein Säulendiagramm ist ein Spezialfall eines Histogramms, eines mit der speziellen Eigenschaft gleich breiter Klassen.

2 ≡ **Histogramm erstellen**

Fahrzeughalter müssen eine Kfz-Versicherung abschließen. Dies ist eine gesetzlich vorgeschriebene Haftpflichtversicherung, die dem Schutz von Unfallopfern dient.
Wer unfallfrei fährt, zahlt im Laufe der Zeit niedrigere Versicherungsprämien. Die Versicherungen erfassen dazu die Anzahl der (ununterbrochen) schadenfreien Jahre.
Die Tabelle gibt an, welcher Anteil der Versicherten wie viele Jahre schon schadenfrei fährt.

Anzahl schadenfreier Jahre	0 – 1	1 – 2	2 – 3	3 – 4	4 – 5	5 – 6	6 – 8	8 – 10	10 – 14	14 – 17	17 – 25
Anteil der Versicherten in %	9,3	4,8	4,8	4,7	5,0	5,1	9,7	10,1	16,2	9,4	20,9

Zeichnen Sie ein Histogramm.

3 ≡ **Geschwindigkeiten von Formel-1-Autos klassieren**

Auf einer Teststrecke wurde die Geschwindigkeit von 38 Rennwagen in km/h gemessen:

393 331 421 327 199 219 318 389 299 294 371 365 293 325
293 397 209 273 269 268 201 281 394 363 351 369 388 282
313 211 416 213 201 320 327 359 220 338

Führen Sie drei Klasseneinteilungen mit verschiedenen Breiten durch.
Zeichnen Sie jeweils ein Säulendiagramm der absoluten Häufigkeiten und vergleichen Sie daran die durchgeführten Klasseneinteilungen.

Arithmetische Mittel klassierter Daten berechnen

Das arithmetische Mittel klassierter Daten berechnet man ersatzweise mithilfe der **Klassenmitten**.

$\bar{x} = 5 \cdot 0,4 + 25 \cdot 0,6 = 17$

Länge in cm	0 bis unter 10	10 bis unter 40
Anteil in %	40	60
Klassenmitten	$0 + \frac{10-0}{2} = 5$	$10 + \frac{40-10}{2} = 25$

4 ≡ **Arithmetisches Mittel und praktischer Mittelwert**

Je nach zulässigem Gesamtgewicht werden Pkw in entsprechende Gewichtsklassen eingeteilt. Pkw, die gleichen steuerlichen und rechtlichen Regeln unterliegen, gehören dabei zu einer Klasse. Die Tabelle enthält statistische Angaben zum zulässigen Gesamtgewicht von in Deutschland zugelassenen Pkw.

zulässiges Gesamtgewicht in kg	0 bis unter 1000	1000 bis unter 1400	1400 bis unter 1700	1700 bis unter 2000	2000 bis unter 2800	2800 bis unter 3500
Anteil in %	0,8	21,5	39,0	26,4	11,5	0,8

a) Stellen Sie die Daten in einem Histogramm dar.
b) Berechnen Sie das arithmetische Mittel der zulässigen Gesamtgewichte.

5 ≡ **Nach oben offene Klasse**

Die Tabelle gibt einen Überblick darüber, wie viele Gemeinden bestimmter Einwohnerzahl es im Jahr 2020 in Deutschland gab. Die oberste Klasse ist dabei nach oben offen angegeben.

Einwohnerzahl	bis 200	201 bis 999	1000 bis 2999	3000 bis 9999	10 000 bis 49 999	50 000 bis 199 999	ab 200 000
Anzahl Gemeinde	667	3156	2834	2537	1407	153	40

Überlegen Sie, wie Sie dennoch das arithmetische Mittel der Einwohnerzahlen der Gemeinden berechnen können, und führen Sie die Berechnung durch.

Prüfe dich!
Lösungen auf Seite 425

6 In einer Erhebung wurden Personen nach der Wohnfläche ihres Hauses bzw. ihrer Wohnung gefragt.
Bestimmen Sie das arithmetische Mittel.

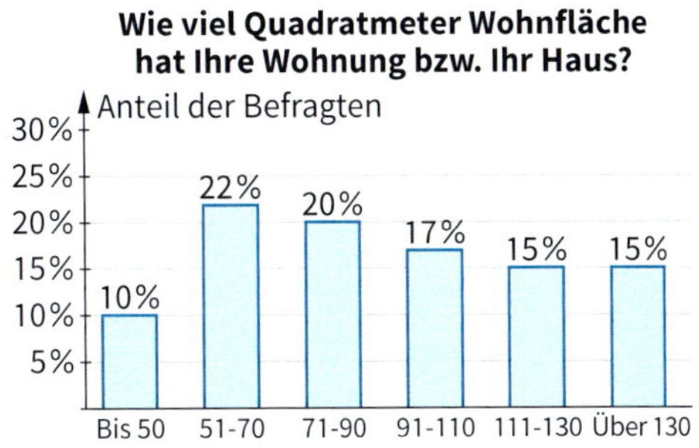

7 Der Deutsche Wetterdienst veröffentlicht diverse Daten seiner deutschlandweit 76 Messstationen. Die Tabelle zeigt das Maximum der täglichen Niederschlagshöhe jedes Monats im Jahr 2022.
Klassieren Sie die Daten und zeichnen Sie ein Histogramm.

Monat	Jan	Feb	März	Apr	Mai	Jun	Jul	Aug	Sept	Okt	Nov	Dez
Niederschlagshöhe in mm	22,9	18,5	21,2	20,2	6,7	16,5	14,0	10,3	12,8	15,9	5,1	7,8

Säulendiagramme mit einem Rechner erzeugen

- Klassenmitten und die Häufigkeiten als Listen eingeben
- Ein sogenanntes *Ergebnisdiagramm* zeichnen lassen
- Gegebenenfalls danach in den Eigenschaften die Breite der Säulen anpassen

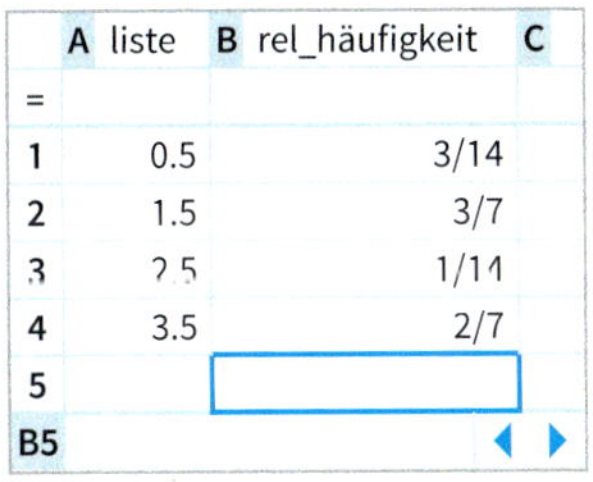

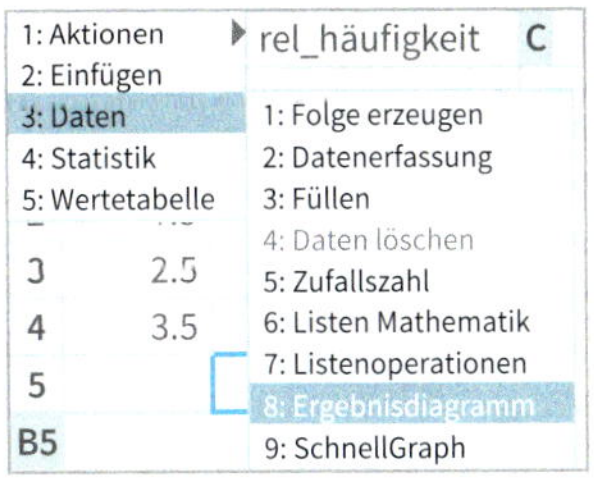

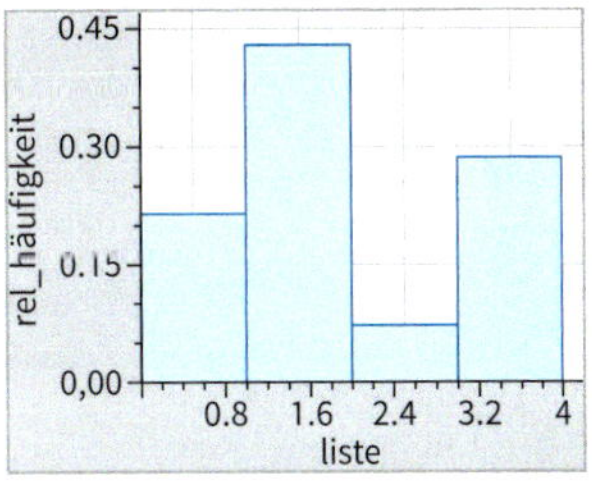

8 Ein Histogramm erzeugen

Nach Angaben des Statistischen Bundesamtes verfügten Privathaushalte im Jahr 2018 in Deutschland über folgende monatliche Nettoeinkommen:

monatliches Haushaltsnetto-einkommen in €	unter 1300	1300 bis unter 2600	2600 bis unter 3600	3600 bis unter 5000	ab 5000
Anteil der Haushalte in %	13,4	29,7	17,8	16,9	22,2

Zeichnen Sie das zugehörige Histogramm mit einem Rechner.

9 Gewichtsklassen bei Hühnereiern

Auf einem Markt sind Hühnereier im Angebot. Da diese Eier im Durchschnitt 70 Gramm wiegen, wurden sie als „Gewichtsklasse L" ausgezeichnet, ohne sie einzeln zu wiegen.
Erstellen Sie einen Datensatz für eine Zehnerpackung, die zwar 700 Gramm Eier enthalt, aber aus allen vier Gewichtsklassen.

Bezeichnung	**Größe**	**Gewicht in Gramm**
XL	sehr groß	73 und darüber
L	groß	63 bis unter 73
M	mittel	53 bis unter 63
S	klein	unter 53

Boxplots

Zum Vergleich der Leistungen von Jugendlichen in verschiedenen Ländern (PISA-Studie) oder Klassen werden Tests geschrieben. Die Veröffentlichung aller Einzelergebnisse ist oft zu umfangreich; die bloße Angabe eines Mittelwerts dagegen zeigt viele Besonderheiten nicht. Daher zeichnet man oft sogenannte Boxplots.

WES-109471-515

Boxplots

Ein **Boxplot** ist ein Diagramm.

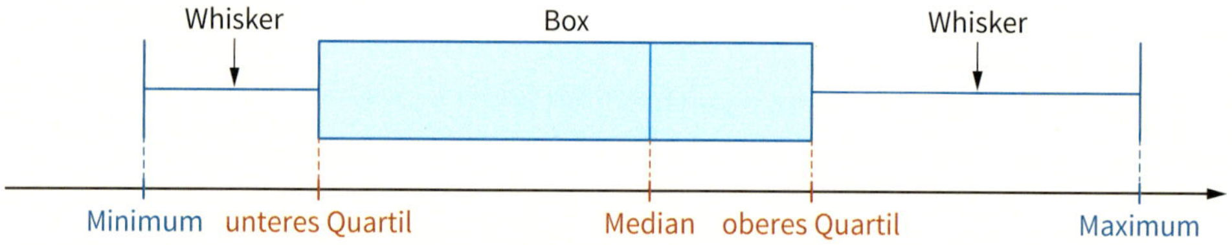

Der **Median** teilt eine geordnete Datenliste in eine untere und eine obere Hälfte.
Der Median der unteren Hälfte wird als **unteres Quartil** bezeichnet, der Median der oberen Hälfte als **oberes Quartil**. Die Differenz von oberem und unterem Quartil heißt *Quartilsabstand*. Die *Whisker* verbinden das **Minimum** und das **Maximum** mit der *Box*.

Aussagen über die Verteilung der Daten

- *„Im Bereich der Box liegt die mittlere Hälfte der Werte, d. h. etwa 50 % der Werte."*
- *„Der Median, das untere und das obere Quartil teilen die Daten in vier etwa gleich große Teile, jeder Bereich umfasst etwa 25 % der Werte."*

1 **Reaktionszeit**

Der Boxplot zeigt die erfassten Daten bei einem Reaktionstest. Welche Informationen lassen sich daraus entnehmen?

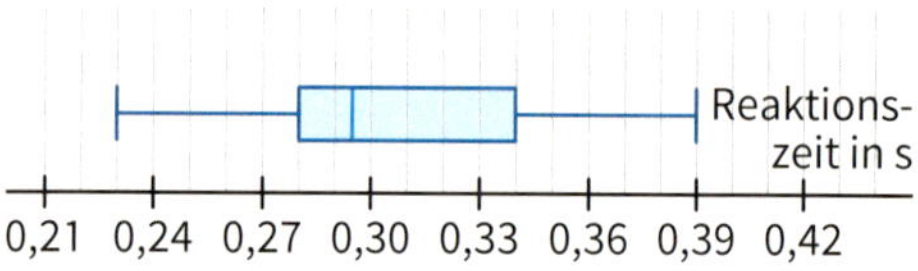

2 **Boxplots vergleichen**

Vergleichen Sie die in den Boxplots dargestellten Leistungen der beiden Gruppen.

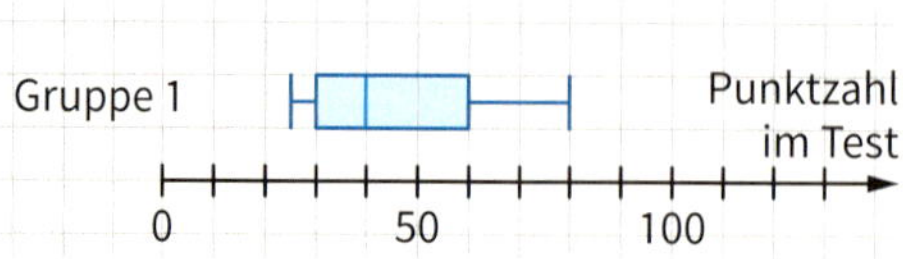

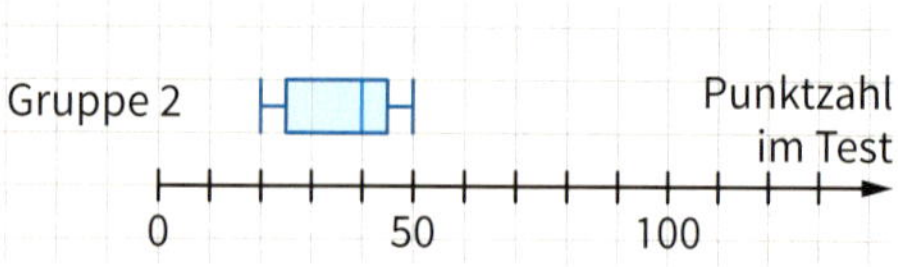

3 **Körpergewicht**

In einer Studie wurde das Körpergewicht von 74 Sportlerinnen und 102 Sportlern erfasst. Die Grafik zeigt die Boxplots dazu im Vergleich.
Werten Sie die Grafik möglichst umfassend aus, indem Sie aus den Boxplots so viele Informationen wie möglich ablesen und zueinander in Beziehung setzen.

Boxplots werden häufig auch vertikal dargestellt.

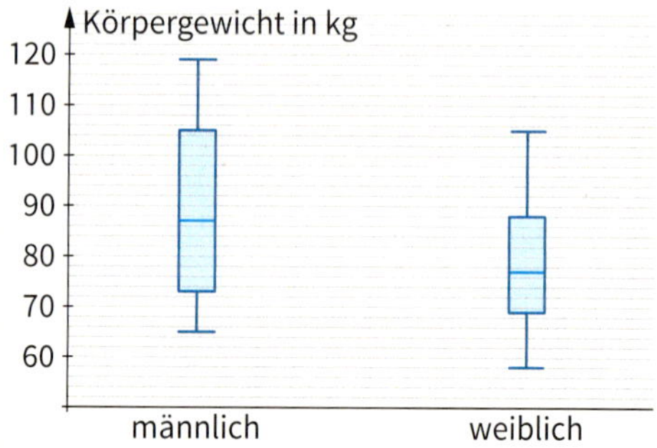

Boxplot erstellen

Gegebener Datensatz: 10; 14; 12; 21; 30; 19; 16; 5

(1) Geordnete Liste erstellen 5; 10; 12; 14; 16; 19; 21; 30

(2) Minimum und Maximum ablesen

Minimum: 5
Maximum: 30

(3) Median bestimmen

Gerade Anzahl von Werten, also arithmetisches Mittel der beiden mittleren Werte bilden

$\frac{14+16}{2} = 15$

(4) Quartile bestimmen

untere Hälfte: 5; 10; 12; 14 — unteres Quartil: $\frac{10+12}{2} = 11$

obere Hälfte: 16; 19; 21; 30 — oberes Quartil: $\frac{19+21}{2} = 20$

(5) Boxplot zeichnen

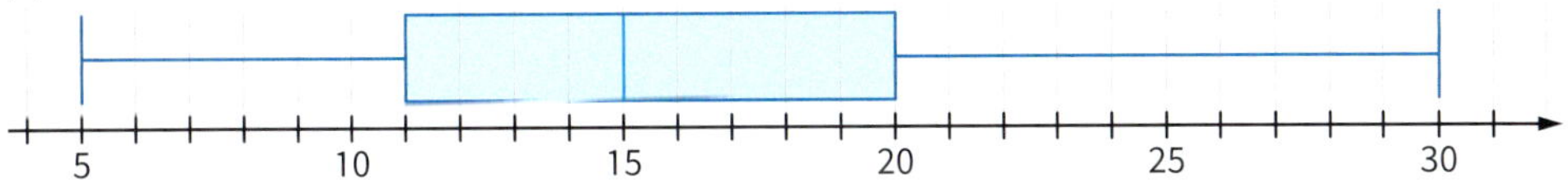

4 Körpergröße

Bei einer Volleyballmannschaft sind die Körpergrößen angegeben:
1,87 m; 1,92 m; 2,13 m; 1,73 m; 1,95 m;
1,92 m; 1,88 m; 1,89 m; 1,90 m; 1,92 m

a) Erstellen Sie aus den Angaben einen Boxplot.
b) Julian ist 1,93 Meter groß. Liegt er im oberen Quartil?

5 Trainingsdaten

Alex trainiert für den 7,5-km-Stadtlauf. Er läuft mit einer Trainingsapp auf seinem Smartphone, die die gelaufenen Zeiten in Minuten festhält:
49; 40; 40; 39; 37; 40; 38; 42; 35; 38; 37; 44; 41
Ermitteln Sie die Kennwerte des Datensatzes und zeichnen Sie den zugehörigen Boxplot.

6 Stichproben vergleichen

Eine Autozeitschrift hat ein Automodell von 14 Frauen und 18 Männern auf den Benzinverbrauch in Liter pro 100 km testen lassen.
Frauen: 7,0; 4,8; 6,1; 8,8; 4,5; 5,7; 7,9; 5,7; 7,4; 4,8; 5,6; 7,2; 5,3; 5,4
Männer: 6,3; 8,9; 9,0; 5,4; 9,4; 8,9; 7,6; 5,3; 7,3; 7,2; 6,3; 7,9; 4,6; 6,0; 9,8; 6,5
Stellen Sie die Daten in Boxplots dar und vergleichen Sie die Stichproben.

7 Zeitgefühl testen

Starten Sie verdeckt eine Stoppuhr. Wenn Sie meinen, dass 10 Sekunden vergangen sind, halten Sie die Stoppuhr an. Führen Sie 15 Versuche durch und zeichnen Sie einen Boxplot. Tragen Sie die Ergebnisse zusammen und vergleichen Sie die Daten Ihrer Gruppe.

5.3 Mehrstufige Zufallsexperimente

Vorbereiten
Seite 383
Seite 384

Das Glücksrad wird dreimal gedreht.

- Wie groß ist jeweils die Wahrscheinlichkeit der einzelnen Ergebnisse? Zeichnen Sie dazu ein Baumdiagramm.
- Wie groß ist die Wahrscheinlichkeit für das Ereignis, dass der Zeiger häufiger auf Blau steht als auf Gelb?

Lösung

Im Baumdiagramm steht g für Gelb und b für Blau.
Die Wahrscheinlichkeit für Gelb beträgt immer $\frac{3}{10}$ und für Blau immer $\frac{7}{10}$.

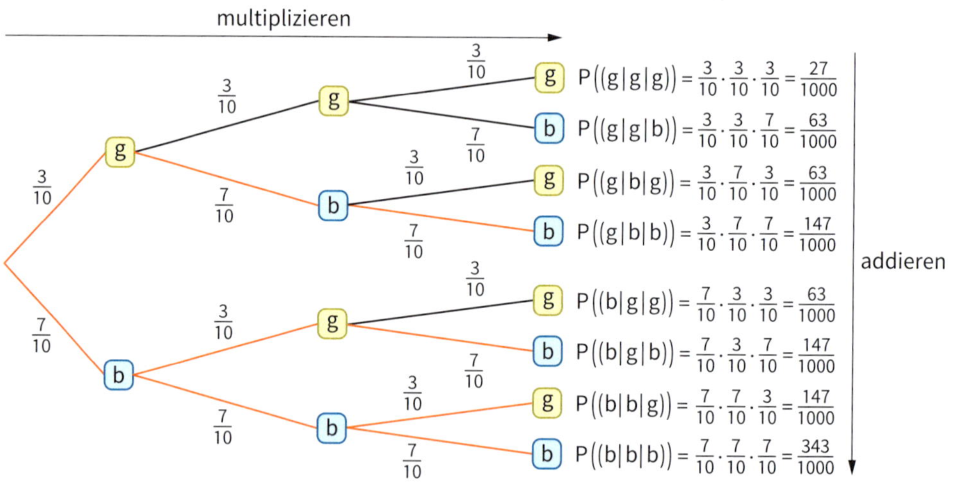

Zu dem Ereignis E: *Es wird häufiger Blau als Gelb gedreht* gehören die vier Ergebnisse $(g|b|b)$; $(b|g|b)$; $(b|b|g)$ und $(b|b|b)$.

Es gilt: $P(E) = P((g|b|b)) + P((b|g|b)) + P((b|b|g)) + P((b|b|b))$

$$= \frac{147}{1000} + \frac{147}{1000} + \frac{147}{1000} + \frac{343}{1000} = \frac{784}{1000}$$

Die Wahrscheinlichkeit, dass der Zeiger häufiger auf Blau als auf Gelb steht, beträgt 78,4 %.

WES-109471-505

Mehrstufige Zufallsexperimente und Baumdiagramme

Ein Zufallsexperiment, das in mehreren Schritten nacheinander durchgeführt wird, nennt man **mehrstufig**. Mehrstufige Zufallsexperimente kann man mit **Baumdiagrammen** darstellen. Zu jedem der Ergebnisse gehört ein **Pfad**.

Pfadregeln

Pfadmultiplikationsregel: Die Wahrscheinlichkeit eines Ergebnisses ist das Produkt der Wahrscheinlichkeiten längs des zugehörigen Pfads.

Pfadadditionsregel: Die Wahrscheinlichkeit eines Ereignisses, zu dem mehrere Pfade gehören, ist die Summe der zugehörigen Pfadwahrscheinlichkeiten.

Bemerkungen:

- Die Summe der Wahrscheinlichkeiten der Ergebnisse an jeder Verzweigung beträgt 1.
- Die Summe der Wahrscheinlichkeiten aller möglichen Ergebnisse eines Zufallsexperiments beträgt 1.

1 **Reißzwecke**

Wirft man Reißzwecken einer bestimmten Sorte, dann tritt die Lage *Kopf: Nadelspitze nach oben* mit der Wahrscheinlichkeit 0,4 und die Lage *Seite: Nadelspitze zur Seite* mit der Wahrscheinlichkeit 0,6 auf. Eine Reißzwecke dieser Sorte wird dreimal geworfen.

a) Zeichnen Sie das zugehörige vollständige Baumdiagramm.
b) Bestimmen Sie die Wahrscheinlichkeit für die Reihenfolge *Seite – Kopf – Seite*.
c) Erläutern Sie den Unterschied der beiden Ereignisse und berechnen Sie jeweils die Wahrscheinlichkeit.
   (1) Es wird erst zweimal *Kopf* und dann einmal *Seite* geworfen.
   (2) Es wird genau zweimal *Kopf* und einmal *Seite* geworfen.

2 **Glücksrad**

Das Glücksrad wird dreimal gedreht.

a) Zeichnen Sie das zugehörige vollständige Baumdiagramm.
b) Berechnen Sie die Wahrscheinlichkeiten der Ereignisse
   E_1: *Blau – Gelb – Rot* E_2: *Blau – Rot – Gelb*
   E_3: *Zweimal Gelb, einmal Rot* E_4: *Zuerst Gelb*

3 **Münzwurf**

Eine Münze wird dreimal geworfen.
Stellen Sie das Zufallsexperiment in einem Baumdiagramm dar und bestimmen Sie jeweils die Wahrscheinlichkeit des Ereignisses.
(1) Zuerst Wappen, dann zweimal Zahl
(2) Nicht dreimal Wappen
(3) Der letzte Wurf ist Zahl
(4) Mehr Wappen als Zahl
(5) Gleich oft Wappen und Zahl
(6) Dreimal Wappen oder dreimal Zahl

---

4 Ein Würfel zeigt auf drei Seiten einen Kreis, auf zwei Seiten ein Kreuz und auf einer Seite ein Dreieck.
Dieser Würfel wird dreimal geworfen. Bestimmen Sie die Wahrscheinlichkeiten der Ereignisse.
E_1: *Es wird die Reihenfolge X – O – X gewürfelt*
E_2: *Es wird dreimal das gleiche Symbol gewürfelt*
E_3: *Es werden drei verschiedene Symbole gewürfelt*

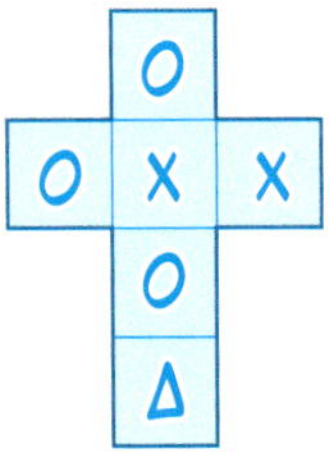

Prüfe dich!
Lösungen auf Seite 425

---

5 **Ergebnismenge geschickt wählen**

Ein Würfel wird dreimal geworfen.
Bestimmen Sie jeweils die Wahrscheinlichkeit des Ereignisses mithilfe eines Baumdiagramms.
(1) Genau 2-mal eine Zahl größer als 4
(2) Mindestens 2-mal eine Zahl größer als 4
(3) 2-mal hintereinander eine Zahl größer als 4
(4) Mindestens einmal eine Zahl größer als 4
(5) Von den gewürfelten Zahlen ist keine Zahl größer als 4
(6) Von den gewürfelten Zahlen sind alle Zahlen größer als 4
(7) Von den gewürfelten Zahlen sind alle Zahlen größer als 6
(8) Von den gewürfelten Zahlen ist keine Zahl kleiner als 1

Pfade reduzieren

Ein Würfel wird zweimal geworfen.
E: *Zweimal eine Zahl kleiner als 3*
Ergebnismenge:
Statt {1; 2; 3; 4; 5; 6} betrachtet man {{1; 2}; {3; 4; 5; 6}} und damit nur noch zwei Pfade.

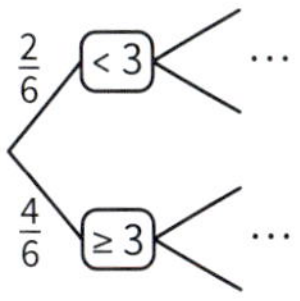

Einstieg

Unterschiede beim Ziehen mit und ohne Zurücklegen

Aus dem Gefäß werden nacheinander drei Kugeln gezogen.
Dabei unterscheidet man folgende Fälle:

(1) Eine gezogene Kugel wird wieder ins Gefäß zurückgelegt, bevor die nächste Kugel gezogen wird.
(2) Eine gezogene Kugel wird nicht wieder zurückgelegt und der Ziehvorgang fortgesetzt.

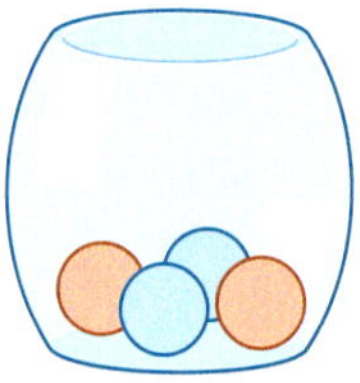

- Erstellen Sie jeweils ein vollständiges Baumdiagramm und erläutern Sie die Unterschiede zwischen den Baumdiagrammen.

WES-109471-506

Ziehen mit und ohne Zurücklegen – Urnenmodelle

Zur anschaulichen Modellierung verschiedener Zufallsexperimente überträgt man die Eigenschaften des Zufallsexperiments auf eine Urne, aus der Kugeln gezogen werden. Hierbei kann man eine gezogene Kugel wieder in die Urne zurücklegen oder nicht.

Ziehen mit Zurücklegen

Die Anzahl der Kugeln in der Urne ändert sich nicht.
Die Wahrscheinlichkeit für das Ziehen einer Kugel bleibt immer gleich.

Ein Würfel wird zweimal geworfen *(vgl. z. B. eine Urne mit 6 nummerierten Kugeln)*. Die Wahrscheinlichkeit für eine Sechs beträgt immer $\frac{1}{6}$.

6: Sechs $\overline{6}$: keine Sechs

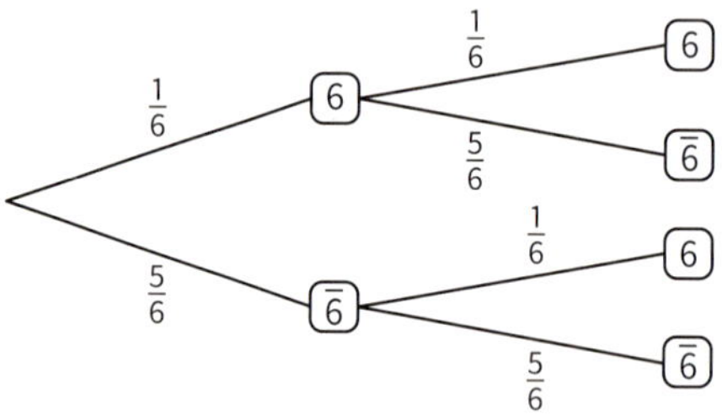

Ziehen ohne Zurücklegen

Die Anzahl der Kugeln in der Urne verringert sich bei jedem Ziehen.
Die Wahrscheinlichkeit für das Ziehen einer Kugel ändert sich jedes Mal.

Aus einem Skatblatt mit 32 Karten, davon 4 Buben, werden zwei Karten ohne Zurücklegen gezogen *(vgl. z. B. eine Urne mit 4 blauen und 28 gelben Kugeln)*.

B: Bube $\overline{B}$: kein Bube

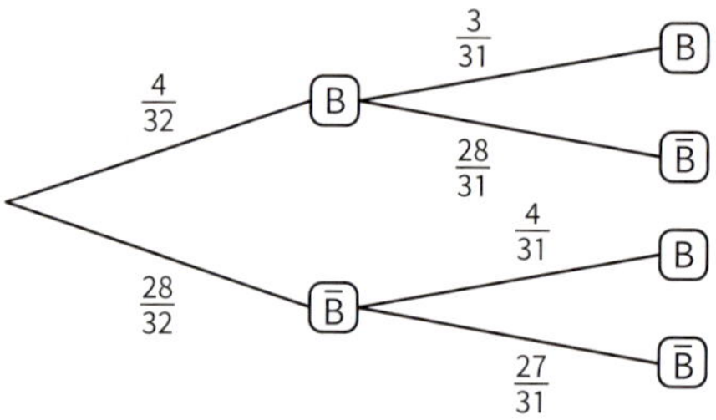

6 Situationen mit Urnenmodellen beschreiben

Diskutieren Sie, ob und unter welchen Bedingungen sich die jeweilige Situation mit einem Urnenmodell beschreiben lässt.

(1) Eine Münze wird mehrmals hintereinander geworfen.
(2) Aus einer Tüte Gummibärchen wird mehrmals ein Bärchen entnommen.
(3) Aus einer Schublade mit geladenen und ungeladenen Akkus werden mit einem Griff einige Akkus entnommen.
(4) Aus einer Federmappe werden Filzstifte entnommen.

7 Glücksspiel

Bei einem Glücksspiel wird aus einem Behälter mit fünf blauen und drei gelben Kugeln zweimal ohne Zurücklegen gezogen. Werden zwei gleichfarbige Kugeln gezogen, gewinnt man einen Preis. Wie groß ist die Wahrscheinlichkeit, einen Preis zu gewinnen?

8 – Eine Minipackung Gummibärchen enthält 10 Stück. In einer Sonderedition sind 3 blaue Bärchen in einer Minipackung enthalten.
Ohne hinzusehen entnimmt Mila nacheinander 3 Bärchen und isst sie.
Bestimmen Sie die Wahrscheinlichkeit, dass Mila überwiegend blaue Bärchen isst.

Prüfe dich! Lösungen auf Seite 425

9 = **Komplementärregel nutzen**
Ein Hersteller von Keramikbechern prüft in drei unabhängigen Kontrollgängen die Qualität von Form, Farbe und Oberfläche der Becher. Erfahrungsgemäß wird in 2 % aller Fälle die Form, in 4 % die Farbe und in 2,5 % die Qualität der Oberfläche beanstandet. Jeder Becher, der mindestens einmal beanstandet wurde, wird als 2. Wahl aussortiert.
Aurora und Leon suchen die Wahrscheinlichkeit, dass ein Becher als 2. Wahl aussortiert wird.

Vergleichen Sie beide Lösungsansätze anhand eines Baumdiagramms und erläutern Sie Leons Vorgehen. Berechnen Sie die gesuchte Wahrscheinlichkeit.

10 = **Typischen Fehler vermeiden**
Etwa ein Drittel aller 17-Jährigen nehmen am „Begleiteten Fahren ab 17“ teil, machen also den Autoführerschein ein Jahr vor der Volljährigkeit.
Merve möchte die Wahrscheinlichkeit des Ereignisses E: *Unter fünf 17-Jährigen findet man genau eine Person mit Autoführerschein* berechnen.

Gegenereignis $\overline{E}$: Unter fünf 17-Jährigen hat niemand einen Führerschein

$P(E) = 1 - P(\overline{E})$

$= 1 - \left(\frac{2}{3}\right)^5 \approx 0{,}868$

Die Wahrscheinlichkeit, dass man unter fünf 17-Jährigen genau eine Person mit Führerschein findet, beträgt ca. 86,6 %.

Finden Sie den Fehler in Merves Rechnung und formulieren Sie das Ereignis E so um, dass Merves Rechenweg dazu passt.

11 = **Verkürztes Baumdiagramm verwenden**
Alke benötigt bei einem Würfelspiel noch eine „große Straße“ (fünf aufeinanderfolgende Augenzahlen). Sie hat bereits die Augenzahlen 2 – 3 – 4 – 5 gewürfelt.
Sie würfelt mit dem einzigen übrigen Würfel und hat maximal noch zwei Versuche.
Bestimmen Sie die Wahrscheinlichkeit, dass Alke
(1) nach einem weiteren Wurf,
(2) nach genau zwei weiteren Würfen,
(3) nach spätestens zwei weiteren Würfen
eine „große Straße“ erzielt hat.

12 = **Gewinnchancen**
Tim und Maria spielen ein Spiel mit folgender Spielregel:
In einem Gefäß befinden sich sechs rote, eine gelbe und eine schwarze Kugel. Es wird abwechselnd ohne Zurücklegen eine Kugel gezogen. Wer zuerst die gelbe Kugel zieht, hat gewonnen; wer jedoch die schwarze Kugel zieht, hat sofort verloren.
Mit welcher Wahrscheinlichkeit gewinnt Tim, wenn Maria beginnt?

5.4 Zählstrategien

Vorbereiten
Urnenmodelle
Seite 220

Auf einem Schulfest wird das Lottospiel „3 aus 5“ veranstaltet.
In einem Behälter befinden sich 5 Kugeln, die mit den Ziffern 1 bis 5 beschriftet sind.
Nacheinander werden zufällig 3 Kugeln ohne Zurücklegen gezogen.
Man gewinnt, wenn man alle drei gezogenen Zahlen angekreuzt hat.

- In welcher Reihenfolge können die 3 Kugeln gezogen werden? Notieren Sie systematisch alle Reihenfolgen.
- Beim Lottospiel kommt es nicht auf die Reihenfolge der gezogenen Zahlen an. Wie viele unterschiedlich ausgefüllte Lottoscheine sind möglich? Berechnen Sie damit die Wahrscheinlichkeit, die drei gezogenen Zahlen angekreuzt zu haben.
- Welche Wahrscheinlichkeit hätte man bei einem Spiel „4 aus 5“?

Lösung – Alle Möglichkeiten
Jede Zahl ist nur einmal im Behälter enthalten, also gibt es beim ersten Ziehen 5 Möglichkeiten. Ist die erste Zahl gezogen, gibt es für die zweite Zahl noch 4 Möglichkeiten. Schließlich sind es noch 3 Möglichkeiten für die dritte Zahl.

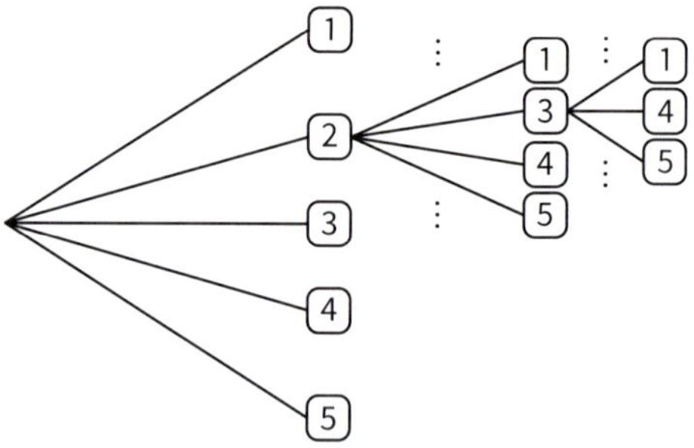

Auf diese Weise erhält man die folgenden $5 \cdot 4 \cdot 3 = 60$ möglichen Reihenfolgen:

1; 2; 3	1; 2; 4	1; 2; 5	1; 3; 4	1; 3; 5	1; 4; 5	2; 3; 4	2; 3; 5	2; 4; 5	3; 4; 5
1; 3; 2	1; 4; 2	1; 5; 2	1; 4; 3	1; 5; 3	1; 5; 4	2; 4; 3	2; 5; 3	2; 5; 4	3; 5; 4
2; 1; 3	2; 1; 4	2; 1; 5	3; 1; 4	3; 1; 5	4; 1; 5	3; 2; 4	3; 2; 5	4; 2; 5	4; 3; 5
2; 3; 1	2; 4; 1	2; 5; 1	3; 4; 1	3; 5; 1	4; 5; 1	3; 4; 2	3; 5; 2	4; 5; 2	4; 5; 3
3; 1; 2	4; 1; 2	5; 1; 2	4; 1; 3	5; 1; 3	5; 1; 4	4; 2; 3	5; 2; 3	5; 2; 4	5; 3; 4
3; 2; 1	4; 2; 1	5; 2; 1	4; 3; 1	5; 3; 1	5; 4; 1	4; 3; 2	5; 3; 2	5; 4; 2	5; 4; 3

mögliche Anordnungen der Zahlen 1, 2, 3

mögliche Anordnungen der Zahlen 3, 4, 5

Lösung – Anzahl möglicher Lottoscheine
In den Spalten erkennt man, dass es jeweils $3 \cdot 2 \cdot 1 = 6$ verschiedene Möglichkeiten für die Reihenfolge gibt, in der die drei Zahlen gezogen wurden. Die Reihenfolge interessiert beim Lottospiel nicht, somit erhält man $\frac{60}{6} = 10$ unterschiedlich ausgefüllte Lottoscheine.
Die Wahrscheinlichkeit, die drei gezogenen Zahlen angekreuzt zu haben, beträgt also $\frac{1}{10}$.

Lösung – Spiel „4 aus 5“
Mit den gleichen Überlegungen erhält man:
Bei einem Spiel „4 aus 5“ gibt es $\frac{5 \cdot 4 \cdot 3 \cdot 2}{4 \cdot 3 \cdot 2 \cdot 1} = \frac{120}{24} = 5$ unterschiedlich ausgefüllte Lottoscheine.
Zu diesem Ergebnis kommt man auch, wenn man sich überlegt, welche Zahl man *nicht* ankreuzt. Die Wahrscheinlichkeit für 4 Richtige beträgt also $\frac{1}{5}$.

WES-109471-507

Fakultät

Das Produkt der natürlichen Zahlen von 1 bis n wird als n **Fakultät** bezeichnet.

Schreibweise: **n!**

Sprechweise: *„n Fakultät"*

$1! = 1$

$2! = 2 \cdot 1 = 2$

$3! = 3 \cdot 2 \cdot 1 = 6$ usw.

Weiterhin vereinbart man: $0! = 1$

Zählstrategien

n Objekte anordnen

Die Anzahl der Möglichkeiten beträgt:

$\mathbf{n!} = n \cdot (n-1) \cdot \ldots \cdot 2 \cdot 1$

Fakultät berechnen

4 Personen sollen auf 4 Stühle gesetzt werden.

$4 \cdot 3 \cdot 2 \cdot 1 = 4! = 24$

4!	$\frac{5}{42}$

Es gibt 120 Möglichkeiten.

k von n Objekten ziehen ohne Zurücklegen, mit Beachtung der Reihenfolge

Die Anzahl der Möglichkeiten beträgt:

$$n \cdot (n-1) \cdot \ldots \cdot (n-(k-1)) = \frac{\mathbf{n!}}{\mathbf{(n-k)!}}$$

Bei einem Pferderennen mit 7 Pferden können die Plätze 1, 2 und 3 belegt werden.

$$7 \cdot 6 \cdot 5 = \frac{7 \cdot 6 \cdot 5 \cdot 4 \cdot 3 \cdot 2 \cdot 1}{4 \cdot 3 \cdot 2 \cdot 1} = \frac{7!}{4!} = \frac{7!}{(7-3)!} = 210$$

nPr(7, 3)	210

Es gibt 120 Möglichkeiten.

k von n Objekten ziehen ohne Zurücklegen, ohne Beachtung der Reihenfolge

Die Anzahl der Möglichkeiten beträgt:

$$\frac{\frac{n!}{(n-k)!}}{k!} = \frac{\mathbf{n!}}{\mathbf{k! \cdot (n-k)!}}$$

Kurzschreibweise: $\binom{n}{k}$

Sprechweise: *„n über k"*

Dieser Term heißt **Binomialkoeffizient**.

5 von 30 Jugendlichen können eine Freikarte für ein Konzert gewinnen.

Es gibt $5! = 120$ Möglichkeiten, die 5 Jugendliche anzuordnen.

$$\binom{30}{5} = \frac{30!}{5! \cdot (30-5)!} = \frac{30!}{5! \cdot 25!} = 142\,506$$

nCr(30, 5)	142506

Es gibt 120 Möglichkeiten.

1 **Buchstaben ziehen**

Ein Beutel enthält die abgebildeten 6 Buchstaben. Es werden zufällig 3 Buchstaben ohne Zurücklegen aus dem Beutel gezogen.

a) Untersuchen Sie, wie viele Ergebnisse möglich sind, wenn man die Reihenfolge der Buchstaben beachtet.

b) Wie verändert sich diese Anzahl, wenn die Reihenfolge nicht beachtet wird?
Bestimmen Sie damit die Wahrscheinlichkeit, die Buchstaben H, A, I in beliebiger Reihenfolge zu ziehen.

2 Binomialkoeffizienten berechnen

Berechnen Sie den Binomialkoeffizienten ohne Rechner durch geschicktes Kürzen.

a) $\binom{7}{5}$ b) $\binom{9}{6}$ c) $\binom{8}{3}$ d) $\binom{10}{2}$

Geschickt kürzen

$$\binom{6}{4} = \frac{6!}{4! \cdot (6-4)!} = \frac{6 \cdot 5 \cdot 4 \cdot 3 \cdot 2 \cdot 1}{4 \cdot 3 \cdot 2 \cdot 1 \cdot 2 \cdot 1} = \frac{6 \cdot 5}{2 \cdot 1} = 3 \cdot 5 = 15$$

3 Gewinnchancen beim Lotto

Es existieren viele verschiedene Lottovarianten.
Vergleichen Sie die Chancen, alle gezogenen Zahlen angekreuzt zu haben.

Deutschland	6 aus 49	Italien	6 aus 90
Schweden	7 aus 35	Polen	5 aus 42
Vereinigte Staaten	5 aus 55	Litauen	6 aus 30

4 Kugeln ziehen

In einem Beutel befinden sich 7 verschiedenfarbige Kugeln.

a) Alle Kugeln werden nacheinander entnommen. Wie viele Möglichkeiten gibt es für die Reihenfolge der Kugeln, mit der sie entnommen werden?

b) Es werden nacheinander 4 Kugeln entnommen. Wie viele Möglichkeiten gibt es dafür, wenn man die Reihenfolge beachtet, mit der die Kugeln entnommen werden?

c) Mit einem Griff werden 4 Kugeln entnommen, d. h., die Reihenfolge spielt keine Rolle. Wie viele Möglichkeiten gibt es dafür?

d) Eine Kugel wird entnommen und die Farbe notiert. Danach wird die Kugel zurückgelegt. Das Ganze wird insgesamt dreimal durchgeführt. Wie viele Möglichkeiten gibt es dafür, wenn man dabei die Reihenfolge der Kugeln beachtet?

5 Anzahl der Möglichkeiten

a) Die Arbeitskräfte einer Versicherung müssen nacheinander 6 Personen aus dem Kundenkreis aufsuchen. Auf wie viele Arten ist dies möglich?

b) Auf wie viele Weisen können 8 Autos in einer Reihe auf einem Parkplatz aufgestellt werden?

c) Ein Hotel hat 7 Ein-Bett-Zimmer. Am Abend kommen 7 einzeln reisende Personen an. Auf wie viele Weisen können die Personen auf die Zimmer verteilt werden?

d) Bei den Jungendlichen einer 10. Klasse wird eine Umfrage gemacht: 5 Bands sollen nach ihrer Beliebtheit angeordnet werden. Wie viele Reihenfolgen sind möglich?

e) Ein Mathematik-Lehrkraft lässt Klassenarbeiten immer in einem Raum mit Einzeltischen schreiben. Im Raum sind 32 Einzeltische. Auf wie viele Arten kann die Lehrkraft den 28 Jugendlichen ihrer Klasse Plätze zuweisen?

f) Nacheinander kommen 5 Personen in das Wartezimmer einer Arztpraxis, in dem 12 Stühle stehen. Wie viele Möglichkeiten haben die Personen, Platz zu nehmen?

g) Auf der Speisekarte eines Restaurants stehen für das Tagesmenü drei verschiedene Vorspeisen, fünf Hauptgerichte und vier Desserts zur Auswahl. Wie viele Möglichkeiten gibt es, das eigene Menü zusammenzustellen?

6 Ziehen ohne Zurücklegen bei Beachtung der Reihenfolge

Zieht man k Elemente ohne Zurücklegen, aber mit Beachtung der Reihenfolge aus n verschiedenen Objekten, so gilt laut der Information auf Seite 223 für die Anzahl der Möglichkeiten die Gleichung $n \cdot (n-1) \cdot \ldots \cdot (n-(k-1)) = \frac{n!}{(n-k)!}$.

a) Vollziehen Sie die Gültigkeit der Gleichung an drei selbst gewählten Beispielen nach.

b) Weisen Sie die Gültigkeit der Gleichung allgemein nach.

7 = **Kartenspiel**

Aus den 32 Karten eines gut gemischten Skatspiels werden acht gezogen. Wie groß ist die Wahrscheinlichkeit dafür, dass diese

a) die acht Kreuz-Karten;
b) vier Kreuz- und vier Pik-Karten;
c) acht schwarze Karten sind?

8 = **Fehlersuche**

Beim uruguayanischen Lottospiel „5 de oro“ werden 5 aus 44 Kugeln gezogen. Finden Sie den Fehler in den folgenden Aussagen.

(1) Es gibt $44 \cdot 43 \cdot 42 \cdot 41 \cdot 40 = 130\,320\,960$ mögliche Lottoergebnisse in Uruguay.

(2) Da $44 - 5 = 39$, gibt es $\frac{44 \cdot 43 \cdot \ldots \cdot 39}{5 \cdot 4 \cdot 3 \cdot 2 \cdot 1}$ mögliche Lottoergebnisse in Uruguay.

---

9 Berechnen Sie den Wert der folgenden Binomialkoeffizienten.

a) $\binom{5}{3}$ b) $\binom{6}{1}$ c) $\binom{11}{9}$ d) $\binom{11}{11}$

Prüfe dich! Lösungen auf Seite 425

10 = Auf einem Bingoschein stehen 25 verschiedene natürliche Zahlen, die alle aus dem Intervall [1; 75] stammen. Die Zahlen sind in fünf Spalten und fünf Zeilen angeordnet.

a) Wie viele Möglichkeiten gibt es, die Zahlen 1 bis 25 auf dem Bingoschein anzuordnen?
b) Wie viele unterschiedliche Möglichkeiten gibt es, aus dem Intervall I [1; 75] genau 25 natürliche Zahlen auszuwählen?
c) Jan erstellt sich selbst einen Bingoschein. Dabei geht er strukturiert vor und legt die Zahlen auf dem Schein Zeile für Zeile fest, wobei er immer von links nach rechts arbeitet. Wie viele unterschiedliche Bingoscheine können so entstehen? Geben Sie die Lösung mithilfe von Fakultäten als Bruch an.

---

11 ≡ **Losverfahren**

In einer Klasse sind 26 Jugendliche, davon 14 Mädchen. Für eine Präsentation sollen drei Jugendliche durch ein Losverfahren ausgewählt werden.
Bestimmen Sie die Wahrscheinlichkeiten für die Anzahl der ausgewählten Mädchen.

12 = **Kartenspiel**

Ein Kartenspiel besteht aus 108 Karten. Darunter befinden sich 8 Einsen.
Zu Beginn eines Spiels mit 4 Personen erhält jede Person 7 Karten. Die übrigen Karten werden auf einen verdeckten Stapel gelegt.
Bestimmen Sie die Wahrscheinlichkeiten für die Anzahl der Einsen im verdeckten Stapel.

13 = **Ziehen ohne Zurücklegen**

In einem Behälter sind 4 rote und 5 schwarze Kugeln.
Es werden 3 Kugeln ohne Zurücklegen gezogen.

a) Johanna und Sebastian interessieren sich für die Wahrscheinlichkeit des Ereignisses E: *Es wird keine rote Kugel gezogen*. Wer rechnet korrekt? Begründen Sie Ihre Antwort und bestätigen Sie diese an einem Baumdiagramm.
b) Ermitteln Sie die Wahrscheinlichkeiten für die Anzahl der roten Kugeln.

Johanna:

$\frac{nCr(4,0) \cdot nCr(5,3)}{nCr(9,3)}$	$\frac{5}{42}$

Sebastian:

$\frac{nCr(4,0)}{nCr(9,3)}$	$\frac{1}{84}$

14 Wahrscheinlichkeiten unterschiedlich bestimmen

Luise schreibt:

Ich bestimme die Wahrscheinlichkeit für 6 Richtige im Lotto mithilfe der Pfadmultiplikationsregeln. Die Wahrscheinlichkeit, dass eine von meinen 6 getippten Zahlen bei der Ziehung der 1. Gewinnzahl aus der Urne mit 49 Kugeln gezogen wird, beträgt $\frac{6}{49}$.
Die Wahrscheinlichkeit, dass eine von den übrigen 5 getippten Zahlen bei der Ziehung der 2. Gewinnzahl gezogen wird, beträgt $\frac{5}{48}$ u.s.w.

a) Führen Sie die Überlegungen von Luise zu Ende und bestimmen Sie so die Wahrscheinlichkeit für 6 Richtige beim „6 aus 49" Lotto.
b) Bestimmen Sie auch die Anzahl der Möglichkeiten für die Tipps beim „6 aus 49" Lotto mithilfe der Formel aus der Information auf Seite 223 und vergleichen Sie das Ergebnis mit der Lösung aus Teilaufgabe a).
c) Begründen Sie, dass die Wahrscheinlichkeit für 43 Richtige beim „43 aus 49" Lotto genau so groß ist wie die Wahrscheinlichkeit für 6 Richtige beim „6 aus 49" Lotto.

15 Gewinnwahrscheinlichkeiten

Die Tabelle zeigt die Wahrscheinlichkeiten für jede mögliche Anzahl an Richtigen beim Lottospiel „6 aus 49". Begründen Sie diese Zahlen.

Anzahl an Richtigen	0	1	2	3	4	5	6
Wahrscheinlichkeit	$\frac{6\,096\,454}{13\,983\,816}$	$\frac{5\,775\,588}{13\,983\,816}$	$\frac{1\,851\,150}{13\,983\,816}$	$\frac{246\,820}{13\,983\,816}$	$\frac{13\,545}{13\,983\,816}$	$\frac{258}{13\,983\,816}$	$\frac{1}{13\,983\,816}$

16 Belegung von Schubladen

Carla und André diskutieren über die folgende Aufgabe:

10 verschiedene Gegenstände sollen in 8 verschiedene Schubladen verteilt werden. Dabei soll keine Schublade leer bleiben und es sollen nicht mehr als 2 Gegenstände in einer Schublade liegen. Wie viele Möglichkeiten gibt es?

André: Ich lege erst mal jeweils einen Gegenstand in die acht Schubladen und danach die übrigen zwei Gegenstände jeweils in eine Schublade. Für den ersten Gegenstand gibt es 8 Möglichkeiten, für den zweiten 7 usw. Somit gibt es für die ersten 8 Gegenstände 8! Möglichkeiten. Wenn ich die beiden übrigen Gegenstände auf die Schubladen verteile, so gibt es für den ersten davon wieder 8 Möglichkeiten und für den zweiten davon nur noch 7. Insgesamt erhalte ich so $8! \cdot 8 \cdot 7$ Möglichkeiten.

Carla: Zuerst entscheide ich, in welche zwei Schubladen ich jeweils zwei Gegenstände lege. Dann fülle ich diese beiden Schubladen mit jeweils zwei Gegenständen. Anschließend verteile ich die übrigen Gegenstände in die leeren Schubladen...

Beurteilen Sie die Vorgehensweisen von André und Carla und lösen Sie die Aufgabe.

Pascal'sches Dreieck

Das als Pascal'sches Dreieck bezeichnete Zahlenschema wurde in Europa durch Blaise Pascals Schrift *Traité du triangle arithmétique* (Abhandlung über das arithmetische Dreieck, 1654) bekannt und trägt wegen der ausführlichen Darstellungen mit Recht seinen Namen.

Blaise Pascal (1623 – 1662)

Konstruktionsprinzip

Das Zahlenschema kann mit den folgenden beiden Regeln konstruiert werden:

- Am Anfang und am Ende einer Zeile steht immer eine 1.
- Eine Zahl im Inneren einer Zeile ist die Summe der zwei Zahlen, die in der Zeile darüber stehen.

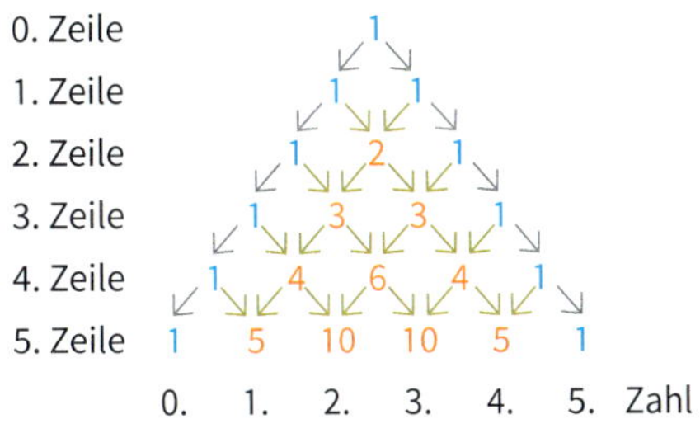

1 Pascal'sches Dreieck erstellen – Eigenschaften

Schreiben Sie das Pascal'sche Dreieck bis zur 8. Zeile auf und begründen Sie die folgenden Eigenschaften:

(1) Das Pascal'sche Dreieck ist symmetrisch.

(2) Die Summe der Zahlen einer Zeile verdoppelt sich beim Übergang in die nächste Zeile.

(3) Die Summe der Zahlen in Zeile n beträgt 2^n.

Zusammenhang mit den Binomialkoeffizienten

Satz

Der Binomialkoeffizient $\binom{n}{k}$ stimmt mit der k-ten Zahl in der n-ten Zeile im Pascal'schen Dreieck überein.

2 Satz begründen

Überprüfen Sie den Satz für einige konkrete Einträge.
Begründen Sie den Satz mithilfe der folgenden Eigenschaften des Binomialkoeffizienten.

(1) Für jedes n gilt $\binom{n}{0} = \binom{n}{n} = 1$.

(2) Für jedes n und $k = 0, 1, 2, \ldots, n-1$ gilt: $\binom{n}{k} + \binom{n}{k+1} = \binom{n+1}{k+1}$

3 Eigenschaften begründen

Begründen Sie die in Aufgabe 2 genutzten Eigenschaften (1) und (2).

Hilfestellung zur Begründung von (2):

Zieht man $k + 1$ Elemente ohne Zurücklegen und ohne Beachtung der Reihenfolge aus $n + 1$ verschiedenen Objekten $a_1, a_2, \ldots, a_n, a_{n+1}$, so gibt es zwei Fälle:

1. Fall: Das Element a_{n+1} ist in der Auswahl enthalten.
Dann wurden die restlichen k Elemente aus den Objekten $a_1, a_2, \ldots, a_n$ gezogen.

2. Fall: Das Element a_{n+1} ist in der Auswahl nicht enthalten.
Dann wurden die $k + 1$ Elemente aus den restlichen Objekten $a_1, a_2, \ldots, a_n$ gezogen.

5.5 Bedingte Wahrscheinlichkeit und stochastische Unabhängigkeit

In einer Schule wurde festgestellt, dass nur 20 % aller Kinder und Jugendlichen am Morgen frühstücken. Daraufhin wurde eine Untersuchung zur Leistungsfähigkeit am Vormittag durchgeführt. 14 % der befragten Personen hatten gefrühstückt und zeigten eine hohe Konzentrationsfähigkeit. Insgesamt zeigten 50 % aller befragten Personen eine hohe Konzentrationsfähigkeit.

- Ist ein Frühstück überbewertet? Erstellen Sie ein Baumdiagramm und beurteilen Sie, ob sich ein Frühstück vor der Schule positiv auf die Konzentration auswirkt.

Lösung

Man betrachtet die Ereignisse F: *Gefrühstückt* und K: *Hohe Konzentrationsfähigkeit.*
Die relativen Häufigkeiten aus der Studie werden als Schätzwerte für die Wahrscheinlichkeiten der Ereignisse genutzt.

F∩K wird gelesen: „F und K"

Schreibt man für das Ereignis *„Gefrühstückt und hohe Konzentrationsfähigkeit"* kurz $F \cap K$, so erhält man aus den Angaben:

$P(F) = 0{,}2 \qquad P(F \cap K) = 0{,}14 \qquad P(K) = 0{,}5$

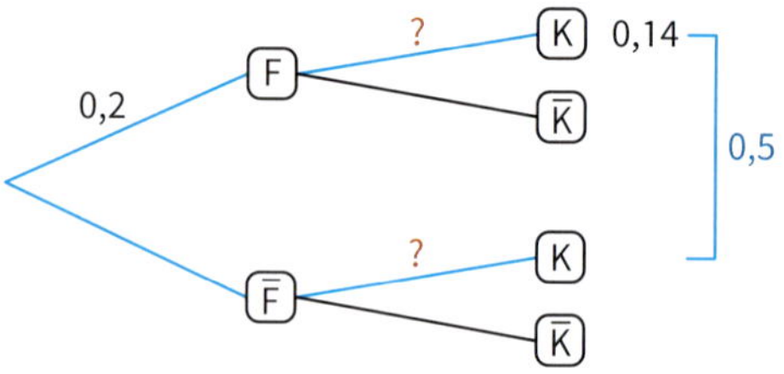

Die Wahrscheinlichkeiten, die man zu einer Beurteilung benötigt, stehen auf der zweiten Stufe des Baumdiagramms.

Um diese zu bestimmen, ergänzt man zunächst die leicht erschließbaren Wahrscheinlichkeiten:

- $P(\overline{F}) = 1 - P(F) = 1 - 0{,}2 = 0{,}8$
- $P(K) = P(F \cap K) + P(\overline{F} \cap K)$; also
  $P(\overline{F} \cap K) = P(K) - P(F \cap K)$
  $= 0{,}5 - 0{,}14 = 0{,}36$

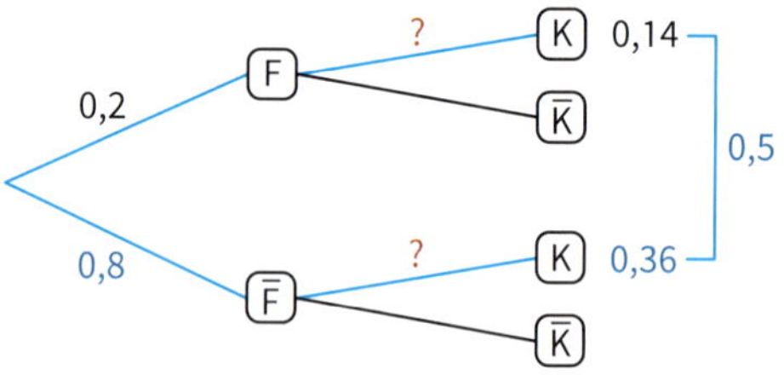

Man erhält dann durch die Umkehrung der Pfadmultiplikationsregel:

$0{,}2 \cdot p = 0{,}14$; also $p = \frac{0{,}14}{0{,}2} = 0{,}7$

- Die Wahrscheinlichkeit, dass nach einem Frühstück auch eine hohe Konzentrationsfähigkeit vorliegt, beträgt 70 %.
- Die Wahrscheinlichkeit, dass eine Person ohne Frühstück eine hohe Konzentrationsfähigkeit zeigt, beträgt 45%.

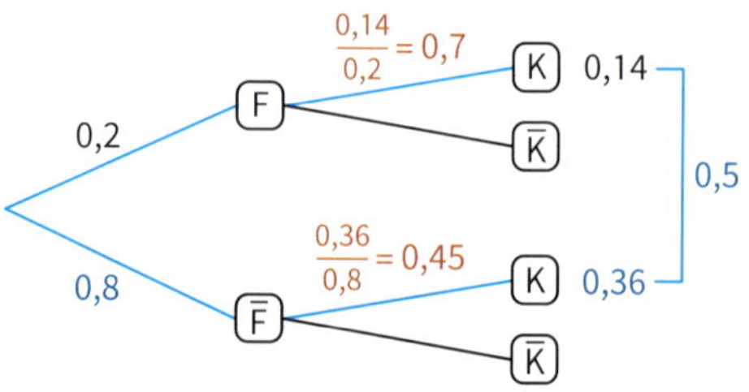

Die Daten zeigen also, dass sich ein Frühstück positiv auf die Konzentration auswirkt.

Bemerkung: Hätte das Frühstück keine Auswirkungen auf die Konzentrationsfähigkeit, so müssten die Wahrscheinlichkeiten auf der zweiten Stufe des Baumdiagramms in den beiden Teilbäumen gleich groß sein.

WES-109471-508

Bedingte Wahrscheinlichkeit

Die Wahrscheinlichkeit, dass ein Ereignis B eintritt, nachdem ein Ereignis A eingetreten ist, nennt man die **(bedingte) Wahrscheinlichkeit von B unter der Bedingung A**.

Schreibweise: $\mathbf{P_A(B)}$

Aus der Pfadmultiplikationsregel erhält man:

$$P_A(B) = \frac{P(A \cap B)}{P(A)}$$

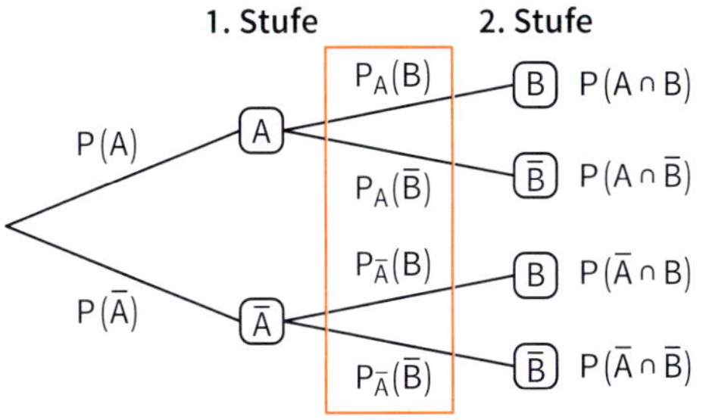

bedingte Wahrscheinlichkeiten

Unabhängigkeit von Ereignissen

Ein Ereignis B ist von einem Ereignis A **unabhängig**, wenn die Wahrscheinlichkeit für das Eintreten von B immer gleich ist, egal ob A eingetreten ist oder nicht, also wenn $\mathbf{P_A(B) = P(B)}$ gilt. Diese Gleichung kann man zu $P(A \cap B) = P(A) \cdot P(B)$ umformen.

Stochastische Unabhängigkeit

Zwei Ereignisse A und B heißen **stochastisch unabhängig**, wenn die Bedingung $\mathbf{P(A \cap B) = P(A) \cdot P(B)}$ erfüllt ist. Ansonsten heißen die Ereignisse **stochastisch abhängig**.

Sind zwei Ereignisse stochastisch abhängig, so folgt daraus **nicht** zwangsläufig, dass das eine Ereignis die Ursache des anderen ist.

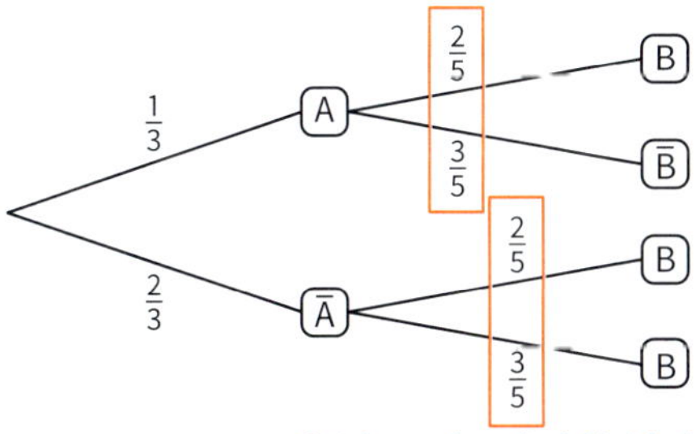

gleiche Wahrscheinlichkeiten auf Teilpfaden der 2. Stufe

Rechnerisch auf stochastische Unabhängigkeit untersuchen

In einer Umfrage gaben 56 % der befragten Personen an, dass sie die Streaming-Plattform VidFix abonnieren. 50,7 % der befragten Personen waren weiblich; 39,8 % abonnierten Vidfix und waren weiblich.
Untersuchen Sie, ob die Ereignisse V: *Die Person abboniert Vidfix* und W: *Die Person ist weiblich* stochastisch unabhängig sind.

Lösung

Zu prüfende Bedingung	$P(V \cap W) = P(V) \cdot P(W)$		
Angaben zuordnen	$P(V) = 0{,}56$	$P(W) = 0{,}507$	$P(V \cap W) = 0{,}398$
Einsetzen	$P(V) \cdot P(W) = 0{,}28392 \neq 0{,}398$		

Die beiden Ergeignisse V und W sind damit nicht stochastisch unabhängig.

1 Auf stochastische Unabhängigkeit untersuchen

Bei einer Kommunalwahl gaben 56 % aller wahlberechtigten Personen ihre Stimme für die amtierende Bürgermeisterin ab. 48 % der wahlberechtigten Personen waren männlich. 26,88 % aller wahlberechtigten Personen waren männlich und stimmten für die amtierende Bürgermeisterin.
Untersuchen Sie, ob die Ereignisse *„Votum für amtierende Bürgermeisterin"* und *„Männlich"* stochastisch unabhängig sind.

2 **Autokauf**

Beim Autokauf kann man zwischen Verbrennungsmotor (A) und Elektroantrieb ($\overline{A}$) wählen. Hat man sich für eine Antriebstechnologie entschieden, kann man das Auto kaufen (B) oder leasen ($\overline{B}$).
Beurteilen Sie, ob die Ereignisse A und B stochastisch unabhängig sind.

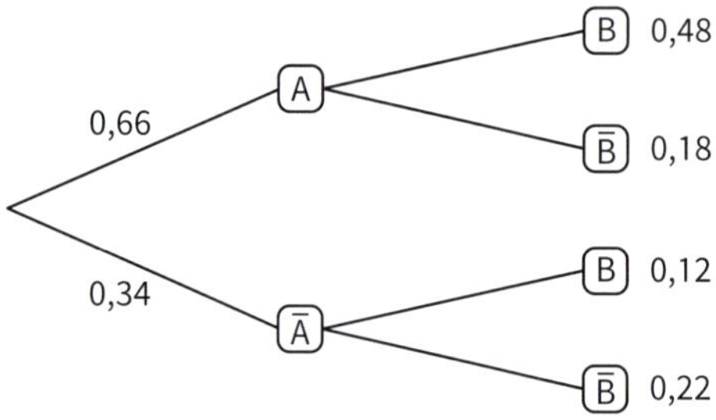

3 **Würfelwurf**

Ein Würfel wird zweimal geworfen.
Untersuchen Sie, ob die Ereignisse A und B stochastisch unabhängig sind.

Pasch: zwei gleiche Zahlen

a) A: *Die Augensumme ist 4* B: *Es fällt ein Pasch*
b) A: *Die Augensumme ist 2* B: *Es fällt ein Pasch*
c) A: *Die Augensumme ist größer als 5* B: *Es fällt ein Pasch*

4 **Roulettespiel**

Untersuchen Sie, ob die Ereignisse A und B stochastisch unabhängig sind.

Felder 1 bis 36 sind abwechselnd rot und schwarz; Feld 0 ist grün.

a) A: *Die Kugel fällt auf ein rotes Feld*
B: *Die Kugel fällt auf eine gerade Zahl*
b) A: *Die Kugel fällt auf ein schwarzes Feld*
B: *Die Kugel fällt auf eine gerade Zahl*
c) A: *Die Kugel fällt auf ein rotes Feld*
B: *Die Kugel fällt auf eine Primzahl*

WES-109471-509

Sprachliche Formulierungen

Ereignis A: *Das Auto ist rot*
Ereignis B: *Das Auto ist ein E-Auto*

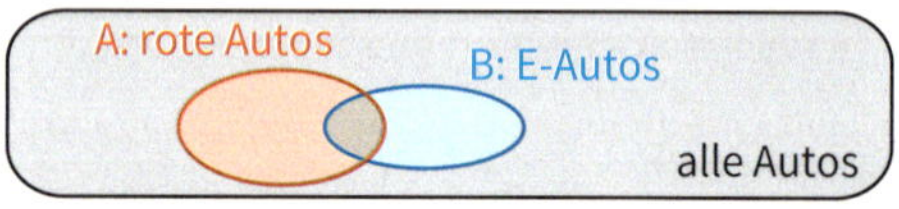

möglicher Ausdruck	Beispielformulierung mit Wahrscheinlichkeit	Beispielformulierung mit Anteil	Grundgesamtheit
$P(A)$	Die Wahrscheinlichkeit, dass ein Auto rot ist	Der Anteil der roten Autos (unter den Autos)	alle Autos
$P_A(B)$	Die Wahrscheinlichkeit, dass ein rotes Auto ein E-Auto ist	Der Anteil der E-Autos unter den roten Autos	rote Autos
$P_B(A)$	Die Wahrscheinlichkeit, dass ein E-Auto rot ist	Der Anteil der roten Autos unter den E-Autos	E-Autos
$P(A \cap B)$	Die Wahrscheinlichkeit, dass ein Auto ein rotes E-Auto ist	Der Anteil der roten E-Autos (unter den Autos)	alle Autos
$P_A(\overline{B})$	Die Wahrscheinlichkeit, dass ein rotes Auto kein E-Auto ist	Der Anteil der Nicht-E-Autos unter den roten Autos	rote Autos
$P_B(\overline{A})$	Die Wahrscheinlichkeit, dass ein E-Auto nicht rot ist	Der Anteil der nicht roten Autos unter den E-Autos	E-Autos

5 **Ausdrücke interpretieren**

Gegeben sind die Ereignisse A: *Die Person hat lange Haare* und B: *Die Person ist weiblich.*
Interpretieren Sie jeweils den Ausdruck im Sachkontext.

(1) $P(B)$ (2) $P_B(A)$ (3) $P(\overline{A} \cap B)$ (4) $P_A(\overline{B})$ (5) $P_{\overline{A}}(B)$ (6) $P_{\overline{B}}(\overline{A})$

6 = **Mathematische Notation angeben**

Definieren Sie zwei Ereignisse, die zu den Formulierungen gehören, und geben Sie jeweils eine passende Notation an.

(1) Der Anteil der männlichen Wähler der Partei X beträgt 10 %.
(2) Der Anteil der Personen, die männlich sind und Partei X gewählt haben, beträgt 10 %.
(3) Der Anteil der Wähler der Partei X unter den Männern beträgt 10 %.
(4) Der Anteil der Männer unter der Wählerschaft der Partei X beträgt 10 %.

7 = **Wahrscheinlichkeiten berechnen**

70 % der Kundschaft einer Eisdiele waren Kinder. 18 % der Kundschaft waren Erwachsene und hatten das Eis in einer Waffel, während 56 % der Kundschaft Kinder waren und ihr Eis aus einer Waffel aßen.

a) Berechnen Sie die Wahrscheinlichkeit, dass
   (1) ein Erwachsener aus dem Kundenkreis sein Eis aus einer Waffel essen möchte;
   (2) ein Kind aus dem Kundenkreis sein Eis in einer Waffel wählt;
   (3) eine beliebige Person aus dem Kundenkreis ihr Eis in einer Waffel bestellt.

b) Erläutern Sie folgende Aussage anhand des Sachkontexts:

   Bei bedingten Wahrscheinlichkeiten ist die Grundgesamtheit eingeschränkt.

8 = **Wahrscheinlichkeiten interpretieren**

Der Hersteller eines Mähroboters hat Gartenbesitzer befragt, ob ihr Garten über 500 m^2 groß ist (G) und ob sie einen Mähroboter (R) einsetzen.

a) Interpretieren Sie jeweils die angegebene Wahrscheinlichkeit im Sachkontext.
   (1) $P_G(R) = 0{,}64$ (2) $P_{\overline{G}}(R) = 0{,}2$
   Geben Sie weitere Wahrscheinlichkeiten an, die sich aus diesen herleiten lassen.

b) Bestimmen Sie mit der zusätzlichen Information $P(G \cap R) = 0{,}32$ die Wahrscheinlichkeiten $P(G)$ und $P(G \cap \overline{R})$ und interpretieren Sie diese im Sachkontext.

---

9 = In einer Firma wurde eine Umfrage zur Umzugsbereitschaft durchgeführt. Der Anteil der Arbeitskräfte, die über 50 Jahre alt sind (F), beträgt 20 %. Von den befragten Personen waren 8 % über 50 Jahre alt und konnten sich einen Umzug aus Karrieregründen vorstellen (U). 52 % waren 50 Jahre oder jünger und würden aus Karrieregründen umziehen.

a) Erstellen Sie ein Baumdiagramm und ergänzen Sie alle Wahrscheinlichkeiten.

b) Untersuchen Sie, ob die Ereignisse *„Alter“* und *„Bereitschaft zum Umzug“* stochastisch unabhängig sind. Erläutern Sie die Bedeutung von $P_F(U)$ und $P_{\overline{F}}(U)$ im Sachkontext.

Prüfe dich!
Lösungen auf Seite 426

---

10 ≡ **Pflanzenfresser oder Fleischfresser**

Die meisten Dinosaurier waren Pflanzenfresser: 65 % der Arten ernährten sich vegetarisch, während 35 % der Arten Fleischfresser waren. Die Pflanzenfresser waren etwas größer als die Fleischfresser: 30 % der pflanzenfressenden Arten waren länger als 10 Meter; eine solche Länge erreichten nur 14 % der fleischfressenden Arten.

Auf einer Insel entdeckte ein Forscherteam eine noch unbekannte Dinosaurierart. Eine Rekonstruktion des Skeletts ergibt, dass das Tier länger als 10 Meter gewesen sein muss. Berechnen Sie die Wahrscheinlichkeit, mit der der Dinosaurier Pflanzenfresser bzw. Fleischfresser gewesen ist.

11 ≡ **Urnenmodelle und stochastische Unabhängigkeit**

Erläutern Sie die Begriffe „Stochastische Abhängigkeit“ und „Stochastische Unabhängigkeit“ anhand von zwei Zufallsexperimenten, bei denen Kugeln aus einem Gefäß gezogen werden.

5.6 Vierfeldertafeln

Am 23. Juni 2016 gab es im Vereinigten Königreich ein Referendum zum EU-Verbleib. Die Tabelle enthält Daten über Alter und Abstimmungsverhalten der Wählerschaft. Alle Angaben sind in Millionen.

	für EU	gegen EU	Summe
bis 24 Jahre			3,1
über 24 Jahre		16,6	
Summe	16,1	17,4	33,5

- Vervollständigen Sie die Daten und erstellen Sie eine Tabelle mit relativen Häufigkeiten.
- Passen die Schlagzeilen? Erstellen Sie dazu aus der Tabelle zwei Baumdiagramme.

> Nur ca. ein Viertel der unter 25-Jährigen für den Brexit

> Nur ca. 5 % der Brexit-Befürworter 24 oder jünger

Brexit: Austritt des Vereinigten Königreichs aus der EU

Lösung – Tabelle vervollständigen

Spalte *„Summe"*: 33,5 – 3,1 = 30,4

	für EU	gegen EU	Summe
bis 24 Jahre			3,1
über 24 Jahre		16,6	30,4
Summe	16,1	17,4	33,5

Spalte *„gegen EU"*: 17,4 – 16,6 = 0,8

	für EU	gegen EU	Summe
bis 24 Jahre		0,8	3,1
über 24 Jahre		16,6	30,4
Summe	16,1	17,4	33,5

Zeile *„über 24"*: 30,4 – 16,6 = 13,8

	für EU	gegen EU	Summe
bis 24 Jahre		0,8	3,1
über 24 Jahre	13,8	16,6	30,4
Summe	16,1	17,4	33,5

Zeile *„bis 24"*: 3,1 – 0,8 = 2,3

	für EU	gegen EU	Summe
bis 24 Jahre	2,3	0,8	3,1
über 24 Jahre	13,8	16,6	30,4
Summe	16,1	17,4	33,5

Lösung – relative Häufigkeiten

Die relativen Häufigkeiten erhält man, indem man alle Werte in der Tabelle jeweils durch die Gesamtzahl der abgegebenen Stimmen dividiert. Die Ergebnisse rundet man sinnvoll.

	für EU	gegen EU	Summe
bis 24 Jahre	6,9 %	2,5 %	9,4 %
über 24 Jahre	41,2 %	49,4 %	90,6 %
Summe	48,1 %	51,9 %	100 %

Lösung – Baumdiagramme

Die zwei Baumdiagramme unterscheiden sich darin, in welcher Reihenfolge man die Grundgesamtheit aller Personen, die am Referendum teilgenommen haben, nach den beiden Merkmalen „Alter" und „Abstimmungsverhalten" einteilt.

innere Felder → Pfadenden; Randfelder → Pfade 1. Stufe

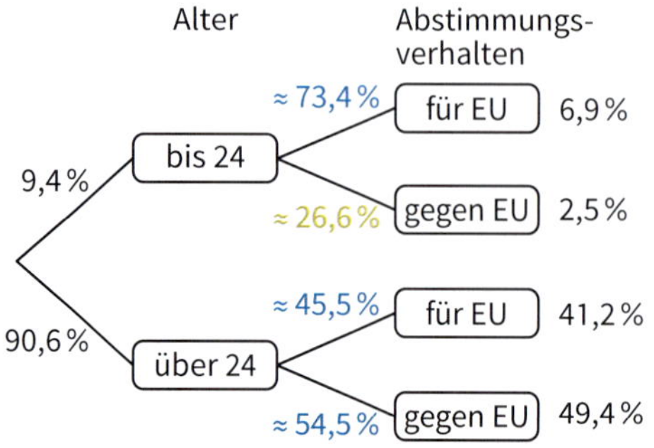

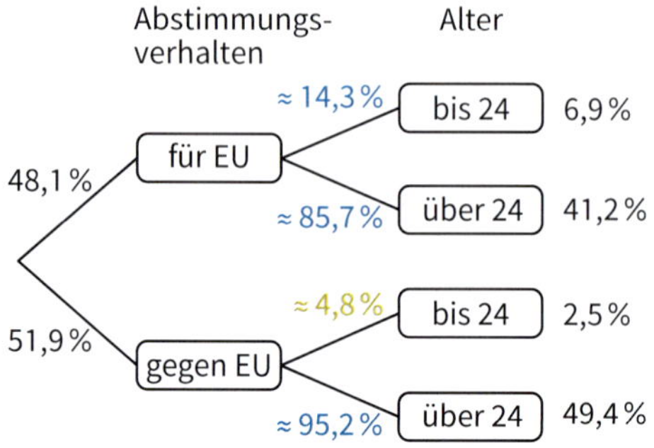

Man erkennt an den entsprechenden bedingten Wahrscheinlichkeiten am zugehörigen Baumdiagramm, dass die beiden Schlagzeilen richtig formuliert sind.

Vierfeldertafel

Die Wahrscheinlichkeiten, dass zwei Ausprägungen zweier Merkmale zutreffen, kann man in einer **Vierfeldertafel** erfassen. Die Werte in den Randfeldern erhält man aus der spalten- bzw. zeilenweisen Addition der Werte in den inneren Feldern.

	B	$\overline{B}$	gesamt
A	$P(A \cap B)$	$P(A \cap \overline{B})$	$P(A)$
$\overline{A}$	$P(\overline{A} \cap B)$	$P(\overline{A} \cap \overline{B})$	$P(\overline{A})$
gesamt	$P(B)$	$P(\overline{B})$	1

$$P(B) = P(A \cap B) + P(\overline{A} \cap B)$$

WES-109471-510

Von Vierfeldertafel zu Baumdiagramme

Zu einer Vierfeldertafel lassen sich zwei Baumdiagramme erstellen, die sich in der Reihenfolge der Merkmale unterscheiden:

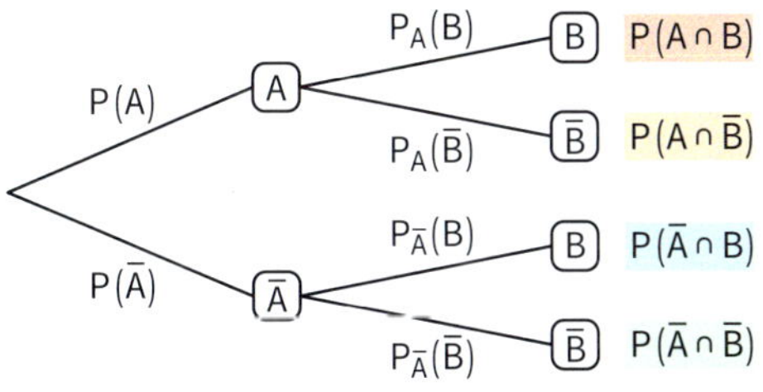

„Erst A, dann B"

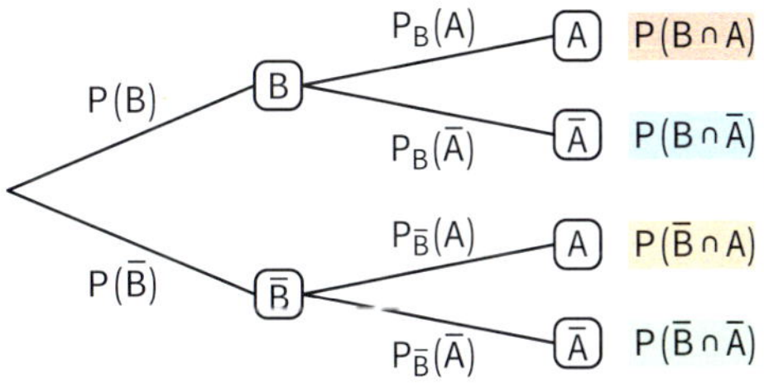

„Erst B, dann A"

Die bedingten Wahrscheinlichkeiten stehen nicht in der Vierfeldertafel.

Bemerkung: Oft nutzt man relative Häufigkeiten aus zurückliegenden Untersuchungen als Schätzwerte für die unbekannten Wahrscheinlichkeiten zukünftiger Ereignisse.

1 Von Vierfeldertafel zu Baumdiagrammen

a) Vervollständigen Sie die Vierfeldertafel und erstellen Sie beide Baumdiagramme.

	mag Schokoladeneis (S)	mag kein Schokoladeneis ($\overline{S}$)	gesamt
mag Vanilleeis (V)	27 %	▒	▒
mag kein Vanilleeis ($\overline{V}$)	▒	▒	40 %
gesamt	▒	55 %	▒

b) Geben Sie jeweils die Wahrscheinlichkeit an und beschreiben Sie das Ereignis.
(1) $P(S)$ (2) $P_S(V)$ (3) $P(S \cap \overline{V})$ (4) $P_V(S)$ (5) $P(\overline{V})$ (6) $P_{\overline{S}}(\overline{V})$

2 Von Baumdiagramm zu Vierfeldertafel

Bestimmen Sie zu dem Baumdiagramm die zugehörige Vierfeldertafel.

a)

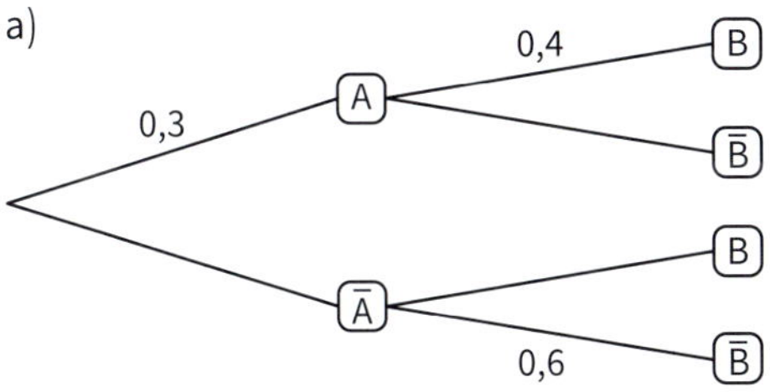

b)

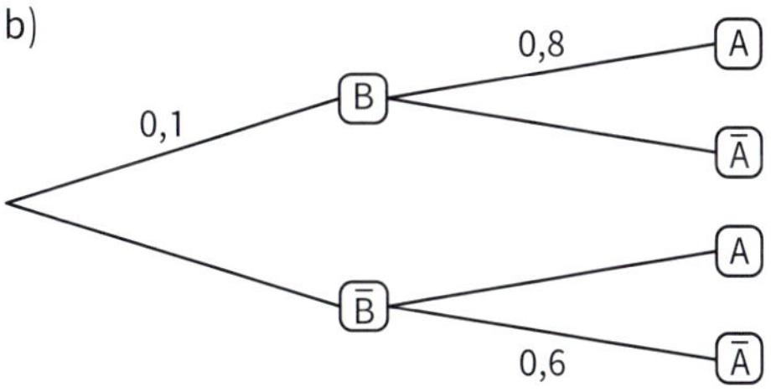

3 Baumdiagramme und Vierfeldertafel erstellen

Erstellen Sie aus den Angaben die Baumdiagramme und die zugehörige Vierfeldertafel.

a) $P(A \cap B) = 0{,}3$; $P(\overline{A}) = 0{,}3$; $P(\overline{A} \cap B) = 0{,}1$

b) $P(\overline{A} \cap B) = 0{,}5$; $P(B) = 0{,}6$; $P(A) = 0{,}3$

c) $P(\overline{A}) = 0{,}2$; $P(B) = 0{,}9$; $P_A(\overline{B}) = 0{,}1$

d) $P(A) = \frac{1}{4}$; $P_A(B) = \frac{1}{4}$; $P_{\overline{A}}(\overline{B}) = \frac{2}{3}$

4 Fahrverbote

Die Vierfeldertafel zeigt die Anzahl der verhängten Fahrverbote in Deutschland im Jahr 2015 nach Dauer und Altersgruppen.

	< 21 Jahre	≥ 21 Jahre	Summe
< 6 Monate	4284	16 439	20 723
≥ 6 Monate	284	67 182	67 466
Summe	4568	83 621	88 189

a) Erstellen Sie eine Vierfeldertafel mit relativen Häufigkeiten.

b) Zeichnen Sie die beiden zugehörigen Baumdiagramme und ermitteln Sie dort alle Wahrscheinlichkeiten.

c) Jaron verfasst einen Post für die Social-Media-App „EdM“.

@CoolJaron2008 via EdM
Krass, in Mathe gerade Statistik ausgerechnet: Jüngere Fahrer fahren viel besser als ältere!
Bei den über 21-jährigen Verkehrsrowdys kassieren 80,4 % lange Fahrverbote von 6 Monaten und mehr – bei uns Jüngeren sind es nur knapp 6 %!
YOLO! 😃

Ist sein Post korrekt? Beurteilen Sie.

d) Schreiben Sie selbst einen möglichst interessanten Post zu den Daten (max. 280 Zeichen).

5 Bedingte Wahrscheinlichkeiten interpretieren

Während der Corona-Pandemie wurden in einer Studie Personen untersucht. Dabei wurden folgende zwei Fälle berücksichtigt:

(1) Die Person ist vollständig gegen Corona geimpft (G);

(2) Die Person war an Corona erkrankt (C).

Mit $\overline{G}$ sind Personen gemeint, die gar nicht oder unvollständig gegen Corona geimpft waren.

Das Baumdiagramm zeigt die Ergebnisse.

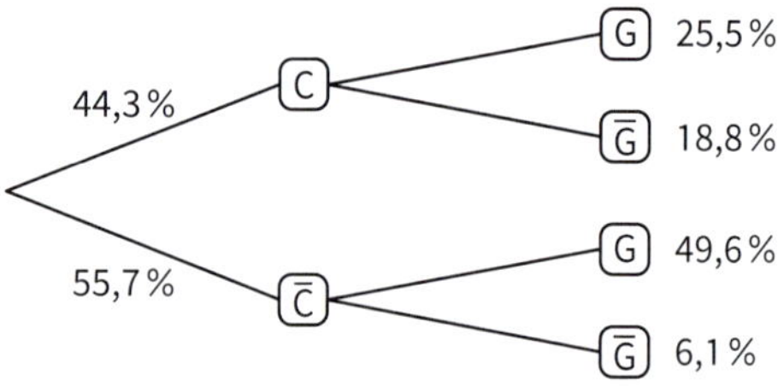

a) Bestimmen Sie die fehlenden Wahrscheinlichkeiten und erstellen Sie das zugehörige umgekehrte Baumdiagramm.

b) Vergleichen Sie die bedingten Wahrscheinlichkeiten $P_C(G)$ und $P_G(C)$ und erläutern Sie den Unterschied im Sachzusammenhang.

Prüfe dich!
Lösungen auf Seite 426

6 Erstellen Sie aus den Angaben die zugehörige vollständige Vierfeldertafel.

a) $P(A) = \frac{1}{5}$; $P(A \cap \overline{B}) = \frac{1}{15}$; $P(\overline{A} \cap B) = \frac{3}{5}$

b) $P(\overline{A}) = \frac{1}{4}$; $P(\overline{A} \cap \overline{B}) = \frac{1}{8}$; $P_A(B) = \frac{1}{6}$

7 Die Jugendlichen einer Schule wurden zu der Anzahl ihrer belegten Fremdsprachen sowie dazu befragt, ob sie nach dem Abitur eine Weile ins Ausland gehen möchten.

Das Baumdiagramm zeigt die Ergebnisse.

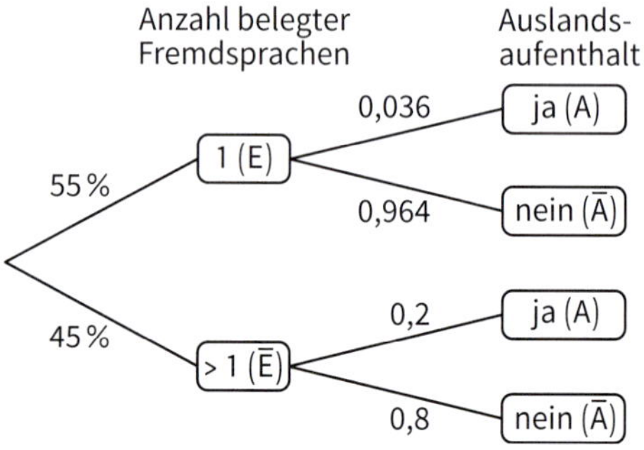

a) Erstellen Sie das zugehörige umgekehrte Baumdiagramm.

b) Ermitteln Sie die Wahrscheinlichkeiten $P_E(A)$ und $P_A(E)$ und interpretieren Sie sie im Sachzusammenhang.

8 = **Widersprüchliche Aussagen?**

Begründen Sie, dass sich die folgenden Aussagen nicht widersprechen:

In der zwölften Jahrgangsstufe fahren die meisten Mädchen mit dem Fahrrad zur Schule.

Die meisten aus Jahrgang 12, die mit dem Fahrrad zur Schule kommen, sind nicht weiblich.

9 = **Bedingte Wahrscheinlichkeiten aus Vierfeldertafel ermitteln**

WES-109471-511

Schachspielen erfreut sich in den letzten Jahren zunehmender Beliebtheit, insbesondere durch den Erfolg der Serie „Des Königs Schachzug" (DKS). Tammy möchte dies in einer Facharbeit analysieren. Ihre erhobenen Daten stellt sie in einer Vierfeldertafel zusammen.

	schaut DKS	schaut DKS nicht	Summe
spielt Schach	5,9 %	0,5 %	6,4 %
spielt nicht Schach	26,9 %	66,7 %	93,6 %
Summe	32,8 %	67,2 %	100 %

a) Tammy berechnet daraus bedingte Wahrscheinlichkeiten. Beschreiben Sie Tammys Rechnungen und erklären Sie, warum ihr Vorgehen korrekt ist.

b) Berechnen Sie auf die gleiche Weise die Wahrscheinlichkeit, dass
  (1) eine Person, die nicht Schach spielt, die Serie DKS schaut.
  (2) eine Person, die die Serie DKS nicht schaut, Schach spielt.

Werte aus Vierfeldertafel nutzen

- *Wahrscheinlichkeit, dass jemand, der Schach spielt, die Serie DKS schaut:*

  $P_{Schach}(DKS) = \frac{5{,}9\,\%}{6{,}4\,\%} \approx 92{,}1\,\%$

- *Wahrscheinlichkeit, dass jemand, der die Serie DKS schaut, Schach spielt:*

  $P_{DKS}(Schach) = \frac{5{,}9\,\%}{32{,}8\,\%} \approx 18\,\%$

10 = **Fehlstunden und Noten**

Ein Gymnasium hat jahrelang Daten zu Fehlstunden und Notendurchschnitten in seiner Oberstufe gesammelt. 2246 von den insgesamt 3208 Jugendlichen hatten weniger als 20 Fehlstunden pro Halbjahr. 160 Jugendliche erreichten einen „Eins-Komma-Schnitt", also einen Zeugnisnotendurchschnitt besser als Zwei. Unter den Jugendlichen mit 20 und mehr Fehlstunden erreichten nur 16 einen „Eins-Komma-Schnitt".

a) Übertragen Sie die Daten in eine Vierfeldertafel mit relativen Häufigkeiten und ergänzen Sie die fehlenden Angaben.

b) Die Stufenleitung folgert: *„Fehlen führt zu schlechteren Noten."* Beurteilen Sie, ob die Aussage berechtigt ist.

11 = **Drogentest**

Bei Verkehrskontrollen untersucht die Polizei im Verdachtsfall mit einem Speicheltest auf den Konsum illegaler Rauschmittel. Der Test zeigt bei 97 % der tatsächlich unter Drogen stehenden Personen eine positive Reaktion, allerdings zeigt er auch bei 5 von 100 nicht unter Drogen stehenden Personen fälschlicherweise eine positive Reaktion. Erfahrungsgemäß stehen 4 % der getesteten Personen tatsächlich unter Drogen.

a) Stellen Sie die Daten in einer vollständigen Vierfeldertafel dar.

b) Wie groß ist die Wahrscheinlichkeit, dass
  (1) eine positiv getestete Person tatsächlich unter Drogen steht;
  (2) eine negativ getestete Person dennoch Drogen konsumiert hat?

c) Bei positivem Speicheltest werden im Anschluss verlässliche Urin- oder Bluttests durchgeführt, um das Ergebnis abzusichern. Wie hoch ist der Anteil der Personen, die durch eine Urin- oder Blutprobe entlastet werden?

Prüfe dich!
Lösungen auf Seite 426

12 Zecken können Krankheiten übertragen, unter anderem Borreliose. Nach einem Biss soll ein Schnelltest Gewissheit bringen. Wurde jemand von einer infizierten Zecke gebissen, so erkennt der Test dies in 92,86 % aller Fälle. War die Zecke nicht infiziert, so wird dies in 95,83 % aller Fälle durch den Test erkannt.
In einer Region sind 10 % der Zecken mit Borrelien infiziert. Bestimmen Sie die Wahrscheinlichkeit, dass bei einem positiven Test die Zecke tatsächlich Borrelien in sich trug.

13 **Vierfeldertafel und stochastische Unabhängigkeit**
In einer kardiologischen Studie wurde untersucht, ob das Auftreten neuer Schäden (Läsionen) in den Herzkranzgefäßen mit dem Rauchen zusammenhängt. Die Vierfeldertafel zeigt das Ergebnis der Beobachtung an 230 Personen nach drei Jahren.

Rauchen \ Läsionen	ja	nein	gesamt
ja	34	33	
nein	42	121	
gesamt			

Überprüfen Sie die untersuchten Merkmale auf stochastische Abhängigkeit.

WES-109471-512

Verknüpfen von Ereignissen

Gegeben:
zwei Ereignisse A und B

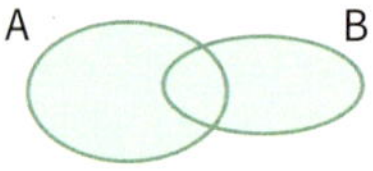

A: *Das Auto ist rot*
B: *Das Auto ist ein E-Auto*

Verknüpfung	Sprechweise	Bedeutung		Beispiel
A ∪ B	*„A oder B"*	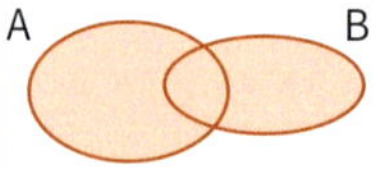	Mindestens eines der Ereignisse A oder B tritt ein.	A ∪ B: *Das Auto ist rot oder ein E-Auto (oder beides)*
A ∩ B	*„A und B"*	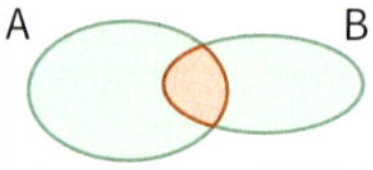	Beide Ereignisse A und B treten ein.	A ∩ B: *Das Auto ist ein rotes E-Auto*
A \ B	*„A ohne B"*	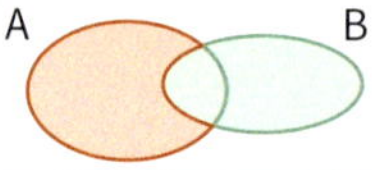	Das Ereignis A tritt ein, das Ereignis B nicht.	A \ B: *Das Auto ist rot, aber kein E-Auto*

14 **Verknüpfen von Ereignissen in Vierfeldertafel**
An einem Gymnasium wurde in zwei elften Klassen erhoben, ob die Jugendlichen mit öffentlichen Verkehrsmitteln zur Schule kommen (V). Das Ergebnis wurde in der Vierfeldertafel zusammengefasst. Lian bestimmt die Anzahl der Jugendlichen, die aus der 11 a sind und mit öffentlichen Verkehrsmitteln zur Schule kommen.

	V	$\overline{V}$	gesamt
11 a	3	8	11
11 b	5	4	9
gesamt	8	12	20

Ereignis A *Ereignis B*
Gesuchte Verknüpfung: A ∩ B
Die gesuchte Anzahl lautet somit 3.

a) Bestimmen Sie auf die gleiche Weise die Anzahl der Jugendlichen, die
(1) mit öffentlichen Verkehrsmitteln zur Schule kommen, aber nicht aus der 11 a sind;
(2) aus der 11 a sind, aber nicht mit öffentlichen Verkehrsmitteln zur Schule kommen;
(3) mit öffentlichen Verkehrsmitteln zur Schule kommen oder aus der 11 b sind.
b) Bestimmen Sie die Anzahl der Jugendlichen, die entweder aus der 11 b sind oder mit öffentlichen Verkehrsmitteln zur Schule kommen. Erläutern Sie den Unterschied zu (3).

15 = **Musik-Streaming-Dienste**

Musik-Streaming-Dienste kämpfen um Marktanteile. Jede Person aus dem Kundenkreis verwendet genau einen der Dienste. Die Kundschaft kann zwischen der kostenlosen Version mit Werbung (K) und der Abo-Version ohne Werbung ($\overline{K}$) wählen.
42 % der Kundschaft hören Musik über den Dienst „Soundmix" (S). Ein Abo ohne Werbung nutzen 56 % der Kundschaft. 11 % der Personen aus dem Kundenkreis nutzen Soundmix und hören Musik mit der kostenlosen Version.

a) Erstellen Sie eine Vierfeldertafel und bestimmen Sie die folgenden Wahrscheinlichkeiten:
   (1) Eine Person aus dem Kundenkreis hat ein Abo, ohne Soundmix zu nutzen.
   (2) Eine Person aus dem Kundenkreis nutzt Soundmix oder hat ein Abo.
   (3) Eine Person aus dem Kundenkreis hat kein Abo und nutzt nicht Soundmix.

b) Interpretieren Sie jeweils den Ausdruck im Sachkontext und bestimmen Sie die Wahrscheinlichkeit des Ereignisses.
   (1) $P(S \setminus K)$ (2) $P(S \cup \overline{K})$ (3) $P(\overline{S} \cap \overline{K})$

16 = Jugendliche des zwölften Jahrgangs wurden befragt: *„Haben Sie hohes Interesse am Thema Klimawandel?"* (K) und *„Belegen Sie das Fach Erdkunde?"* (E)
Die Vierfeldertafel zeigt die Ergebnisse.

	K	$\overline{K}$	Summe
E	25	7	32
$\overline{E}$	11	16	27
Summe	36	23	59

Bestimmen Sie die Wahrscheinlichkeit, eine Person der zwölften Klasse anzutreffen, die
(1) hohes Interesse am Klimawandel hat oder Erdkunde belegt;
(2) Erdkunde belegt, ohne hohes Interesse am Klimawandel zu haben.

Prüfe dich!
Lösungen auf Seite 427

17 ≡ **SIM-Karten**

Eine Firma produziert SIM-Karten. Bei der Kontrollmessung werden fehlerhafte SIM-Karten zu 95 % als solche erkannt. Einwandfreie SIM-Karten werden irrtümlich zu 2 % als fehlerhaft angezeigt. Tatsächlich sind 90 % der dort hergestellten SIM-Karten einwandfrei.

a) Eine zufällig ausgewählte SIM-Karte wird bei der Kontrollmessung als fehlerhaft angezeigt. Mit welcher Wahrscheinlichkeit ist sie wirklich defekt?
b) Eine zufällig ausgewählte SIM-Karte wird bei der Kontrollmessung als einwandfrei angezeigt. Mit welcher Wahrscheinlichkeit ist sie wirklich nicht fehlerhaft?
c) Es wird überlegt, die Kontrollmessung zweimal durchzuführen. Berechnen Sie die Wahrscheinlichkeiten aller möglichen Ereignisse. Ist die doppelte Kontrolle zu empfehlen?

18 ≡ **Unterbestimmte Vierfeldertafel**

Während der letzten Grippewelle führte eine Zeitschrift eine Umfrage zur Häufigkeit des Händewaschens unter ihren Lesenden durch. Es ergab sich, dass 62 % aller Lesenden männlich waren. Unter den Personen mit besonderer Beachtung der Handhygiene waren 20 % nicht männlich. Unter den Handwaschmuffeln lag der Anteil der männlichen Lesenden bei 22 %.
Bestimmen Sie eine vollständige Vierfeldertafel mithilfe von Maltes Spickzettel:

1) *Beide Baumdiagramme zeichnen und alles eintragen*
2) *Wenn Wahrscheinlichkeiten auf der ersten Stufe fehlen:*
   Variablen (x und y) für diese einsetzen
3) *Wahrscheinlichkeiten aller Pfade berechnen und dann Vierfeldertafel erstellen*
4) *Zeilen (oder Spalten) addieren: Man erhält ein Gleichungssystem* ($x + y = 1$ *usw.*)
5) *Gleichungssystem lösen und dann alle Wahrscheinlichkeiten ausrechnen*

Aussagekraft medizinischer Testergebnisse

Stellen Sie sich vor, Sie machen einen Corona-Schnelltest – und das Ergebnis ist positiv. Viele denken, ein positiver Test sei ein ziemlich sicherer Beweis für eine Erkrankung. Doch jeder hat auch schon von falsch-positiven Corona-Tests gehört. Diesem Phänomen wird im Folgenden auf den Grund gegangen.

Was sagt ein positives Testergebnis wirklich aus?

Bekannte Daten

Aufgrund von Laboruntersuchungen im Testzeitraum weiß man im Vorfeld des Schnelltests, dass tatsächlich nur 1 % der Bevölkerung an Corona erkrankt sind (C).

Der Packung des gewählten Corona-Tests entnimmt man folgende Eigenschaften:

- Bei *infizierten* Personen schlägt der Test in 95 % der Fälle korrekt an. Dies nennt man die **Sensitivität** des Tests.
- Bei *nicht infizierten* Personen schlägt der Test in 97 % der Fälle korrekt an. Dies nennt man die **Spezifität** des Tests.

Sensitivität und Spezifität sind bedingte Wahrscheinlichkeiten!

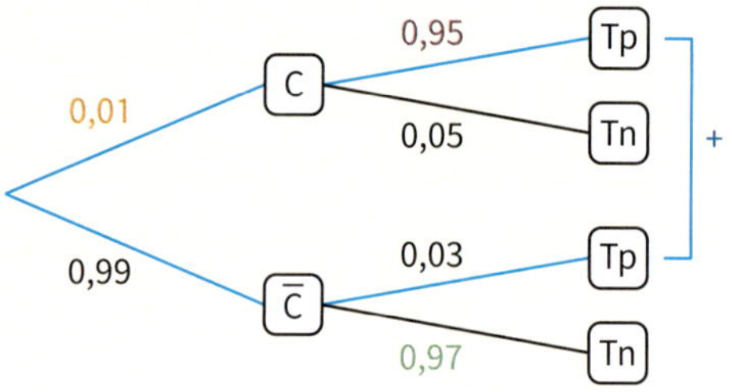

Wann bedeutet ein positives Testergebnis eine Infektion?

Man interessiert sich für die Wahrscheinlichkeit, dass eine Person, bei der der Schnelltest eine positive Reaktion zeigt, tatsächlich an Corona erkrankt ist – also für die Wahrscheinlichkeit $P_{Tp}(I)$. Diese bedingte Wahrscheinlichkeit kann man mit dem umgekehrten Baumdiagramm ermitteln oder direkt berechnen.

Es gilt: $$P_{Tp}(C) = \frac{P(C) \cdot P_C(Tp)}{P(C) \cdot P_C(Tp) + P(\overline{C}) \cdot P_{\overline{C}}(Tp)} = \frac{0{,}01 \cdot 0{,}95}{0{,}01 \cdot 0{,}95 + \underbrace{0{,}99}_{1-0{,}01} \cdot \underbrace{0{,}03}_{1-0{,}97}} \approx 0{,}242$$

Nur knapp ein Viertel (24%) der Personen mit einem positiven Testergebnis sind also auch tatsächlich an Corona erkrankt. Daher musste während der Pandemie die Infektion anschließend durch einen teuren, aber eindeutigen PCR-Test bestätigt werden.

PCR: Polymerase Chain Reaction

Der Satz von Bayes

Der Zusammenhang zwischen den bedingten Wahrscheinlichkeiten in zwei zueinander umgekehrten Baumdiagrammen wird durch eine Formel beschrieben, die auf den englischen Mathematiker Thomas Bayes zurückgeht.

Thomas Bayes (1702 – 1761)

WES-109471-517

Satz von Bayes

Ist ein zweistufiges Baumdiagramm mit den Ereignissen A und $\overline{A}$ auf der ersten sowie B und $\overline{B}$ auf der zweiten Stufe gegeben, so gilt:

$$\mathbf{P_B(A) = \frac{P(A) \cdot P_A(B)}{P(A) \cdot P_A(B) + P(\overline{A}) \cdot P_{\overline{A}}(B)}}$$

Die bedingten Wahrscheinlichkeiten im umgekehrten Baumdiagramm lassen sich damit berechnen.

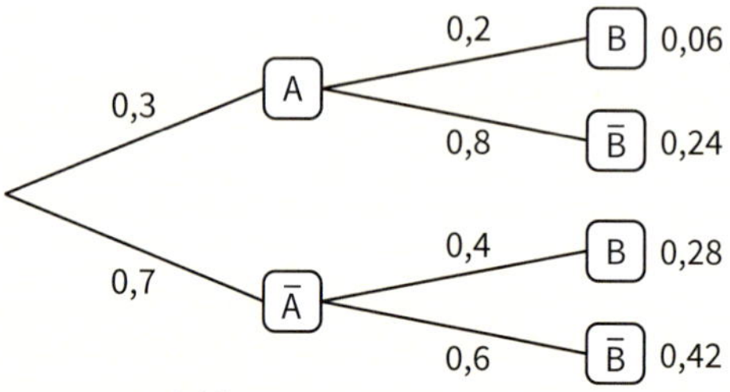

$$P_B(A) = \frac{0{,}06}{0{,}06 + 0{,}28} \approx 0{,}68$$

1 Satz von Bayes herleiten

a) Erläutern Sie an einem Baumdiagramm, dass für zwei Ereignisse A und B der gilt:

Satz der totalen Wahrscheinlichkeit: $P(A) = P_B(A) \cdot P(B) + P_{\overline{B}}(A) \cdot P(\overline{B})$

b) Leiten Sie anhand des Baumdiagramms zum Corona-Schnelltest den Satz von Bayes mithilfe der Definition der bedingten Wahrscheinlichkeit her.

2 Glukosetoleranztest

Beim Glukosetoleranztest gibt der Arzt dem Patienten eine genau abgemessene Zuckerwassermenge zu trinken und prüft nach einer kurzen Wartezeit die Blutzuckerwerte. Die *Sensitivität* dieses Tests beträgt 72 %, die *Spezifität* beträgt 73 %.
Etwa 1 % der Bevölkerung ist an Diabetes erkrankt und weiß nichts von der Erkrankung.

a) Bei einem nichtsahnenden Patienten wird ein Glukosetoleranztest durchgeführt. Der Test zeigt eine positive Reaktion. Mit welcher Wahrscheinlichkeit ist diese Person tatsächlich an Diabetes erkrankt?
b) Aufgrund der in Teilaufgabe a) bestimmten Wahrscheinlichkeit könnte man glauben, dass der Glukosetoleranztest nicht brauchbar ist. Warum wird er trotzdem durchgeführt?

3 Grippe-Schnelltest

Die echte Grippe wird durch Influenza-Viren verursacht und ist meldepflichtig.
Für die echte Grippe steht ein Schnelltest zur Verfügung, der bei einer infizierten Person zu 80 % ein positives Testergebnis zeigt. Leider wird auch bei etwa 15 % der nicht mit Influenzaviren infizierten Personen fälschlicherweise ein positives Testergebnis ausgegeben.
Positive Testergebnisse ziehen weitere Blutuntersuchungen nach sich.
Insgesamt schätzt man, dass etwa ein Drittel aller Personen mit Grippesymptomen tatsächlich an einer echten Grippe erkrankt ist.

a) Stellen Sie die Informationen in einem Baumdiagramm und in einer Vierfeldertafel dar.
b) Wie groß ist die Wahrscheinlichkeit, dass
   (1) eine positiv getestete Person dennoch nicht an einer echten Grippe leidet?
   (2) eine negativ getestete Person tatsächlich nicht an einer echten Grippe erkrankt ist?
   Interpretieren Sie die Wahrscheinlichkeiten in Bezug auf die Aussagekraft eines Testergebnisses.

4 Test auf Laktoseintoleranz

Ein Pharma-Unternehmen hat einen neuen Test zum Nachweis von einer Laktoseunverträglichkeit entwickelt.
Eine umfangreiche Testreihe ergab das in der Vierfeldertafel dargestellte Ergebnis.
Hierbei steht U für laktoseunverträglich.

	Test positiv	Test negativ	gesamt
U	36 %	2,5 %	38,5 %
$\overline{U}$	3,5 %	58 %	61,5 %
gesamt	39,5 %	58 %	100 %

a) Stellen Sie ein Baumdiagramm auf und bestimmen Sie die Wahrscheinlichkeit, dass bei einer Person mit Laktoseunverträglichkeit der Test ein positives Ergebnis anzeigt.
b) Bestimmen Sie die Wahrscheinlichkeit, dass bei einem positiven Testergebnis die Person eine Laktoseunverträglichkeit hat. Erläutern Sie den Unterschied zu Teilaufgabe a).
c) Bestimmen Sie, welcher Anteil der Test-Teilnehmenden ein falsches Ergebnis erhält.
d) In einer Arztpraxis wird dieser Test nun durchgeführt, aber man schätzt den Anteil der Personen mit Laktoseunverträglichkeit viel geringer ein, nämlich auf 15 %.
Untersuchen Sie, ob sich die Aussagekraft eines positiven Testergebnisses dadurch verändert.

5.7 Erwartungswert einer Zufallsgröße

Ein Würfel zeigt auf drei Seiten einen Smiley, auf zwei Seiten ein Herz und auf einer Seite ein Plus-Zeichen. Bei einem Gewinnspiel wird dieser Würfel dreimal geworfen. Der Spielbetreiber bietet drei Auszahlungsvarianten an.

- Welche Variante würden Sie wählen? Ermitteln Sie dazu für jede Variante die möglichen Auszahlungen und die zugehörigen Wahrscheinlichkeiten. Bestimmen Sie damit jeweils die Auszahlung pro Spiel, die auf lange Sicht zu erwarten ist.

Lösung

Nachschlagen
Seite 219

Bei Variante A muss man nur betrachten, ob ein Smiley gewürfelt wurde (S) oder nicht. Bei drei Würfen kann man 0, 1, 2 oder 3 Smileys würfeln. Die zugehörigen Auszahlungen lauten also 0 €, 1 €, 2 € und 3 €. Aus dem Baumdiagramm ermittelt man die Pfade mit gleicher Anzahl an Smileys und die dazu gehörenden Wahrscheinlichkeiten.

$P(S) = \frac{1}{2}$

$P(\overline{S}) = \frac{1}{2}$

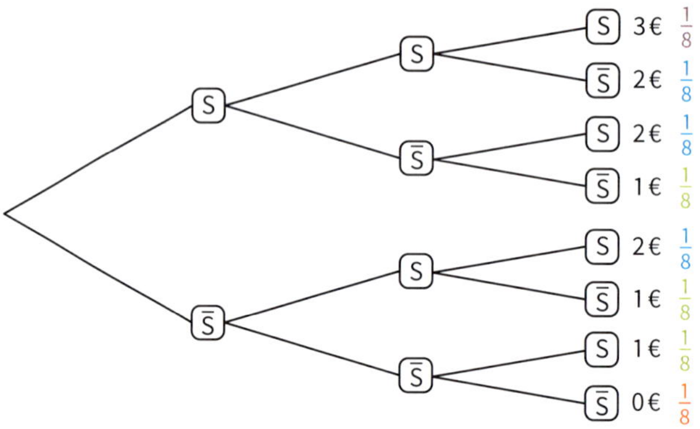

Anzahl Smiley	Auszahlung in €	Wahrscheinlichkeit
0	0	$\frac{1}{8}$
1	1	$\frac{3}{8}$
2	2	$\frac{3}{8}$
3	3	$\frac{1}{8}$

Zu erwartende Auszahlung pro Spiel: $0 \cdot \frac{1}{8} + 1 \cdot \frac{3}{8} + 2 \cdot \frac{3}{8} + 3 \cdot \frac{1}{8} = \frac{3}{2}$

Bei Variante A beträgt die zu erwartende Auszahlung pro Spiel auf lange Sicht 1,50 €.

Für Variante B und Variante C erhält man die möglichen Auszahlungen, die zugehörigen Wahrscheinlichkeiten und die zu erwartende Auszahlung pro Spiel auf die gleiche Weise.

Variante B:

Anzahl Herz	0	1	2	3
Auszahlung in €	0	2	4	6
Wahrscheinlichkeit	$\frac{8}{27}$	$\frac{12}{27}$	$\frac{6}{27}$	$\frac{1}{27}$

Zu erwartende Auszahlung pro Spiel:

$0 \cdot \frac{8}{27} + 2 \cdot \frac{12}{27} + 4 \cdot \frac{6}{27} + 6 \cdot \frac{1}{27} = 2$

Bei Variante B beträgt die zu erwartende Auszahlung pro Spiel auf lange Sicht 2 €.

Variante C:

Anzahl Plus-Zeichen	0	1	2	3
Auszahlung in €	0	3	6	9
Wahrscheinlichkeit	$\frac{125}{216}$	$\frac{75}{216}$	$\frac{15}{216}$	$\frac{1}{216}$

Zu erwartende Auszahlung pro Spiel:

$0 \cdot \frac{215}{216} + 3 \cdot \frac{75}{216} + 6 \cdot \frac{15}{216} + 9 \cdot \frac{1}{216} = \frac{3}{2}$

Bei Variante C beträgt die zu erwartende Auszahlung pro Spiel auf lange Sicht 1,50 €.

Man sollte also Variante B mit der höchsten zu erwartenden Auszahlung wählen.

WES-109471-513

Zufallsgröße

Eine **Zufallsgröße** ordnet jedem Ergebnis E_i eines Zufallsexperiments eine reelle Zahl x_i zu. Alle Ergebnisse, die dem Wert x_i zugeordnet werden, fasst man zu einem Ereignis zusammen.

Schreibweise
- für die Zufallsgröße: **X, Y, Z ...**
- für das Ereignis: $\mathbf{X = x_i}$

Zufallsgröße X

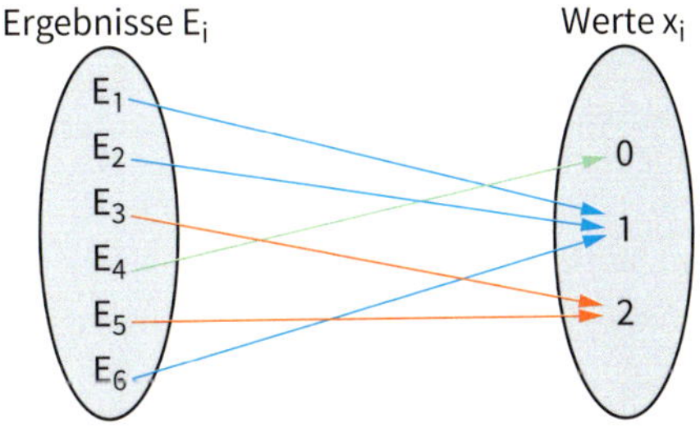

Zum Ereignis $X = 2$ gehören die Ergebnisse E_3 und E_5.

Wahrscheinlichkeitsverteilung einer Zufallsgröße

Die **Wahrscheinlichkeitsverteilung** einer Zufallsgröße X ordnet jedem Wert x_i der Zufallsgröße die Wahrscheinlichkeit $P(X = x_i)$ des Ereignisses $X = x_i$ zu.
Die Summe aller Wahrscheinlichkeiten einer Wahrscheinlichkeitsverteilung beträgt 1.

Wahrscheinlichkeitsverteilung von X

Darstellung in einer Tabelle:

x_i	0	1	2
$P(X = x_i)$	$\frac{1}{6}$	$\frac{1}{2}$	$\frac{1}{3}$

Darstellung in einem Histogramm:

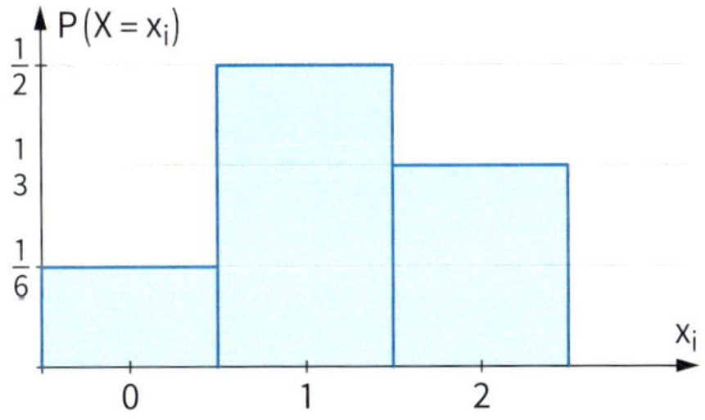

Nachschlagen Seite 213

Erwartungswert einer Zufallsgröße

Der **Erwartungswert E (X)** einer Zufallsgröße X beschreibt das zu erwartende arithmetische Mittel der Werte von X bei häufiger Versuchsdurchführung.
Hat die Wahrscheinlichkeitsverteilung von X die Werte $x_1, \ldots, x_m$ mit den Wahrscheinlichkeiten $P(X = x_1), \ldots, P(X = x_m)$, so ist:

$$\mathbf{E(X) = x_1 \cdot P(X = x_1) + \ldots + x_m \cdot P(X = x_m) = \sum_{i=1}^{m} x_i \cdot P(X = x_i)}$$

Erwartungswert von X

$$E(X) = 0 \cdot \frac{1}{6} + 1 \cdot \frac{1}{2} + 2 \cdot \frac{1}{3} = \frac{7}{6}$$

Wie bei $\overline{x}$, nur mit Wahrscheinlichkeiten

Wahrscheinlichkeitsverteilung und Erwartungswert einer Zufallsgröße bestimmen

Eine Münze wird dreimal geworfen. Je Wappen erhält man 1 €, je Zahl ist 1 € zu zahlen.
Die Zufallsgröße X gibt die Höhe des erhaltenen Betrags in € an. Bestimmen Sie die Wahrscheinlichkeitsverteilung und den Erwartungswert von X.

Lösung

Wahrscheinlichkeitsverteilung von X bestimmen:

Ergebnis E_i	WWW	WWZ	WZW	ZWW	WZZ	ZWZ	ZZW	ZZZ
Wert x_i in €	3	1	1	1	−1	−1	−1	−3
Ereignis $X = x_i$	$X = 3$	$X = 1$			$X = -1$			$X = -3$
$P(X = x_i)$	$\frac{1}{8}$	$3 \cdot \frac{1}{8} = \frac{3}{8}$			$3 \cdot \frac{1}{8} = \frac{3}{8}$			$\frac{1}{8}$

Erwartungswert von X bestimmen: $E(X) = 3 \cdot \frac{1}{8} + 1 \cdot \frac{3}{8} + (-1) \cdot \frac{3}{8} + (-3) \cdot \frac{1}{8} = 0$

Der Erwartungswert des erhaltenen Betrags beträgt 0 €. Man kann also erwarten, langfristig weder Geld zu gewinnen noch Geld zu verlieren.

1 **Erwartungswert einer Zufallsgröße**

Bestimmen Sie mit der Tabelle den Erwartungswert der Zufallsgröße X.

x_i	10	25	40	80	Summe
$P(X = x_i)$	0,41	0,33	0,17	0,09	▒
$x_i \cdot P(X = x_i)$	▒	▒	▒	▒	▒

2 **Doppelter Würfelwurf**

Ein Würfel wird zweimal geworfen. Bestimmen Sie die Wahrscheinlichkeitsverteilung der Zufallsgröße X und berechnen Sie deren Erwartungswert.

a) Die Zufallsgröße X gibt die Augensumme an.

b) Die Zufallsgröße X gibt das Augenprodukt an.

c) Die Zufallsgröße X gibt die größtmögliche Zahl an, die sich ergibt, wenn man die Augenzahlen als Ziffern einer zweistelligen Zahl notiert.

3 **Glücksrad**

Das Glücksrad wird zweimal gedreht. Die Zufallsgröße X gibt das Produkt der beiden gedrehten Zahlen an.

a) Erläutern Sie, dass die Zufallsgröße X nur die Werte 1, 2, 4, 8, 16 annehmen kann.

b) Bestimmen Sie die Wahrscheinlichkeitsverteilung und den Erwartungswert von X.

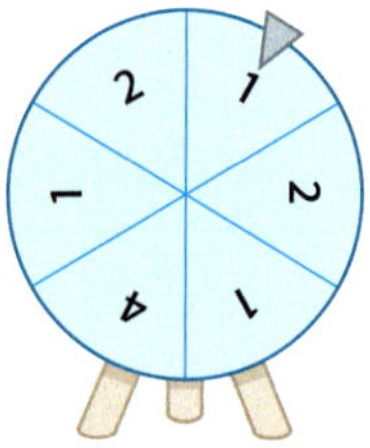

4 **Tischtennis**

Zwei Freunde spielen Tischtennis gegeneinander. Beide sind gleich stark, sodass die Wahrscheinlichkeit, einen Satz zu gewinnen, für beide gleich groß ist.
Berechnen Sie den Erwartungswert der Zufallsgröße X: *Anzahl der Sätze bis zum Spielende*, wenn die beiden (1) zwei Gewinnsätze; (2) drei Gewinnsätze vereinbaren.

Nachschlagen
Seite 206

Erwartungswert einer Zufallsgröße mit einem Rechner bestimmen

Werteliste und Wahrscheinlichkeitsliste eingeben und im Statistikmenü eintragen:

$w := \{3, 1, -1, -3\}$	$\{3, 1, -1, -3\}$
$wkt := \left\{\frac{1}{8}, \frac{3}{8}, \frac{3}{8}, \frac{1}{8}\right\}$	$\left\{\frac{1}{8}, \frac{3}{8}, \frac{3}{8}, \frac{1}{8}\right\}$

Statistik mit einer Variable	
X1-Liste:	w ▸
Häufigkeitsliste:	wkt ▸

"Titel"	"Statistik mit einer Variable"
"$\overline{X}$"	0

5 **Hundezucht**

Ein Wurf bei einer Hunderasse umfasst ein bis zwölf Welpen.
Bestimmen Sie den Erwartungswert der Zufallsgröße X: *Anzahl der Welpen pro Wurf*.

Wurfgröße x_i	1	2	3	4	5	6	7	8	9	10	11	12
$P(X = x_i)$	0,01	0,01	0,02	0,06	0,15	0,25	0,25	0,15	0,06	0,02	0,01	0,01

6 **Ikosaederwürfel**

eikosa (griech.): Vorsilbe „20"

Ein Ikosaederwürfel wird geworfen. Die Zufallsgröße X gibt die Quersumme der gewürfelten Zahl an.

a) Bestimmen Sie die Wahrscheinlichkeitsverteilung von X mithilfe einer Tabelle wie abgebildet.

Quersumme x_i	1	2	…
zugehörige Ergebnisse	1; 10	2; 20; 11	…
$P(X = x_i)$	▒	▒	…

b) Bestimmen Sie den Erwartungswert von X.

7 **Pasch und Mäxchen**

Bei einem Spiel mit zwei Würfeln beträgt der Einsatz 2 €. Würfelt man einen Pasch oder ein „Mäxchen" (eine 2 und eine 1), so erhält man folgende Auszahlung:

Pasch: zwei gleiche Zahlen

Pasch und Mäxchen gewinnen						
11	22	33	44	55	66	12 | 21
1 €	2 €	3 €	4 €	5 €	6 €	10 €

Bestimmen Sie die Wahrscheinlichkeitsverteilung der Auszahlung. Wie hoch ist der zu erwartende Gewinn oder Verlust?

8 **Abikasse**

Bei einem Schulfest möchte die Q1 ein Glücksspiel zugunsten der Abikasse anbieten: Die teilnehmenden Personen drehen an zwei Glücksrädern und erhalten beim Erscheinen der entsprechenden Symbole im Gewinnfeld eine Auszahlung. Der Einsatz beträgt 1 €.

a) Bestimmen Sie die Wahrscheinlichkeitsverteilung der Auszahlung und zeichnen Sie das zugehörige Histogramm.

b) Beurteilen Sie, ob die Q1 mit diesem Spiel Einnahmen für die Abikasse erwarten kann.

---

9 Ein Spielautomat wurde so eingestellt, dass er pro Spiel in 25 % der Fälle kein Geld ausschüttet, in 40 % der Fälle 50 Cent, in 23 % der Fälle 1 €, in 10 % der Fälle 2 € und in 2 % der Fälle 5 €. Der Einsatz pro Spiel beträgt 1 €.
Ermitteln Sie, welcher Gewinn bei diesem Spielautomaten im Mittel auf lange Sicht zu erwarten ist.

Prüfe dich!
Lösungen auf Seite 427

10 Ordnen Sie Zufallsexperiment und Wahrscheinlichkeitsverteilung einander begründet zu.

(1)

Der Würfel wird dreimal geworfen und die Augensumme gebildet.

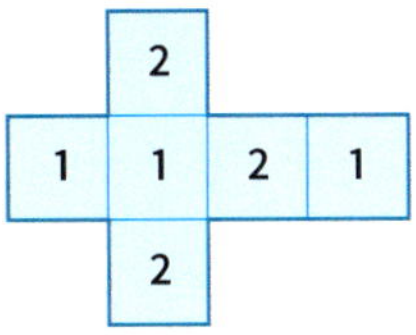

(2)

Die Glücksräder werden gedreht und die Zahlen addiert.

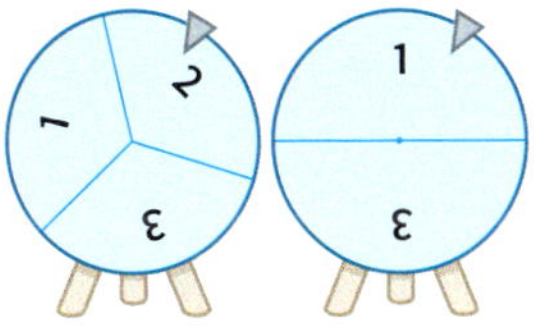

(3)

Zwei Karten werden ohne Zurücklegen gezogen und die Zahlen multipliziert.

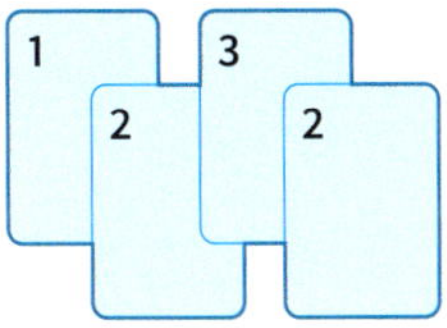

(A)

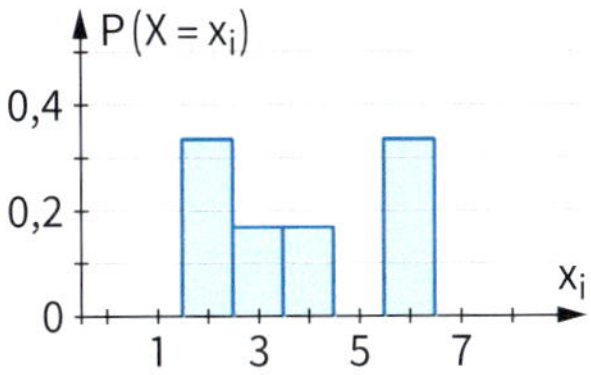

(B)

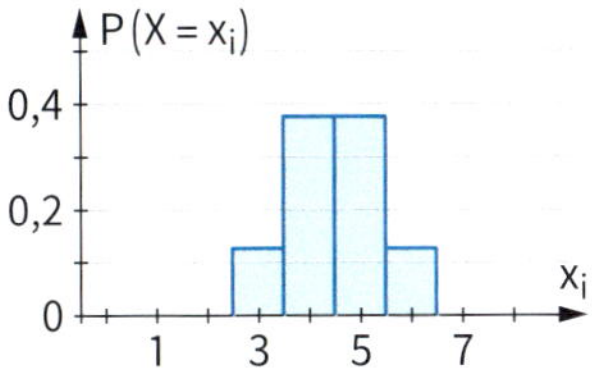

(C)

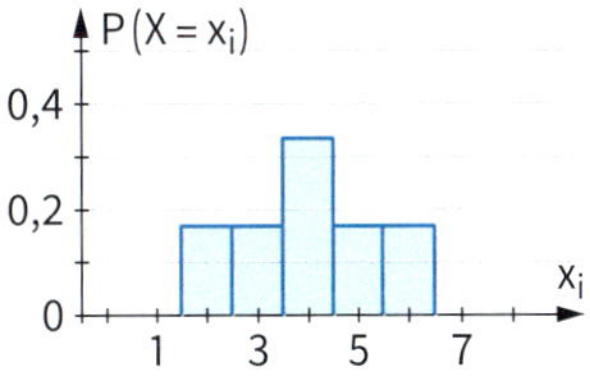

11 Fehlende Werte bestimmen

Der Erwartungswert einer Zufallsgröße X beträgt $E(X) = 9{,}84$. Bestimmen Sie die fehlenden Werte.

x_i	4	6	10		16
$P(X = x_i)$	0,15	0,2	0,18		0,15

12 Wahrscheinlichkeit des Erwartungswerts

Jule hat in ihrer Hosentasche zwei 1-Euro-Münzen, zwei 20-Cent-Münzen und eine 10-Cent-Münze. An der Kasse des Schulkiosks nimmt sie zufällig zwei der Münzen heraus.

a) Bestimmen Sie die Wahrscheinlichkeiten der möglichen Beträge, die Jule ziehen kann. Berechnen Sie, welcher Betrag im Mittel auf lange Sicht zu erwarten ist.

b) Wie wahrscheinlich ist es, dass Jule diesen Betrag zieht? Bewerten Sie Ihr Ergebnis.

Faires Spiel

Ein Spiel heißt **fair**, wenn der Erwartungwert der Zufallsgröße X: *Höhe der Auszahlung* mit dem Spieleinsatz übereinstimmt.

Oder: X: Gewinnbetrag und $E(X) = 0$

13 Einen fairen Spieleinsatz festlegen

♠ *Pik*
♣ *Kreuz*
♥ *Herz*
♦ *Karo*

In einem Spielautomaten drehen sich zwei Räder, auf denen jeweils die vier Symbole ♠, ♣, ♥, ♦ mehrfach, aber gleich oft aufgetragen sind.

a) Welche Auszahlung kann man im Mittel auf lange Sicht pro Spiel erwarten?

b) Untersuchen Sie, bei welchem Spieleinsatz das Spiel fair ist.

Ergebnis	Auszahlung
♣♠ ♠♣	0 €
♦♣ ♣♦ ♠♦ ♦♠	0,10 €
♥♣ ♣♥ ♥♠ ♠♥	0,20 €
♣♣ ♠♠ ♦♦	0,30 €
♥♦ ♦♥	0,40 €
♥♥	0,50 €

14 Einen fairen Lospreis festlegen

Bei einem Klassenfest muss jeder der 25 teilnehmenden Personen ein Los kaufen. Der erste Preis hat einen Wert von 15 €, der zweite Preis einen Wert von 10 € und der dritte Preis einen Wert von 4 €. Außerdem gibt es Trostpreise im Wert von 0,50 €.

Untersuchen Sie, wie viel ein Los kosten müsste, damit Einnahmen und Ausgaben übereinstimmen.

15 Regeln eines Spiels variieren

Das Glücksrad wird gedreht.

Bleibt der Zeiger auf Rot stehen, erhält der Spieler eine Auszahlung von 2 €. Der Spieleinsatz beträgt 1 €.

Verändern Sie das Glücksspiel so, dass es ein faires Spiel wird, indem Sie

a) den Spieleinsatz verändern;

b) die Auszahlung verändern;

c) die Größe bzw. Anzahl der Sektoren auf dem Glücksrad verändern.

Prüfe dich!
Lösungen auf Seite 427

16

Anna und Ben vereinbaren, eine Münze so lange zu werfen, bis Wappen erscheint, maximal jedoch fünfmal. Anna zahlt an Ben für jeden notwendigen Wurf 1 €. Ist nach dem 5. Wurf kein Wappen gefallen, muss Anna 7 € an Ben zahlen.

a) Bestimmen Sie die Wahrscheinlichkeitsverteilung der Zufallsgröße X: *Höhe des Betrags in €, den Anna an Ben zahlen muss.* Bestimmen Sie deren Erwartungswert.

b) Untersuchen Sie, wie groß der Einsatz von Ben sein muss, damit die Spielregel fair ist.

17 ☰ Erwartungswert beim mehrstufigen Baumdiagramm

Die Herstellung von Keksen in einer Fabrik ist aufgrund vieler Faktoren, z. B. der Schwankung der Ofentemperatur oder der Rohstoffunterschiede, ein schwieriges Unterfangen, das eine umfangreiche Qualitätskontrolle notwendig macht.
Im Laufe des Produktionsprozesses entscheidet die Kontrolle zweimal:
Die erste Entscheidung erfolgt nach dem Backen der Kekse, die zweite wird nach dem Schokoladenüberzug getroffen.

- 23 % der Kekse werden bei der ersten Qualitätskontrolle beanstandet. Davon erhalten 60 % anschließend einen Schokoladenüberzug und werden als Kekse 2. Wahl verkauft. Die anderen werden als Ausschuss deklariert.
- 85 % der zuvor nicht beanstandeten Kekse werden nach dem Schokoladenüberzug als Kekse 1. Wahl in den Verkauf gebracht, die übrigen als Kekse 2. Wahl eingestuft.

a) Stellen Sie den Prüfvorgang in einem Baumdiagramm dar.
Bestimmen Sie die Wahrscheinlichkeit, dass ein zufällig ausgewählter Keks als 1. Wahl, 2. Wahl oder Ausschuss deklariert wird.

b) Pro Kilogramm Kekse mit Schokoladenüberzug entstehen dem Hersteller Kosten von 1,30 €, ohne Schokoladenüberzug 0,80 €. Kekse 1. Wahl werden zu einem Preis von 10 € pro Kilogramm verkauft, Kekse 2. Wahl zu einem Preis von 6,50 € pro Kilogramm. Der Ausschuss wird an einen Resteverwerter für 1,80 € pro Kilogramm verkauft.
Bestimmen Sie den zu erwartenden Gewinn pro Kilogramm Kekse.

18 ☰ Additivität des Erwartungswerts

Bei einem Gewinnspiel wird mit einem Würfel gewürfelt. Der Spielbetreiber bietet zwei Spielvarianten an.

~~ Auszahlung ~*~*

Spielvariante 1:	*Augenzahl in €*
Spielvariante 2:	*4 € bei Augenzahl 1, 2 oder 3; 1 € bei Augenzahl 4, 5 oder 6*

a) Vergleichen Sie die beiden Spielvarianten anhand ihrer Erwartungswerte.

b) Die Zufallsgröße X_1 gibt den Auszahlungsbetrag in € bei Spielariante 1 an, die Zufallsgröße X_2 den Auszahlungsbetrag in € bei Spielvariante 2.
Übertragen Sie die Tabelle in Ihr Heft und vervollständigen Sie diese.
Erläutern Sie die Bedeutung der Zufallsgröße $X_1 + X_2$. Wie hängen die Erwartungswerte von X_1, X_2 und $X_1 + X_2$ zusammen?

Augenzahl	X_1	X_2	$X_1 + X_2$
1	1	4	
2	2	4	
3	3	4	
4	4	1	
5	5	1	
6	6	1	
Summe			
Erwartungswert			

c) Beweisen Sie mithilfe der Bezeichnungen aus der Tabelle:

Additivität des Erwartungswertes

Sind zwei Zufallsgrößen X_1 und X_2 auf der gleichen Ergebnismenge eines Zufallsexperiments definiert, so gilt:
$E(X_1 + X_2) = E(X_1) + E(X_2)$

Ergebnis	Wahrscheinlichkeit	X_1	X_2	$X_1 + X_2$
e_1	p_1	a_1	b_1	$a_1 + b_1$
e_2	p_2	a_2	b_2	$a_2 + b_2$
e_3	p_3	a_3	b_3	$a_3 + b_3$
...	...	...	...	...
e_n	p_n	a_n	b_n	$a_n + b_n$

5.8 Standardabweichung einer Zufallsgröße

Der Einsatz an zwei Spielautomaten beträgt jeweils 0,20 €. Die Ausschüttung erfolgt nach den folgenden Plänen:

Automat A

Betrag in €	0	0,20	0,50	1	2
Wahrscheinlichkeit	0,79	0,10	0,05	0,04	0,02

Automat B

Betrag in €	0	0,10	0,20	0,50	1	2
Wahrscheinlichkeit	0,60	0,20	0,10	0,05	0,04	0,01

- Beide Spielautomaten haben den Erwartungswert 0,125 €. Untersuchen Sie das Streuverhalten um diesen Erwartungswert.

Lösung

Die Wahrscheinlichkeiten für die einzelnen Auszahlungsbeträge sind Schätzwerte für die relativen Häufigkeiten, wenn man das Zufallsexperiment oft durchführt.

Nachschlagen Seite 208

Man erhält also einen Schätzwert für die empirische Standardabweichung in einer großen Stichprobe, wenn man in der Formel die relativen Häufigkeiten durch die Wahrscheinlichkeiten und das arithmetische Mittel durch den Erwartungswert ersetzt.

Damit ergibt sich für die Standardabweichung vom Erwartungswert 0,125 €

- beim Automaten A:

$$\sqrt{(0\,€ - 0{,}125\,€)^2 \cdot 0{,}79 + (0{,}20\,€ - 0{,}125\,€)^2 \cdot 0{,}1 + \ldots + (2\,€ - 0{,}125\,€)^2 \cdot 0{,}02} \approx 0{,}35\,€$$

- beim Automaten B:

$$\sqrt{(0\,€ - 0{,}125\,€)^2 \cdot 0{,}6 + (0{,}10\,€ - 0{,}125\,€)^2 \cdot 0{,}2 + \ldots + (2\,€ - 0{,}125\,€)^2 \cdot 0{,}01} \approx 0{,}29\,€$$

Beim Automaten A streuen die ausgezahlten Beträge stärker um den Erwartungswert 0,125 € als beim Automaten B. Ein Grund dafür ist, dass beim Automaten A die Wahrscheinlichkeit für den Hauptgewinn mit 2 € doppelt so groß ist wie beim Automaten B.
Hieraus ergibt sich, dass beim Automaten A höhere Gewinne, aber auch stärkere Verluste wahrscheinlicher sind als beim Automaten B.

WES-109471-514

Varianz und Standardabweichung einer Zufallsgröße

Die **Varianz Var (X)** einer Zufallsgröße X ist die **mittlere quadratische Abweichung** vom Erwartungswert E (X).
Hat die Wahrscheinlichkeitsverteilung von X die Werte $x_1, \ldots, x_m$ mit den Wahrscheinlichkeiten $P(X = x_1), \ldots, P(X = x_m)$, so ist

$$\mathrm{Var}(X) = (x_1 - E(X))^2 \cdot P(X = x_1) + \ldots + (x_m - E(X))^2 \cdot P(X = x_m) = \sum_{i=1}^{m} (x_i - E(X))^2 \cdot P(X = x_i)$$

Die **Standardabweichung** $\sqrt{\mathbf{Var(X)}}$ einer Zufallsgröße X ergibt sich aus der Wurzel der Varianz:

$$\sqrt{\mathrm{Var}(X)} = \sqrt{(x_1 - E(X))^2 \cdot P(X = x_1) + \ldots + (x_m - E(X))^2 \cdot P(X = x_m)}$$

Sie ist ein Maß für die Streuung einer Wahrscheinlichkeitsverteilung um ihren Erwartungswert E (X).

Wie bei $\overline{s}$, nur mit E (X) statt $\overline{x}$ und Wahrscheinlichkeiten

Varianz und Standardabweichung einer Zufallsgröße berechnen

Das Glücksrad wird einmal gedreht.
Bleibt der Zeiger auf Orange stehen, erhält man eine Auszahlung von 1 €, ansonsten wird nichts ausgezahlt. Die Zufallsgröße X gibt die Höhe der Auszahlung in € an.
Berechnen Sie die Standardabweichung von X.

Lösung

Schrittweise

Erwartungswert berechnen	$E(X) = 0 \cdot 0{,}75 + 1 \cdot 0{,}25 = 0{,}25$
Varianz berechnen	$Var(X) = (0 - 0{,}25)^2 \cdot 0{,}75 + (1 - 0{,}25)^2 \cdot 0{,}25 = 0{,}1875$
Standardabweichung berechnen	$\sqrt{Var(X)} \approx 0{,}43$

Mit einem Rechner

Das Vorgehen entspricht dem bei der empirischen Standardabweichung.

Nachschlagen
Seite 209

w:={0, 1}	{0, 1}
wkt:={0.75, 0.25}	{0.75, 0.25}

Statistik mit einer Variable	
X1-Liste:	w
Häufigkeitsliste:	wkt

"Titel"	"Statistik mit einer Variable"
"$\bar{x}$"	0.25
"σx:=σnx"	0.433013

1 Bedeutung von Erwartungswert und Standardabweichung

Neben fairen Würfeln werden gezinkte Würfel zum Kauf angeboten.

fairer Würfel

Augenzahl	1	2	3	4	5	6
Wahrscheinlichkeit	$\frac{1}{6}$	$\frac{1}{6}$	$\frac{1}{6}$	$\frac{1}{6}$	$\frac{1}{6}$	$\frac{1}{6}$

gezinkter Würfel

Augenzahl	1	2	3	4	5	6
Wahrscheinlichkeit	$\frac{1}{12}$	$\frac{1}{6}$	$\frac{1}{4}$	$\frac{1}{4}$	$\frac{1}{6}$	$\frac{1}{12}$

Stellen Sie beide Wahrscheinlichkeitsverteilungen grafisch dar und bestimmen Sie für beide Würfel Erwartungswert und Standardabweichung.
Erläutern Sie anhand der Histogramme die Bedeutung beider Werte.

2 Streuung beim Kugelziehen

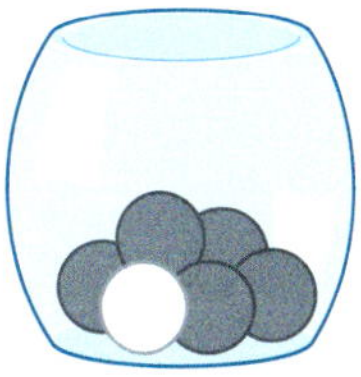

Bei einem Spiel werden Kugeln aus einer Urne mit fünf schwarzen und einer weißen Kugel gezogen, und zwar
(1) mit Zurücklegen; (2) ohne Zurücklegen.
Das Spiel ist beendet, wenn die weiße Kugel gezogen wurde, spätestens jedoch nach der 5. Ziehung.

a) Bestimmen Sie jeweils die Wahrscheinlichkeitsverteilung der Zufallsgröße X: *Anzahl der Runden bis zum Spielende* und den Erwartungswert der Zufallsgröße.
b) Bestimmen Sie jeweils die Standardabweichung der Anzahl der Runden.
Vergleichen Sie die Werte. Welche der beiden Verteilungen streut stärker um den Erwartungswert? Warum ist das plausibel?

3 Sachkontext formulieren

Formulieren Sie zum folgenden Term einen Sachkontext:

$$\sqrt{(4 - 5{,}58)^2 \cdot 0{,}2 + (5 - 5{,}58)^2 \cdot 0{,}23 + (6 - 5{,}58)^2 \cdot 0{,}36 + (7 - 5{,}58)^2 \cdot 0{,}21}$$

Berechnen Sie dessen Wert und interpretieren Sie den Wert im gewählten Sachkontext.

4 Holzstifte

Eine Firma fertigt Holzstifte zur Verbindung von Möbelteilen.
Angestrebt wird ein Durchmesser von 5 mm. Bei Abweichungen von mehr als 0,2 mm sind die Stifte nicht zu gebrauchen. Die Zufallsgröße X beschreibt die Abweichung in mm.

Abweichung a_i in mm	−0,4	−0,2	0,0	0,2	0,4
$P(X = a_i)$	0,15	0,18	0,27	0,22	0,18

Bestimmen Sie den Erwartungswert und die Standardabweichung von X. Interpretieren Sie die Ergebnisse im Sachkontext und beurteilen Sie, ob die Maschine ersetzt werden muss.

Prüfe dich!
Lösungen auf Seite 427

5 Ein Spielautomat ist so programmiert, dass er verschiedene Beträge mit den angegebenen Wahrscheinlichkeiten auswirft. Der Spieleinsatz beträgt 1 €.

Auszahlung in €	1	2	3	4	0
Wahrscheinlichkeit der Auszahlung	$\frac{1}{4}$	$\frac{1}{9}$	$\frac{1}{15}$	$\frac{1}{20}$	sonst

Lukas spielt einmal an dem Spielautomaten. Bestimmen Sie den Erwartungswert und die Standardabweichung der Zufallsgröße *X: Höhe des Gewinns in €.*

Standardabweichungen in Histogrammen vergleichen

Standardabweichung eher klein

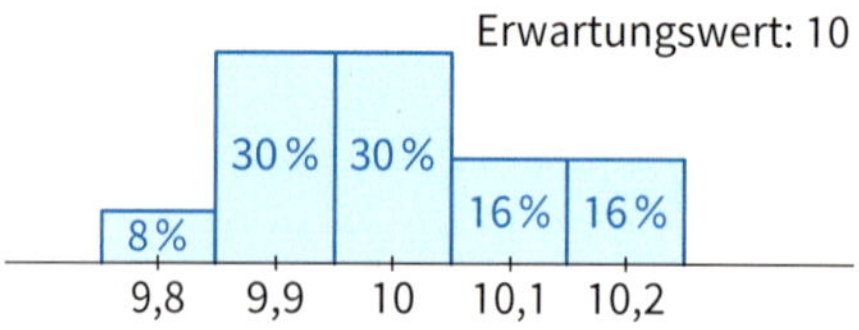

„Höhere Säulen nah am Erwartungswert; Säulen an den Rändern eher niedrig“

Standardabweichung eher groß

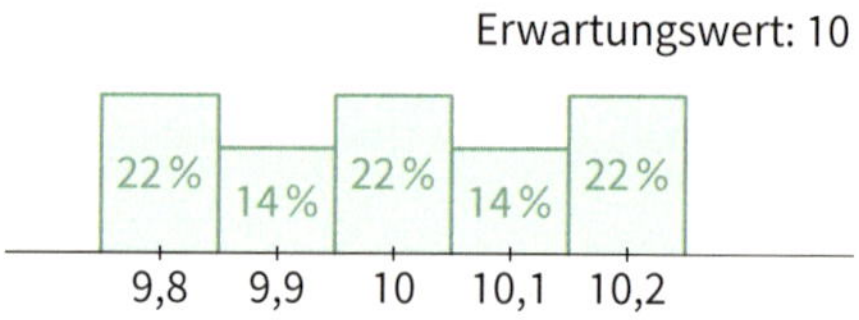

„Höhere Säulen weiter weg von Erwartungswert; Säulen an den Rändern eher hoch“

6 Vom Histogramm auf die Standardabweichung schließen

Bei vier Glücksrädern werden die Gewinnbeträge wie in den Histogrammen gezeigt ausgeschüttet. Ordnen Sie ohne Rechnung die Glücksräder nach der Größe ihrer Standardabweichung. Begründen Sie Ihr Ergebnis.

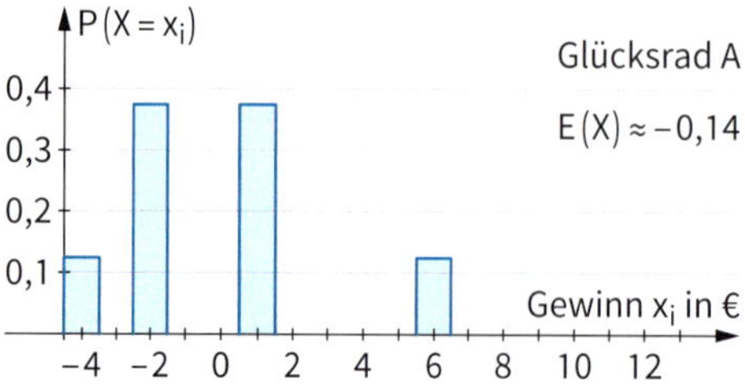

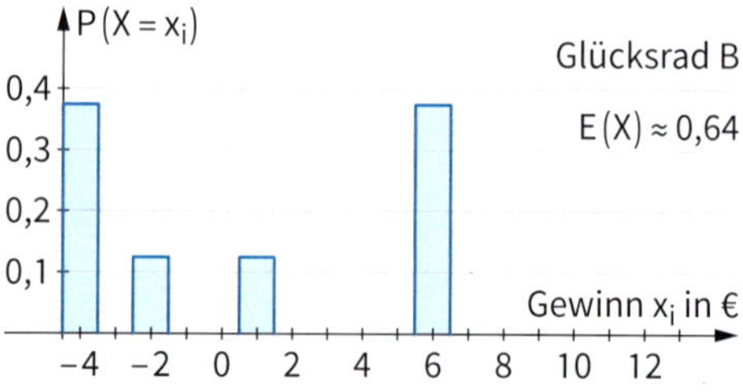

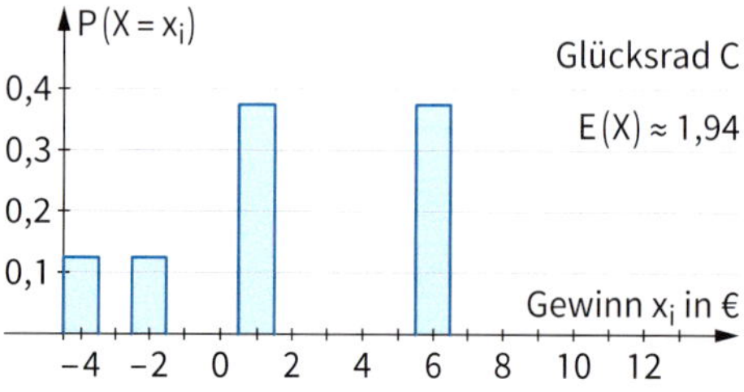

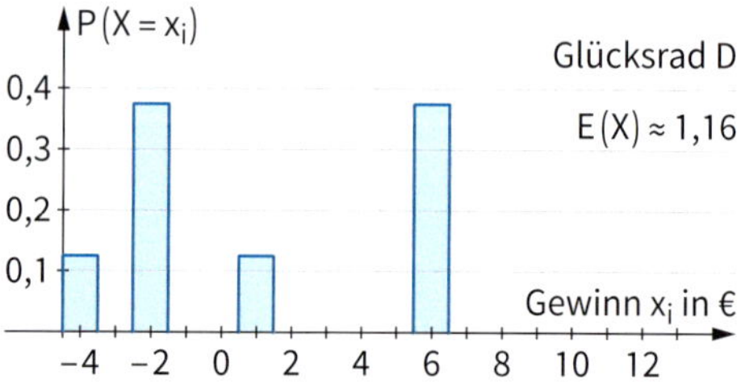

7 = **Standardabweichung einer Zufallsgröße und empirische Standardabweichung**

Gegeben ist ein fairer Würfel.

a) Bestimmen Sie die Standardabweichung der Augenzahlen beim Würfeln.

b) Würfeln Sie einen solchen Würfel 20-mal und notieren Sie Ihre Häufigkeitsverteilung.

c) Summieren Sie die Werte aus Teilaufgabe b) für Ihren gesamten Kurs und stellen Sie die Daten in einem Histogramm dar.

d) Vergleichen Sie Ihr Ergebnis aus Teilaufgabe b) mit dem aus Teilaufgabe a), also Realität und Modell, und diskutieren Sie die Bedeutung der Kenngrößen im Sachzusammenhang.

---

8 = Die Histogramme zeigen die Wahrscheinlichkeitsverteilung einer Abfüllanlage für rote und gelbe Schokolinsen in den Tüten. Beurteilen Sie ohne Rechnung, für welche Farbe die Anzahl der Schokolinsen in den Tüten mehr streut.

Prüfe dich!
Lösungen auf Seite 427

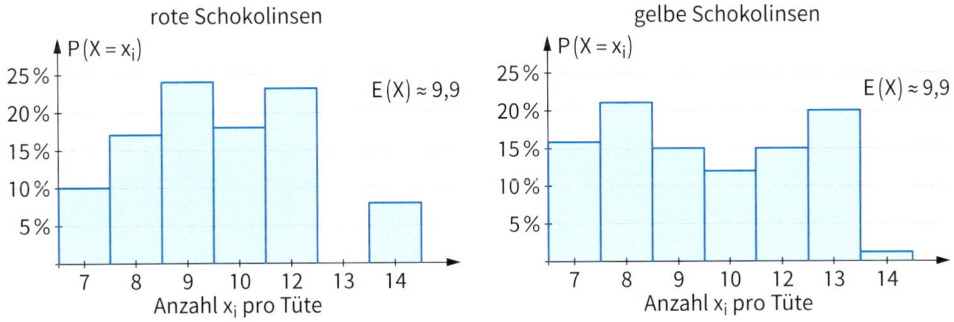

---

9 ≡ **Erstattung bei Überbuchung**

Die Fluggesellschaft Budgetfly bietet generell mehr Tickets pro Flug zum Verkauf an, als Plätze im Flugzeug vorhanden sind, da erfahrungsgemäß nicht alle gebuchten Flüge angetreten werden. So lassen sich Kosten sparen.

Ein Flugzeug verfügt über 150 Plätze; angeboten werden 155 Tickets.

Bekommen Passagiere keinen Platz im gebuchten Flugzeug, steht ihnen eine Erstattung des Flugpreises von 250 € zu.

Die empirisch ermittelte Wahrscheinlichkeit, dass zu viele Budgetfly-Passagiere ihren Flug wirklich antreten, ist in der Tabelle dargestellt.

überzählige Fluggäste	0	1	2	3	4	5
Wahrscheinlichkeit	0,68	0,17	0,08	0,04	0,02	0,01

Bestimmen Sie den Erwartungswert und die Standardabweichung der Erstattungssumme.

10 ≡ **Wirtschaftlichkeit mit stochastischen Kenngrößen prüfen**

In einem Supermarkt werden pro Tag 3 kg von einer Bio-Frucht angeboten.

Pro Kilogramm zahlt der Supermarkt 4,20 € an den Erzeuger und verkauft es für 6,50 €.

Verdorbenes Obst muss an jedem Abend entsorgt werden. Der Geschäftsführer nutzt die bisherigen Verkaufszahlen für seine Planungen.

Nachfrage pro Tag in kg	0	1	2	3	4
Wahrscheinlichkeit	0,12	0,34	0,37	0,11	0,06

Der Geschäftsführer muss entscheiden, ob er die Frucht weiterhin anbieten soll. Dazu bestimmt er die zu erwartende Verkaufsmenge. Weiterhin ist es geschäftsschädigend, wenn die Frucht ausverkauft ist, da dann die Kunden zu einem Konkurrenten wechseln könnten. Mit welcher Streuung der Nachfrage muss der Geschäftsführer kalkulieren? Bestimmen Sie die Menge an Obst, die er dann vorhalten muss. Lohnt sich der Verkauf dieser Frucht?

Mein Merkzettel

Seite 206
Seite 209

Daten auswerten

Gegeben: Datensatz 1; 0; 2; 1; 1; 1; 1; 0; 1; 2

- ***Häufigkeitsverteilung***
  ordnet jedem Wert seine relative Häufigkeit zu

Wert	0	1	2
rel. Häufigkeit	0,2	0,5	0,2

- ***Arithmetisches Mittel*** $\overline{x}$
  umgangssprachlich: „Durchschnitt"

$\overline{x} = 0 \cdot 0{,}2 + 1 \cdot 0{,}5 + 2 \cdot 0{,}2 = 0{,}9$

- ***Empirische Standardabweichung*** $\overline{s}$
  ist ein Maß für die Streuung der Werte um ihr arithmetisches Mittel; berechnet sich aus der Wurzel der mittleren quadratischen Abweichung

$\overline{s}^2 = (0 - \overline{x})^2 \cdot 0{,}2 + (1 - \overline{x})^2 \cdot 0{,}5 + (2 - \overline{x})^2 \cdot 0{,}2$
$= 0{,}409$

$\overline{s} = \sqrt{0{,}409} \approx 0{,}640$

Seite 218
Seite 220

Ziehen mit Zurücklegen

1. Ziehen: aus 6 Kugeln *2. Ziehen: aus 6 Kugeln*

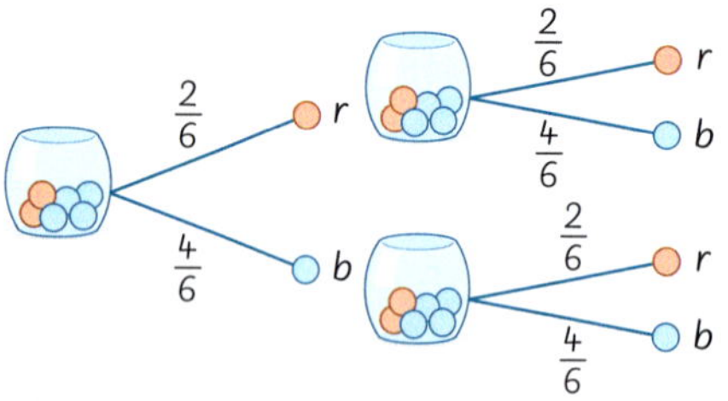

E: Gleiche Farbe $P(E) = \frac{2}{6} \cdot \frac{2}{6} + \frac{4}{6} \cdot \frac{4}{6} = \frac{20}{36}$

Genauso: Glückrad mehrfach drehen; mehrfach Würfeln; Karten ziehen mit Zurücklegen

Ziehen ohne Zurücklegen

1. Ziehen: aus 6 Kugeln *2. Ziehen: aus 5 Kugeln*

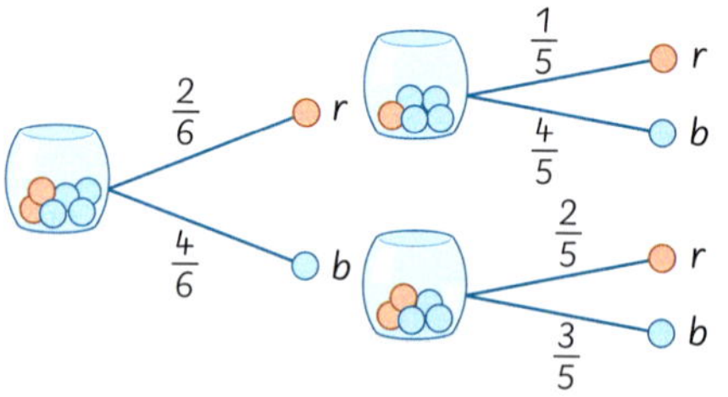

E: Gleiche Farbe $P(E) = \frac{2}{6} \cdot \frac{1}{5} + \frac{4}{6} \cdot \frac{3}{5} = \frac{14}{30}$

Genauso: Lose ziehen; Personen nacheinander auswählen; Karten ziehen ohne Zurücklegen

Seite 233

Baumdiagramme aus Vierfeldertafel erstellen

Bei Erhebungen wird häufig eine Grundgesamtheit (z. B. Autos) auf zwei Merkmale (Farbe; Antrieb) mit je zwei Ausprägungen (rot – nicht rot; E-Antrieb – kein E-Antrieb) hin untersucht.

Vierfeldertafel:

	B	$\overline{B}$	gesamt
A	1	2	1
$\overline{A}$	3	4	2
gesamt	1	2	100 %

In Zeilen: 1 + 2 = 1 etc.

In Spalten: 1 + 3 = 1 etc.

Baumdiagramme:

„Erst A, dann B"

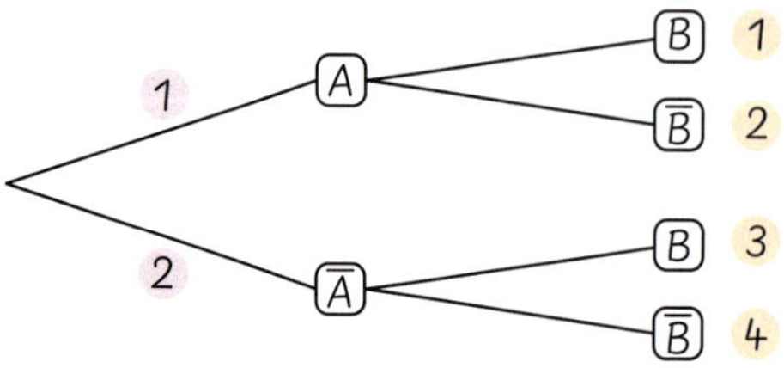

„Erst B, dann A"

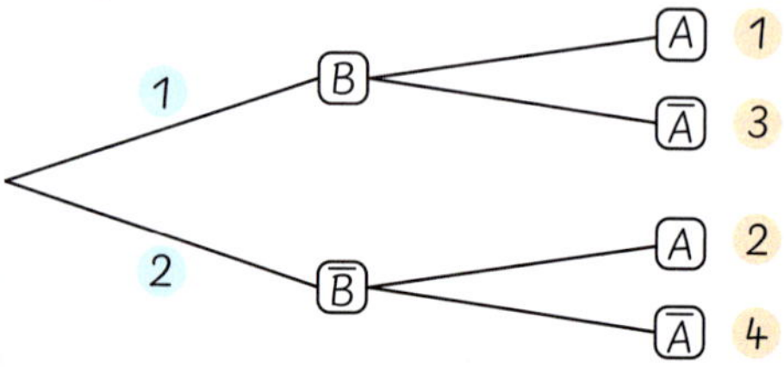

Bedingte Wahrscheinlichkeit

Seite 229
Seite 230
Seite 235

Gegeben: Ereignisse A, B

- ***bedingte Wahrscheinlichkeit** von B unter der Bedingung A: $P_A(B)$*
  ist die Wahrscheinlichkeit, dass B eintritt, nachdem A bereits eingetreten ist
- *berechnet sich aus:*
  $$P_A(B) = \frac{P(A \cap B)}{P(A)}$$

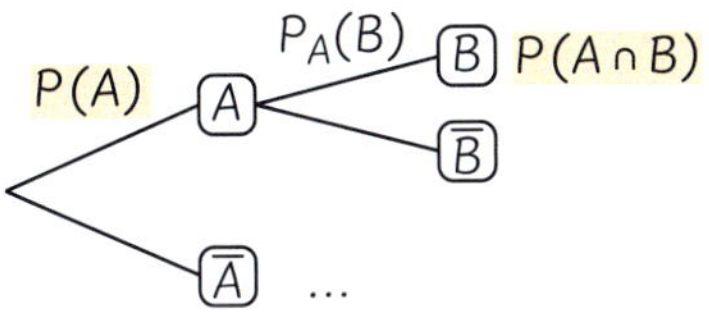

	B	$\overline{B}$	gesamt
A	$P(A \cap B)$		P(A)
$\overline{A}$			
gesamt			100 %

- *verbale Formulierung: A: Das Auto ist ein rotes Auto B: Das Auto ist ein E-Auto*
  $P_A(B)$: „Wahrscheinlichkeit, dass ein rotes Auto ein E-Auto ist" oder
  „Anteil der E-Autos unter den roten Autos"

Ereignisse auf stochastische Unabhängigkeit prüfen

Seite 229

Gegeben: Ereignisse A, B

- *A, B **stochastisch unabhängig**:*
  Für B ist es egal, ob vorher A eingetreten ist.
- *Es gilt: $P_A(B) = P(B)$ bzw.*
  $P(A \cap B) = P(A) \cdot P(B)$
- *Im Baumdiagramm sind die Wahrscheinlichkeiten auf den Teilpfaden der 2. Stufe gleich.*

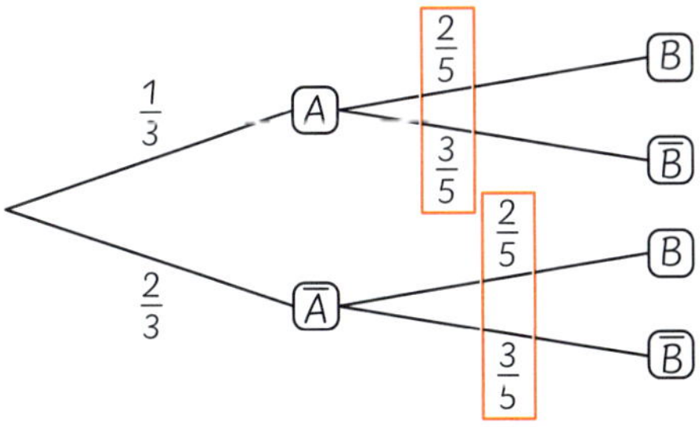

Wahrscheinlichkeitsverteilung einer Zufallsgröße bestimmen

Seite 241

2-mal würfeln

Zufallsgröße X: Anzahl von Blau

Ergebnisse E_i	E_1: (g|g)	E_2: (g|b)	E_3: (b|g)	E_4: (b|b)
Werte x_i	$x_1 = 0$ „0-mal Blau"	$x_2 = 1$ „1-mal Blau"		$x_3 = 2$ „2-mal Blau"

Wahrscheinlichkeitsverteilung von X:

x_i	0	1	2
$P(X = x_i)$	$\frac{5}{6} \cdot \frac{5}{6} = \frac{25}{36}$	$2 \cdot \frac{1}{6} \cdot \frac{5}{6} = \frac{10}{36}$	$\frac{1}{6} \cdot \frac{1}{6} = \frac{1}{36}$

Erwartungswert einer Zufallsgröße bestimmen

Seite 241
Seite 244

„wie bei $\overline{x}$, nur mit Wahrscheinlichkeit statt relativer Häufigkeit"

$$E(X) = 0 \cdot \frac{25}{36} + 1 \cdot \frac{10}{36} + 2 \cdot \frac{1}{36} = \frac{12}{36} = \frac{1}{3}$$

- *beschreibt den zu erwartenden Mittelwert der x_i bei häufiger Versuchsdurchführung*
- ***Faires Spiel**: Die zu erwartende Auszahlung und der Spieleinsatz sind gleich.*

Standardabweichung einer Zufallsgröße bestimmen

Seite 247

„wie bei $\overline{s}$, nur mit E (X) statt $\overline{x}$ und Wahrscheinlichkeit statt relativer Häufigkeit"

$$Var(X) = (0 - E(X))^2 \cdot \frac{25}{36} + (1 - E(X))^2 \cdot \frac{10}{36} + (2 - E(X))^2 \cdot \frac{1}{36} = \frac{5}{18}$$

$$\sqrt{Var(X)} \approx 0{,}53$$

- *ist ein Maß für die Streuung der x_i um ihren Erwartungswert*

Wiederholen für die Klausur

Lösungen auf Seite 428

Teil A – Aufgaben ohne Hilfsmittel

1 Kenngrößen eines Datensatzes

Anna hat eine Woche lang täglich die Zeit gemessen, die sie für ihre Mathematikhausaufgaben benötigt hat.

Zeit in min	5	7	9
Häufigkeit	1	2	1

Zeigen Sie, dass das arithmetische Mittel der benötigten Zeit sieben Minuten beträgt, und berechnen Sie die empirische Standardabweichung der benötigten Zeit.

2 Wahrscheinlichkeiten beim Würfeln

a) Ein Würfel wird dreimal geworfen. Bestimmen Sie die Wahrscheinlichkeit, dass
 (1) dreimal eine ungerade Zahl geworfen wird;
 (2) die Augensumme aus den drei Würfen 17 beträgt;
 (3) keinmal eine 6 geworfen wird.

b) Erläutern Sie, auf welche Augensumme Sie nach drei Würfen am ehesten wetten würden.

3 Kugeln ziehen

In einem Behälter sind zwei rote und drei grüne Kugeln. Nacheinander werden Kugeln ohne Zurücklegen gezogen.

a) Bei einem Spiel werden so viele Kugeln gezogen, bis von jeder Farbe mindestens eine Kugel dabei ist. Bestimmen Sie, wie viele Ziehungen im Mittel notwendig sind.

b) Bei einem Schulfest soll das Ziehen der Kugeln als faires Glücksspiel angeboten werden. Dabei soll der Einsatz 75 Cent betragen und folgende Bedingung gelten: *Wenn man erst bei der 4. Ziehung die zweite Farbe zieht, verliert man seinen Einsatz vollständig.*
Definieren Sie für ein solches faires Glücksspiel die Ereignisse, die zu Auszahlungen führen, und die jeweilige Höhe der Auszahlung.

4 Vierfeldertafel

a) Vervollständigen Sie die Vierfeldertafel.

b) Bestimmen Sie:
 (1) $P(A \cap \overline{B})$ (2) $P(B)$
 (3) $P_{\overline{A}}(B)$ (4) $P_B(\overline{A})$
 (5) P(*Entweder A oder B*)

	B	$\overline{B}$	gesamt
A	0,2		
$\overline{A}$		0,4	0,65
gesamt			

5 Lauftraining

In einer Umfrage zum Lauftraining wurden 200 Personen befragt. 80 Personen liefen mit Lauf-App-Unterstützung, die anderen nicht. Zudem wurde festgestellt, dass 100 Personen ihr Training länger als 4 Wochen beibehielten, während die restlichen Personen es vorher abbrachen. 20 der befragten Personen brachen das Training ab und nutzten eine Lauf-App.

a) Erstellen Sie aus den Daten eine Vierfeldertafel.

b) Berechnen Sie die Wahrscheinlichkeit, dass
 (1) eine befragte Person eine Lauf-App nutzte und das Training abbrach;
 (2) eine Person, die eine Lauf-App nutzte, das Training auch beibehielt;
 (3) unter den App-Nutzern das Training abgebrochen wurde.

c) Untersuchen Sie, ob die beiden Ereignisse *„Die Person nutzt eine Lauf-App"* und *„Die Person bricht das Training nicht ab"* stochastisch unabhängig sind. Nutzen Sie dazu die Definition der stochastischen Unabhängigkeit.

Teil B – Aufgaben mit Hilfsmitteln

Lösungen auf Seite 429

6 Wettbewerb

Die Jugendlichen eines Mathematik-Grundkurses haben in zwei Gruppen Papierfrösche gebastelt und den Wettbewerb „Papierfrosch-Weitsprung" durchgeführt.
Dabei wurden folgende Sprungweiten in cm gemessen:

Gruppe 1	25	19	16	17	22	23	30	14	17	27	25	23	32	18
Gruppe 2	14	22	23	27	18	23	13	25	19	30	23	34	21	16

Berechnen Sie für jede Gruppe das arithmetische Mittel und die empirische Standardabweichung der Sprungweiten. Vergleichen Sie die Ergebnisse der beiden Gruppen.

7 Tombola

Bei der Tombola eines Sportvereins sind drei Preise übrig; in der Losbox befinden sich noch zehn Lose. Jasmin kauft dreimal je einen Los.

a) Die Zufallsgröße X gibt Anzahl der Preise an, die Jasmin erhält. Bestimmen Sie die Wahrscheinlichkeitsverteilung von X.

b) Ermitteln Sie die Wahrscheinlichkeit, dass Jasmin erst beim dritten Los einen Preis erhält.

c) Berechnen Sie die Wahrscheinlichkeit, dass Jasmin mindestens einen Preis erhält.

8 Qualitätskontrolle

Eine Firma stellt Solarpanels her. Bei der Qualitätskontrolle werden Kontrollmessungen durchgeführt. Solarpanels, die nicht vollständig funktionstüchtig sind, werden zu 95 % als solche erkannt. Funktionstüchtige Solarpanels werden in 2 % der Fälle wegen eines Messfehlers irrtümlich als nicht funktionstüchtig angezeigt. Erfahrungsgemäß sind 90 % der produzierten Solarpanels in Ordnung.

a) Ein Solarpanel wird zufällig ausgewählt. Ermitteln Sie die Wahrscheinlichkeit, dass die Qualitätskontrolle ein korrektes Urteil liefert.

b) Ein zufällig ausgewähltes Solarpanel wird als fehlerhaft angezeigt. Berechnen Sie, mit welcher Wahrscheinlichkeit es tatsächlich nicht zu gebrauchen ist.

c) Bestimmen Sie die Wahrscheinlichkeit, dass ein zufällig ausgewähltes Solarpanel in Ordnung ist oder korrekt beurteilt wird.

9 Zufallsgenerator

Bei einem Spiel wird dreimal hintereinander ein Zufallsgenerator gestartet, der mit einer Wahrscheinlichkeit von 40 % Rot und mit einer Wahrscheinlichkeit von 60 % Schwarz anzeigt. Wird dreimal hintereinander Rot angezeigt, erhält man eine Auszahlung von 2 €. Wird zweimal hintereinander Rot angezeigt, wird 1 € ausgezahlt. Zeigt der Zufallsgenerator in der Reihenfolge *Schwarz – Rot – Schwarz* an, erhält man eine Auszahlung von 3 €. In allen anderen Fällen wird nichts ausgezahlt. Der Spieleinsatz beträgt 1 €.

a) Bestimmen Sie die Wahrscheinlichkeitsverteilung der Zufallsgröße X: *Gewinnbetrag in €*.

b) Zeigen Sie, dass das Spiel nicht fair ist.

c) Passen Sie die Auszahlung im Fall *Schwarz – Rot – Schwarz* so an, dass das Spiel fair wird.

10 Spiel mit zwei Würfeln

Bei einem Spiel mit zwei Würfeln hängt der Auszahlungsbetrag von der Augensumme ab.
Der Spielbetreiber bietet zwei Varianten an.

Augensumme	2 oder 12	3 oder 11	4 oder 10	5 oder 9	6 oder 8	7
Auszahlungsvariante A	5,00 €	4,00 €	3,00 €	1,50 €	1,00 €	0,00 €
Auszahlungsvariante B	10,00 €	5,00 €	3,00 €	1,00 €	0,00 €	0,00 €

Leon entscheidet sich spontan für Auszahlungsvariante A. Beurteilen Sie seine Entscheidung.

6 Binomialverteilte Zufallsgrößen

Eine Genmutation, durch welche die Bildung von Farbstoffen für Haut, Haare und Augen gestört ist, kommt etwa bei einem von 100000 Tieren vor. Deshalb ist es sehr selten, dass man einem solchen Tier in der Wildnis begegnet.

- Was ist eine Binomialverteilung?
- Wie bestimmt man mit der Bernoulli-Formel Wahrscheinlichkeiten?
- Was sind kumulierte Wahrscheinlichkeiten?
- Wie bestimmt man Kenngrößen einer Binomialverteilung?

6.1 Binomialverteilung

Vorbereiten
Seite 384
Zählstrategien
Seite 223

Ein Hersteller von Erfrischungsgetränken wirbt damit, dass im Deckel jeder siebten Flasche ein Gewinncode abgedruckt ist. Theo kauft dreimal je eine Flasche des Erfrischungsgetränks.

- Stellen Sie jeweils einen Term für die Wahrscheinlichkeit auf, dass Joris keinen, genau einen, genau zwei bzw. genau drei Gewinncodes erhält. Verallgemeinern Sie Ihre Ergebnisse für n Flaschen mit k Gewinncodes.

Lösung

Nachschlagen
Seite 219

Es handelt sich um ein dreistufiges Zufallsexperiment, bei dem auf jeder Stufe nur zwischen *„Flasche enthält Gewinncode“* (Erfolg) und *„Flasche enthält keinen Gewinncode“* (Misserfolg) unterschieden wird. Man kann davon ausgehen, dass die Wahrscheinlichkeit für einen Erfolg jedes Mal $\frac{1}{7}$ beträgt.

Damit ergibt sich das folgende Baumdiagramm:

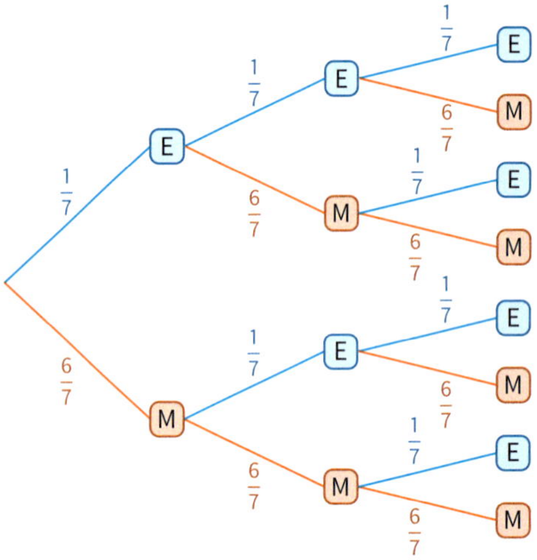

- eine Möglichkeit für *„Drei Erfolge“*:
  $P(E|E|E) = \left(\frac{1}{7}\right)^3$
- drei Möglichkeiten für *„Zwei Erfolge“*:
  $P(E|E|M) = P(E|M|E) = P(M|E|E)$
  $= \left(\frac{1}{7}\right)^2 \cdot \left(\frac{6}{7}\right)^1$
- drei Möglichkeiten für *„Einen Erfolg“*:
  $P(E|M|M) = P(M|E|M) = P(M|M|E)$
  $= \left(\frac{1}{7}\right)^1 \cdot \left(\frac{6}{7}\right)^2$
- eine Möglichkeit für *„Keinen Erfolg“*:
  $P(M|M|M) = \left(\frac{6}{7}\right)^3$

Die Anzahl der Pfade, die zu einem Ereignis gehören, entspricht der Anzahl an Möglichkeiten, keinen, einen, zwei bzw. drei Erfolge beim dreifachen Ziehen zu erzielen. Diese Anzahlen kann man am Baumdiagramm durch Abzählen bestimmen.

Gibt die Zufallsgröße X an, wie viele Gewinncodes Theo gezogen hat, so erhält man:

Anzahl k der Erfolge	Anzahl der Pfade	Wahrscheinlichkeit eines Pfads	Wahrscheinlichkeit $P(X = k)$ für k Erfolge
0	1	$\left(\frac{1}{7}\right)^0 \cdot \left(\frac{6}{7}\right)^3$	$P(X = 0) = 1 \cdot \left(\frac{1}{7}\right)^0 \cdot \left(\frac{6}{7}\right)^3$
1	3	$\left(\frac{1}{7}\right)^1 \cdot \left(\frac{6}{7}\right)^2$	$P(X = 1) = 3 \cdot \left(\frac{1}{7}\right)^1 \cdot \left(\frac{6}{7}\right)^2$
2	3	$\left(\frac{1}{7}\right)^2 \cdot \left(\frac{6}{7}\right)^1$	$P(X = 2) = 3 \cdot \left(\frac{1}{7}\right)^2 \cdot \left(\frac{6}{7}\right)^1$
3	1	$\left(\frac{1}{7}\right)^3 \cdot \left(\frac{6}{7}\right)^0$	$P(X = 3) = 1 \cdot \left(\frac{1}{7}\right)^3 \cdot \left(\frac{6}{7}\right)^0$

Offensichtlich gilt für die Wahrscheinlichkeit von k Gewinncodes bei n gekauften Flaschen:

$P(X = k) = (\text{Anzahl der Pfade mit k Erfolgen}) \cdot \left(\frac{1}{7}\right)^k \cdot \left(\frac{6}{7}\right)^{n-k}$

Bernoulli-Experiment

Ein **Bernoulli-Experiment** ist ein Zufallsexperiment, das nur zwei Ergebnisse hat. Diese Ergebnisse werden Erfolg und Misserfolg genannt. Die Erfolgswahrscheinlichkeit bezeichnet man mit p. Die Wahrscheinlichkeit für einen Misserfolg ist dann 1 – p.

Bernoulli-Kette und Binomialverteilung

Wird ein Bernoulli-Experiment n-mal durchgeführt und ändert sich dabei die Erfolgswahrscheinlichkeit p nicht, so spricht man von einer n-stufigen **Bernoulli-Kette**.

In der Regel betrachtet man die Zufallsgröße X, die die Anzahl der Erfolge angibt. Die Wahrscheinlichkeitsverteilung der Zufallsgröße X heißt **Binomialverteilung**.

Binomialkoeffizient

Die Anzahl der Pfade mit genau k Erfolgen im Baumdiagramm einer n-stufigen Bernoulli-Kette berechnet man mit dem **Binomialkoeffizienten**.

Schreibweise: $\binom{n}{k}$ Sprechweise: *„n über k"*

Bernoulli-Formel

Satz: Für eine n-stufige Bernoulli-Kette mit der Erfolgswahrscheinlichkeit p gilt für die Wahrscheinlichkeit für *„Genau k Erfolge"*:

$$\underbrace{P(X=k)}_{\text{Wahrscheinlichkeit für „Genau k Erfolge"}} = \underbrace{\binom{n}{k}}_{\text{Anzahl der Pfade mit genau k Erfolgen}} \cdot \underbrace{p^k \cdot (1-p)^{n-k}}_{\text{Wahrscheinlichkeit eines Pfads mit genau k Erfolgen}}$$

WES-109471-601

Jakob I Bernoulli (1655 – 1705)

n heißt auch Stufenzahl.

Anmerkung:

In diesem Abschnitt wird der Binomialkoeffizient immer mit dem Rechner-Befehl *nCr* oder durch Abzählen bestimmt. Es gibt aber auch eine Formel zur Berechnung des Binomialkoeffizienten. Diese wird auf den Seiten 194 und 195 (Binomialkoeffizienten) hergeleitet.

combinations (engl.): Möglichkeiten

Bernoulli-Kette erkennen

Ein Würfel wird 5-mal geworfen. Man notiert, wie oft die Augenzahl 6 gewürfelt wird. Begründen Sie, dass es bei diesem Zufallsexperiment um eine 5-stufige Bernoulli-Kette handelt, und geben Sie eine passende Zufallsgröße X an.

Lösung

Angaben zuordnen

Erfolg: z. B. Augenzahl Sechs

Misserfolg: alle anderen Augenzahlen

Erfolgswahrscheinlichkeit: $p = \frac{1}{6}$

Misserfolgswahrscheinlichkeit: $1 - p = \frac{5}{6}$

Man kann als Erfolg „alle anderen Augenzahlen" wählen.

Auf Bernoulli-Experiment prüfen

Das Ergebnis eines Wurfs hat keinen Einfluss auf den nächsten Wurf. Die Erfolgswahrscheinlichkeit bleibt somit bei jedem Wurf gleich.

Der Würfel wird 5-mal geworfen, also handelt es sich um eine 5-stufige Bernoulli-Kette.

Zufallsgröße angeben

Die Zufallsgröße X gibt die Anzahl der Sechsen an.

1 **Bernoulli-Kette erkennen**

Entscheiden Sie, ob es sich bei dem jeweiligen Zufallsexperiment um eine Bernoulli-Kette handelt. Begründen Sie Ihre Entscheidung.

(1) Ein Glücksrad mit Sektoren in den Farben Grün, Blau, Gelb und Rot wird gedreht. Es wird notiert, wie häufig Grün oder Rot gedreht wird.
(2) Zwei Münzen werden geworfen. Zeigen beide Münzen das gleiche Ergebnis, gewinnt man.
(3) In einer Geldbörse befinden sich 1-Euro-, 2-Euro- und 50-Cent-Münzen. Es wird fünfmal nacheinander gezogen und die Anzahl der Euro-Münzen wird notiert. Gezogene 50-Cent-Münzen werden wieder zurückgelegt, Euro-Münzen beiseitegelegt.
(4) Ein Würfel wird achtmal geworfen. Es wird die Augenzahl notiert.
(5) Aus einem Gefäß mit 20 schwarzen und 10 weißen Kugeln werden 12 Kugeln gezogen. Die gezogenen Kugeln werden jedes Mal wieder in das Gefäß zurückgelegt. Die Anzahl der gezogenen weißen Kugeln wird gezählt.

2 **Situation als Bernoulli-Kette interpretieren**

Definieren Sie eine Zufallsgröße X so, dass das jeweilige Zufallsexperiment als Bernoulli-Kette aufgefasst werden kann.

(1) Aus einem Skatblatt werden nacheinander vier Karten gezogen, wobei die gezogene Karte jeweils sofort zurückgelegt wird.
(2) Auf einer Website wird zufällig einer der insgesamt acht verschiedenen Werbebanner eingeblendet.
(3) In einem Beutel befinden sich die Buchstaben A, B, …, K. Es wird siebenmal mit Zurücklegen gezogen.
(4) Das Ziehen der jeweils ersten Zahl beim Lotto „6 aus 49“ wird ein Jahr lang beobachtet.
(5) Bei einem Medikament treten bei 12 % der Patienten die in der Packungsbeilage genannten Nebenwirkungen auf.

Wahrscheinlichkeiten bei einem Bernoulli-Experiment berechnen

Bei einem Würfelspiel wird eine Sechs als Erfolg angesehen.
Der Würfel wird 5-mal geworfen. Die Zufallsgröße X gibt die Anzahl der Sechsen an.
Berechnen Sie die Wahrscheinlichkeit für das Ereignis *Genau 3-mal Sechs.*

Lösung

Angaben zuordnen — Stufenzahl: $n = 5$ — Erfolgswahrscheinlichkeit: $p = \frac{1}{6}$
Anzahl der Erfolge: $k = 3$

Anzahl der Pfade berechnen

nCr(5, 3)	10.

In Bernoulli-Formel einsetzen $P(X = 3) = \binom{5}{3} \cdot \left(\frac{1}{6}\right)^3 \cdot \left(1 - \frac{1}{6}\right)^{5-3} = 10 \cdot \left(\frac{1}{6}\right)^3 \cdot \left(\frac{5}{6}\right)^2 \approx 0{,}032 = 3{,}2\,\%$

Die Wahrscheinlichkeit für *Genau 3-mal Sechs* beträgt ca. 3,2 %.

3 **Wahrscheinlichkeiten mit der Bernoulli-Formel berechnen**

Bei einer Umfrage in den USA gaben 44 % der Jugendlichen und 41 % der Erwachsenen an, an Geister zu glauben.

a) Wie groß ist die Wahrscheinlichkeit dass unter 24 in den USA zufällig ausgewählten Jugendlichen genau 10 an Geister glauben?
b) Wie groß ist die Wahrscheinlichkeit, dass unter 24 in den USA zufällig ausgewählten Erwachsenen genau 8 an Geister glauben?

4 **Binomialkoeffizienten interpretieren**

Ermitteln Sie den Wert des Binomialkoeffizienten und erläutern Sie dessen Bedeutung im Zusammenhang mit Baumdiagrammen und Binomialverteilung.

a) $\binom{34}{15}$ b) $\binom{18}{1}$ c) $\binom{5}{0}$ d) $\binom{24}{24}$

5 **Terme interpretieren**

In einem Behälter befinden sich zehn Schokoriegel: vier mit Kokos und sechs mit Erdnüssen. Es wird mit Zurücklegen aus dem Behälter gezogen. Deuten Sie jeweils den Term im Sachzusammenhang.

Tipp
$\binom{20}{5} \cdot 0{,}6^{15} \cdot 0{,}4^{5}$
$k = 5$, d. h. $p = 0{,}4$

(1) $\binom{10}{2} \cdot 0{,}4^2 \cdot 0{,}6^8$ (2) $\binom{10}{7} \cdot 0{,}4^3 \cdot 0{,}6^7$ (3) $\binom{10}{4} \cdot 0{,}4^6 \cdot 0{,}6^4 + \binom{10}{5} \cdot 0{,}6^5 \cdot 0{,}4^5$

6 **Binomialverteilung bestimmen und darstellen**

Aus der Umfrage eines großen Energieversorgers geht hervor, dass im Jahr 2024 unter den Erwachsenen 24,7 % mindestens ein E-Bike besitzen.

a) Bestimmen Sie die Wahrscheinlichkeitsverteilung der Zufallsgröße X: *Anzahl der Erwachsenen, die mindestens ein E-Bike besitzen* in einer Gruppe von 5 Erwachsenen.

b) Stellen Sie die Wahrscheinlichkeitsverteilung von X in einem Histogramm dar.

Nachschlagen
Seite 213

7 **Schokoladenkugeln**

Ein Hersteller von Schokoladenkugeln wirbt damit, dass in jeder siebten Kugel eine Figur ist, die unter Sammlern als besonders wertvoll gilt. Emma kauft viermal je eine Kugel.
Stellen Sie jeweils einen Term zur Berechnung der Wahrscheinlichkeit auf, dass Emma keine, genau eine, genau zwei, genau drei bzw. genau vier Figuren erhält. Berechnen Sie diese anschließend und stellen Sie die Wahrscheinlichkeitsverteilung in einem Histogramm dar.

8 **Singlehaushalte**

Laut einer Statistik betrug im Jahr 2023 der Anteil der Singlehaushalte in Deutschland 20,3 %. In der EU wohnten durchschnittlich 16,1 % der Menschen allein.

a) Geben Sie einen Term für die Wahrscheinlichkeit an, dass
   (1) unter 254 Deutschen genau 52 allein in einem Haushalt leben;
   (2) unter 680 EU-Bürgern genau 100 befragte Personen allein leben.
   Berechnen Sie diese Wahrscheinlichkeiten.

b) Interpretieren Sie jeweils den Term in diesem Sachzusammenhang.
   (1) $\binom{100}{80} \cdot 0{,}797^{80} \cdot (1 - 0{,}797)^{20}$ (2) $\binom{120}{100} \cdot 0{,}839^{100} \cdot (1 - 0{,}839)^{20}$

---

9 Julia schafft es im Schnitt nur an einem von fünf Schultagen, morgens beim ersten Klingeln des Weckers aufzustehen. In den nächsten drei Tagen möchte Julia pünktlich aufstehen, da ihre Freundin sie abholt. Die Zufallsgröße X gibt an, wie oft Julia beim ersten Klingeln aufsteht. Bestimmen Sie die Wahrscheinlichkeitsverteilung der Zufallsgröße X und stellen Sie diese in einem Histogramm dar.

Prüfe dich!
Lösungen auf
Seite 430

10 95 % der Babys lutschen lieber am rechten als am linken Daumen.

a) Geben Sie einen Term zur Berechnung der Wahrscheinlichkeiten an, dass
   (1) unter zehn Neugeborenen im Babyalter keins lieber am rechten Daumen lutscht;
   (2) unter zehn Neugeborenen im Babyalter genau vier lieber am linken Daumen lutschen.
   Berechnen Sie diese Wahrscheinlichkeiten.

b) Interpretieren Sie den Term $\binom{15}{6} \cdot 0{,}05^6 \cdot (1 - 0{,}05)^9$ im Sachzusammenhang.

probability (engl.): Wahrscheinlichkeit

Andere Systeme nutzen z. B. den Befehl „Binomial".

Rechnerbefehl: binomPdf (n, p, k)

Der Befehl *binomPdf (n, p, k)* berechnet die Wahrscheinlichkeit $P(X = k)$ einer n-stufigen Bernoulli-Kette mit der Erfolgswahrscheinlichkeit p.

Binomialverteilung mit einem Rechner bestimmen

Ein Oktaederwürfel wird dreimal geworfen.
Berechnen Sie die Wahrscheinlichkeitsverteilung der Zufallsgröße X: *Augenzahl 4 oder 5*.

Lösung

Stufenzahl: $n = 3$ Erfolgswahrscheinlichkeit: $p = \frac{2}{8} = 0{,}25$

Wahrscheinlichkeiten einzeln berechnen

$P(X=0) = \binom{3}{0} \cdot 0{,}25^0 \cdot 0{,}75^3 \approx 0{,}42$

$P(X=1) = \binom{3}{1} \cdot 0{,}25^1 \cdot 0{,}75^2 \approx 0{,}42$

$P(X=2) = \binom{3}{2} \cdot 0{,}25^2 \cdot 0{,}75^1 \approx 0{,}14$

$P(X=3) = \binom{3}{3} \cdot 0{,}25^3 \cdot 0{,}75^0 \approx 0{,}02$

binomPdf (3, 0.25, 0)	0.421875
binomPdf (3, 0.25, 1)	0.421875
binomPdf (3, 0.25, 2)	0.140625
binomPdf (3, 0.25, 3)	0.015625

Wahrscheinlichkeiten in einem Schritt berechnen

Gibt man keinen Wert für k ein, so erhält man die Wahrscheinlichkeiten für alle Werte von $k = 0$ bis $k = n$.

binomPdf (3, 0.25)
{0.421875, 0.421875, 0.140625, 0.015625}

Histogramm mit einem Rechner darstellen

	A anzerfolge	B Wahrscheinl	C
=		=binomPdf (3, 0.25, anzerfolge)	
1	0	0.421875	
2	1	0.421875	
3	2	0.140625	
4	3	0.015625	
5			
A	anzerfolge		

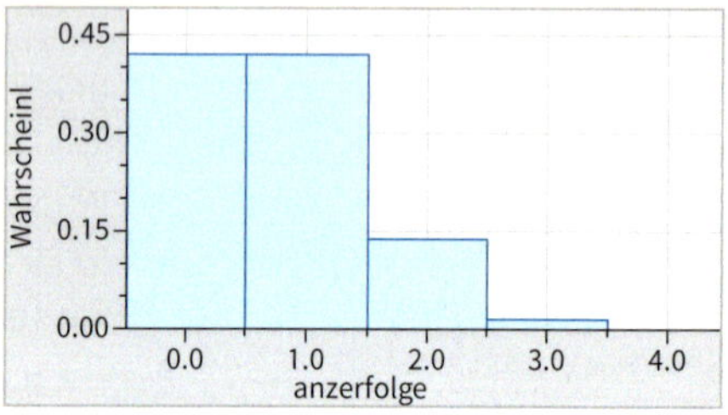

11 = **Wahrscheinlichkeiten beim Würfeln**

Geben Sie einen Term zur Berechnung der gesuchten Wahrscheinlichkeit an und berechnen Sie diese mit einem Rechner.

a) Ein Würfel wird 6-mal geworfen. Mit welcher Wahrscheinlichkeit tritt die Augenzahl 6
(1) genau 2-mal (2) genau 4-mal auf?

b) Ein reguläres Oktaeder wird 8-mal geworfen. Mit welcher Wahrscheinlichkeit tritt die Augenzahl 3
(1) genau 1-mal (2) genau 2-mal auf?

c) Ein reguläres Dodekaeder wird 12-mal geworfen. Mit welcher Wahrscheinlichkeit tritt die Augenzahl 12
(1) genau 3-mal (2) genau 4-mal auf?

d) Ein reguläres Ikosaeder wird 20-mal geworfen. Mit welcher Wahrscheinlichkeit tritt die Augenzahl 5
(1) genau 2-mal (2) genau 4-mal auf?

dodeka (griech.): Vorsilbe „12"

eikosa (griech.): Vorsilbe „20"

12 Laktose-Intoleranz

Etwa 15 % der in Deutschland lebenden Personen sind von einer Laktose-Intoleranz betroffen. Berechnen Sie die Wahrscheinlichkeit, dass in Deutschland

a) von 100 zufällig ausgewählten Personen genau 12 unter Laktose-Intoleranz leiden;

b) von 800 zufällig ausgewählten Personen genau 120 keine Laktose vertragen;

c) von 1100 zufällig ausgewählten Personen genau 165 laktoseintolerant sind.

13 Faires Spiel bei einer Binomialverteilung

Bei einem Glücksspiel wird mit zwei Würfeln geworfen, deren Würfelnetze abgebildet sind. Es wird das Produkt der Augenzahlen gebildet.

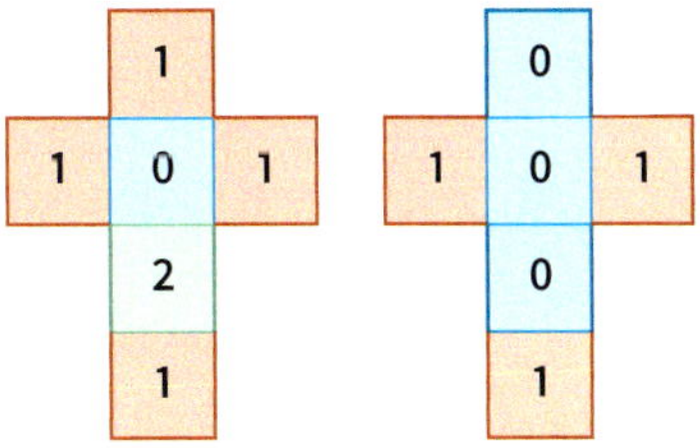

a) Bestimmen Sie die Wahrscheinlichkeitsverteilung der Zufallsgröße X: *Anzahl der Würfe mit Produkt 0* beim 10-fachen Würfeln.

b) Zeichnen Sie das zugehörige Histogramm.

c) Wirft der Spieler das Produkt 0, so muss er 3 € an die Bank zahlen. Legen Sie Gewinnsummen für die anderen möglichen Produkte fest, sodass das Spiel fair ist.

Nachschlagen
Seite 244

14 Zwei Verteilungen vergleichen

25 % aller Wahlberechtigten sind jünger als 30 Jahre, 75 % sind jünger als 60 Jahre.

a) Wie groß ist die Wahrscheinlichkeit, dass unter 8 zufällig ausgewählten Wahlberechtigten
   (1) genau 2 Personen jünger als 30 Jahre sind;
   (2) genau 6 Personen jünger als 60 Jahre sind?

b) Bestimmen Sie die Binomialverteilung für (1) $p = 0{,}25$ (2) $p = 0{,}75$ bei einer Zufallsauswahl von 10 Wahlberechtigten. Stellen Sie diese Verteilung in einem Histogramm dar.

15 Verschiedene Zufallsgrößen, gleiche Wahrscheinlichkeit

Die Zufallsgröße X ist binomialverteilt mit $n = 50$ und $p_1 = 0{,}61$, die Zufallsgröße Y binomialverteilt mit $n = 50$ und $p_2 = 0{,}39$. Begründen Sie, dass gilt: $P(X = 30) = P(Y = 20)$

16 Besondere Säulendiagramme binomialverteilter Zufallsgrößen

Untersuchen Sie, unter welchen Voraussetzungen für n und p es immer zwei paarweise gleich hohe Säulen im Diagramm der zugehörigen Binomialverteilung gibt.

17 Beziehungen zwischen zwei Verteilungen begründen

Begründen Sie:

Das Histogramm einer Binomialverteilung für $p_2 = 1 - p_1$ erhält man, indem man das Histogramm für p_1 an der Parallelen zur y-Achse durch $k = \frac{n}{2}$ spiegelt.

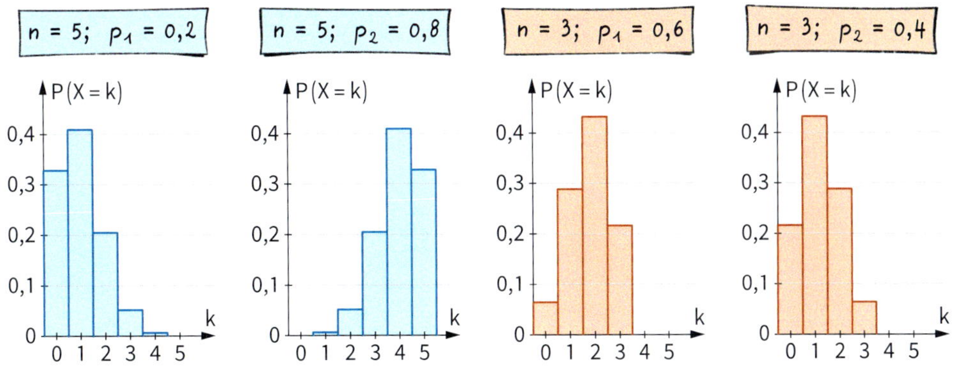

18 Erfolgswahrscheinlichkeit bestimmen

Bei einer binomialverteilten Zufallsgröße X ist die Erfolgswahrscheinlichkeit p unbekannt, dafür sind die Anzahl n der Durchführungen, die Anzahl k der Erfolge und die Wahrscheinlichkeit für *Genau k Erfolge* gegeben.

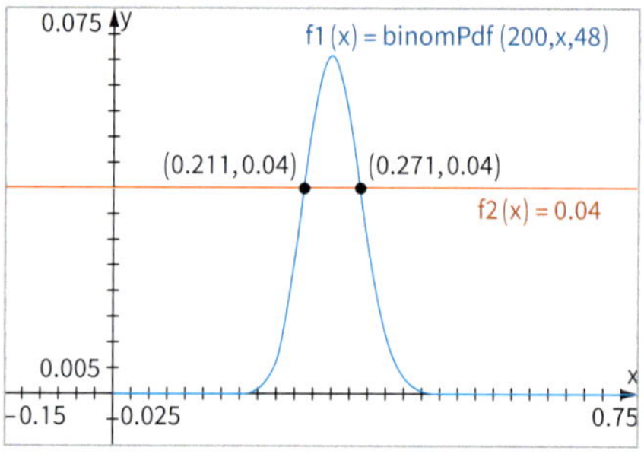

a) Die Werte betragen $n = 200$, $k = 48$ und $P(X = k) = 0{,}04$.
Erläutern Sie das dargestellte Vorgehen zur Ermittlung der Erfolgswahrscheinlichkeit p.

b) Ermitteln Sie die Erfolgswahrscheinlichkeit p für das Bernoulli-Experiment mit $n = 400$, $k = 38$ und $P(X = k) = 0{,}0226$.

19 Anteil einer Glücksradfläche

Von einem kreisrunden Glücksrad ist Folgendes bekannt:
Wenn man das Glücksrad 10-mal dreht, beträgt die Wahrscheinlichkeit dafür, dass man genau 5-mal gewinnt, 4,39 %.
Ermitteln Sie den Anteil der Gewinnfläche am ganzen Glücksrad.

20 Stichprobenumfang bestimmen

In einem Urlaubsort beträgt die Wahrscheinlichkeit dafür, dass an einem Tag die Sonne mehr als eine Stunde scheint, 24 %.
Es soll folgende Frage beantwortet werden:
Wie viele Tage darf man dort Urlaub machen, um mit einer Wahrscheinlichkeit von mehr als 20 % genau 5 Tage mit mehr als einstündigem Sonnenschein erlebt zu haben?

a) Begründen Sie, dass kein durchgehender Graph im Koordinatensystem dargestellt wird.

b) Bestimmen Sie die mögliche Anzahl an Urlaubstagen.

21 Sachsituationen mit Bernoulli-Ketten modellieren

In einem Kurs sind 27 Jugendliche, darunter 15 Mädchen.

a) Für ein Interview sollen drei Jugendliche zufällig ausgewählt werden. Die Zufallsauswahl geschieht durch ein Losverfahren, also durch Ziehen ohne Zurücklegen.
Bestimmen Sie die Wahrscheinlichkeitsverteilung der Zufallsgröße X: *Anzahl der durch Losverfahren für das Interview ausgewählten Mädchen.*

b) Wenn die Zufallsauswahl als Ziehen mit Zurücklegen erfolgen würde, könnte es vorkommen, dass eine Person mehr als einmal ausgewählt würde. Andererseits ist es dann weniger aufwendig, die Wahrscheinlichkeitsverteilung zu bestimmen.
Vergleichen Sie die Wahrscheinlichkeitsverteilung der Zufallsgröße X aus Teilaufgabe a) mit der Wahrscheinlichkeitsverteilung der Zufallsgröße Y: *Anzahl der durch ein Glücksrad für das Interview ausgewählten Mädchen.*

c) Die Zufallsauswahl von drei Jugendlichen erfolgt in der Jahrgangsstufe, die von 270 Jugendlichen, darunter 150 Mädchen, besucht wird. Bestimmen Sie die beiden Wahrscheinlichkeitsverteilungen der oben genannten Zufallsgrößen X und Y.

d) Erläutern Sie aufgrund der berechneten Wahrscheinlichkeiten in den Teilaufgaben a), b) und c) folgende Regel:

Binomialansatz bei Stichprobennahmen

Zieht man aus einer großen Gesamtheit nur wenige Elemente zufällig heraus, so ergeben sich annähernd gleiche Wahrscheinlichkeitswerte beim Ziehen mit und beim Ziehen ohne Zurücklegen.

22 ☰ **Preisreduzierung**

Ein Hersteller spezieller Elektronikbauteile muss trotz eigener Warenkontrolle damit rechnen, dass 1 % der ausgelieferten Bauteile defekt ist. Die Bauteile werden in Packungen von 100 Stück geliefert. Da es zu aufwendig ist, defekte Bauteile zurückzuschicken, entsorgen die Abnehmer der Ware sie selbst und dürfen im Ausgleich je nach Anteil defekter Bauteile den eigentlichen Stückpreis von 4,90 € für die gesamte Lieferung reduzieren.
Der Hersteller schlägt die folgenden zwei Regelungen vor:

(1)

Anzahl defekter Bauteile	1; 2; 3	> 3
Preisminderung in €	0,30	0,90

(2)

Anzahl defekter Bauteile	1	2	3	4	5	> 5
Preisminderung in €	0,10	0,20	0,30	0,40	0,50	0,90

Ermitteln Sie jeweils den zu erwartenden Stückpreis. Vergleichen Sie die Ergebnisse.

23 ☰ **Buntstifte**

Eine Firma produziert in verschiedenen Werken Buntstifte.
In Werk A beträgt der Anteil der Buntstifte mit gebrochenen Minen 2 %, in Werk B beträgt dieser Anteil 5 %.
Berechnen Sie die Wahrscheinlichkeit, in einer Packung mit 20 Buntstiften aus Werk A und 10 Buntstiften aus Werk B genau einen Buntstift mit gebrochener Mine zu finden.

24 ☰ **Strafzettel**

Ein Kontrolleur prüft 58 Autos auf einem Parkplatz mit Parkscheinautomaten auf abgelaufene Parkscheine. Aus Erfahrung weiß er, dass die Quote an überzogenen Parkzeiten etwa 4 % beträgt.
Anschließend kontrolliert er 95 Autos entlang einer Straße mit Parkscheibenpflicht, an der im Schnitt mit 5 % Verstößen zu rechnen ist.

a) Berechnen Sie die Wahrscheinlichkeit des Ereignisses, dass genau sechs Parkverstöße, nämlich drei auf dem Parkplatz und drei entlang der Straße, auftreten.
b) Berechnen Sie die Wahrscheinlichkeit dafür, dass der Kontrolleur am Ende seiner Tour genau einen Parkverstoß registriert hat.

25 ☰ **Anwachsgarantie**

Ein Discounter wirbt damit, dass die Pflanzen, die er im Angebot hat, eine 90 %ige Anwachsgarantie haben. Familie Friedrich kauft fünf Pflanzen.
Die Zufallsgröße X gibt die Anzahl der angewachsenen Pflanzen an.
Bestimmen Sie die Wahrscheinlichkeitsverteilung der Zufallsgröße X und zeichnen Sie das zugehörige Histogramm mit einem Rechner.

26 ☰ **Galton-Brett**

Der britische Naturforscher Sir Francis Galton hatte die Idee, Kugeln durch ein Feld mit gleichmäßig angeordneten Nägeln laufen zu lassen.
Unten fallen die Kugeln in verschiedene nebeneinander angeordnete Fächer (*Galton-Brett*).
Erläutern Sie, unter welchen Bedingungen eine solche Versuchsanordnung durch eine Bernoulli-Kette beschrieben werden kann.

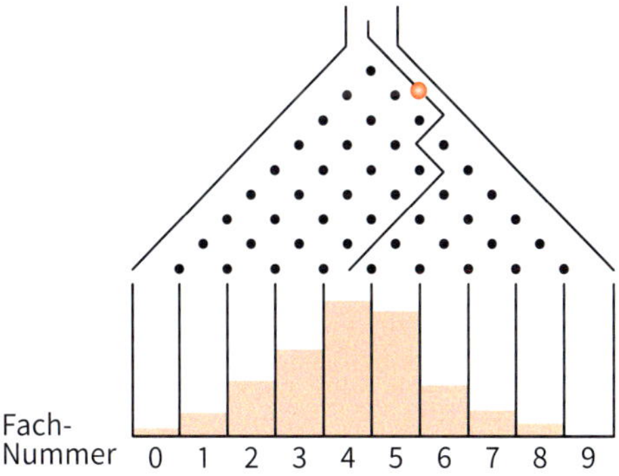

Sir Francis Galton (1822 – 1911)

6.2 Kumulierte Binomialverteilung

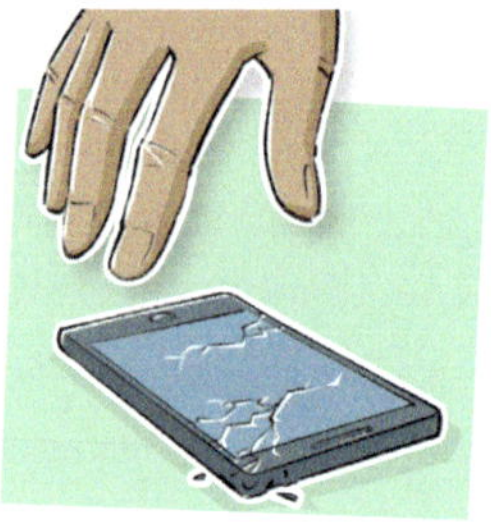

Der häufigste Defekt eines Smartphones ist der Bruch des Displays, z. B. durch Herunterfallen, mit ca. 56 % aller Reparaturen. Eine zufällige Stichprobe von 8 defekten Smartphones wird untersucht. Wie groß ist die Wahrscheinlichkeit, dass
(1) höchstens 5 Smartphones;
(2) mindestens 2 und höchstens 7 Smartphones
einen Displayschaden haben? Veranschaulichen Sie Ihr Vorgehen jeweils am Histogramm.

Lösung

Die Zufallsgröße X: *Anzahl der Smartphones mit Displayschaden* ist binomialverteilt mit der Stufenzahl $n = 8$ und der Erfolgswahrscheinlichkeit $p = 0{,}56$.

(1) Gesucht ist $P(X \le 5)$. Dazu addiert man die Wahrscheinlichkeiten für 0 bis 5 Erfolge.

$$P(X \le 5) = P(X=0) + P(X=1) + P(X=2) + P(X=3) + P(X=4) + P(X=5)$$
$$\approx 0{,}001 + 0{,}014 + 0{,}064 + 0{,}162 + 0{,}258 + 0{,}263 = 0{,}762$$

(2) Gesucht ist $P(2 \le X \le 7)$. Dazu addiert man die Wahrscheinlichkeiten für 2 bis 7 Erfolge.

$$P(2 \le X \le 7) = P(X=2) + P(X=3) + P(X=4) + P(X=5) + P(X=6) + P(X=7)$$
$$\approx 0{,}064 + 0{,}162 + 0{,}258 + 0{,}263 + 0{,}167 + 0{,}061 = 0{,}975$$

Veranschaulichung am Histogramm:

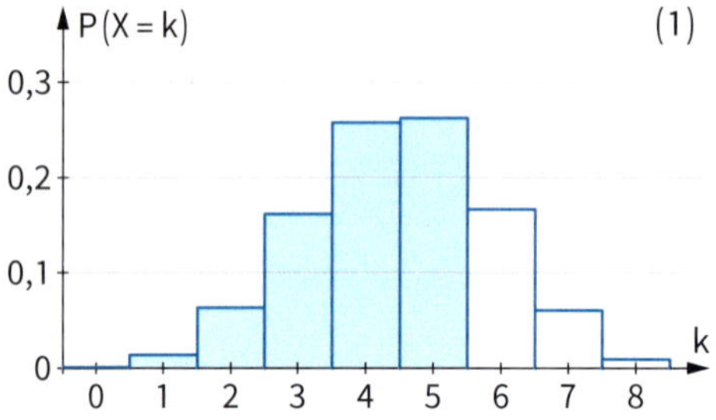

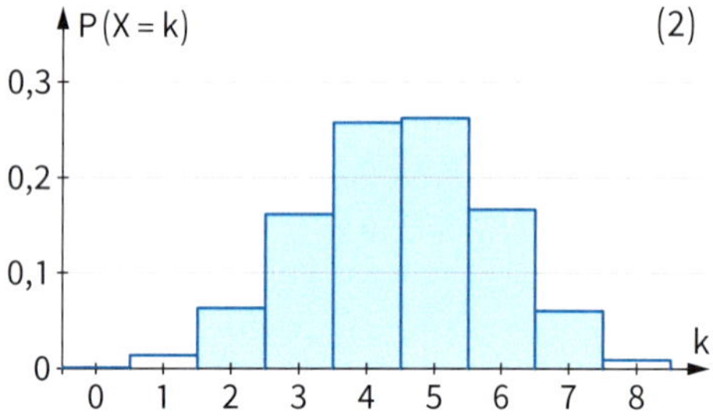

WES-109471-602

cumulus (lat.): *Anhäufung*

Kumulierte Wahrscheinlichkeit

Die Wahrscheinlichkeit $\mathbf{P(X \le k)}$ für eine Zufallsgröße X nennt man **kumulierte Wahrscheinlichkeit**. Es gilt:

$$P(X \le k) = P(X=0) + P(X=1) + \ldots + P(X=k)$$

Die **kumulierte Wahrscheinlichkeitsverteilung** ordnet jedem k die Wahrscheinlichkeit $P(X \le k)$ zu.

Intervallwahrscheinlichkeiten

Ist X binomialverteilt, so erhält man:

Höchstens k Erfolge	$P(X \le k)$
Weniger als k Erfolge	$P(X < k) = P(0 \le X \le k-1)$
Mindestens k Erfolge	$P(X \ge k) = P(k \le X \le n)$
Mehr als k Erfolge	$P(X > k) = P(X \ge k+1)$
Mindestens a und höchstens b Erfolge	$P(a \le X \le b)$

Eine Zufallsgröße X ist binomialverteilt mit $n = 5$ und $p = 0{,}4$.

Kumulierte Binomialverteilung:

k	P(X = k)	P(X ≤ k)
0	0,078	$P(X=0) = 0{,}078$
1	0,259	$P(X \le 1) = P(X=0) + P(X=1) = 0{,}078 + 0{,}259 = 0{,}337$
2	0,346	$P(X \le 2) = P(X \le 1) + P(X=2) = 0{,}337 + 0{,}346 = 0{,}683$
3	0,230	$P(X \le 3) = 0{,}683 + 0{,}230 = 0{,}913$
4	0,077	$P(X \le 4) = 0{,}913 + 0{,}077 = 0{,}990$
5	0,010	$P(X \le 5) = 0{,}990 + 0{,}010 = 1$

Wahrscheinlichkeit für *„Mindestens 3 Erfolge"*:

$$P(X \ge 3) = P(3 \le X \le 5)$$
$$= 0{,}230 + 0{,}077 + 0{,}010 = 0{,}317$$

1 **Kumulierte Wahrscheinlichkeiten näherungsweise bestimmen**

Geben Sie jeweils mithilfe der Zufallsgröße X das Intervall an, in dem die Säulen eingefärbt sind, und bestimmen Sie näherungsweise die zugehörige Wahrscheinlichkeit.

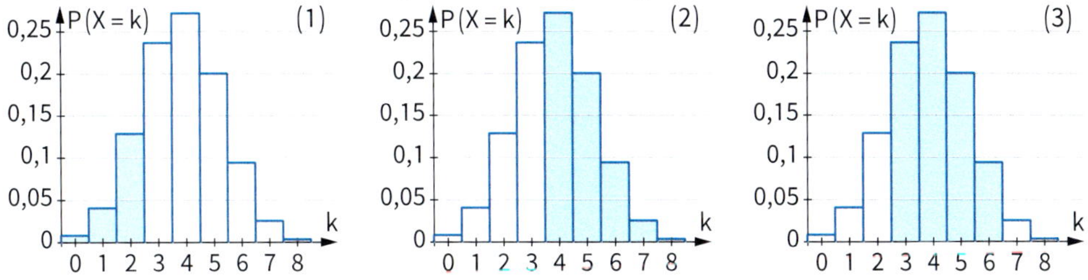

Rechnerbefehl: binomCdf (n, p, a, b)

Der Befehl *binomCdf (n, p, a, b)* berechnet die Wahrscheinlichkeit $P(a \leq X \leq b)$ einer n-stufigen Bernoulli-Kette mit der Erfolgswahrscheinlichkeit p.

cumulated (engl.): *kumuliert*

Intervallwahrscheinlichkeiten mit einem Rechner bestimmen

Ein Würfel wird 20-mal geworfen.
Bestimmen Sie die Wahrscheinlichkeiten der folgenden Ereignisse:

(1) Mindestens 11-mal und höchstens 14-mal keine Sechs
(2) Mindestens 10-mal eine Augenzahl größer als 2
(3) Höchstens 8-mal Augenzahl 5 oder 6
(4) Mehr als 3-mal Augenzahl 2

Lösung

(1) X: *Anzahl von „Augenzahl ist keine 6"*
$n = 20$; $p = \frac{5}{6}$; gesucht: $P(11 \leq X \leq 14)$

$\text{binomCdf}\left(20, \frac{5}{6}, 11, 14\right)$	0.1012

(2) X: *Anzahl von „Augenzahl ist größer als 2"*
$n = 20$; $p = \frac{4}{6}$; gesucht: $P(X \geq 10)$

$\text{binomCdf}\left(20, \frac{4}{6}, 10, 20\right)$	0.9624

(3) X: *Anzahl von „Augenzahl 5 oder 6"*
$n = 20$; $p = \frac{2}{6}$; gesucht: $P(X \leq 8)$

$\text{binomCdf}\left(20, \frac{2}{6}, 0, 8\right)$	0.8095

(4) X: *Anzahl von „Augenzahl 2"*
$n = 20$; $p = \frac{1}{6}$; gesucht: $P(X > 3) = P(X \geq 4)$

$\text{binomCdf}\left(20, \frac{1}{6}, 4, 20\right)$	0.4335

2 **Intervallwahrscheinlichkeiten bestimmen**

In einem Supermarkt werden Äpfel 2. Wahl zu einem Sonderpreis in Tüten zu je 20 Äpfeln verkauft. Leider hat in diesen Tüten durchschnittlich einer von vier Äpfeln eine Druckstelle. Ermitteln Sie mit einem Rechner die Wahrscheinlichkeit, die folgenden Anzahlen von Äpfeln mit Druckstellen in einer Tüte zu finden:

(1) höchstens 5 (2) weniger als 2 (3) mehr als 10 (4) mindestens 3
(5) genau 2 (6) 3 oder 4 (7) mindestens 7 und höchstens 15

3 **Multiple-Choice-Test**

Ein Multiple-Choice-Test besteht aus 50 Aufgaben mit jeweils 5 Antworten, von denen jeweils nur eine richtig ist. Mit welcher Wahrscheinlichkeit kann man durch bloßes Raten die folgenden Anzahlen von Aufgaben richtig beantworten?

(1) mehr als 20 (2) genau 15 (3) weniger als 10 (4) keine
(5) mindestens 10 und höchstens 20 (6) mehr als 10 und weniger als 30

Intervallwahrscheinlichkeiten mit Summenzeichen schreiben

Gegeben: binomialverteilte Zufallsgröße X mit $n = 60$ und $p = 0{,}2$

$P(3 \le X \le 6)$

ausgeschrieben

$P(X = 3) + P(X = 4) + P(X = 5) + P(X = 6)$

Wert bestimmen:

binomCdf(60, 0.2, 3, 6)	0.0306

mit Summenzeichen

$$\sum_{k=3}^{6} P(X = k)$$

Bernoulli-Formel

$$= \sum_{k=3}^{6} \binom{60}{k} \cdot 0{,}2^k \cdot (1 - 0{,}2)^{60-k}$$

Σ (griech.): Sigma Zeichen für Summe

4 ≡ **Klimawissen in der Bevölkerung**

In einer Studie wurde der Kenntnisstand zum klimabewussten Handeln ermittelt. In Deutschland wussten nur 57 % der befragten Personen, dass ein Tempolimit von 180 km/h auf Autobahnen und 80 km/h außerorts zu einer Einsparung von Treibhausgasen von ca. 8 Mio. Tonnen CO_2 führen würde. Nur die Hälfte der befragten Personen wusste, dass der Kauf von weniger neuer Kleidung gut für das Klima ist. Dass Videostreaming negative Auswirkungen auf das Klima hat, wussten nur 11 %.

a) In einem Mathematikkurs sind 24 Judengliche.
Bestimmen Sie die Wahrscheinlichkeit, dass
(1) mehr als 15 Personen wissen, dass Tempolimits zum Klimaschutz beitragen;
(2) weniger als einem Viertel die Klimaschädlichkeit von Videostreaming bewusst ist;
(3) mindestens 18 Personen die Bedeutung von neuer Kleidung für das Klima kennen.

b) Interpretieren Sie jeweils den Ausdruck im Sachkontext.
(1) $\sum_{k=10}^{24} \binom{24}{k} \cdot 0{,}11^k \cdot 0{,}89^{24-k}$
(2) $1 - \sum_{k=0}^{15} \binom{24}{k} \cdot 0{,}57^k \cdot 0{,}43^{24-k}$

Prüfe dich!
Lösungen auf Seite 431

5 ≡ Unter den 6000 Vereinsmitgliedern eines Fußballzweitligisten werden an jedem der 17 Heimspieltage 500 Kaufrechte für jeweils eine Einzelkarte verlost.
Bestimmen Sie die Wahrscheinlichkeit, dass die Mitgliedsnummer 3425 im Laufe einer Saison die folgenden Anzahlen von Kaufrechten gewinnt:
(1) genau ein
(2) mindestens zwei und höchstens vier
(3) mehr als drei und höchstens fünf
(4) mindestens sechs

6 ≡ Gegeben ist eine binomialverteilte Zufallsgröße X mit $n = 20$ und $p = 0{,}7$.
Beurteilen Sie jeweils, welche Wahrscheinlichkeit größer ist.
(1) $P(X \le 14)$ ▪ $P(X \le 16)$
(2) $P(10 \le X \le 13)$ ▪ $P(12 \le X \le 15)$
(3) $\sum_{k=10}^{14} P(X = k)$ ▪ $\sum_{k=14}^{18} P(X = k)$
(4) $\sum_{k=0}^{10} P(X = k)$ ▪ $\sum_{k=2}^{10} P(X = k)$

7 ≡ **Zufallsexperimente und Ereignisse konstruieren**

Geben Sie jeweils ein Zufallsexperiment und ein Ereignis an, zu dem die Berechnung der Wahrscheinlichkeit durch den Rechnerbefehl passt.

(1) binomCdf$\left(8, \frac{1}{6}, 0, 3\right)$
(2) binomCdf(20, 0.75, 8, 12)
(3) binomCdf(9, 0.5, 0, 4)

8 ≡ **Kumulieren mithilfe einer gegebenen Binomialverteilung**

Gegeben ist die folgende Binomialverteilung:

k	0	1	2	3	4	5
$P(X = k)$	0,237305	0,395508	0,263672	0,087891	0,014648	0,000977

a) Berechnen Sie mithilfe der Tabelle die gesuchten Werte.
(1) $P(X \leq 2)$ (2) $P(X > 2)$ (3) $P(3 \leq X)$
(4) $P(2 \leq X \leq 4)$ (5) $P(X \leq \square) \approx 0{,}985$ (6) $P(\square \leq X \leq \square) \approx 0{,}75$

b) Zeichnen Sie das Histogramm der Binomialverteilung und das Diagramm für $P(X \leq k)$ und erläutern Sie die Unterschiede.

9 ≡ **Münzwurf beim Fußball**

Im Fußball wird per Münzwurf darüber entschieden, welche Mannschaft zwischen Anstoß und Spielfeldseite wählen darf. Der Schiedsrichter fragt den Kapitän der Auswärtsmannschaft immer zuerst, ob er die farbige oder die schwarze Seite der Münze wählt. Der Kapitän vom SVO wählt bei Auswärtsspielen immer die schwarze Seite.

a) Berechnen Sie die Wahrscheinlichkeit, dass der Kapitän bei insgesamt 18 Auswärtsspielen in einer Saison die folgenden Anzahlen von Münzwürfen gewinnt:
(1) genau 7 (2) mindestens 12 und höchstens 14
(3) mehr als 9 (4) weniger als 10

b) Begründen Sie, warum die Wahrscheinlichkeit, dass der Kapitän den Münzwurf 2-mal gewinnt, genau so groß ist wie jene, dass er ihn 16-mal gewinnt.

10 ≡ **Bei Überbuchung Bares**

Sogenannte No-Show-Passagiere, die ihren Flug nicht antreten, veranlassen die Airlines, ihre Flüge um 10 bis 15 Prozent zu überbuchen. Erscheinen mehr Passagiere als erwartet, können die überzähligen Passagiere nicht an Bord gehen. Die Letzten beim Check-in beißen die Hunde.

Oft wird eingecheckten Passagieren mit Bargeld der freiwillige Verzicht auf den Flug schmackhaft gemacht. Geboten werden z. B. Lockprämien zwischen 100 Euro bei Inlandsflügen (mit garantiertem Sitzplatz in der nächsten Maschine) bis zu 200 Euro bei Interkontinentalflügen inklusive Übernachtung am jeweiligen Abflugort plus Sitzplatz in der Business Class auf dem Flug am darauffolgenden Tag. Sitzen gebliebene Passagiere haben zudem nach EU-Recht Anspruch auf Entschädigung. Auch die notwendigen Übernachtungen und Spesen muss die Airline bezahlen.

Ein Airbus A320 hat 168 Sitzplätze. Angenommen, die Fluggesellschaft lässt eine Überbuchung von 12 % zu. Erfahrungsgemäß treten 85 % der Passagiere ihren gebuchten Flug an. Wie groß ist die Wahrscheinlichkeit, dass keine der Personen, die den Flug antreten, zurückgewiesen werden muss?

11 ≡ **Auslastung eines Parkplatzes**

Von den 100 Personen einer Firma kommen durchschnittlich 40 % mit dem Auto zur Arbeit.

a) Mit welcher Wahrscheinlichkeit genügt ein Parkplatz mit 50 Plätzen?
Welche Annahmen müssen gemacht werden, damit dieser Vorgang als Bernoulli-Kette modelliert werden kann?

b) Wie viele Plätze müssen zur Verfügung stehen, damit diese mit einer Wahrscheinlichkeit von mindestens 90 % ausreichen?

12 ≡ Schrauben

Andreas benötigt 90 Schrauben. Im Mittel sind 10 % der Schrauben in einer Packung defekt.

a) Mit welcher Wahrscheinlichkeit kommt Andreas mit einer 100-Schrauben-Packung aus?

b) Untersuchen Sie, mit welcher Wahrscheinlichkeit nach dem Kauf von zwei 100-Schrauben-Packungen nach der Verwendung der 90 benötigten Schrauben noch mehr als 100 Schrauben brauchbar sind.

13 ≡ Test

Ein Kurs schreibt einen Test mit 12 Fragen. Zu jeder Frage gibt es 3 Antworten, von denen nur eine richtig ist. Geben Sie an, mit welcher Wahrscheinlichkeit man durch bloßes Raten schafft, mindestens die Hälfte der Fragen richtig zu beantworten.

14 ≡ Tennisspiele

Matteo und Sophia vereinbaren 15 Tennisspiele gegeneinander. Wer die meisten Spiele gewinnt, erhält vom Gegner einen Gutschein für ein Wellness-Wochenende. Bisher hat Matteo 60 % der Einzelspiele gewonnen.

Untersuchen Sie, wie groß Matteos Chancen sind, Turniersieger zu werden.

Begründen Sie, welche Modellannahmen gemacht werden müssen, damit überhaupt eine Berechnung der Chancen möglich ist.

15 ≡ Anzahl von Fahrrädern pro Haushalt

Aus Umfrageergebnissen weiß man, dass in 80 % der Haushalte in Deutschland ein Fahrrad vorhanden ist. In einer Stichprobe werden Befragungen in 30 Haushalten durchgeführt. Die Zufallsgröße X gibt die Anzahl der Haushalte mit Fahrrad an.

Bestimmen Sie den Wert für k, sodass gilt: (1) $P(X \leq k) > 0{,}3$ (2) $P(X > k) \leq 0{,}5$

16 ≡ Erfolgswahrscheinlichkeiten gesucht

Die Zufallsgröße X ist binomialverteilt mit $n = 20$.

Bestimmen Sie mithilfe der Gleichung $P(7 \leq X \leq 10) = 0{,}53$ mögliche Erfolgswahrscheinlichkeiten der Zufallsgröße X.

Begründen Sie, warum es mehr als eine mögliche Erfolgswahrscheinlichkeit gibt.

17 ≡ Griechische Fußform

Füße, bei denen die zweite Zehe größer als der Großzeh ist, werden umgangssprachlich als Engelsfüße bezeichnet – fachsprachlich handelt es sich um die *griechische Fußform*. In Mitteleuropa haben ca. 40 % der Erwachsenen solche Füße.

Wie viele Personen müssten befragt werden, wenn die Aussage *„Mit einer Wahrscheinlichkeit von 94,76 % haben höchstens 840 der befragten Personen eine griechische Fußform“* zutreffen soll?

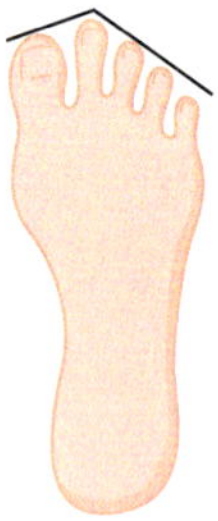

18 ≡ Callcenter

Für die Verbesserung des Kundendienstes soll eine Befragung von mindestens 100 Kunden durchgeführt werden. Allerdings ist ein solches Interview 50 % der angesprochenen Personen lästig und wird abgelehnt.

a) Untersuchen Sie, mit welcher Wahrscheinlichkeit 200, 210, 220 bzw. 230 Personen für das Finden der Interview-Teilnehmende ausreichen. Stellen Sie die Zuordnung *Anzahl der Personen → Wahrscheinlichkeit für mindestens 100 Interview-Teilnehmende* grafisch dar.

b) Durch das Verteilen von Gutscheinen wird die Interview-Bereitschaft der Personen auf 75 % erhöht. Wie viele Personen muss man nun ansprechen, wenn die Wahrscheinlichkeit für mindestens 100 Interview-Teilnehmende mindestens 90 % betragen soll?

19 ≡ Auslastung von Parkhäusern

Um Innenstadt-Parkhäuser möglichst gut auszulasten, vermieten die Betreiber der Parkhäuser Dauerstellplätze. Für Parkgäste, die keinen Anspruch auf einen festen Stellplatz haben, aber eine feste Monatsgebühr von 120 €, also pro Tag 4 €, für das Parken bezahlen, sind Bereiche im Parkhaus reserviert. Sollten sie wider Erwarten keinen Parkplatz finden, so steht ihnen ein Nachlass von jeweils 6 € pro Tag ohne Parkplatz zu.

In einem Parkhaus hat der Betreiber einen Bereich von 40 Monatsstellplätzen eingerichtet. Gebucht worden sind 50 Monatsstellplätze.

a) Begründen Sie, dass die Belegung der Monatsstellplätze durch eine Binomialverteilung mit $p = 0{,}8$ modelliert werden kann.

b) Bestimmen Sie die zu erwartenden Tageseinnahmen durch die Vermietung der 50 Monatsstellplätze.

c) Untersuchen Sie, wie sich der Erwartungswert für die Einnahmen verändert, wenn die Anzahl der angenommenen Reservierungen verringert oder vermehrt wird. Bei welcher Anzahl sind die zu erwartenden Tageseinnahmen aus den Monatsstellplätzen maximal?

20 ≡ Deutsche Prägestätten für Euromünzen

Deutsche Euro-Münzen werden an fünf Standorten geprägt. 21 % aller Münzen tragen ein „J“, was auf die Prägung in Hamburg hinweist.
Mohammed hat 46 Münzen in seiner Spardose. Die Zufallsgröße X zählt die Anzahl der in Hamburg geprägten Münzen und wird als binomialverteilt angenommen.

Berlin	A
München	D
Stuttgart	F
Karlsruhe	G
Hamburg	J

a) Unter welcher Voraussetzung ist die Annahme, dass die Zufallsgröße X binomialverteilt ist, angemessen?

b) Berechnen Sie die Wahrscheinlichkeit dafür, dass genau 10 Münzen aus Hamburger Prägung in der Spardose enthalten sind.
Berechnen Sie die Wahrscheinlichkeit dafür, dass mehr als 7 und höchstens 10 Münzen aus Hamburger Prägung in der Spardose enthalten sind.

Zwei weitere Prägeanstalten befinden sich in Karlsruhe und Stuttgart.

c) Es ist bekannt, dass die Wahrscheinlichkeit, dass sich unter den 46 Münzen mindestens 5 Münzen aus Karlsruher Prägung befinden, 79,04 % beträgt.
Bestimmen Sie auf Basis dieser Angabe die Wahrscheinlichkeit dafür, dass eine deutsche Euro-Münze aus Karlsruhe stammt.

d) 2 €-Münzen werden von Banken in Rollen von 25 Stück verpackt.
Es ist bekannt, dass die Wahrscheinlichkeit, dass von 20 Rollen mindestens 10 Rollen mindestens 6 Münzen aus Stuttgarter Prägung enthalten, 82,17 % beträgt.
Bestimmen Sie auf Basis dieser Angabe die Wahrscheinlichkeit dafür, dass eine 2 €-Münze aus Stuttgart stammt.

21 ≡ Intervall gesucht

Eine Münze wird 100-mal geworfen. Die Zufallsgröße X gibt die Anzahl der Wappen an.
Durch Probieren findet man mithilfe eines Rechners z. B. heraus, dass $P(43 \le X \le 59) \approx 90\,\%$ gilt, aber auch $P(37 \le X \le 56) \approx 90\,\%$.
Bestimmen Sie auf die gleiche Weise durch systematisches Probieren ein Intervall, in dem die Anzahl der Wappen mit folgender Wahrscheinlichkeit liegen wird:

(1) ca. 90 % (2) ca. 95 %

Auslastungsmodell

Die Auslastung von Maschinen, Geräten, Personen oder anderen Ressourcen lässt sich mit starken Vereinfachungen als Bernoulli-Kette modellieren.

Auslastung von Maschinen als Bernoulli-Experiment

Beim Wechsel der Räder an einem Auto kann es notwendig sein, diese auszuwuchten. In einer Werkstatt benötigt dieser Vorgang im Mittel 10 Minuten.
Damit keine allzu langen Wartezeiten entstehen, muss die voraussichtliche Auslastung der Wuchtmaschinen untersucht werden. Hieraus ermittelt man eine sinnvolle Anzahl an Maschinen, die zur Verfügung stehen sollten.

Man geht z. B. davon aus, dass während der Reifenwechselphase pro Stunde 5 Aufträge zum Wuchten der Räder vorliegen werden.

Vereinfachende Annahmen für Bernoulli-Experiment

Damit dieser Vorgang als 5-stufiges Bernoulli-Experiment modelliert werden kann, sind vereinfachende Annahmen notwendig.

- Die 5 Aufträge treffen unabhängig voneinander in der Werkstatt ein.
- Das Wuchten dauert im Mittel 10 Minuten, also hat man pro Stunde 6 Zeiteinheiten (*Zeitfenster*), in denen an einer Maschine gearbeitet werden kann. Man betrachtet dann irgendeines dieser 6 Zeitfenster von je 10 Minuten.
- Das Ereignis *„Ein Auftrag kommt in diesem Zeitfenster an"* wird als Erfolg interpretiert. Damit ist die Erfolgswahrscheinlichkeit $p = \frac{1}{6}$ und die Misserfolgswahrscheinlichkeit $1 - p = \frac{5}{6}$.

Die Zufallsgröße X: *Anzahl der in einem Zeitfenster eintreffenden Auftrage* ist dann binomialverteilt mit Stufenzahl $n = 5$ und Erfolgswahrscheinlichkeit $p = \frac{1}{6}$.

Nicht berücksichtigte bzw. vernachlässigte Gesichtspunkte

Die Vereinfachungen beschreiben die Realität nicht immer in ausreichendem Maße.

- Oft treffen Aufträge nicht einzeln und unabhängig voneinander ein. Beispielsweise gibt es Häufungen, wenn z. B. die Witterung einen Radwechsel erfordert.
- Bei der Modellierung werden Zeitfenster berücksichtigt, aber die Situation so vereinfacht, dass die Aufträge immer zu Beginn eines solchen Zeitfensters eintreffen.
- Man schätzt auf Basis von Erfahrungs- und Durchschnittswerten die benötigte Dauer einer Nutzung und die Anzahl der Aufträge. In der Realität kann es Abweichungen geben.

Dennoch werden durch eine solche Modellierung Prozesse für betriebswirtschaftliche Kalkulationen zugänglich.

Wahrscheinlichkeiten für die Auslastung

$P(X \le 1) \approx 0{,}8$

Mit einer Wahrscheinlichkeit von ca. 80 % liegt in einem Zeitfenster höchstens ein Auftrag vor, somit würde mit einer Wahrscheinlichkeit von ca. 80 % eine Maschine ausreichen. In 20 % der Fälle würden aber Verzögerungen entstehen.

$P(X \le 2) \approx 0{,}96$

Ist die Werkstatt mit zwei Maschinen ausgestattet, so würde es in ca. 96 % der Fälle ausreichen, in 4 % der Fälle allerdings nicht.

Auslastung beurteilen

Situation	In einem Zeitraum Z sollen z. B. Maschinen n-mal genutzt werden. Man nimmt an, dass eine einmalige Nutzung einer solchen Maschine im Mittel die Dauer d hat.
Fragestellung	Wie viele Maschinen müssen zur Verfügung stehen, damit keine langen Verzögerungen entstehen?
Modellierung	Die Zufallsgröße X gibt die Anzahl der Nutzungen einer Maschine in einem bestimmten Zeitfenster der Länge d an und kann als binomialverteilt mit Stufenzahl n und Erfolgswahrscheinlichkeit $p = \frac{d}{Z}$ angenommen werden.
Auslastung	$P(X \leq k)$ gibt die Wahrscheinlichkeit an, mit der im betrachteten Zeitfenster höchstens k Aufträge eintreffen, also k Maschinen für die Nutzung ohne Wartezeiten ausreichen.

1 Bankautomaten

In einer Bank sollen Automaten zum Ausdrucken von Kontoauszügen aufgestellt werden. Das Drucken dauert im Mittel eine Minute. Während der Hauptgeschäftszeit benutzen in einer Stunde 120 Personen einen Automaten.

a) Berechnen Sie die Wahrscheinlichkeit, dass die Ausstattung mit zwei, drei bzw. vier Automaten ausreicht.
b) Welche Gesichtspunkte werden in der Modellierung nicht berücksichtigt?

2 Telefon-Hotline

Im Jahr 2021 wurden in den Bundesländern wegen der Corona-Pandemie Impfzentren eingerichtet, in denen man sich gegen das Virus Covid-19 impfen lassen konnte.
Die Impfungen erfolgten zeitlich gestuft für unterschiedliche Personengruppen.
Im Bundesland Mecklenburg-Vorpommern wurden die jeweiligen Personengruppen angeschrieben. Über eine Telefon-Hotline konnten sie dann einen Impftermin vereinbaren. Eine telefonische Terminvereinbarung dauerte im Mittel 40 Sekunden. Innerhalb einer Stunde gingen durchschnittlich 450 Anrufe ein.
Untersuchen Sie, wie viele Arbeitskräfte für die Terminvergabe benötigt wurden, damit in über 85 % der Anrufe ein Termin vereinbart werden konnte.

3 Parkplatz

Auf einem Parkplatz für die Kundschaft können 30 Autos parken.
Innerhalb der Öffnungszeiten von 9 bis 12 Uhr bleibt die Kundschaft in der Regel 12 Minuten.
Verkraftet der Parkplatz 100 Personen im Laufe des Vormittags?
Welche Vereinfachungen müssen für die Modellierung gemacht werden?

6.3 Mindestzahl an Versuchen

Der Autor Mark Burnett untersuchte in seinem Buch *Perfect Passwords* 6 Millionen Accounts und erstellte aus den Daten eine Liste der 1000 beliebtesten Passwörter. In einer Liste der geläufigsten Passwörter lag 123456 auf dem ersten Platz. Gut 4 % aller untersuchten Nutzerkonten verwendeten dieses Passwort.

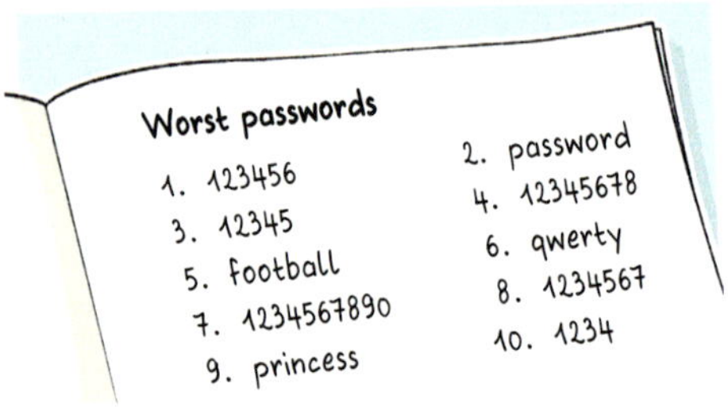

- Bei Attacken auf Internetkonten werden oft einfach sehr viele Passwörter ausprobiert, um Zugang zu einem Konto zu erhalten. Wie viele Konten muss ein Angreifer mindestens attackieren, damit mit einer Wahrscheinlichkeit von mindestens 95 % mindestens ein Passwort darunter 123456 lautet?

Lösung

Die Zufallsgröße X beschreibt die Anzahl der Nutzerkonten mit dem Passwort 123456.
Sie ist binomialverteilt mit der Stufenzahl n. Die Erfolgswahrscheinlichkeit ist $p = 0{,}04$, damit ist $1 - p = 0{,}96$. Gesucht wird der kleinste Wert n, sodass für das Ereignis $X \geq 1$ gilt:

$$P(X \geq 1) = P(X = 1) + P(X = 2) + \ldots + P(X = n)$$
$$= 1 - P(X = 0) \quad \text{Komplementärregel}$$
$$= 1 - 0{,}96^n \geq 0{,}95$$

Man kann eine Lösung der Ungleichung durch Probieren finden:

n	60	70	75	**74**	73
$1 - 0{,}96^n$	0,91365	0,94259	0,95319	**0,95124**	0,94921

Der kleinste Wert n, für den $1 - 0{,}96^n \geq 0{,}95$ gilt, ist $n = 74$.

Die Ungleichung $1 - 0{,}96^n \geq 0{,}95$ kann auch mithilfe des *solve*-Befehls gelöst werden:

$\text{solve}(1-(0.96)^n \geq 0.95, n)$	$n \geq 73.3853$

Es genügt also schon, mindestens 74 Benutzerkonten zu attackieren, damit mit einer Wahrscheinlichkeit von mindestens 95 % mindestens ein Benutzerkonto darunter mit dem Passwort 123456 ist. Die „Ungewöhnlichkeit" eines Passworts ist daher ein wichtiger Sicherheitsfaktor.

WES-109471-603

Mindestzahl an Versuchen für mindestens einen Erfolg

Fragestellung Wie oft muss man ein Bernoulli-Experiment mit der Erfolgswahrscheinlichkeit p mindestens durchführen, um mit einer Wahrscheinlichkeit von mindestens m mindestens einen Erfolg zu haben?

Gesucht Mindestwert für n, sodass $P(X \geq 1) \geq m$ gilt

Lösungsansatz Nach der Komplementärregel ergibt sich $\mathbf{1 - P(X = 0) \geq m}$.
Gesucht ist also ein Mindestwert für n, sodass $\mathbf{1 - (1 - p)^n \geq m}$ gilt.
Diese Ungleichung löst man durch Probieren oder mit einem Rechner.

Anmerkung: Da in der Aufgabenstellung dreimal das Wort „mindestens" vorkommt, werden Aufgaben dieses Typs oft als **Dreimal-mindestens-Aufgaben** bezeichnet.

Strategien, um die Mindestzahl an Versuchen zu bestimmen

Wie oft muss man mit zwei Würfeln mindestens würfeln, um mit einer Wahrscheinlichkeit von mindestens 90 % mindestens einmal einen Sechser-Pasch zu würfeln?

Pasch:
zwei gleiche Zahlen

Lösung

Angaben zuordnen	Zufallsgröße X: *Anzahl der Sechser-Pasche* Erfolgswahrscheinlichkeit: $p = \frac{1}{36}$
Gesucht	Mindestzahl an Versuchen n, sodass $P(X \geq 1) \geq 0{,}9$
Zu lösende Ungleichung	$1 - P(X = 0) \geq 0{,}9$; also $1 - \left(1 - \frac{1}{36}\right)^n \geq 0{,}9$ bzw. $1 - \left(\frac{35}{36}\right)^n \geq 0{,}9$

Ungleichung mit einem Rechner lösen

solve-Befehl

solve$\left(1 - \left(\frac{35}{36}\right)^n \geq 0.9, n\right)$

$n \geq 81.7364$

Man muss mindestens 82-mal würfeln, damit man mit einer Wahrscheinlichkeit von mindestens 90 % mindestens einmal einen Sechser-Pasch würfelt.

Schnittpunktverfahren

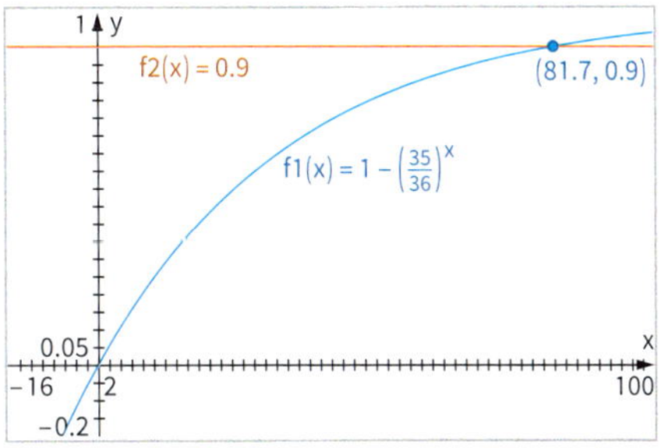

1 Eine Sechs würfeln

Zu Beginn eines Brettspiels müssen die teilnehmenden Personen eine Sechs würfeln, um eine Spielfigur ins Spiel zu bringen. Wie oft muss man mindestens würfeln, damit mit einer Wahrscheinlichkeit von mindestens 90 % mindestens eine Sechs dabei ist?

2 Ungültige Stimmen bei Landtagswahlen

Bei den Landtagswahlen in NRW 2022 war 1 % der Erststimmen ungültig.
Untersuchen Sie, wie viele Stimmzettel der Landtagswahlen mindestens zufällig ausgewählt werden müssen, bis mit einer Wahrscheinlichkeit von mindestens 50 % mindestens eine ungültige Erststimme dabei ist.

3 Roulette

Ein Spieler setzt beim Roulette mit 37 Fächern immer auf seine Lieblingszahl 1.

a) Wie groß ist die Wahrscheinlichkeit, dass die Kugel
   (1) erst in der siebten Runde auf der 1 liegen bleibt;
   (2) in sieben Runden nicht auf der 1 liegen geblieben ist?

b) Wie viele Runden müssen mindestens durchgeführt werden, damit man die Aussage *„Die Kugel wird mindestens einmal auf der 1 liegen bleiben“* mit einer Wahrscheinlichkeit von mindestens 90 % machen kann?

---

4 Nach den Ergebnissen einer Verbraucherstichprobe nutzt etwa jeder vierte Haushalt in Deutschland einen Streaming-Dienst.
Bestimmen Sie, wie viele Haushalte man mindestens für eine Stichprobe auswählen müsste, damit in dieser Stichprobe mit einer Wahrscheinlichkeit von mindestens 95 % mindestens ein Haushalt ist, der einen Streaming-Dienst nutzt.

Prüfe dich!
Lösungen auf Seite 431

---

5 Schneeballwerfen

Beim illegalen Schneeballwerfen auf dem Schulhof treffen nur zwei von zehn Schneebällen ihr Ziel. Die Q1 fragt sich, wie viele Schneebälle mindestens geworfen werden müssen, damit das Ziel mit einer Wahrscheinlichkeit von mindestens 95 % mindestens einmal getroffen wird.

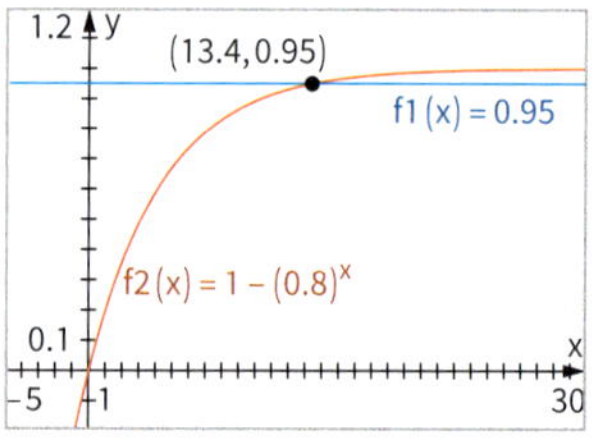

a) Maximilian hat die Aufgabe mit einem Rechner grafisch gelöst. Erläutern Sie sein Vorgehen.

b) Treffen Sie mit dieser Methode jeweils eine Aussage, wie sich die benötigte Mindestzahl der Würfe verändert,
   (1) wenn sich die Trefferquote verbessert;
   (2) wenn man eine kleinere Wahrscheinlichkeit für mindestens einen Treffer wählt.

6 Beliebte Vornamen

Laut einer 2018 veröffentlichten Statistik der Gesellschaft für deutsche Sprache war Marie der beliebteste Mädchenname in Deutschland: 2,61 % der neugeborenen Mädchen erhielten ihn. Der beliebteste Jungenname war Paul – 1,32 % der Jungen hießen damals so.
Eine Gruppe von Kindern des Jahrgangs 2018 wird zufällig ausgewählt, darunter 15 Jungen und 15 Mädchen.

a) Wie groß ist die Wahrscheinlichkeit, dass unter den Mädchen niemand Marie heißt?

b) Wie groß ist die Wahrscheinlichkeit, dass unter den Kindern niemand Marie oder Paul heißt?

c) Wie viele Mädchen des Jahrgangs 2018 müsste man mindestens auswählen, damit mindestens eins davon mit einer Wahrscheinlichkeit von mindestens 90 % Marie heißt?

7 Blutspenden

Der Tabelle ist zu entnehmen, welche Blutgruppen eines Spenders für welche Empfänger geeignet sind.

		Spender							
		0 −	0 +	B −	B +	A −	A +	AB −	AB +
Empfänger	AB +								
	AB −								
	A +								
	A −								
	B +								
	B −								
	0 +								
	0 −								
Anteil		6 %	35 %	2 %	9 %	6 %	37 %	1 %	4 %

a) Man findet hierzu oft die Formulierung: *„Menschen mit Blutgruppe 0 sind ideale Spender; Menschen mit Blutgruppe AB ideale Empfänger.“*
Erläutern Sie, was hiermit gemeint ist.

b) In der letzten Zeile der Tabelle ist angegeben, mit welcher relativen Häufigkeit welche Blutgruppe in Deutschland vorkommt. Diese relativen Häufigkeiten sollen für die folgende Frage als Wahrscheinlichkeiten interpretiert werden.
Im Rahmen eines Stadtfests wird zu einer Blutspendeaktion aufgerufen.
Wie viele Blutspender müssen sich mindestens melden, damit unter diesen mit einer Wahrscheinlichkeit von mindestens 90 % mindestens eine Person mit Blutgruppe
(1) 0 − (2) 0 + (3) B − (4) B +
(5) A − (6) A + (7) AB − (8) AB + ist?

Mindestzahl für zwei oder mehr Erfolge

Einstieg

3,8 % der Haushalte in Deutschland verfügen über ein geleastes Auto.

- Interpretieren Sie die Ungleichung $P(X \geq 2) = 1 - P(X \leq 1) \geq 0{,}9$ im Sachkontext und ermitteln Sie die Lösung durch Probieren.

Mindestzahl an Versuchen für mehr als einen Erfolg

Fragestellung Wie oft man muss ein Bernoulli-Experiment mit der Erfolgswahrscheinlichkeit p mindestens durchführen, um mit Wahrscheinlichkeit von mindestens m mindestens k Erfolge zu haben?

Gesucht Mindestwert für n, sodass $P(X \geq k) \geq m$ gilt

Lösungsansatz Nach der Komplementärregel ergibt sich $\mathbf{1 - P(X \leq k - 1) \geq m}$.
Diese Ungleichung lässt sich nicht durch Umformen oder den *nSolve*-Befehl lösen. Man kann die Lösung aber mithilfe einer Wertetabelle finden.

WES-109471-604

Mindestzahl an Versuchen mit einer Wertetabelle finden

Wie oft muss man mit einem Würfel mindestens würfeln, um mit einer Wahrscheinlichkeit von mindestens 95 % mindestens 3 Sechsen zu würfeln?

Strategie
Wertetabelle erstellen, die zu jedem x die Wahrscheinlichkeit $P(X \geq k)$ angibt

Man muss mindestens 36-mal würfeln, damit man mit einer Wahrscheinlichkeit von mindestens 95 % mindestens mindestens 3 Sechsen würfelt.

x	f1(x):= 1 − binomCdf(x, 1/6, 2)
34.	0.938564
35.	0.946163
36.	0.952878
37.	0.958804

8 **Mindestens fünf Erfolge**
Die Jackfruit wird in allen tropischen Ländern der Welt angebaut. Ihr Fruchtfleisch wird unter anderem als Fleischersatzprodukt genutzt. 8 % der Deutschen geben an, dieses schon probiert zu haben. Bestimmen Sie, wie viele Personen man mindestens befragen muss, damit man mit einer Wahrscheinlichkeit von mindestens 90 % mindestens 5 Personen findet, die Jackfruit als Fleischersatz probiert haben.

9 **Systematisch probieren**
Jakob bestimmt die Mindestzahl an Versuchen, sodass bei einer Bernoulli-Kette mit $p = 0{,}1$ mit einer Wahrscheinlichkeit von mindestens 95 % mindestens 3 Erfolge eintreten.
a) Erläutern Sie Jakobs Vorgehen.
b) Ermitteln Sie damit die Mindestzahl an Versuchen, die man durchführen muss, um bei einer Bernoulli-Kette mit $p = 0{,}3$ mit einer Wahrscheinlichkeit von mindestens 95 % mindestens 4 Erfolge eintreten.

1 − binomCdf(100, 0.1, 2)	0.998055
1 − binomCdf(50, 0.1, 2)	0.888271
1 − binomCdf(75, 0.1, 2)	0.983871
1 − binomCdf(63, 0.1, 2)	0.957934
1 − binomCdf(57, 0.1, 2)	0.933353
1 − binomCdf(60, 0.1, 2)	0.946955
1 − binomCdf(61, 0.1, 2)	0.950882

6.4 Erwartungswert und Standardabweichung einer Binomialverteilung

Vorbereiten
Seite 241
Seite 246

Mila spielt in ihrer Freizeit Dart. Sie trifft mit einer Wahrscheinlichkeit von 20 % das sogenannte *Bull's Eye*, das sich in der Mitte der Dartscheibe befindet.
Mila wirft 5-mal auf die Dartscheibe.

- Wie viele Treffer im Bull's Eye kann man im Mittel erwarten? Stellen Sie eine Vermutung auf.
- Überprüfen Sie Ihre Vermutung durch eine Rechnung mithilfe der Definition des Erwartungswerts.
- Berechnen Sie die Standardabweichung mithilfe der Definition und zeigen Sie, dass das Ergebnis mit dem Wert $\sqrt{5 \cdot 0{,}2 \cdot 0{,}8}$ übereinstimmt.
- Formulieren Sie eine Hypothese, wie man den Erwartungswert und die Standardabweichung einer binomialverteilten Zufallsgröße mit der Stufenzahl n und der Erfolgswahrscheinlichkeit p berechnet.

WES-109471-605

Erwartungswert und Standardabweichung einer Binomialverteilung

Für eine binomialverteilte Zufallsgröße X hat man folgende Bezeichnungen:

- Erwartungwert E(X) — Schreibweise: μ — Sprechweise: *„mü"*
- Standardabweichung $\sqrt{\text{Var}(X)}$ — Schreibweise: σ — Sprechweise: *„sigma"*

Satz: Gegeben ist eine binomialverteilte Zufallsgröße X mit der Stufenzahl n und der Erfolgswahrscheinlichkeit p. Dann gilt: $\mu = n \cdot p$ und $\sigma = \sqrt{n \cdot p \cdot (1 - p)}$

Bemerkung

Die Formel $\mu = n \cdot p$ lässt sich mithilfe der *Additivität des Erwartungswertes* beweisen (Seite 245 Aufgabe 18).
Bei einem n-stufigen Bernoulli-Experiment definiert man die Zufallsgrößen $X_1, X_2, \ldots, X_n$ so: Sie haben jeweils den Wert 1 bei Erfolg und den Wert 0 bei Misserfolg auf der jeweiligen Stufe.

Dann gilt: $X = X_1 + X_2 + \ldots + X_n$ und $E(X_1) = \ldots = E(X_n) = 0 \cdot (1 - p) + 1 \cdot p = p$

Damit folgt: $\mu = E(X) = E(X_1 + X_2 + \ldots + X_n) = E(X_1) + E(X_2) + \ldots + E(X_n) = p + p + \ldots + p = n \cdot p$

Erwartungswert und Standardabweichung berechnen

Das Glücksrad wird 12-mal gedreht.
Bestimmen Sie den Erwartungswert und die Standardabweichung der binomialverteilten Zufallsgröße X: *Anzahl von Blau.*

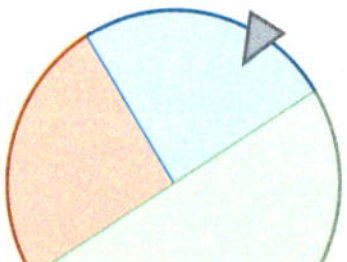

Lösung

Angaben zuordnen $\quad n = 12 \quad p = \frac{1}{4}$

Einsetzen $\quad \mu = n \cdot p = 12 \cdot \frac{1}{4} = 3$

$$\sigma = \sqrt{n \cdot p \cdot (1 - p)} = \sqrt{12 \cdot \frac{1}{4} \cdot \frac{3}{4}} = \sqrt{\frac{9}{4}} = \frac{3}{2} = 1{,}5$$

Im Mittel erhält man 3-mal Blau bei 12 Drehungen. Die Standardabweichung beträgt 1,5.

1 Rote Gummibärchen

Nach Herstellerangaben sind ca. 30 % aller produzierten Gummibärchen rot.
Für eine Mini-Packung mit 12 Stück gibt die Zufallsgröße X die Anzahl der roten Bärchen an.

a) Erläutern Sie, weshalb die Zufallsgröße X binomialverteilt ist.

b) Berechnen Sie den Erwartungswert und die Standardabweichung der Zufallsgröße X und interpretieren Sie das Ergebnis im Sachzusammenhang.

2 Erwartungswert und Standardabweichung beim Würfeln

Ein Würfel wird 8-mal geworfen.
Berechnen Sie den Erwartungswert und die Standardabweichung der Zufallsgrößen X, Y und Z mit X: *Anzahl der gewürfelten Sechsen*, Y: *Anzahl der Würfe mit gerader Augenzahl*, Z: *Anzahl der Würfe mit Augenzahl höchstens vier*.

3 Erwartungswert und Standardabweichung bestimmen

Berechnen Sie jeweils den Erwartungswert und die Standardabweichung der binomialverteilten Zufallsgröße X mit der Stufenzahl n und der Erfolgswahrscheinlichkeit p.

(1) $n = 50$; $p = 30\,\%$ (2) $n = 120$; $p = 0{,}65$ (3) $n = 500$; $p = 10\,\%$

---

4 Ein Dachdecker kauft eine bestimmte Sorte Dachziegel immer bei demselben Großhändler. Erfahrungsgemäß muss er mit 3 % Bruch rechnen. Um ein Hausdach zu decken, bestellt er 2500 Dachziegel dieser Sorte bei dem Großhändler.
Modellieren Sie die Zufallsgröße X, die die Anzahl der kaputten Dachziegel angibt, als binomialverteilte Zufallsgröße. Bestimmen Sie den Erwartungswert und die Standardabweichung und interpretieren Sie das Ergebnis im Sachzusammenhang.

Prüfe dich! Lösungen auf Seite 431

---

5 Erwartung eines Losgewinns

Berechnen Sie, wie viele Lose man kaufen muss, um 12 Gewinne erwarten zu können.

6 Fehlende Werte bestimmen

Berechnen Sie die fehlenden Größen für die gegebene Binomialverteilung.

a) $n = 100$; $p = $ □; $\mu = 20$; $\sigma = $ □

b) $n = $ □; $p = 0{,}9$; $\mu = 810$; $\sigma = $ □

c) $n = $ □; $p = $ □; $\mu = 48$; $\sigma = 6$

d) $n = $ □; $p = 0{,}2$; $\mu = $ □; $\sigma = 2$

7 Histogramme erkunden – Abhängigkeit von der Anzahl der Durchführungen

Die Abbildung zeigt die Histogramme für Binomialverteilungen mit $p = 0{,}3$ und verschiedenen Werten für n.

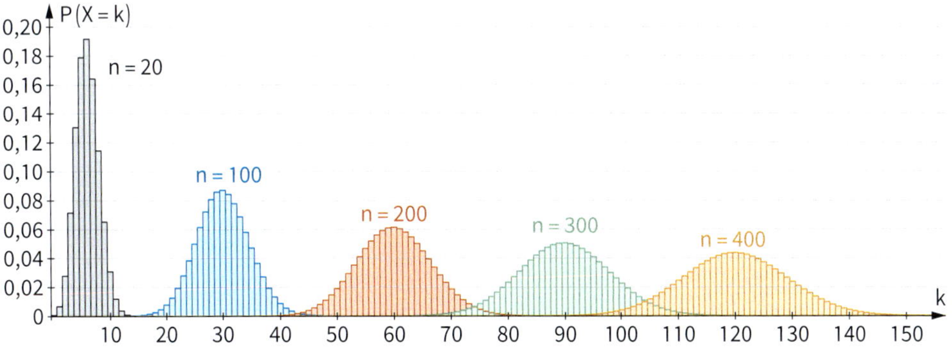

a) Beschreiben Sie, wie sich die Histogramme in Abhängigkeit von n verändern.

b) Wie verändern sich μ und σ in Abhängigkeit von n? Wie verändern sich μ und σ, wenn sich n vervierfacht?

WES-109471-606

WES-109471-607

8 Histogramme erkunden – Abhängigkeit von der Erfolgswahrscheinlichkeit

Die Abbildung zeigt die Histogramme für Binomialverteilungen mit $n = 60$ und verschiedenen Werten für p.

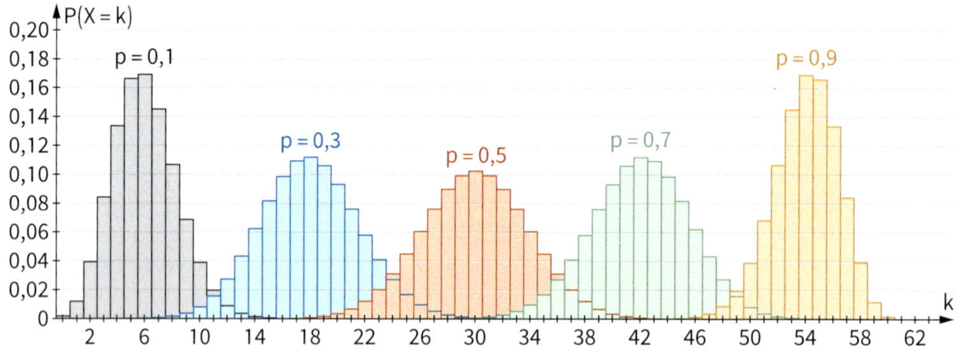

a) Beschreiben Sie, wie sich die Histogramme in Abhängigkeit von p verändern.

b) Wie verändert sich μ in Abhängigkeit von p? Wie verändert sich μ, wenn sich p verdreifacht?

c) Wie verändert sich σ in Abhängigkeit von p? Für welches p ist σ am größten? Begründen Sie das Ergebnis.

9 Platzwahl

In einer Bundesligasaison hat jede Mannschaft 34 Spiele. Ein Münzwurf vom Schiedsrichter vor dem Anpfiff entscheidet darüber, welche Mannschaft zwischen Anstoß und Spielfeldhälfte wählen darf.

a) Geben Sie den Erwartungswert an, wie oft der Kapitän einer Mannschaft den Münzwurf gewinnt.

b) Berechnen Sie die Standardabweichung.

c) Ein Kapitän hat in einer Saison 13-mal den Münzwurf gewonnen, ein anderer 22-mal. Prüfen Sie, ob diese Ergebnisse als ungewöhnlich eingeordnet werden können.

10 Biathlon

Denise Herrmann-Wick gewann bei der Biathlon-WM 2023 in Oberhof (Thüringen) die Goldmedaille im 7,5-km-Sprintrennen durch fehlerfreies Schießen. Geschossen wird dabei einmal liegend und einmal stehend auf je 5 Scheiben. In der gesamten Saison 2022/23 traf Denise Hermann-Wick im Liegendschießen zu 85 % und im Stehendschießen zu 83 % das Ziel. Vereinfacht kann man sagen, dass sie insgesamt eine Trefferquote von 84 % hatte.

a) Berechnen Sie, wie viele Treffer man vor der Biathlon-WM von Denise Hermman-Wick erwarten konnte.

b) Wie groß war die Wahrscheinlichkeit für diese erwartete Anzahl an Treffern? Vergleichen Sie mit der Wahrscheinlichkeit für die erzielten 10 Treffer.

c) Berechnen Sie die Standardabweichung und interpretieren Sie diese.

11 Höchste Wahrscheinlichkeit

Gegeben ist eine n-stufige Bernoulli-Kette mit der Erfolgswahrscheinlichkeit p.
Untersuchen Sie mit einem Rechner, welche Anzahl der Erfolge die größte Wahrscheinlichkeit hat, und vergleichen Sie das Ergebnis mit dem Erwartungswert μ.

a) $n = 20;\ p = 0{,}3$	b) $n = 19;\ p = 0{,}4$	c) $n = 11;\ p = 0{,}6$
d) $n = 31;\ p = 0{,}25$	e) $n = 32;\ p = 0{,}25$	f) $n = 50;\ p = 0{,}1$

Maximum einer Binomialverteilung

WES-109471-608

μ ganzzahlig

Maximum ist $P(X=\mu)$

$n=20;\ p=0{,}5:\ \mu=10$

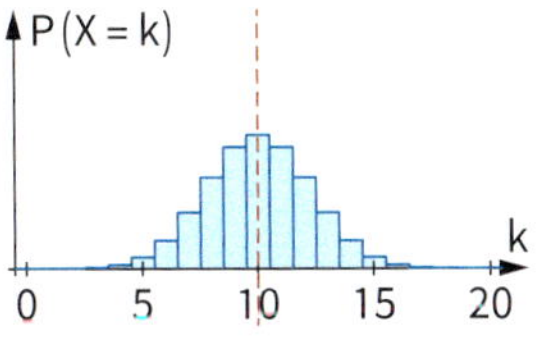

μ nicht ganzzahlig

Maximum liegt bei ganzzahligem Nachbarwert von μ

$n=20;\ p=0{,}125:\ \mu=2{,}5$

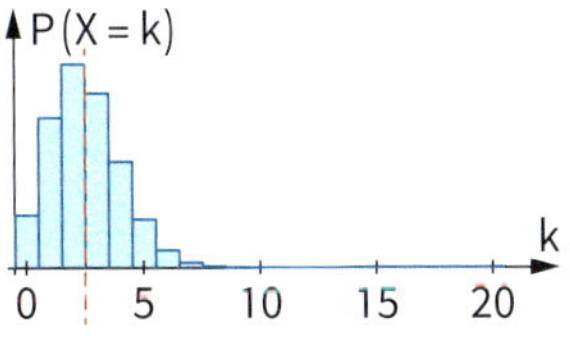

$n=20;\ p=0{,}875:\ \mu=17{,}5$

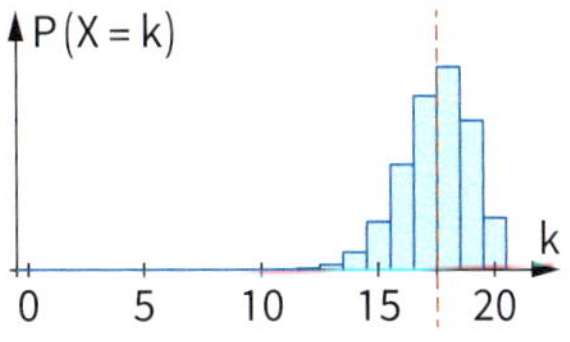

12 ≡ Parameter aus Histogramm bestimmen

Bestimmen Sie aus dem Histogramm der Binomialverteilung den fehlenden der beiden Parameter n und p. Berechnen Sie außerdem die Standardabweichung.

a) $n=12$

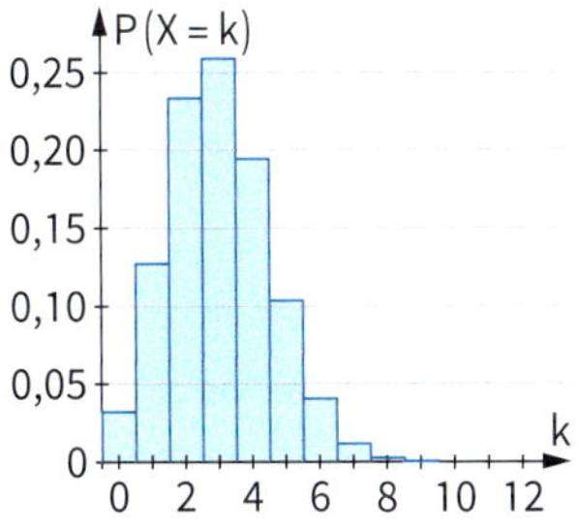

b) $p=0{,}3$

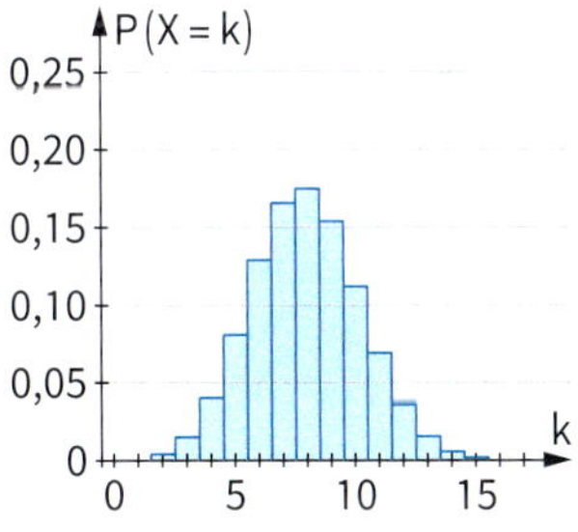

c) $n=10$

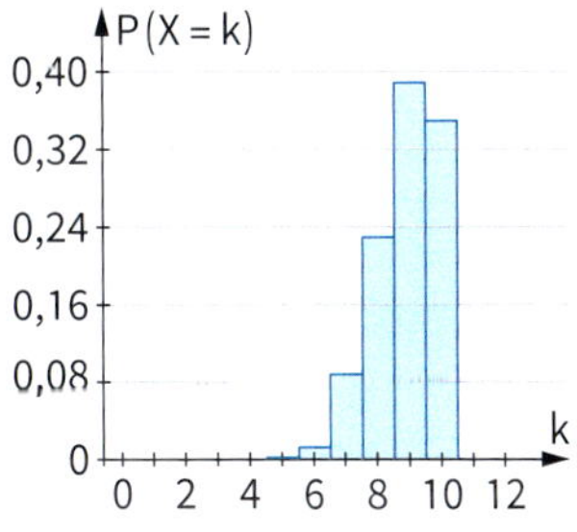

13 ≡ Histogramme zuordnen

Ordnen Sie den Histogrammen die Binomialverteilungen begründet zu.

(1) $n=400;\ p=0{,}1$ (2) $n=50;\ p=0{,}8$ (3) $n=100;\ p=0{,}4$

(A)

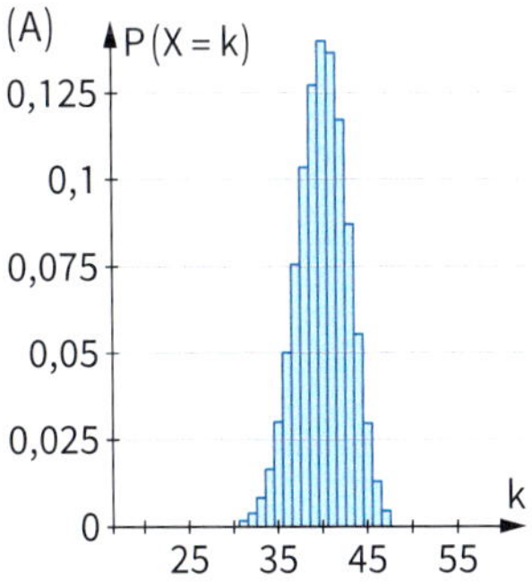

(B)

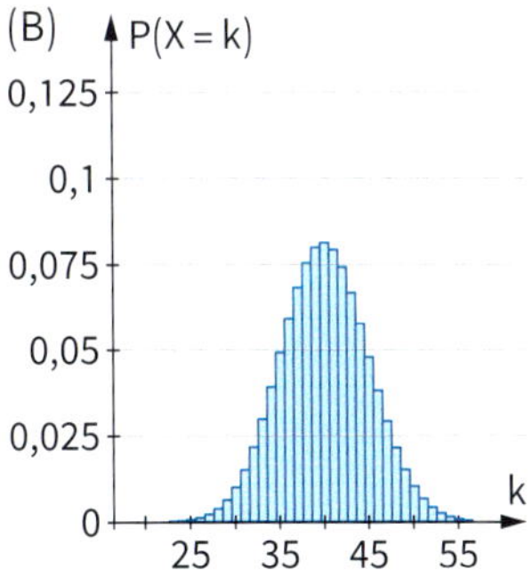

(C)

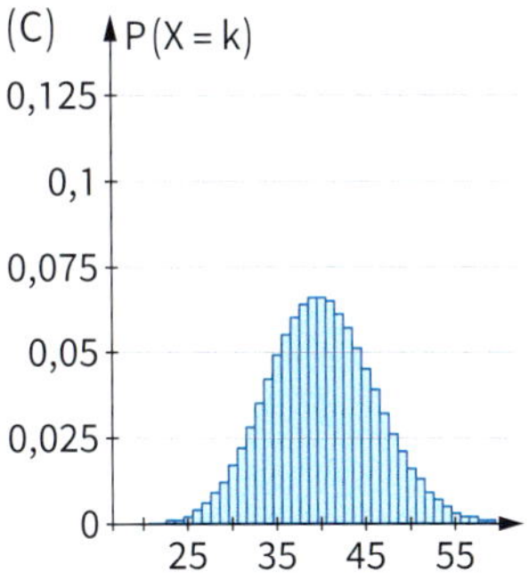

14 ≡ Binomialverteilung mit maximaler Streuung

Gegeben ist eine binomialverteilte Zufallsgröße X: *Anzahl der Erfolge*.

a) Finden Sie durch systematisches Probieren für ein festes n und verschiedene Werte von p die am stärksten streuende Verteilung.

b) Zeichnen Sie den Graphen der Funktion f mit $f(p)=n\cdot p\cdot(1-p)$ für einen selbst gewählten Wert von n.

c) Beweisen Sie durch eine Untersuchung der Funktion f:

Die Standardabweichung einer binomialverteilten Zufallsgröße mit fester Versuchsanzahl ist für eine Erfolgswahrscheinlichkeit von 0,5 am größten.

6.5 Simulation

Daniel Bernoulli (1700 – 1782)

Der Schweizer Mathematiker und Physiker Daniel Bernoulli versuchte um 1760 ein Modell für die Dauer von Ehen aufzustellen. Damals gab es keine Ehescheidungen, sodass die Dauer von Ehen von der Lebensdauer abhing.

Betrachten Sie 10 Ehepaare, wobei die Ehepartner ungefähr gleich alt sein sollen und die Sterblichkeit als unabhängig vom Geschlecht angenommen wird. Innerhalb eines gewissen Zeitraums sterben „zufällig" 10 der 20 betrachteten Personen. Die Wahrscheinlichkeit, dass unter den 10 überlebenden Personen 0, 1, 2, 3, 4 bzw. 5 Paare sind, soll durch eine Simulation untersucht werden.

- Beschriften Sie dazu 20 identische Karten mit je zwei gleichen Nummern und mischen Sie sie verdeckt. Entfernen Sie 10 Karten und untersuchen Sie die restlichen Karten auf Paare.
- Wiederholen Sie arbeitsteilig das Experiment ca. 300-mal und stellen Sie dann näherungsweise die Wahrscheinlichkeitsverteilung für die Anzahl der Paare dar.

WES-109461-609

Simulation

Es ist meist sehr aufwendig oder sogar unmöglich, ein reales Zufallsexperiment durchzuführen. Ein solches lässt sich jedoch oft durch ein anderes, einfacheres Zufallsexperiment mit der gleichen Wahrscheinlichkeitsverteilung ersetzen. Man spricht von einer **Simulation** des realen Zufallsexperiments.
Ziel einer Simulation ist es, durch häufiges Durchführen des Experiments näherungsweise Wahrscheinlichkeiten zu bestimmen.

Situation
12 Unkrautsamen gelangen in eine Abfüllmenge Blumensamen, die auf 100 Samentüten verteilt werden.
Mit welcher Wahrscheinlichkeit gelangen dabei 2 oder mehr Unkrautsamen in eine Samentüte?

➜

Simulation
Ein Glücksrad mit 100 gleich großen Feldern mit den Nummern (Tüten) von 1 bis 100 wird 12-mal gedreht.
So oft, wie eine Nummer gedreht wird, so viel Unkrautsamen sollen in diese Tüte gelangt sein.

➜

Ergebnis
Führt man das Experiment oft genug durch, so erhält man ungefähr eine relative Häufigkeit von 49,7 % für Samentüten mit 2 oder mehr Unkrautsamen – also einen Schätzwert für die Wahrscheinlichkeit.

Zufallszahlen

Simulationen können mithilfe von **Zufallszahlen** durchgeführt werden.
Rechner nutzen Algorithmen (Rechenvorschriften), mit deren Hilfe sie Zahlen erzeugen, die wie zufällig entstanden aussehen. Man spricht auch von **Pseudo-Zufallszahlen**.

Achtung, wichtig!

Anmerkung:
Da alle baugleichen Taschenrechner die identischen Algorithmen verwenden, erzeugen sie zunächst auch identische Zufallszahlen. Mit dem Befehl *randseed(n)*; $n \in \mathbb{R}$; kann man den Startwert der Zufallszahlenerzeugung verändern, sodass die Taschenrechner unterschiedliche Zufallszahlen erzeugen.

1 Eine Simulation per Hand durchführen

Zu einer Serie von Sammelbildern gehören zwölf Stück.
Die Bilder sind mit gleichen Anteilen und zufällig verteilt in Schokoriegeln vorhanden.
Nathan hat genug Geld für acht Schokoriegel und fragt sich, wie viele verschiedene Bilder er bei diesem Kauf erhalten wird.

a) Simulieren Sie mithilfe eines Dodekaeders den Kauf von acht Riegeln. Wiederholen Sie die Simulation mindestens zehnmal pro Gruppenmitglied.
b) Ermitteln Sie aus den Ergebnissen Ihrer Gruppe und dann des gesamten Kurses eine möglichst aussagekräftige Prognose für 8, 7, 6 usw. verschiedene Bilder.
c) Erläutern Sie, warum man den Dodekaeder nicht durch zwei Würfel ersetzen kann. Kann man die Simulation statt mit einem Dodekaeder auch mit Zetteln durchführen?

dodeka (griech.): Vorsilbe „12"

Rechnerbefehl: rand (n)

Der Befehl *rand (n)* liefert n reelle Zufallszahlen zwischen 0 und 1.

rand (2)	{0.05259, 0.722379}

***rand**om (engl.): zufällig*

2 Zufallszahlen erzeugen

a) Erzeugen Sie mit dem Befehl *rand (n)* fünf Zufallszahlen.
b) Geben Sie einen Term an, der *rand (n)* enthält und eine reelle Zufallszahl zwischen 0 und 100 liefert.
c) Verändern Sie den Term aus Teilaufgabe b) so, dass Sie drei reelle Zufallszahlen zwischen 1 und 99 erzeugen.

Rechnerbefehl: randInt (a, b, n)

Der Befehl *randInt (a, b, n)* liefert n ganzzahlige Zufallszahlen aus dem Intervall [a; b].

randInt (1, 6, 4)	{4, 2, 1, 6}

***int**eger (engl.): ganze Zahl*

3 Ganzzahlige Zufallszahlen erzeugen

a) Erzeugen Sie 5 ganzzahlige Zufallszahlen zwischen – 10 und 10.
b) Simulieren Sie mit einen Rechner.
(1) Dreimaliges Werfen eines Würfels
(2) Achtmaliges Werfen eines Dodekaeders

4 Simulationen vergleichen

Jeder Kaugummipackung einer bestimmten Marke ist ein Sammelbild beigefügt; zu einer Serie gehören 15 Bilder. Es kann sein, dass man beim Kauf von mehreren Packungen mindestens eines der Bilder mehrfach hat.

a) Bestimmen Sie durch Simulation einen Schätzwert für die Wahrscheinlichkeit, beim Kauf von fünf Kaugummipackungen lauter verschiedene Bilder zu erhalten:
(1) Führen Sie die Simulation mithilfe von geeignet beschrifteten Zetteln durch.
(2) Führen Sie die Simulation mit einem Rechner pro Gruppenmitglied 50-mal durch.
Vergleichen Sie die Schätzwerte für die Wahrscheinlichkeit, lauter verschiedene Bilder zu erhalten.
b) Simulieren Sie arbeitsteilig mithilfe einer Tabellenkalkulation den mehrmaligen Kauf von sechs, sieben, …, zehn Kaugummipackungen und schätzen Sie die Wahrscheinlichkeiten für die Anzahl an unterschiedlichen Bildern.
Hinweis: Mit der Tastenkombination *Ctrl + R* (Taschenrechner) bzw. der Taste *F9* (Excel) wird das Experiment erneut durchgeführt.

random sample *(engl.): Zufallsstichprobe*

Rechnerbefehl: randSamp (liste, n)

Mit dem Befehl *randSamp (liste, n)* kann man das n-malige Ziehen **mit** Zurücklegen aus einer Liste simulieren.

```
randSamp({blau, gelb, grün}, 4)
                    {gelb, grün, grün, blau}
randSamp({blau, blau, grün, grün, rot}, 4)
                    {grün, blau, rot, rot}
```

Rechnerbefehl: randSamp (liste, n, 1)

Mit dem Befehl *randSamp (liste, n, 1)* kann man das n-malige Ziehen **ohne** Zurücklegen aus einer Liste simulieren.

```
randSamp({blau, gelb, grün}, 2, 1)
                    {blau, gelb}
```

5 Ziehen mit und ohne Zurücklegen

a) Bei einem Farbwürfel sind zwei Seiten blau, drei Seiten gelb und eine Seite rot. Simulieren Sie mehrmals das dreimalige Werfen dieses Würfels und ermitteln Sie die Wahrscheinlichkeit für die jeweilige Farbe.

b) Die letzten beiden freien Plätze für die Skifahrt werden unter Jo, Tim, Erdal, Struppi und Alicia ausgelost. Simulieren Sie die Verlosung der freien Plätze mit einem Rechner.

6 Lottospiel

Für ein Schulfest möchten die Jugendlichen der Klasse 11b ein Lottospiel anbieten. Als Spielvariante entscheiden sie sich für „4 aus 7“.

a) Füllen Sie einen eigenen Tippschein aus und ermitteln Sie mithilfe von 100 Simulationen Schätzwerte für die Wahrscheinlichkeiten für keine, eine, zwei, drei und vier richtig getippte Zahlen.

b) Vergleichen Sie Ihre Ergebnisse, wenn die Lottovarianten „5 aus 8“ und „3 aus 6“ gespielt werden. Beurteilen Sie, welche Variante die für Sie günstigere ist.

Binomialverteilung näherungsweise ermitteln

Mit dem *randSamp*-Befehl kann man näherungsweise die Wahrscheinlichkeitsverteilung der Zufallsgröße X: *Anzahl der Erfolge* bei einer Bernoulli-Kette ermitteln.

Simulation 1:
4-faches Werfen einer Münze

	A binsim2	B	C
=	=randSamp({0, 1}, 4)		
1	1	3	
2	1		
3	1		
4	0		
5			
B1	=sum(**binsim2**)		

Simulation 2:
5-faches Würfeln mit *Sechs* als Erfolg

	A binsim6	B	C
=	=randSamp({0, 0, 0, 0, 0, 1}, 5)		
1	1	2	
2	0		
3	1		
4	0		
5	0		
B1	=sum(**binsim6**)		

7 Würfeln

a) Erläutern Sie den Aufbau des *randSamp*-Befehls für die Simulationen im Beispiel.

b) Simulieren Sie das 3-fache Würfeln, wobei das Auftreten von Augenzahl 1 oder 2 als Erfolg gewertet wird. Führen Sie diesen Versuch 100-mal durch und bestimmen Sie eine Häufigkeitsverteilung für die Anzahl der Erfolge.

Rechnerbefehl: randBin (n, p, r)

Mit dem Befehl *randBin (n, p, r)* kann man die Anzahl der Erfolge bei der r-fachen Wiederholung einer n-stufigen Bernoulli-Kette mit der Erfolgswahrscheinlichkeit p simulieren.

random binomial (engl.)

Bernoulli-Kette: 6-faches Würfeln mit $p = \frac{1}{6}$

Anzahl der Erfolge bei den ersten 4 von 100 Simulationen:

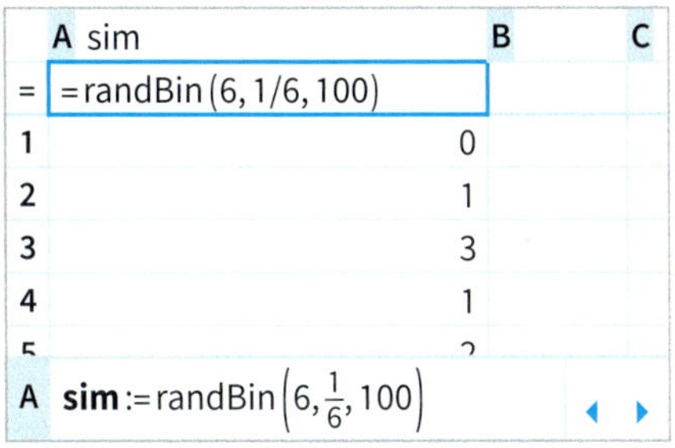

Auswertung aller 100 Simulationen im Histogramm:

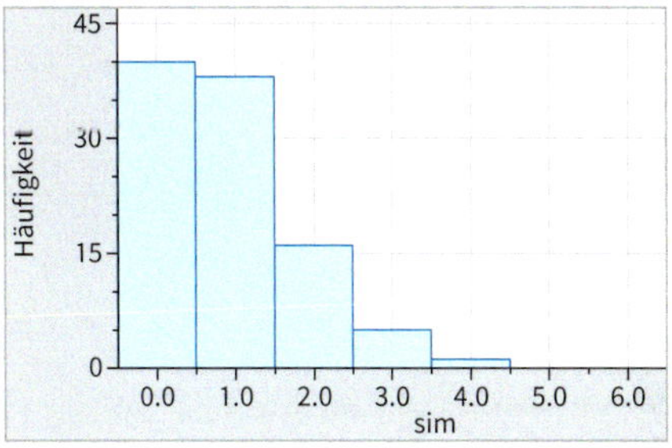

8 Anzahl der Erfolge bei Bernoulli-Ketten simulieren

a) Führen Sie die 100-fache Simulation des Zufallsexperiments im Beispiel selbst durch.

b) Verdoppeln Sie die Anzahl der Simulationen und vergleichen Sie das zugehörige Histogramm der Häufigkeitsverteilung mit dem aus Teilaufgabe a).

9 Binomialverteilung mit Simulation vergleichen

a) Eine Münze wird 5-mal geworfen.
Bestimmen Sie die Binomialverteilung für die Zufallsgröße X: *Anzahl der Wappen* und zeichnen Sie das zugehörige Histogramm. Wie viele Versuche mit $k = 0, 1, 2, \dots, 5$ Wappen sind bei 100-maliger Durchführung des 5-fachen Münzwurfs zu erwarten?
Führen Sie eine 100-fache Simulation des Bernoulli-Experiments durch. Vergleichen Sie mit Ihren errechneten Werten.

b) Simulieren Sie das 60-fache Werfen eines Würfels. Bestimmen Sie damit einen Schätzwert für die Wahrscheinlichkeit, dass genau 10-mal Augenzahl 6 fällt. Vergleichen Sie Ihr Ergebnis mit der durch die Bernoulli-Formel berechneten Wahrscheinlichkeit.

10 Bürgerbefragung

Der Gemeinderat führt eine Befragung zur Heiztechnologie in Wohnungen und Häusern durch. Erfahrungsgemäß beträgt die Wahrscheinlichkeit, dass eine Person an einer Umfrage teilnimmt, 80 %. Es werden 1000 Personen angeschrieben.

a) Simulieren Sie die Durchführung der Bürgerbefragung 100-mal und ermitteln Sie so näherungsweise die Verteilung der Zufallsgröße X: *Anzahl der teilnehmenden Personen*.

b) Bestimmen Sie aus den erzeugten Daten das arithmetische Mittel und die empirische Standardabweichung. Vergleichen Sie mit dem theoretischen Erwartungswert und der Standardabweichung der Zufallsgröße X.

11 Sonderaktion

In einer Sonderaktion werden Rubbellose ausgeteilt. Jedes Los hat die gleiche Wahrscheinlichkeit, ein Gewinnlos zu sein. Es gibt 10 % Gewinnlose unter allen Rubbellosen.

a) Simulieren Sie 50-mal das Ausgeben von Rubbellosen an 300 Personen und stellen Sie die Verteilung der Zufallsgröße X: *Anzahl der Personen mit Gewinnlos* grafisch dar.

b) Ermitteln Sie aus den Daten, wie groß näherungsweise die Wahrscheinlichkeit ist, dass mehr als 40 Personen einen Gewinn erhalten.

Mein Merkzettel

Seite 257

Bernoulli-Experiment

- *ist ein Zufallsexperiment mit nur zwei Ergebnissen:* **Erfolg** *und* **Misserfolg**
- *Erfolgswahrscheinlichkeit: p*
  Wahrscheinlichkeit für Misserfolg: $1 - p$

n-stufige Bernoulli-Kette

- *Ein Bernoulli-Experiment wird n-mal durchgeführt.*
- *Die Erfolgswahrscheinlichkeit p bleibt bei jeder Durchführung gleich.*

Seite 257

Bernoulli-Kette erkennen

Situation: *Ein Würfel wird 7-mal geworfen. Man notiert, wie oft die Augenzahl 3 geworfen wird.*

- *Erfolg: z. B. Augenzahl 3*
  Misserfolg: alle anderen Augenzahlen
  Erfolgswahrscheinlichkeit: $p = \frac{1}{6}$
  Misserfolgswahrscheinlichkeit: $1 - p = \frac{5}{6}$
- *Das Ergebnis eines Wurfs hat keinen Einfluss auf den nächsten Wurf, also bleibt p bei jedem Wurf gleich.*
- *Der Würfel wird 7-mal geworfen, also handelt es sich um eine 7-stufige Bernoulli-Kette.*

Seite 257

Binomialverteilung

- *Wahrscheinlichkeitsverteilung der* **Zufallsgröße X: Anzahl der Erfolge** *bei einer Bernoulli-Kette*

Seite 257
Seite 258

Wahrscheinlichkeit für „Genau k Erfolge" berechnen

Gegeben: binomialverteilte Zufallsgröße X mit Stufenzahl n und Erfolgswahrscheinlichkeit p

Bernoulli-Formel:

$$\underbrace{P(X=k)}_{\text{Wahrscheinlichkeit für „Genau k Erfolge"}} = \underbrace{\binom{n}{k}}_{\text{Anzahl der Pfade mit genau k Erfolgen}} \cdot \underbrace{p^k \cdot (1-p)^{n-k}}_{\text{Wahrscheinlichkeit eines Pfads mit genau k Erfolgen}}$$

Beispiel: Wahrscheinlichkeit für „Genau 4-mal Augenzahl 3" bei 7-maligem Würfeln berechnen

X: Anzahl der gewürfelten Dreien

$$P(X=4) = \binom{7}{4} \cdot \left(\frac{1}{6}\right)^4 \cdot \left(1 - \frac{1}{6}\right)^{7-4} = 35 \cdot \left(\frac{1}{6}\right)^4 \cdot \left(\frac{5}{6}\right)^3 \approx 0{,}0156 = 1{,}56\,\%$$

Seite 276

Kenngrößen einer Binomialverteilung

Erwartungswert $\mu = n \cdot p$

Standardabweichung $\sigma = \sqrt{n \cdot p \cdot (1-p)}$

Seite 278
Seite 279

Histogramm einer Binomialverteilung

- *Ist μ ganzzahlig, so ist $P(X = \mu)$ das* **Maximum** *der Verteilung.*
  Ansonsten liegt das Maximum bei einem der ganzzahligen Nachbarwerten von μ.

Veränderungen bei festem n in Abhängigkeit von p

p eher klein	p ≈ 0,5	p eher groß
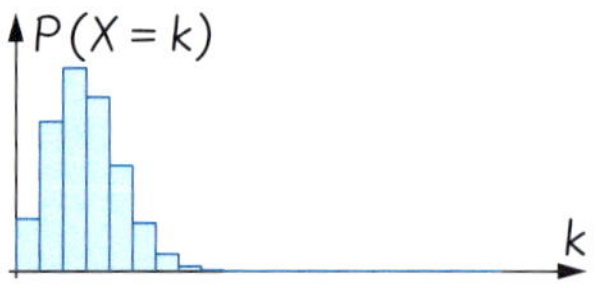	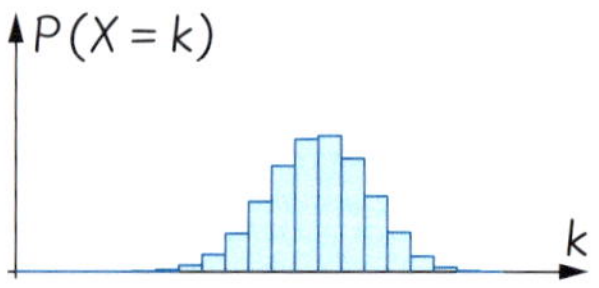	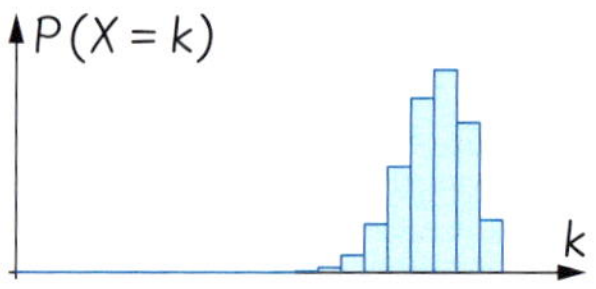
Säulen höher und Histogramm schmaler; σ eher klein	*Säulen flacher und Histogramm breiter; σ eher groß*	*Säulen höher und Histogramm schmaler; σ eher klein*

Intervallwahrscheinlichkeiten berechnen

Seite 264

- *Wahrscheinlichkeit für „Höchstens k Erfolge": $P(X \le k) = P(X = 0) + \ldots + P(X = k)$*

Ereignis	**Wahrscheinlichkeit**	**anschaulich im Histogramm**	
Höchstens k Erfolge	$P(X \le k)$ $= P(0 \le X \le k)$	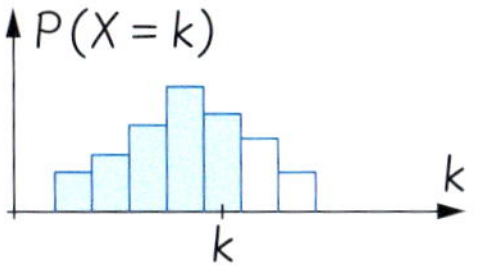	**„alle Säulen bis k, mit der Säule bei k"**
Weniger als k Erfolge	$P(X < k)$ $= P(0 \le X \le k - 1)$	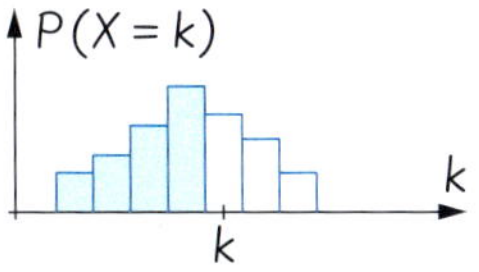	**„alle Säulen bis k, ohne die Säule bei k"**
Mindestens k Erfolge	$P(X \ge k)$ $= P(k \le X \le n)$	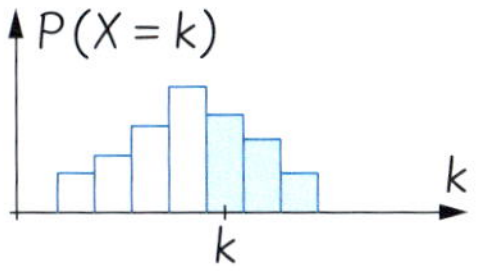	**„alle Säulen rechts von k, mit der Säule bei k"**
Mehr als k Erfolge	$P(X > k)$ $= P(k + 1 \le X \le n)$	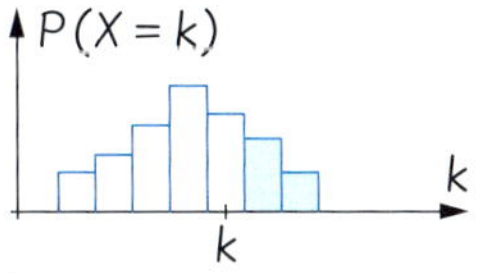	**„alle Säulen rechts von k, ohne die Säule bei k"**
Mindestens *a* und höchstens *b* Erfolge	$P(a \le X \le b)$	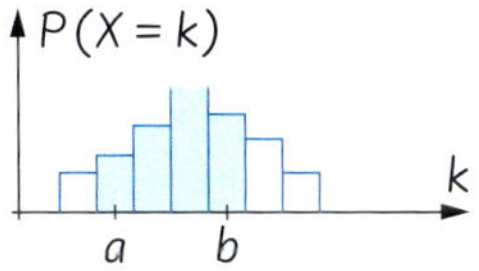	**„alle Säulen zwischen *a* und *b*, mit den Säulen bei *a* und *b*"**

Dreimal-mindestens-Aufgaben lösen

Seite 272
Seite 273

Für „Mindestens einen Erfolg"

Gegeben: Binomialverteilte Zufallsgröße X mit Erfolgswahrscheinlichkeit *p* und eine Mindestwahrscheinlichkeit *m*

Gesucht: Der kleinste Wert für n, sodass $P(X \ge 1) \ge m$

Ansatz: $1 - P(X = 0) \ge m$ bzw.
$1 - (1 - p)^n \ge m$ (n: gesucht!)

Der Anteil der linkshändigen Personen in der Bevölkerung beträgt 10 %.
Wie groß muss eine Gruppe ***mindestens*** *sein, damit mit* ***mindestens*** *95 % Wahrscheinlichkeit* ***mindestens*** *eine linkshändige Person dabei ist?*

X: Anzahl der linkshändigen Personen

Zu lösende Ungleichung:
$1 - (1 - 0{,}1)^n \ge 0{,}95$; also $1 - 0{,}9^n \ge 0{,}95$

Für „Mindestens k Erfolge"

Seite 275

Gegeben: Binomialverteilte Zufallsgröße X mit Erfolgswahrscheinlichkeit *p* und eine Mindestwahrscheinlichkeit *m*

Gesucht: Der kleinste Wert für n, sodass $P(X \ge k) \ge m$

Ansatz: $1 - P(X \le k - 1) \ge m$

- *z. B. Wertetabelle erstellen, die zu jedem n die Wahrscheinlichkeit $P(X \ge k)$ angibt*

Beispiel: $p = 1\,\%$; $m = 95\,\%$; $k = 2$

x	f1(x):= 1−binomCdf(x,0.01,2−1)
471.	0.949369
472.	0.949787
473.	0.950202
474.	0.950614
475.	0.951023

$\Rightarrow n \ge 473$

Variable x statt n verwenden

Wiederholen für die Klausur

Lösungen auf Seite 431

Teil A – Aufgaben ohne Hilfsmittel

1 Bernoulli-Kette erkennen

Einige Profi-Fußballvereine und Fußballschulen in Europa verwenden zum Torwarttraining eine *Football Passing Machine* als Torschussmaschine. Ein Team aus Ingenieuren hat eine solche Maschine so umkonstruiert, dass der Ball zufällig in die linke oder die rechte Torecke und dabei zufällig flach oder hoch geschossen wird.
Erläutern Sie, warum sich das Training durch eine Bernoulli-Kette beschreiben lässt, und geben Sie verschiedene Möglichkeiten an, was dabei als „Erfolg" interpretiert werden kann.

2 Bernoulli-Formel

Bei einem Unternehmen sind 98 % der hergestellten Getränkeflaschen fehlerfrei. In einer Stichprobe werden 50 zufällig ausgewählte Getränkeflaschen überprüft.

a) Begründen Sie, dass sich die Überprüfung durch eine Bernoulli-Kette beschreiben lässt, und definieren Sie eine passende Zufallsgröße.

b) Geben Sie ein Ereignis an, dessen Wahrscheinlichkeit durch den Term $1 \cdot 0{,}98^{50} + \binom{50}{1} \cdot 0{,}02^1 \cdot 0{,}98^{49}$ berechnet wird.

3 Fahrscheinkontrolle

Auf der Bahnstrecke zwischen Dortmund und Essen werden 135 Mitfahrende kontrolliert. Der Anteil der Personen, die ohne gültigen Fahrausweis ein öffentliches Verkehrsmittel nutzen, wird auf 4 % geschätzt.

a) Beschreiben Sie, welche Annahmen zu treffen sind, damit sich die Fahrscheinkontrolle durch eine Bernoulli-Kette beschreiben lässt.

b) Begründen Sie:
Die Wahrscheinlichkeit, niemand ohne Fahrschein zu erwischen, beträgt $0{,}96^{135} \approx 0{,}4\,\%$.

c) Deuten Sie jeweils den Ausdruck im Sachzusammenhang. Geben Sie dazu eine passende Zufallsgröße X an.

(1) $P(X = 5) = \binom{135}{5} \cdot 0{,}04^5 \cdot 0{,}96^{130} \approx 0{,}176$ (2) $1 - P(X \le 8) \approx 0{,}093$

4 Mit Bernoulli-Formel argumentieren

Ein Würfel wird sechsmal geworfen. Als Erfolg wird jede Augenzahl größer als 4 gewertet.
Begründen Sie mithilfe der Bernoulli-Formel, warum

(1) die Wahrscheinlichkeit für 1 Erfolg dreimal so groß ist wie die für 0 Erfolge;

(2) die Wahrscheinlichkeit für 2 Erfolge viermal so groß ist wie die für 4 Erfolge;

(3) die Wahrscheinlichkeit für 4 Erfolge fünfmal so groß ist wie die für 5 Erfolge.

5 Intervallwahrscheinlichkeiten

Geben Sie mithilfe der Zufallsgröße X das Intervall an, dessen Wahrscheinlichkeit durch die gefärbten Säulen dargestellt ist.

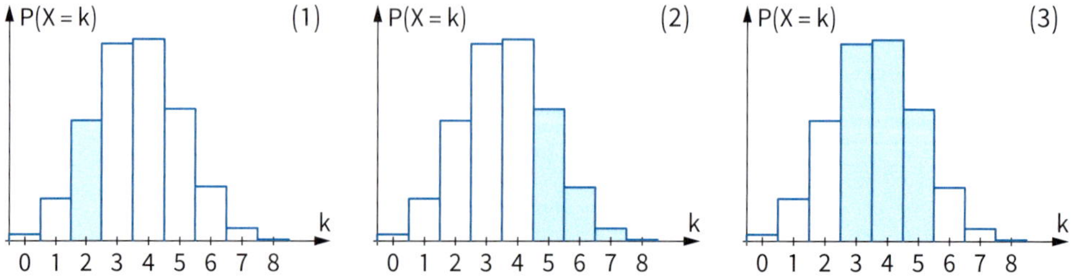

Lösungen auf Seite 432

6 Terme zuordnen

In einer Fabrik werden regelmäßig Maschinen gewartet. Die Wahrscheinlichkeit, dass eine Maschine innerhalb von 14 Tagen ausfällt, beträgt 8 %.
Ordnen Sie jedem Ereignis den zugehörigen Term zur Berechnung der Wahrscheinlichkeit zu.

E_1: Es werden höchstens zwei Maschinen ausfallen.

E_2: Es werden mindestens zwei Maschinen ausfallen.

E_3: Es werden weniger als zwei Maschinen ausfallen.

E_4: Es werden mehr als zwei Maschinen ausfallen.

A: $0{,}92^{14} + 14 \cdot 0{,}08 \cdot 0{,}92^{13} + \binom{14}{2} \cdot 0{,}08^2 \cdot 0{,}92^{12}$

B: $\sum_{k=0}^{2} \binom{14}{k} \cdot 0{,}08^k \cdot 0{,}92^{14-k}$

C: $0{,}92^{14} + 14 \cdot 0{,}08 \cdot 0{,}92^{13}$

D: $1 - 0{,}92^{14} - \binom{14}{1} \cdot 0{,}08 \cdot 0{,}92^{13}$

E: $\sum_{k=3}^{14} \binom{14}{k} \cdot 0{,}08^k \cdot 0{,}92^{14-k}$

7 Parameter von Binomialverteilungen

a) Das Maximum einer Binomialverteilung mit $p = 0{,}3$ liegt bei $k = 25$.
Bestimmen Sie die infrage kommende Stufenzahl n der zugehörigen Bernoulli-Kette.
Begründen Sie Ihre Vorgehensweise.

b) Eine Binomialverteilung hat den Erwartungswert $\mu = 48$ und die Standardabweichung $\sigma = 6$. Bestimmen Sie die zugehörigen Parameter n und p.

c) Bestimmen Sie mindestens zwei Binomialverteilungen mit der Standardabweichung $\sigma = 10$.

8 Histogramme zuordnen

Vergleichen Sie die drei Histogramme.
Begründen Sie, welches Histogramm zur Binomialverteilung mit $n = 40$ und $p = 0{,}9$ passt und warum die anderen beiden nicht zu dieser Binomialverteilung passen.

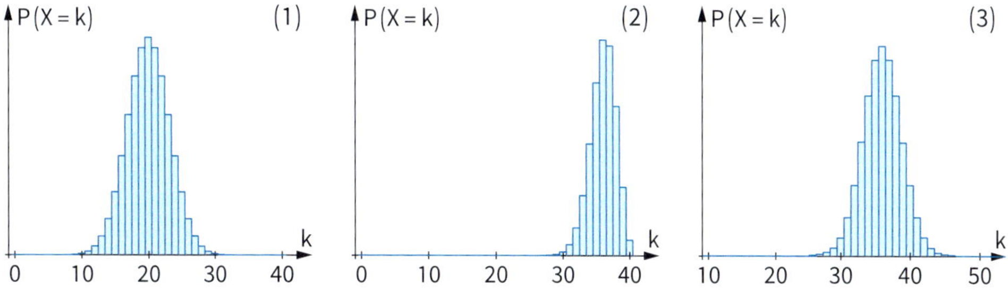

9 Histogramm einer Binomialverteilung

Die Abbildung zeigt einen Ausschnitt des Histogramms zur Binomialverteilung mit $n = 8$ und $p = 0{,}75$.

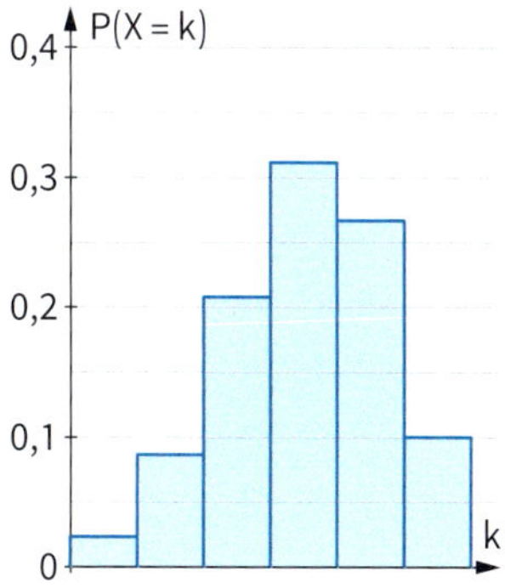

a) Berechnen Sie den Erwartungswert und die Standardabweichung dieser Verteilung.

b) Geben Sie einen Term für die Wahrscheinlichkeit $P(X \geq 7)$ an und bestimmen Sie mithilfe des Histogramms näherungsweise seinen Wert.

c) Bestimmen Sie mithilfe des Histogramms näherungsweise die Wahrscheinlichkeit für *Höchstens zwei Erfolge*.

d) Bestimmen Sie mithilfe des Histogramms näherungsweise die Wahrscheinlichkeit $P(\mu - \sigma \leq X \leq \mu + \sigma)$.

Lösungen auf Seite 433

Teil B – Aufgaben mit Hilfsmitteln

10 Wahrscheinlichkeiten berechnen

20 % der Einwohner Deutschlands sind jünger als 20 Jahre.
Berechnen Sie die Wahrscheinlichkeit dafür, dass unter 100 zufällig ausgewählten Personen
(1) genau 17 Personen jünger als 20 Jahre sind;
(2) mindestens 15 und höchstens 25 Personen jünger als 20 Jahre sind;
(3) mehr als 80 Personen mindestens 20 Jahre alt sind;
(4) höchstens 75 Personen mindestens 20 Jahre alt sind.

11 Mandel im Milchreis

In Schweden ist es eine Tradition, dass Weihnachten Milchreis zum Dessert serviert wird. In einem der Schälchen findet sich versteckt eine Mandel. Die Person, die diese findet, bekommt ein zusätzliches Geschenk. Familie Sigurdsson feiert das Weihnachtsfest stets mit insgesamt 8 Personen. Eine dieser Personen ist der 7-jährige Ole.
Bestimmen Sie die Wahrscheinlichkeit dafür, dass Ole in den nächsten zehn Jahren
(1) nie eine Mandel findet;
(2) mindestens fünf- und höchstens siebenmal eine Mandel findet;
(3) weniger als sieben Mandeln findet;
(4) mehr als zwei Mandeln findet;
(5) nur im fünften Jahr eine Mandel findet.

12 Mit dem Rad zur Arbeit

Ein Unternehmen beteiligt sich an der Sommeraktion „Mit dem Rad zur Arbeit“ der AOK und des ADFC unter der Schirmherrschaft des Bundesministeriums für Verkehr, Bau und Stadtentwicklung. Da die Radwege vor Ort gut ausgebaut sind, erwartet die Unternehmensleitung, dass im Mittel 30 % der 50 angestellten Personen mit dem Fahrrad zur Arbeit kommen.
a) Geben Sie geeignete Modellannahmen an, damit dieser Vorgang als Bernoulli-Kette interpretiert werden kann.

Um die Aktion zu unterstützen, soll ein abschließbarer Fahrradunterstand gebaut werden.
b) Untersuchen Sie, mit welcher Wahrscheinlichkeit 20 Fahrradständer genügen.
c) Ermitteln Sie, wie viele Fahrradständer zur Verfügung stehen sollten, damit diese mit einer Wahrscheinlichkeit von mindestens 90 % ausreichen.

13 Ingenieurstudium

Im Rahmen seines Bildungsprogramms möchte die Universität Duisburg-Essen das naturwissenschaftliche Interesse von Jugendlichen fördern. Ein Jahrgang mit 120 Personen wird eingeladen. Aus der Erfahrung wird angenommen, dass 20 % der Jugendlichen am Workshop zur Elektrotechnik teilnehmen möchten.
a) Erklären Sie, unter welchen Annahmen sich die Anwahl des Workshops durch eine Bernoulli-Kette beschreiben lässt. Definieren Sie eine passende Zufallsgröße.
b) Der Workshop ist auf 30 Plätze begrenzt. Beträgt die Anwahl unter 40 % der Maximalzahl an Plätzen, wird der Workshop nicht angeboten.
Bestimmen Sie die Wahrscheinlichkeiten dafür, dass
(1) genau 25 Jugendliche Interesse an dem Workshop zeigen;
(2) mehr Personen Interesse an dem Workshop zeigen, als Plätze vorhanden sind;
(3) der Workshop nicht angeboten wird.
c) Etwa 26 % der Ingenieurstudierenden sind Frauen.
Bestimmen Sie die Mindestgröße einer Gruppe von Ingenieurstudierenden, damit mit mindestens 95 % Wahrscheinlichkeit mindestens eine Frau dabei ist.

Lösungen auf Seite 434

14 = **Preiskalkulation**

Bei der Produktion von Leuchtdioden muss man mit einem konstanten Ausschussanteil von 4 % rechnen. Eine bestimmte Sorte wird vom Hersteller zum Stückpreis von 1,60 € in Einheiten von 50 Stück geliefert. Falls in einer Lieferung defekte Leuchtdioden enthalten sind, wird der Stückpreis für die gesamte Einheit reduziert, und zwar

- um 0,10 €, wenn 1 oder 2 Leuchtdioden in der Einheit defekt sind,
- um 0,20 €, wenn mehr als 2 Leuchtdioden in der Einheit defekt sind.

Bestimmen Sie den zu erwartenden tatsächlichen Gesamtpreis für eine Einheit von 50 Leuchtdioden.

15 = **Klassifikation von Bauteilen**

In einer Fabrik wird ein Qualitätskontrollsystem verwendet, bei dem 45 % der produzierten Bauteile als hochwertig klassifiziert werden.

Ein Qualitätsprüfer untersucht 108 Bauteile aus der Produktion.

a) Berechnen Sie die Wahrscheinlichkeit, dass die Anzahl der als hochwertig klassifizierten Bauteile nicht mehr als 25 % vom Erwartungswert abweicht.

b) Berechnen Sie die Wahrscheinlichkeit des Intervalls $[\mu - 2\sigma; \mu + 2\sigma]$ und interpretieren Sie Ihr Ergebnis im Sachzusammenhang.

16 ≡ **Smartphones**

Bei Smartphones gibt es drei relevante Betriebssysteme: „Robot", „Pear" und „Door".

Der Marktanteil der „Robot"-Smartphones liegt bei 60 %, während 25 % der Smartphones mit „Pear" betrieben werden. Der Marktanteil der „Door"-Smartphones beträgt 15 %.

In Kyras Familie gibt es fünf Smartphones.

a) Erläutern Sie, unter welchen Bedingungen man von einer binomialverteilten Zufallsgröße X: *Anzahl der „Robot"-Smartphones in Kyras Familie* ausgehen kann.

Man geht nun davon aus, dass die Anzahl der Smartphones mit den genannten Betriebssystemen binomialverteilt sind.

b) Stellen Sie die Wahrscheinlichkeitsverteilung von X in einem Histogramm dar.

c) Berechnen Sie die Wahrscheinlichkeit, dass weniger als drei „Robot"-Smartphones in Kyras Familie vorhanden sind.

d) Berechnen Sie die Wahrscheinlichkeit, dass zwei Smartphones in Kyras Familie mit dem Betriebssystem „Pear" oder „Door" laufen.

e) Geben Sie ein Ereignis an, dessen Wahrscheinlichkeit sich mit dem folgenden Term berechnen lässt: $\binom{5}{1} \cdot 0{,}15^1 \cdot 0{,}85^4$

f) Berechnen Sie, wie viele Smartphones in Kyras Familie mindestens vorhanden sein müssten, damit mit einer Wahrscheinlichkeit von mindestens 90 % mindestens ein „Pear"-Smartphone darunter ist.

In Kyras Jahrgang befinden sich 87 Jugendliche, die alle ein Smartphone besitzen. Die teuren „Pear"-Smartphones sind dabei besonders begehrt.

g) Erläutern Sie ein Vorgehen, um ein möglichst kleines zum Erwartungswert symmetrisches Intervall, in dem die Anzahl der „Pear"-Smartphones in Kyras Jahrgang mit mindestens 80 %iger Wahrscheinlichkeit liegt. Geben Sie das Intervall an.

Im Sekretariat wurden in einem Halbjahr 40 Smartphones abgegeben, die verbotenerweise im Unterricht benutzt wurden.

h) Berechnen Sie die Wahrscheinlichkeit, dass unter 30 eingezogenen Smartphones aus der Mittelstufe höchstens 20 und unter den restlichen, in der Oberstufe eingezogenen Smartphones mindestens 4 mit dem Betriebssystem „Robot" laufen.

7 Beurteilende Statistik

Vor jeder größeren Wahl stellt sich die Frage, welchen Stimmenanteil die Parteien erwarten können – und wie es möglich ist, dass Wahlumfragen oft erstaunlich präzise Prognosen liefern.

- Wie kann man den Ausgang von Zufallsexperimenten möglichst genau vorhersagen?
- Mit welcher Methode kann man aus Stichproben eine Aussage über die Zusammensetzung der Grundgesamtheit treffen?
- Was sind stetige Zufallsgrößen und welche Rolle spielt dabei die Normalverteilung?

7.1 Sigma-Regeln – Prognoseintervalle

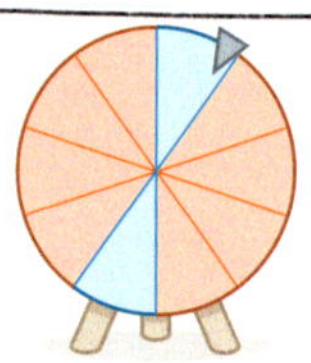

70-mal drehen
X: Anzahl von Rot

120-mal werfen
X: Anzahl von Zahl

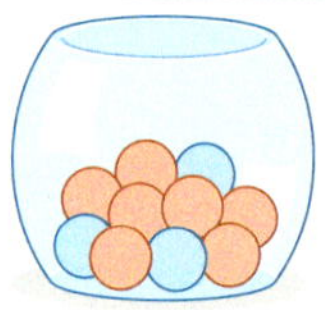

180-mal ziehen
X: Anzahl von Blau

- Welche Werte haben jeweils die folgenden Wahrscheinlichkeiten? Was fällt auf?

$P(\mu - \sigma \leq X \leq \mu + \sigma)$ $P(\mu - 2\sigma \leq X \leq \mu + 2\sigma)$ $P(\mu - 3\sigma \leq X \leq \mu + 3\sigma)$

Lösung

Mit einem Rechner erhält man:

μ	σ	$P(\mu - \sigma \leq X \leq \mu + \sigma)$	$P(\mu - 2\sigma \leq X \leq \mu + 2\sigma)$	$P(\mu - 3\sigma \leq X \leq \mu + 3\sigma)$
56	$\approx 3{,}35$	$P(52{,}7 \leq X \leq 59{,}4) \approx 0{,}705$	$P(49{,}3 \leq X \leq 62{,}7) \approx 0{,}976$	$P(45{,}9 \leq X \leq 66{,}1) \approx 0{,}998$
60	$\approx 5{,}48$	$P(54{,}5 \leq X \leq 65{,}5) \approx 0{,}685$	$P(49{,}03 \leq X \leq 70{,}95) \approx 0{,}964$	$P(43{,}6 \leq X \leq 76{,}4) \approx 0{,}998$
54	$\approx 6{,}1$	$P(47{,}9 \leq X \leq 60{,}1) \approx 0{,}710$	$P(41{,}8 \leq X \leq 66{,}2) \approx 0{,}958$	$P(35{,}7 \leq X \leq 72{,}3) \approx 0{,}997$
		≈ 68 %	**≈ 95 %**	**≈ 99 %**

X nimmt nur ganzzahlige Werte an:
$P(52{,}7 \leq X \leq 59{,}4) = P(53 \leq X \leq 59)$

Trotz unterschiedlicher Stufenzahlen n und Erfolgswahrscheinlichkeiten p sind für alle drei Binomialverteilungen die Intervallwahrscheinlichkeiten bei gleichen Sigma-Umgebungen ungefähr gleich. Um bei möglichen Schätzungen sicherzugehen, verwendet man die angegebenen kleineren Werte 68 %, 95 % und 99 %.

WES-109471-701

*$\sigma > 3$ ist die sogenannte **Laplace-Bedingung**.*

Sigma-Regeln

Für eine binomialverteilte Zufallsgröße X mit Erwartungswert μ und Standardabweichung **$\sigma > 3$** ist die Wahrscheinlichkeit **$P(\mu - z\sigma \leq X \leq \mu + z\sigma)$** für alle Erfolgswahrscheinlichkeiten p und Stufenzahlen n ungefähr gleich.

Übliche Vorfaktoren von σ:

1σ-Umgebung von μ	2σ-Umgebung von μ	3σ-Umgebung von μ
$P(\mu - \sigma \leq X \leq \mu + \sigma) \approx 68\,\%$	$P(\mu - 2\sigma \leq X \leq \mu + 2\sigma) \approx 95{,}5\,\%$	$P(\mu - 3\sigma \leq X \leq \mu + 3\sigma) \approx 99{,}7\,\%$

Übliche Intervallwahrscheinlichkeiten:

1,64σ-Umgebung von μ

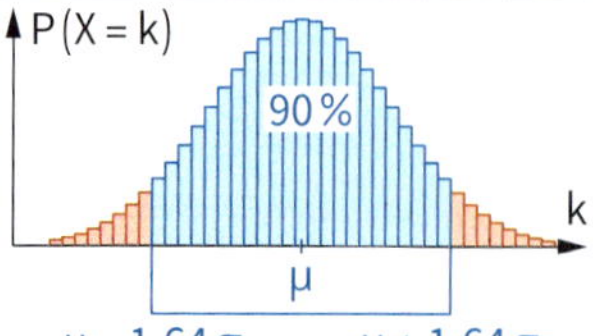

Mit einer Wahrscheinlichkeit von ca. 90 % liegt die Anzahl der Erfolge zwischen $\mu - 1{,}64\sigma$ und $\mu + 1{,}64\sigma$

1,96σ-Umgebung von μ

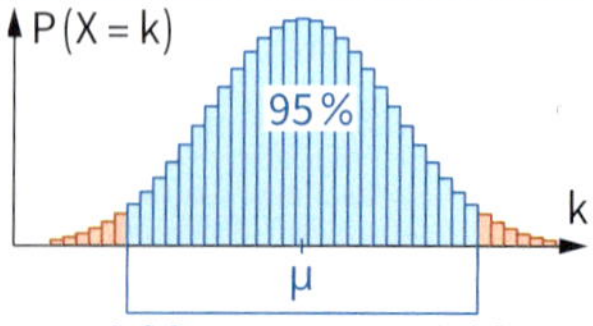

Mit einer Wahrscheinlichkeit von ca. 95 %liegt die Anzahl der Erfolge zwischen $\mu - 1{,}96\sigma$ und $\mu + 1{,}96\sigma$

2,58σ-Umgebung von μ

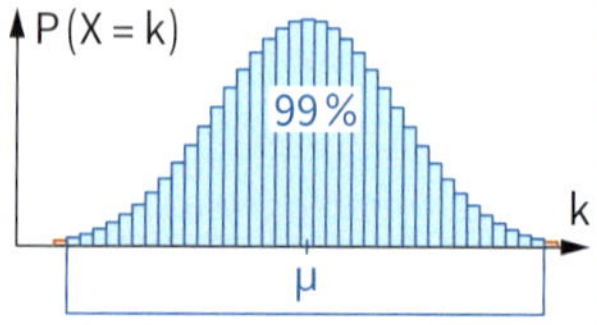

Mit einer Wahrscheinlichkeit von ca. 99 % liegt die Anzahl der Erfolge zwischen $\mu - 2{,}58\sigma$ und $\mu + 2{,}58\sigma$

1 **Intervalle in der Umgebung des Erwartungswerts bestimmen**

Eine Münze und ein Würfel werden je n-mal geworfen.
Bestimmen Sie für die Münze und den Würfel die 1σ-, 2σ- und 3σ-Intervalle.

a) $n = 240$ b) $n = 600$ c) $n = 1200$ d) $n = 1800$

2 **Sigma-Regeln überprüfen**

Berechnen Sie für die Binomialverteilung die Wahrscheinlichkeiten $P(\mu - z\sigma \le X \le \mu + z\sigma)$ für $z = 1$, $z = 2$ und $z = 3$. Überprüfen Sie die Ergebnisse mit den Sigma-Regeln.

a) $p = 0{,}5$ und $n = 8$ b) $p = 0{,}5$ und $n = 10$

3 **Sigma-Regeln bestätigen**

Überprüfen Sie mit einem Rechner die Sigma-Regeln für Binomialverteilungen mit $n = 100$ und $p = 0{,}1;\ 0{,}2;\ 0{,}25;\ 0{,}3;\ 0{,}4;\ 0{,}5$.
Warum ist dies auch eine Bestätigung der Sigma-Regeln für $p = 0{,}6;\ 0{,}7;\ 0{,}75;\ 0{,}8;\ 0{,}9$?
Welche Wahrscheinlichkeit hat die $2{,}58\sigma$-Umgebung vom Erwartungswert μ?

---

4 Das Glücksrad wird gedreht.
Die Zufallsgröße X gibt die Anzahl der gedrehten Zweien an.
Geben Sie für die Anzahl n der Drehungen die Intervalle um den Erwartungswert μ für ca. 90 %ige, 95 %ige und 99 %ige Wahrscheinlichkeit an.

a) $n = 360$ b) $n = 800$ c) $n = 1600$

Prüfe dich!
Lösungen auf Seite 435

Einstieg

Prognose einer zu erwartenden Häufigkeit

Das Kreisdiagramm zeigt die Marktanteile der Betriebssysteme von Smartphones in Deutschland für das Jahr 2020.
Der Oberstufen-Jahrgang einer Schule hat 93 Jugendliche.
Die Zufallsgröße X gibt die Anzahl der Jugendlichen mit Android-Smartphone an.

- Wie erhält man das kleinste zum Erwartungswert symmetrische Intervall, in dem sich die Anzahl der Jugendlichen dieses Jahrgangs mit Android-Smartphone mit mindestens 95 %iger Wahrscheinlichkeit befindet?

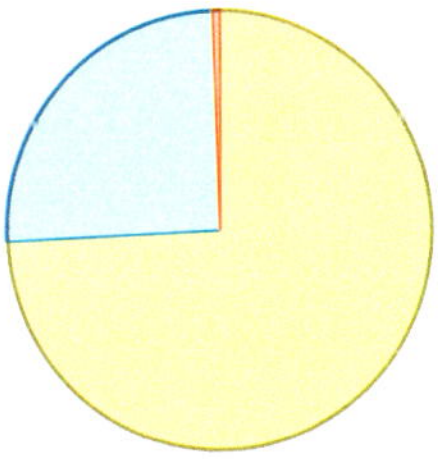

Lösung

Die Zufallsgröße X ist binomialverteilt mit $n = 93$ und $p = 0{,}744$.
Es gilt $\mu = 93 \cdot 0{,}744 \approx 69{,}2$ und $\sigma = \sqrt{93 \cdot 0{,}744 \cdot (1 - 0{,}744)} \approx 4{,}19 > 3$, also können die Sigma-Regeln angewendet werden.
Mit einer Wahrscheinlichkeit von ca. 95 % gilt:

$$\mu - 1{,}96 \cdot \sigma \le X \le \mu + 1{,}96 \cdot \sigma$$
$$69{,}2 - 1{,}96 \cdot 4{,}19 \le X \le 69{,}2 + 1{,}96 \cdot 4{,}19$$
$$60{,}99 \le X \le 77{,}41$$
$$60 \le X \le 78$$

Zur Vergrößerung der Wahrscheinlichkeit des Intervalls wird nach außen gerundet.

Zunächst nach außen runden!

Nun prüft man durch Berechnung der genauen Wahrscheinlichkeiten, ob man das Intervall beidseitig verkleinern kann. Mit einem Rechner ermittelt man:

$P(60 \le X \le 78) = 0{,}9768 > 0{,}95$ $P(61 \le X \le 77) = 0{,}9575 > 0{,}95$ $P(62 \le X \le 76) = 0{,}9261 < 0{,}95$

Immer beidseitig verkleinern!

Man kann also mit $61 \le X \le 77$ ein kleineres Intervall angeben, in dem die Anzahl der Jugendlichen mit Android-Smartphone mit 95 %iger Wahrscheinlichkeit liegt.

WES-109471-702

Schluss von der Gesamtheit auf die Stichprobe – Prognoseintervalle

Für eine n-stufige Bernoulli-Kette mit Erfolgswahrscheinlichkeit p kann man folgende Prognosen über die erwartete Anzahl an Erfolgen abgeben:

- **Punktschätzung** Man nutzt den Erwartungswert $\boldsymbol{\mu = n \cdot p}$.
  In der Regel tritt dies nur mit geringer Wahrscheinlichkeit ein.
- **Prognoseintervall** Man gibt ein zum Erwartungswert μ symmetrisches Intervall $[\boldsymbol{\mu - z \cdot \sigma;\ \mu + z \cdot \sigma}]$ an, in dem die Anzahl der Erfolge mit einer vorgegebenen Mindestwahrscheinlichkeit liegen wird.

Auch: Sicherheitswahrscheinlichkeit

Signifikante und hochsignifikante Abweichungen

Ergebnisse, die außerhalb der $1{,}96\,\sigma$-Umgebung um den Erwartungswert μ liegen, nennt man **signifikant** abweichend von μ. Die Wahrscheinlichkeit dafür, ein solches Ergebnis zu erhalten, liegt bei höchstens 5 %.

Ergebnisse, die sogar außerhalb der $2{,}58\,\sigma$-Umgebung um den Erwartungswert μ liegen, nennt man **hochsignifikant** abweichend von μ. Die Wahrscheinlichkeit dafür, ein solches Ergebnis zu erhalten, liegt bei höchstens 1 %.

Prognoseintervall mithilfe der Sigma-Regeln bestimmen

In Deutschland beträgt der Anteil der linkshändigen Personen ca. 10,6 %.
Wie viele linkshändige Personen kann man an einer Schule mit 400 Jugendlichen erwarten?

Lösung

Zufallsgröße angeben X: *Anzahl der linkshändigen Personen*
$n = 400;\ p = 0{,}106$

Laplace-Bedingung prüfen $\mu = 400 \cdot 0{,}106 = 42{,}4 \qquad \sigma = \sqrt{400 \cdot 0{,}106 \cdot 0{,}894} \approx 6{,}16 > 3$ ✓

Prognoseintervall festlegen z. B. 99 %-Prognoseintervall

Sigma-Regeln anwenden $\mu - 2{,}58 \cdot \sigma \le X \le \mu + 2{,}58 \cdot \sigma$
$42{,}4 - 2{,}58 \cdot 6{,}16 \le X \le 42{,}4 + 2{,}58 \cdot 6{,}16$; also $26{,}51 \le X \le 58{,}29$

Zunächst nach außen runden!

Kontrolle mit einem Rechner

binomCdf(400, 0.106, 26, 59)	0.9943
binomCdf(400, 0.106, 27, 58)	0.9908
binomCdf(400, 0.106, 28, 57)	0.9854

Prognoseintervall angeben Das kleinste Prognoseintervall für mindestens 99 % Wahrscheinlichkeit ist $27 \le X \le 58$.

5 Prognoseintervalle bestimmen

Nach Veröffentlichungen des Statistischen Bundesamtes verfügen 88,1 % der Haushalte über ein Smartphone, 55 % der Haushalte über ein Tablet und 15,5 % der Haushalte über ein Pedelec (E-Bike).
Eine Stichprobe vom Umfang 720 wird durchgeführt.
Untersuchen Sie, in wie vielen Haushalten man
a) ein Smartphone b) ein Tablet c) einen Pedelec finden wird.
Geben Sie Intervalle an, in denen die Anzahl mit 90 % Wahrscheinlichkeit liegen wird. Führen Sie Kontrollrechnungen mit einem Rechner durch.

6 **Unentschieden bei Bundesligaspielen**

Bis zum 34. Spieltag der Bundesliga-Saison 2023/24 wurden seit der Saison 1963/64 insgesamt 18 608 Spiele ausgetragen. Davon endeten 9342 mit einem Heimsieg; 4501-mal war die Auswärtsmannschaft erfolgreich. Eine Bundesliga-Saison hat 306 Spiele.
Geben Sie ein zum Erwartungswert symmetrisches Intervall an, in dem die Anzahl der Unentschieden in der kommenden Saison mit 95 % Wahrscheinlichkeit liegen wird.

7 **Einser-Abiture**

Eine Schulleiterin will jeder Abiturientin und jedem Abiturienten mit Einser-Abitur ein Buchgeschenk machen. Der Abiturjahrgang umfasst 121 Personen. Aus der Presse ist bekannt, dass der Anteil der Einser-Abiture in NRW im Vorjahr bei 22 % lag.

a) Ermitteln Sie, mit wie vielen Buchgeschenken die Schulleiterin rechnen muss, wenn sie eine Sicherheitswahrscheinlichkeit von 95 % zugrunde legt

b) Ab welcher Anzahl von Einser-Abituren kann die Schulleiterin sagen, dass sich der Anteil von Einser-Abituren an ihrer Schule (hoch)signifikant vom Landesschnitt abweicht?

8 **Zahlen beim Lotto**

Im Internet gibt es tagesaktuelle Statistiken, wie oft die einzelnen Lottozahlen gezogen wurden. Die folgende Abbildung zeigt, wie oft jede der 49 Zahlen in allen 36 168 Ziehungen seit 1955 vorkam (Stand: 07.08.2021).

1	**2**	**3**	**4**	**5**	**6**	**7**	**8**	**9**	**10**
750	744	772	743	732	797	741	702	744	722
11	**12**	**13**	**14**	**15**	**16**	**17**	**18**	**19**	**20**
760	714	678	716	707	747	733	745	739	698
21	**22**	**23**	**24**	**25**	**26**	**27**	**28**	**29**	**30**
691	759	726	734	770	780	760	690	728	722
31	**32**	**33**	**34**	**35**	**36**	**37**	**38**	**39**	**40**
785	740	764	721	731	743	725	791	733	724
41	**42**	**43**	**44**	**45**	**46**	**47**	**48**	**49**	
763	753	780	733	675	710	751	736	766	

Berechnen Sie 90 %-, 95 %- und 99 %-Prognoseintervalle für die Ziehungshäufigkeit einer Gewinnzahl. Zählen Sie jeweils aus, wie viele Gewinnzahlen außerhalb des jeweiligen Prognoseintervalls liegen, und bewerten Sie das Ergebnis.

9 Bei einer Umfrage ergab sich, dass 62 % der befragten Personen in der vergangenen Woche keine Einweg-Plastikflaschen verwendet hatten. Man kann davon ausgehen, dass die Anzahl der Personen, die keine solchen Flaschen benutzen, binomialverteilt ist.

a) Der Oberstufen-Jahrgang einer Schule hat 210 Jugendliche.
Bestimmen Sie ein 95 %-Prognoseintervall für die Anzahl der Plastikflaschen-Ablehner.

b) Erläutern Sie, wie sich das Prognoseintervall verändert, wenn man die Sicherheit der Prognose vergrößern möchte.

c) Bei einer zweiten Umfrage in der Oberstufe fanden sich 113 Personen, die keine Einweg-Plastikflaschen verwendet hatten. Beurteilen Sie, ob dieses Ergebnis im Vergleich zur ursprünglichen Stichprobe signifikant abweicht.

Prüfe dich!
Lösungen auf Seite 435

10 ≡ **Puzzleteile in Chipstüten**

Ein Hersteller von Kartoffelchips versteckt in seinen Verpackungen derzeit separat verpackte Puzzlestücke. Jede Chipstüte enthält genau ein Puzzlestück. Von jedem der 25 verschiedenen Puzzlestücke gibt es gleich viele Exemplare. Auf einem Puzzlestück ist das Herstellerlogo aufgedruckt. Die Zufallsgröße X zählt die Anzahl der Puzzlestücke mit dem Herstellerlogo und ist als binomialverteilt anzusehen.

a) Berechnen Sie die Wahrscheinlichkeit dafür, dass in acht Tüten mindestens einmal ein Puzzlestück mit dem Herstellerlogo zu finden ist.

b) Bestimmen Sie ein um den Erwartungswert symmetrisches Intervall, in dem mit einer Wahrscheinlichkeit von 95 % die Anzahl der Puzzlestücke mit Herstellerlogo bei 150 gekauften Chipstüten liegt.

c) Geben Sie die Bedeutung des folgenden Intervalls an:

$$\left[800 \cdot 0{,}04 - 2{,}58 \cdot \sqrt{800 \cdot 0{,}04 \cdot 0{,}96};\ 800 \cdot 0{,}04 + 2{,}58 \cdot \sqrt{800 \cdot 0{,}04 \cdot 0{,}96}\right]$$

11 ≡ **Roulette-Gaunerei**

Ein manipulierter Roulette-Kessel stand am Anfang der Spielbank-Affäre in Hittfeld. Die Staatsanwaltschaft Lüneburg ermittelte monatelang wegen Betrugs. Bereits 1998 war eine Zahlenhäufung an einem der Zahlenkessel aufgefallen. Daraufhin legte die Spielbankenaufsicht das Gerät still und ordnete eine Prüfung durch den TÜV an. Dieser fand keine Spuren, und so wurde das Gerät wieder in Betrieb genommen. Zunächst waren die Ergebnisse normal, zur Jahreswende allerdings fielen einige Zahlen wieder deutlich häufiger als normal.

Zur Kontrolle eines Roulette-Kessels sollen auf diesem 3700 Spiele durchgeführt werden. Bestimmen Sie den Bereich, in dem mit hoher Wahrscheinlichkeit die absoluten Häufigkeiten der einzelnen Ergebnisse liegen müssen. Welche Ergebnisse würde man als signifikant abweichend bezeichen?

Prognoseintervalle für relative Häufigkeiten

Schätzen zu erwartender absoluter Häufigkeiten	$\mu - z \cdot \sigma \le X \le \mu + z \cdot \sigma$	| durch n dividieren
Schätzen zu erwartender relativer Häufigkeiten	$\mathbf{p - z \cdot \frac{\sigma}{n} \le \frac{X}{n} \le p + z \cdot \frac{\sigma}{n}}$	

$\mu = n \cdot p$; also $\frac{\mu}{n} = p$

12 ≡ **Prognoseintervalle für relative Häufigkeiten**

Die Wahlbeteiligung bei der Wahl zum Deutschen Bundestag 2021 betrug 76,6 %. In einer Umfrage an 1000 Personen soll festgestellt werden, ob Personen, die nicht gewählt haben, dies auch zugeben. Bestimmen Sie den Anteil an Personen, die nicht gewählt haben, der mit einer Wahrscheinlichkeit von 95 % in der Stichprobe zu erwarten ist.

13 ≡ **Prognoseintervalle für relative Häufigkeiten**

15,8 % der volljährigen Personen in Deutschland sind unter 30 Jahre alt.
Für eine Umfrage werden 800 Personen über 18 Jahre zufällig ausgewählt.

a) Machen Sie eine Punktschätzung und eine Intervallschätzung mit Sicherheitswahrscheinlichkeit 95 %, wie viele der 800 ausgewählten Personen unter 30 Jahre sind.

b) Berechnen Sie aus dem in Teilaufgabe a) ermittelten Intervall ein Intervall mit relativen Häufigkeiten, d. h., geben Sie mit einer Sicherheitswahrscheinlichkeit von 95 % den Anteil der Personen unter 30 Jahre in der Stichprobe an.

14 Gesetz der großen Zahlen

Nach dem Gesetz der großen Zahlen erwartet man, dass die relativen Häufigkeiten eines Ergebnisses mit zunehmender Versuchsanzahl immer weniger um dessen Wahrscheinlichkeit schwanken.
Betrachten Sie die Augenzahl 1 beim Werfen eines Würfels.
Bestimmen Sie dafür 95 %-Umgebungen für die relativen Häufigkeiten nach 100, 200, 300, 400 bzw. 500 Würfen und stellen Sie diese grafisch dar.

15 Defekte Flaschen

Vor dem Abfüllen von Getränken in Mehrwegflaschen werden die gereinigten Flaschen einer vollautomatischen Flaschenkontrolle auf z. B. Reinigungsrückstände oder Beschädigungen unterzogen. Diese Kontrollmaschinen arbeiten mit einer hohen Genauigkeit, einer geringen Fehlerquote und der vollen Leistung von 48 000 Flaschen pro Stunde.
Durch einen Defekt am Sensor steigt die Fehlerquote einer Kontrollmaschine für 20 Minuten auf 15 % an.
Schätzen Sie ab, wie viele defekte Flaschen mit einer Wahrscheinlichkeit von mindestens 90 %, 95 % bzw. 99 % nicht erkannt und somit befüllt wurden, wenn zu dieser Zeit die Leistung der Maschine nur ein Viertel betrug.

16 Fahrgastbefragungen

Die Deutsche Bahn AG führt regelmäßig Befragungen durch. Allerdings sind nur 56 % der angesprochenen Personen bereit, einen Fahrgastbogen auszufüllen.

a) Bei einer Aktion werden 800 Personen angesprochen.
Machen Sie eine Prognose auf dem 90 %-Niveau, wie viele Personen den Bogen ausfüllen.

b) Für die Auswertung sollten möglichst 500 ausgefüllte Bögen vorliegen.
Untersuchen Sie, wie viele Personen angesprochen werden müssen, damit mit einer Wahrscheinlichkeit von mindestens 95 % tatsächlich genügend viele ausgefüllte Bögen vorliegen.

Prognoseintervall ohne Sigma-Regel bestimmen

Gegeben ist eine binomialverteilte Zufallsgröße X mit $n = 200$ und $p = 0{,}5$.
Es soll das 98 %-Prognoseintervall um den Erwartungswert μ bestimmt werden.

WES-109471-703

Vorgehensweise

(1) Erwartungswert μ berechnen — $\mu = 200 \cdot 0{,}5 = 100$

(2) Funktion p mit $p(t) = P(\mu - t \le X \le \mu + t)$ definieren

(3) Gleichung $p(t) = 0{,}98$ lösen
Dazu muss man oft die Schrittweite 1 nach der Variablen t eingeben.

p(*t*) := binomCdf(200, 0.5, 100 − *t*, 100 + *t*)	*Fertig*
nSolve(*p*(*t*) = 0.98, t, 1)	16.
p(16)	0.980603

Damit erhält man für das gesuchte Intervall: $[100 - 16; 100 + 16] = [84; 116]$

Man muss hier nSolve verwenden!

Eingabe p(16): Probe

17 Prognoseintervall ohne Sigma-Regel bestimmen

Gegeben ist die binomialverteilte Zufallsgröße X mit der Stufenzahl n und der Erfolgswahrscheinlichkeit p. Bestimmen Sie das angegebene Prognoseintervall um den Erwartungswert μ, ohne die Sigma-Regeln anzuwenden.

a) $n = 400$; $p = 0{,}2$; 95 %-Prognoseintervall
b) $n = 600$; $p = 0{,}3$; 90 %-Prognoseintervall
c) $n = 2000$; $p = 0{,}7$; 99 %-Prognoseintervall
d) $n = 800$; $p = 0{,}45$; 85 %-Prognoseintervall

7.2 Konfidenzintervalle

In einer Umfrage vor der Kommunalwahl sprachen sich 273 von 500 zufällig ausgewählten Personen für die bisherige Amtsinhaberin aus.
Mithilfe dieses Ergebnisses soll eine möglichst verlässliche Vorhersage für das tatsächliche Wahlergebnis getroffen werden.

Die Schätzung $\frac{273}{500} \approx 54{,}6\,\%$ ist dafür zu unsicher.

Fasst man nun 273 als (zufälliges) Ergebnis einer 500-stufigen Bernoulli-Kette auf, so sucht man alle Wahrscheinlichkeiten p, für die das Stichprobenergebnis $k = 273$ in der 95 %-Umgebung vom Erwartungswert μ liegt und somit nicht signifikant von μ abweicht.

Vorzeichen beachten!

- Erläutern Sie die Bedeutung der beiden Gleichungen und lösen Sie sie mit einem Rechner. Interpretieren Sie das Ergebnis im Sachkontext.

$$500 \cdot p + 1{,}96 \cdot \sqrt{500 \cdot p \cdot (1-p)} = 273 \qquad 500 \cdot p - 1{,}96 \cdot \sqrt{500 \cdot p \cdot (1-p)} = 273$$

- Erklären Sie die Bedeutung der beiden Werte für p am Histogramm der jeweiligen Binomialverteilung.

Lösung – Bedeutung der Gleichungen

Die linken Seiten entsprechen den Termen bei der Berechnung der Intervallgrenzen eines 95 %-Prognoseintervalls.

Die Gleichungen sind hier von der unbekannten Erfolgswahrscheinlichkeit p abhängig.
Man bestimmt daraus also zwei Werte für p so, dass $k = 273$ einmal die obere und einmal die untere Intervallgrenze des Prognoseintervalls darstellt.

$k = 273$ als obere Intervallgrenze:

solve$\left(500 \cdot p + 1.96 \cdot \sqrt{500 \cdot p \cdot (1-p)} = 273, p\right)$
$p = 0.502173$

$k = 273$ als untere Intervallgrenze:

solve$\left(500 \cdot p - 1.96 \cdot \sqrt{500 \cdot p \cdot (1-p)} = 273, p\right)$
$p = 0.589125$

Zum Zeitpunkt der Befragung sind also alle Stimmanteile für die Amtsinhaberin, die zwischen 50,2 % und 58,9 % liegen, mit einer Sicherheit von 95 % mit $k = 273$ verträglich.

Lösung – Deutung am Histogramm

Wenn $p \approx 0{,}502$ ist, dann ist $\mu < 273$:

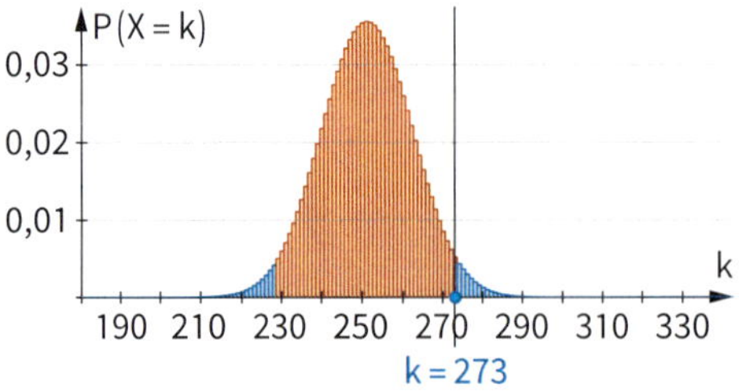

$k = 273$ ist der größte Wert, der noch in der 95 %-Umgebung von μ liegt.

Wenn $p \approx 0{,}589$ ist, dann ist $\mu > 273$:

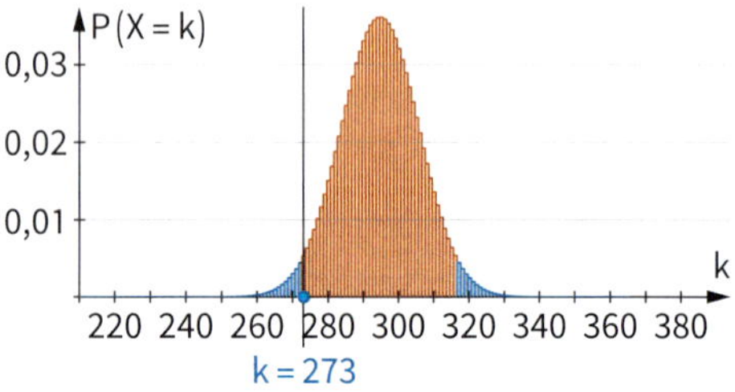

$k = 273$ ist der kleinste Wert, der noch in der 95 %-Umgebung von μ liegt.

Für $0{,}502 \le p \le 0{,}589$ liegt $k = 273$ also innerhalb der jeweiligen 95 %-Umgebung um den Erwartungswert $\mu = n \cdot p$ und weicht damit nicht signifikant von $\mu = n \cdot p$ ab.

Schluss von der Stichprobe auf die Grundgesamtheit

Gegeben Stichprobenergebnis k einer Stichprobe vom Umfang n, die als Bernoulli-Kette aufgefasst werden kann

Gesucht Anteil p in der Grundgesamtheit

Lösungsansatz Man bestimmt alle Wahrscheinlichkeiten p, mit denen das Stichprobenergebnis k verträglich ist.

WES-109471-704

95%-Konfidenzintervalle

Alle Anteile p in der Grundgesamtheit, für die das Stichprobenergebnis k in der 95 %-Umgebung von $\mu = n \cdot p$ liegt, liegen in einem Intervall $[p_{min}; p_{max}]$. Dieses heißt **95 %-Konfidenzintervall** oder **95 %-Vertrauensintervall** für p.

entsprechend für andere Umgebungen

Für eine Wahrscheinlichkeit p aus dem Konfidenzintervall sagt man, dass p mit dem Stichprobenergebnis k **verträglich** ist.

Die Lösung der Gleichung

$$\mathbf{n \cdot p + 1{,}96 \cdot \sqrt{n \cdot p \cdot (1-p)} = k} \text{ nach } p$$

liefert die kleinste mit k verträgliche Wahrscheinlichkeit p_{min}.

Die Lösung der Gleichung

$$\mathbf{n \cdot p - 1{,}96 \cdot \sqrt{n \cdot p \cdot (1-p)} = k} \text{ nach } p$$

liefert die größte mit k verträgliche Wahrscheinlichkeit p_{max}.

$90\,\% \mathrel{\hat=} 1{,}69\,\sigma$
$95\,\% \mathrel{\hat=} 1{,}96\,\sigma$
$99\,\% \mathrel{\hat=} 2{,}58\,\sigma$

Anmerkung: Als Ansatz für die Bestimmung des 95 %-Konfidenzintervalls verwendet man die Ungleichung $n \cdot p - 1{,}96 \cdot \sqrt{n \cdot p \cdot (1-p)} \le k \le n \cdot p + 1{,}96 \cdot \sqrt{n \cdot p \cdot (1-p)}$.

95%-Konfidenzintervall bestimmen

Bei einer Befragung von 150 Jugendlichen wurde Pizza mit 97 Stimmen als beliebteste Speise genannt. Welche Anteile p sind mit diesem Stichprobenergebnis verträglich?

Lösung

X: *Anzahl der Personen mit Pizza als Lieblingsspeise*; $n = 150$; $k = 97$

p_{min} berechnen:

$\text{solve}\left(150 \cdot p + 1.96 \cdot \sqrt{150 \cdot p \cdot (1-p)} = 97, p\right)$ $\quad p = 0.567$

p_{max} berechnen:

$\text{solve}\left(150 \cdot p - 1.96 \cdot \sqrt{150 \cdot p \cdot (1-p)} = 97, p\right)$ $\quad p = 0.719$

Alle Anteile zwischen 56,7 % und 71,9 % sind mit dem Stichprobenergebnis $k = 97$ verträglich.

1 **Konfidenzintervalle bestimmen**

Eine Kugel mit den Ziffern 1 bis 6 wurde 200-mal geworfen. Dabei erschien 31-mal eine Sechs. Bestimmen Sie ein 95 %- und ein 90 %-Konfidenzintervall für die Wahrscheinlichkeit, mit der bei diesem runden Würfel eine Sechs erscheint.

2 **Weihnachtswichteln**

In einer Klasse mit 30 Kindern wird ein Weihnachtswichteln durchgeführt: *Alle Namen werden auf Zettel geschrieben, dann zieht jede Person einen Zettel, um zu erfahren, für wen ein Geschenk gebastelt wird.* In einer 200-fachen Simulation kam 119-mal vor, dass eine Person ihren eigenen Namen gezogen hat. Kann man daraus folgern, dass die Wahrscheinlichkeit, dass eine Person ihren eigenen Namen zieht, größer als 50 % ist?

3 Konfidenzintervall aus eigenen Daten bestimmen

Werfen Sie einen Legostein 300-mal und zählen Sie, wie oft dabei die Noppen unten lagen. Bestimmen Sie ein 95 %-Konfidenzintervall für die Wahrscheinlichkeit, dass die Noppen bei diesem Stein oben liegen.

Prüfe dich!
Lösungen auf Seite 436

4 In einer Stichprobe vom Umfang 827 fand man 354 Personen mit Blutgruppe A.

a) Bestimmen Sie ein 95 %-Konfidenzintervall für den Anteil p der Personen mit Blutgruppe A in der Gesamtheit aller erwachsenen Personen der betrachteten Bevölkerungsgruppe.

b) In der betrachteten Bevölkerungsgruppe leben 325 000 Erwachsene. Berechnen Sie, wie viele Personen daher als Blutspender für Blutgruppe A infrage kommen.

---

5 Unterschied zwischen Aufgabenstellungen erkennen

Erklären Sie den Unterschied zwischen den beiden Aufgabenstellungen.

(1) Bei einer Wahl erhielt eine Partei 35,6 % der Stimmen. Man wählt 100 Stimmzettel zufällig aus. Auf wie vielen Stimmzetteln wird diese Partei angekreuzt sein?

(2) Bevor die Stimmzettel einer Wahl ausgezählt werden, greift man 100 Stimmzettel zufällig aus den Wahlurnen heraus. Auf 47 Stimmzetteln ist eine bestimmte Partei angekreuzt. Welchen Anteil an Stimmen hat diese Partei in der Gesamtheit errungen?

Einstieg

Konfidenzintervall für relative Häufigkeiten

Bei einer Reihenuntersuchung von 1000 Schafen fand man bei 176 Schafen einen bestimmten Parasiten.

- Berechnen Sie ein 95 %-Konfidenzintervall für die Anzahl der befallenen Tiere. Berechnen Sie dann aus den gegebenen Werten ein 95 %-Konfidenzintervall für den Anteil der befallenen Tiere.
- Erläutern Sie den angegebenen Ansatz und führen Sie ihn zu Ende. Vergleichen Sie die Ergebnisse der beiden Verfahren.

$$p + 1{,}96 \cdot \sqrt{\frac{p \cdot (1-p)}{1000}} = \frac{176}{1000}$$

$$p - 1{,}96 \cdot \sqrt{\frac{p \cdot (1-p)}{1000}} = \frac{176}{1000}$$

WES-109471-705

95 %-Konfidenzintervalle für relative Häufigkeiten

Ist der relative Anteil $\frac{k}{n}$ einer Stichprobe bekannt, so erhält man das 95 %-Konfidenzintervall

aus dem Ansatz $$p - 1{,}96 \cdot \sqrt{\frac{p \cdot (1-p)}{n}} \le \frac{k}{n} \le p + 1{,}96 \cdot \sqrt{\frac{p \cdot (1-p)}{n}}$$

Das Lösungsvorgehen entspricht dem bei absoluten Stichprobenergebnissen.

6 Auswertung einer Umfrage

In einer repräsentativen Erhebung zum Besitz von Unterhaltungselektronik unter Jugendlichen zeigten sich die im Diagramm dargestellten Ergebnisse.
Bestimmen Sie jeweils ein 95 %-Konfidenzintervall für den Anteil p unter allen Jugendlichen, die mit dem zugehörigen Gerät ausgestattet sind.

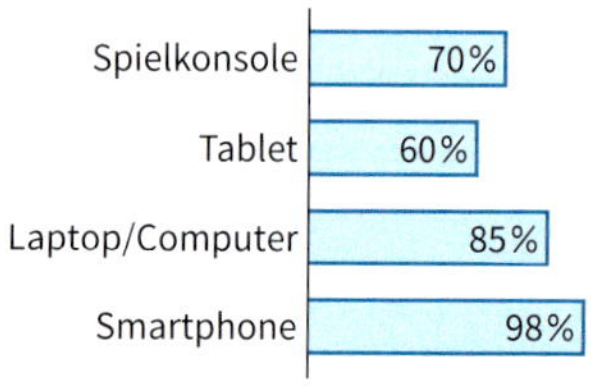

7 = **Zeitumstellung**

Laut einer DAK-Umfrage aus dem Jahr 2023 befürworten 76 Prozent der 1001 befragten Personen eine dauerhafte Sommerzeit. Untersuchen Sie, ob man sicher davon ausgehen kann, dass eine Mehrheit der Bevölkerung die Abschaffung der Winterzeit befürwortet.

---

8 = In einer repräsentativen Umfrage nannten 65 % der 1012 befragten Personen den Ausbau der erneuerbaren Energien sowohl aus Klimaschutzgründen als auch für den Wirtschaftsstandort Deutschland für sehr oder außerordentlich wichtig.
Bestimmen Sie ein 90 %-Konfidenzintervall für diesen Anteil in der gesamten Bevölkerung.

Prüfe dich! Lösungen auf Seite 436

---

9 = **Aussagekraft eines Konfidenzintervalls**

Ein Soziologe möchte herausfinden, ob Jugendliche eine positive Einstellung zum Nachmittagsunterricht haben. Dazu befragt er die Klasse 7b des örtlichen Gymnasiums und veröffentlicht Folgendes:

> Von den 30 befragten Jugendlichen bejahten 60 % die Frage, dass der Nachmittagsunterricht ihren Lernerfolg positiv beeinflusst. Das 95 %-Konfidenzintervall für den Anteil der Schülerschaft, die tatsächlich diese Einstellung vertritt, ist [0,42; 0,75].

Nehmen Sie Stellung zu den Ergebnissen der Befragung.

10 = **Konfidenzintervall grafisch bestimmen – Konfidenzellipse**

Das Einstein-Gymnasium hat 1196 Jugendliche. Zur Verbesserung des Angebotes in der Mensa wurde eine repräsentative Umfrage mit 186 Personen vorgenommen. 53 der befragten Personen gaben an, dass sie vegetarisches Essen bevorzugen.

Sumra hat das 95 %-Konfidenzintervall nicht rechnerisch, sondern mit einer *Konfidenzellipse* für absolute Häufigkeiten grafisch bestimmt.

a) Beschreiben Sie Sumras Vorgehen und geben Sie das Konfidenzintervall an.

b) In der gleichen Umfrage gaben 102 der befragten Personen an, kein warmes Mittagessen zu benötigen. Bestimmen Sie auf gleiche Weise ein Konfidenzintervall für den Anteil unter allen Jugendlichen.

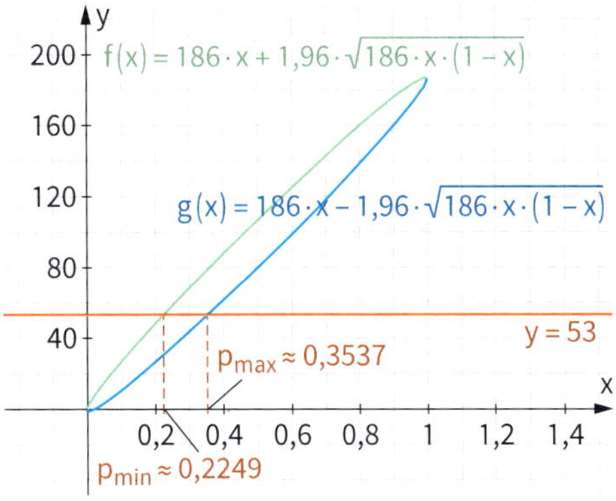

11 = **Dating-Apps**

In einem Artikel einer Zeitschrift liest man:

> Einer Umfrage unter 508 Männern und 685 Frauen in Deutschland zufolge sind Männer häufiger auf Dating-Apps aktiv als Frauen (32 % der Männer vs. 25 % der Frauen).

a) Bestimmen Sie mithilfe von Konfidenzellipsen jeweils den Anteil der Dating-App-Nutzer und der Dating-App-Nutzerinnen in der Bevölkerung.

b) Beurteilen Sie die Aussage des Artikels.

12 Untersuchungen an der Konfidenzellipse

Betrachten Sie eine Konfidenzellipse für eine Stichprobe vom Umfang $n = 200$.

a) Untersuchen Sie die Länge des Konfidenzintervalls in Abhängigkeit von X.

b) Wie verändert sich Länge des Konfidenzintervalls, wenn man als Sicherheit 90 %, 95 % oder 99 % wählt?

c) Das Stichprobenergebnis lautet $X = 89$. Untersuchen Sie, wie sich die Länge des Konfidenzintervalls verändert, wenn Sie den Umfang n erhöhen.

WES-109471-706

13 Zusammenhang zwischen Prognose- und Konfidenzintervallen

Die Grafik zeigt, wie man mithilfe einer Konfidenzellipse Konfidenz- bzw. Prognoseintervalle bestimmen kann.

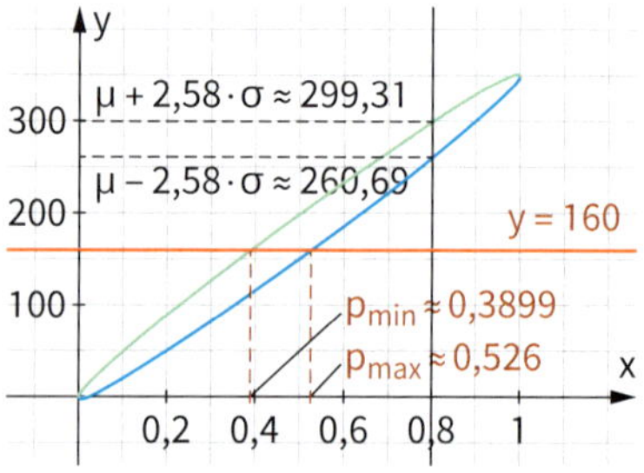

a) Beschreiben Sie die Grafik.

b) Bestimmen Sie mit einer Konfidenzellipse für eine Bernoulli-Kette mit $n = 200$ und einer Sicherheitswahrscheinlichkeit von 95 % ein Konfidenzintervall für $X = 80$ Treffer.

c) Bestimmen Sie für ein Bernoulli-Experiment mit 200 Durchführungen und einer Erfolgswahrscheinlichkeit von $p = 0{,}75$ das Intervall, in dem mit mindestens 95 %iger Wahrscheinlichkeit die absolute Häufigkeit der Erfolge liegen wird.

14 Prognose- und Konfidenzintervall grafisch bestimmen

Ein Yoghurt-Hersteller überprüft regelmäßig den Aufdruck auf den hergestellten Bechern. In den vergangenen Prüfungen wurde ein Anteil von 15 % bemängelt. Die Maschine wurde daraufhin neu eingestellt und eine Stichprobe von 140 Bechern wird untersucht.

hier: für relative Häufigkeiten

Die Grafik stellt die zugehörige Konfidenzellipse für einen fehlerhaften Anteil von 15 % und eine Sicherheitswahrscheinlichkeit von 90 % dar.

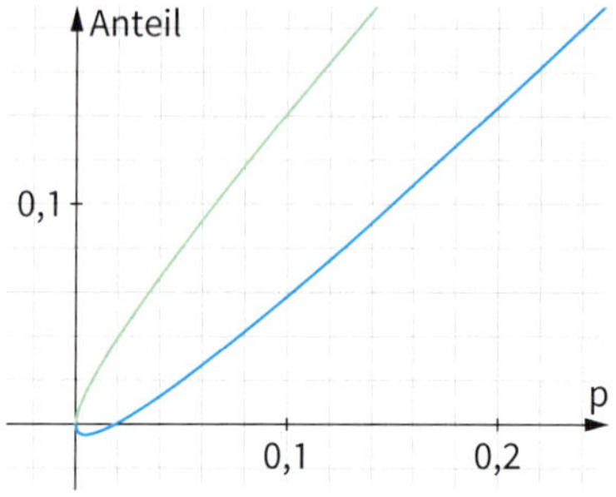

In der aktuellen Prüfung werden 12 mangelhafte Aufdrucke festgestellt.

a) Untersuchen Sie grafisch, ob dies tatsächlich auf eine Verbesserung der Produktion hinweist.

b) Bestimmen Sie an der Grafik näherungsweise das zugehörige Konfidenzintervall.

15 Tierzählungen in freier Wildbahn

Um herauszufinden, mit welcher absoluten Häufigkeit eine bestimmte Tierart in einem abgeschlossenen Gebiet vorkommt, fängt man dort Tiere dieser Art ein und markiert sie. Danach setzt man sie wieder aus. Nach einiger Zeit zählt man Tiere dieser Art und stellt fest, wie viele davon markiert sind.

(1) In einem Bezirk Finnlands werden 200 Rentiere gefangen und mit einem gut sichtbaren Farbfleck gekennzeichnet. Einige Wochen später fotografiert man vom Flugzeug aus verschiedene Rentierherden mit insgesamt 430 Tieren, von denen 72 eine Markierung tragen.

(2) Von 120 markierten Fischen eines Fischteichs werden 28 beim zweiten Mal gefangen; 104 Fische des zweiten Fangs waren nicht markiert.

Schätzen Sie jeweils den Anteil der markierten Tiere in der Gesamtheit. Wie viele Tiere der betrachteten Art wird es jeweils mit einer Wahrscheinlichkeit von 95 % geben?

16 Konfidenzintervalle korrekt interpretieren

Für eine Hausaufgabe soll eine Klasse Personen befragen, ob sie schon einmal Lotto gespielt haben. Acht Jugendliche der Klasse haben jeweils gleich viele Personen befragt und basierend auf dem jeweiligen Stichprobenergebnis ein 90 %-Konfidenzintervall bestimmt.
Das Ergebnis ist in der Grafik dargestellt.
Interpretieren Sie die Grafik, wenn der tatsächliche Anteil $p = 0{,}67$ beträgt.

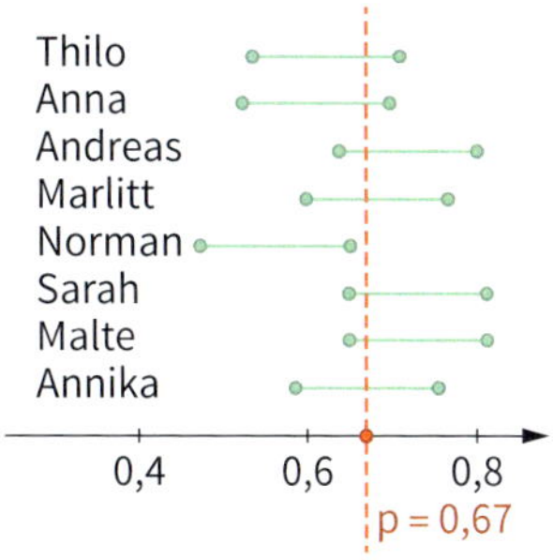

17 Konfidenzintervalle zu Simulationen erzeugen

Mit dem *randBin*-Befehl eines Rechners lässt sich eine Stichprobennahme simulieren.

randBin (400, 0.3)	121

- Führen Sie dies für eine Befragung von 400 Personen durch, wenn p den wahren Wert 0,3 haben soll. Berechnen Sie das zugehörige 90 %-Konfidenzintervall.
- Erzeugen Sie mit dem Rechner weitere Stichproben und berechnen Sie jeweils das zugehörige 90 %-Konfidenzintervall.
- Ermitteln Sie, mit welcher relativen Häufigkeit die Konfidenzintervalle $p = 0{,}3$ enthalten.
- Erhöhen Sie die Anzahl der betrachteten Konfidenzintervalle, indem Sie Ergebnisse Ihres Kurses einbeziehen.

18 Konfidenzintervall vervollständigen

Von einer Umfrage zur Nutzung einer Foto-App unter 700 Jugendlichen ist bekannt, dass p_{min} des zugehörigen 95 %-Vertrauensintervalls 0,4489 ist.
Bestimmen Sie aus diesen Angaben, wie viele Jugendliche bei der Umfrage angegeben haben, die App zu nutzen, und wie groß die andere Grenze des Vertrauensintervalls ist.

19 Daten aus Konfidenzintervall ermitteln

Im Magazin „Super“ wird in einem Artikel als beliebteste Band „Trash“ mit 33 % angegeben. Die Schulzeitungsredaktion möchte eine eigene Umfrage durchführen und ihr Ergebnis mit den Zahlen aus „Super“ vergleichen. Sie befragt in den Pausen 375 Jungendliche und bestimmt für das 90 %-Konfidenzintervall $p_{min} = 0{,}235$.

a) Bestimmen Sie das Stichprobenergebnis der Befragung und die obere Grenze p_{max} des Konfidenzintervalls.
b) Untersuchen Sie, ob das Stichprobenergebnis der Schulzeitungsredaktion verträglich mit der Erfolgswahrscheinlichkeit ist, die im Magazin angegeben ist.

20 Daten aus der Konfidenzellipse entnehmen

Entnehmen Sie der Abbildung
- den Stichprobenumfang
- den Anteil der Zustimmung zu der These *„Ich habe eine Gehaltserhöhung verdient“*
- das zugehörige 95 %-Vertrauensintervall

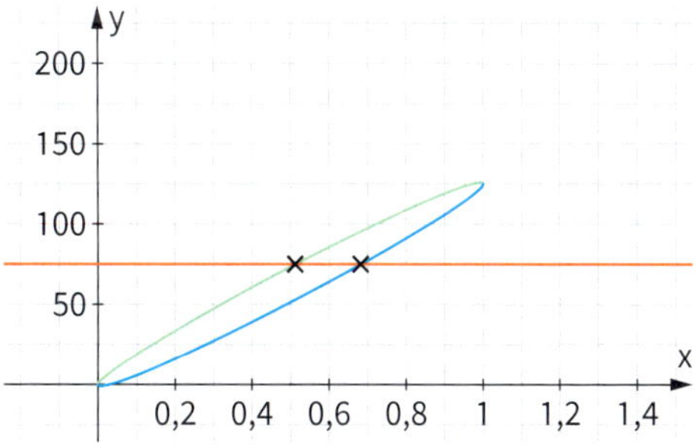

7.3 Erforderlicher Stichprobenumfang

Die Erhebung von Stichproben ist kostenintensiv. Jedoch ist auch klar: Je größer die Stichprobe, umso geringer fällt die Abweichung zwischen Stichprobenergebnis und dem wahren Anteil in der Grundgesamtheit aus.

Zentrale Frage

Wie viele Personen muss man mindestens befragen, damit das Stichprobenergebnis nur um höchstens d vom wahren Anteil abweicht?

Zugrundeliegendes 95%-Konfidenzintervall

Nachschlagen
Seite 300

Aus den Gleichungen für das 95%-Konfidenzintervall mit relativen Häufigkeiten ergeben sich jeweils durch Subtraktion von p:

$$p - 1{,}96 \cdot \sqrt{\frac{p \cdot (1-p)}{n}} = \frac{k}{n} \qquad\qquad p + 1{,}96 \cdot \sqrt{\frac{p \cdot (1-p)}{n}} = \frac{k}{n}$$

$$\underbrace{-1{,}96 \cdot \sqrt{\frac{p \cdot (1-p)}{n}}}_{\text{Abweichung nach unten}} = \underbrace{\frac{k}{n} - p}_{\text{Differenz aus relativem und tatsächlichem Anteil}} \qquad\qquad \underbrace{1{,}96 \cdot \sqrt{\frac{p \cdot (1-p)}{n}}}_{\text{Abweichung nach oben}} = \underbrace{\frac{k}{n} - p}_{\text{Differenz aus relativem und tatsächlichem Anteil}}$$

Abweichung um höchstens d

Da die Abweichung sowohl nach oben als auch nach unten nur höchstens d % betragen darf, kann man die beiden Gleichungen zu einer Betragsungleichung zusammenfassen.

$$\underbrace{\left|\frac{X}{n} - p\right|}_{\text{Betrag der Abweichung}} = 1{,}96 \cdot \sqrt{\frac{p \cdot (1-p)}{n}} \underbrace{\leq d}_{\text{Voraussetzung}}$$

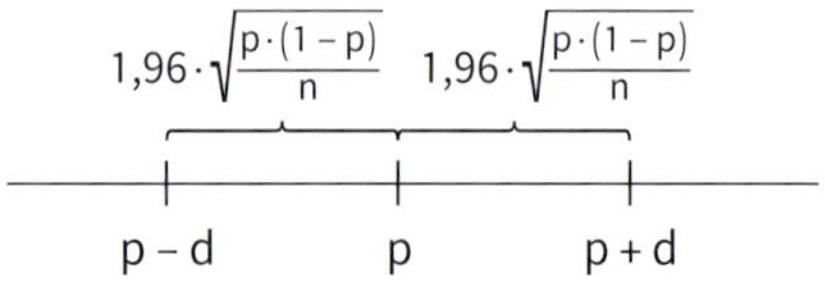

Mindestgröße der Stichprobe

Formt man die entstehende Ungleichung nach n um, so erhält man eine Ungleichung für den Mindestumfang der Stichprobe in Abhängigkeit von d:

$$1{,}96 \cdot \sqrt{\frac{p \cdot (1-p)}{n}} \leq d; \text{ also } 1{,}96^2 \cdot \frac{p \cdot (1-p)}{n} \leq d^2 \text{ und damit } \left(\frac{1{,}96}{d}\right)^2 \cdot p \cdot (1-p) \leq n$$

Liegt ein Schätzwert für p aus vorherigen Stichproben oder Umfragen vor, so kann man daraus den erforderlichen Mindestumfang n berechnen.

WES-109471-707

Erforderlicher Mindestumfang für eine Stichprobe

Fragestellung Wie viele Personen muss man mindestens befragen, damit das Stichprobenergebnis nur um höchstens d vom wahren Anteil p abweicht?

Gegeben Einen Schätzwert für p

Gesucht Mindestumfang n der Stichprobe

Lösung z. B. für 95 %-Umgebung: $\mathbf{n \geq \left(\frac{1{,}96}{d}\right)^2 \cdot p \cdot (1-p)}$

Erforderlichen Stichprobenumfang berechnen

Der Erfolg einer Werbekampagne für ein neues Produkt soll durch eine Umfrage mit einer Sicherheit von 90 % auf zwei Prozentpunkte genau bestimmt werden.
Man schätzt den Bekanntheitsgrad des Produkts auf etwa 30 %. Berechnen Sie, wie viele Personen mindestens befragt werden müssen.

Lösung

Angaben zuordnen $p = 0{,}3$; $d = 0{,}02$; Sicherheit 90 %

Einsetzen $n \geq \left(\frac{1{,}64}{0{,}02}\right)^2 \cdot 0{,}3 \cdot (1 - 0{,}3) = 1412{,}04$

Mindestumfang für die Stichprobe: 1412,04

Bei einem Bekanntheitsgrad von 30 % müssen mindestens 1413 Personen befragt werden, damit der Stichprobenanteil mit einer Sicherheitswahrscheinlichkeit von 90 % nicht mehr als 2 Prozentpunkte vom tatsächlichen Anteil abweicht.

1 Wahlbefragung

Bestimmen Sie bei einer Sicherheitswahrscheinlichkeit von 99 % den notwendigen Stichprobenumfang für den Fall, dass bei einer Befragung vor einer Wahl
(1) die Anteile zweier Parteien jeweils ungefähr 50 % betragen und nicht mehr als 0,5 Prozentpunkte vom tatsächlichen Anteil abweichen;
(2) der Anteil einer Partei bei 6 % liegt und nicht mehr als einen Prozentpunkt vom tatsächlichen Anteil abweicht.

2 Daten aus Voruntersuchungen nutzen

Man will den Anteil p an einer Gesamtheit mit einer maximalen Abweichung von einem Prozentpunkt bei einer Sicherheitswahrscheinlichkeit von 95 % bestimmen.
Aus einer Voruntersuchung vom Umfang 300 weiß man, dass der Anteil p ungefähr bei 0,75 liegt. Bestimmen Sie den notwendigen Stichprobenumfang für die Hauptuntersuchung.

3 Untere Grenze eines Konfidenzintervalls absichern

Wie groß muss der Mindestumfang der Stichprobe sein, damit mit einer Sicherheitswahrscheinlichkeit von 95 % behauptet werden kann, die Mehrheit der Bevölkerung finde Politik langweilig?

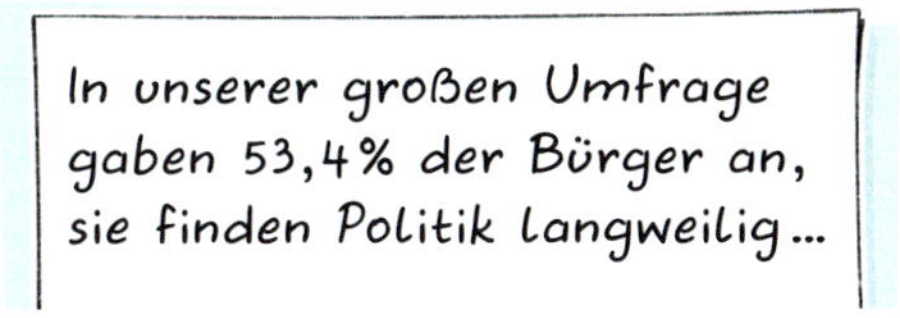

4 Bereitschaft zur Grippeimpfung

Ein Gesundheitsamt möchte die Impfbereitschaft gegen Grippe unter Jugendlichen in der Region erfassen. Aus früheren Umfragen geht hervor, dass etwa 40 % der Jugendlichen bereit sind, sich gegen Grippe impfen zu lassen.
Wie viele Jugendliche müssen mindestens befragt werden, damit der ermittelte Anteil mit einer Sicherheitswahrscheinlichkeit von 95 % höchstens um 3 Prozentpunkte vom tatsächlichen Anteil abweicht?

5 Die Wahlkampfmanager einer Partei möchten mit einer Sicherheit von 95 % den Anteil der Wählerschaft ihrer Partei auf einen Prozentpunkt genau bestimmen. Aus vorherigen Ergebnissen schätzen sie den Stimmanteil auf etwa 26 %. Bestimmen Sie den notwendigen Stichprobenumfang für eine Meinungsumfrage.

Prüfe dich!
Lösungen auf Seite 436

Einstieg

Erforderlicher Stichprobenumfang bei unbekanntem Schätzwert

Liegt keine Schätzung für den tatsächlichen Anteil p vor, muss man auf der rechten Seite der Ungleichung in der Information auf Seite 304 mit dem ungünstigsten Fall rechnen. Dieser Fall tritt ein, wenn $p \cdot (1-p)$ maximal wird, dazu untersucht man die Funktion $f(p) = p \cdot (1-p) = -p^2 + p$. Der Graph ist eine Parabel mit dem Maximum $(0{,}5 \mid 0{,}25)$. Der ungünstigste Fall ist also $p = 0{,}5$.

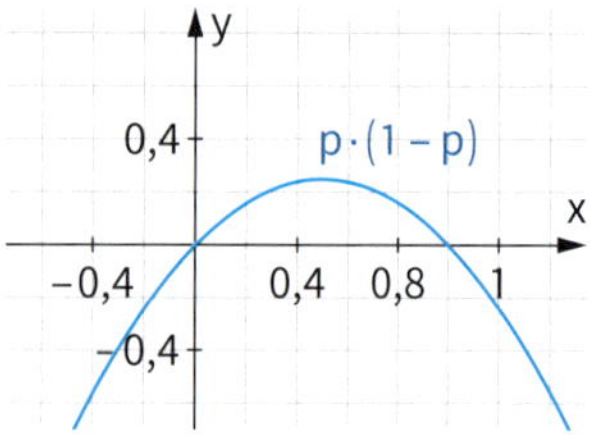

- Zeigen Sie, dass der Stichprobenumfang einer Umfrage mit einer angestrebten Genauigkeit von 1 % und einer Sicherheit von 95 % mindestens 9604 Personen betragen muss.

WES-109471-708

Erforderlicher Stichprobenumfang ohne Schätzwert für p

Situation	Für den tatsächlichen Anteil p liegt keine Schätzung vor.
Ansatz	Man nimmt den ungünstigsten Fall $p = 0{,}5$ an.
Lösung	z. B. für 95 %-Umgebung: $\mathbf{n \geq \left(\frac{1{,}96}{d}\right)^2 \cdot 0{,}5 \cdot (1 - 0{,}5)}$

6 **Mindestumfang ohne Schätzwert berechnen**

Ein Hersteller möchte in einer Umfrage mit einer Genauigkeit von 2 % und einer Sicherheit von 95 % den Bekanntheitsgrad seines neuen Produkts testen. Wie viele Personen müssen dazu mindestens befragt werden?

7 **Anteil fehlerfreier Geräte**

Eine Firma, die Unterhaltungselektronik herstellt, möchte die Qualität ihrer Produkte sicherstellen. Der Anteil der fehlerfreien Geräte in der gesamten Produktionscharge soll mit einer Sicherheit von 99 % auf 1 % genau bestimmt werden.

a) Berechnen Sie, wie viele Geräte getestet werden müssen.

b) Untersuchen Sie die Auswirkungen auf den erforderlichen Stichprobenumfang, wenn man die Genauigkeit wie folgt verändert.
(1) 0,5 % (2) 2 % (3) 3 %

c) Um wie viel Prozent verändert sich den Mindestumfang der Stichprobe, wenn man die Sicherheit der Untersuchung jeweils auf 95 % bzw. 90 % verringert?

Prüfe dich!
Lösungen auf Seite 436

8 Ein Unternehmen führt eine Zufriedenheitsumfrage unter seiner Kundschaft durch. Die Umfrage soll die Zufriedenheit mit einer Sicherheit von 90 % auf drei Prozentpunkte genau beleuchten. Berechnen Sie, wie viele Personen mindestens befragt werden müssen.

9 **Wahrscheinlichkeiten empirisch ermitteln**

Ein *Kuboktaeder* ist ein Körper, der durch Abschneiden der Ecken eines Hexaeders entsteht. Seine Oberfläche besteht aus sechs gleich großen Quadraten und aus acht gleichseitigen Dreiecken. Aufgrund von langen Versuchsreihen weiß man, dass die Wahrscheinlichkeit dafür, dass beim Würfeln mit einem Kuboktaeder eine Dreiecksfläche oben liegt, ungefähr 23 % beträgt.

Bestimmen Sie einen genügend großen Stichprobenumfang, damit man die zugrundeliegende Wahrscheinlichkeit mit einer Sicherheitswahrscheinlichkeit von 95 % auf einen Prozentpunkt genau schätzen kann.

10 Länge des Konfidenzintervalls grafisch betrachten

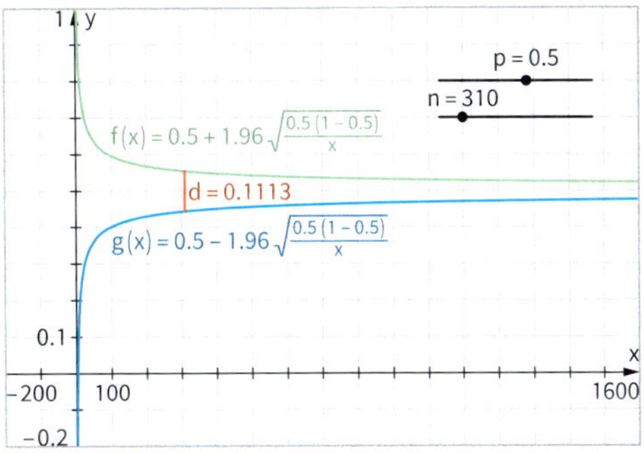

WES-109471-709

In der Grafik sind die Gleichungen zur Bestimmung des Konfidenzintervalls für ein festes p in Abhängigkeit vom Stichprobenumfang dargestellt.

a) Beschreiben Sie die Grafik und erläutern Sie, welche Aussagen sich hieraus über die Länge des Konfidenzintervalls treffen lassen.

b) Untersuchen Sie, wie sich die Länge des Konfidenzintervalls
   (1) in Abhängigkeit vom Stichprobenumfang n verändert;
   (2) in Abhängigkeit vom Anteil p verändert.

c) Erläutern Sie den Zusammenhang zwischen der Grafik und dem Gesetz der großen Zahlen.

11 Sonntagsfrage

Die Forschungsgruppe Wahlen veröffentlichte im Politbarometer vom 13.06.2024 die Umfrageergebnisse zur sogenannten Sonntagsfrage.
Im Rahmen der Erhebung wurden 1334 repräsentativ ausgewählte Personen telefonisch befragt.

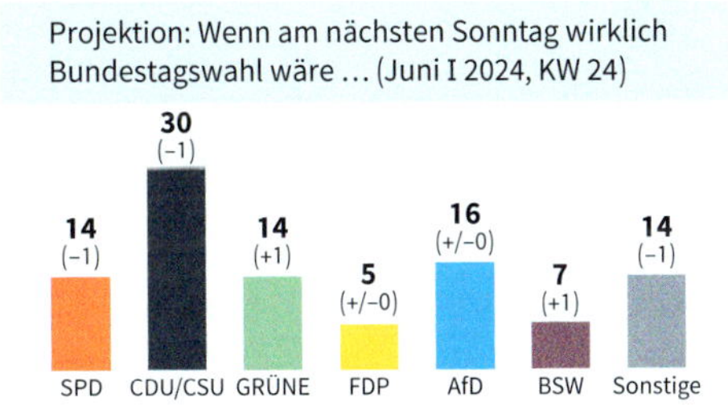

a) Bestimmen Sie aus dem relativen Anteil der Grünen-Wähler zum Zeitpunkt der Umfrage das 95 %-Konfidenzintervall.

b) Kann man aus der Umfrage folgern, dass das Bündnis Sarah Wagenknecht (BSW) bei der kommenden Wahl sicher in den Bundestag einziehen würde? Begründen Sie.

c) Beurteilen Sie, ob die FDP sicher einen geringeren Stimmanteil als das BSW erreichen wird.

d) Wie groß muss der Stichprobenumfang gewählt werden, wenn das Ergebnis der CDU/CSU mit 95 %iger Sicherheit auf 0,5 Prozentpunkte genau bestimmt werden soll?

12 Fehlertoleranzen

In jeder Woche veröffentlicht das ZDF aktuelle Befragungsergebnisse im Rahmen der Sendung Politbarometer. Unter der Rubrik FAQ findet man folgende Information:

Wie genau sind die Umfragen?
Auch repräsentative Umfragen sind immer Wahrscheinlichkeitsaussagen. Sie können nie 100-prozentig genau sein.
Ein Beispiel: Von 1250 Befragten entschieden sich auf die Frage, wen sie am nächsten Sonntag wählen wollen, 40 Prozent für eine Partei. Die Fehlertoleranz liegt hier bei rund +/−3 Prozentpunkten. Das heißt, der Anteil dieser Partei bei allen Wahlberechtigten liegt zwischen 37 und 43 Prozent. Bei einem Parteianteil von 10 Prozent liegt die Fehlertoleranz bei rund +/−2 Prozentpunkten.
Die Wahrscheinlichkeitsaussage bedeutet aber auch, dass nicht alle Werte innerhalb des Fehlertoleranzintervalls mit gleicher Wahrscheinlichkeit zutreffen. So ist die Wahrscheinlichkeit, dass der wahre Wert im Zentrum des Fehlerintervalls liegt, wesentlich größer, als dass er am Rand des Fehlerintervalls liegt.

Erläutern und begründen Sie die Aussagen bezüglich der angesprochenen *Fehlertoleranz*.

7.4 Stetige Zufallsgrößen

Vorbereiten
Seite 66

Für die Verwertung als Brennholz werden Holzstücke auf eine maximale Länge von 30 cm gesägt. Dabei bleiben auch Stücke übrig, die kürzer als 30 cm sind.

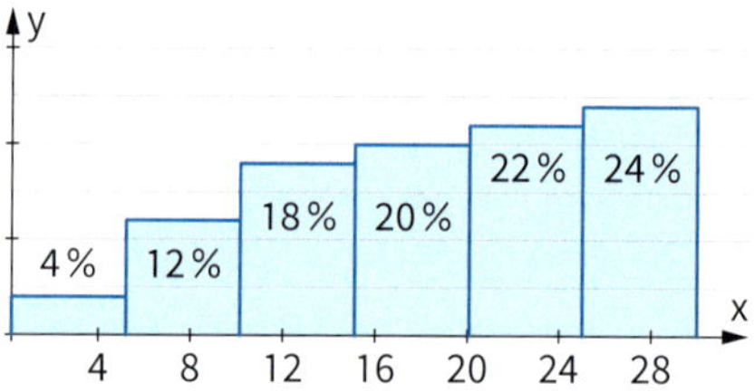

Die Häufigkeitsverteilung der Längen beruht auf Erfahrungswerten eines Händlers.

Wenn man beliebig genau messen könnte, würde aus dem Histogramm eine Fläche werden, die ungefähr von dem eingezeichneten Graphen von f und der x-Achse von 0 bis 30 eingeschlossen wird.

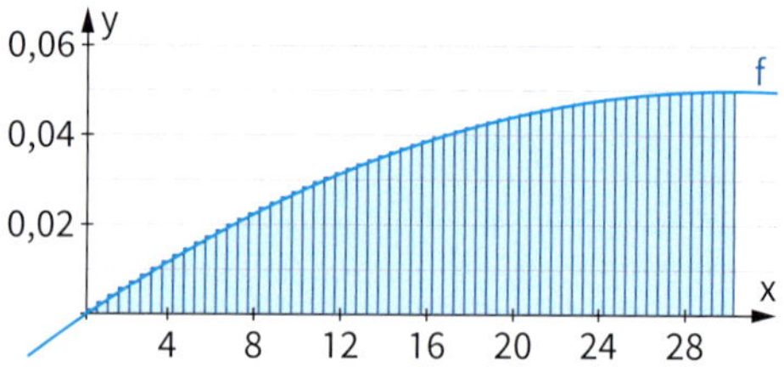

- Begründen Sie ohne weitere Rechnung, dass $\int_0^{30} f(x)\,dx = 1$ gilt.
- Erläutern Sie am Graphen von f, wie man die Wahrscheinlichkeit ermittelt, dass ein Holzstück eine Länge von 20 cm bis 30 cm hat.
- Zeigen Sie, dass diese Wahrscheinlichkeit ungefähr bei 48 % liegt.

WES-109471-710

Dichtefunktion

Eine Funktion f heißt **Dichtefunktion**, wenn folgende Eigenschaften erfüllt sind:

(1) $f(x) \geq 0$ für alle $x \in \mathbb{R}$ (2) $\int_{-\infty}^{\infty} f(x)\,dx = 1$

$$f(x) = \begin{cases} 0 & \text{für } x \leq 0 \\ -\frac{3}{4}x\cdot(x-2) & \text{für } 0 < x < 2 \\ 0 & \text{für } x \geq 2 \end{cases}$$

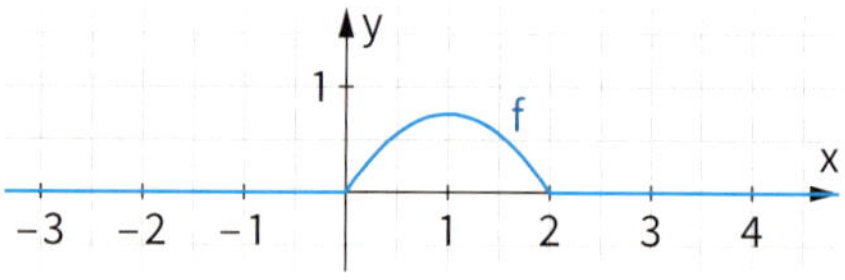

Eigenschaften überprüfen:

(1) Am Funktionsterm erkennt man: $f(x) \geq 0$ für alle $x \in \mathbb{R}$ ✓

(2) $\int_{-\infty}^{\infty} f(x)\,dx = \int_0^2 -\frac{3}{4}x\cdot(x-2)\,dx = \left[-\frac{1}{4}x^3 + \frac{3}{4}x^2\right]_0^2 = -\frac{8}{4} + \frac{12}{4} - 0 = 1$ ✓

Somit ist f eine Dichtefunktion.

Stetige Zufallsgröße

Eine Zufallsgröße X heißt **stetig**, falls es eine Dichtefunktion f gibt, sodass für alle $a, b \in \mathbb{R}$ gilt:

$$\mathbf{P(a \leq X \leq b) = \int_a^b f(x)\,dx}$$

Besonderheit bei Wahrscheinlichkeiten

Anders als bei diskreten Zufallsgrößen gilt:

$$P(X = k) = \int_k^k f(x)\,dx = 0$$

Daraus erhält man also: $\mathbf{P(X < k) = P(X \leq k)}$

$$f(x) = \begin{cases} 0 & \text{für } x \leq 0 \\ -\frac{3}{4}x\cdot(x-2) & \text{für } 0 < x < 2 \\ 0 & \text{für } x \geq 2 \end{cases}$$

$$P(X < 1{,}5) = P(X \leq 1{,}5) = \int_0^{1{,}5} f(x)\,dx \approx 0{,}844$$

Die Wahrscheinlichkeit für genau eine reelle Zahl k ist 0.

1 Von der diskreten zur stetigen Verteilung

Die Histogramme zeigen die Lebenserwartung eines im Jahr 2015 geborenen Jungen.

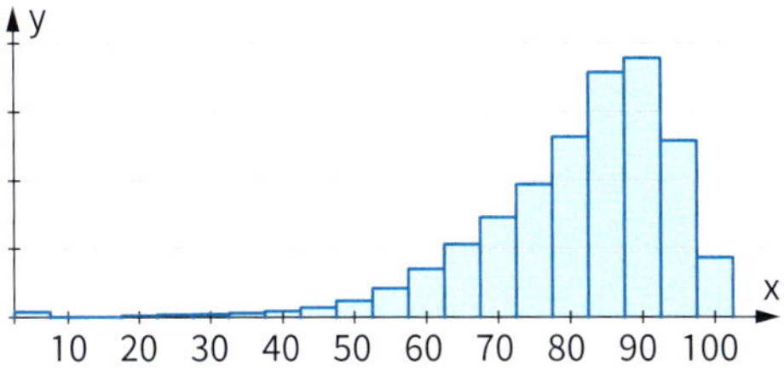

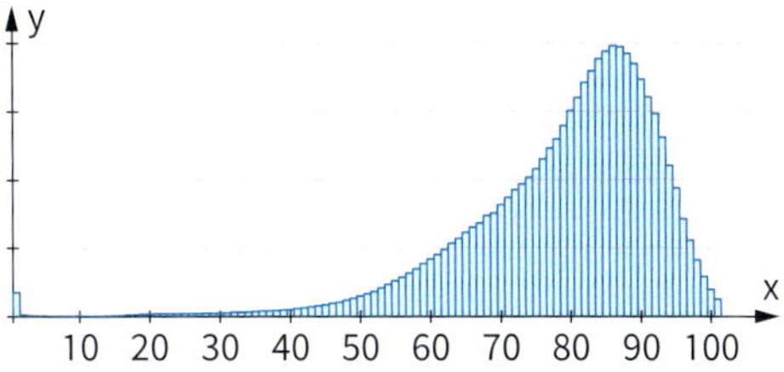

a) Beschreiben Sie beide Histogramme vergleichend und begründen Sie, warum eine noch feinere Unterteilung der Zeitachse möglich ist.
b) Erläutern Sie, wie sich das Histogramm mit immer feiner werdender Unterteilung ändert.
c) Erklären Sie im Sachkontext, weshalb bei stetigen Verteilungen $P(X = k) = 0$ gilt.
d) Geben Sie einen Term für die Wahrscheinlichkeit an, dass ein 2015 geborener Junge
(1) zwischen 70 und 90 Jahre alt wird; (2) nicht 85 Jahre alt wird.

2 Eigenschaften nachweisen

Zeigen Sie, dass die Funktion f mit $f(x) = \begin{cases} \frac{1}{b-a} & \text{für } a \le x \le b \\ 0 & \text{sonst} \end{cases}$ eine Dichtefunktion ist.

3 Dichtefunktion oder nicht?

Untersuchen Sie, ob es sich um eine Dichtefunktion handelt:

a) $f(x) = \begin{cases} 0{,}5x & \text{für } 0 \le x \le 2 \\ 0 & \text{sonst} \end{cases}$
b) $f(x) = \begin{cases} \sin(x) & \text{für } 0 \le x \le \frac{\pi}{2} \\ 0 & \text{sonst} \end{cases}$
c) $f(x) = \begin{cases} x-1 & \text{für } 0 \le x \le \sqrt{3}+1 \\ 0 & \text{sonst} \end{cases}$

4 Parameterhaltige Funktion zu einer Dichtefunktion machen

Bestimmen Sie den Parameter so, dass die Funktion f eine Dichtefunktion ist.

a) $f(x) = \begin{cases} k \cdot x & \text{für } 0 \le x \le 1 \\ 0 & \text{sonst} \end{cases}$
b) $f(x) = \begin{cases} a \cdot x \cdot (x-2) & \text{für } 0 \le x \le 2 \\ 0 & \text{sonst} \end{cases}$
c) $f(x) = \begin{cases} a \cdot (16 - x^4) & \text{für } -2 \le x \le 2 \\ 0 & \text{sonst} \end{cases}$

5 Lebenserwartung von Hamstern

Die Lebenserwartung einer bestimmten Hamsterrasse wird näherungsweise durch die Funktion f mit $f(x) = -\frac{3}{4}x^2 \cdot (x-2)$ beschrieben.

a) Schränken Sie den Definitionsbereich von f so ein, dass f eine Dichtefunktion ist.
b) Ermitteln Sie das im Modell angenommene Höchstalter.
c) Berechnen Sie die Wahrscheinlichkeiten dafür, dass einer dieser Hamster
(1) höchstens 1 Jahr alt; (2) mindestens 1,5 Jahre alt; (3) genau 1 Jahr alt wird.

6 Zufallszahlen

In der Dokumentation einer Programmiersprache heißt es:
„Die Methode *random( )* gibt eine gleichmäßig verteilte Zufallszahl zurück, die größer oder gleich 0 und kleiner als 1 ist.“

```
>>> from random import random
>>> random( )
0.9132273233461533
>>> |
```

a) Die Zufallsvariable X beschreibt die Zufallszahl, die der Computer auswirft.
Zeichnen Sie den Graphen der Dichtefunktion f von X und geben Sie den Term von f an.
b) Geben Sie Integrale über die Dichtefunktion f an, die den gegebenen Wert haben, und interpretieren Sie das Ergebnis unter Berücksichtigung der Zufallsvariable X.
(1) 0,2 (2) 0,5 (3) 0,75

7 ≡ **Ungenauigkeiten untersuchen**

Bei der Produktion von Kugellager-Kugeln werden die Abweichungen des Durchmessers vom Sollwert durch positive und negative Längenangaben beschrieben. Ihre Verteilung soll durch eine Funktion f mit $f(x) = \begin{cases} k \cdot (1 - x^2) & \text{für } -0{,}1 \le x \le 0{,}1 \\ 0 & \text{sonst} \end{cases}$ modelliert werden.

a) Bestimmen Sie den Parameter k so, dass f eine Dichtefunktion ist.

b) Auf dem Notizzettel eines Ingenieurs findet man:

Bedingung: $P(Y > a) = 0{,}1$

Erläutern Sie, was mit dieser Bedingung für den Sachkontext ausgesagt wird. Bestimmen Sie den entsprechenden Wert für den Parameter a.

Prüfe dich!
Lösungen auf Seite 436

8 ≡ Die Funktion f hat den abgebildeten Graphen.

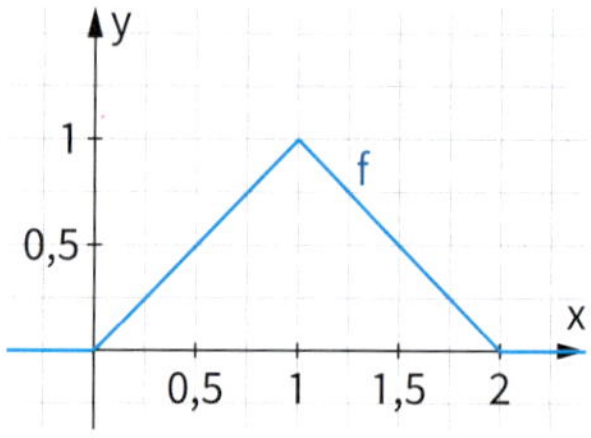

a) Begründen Sie, warum die Funktion f eine Dichtefunktion einer Zufallsvariablen X darstellt.

b) Berechnen Sie.
(1) $P(X \le 1{,}3)$ (2) $P(X > 1{,}5)$ (3) $P(0{,}5 < X < 1)$

c) Bestimmen Sie die Zahl m so, dass $P(X < m) = 0{,}5$.
Deuten Sie das Ergebnis im Sachzusammenhang.

9 ≡ **Dichtefunktion und Wahrscheinlichkeit**

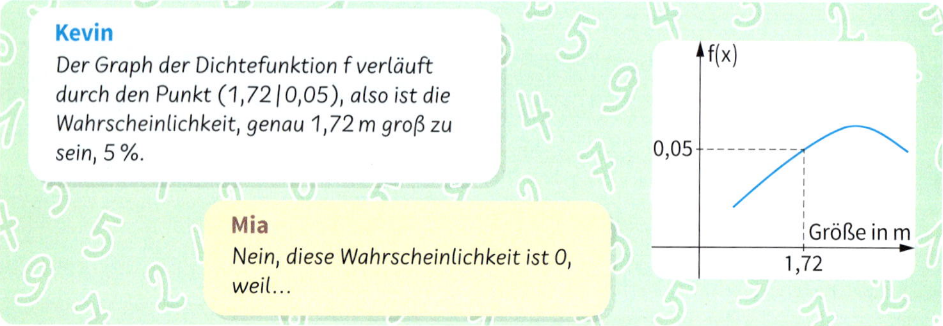

a) Vervollständigen Sie Mias Argumentation und nehmen Sie Stellung zu den Behauptungen.

b) Formulieren Sie einen korrekten Ansatz, um die von Kevin gewünschte Wahrscheinlichkeit für alle Größen, die gerundet 1,72 m ergeben, zu bestimmen.

10 ≡ **Längen von Dinosauriern**

Von 309 Dinosaurierarten ist die durchschnittliche Länge bekannt.
Daraus kann die Verteilung der Längen der Arten schätzen. Gibt die Zufallsvariable X die Länge einer unbekannten (bzw. „zufällig ausgewählten“, weil keine Informationen bekannt sind) Dinosaurierart an, dann hat X die Dichtefunktion f mit $f(x) = 0{,}139 \cdot e^{-0{,}139 \cdot x}$.

a) Berechnen Sie die Wahrscheinlichkeit dafür, dass eine unbekannte Dinosaurierart im Durchschnitt länger als 10 Meter ist.

b) Berechnen Sie die Wahrscheinlichkeit, dass eine unbekannte Dinosaurierart kürzer als 2 Meter ist.

c) Die längste Dinosaurierart, die jemals gefunden wurde, ist der Argentinosaurus mit einer durchschnittlichen Länge von 35 Metern.

Berechnen Sie das Integral $\int_0^{35} f(x)\,dx$ und deuten Sie das Ergebnis im Sachzusammenhang.

Modellierung von Wartezeiten

Zufallsgrößen wie die Wartezeit bis zum Eintreten eines bestimmten Ereignisses lassen sich durch stetige Wahrscheinlichkeitsverteilungen beschreiben. Für diese Fälle verwendet man häufig die **Exponentialverteilung**. Sie eignet sich für Zufallsgrößen, bei denen die Abnahmerate konstant ist.

Dichtefunktion einer Exponentialverteilung

Die Dichtefunktion f einer exponentialverteilten Zufallsgröße X hat den Term

$$f(x) = \begin{cases} \lambda \cdot e^{\lambda t} & \text{für } t \geq 0 \\ 0 & \text{für } t < 0 \end{cases}$$ mit einem Parameter $\lambda \in \mathbb{R};\ \lambda > 0$

Die zugehörige exponentialverteilten Zufallsgröße X hat den Erwartungswert $E(X) = \frac{1}{\lambda}$ und die Standardabweichung $\sigma = \frac{1}{\lambda}$.

1 Dichtefunktion darstellen

a) Stellen Sie die Dichtefunktion der exponentialverteilten Zufallsgröße X für den Parameter $\lambda = 0{,}5$ grafisch dar.

b) Beschreiben Sie den Verlauf der Dichtefunktion dieser Exponentialverteilung.

c) Berechnen Sie die Wahrscheinlichkeit $P(0 < X < 2)$ und veranschaulichen Sie diese am Graphen.

2 Wartezeiten an einer Supermarktkasse

An einer Supermarktkasse wartet die Kundschaft zur Mittagszeit im Mittel 60 Sekunden, bis sie ihre Waren auf das Förderband legen können. Die Wartezeit soll als exponentialverteilt angenommen werden.

a) Berechnen Sie, mit welcher Wahrscheinlichkeit eine Person
(1) bis zu 60 Sekunden warten muss;
(2) zwischen ein und zwei Minuten warten muss;
(3) mehr als 3 Minuten warten muss.

b) Bestimmen Sie, mit welcher Wartezeit eine Person in 9 von 10 Fällen höchstens rechnen muss.

3 Wartezeiten in einer Telefonhotline

Bei den Beratungsstellen der Kundschaft häufen sich die Beschwerden über die Hotline eines Mobilfunkanbieters: Zu oft landen die anrufenden Personen in langen Warteschleifen. Deshalb wurden die Wartezeiten statistisch erfasst und ausgewertet. Die Verteilung der Wartezeiten kann näherungsweise durch die Funktion w mit $w(t) = \begin{cases} 0{,}015 \cdot e^{-0{,}015t} & \text{für } t \geq 0 \\ 0 & \text{für } t < 0 \end{cases}$ beschrieben werden, wobei t für die Wartezeit in Minuten steht.

a) Weisen Sie nach, dass w eine Dichtefunktion ist.

b) Berechnen Sie die Wahrscheinlichkeit, dass eine anrufende Person
(1) weniger als 10 Minuten warten muss;
(2) zwischen 30 und 60 Minuten warten muss;
(3) über 60 Minuten warten muss.

c) Als *Median* einer stetigen Zufallsgröße mit der Dichtefunktion w bezeichnet man die Stelle m, für die $\int_{-\infty}^{m} w(x)\,dx = 0{,}5$ gilt.
Erläutern Sie, welche Idee dieser Festlegung zugrunde liegt.

7.5 Normalverteilung

Vorbereiten
Seite 76

Ein Bäcker will die Genauigkeit einer neuen Maschine überprüfen, die Brötchen mit 50 g Gewicht herstellen soll. Beim Wiegen sehr vieler Brötchen stellt der Bäcker fest: Die meisten Brötchen wiegen nahe 50 g. Abweichungen nach oben und unten treten gleich häufig auf. Knapp 16 % der Brötchen wiegen weniger als 49 g.

- Skizzieren Sie den Graphen der Dichtefunktion f mit $f(x) = \frac{1}{\sqrt{2\pi}} \cdot e^{-\frac{1}{2} \cdot \frac{(x-50)^2}{1}}$.
  Begründen Sie, dass diese Dichtefunktion zu den Beobachtungen des Bäckers passt.
- Der Bäcker will nur Brötchen verkaufen, deren Gewicht höchstens 2 g von 50 g abweicht. Mit welcher Ausschussquote muss er rechnen?

Lösung – Graphen

Der Graph von f hat sein Maximum an der Stelle 50 und ist achsensymmetrisch zur Geraden mit $x = 50$, da $f(50 + x) = f(50 - x)$ gilt. Die Wahrscheinlichkeit für ein Brötchen mit weniger als 49 g Gewicht erhält man mit einem Rechner:

$$P(0 < X < 49) = P(0 \le X \le 49) = \int_0^{49} f(x)\,dx \approx 0{,}159$$

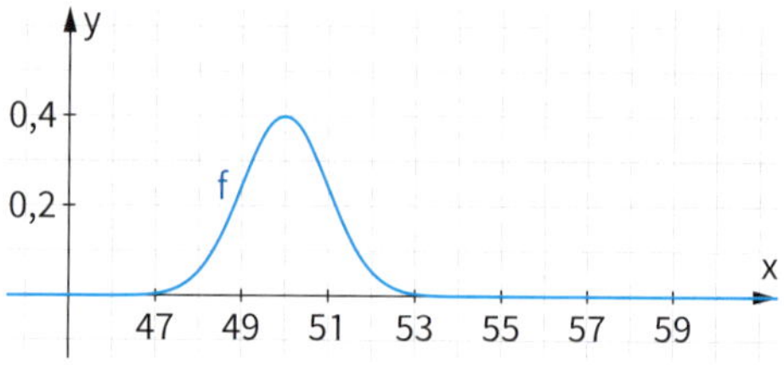

Lösung – Ausschussquote

Mit einem Rechner ermittelt man: $P(48 \le X \le 52) = \int_{48}^{52} \frac{1}{\sqrt{2\pi}} e^{-\frac{1}{2}(x-50)^2}\,dx \approx 0{,}9545$

Der Bäcker kann also mit einer Ausschussquote von etwas weniger als 5 % rechnen.

WES-109471-711

Normalverteilte Zufallsgrößen

Eine stetige Zufallsgröße X heißt **normalverteilt** mit Erwartungswert μ und Standardabweichung σ, wenn für alle reellen Zahlen a, b und $a \le b$ gilt:

$$\mathbf{P(a \le X \le b) = \int_a^b \varphi_{\mu;\sigma}(x)\,dx} \text{ mit } \mathbf{\varphi_{\mu;\sigma}(x) = \frac{1}{\sigma\sqrt{2\pi}} e^{-\frac{1}{2}\left(\frac{x-\mu}{\sigma}\right)^2}}$$

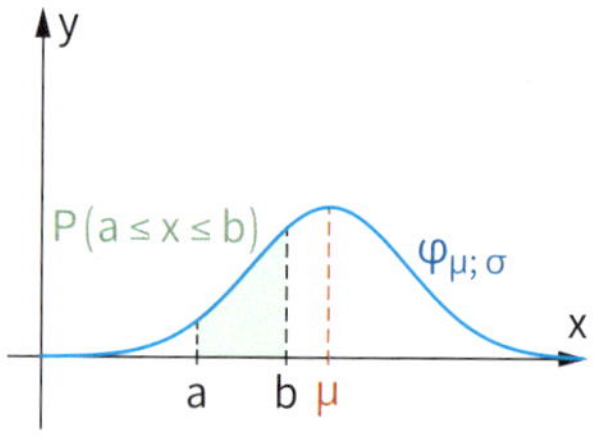

φ wird gelesen: „phi"

Die Funktion $\varphi_{\mu;\sigma}$ heißt **Dichtefunktion der Normalverteilung** mit Erwartungswert μ und Standardabweichung σ oder **Gauß'sche Glockenfunktion**.

Φ: großes Phi

Die zugehörige Integralfunktion $\mathbf{\Phi_{\mu;\sigma}(x) = \int_{-\infty}^{x} \varphi_{\mu;\sigma}(t)\,dt}$

nennt man **Gauß'sche Integralfunktion** oder **Verteilungsfunktion** dieser Normalverteilung.

Es gilt: $\mathbf{P(X \le b) = \Phi_{\mu;\sigma}(b)}$

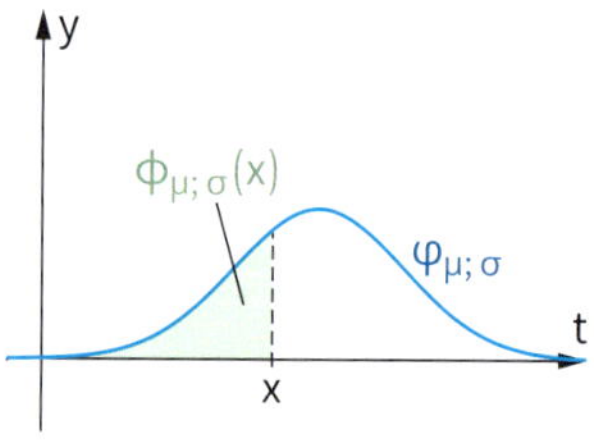

1 = Gauß'sche Glockenkurve

Auf dem bis Ende 2001 gültigen 10-DM-Schein war der Mathematiker Carl Friedrich Gauß mit der nach ihm benannten Glockenkurve abgebildet. Diese ist der Graph der Gauß'schen Glockenfunktion.

a) Untersuchen Sie die Gauß'sche Glockenfunktion für $\mu = 40$ und $\sigma = 5$ auf Globalverlauf, Symmetrie, Nullstellen, Extrema und Wendepunkte.
Weisen Sie nach, dass es sich bei der Glockenfunktion um eine Dichtefunktion handelt.

b) Untersuchen Sie an selbst gewählten Beispielen, wie sich
(1) der Parameter μ; (2) der Parameter σ auf den Graphen auswirkt.
Fertigen Sie aussagekräftige Skizzen an.

Rechnerbefehl: normPdf(x, μ, σ)

Der Befehl *normPdf(x, μ, σ)* berechnet den Funktionswert von $\varphi_{\mu;\sigma}$ an der Stelle x.

normPdf(2, 50, 1)	1.96638E 501

probability (engl.): Wahrscheinlichkeit

Rechnerbefehl: normCdf(x, μ, σ)

Der Befehl *normCdf(x, μ, σ)* berechnet den Funktionswert von $\Phi_{\mu;\sigma}$ an der Stelle x.

normCdf(2, 50, 1)	0.158655

cumulated (engl.): kumuliert

Rechnerbefehl: normCdf(a, b, μ, σ)

Der Befehl *normCdf(x, μ, σ)* berechnet die Wahrscheinlichkeit $P(a < X < b)$ einer Normalverteilung mit Erwartungswert μ und Standardabweichung σ.

normCdf(0, 2, 50, 1)	0.

2 = Normalverteilung darstellen

Die Gewichte der Pakete des Online-Versandhändlers „Nil" sind normalverteilt mit einem Mittelwert von 2 kg und einer Standardabweichung von 0,5 kg.

a) Stellen Sie die zugehörige Glockenkurve mit ihrem Rechner dar und begründen Sie am Graph, dass die Wahrscheinlichkeit für ein Paket unter 2 kg genau 50 % beträgt.

b) Berechnen Sie mit den Rechnerfunktionen die Wahrscheinlichkeit, dass ein Paket
(1) zwischen 1,5 und 2,5 kg wiegt,
(2) weniger als 2,4 kg wiegt,
(3) genau 1,2 kg wiegt.

c) Die Wahrscheinlichkeit, dass ein Paket zwischen 1,6 kg und 2,4 kg wiegt, beträgt ca. 57,6 %. Bestimmen Sie nur unter Betrachtung der Glockenkurve, wie groß die Wahrscheinlichkeit für Paket über 2,4 kg ist.

3 – Wahrscheinlichkeiten mit der Dichtefunktion bestimmen

Das Gewicht von Eiern frei laufender Hühner auf einem Bauernhof ist normalverteilt mit Erwartungswert $\mu = 55\,g$ und Standardabweichung $\sigma = 5\,g$. Bestimmen Sie die Wahrscheinlichkeit, dass ein beliebig aus diesen Eiern ausgewähltes Ei

(1) mindestens 45 g und höchstens 53 g; (2) mindestens 45 g;
(3) höchstens 50 g; (4) genau 60 g wiegt.

inverse (engl.): umgekehrt

Rechnerbefehl: invNorm (p, μ, σ)

Der Befehl *invNorm (p, μ, σ)* liefert die Stelle x, für die $\Phi_{\mu;\sigma}(x) = p$ gilt.

Damit kann man ohne zu probieren eine obere Intervallgrenze bestimmen, sodass eine bestimmte Wahrscheinlichkeit für $P(X \le b)$ gilt.

Invers Normalverteilung	
Fläche:	0.95
μ:	50
σ:	1

$\Phi_{50;\,1}(x) = 0{,}95$

invNorm (0.95, 50, 1)
51.6449

Also: $x = \Phi^{-1}_{50;\,1}(0{,}95) \approx 51{,}64$

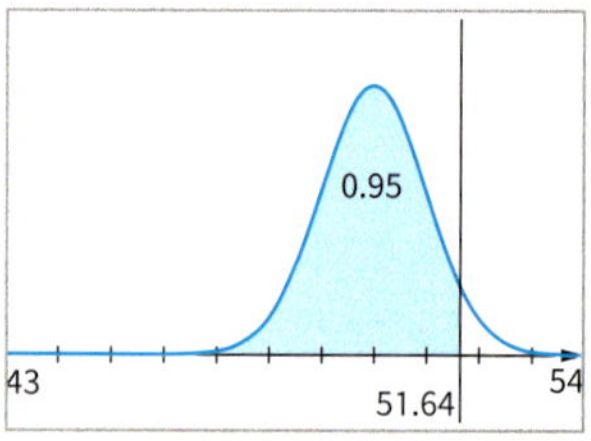

❹ Bereich zur gegebenen Wahrscheinlichkeit bestimmen

Die Wartezeiten an einer Service-Hotline einer Firma sind normalverteilt mit einer Standardabweichung von 3 Minuten.

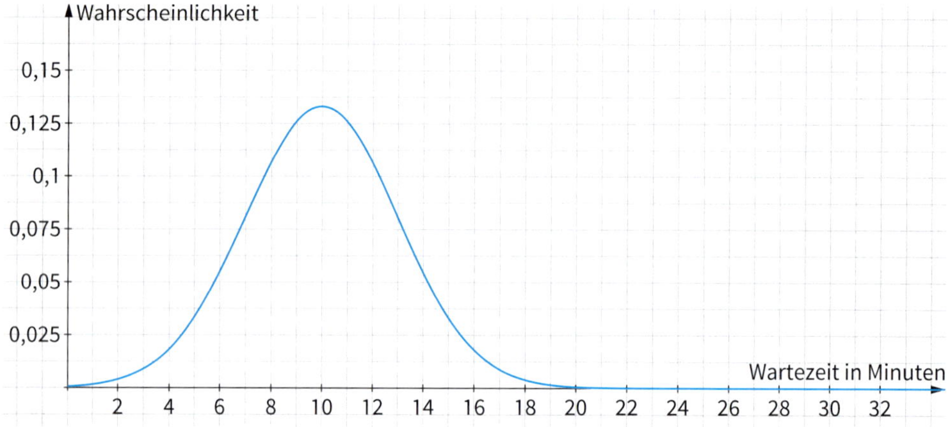

a) Geben Sie die mittlere Wartezeit an der Hotline an.

b) Bestimmen Sie ohne Verwendung eines Rechners die Wahrscheinlichkeit, dass eine Person weniger als 8 Minuten wartet.

Tipp: Kästchen zählen

c) Die Firma möchte wissen, wie lange 90 % der Personen höchstens warten müssen. Erläutern Sie die Aufgabenstellung am Graphen und bestimmen Sie mit einem Rechner die gesuchte Wartezeit.

❺ Schraubenproduktion

Die Länge von Schrauben einer bestimmten Produktion ist normalverteilt mit Erwartungswert $\mu = 40\,\text{mm}$ und Standardabweichung $\sigma = 0{,}3\,\text{mm}$.

a) Bestimmen Sie die Wahrscheinlichkeit, dass eine beliebig ausgewählte Schraube dieser Produktion die folgende Länge hat:

(1) zwischen 39,5 und 40,5 mm (2) kürzer als 39 mm

(3) länger als 41 mm (4) genau 40 mm

b) In einer technischen Information soll angegeben werden:

(1) *Die Länge von 90 % der Schrauben liegt zwischen ▢ und ▢ mm.*

(2) *95 % aller Schrauben sind mindestens ▢ mm lang.*

Ermitteln Sie die fehlenden Werte.

6 **Einfluss der Parameter auf Wahrscheinlichkeiten**

Gegeben ist eine normalverteilte Zufallsgröße X mit Erwartungswert $\mu = 70$ und Standardabweichung $\sigma = 4$.

a) Bestimmen Sie $P(65 \le X \le 75)$.

b) Beschreiben Sie, wie sich die Wahrscheinlichkeit aus Teilaufgabe a) ändert, wenn man bei festem Erwartungswert $\mu = 70$ die Standardabweichung σ verändert.

c) Beschreiben Sie, wie sich die Wahrscheinlichkeit aus Teilaufgabe a) ändert, wenn man bei fester Standardabweichung $\sigma = 4$ den Erwartungswert μ verändert.

7 Der Video-Streaming-Dienst „Vid-Fix" hat erfasst, wie viele Minuten es dauert, bis die Kundschaft einen Film wegen Nichtgefallens vorzeitig beendet. Man nimmt an, dass diese Zeiten normalverteilt sind. Die Hälfte aller Abbrüche geschieht während der ersten 30 Minuten des Films und die Standardabweichung beträgt 10 Minuten.

Prüfe dich! Lösungen auf Seite 437

a) Berechnen Sie die Wahrscheinlichkeit, dass das Abbrechen eines Films
   (1) unter 20 Minuten nach Filmbeginn geschieht;
   (2) nach über 40 Minuten nach Filmbeginn eintritt;
   (3) zwischen 15 und 30 Minuten nach Filmbeginn entschieden wird;
   (4) nach genau 30 Minuten nach Filmbeginn passiert.

b) Bestimmen Sie die Zeit nach Filmbeginn, nach der nur noch 25 % der Abbrüche stattfinden.

8 Die Grafik zeigt die Graphen zweier Dichtefunktionen von Normalverteilungen.

a) Geben Sie den Erwartungswert der beiden Verteilungen an.

b) Eine der beiden Verteilungen hat eine Standardabweichung von 3, die andere eine Standardabweichung von 5. Ordnen Sie die Werte den Verteilungen begründet zu.

c) Erläutern Sie am Term der Dichtefunktion der Normalverteilung, welche Auswirkungen eine Veränderung der Parameter μ und σ auf den Graphen hat.

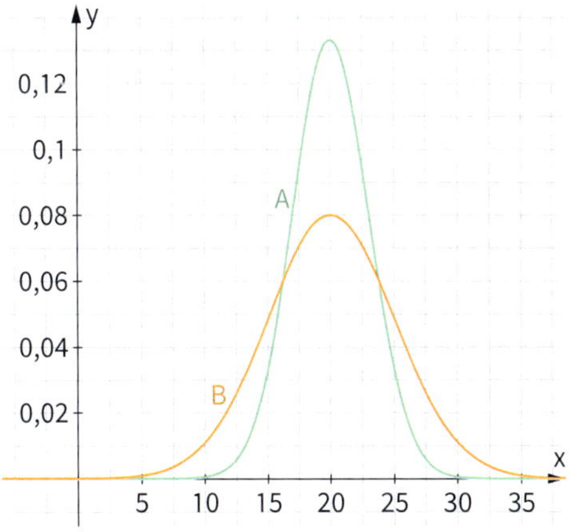

9 **Qualitätskontrolle**

Eine Firma produziert Stahlbolzen, deren Durchmesser 5 mm betragen soll.
Aus einer Qualitätskontrolle weiß man, dass der durchschnittliche Durchmesser der hergestellten Bolzen dem Sollwert entspricht – bei einer Standardabweichung von 0,2 mm.

Die Firma teilt die Bolzen nach Güte in 1. Wahl, 2. Wahl und Ausschuss ein.

Qualität	Abweichung des Durchmessers vom Sollwert
1. Wahl	höchstens 0,15 mm
2. Wahl	mehr als 0,15 mm, aber weniger als 0,30 mm
Ausschuss	mehr als 0,30 mm

a) Berechnen Sie die Wahrscheinlichkeit dafür, dass ein zufällig entnommener Bolzen 1. Wahl ist.

b) Es werden täglich 50 000 Stahlbolzen produziert.
Geben Sie eine begründete Prognose dafür an, wie viele Bolzen der einzelnen Qualitätsstufen man in dieser Produktion erwarten kann.

10 Intelligenztest

Untersuchen Sie, ob die Angaben der beiden Artikel zueinander passen.

***Intelligenz** beschreibt die gesamte kognitive Leistungsfähigkeit eines Lebewesens. Der Begriff kommt vom lateinischen Verb intellegere für verstehen. Dieses Wort ist zusammengesetzt aus der Präposition inter für zwischen und dem Verb legere für lesen bzw. wählen; es bedeutet wortwörtlich „zwischen … wählen".*

*Die Intelligenz kann man mit einem **Intelligenztest** messen, dessen Ergebnis der **Intelligenzquotient**, kurz **IQ**, ist. Intelligenztests werden an großen Stichproben von Versuchspersonen so entwickelt, dass eine Normalverteilung entsteht. Deren Kenngrößen sind Erwartungswert 100 und Standardabweichung 15.*

Intelligent, intelligenter, am intelligentesten

Intelligenztests zeigen:

Zwei Drittel aller Deutschen haben einen IQ zwischen 85 und 115. 50 Prozent sind intelligenter als der Durchschnitt. Aber nur 2 % sind Hochintelligente mit einem weit überdurchschnittlichen IQ über 130.

11 Perzentile einer Normalverteilung

Im Rahmen des zuletzt durchgeführten Mikrozensus ergab sich für die Körpergröße von 18- bis 20-jährigen Frauen ein Mittelwert von 1,68 m bei einer Standardabweichung von 6,5 cm.

Die Körpergröße kann näherungsweise als normalverteilt angesehen werden.

a) Bestimmen Sie die Wahrscheinlichkeit, dass eine zufällig ausgewählte Frau dieser Altersgruppe
   (1) größer als 1,63 m ist;
   (2) mindestens 1,62 m und höchstens 1,75 m groß ist.

b) Der sogenannte *Perzentilwert* P_m *einer Verteilung* ist der Wert, unterhalb dessen m % aller Werte liegen. Bestimmen Sie die Perzentilwerte P_{10}, P_{25}, P_{75}, P_{90}.

12 Perzentile einer Normalverteilung 2

Für das Körpergewicht von 18- bis 20-Jährigen ergaben sich folgende Daten:

	μ	σ
Frauen	60,2 kg	9,8 kg
Männer	73,2 kg	11,1 kg

Als 10 %-, 90 %- bzw. 50 %-Perzentilwerte (s. Aufgabe 11) wurden festgestellt:

	P_{10}	P_{90}	P_{50}
Frauen	50,0 kg	73,9 kg	59,9 kg
Männer	60,0 kg	87,1 kg	72,0 kg

Erläutern Sie, warum man hieran ablesen kann, dass das Körpergewicht, anders als die Körpergröße, auch nicht näherungsweise als normalverteilt angesehen werden kann.

13 Symmetrische Intervalle um den Erwartungswert

Der Benzinverbrauch x eines Pkw-Modells im Stadtverkehr in Liter pro 100 km kann näherungsweise durch eine Normalverteilung mit dem Erwartungswert $\mu = 7{,}8$ bei einer Standardabweichung von $\sigma = 1{,}5$ beschrieben werden.

In welchem symmetrischen Bereich um den Erwartungswert liegt der Benzinverbrauch mit einer Wahrscheinlichkeit von

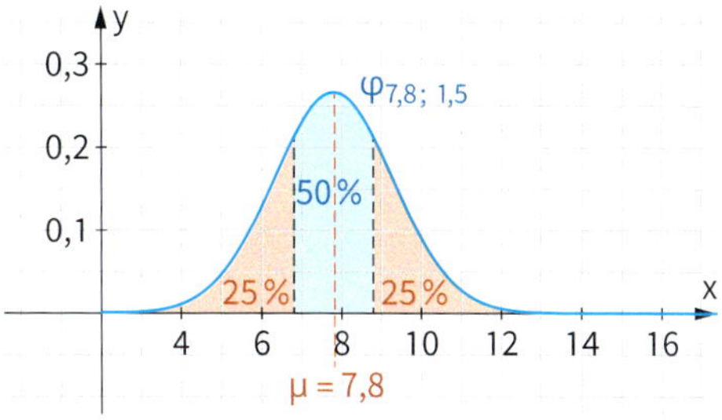

(1) 50 %; (2) 75 %; (3) 90 %; (4) 95 %; (5) 99 %?

Beachten Sie dazu die Grafik.

Parameter μ und σ aus Häufigkeitsverteilungen schätzen

Nachschlagen
Seite 206
Seite 209

Liegt eine große Datenmenge zu einer normalverteilten Zufallsgröße vor, so kann man das arithmetische Mittel $\bar{x}$ als Schätzwert für den Erwartungswert μ und die empirische Standardabweichung $\bar{s}$ als Schätzwert für die Standardabweichung σ verwenden.

14 Parameter schätzen

Das Wiegen von 100 Erbsen einer Ernte ergab folgende Messwerte:

Gewicht in g	0,11	0,12	0,13	0,14	0,15	0,16	0,17	0,18	0,19
Anzahl	1	7	13	17	24	19	11	6	2

a) Stellen Sie die Daten grafisch dar. Begründen Sie anhand der Zeichnung, dass eine Normalverteilung geeignet wäre, die Daten zu beschreiben.

b) Bestimmen Sie Mittelwert und Standardabweichung der Daten mit einem Rechner.

c) Ermitteln Sie aus den in Teilaufgabe b) errechneten Kenngrößen eine Normalverteilung, die das Gewicht dieser Erbsen beschreibt. Zeichnen Sie den Graphen der Dichtefunktion in das gleiche Histogramm aus Teilaufgabe a). Vergleichen Sie.

15 Mirabellen

Aus einem Korb mit Mirabellen wurden 50 zufällig ausgewählt und gewogen.

Gewicht in g	6	7	8	9	10	11	12	13	14
Anzahl	1	1	4	7	25	6	3	2	1

a) Ermitteln Sie eine Normalverteilung, die das Gewicht dieser Mirabellen beschreibt.

b) Bestimmen Sie, welcher Anteil der Mirabellen

(1) leichter als 8 g; (2) schwerer als 12 g; (3) von 9 g bis 11 g schwer ist.

16 Modellkritik anhand vorliegender Daten

Ein Ladenbesitzer hat erfasst, wie viele Minuten die Kundschaft in seinem Laden bleiben. Es entstehen folgende Daten, wobei jeder Wert auf die Minute genau angibt, wie lange sich eine Person im Laden befand.

6 1 9 25 5 3 5 9 9 5 1 21 1 7 17 12 13 14 10 4

Weisen Sie nach, dass die folgende Aussage falsch ist:

„Berechnet man Mittelwert und Standardabweichung dieser Datenreihe, dann kann man mithilfe einer Normalverteilung beschreiben, wie lange sich eine Person im Laden aufhält.“

17 ≡ Abstieg aus der Bundesliga

In der Bundesliga gilt die Faustregel, dass man in der Regel 40 Punkte braucht, um in der Abschlusstabelle mindestens Platz 15 zu erreichen, der den sicheren Nichtabstieg bedeutet. Auf der offiziellen Website der Bundesliga heißt es dazu:

Eine mathematische Basis gibt es für die 40-Punkte-Marke nicht.

a) Das Histogramm zeigt die Verteilung der Punkte der Vereine, die auf Platz 16 landeten.
Begründen Sie, dass die Zufallsvariable X: *Anzahl der Punkte* näherungsweise als normalverteilt angesehen werden kann. Formulieren Sie mögliche Kritik an dieser Hypothese.

Punkte der Teams auf Platz 16

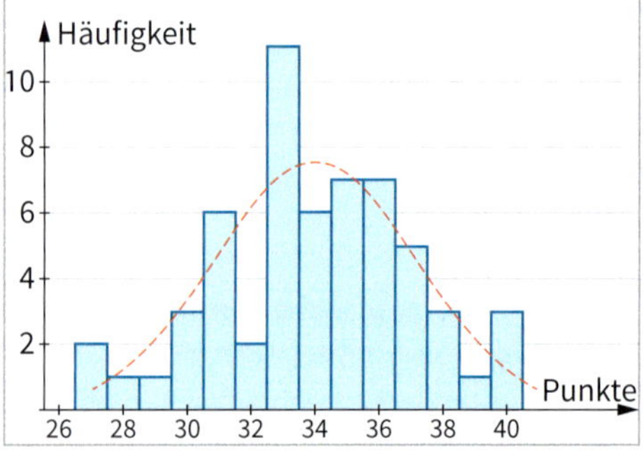

b) Das arithmetische Mittel der Daten beträgt 34,0. Die empirische Standardabweichung beträgt 3,11.
Berechnen Sie, mit welcher Wahrscheinlichkeit 40 Punkte reichen, um in der Abschlusstabelle Platz 15 zu erreichen.

c) Berechnen Sie, wie viele Punkte ein Verein haben muss, um mit 95 % Wahrscheinlichkeit einen Punkt mehr als der auf Platz 16 liegende Verein zu haben.
Beurteilen Sie, ob Ihre Untersuchungen eine mathematische Basis für die „40-Punkte-Marke“ sind.

18 ≡ Parameter μ und σ aus statistischen Angaben schätzen

In bestimmten Altersstufen kann die Körpergröße von Kindern als normalverteilt angesehen werden. Aus der Grafik kann man beispielsweise ablesen, dass 3 % der Vierjährigen kleiner als 96 cm und 3 % größer als 111 cm sind.
Bei den Vorsorgeuntersuchungen von Kindern wird geprüft, ob das Kind auffällig groß oder klein ist, d. h., ob es zu den 3 % am oberen oder am unteren Ende der Verteilung gehört.

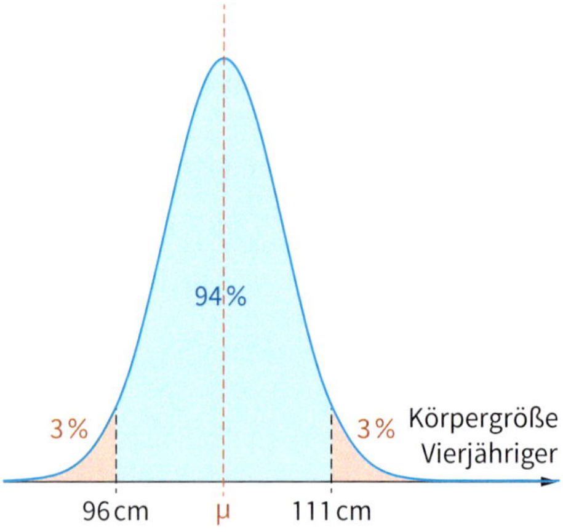

a) Begründen Sie, warum 103,5 ein guter Schätzwert für den Erwartungswert der Verteilung ist.

b) Das Rechnerfenster zeigt einen Ansatz, um die Standardabweichung σ zu bestimmen. Erläutern Sie das Verfahren und führen Sie es fort, bis Sie σ auf eine Nachkommastelle genau bestimmt haben.

invNorm (0.97, 103.5, 1)	105.381
invNorm (0.97, 103.5, 5)	112.904
invNorm (0.97, 103.5, 3)	109.142

c) Antonia wählt einen anderen Ansatz, um σ zu bestimmen.
Erläutern Sie Antonias Vorgehen.

inv Norm (0.97, 0.1)	1.88079
nSolve (103.5 + 1.88 · s = 111, s)	

19 ☰ **Körpergröße von Kindern**

In bestimmten Alterstufen kann die Körpergröße von Kindern als normalverteilt angesehen werden.
Bestimmen Sie den Erwartungswert μ und die Standardabweichung σ für die Körpergröße von Kindern
(1) mit dem Körpergewicht 6 kg;
(2) mit dem Körpergewicht 8 kg.

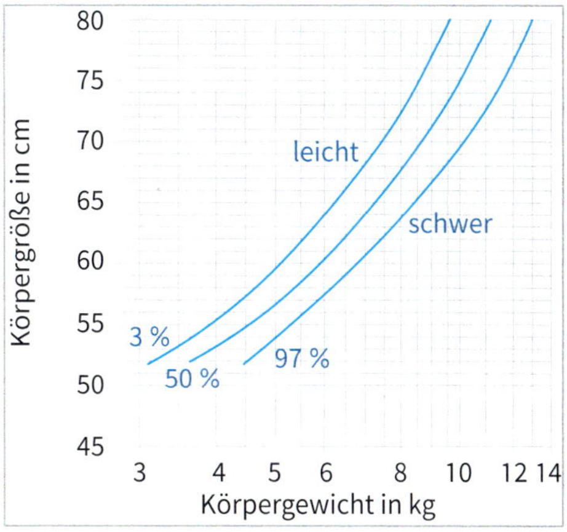

WHO: World Health Organization

20 ☰ **Gesundheitsdaten**

Die WHO hat in verschiedenen Ländern weltweit eine umfangreiche Stichprobe durchgeführt. Damit können Wahrscheinlichkeiten für Körpermaße von Kindern und Jugendlichen geschätzt werden.

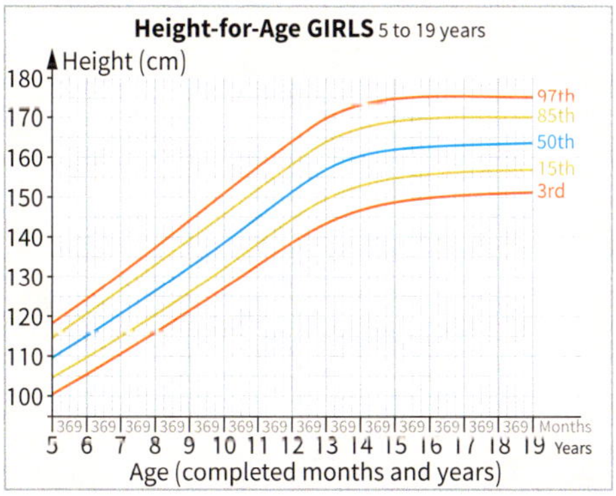

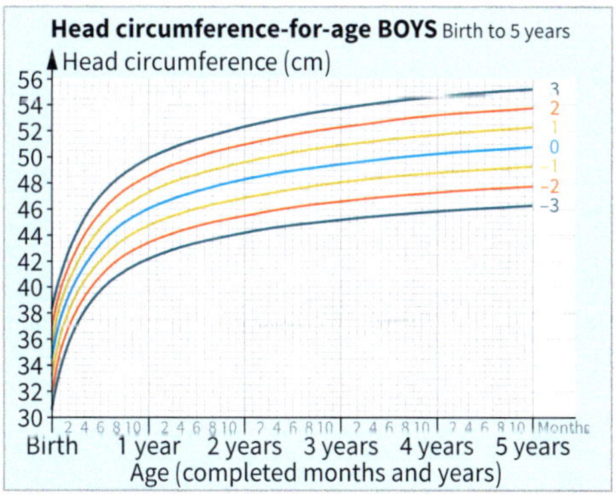

a) Erläutern Sie, was in den beiden Abbildungen dargestellt ist.
b) Schätzen Sie Erwartungswert und Standardabweichung der näherungsweise normalverteilten Körpergröße von Mädchen im Alter von 10 Jahren.
c) Mit welcher Wahrscheinlichkeit ist ein 12 Jahre altes Mädchen kleiner als 150 cm?
d) Mit welcher Wahrscheinlichkeit hat ein 3-jähriger Junge einen Kopfumfang von über 50 cm?

21 ☰ **Eine unbekannte Standardabweichung ermitteln**

In einer Fabrik für Kosmetikprodukte befüllt eine automatische Abfüllmaschine jede Cremedose mit einer bestimmten Menge Creme. Die Füllmenge kann als normalverteilt angenommen werden.
Die Maschine ist so eingestellt, dass die durchschnittliche Füllmenge einer Cremedose $\mu = 75{,}0\,\text{g}$ und die Standardabweichung $\sigma = 0{,}8\,\text{g}$ beträgt.

Die Maschine lässt sich so einstellen, dass die durchschnittliche Füllmenge unverändert bleibt, die Standardabweichung jedoch verändert werden kann.
Zum besseren Schutz der Kundschaft soll sichergestellt werden, dass höchstens 5 % der Dosen eine Füllmenge unter 74,0 g aufweisen. Ermitteln Sie den größtmöglichen Wert für die Standardabweichung, damit die neue Qualitätsvorgabe erfüllt wird.

Sigma-Regeln herleiten

Die bereits für Binomialverteilungen mit $\sigma > 3$ bekannten Sigma-Regeln gehen aus den Eigenschaften normalverteilter Zufallsgrößen hervor. Bei normalverteilten Zufallsgrößen kann man – im Gegensatz zu binomialverteilten Zufallsgrößen – zu vorgegebenen Wahrscheinlichkeiten (exakt) symmetrische Intervalle um den Erwartungswert angeben.

1 **Symmetrische Intervalle bei der Normalverteilung**

Ein Unternehmen verwendet elektrische Lenkgetriebe, die regelmäßige Wartung benötigen. Das durchschnittliche Wartungsintervall beträgt 600 Stunden mit einer Standardabweichung von 50 Stunden. Die Wartungsintervalle folgen einer Normalverteilung.

a) Berechnen Sie ein zum Erwartungswert μ symmetrisches Intervall, in dem die durchschnittlichen Wartungsintervalle jeweils zu 90 %; 95 % bzw. 99 % liegen.

b) Erläutern Sie, dass die Länge dieser Intervalle durch $2 \cdot z \cdot \sigma$ gegeben ist, und bestimmen Sie jeweils den Koeffizienten z.

c) Berechnen Sie die Wahrscheinlichkeiten, dass das Wartungsintervall um 1σ; 2σ und 3σ von den durchschnittlichen 600 Stunden abweicht.

Sigma-Regeln für normalverteilte Zufallsgrößen

Gegeben ist eine normalverteilte Zufallsgrößen X mit Erwartungswert μ und Standardabweichung σ. Dann gilt:

$P(\mu - 1 \cdot \sigma \leq X \leq \mu + 1 \cdot \sigma) \approx 0{,}683$	$P(\mu - 1{,}64 \cdot \sigma \leq X \leq \mu + 1{,}64 \cdot \sigma) \approx 0{,}90$
$P(\mu - 2 \cdot \sigma \leq X \leq \mu + 2 \cdot \sigma) \approx 0{,}955$	$P(\mu - 1{,}96 \cdot \sigma \leq X \leq \mu + 1{,}96 \cdot \sigma) \approx 0{,}95$
$P(\mu - 3 \cdot \sigma \leq X \leq \mu + 3 \cdot \sigma) \approx 0{,}997$	$P(\mu - 2{,}58 \cdot \sigma \leq X \leq \mu + 2{,}58 \cdot \sigma) \approx 0{,}99$
„glatte" Intervalle	*„glatte" Wahrscheinlichkeiten*

Bei normalverteilten Zufallsgrößen **entfällt** die Laplace-Bedingung.

2 **Beliebige Intervallgrößen**

Blutdruckwerte in einer bestimmten Altersgruppe oder Population können oft als normalverteilt angenommen werden.

Der *systolische Blutdruck*, also der obere Wert, bei einer Gruppe von Erwachsenen hat einen Mittelwert von 120 mmHg und eine Standardabweichung von 15 mmHg.

mmHg: Millimeter Quecksilbersäule

a) Fertigen Sie eine Skizze der Gauß'schen Glockenkurve passend zu den gegebenen Parametern an.

b) Berechnen Sie ein zum Erwartungswert μ symmetrisches Intervall, in dem der Blutdruck jeweils von 80 %; 50 % bzw. 20 % der Personen dieser Altersgruppe liegt. Erläutern Sie Ihr Vorgehen durch Markierungen am Graphen.

Approximation der Binomialverteilung durch die Normalverteilung

Ist X eine binomialverteilte Zufallsgröße mit Erwartungswert μ und Standardabweichung $\boldsymbol{\sigma > 3}$, so lässt sich das Histogramm der Binomialverteilung durch den Graphen der Dichtefunktion $\varphi_{\mu;\sigma}$ der entsprechenden Normalverteilung annähern.

Bei der Berechnung von Wahrscheinlichkeiten muss man berücksichtigen, dass die Säulen des Histogramms eine Breite von 1 besitzen.

3 **Glockenkurve mit Histogramm vergleichen**

Ein Multiple-Choice-Test besteht aus 48 Aufgaben. Bei jeder Aufgabe sind 4 mögliche Antworten vorgegeben, von denen genau eine richtig ist.

a) Begründen Sie, dass die Zufallsgröße X: *Anzahl der richtigen Antworten durch bloßes Raten* binomialverteilt ist, und erstellen Sie mit einem Rechner das Histogramm der Wahrscheinlichkeitsverteilung.

b) Bestimmen Sie den Erwartungswert μ und die Standardabweichung σ dieser Binomialverteilung.
Setzen Sie diese Parameter in die Gauß'sche Glockenfunktion ein und zeichnen Sie deren Graphen in das gleiche Koordinatensystem wie das Histogramm. Beschreiben Sie Ihre Beobachtungen.

4 **Näherungsformel**

Für eine binomialverteilte Zufallsgröße X mit Standardabweichung $\sigma > 3$ lässt sich die Wahrscheinlichkeit für mindestens a und höchstens b Erfolge näherungsweise berechnen durch:

$$P(a \leq X \leq b) \approx \int_{a-0,5}^{b+0,5} \varphi_{\mu;\sigma}(x)\,dx$$

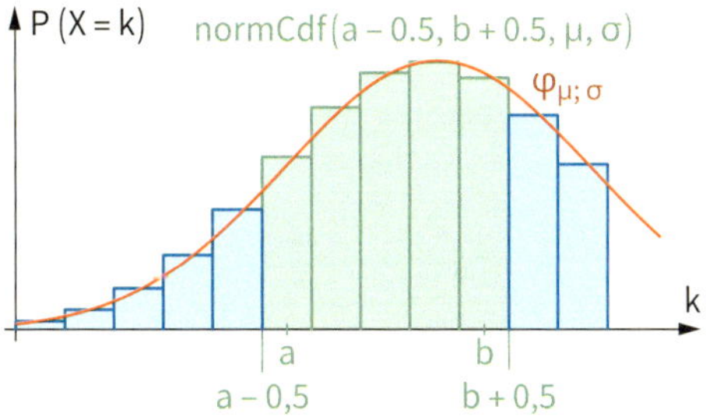

a) Erläutern Sie die Näherungsformel mithilfe der Grafik.

b) Berechnen Sie die Wahrscheinlichkeit, dass die Augenzahl 6 beim 200-fachen Würfeln zwischen 20 und 40 mal auftritt, wie folgt:
(1) exakt durch eine Modellierung mit einer binomialverteilten Zufallsgröße;
(2) näherungsweise durch eine Modellierung mit einer normalverteilten Zufallsgröße.
Vergleichen Sie die Ergebnisse.

5 **Näherungsformel anwenden**

Bei Meinungsbefragungen werden erfahrungsgemäß nur etwa 80 % der ausgewählten Personen angetroffen. Berechnen Sie exakt und mithilfe der Näherungsformel die Wahrscheinlichkeit dafür, dass man von 1200 Personen

(1) mehr als 900; (2) mindestens 900;
(3) höchstens 950; (4) mindestens 970, höchstens 1000 antrifft.

Übertragbarkeit der Sigma-Regeln

Die für die Normalverteilung exakten Sigma-Regeln mit den zugehörigen Wahrscheinlichkeiten gelten näherungsweise auch für binomialverteilte Zufallsgrößen mit $\sigma > 3$.

6 **Symmetrische Umgebung um den Erwartungswert bei einer Binomialverteilung**

Gegeben ist die Binomialverteilung mit der Stufenzahl n und der Erfolgswahrscheinlichkeit p.
Bestimmen Sie unter Verwendung der Annäherung durch die Normalverteilung die symmetrische Umgebung um den Erwartungswert μ mit der angegebenen Wahrscheinlichkeit a.

a) $n = 75;\ p = 0{,}6;\ a = 80\,\%$ b) $n = 90;\ p = 0{,}2;\ a = 60\,\%$
c) $n = 120;\ p = 0{,}3;\ a = 75\,\%$ d) $n = 250;\ p = 0{,}2;\ a = 98\,\%$

Mein Merkzettel

Seite 292

Sigma-Regeln

- Für alle binomialverteilte Zufallsgrößen X sind die Wahrscheinlichkeiten $\mathbf{P(\mu - z \cdot \sigma \le X \le \mu + z \cdot \sigma)}$ ungefähr gleich.
- Voraussetzung (!): $\sigma > 3$ (**Laplace- Bedingung**)

z	1,68	1,96	2,58
$P(\mu - z \cdot \sigma \le X \le \mu + z \cdot \sigma)$	≈ 90 %	≈ 95 %	≈ 99 %

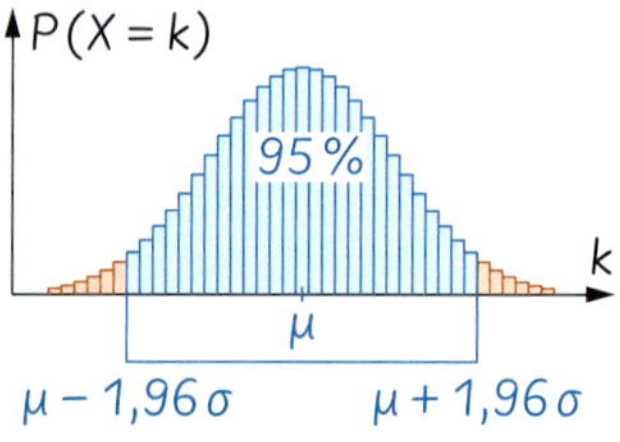

Seite 294

Prognoseintervalle bestimmen

Gegeben: Stufenzahl n; Erfolgswahrscheinlichkeit p

Gesucht: z. B. 95 %-**Prognoseintervall** $[a, b]$ um μ

- Laplace- Bedingung prüfen (wichtig!)
- Sigma-Regeln anwenden: $\mu - 1{,}96 \cdot \sigma \le X \le \mu + 1{,}96 \cdot \sigma$ Achtung: Stets nach **außen** runden!
- evtl. Intervall (beidseitig) verkleinern;
  als Ergebnis kleinstes symmetrisches Intervall $[a, b]$ um μ mit $P(a \le X \le b) \ge 0{,}95$ erhalten

Mit mindestens 95 % Wahrscheinlichkeit treten bei n Durchführungen zwischen a und b Erfolge ein.

- **signifikant** bzw. **hochsignifikant**: $X = k$ liegt außerhalb des **95 %**- bzw. **99 %**-Prognoseintervalls

Seite 299

Konfidenzintervalle bestimmen

Gegeben: Stufenzahl n; Stichprobenergebnis k

Gesucht: z. B. 95 %-**Konfidenzintervall** $[p_{min}, p_{max}]$

Zu lösende Gleichungen (nach p): Für p_{min}: $n \cdot p + 1{,}96 \cdot \sqrt{n \cdot p \cdot (1 - p)}$

Für p_{max}: $n \cdot p - 1{,}96 \cdot \sqrt{n \cdot p \cdot (1 - p)}$

Für alle Anteile p aus $[p_{min}, p_{max}]$ liegt das Stichprobenergebnis k in der 95 %-Umgebung von $\mu = n \cdot p$.

- Konfidenzintervalle werden mit wachsendem n schmaler

Seite 304
Seite 306

Erforderlicher Mindestumfang für eine Stichprobe bestimmen

Gegeben: Schätzwert für den Anteil p; Sicherheitswahrscheinlichkeit von z. B. 95 %;
Schwankung von p nach oben und nach unten um höchstens d (z. B. ±1 % ⇒ $d = 0{,}01$)

Gesucht: Mindestgröße n der Stichprobe

Einsetzen in die Ungleichung: $n \ge \left(\frac{1{,}96}{d}\right)^2 \cdot p \cdot (1 - p)$

- Ist kein Schätzwert für p gegeben, dann $p = 0{,}5$ (den ungünstigsten Fall) annehmen

Seite 302

Konfidenzellipse – Konfidenz- und Prognoseintervalle grafisch ermitteln

- Graphen betrachten:
  $f(x) = n \cdot x + z \cdot \sqrt{n \cdot x \cdot (1 + x)}$
  $g(x) = n \cdot x - z \cdot \sqrt{n \cdot x \cdot (1 + x)}$
- **Konfidenzintervall** **„auf x-Achse"**
  Schnittstellen von $y = k$ mit den Graphen liefern p_{min} und p_{max}
- **Prognoseintervall** **„auf y-Achse"**
  Schnittstellen von $x = p$ mit den Graphen liefern die Intervallgrenzen

z. B. $z = 2{,}58$; $k = 160$ bzw. $p = 0{,}8$

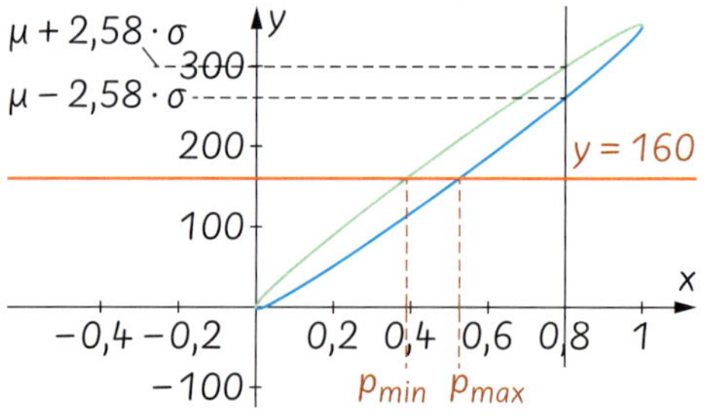

Seite 308

Dichtefunktion f erkennen

- $f(x) \geq 0$ für alle $x \in \mathbb{R}$ und $\int_{-\infty}^{\infty} f(x)\,dx = 1$

„nicht unterhalb der x-Achse"

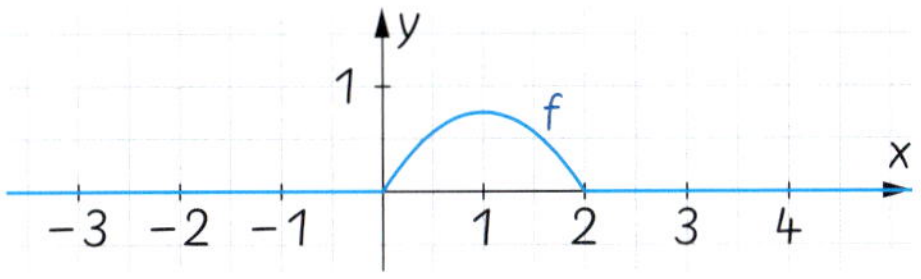

Stetige Zufallsgröße X

- Es gibt eine Dichtefunktion f mit

$P(a \leq X \leq b) = \int_a^b f(x)\,dx$ für alle $a, b \in \mathbb{R}$

„Flächeninhalt entspricht Wahrscheinlichkeit"

- $P(X = k) = 0$; also $P(X < k) = P(X \leq k)$

wegen Integral von k bis k

Normalverteilte Zufallsgröße X

Seite 310

Dichtefunktion

$$\varphi_{\mu;\,\sigma}(x) = \frac{1}{\sigma \cdot \sqrt{2\pi}} e^{-\frac{1}{2} \cdot \left(\frac{x-\mu}{\sigma}\right)^2}$$

Gauß'sche Glockenfunktion

- hat an den Stellen $\mu \pm \sigma$ Wendestellen
- Graph (**Gauß'sche Glockenkurve**) ist achsensymmetrisch zu $x = \mu$

Graph der Standardnormalverteilung $\varphi_{0;\,1}(x)$:

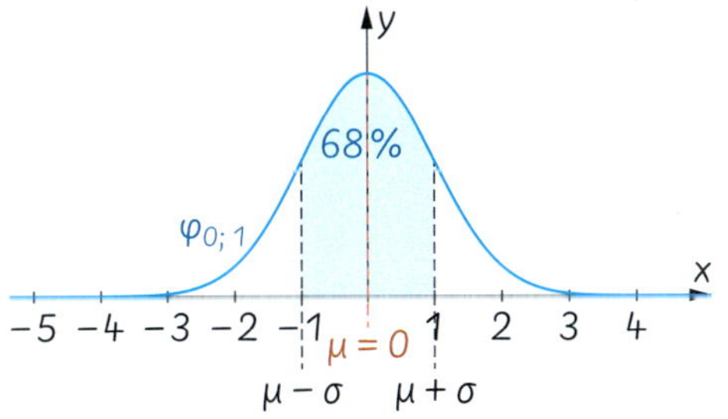

μ variieren

- Graph wird in x-Richtung verschoben

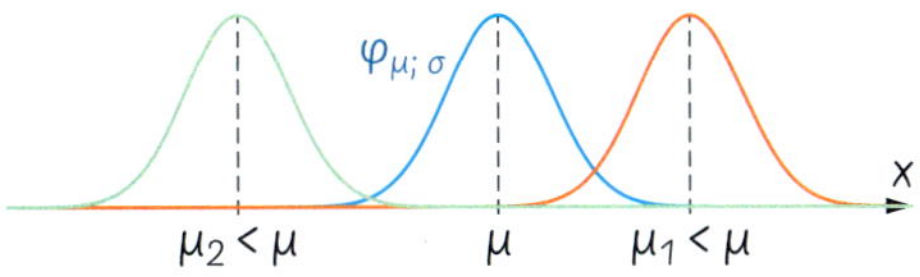

σ variieren

- Graph wird in y-Richtung gestreckt

σ erhöhen	**σ verringern**
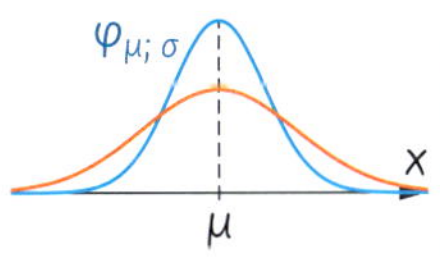	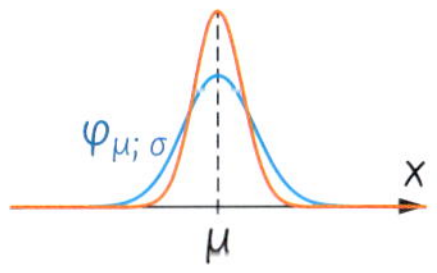
Kurve breiter, Maximum kleiner	Kurve schmaler, Maximum größer

Berechnungen mit einer Normalverteilung

Seite 313

Wahrscheinlichkeit für **„Höchstens b"**

$$P(X \leq b) = \Phi_{\mu;\,\sigma}(b) = \int_{-\infty}^{b} \varphi_{\mu;\,\sigma}(t)\,dt$$

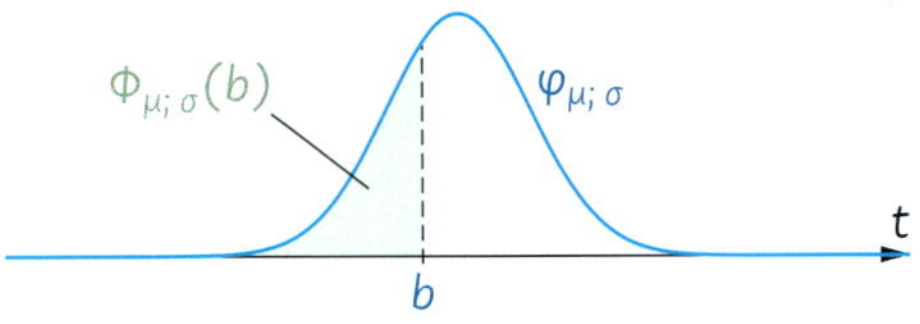

Wahrscheinlichkeit für **„Zwischen a und b"**

$$P(a \leq X \leq b) = \Phi_{\mu;\,\sigma}(b) - \Phi_{\mu;\,\sigma}(a)$$

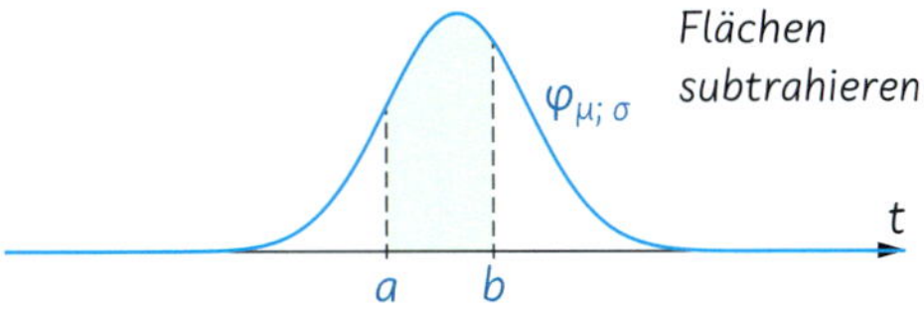

Flächen subtrahieren!

Seite 314

Gegeben: Wahrscheinlichkeit
Gesucht: **obere Integrationsgrenze**

Bsp.: $P(X \leq b) = 0{,}8$

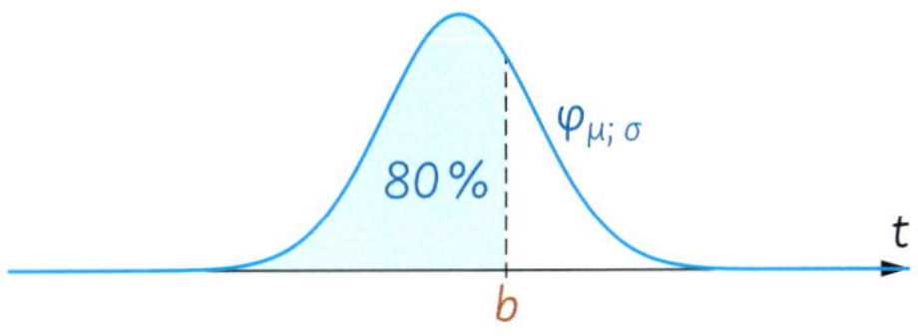

$\Phi_{\mu;\,\sigma}(b) = 0{,}8$; also $b = \Phi^{-1}_{\mu;\,\sigma}(0{,}8)$

Gegeben: Wahrscheinlichkeit
Gesucht: **symmetrisches Intervall um μ**

Bsp.: $P(a \leq X \leq b) = 0{,}75$

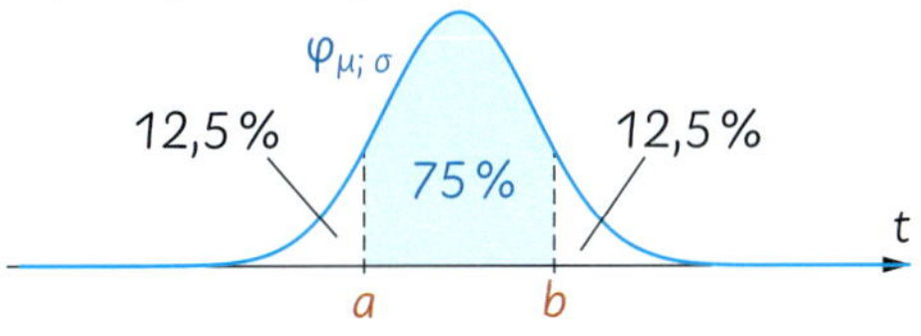

$a = \Phi^{-1}_{\mu;\,\sigma}(0{,}125)$ $\qquad$ $b = \Phi^{-1}_{\mu;\,\sigma}(0{,}875)$

Wiederholen für die Klausur

Lösungen auf Seite 437

Teil A – Aufgaben ohne Hilfsmittel

1 Prognoseintervalle

Machen Sie eine Prognose, in welchem Bereich das Ergebnis mit einer Mindestwahrscheinlichkeit von ungefähr 90 % auftritt.

a) Anzahl der Wappen beim 400-fachen Münzwurf

b) Anzahl der Würfe mit Augenzahl 6 beim 720-fachen Würfeln

2 Multiple-Choice-Test

Ein Multiple-Choice-Test besteht aus 108 Fragen mit jeweils vier Antworten, von denen immer nur eine richtig ist. Ein Person rät die Antworten.

a) Geben Sie μ und σ für die Anzahl an richtig angekreuzten Antworten an.

b) Bestimmen Sie, wie viele richtige Antworten die Person mit einer Wahrscheinlichkeit von ungefähr 95% ankreuzt.

3 Konfidenzintervall

Bei einer Studie zur Wirksamkeit eines Grippeimpfstoffs zeigte sich bei 120 von 200 Testpersonen eine gute Wirksamkeit gegen eine Influenza-Erkrankung.

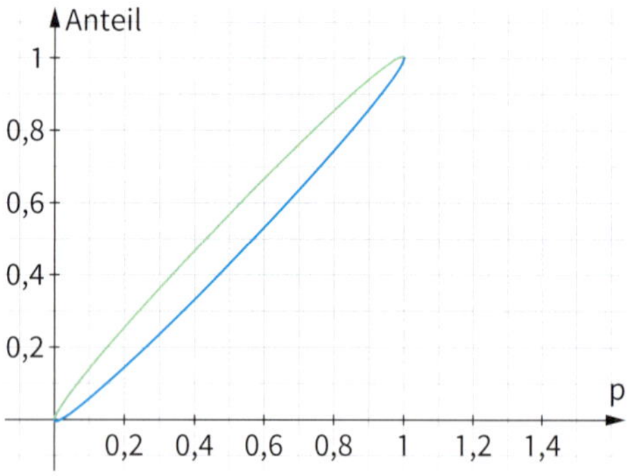

a) Ermitteln Sie aus der Abbildung das zugehörige 95%-Konfidenzintervall und dessen Länge.

b) Interpretieren Sie das ermittelte Konfidenzintervall im Hinblick auf die Wirksamkeit des Impfstoffs.

c) Erläutern Sie, weshalb eine größere Zahl an Testpersonen ein genaueres Konfidenzintervall liefern würde.

4 Stetige Zufallsgröße

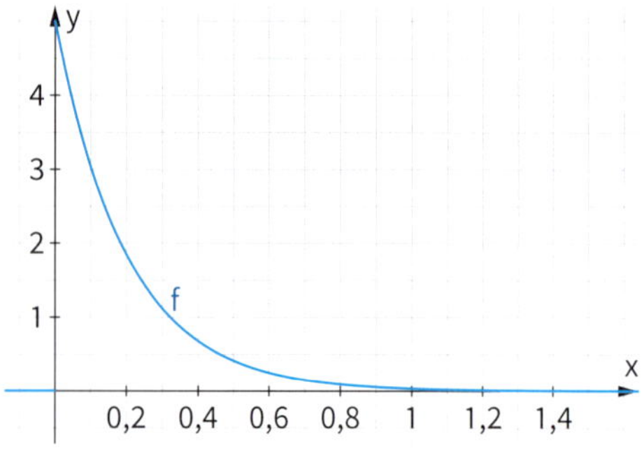

a) Zeigen Sie, dass die Funktion f mit

$$f(x) = \begin{cases} 0 & \text{für } x < 0 \\ 5e^{-5x} & \text{für } x \geq 0 \end{cases}$$

eine Dichtefunktion ist.

b) Ermitteln Sie mithilfe der Abbildung ein Intervall [a; b], sodass gilt:

$$\int_a^b f(x)\,dx \approx 0{,}9$$

5 Normalverteilte Zufallsgröße

Die Abbildung zeigt den Graphen einer Dichtefunktion einer normalverteilten Zufallsgröße.

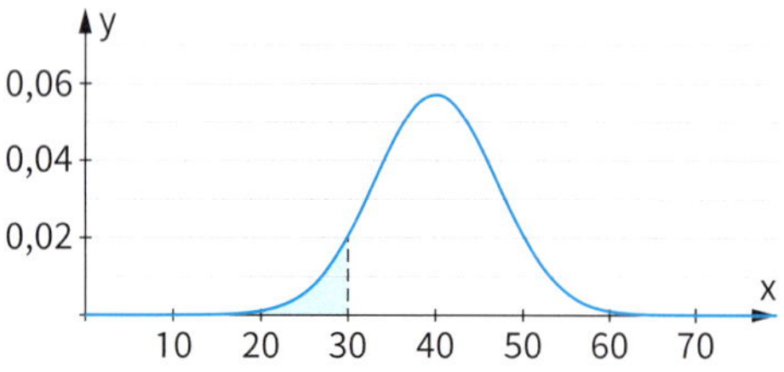

a) Geben Sie den Erwartungswert μ an.

b) Erläutern Sie die Bedeutung des Flächeninhalts des eingefärbten Bereichs.

c) Skizzieren Sie den Graphen einer Dichtefunktion einer Zufallsgröße mit dem gleichen Erwartungswert μ, aber einer größeren Standardabweichung.

Lösungen auf Seite 439

6 **Dichtefunktion**

Die Abbildung zeigt den Graphen einer Dichtefunktion einer normalverteilten Zufallsgröße.

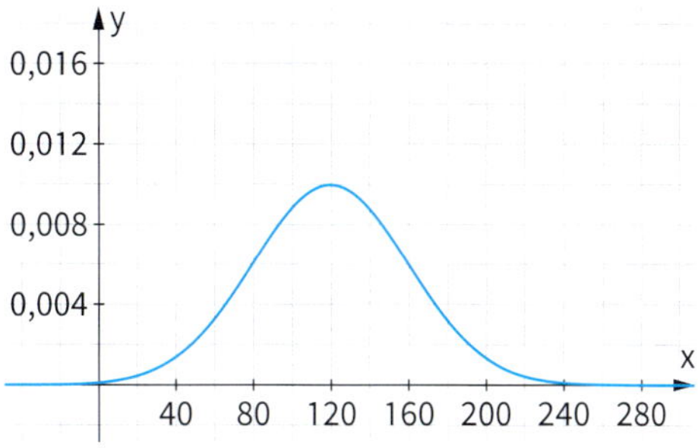

a) Begründen Sie, dass der Erwartungswert $\mu = 120$ und die Standardabweichung $\sigma = 40$ beträgt.

b Es gilt $P(X \leq 50) = P(X \geq b)$
Bestimmen Sie den Wert von b.

c) Bestimmen Sie näherungsweise die Wahrscheinlichkeit im Intervall $[\mu - 1{,}5\sigma; \mu + 0{,}5\sigma]$.

Teil B – Aufgaben mit Hilfsmitteln

7 **TÜV-Palette**

Die Technischen Überwachungs-Vereine (TÜV) erstellen vierteljährlich Statistiken u. a. zur Hauptuntersuchung (HU). Diese Daten werden mit den Gesamtwerten der Prüfstelle verglichen. Man kann davon ausgehen, dass es vom Zufall abhängt, welcher Prüfer welches Fahrzeug überprüft.

In einer Prüfstelle wurden in einem Vierteljahr insgesamt 15 300 Fahrzeuge geprüft, davon erhielten 9650 eine Prüfplakette. Ein Prüfer untersuchte in derselben Zeit 875 Fahrzeuge und vergab 545 Prüfplaketten.

Beurteilen Sie, ob man den Prüfer als „scharf" oder „großzügig" bezeichnen kann oder sich die Abweichung vom Mittelwert der Prüfstelle als zufällig auffassen lässt.

8 **Überbuchungen**

Ein Reiseunternehmer nimmt 400 Buchungen für ein Feriendorf mit 360 Betten an, da erfahrungsgemäß 12 % der Buchungen wieder storniert werden.

a) Modellieren Sie die Anzahl der wahrgenommenen Buchungen mit einer Binomialverteilung und bestimmen Sie damit die Wahrscheinlichkeit, dass mehr als 360 Personen ihre Buchung wahrnehmen werden.

b) Machen Sie mithilfe der Sigma-Regeln eine Prognose auf dem 90 %-Niveau, wie viele Betten benötigt werden, wenn (1) 375; (2) 390; (3) 410 Buchungen angenommen werden.

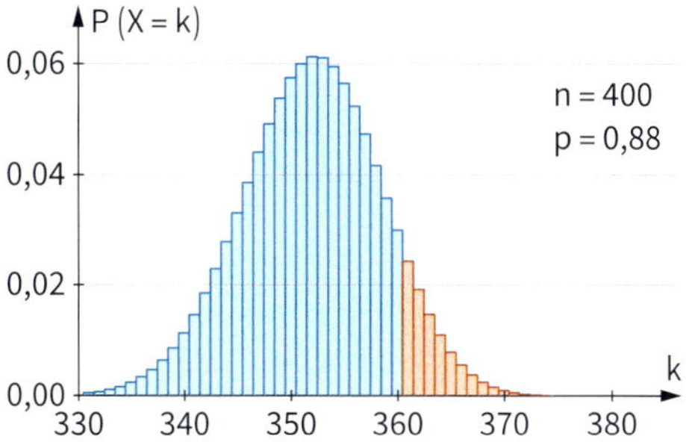

c) Bestimmen Sie mithilfe der Sigma-Regeln durch systematisches Probieren die Anzahl von Buchungen, die noch angenommen werden können, sodass $P(X > 360) \approx 5\,\%$ gilt.

9 **Sigma-Regeln ausnutzen**

Von den 200 Arbeitskräften eines Betriebs kommen durchschnittlich 40 % mit dem Auto zur Arbeit. Für die Modellierung der Situation wird angenommen, dass die Anzahl der Arbeitskräfte, die mit dem Auto zur Arbeit kommen, binomialverteilt ist.

Die Betriebsleitung fragt sich, wie viele Parkplätze an 80 % der Arbeitstage mit einer Wahrscheinlichkeit von 90 % benötigt werden.

Erläutern Sie dazu zunächst die folgende Sigma-Regel an eine Skizze:

$P(\mu - 1{,}28\sigma \leq X \leq \mu + 1{,}28\sigma) \approx 80\,\%$; also $P(X \leq \mu + 1{,}28\sigma) \approx 90\,\%$

Beantworten Sie anschließend die Frage der Betriebsleitung.

Lösungen auf Seite 440

10 Arbeitsgenehmigungen

Nach einem Bericht eines Fernseh-Magazins wurde bei einem mehrwöchigen Sportgroßereignis von der Polizei kontrolliert, ob die Security an den Einlasskontrollen eine gültige Arbeitsgenehmigung besaßen. An einem Tag wurden in einer Stichprobe 24 Personen überprüft, von denen 15 nicht die benötigte Arbeitserlaubnis besaßen.

a) Bestimmen Sie ein 95 %-Konfidenzintervall für den Anteil an Security, die keine gültige Arbeitserlaubnis besaßen. Beurteilen Sie das Ergebnis.

b) Bestimmen Sie die benötigte Mindestanzahl an kontrollierten Security, um die Länge des 95 %-Konfidenzintervalls (1) auf 10 % zu begrenzen; (2) zu halbieren.

11 Abnehm-Spritzen

Semaglutid, der Wirkstoff in den neuen, sehr bekannten Abnehm-Wundermitteln, senkt den Blutzucker und hemmt den Appetit. Eine Studie aus Boston fand heraus, dass Semaglutid das Risiko für eine Augenerkrankung erhöht, bei der eine plötzliche Sehstörung durch Minderdurchblutung des Sehnervs ohne vorherige Warnzeichen auftritt (*nicht arterielle anteriore ischämische Optikusneuropathie – NAION*).

- Bei Typ-2-Diabetikern hatten von 194 Personen, die Semaglutid-Medikamente nahmen, 17 Personen die Augenkrankheit NAION, bei 516 Personen mit anderen Wirkstoffen waren es nur 6 Personen.
- Bei übergewichtigen Personen hatten von 361 Personen mit Semaglutid-Medikamenten 20 Personen die Augenkrankheit NAION, bei 618 Personen mit anderen Wirkstoffen trat dreimal die Diagnose NAION auf.

a) Erstellen Sie jeweils eine Vierfeldertafel für die beobachteten Gruppen der Diabetiker und der übergewichtigen Personen.

b) Vergleichen Sie in beiden Gruppen die Wahrscheinlichkeit, an NAION zu erkranken, bei Personen, die mit Semaglutid behandelt worden sind, mit jenen, die einen anderen Wirkstoff bekommen haben.

c) Bei der Veröffentlichung von medizinischen Daten in Studien ist es üblich, aus den absoluten Zahlen der Stichprobe ein 95 %- Konfidenzintervall zu bestimmen.
Das arithmetische Mittel aus p_{min} und p_{max} wird dann als bedingte Wahrscheinlichkeit für die zweite Stufe des Baumdiagramms genutzt. Im Artikel wird dieser Mittelwert und dann in Klammern das zugehörige Konfidenzintervall genannt.
Erstellen Sie für jede der Gruppen ein solches Baumdiagramm.

12 Verteilung der Körpergrößen

Statistiken ergeben, dass in Deutschland 90 % der 45- bis 50-jährigen Männer größer als 1,68 m und 90 % kleiner als 1,86 m sind.
Die Körpergröße wird als normalverteilt angenommen.

a) Bgründen Sie, dass der Erwartungswert der Körpergröße der 45- bis 50-jährigen Männer $\mu = 1{,}77$ beträgt, und bestätigen Sie durch eine Kontrollrechnung, dass für die Standardabweichung der Körpergröße $\sigma \approx 0{,}07$ gilt.

b) Bestimmen Sie, mit welcher Wahrscheinlichkeit man unter 45- bis 50-jährigen Männern jemanden finden wird, der
(1) kleiner als 1,75 m groß ist; (2) größer als 1,70 m groß ist
(3) mindestens 1,72 m und höchstens 1,79 m groß ist.

c) Berechnen Sie ein möglichst kleines Intervall, in dem 50 % aller Körpergrößen der 45- bis 50-jährigen Männer liegen.

d) Bestimmen Sie ein Intervall, in dem 75 % der Körpergrößen der 45- bis 50-jährigen Männer liegen, wenn die untere Grenze bei einer Körpergröße von 1,68 m liegt.

Lösungen auf Seite 441

13 Länge von Holzstäben

Die Länge von Holzstäben wurde gemessen. Die Ergebnisse sind wie folgt:

Länge bis zu … cm	95	96	97	98	99	100	101	102	103	104	105
Anteil	4 %	8 %	13 %	21 %	32 %	43 %	57 %	68 %	78 %	86 %	92 %

a) Die Stablänge wird als normalverteilt angenommen. Bestimmen Sie jeweils einen Schätzwert für den Erwartungswert und für die Standardabweichung.

b) Ermitteln Sie, mit welcher Wahrscheinlichkeit die Länge eines zufällig ausgewählten Holzstabs (1) größer als 98,5 cm; (2) mindestens 101,5 cm ist.

14 Füllgewicht von Müsli-Packungen

Ein Lebensmittelunternehmen produziert Müsli-Packungen, die im Mittel ein Füllgewicht von 500 g haben. Das Füllgewicht wird als normalverteilt angenommen und variiert mit einer Standardabweichung von 6 g. Der Einzelhandel akzeptiert jedoch nur Packungen, deren Füllgewicht zwischen 490 g und 510 g liegt.

a) Zeigen Sie, dass 90,4 % der Packungen vom Einzelhandel akzeptiert werden.

b) Bestimmen Sie die Wahrscheinlichkeit, dass von den 950 Müsli-Packungen, die an einem Tag produziert werden, mindestens 850 die Anforderungen des Einzelhandels erfüllen.

c) Berechnen Sie ein Prognoseintervall, in dem mit einer Wahrscheinlichkeit von 90 % die zu erwartende Anzahl der akzeptierten Packungen pro Tag liegt.

d) Ermitteln Sie, wie viele Müsli-Packungen mindestens produziert werden müssen, um mit einer Wahrscheinlichkeit von mindestens 90 % mindestens 900 Stück täglich an den Einzelhandel verkaufen zu können.

e) Bestimmen Sie die obere Grenze des Intervalls, in dem 75 % aller Füllgewichte liegen, wenn die untere Grenze 495 g beträgt.

f) Es sollen höchstens 0,3 % aller Packungen mehr als 510 g Müsli enthalten. Diese Vorgabe wird durch die vorhandene Abfüllmaschine nicht erfüllt.
Ermitteln Sie bei gleichbleibendem Erwartungswert die größte Standardabweichung, sodass diese Vorgabe erfüllt ist.

15 Spieldauer an einer Spielkonsole

Die jährliche Ausgabe des virtuellen Fußballspiels „Elements of football" erfreut sich bei vielen Konsolen-Usern großer Beliebtheit. Die wöchentliche Spieldauer kann durch eine Normalverteilung modelliert werden. Die durchschnittliche Spieldauer beträgt 14 Stunden in der Woche mit einer Standardabweichung von 4 Stunden.

a) Skizzieren Sie den Verlauf des Graphen und markieren Sie im Graphen die durchschnittliche Spieldauer.

b) Geben Sie die Wahrscheinlichkeit des Bereichs zwischen $\mu \pm \sigma$ an und deuten Sie diesen.

c) Der Hersteller unterscheidet zwischen Gelegenheitsspielern (Nutzung weniger als 6 Stunden in der Woche), Wenigspielern (zwischen 6 und 10 Stunden), Regular Gamern (zwischen 10 und 20 Stunden) und Vielspielern (mehr als 20 Stunden).
Berechnen Sie die jeweiligen Anteile der Spielergruppen.

d) Für ein Turnier werden zufällig Personen als Teilnehmende ausgelost.
Ermitteln Sie, wie viele Teilnehmende mindestens eingeladen werden müssen, damit mit einer Wahrscheinlichkeit von mindestens 95 % mindestens ein Vielspieler darunter ist.

e) Ein neu eingeführtes Bonussystem belohnt längeres Spielen. Bei gleichbleibender Standardabweichung der wöchentlichen Spieldauer beträgt der Anteil der Gelegenheits- und Wenigspieler zusammen nur noch 8 %. Bestimmen Sie, auf welchen Wert sich die durchschnittliche Spieldauer durch das Bonussystem verändert hat, und beurteilen Sie, ob sich das Bonussystem für den Hersteller gelohnt hat.

8 Abiturvorbereitung

Aufgaben zu den Themengebieten Analysis, analytische Geometrie und Stochastik helfen, sich gezielt auf die schriftliche Abiturprüfung vorzubereiten.

- Aufgaben ohne und mit Hilfsmitteln zur Vorbereitung auf die schriftliche Prüfung
- Aufgaben im Stil einer Abiturklausur

8.1 Aufgaben ohne Hilfsmittel

1 Terme im Sachzusammenhang

Die Funktion f beschreibt den Pegelstand eines Flusses in Abhängigkeit von der Zeit. Die Aufzeichnungen beginnen an einem Tag um 21 Uhr. Der Pegelstand wird in cm und die Zeit in Stunden angegeben.

a) In den Nachrichten am nächsten Tag wird gesagt, dass der Pegelstand *„von gestern um 21 Uhr bis heute um 11 Uhr um 70 cm gestiegen"* ist. Ein anderer Sender meldet, dass der Pegelstand *„von 21 Uhr gestern bis 11 Uhr heute im Mittel um 5 cm pro Stunde gestiegen"* ist. Beschreiben Sie die Meldungen jeweils durch einen mathematischen Term und zeigen Sie, dass sich die Meldungen nicht widersprechen.

b) Erläutern Sie die Bedeutung folgender Terme in diesem Sachzusammenhang:

(1) $f(16)$ (2) $\frac{f(18) - f(7)}{18 - 7}$ (3) $f'(12)$ (4) $f(t+2) - f(t)$

2 Monotonie und Extremstellen

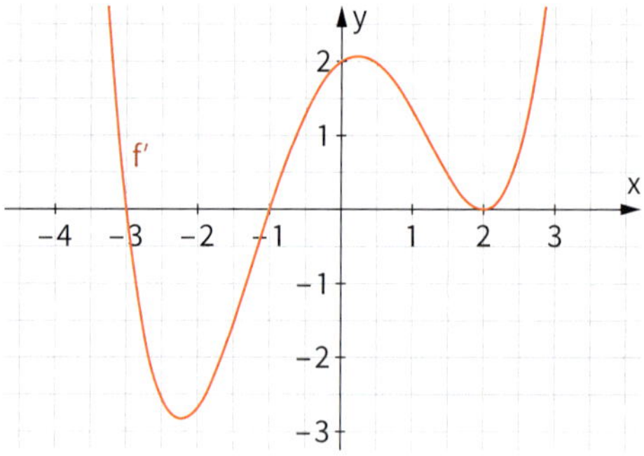

Die Abbildung zeigt den Graphen der Ableitungsfunktion f′ einer Funktion f.

a) Geben Sie die Intervalle an, in denen f streng monoton wachsend bzw. streng monoton fallend ist. Begründen Sie.

b) Schließen Sie mithilfe des Graphen von f′ auf die Lage und die Art der Extremstellen von f. Geben Sie an, wo ungefähr die Wendestellen von f liegen.

c) Untersuchen Sie, ob die folgenden Aussagen wahr sind:

(1) Die Tangente an den Graphen von f an der Stelle 1 steigt. (2) $f(0) > f(1)$

3 Extrem- und Wendestellen

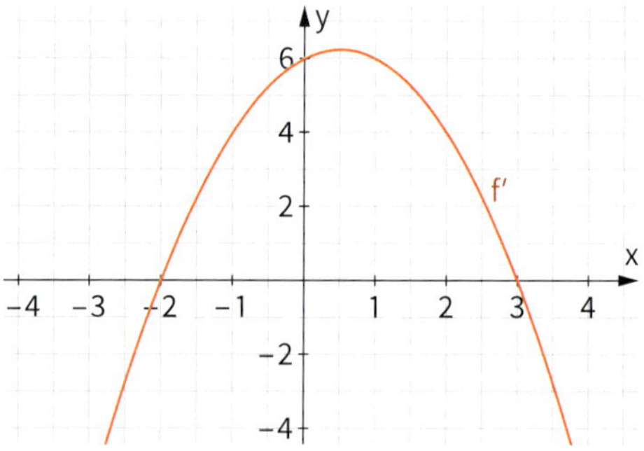

Die Abbildung zeigt den Graphen der Ableitungsfunktion f′ einer Funktion f.

a) Untersuchen Sie anhand der Abbildung, an welchen Stellen der Graph der Funktion f Hoch-, Tief- oder Wendepunkte hat. Begründen Sie Ihre Aussagen.

b) Der Graph von f′ ist eine Parabel. Bestimmen Sie für f′ den zugehörigen Funktionsterm.

c) Der Graph von f geht durch den Punkt $P(0\,|\,4)$. Bestimmen Sie den Funktionsterm von f.

4 Graphen von e-Funktionen

Gegeben ist die Funktion f mit $f(x) = x \cdot e^{-0{,}5x^2}$; $x \in \mathbb{R}$.

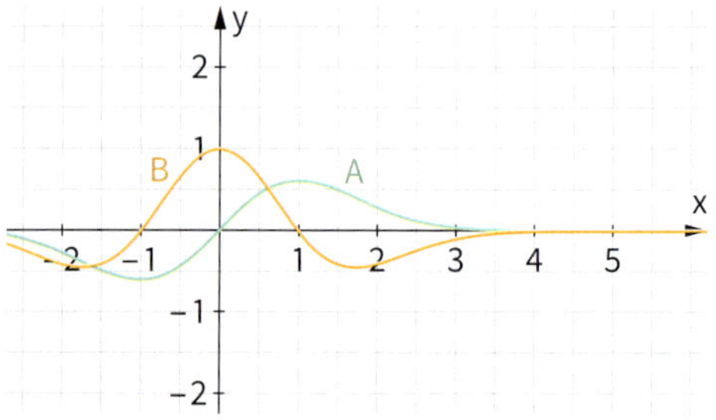

a) Begründen Sie, dass Graph A der Graph von f ist.

b) Der Graph von f hat im Intervall [0; 3] ein Maximum. Begründen Sie diese Aussage mithilfe des Graphen B von f′.

c) Berechnen Sie den Flächeninhalt der Fläche, die der Graph von f′ im Intervall [0; 2] mit der x-Achse einschließt.

5 **Stammfunktion**

Die Abbildungen zeigen die Graphen von drei Funktionen f, F_1 und F_2.

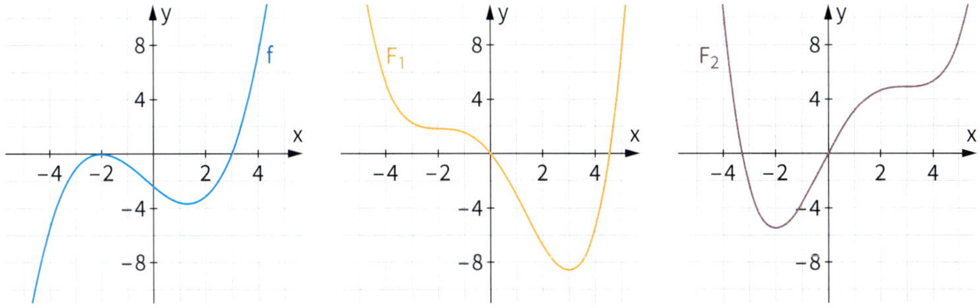

a) Begründen Sie, welche der Funktionen F_1 und F_2 eine Stammfunktion von f sein kann.

b) Interpretieren Sie den Term $F(2) - F(-2)$, wenn F eine Stammfunktion von f ist, und veranschaulichen Sie den Term am Graphen von f.

6 **Fläche zwischen zwei Graphen**

Gegeben sind die Funktionen f und g mit $f(x) = -x^2 + 4$ und $g(x) = 2x + 1$.
Berechnen Sie den Flächeninhalt der Fläche, die von den Graphen der Funktionen f und g eingeschlossen wird.

7 **Tangente und Fläche**

Die Funktion f ist gegeben durch $f(x) = 4 \cdot e^{-0,5x}$.

a) Zeigen Sie, dass die Tangente im Schnittpunkt des Graphen von f mit der y-Achse durch die Gleichung $y = -2x + 4$ beschrieben werden kann.

b) Der Graph von f, die Tangente, die x-Achse und die Gerade mit der Gleichung $x = 4$ begrenzen eine Fläche. Bestimmen Sie deren Flächeninhalt.

8 **Funktion untersuchen 1**

Die Funktion f ist gegeben durch $f(x) = x^3 - 3x^2$.

a) Bestimmen Sie die Nullstellen von f und das Verhalten von f für $x \to \infty$ und $x \to -\infty$.

b) Begründen Sie: Der Funktionsgraph hat an der Stelle $x = 0$ einen Hochpunkt.

c) Skizzieren Sie den Verlauf des Graphen von f.

d) Zeigen Sie, dass die Wendetangente an den Graphen von f durch die Gleichung $y = -3x + 1$ beschrieben werden kann.

9 **Funktion untersuchen 2**

Gegeben ist die Funktion f mit $f(x) = (x + 2) \cdot e^{-x}$.

a) Ermitteln Sie die Schnittpunkte des Graphen von f mit den Koordinatenachsen.

b) Weisen Sie nach, dass der Graph von f an der Stelle $x = -1$ einen Hochpunkt hat.

c) Der Graph von f soll so in Richtung der x-Achse verschoben werden, dass er durch den Koordinatenursprung verläuft.
Entscheiden Sie, welche Funktionsgleichung zum verschobenen Graphen gehört.

$a(x) = x \cdot e^{-x}$ $\qquad$ $b(x) = x \cdot e^{-(x-2)}$ $\qquad$ $c(x) = (x - 2) \cdot e^{-x}$

10 **Funktionenschar**

Gegeben ist die Funktionenschar f_a mit $f_a(x) = x^2 \cdot (x^2 - a^2)$ für $a > 0$.

a) Zeigen Sie, dass jede der Funktionen der Schar die drei Nullstellen $-a$, 0 und a hat.

b) Bestimmen Sie den Wert für den Parameter a so, dass die kleinste und die größte Nullstelle einen Abstand von 5 voneinander haben.

c) Berechnen Sie $\int_0^1 f_3(x)\,dx$.

11 **Dreieck**

Gegeben sind die Gerade g mit $g: \vec{x} = \begin{pmatrix} 6 \\ 4 \\ 5 \end{pmatrix} + t \cdot \begin{pmatrix} -2 \\ 1 \\ 2 \end{pmatrix}$ sowie die Punkte $A(3|2|-1)$ und $B(7|-4|6)$. Zeigen Sie, dass der Punkt $C(8|3|3)$ auf der Geraden g liegt und dass das Dreieck ABC einen rechten Winkel bei C hat.

12 **Gerade**

Gegeben sind die Gerade g mit $g: \vec{x} = \begin{pmatrix} 0 \\ 0 \\ 3 \end{pmatrix} + t \cdot \begin{pmatrix} 2 \\ 0 \\ -3 \end{pmatrix}$ sowie die Punkte $P(-4|0|9)$ und $Q(-10|7|k)$ mit $k \in \mathbb{R}$.

a) Beschreiben Sie die besondere Lage der Geraden g im Koordinatensystem und zeigen Sie, dass der Punkt P auf der Geraden g liegt. Untersuchen Sie, ob es einen Punkt mit drei gleichen Koordinaten auf der Geraden g gibt.

b) Ermitteln Sie, für welchen Wert von k die Strecke $\overline{PQ}$ orthogonal zur Geraden g ist.

13 **Pyramide**

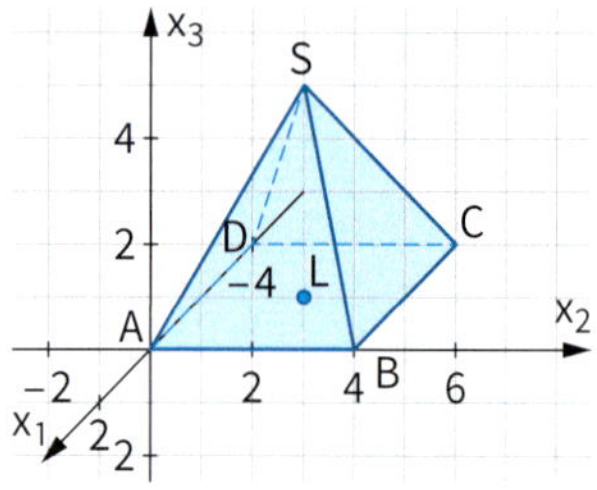

Die abgebildete gerade Pyramide hat eine quadratische Grundfläche mit der Kantenlänge 4 und die Höhe 4.

a) Geben Sie die Koordinaten aller Eckpunkte und der Spitze S an.

b) Geben Sie eine Parameterdarstellung für die Ebene E an, in der das Dreieck ABS liegt, und bestimmen Sie einen Punkt, der in der Ebene E, aber nicht im Dreieck ABS liegt.

c) Zeigen Sie, dass eine Koordinatenform der Ebene E durch $2x_1 + x_3 = 0$ gegeben ist.

14 **Lage zwischen Ebenen**

Gegeben sind die Ebenen $E_1: 2x_1 - 7x_2 + 0{,}5x_3 = 5$ und $E_2: -6x_1 + 21x_2 - 1{,}5x_3 = -25$.

a) Begründen Sie, dass die Ebenen E_1 und E_2 parallel zueinander, aber nicht identisch sind.

b) Untersuchen Sie, welche Ebene näher am Koordinatenursprung liegt.

15 **Lineare Gleichungssysteme**

a) Berechnen Sie die Lösung des linearen Gleichungssystems.

$$\left| \begin{aligned} x - 3y + 3z &= 2 \\ 2y + 2z &= 12 \\ 2y - 4z &= 6 \end{aligned} \right|$$

b) Bestimmen Sie die Werte für den Parameter a so, dass das lineare Gleichungssystem keine Lösung bzw. unendlich viele Lösungen hat.

$$\left| \begin{aligned} 2x - 4y + 3z &= 6 \\ 3y - 6z &= 12 \\ 3y - 6z &= 8 - a \end{aligned} \right|$$

16 **Lage zwischen Geraden**

Gegeben sind die Geraden $g: \vec{x} = \begin{pmatrix} 0{,}5 \\ -1{,}5 \\ 3 \end{pmatrix} + t \cdot \begin{pmatrix} 0 \\ 1 \\ -2 \end{pmatrix}$; $t \in \mathbb{R}$ und $h: \vec{x} = \begin{pmatrix} 1 \\ -3 \\ 6 \end{pmatrix} + s \cdot \begin{pmatrix} 0 \\ 2 \\ -4 \end{pmatrix}$; $s \in \mathbb{R}$.

a) Untersuchen Sie, wie die Geraden g und h zueinander liegen.

b) Die Gerade $s: \vec{x} = \begin{pmatrix} 0{,}5 \\ -1{,}5 \\ 3 \end{pmatrix} + k \cdot \begin{pmatrix} 1 \\ 1 \\ -2 \end{pmatrix}$; $k \in \mathbb{R}$ schneidet die Geraden g und h. Bestimmen Sie die Schnittpunkte.

17 **Mietwagen**

70 % aller Mietwagen auf einer Urlaubsinsel gehören SUN-CAR. 80 % davon haben ein Automatikgetriebe. Bei den anderen Mietwagenanbietern haben nur 60 % der Autos ein Automatikgetriebe. Betrachten Sie die Ereignisse S: *Ein Mietwagen ist von SUN-CAR* und A: *Ein Mietwagen hat ein Automatikgetriebe*.

Erläutern Sie die Bedeutung der Terme und berechnen Sie die jeweiligen Werte.

(1) $P(S \cap A)$ (2) $P(S \cap \overline{A})$ (3) $P_{\overline{S}}(\overline{A})$ (4) $P(A)$

18 **Glücksrad**

Bei einem Spiel wird das Glücksrad zweimal gedreht.
Der Zeiger kann auf einem der gleich großen, weiß (w), blau (b) oder gelb (g) gefärbten Sektoren stehen bleiben.

a) Stellen Sie die möglichen Abläufe des Zufallsexperiments in einem Baumdiagramm dar.
b) Bestimmen Sie die Wahrscheinlichkeit für das Ereignis E:
Das Glücksrad bleibt zweimal hintereinander auf einem Sektor mit gleicher Färbung stehen.
c) Der Spielveranstalter plant für das Spiel einen Einsatz von 1 € und man soll 2 € ausgezahlt bekommen, wenn das Ereignis E eintritt. Bewerten Sie diese Spielregel.

19 **Binomialverteilte Zufallsgröße**

Der Term $P(X=3)=\binom{60}{3}\cdot 0{,}3^3\cdot 0{,}7^{57}$ gibt die Wahrscheinlichkeit für genau 3 Erfolge einer binomialverteilten Zufallsgröße X an.

a) Berechnen Sie den Erwartungswert der Zufallsgröße X.
b) Geben Sie einen Term für die Wahrscheinlichkeit $P(5 \le X \le 7)$ der Zufallsgröße X an.
c) Erläutern Sie die Bedeutung des Terms $1-0{,}7^{60}$ für die Zufallsgröße X.

20 **Histogramme**

a) Begründen Sie, warum das Histogramm (1) zur Binomialverteilung mit $n=4$ und $p=0{,}5$ gehört.
b) Begründen Sie: Wenn die Erfolgswahrscheinlichkeit $p=0{,}5$ ist, dann ist für jede Stufenzahl n das Histogramm der Binomialverteilung symmetrisch.
c) Auch das Histogramm zur Binomialverteilung mit $n=5$ und $p=0{,}5$ ist symmetrisch. Beschreiben Sie den Unterschied zum Fall $n=4$.
d) Begründen Sie, warum das Histogramm (2) nicht zur Binomialverteilung mit $n=3$ und $p=0{,}5$ passt.

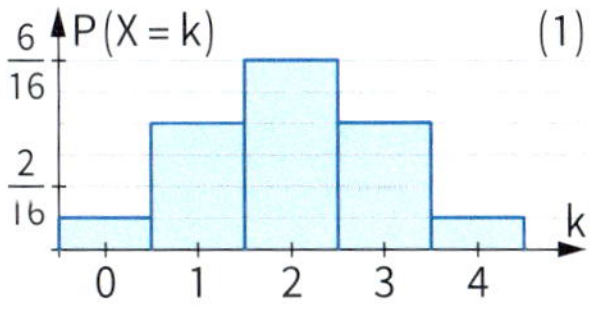

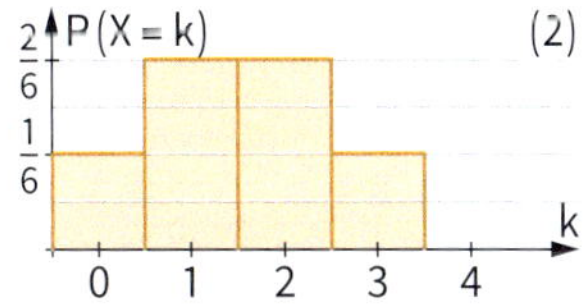

21 **Prognoseintervall**

Gegeben ist eine Binomialverteilung mit $n=150$ und $p=0{,}4$.

a) Berechnen Sie den Erwartungswert und die Standardabweichung zu dieser Wahrscheinlichkeitsverteilung.
b) Bei einem Spiel gewinnt man mit einer Wahrscheinlichkeit von $p=0{,}4$. Bestimmen Sie ein 95 %-Prognoseintervall für die Anzahl der in 150 Runden gewonnenen Spiele.
c) Jemand wettet darauf, dass die Anzahl X der in 150 Runden gewonnenen Spiele im Intervall $54 \le X \le 66$ liegen wird. Beurteilen Sie, ob dies eine günstige Wette ist.

22 **Normalverteilung**

Abgebildet ist der Graph der Dichtefunktion $\varphi_{\mu,\sigma}$ einer normalverteilten Zufallsgröße X mit der Standardabweichung $\sigma=3$.

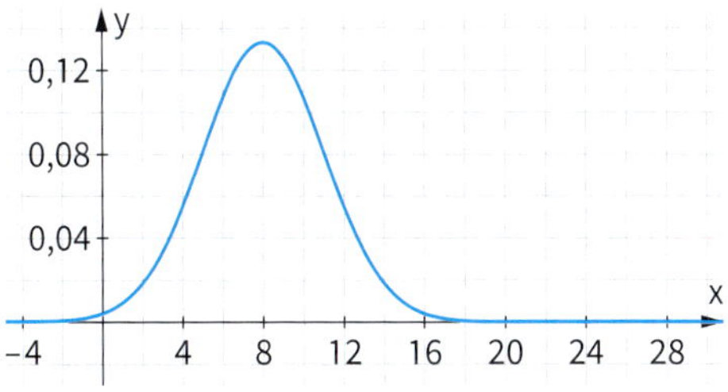

a) Ermitteln Sie den Erwartungswert μ.
b) Beschreiben Sie, wie die Wahrscheinlichkeit $P(5 < X < 8)$ in der Abbildung dargestellt werden kann.
c) Erläutern Sie, ob und gegebenenfalls wie sich die Wahrscheinlichkeit aus Teilaufgabe b) ändert, wenn σ vergrößert wird und μ unverändert bleibt.

8.2 Aufgaben mit Hilfsmitteln

Analysis

1 Segelflugzeug

Die Höhenveränderungsgeschwindigkeit eines Segelflugzeugs kann durch die Funktion v mit $v(x) = -\frac{1}{60}x^3 + \frac{7}{6}x^2 - \frac{95}{4}x + 150$ beschrieben werden. Dabei wird x in Minuten ab dem Start zum Zeitpunkt 0 und v(x) in Meter pro Minute angegeben.

a) Skizzieren Sie den Graphen der Funktion v für $0 < x < 60$. Geben Sie an, wann das Segelflugzeug sinkt und wann es steigt.

b) Bestimmen Sie die mittlere Steiggeschwindigkeit in den ersten 5 Minuten. Berechnen Sie die maximale Steiggeschwindigkeit des Segelflugzeugs bei diesem Flug.

c) Geben Sie einen Funktionsterm für die erreichte Flughöhe h(x) in Abhängigkeit von der Zeit x an und skizzieren Sie diesen Graphen.

d) Berechnen Sie die maximale Flughöhe und die Flugdauer.

2 Medikament im Blut

Durch die Einnahme eines Medikamentes zum Zeitpunkt $t = 0$ gelangt ein bestimmter Wirkstoff in das Blut des Patienten. Die Wirkstoffkonzentration, die zum Zeitpunkt $t \in [0; 24]$ im Körper des Patienten ist, kann durch eine Funktion der Form $f_k(t) = 20t \cdot e^{-k \cdot t}$ mit einem Parameter $k > 0$ beschrieben werden. Dabei wird die Zeit t in Stunden und die Wirkstoffkonzentration in mg pro Liter angegeben.

Die Abbildung zeigt einen zeitlichen Verlauf, bei dem die Wirkstoffkonzentration im Blut des Patienten zwei Stunden nach Einnahme des Medikamentes 26,813 mg/l beträgt.

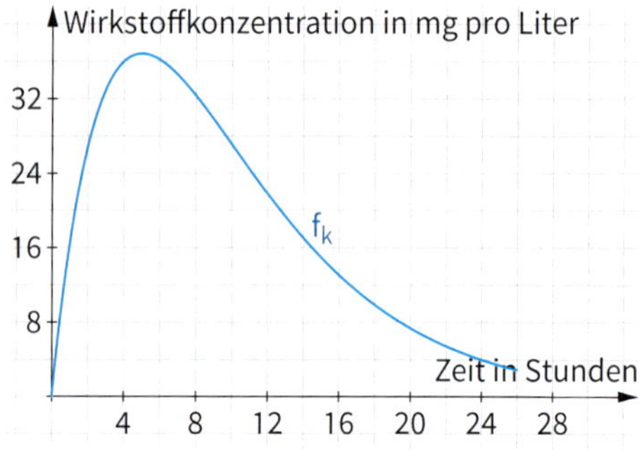

a) Bestimmen Sie aus den gegebenen Daten den Wert des Parameters k und berechnen Sie die Wirkstoffkonzentration 12 Stunden nach der Einnahme des Medikamentes.
[Zur Kontrolle: $k \approx 0{,}2$]

b) Berechnen Sie den Zeitpunkt und den Wert der maximalen Konzentration des Wirkstoffs im Blut des Patienten.

c) Beträgt die maximale Wirkstoffkonzentration im Blut unter 15 mg/l, so ist das Medikament erfahrungsgemäß zu wenig wirksam. Bestimmen Sie, für welche Werte des Parameters k diese Grenze überschritten wird.

d) Weisen Sie nach, dass die Wirkstoffkonzentration nach 24 Stunden kleiner als 4 mg/l ist.

e) Berechnen Sie den Zeitpunkt, zu dem die Wirkstoffkonzentration am stärksten abnimmt.

f) Untersuchen Sie das Verhalten der Funktion $f_{0,2}$ für $t \to \infty$.
Interpretieren Sie das Ergebnis im Hinblick auf einen langfristigen Abbau des Wirkstoffs.

3 Vogelpopulation

Die Entwicklung des Vogelbestandes auf einer Insel lässt sich durch die Funktion f mit $f(t) = 5000 - 4750 \cdot e^{-kt}$ mit $k > 0$ modellieren. Dabei gibt t die Zeit in Jahren nach Beobachtungsbeginn und f(t) die Anzahl der Vögel an.

a) Berechnen Sie den Anfangsbestand der Vögel.

b) Zeigen Sie, dass sich die Population unabhängig vom Wert des Parameters k einem Bestand von 5000 Vögeln nähert.

Im achten Jahr nach Beobachtungsbeginn werden 1800 Vögel gezählt.

c) Weisen Sie nach, dass für die Wachstumskonstante $k \approx 0{,}05$ gilt, und berechnen Sie, nach wie vielen Jahren die Population 75 % ihres maximalen Bestandes erreicht hat.

d) Bestimmen Sie den Zeitpunkt, ab dem die Population um weniger als 100 Vögel pro Jahr zunimmt.

e) Ermitteln Sie den prozentualen Unterschied zwischen der momentanen Wachstumsgeschwindigkeit der Population nach 5 Jahren und der durchschnittlichen Änderungsrate der Population zwischen Beobachtungsbeginn und 10 Jahren später.

f) Weisen Sie nach, dass unabhängig vom Parameter k die Gleichung $f'(t) = k \cdot (5000 - f(t))$ gilt, und interpretieren Sie die Gleichung für $k = 0{,}05$ im Sachkontext.

4 **Infektionskrankheit**

Eine Infektionskrankheit, die durch ein neuartiges Virus hervorgerufen wurde, breitet sich in einem kleinen Land rasch aus. Die Tabelle zeigt die Gesamtzahl der nachgewiesenen Krankheitsfälle zum Ende jeder Woche nach dem ersten Auftreten der Krankheit.

Woche	0	1	2	3	4
Zahl der Fälle	794	1551	3049	5997	11 767

a) Die Entwicklung der Fallzahlen soll durch eine Exponentialfunktion f der Form $f(t) = a \cdot e^{kt}$ modelliert werden.
Bestimmen Sie die Parameter a und k, indem Sie die Tabellendaten zu den Zeitpunkten $t = 0$ und $t = 4$ verwenden. Runden Sie k auf 3 Stellen nach dem Komma.
[Zur Kontrolle: $f(t) \approx 794 \cdot e^{0{,}674t}$]

b) Berechnen Sie mithilfe der Modellfunktion f die Zahl der Krankheitsfälle nach der 2. Woche und ermitteln Sie die prozentuale Abweichung vom Wert in der Tabelle.

c) Bestimmen Sie mithilfe der Modellfunktion f eine Prognose für die Zahl der Erkrankten nach der 6. Woche und ermitteln Sie, wann bei ungebremstem Wachstum mehr als 100 000 Personen erkrankt sein würden.

Eine andere Modellierung geht davon aus, dass sich die Epidemie durch geeignete Maßnahmen zum Infektionsschutz mit der Zeit eindämmen lässt.
Für dieses Szenario gibt die Funktion r mit $r(t) = (-0{,}02t^2 + 0{,}14t + 0{,}16) \cdot e^{-0{,}2t}$ die erwartete Änderungsrate der Krankheitsfälle in 1000 pro Woche an. Der Graph von r ist hier abgebildet.

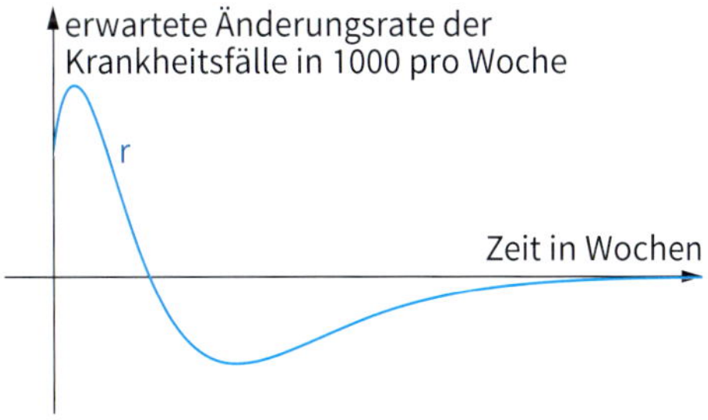

d) Bestimmen Sie die Nullstellen sowie die lokalen Extremstellen von r.
Erklären Sie möglichst genau die Bedeutung dieser Stellen für den Verlauf der Epidemie.

Aus der Änderungsrate r lässt sich eine Funktion g ermitteln, die den prognostizierten Verlauf der Zahl der Krankheitsfälle für jede Woche wiedergibt. Bei diesem Modell ist man von 700 Krankheitsfällen in Woche 0 ausgegangen.

e) Weisen Sie rechnerisch nach, dass die Funktion r die Änderungsrate der Funktion g mit $g(t) = (0{,}1t^2 + 0{,}3t + 0{,}7) \cdot e^{-0{,}2t}$ ist, und geben Sie die Höchstzahl an Krankheitsfällen an, die nach diesem Modell erreicht wird.

f) Leiten Sie aus dem Funktionsterm von g eine begründete Aussage über die langfristige Entwicklung der Fallzahlen ab. Bestimmen Sie mithilfe von g, nach wie vielen Wochen die Zahl der Erkrankungen unter 1000 sinkt.

5 Rückhaltebecken

Bei einem Rückhaltebecken kann der Zufluss und der Abfluss von Wasser gesteuert werden. Während eines Tages kann die momentane Zuflussrate durch die Funktion f mit $f(t) = 5000\,t^2 \cdot e^{-\frac{1}{2}t}$ für $0 \le t \le 24$ beschrieben werden. Dabei wird t in Stunden und f(t) in m^3 pro Stunde angegeben.

a) Berechnen Sie die momentane Zuflussrate nach 10 Stunden.

b) (1) Zeigen Sie: $f'(t) = 5000 \cdot \left(-\frac{1}{2}t^2 + 2t\right) \cdot e^{-\frac{1}{2}t}$

(2) Bestimmen Sie rechnerisch die maximale momentane Zuflussrate und den Zeitpunkt, zu dem diese erreicht ist.

c) Bestimmen Sie die Wendestellen von f und interpretieren Sie diese im Sachkontext.

d) Ermitteln Sie die insgesamt während des Tages zugeflossene Wassermenge.

e) Die momentane Abflussrate kann während des Tages durch die Funktion g mit $g(t) = 400\,t^2 \cdot e^{-\frac{1}{4}t}$, $0 \le t \le 24$, beschrieben werden. Dabei wird t in Stunden und g(t) in m^3 pro Stunde angegeben.

(1) Bestimmen Sie den Zeitpunkt, bis zu dem $30\,000\,m^3$ aus dem Becken geflossen sind.

(2) Ermitteln Sie die Schnittstelle t_0 der Funktionen f und g mit $0 < t_0 \le 24$ und die Flächeninhalte der von den beiden Graphen in den Intervallen $[0, t_0]$ und $[t_0, 24]$ eingeschlossenen Flächen. Deuten Sie beide Werte und ihre Differenz im Sachkontext.

6 Hausgiebel

Der symmetrische Giebel eines Barockhauses soll rekonstruiert werden. Der Giebel ist in der Abbildung in einem Koordinatensystem mit der Einheit Meter dargestellt.

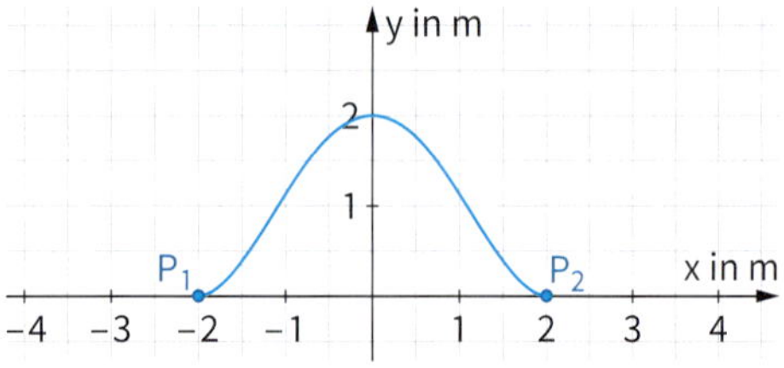

Eine ganzrationale Funktion f beschreibt im entsprechenden Intervall den oberen Giebelrand. Die x-Achse ist die Tangente an den Graphen der Funktion f in den Punkten $P_1(-2\,|\,0)$ und $P_2(2\,|\,0)$. Die maximale Höhe des Giebels über der Dachkante beträgt 2 Meter.

a) Begründen Sie, dass f eine Funktion mindestens 4. Grades sein muss.

b) Ermitteln Sie eine Gleichung für die Funktion f.

c) Ein Architekt beschreibt einen solchen Giebelrand durch die Funktion g mit $g(x) = \frac{1}{8} \cdot (x^2 - 4)^2$. Dieser Giebel soll durch eine waagerechte Linie in zwei flächeninhaltsgleiche Teile zerlegt werden. Während der untere Teil des Giebels mit Ornamenten verziert wird, ist beabsichtigt, im oberen Teil des Giebels Fenster anzubringen.
Ermitteln Sie auf Dezimeter genau, bis zu welcher Höhe der Giebel mit Ornamenten versehen werden soll.

7 Bakterienwachstum

In einer Nährlösung vermehren sich Bakterien. Die zum Zeitpunkt $t \ge 0$ von Bakterien bedeckte Fläche lässt sich durch die Funktion f mit $f(t) = e^{0{,}4t - 0{,}1t^2}$ beschreiben. Dabei wird t in Stunden und f(t) in cm^2 angegeben.

a) Ermitteln Sie den Flächeninhalt der anfangs bedeckten Fläche und die maximale Ausbreitung der Bakterienkultur. Zeichnen Sie den Graphen von f und beschreiben Sie den Verlauf des Bakterienwachstums. Nennen Sie mögliche Gründe für einen solchen Verlauf.

b) Erläutern Sie die Bedeutung des Terms $\frac{f(2)-f(0)}{2}$ im Sachkontext und bestimmen Sie dessen Wert.

c) Verschieben Sie den Graphen von f so, dass das Maximum auf der y-Achse liegt, und geben Sie den Funktionsterm der verschobenen Funktion g an.

d) Beschreiben Sie die Auswirkungen des Parameters a auf die Graphen der Funktionenschar f_a mit $f_a(t) = e^{0{,}4t - a \cdot t^2}$. Zeichnen Sie aussagekräftige Graphen.

e) Der Parameter a wird auch als Sterberate bezeichnet.
Interpretieren Sie Bedeutung des Falls $a = 0$ für diesen Sachzusammenhang.

f) Bestimmen Sie die Koordinaten des Maximums in Abhängigkeit von a. Bestimmen Sie die Gleichung der Ortskurve der Maxima.

8 **Eigenschaften einer e-Funktion begründen**

Gegeben ist die Funktion f mit $f(x) = -2 \cdot e^{-2 \cdot x^2 + x}$.

a) Geben Sie die Koordinaten des Extrempunktes auf dem Graphen von f an.
Beschreiben Sie den Verlauf des Graphen der Funktion f für $x \to \infty$ und $x \to -\infty$.

b) Zeigen Sie, dass $x_1 = -\frac{1}{4}$ und $x_2 = \frac{3}{4}$ Wendestellen der Funktion f sind.
Begründen Sie, dass es keine weiteren Wendepunkte auf dem Graphen von f gibt.

c) Die abgebildeten drei Schritte liefern in Zusammenhang mit der Funktion f die Lösung einer Aufgabe.
Formulieren Sie eine zugehörige Aufgabenstellung. Erläutern Sie den dargestellten Lösungsweg.

(1) $f'\left(-\frac{1}{4}\right) = -4e^{-\frac{3}{8}}$

(2) $0 = -4e^{-\frac{3}{8}} + n$ mit $n = 4e^{-\frac{3}{8}}$

(3) $y = -4e^{-\frac{3}{8}} \cdot x + 4e^{-\frac{3}{8}}$

d) Betrachtet wird nun die Funktion g mit $g(x) = k \cdot e^{k \cdot x^2 + x}$ mit $k \in \mathbb{R}$; $k \neq 0$.
Begründen Sie, dass es keinen Wert für Parameter k gibt, für den der Graph der Funktion g achsensymmetrisch zur y-Achse verläuft.

e) Beurteilen Sie, ob die folgende Aussage wahr oder falsch ist.

Für jeden Wert $k < 0$ hat der Graph von g an der Stelle $x = 0$ eine negative Steigung.

Analytische Geometrie

9 **Pyramide im Würfel**

Der Würfel OABCDEFG hat die Kantenlänge 6. Drei Kanten des Würfels liegen auf den Koordinatenachsen.
Die Figur ACDF ist eine Pyramide mit vier dreieckigen Seitenflächen.

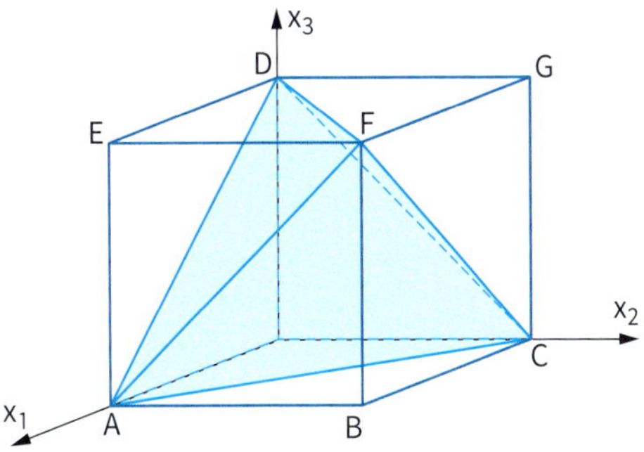

a) Berechnen Sie die Länge der Kante $\overline{AC}$ der Pyramide und begründen Sie, dass die übrigen fünf Kanten der Pyramide die gleiche Länge haben.

b) Zeigen Sie, dass sich die beiden Raumdiagonalen $\overline{BD}$ und $\overline{AG}$ des Würfels schneiden.
Berechnen Sie den Schnittwinkel dieser beiden Raumdiagonalen.

c) Zeigen Sie, dass die Ebene E durch die Punkte A, C und F durch die Koordinatengleichung E: $x_1 + x_2 - x_3 = 6$ beschrieben werden kann.

d) Ermitteln Sie, wie viel Prozent des Würfelvolumens von der Pyramide ausgefüllt wird.

e) Die Ebene H enthält die Punkte C, D und F. Berechnen Sie den Schnittwinkel der beiden Ebenen E und H.

10 **Haus**

In der Abbildung ist ein Haus dargestellt, dessen Grundfläche ABCD in der x_1x_2-Ebene eines Koordinatensystems mit der Einheit Meter liegt. Der Punkt K hat die Koordinaten K(4|0|7).

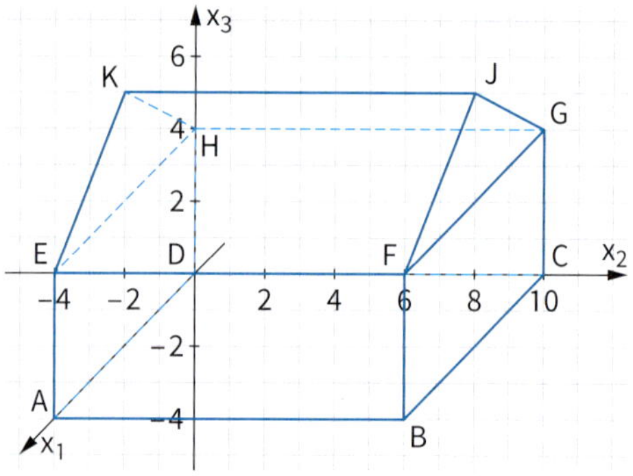

a) Bestimmen Sie die Koordinaten der übrigen Eckpunkte des Hauses.

b) Ermitteln Sie eine Gleichung für die Ebene E, in der die Dachfläche EFKJ liegt, in Parameter- und in Koordinatenform.
Die Dachfläche soll mit Solarpanels bestückt werden. Der optimale Neigungswinkel feststehender Solarmodule gegen die Horizontale liegt zwischen 28° und 30°. Untersuchen Sie, ob die Dachfläche diese Anforderungen erfüllt.

c) Berechnen Sie die Größe der Dachfläche EFKJ.
Die Solarpanels sind 160 cm × 100 cm groß. Berechnen Sie, wie viele Panels maximal installiert werden können, wenn diese entweder alle horizontal oder alle vertikal ausgerichtet werden können.

d) Auf das Dach fällt Sonnenlicht in Richtung des Vektors $\vec{u} = \begin{pmatrix} -2 \\ 5 \\ -2 \end{pmatrix}$.
Der Punkt K* ist der Schattenpunkt des Punktes K in der x_1x_2-Ebene. Berechnen Sie die Koordinaten des Punktes K*.

11 **Flugzeug**

In einem Koordinatensystem mit der Einheit km befindet sich eine Radarstation im Punkt P(61|−110|1). Ein Verkehrsflugzeug, das über einen längeren Zeitraum mit nahezu konstanter Geschwindigkeit auf geradlinigem Kurs fliegt, wird um 18:37 Uhr vom Radar im Punkt F_1(−9|−54|7) und 5 Minuten später im Punkt F_2(−4|−99|7) erfasst.

a) Bestimmen Sie die Geschwindigkeit des Flugzeugs.

b) Berechnen Sie, wie weit das Flugzeug um 18:51 Uhr von der Radarstation entfernt ist.

c) Bestimmen Sie den Punkt Q, an dem sich das Flugzeug um 18:44 Uhr befindet.
Zeigen Sie, dass die Vektoren $\overrightarrow{PQ}$ und $\overrightarrow{F_1F_2}$ orthogonal zueinander sind, und interpretieren Sie dies im Sachkontext.

d) Um 19 Uhr ändert das Flugzeug seine Richtung und seine Geschwindigkeit. Es wird um 19:05 Uhr von einer zweiten Radarstation im Punkt G_1(14|−276|6) und 10 Minuten später im Punkt G_2(14|−346|4) geortet. Wenn das Flugzeug diesen geradlinigen Flugkurs beibehält, erreicht es ohne weitere Kurskorrektur den Flughafen, der in 1000 m Höhe liegt. Die Landung des Flugzeugs ist für 19:20 Uhr geplant.
Prüfen Sie, ob dieser Zeitplan eingehalten werden kann.

e) Ein weiteres Flugzeug wird von der zweiten Radarstation um 19:05 Uhr im Punkt G_3(18|−268|5) und um 19:15 im Punkt G_4(17|−340|4) erfasst.
Zeigen Sie, dass sich die beiden Flugbahnen nicht schneiden. Bestimmen Sie den Mindestabstand der beiden Flugzeuge und die zugehörige Uhrzeit.

12 **Parkhaus**

Bei der Planung eines Parkhauses kann ein Parkdeck durch eine Ebene E beschrieben werden. Im verwendeten Koordinatensystem ist die Ebene E parallel zur x_1x_2-Koordinatenebene und der Punkt A(0|0|5) liegt in der Ebene E.

a) Geben Sie für die Parkdeck-Ebene E eine Gleichung in Parameterform und eine Gleichung in Koordinatenform an.

b) Der Punkt P (1 | −2 | 3) soll über eine Treppe vom Parkdeck aus erreicht werden. Zeigen Sie, dass der Punkt P nicht in der Ebene E liegt, und bestimmen Sie seinen Abstand von der Ebene E.

c) Der Punkt P liegt in einer schrägen Ebene H, auf der die Treppe zum Parkdeck führt. Die Ebene H hat den Normalenvektor $\vec{n} = \begin{pmatrix} 1 \\ 1 \\ 2 \end{pmatrix}$.
Geben Sie eine Gleichung in Koordinatenform für die Ebene H an.

d) Bestimmen Sie die Gleichung der Schnittgeraden g der Ebenen E und H, auf der der Treppenabgang auf dem Parkdeck liegt.

e) Berechnen Sie die Größe des Schnittwinkels zwischen der Parkdeck-Ebene E und der Treppen-Ebene H.

13 **Carport**

Der in der Abbildung skizzierte 4 m breite und 5 m lange Carport ist an der Einfahrt 3 m und am Ende 2,5 m hoch.
In einem Koordinatensystem mit der Einheit Meter haben die Punkte F und H die Koordinaten F (4 | 0 | 3) und H (0 | 5 | 2,5).

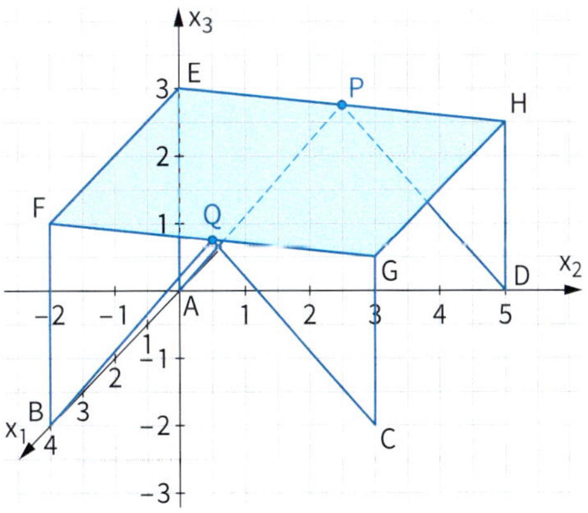

a) Bestimmen Sie die Koordinaten der übrigen Eckpunkte des Carports.

b) Die Punkte P und Q sind die Mittelpunkte der Kanten $\overline{EH}$ und $\overline{FG}$.
Bestimmen Sie ihre Koordinaten.

c) Berechnen Sie die Länge des Dachsparrens $\overline{EH}$ sowie der Stützbalken $\overline{AP}$ und $\overline{PD}$.

d) Berechnen Sie die Winkel, die die Balken $\overline{AP}$ und $\overline{PD}$ mit dem Dachsparren $\overline{EH}$ bilden.

e) Oberhalb des Carports befindet sich im Punkt L (1 | −2 | 4) eine Straßenlaterne.
Bestimmen Sie die Koordinaten der Schattenpunkte der Eckpunkte E, F, G und H der Dachfläche auf dem Boden. Folgern Sie, welche geometrische Form der Schatten hat.

f) Eine der Seitenflächen, das Dreiecks BQF, soll mit Brettern verkleidet werden.
Berechnen Sie den Flächeninhalt dieses Dreiecks.

14 **Zwei Flugobjekte**

Beim Training von zukünftigen Fluglotsinnen und Fluglotsen an einem Simulator werden zwei Flugobjekte, die sich auf geradlinigen Flugbahnen gleichförmig bewegen, in einem Koordinatensystem betrachtet. Flugobjekt F_1 startet im Punkt A_1 (−1 | 11 | 0) und ist auf der Geraden g_1 nach 3 Sekunden im Punkt B_1 (0 | 9 | 2). Flugobjekt F_2 beginnt im Punkt A_2 (0 | 0 | 2) und erreicht auf der Geraden g_2 nach 6 Sekunden den Punkt B_2 (2 | 2 | 3).

a) Berechnen Sie die Koordinaten des Punktes, den das Flugobjekt F_1 nach 30 Sekunden erreicht hat.

b) Zeigen Sie, dass der Punkt C (−2 | 13 | −2) auf der Geraden g_1 liegt, und begründen Sie, warum dieser Punkt nicht vom Flugobjekt F_1 erreicht wird.

c) Untersuchen Sie, ob die Geraden g_1 und g_2 gemeinsame Punkte haben.

d) (1) Bestimmen Sie die Entfernung zwischen den Startpunkten A_1 und A_2 der beiden Flugobjekte.
Zeigen Sie, dass 6 Sekunden nach Beobachtungsbeginn die Entfernung zwischen den beiden Flugobjekten geringer geworden ist.

(2) Begründen Sie, dass es einen zweiten Zeitpunkt gibt, an dem die beiden Flugobjekte genau so weit voneinander entfernt sind wie zu Beginn der Beobachtung.

15 **Oktaeder**

Ein Oktaeder besteht aus acht zueinander kongruenten Dreiecken. Gegeben sind die Eckpunkte A(1|0|0), B(0|1|0), C(−1|0|0), D(0|−1|0), E(0|0|1) und F(0|0|−1) eines Oktaeders.

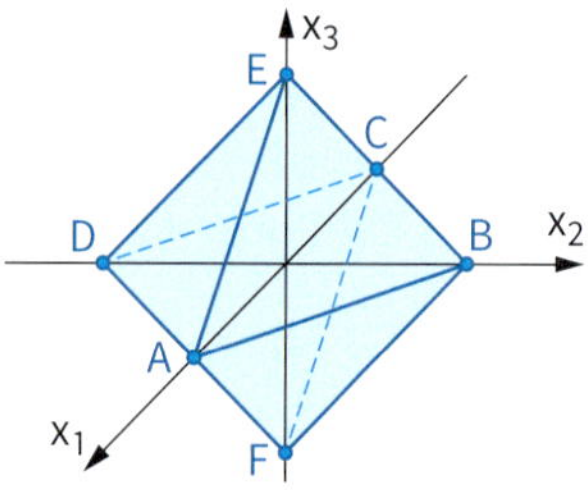

a) Erklären Sie, warum das Dreieck BCE in der Abbildung nicht gut erkennbar ist.

b) Zeigen Sie, dass das Dreieck BCE gleichseitig ist.

c) Bestimmen Sie eine Parameterdarstellung der Ebene, in der das Dreieck ABE liegt, und geben Sie Bedingungen für die Parameter an, sodass nur die Punkte der Dreiecksfläche beschrieben werden.

d) Begründen Sie, dass sich zwei Kanten, die von einer Ecke des Oktaeders ausgehen, entweder in einem Winkel von 60° oder in einem Winkel von 90° schneiden.

e) Bestimmen Sie den Winkel, in dem die Dreiecke ABE und ABF zueinander stehen. *Hilfestellung:* Das Dreieck ABF liegt in der Ebene $x_1 + x_2 - x_3 = 1$.

f) Berechnen Sie das Volumen des Oktaeders.

Stochastik

16 **Buchungen**

Die Reisebusse eines Reiseunternehmers verfügen über 54 Sitzplätze.

a) Gewöhnlich werden 90 % der gebuchten Fahrten tatsächlich wahrgenommen. Für eine Busreise sind 54 Plätze verkauft worden. Ermitteln Sie, mit welcher Wahrscheinlichkeit mehr als drei Plätze frei bleiben.

b) Wegen der kurzfristigen Absagen von gebuchten Reisen verkauft der Unternehmer mehr Plätze als vorhanden sind. Für eine Fahrt mit zwei Bussen werden 120 Buchungen angenommen. Untersuchen Sie, mit welcher Wahrscheinlichkeit keine der Personen, die die Fahrt antreten, zurückgewiesen werden muss.

c) Der Unternehmer ändert die Vertragsbedingungen dahingehend, dass bei kurzfristigen Absagen dennoch 50 % des Reisepreises gezahlt werden muss. Aufgrund von Rückmeldungen hat er den Eindruck, dass möglicherweise Fahrt-Interessenten durch die verschärften Bedingungen abgeschreckt werden. Bis zur Einführung der neuen Regelung war es so, dass 45 % der Personen, die Prospekte über eine Fahrt angefordert hatten, die Fahrt auch gebucht haben. Mit den nächsten 150 Prospektanforderungen will er überprüfen, wie sich die neue Regelung auswirkt.

(1) Bestimmen Sie ein 95 %-Prognoseintervall für die Anzahl der Buchungen unter der Annahme, dass immer noch 45 % der Personen, die Prospekte anfordern, die Fahrt auch buchen.

(2) Auf die 150 nächsten Prospektanforderungen folgen nur 55 Buchungen. Bestimmen Sie das 95%-Konfidenzintervall für die Wahrscheinlichkeit p, dass unter den neuen Bedingungen eine Prospektanforderung zu einer Buchung führt.

d) Der Unternehmer möchte untersuchen, wie pünktlich seine Busse am Zielort ankommen. Die Daten, die er erhoben hat, legen nahe, dass die Zufallsvariable X: *Verspätung am Zielort in Minuten* näherungsweise normalverteilt mit $\mu = 3$ ist. Dabei kamen nur 2,5 % der Busse mit mehr als 10 Minuten Verspätung am Zielort an.

(1) Lösen Sie die Gleichung $3 + 1{,}96\sigma = 10$ nach σ auf. Erläutern Sie, warum diese Gleichung dazu geeignet ist, den Parameter σ der Normalverteilung zu bestimmen.

(2) Bestimmen Sie $P(X \le -5)$ und deuten Sie diesen Wert im Sachzusammenhang.

(3) Ermitteln Sie den Anteil der Busse mit einer Verspätung von weniger als 5 Minuten.

17 **Fernsehkonsum**

Nach einer Studie des Internationalen Zentralinstituts für das Jugend- und Bildungsfernsehen (IZI) dürfen 60 % der 2-Jährigen und 89 % der 3-Jährigen regelmäßig fernsehen. Kinder in diesem Alter sind von den bewegten Bildern äußerst fasziniert; sie können jedoch noch nicht zwischen der Welt im Fernsehen und der realen Welt unterscheiden. Daher ist es für die Entwicklung der Kinder sehr wichtig, dass die Eltern den Fernsehkonsum ihrer Kinder kontrollieren und mit ihnen über das Gesehene sprechen.

a) Bestimmen Sie die Wahrscheinlichkeit, dass unter 100 zufällig ausgewählten 2-Jährigen
(1) genau 60 Kinder; (2) mehr als 55, aber weniger als 65 Kinder
regelmäßig fernsehen dürfen.

b) Bestimmen Sie, wie viele Familien mit 3-Jährigen man mindestens auswählen müsste, damit unter diesen mit einer Wahrscheinlichkeit von mindestens 90 % mindestens eine Familie ist, in der das 3-jährige Kind nicht regelmäßig fernsehen darf.

c) Bei den 2-Jährigen wird der Fernsehkonsum von 500 Kindern untersucht. Bestimmen Sie ein möglich kleines zum Erwartungswert symmetrisches Intervall, in dem die Anzahl der 2-Jährigen, die regelmäßig fernsehen dürfen, mit mindestens 95 % Wahrscheinlichkeit liegt.

d) Nach einer großen Informationskampagne zu den Nachteilen des Fernsehkonsums bei Kleinkindern soll untersucht werden, ob sich der Anteil der regelmäßig fernsehenden 3-Jährigen tatsächlich vermindert hat. Eine Untersuchung bei 3-Jährigen ergab, dass 420 von 500 Kindern regelmäßig fernsehen dürfen. Bestimmen Sie ein 95 %-Konfidenzintervall für die Wahrscheinlichkeit, dass ein 3-jähriges Kind regelmäßig fernsehen darf.

18 **Geburtstag**

Personen, die in einem Schaltjahr am 29. Februar geboren wurden, können nur alle vier Jahre „richtig" Geburtstag feiern.

a) Begründen Sie:
Die Wahrscheinlichkeit, am 29. Februar geboren worden zu sein, beträgt etwa $\frac{1}{1461}$.

b) Geben Sie einen Schätzwert an, wie viele Personen, die am 29. Februar Geburtstag haben, in einer Stadt wie Viersen (77 000 Einwohner) leben.

c) Ermitteln Sie die Wahrscheinlichkeit, dass von 800 Jugendlichen
(1) keine Person; (2) genau eine Person; (3) mehr als eine Person
am 29. Februar Geburtstag hat.

d) Bei der Recherche in mehreren Grundschulen eines Kreises bekommt ein Journalist den Eindruck, dass ungewöhnlich viele Kinder am 29. Februar Geburtstag haben. Er vermutet, dass bei den werdenden Müttern der Wunsch nach einem „besonderen" Geburtstag für ihr Kind zu einer Häufung der Geburten am Schalttag geführt hat.
Der Journalist hat bei seinen Recherchen Grundschulen mit insgesamt 2100 Kindern erfasst und folgendes festgestellt:
Die Wahrscheinlichkeit dafür, dass rein zufällig mindestens die beobachtete Anzahl an Schalttag-Geburtstagen vorliegt, liegt knapp unter 6 %.
Bestimmen Sie die beobachtete Anzahl und begründen Sie damit den Eindruck des Journalisten.

e) Von 2100 zufällig ausgewählten Personen wird der Geburtstag erfasst.
Bestimmen Sie die Wahrscheinlichkeit, dass an einem bestimmten Tag des Jahres keine dieser Personen Geburtstag hat.

19 Schlafstörungen

Die 2017 entstandene Gesundheitsstudie der DAK (Deutsche Angestelltenkrankenkasse) hatte das Schwerpunktthema „Schlafstörungen unter Arbeitnehmern". Dabei traten alarmierende Befunde auf.
Unter der besonders schweren Schlafstörung Insomnie litten 9,4 % der befragten Personen, die in Anstellung sind.

a) Berechnen Sie die Wahrscheinlichkeit, dass in einer Abteilung mit 20 Arbeitskräften
(1) genau eine Person; (2) mindestens 3 Personen;
(3) höchstens 5 Personen; (4) mindestens 3, aber höchstens 5 Personen
an Insomnie leiden.

b) Berechnen Sie, wie viele Arbeitskräfte ein Unternehmen mindestens haben muss, damit sich mit einer Wahrscheinlichkeit von mindestens 95 % mindestens eine Person darunter befindet, die unter Insomnie leidet.

c) Die Studie ergab folgende Daten:
9,4 % der befragten Personen litten an Insomnie.
Von diesen Personen ließen sich 30 % ärztlich wegen Schlafstörungen behandeln.
Von den nicht an Insomnie leidenden Personen ließen sich nur 2,1 % wegen Schlafstörungen behandeln.
(1) Stellen Sie diesen Sachverhalt in einem geeigneten Baumdiagramm dar.
(2) Berechnen Sie den Anteil diejenigen Personen, die weder an Insomnie leiden noch wegen einer Schlafstörung beim Arzt waren.
(3) Berechnen Sie die Wahrscheinlichkeit, dass eine Person, die wegen Schlafstörung zum Arzt geht, an Insomnie erkrankt ist.

d) Das Verhalten vieler Arbeitskräfte fördert einen schlechten Schlaf: 12,5 % der befragten Personen kümmern sich kurz vor der Schlafenszeit noch um dienstliche Dinge wie das Checken von E-Mails oder das Planen des nächsten Arbeitstages. Der Betriebsrat will daher eine umfassende Aufklärungskampagne über die gesundheitsschädlichen Auswirkungen dieses Verhaltens starten. Diese Kampagne soll danach evaluiert werden und als erfolgreich gelten, wenn unter 100 befragten Personen höchstens 6 Personen angeben, kurz vor der Schlafenszeit noch dienstliche Dinge zu erledigen.
(1) Ermitteln Sie die Wahrscheinlichkeit, dass die Kampagne als erfolgreich angesehen wird, obwohl sich der Anteil der Personen, die kurz vor der Schlafenszeit noch dienstliche Dinge erledigen, nicht verändert hat.
(2) Angenommen, die Kampagne hatte Erfolg: Nur noch 8 % der Arbeitskräfte kümmern sich kurz vor der Schlafenszeit noch um dienstliche Dinge.
Bestimmen Sie für eine binomialverteilte Zufallsgröße X mit $n = 100$ und $p = 0{,}08$ die Wahrscheinlichkeit $P(X \geq 7)$ und deuten Sie diesen Wert im Sachkontext.

e) Eine Untersuchung wird durchgeführt, die ermitteln soll, wie die Verteilung der Schlafdauer von Arbeitkräften ist. Die Daten legen nahe, dass diese Schlafdauer als näherungsweise normalverteilt mit $\mu = 6{,}1$ Stunden und $\sigma = 1{,}4$ Stunden angesehen werden kann.
(1) Es wird von Ärzten empfohlen, ca. 7 Stunden am Tag zu schlafen.
Bestimmen Sie den Anteil der Personen, die diese Schlafdauer unterschreiten.
(2) Ermitteln Sie die zu erwartende Anzahl von Personen in ein Unternehmen mit 500 Arbeitkräften, die die empfohlene Schlafdauer unterschreiten.
(3) Geben Sie die Schlafdauer an, die nur von 5 % der Personen unterschritten wird.

8.3 Aufgaben im Stil einer Abiturklausur

Teil A – Aufgaben ohne Hilfsmittel

1 Die Abbildung zeigt den Graphen einer der drei Funktionen f, g und h mit $f(x) = 0{,}5\,e^{0{,}5x}$, $g(x) = -0{,}25x + 0{,}5$ und $h(x) = 0{,}5\,e^{-0{,}5x}$.

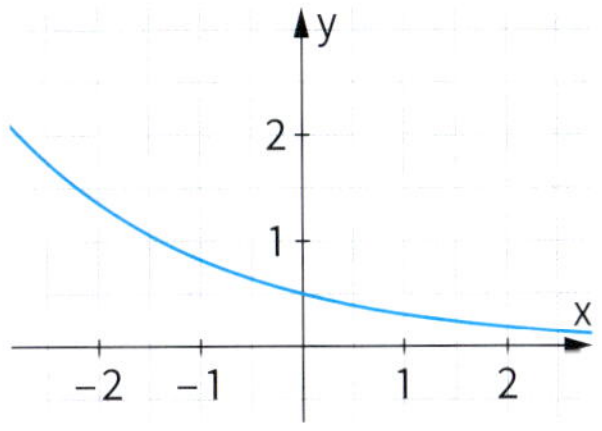

(1) Geben Sie an, welcher der drei Funktionsgraphen abgebildet ist, und begründen Sie, warum der abgebildete Graph nicht zu den anderen beiden Funktionen passt.

(2) Erläutern Sie die Bedeutung der beiden Terme

$\frac{h(1) - h(0)}{1}$ und $\lim\limits_{s \to 0} \frac{h(s) - h(0)}{s}$.

2 Gegeben ist die Funktion f mit $f(x) = (2 - x) \cdot e^x$.

(1) Untersuchen Sie die Funktion f auf ihr Verhalten für $x \to \infty$ und $x \to -\infty$.

(2) Zeigen Sie, dass die Funktion F mit $F(x) = (3 - x) \cdot e^x$ eine Stammfunktion von f ist, und berechnen Sie den Flächeninhalt der Fläche, die der Graph von f mit der x-Achse über dem Intervall $[0; 3]$ einschließt.

3 Gegeben ist die Funktionenschar f_a mit $f_a(x) = x^2 - 2a \cdot x$ und $a \in \mathbb{R}$.

(1) Bestimmen Sie die Nullstellen von f_a.

(2) Begründen Sie: Für den Flächeninhalt A_a der Fläche, die die Graphen von f_a jeweils mit der x-Achse einschließen, gilt $A_a = \left|\frac{4}{3}a^3\right|$. Bestimmen Sie alle Werte für den Parameter a, für die dieser Flächeninhalt 36 beträgt.

4 Gegeben sind die Punkte $A(2\,|\,1\,|\,3)$ und $B(3\,|\,2\,|\,2)$ sowie die Gerade g: $\vec{x} = \begin{pmatrix} 5 \\ 6 \\ 8 \end{pmatrix} + t \cdot \begin{pmatrix} 1 \\ 2 \\ 3 \end{pmatrix}$; $t \in \mathbb{R}$.

(1) Zeigen Sie, dass der Punkt B auf g liegt und der Vektor $\overrightarrow{AB}$ orthogonal zu g ist.

(2) Berechnen Sie den Abstand der Punkte A und B und erklären Sie, was dieser Wert mit der Geraden g zu tun hat.

5 Laut Statistischem Bundesamt sind ca. 60 % der Jugendlichen von 10 bis 15 Jahren in einem sozialen Netzwerk aktiv. In einer Klasse sind 22 Jugendliche dieser Altersgruppe.

(1) Geben Sie einen Term zur Berechnung der Wahrscheinlichkeit des Ereignisses „*Genau 10 dieser Jugendlichen sind in sozialen Netzwerken aktiv*“ an.

(2) Die Zufallsgröße X gibt an, wie viele der 22 Jugendlichen soziale Netzwerke nutzen. Eine der Abbildungen stellt die Wahrscheinlichkeitsverteilung von X dar. Geben Sie an, welche Abbildung dies ist. Begründen Sie, warum die anderen Abbildungen dies nicht sind.

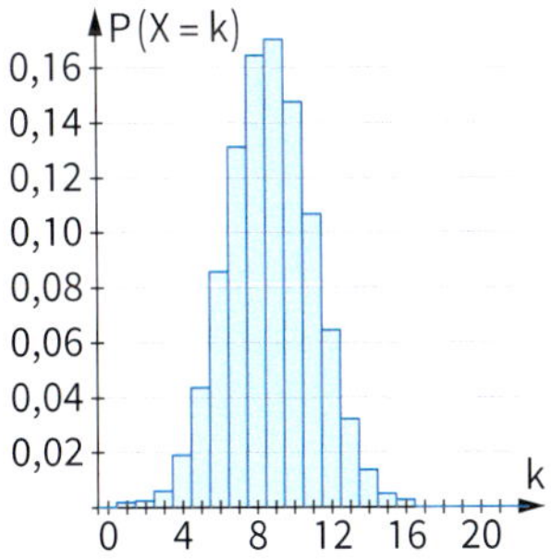

Abbildung 1

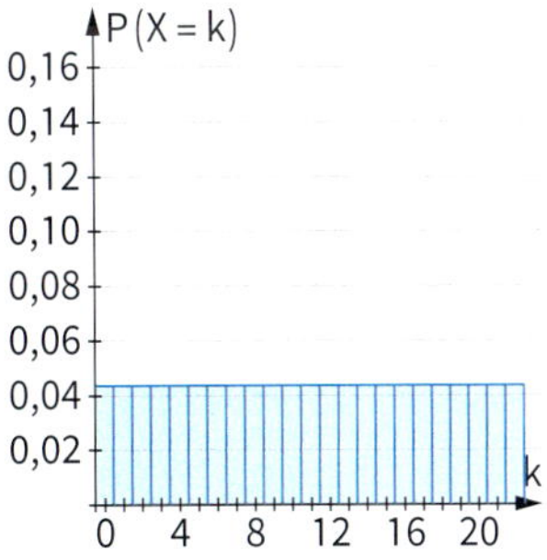

Abbildung 2

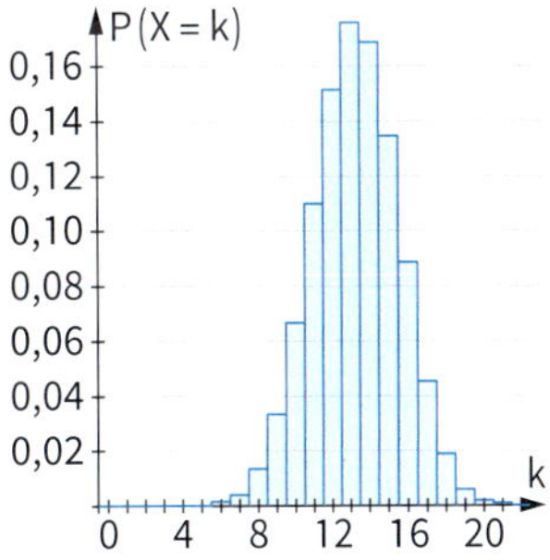

Abbildung 3

6 Alle drei Abbildungen zeigen dieselbe Dichtefunktion einer normalverteilten Zufallsgröße X.

(1) In Abbildung 2 ist die zum markierten Bereich gehörende Wahrscheinlichkeit angegeben. Geben Sie damit für Abbildung 1 und 3 die Wahrscheinlichkeiten an.

(2) Beschreiben Sie, wie sich der Graph der Dichtefunktion verändert, wenn

(i) der Erwartungswert μ sich verändert und die Standardabweichung σ gleich bleibt;

(ii) die Standardabweichung σ sich verändert und der Erwartungswert μ gleich bleibt.

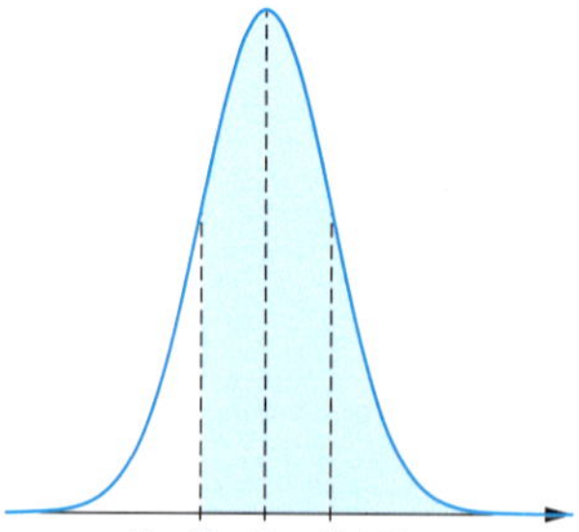

Abbildung 1

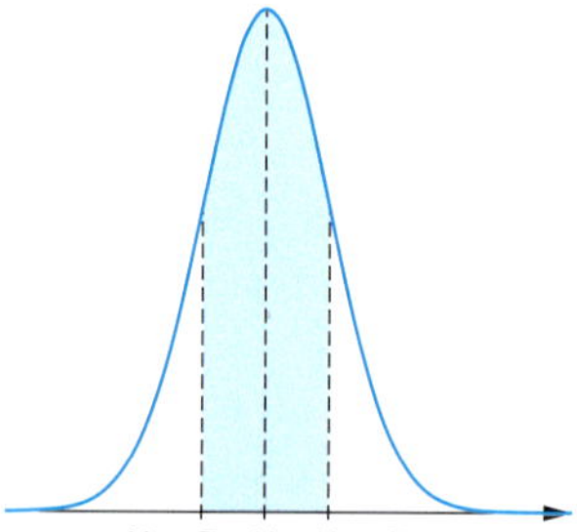

$P(\mu - \sigma \leq X \leq \mu + \sigma) \approx 0{,}68$

Abbildung 2

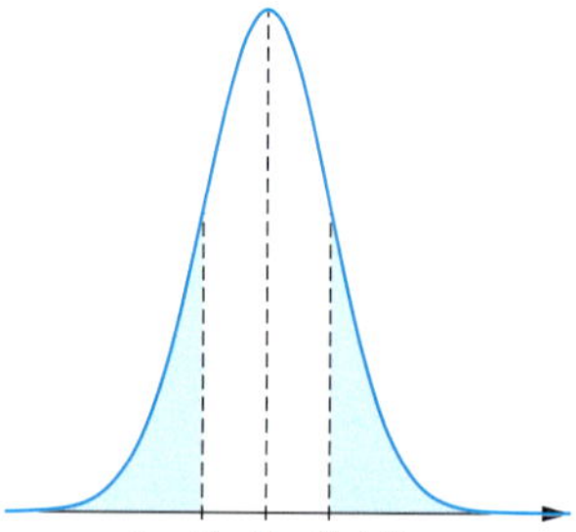

Abbildung 3

Teil B – Aufgaben mit Hilfsmitteln

7 *Methadon ist ein synthetisch hergestelltes Opioid, das in Deutschland hauptsächlich heroinabhängigen Patientinnen und Patienten im Rahmen einer Substitutionstherapie verschrieben wird. In letzter Zeit wird häufig auch über einen Einsatz in der Krebstherapie berichtet, in der das Mittel die Wirkung der Chemotherapie verstärken könnte. Hierzu sind jedoch noch klinische Studien erforderlich.*

Die Halbwertszeit für die Konzentration von Methadon im Blut einer Patientin bzw. eines Patienten beträgt ungefähr 24 Stunden. Sie kann aber individuell stark schwanken.

a) Für einen bestimmten Patienten beschreibt die Funktion f mit $f(t) = 10 \cdot e^{-0{,}029t}$ die Konzentration des Medikamentes im Blut nach intravenöser Verabreichung. Dabei wird t in Stunden ab der Injektion und f(t) in mg pro Liter angegeben.
Berechnen Sie die Halbwertszeit für diesen Patienten sowie den Zeitpunkt, zu dem die Konzentration nur noch 2 mg pro Liter beträgt.

b) 10 % der Patientinnen und Patienten sind sogenannte „fast metabolizer“, deren Körper bestimmte Substanzen schneller abbaut.
Einer solchen Patientin, bei der von einer Blutmenge von 5 Litern ausgegangen werden kann, werden 60 mg Methadon intravenös verabreicht.
Bestimmen Sie die Gleichung einer Funktion g mit $g(t) = a \cdot e^{-b \cdot t}$, die die Konzentration des Medikamentes im Blut beschreibt, wenn man von einer Halbwertszeit von 18 Stunden ausgehen kann.

Bei Verabreichung des Medikamentes in Tablettenform erhöht sich zunächst die Konzentration im Blut, bevor der Abbau einsetzt, weil der Übergang vom Verdauungstrakt in die Blutbahn schneller ist als der Abbau.
Ein solcher Verlauf kann für $t > 0$ durch eine Funktion h mit $h(t) = 8t \cdot e^{-0{,}6t}$ beschrieben werden. Dabei wird t in Stunden ab der Einnahme und h(t) in mg pro Liter angegeben.

c) Skizzieren Sie den Verlauf des Graphen der Funktion h für $0 \leq t \leq 10$ anhand einer Wertetabelle.

d) Berechnen Sie die maximale Konzentration des Medikamentes im Blut und den Zeitpunkt, zu dem diese vorhanden ist.
[Zur Kontrolle: $h''(t) = e - 0{,}6\,t \cdot (-9{,}6 + 2{,}88\,t)$]

e) Erläutern Sie die Bedeutung des Wendepunktes des Graphen der Funktion h im Sachzusammenhang.

f) Abgebildet ist der Graph der Ableitungsfunktion h'. Berechnen Sie den Wert des Integrals $\int_0^4 h'(t)\,dt$.
Drücken Sie diesen Wert unter Nutzung der Zeichnung mithilfe von Flächeninhalten aus und geben Sie seine Bedeutung in Bezug auf die Konzentration des Medikamentes im Blut an.

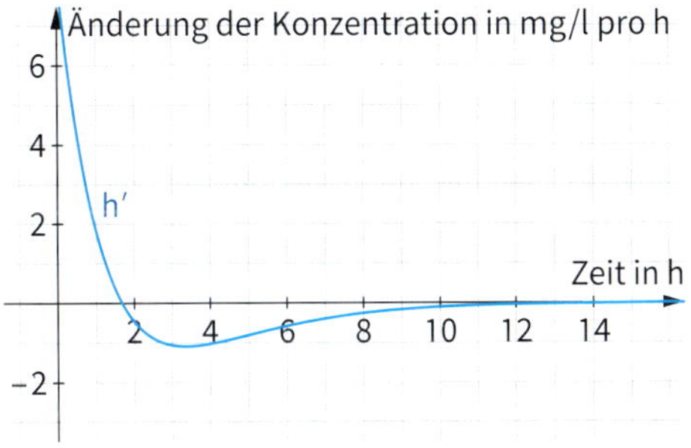

g) Ein Patient nimmt fünf Stunden nach der ersten Einnahme das Medikament in der gleichen Dosierung erneut ein. Es wird vereinfachend angenommen, dass sich dabei die Konzentrationen des Medikamentes im Blut addieren.
Skizzieren Sie den zeitlichen Verlauf der Konzentration im Blut dieses Patienten für $0 \le t \le 12$.
Man muss mit starken Nebenwirkungen rechnen, wenn die Konzentration des Medikamentes im Blut 6 mg pro Liter übersteigt.
Entscheiden Sie, ob der Patient gefährdet ist.

h) Für eine andere Therapie wird das Medikament in seiner Zusammensetzung verändert; seine Konzentration im Blut wird nun durch die Funktion k mit $k(t) = a \cdot t \cdot e^{-b \cdot t}$ mit $a > 0$ und $b > 0$ beschrieben. Dabei wird t in Stunden seit der Einnahme und $k(t)$ in mg pro Liter gemessen.
Bestimmen Sie die Parameter a und b so, dass die Konzentration drei Stunden nach der Einnahme mit 10 mg pro Liter ihren größten Wert erreicht.

8 In einem kartesischen Koordinatensystem sind die fünf Eckpunkte $O(0|0|0)$, $A(4|3|0)$ $B(0|3|-3)$, $C(-4|0|-3)$ und $F(-3|0|3)$ eines schiefen Prismas mit der viereckigen Grundfläche OABC gegeben.

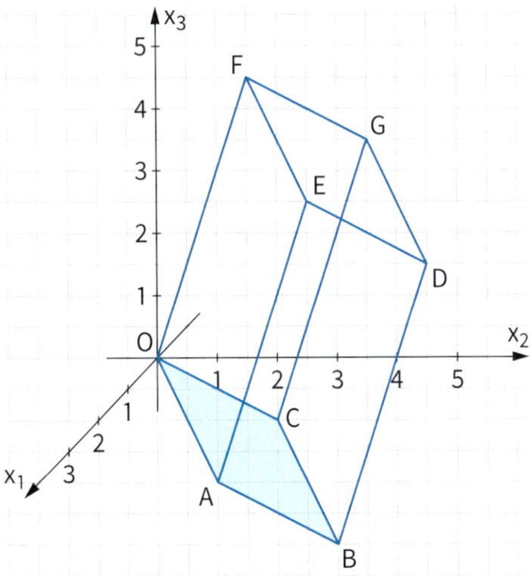

a) Geben Sie eine Parameterform der Geraden g an, die durch die Punkte O und F verläuft. Bestimmen Sie die Koordinaten der Punkte D, E und G.

b) Gegeben ist außerdem die Gerade h mit der Gleichung $\vec{x} = \begin{pmatrix} 3 \\ -8 \\ -5 \end{pmatrix} + t \cdot \begin{pmatrix} -3 \\ 4 \\ 4 \end{pmatrix}$; $t \in \mathbb{R}$.

(1) Zeigen Sie, dass der Punkt F auf der Geraden h liegt.

(2) Berechnen Sie die Koordinaten des Schnittpunktes S der Geraden h mit der Ebene E, in der die Grundfläche OABC des Prismas liegt. Berechnen Sie außerdem die Länge der Strecke $\overline{FS}$.

c) Zeigen Sie, dass das Viereck OABC eine Raute ist. Berechnen Sie die Innenwinkel dieser Raute.

d) Das Prisma soll durch eine Ebene in zwei volumengleiche Teile zerlegt werden. Geben Sie zu einer solchen Ebene eine Parameterdarstellung an.

e) Bestimmen Sie das Volumen des Prismas.

f) Auf die Raute DGFE des Prismas soll eine Pyramide mit dem Volumen 10 aufgesetzt werden. Der Schnittpunkt der Diagonalen der Raute ist M.
Der Verbindungsvektor $\overrightarrow{MS}$ des Punktes M mit der Pyramidenspitze S ist orthogonal zur Ebene, in der die Raute liegt.
Bestimmen Sie die Koordinaten von S.

9 *In vielen Großstädten nimmt die Zahl der Autos pro Haushalt ab, während die Nutzung gemeinschaftlicher Mobilitätsangebote zunimmt. Carsharing-Modelle ermöglichen es, Fahrzeuge nach Bedarf zu nutzen, ohne sie selbst besitzen zu müssen. Dabei fallen je nach Anbieter unterschiedliche Kostenmodelle an – etwa abhängig von Zeit, Strecke oder Tarifwahl. Viele Menschen verzichten inzwischen auf ein eigenes Auto und nutzen stattdessen Carsharing-Angebote.*

In einer Großstadt stellt ein Anbieter 300 Autos bereit.

a) Durchschnittlich wird jedes Auto an 80 % der Tage gebucht.

(1) Erklären Sie, welche Modellannahmen man treffen muss, um die Anzahl der Buchungen an einem Tag als binomialverteilt mit $p = 0{,}8$ anzunehmen.

(2) Die Anzahl der Buchungen an einem Tag wird als binomialverteilt mit $p = 0{,}8$ angenommen.
Bestimmen Sie für einen Tag die Wahrscheinlichkeit folgender Ereignisse:
E_1: *Mindestens 250 Autos werden gebucht*
E_2: *Es werden weniger als 230 Autos gebucht*

b) Der Anbieter hat zwei Fahrzeugtypen: Kleinwagen und Vans.
Diese Fahrzeuge werden insgesamt mit einer Wahrscheinlichkeit von 80 % gebucht, die Kleinwagen aber häufiger, nämlich mit einer Wahrscheinlichkeit von 85 %, die Vans nur mit 70 %.

(1) Tragen Sie die angegebenen Wahrscheinlichkeiten in das zugehörige Baumdiagramm ein.

(2) Bestimmen Sie die Wahrscheinlichkeit, dass es sich bei einem gebuchten Auto um einen Van handelt.

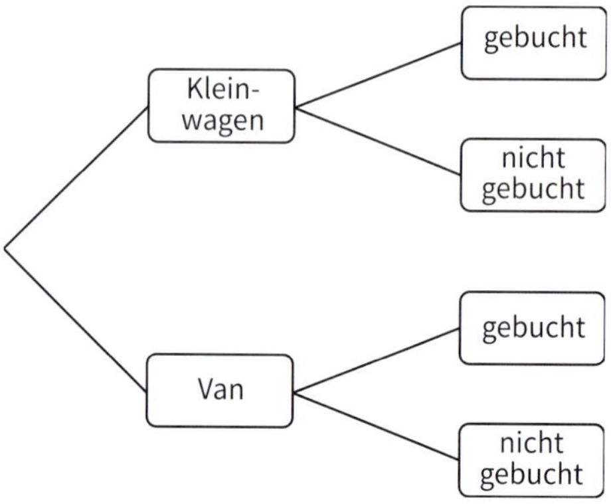

c) Nicht immer werden ausgeliehene Autos fristgerecht zurückgebracht.
Der Anbieter muss dann die Personen entschädigen, die ihr gebuchtes Auto am Tag der Buchung nicht vorfinden. Erfahrungsgemäß kommt das täglich bei 0,5 % der 240 gebuchten Autos vor.

(1) Ermitteln Sie die Wahrscheinlichkeit, dass an einem Tag mindestens ein solcher Fall eintritt.

(2) Laut Geschäftsbedingungen gilt:
„Wenn wir Ihnen das gebuchte Fahrzeug nicht zur Verfügung stellen können, erhalten Sie zur Entschädigung eine Gutschrift von 15 Euro."
Ermitteln Sie die in der Tabelle fehlenden Wahrscheinlichkeiten.

Anzahl k der gebuchten, nicht vorzufindenden Autos	1	2	3	4
$P(X = k)$	▪	▪	▪	▪
zu leistende Entschädigung in €	15	30	45	60

Für eine grobe Kalkulation werden nur die in der Tabelle aufgeführten Fälle betrachtet, weil es recht unwahrscheinlich ist, dass noch mehr gebuchte Autos fehlen.
Berechnen Sie, von welcher Entschädigungssumme dann taglich ausgegangen werden muss.

d) Die Geschäftsführung hat den Eindruck, dass in letzter Zeit die Zuverlässigkeit der Kundschaft nachgelassen hat. Um das zu überprüfen, will sie die Daten der folgenden 2 000 Buchungen auswerten.

(1) Bestimmen Sie unter der Annahme, dass weiterhin 0,5 % der gebuchten Autos nicht fristgerecht zurückgebracht werden, ein 95 %-Prognoseintervall für die Anzahl der nicht fristgerecht zurückgebrachten Autos.

(2) Es stellt sich heraus, dass tatsächlich 18 der 2000 Autos nicht fristgerecht zurückgebracht wurden.
Beurteilen Sie anhand des Konfidenzintervalls, ob man davon ausgehen kann, dass sich die Zuverlässigkeit der Kundschaft geändert hat.

Vorbereiten und Wiederholen

Viel neues Wissen ist dazugekommen.

Die 3-Minuten-Runden helfen dieses Wissen wachzuhalten.

Die Informationen zum Nachschlagen und die Aufgaben zum Wiederholen und Vorbereiten erleichtern den Einstieg in neue Themen.

Die Lösungen können zur selbstständigen Kontrolle der Rechnungen genutzt werden.

- **3-Minuten-Runden zum Wachhalten für den Unterricht**
- **Wissensspeicher: Informationen zum Nachschlagen**
- **Aufgaben zum Wiederholen und Vorbereiten auf ein neues Thema**
- **Symbole und Sprechweisen**
- **Lösungen zur Selbstkontrolle**

3-Minuten-Runden

1

$\frac{5}{12} + \frac{2}{3}$ $\frac{9}{7} - \frac{2}{3}$

$\frac{1}{4} + \frac{7}{6}$ $\frac{3}{5} - \frac{5}{3}$

2

$5{,}5 \cdot \frac{2}{7} + 5{,}5 \cdot \frac{5}{7}$

$6{,}7 - (3{,}5 - 16{,}8)$

$6{,}5 - \frac{9}{2} + 2\frac{1}{5} - 4{,}2$

3

Ausmultiplizieren

$(x+2)\cdot(x+3)$

$(x+1)\cdot(5x-4)$

$(x-1)\cdot(x^3+x^2+x+1)$

4

2^3 2^{-4}

$(-3)^{-1}$ $(-3)^4$

10^3 5^{-2}

5

Ausklammern
– so weit wie möglich

$24a^3b + 16ab^2$

$-5xy + 25x^2z + 10x$

6

2,5 kg = ■ mg

1,6 l = ■ cm³

20 kg = ■ t

10 a = ■ m²

7

75 % von 28

80 % von 32

20 % von 160

$33{,}\overline{3}$ % von 33

8

Maßstab?

Länge in der Zeichnung: 2 cm

Länge in der Wirklichkeit: 100 m

9

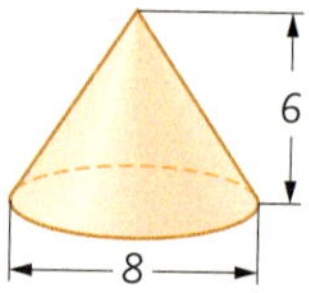

$V = ?$

$O = ?$

10

Arithmetisches Mittel und **Median** bestimmen

3; 7; 10; 100

11

Gleichung lösen

$x^2 = 3$ $x^3 = 0{,}027$

$4^x = \frac{1}{64}$ $x^{\frac{1}{2}} = 0{,}16$

12

$\frac{5}{16} \cdot \frac{4}{30}$ $\frac{5}{12} : \frac{2}{3}$

$\frac{6}{5} \cdot \frac{15}{4}$ $\frac{14}{3} : \frac{35}{9}$

13

Gleichung lösen

$x^2 - 3x = 0$

$x^2 - 49 = 0$

$3x^2 - 6x - 9 = 0$

14

Baum-diagramm für 2-mal Drehen

15

Preisvergleich

Pizza Ø 26 cm 15 €

Pizza Ø 32 cm 18 €

16

Scheitelpunkt gesucht

$f(x) = 2\cdot(x-3)^2 + 3$

$g(x) = x^2 - 4x + 8$

$h(x) = 3x^2 - 6x - 3$

17

35 von 140 sind ■ %.

320 sind 40 % von ■.

42 sind $\frac{3}{7}$ von ■.

18

Ein Würfel wird 2-mal geworfen.

Wie groß ist P(Mindestens eine 6)?

19

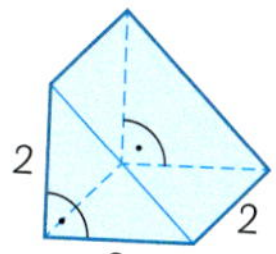

$V = ?$

20

Schnittpunkte gesucht

$f(x) = x^2 - 1$

$g(x) = x + 1$

21

Ist das Dreieck **rechtwinklig?**

Seitenlängen: $a = 9\,cm$; $b = 12\,cm$; $c = 15\,cm$

22

15 Fotos kosten im Ausdruck 3,75 €.

Wie viel kosten 3 Fotos bzw. 20 Fotos?

23

Lösung des **Gleichungssystems?**

$2x + 3y = 13$

$5x - 4y = -2$

24

$a^3 \cdot a^{-4}$ $\quad b^2 \cdot b^{x-2}$

$y^8 : y^4$ $\quad z^a : z^{2k}$

$(x^{1,5})^{-4}$ $\quad (p^{3x})^{2y}$

25

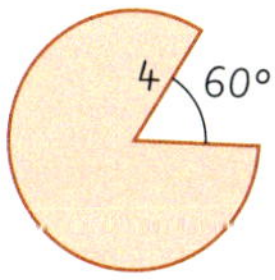

$A = ?$

26

Wahrscheinlichkeit bei einem Würfelwurf

- gerade Zahl
- Zahl größer als 5

27

Gleichung der Geraden durch die Punkte

$A(-4|3)$ und $B(-2|5)$

28

Wahr oder falsch?

Das Verhältnis der Kugeln in einer Urne mit 15 blauen und 35 roten Kugeln ist 3 : 7.

29

Abstand der Punkte

$A(0|0)$ und $B(4|3)$

$C(-1|4)$ und $D(5|9)$

30

Länge in der Zeichnung?

Länge in der Wirklichkeit: 50 m

Maßstab: 1 : 250

31

Koordinaten gesucht

ABCD ist eine Raute.

$A(1|2)$ $\quad B(5|1)$

$C(7|6)$ $\quad D(\square|\square)$

32

Wie viel Gramm Zucker sind das?

33

Vereinfachen

$(2x + y)^2 - (2x - y)^2$

$(x + 2y)^2 - 4xy$

$(x + y) \cdot (x - y) + x^2$

34

Mittlere Kosten?

11 €; 19 €; 32 €; 24 €; 18 €; 16 €

35

Berechnen

$\frac{1}{1 \cdot 2} + \frac{1}{2 \cdot 3} + \frac{1}{3 \cdot 4} + \frac{1}{4 \cdot 5}$

$\frac{1}{2} \cdot \frac{2}{3} \cdot \frac{3}{4} \cdot \frac{4}{5} \cdot \ldots \cdot \frac{9}{10}$

36

Funktionsgleichung gesucht

Eine Parabel hat die Nullstellen 1 und 4.

37

Aussage ergänzen

$g(x) = -2 \cdot f(x+4) - 3$

Der Graph von g entsteht aus dem Graphen von f durch ...

38

Globalverlauf untersuchen

$f(x) = -x^3 + x$

$g(x) = x^4 - x^2 - 24$

$h(x) = x^5 - x^3 + 6x$

39

Nullstellen mit **Vielfachheit**

$f_1(x) = x^2 - 25$

$f_2(x) = (x^2 - 9) \cdot (x + 9)$

$f_3(x) = x^3 - 4x^2 + 4x$

$f_4(x) = 3x^4 - 6x^2$

40

Ableitung bestimmen

$f_1(x) = x^3 + x^2 + x$

$f_2(x) = 2 \cdot (x^2 + 2)^2$

$f_3(x) = \frac{2x^5 - 4x^4 - 7}{2}$

$f_4(x) = a \cdot \left(x^3 + \frac{1}{2}x^2 + \sqrt{2}x\right)$

41

$f(x) = \frac{1}{3}x^3 - x$

- *Symmetrie?*
- *Nullstellen?*
- *Extrem- und Wendepunkte?*

42

Spiegelpunkt gesucht

Punkt	Spiegelung an
$A(2\mid-1\mid4)$	x_1x_2-Ebene
$B(9\mid3\mid2)$	x_2x_3-Ebene
$C(-3\mid6\mid5)$	x_1x_3-Ebene
$D(10\mid-4\mid8)$	Koordinatenursprung

43

Koordinaten gesucht

ABCD ist ein Quadrat.

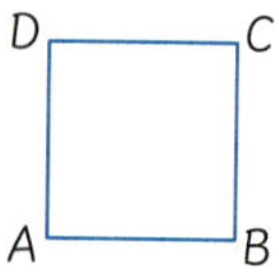

$A(1\mid2\mid0)$
$B(4\mid2\mid0)$
$C(4\mid2\mid3)$
$D(\ \mid\ \mid\ )$

44

$A(1\mid2\mid3);\ B(5\mid0\mid-4)$

Gesucht:

Drei **Parameterdarstellungen** *der Geraden g durch die Punkte A und B*

45

$g: \vec{x} = \begin{pmatrix} -2 \\ 3 \\ 0 \end{pmatrix} + t \cdot \begin{pmatrix} 6 \\ -4 \\ 7 \end{pmatrix};\ t \in \mathbb{R}$

Gesucht:

Gerade h, die **parallel** *zur Geraden g ist und den Punkt* **P(3|−4|5)** *enthält*

46

Schnittpunkt bestimmen

$g: \vec{x} = \begin{pmatrix} 3 \\ 4 \\ 2 \end{pmatrix} + t \cdot \begin{pmatrix} 3 \\ 4 \\ 2 \end{pmatrix};\ t \in \mathbb{R}$

$h: \vec{x} = \begin{pmatrix} 5 \\ -1 \\ 2 \end{pmatrix} + s \cdot \begin{pmatrix} -10 \\ 2 \\ -4 \end{pmatrix};\ s \in \mathbb{R}$

47

Gleichungssystem aufstellen

Eine ganzrationale Funktion 3. Grades ist punktsymmetrisch zum Koordinatenursprung und hat eine Extremstelle an der Stelle $x = 2$. Sein Graph verläuft durch den Punkt $P(3|3)$.

48

Gleichungssystem lösen

$$\left| \begin{array}{rrrl} 4x - & y + & 2z = & 11 \\ & -5y + & 0{,}5z = & 7 \\ & & 3z = & 12 \end{array} \right|$$

49

Funktion suchen

Gibt es eine ganzrationale Funktion 3. Grades, deren Graph den Tiefpunkt $T(-1|2)$ und den Hochpunkt $H(5|0)$ hat?

50

Ableitung bestimmen

$f_1(x) = 2x^{-1} - 3\sin(x)$

$f_2(x) = \frac{1}{2}x^4 + 4\cos(x)$

$f_3(x) = 6x^3 + \frac{5}{x} + \sqrt{x}$

$f_4(x) = x^3 - 2x^{-\frac{1}{2}} + x + 1$

51

Stammfunktion bestimmen

$f_1(x) = 4x^3 + 3x^2$

$f_2(x) = -\frac{3}{4}x^2 + 10x$

$f_3(x) = x^4 + \frac{3}{x^2} - 13$

$f_4(x) = \frac{\pi}{2} - 5\sin(x)$

52

Der Graph einer ganzrationalen Funktion f ist punktsymmetrisch zum Koordinatenursprung.

$\int_{-a}^{a} f(x)\,dx = ?$ $\int_{-a}^{a} f(x) + 1\,dx = ?$

53

$f(x) = -x^3 + x^2 + 2x$

Gesucht:

Flächeninhalt der Fläche zwischen dem Graphen von f und der x-Achse

54

$f(x) = x^3 + x^2 - x$; $g(x) = x^2$

Gesucht:

Flächeninhalt der Fläche zwischen den beiden Graphen

55

Die **Exponentialfunktion** *f* mit $\mathbf{f(t) = a \cdot b^t}$ verläuft durch die beiden Punkte P und Q.

- $P(0|1)$; $Q(2|8)$
- $P(1|2)$; $Q(4|16)$
- $P(-1|6)$; $Q(2|0{,}5)$

56

Ableitungen zuordnen

(1) $f(x) = e^{-3x}$	(A) $f'(x) = 3x^2$
(2) $f(x) = 3e^{-x}$	(B) $f'(x) = -3e^{-x}$
(3) $f(x) = -e^{3x}$	(C) $f'(x) = -3e^{-3x}$
(4) $f(x) = x^3$	(D) $f'(x) = -3e^{3x}$

57

Tangentengleichung begründen

Die Funktion f mit
$f(x) = (2 - 0{,}5x) \cdot e^x$
hat im Punkt $P(0 \mid f(0))$ eine Tangente mit der Gleichung $y = 1{,}5x + 2$.

58

Integral berechnen
– Ergebnis mithilfe von e schreiben

$\int_0^2 e^x + 2x\,dx$ $\int_{-3}^1 e^{x+1}\,dx$

59

Verdopplungzeit bestimmen

- $f(t) = 2e^{0{,}2t}$; t in Tagen
- $f(t) = 1{,}13^t$; t in Tagen
- Ein Anfangsbestand vermehrt sich stündlich um 0,4 %.

60

Halbwertszeit bestimmen

- $f(t) = e^{-0{,}05t}$; t in Stunden
- $f(t) = 8 \cdot 0{,}7^t$; t in Stunden
- Ein Anfangsbestand nimmt täglich um 4 % ab.

61

Graphen skizzieren
– nur mithilfe von Globalverlauf und Achsenschnittpunkten

- $f(x) = (x-1) \cdot e^x$
- $f(x) = (x+2) \cdot e^{-x}$

62

$f(x) = (x-2) \cdot e^{-x^2}$

- Symmetrie?
- Nullstellen?
- Extrem- und Wendepunkte?

63

$\begin{pmatrix} 4 \\ -2 \\ 1 \end{pmatrix} \circ \begin{pmatrix} 0 \\ 3 \\ 1 \end{pmatrix}$ $\begin{pmatrix} 9 \\ 8 \\ 7 \end{pmatrix} \circ \begin{pmatrix} -7 \\ 8 \\ 9 \end{pmatrix}$

$\begin{pmatrix} 2 \\ 0 \\ 3 \end{pmatrix} \circ \begin{pmatrix} 3 \\ 4 \\ -2 \end{pmatrix}$ $\begin{pmatrix} a \\ 2 \\ 1 \end{pmatrix} \circ \begin{pmatrix} 1 \\ 2 \\ -a \end{pmatrix}$

64

$A(5 \mid 3 \mid -4)$; $B(3 \mid -4 \mid 5)$; $C(1 \mid 1 \mid 1)$

- Ist das Dreieck ABC **rechtwinklig**?
- Ist das Dreieck ABC **gleichschenklig**?

65

$E: \vec{x} = \begin{pmatrix} 6 \\ 0 \\ -1 \end{pmatrix} + r \cdot \begin{pmatrix} 0 \\ 4 \\ 3 \end{pmatrix} + s \cdot \begin{pmatrix} 8 \\ 1 \\ 1 \end{pmatrix}$; $r, s \in \mathbb{R}$

Gesucht:
Zwei Geraden g und h, die in der Ebene E liegen

66

$E: 2x_1 - 3x_2 + x_3 = 4$

Gesucht:
Ebene F, die **parallel** zur Ebene E ist und durch den Punkt **$P(3 \mid 2 \mid -1)$** verläuft

67

Welcher Vektor ist **orthogonal** zu den Vektoren

$\vec{v} = \begin{pmatrix} 2 \\ 0 \\ 1 \end{pmatrix}$ und $\vec{w} = \begin{pmatrix} -1 \\ 4 \\ 6 \end{pmatrix}$?

68

E: $3x_1 - 2x_2 + x_3 = 7$

Gesucht:
Gerade g, die die Ebene E **orthogonal** im Punkt **S(0|0|7)** schneidet

69

Spurpunkte einer Ebene bestimmen

E_1: $x_1 - 2x_2 + 6x_3 = 18$

E_2: $x_1 + 2x_2 - x_3 = 6$

E_3: $x_1 + x_2 + x_3 = 0$

70

Lagebeziehung Gerade – Ebene

$g: \vec{x} = \begin{pmatrix} 4 \\ 0 \\ 3 \end{pmatrix} + t \cdot \begin{pmatrix} 2 \\ -1 \\ 1 \end{pmatrix}$; $t \in \mathbb{R}$

E: $x_1 + 2x_2 = 4$

71

Empirische Standardabweichung des Gewichts gesucht

Gewicht	18 g	19 g	20 g	21 g	22 g
Anzahl	1	3	3	2	1

72

2-mal **Ziehen ohne Zurücklegen**

P((blau | rot)) = ?

73

Vierfeldertafel vervollständigen

	B	$\overline{B}$	gesamt
A		0,30	
$\overline{A}$	0,24		
gesamt		0,70	

74

Term aufstellen

Ein Würfel wird 20-mal geworfen.

- Wahrscheinlichkeit für „Mindestens 3 Sechsen"
- Wahrscheinlichkeit für „Keine Sechs"

75

Die Zufallsgröße X ist **binomialverteilt** mit der Stufenzahl 100 und der Erfolgswahrscheinlichkeit 0,2.

- Erwartungswert von X?
- Standardabweichung von X?

76

Warten auf den Erfolg

Wie oft muss man mindestens würfeln, damit mit einer Wahrscheinlichkeit von mindestens 50 % mindestens eine Eins dabei ist?

77

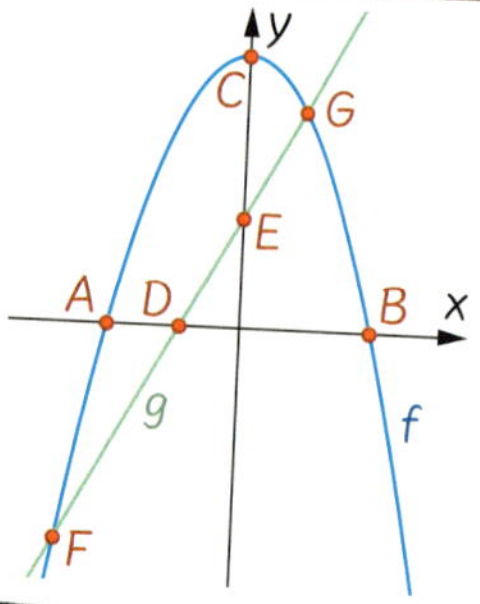

Koordinaten der Punkte?

$f(x) = 5 - x^2$

$g(x) = 2x + 2$

78

Tangentengleichung gesucht

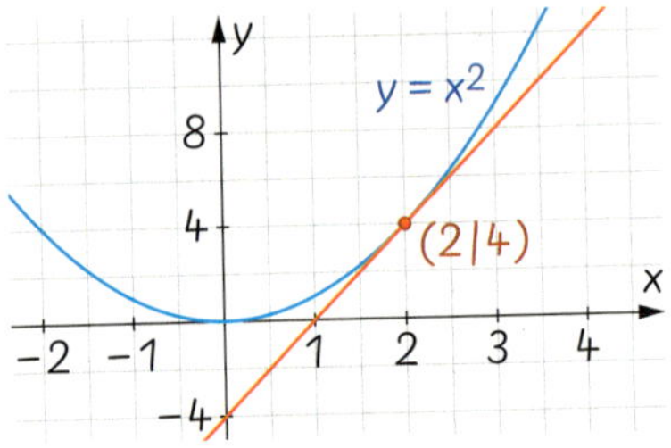

79

Hat der Graph von f **Extrempunkte** oder **Sattelpunkte**? – Begründen

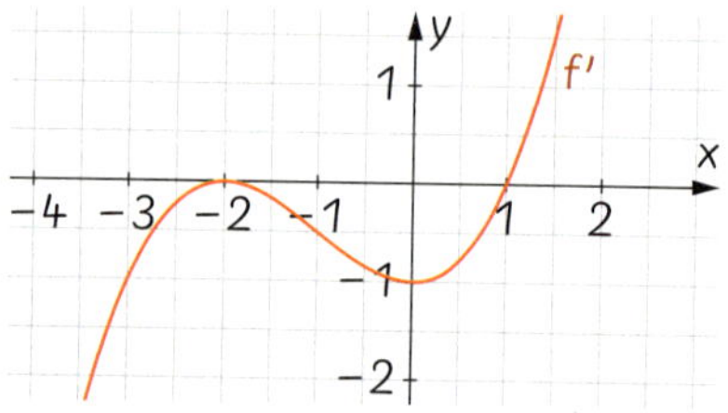

80

Funktion 3. Grades gesucht

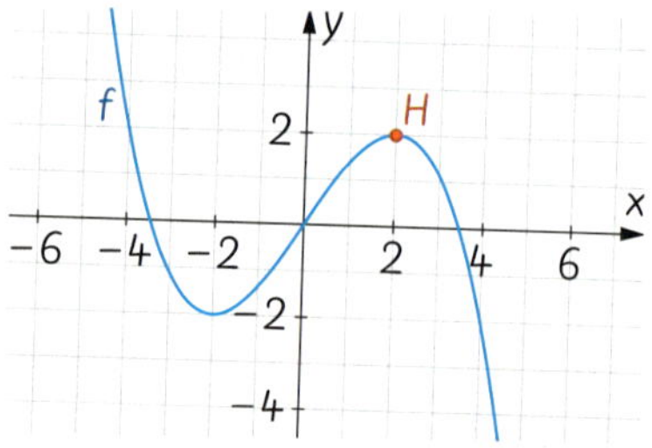

81

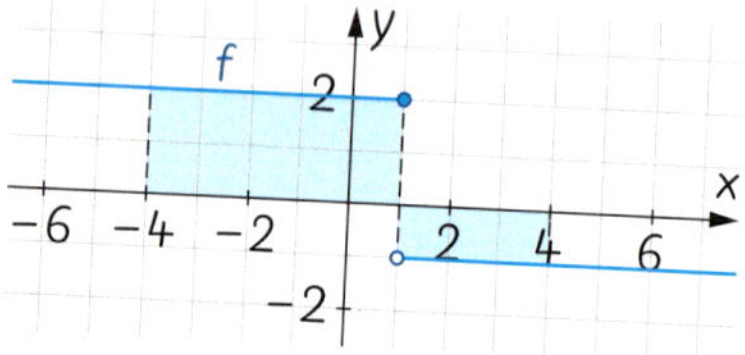

$A_{gefärbt} = ?$

$\int_{-4}^{4} f(x)\,dx = ?$

82

Integral mit Flächen ausdrücken

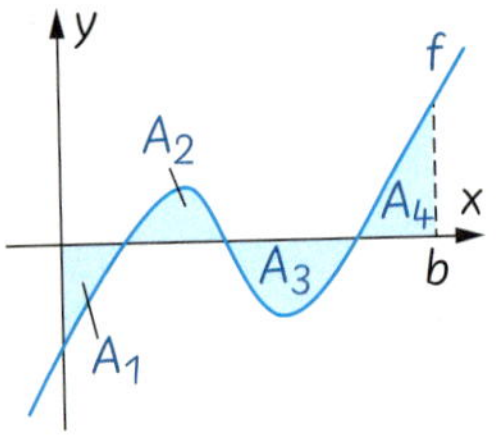

$\int_{0}^{b} f(x)\,dx = ?$

83

Graphen zuordnen

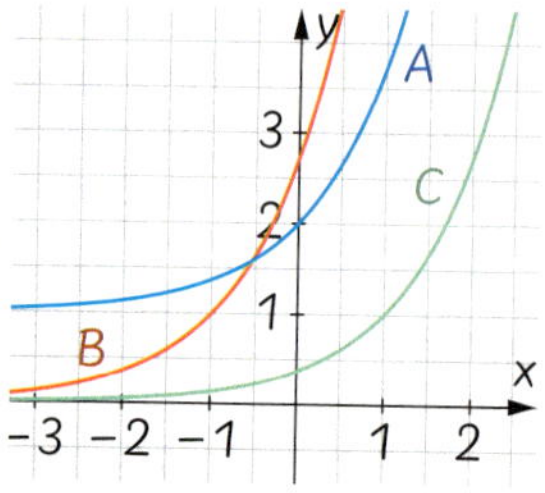

$f_1(x) = e^{x+1}$

$f_2(x) = e^{x-1}$

$f_3(x) = e^{x} + 1$

84

Ein **Erwärmungsprozess** wird durch die Funktion T mit $T(t) = 20 - 12 \cdot e^{-0{,}125\,t}$ beschrieben; t in Minuten, T(t) in °C.

- Welche Bedeutung haben die Zahlen 20; 12 und 0,125?
- Wie hoch war die Anfangstemperatur?
- Welche Temperatur wird langfristig erreicht?

Wahr oder falsch? 85

Gegeben ist die Ebene $E: x_3 = 5$.

- E verläuft durch den Koordinatenursprung.
- E hat nur einen Spurpunkt.
- E ist parallel zur x_3-Achse.
- E ist parallel zur x_1x_2-Ebene.
- $P(7|-4|5)$ liegt in E.

86

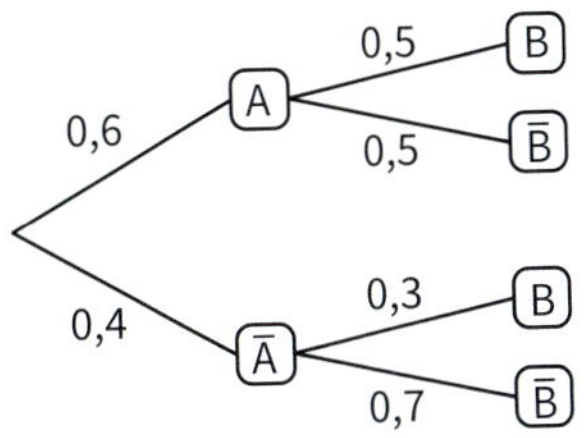

$P(B) = ?$ $P(A \cap B) = ?$ $P(\overline{A} \cap B) = ?$

87

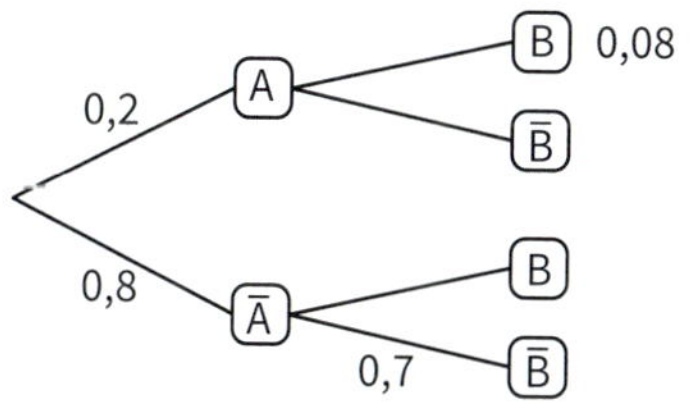

$P_A(B) = ?$ $P_B(A) = ?$

Umgekehrtes Baumdiagramm 88

gesucht

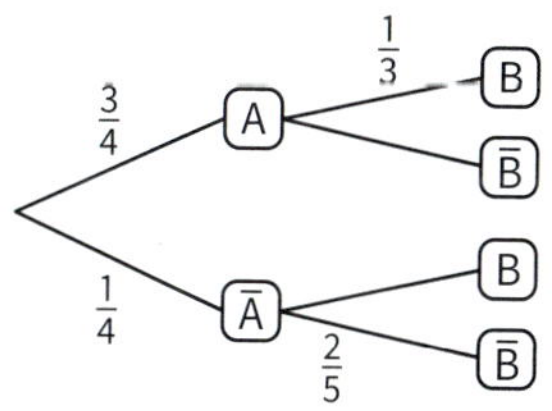

89

Sind die Ereignisse A und B **stochastisch unabhängig**?

	B	$\overline{B}$	gesamt
A	0,2	0,1	0,3
$\overline{A}$	0,4	0,3	0,7
gesamt	0,6	0,4	1

90

Ausdrücke im Sachkontext interpretieren

A: Die Person mag Katzen.

B: Die Person geht gern wandern.

$P(A \cap \overline{B})$ $P_A(\overline{B})$ $P(\overline{A} \cup B)$

$P_B(A)$ $P_{\overline{B}}(A)$ $P(A \setminus B)$

91

Ein Würfel wird 20-mal geworfen.

Welcher Term gibt die Wahrscheinlichkeit für „Genau 5-mal Augenzahl 2" an?

$\left(\frac{1}{6}\right)^5 \cdot \left(\frac{5}{6}\right)^{15}$ $\binom{20}{5} \cdot \left(\frac{1}{6}\right)^5 \cdot \left(\frac{5}{6}\right)^{15}$

Wahrscheinlichkeiten zuordnen 92

Ein Würfel wird 10-mal geworfen.

E_1: Genau 3-mal Sechs

E_2: Höchstens 4-mal Sechs

E_3: Nur Sechsen

$\left(\frac{1}{6}\right)^{10}$

$\binom{10}{3} \cdot \left(\frac{1}{6}\right)^3 \cdot \left(\frac{5}{6}\right)^7$

$\sum_{k=0}^{4} \binom{10}{k} \cdot \left(\frac{1}{6}\right)^k \cdot \left(\frac{5}{6}\right)^{10-k}$

WES-109471-901

Regeln und Rechengesetze

Zahlen runden

- *Ziffer nach Rundungsstelle 0, 1, 2, 3 oder 4:*
  abrunden: *Rundungsstelle bleibt gleich; Stellen rechts durch 0 ersetzen*
- *Ziffer nach Rundungsstelle 5, 6, 7, 8, oder 9:*
  aufrunden: *Rundungsstelle plus 1; Stellen rechts durch 0 ersetzen*

Vorrangregeln

- *Klammern zuerst*
  $47 - (22 + 15) = 47 - 37$
  $50 - [(20 - 5) + 15] = 50 - [15 + 15]$
- *Potenzrechnung vor Punktrechnung*
  $4 \cdot 7^2 = 4 \cdot 49$
- *Punktrechnung vor Strichrechnung*
  $72 - 8 \cdot 4 = 72 - 32$
  $23 + 16 : 2 = 23 + 8$
  $12 \cdot 3 - 35 : 7 = 36 - 5$

Kommutativgesetz

„Vertauschen ist erlaubt"

$a + b = b + a$ $\qquad a \cdot b = b \cdot a$

$59 + 27 = 27 + 59$ $\qquad 37 \cdot 2 = 2 \cdot 37$

Assoziativgesetz

„Die Reihenfolge ist egal"

$a + b + c = a + (b + c)$ $\qquad a \cdot b \cdot c = a \cdot (b \cdot c)$

$5 + 2 + 8 = 5 + (2 + 8)$ $\qquad 3 \cdot 4 \cdot 25 = 3 \cdot (4 \cdot 25)$

Distributivgesetz

$a \cdot (b + c) = a \cdot b + a \cdot c$

Ausmultiplizieren: $6 \cdot (12 + 9) = 6 \cdot 12 + 6 \cdot 9$

Jeden Summanden mit Vorfaktor multiplizieren

Ausklammern: $5 \cdot 7 + 5 \cdot 8 = 5 \cdot (7 + 8)$

Den Faktor, der in jedem Summanden vorkommt, als Vorfaktor vor die Klammer stellen

Rechnen mit der Null

- *Ist ein Faktor 0, so ist das Produkt 0.*
  $24 \cdot 0 = 0$ $\qquad 0 \cdot 7 = 0$
- *Durch 0 darf man nicht dividieren.*
  24 : 0 ist verboten!
  Denn $0 \cdot \square = 24$ *geht nicht.*

1 Runden

a) Auf Zehner: 348 −477 3452 502
b) Auf Hunderter: 220 −875 7840 17 814
c) Auf Tausender: 18 420 55 901 −865 733
d) Auf Millionen: 3 241 479 42 750 219
e) Auf zwei Stellen nach dem Komma:
23,4521 9,3468 0,7829 −2,2286 0,0465

2 Vorrangregeln beachten

Berechnen Sie ohne Rechner.

a) $(63 - 13) \cdot 5 - 3 \cdot 10$
b) $(88 - 42 - 36)^3 - 10 \cdot 2^3 \cdot 5^3$
c) $(20{,}5 - 5 \cdot 0{,}5 + 5 : 2{,}5 - 2^3) : 6$
d) $3128 - [128 - (52 - 2)] + 6 \cdot 5$
e) $(418 - 308) \cdot (47 - 73 + 23)$
f) $(16 + 84) : [155 - (41 + 109)]$

3 Vorteilhaft rechnen

Verwenden Sie die Rechengesetze.

a) $13 \cdot 73 + 27 \cdot 13$
b) $56 \cdot 211 - 111 \cdot 56$
c) $43 \cdot 28 - 43 \cdot 2 \cdot 9$
d) $67 - 4 \cdot 67 - 67 \cdot 7$
e) $55 : 7 + 85 : 7$
f) $17 : 3 + 5 : 3 - 19 : 3$
g) $6 : 11 + 16 : 11$
h) $888 : 8 - 777 : 7 + \pi$
i) $7{,}9 \cdot 11{,}3 - 11{,}3 \cdot 5{,}9$
j) $77 \cdot 30 - 33 \cdot 70$

4 Reihenfolge geschickt wählen

Rechnen Sie möglichst geschickt.

a) $756 - 60 + 4$
b) $36 - 9 + 19$
c) $88 - 9 + 99 - 8$
d) $2145 + 738 - 45 - 38$
e) $-328 + 101 + 228$
f) $136 + 83 + 490 + 407$
g) $-37 - 473 + 137 - 27$
h) $638 - 277 - 438 + 377$
i) $18{,}36 - 11{,}51 - 8{,}3 - 9{,}06 + 1{,}51$
j) $0{,}39 + 7{,}43 - 0{,}29 - 5{,}43 - 0{,}1$

5 Ausmultiplizieren

Multiplizieren Sie aus und berechnen Sie.

a) $21 \cdot \left(\frac{5}{7} + \frac{4}{3}\right)$
b) $12 \cdot \left(\frac{5}{4} + \frac{1}{6}\right)$
c) $\frac{4}{3} \cdot \left(\frac{3}{8} - \frac{9}{2}\right)$
d) $11 \cdot \left(\frac{2}{22} + \frac{2}{33}\right)$
e) $9 \cdot \left(\frac{8}{9} - \frac{1}{90}\right)$
f) $\frac{33}{31} \cdot \left(\frac{31}{11} + \frac{31}{3}\right)$

6 0 und 1

Berechnen Sie die Terme.

a) $(234{,}7 - 11{,}9 \cdot 17{,}04 + 0{,}36) \cdot (19{,}7 - 9{,}7 - 10)$
b) $(5 \cdot 17 + 4 \cdot 17 - 17 \cdot 9) \cdot (15^6 - 91^4 + 3\pi)$
c) $\frac{41 + 3^4 - 20}{21 + 9^2} \cdot \sqrt{7}$
d) $2345 \cdot \frac{13^2 - 9}{160} + 5432 \cdot \frac{50}{7^2 + 1}$
e) $\frac{7^4 - \sqrt{2} + 5}{9\pi + 4\pi} \cdot \frac{26\pi - 13\pi}{5 - \sqrt{2} + 49^2}$

Brüche

Bruchbegriffe

Brüche geben Anteile von Ganzen an.

$\frac{7}{12}$ — **Zähler:** Gibt an, wie viele Teile man nimmt
— **Bruchstrich**
— **Nenner:** Gibt an, wie man die Teile nennt

„sieben Zwölftel"

Bei einem **unechten Bruch** ist der Zähler größer als der Nenner. Unechte Brüche kann man in der **gemischten Schreibweise** angeben.

$\frac{14}{3} = 4 + \frac{2}{3} = 4\frac{2}{3}$

3 passt 4-mal in 14, übrig bleiben $\frac{2}{3}$

Erweitern und Kürzen

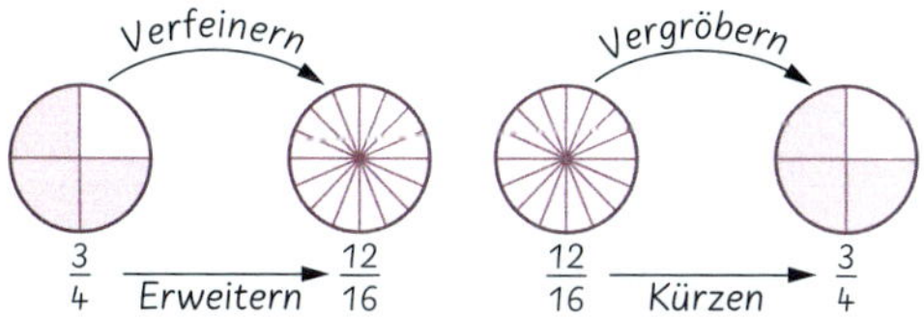

$\frac{3}{4} \overset{\cdot 4}{=} \frac{12}{16}$ $\qquad$ $\frac{12}{16} \overset{:4}{=} \frac{3}{4}$

Der Wert des Bruchs bleibt gleich.

Brüche addieren und subtrahieren

- Falls nötig, auf den gleichen Nenner bringen
- Zähler addieren/subtrahieren
- Nenner beibehalten

$\frac{1}{4} + \frac{2}{5} = \frac{5}{20} + \frac{8}{20} = \frac{5+8}{20} = \frac{13}{20}$

$\frac{5}{6} - \frac{3}{4} = \frac{10}{12} - \frac{9}{12} = \frac{10-9}{12} = \frac{1}{12}$

Brüche multiplizieren

„Zähler mal Zähler, Nenner mal Nenner"

Frühzeitig kürzen: $\frac{9}{14} \cdot \frac{8}{21} = \frac{\cancel{9}^{3} \cdot \cancel{8}^{4}}{\cancel{14}_{7} \cdot \cancel{21}_{7}} = \frac{12}{49}$

Durch einen Bruch dividieren

- Mit dem **Kehrbruch** multiplizieren

$\frac{2}{5} : \frac{3}{4} = \frac{2}{5} \cdot \frac{4}{3} = \frac{2 \cdot 4}{5 \cdot 3} = \frac{8}{15}$

Brüche und Prozente

Prozente sind Brüche mit dem Nenner 100.

$\frac{1}{100} = 1\,\%$ $\qquad$ $\frac{100}{100} = 1 = 100\,\%$

$\frac{4}{5} = \frac{80}{100} = 80\,\%$

WES-109471-902

1 Anteil angeben

a) b) c) d) e) f)

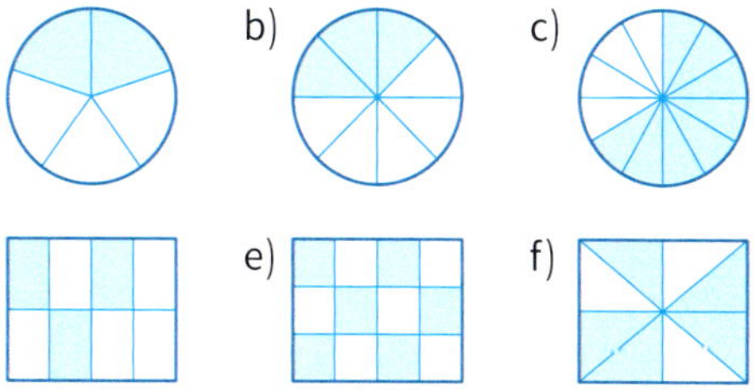

2 Gemischte Schreibweise

Schreiben Sie in der gemischten Schreibweise.

a) $\frac{8}{7}$ b) $\frac{11}{3}$ c) $\frac{18}{11}$ d) $\frac{20}{17}$

3 Unechter Bruch

Schreiben Sie als unechten Bruch.

a) $2\frac{3}{7}$ b) $4\frac{1}{6}$ c) $5\frac{1}{9}$ d) $3\frac{3}{11}$

4 Erweitern

a) $\frac{1}{3} = \frac{\square}{9}$ b) $\frac{5}{6} = \frac{\square}{36}$ c) $\frac{7}{9} = \frac{\square}{27}$

d) $\frac{4}{5} = \frac{44}{\square}$ e) $\frac{9}{11} = \frac{81}{\square}$ f) $\frac{6}{7} = \frac{36}{\square}$

5 Kürzen

Kürzen Sie den Bruch vollständig.

a) $\frac{3}{9}$ b) $\frac{14}{21}$ c) $\frac{25}{15}$ d) $\frac{77}{88}$

e) $\frac{20}{220}$ f) $\frac{75}{125}$ g) $\frac{76}{190}$ h) $\frac{91}{1001}$

6 Brüche vergleichen

Untersuchen Sie, welcher Bruch größer ist.

a) $\frac{7}{6}$; $\frac{6}{7}$ b) $\frac{4}{5}$; $\frac{3}{4}$ c) $\frac{9}{14}$; $\frac{5}{7}$

d) $\frac{4}{6}$; $\frac{5}{10}$ e) $\frac{19}{10}$; $\frac{41}{30}$ f) $\frac{8}{15}$; $\frac{11}{20}$

7 Brüche addieren und subtrahieren

a) $\frac{2}{3} + \frac{3}{4}$ b) $\frac{4}{9} + \frac{8}{3}$ c) $\frac{2}{7} + \frac{2}{5}$

d) $\frac{5}{6} - \frac{1}{3}$ e) $\frac{11}{9} - \frac{7}{8}$ f) $\frac{3}{49} - \frac{5}{70}$

8 Brüche multiplizieren und dividieren

Kürzen Sie frühzeitig, falls möglich.

a) $\frac{3}{4} \cdot \frac{2}{6}$ b) $\frac{7}{5} \cdot \frac{10}{9}$ c) $\frac{9}{11} \cdot \frac{33}{12}$

d) $\frac{5}{7} : \frac{3}{7}$ e) $\frac{67}{100} : \frac{67}{25}$ f) $\frac{13}{15} : \frac{26}{30}$

9 Vom Bruch zur Prozentzahl

Schreiben Sie als Prozent.

a) $\frac{1}{2}$ b) $\frac{4}{5}$ c) $\frac{3}{2}$ d) $\frac{9}{25}$

10 Von der Prozentzahl zum Bruch

Schreiben Sie als vollständig gekürzten Bruch.

a) 2 % b) 15 % c) 130 % d) 19 %

WES-109471-903

Prozentrechnung

Prozentrechnung

*Der **Prozentsatz p %** gibt den Anteil des **Prozentwertes W** am **Grundwert G** an.*

Prozentsatz berechnen:

$p\,\% = \frac{G}{W}$

Wie viel Prozent sind 150 € von 750 €?

$p\,\% = \frac{150\,€}{750\,€} = 0{,}2 = 20\,\%$

Prozentwert berechnen:

$W = G \cdot \frac{p}{100}$

Berechnen Sie 40 % von 300 €.

$W = 300\,€ \cdot \frac{40}{100} = 300\,€ \cdot 0{,}4 = 120\,€$

Grundwert berechnen:

$G = W \cdot \frac{100}{p}$

Berechnen Sie den Grundwert, wenn 70 % des Grundwertes 980 € sind.

$G = 980\,€ \cdot \frac{100}{70} = 980\,€ : 0{,}7 = 1400\,€$

Prozentuale Zunahme und Abnahme

*Grundwert **um p % erhöhen**:*

*Prozentwert zu **(100 + p) %** berechnen*

$W = G \cdot \left(1 + \frac{p}{100}\right)$

*Grundwert **um p % vermindern**:*

*Prozentwert zu **(100 − p) %** berechnen*

$W = G \cdot \left(1 - \frac{p}{100}\right)$

1 Prozentsatz berechnen

a) 25 kg von 80 kg Getreide
b) 4 Liter von 16 Liter Öl
c) 9 Stunden von 24 Stunden
d) 12 m^3 von 1300 m^3 Sand

2 Prozentwert berechnen

a) 30 % von 80 Pkw
b) 25 % von 8 kg
c) 75 % von 9,6 kW
d) 85 % von 2300 kcal

3 Grundwert berechnen

a) 25 % sind 4 cm^2
b) 9,5 % sind 8 min
c) 60 % sind 630 km
d) 21 % sind 4912 €

4 Vermischte Aufgaben

Geben Sie zunächst an, welche der Größen G, W oder p % gesucht wird.

a) Jakob möchte sich ein Smartphone für 880 € kaufen und hat bereits 75 % gespart.
b) Bei einer Qualitätskontrolle waren 76 Bauteile defekt, was 1,8 % der Tagesproduktion ausmacht.
c) Nach einer Veranstaltung wurden 312 Personen von den ingesamt 2200 Teilnehmerinnen und Teilnehmern befragt.

5 Zunahme und Abnahme

a) Eine Insektenpopulation bestand aus 800 Insekten. Nach einem Jahr lag die Anzahl um 14 % höher. Berechnen Sie die neue Anzahl der Insekten.
b) Familie Noormann konnte ihren jährlichen Stromverbrauch von 3400 kWh um 3 % senken. Berechnen Sie den neuen jährlichen Stromverbrauch.

WES-109471-904

Reelle Zahlen

Reelle Zahlen

*Die Menge der **reellen Zahlen** ℝ umfasst die Menge der natürlichen Zahlen ℕ, der ganzen Zahlen ℤ, der rationalen Zahlen ℚ und der irrationalen Zahlen.*

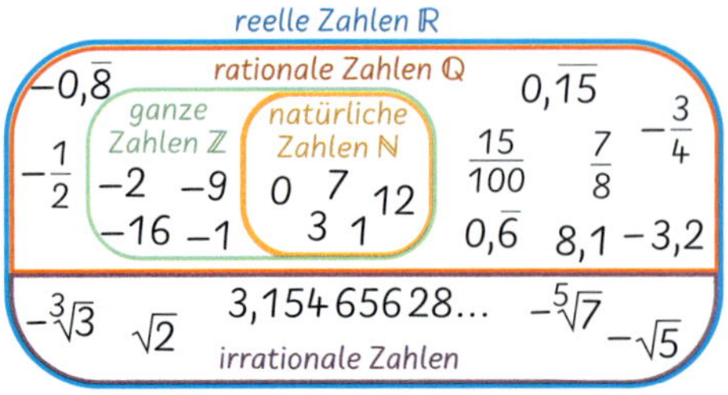

Jeder Punkt auf der Zahlengeraden entspricht einer reellen Zahl und umgekehrt.

1 Rational oder irrational?

a) 3,214
b) $\sqrt{16}$
c) $-\frac{7}{8}$
d) $-\sqrt{5}$
e) $3{,}\overline{6}$
f) 2,101001…
g) $\sqrt{0{,}04}$
h) $2 \cdot \pi$
i) $\frac{\pi}{\pi}$

2 Zahlen auf der Zahlengeraden

a) Berechnen Sie die Länge der Diagonalen in einem Quadrat mit der Kantenlänge 2.
b) Zeichnen Sie eine Zahlengerade und tragen Sie auf der Zahlengeraden den Punkt ein, der der reellen Zahl $\sqrt{8}$ entspricht.
Nutzen Sie für die Konstruktion Ihr Ergebnis aus Teilaufgabe a).

Potenzen

WES-109471-905

Potenzen

Für reelle Zahlen a und natürliche Zahlen n definiert man:

$a^0 = 1 \qquad a^1 = a$

$a^n = \underbrace{a \cdot a \cdot a \cdot \ldots \cdot a}_{n \text{ Faktoren } a}$

a^n — Exponent: n, Basis: a

Ist $a \neq 0$, so definiert man: $a^{-n} = \frac{1}{a^n}$

n-te Wurzel

Die **n-te Wurzel** einer reellen Zahl $a > 0$ ist diejenige nichtnegative Zahl, die mit n potenziert die Zahl a ergibt.

Schreibweise: $\sqrt[n]{a}$

$\sqrt[n]{a}$ — Wurzelexponent: n, Radikand: a

n-te Wurzel ziehen: $a \rightarrow \sqrt[n]{a}$; hoch n: $\sqrt[n]{a} \rightarrow a$

hoch n: $a \rightarrow a^n$; n-te Wurzel ziehen: $a^n \rightarrow a$

Potenzen mit rationalen Exponenten

Für reelle Zahlen $a > 0$, natürliche Zahlen $n \geq 2$ und ganze Zahlen m definiert man:

$a^{\frac{1}{n}} = \sqrt[n]{a} \qquad 64^{\frac{1}{3}} = \sqrt[3]{64} = 4$

$a^{\frac{m}{n}} = \sqrt[n]{a^m} \qquad 4^{-\frac{2}{3}} = 4^{\frac{-2}{3}} = \sqrt[3]{4^{-2}} = \sqrt[3]{\frac{1}{4^2}}$

Potenzgesetze

Potenzen mit gleicher Basis

$a^m \cdot a^n = a^{m+n} \qquad \frac{a^m}{a^n} = a^{m-n}$ für $a \neq 0$

Potenzen mit gleichen Exponenten

$a^m \cdot b^m = (a \cdot b)^m \qquad \frac{a^m}{b^m} = \left(\frac{a}{b}\right)^m$ für $b \neq 0$

Potenzieren einer Potenz

$(a^m)^n = a^{m \cdot n}$

Schreibweise mit abgetrennter Zehnerpotenz

- Große Zahlen schreibt man häufig als Produkt einer Zehnerpotenz und einer Zahl zwischen 1 und 10.
  $31\,000\,000 = 3{,}1 \cdot 10\,000\,000 = 3{,}1 \cdot 10^7$
- Kleine positive Zahlen schreibt man häufig als Produkt einer Zehnerpotenz mit negativem Exponenten und einer Zahl zwischen 1 und 10.
  $0{,}0045 = 4{,}5 \cdot 0{,}001 = 4{,}5 \cdot 10^{-3}$

1 Potenzen berechnen

a) $5^2 \quad 5^0 \quad 5^{-1} \quad 5^{-2} \quad 5^{-3}$
b) $10^6 \quad 10^4 \quad 10^0 \quad 10^{-3} \quad 10^{-4}$
c) $\left(\frac{1}{5}\right)^2 \quad \left(\frac{1}{5}\right)^{-2} \quad \left(\frac{1}{5}\right)^3 \quad \left(\frac{1}{5}\right)^{-3} \quad \left(\frac{1}{5}\right)^{-1}$
d) $(-2)^3 \quad (-2)^2 \quad (-2)^{-1} \quad (-2)^{-4} \quad (-2)^0$

2 Vorzeichen bei Potenzen

Berechnen Sie die Potenzen und erklären Sie, worauf man bei den Vorzeichen achten muss.

$-3^2 \qquad (-3)^4 \qquad (-3)^3 \qquad -3^3$

3 Potenzgesetze für die Multiplikation

Wenden Sie die Potenzgesetze für die Multiplikation an. Achten Sie auf einschränkende Bedingungen für die Basis.

a) $a^4 \cdot a^5$ b) $x^{-4} \cdot x^3$ c) $b^5 \cdot b^{-6}$
d) $a^3 \cdot b^2 \cdot a^4$ e) $z^{-2} \cdot z^3 \cdot z$ f) $y^{\frac{1}{3}} \cdot y^6$
g) $x^{\frac{3}{4}} \cdot x^{\frac{1}{2}}$ h) $a^{\frac{1}{3}} \cdot a^{\frac{2}{3}} \cdot a^{-1}$ i) $z^{3n} \cdot z^{-3}$
j) $z^{x+y} \cdot z^{x-y}$ k) $(2x)^3 \cdot \left(\frac{1}{2}x\right)^3$ l) $(x^3 \cdot z^4)^2$
m) $(4a)^2$ n) $(10xz)^3$ o) $(3xy^2z)^3$
p) $(a+b)^3 \cdot (a+b)^4$ q) $(z-x)^{10} \cdot (x-z)^5$

4 Potenzgesetze für die Division

Wenden Sie die Potenzgesetze für die Division an. Achten Sie auf einschränkende Bedingungen für die Basis.

a) $\frac{u^5}{u^3}$ b) $\frac{x^{-2}}{x^{-3}}$ c) $\frac{b^6}{b^7}$
d) $\frac{a^3 b^2 c^4}{a^4 b^2 c^3}$ e) $\frac{(x-6)^5}{(x-6)^4}$ f) $x^{\frac{2}{3}} : x^{\frac{1}{4}}$

5 Distributivgesetz

Vereinfachen Sie so weit wie möglich.

a) $a \cdot (a^5 - 3)$ b) $u^3 v^2 \cdot \left(u v^{\frac{1}{3}} + v^{\frac{1}{2}}\right)$
c) $\frac{ab - 3b}{b}$ d) $(x^6 y^5 - 2xy^2) : xy^2$

6 Potenzen und Wurzel

Vereinfachen Sie so weit wie möglich.

a) $\sqrt[4]{a^8}$ b) $b^{\frac{4}{5}} \cdot b^{-\frac{5}{3}}$ c) $\sqrt{y^3} \cdot \sqrt[4]{y^2}$
d) $\sqrt[10]{a^6} : \sqrt[6]{a^{10}}$ e) $x^{\frac{4}{5}} : x^{\frac{1}{5}}$ f) $\sqrt{z^5} : \sqrt[5]{z}$

7 Zehnerpotenzen abtrennen

a) 13 000 b) 26 000 000 c) 3 400 000
d) 0,000 81 e) 0,000 026 f) 0,000 042 78

8 Ohne Zehnerpotenzen schreiben

a) $3{,}6 \cdot 10^3$ b) $4{,}9 \cdot 10^5$ c) $1{,}942 \cdot 10^6$
d) $6{,}4 \cdot 10^{-3}$ e) $1{,}21 \cdot 10^{-5}$ f) $-5{,}08 \cdot 10^{-6}$

WES-109471-906

Terme mit Variablen

Terme addieren und subtrahieren

$7a + 2a + 4b = 9a + 4b$

$8x^2y + 3y - x^2y = 7x^2y + 3y$

Nur gleichartige Terme können beim Addieren bzw. Subtrahieren zusammengefasst werden.

Terme multiplizieren

$5a \cdot 2ab = 5 \cdot 2 \cdot a \cdot a \cdot b = 10a^2b$

$4y \cdot (-3xy) = 4 \cdot (-3) \cdot x \cdot y \cdot y = -12xy^2$

In Produkten darf man die Faktoren beliebig vertauschen, klammern und mit Potenzschreibweise vereinfachen.

Klammer auflösen bei Addition/Subtraktion

„Plusklammer": *Klammer weglassen*

$a + (b + c) = a + b + c \qquad a + (b - c) = a + b - c$

„Minusklammer": *Rechenzeichen in der Klammer umkehren und Klammer weglassen*

$a - (b + c) = a - b - c \qquad a - (b - c) = a - b + c$

Ausmultiplizieren

„Produkt in Summe umwandeln"

$-4x \cdot (2y + 3x) = -8xy - 12x^2$

Ausklammern/Faktorisieren

„Summe in Produkt umwandeln"

$8xy + 4x^2z = 4x \cdot 2y + 4x \cdot xz$

$= 4x \cdot (2y + xz)$

In jedem Summanden kommt der gleiche Faktor vor. Der Faktor kann dann ausgeklammert werden.

Produkt aus zwei Klammern

$(a + b) \cdot (c + d) = a \cdot c + a \cdot d + b \cdot c + b \cdot d$

Binomische Formeln

1. binom. Formel $(a + b)^2 = a^2 + 2ab + b^2$

2. binom. Formel $(a - b)^2 = a^2 - 2ab + b^2$

3. binom. Formel $(a + b) \cdot (a - b) = a^2 - b^2$

z. B.: $(2x + 3)^2 = (2x)^2 + 2 \cdot 2x \cdot 3 + 3^2$

$= 4x^2 + 12x + 9$

$(2x + 3y) \cdot (2x - 3y) = (2x)^2 - (3y)^2$

$= 4x^2 - 9y^2$

1 Terme vereinfachen

Fassen Sie so weit wie möglich zusammen.

a) $6xy - (2x - 3xy) + 3 \cdot 4x - 2xy$
b) $-(x^4 + 5 \cdot x) - (2x + 3x \cdot x) - 4x^4$
c) $(ab - b \cdot 5) + (6b \cdot 4 - 3 \cdot a \cdot b) - a \cdot 2 \cdot b$
d) $x - 2x \cdot z - zx + (xy - xz) - x$

2 Ausmultiplizieren

a) $3a \cdot (4 - 2b)$
b) $6x \cdot (3y - 4)$
c) $(-2a) \cdot (4b - 6a)$
d) $(-xy) \cdot (5y^2 - 2x^3)$

3 Ausklammern

Klammern Sie so weit wie möglich aus.

a) $4a^2b - 8ab^5$
b) $x^2y^2z^2 + 4xy^2z^3$
c) $-6ab + 5a^2b^2c$
d) $(5ab)^3 - a^4b^6$

4 Produkt aus zwei Klammern

Multiplizieren Sie aus und fassen Sie so weit wie möglich zusammen.

a) $(x - 2) \cdot (x - 4)$
b) $(a - 1) \cdot (3a + 2)$
c) $(a^2 - 4a) \cdot (4a + a)$
d) $(9 - x) \cdot (5x - 4)$

5 Binomische Formeln anwenden

a) $(a + 1)^2$
b) $(x - 2y)^2$
c) $(4x - 4y)^2$
d) $(9 - 5a)^2$
e) $(3a + b)^2$
f) $(x^2 - 2y)^2$
g) $(3 - y) \cdot (3 + y)$
h) $(4x + y) \cdot (4x - y)$
i) $(3a + 4b) \cdot (3a - 4b)$
j) $(x^4 + y^2) \cdot (x^4 - y^2)$

6 Als Produkt schreiben

Formen Sie den Term in ein Produkt um.

a) $a^2 + 4b + 4$
b) $a^2 - 12b + 36$
c) $x^2 - 8xy + 16y^2$
d) $25x^2 + 10x + 1$
e) $a^2 - b^2$
f) $4x^2 - 25y^2$
g) $100x^2 - 1$
h) $81a^2 - 49b^2$

7 Quotienten vereinfachen

Vereinfachen Sie den Quotienten mithilfe der binomischen Formeln.

a) $\frac{(x+1)^2 - 1}{x}$
b) $\frac{(x-y)^2 - y^2}{x}$
c) $\frac{(3x+h)^2 - (3x)^2}{h}$
d) $\frac{(x^3+h)^2 - x^6}{h}$

8 Vermischte Aufgaben

Vereinfachen Sie so weit wie möglich.

a) $(a - 1)^2 + (a + 2)^2 - a \cdot (2a + 1)$
b) $(2x - y)^2 - (x + y)^2 - 2x \cdot (y + 3)$
c) $(x + y) \cdot (x - y) - x \cdot (x + y) - y \cdot (x - y)$
d) $(-3) \cdot (a - b) \cdot (a + b) - (3a + b) \cdot (3a - b)$
e) $3 \cdot (2x + y) \cdot (2x - y) - 2 \cdot (x + 3y) \cdot (x - 3y)$

Gleichungen mit einer Variablen

WES-109471-907

Variable und Gleichung

__Variablen__ sind Platzhalter für unbekannte Zahlen. Mit ihnen stellt man __Gleichungen__ auf.

$3x = x + 4$ $\quad -4a + 5 = -3 \cdot (a - 5)$

Lösung und Lösungsmenge

Eine Zahl heißt __Lösung__ einer Gleichung, wenn beim Einsetzen dieser Zahl eine wahre Aussage entsteht. Alle Lösungen einer Gleichung ergeben die __Lösungsmenge__.

$2x = 8$ $\quad L = \{4\}$
$x \cdot x = x + 6$ $\quad L = \{-2; 3\}$
$x = x + 2$ $\quad L = \{\ \}$ *leere Menge*
$2x = x + x$ $\quad L = \mathbb{R}$

Äquivalenzumformungen

- *Auf beiden Seiten einer Gleichung denselben Term addieren oder subtrahieren*
- *Beide Seiten mit derselben Zahl (außer 0) multiplizieren oder durch dieselbe Zahl (außer 0) dividieren*

Strategie zum Lösen einer Gleichung

Zusammenfassen – Sortieren – Isolieren

Zusammenfassen: $2x + 5 + x - 4 = 7x + 9$
$3x + 1 = 7x + 9$ $\quad | -1$
$3x = 7x + 8$ $\quad | -7x$
$-4x = 8$ $\quad | :(-4)$
$x = -2$

Probe: $2 \cdot (-2) + 5 + (-2) - 4 \overset{?}{=} 7 \cdot (-2) + 9$
$-5 = -5$ *wahr*

$L = \{-2\}$

Strategie beim Modellieren

Eine 10 cm lange Holzleiste soll in vier gleich lange Stücke zersägt werden. Für die Schnittbreite nimmt man 2 mm an.

(1) *Sachsituation vereinfachen:*

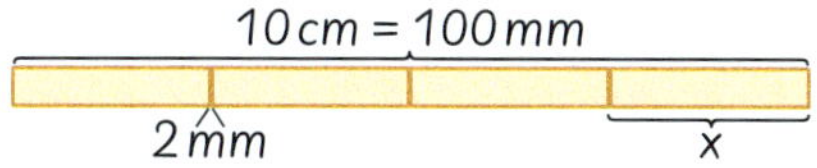

(2) *Länge eines Stückes in mm: x*
$4 \cdot x + 2 \cdot 3 = 100$

(3) $4x = 94$; *also* $x = 23{,}5$ $\quad L = \{23{,}5\}$

(4) *Probe am Sachverhalt:*
$4 \cdot 23{,}5\,\text{mm} + 3 \cdot 2\,\text{mm} = 100\,\text{mm} = 10\,\text{cm}$

(5) *Die Stücke sind jeweils 23,5 mm lang.*

1 Gleichungen lösen

Lösen Sie die Gleichung und führen Sie die Probe durch.

a) $4x + 7 = 27$ b) $-8x - 26 = 5x$
c) $10 - 3x = 3x - 50$ d) $-3x + 1 = 3x - 16$
e) $x - 3 = 3 - x$ f) $\frac{1}{7}x + \frac{3}{4} = -\frac{2}{7}x - \frac{1}{4}$

2 Gleichungen ohne Klammern

a) $3a - 4 - 6a = -5$ b) $8 - b + 4b = 5 + b$
c) $9 + 2x + 5x = 2x - 4$ d) $\frac{2}{3}x - \frac{1}{4} + \frac{4}{6}x = -x$

3 Gleichungen mit Klammern

a) $13 = 5 \cdot (a - 1)$
b) $7 \cdot (2x + 1) = 3 \cdot (5x - 2)$
c) $6a \cdot (11 - a) = (a - 3)^2$
d) $(y + 4) \cdot (y - 4) = (y + 3) \cdot y$

4 Lösungsmenge bestimmen

a) $12x + 8 = 6 \cdot (3 + 2x)$
b) $x \cdot (5 - x) = 3x - 25 + 2x$
c) $3x \cdot (4 + 5x) = 6 \cdot (2x + 2{,}5x^2)$

5 Gleichungen angeben

Geben Sie zu jeder Teilaufgabe von Aufgabe 4 mindestens eine weitere Gleichung mit der gleichen Anzahl an Lösungen an. Erläutern Sie Ihr Vorgehen.

6 Zahlenrätsel

a) Das Fünffache einer Zahl vermindert um 8 ist dasselbe wie das Vierfache der Zahl.
b) Subtrahiert man 4 von einer Zahl und multipliziert das Ergebnis mit –5, so ergibt sich dasselbe, wie wenn man zum Sechsfachen dieser Zahl 9 addiert.
c) Das Quadrat einer Zahl vermindert um 5 ist gleich 20.

7 Kantenmodell

Aus einem 5 m langen Metalldraht soll das Kantenmodell eines Quaders gebaut werden. Die mittlere Kante soll dabei doppelt so lang wie kürzeste Kante und halb so lang wie die längste Kante sein. Berechnen Sie die Seitenlängen des Kantenmodells.

8 Seltsame Gleichungen

Geben Sie die Lösungsmenge an.

a) $2x + 3x = 2x \cdot 3x$ b) $2x - x = x + x$
c) $5x : 4x = x \cdot x$ d) $x : 5 = 5 : x$

WES-109471-908

Lineare Funktionen

Lineare Funktion

Eine Funktion mit der Funktionsgleichung $y = m \cdot x + b$ *heißt lineare Funktion.*
Der Graph einer linearen Funktion ist eine ***Gerade****. Sie hat die* ***Steigung*** *m und verläuft durch den Punkt* $P(0|b)$.

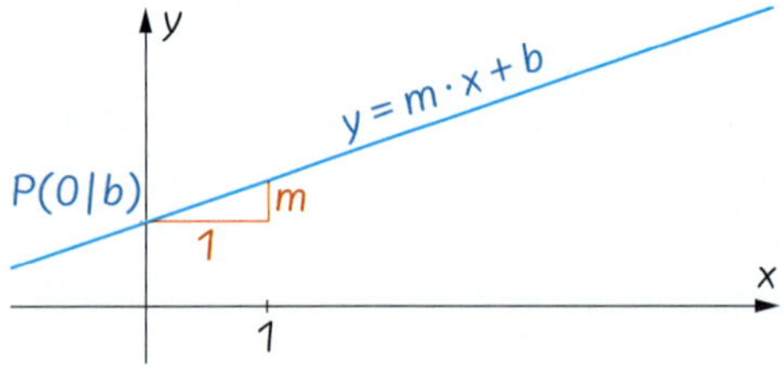

Graphen einer linearen Funktion zeichnen

m > 0

$f(x) = 2x - 1$

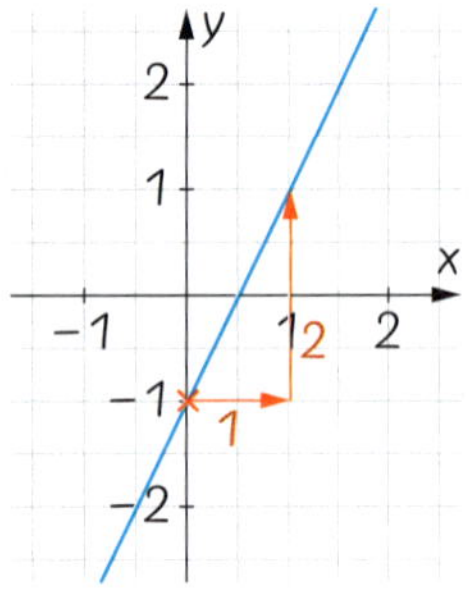

„Punkt (0|−1) markieren, dann 1 nach rechts und 2 nach oben"

m < 0

$f(x) = -2x + 3$

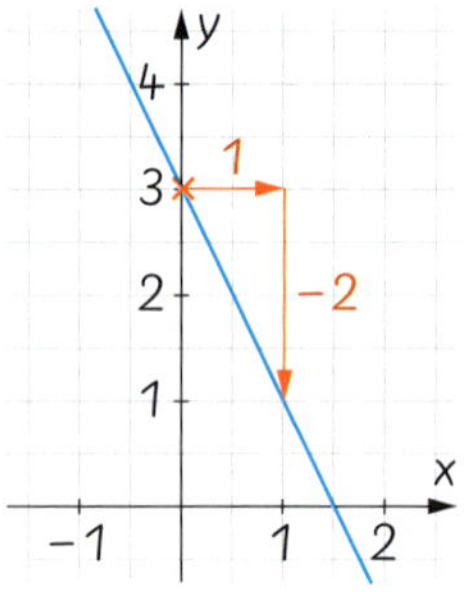

„Punkt (0|3) markieren, dann 1 nach rechts und 2 nach unten"

Lineare Funktionen bestimmen

Punkt und Steigung gegeben

Gerade durch P(3|−4) mit Steigung −3:

(1) $y = (-3) \cdot x + b$

(2) *Koordinaten von P einsetzen:*
$-4 = (-3) \cdot 3 + b$; *also* $b = 5$

(3) $y = -3x + 5$

Zwei Punkte gegeben

Gerade durch P(3|−4) und Q(−1|8):

(1) $m = \frac{8-(-4)}{-1-3} = \frac{12}{-4} = -3$;
also $y = (-3) \cdot x + b$

(2) *Koordinaten von P oder Q einsetzen:*
$-4 = (-3) \cdot 3 + b$; *also* $b = 5$

(3) $y = -3x + 5$

1 Parameter ablesen

Lesen Sie aus der Abbildung m und b ab und geben Sie die Funktionsgleichung an.

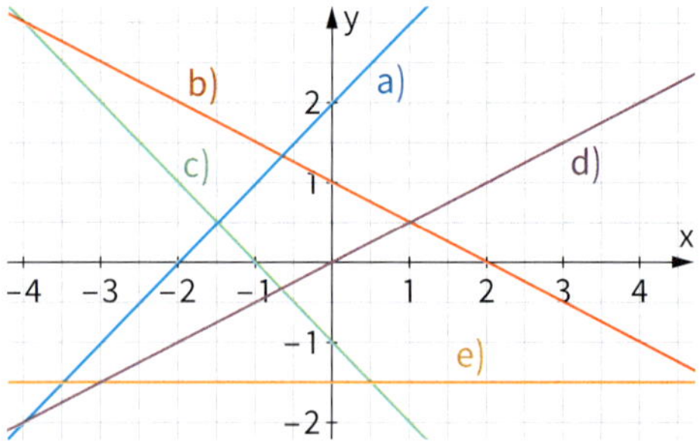

2 Gerade zeichnen

Zeichen Sie die Gerade durch den Punkt P mit der Steigung m.

a) $P(3|4)$; $m = 1$
b) $P(0|2)$; $m = 2$
c) $P(-1|-2)$; $m = -0{,}5$
d) $P(1|2)$; $m = -0{,}6$

3 Gerade durch Punkt P mit Steigung m

Die Gerade hat die Steigung m und verläuft durch den Punkt P. Bestimmen Sie rechnerisch die Gleichung der Geraden.

a) $P(6|8)$; $m = 7$
b) $P(-1|-6)$; $m = 0{,}2$
c) $P(0|8)$; $m = -3$
d) $P(5|8)$; $m = -4$

4 Gerade durch zwei Punkte

Bestimmen Sie rechnerisch die Gleichung der Geraden durch die Punkte P und Q.

a) $P(3|5)$; $Q(6|10)$
b) $P(-4|-5)$; $Q(2|-8)$
c) $P(-3|0)$; $Q(0|5)$

5 Punkte auf einer Geraden

Prüfen Sie rechnerisch, ob die Punkte A, B und C auf einer Geraden liegen.

a) $A(1|8)$; $B(-1|-2)$; $C(2|13)$
b) $A(3|5)$; $B(2|2)$; $C(0|6)$
c) $A(4|-3)$; $B(1|0)$; $C(-1|2)$

6 Schnittpunkte mit den Koordinatenachsen

Eine Gerade verläuft durch den Punkt $P(-2|5)$ und den Punkt $Q(7|9)$.

a) Berechnen Sie die Steigung der Geraden.
b) Bestimmen Sie die Funktionsgleichung der zugehörigen linearen Funktion.
c) Berechnen Sie die Koordinaten der Schnittpunkte der Geraden mit den Koordinatenachsen.

Lineare Gleichungssysteme

WES-109471-909

Lineares Gleichungssystem

$$\left| \begin{array}{l} -x + 2y = 8 \\ 5x - 4y = -22 \end{array} \right|$$

Eine Lösung eines Systems aus zwei linearen Gleichungen mit zwei Variablen ist ein ***Zahlenpaar (x | y)****, das beide Gleichungen erfüllt.*

Mit Einsetzungsverfahren lösen

(1) *Eine der beiden Gleichungen nach einer Variablen auflösen:*
$-x + 2y = 8$; *also* $x = 2y - 8$

(2) *Den Term in die andere Gleichung einsetzen und die Gleichung lösen:*
$5 \cdot (2y - 8) - 4y = -22$; *also* $y = 3$

(3) *Die Zahl in den Term aus (1) einsetzen:*
$x = 2 \cdot 3 \quad 8 = -2$

(4) *Lösungsmenge angeben:* $L = \{(-2 \mid 3)\}$

Mit Additionsverfahren lösen

(1) *Gleichungen erzeugen, bei denen die Koeffizienten zu einer Variablen Gegenzahlen sind:*

$$\left| \begin{array}{l} -x + 2y = 8 \\ 5x - 4y = -22 \end{array} \right| \cdot 5$$

$$\left| \begin{array}{l} -5x + 10y = 40 \\ 5x - 4y = -22 \end{array} \right|$$

(2) *Beide Gleichungen addieren und die so erhaltene Gleichung lösen:*

$$\left| \begin{array}{l} -5x + 10y = 40 \\ 5x - 4y = -22 \end{array} \right| \; \oplus$$

$$6y = 18$$
$$y = 3$$

(3) *Die Zahl in eine der beiden ursprünglichen Gleichungen einsetzen:*
$-x = 2 \cdot 3 = 8$; *also* $x = -2$

(4) *Lösungsmenge angeben:* $L = \{(-2 \mid 3)\}$

Sonderfälle bei der Lösungsmenge

Keine Lösung

$$\left| \begin{array}{l} -x + 2y = 8 \\ x - 2y = 5 \end{array} \right| \; \oplus$$

$0 = 13$ *falsche Aussage*

$L = \{ \; \}$ *leere Menge*

Unendlich viele Lösungen

$$\left| \begin{array}{l} -x + 2y = 8 \\ x - 2y = -8 \end{array} \right| \; \oplus$$

$0 = 0$ *wahre Aussage*

$L = \{(x \mid y) \mid x = 2y - 8\}$

1 Einsetzungsverfahren

a) $\left| \begin{array}{l} x - y = 1 \\ x + 2y = 16 \end{array} \right|$ b) $\left| \begin{array}{l} 2x + 3y = 5 \\ 3x + 2y = 5 \end{array} \right|$

c) $\left| \begin{array}{l} -x + y = 2 \\ 2x + y = 8 \end{array} \right|$ d) $\left| \begin{array}{l} 0{,}5x - y = -4 \\ 2x - y = 14 \end{array} \right|$

2 Gleichsetzungsverfahren

Lösen Sie das lineare Gleichungssystem, indem Sie zunächst die beiden Terme auf der rechten Seite der Gleichungen gleichsetzen.

a) $\left| \begin{array}{l} y = 2x - 4 \\ y = x - 2 \end{array} \right|$ b) $\left| \begin{array}{l} y = -x - 3 \\ y = 7x + 1 \end{array} \right|$

c) $\left| \begin{array}{l} y = -0{,}6x \\ y = -0{,}3x + 1 \end{array} \right|$ d) $\left| \begin{array}{l} y = 12x + 11 \\ y = 11x + 12 \end{array} \right|$

3 Schnittpunkt zweier Geraden

Berechnen Sie den Schnittpunkt der Geraden mit den angegebenen Gleichungen.

a) $y = 9x - 4$ und $y = -x + 9$
b) $y = 0{,}2x - 0{,}3$ und $y = -0{,}5x + 0{,}1$
c) $y = 2x$ und $y = -2x$

4 Parallele Geraden

a) Begründen Sie ohne zu rechnen, dass die Geraden zu $y = 0{,}8x - 4$ und $y = 0{,}8x + 3$ keinen Schnittpunkt haben.
b) Geben Sie die Gleichungen zweier weiterer Geraden an, die sich nicht schneiden.

5 Additionsverfahren

a) $\left| \begin{array}{l} 6x - 2y = 5 \\ -6x - y = 4 \end{array} \right|$ b) $\left| \begin{array}{l} x + 2y = 6 \\ -3x - y = 4 \end{array} \right|$

c) $\left| \begin{array}{l} 6x - y = 13 \\ 3x + y = 5 \end{array} \right|$ d) $\left| \begin{array}{l} 5x + 4y = 1 \\ -2{,}5x - 2y = 2 \end{array} \right|$

6 Leere Menge

a) Begründen Sie ohne zu rechnen, dass die Gleichungssysteme keine Lösung haben.

(1) $\left| \begin{array}{l} 6x - 2y = 7 \\ 6x - 2y = 8 \end{array} \right|$ (2) $\left| \begin{array}{l} x + 2y = 5 \\ 2x + 4y = 1 \end{array} \right|$

b) Geben Sie zwei weitere lineare Gleichungssysteme an, deren Lösungsmenge leer ist.

7 Lösungsmenge angeben

a) $\left| \begin{array}{l} 8x - 6y = 10 \\ -4x + 3y = -5 \end{array} \right|$ b) $\left| \begin{array}{l} 7x - 8y = 9 \\ 70x - 80y = 91 \end{array} \right|$

c) $\left| \begin{array}{l} 3x - 3y = 3 \\ 5x - 4y = 5 \end{array} \right|$ d) $\left| \begin{array}{l} 0{,}4x + 0{,}4y = 0{,}16 \\ 0{,}2x + 0{,}2y = 0{,}07 \end{array} \right|$

8 Tierisches

Auf einer Wiese sind Hühner und Ziegen. Emilia zählt 8 Köpfe und 22 Beine. Wie viele Tiere jeder Sorte sind auf der Wiese?

WES-109471-910

Quadratische Funktionen

Quadratische Funktion

Eine Funktion f mit der Funktionsgleichung $\boldsymbol{f(x) = ax^2 + bx + c}$ *und* $a \neq 0$ *heißt* ***quadratische Funktion****. Der Graph einer quadratischen Funktion heißt* ***Parabel****.*

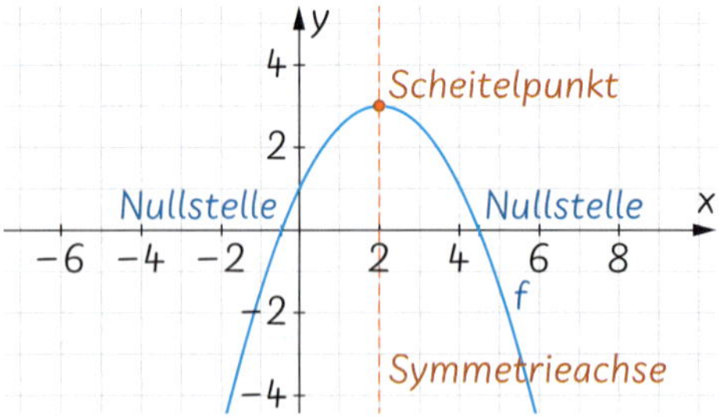

Die Darstellungsform $f(x) = ax^2 + bx + c$ *nennt man* ***allgemeine Form****.*

Weitere Darstellungsformen

Scheitelpunktform $\boldsymbol{f(x) = a \cdot (x - d)^2 + e}$

Der Scheitelpunkt der Parabel ist $\boldsymbol{S(d\,|\,e)}$*.*

$f(x) = 0{,}5 \cdot (x - 3)^2 - 2$

$\quad = 0{,}5 \cdot (x - 3)^2 + (-2) \qquad S(3\,|\,-2)$

Der Graph entsteht aus der Normalparabel durch Strecken mit dem Faktor 0,5 in y-Richtung, dann Verschieben um 3 Einheiten nach rechts und um 2 Einheiten nach unten.

Faktorisierte Form/Linearfaktorform

$\boldsymbol{f(x) = a \cdot (x - x_1) \cdot (x - x_2)}$

Die Nullstellen der Funktion sind x_1 *und* x_2*.*

$f(x) = -3 \cdot (x + 1) \cdot (x - 2)$

$\quad = -3 \cdot (x - (-1)) \cdot (x - 2)$

Nullstellen von f: −1 und 2

Scheitelpunkt bestimmen

$f(x) = x^2 + 8x + 5 \qquad \left(\frac{8}{2}\right)^2 = 16$

$\quad = \underbrace{x^2 + 2 \cdot 4x + 16} - 16 + 5$

$\quad = \quad (x + 4)^2 \quad - 16 + 5$

$\quad = \quad (x + 4)^2 \quad - 11$

$S(-4\,|\,-11)$

Streckfaktor bestimmen

Parabel mit Scheitelpunkt $S(3\,|\,-2)$ *durch den Punkt* $P(4\,|\,-1{,}5)$*:*

(1) $f(x) = a \cdot (x - 3)^2 - 2$

(2) *Koordinaten von P einsetzen:*

$-1{,}5 = a \cdot (4 - 3)^2 - 2;$ *also* $a = 0{,}5$

1 Parabel zeichnen

Zeichnen Sie die zugehörige Parabel.

a) $f(x) = x^2 - 4$
b) $f(x) = (x + 1)^2 - 1$
c) $f(x) = -(x + 2) \cdot (x - 1)$
d) $f(x) = x^2 - 6x + 1$

2 Lage der Parabel

Beschreiben Sie die Lage der zugehörigen Parabel im Koordinatensystem.

a) $f(x) = -(x - 3)^2 + 2$
b) $f(x) = 4x^2 - 5$
c) $f(x) = -0{,}5 \cdot (x - 3) \cdot (x + 5)$

3 Normalparabel verschieben und strecken

Geben Sie die Gleichung der quadratischen Funktion f an, deren Graph wie folgt aus der Normalparabel zu $y = x^2$ entsteht:

a) Strecken mit dem Faktor 4 in y-Richtung, Verschieben um 3 Einheiten in y-Richtung und um −1 Einheiten in x-Richtung
b) Stauchen mit dem Faktor 0,6 in y-Richtung, Spiegeln an der x-Achse, Verschieben um 5 Einheiten in negative y-Richtung und um 2,6 Einheiten in x-Richtung

4 Scheitelpunkt bestimmen

Bestimmen Sie den Scheitelpunkt der zugehörigen Parabel.

a) $f(x) = x^2 - 5$
b) $f(x) = x^2 - 3x + 1$
c) $f(x) = 6x^2 - 8$
d) $f(x) = (x - 8) \cdot (x - 10)$

5 Streckfaktor bestimmen

Berechnen Sie den Streckfaktor a der Parabel mit Scheitelpunkt $S(3\,|\,2)$, die durch den Punkt $P(6\,|\,22)$ verläuft.

6 Funktionsgleichung zur Parabel bestimmen

a) Die Parabel hat den Scheitelpunkt $S(5\,|\,-10)$ und verläuft durch den Punkt $N(10\,|\,30)$.

b)

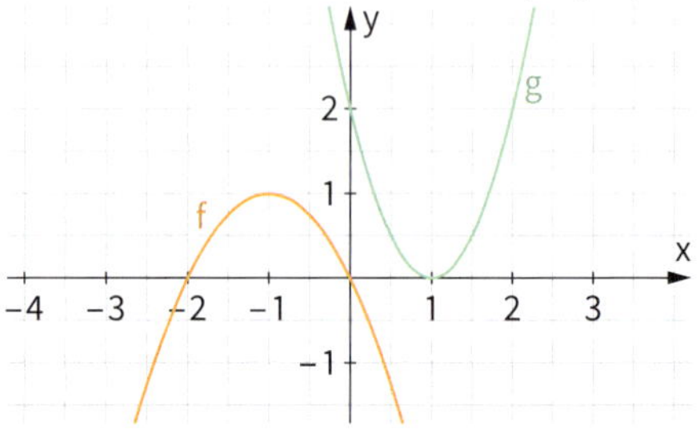

c) Die Parabel schneidet die x-Achse an den Stellen 2 und 4 und verläuft durch den Punkt $P(3\,|\,10)$.

Quadratische Gleichungen

Mit pq-Formel lösen

Die quadratische Gleichung $x^2 + px + q = 0$ *hat die Lösungen*

$$x_{1,2} = -\frac{p}{2} \pm \sqrt{\left(\frac{p}{2}\right)^2 - q},$$

sofern der Term unter der Wurzel positiv ist.

$2x^2 - 12x - 32 = 0 \quad |:2$

$x^2 - 6x - 16 = 0$

$x_{1,2} = -\left(\frac{-6}{2}\right) \pm \sqrt{\left(\frac{-6}{2}\right)^2 - (-16)}$

$= -(-3) \pm \sqrt{9 + 16}$

$x_1 = 3 + 5 = 8;\ x_2 = 3 - 5 = -2 \qquad L = \{-2; 8\}$

Mit quadratischer Ergänzung lösen

$x^2 - 6x - 16 = 0 \quad | +16$

$x^2 - 6x = 16 \quad | + \left(\frac{6}{2}\right)^2$

$x^2 - 2 \cdot 3x + 3^2 = 16 + 3^2 \quad$ | binom. Formel

$(x - 3)^2 = 25 \quad | \sqrt{\ }$

$x - 3 = \pm 5$

$x_1 = 5 + 3 = 8;\ x_2 = -5 + 3 = -2 \qquad L = \{-2; 8\}$

Spezialfall – durch Ausklammern lösen

$4x^2 + 8x = 0 \quad$ | Ausklammern

$4x \cdot (x + 2) = 0 \quad$ | Satz vom Nullprodukt

$x = 0$ oder $x + 2 = 0$

$x_1 = 0;\ x_2 = -2 \qquad L = \{-2; 0\}$

Satz von Vieta

Wenn x_1 *und* x_2 *Lösungen der quadratischen Gleichung* $x^2 + px + q = 0$ *sind, dann gilt:*

$$x_1 + x_2 = -p \text{ und } x_1 \cdot x_2 = q$$

Schnittpunktverfahren

$-x^2 - 4x = 4 + x$

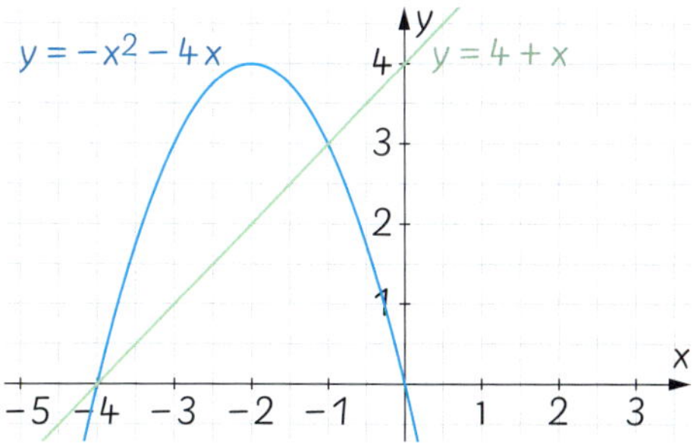

Die Lösungen entsprechen den x-Koordinaten der Schnittpunkte der beiden Graphen.

$L = \{-4; -1\}$

WES-109471-911

1 pq-Formel

Lösen Sie die Gleichung mit der pq-Formel.

a) $x^2 - 2x - 5 = 0$ b) $x^2 - 8x + 4 = 0$

c) $4x^2 - 8x + 4 = 0$ d) $-x^2 + 8x - 7 = 0$

2 Quadratische Ergänzung

Lösen Sie die Gleichung mit der quadratischen Ergänzung.

a) $x^2 - 4x + 3 = 0$ b) $x^2 + 16x - 60 = 0$

c) $x^2 + 12x + 30 = 0$ c) $x^2 + 4x - 77 = 0$

3 Nullstellen

Berechnen Sie die Nullstellen der Funktion f.

a) $f(x) = x^2 - 3x$ b) $f(x) = 11x^2 - 44$

c) $f(x) = (x - 2)^2 - 16$ d) $f(x) = (x + 3) \cdot (x - 2)$

e) $f(x) = x^2 - 20x + 100$ f) $f(x) = -x^2 + 6x + 40$

4 Wahl eines Lösungsverfahrens

Erläutern Sie, warum das Lösungsverfahren von der Form der gegebenen quadratischen Gleichung abhängig ist. Klassifizieren Sie.

5 Gleichungen lösen

Berechnen Sie die Lösung der Gleichung.

a) $30x^2 = -21x$ b) $242 = 2 \cdot (x - 3)^2$

c) $x^2 + 2x = 4x - 4$ d) $0{,}2 \cdot (x + 3)^2 = 0{,}4$

6 Satz von Vieta

Lösen Sie die Gleichung mithilfe des Satzes von Vieta.

a) $x^2 + 9x + 20 = 0$ b) $x^2 + 4x + 21 = 0$

c) $x^2 - 16x + 55 = 0$ d) $x^2 - 7x + 12 = 0$

7 Quadratische Gleichungen grafisch lösen

Lösen Sie die Gleichung grafisch.

a) $x^2 + 3x + 1 = 2x + 1$ b) $x^2 - 7 = 6 - x$

8 Handball

Bei einem Wurf kann die Flugbahn des Handballs durch den Graphen der Funktion f mit $f(x) = -\frac{1}{6}x^2 + \frac{2}{3}x + 2$ beschrieben werden. Hierbei gibt x die horizontale Entfernung und f(x) die Höhe des Balls in Metern an.

a) Die Werferin steht im Ursprung. Berechnen Sie, in welcher Höhe der Ball die Hand der Werferin verlässt und nach wie vielen Metern er auf dem Boden auftrifft.

b) Bestimmen Sie, wie hoch der Ball am höchsten Punkt seiner Flugbahn ist.

WES-109471-912

Exponentialfunktionen

Exponentialfunktion

Eine Funktion f mit der Funktionsgleichung **$f(x) = b^x$** *und $b > 0$; $b \neq 1$ heißt* ***Exponentialfunktion zur Basis b****. Ihr Graph verläuft vollständig oberhalb der x-Achse und durch den Punkt (0 | 1).*

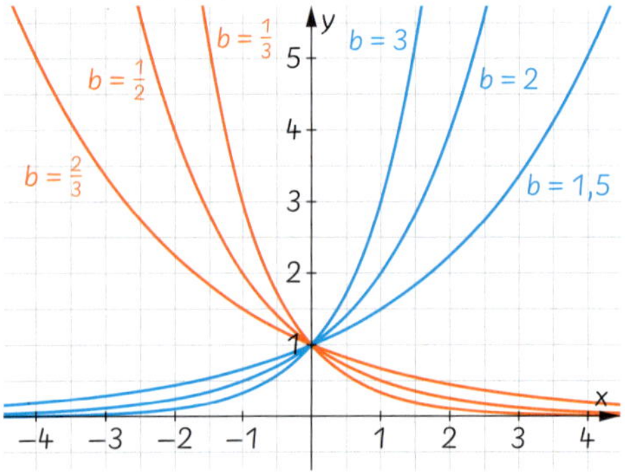

Wächst der x-Wert um s, so wird der Funktionswert b^x mit dem Faktor b^s multipliziert.

Der Graph der Funktion g mit $g(x) = a \cdot b^x$ entsteht aus dem Graphen von f durch Strecken mit dem Faktor a in y-Richtung.

1 Exponentielles Wachstum

Das Volumen einer Hefekultur verdoppelt sich jede Stunde. Zu Beginn hat die Hefekultur ein Volumen von 1 cm³.

a) Bestimmen Sie das Volumen der Hefekultur nach 1; 2; 3; 4 ... Stunden sowie 1; 2; 3; 4 ... Stunden vor Beobachtungsbeginn.

b) Ermitteln Sie einen Term für die Funktion *Zeit in Stunden → Volumen in cm³*.

2 Änderung der Funktionswerte

Wie ändert sich der Funktionswert bei der Funktion f mit $f(x) = 2^x$, wenn man den x-Wert

a) um 3 vergrößert; b) um 3 verkleinert;
c) um 0,5 vergrößert; d) um 0,5 verkleinert;
e) verdoppelt; f) halbiert?

3 Funktionsterm bestimmen

Bestimmen Sie einen passenden Funktionsterm der Form $f(x) = a \cdot b^x$.

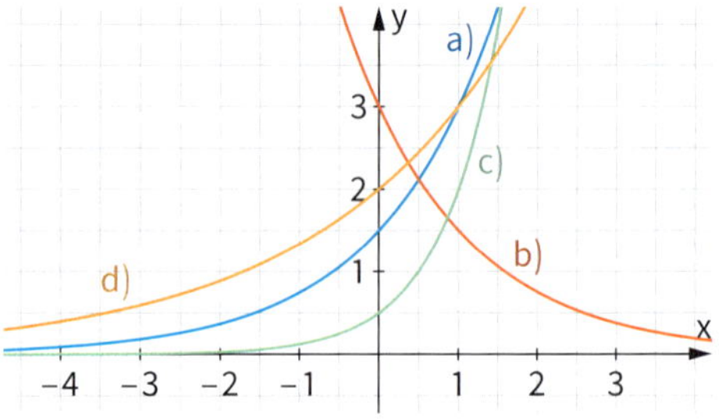

WES-109471-913

Exponentialgleichungen

Logarithmus

Der ***Logarithmus*** *einer positiven Zahl y* ***zur Basis b*** *mit $b > 0$; $b \neq 1$ ist diejenige Zahl x, mit der man b potenzieren muss, um y zu erhalten.*

Schreibweise: $\log_b(y)$

$\log_3(81) = 4$, *denn* $3^4 = 81$

$\log_9(3) = \frac{1}{2}$, *denn* $9^{\frac{1}{2}} = \sqrt{9} = 3$

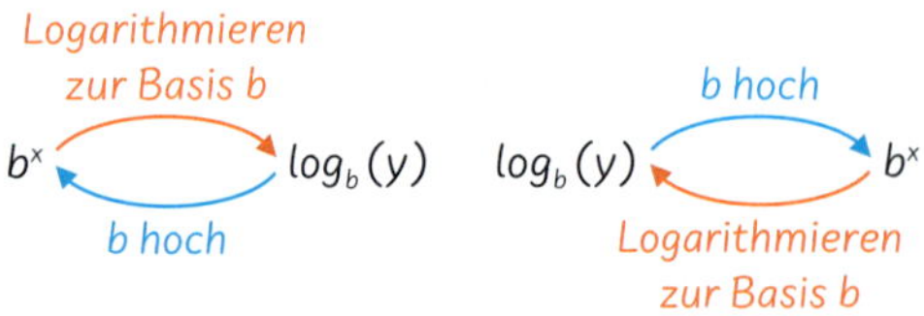

Exponentialgleichung lösen

$0{,}5 = 2 \cdot 0{,}7^x$	$\mid :2$
$0{,}25 = 0{,}7^x$	$\mid \log_{0,7}$
$x = \log_{0,7}(0{,}25)$	
$x \approx 3{,}9$	

1 Logarithmus berechnen

Berechnen Sie den Logarithmus, ohne einen Rechner zu verwenden.

a) $\log_5(125)$ b) $\log_{10}(1000)$ c) $\log_2(64)$
d) $\log_6(216)$ e) $\log_4(1024)$ f) $\log_3(27)$
g) $\log_{25}(5)$ h) $\log_8(2)$ i) $\log_{30}(1)$

2 Exponentialgleichungen 1

Lösen Sie die Exponentialgleichung, ohne einen Rechner zu verwenden.

a) $0{,}6 \cdot 10^x = 60$ b) $3 - 1{,}5 \cdot 2^x = 0$
c) $6^x - 4 \cdot 3^x = 0$ d) $2^{3x} = 8^x$
e) $x^x = x$ f) $x^x = 2x$

3 Exponentialgleichungen 2

Lösen Sie die Exponentialgleichung.

a) $0{,}8 = 4 \cdot 0{,}5^x$ b) $12 - 3^x = 1$
c) $1{,}5^x + 8 = 10$ d) $3 - 0{,}8^{x-1} = 2{,}5$
e) $(2^x - 5) \cdot (2^x - 3) = 0$ f) $5^{2x} - 4 = 7$

Flächeninhalte von Figuren

Rechteck

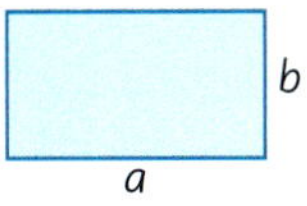

$A = a \cdot b$

Quadrat

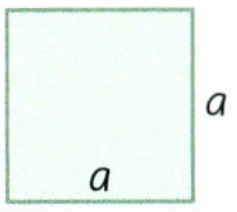

$A = a \cdot a = a^2$

Parallelogramm

$A = g \cdot h$

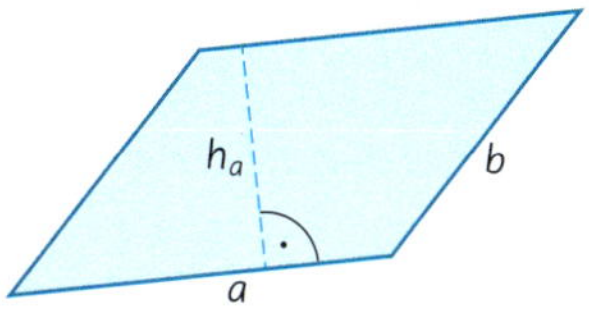

Grundseite:
$g = \frac{A}{h}$

Höhe:
$h = \frac{A}{g}$

Dreieck

$A = \frac{1}{2} \cdot g \cdot h$

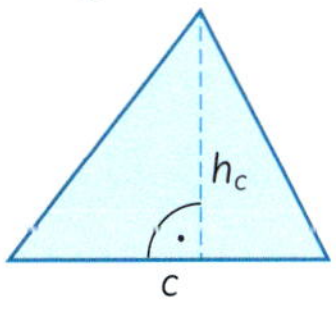

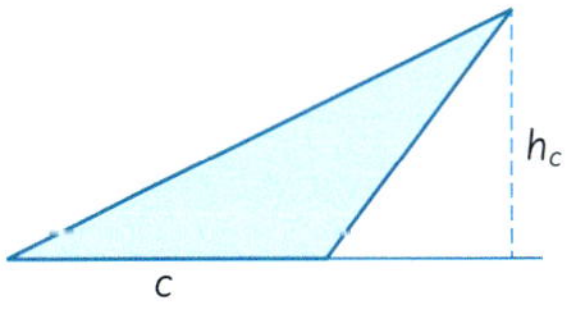

Grundseite: $g = \frac{2 \cdot A}{h}$ Höhe: $h = \frac{2 \cdot A}{g}$

Trapez

$A = \frac{1}{2} \cdot (a + c) \cdot h$

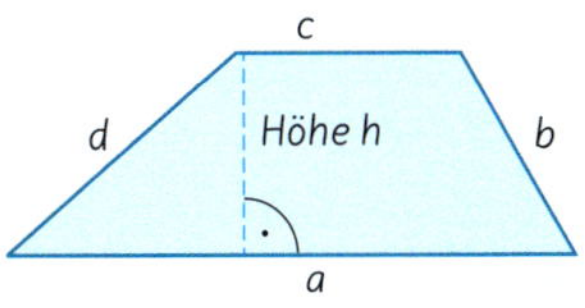

Grundseite:
$a = \frac{2 \cdot A}{h} - c$

Höhe:
$h = \frac{2 \cdot A}{a + c}$

Vieleck

Zerlegen und „plus"

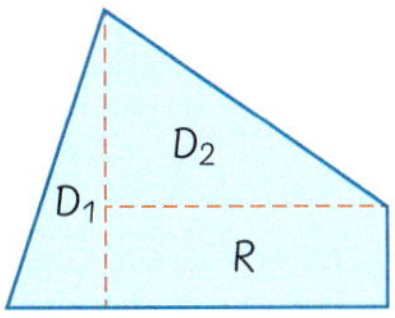

$A = A_R + A_{D_1} + A_{D_2}$

Ergänzen und „minus"

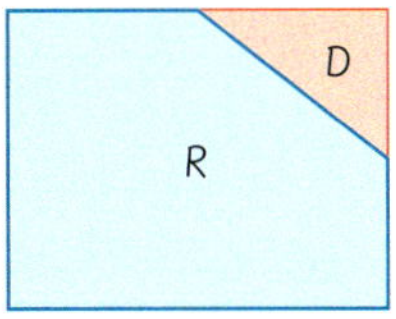

$A = A_R - A_D$

Kreis

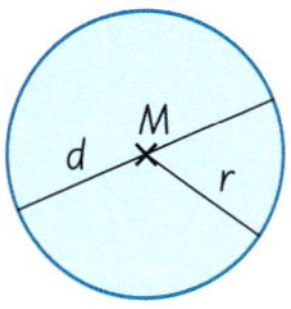

$A = \pi \cdot r^2$

Umfang:
$U = 2 \cdot \pi \cdot r = \pi \cdot d$

WES-109471-914

1 Quadrat und Rechteck

a) Berechnen Sie den Flächeninhalt eines Rechtecks mit den Seitenlängen $a = 3$ cm und $b = 12$ cm.

b) Bestimmen Sie die Seitenlänge eines Quadrats, das den gleichen Flächeninhalt hat wie das Rechteck in Teilaufgabe a).

2 Parallelogramm

Berechnen Sie die gesuchten Größen.

a) A = ▒; u = ▒

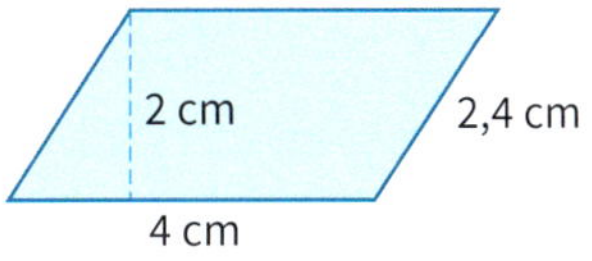

b) $A = 15$ m²; g = ▒; U = ▒

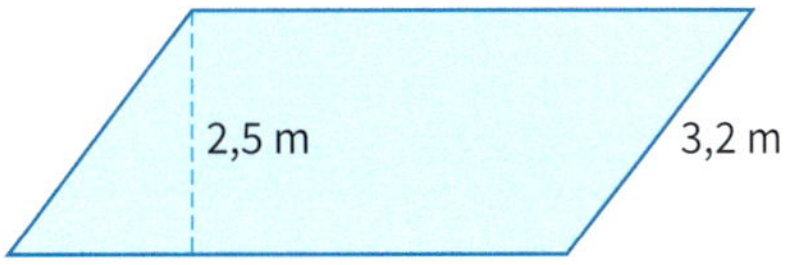

3 Dreieck

Berechnen Sie die fehlende Größe g, h oder A.

a) $g = 6$ cm; $h = 2{,}3$ cm

b) $g = 1{,}5$ mm; $A = 6$ mm²

c) $A = 10$ m²; $h = 10$ m

4 Trapez

Zeichnen Sie ein Trapez mit $a = 5$ cm, $c = 2$ cm und $h = 3$ cm. Bestimmen Sie seinen Flächeninhalt.

5 Vieleck

Berechnen Sie den Flächeninhalt der Figur durch Zerlegen und durch Ergänzen.

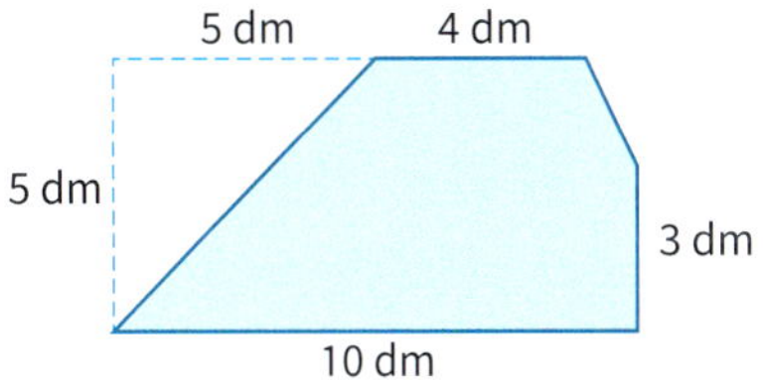

6 Kreis

Vervollständigen Sie die Tabelle.

Radius r	2 cm	▒	▒
Durchmesser d	▒	▒	▒
Flächeninhalt A	▒	▒	78,5 m²
Umfang U	▒	31,4 mm	▒

WES-109471-915

Berechnungen an Körpern

Quader

Volumen:

$V = a \cdot b \cdot c$

Oberflächeninhalt:

$O = 2 \cdot (a \cdot b + a \cdot c + b \cdot c)$

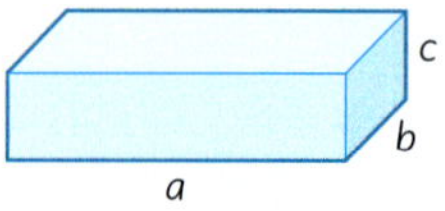

Würfel

Volumen:

$V = a \cdot a \cdot a = a^3$

Oberflächeninhalt:

$O = 6 \cdot a^2$

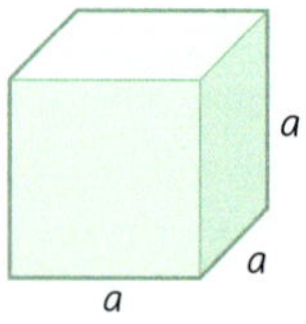

Aus Quadern zusammengesetzte Körper

Volumen

Zerlegen und „plus"

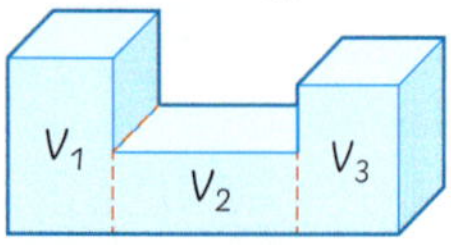

$V = V_1 + V_2 + V_3$

Ergänzen und „minus"

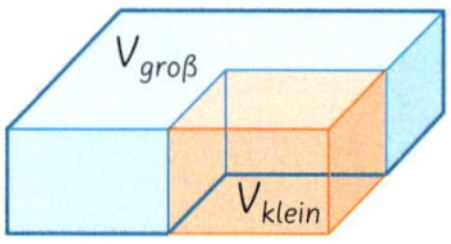

$V = V_{groß} - V_{klein}$

Prisma

Volumen:

$V = G \cdot h$

Oberflächeninhalt:

$O = 2 \cdot G + U \cdot h$

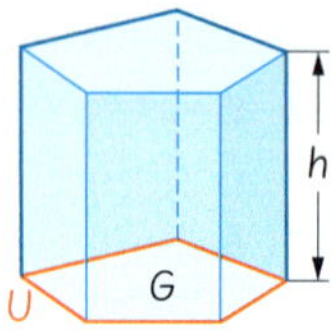

Pyramide

Volumen:

$V = \frac{1}{3} \cdot G \cdot h$

Oberflächeninhalt:

$O = G + M$

M ist der Flächeninhalt der Mantelfläche.

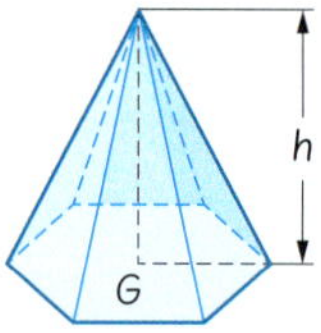

Zylinder

Volumen:

$V = \pi r^2 \cdot h$

Oberflächeninhalt:

$O = 2\pi r^2 + 2\pi r \cdot h$

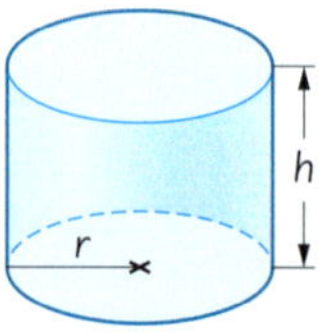

Kegel

Volumen:

$V = \frac{1}{3} \cdot \pi r^2 \cdot h$

Oberflächeninhalt:

$O = \pi r^2 + \pi r \cdot s$

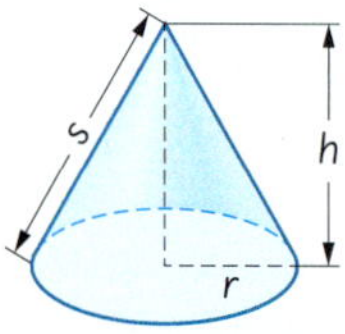

1 Quader

Ein Quader hat die Kantenlängen 4 cm, 6 cm und 10 cm.

a) Bestimmen Sie das Volumen und den Oberflächeninhalt des Quaders.

b) Wie verändert sich das Volumen des Quaders, wenn man eine der Kantenlängen halbiert und eine andere vervierfacht?

2 Wassergraben

Ein Schloss hat eine quadratische Grundfläche mit einer Seitenlänge von 50 m. Rundherum befindet sich ein 2 m tiefer und 8 m breiter Wassergraben.

a) Berechnen Sie die maximal mögliche Wassermenge im Graben.

b) Wie hoch steht das Wasser, wenn insgesamt 2784 m^3 Wasser im Graben sind?

3 Prisma

Ein Prisma der Höhe 4 cm hat ein gleichseitiges Dreieck mit der Seitenlänge 3 cm als Grundfläche.

Berechnen Sie die Masse des Prismas, wenn es aus Aluminium besteht. Ein Kubikzentimeter Aluminium hat eine Masse von 2,7 g.

4 Pyramide

Eine Pyramide hat eine quadratische Grundfläche mit der Seitenlänge 5 cm und eine Höhe von 7 cm. Berechnen Sie das Volumen und den Oberflächeninhalt der Pyramide.

5 Zylinder

Ein Zylinder ist 5 dm hoch und hat einen Radius von 2 dm.

a) Berechnen Sie den Oberflächeninhalt des Zylinders.

b) In den Zylinder werden 50 l Wasser gefüllt. Bestimmen Sie die Füllhöhe.

6 Kegel

Ein 15 cm hoher Kegel hat einen Durchmesser von 4,5 cm.

a) Berechnen Sie den Oberflächeninhalt und das Volumen des Kegels.

b) Welche Höhe müsste der Kegel haben, um ein Fassungsvermögen von 300 cm^3 zu besitzen?

Kongruenz und Ähnlichkeit

WES-109471-916

Kongruenzsätze für Dreiecke

*Dreiecke sind **kongruent** zueinander, wenn sie*

- *paarweise in den Längen der drei Seiten übereinstimmen (**Kongruenzsatz sss**)*
- *paarweise in den Längen zweier Seiten und der Größe des eingeschlossenen Winkels übereinstimmen (**Kongruenzsatz sws**)*
- *paarweise in der Länge einer Seite und den Größen der anliegenden Winkel übereinstimmen (**Kongruenzsatz wsw**)*
- *paarweise in den Längen zweier Seiten und der Größe des Winkels, der der längeren Seite gegenüberliegt, übereinstimmen (**Kongruenzsatz Ssw**)*

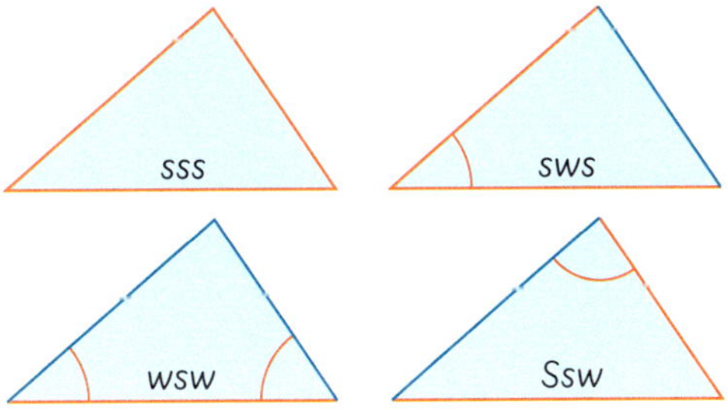

Ähnlichkeitssatz für Dreiecke

*Wenn zwei Dreiecke in der Größe von zwei Winkeln übereinstimmen, dann sind sie **ähnlich** zueinander.*

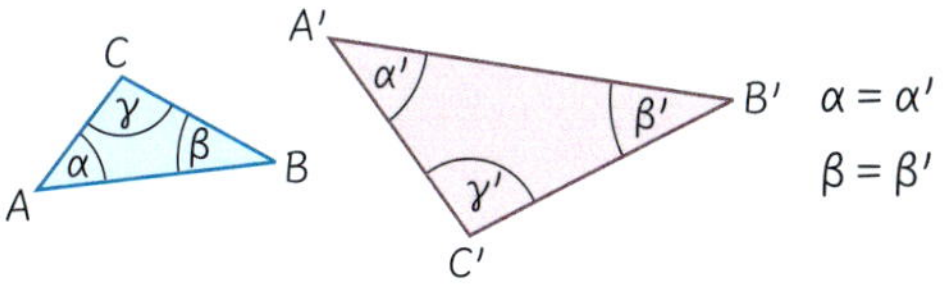

Strahlensätze

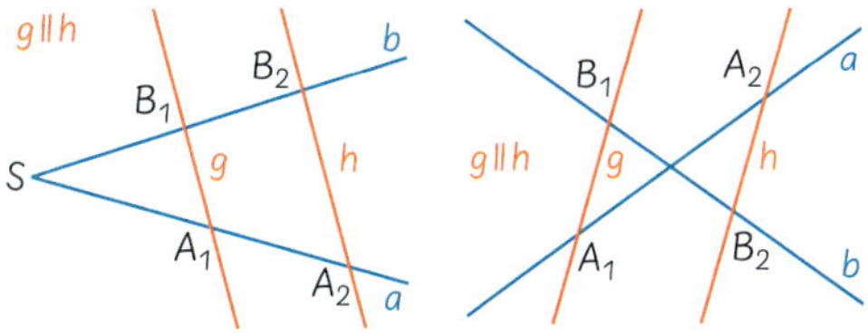

1. Strahlensatz

$\frac{|SA_1|}{|SA_2|} = \frac{|SB_1|}{|SB_2|}$ und $\frac{|A_1A_2|}{|SA_2|} = \frac{|B_1B_2|}{|SB_2|}$

2. Strahlensatz

$\frac{|SA_1|}{|SA_2|} = \frac{|A_1B_1|}{|A_2B_2|}$ und $\frac{|SB_1|}{|SB_2|} = \frac{|A_1B_1|}{|A_2B_2|}$

1 Auf Kongruenz prüfen

Entscheiden Sie, ob die Dreiecke ABC und DEF zueinander kongruent sind.

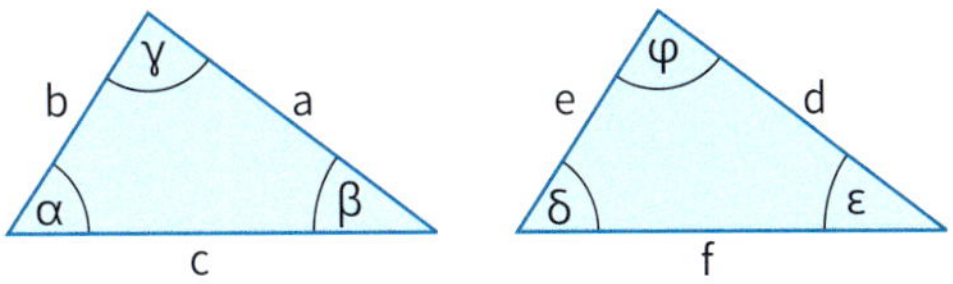

a) c = 4 cm; α = 73°; β = 55°;
f = 4 cm; δ = 55°; ε = 73°

b) b = 8 cm; γ = 48°; α = 84°
e = 8 cm; φ = 48°; ε = 84°

c) a = 45 mm; γ = 70°; α = 35°
d = 4,5 cm; ε = 75°; δ = 35°

2 Auf Konstruierbarkeit prüfen

Untersuchen Sie, ob das Dreieck ABC eindeutig konstruierbar ist. Begründen Sie Ihre Entscheidung.

a) a = 3,5 cm; b = 4,5 cm; c = 8 cm

b) a = 4 m; α = 85°; β = 95°

c) b = 6,5 dm; α = 34°; a = 7,8 dm

d) a = 4,2 m; c = 53 dm; α = 56°

3 Dreiecke konstruieren

Konstruieren Sie das Dreieck ABC und geben Sie den Kongruenzsatz an.

a) a = 8 cm; b = 4 cm; c = 5 cm

b) a = 8 cm; α = 50°; β = 25°

c) a = 5 cm; c = 8 cm; α = 40°

d) a = 5 cm; c = 6 cm; β = 45°

4 Ähnlichkeit

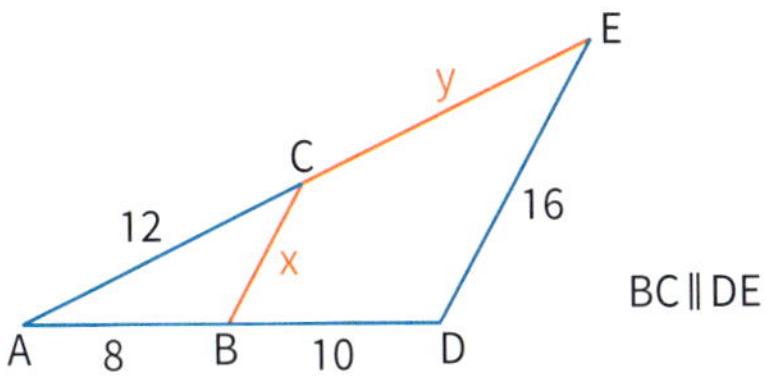

a) Begründen Sie, dass die Dreiecke ABC und ADE ähnlich zueinander sind.

b) Berechnen Sie x und y.

5 Höhe eines Baums

Der Schatten eines Baums ist 8 m lang.
Lea stellt sich so, dass ihr Schatten genau mit dem Schattenende zusammenfällt. Sie ist 1,60 m groß und steht 6 m vom Baum entfernt.
Wie hoch ist der Baum?

WES-109471-917

Satz des Pythagoras

Begriffe am rechtwinkligen Dreieck

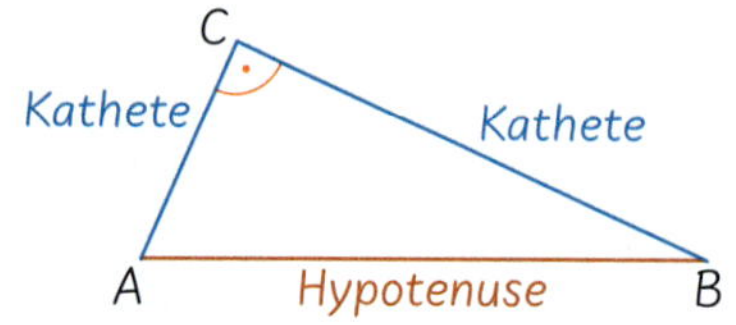

Satz des Pythagoras

Ist das Dreieck ABC rechtwinklig mit rechtem Winkel bei C, dann gilt: $\boldsymbol{a^2 + b^2 = c^2}$

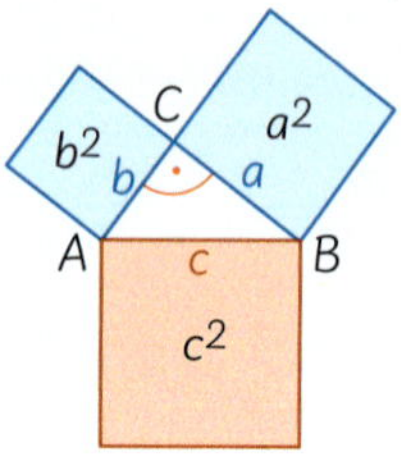

$a = 4\,\text{cm};\; b = 3\,\text{cm}$
$c = 5\,\text{cm}$

$c^2 = a^2 + b^2$
$= (4\,\text{cm})^2 + (3\,\text{cm})^2$
$= 16\,\text{cm}^2 + 9\,\text{cm}^2$
$= 25\,\text{cm}^2$

Umkehrung des Satzes des Pythagoras

Gilt $a^2 + b^2 = c^2$ *im Dreieck ABC, dann hat das Dreieck bei C einen rechten Winkel.*

Abstand zweier Punkte

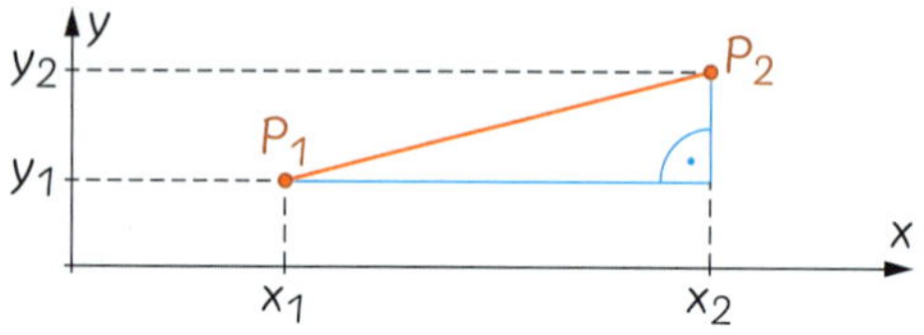

$|P_1P_2| = \sqrt{(x_2 - x_1)^2 + (y_2 - y_1)^2}$

1 Länge der Hypotenuse
Im rechtwinkligen Dreieck sind die Längen der beiden Katheten gegeben. Berechnen Sie die Länge der Hypotenuse.
a) 8 cm; 6 cm
b) 24 cm; 10 cm
c) 6 cm; 10 cm
d) 14 cm; 18 cm
e) 99 cm; 20 cm
f) 7 cm; 7 cm

2 Fehlende Seitenlänge berechnen
Berechnen Sie die Länge der fehlenden Seite im Dreieck ABC mit rechtem Winkel bei C.
a) a = 60 dm; b = 20 dm
b) a = 15 m; c = 25 m
c) b = 90 mm; c = 110 mm
d) a = 28 km; c = 42 000 m

3 Auf Rechtwinkligkeit prüfen
Prüfen Sie rechnerisch, ob das Dreieck ABC rechtwinklig ist. Falls ja, geben Sie den Eckpunkt mit rechtem Winkel an.
a) a = 4 cm; b = 5 cm; c = 7 cm
b) a = 30 cm; b = 50 cm; c = 40 cm
c) a = 24 cm; b = 10 cm; c = 26 cm
d) a = 7 cm; b = 8 cm; c = 9 cm

4 Abstand zweier Punkte berechnen
a) $P_1(5|1)$; $P_2(5|9)$
b) $P_1(-3|3)$; $P_2(11|11)$
c) $P_1(-4|-5)$; $P_2(24|25)$

5 Raumdiagonalen
Bestimmen Sie eine Formel für die Länge der Raumdiagonalen in einem Quader mit den Kantenlängen a, b und c.

WES-109471-918

Schrägbilder

Schrägbild zeichnen

Schrägbild eines Würfels zeichnen:

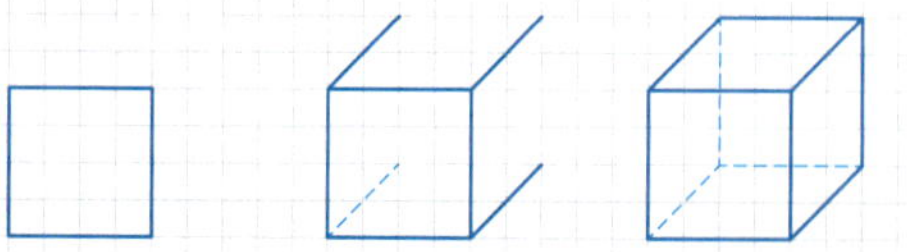

(1) *Vorderfläche zeichnen*
(2) *Nach hinten laufende Kanten verkürzt zeichnen, die verdeckte Kante gestrichelt zeichnen; für 1 cm jeweils eine Kästchendiagonale*
(3) *Restliche Kanten ergänzen, verdeckte Kanten gestrichelt zeichnen*

1 Schrägbilder zeichnen
a) Zeichnen Sie das Schrägbild eines Würfels mit der Kantenlänge 5 cm.
b) Zeichnen Sie das Schrägbild eines Quaders mit der Länge 6 cm, der Breite 3 cm und der Höhe 2 cm.

2 Schrägbild einer Pyramide
Zeichnen Sie das Schrägbild der angegebenen geraden Pyramide mit der Höhe 8 cm.
a) Die Grundfläche ist ein Quadrat mit der Kantenlänge 4 cm.
b) Die Grundfläche ist ein Rechteck mit der Länge 5 cm und der Breite 4 cm.

Trigonometrie

Sinus, Kosinus, Tangens

In einem rechtwinkligen Dreieck hängt das Verhältnis zweier Seiten nur von der Größe eines spitzen Winkels ab.

Sinus *eines Winkels α*

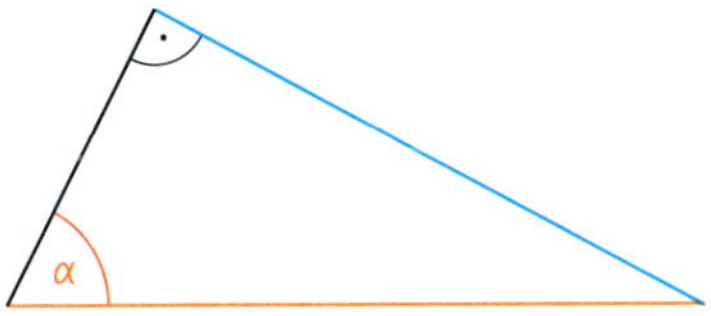

$\sin(\alpha) = \frac{\text{Länge der Gegenkathete zu } \alpha}{\text{Länge der Hypothenuse}}$

Kosinus *eines Winkels α*

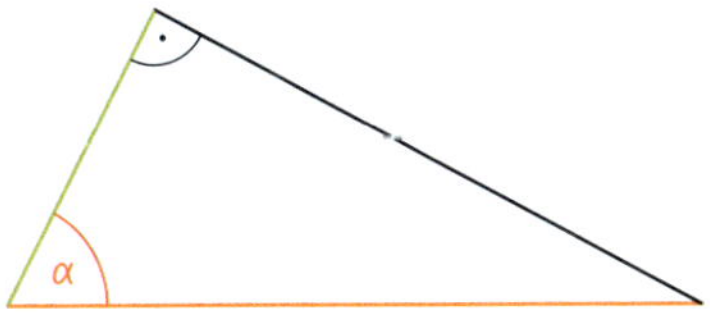

$\cos(\alpha) = \frac{\text{Länge der Ankathete zu } \alpha}{\text{Länge der Hypothenuse}}$

Tangens *eines Winkels α*

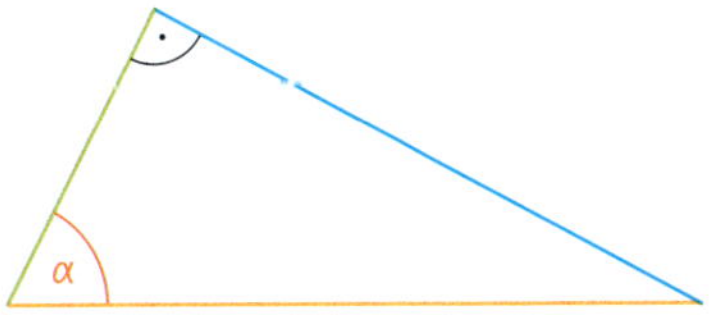

$\tan(\alpha) = \frac{\text{Länge der Gegenkathete zu } \alpha}{\text{Länge der Ankathete zu } \alpha}$

Winkel und Seitenlängen in rechtwinkligen Dreiecken berechnen

(0) *Ggf. Skizze anfertigen und Größen markieren*

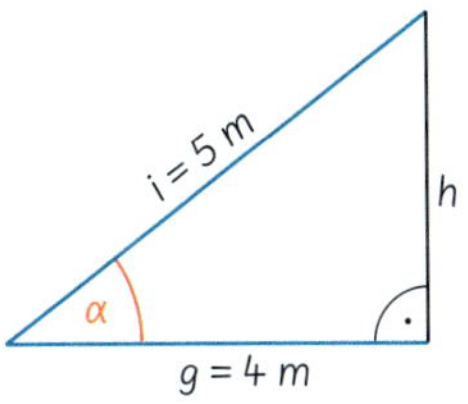

Gesucht ist α.

(1) *Gleichung für Sinus, Kosinus oder Tangens auswählen:*

$\cos(\alpha) = \frac{g}{i}$

(2) *Größen einsetzen und Gleichung lösen:*

$\cos(\alpha) = \frac{4\,m}{5\,m} = 0{,}8$; *also* $\alpha \approx 37°$

1 Winkel und Seitenlängen berechnen

Berechnen Sie im rechtwinkligen Dreieck den Winkel α bzw. die Länge der Seite x.

a)

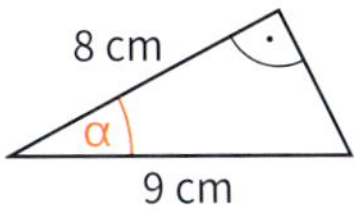

b)

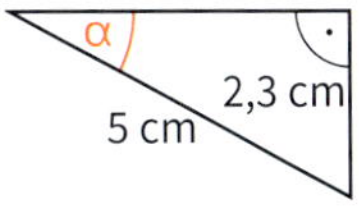

c)

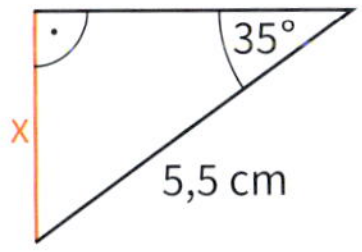

d)

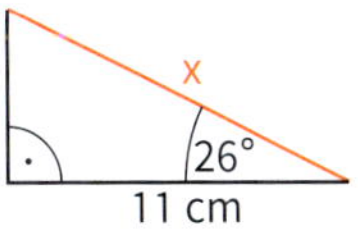

2 Höhe einer Leiter

Eine 3 m lange Leiter ist an eine Wand gelehnt, mit der sie einen Winkel von 31° bildet.

a) Wie hoch reicht die Leiter an der Wand?

b) Wie weit steht die Leiter von der Wand ab?

3 Sinus- und Kosinuswerte exakt berechnen

Bestätigen Sie die Werte in der Tabelle an den Abbildungen mit dem Satz des Pythagoras.

α	30°	45°	60°
sin (α)	$\frac{1}{2}$	$\frac{1}{2}\sqrt{2}$	$\frac{1}{2}\sqrt{3}$
cos (α)	$\frac{1}{2}\sqrt{3}$	$\frac{1}{2}\sqrt{2}$	$\frac{1}{2}$

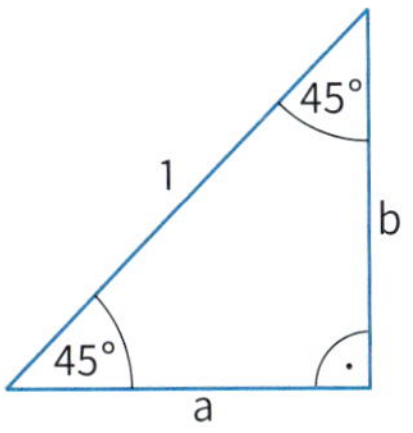

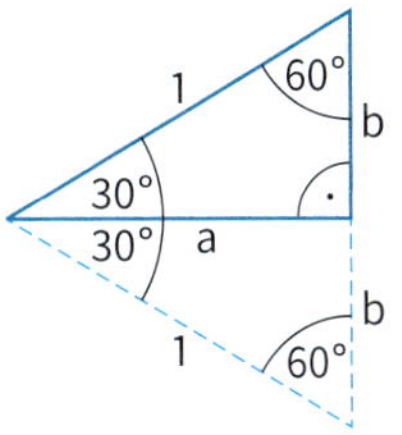

4 Schieflage eines Turms

In dem kleinen Ort Bad Frankenhausen in Thüringen neigt sich ein 56 m hoher Turm jährlich um 2 cm. Er hat schon einen Überhang von 4,60 m und macht damit dem Schiefen Turm von Pisa Konkurrenz, der eine Schieflage von 4,43° hat.

a) Berechnen Sie die Schieflage des Turms von Bad Frankenhausen.

b) Statiker haben herausgefunden, dass es bei einem Überhang von 6,07 m für den Turm von Bad Frankenhausen kritisch wird. Berechnen Sie die Schieflage bei diesem Überhang und geben Sie an, wann diese erreicht wird.

WES-109471-920

Trigonometrische Funktionen

Sinus und Kosinus am Einheitskreis

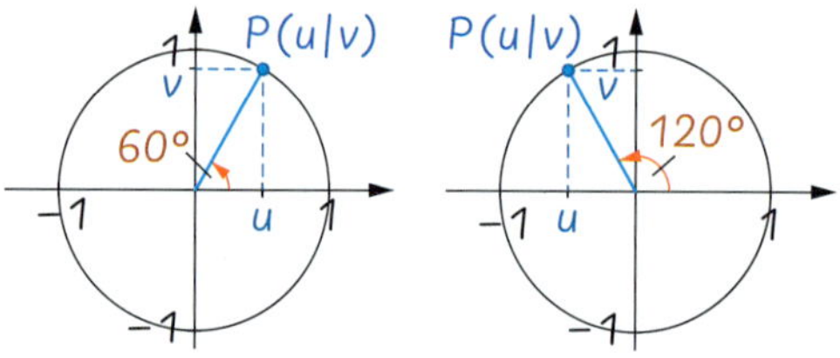

Der Punkt **P(u|v)** *auf dem* **Einheitskreis** *hat die Koordinaten* **u = cos(α)** *und* **v = sin(α)**.

Bogenmaß

Die zugehörige Bogenlänge eines Winkels am Einheitskreis heißt **Bogenmaß** *des Winkels.*

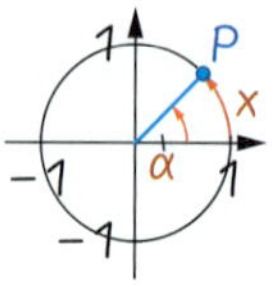

Es gilt: $x = \frac{\alpha}{180°} \cdot \pi$

α	0°	90°	180°	270°	360°
x	0	$\frac{\pi}{2}$	π	$\frac{3}{2}\pi$	2π

Sinusfunktion

Die Funktion f mit $f(x) = \sin(x)$ *für* $x \in \mathbb{R}$ *heißt* **Sinusfunktion**. *Der Graph der Sinusfunktion heißt* **Sinuskurve**.

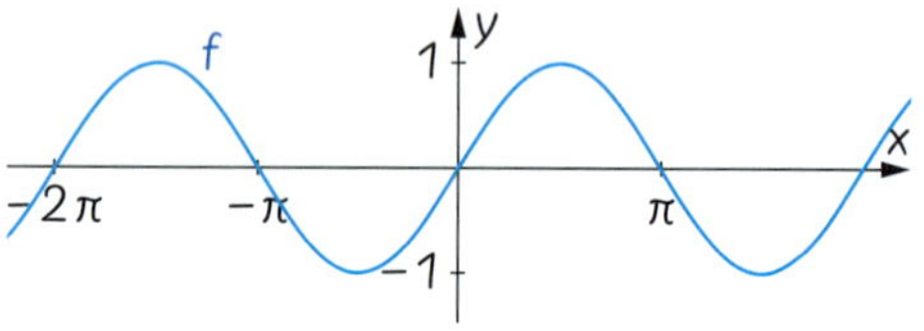

Die Sinusfunktion hat die **Periode 2π**, *d. h.* $\sin(x + 2\pi) = \sin(x)$.

Kosinusfunktion

Die Funktion f mit $f(x) = \cos(x)$ *für* $x \in \mathbb{R}$ *heißt* **Kosinusfunktion**. *Der Graph der Kosinusfunktion heißt* **Kosinuskurve**.

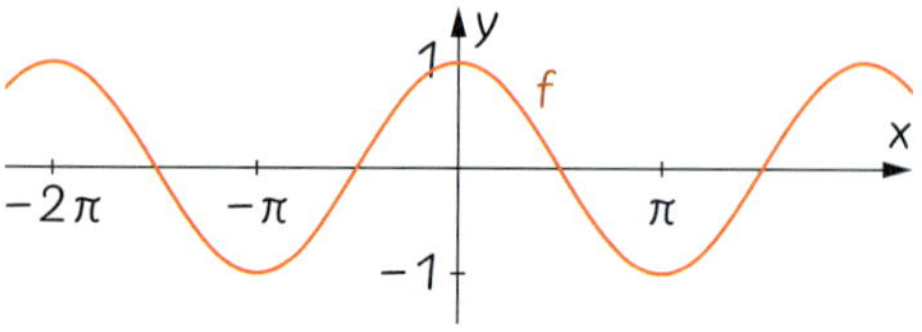

Die Kosinusfunktion hat die **Periode 2π**, *d. h.* $\cos(x + 2\pi) = \cos(x)$.

Zusammenhänge

$\cos(x) = \sin\left(x + \frac{\pi}{2}\right)$ $\sin(x) = \cos\left(x - \frac{\pi}{2}\right)$

1 Koordinaten bestimmen

Zeichnen Sie einen Einheitskreis mit dem Radius $r = 1$ dm. Der Punkt $(1|0)$ wird mit dem Drehwinkel α auf dem Kreis gedreht. Ermitteln Sie zeichnerisch die Koordinaten des Bildpunktes P.

a) $\alpha = 75°$ b) $\alpha = 156°$
c) $\alpha = 281°$ d) $\alpha = -320°$

2 Winkel bestimmen

Bestimmen Sie am Einheitskreis die Winkel α mit $0° \le \alpha \le 360°$, für die gilt:

a) $\sin(\alpha) = 0{,}24$ b) $\sin(\alpha) = -0{,}56$
c) $\cos(\alpha) = 0{,}75$ d) $\cos(\alpha) = -0{,}32$

3 Von Gradmaß zu Bogenmaß

a) 45° −120° 135° −60° 300°
b) 37° 456° 17,5° 127,1° −256,8°

4 Von Bogenmaß zu Gradmaß

a) $\frac{3}{2}\pi$ $-\frac{\pi}{6}$ $-\frac{7}{4}\pi$ $-\frac{3}{8}\pi$ $\frac{7\pi}{8}$
b) 2,67 5,14 −3,25 23,6 −1,3

5 Wertgleiche Terme gesucht

Finden Sie wertgleiche Terme, ohne die genauen Werte zu berechnen.

sin(30°)	cos(120°)	sin(60°)
cos(30°)	cos(60°)	sin(210°)
cos(210°)	sin(−120°)	cos(−60°)
sin(−30°)	sin(120°)	cos(150°)

6 Stellen bestimmen

Bestimmen Sie
a) für die Sinusfunktion
b) für die Kosinusfunktion
alle Stellen, an denen der größt- bzw. kleinstmögliche Funktionswert angenommen wird.

7 Parameter deuten

Stellen Sie mit einem Rechner den Graphen der Funktion f mit $f(x) = a \cdot \sin\left(x \cdot \frac{2\pi}{T}\right)$ für verschiedene Werte von a und T dar.

a) Erklären Sie die Bedeutung von a und T.
b) Begründen Sie, warum man $\frac{1}{T}$ auch als *Frequenz* bezeichnet.

Transformationen von Funktionsgraphen

WES-109471-921

Verschieben in y-Richtung

g(x) = f(x) + d

*Der Graph von f wird um **d Einheiten** in Richtung der y-Achse verschoben.*

$f(x) = x^2$

$g(x) = x^2 + 1$

Den Graphen von f um eine Einheit nach oben verschieben

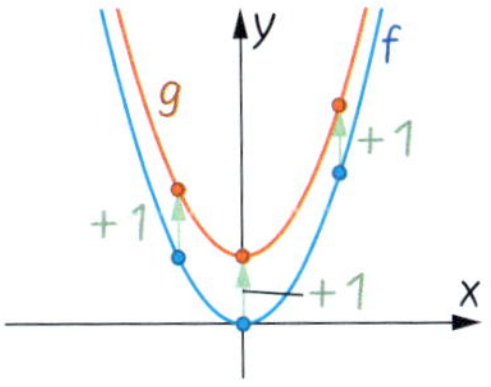

Verschieben in x-Richtung

g(x) = f(x − c)

*Der Graph von f wird um **c Einheiten** in Richtung der x-Achse verschoben.*

$f(x) = x^2$

$g(x) = (x + 2)^2$

$= (x - (-2))^2$

Den Graphen von f um 2 Einheiten nach links verschieben

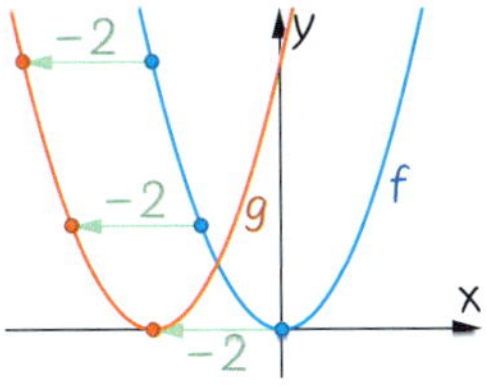

Strecken in y-Richtung

g(x) = k · f(x)

Der Graph von f wird mit dem Faktor k in Richtung der y-Achse gestreckt. Ist $k < 0$, so wird dabei an der x-Achse gespiegelt.

$f(x) = \sin(x)$

$g(x) = 2 \cdot \sin(x)$

Den Graphen von f mit dem Faktor 2 in y-Richtung strecken

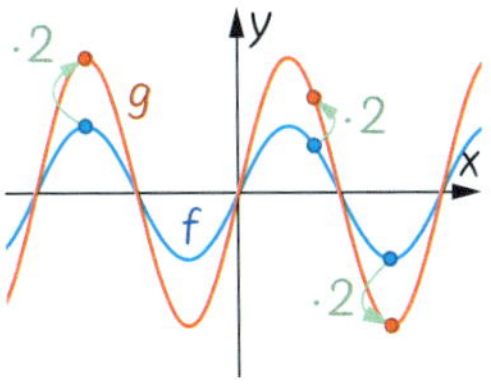

Strecken in x-Richtung

g(x) = f(k · x)

Der Graph von f wird mit dem Faktor $\frac{1}{k}$ in Richtung der x-Achse gestreckt. Ist $k < 0$, so wird dabei an der y-Achse gespiegelt.

$f(x) = \sin(x)$

$g(x) = \sin(2x)$

Den Graphen von f mit dem Faktor $\frac{1}{2}$ in x-Richtung strecken

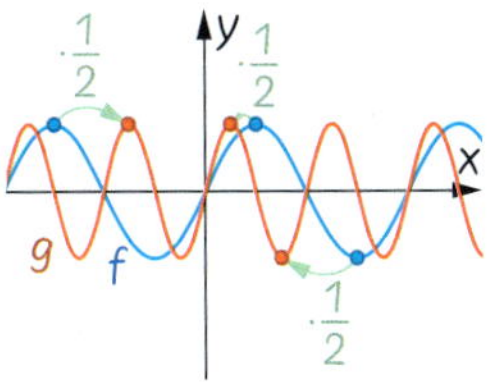

1 Graphen in y-Richtung verschieben

Der Graph der Funktion g entsteht aus dem Graphen der Funktion f durch Verschieben um d Einheiten in Richtung der y-Achse.
Geben Sie einen Funktionsterm für g an.

a) $f(x) = 3x^3 + 2x - 5;\; d = 3$

b) $f(x) = \cos(x + 2) - 2x;\; d = -2$

2 Graphen in y-Richtung verschieben

Der Graph der Funktion g entsteht aus dem Graphen der Funktion f durch Verschieben um die angegebene Einheit in x-Richtung.
Geben Sie einen Funktionsterm für g an.

a) $f(x) = 2x^3 - x + 1$;
um eine Einheit nach rechts

b) $f(x) = \sin(3x)$;
um zwei Einheiten nach links

3 Strecken in Richtung der y-Achse

Beide Graphen sind durch Strecken in y-Richtung aus der Kosinuskurve hervorgegangen. Geben Sie jeweils einen passenden Funktionsterm an.

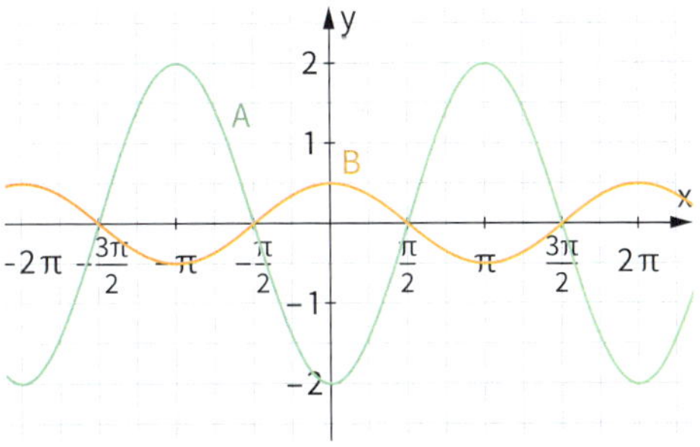

4 Strecken in Richtung der x-Achse

Beide Graphen sind durch Strecken in x-Richtung aus dem Graphen der Funktion f mit $f(x) = (x - 1) \cdot x \cdot (x + 1)$ hervorgegangen. Geben Sie jeweils einen passenden Funktionsterm an.

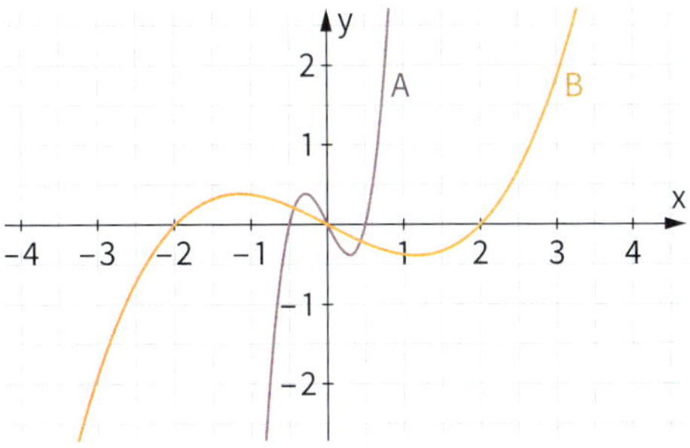

WES-109471-922

Differenzialrechnung

Mittlere Änderungsrate

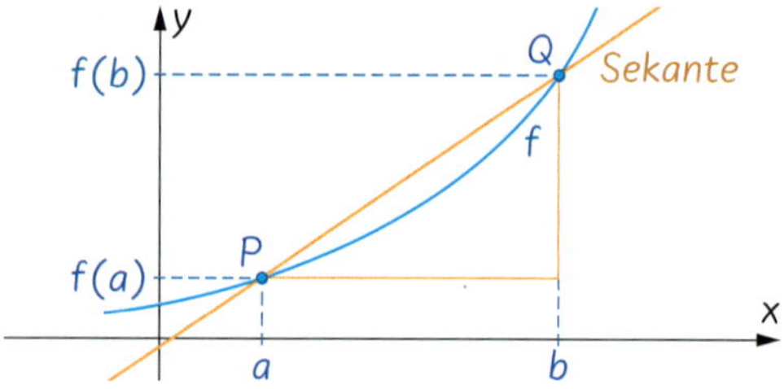

Die **mittlere Änderungsrate** einer Funktion f über einem Intervall [a; b] ist die Steigung der **Sekante** durch $P(a\,|\,f(a))$ und $Q(b\,|\,f(b))$.

$\frac{f(b) - f(a)}{b - a}$ **Differenzenquotient**

Lokale Änderungsrate

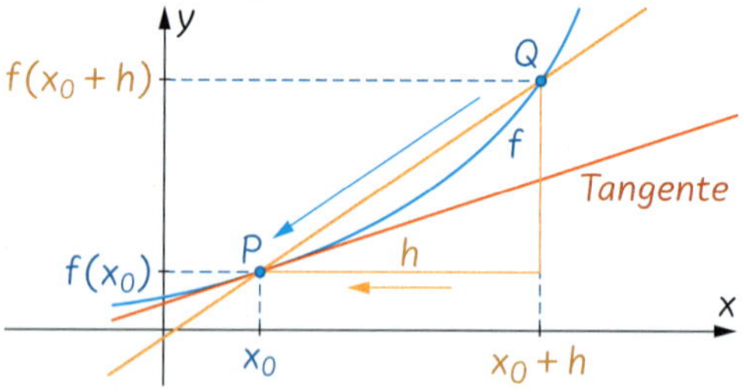

Die **lokale Änderungsrate** oder die **Ableitung** einer Funktion f **an einer Stelle x_0** ist die Steigung der **Tangente** an den Graphen von f durch $P(x_0\,|\,f(x_0))$.

$$f'(x_0) = \lim_{h \to 0} \frac{f(x_0 + h) - f(x_0)}{h}$$

Grenzwert des Differenzenquotienten

$f'(x_0)$ nennt man auch die **Steigung des Graphen** von f in P bzw. an der Stelle x_0.

Ableitungsregeln

Potenzregel
$f(x) = x^n$ mit $n \in \mathbb{N}$
$f'(x) = n \cdot x^{n-1}$

Konstantenregel
$f(x) = c$
$f'(x) = 0$

Faktorregel
$f(x) = k \cdot u(x)$
$f'(x) = k \cdot u'(x)$

Summenregel
$f(x) = u(x) + v(x)$
$f'(x) = u'(x) + v'(x)$

$$f(x) = -2x^7 - 3x + 1$$

Summenregel

$$f'(x) = -2 \cdot 7 \cdot x^6 - 3 + 0 = -14x^6 - 3$$

Potenzregel, Faktorregel (bei $-2 \cdot 7 \cdot x^6$); Faktorregel (bei 3); Konstantenregel (bei 0)

1 Änderungsraten des Wasserstands

Bei einer Überschwemmung wurden die Wasserstände notiert.

Uhrzeit	7	9	10	13	17
Wasserstand in m	1,1	1,4	1,8	2,7	2,9

Bestimmen Sie die mittlere Änderungsrate des Wasserstands von 7 Uhr bis 10 Uhr und von 9 Uhr bis 17 Uhr.

2 Mittlere Änderungsrate und Sekante

Berechnen Sie die mittlere Änderungsrate der Funktion f über dem Intervall I. Geben Sie die Gleichung der zugehörigen Sekante an.

a) $f(x) = -x^2 + 2x$; $I = [-2; 5]$
b) $f(x) = 2x^3 - x$; $I = [0; 10]$

3 Steigung in einem Punkt

Bestimmen Sie die Steigung des Funktionsgraphen im Punkt P.

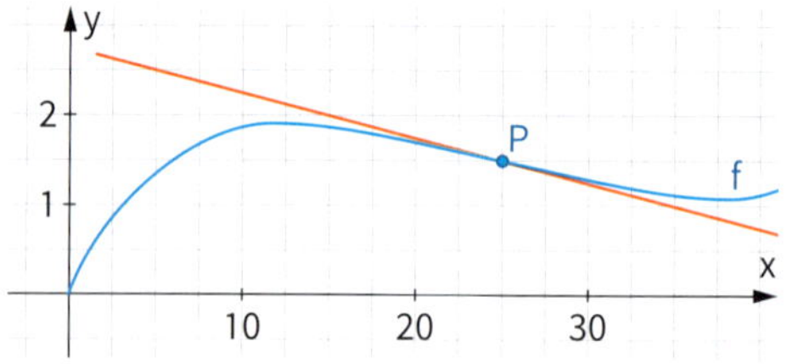

4 Ableitungsregeln anwenden

Bestimmen Sie die Ableitung von f.

a) $f(x) = 2x^3 - 3x^2 + 4$
b) $f(x) = 3x^5 - 2x^2$
c) $f(x) = 2x - 3x^2$
f) $f(x) = \sqrt{3}\,x^3 - x^2 + 1$

5 Ableitung an einer Stelle

Bestimmen Sie die Ableitung der Funktion f an der Stelle x_0.

a) $f(x) = x^2 - 4x$; $x_0 = -1$
b) $f(x) = x^3 - 4x^2$; $x_0 = 3$
c) $f(x) = x^{20}$; $x_0 = -10$

6 Rakete

Die Höhe einer Rakete kurz nach dem Start kann näherungsweise durch die Funktion h mit $h(t) = 4t^2$ beschrieben werden. Dabei wird t in Sekunden und h(t) in Metern angegeben.

a) Bestimmen Sie die mittlere Geschwindigkeit der Rakete in den ersten 20 Sekunden nach dem Start.
b) Wie groß ist die Momentangeschwindigkeit der Rakete 20 Sekunden nach dem Start?

Tangente, Normale und Winkel

Gleichung der Tangente an der Stelle x_0:

$$y = f'(x_0) \cdot (x - x_0) + f(x_0)$$

Gleichung der Normalen an der Stelle x_0:

$$y = -\frac{1}{f'(x_0)} \cdot (x - x_0) + f(x_0)$$

Steigungswinkel an der Stelle x_0:

$$\tan(\alpha) = f'(x_0)$$

Beispiel:

$f(x) = x^3 - 2x;\ x_0 = -1$

$f'(x) = 3x^2 - 2;\ f'(-1) = 1;\ f(-1) = 1$

Tangentengleichung:

$y = 1 \cdot (x - (-1)) + 1 = x + 2$

Normalengleichung:

$y = -\frac{1}{1} \cdot (x - (-1)) + 1 = -x$

Steigungswinkel:

$\tan(\alpha) = 1$; *also* $\alpha = 45°$

Monotonie

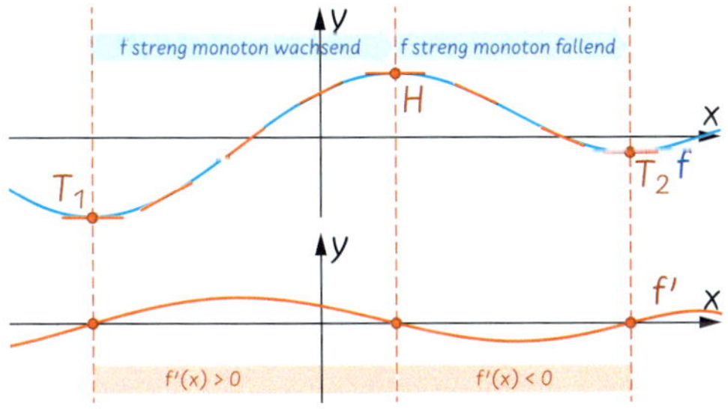

Monotonieverhalten untersuchen

$f(x) = x^3 - 3x$

(1) *Nullstellen von f' berechnen:*
$f'(x) = 3x^2 - 3$
Aus $f'(x) = 0$ *folgt:* $x_1 = -1;\ x_2 = 1$

(2) *Vorzeichen von f' links und rechts der Nullstellen untersuchen:*

Intervall für x	Bsp. für f'(x)	Vorzeichen
$x < -1$	$f'(-2) = 9$	+
$-1 < x < 1$	$f'(0) = -3$	–
$x > 1$	$f'(2) = 9$	+

(3) *In* $]-\infty; -1[$ *und* $]1; \infty[$ *ist f streng monoton wachsend. In* $]-1; 1[$ *ist f streng monoton fallend.*

In einem Hoch- bzw. Tiefpunkt wechselt das Monotonieverhalten von f, dort gilt $f'(x) = 0$.

WES-109471-923

7 Tangente

Bestimmen Sie die Gleichung der Tangente an den Graphen von f an der Stelle x_0.

a) $f(x) = x^2 - 4x + 1;\ x_0 = 2$

b) $f(x) = 2x^4 + 4x^2;\ x_0 = 0$

8 Flächeninhalt eines Dreiecks

Die Tangente an den Graphen der Funktion f mit $f(x) = 4 - x^2$ an der Stelle 1 schließt zusammen mit der x-Achse und der y-Achse ein Dreieck ein. Berechnen Sie den Flächeninhalt dieses Dreiecks.

9 Normale

Bestimmen Sie die Gleichung der Normalen an den Graphen von f an der Stelle x_0.

a) $f(x) = x^3 \quad 0{,}5x^2;\ x_0 - -0{,}5$

b) $f(x) = x^6 - 5x^3 - 1;\ x_0 = -1$

10 Steigungswinkel

Berechnen Sie für die Funktion f den Steigungswinkel α an der Stelle x_0.

a) $f(x) = 2x^3 - 5x + 1;\ x_0 = 2$

b) $f(x) = x^6 + 7x^3 - 8;\ x_0 = 0$

11 Monotonieintervalle ablesen

Geben Sie Intervalle an, in denen die Funktion f streng monoton wachsend oder streng monoton fallend ist.

a)

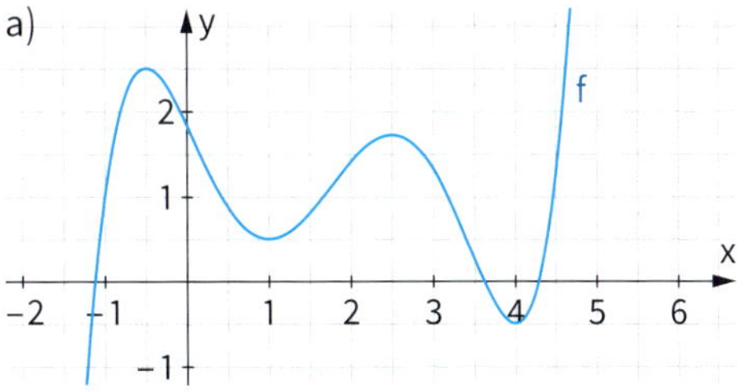

b)

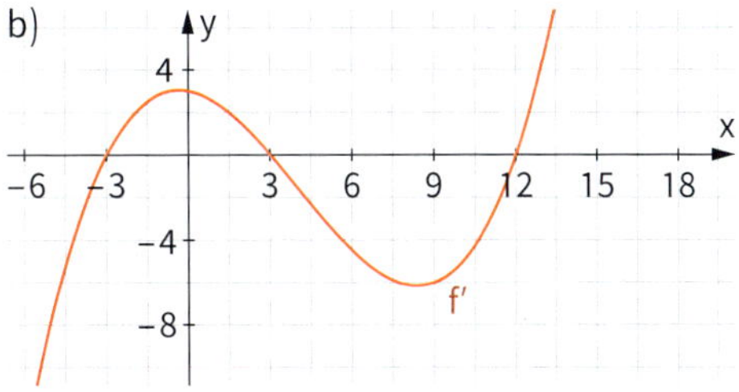

12 Monotonieintervalle bestimmen

Untersuchen Sie das Monotonieverhalten der Funktion f.

a) $f(x) = x^3 + 2x^2 - 2x$ b) $f(x) = x^4 - 9x^2$

WES-109471-924

Untersuchung ganzrationaler Funktionen

Ganzrationale Funktion

Eine Funktion f, die sich in der Form

$f(x) = a_n x^n + a_{n-1} x^{n-1} + \ldots + a_2 x^2 + a_1 x + a_0$

schreiben lässt, heißt ***ganzrationale Funktion n-ten Grades*** *oder* ***vom Grad n****. Dabei ist* $n \in \mathbb{N}$; $a_0, \ldots, a_n \in \mathbb{R}$ *und* $a_n \neq 0$.

Ein solcher Funktionsterm heißt ***Polynom****.*

Die Zahlen $a_0, \ldots, a_n$ *heißen* ***Koeffizienten****.*

$f(x) = \underbrace{-2x^4}_{a_4} \underbrace{+3x^2}_{a_2} \underbrace{-0{,}5x}_{a_1} \underbrace{+1{,}3}_{a_0}$

f ist eine ganzrationale Funktion 4. Grades.

Globalverlauf

Der Summand $a_n x^n$ *bestimmt das Verhalten von f(x) für* $x \to \infty$ *bzw.* $x \to -\infty$.

	n gerade	*n ungerade*
$a_n > 0$ *und* $n \neq 0$	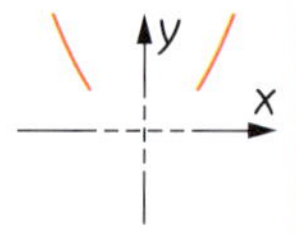	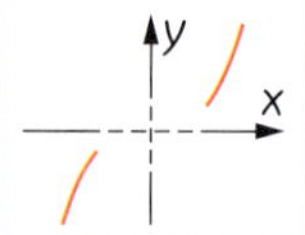
$a_n < 0$ *und* $n \neq 0$	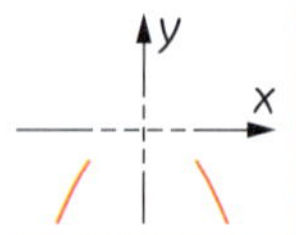	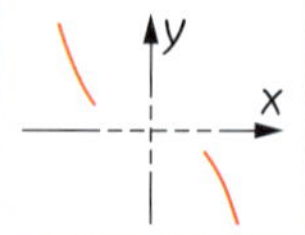

Symmetrien bei Graphen

Achsensymmetrie *zur y-Achse*

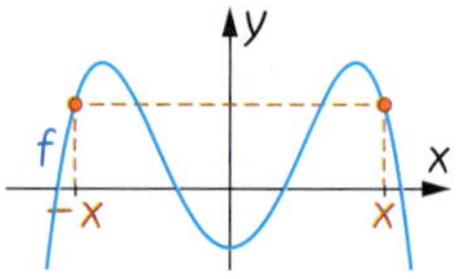

$f(-x) = f(x)$

Das Polynom von f enthält nur ***gerade Exponenten*** *von x.*

Punktsymmetrie *zum Ursprung*

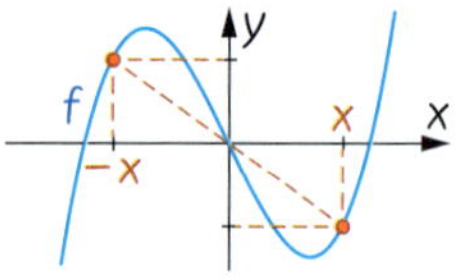

$f(-x) = -f(x)$

Das Polynom von f enthält nur ***ungerade Exponenten*** *von x.*

Bei Produkten zunächst ausmultiplizieren!

Nullstellen bestimmen

Mithilfe von ***Faktoren****:*

$f(x) = x \cdot (x-2)$ *Nullstellen: 0 und 2*

Durch ***Ausklammern****:*

$f(x) = 2x^3 - 6x^2$

$= 2x^2 \cdot (x-3)$ *Nullstellen: 0 und 3*

Ansonsten verwendet man einen ***Rechner****.*

1 Ganzrationale Funktion erkennen

Entscheiden Sie, welche der Funktionen ganzrationale Funktionen sind. Bestimmen Sie gegebenenfalls den Grad der Funktion und geben Sie die Koeffizienten an.

$f_1(x) = 3x^4 - 7x^2 + 0{,}23x - \pi$

$f_2(x) = x^0 + x + x^2 + x^3$

$f_3(x) = x^{-3} + 2x^3 - 5$

$f_4(x) = (x-2) \cdot x^2 \cdot \left(x + \frac{1}{2}\right)$

2 Globalverlauf

Bestimmen Sie den Globalverlauf von f.

a) $f(x) = x^4 + 3x^2 - 2$ b) $f(x) = 2x^3 + x$

c) $f(x) = -x^6 + x^4 - 2x^2$ d) $f(x) = -2x^5 + x^3 + 4x$

3 Terme zuordnen

Ordnen Sie den Graphen die Funktionsterme zu. Begründen Sie Ihre Entscheidung.

$f(x) = \frac{1}{3}x^3 - 2x$ $g(x) = \frac{1}{2}x^4 - 4x^2 + 3$

$h(x) = \frac{1}{5}x^5 - \frac{3}{4}x^4$ $k(x) = 2x^4 + 4x^3 + 3$

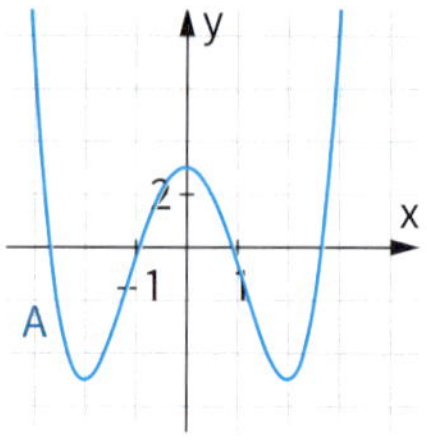

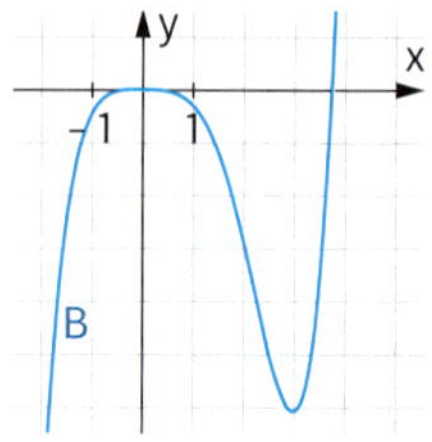

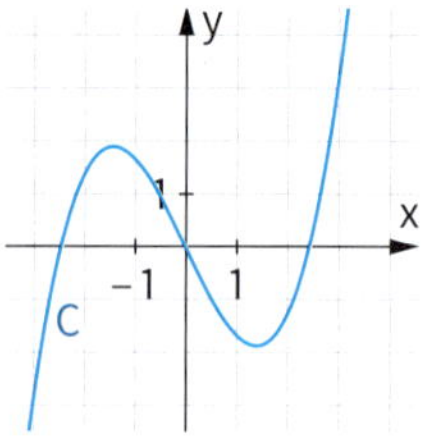

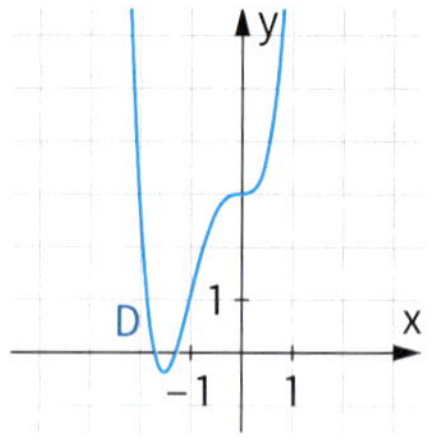

4 Symmetrie bei Graphen

Untersuchen Sie den Graphen von f auf Symmetrie.

a) $f(x) = 2x^5 - x^3 + x$ b) $f(x) = -x^4 + 2x^2 + 1$

c) $f(x) = 3x^3 + x$ d) $f(x) = x^3 - x - 1$

5 Nullstellen

Ermitteln Sie die Nullstellen von f.

a) $f(x) = x \cdot (x-4) \cdot (x^2 - 4)$

b) $f(x) = (x-1) \cdot (x^2 + 2x + 2)$

c) $f(x) = 2x^3 + 2x^2 - 12x$

d) $f(x) = 2x^5 - 4x^3$

Mehrfache Nullstellen

$f(x) = (x+3) \cdot (x-1)^2$

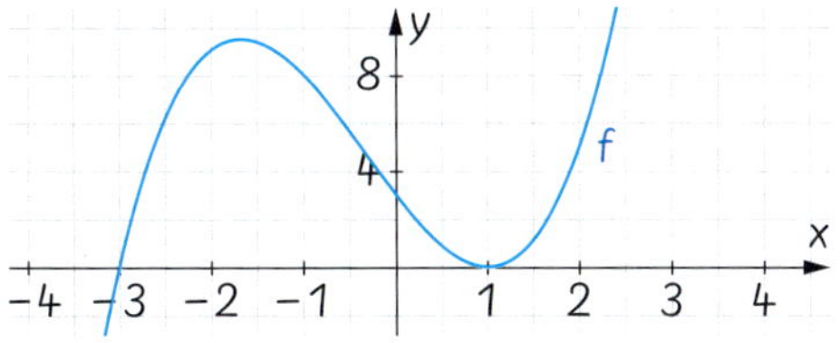

*$x = -3$ ist eine **einfache** Nullstelle.*
$f(x)$ hat dort einen Vorzeichenwechsel.
*$x = 1$ ist eine **doppelte** Nullstelle.*
$f(x)$ hat dort keinen Vorzeichenwechsel.

Zweite Ableitung

*Die **zweite Ableitung f''** einer Funktion f beschreibt das Änderungsverhalten von f' bzw. das **Krümmungsverhalten** des Graphen von f.*

Kriterium für Extremstellen

*An den **Extremstellen** einer Funktion f hat der Graph von f Hoch- oder Tiefpunkte. Mögliche Extremstellen von f sind die Nullstellen von f'.*

*Mit **Vorzeichenwechsel-Kriterium** prüfen:*

Vorzeichenwechsel von f' an der Stelle x_E	$f(x_E)$ ist lokales	$(x_E \mid f(x_E))$ ist
von + nach −	Maximum	Hochpunkt
von − nach +	Minimum	Tiefpunkt
kein		Sattelpunkt

*Mit **f''-Kriterium** prüfen:*

$f''(x_E)$	$f(x_E)$ ist lokales	$(x_E \mid f(x_E))$ ist
< 0	Maximum	Hochpunkt
> 0	Minimum	Tiefpunkt
$= 0$	keine Aussage möglich	

Kriterium für Wendestellen

*An einer **Wendestelle** einer Funktion f geht der Graph von f von einer Linkskurve in eine Rechtskurve über oder umgekehrt.*

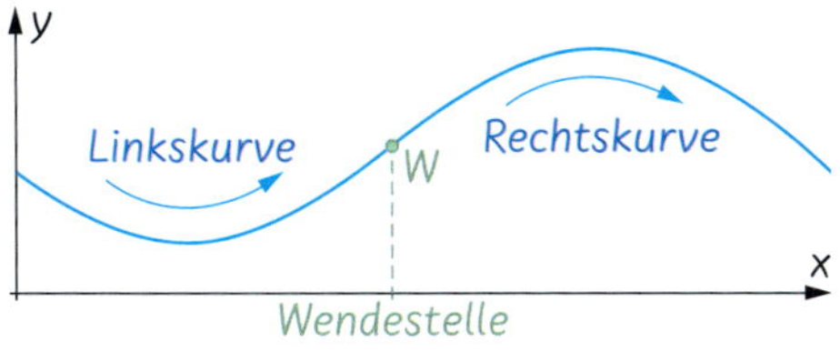

Wendestellen von f sind Extremstellen von f'.

WES-109471-925

6 **Nullstellen und Globalverlauf**

Skizzieren Sie den Graphen von f nur mithilfe der Nullstellen und des Globalverlaufs.

a) $f(x) = (x+5)^2 \cdot (x-1) \cdot (x+2)^3$
b) $f(x) = (x-2)^2 \cdot x \cdot (x+2)^2$
c) $f(x) = -(x+1) \cdot x \cdot (x-3)^4$
d) $f(x) = -2 \cdot (x-3)^2 \cdot x^4 \cdot (x+3)^3$

7 **Graphen mit vorgegebenen Eigenschaften**

Der Graph einer ganzrationalen Funktion f verläuft durch die Punkte $P(1 \mid 2)$ und $Q(6 \mid 8)$. Skizzieren Sie einen möglichen Graphen von f so, dass der Graph zwischen P und Q

(1) einen Tief- und einen Hochpunkt hat;
(2) einen Sattel- und einen Tiefpunkt hat;
(3) sein Monotonieverhalten von streng monoton wachsend in streng monoton fallend ändert;
(4) eine dreifache Nullstelle hat.

8 **Zusammenhänge von f' und f**

Die Abbildung zeigt den Graphen der Ableitungsfunktion f' einer Funktion f.

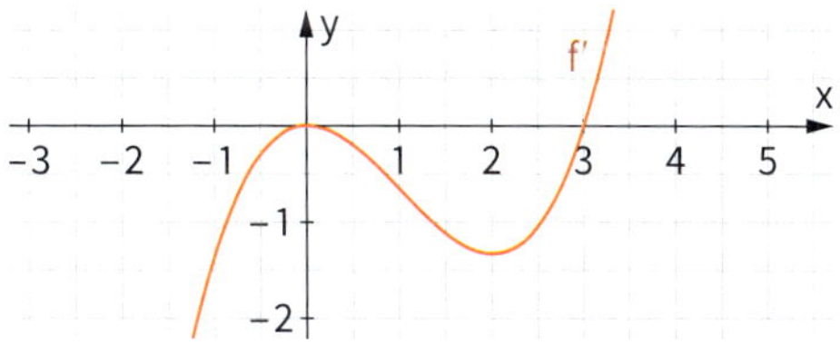

Begründen Sie folgende Eigenschaften von f am Graphen von f':

(1) Die Funktion f ist im Intervall $[-1; 3]$ streng monoton fallend.
(2) Der Graph von f hat an der Stelle $x = 0$ einen Sattelpunkt.
(3) An der Stelle $x = 3$ liegt auf dem Graphen von f einen Tiefpunkt.

9 **Fallunterscheidungen**

Gegeben ist die Funktion f mit $f(x) = \frac{1}{3}x^3 + a \cdot x$ und $a \in \mathbb{R}$.

a) Untersuchen Sie, für welche Werte von a der Graph von f Extrempunkte hat.
b) Zeigen Sie, dass unabhängig von a alle Graphen den Wendepunkt $W(0 \mid 0)$ haben.

10 **Funktion untersuchen**

Untersuchen Sie die Funktion f.

a) $f(x) = x^3 - 2x^2$ b) $f(x) = \frac{1}{20}x^5 - x^3$

WES-109471-926

Punkte und Vektoren im Raum

Punkte im Raum

$P(2|-3|2,5)$ einzeichnen:

Gehe vom Ursprung aus

- *2 Einheiten in x_1-Richtung nach vorne*
- *3 Einheiten in x_2-Richtung nach links*
- *2,5 Einheiten in x_3-Richtung nach oben*

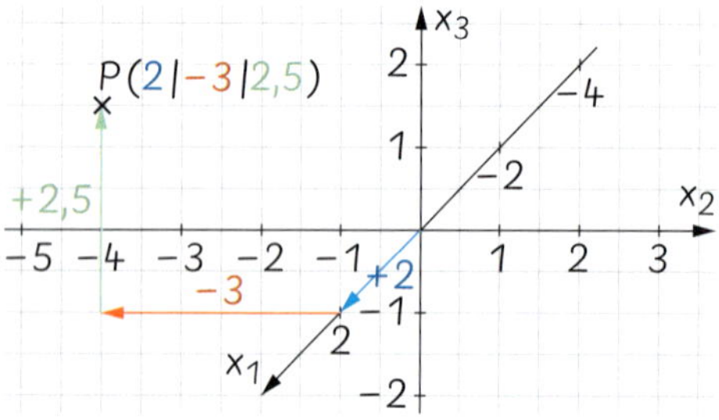

Vektoren

*Ein **Vektor** $\vec{v}$ mit drei Koordinaten ist ein Zahlentripel. Durch einen Vektor wird eine **Verschiebung** im Raum beschrieben.*

$\vec{v} = \begin{pmatrix} v_1 \\ v_2 \\ v_3 \end{pmatrix}$

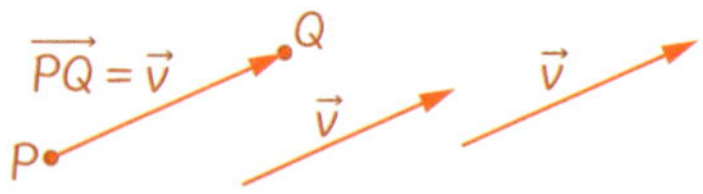

Länge eines Vektors

$|\vec{v}| = \sqrt{v_1^2 + v_2^2 + v_3^2}$

Abstand zweier Punkte

$|AB| = |\overrightarrow{AB}|$

Rechnen mit Vektoren

Addieren

$\vec{a} + \vec{b} = \begin{pmatrix} a_1 + b_1 \\ a_2 + b_2 \\ a_3 + b_3 \end{pmatrix}$

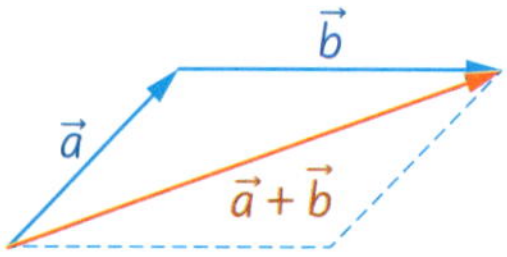

Subtrahieren

$\vec{a} - \vec{b} = \begin{pmatrix} a_1 - b_1 \\ a_2 - b_2 \\ a_3 - b_3 \end{pmatrix}$

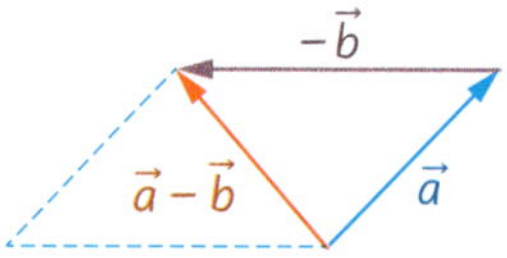

Vervielfachen

$k \cdot \vec{v} = \begin{pmatrix} k \cdot v_1 \\ k \cdot v_2 \\ k \cdot v_3 \end{pmatrix}$

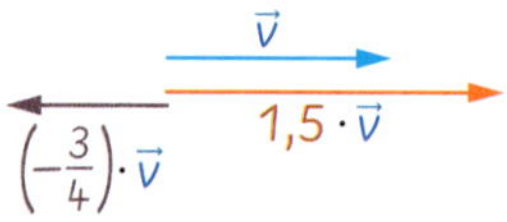

Vektoren auf Parallelität prüfen

Gegeben: Vektoren $\vec{v}$ und $\vec{w}$

(1) *$\vec{v} = k \cdot \vec{w}$ lösen*

(2) *Wenn es ein k gibt, das alle drei Gleichungen erfüllt, so sind $\vec{v}$ und $\vec{w}$ parallel. Ansonsten sind $\vec{v}$ und $\vec{w}$ nicht parallel.*

1 Dreieck verschieben

a) Zeichnen Sie das Dreieck ABC mit $A(2|4|-1)$, $B(0|-2|3)$ und $C(2|5|2)$ in ein Koordinatensystem.

b) Das Dreieck ABC wird mit dem Vektor $\vec{v} = \begin{pmatrix} -2 \\ 3 \\ 1 \end{pmatrix}$ verschoben. Bestimmen Sie die Koordinaten der Bildpunkte A′, B′, C′ und zeichnen Sie das Bilddreieck in dasselbe Koordinatensystem.

2 Punkte mit besonderer Lage

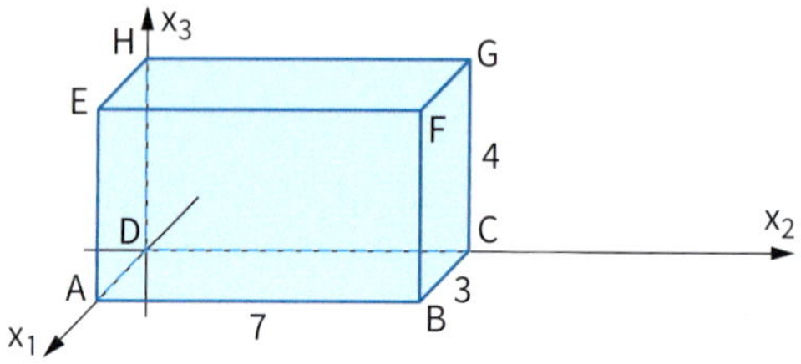

Geben Sie die Koordinaten aller Punkte des Quaders an,

a) die auf der x_1-Achse liegen;

b) deren x_3-Koordinate 0 ist;

c) die in der x_2x_3-Ebene liegen;

d) deren x_2-Koordinate 7 ist;

e) deren x_1-und x_2-Koordinaten 0 sind.

3 Verbindungsvektor

Berechnen Sie die Länge des Vektors $\overrightarrow{AB}$.

a) $A(2|-5|0)$; $B(-7|6|4)$

b) $A(1|1|-1)$; $B(-4|1|-1)$

c) $A(0|8|0)$; $B(-8|0|9)$

4 Rechnen mit Vektoren

a) $\begin{pmatrix} 6 \\ -3 \\ 1 \end{pmatrix} - 2 \cdot \begin{pmatrix} 4 \\ 0 \\ 5 \end{pmatrix}$

b) $\frac{1}{3} \cdot \begin{pmatrix} 9 \\ 6 \\ -3 \end{pmatrix} + \frac{1}{2} \cdot \begin{pmatrix} -8 \\ 5 \\ -3 \end{pmatrix}$

5 Grafische Addition und Subtraktion

Beschreiben Sie den Vektor mithilfe der Vektoren $\vec{a}$, $\vec{b}$ und $\vec{c}$.

a) $\overrightarrow{AD}$

b) $\overrightarrow{BC}$

c) $\overrightarrow{CD}$

d) $\overrightarrow{CA}$

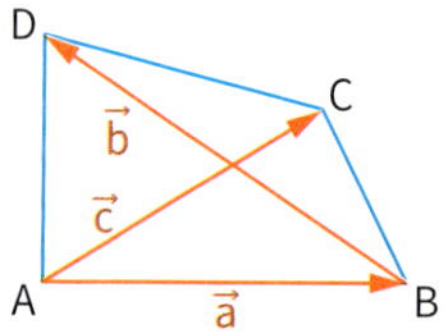

6 Vektoren auf Parallelität prüfen

Untersuchen Sie, welche der Vektoren parallel zueinander sind.

$\vec{a} = \begin{pmatrix} 2 \\ 3 \\ -1 \end{pmatrix}$ $\vec{b} = \begin{pmatrix} -1 \\ 3 \\ 2 \end{pmatrix}$ $\vec{c} = \begin{pmatrix} -6 \\ -9 \\ 3 \end{pmatrix}$ $\vec{d} = \begin{pmatrix} -0,5 \\ 1,5 \\ 1 \end{pmatrix}$

Geraden im Raum

WES-109471-927

Parameterdarstellung einer Geraden

Gerade g durch Punkt A in Richtung $\vec{u} \neq \vec{o}$:

$g: \vec{x} = \vec{a} + t \cdot \vec{u};\ t \in \mathbb{R}$

Stützvektor ($\vec{a}$) **Richtungsvektor** ($\vec{u}$)

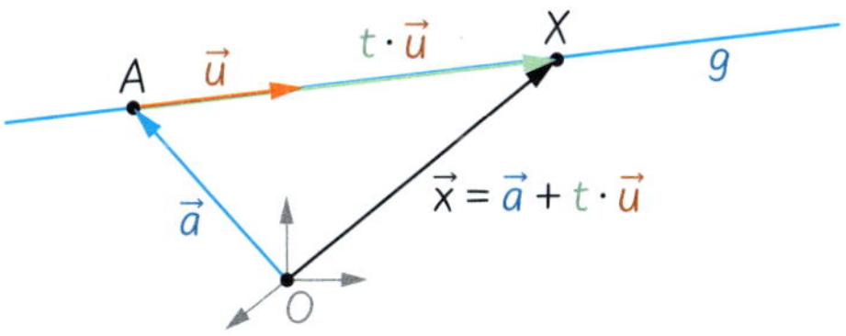

Punktprobe

Gegeben: Gerade g: $\vec{x} = \vec{a} + t \cdot \vec{u}$; Punkt P

(1) $\vec{a} + t \cdot \vec{u} = \overrightarrow{OP}$ lösen

(2) Wenn es ein t gibt, das alle drei Gleichungen erfüllt, so liegt P auf g. Ansonsten liegt P nicht auf g.

Spurpunkte

Die **Spurpunkte** $S_{12}(x_1|x_2|0)$, $S_{13}(x_1|0|x_3)$, $S_{23}(0|x_2|x_3)$ einer Geraden g sind die Schnittpunkte von g mit den Koordinatenebenen.

Lage von Geraden untersuchen

Gegeben: g: $\vec{x} = \vec{a} + r \cdot \vec{u}$ und h: $\vec{x} = \vec{b} + s \cdot \vec{v}$

Auf Parallelität prüfen:
Sind $\vec{u}$ und $\vec{v}$ Vielfache voneinander?

- ja → **Punktprobe:** Liegt Punkt A mit Ortsvektor $\vec{a}$ auf h?
  - ja → g und h **identisch**
  - nein → g und h echt **parallel**
- nein → **Auf Schnittpunkt prüfen:** Hat $\vec{a} + r \cdot \vec{u} = \vec{b} + s \cdot \vec{v}$ genau eine Lösung?
  - ja → g und h **schneiden sich**
  - nein → g und h **windschief**

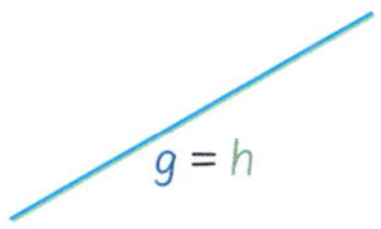

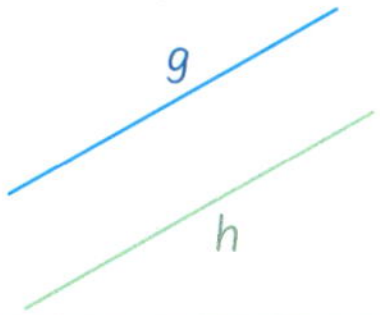

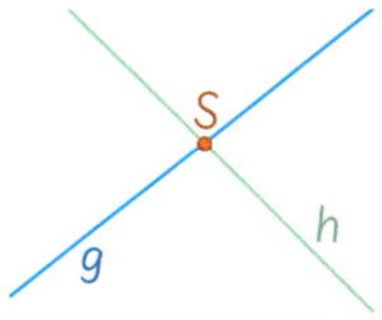

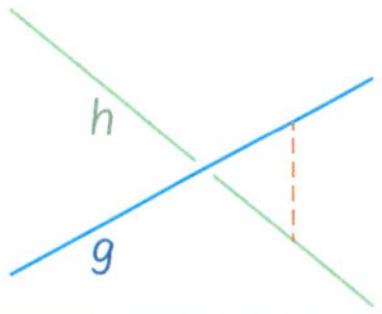

1 Geradengleichung aufstellen

Bestimmen Sie zwei Parameterdarstellungen der Geraden g durch die Punkte A und B.

a) A(3|−2|5); B(0|4|−6) b) A(1|0|2); B(0|3|0) c) A(8|3|7); B(5|−2|−1)

2 Punkte auf einer Geraden – Lage im Koordinatensystem

Gegeben ist die Gerade g mit $\vec{x} = \begin{pmatrix} 2 \\ 4 \\ -1 \end{pmatrix} + t \cdot \begin{pmatrix} 2 \\ 0 \\ 1 \end{pmatrix};\ t \in \mathbb{R}$.

a) Geben Sie drei Punkte an, die auf g liegen, und drei Punkte, die nicht auf der Gerade g liegen.

b) Bestimmen Sie die Spurpunkte von g.

c) Beschreiben Sie die besondere Lage von g im Koordinatensystem.

d) Bestimmen Sie eine Parameterdarstellung einer Geraden h durch den Punkt P(1|5|1), die parallel zur Geraden g verläuft.

3 Lage von Geraden untersuchen

g: $\vec{x} = \begin{pmatrix} 3 \\ 5 \\ -2 \end{pmatrix} + t \cdot \begin{pmatrix} 0 \\ 2 \\ 1 \end{pmatrix};\ t \in \mathbb{R}$ h: $\vec{x} = \begin{pmatrix} 4 \\ 1 \\ 0 \end{pmatrix} + r \cdot \begin{pmatrix} 1 \\ -2 \\ 3 \end{pmatrix};\ r \in \mathbb{R}$ k: $\vec{x} = \begin{pmatrix} 1 \\ 0 \\ 0 \end{pmatrix} + s \cdot \begin{pmatrix} -2 \\ 4 \\ -6 \end{pmatrix};\ s \in \mathbb{R}$

WES-109471-928

Statistische Daten

Absolute und relative Häufigkeiten

*Die **absolute Häufigkeit** gibt die Anzahl an, wie oft etwas vorkommt. Die **relative Häufigkeit** gibt den Anteil einer absoluten Häufigkeit an der Gesamtzahl an.*

$$\text{relative Häufigkeit} = \frac{\text{absolute Häufigkeit}}{\text{Gesamtzahl}}$$

Lieblings-schokolade	*absolute Häufigkeit*	*relative Häufigkeit als Bruch*	*in Prozent*
Zartbitter	2	$\frac{2}{20} = \frac{1}{10}$	10 %
Vollmilch	12	$\frac{12}{20} = \frac{3}{5}$	60 %
Nuss	6	$\frac{6}{20} = \frac{3}{10}$	30 %
Gesamt	**20**	$\frac{20}{20}$	100 %

Daten darstellen

Säulendiagramm

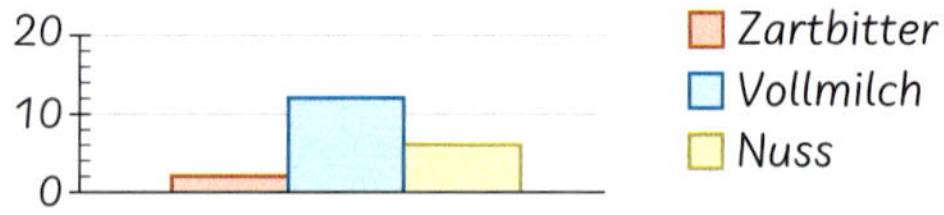

Kreisdiagramm

„Mittelpunktswinkel = rel. Häufigkeit · 360°"

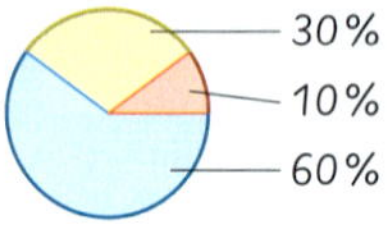

10 % · 360° = 36°
60 % · 360° = 216°
30 % · 360° = 108°

Streifendiagramm

„Streifenstück = rel. Häufigkeit · Gesamtlänge"

Kenngrößen von Daten

Sandras Weiten beim Tauchen

7 m; 4 m; 7 m; 1 m; 11 m; 9 m; 2 m; 3 m

Anzahl der Werte: 8

***Spannweite**: 11 m – 1 m = 10 m*

***Modalwert** (häufigster Wert): 7 m*

***Arithmetisches Mittel** berechnen:*

$$\bar{x} = \frac{\text{Summe aller Werte}}{\text{Anzahl der Werte}} = \frac{44\,m}{8} = 5{,}5\,m$$

*Der **Median** ist der mittlere Wert einer geordneten Liste; bei einer geraden Anzahl der Werte wählt man den Mittelwert der beiden mittleren Werte.*

1 m; 2 m; 3 m; 4 m; 7 m; 7 m; 9 m; 11 m

Median berechnen: $\frac{4\,m + 7\,m}{2} = 5{,}5\,m$

1 Relative Häufigkeiten

Eine Klasse wurde gefragt: *„Wie kommen Sie zur Schule?"*

Auto	Fahrrad	Bus/Tram	zu Fuß
2	12	8	3

Berechnen Sie die relativen Häufigkeiten.

2 Lücken füllen

Lieblings-sportart	absolute Häufigkeit	relative Häufigkeit als Bruch	in Prozent
Fußball	16	■	■
Tennis	■	■	25 %
Basketball	■	$\frac{1}{5}$	■
Judo	■	■	■
Gesamt	40	■	■

3 Diagramme erstellen

In einer Klasse wurde eine Umfrage zum Lieblingshaustier durchgeführt.

Hund	Kaninchen	Hamster	Katze
12	6	3	9

Erstellen Sie ein Säulen-, ein Kreis- und ein Streifendiagramm.

4 Zweite Fremdsprache

120 Schülerinnen und Schüler wurden zu ihrer Wahl der zweiten Fremdsprache befragt.

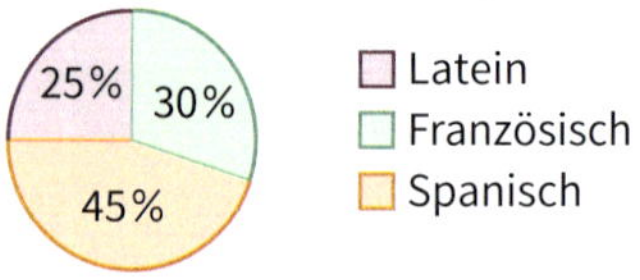

Erstellen Sie aus den Daten ein Säulen- und ein Streifendiagramm.

5 Stromverbrauch

In einem Haushalt wurde der tägliche Stromverbauch in kWh gemessen.

Bestimmen Sie die Spannweite, den Modalwert, den Median und das arithmetische Mittel.

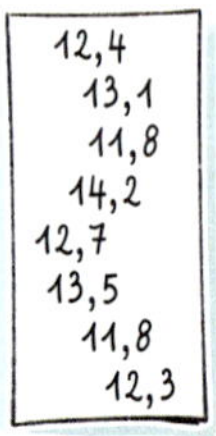

6 Datensatz erstellen

Erstellen Sie einen Datensatz mit sieben Einträgen, dessen arithmetisches Mittel 10 und dessen Median 8 ist.

Zufallsexperimente

WES-109471-929

Zufallsexperimente

*Ein **Zufallsexperiment** ist ein Versuch, bei dem man nicht vorhersagen kann, welches **Ergebnis** eintritt. Die möglichen Ergebnisse fasst man in einer **Ergebnismenge** S zusammen.*

Wahrscheinlichkeit aus Anteilen bestimmen

Kugeln ziehen

$S = \{blau; rot\}$

$P(blau) = \frac{4}{6}$

Würfeln

$S = \{1; 2; 3; 4; 5; 6\}$

$P(3) = \frac{1}{6}$

Empirisches Gesetz der großen Zahlen

*Nach vielen Durchführungen eines Zufallsexperiments ist die relative Häufigkeit ein **guter Schätzwert** für die Wahrscheinlichkeit.*

Reißzwecke werfen S = {; }

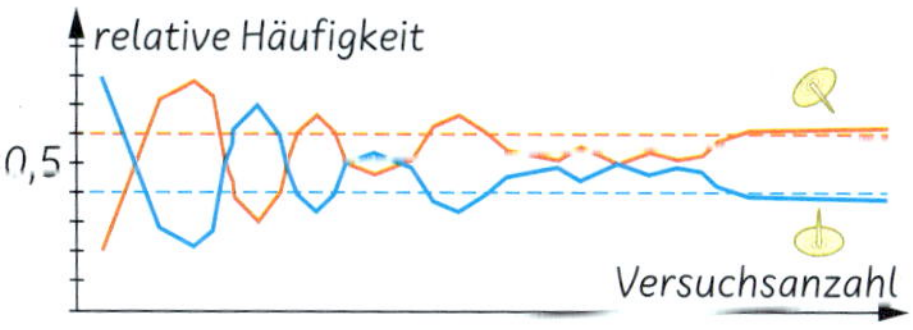

P() ≈ 0,6 und P() ≈ 0,4

Ereignis und Gegenereignis

*Ein **Ereignis** fasst ein oder mehrere Ergebnisse zusammen. Das **Gegenereignis** $\overline{E}$ eines Ereignisses E enthält alle Ergebnisse der Ergebnismenge S, die nicht zu E gehören.*

Komplementärregel

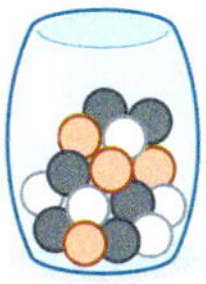

E: Die gezogene Kugel ist schwarz oder weiß

$\overline{E}$: Die gezogene Kugel ist rot

$P(E) = 1 - P(\overline{E}) = 1 - \frac{4}{15} = \frac{11}{15}$

Laplace-Regel

$S = \{1; 2; 3; 4; 5; 6\}$

*Jede Zahl wird mit der **gleichen Wahrscheinlichkeit** gewürfelt.*

E: Die gewürfelte Zahl ist eine Primzahl

$E = \{2; 3; 5\}$

$P(E) = \frac{\text{Anzahl der günstigen Ergebnisse}}{\text{Anzahl der möglichen Ergebnisse}} = \frac{3}{6} = \frac{1}{2}$

1 Wahrscheinlichkeiten aus Anteilen

Aus einer Tüte mit 12 roten, 20 gelben und 8 blauen Schokolinsen wird eine Schokolinse gezogen. Bestimmen Sie die Wahrscheinlichkeiten der möglichen Ergebnisse.

2 Zufallsgeräte

Zeichnen Sie drei Zufallsgeräte, die jeweils genau drei Ergebnisse mit den Wahrscheinlichkeiten $\frac{1}{3}$, $\frac{1}{2}$ und $\frac{1}{6}$ haben.

3 Ergebnismenge bestimmen

Bestimmen Sie die Ergebnismenge.

a) Der Würfel wird einmal geworfen.

b) Der Würfel wird zweimal geworfen und der Betrag der Differenz der Augenzahlen gebildet.

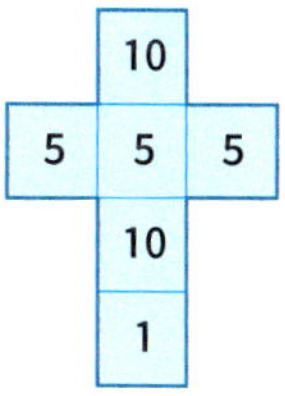

4 Gegenereignisse formulieren

Ein Würfel wird 4-mal geworfen.
Formulieren Sie jeweils das Gegenereignis.

E_1: *Mindestens eine Sechs*

E_2: *Höchstens drei Sechsen*

E_3: *Keinmal Sechs*

5 Gesetz der großen Zahlen

Beurteilen Sie die Aussage.

> Wirft man den Lego-Achter 1 000 000-mal, so erhält man die Wahrscheinlichkeiten, mit der er auf den verschiedenen Seiten landet.

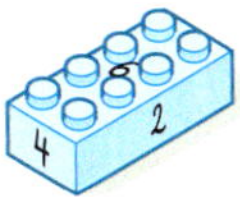

6 Wahrscheinlichkeiten von Ereignissen

Aus den 32 Karten eines gut gemischten Skatblatts wird eine Karte gezogen.

a) Begründen Sie, dass es sich hierbei um ein Laplace-Experiment handelt.

b) Ermitteln Sie die Wahrscheinlichkeit, dass die gezogene Karte
(1) eine Herz-Karte;
(2) ein König;
(3) eine Dame oder ein Bube ist.

c) Erläutern Sie in diesem Sachkontext den Zusammenhang zwischen „Ergebnis" und „Ereignis".

WES-109471-930

Baumdiagramme

Zweistufige Zufallsexperimente

Ein Zufallsexperiment, das in zwei Schritten nacheinander durchgeführt wird, nennt man ***zweistufig****.*

Baumdiagramme

Zweistufige Zufallsexperimente kann man mit ***Baumdiagrammen*** *darstellen. Zu jedem der Ergebnisse gehört ein* ***Pfad****.*

2 Kugeln ohne Zurücklegen aus einer Urne mit 3 blauen und 4 gelben Kugeln ziehen:

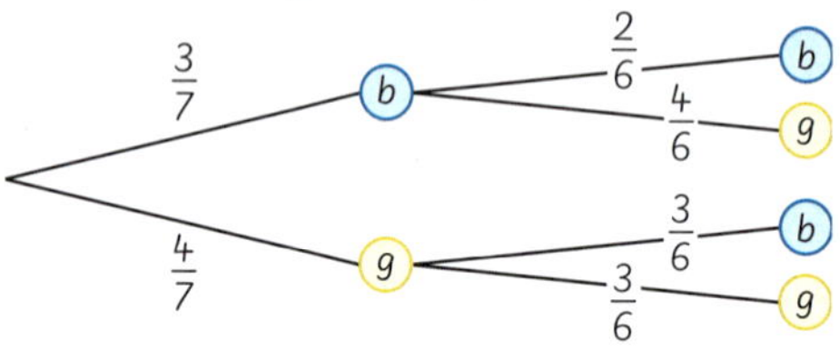

Pfadregeln

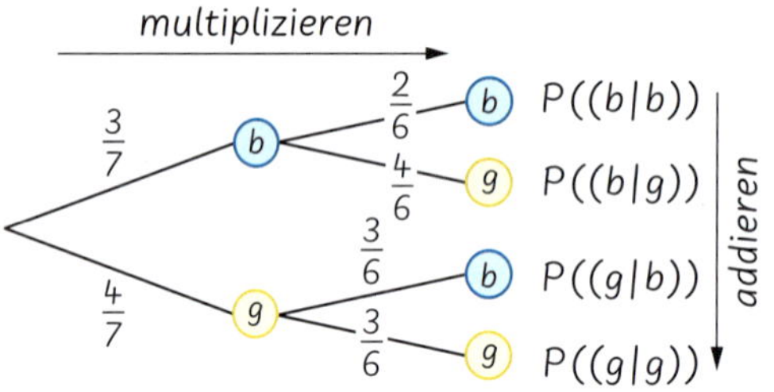

E_1: Zwei blaue Kugel

$P(E_1) = P((b|b)) = \frac{3}{7} \cdot \frac{2}{6} = \frac{6}{42} \approx 0{,}14$

E_2: Zwei verschiedenfarbige Kugel

$P(E_2) = P((b|g)) + P((g|b))$

$= \frac{3}{7} \cdot \frac{4}{6} + \frac{4}{7} \cdot \frac{3}{6} = \frac{24}{42} \approx 0{,}57$

Vereinfachtes Baumdiagramm

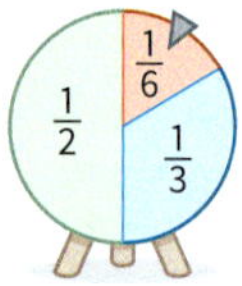

Das Glücksrad wird 2-mal gedreht. Man gewinnt, wenn beide Male dieselbe Farbe erscheint.

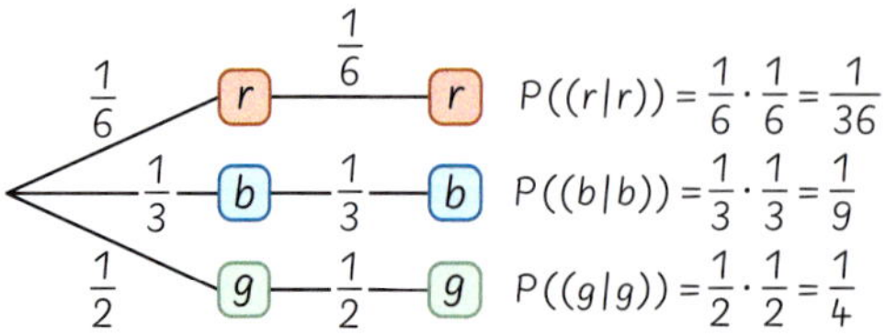

Die Wahrscheinlichkeit beträgt $\frac{16}{36} \approx 0{,}44$.

1 Baumdiagramm vervollständigen

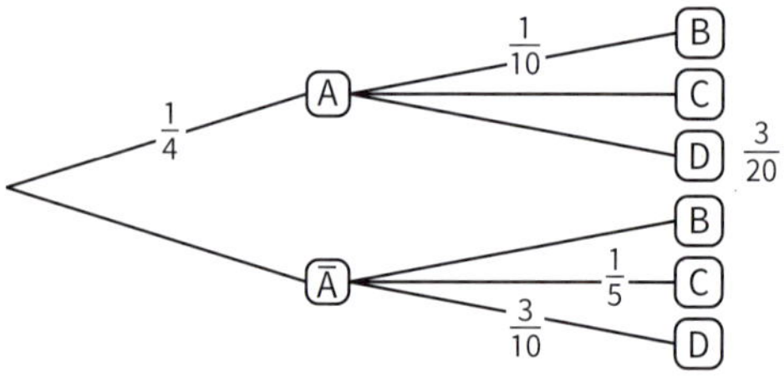

2 „Zieh 2“

Eine Bonbonsorte gibt es in den Farben gelb und orange. In einer Packung sind 20 % mehr gelbe als orange Bonbons enthalten.
Ohne hinzusehen entnimmt Theo nacheinander zwei Bonbons. Bestimmen Sie jeweils die Wahrscheinlichkeit, dass er

(1) zwei gelbe Bonbons zieht;
(2) zwei verschiedenfarbige Bonbons zieht;
(3) mindestens einen orange Bonbon zieht.

3 Tetraederwürfel

Ein Tetraederwürfel hat zwei rote, eine blaue und eine gelbe Seite. Er wird zweimal geworfen. Bestimmen Sie jeweils die Wahrscheinlichkeit des Ereignisses.

(1) Rot und Blau
(2) Gleiche Farben
(3) Nicht zweimal Rot
(4) Keinmal Rot

4 Kugeln ziehen

Aus der Urne wird zweimal ohne Zurücklegen eine Kugel gezogen und der Betrag der Differenz der Zahlen gebildet.

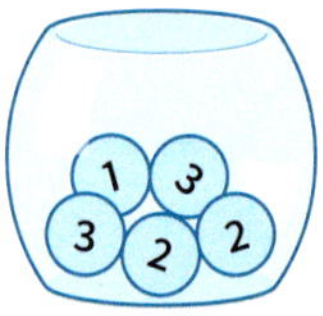

a) Berechnen Sie die Wahrscheinlichkeiten.
   E_1: *Das Ergebnis ist 2 oder 0*
   E_2: *Das Ergebnis ist nicht 0*
b) Geben Sie die Ergebnismenge an und bestimmen Sie alle zugehörigen Wahrscheinlichkeiten. Stellen Sie die Daten in einem Säulendiagramm dar.

5 Büroklammern

In einer 1000er-Box sind zu gleichen Anteilen lila, gelbe, blaue, pink und rote Büroklammern enthalten. Ermitteln Sie die Wahrscheinlichkeit, dass beim Nehmen von zwei Büroklammern diese nur lila und gelb sind. Zeichnen Sie dazu ein vereinfachtes Baumdiagramm.

Mathematische Symbole und Sprechweisen

Zahlen

Symbol	Sprechweise
100	*„hundert“*
1000	*„tausend“*
10 000	*„zehntausend“*
1 000 000	*„eine Million“*
1 000 000 000	*„eine Milliarde“*
1 000 000 000 000	*„eine Billion“*
2,34	*„zwei Komma drei vier“*

Symbol	Sprechweise
$0,\overline{3}$	*„null Komma Periode drei“*
$0,1\overline{6}$	*„null Komma eins Periode sechs“*
$\frac{1}{2}$	*„ein Halb“*
$\frac{2}{3}$	*„zwei Drittel“*
$1\frac{2}{5}$	*„ein zwei Fünftel“*
−24	*„minus vierundzwanzig“*

Besondere Zahlen

Symbol		Sprechweise
π	π = 3,14159265...	*„pi“* oder *„Kreiszahl“*
e	e = 2,71828182...	*„e“* oder *„Euler'sche Zahl“*

Mathematische Schreib- und Sprechweisen

Symbol	Beispiel	Sprechweise
+	8 + 4	*„8 plus 4“* oder *„Die **Summe** von 8 und 4“*
−	7 − 2	*„7 minus 2“* oder *„7 **vermindert um** 2“* oder *„Die **Differenz** von 7 und 2“*
·	5 · 6	*„5 mal 6“* oder *„5 **multipliziert mit** 6“* oder *„Das **Produkt** von 5 und 6"*
:	9 : 3	*„9 geteilt durch 3“* oder *„9 **dividiert durch** 3“* oder *„Der **Quotient** von 9 und 3“*
=	6 = 2 · 3	*„6 ist **gleich** 2 mal 3.“*
≈	197 ≈ 200	*„197 ist **ungefähr** 200.“*
<	7 < 19	*„7 ist **kleiner** als 19.“*
≤	a ≤ b	*„a ist **kleiner oder gleich** b.“*
>	2 > 1	*„2 ist **größer** als 1.“*
≥	a ≥ b	*„a ist **größer oder gleich** b.“*
$\lvert\;\rvert$	$\lvert -4 \rvert = 4$	*„Der **Betrag** von −4 ist 4.“*
$\square^2$	$3^2 = 9$	*„3 zum **Quadrat** ist 9.“*
$\square^{\square}$	$2^5 = 32$	*„2 **hoch** 5 ist 32.“*
$\sqrt{\square}$	$\sqrt{9} = 3$	*„Die **Quadratwurzel** von 9 ist 3.“* oder *„Die Wurzel von 9 ist 3.“*
$\sqrt[3]{\square}$	$\sqrt[3]{8} = 2$	*„Die **Kubikwurzel** von 8 ist 2.“* oder *„Die **3-te Wurzel** von 8 ist 2.“*
$\sqrt[\square]{\square}$	$\sqrt[5]{32} = 2$	*„Die 5-**te Wurzel** von 32 ist 2.“*
%	10 %	*„10 **Prozent**“*
sin	sin (30°) = 0,5	*„Der **Sinus** von 30 Grad ist 0,5.“*
cos	cos (π) = − 1	*„Der **Kosinus** von π ist − 1.“*
tan	tan (45°) = 1	*„Der **Tangens** von 45 Grad ist 1.“*
log	$\log_5(25) = 2$	*„Der **Logarithmus** von 25 zur Basis 5 ist 2.“*
ln	ln (1) = 0	*„Der **natürliche Logarithmus** von 1 ist 0.“*
→	$x \to x_0$	*„x **gegen** x 0“*
lim	$\lim\limits_{x \to 0} (x + 2) = 2$	*„Der **Limes** für x gegen 0 von x plus 2 ist 2.“* oder *„Der **Grenzwert** für x gegen 0 von x plus 2 ist 2.“*

Mengen

Symbol	Beispiel	Sprechweise
$\{\ldots\}$	$\{1, 2, 3, 4\}$	*„Die **Menge** besteht aus den Elementen 1, 2, 3 und 4."*
$\in$	$3 \in M$	*„3 **gehört zur** Menge M."* oder *„3 **ist Element** der Menge M."*
$\{x \in M \mid \ldots\}$	$\{x \in M \mid x \text{ ungerade}\}$	*„Die Menge aller x aus M **mit der Eigenschaft** x ungerade"* oder *„Die Menge aller x aus M, **für die gilt**: x ist ungerade"*
$\{\ \}$		*„leere Menge"*
$\mathbb{N}$		*„Die Menge der **natürlichen Zahlen**"*
$\mathbb{Z}$		*„Die Menge der **ganzen Zahlen**"*
$\mathbb{Q}$		*„Die Menge der **rationalen Zahlen**"*
$\mathbb{R}$		*„Die Menge der **reellen Zahlen**"*
$\square_+$	$\mathbb{R}_+$	*„Die Menge der positiven reellen Zahlen einschließlich 0"*
$\setminus$	$\mathbb{R}\setminus\{0\}$	*„Die Menge der reellen Zahlen **ohne** 0"*
L	$L = \{\ \}$	*„Die **Lösungsmenge** ist die leere Menge."* oder *„Die Lösungsmenge ist leer."*
$[\ldots]$	$[-1; 3]$	*„Das **abgeschlossene Intervall** von – 1 bis 3"*
$]\ldots[$	$]-1; 3[$	*„Das **offene Intervall** von – 1 bis 3"*
$[\ldots[$	$[-1; 3[$	*„Das **rechtsoffene Intervall** von – 1 bis 3"* oder *„Das bei – 1 abgeschlossene und bei 3 offene Intervall"*
$]\ldots]$	$]-1; 3]$	*„Das **linksoffene Intervall** von – 1 bis 3"* oder *„Das bei – 1 offene und bei 3 abgeschlossene Intervall"*

Funktionen

Symbol	Beispiel	Sprechweise
$\mapsto$	$x \mapsto x^2$	*„Jeder Zahl x wird ihr Quadrat **zugeordnet**."*
$y = \square$	$y = (x-2)^3$	*„Der **Funktionsterm** lautet x minus 2 in Klammern hoch 3."*
f, g …	$f(x) = (x-2)^3$	*„Die **Funktionsgleichung** lautet f von x ist gleich x minus 2 in Klammern hoch 3."*
$f(\square)$	$f(3) = 27$	*„Der **Funktionswert** von f **an der Stelle** 3 ist 27."*
D	$D = \mathbb{R}\setminus\{0\}$	*„Der **Definitionsbereich** ist R ohne null."*
W	$W = \mathbb{R}_+$	*„Der **Wertebereich** ist R plus."*
f'		*„f Strich"* oder *„Die **Ableitung** von f"* oder *„Die **Ableitungsfunktion** von f"*
$f'(\square)$	$f'(2) = 6$	*„Die **Ableitung** von f **an der Stelle** 2 ist 6."* oder *„Die **Steigung** des Graphen von f **an der Stelle** 2 ist 6."*
f''		*„f zwei Strich"* oder *„Die **zweite Ableitung** von f"*
f_a	$f_a(x) = a \cdot x^2$	*„Der Funktionsterm mit der Funktionsvariablen x und dem **Parameter** a lautet a mal x Quadrat."*
$\int_{\square}^{\square} \square$	$\int_0^3 f(x)\,dx$	*„Das **Integral** der Funktion f über dem Intervall [0; 3]"*
F, G …	$F(x) = x^4$	*„Eine **Stammfunktion** F (der Funktion f) ist x hoch 4."*
$[F(x)]_a^b$	$[F(x)]_0^1 = F(0) - F(1)$	*„Stammfunktion F in den Grenzen von 0 bis 1"*
I_a	$I_{-1}(x) = \int_{-1}^{x} f(t)\,dt$	*„Die **Integralfunktion** der Funktion f mit der **unteren Grenze** – 1"*
t_V	$t_V = 2$	*„Die **Verdopplungszeit** beträgt 2 [Zeiteinheiten]."*
t_H	$t_H = 5$	*„Die **Halbwertszeit** beträgt 5 [Zeiteinheiten]."*

Geometrie

Symbol	Beispiel	Sprechweise
P	P(3|4)	*„Der **Punkt** P mit den Koordinaten 3 und 4“*
P	P(3|4|8)	*„Der **Punkt** P mit den Koordinaten 3, 4 und 8“*
AB	g = AB	*„**Gerade** g durch A und B“*
$\overline{AB}$	a = $\overline{AB}$	*„**Strecke** a von A nach B“*
|AB|	|AB| = 4 cm	*„Die Strecke A B ist 4 cm lang.“*
∥	g ∥ h	*„g ist **parallel** zu h.“* oder *„Die Geraden g und h sind parallel zueinander.“*
⊥	g ⊥ h	*„g ist **orthogonal** zu h.“* oder *„Die Geraden g und h sind orthogonal zueinander.“* oder *„Die Geraden g und h stehen senkrecht aufeinander.“*
ABC	Dreieck ABC	*„Das Dreieck mit den Eckpunkten A, B und C“*
ABCD	Viereck ABCD	*„Das Viereck mit den Eckpunkten A, B, C und D“*
a, b …	a = 5 cm	*„Die **Länge** von a ist 5 cm.“* oder *„Die **Strecke** a ist 5 cm lang.“*
U	U = 12 cm	*„Der **Umfang** ist 12 cm.“*
A	A = 2 cm²	*„Der **Flächeninhalt** ist 2 cm².“*
O	O = 24 cm²	*„Der **Oberflächeninhalt** ist 24 cm².“*
V	V = 8 cm³	*„Das **Volumen** ist 8 cm³.“* oder *„Der **Rauminhalt** ist 8 cm³.“*
°	γ = 105°	*„Gamma gleich 105 **Grad**“* oder *„Der Winkel Gamma ist 105 Grad groß.“*
∢	∢(BAC)	*„**Winkel** B A C“*
	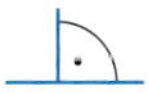	*„rechter Winkel“*
$\vec{v}$	$\vec{v} = \begin{pmatrix} 2 \\ -1 \\ 3 \end{pmatrix}$	*„Der **Vektor** v mit den Koordinaten 2, −1 und 3“*
$-\vec{v}$	$-\vec{v} = \begin{pmatrix} -2 \\ 1 \\ -3 \end{pmatrix}$	*„Der **Gegenvektor** zu v mit den Koordinaten −2, 1 und −3“*
$\overrightarrow{PQ}$	$\overrightarrow{PQ} = \begin{pmatrix} 2 \\ -1 \\ 3 \end{pmatrix}$	*„Der **Vektor** von P nach Q mit den Koordinaten 2, −1 und 3“* oder *„Der **Verbindungsvektor** P Q mit den Koordinaten 2, −1 und 3“*
$\overrightarrow{OA}$	$\vec{a} = \overrightarrow{OA}$	*„**Ortsvektor** a des Punktes A“*
$\vec{o}$		*„Nullvektor“*
$\lvert\vec{v}\rvert$	$\lvert\vec{v}\rvert$ = 6 cm	*„Die **Länge** des Vektors v ist 6 cm.“* oder *„Der **Betrag** des Vektors v ist 6 cm.“*
+	$\vec{v} + \vec{w}$	*„Die **Summe** der Vektoren v und w“* oder *„Der **Summenvektor** v plus w“*
−	$\vec{v} - \vec{w}$	*„Die **Differenz** der Vektoren v und w“* oder *„Der **Differenzvektor** v minus w“*
·	$2 \cdot \vec{v}$	*„Das 2-**Fache** des Vektors v“*
∘	$\vec{v} \circ \vec{w}$	*„Das **Skalarprodukt** der Vektoren v und w“*
×	$\vec{v} \times \vec{w}$	*„Das **Vektorprodukt** der Vektoren v und w“*
$_{\parallel}$	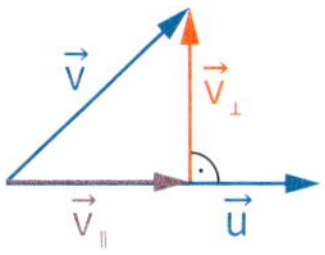	*„Der zum Vektor u **parallele Teil** des Vektors v“* oder kurz: *„Der Vektor v parallel“*
$_{\perp}$		*„Der zum Vektor u **orthogonale Teil** des Vektors v“* oder kurz: *„Der Vektor v orthogonal“*
$\vec{n}$		*„Normalenvektor“*

Stochastik

Symbol	Beispiel	Sprechweise
$h(x_i)$	$h(10) = 0{,}2$	*„Die **relative Häufigkeit** des Wertes 10 ist 0,2."*
$\overline{x}$	$\overline{x} = 16{,}88$	*„Das **arithmetische Mittel** ist 16,88."*
$\overline{s}$	$\overline{s} \approx 5{,}37$	*„Die **(empirische) Standardabweichung** ist ungefähr 5,37."*
$\sum$	$\sum_{i=1}^{3} x_i = x_1 + x_2 + x_3$	*„Die **Summe** von 1 bis 3 der x i"*
A, B …	A: *Dreimal Wappen*	*„Das **Ereignis*** Dreimal Wappen*"*
$\overline{A}$		*„Das **Gegenereignis** des Ereignisses A"*
$\cup$	$A \cup B$	*„Das Ereignis A **oder** B"*
$\cap$	$A \cap B$	*„Das Ereignis A **und** B"*
$\setminus$	$A \setminus B$	*„Das Ereignis A **ohne** B"*
$P(A)$	$P(A) = \frac{1}{8}$	*„Die **Wahrscheinlichkeit** für das Ereignis A beträgt ein Achtel."*
$P_A(B)$	$P_A(B) = \frac{2}{5}$	*„Die **bedingte Wahrscheinlichkeit** für das Ereignis B unter der Bedingung A beträgt zwei Fünftel."*
X, Y …	X: *Anzahl der Sechsen*	*„Die **Zufallsgröße** X beschreibt die Anzahl der Sechsen."* oder *„Die Zufallsgröße X gibt die Anzahl der Sechsen an."*
$X = x_i$	$X = 2$	*„Das Ereignis X gleich 2"* oder *„Das Ereignis* **Genau** 2 Erfolge*"*
$P(X = x_i)$	$P(X = 2) \approx 2{,}8\,\%$	*„Die Wahrscheinlichkeit für das Ereignis X gleich 2 ist ungefähr 2,8 Prozent."* oder *„Die Wahrscheinlichkeit für* Genau 2 Erfolge *ist ungefähr 2,8 Prozent."*
$E(X)$	$E(X) \approx 0{,}31$	*„Der **Erwartungswert** der Zufallsgröße X ist ungefähr 0,31."*
$Var(X)$	$Var(X) \approx 0{,}11$	*„Die **mittlere quadratische Abweichung** der Zufallsgröße X von ihrem Erwartungswert ist ungefähr 0,11."*
$\sqrt{Var(X)}$	$\sqrt{Var(X)} \approx 0{,}33$	*„Die **Standardabweichung** der Zufallsgröße X von ihrem Erwartungswert ist ungefähr 0,33."*
$\binom{n}{k}$	$\binom{5}{3} = 10$	*„Der **Binomialkoeffizient** 5 über 3 ist 10."*
$n!$	$4! = 24$	*„4 **Fakultät** ist 24."*
$P(X \le k)$	$P(X \le 3) = 0{,}913$	*„Die **kumulierte Wahrscheinlichkeit** für* **Höchstens** 3 Erfolge *beträgt 0,913."* oder *„Die **Intervallwahrscheinlichkeit** für* Höchstens 3 Erfolge *beträgt 0,913."*
$P(X < k)$	$P(X < 3) = 0{,}683$	*„Die kumulierte Wahrscheinlichkeit für* **Weniger als** 3 Erfolge *beträgt 0,683."* oder *„Die Intervallwahrscheinlichkeit für* Weniger als 3 Erfolge *beträgt 0,683."*
$P(X \ge k)$	$P(X \ge 3) = 0{,}317$	*„Die kumulierte Wahrscheinlichkeit für* **Mindestens** 3 Erfolge *beträgt 0,317."* oder *„Die Intervallwahrscheinlichkeit für* Mindestens 3 Erfolge *beträgt 0,317."*
$P(X > k)$	$P(X > 3) = 0{,}087$	*„Die kumulierte Wahrscheinlichkeit für* **Mehr als** 3 Erfolge *beträgt 0,087."* oder *„Die Intervallwahrscheinlichkeit für* Mehr als 3 Erfolge *beträgt 0,087."*
$P(a \le X \le b)$	$P(2 \le X \le 4) = 0{,}653$	*„Die kumulierte Wahrscheinlichkeit für* Mindestens 2 und höchstens 4 Erfolge *beträgt 0,653."* oder *„Die Intervallwahrscheinlichkeit für* Mindestens 2 und höchstens 4 Erfolge *beträgt 0,653."*
μ	$\mu = 3$	*„Der **Erwartungswert** der binomialverteilten* oder *normalverteilten Zufallsgröße X ist 3."*
σ	$\sigma = 1{,}5$	*„Der **Standardabweichung** der binomialverteilten* oder *normalverteilten Zufallsgröße X ist 1,5."*

Längeneinheiten und ihre Umrechnungen
Die Umrechnungszahlen für Längeneinheiten sind 10 und 1000.

Symbol	Beispiel	Sprechweise
mm	1 mm	*„ein Millimeter“*
cm	1 cm = 10 mm	*„Ein Zentimeter ist zehn Millimeter lang.“*
dm	1 dm = 10 cm	*„Ein Dezimeter ist zehn Zentimeter lang.“*
m	1 m = 10 dm	*„Ein Meter ist zehn Dezimeter lang.“*
	1 m = 100 cm	*„Ein Meter ist 100 Zentimeter lang.“*
	1 m = 1000 mm	*„Ein Meter ist 1000 Millimeter lang.“*
km	1000 m = 1 km	*„Ein Kilometer ist 1000 Meter lang.“*

Flächeneinheiten und ihre Umrechnungen
Die Umrechnungszahl für Flächeneinheiten ist 1000.

Symbol	Beispiel	Sprechweise
mm^2	1 mm^2	*„ein Quadratmillimeter“*
cm^2	1 cm^2 = 100 mm^2	*„Ein Quadratzentimeter ist 100 Quadratmillimeter groß.“*
dm^2	1 dm^2 = 100 cm^2	*„Ein Quadratdezimeter ist 100 Quadratzentimeter groß.“*
m^2	1 m^2 = 100 dm^2	*„Ein Quadratmeter ist 100 Quadratdezimeter groß.“*
	1 m^2 = 10 000 cm^2	*„Ein Quadratmeter ist 10 000 Quadratzentimeter groß.“*
a	1 a = 100 m^2	*„Ein Ar ist 100 Quadratmeter groß.“*
ha	1 ha = 100 a	*„Ein Hektar ist 100 Ar groß.“*
	1 ha = 10 000 m^2	*„Ein Hektar ist 10 000 Quadratmeter groß.“* Tipp: *„Ein Hektar ist 100 Meter mal 100 Meter.“*
km^2	1 km^2 = 100 ha	*„Ein Quadratkilometer ist 100 Hektar groß.“*
	1 km^2 = 1 000 000 m^2	*„Ein Quadratkilometer ist eine Million Quadratmeter groß.“* Tipp: *„Ein Quadratkilometer ist 1000 Meter mal 1000 Meter.“*

Volumeneinheiten und ihre Umrechnungen
Die Umrechnungszahl für Volumeneinheiten ist 1000.

Symbol	Beispiel	Sprechweise
mm^3	1 mm^3	*„ein Kubikmillimeter“*
cm^3	1 cm^3 = 1000 mm^3	*„Ein Kubikzentimeter ist 1000 Kubikmillimeter groß.“*
ml	1 ml = 1 cm^3	*„Ein Milliliter entspricht einem Kubikzentimeter.“*
dm^3	1 dm^3 = 1000 cm^3	*„Ein Kubikdezimeter ist 1000 Kubikzentimeter groß.“*
l	1 l = 1 dm^3	*„Ein Liter entspricht einem Kubikdezimeter.“*
	1 l = 1000 ml	*„Ein Liter entspricht 1000 Millilitern.“*
	1 l = 1000 cm^3	*„Ein Liter entspricht 1000 Kubikzentimetern.“*
m^3	1 m^3 = 1000 dm^3	*„Ein Kubikmeter ist 1000 Kubikdezimeter groß.“* Tipp: *„Ein Kubikmeter ist 1 Meter mal 1 Meter mal 1 Meter.“*
	1 m^3 = 1000 l	*„Ein Kubikmeter entspricht 1000 Litern.“*
km^3 in m^3	1 km^3 = 1 000 000 000 m^3	*„Ein Kubikkilometer ist eine Billion Kubikmeter groß.“* Tipp: *„Ein Kubikkilometer ist 1000 Meter mal 1000 Meter mal 1000 Meter.“*

Masseneinheiten und ihre Umrechnungen

Die Umrechnungszahl für Masseneinheiten ist 1000.

Symbol	Beispiel	Sprechweise
mg	1 mg = 0,001 g	*„Ein Milligramm ist ein Tausendstel Gramm."*
g	1 g = 1000 mg	*„Ein Gramm ist 1000 Milligramm."*
kg	1 kg = 1000 g	*„Ein Kilogramm ist 1000 Gramm."*
t	1 t = 1000 kg	*„Eine Tonne ist 1000 Kilogramm."*

Zeiteinheiten und ihre Umrechnungen

Symbol	Beispiel	Sprechweise
ms	1 ms = 0,001 s	*„Ein Millisekunde ist eine Tausendstel Sekunde."*
s	1 s = 1000 ms	*„Eine Sekunde ist 1000 Millisekunden lang."*
min	1 min = 60 s	*„Eine Minute ist 60 Sekunden lang."*
h	1 h = 60 min	*„Eine Stunde ist 60 Minuten lang."*
d	1 d = 24 h	*„Ein Tag ist 24 Stunden lang."*
m	1 m = 30 d	*„Ein Monat hat 30 Tage."* Info: Banken rechnen für jeden Monat 30 Tage.
a	1 a = 12 m	*„Ein Jahr hat 12 Monate."*

Griechisches Alphabet

α	β	γ	δ, Δ	ε	ζ
„Alpha"	*„Beta"*	*„Gamma"*	*„Delta"*	*„Epsilon"*	*„Zeta"*
η	θ, ϑ	ι	κ	λ	μ
„Eta"	*„Theta"*	*„Iota"*	*„Kappa"*	*„Lambda"*	*„Mü"*
ν	ξ	ο	π	ρ	σ, Σ
„Nü"	*„Xi"*	*„Omikron"*	*„Pi"*	*„Rho"*	*„Sigma"*
τ	υ	φ, Φ	χ	ψ	ω, Ω
„Tau"	*„Ypsilon"*	*„Phi"*	*„Chi"*	*„Psi"*	*„Omega"*

1 Modellieren mit Funktionen

Lösungen zu Seite 12

5 **Skizze**

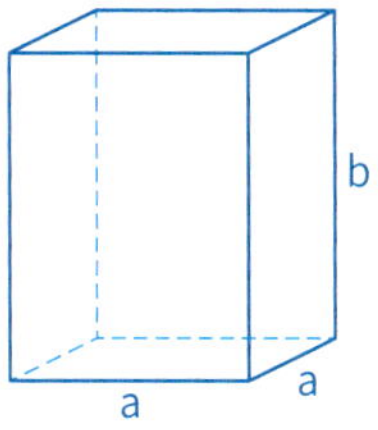

Extremalbedingung

$V = a^2 \cdot b$ maximal

Nebenbedingung

$2 \cdot a^2 + 4 \cdot a\,b = 486$; nach b auflösen: $b = \frac{243}{2a} - \frac{1}{2}a$

Zielfunktion

$V(a) = a^2 \cdot \left(\frac{243}{2a} - \frac{1}{2}a\right) = -\frac{1}{2}a^3 + \frac{243}{2}a$

Definitionsbereich

Aus $b = 0$ folgt $a = \sqrt{243}$, also folgt $0 \le a \le \sqrt{243}$ und damit $D = [0; \sqrt{243}]$.

Extremstellen

$V'(a) = -\frac{3}{2}a^2 + \frac{243}{2}$

Aus $V'(a) = 0$ folgt $a = 9$ oder $a = -9$.

Wegen $a \ge 0$ kommt nur $a = 9$ als Lösung infrage.

Randwerte prüfen

$V(9) = 729$

$V(0) = 0$; $V(\sqrt{243}) = 0$

Also liegt an der Stelle $a = 9$ das globale Maximum.

Ergebnis im Sachzusammenhang

$a = 9\,\text{cm}$; $b = 9\,\text{cm}$ geometrisch möglich ✓

Der Quader mit quadratischer Grundfläche ist ein Würfel mit der Kantenlängen 9 cm. Das größtmögliche Volumen beträgt 729 cm³.

Lösungen zu Seite 17

3 Beispiellösung:

① $\left|\begin{array}{rcrcrcr} 6x &+& 2y &+& z &=& 14 \\ 4x &+& 3y &+& 5z &=& -3 \\ -2x &+& y &-& 2z &=& 7 \end{array}\right|$ vertauschen (1. und 3. Zeile)

② $\left|\begin{array}{rcrcrcr} -2x &+& y &-& 2z &=& 7 \\ 4x &+& 3y &+& 5z &=& -3 \\ 6x &+& 2y &+& z &=& 14 \end{array}\right|$ $\cdot 2$ ⊕ (zur 2. Zeile); $\cdot 3$ ⊕ (zur 3. Zeile)

③ $\left|\begin{array}{rcrcrcr} -2x &+& y &-& 2z &=& 7 \\ && 5y &+& z &=& 11 \\ && 5y &-& 5z &=& 35 \end{array}\right|$ $\cdot(-1)$ ⊕

④ $\left|\begin{array}{rcrcrcr} -2x &+& y &-& 2z &=& 7 \\ && 5y &+& z &=& 11 \\ && && -6z &=& 24 \end{array}\right|$ $:(-6)$

⑤ $\left|\begin{array}{rcrcrcr} -2x &+& y &-& 2z &=& 7 \\ && 5y &+& z &=& 11 \\ && && z &=& -4 \end{array}\right|$ einsetzen und vereinfachen

⑥ $\left|\begin{array}{rcrcrcr} -2x &+& y && &=& -1 \\ && y && &=& 3 \\ && && z &=& -4 \end{array}\right|$ einsetzen und vereinfachen

⑦ $\left|\begin{array}{rcrcrcr} x && && &=& 2 \\ && y && &=& 3 \\ && && z &=& -4 \end{array}\right|$

Das lineare Gleichungssystem hat Lösungsmenge $L = \{(2\,|\,3\,|\,-4)\}$.

4 x: Preis für eine Flasche Rotwein in €

y: Preis für eine Flasche Weißwein in €

z: Preis für eine Flasche Rosé in €

① $\left|\begin{array}{rcrcrcr} x &+& 2y &+& 2z &=& 34 \\ 2x &+& y &+& 2z &=& 35 \\ 3x &+& 2y &+& 2z &=& 50 \end{array}\right|$ $\cdot(-2)$ ⊕ (zur 2. Zeile); $\cdot(-3)$ ⊕ (zur 3. Zeile)

② $\left|\begin{array}{rcrcrcr} x &+& 2y &+& 2z &=& 34 \\ && -3y &-& 2z &=& -33 \\ && -4y &-& 4z &=& -52 \end{array}\right|$ $:(-4)$

③ $\left|\begin{array}{rcrcrcr} x &+& 2y &+& 2z &=& 34 \\ && -3y &-& 2z &=& -33 \\ && y &+& z &=& 13 \end{array}\right|$ $\cdot 3$ ⊕

④ $\left|\begin{array}{rcrcrcr} x &+& 2y &+& 2z &=& 34 \\ && -3y &-& 2z &=& -33 \\ && && z &=& 6 \end{array}\right|$ einsetzen und vereinfachen

⑤ $\left|\begin{array}{rcrcrcr} x &+& 2y && &=& 22 \\ && y && &=& 7 \\ && && z &=& 6 \end{array}\right|$ einsetzen und vereinfachen

⑥ $\left|\begin{array}{rcrcrcr} x && && &=& 8 \\ && y && &=& 7 \\ && && z &=& 6 \end{array}\right|$

Eine Flasche Rotwein kostet 8 €, eine Flasche Weißwein 7 € und eine Flasche Rosé 6 €.

Lösungen zu Seite 18

6 a) $L = \{(0{,}5 \mid 3 \mid -1)\}$

b) $L = \{\ \}$

c) $L = \{(-z - 0{,}5 \mid z + 4 \mid z) \mid z \in \mathbb{R}\}$

Lösungen zu Seite 22

6 a) **Funktion und Ableitung**

$f(x) = a x^2 + b x$

$f'(x) = 2 a x + b$

Bedingungen

$f(1) = 2 \quad f'(1) = 0$

Gleichungssystem

$$\left| \begin{array}{r} a + b = 2 \\ 2a + b = 0 \end{array} \right|$$

hat die Lösung $a = -2;\ b = 4$

Funktionsgleichung

$f(x) = -2x^2 + 4x$

erfüllt alle Bedingungen ✓

b) **Ansatz und Ableitung**

$f(x) = a x^2 + b x + c$

$f'(x) = 2 a x + b$

Bedingungen

$f(-2) = 0 \quad f(1) = 6 \quad f'(1) = 0$

Gleichungssystem

$$\left| \begin{array}{l} 4a - 2b + c = 0 \\ \ \ a + \ b + c = 6 \\ 2a + \ b \qquad = 0 \end{array} \right|$$

hat die Lösung $a = -\frac{2}{3};\ b = \frac{4}{3};\ c = \frac{16}{3}$

Funktionsgleichung

$f(x) = -\frac{2}{3}x^2 + \frac{4}{3}x + \frac{16}{3}$

erfüllt alle Bedingungen ✓

Lösungen zu Seite 25

15 a) **Bedingungen**

$f(0) = 0 \quad f(5) = 0 \quad f'(1) = 4 \quad f''\left(\frac{10}{3}\right) = 0$

Ansatz und Ableitungen

$f(x) = a x^3 + b x^2 + c x + d$

$f'(x) = 3 a x^2 + 2 b x + c$

$f''(x) = 6 a x + 2 b$

Gleichungssystem

$$\left| \begin{array}{r} d = 0 \\ 125a + 25b + 5c + d = 0 \\ 3a + 2b + c \qquad = 4 \\ 20a + 2b \qquad\qquad = 0 \end{array} \right|$$

hat die Lösung $a = \frac{1}{2};\ b = -5;\ c = \frac{25}{2}$

Funktionsgleichung

$f(x) = \frac{1}{2}x^3 - 5x^2 + \frac{25}{2}x$

erfüllt alle Bedingungen ✓

b) **Bedingungen**

$f(-2) = -3 \quad f(1) = 0$

Ansatz

$f(x) = a x^3 + c x$

Gleichungssystem

$$\left| \begin{array}{r} -8a - 2c = -3 \\ a + \quad c = 0 \end{array} \right|$$

hat die Lösung $a = \frac{1}{2};\ c = -\frac{1}{2}$

Funktionsgleichung

$f(x) = \frac{1}{2}x^3 - \frac{1}{2}x$

erfüllt alle Bedingungen ✓

c) **Bedingungen**

$f(0) = 0 \quad f'(0) = 0 \quad f'(2) = 0 \quad f''(2) = 0 \quad f(1) = 11$

Ansatz und Ableitungen

$f(x) = a x^4 + b x^3 + c x^2 + d x + e$

$f'(x) = 4 a x^3 + 3 b x^2 + 2 c x + d$

$f''(x) = 12 a x^2 + 6 b x + 2 c$

Gleichungssystem

$$\left| \begin{array}{r} e = 0 \\ d \quad = 0 \\ 32a + 12b + 4c + d \quad = 0 \\ 48a + 12b + 2c \qquad = 0 \\ a + b + c + d + e = 11 \end{array} \right|$$

hat die Lösung $a = 3;\ b = -16;\ c = 24;\ d = 0;\ e = 0$

Funktionsgleichung

$f(x) = 3x^4 - 16x^3 + 24x^2$

erfüllt alle Bedingungen ✓

16 a) Das Koordinatensystem wird so gewählt, dass der Hochpunkt in $(0 \mid 4)$ liegt.

Bedingungen

$f(0) = 4 \quad f'(0) = 0 \quad f(4) = 0 \quad f'(4) = 0$

Ansatz und Ableitung

$f(x) = a x^3 + b x^2 + c x + d$

$f'(x) = 3 a x^2 + 2 b x + c$

Gleichungssystem

$$\left| \begin{array}{r} d = 4 \\ c \quad = 0 \\ 64a + 16b + 4c + d = 0 \\ 48a + 8b + c \quad = 0 \end{array} \right|$$

hat die Lösung $a = \frac{1}{8};\ b = -\frac{3}{4};\ c = 0;\ d = 4$

Funktionsgleichung

$f(x) = \frac{1}{8}x^3 - \frac{3}{4}x^2 + 4$

erfüllt alle Bedingungen ✓

b) **Ansatz und Ableitung** für die neue Funktion g

$g(x) = a x^3 + b x^2 + c x + d$

$g'(x) = 3 a x^2 + 2 b x + c$

Die Steigung an der steilsten Stelle ist die Steigung im Wendepunkt des Graphen.

Der Graph von g′ ist eine Parabel; die Extremstelle von g′ liegt also in der Mitte der beiden Nullstellen. Somit hat g die Wendestelle $x = 2$.

Bedingungen

$g'(0) = 0 \quad g(4) = 0 \quad g'(4) = 0$

$g'(2) = \tan(-45°) = -1$

Gleichungssystem

$$\left|\begin{array}{rl} c &= 0 \\ 64a + 16b + 4c + d &= 0 \\ 48a + 8b + c &= 0 \\ 12a + 4b + c &= -1 \end{array}\right|$$

hat die Lösung $a = \frac{1}{12}$; $b = -\frac{1}{2}$; $c = 0$; $d = \frac{8}{3}$

Funktionsgleichung

$g(x) = \frac{1}{12}x^3 - \frac{1}{2}x^2 + \frac{8}{3}$

erfüllt alle Bedingungen ✓

$g(0) = \frac{8}{3} \approx 2{,}67$

Die neue Rutsche ist etwa 2,7 m hoch.

Lösungen zu Seite 29

5 a) $f_k(x) = x \cdot (x^2 - 3k)$

Aus $f_k(x) = 0$ folgt: $x_1 = 0$; $x_2 = -\sqrt{3k}$; $x_3 = \sqrt{3k}$

Somit erhält man:

Für **k = 0**, also $f_k(x) = x^3$, hat f_k eine Nullstelle, nämlich die dreifache Nullstelle $x = 0$.

Für **k < 0** sind die Wurzelterme nicht definiert, also hat f_k eine Nullstelle, nämlich die einfache Nullstelle $x = 0$.

Für **k > 0** hat f_k die drei verschiedenen Nullstellen $x_1 = 0$; $x_2 = -\sqrt{3k}$; $x_3 = \sqrt{3k}$.

b) $f_k'(x) = 3x^2 - 3k = 3 \cdot (x^2 - k)$

Der Graph von f_k' ist eine nach oben geöffnete Parabel.

Aus $f_k'(x) = 0$ folgt: $x_1 = -\sqrt{k}$; $x_2 = \sqrt{k}$

Somit erhält man:

Für **k = 0**, also $f_k'(x) = 3x^2$, hat f_k' die doppelte Nullstelle 0. Damit hat f_k keine Extremstellen und einen Sattelpunkt an der Stelle $x = 0$.

Für **k < 0** sind die Wurzelterme nicht definiert, also hat f_k keine Extremstellen und auch keinen Sattelpunkt.

Für **k > 0** hat f_k genau zwei Extremstellen $x_1 = -\sqrt{k}$; $x_2 = \sqrt{k}$.

c)

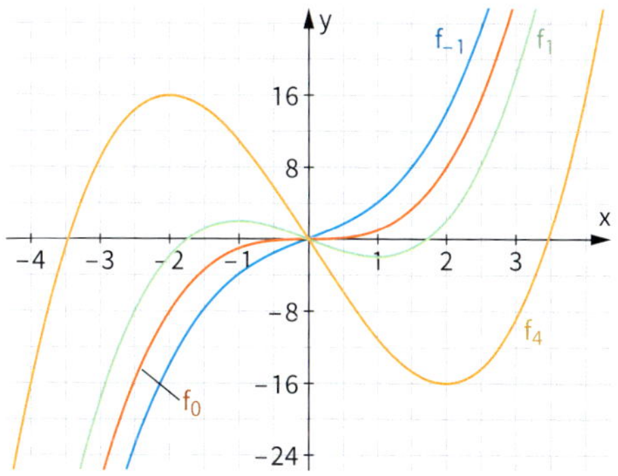

Alle Graphen verlaufen durch den Koordinatenursprung (Wendepunkt) und sind punktsymmetrisch zum Koordinatenursprung.

Für negative Werte von k gilt: Je kleiner der Wert von k ist, desto steiler verläuft der Graph.

Für postitive Werte von k gilt: Je größer der Wert von k ist, desto weiter entfernt sind die beiden anderen Nullstellen und die Extremstellen vom Koordinatenursprung, und die lokalen Extremwerte nehmen betragsmäßig zu.

Lösungen zu Seite 31

11 a) $f_a'(x) = 2x + a$

Aus $f_a'(x) = 0$ folgt: $x = -\frac{a}{2}$

Der Graph von f_a' ist eine Gerade mit positiver Steigung 2, also handelt es sich um eine einfache Nullstelle mit Vorzeichenwechsel von – nach +.

Damit hat der Graph von f_a den Tiefpunkt

$T\left(-\frac{a}{2} \middle| -\frac{a^2}{4} + a\right)$

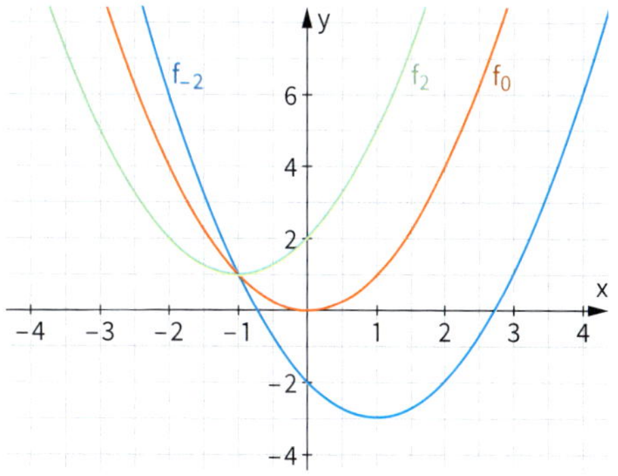

b) **x-Koordinate nach a auflösen**

$x = -\frac{a}{2}$; also $a = -2x$

in y-Koordinate einsetzen

$y = -\frac{a^2}{4} + a = -\frac{(-2x)^2}{4} - 2x = -x^2 - 2x$ ✓

c) Die Parabel aus Teilaufgabe b) ist nach unten geöffnet und hat die Nullstellen $x_1 = 0$; $x_2 = -2$. Einsetzen in $a = -2x$ ergibt $a_1 = 0$; $a_2 = 4$. Der Extrempunkt des Graphen von f_a liegt also oberhalb der x-Achse für $0 < a < 4$.

Lösungen zu Seite 35

4 a)

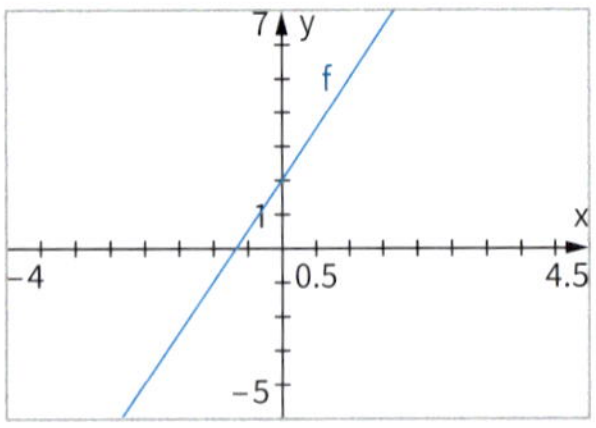

$D_f = \mathbb{R}$ keine Einschränkung nötig

x und y vertauschen: $x = 3y + 2$

Nach y auflösen: $y = \frac{x-2}{3}$

Somit erhält man: $f^{-1}(x) = \frac{1}{3}(x-2)$

$D_{f^{-1}} = W_f = \mathbb{R}$; $W_{f^{-1}} = D_f = \mathbb{R}$

b)

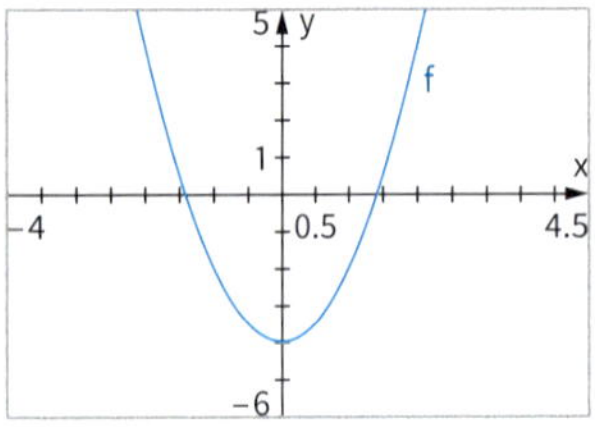

Einschränkung auf z. B. $D_f = [0; \infty[$

x und y vertauschen: $x = 2y^2 - 4$

Nach y auflösen: $y = \sqrt{\frac{x+4}{2}}$

Somit erhält man: $f^{-1}(x) = \sqrt{\frac{x}{2} + 2}$

$D_{f^{-1}} = W_f = [-4; \infty[$; $W_{f^{-1}} = D_f = [0; \infty[$

c)

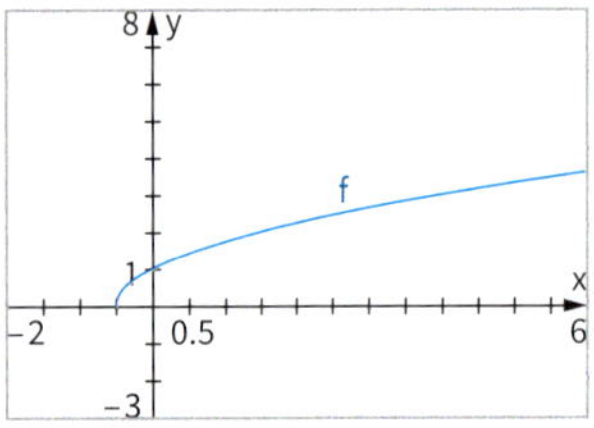

$D_f = [0{,}5; \infty[$ keine Einschränkung nötig

x und y vertauschen: $x = \sqrt{2y+1}$

Nach y auflösen: $y = \frac{x^2-1}{2}$

Somit erhält man: $f^{-1}(x) = \frac{1}{2}(x^2 - 1)$

$D_{f^{-1}} = W_f = [0; \infty[$; $W_{f^{-1}} = D_f = [0{,}5; \infty[$

d)

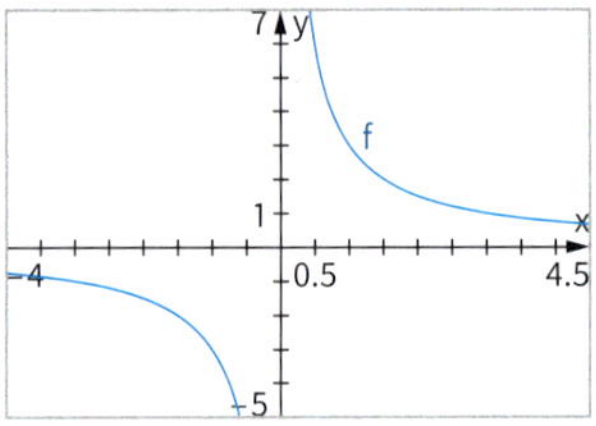

$D_f = \mathbb{R}\setminus\{0\}$ keine Einschränkung nötig

x und y vertauschen: $x = \frac{3}{y}$

Nach y auflösen: $y = \frac{3}{x}$

Somit erhält man: $f^{-1}(x) = \frac{3}{x}$

$D_{f^{-1}} = W_f = \mathbb{R}\setminus\{0\}$; $W_{f^{-1}} = D_f = \mathbb{R}\setminus\{0\}$

Lösungen zu Seite 37

4 a) $f'(x) = -\sin(x) - 6x$

b) $f'(x) = \cos(x) + \sin(x)$

c) $f'(x) = \sin(x) + 1$

5

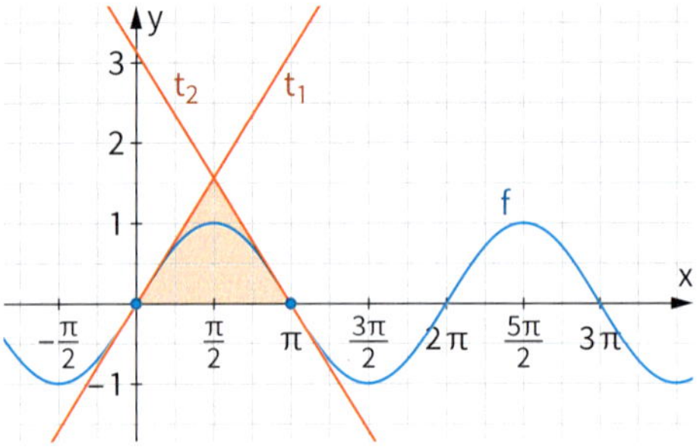

$f(x) = \sin(x)$; $f'(x) = \cos(x)$

$f'(0) = 1$; $f(0) = 0$

Gleichung der Tangente an der Stelle 0:

$t_1(x) = 1 \cdot (x - 0) + 0 = x$

$f'(\pi) = -1$; $f(\pi) = 0$

Gleichung der Tangente an der Stelle π:

$t_2(x) = (-1) \cdot (x - \pi) + 0 = -x + \pi$

Schnittstelle mit der x-Achse:

Tangente t_1: $x_1 = 0$ Tangente t_2: $x_2 = \pi$

Schnittpunkt der Tangenten:

Aus $x = -x + \pi$ folgt: $x = \frac{\pi}{2}$

Damit erhält man den Schnittpunkt $S\left(\frac{\pi}{2} \middle| \frac{\pi}{2}\right)$.

Flächeninhalt des Dreiecks:

$A = \frac{1}{2} \cdot \pi \cdot \frac{\pi}{2} = \frac{\pi^2}{4} \approx 2{,}4674$

Lösungen zu Seite 39

5 a) $f'(x) = \cos(x^3+1)\cdot 3x^2$

$g'(x) = 3\cdot(\cos(x))^2\cdot(-\sin(x))$

b) $f(x) = u(v(x)) = 2\cdot\sin(x^3-3x^2)$

$f'(x) = 2\cdot\cos(x^3-3x^2)\cdot(3x^2-6x)$

$g(x) = v(u(x)) = (2\sin(x))^3 - 3\cdot(2\sin(x))^2$

$= 8\cdot(\sin(x))^3 - 12\cdot(\sin(x))^2$

$g'(x) = 8\cdot 3\cdot(\sin(x))^2\cdot\cos(x) - 12\cdot 2\sin(x)\cdot\cos(x)$

$= 24\cdot(\sin(x))^2\cdot\cos(x) - 24\cdot\sin(x)\cdot\cos(x)$

Lösungen zu Seite 41

8 $f'(x) = \sin(x) + x\cdot\cos(x)$

$f''(x) = \cos(x) + (\cos(x) + x\cdot(-\sin(x)))$

$= 2\cos(x) - x\cdot\sin(x)$

$g'(x) = 2x\cdot\cos(2x) - x^2\cdot\sin(2x)\cdot 2$

$= 2x\cdot\cos(2x) - 2x^2\cdot\sin(2x)$

$g''(x) = 2\cdot\cos(2x) - 2x\cdot\sin(2x)\cdot 2$

$- (4x\cdot\sin(2x) + 2x^2\cdot\cos(2x)\cdot 2)$

$= 2\cdot\cos(2x) - 8x\cdot\sin(2x) - 4x^2\cdot\cos(2x)$

$= (2-4x^2)\cdot\cos(2x) - 8x\cdot\sin(2x)$

Lösungen zu Seite 43

5 a) Strecken mit dem Faktor $\frac{1}{3}$ in y-Richtung,
dann Strecken mit dem Faktor $\frac{1}{2}$ in x-Richtung,
dann Verschieben um eine Einheit nach rechts,
dann Verschieben um 4 Einheiten nach oben

b) Strecken mit dem Faktor 2 in y-Richtung und
Spiegeln an der x-Achse,
dann Strecken mit dem Faktor $\frac{2}{\pi}$ in x-Richtung,
dann Verschieben um 2 Einheiten nach links,
dann Verschieben um 2 Einheiten nach unten

c) $f(x) = \sin\left(2\cdot\left(x+\frac{\pi}{8}\right)\right)$

Strecken mit dem Faktor $\frac{1}{2}$ in x-Richtung,
dann Verschieben um $\frac{\pi}{8}$ Einheiten nach links

Lösungen zu Seite 44

7 a) • $y_{min} = -1$; $y_{max} = 1$; also $d = 0$; $a = 1$

• $p = 2$; also $b = \pi$

• $c = 1$

Damit erhält man: $f(x) = \sin(\pi\cdot(x-1))$

b) • $y_{min} = -1{,}5$; $y_{max} = -0{,}5$; also $d = -1$; $a = 0{,}5$

• $\frac{p}{2} = 5$; also $b = \frac{\pi}{5}$

• $c = 2{,}5 + 5 = 7{,}5$

Damit erhält man: $f(x) = 0{,}5\cdot\sin\left(\frac{\pi}{5}\cdot(x-7{,}5)\right) - 1$

Lösungen zu Seite 47

6 a) $f(x) = 2x^{\frac{1}{2}} + 1$

$f'(x) = 2\cdot\frac{1}{2}\cdot x^{\frac{1}{2}-1} = x^{-\frac{1}{2}} = \frac{1}{\sqrt{x}}$

b) $f(x) = \frac{1}{2}\cdot x^{-1} - 3$

$f'(x) = \frac{1}{2}\cdot(-1)\cdot x^{-1-1} = -\frac{1}{2}\cdot x^{-2} = -\frac{1}{2x^2}$

c) $f(x) = 2\cdot(4x)^{-\frac{1}{3}}$

$f'(x) = 2\cdot\left(-\frac{1}{3}\right)\cdot(4x)^{-\frac{1}{3}-1}\cdot 4 = -\frac{8}{3}\cdot(4x)^{-\frac{4}{3}} = -\frac{8}{3\cdot\sqrt[3]{(4x)^4}}$

d) $f(x) = (x^2+4)^{\frac{1}{5}}$

$f'(x) = \frac{1}{5}\cdot(x^2+4)^{\frac{1}{5}-1}\cdot 2x$

$= \frac{2}{5}x\cdot(x^2+4)^{-\frac{4}{5}} = \frac{2x}{5\cdot\sqrt[5]{(x^2+4)^4}}$

7 a) $\dfrac{\frac{1}{(x+h)^2} - \frac{1}{x^2}}{h} = \dfrac{\frac{x^2}{x^2\cdot(x+h)^2} - \frac{(x+h)^2}{x^2\cdot(x+h)^2}}{h} = \dfrac{\frac{x^2-(x+h)^2}{x^2\cdot(x+h)^2}}{h}$

$= \frac{x^2-(x+h)^2}{x^2\cdot(x+h)^2}\cdot\frac{1}{h} = \frac{-((x+h)^2-x^2)}{x^2\cdot(x+h)^2}\cdot\frac{1}{h}$

$= -\underbrace{\frac{(x+h)^2-x^2}{h}}\cdot\frac{1}{x^2\cdot(x+h)^2}$

Differenzenquotienten zu x^2

Für $h \to 0$ gilt: $x^2\cdot(x+h)^2 \to x^4$

Damit erhält man die Ableitung:

$f'(x) = \lim\limits_{h\to 0}\left(\dfrac{\frac{1}{(x+h)^2} - \frac{1}{x^2}}{h}\right) = -2x\cdot\frac{1}{x^4} = -\frac{2}{x^3}$

b)

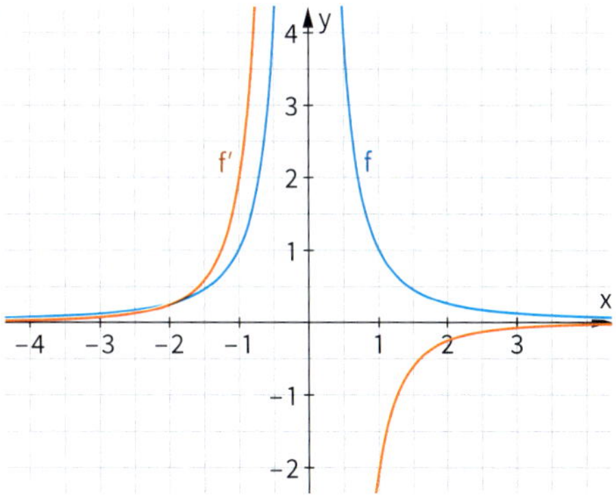

Ist x positiv, so nimmt f' negative Werte an.
Für positive x und $x \to \infty$ gilt $f'(x) \to 0$;
für positive x und $x \to 0$ gilt $f'(x) \to -\infty$.
Ist x negativ, so nimmt f' positive Werte an.
Für negative x und $x \to -\infty$ gilt $f'(x) \to 0$;
für negative x und $x \to 0$ gilt $f'(x) \to \infty$.

Wiederholen für die Klausur

Lösungen zu Seite 52

1 Lineare Gleichungssysteme

a) $L = \{(1 \mid 2 \mid -1)\}$

b) $L = \{(z+3 \mid z \mid z) \mid z \in \mathbb{R}\}$

c) $L = \{\ \}$

2 Funktionsterm bestimmen

Bedingungen

$f(0) = 0 \quad f'(0) = 0 \quad f(2) = 4 \quad f(1) = 0$

Ansatz und Ableitung

$f(x) = ax^3 + bx^2 + cx + d$

$f'(x) = 3ax^2 + 2bx + c$

Gleichungssystem

$$\left|\begin{array}{r} d = 0 \\ c \quad = 0 \\ 8a + 4b + 2c + d = 4 \\ a + \ b + \ c + d = 0 \end{array}\right|$$

hat die Lösung $a = 1;\ b = -1;\ c = 0;\ d = 0$

Funktionsgleichung

$f(x) = x^3 - x^2$

erfüllt alle Bedingungen ✓

3 Funktionenschar

a) $f(x) = x \cdot (t \cdot x^2 - 3x + 9)$

Ist $\mathbf{t = 0}$, also $f(x) = -3x^2 + 9x$,
so hat f zwei Nullstellen $x_1 = 0;\ x_2 = 3$.

Für $\mathbf{t \neq 0}$ folgt aus $f(x) = 0$:

$x_1 = 0;\ x_{2,3} = \frac{3}{2t} \pm \sqrt{\frac{9}{4t^2} - \frac{9}{t}} = \frac{3 \pm \sqrt{9 - 36t}}{2t}$

- Ist $\mathbf{9 - 36t = 0}$, also $t = \frac{1}{4}$,
  so hat f zwei Nullstellen $x_1 = 0;\ x_2 = 6$.
- Ist $\mathbf{9 - 36t < 0}$, also $t > \frac{1}{4}$,
  so hat f eine Nullstelle $x_1 = 0$.
- Ist $\mathbf{9 - 36t > 0}$, also $t < \frac{1}{4}$,
  so hat f drei Nullstellen $x_1 = 0$;
  $x_{2,3} = \frac{3 \pm \sqrt{9 - 36t}}{2t}$.

b) $f'(x) = 3t \cdot x^2 - 6x + 9;\ f''(x) = 6t \cdot x - 6$

Aus $f''(x) = 0$ folgt: $x = \frac{1}{t}$

Der Graph von f hat also einen Wendepunkt an der Stelle $x = 3$ für $t = \frac{1}{3}$.

4 Graph der Umkehrfunktion zeichnen

a) Zu jedem y-Wert gehört genau ein x-Wert.
Also muss der Definitionsbereich von f nicht eingeschränkt werden.

Ablesen am Graphen:

x	0	1	2	3	4
y	−1	1	≈ 1,8	≈ 2,5	3

x- und y-Werte vertauschen:

x	−1	1	1,8	2,5	3
y	0	1	2	3	4

Damit erhält man folgenden Graphen der Umkehrfunktion f^{-1}:

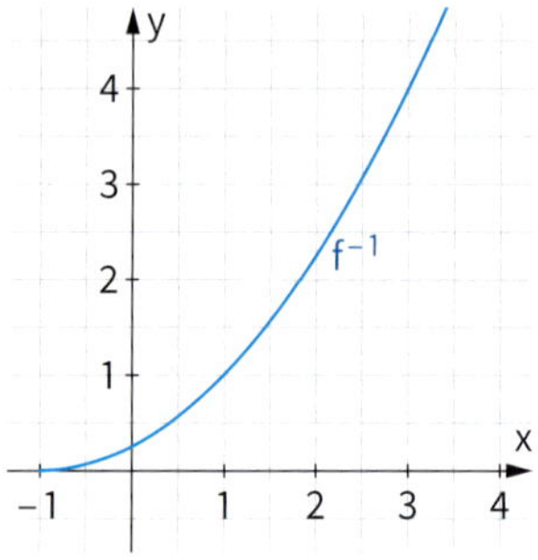

b) $D_f = [0; \infty[\qquad W_f = [-1; \infty[$

$D_{f^{-1}} = W_f = [-1; \infty[\qquad W_{f^{-1}} = D_f = [0; \infty[$

5 Temperatureinheiten

a) $f(x) = 1{,}8x + 32 \qquad x$ in °C; $f(x)$ in °F

b)

°C	−15	0	25	50	100
°F	5	32	77	122	212

c) $f^{-1}(x) = \frac{x - 32}{1{,}8} \qquad x$ in °F; $f^{-1}(x)$ in °C

$f^{-1}(86) = 30$

86 °F entsprechen 30 °C.

6 Ableitungsregeln anwenden

a) $f(x) = (2x - 4)^{\frac{1}{2}}$

$f'(x) = \frac{1}{2} \cdot (2x - 4)^{\frac{1}{2} - 1} = \frac{1}{\sqrt{2x - 4}}$

b) $f(x) = 3x^2 \cdot x^{\frac{1}{2}} = 3 \cdot x^{\frac{5}{2}}$

$f'(x) = 3 \cdot \frac{5}{2} \cdot x^{\frac{5}{2} - 1} = \frac{15}{2} \cdot x^{\frac{3}{2}} = \frac{15}{2} \cdot \sqrt{x^3}$

c) $f(x) = x^{-\frac{3}{2}}$

$f'(x) = -\frac{3}{2} \cdot x^{-\frac{3}{2} - 1} = -\frac{3}{2} \cdot x^{-\frac{5}{2}} = -\frac{3}{2\sqrt{x^5}}$

7 Tangente und Normale

a) $f'(x) = \frac{1}{2\sqrt{x}} - 2 \cdot \left(-\frac{1}{x^2}\right) = \frac{1}{2\sqrt{x}} + \frac{2}{x^2}$

b) $f'(1) = \frac{5}{2}$; $f(1) = -1$

Gleichung der Tangente an der Stelle $x_0 = 1$:

$y = \frac{5}{2} \cdot (x - 1) + (-1) = \frac{5}{2}x - \frac{7}{2}$

Gleichung der Normalen an der Stelle $x_0 = 1$:

$y = -\frac{2}{5} \cdot (x - 1) + (-1) = -\frac{2}{5}x - \frac{3}{5}$

8 Ableitung einer Kosinusfunktion

a) siehe Teilaufgabe c)

b) $f'(x) = (-1) \cdot (-\sin(x)) = \sin(x)$

c)

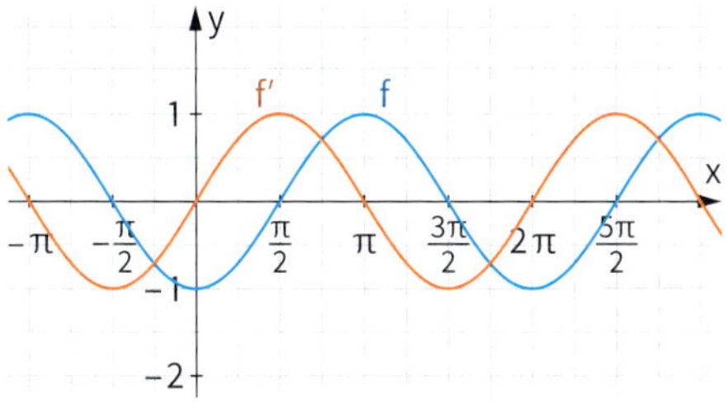

Der Graph von f' zeigt an jeder Stelle die Steigung des Graphen von f an dieser Stelle an. Ist f' positiv, so wächst der Graph von f; ist f' negativ, so fällt der Graph von f.

Die Extremstellen von f sind die Nullstellen von f'. Bei einem Hochpunkt des Graphen liegt ein Vorzeichenwechsel von + nach − vor, bei einem Tiefpunkt des Graphen liegt ein Vorzeichenwechsel von − nach + vor.

Die Nullstellen von f sind gleichzeitig Wendestellen von f, also Extremstellen von f'.

d) Der Term gibt die mittlere Änderungsrate von f im Intervall $\left[\frac{\pi}{2}; \frac{\pi}{2} + h\right]$ an.

Für $h \to 0$ nähert sich dieser Term dem Grenzwert $f'\left(\frac{\pi}{2}\right) = \sin\left(\frac{\pi}{2}\right) = 1$, also der lokalen Änderungsrate von f an der Stelle $\frac{\pi}{2}$.

Lösungen zu Seite 53

9 Volumen eines Pakets

Skizze

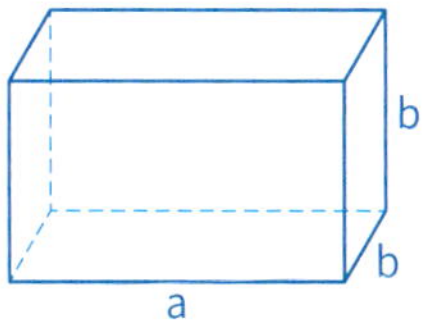

Extremalbedingung

$V = a \cdot b^2$ maximal

Nebenbedingung

$a + 4b = 360$; nach a auflösen: $a = 360 - 4b$

Zielfunktion

$V(b) = (360 - 4b) \cdot b^2 = -4b^3 + 360b^2$

Definitionsbereich

Aus der Bedingung $0 \leq a \leq 200$ folgt $40 \leq b \leq 90$ und damit $D = [40; 90]$.

Extremstellen

$V'(b) = -12b^2 + 720b = -12b \cdot (b - 60)$

Aus $V'(b) = 0$ folgt $b = 0$ oder $b = 60$. Wegen $b \geq 40$ kommt nur $b = 60$ als Lösung infrage.

Randwerte prüfen

$V(60) = 432\,000$

$V(40) = 320\,000$; $V(90) = 0$

An der Stelle $b = 60$ liegt das globale Maximum.

Ergebnis im Sachzusammenhang

$b = 60$ cm; $a = 120$ cm geometrisch möglich ✓

Das Paket mit dem größten Volumen hat die Länge 120 cm, die Breite 60 cm und die Höhe 60 cm.

Das Volumen beträgt $432\,000\,cm^3$ bzw. $0{,}432\,m^3$.

10 Funktion dritten Grades bestimmen

Bedingungen

$f(-1) = 0 \quad f''(-2) = 0 \quad f'(-2) = 3 \quad f(-2) = -3{,}5$

Ansatz und Ableitungen

$f(x) = ax^3 + bx^2 + cx + d$

$f'(x) = 3ax^2 + 2bx + c$

$f''(x) = 6ax + 2b$

Gleichungssystem

$$\left|\begin{array}{rcl} -a + b - c + d & = & 0 \\ -12a + 2b & = & 0 \\ 12a - 4b + c & = & 3 \\ -8a + 4b - 2c + d & = & -3{,}5 \end{array}\right|$$

hat die Lösung $a = 0{,}5$; $b = 3$; $c = 9$; $d = 6{,}5$

Funktionsgleichung

$f(x) = 0{,}5x^3 + 3x^2 + 9x + 6{,}5$

erfüllt alle Bedingungen ✓

11 Funktion vierten Grades bestimmen

Bedingungen

f hat nur gerade Exponenten

$f(0) = 2 \quad f(2) = 0 \quad f'(2) = 2$

Ansatz und Ableitung

$f(x) = a x^4 + b x^2 + c$

$f'(x) = 4 a x^3 + 2 b x$

Gleichungssystem

$$\left| \begin{array}{rcl} & c &= 2 \\ 16a + 4b + & c &= 0 \\ 32a + 4b & &= 2 \end{array} \right|$$

hat die Lösung $a = \frac{1}{4}$; $b = -\frac{3}{2}$; $c = 2$

Funktionsgleichung

$f(x) = \frac{1}{4}x^4 - \frac{3}{2}x^2 + 2$

erfüllt alle Bedingungen ✓

12 Verlauf einer Krankheit

a) Zu Beginn sind keine Personen erkrankt. Die Anzahl der Erkrankten steigt bis zum 5. Tag an, wobei der Anstieg am 2. Tag am stärksten ist. Nach dem 5. Tag mit der Maximalzahl von ca. 640 Erkrankten nimmt die Anzahl der Erkrankten erst langsam und dann immer stärker ab, bis am 8. Tag wieder keine Personen erkrankt sind.

b) **Bedingungen**

$f(0) = 0 \quad f(1) = 125 \quad f''(2) = 0 \quad f'(5) = 0 \quad f(8) = 0$

Ansatz und Ableitungen

$f(x) = a x^4 + b x^3 + c x^2 + d x + e$

$f'(x) = 4 a x^3 + 3 b x^2 + 2 c x + d$

$f''(x) = 12 a x^2 + 6 b x + 2 c$

Gleichungssystem

$$\left| \begin{array}{rl} e &= 0 \\ a + b + c + d + e &= 125 \\ 48a + 12b + 2c &= 0 \\ 500a + 75b + 10c + d &= 0 \\ 4096a + 512b + 64c + 8d + e &= 0 \end{array} \right|$$

hat die Lösung

$a = \frac{125}{917}$; $b = -\frac{7500}{917}$; $c = \frac{6000}{131}$; $d = \frac{80000}{917}$; $e = 0$

Funktionsgleichung

$f(x) = \frac{125}{917}x^4 - \frac{7500}{917}x^3 + \frac{6000}{131}x^2 + \frac{80000}{917}x$

erfüllt alle Bedingungen ✓

c) $f(5) \approx 644{,}1$

Es waren maximal ca. 644 Personen erkrankt.

13 Parameter bestimmen

$f'(x) = \frac{3}{2}x^2 + 2t \cdot x + 6 = \frac{3}{2} \cdot \left(x^2 + \frac{4}{3}t \cdot x + 4\right)$

Aus $f'(x) = 0$ folgt:

$x_{1,2} = -\frac{2}{3}t \pm \sqrt{\frac{4}{9}t^2 - 4} = -\frac{2}{3}t \pm \frac{2}{3} \cdot \sqrt{t^2 - 9}$

(1) Es gibt keine Punkte mit waagerechter Tangente, falls $t^2 - 9 < 0$, also für $-3 < t < 3$.

(2) Es gibt genau einen Punkt mit waagerechter Tangente, falls $t^2 - 9 = 0$, also für $t = -3$ oder $t = 3$.
Für $t = -3$ ist $x = 2$ eine doppelte Nullstelle von f′ ohne Vorzeichenwechsel und damit keine Extremstelle von f. Für $t = 3$ ist $x = -2$ eine doppelte Nullstelle von f′ ohne Vorzeichenwechsel und damit ebenfalls keine Extremstelle von f.

14 Term der Umkehrfunktion bilden

a) $f(x) = (x - 1)^2$

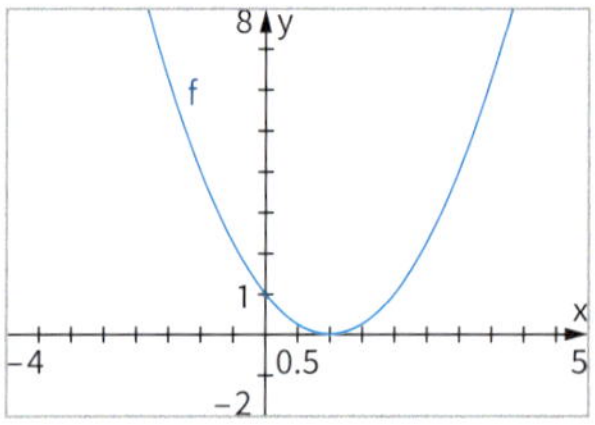

Einschränkung auf z. B. $D_f = [1; \infty[$

x und y vertauschen: $x = (y - 1)^2$

Nach y auflösen: $y = \sqrt{x} + 1$

Somit erhält man: $f^{-1}(x) = \sqrt{x} + 1$

$D_{f^{-1}} = W_f = [0; \infty[$; $W_{f^{-1}} = D_f = [1; \infty[$

b)

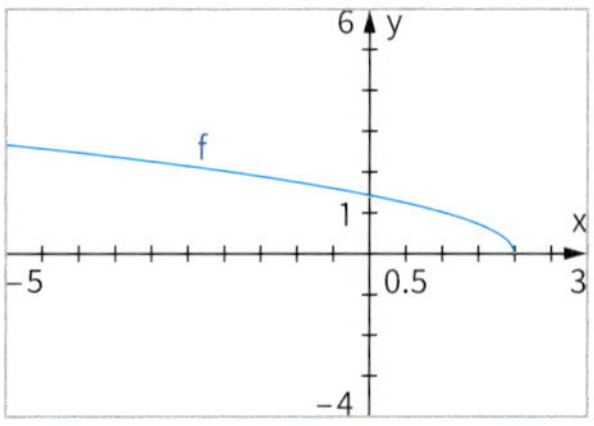

$D_f =]-\infty; 2]$ keine Einschränkung nötig

x und y vertauschen: $x = \sqrt{2 - y}$

Nach y auflösen: $y = -x^2 + 2$

Somit erhält man: $f^{-1}(x) = -x^2 + 2$

$D_{f^{-1}} = W_f = [0; \infty[$; $W_{f^{-1}} = D_f =]-\infty; 2]$

15 **Minimaler Umfang bei gegebener Fläche**

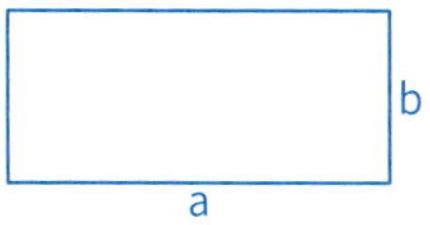

Extremalbedingung

$U = 2 \cdot (a + b)$ minimal

Nebenbedingung

$a \cdot b = 64$; nach b auflösen: $b = \frac{64}{a}$

Zielfunktion

$U(a) = 2 \cdot \left(a + \frac{64}{a}\right) = 2a + \frac{128}{a}$

Definitionsbereich

$D =]0; \infty[$

Extremstellen

$U'(a) = 2 - \frac{128}{a^2}$

Aus $U'(a) = 0$ folgt $a = 8$ oder $a = -8$. Wegen $a \geq 0$ kommt nur $a = 8$ als Lösung infrage.

Randwerte prüfen

$U(8) = 32$

$U(0) \to \infty$; $U(\infty) \to \infty$

An der Stelle $a = 8$ liegt das globale Minimum.

Ergebnis im Sachzusammenhang

$a = 8\,\text{cm}$; $b = 8\,\text{cm}$ geometrisch möglich ✓

Das Rechteck ist ein Quadrat mit der Seitenlänge 8 cm. Der maximale Umfang beträgt 32 cm.

16 **Ableitung einer Sinusfunktion**

a) Der Graph von f geht aus der Sinuskurve durch Strecken mit dem Faktor $\frac{1}{2}$ in x-Richtung hervor.

b) Graphen betrachten:

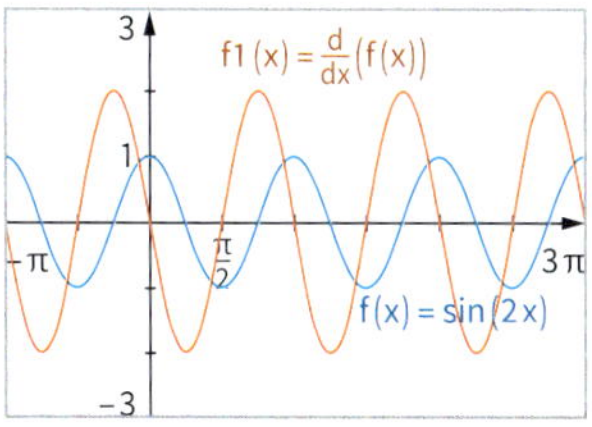

Vermutung: $f'(x) = 2 \cdot \cos(2x)$

Begründung:

Die Ableitung der Sinusfunktion ist die Kosinusfunktion. Da der Graph von f eine x-Richtung gestreckte Sinuskurve ist, ändern sich die Steigungsdreiecke für die Sekantensteigungen wie folgt: Durch den Faktor $\frac{1}{2}$ ist die Kathete in x-Richtung nur noch halb so lang, die Kathete in y-Richtung bleibt aber gleich. Daher verdoppeln sich die Sekantensteigungen, weshalb bei der Ableitung ein Faktor 2 hinzukommen muss.

2 Integralrechnung

Lösungen zu Seite 59

8 Man bestimmt die orientierten Flächeninhalte z. B. durch Kästchenzählen.

a) (1) Fläche oberhalb der x-Achse:
8 Kästchen, also 2 Flächeneinheiten (FE)

(2) Fläche oberhalb der x-Achse: 5 Kästchen
Fläche unterhalb der x-Achse: 1 Kästchen
Der orientierte Flächeninhalt beträgt 4 Kästchen, also 1 FE.

b) (1) Fläche oberhalb der x-Achse: 15 Kästchen
Fläche unterhalb der x-Achse: 12 Kästchen
Der orientierte Flächeninhalt beträgt 3 Kästchen, also 0,75 FE.

(2) Fläche oberhalb der x-Achse: 13 Kästchen
Fläche unterhalb der x-Achse: 7 Kästchen
Der orientierte Flächeninhalt beträgt 6 Kästchen, also 1,5 FE.

9

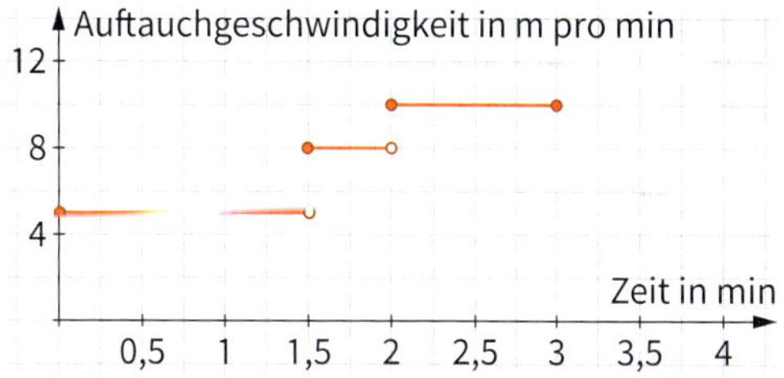

Änderung berechnen:

$1{,}5 \cdot 5 + 0{,}5 \cdot 8 + 1 \cdot 10 = 21{,}5$

Der Taucher ist also 21,5 m aufgetaucht und hat die Wasseroberfläche erreicht. Somit beträgt die Wassertiefe 21,5 m.

Lösungen zu Seite 63

5 a) $\int_0^4 x^2\,dx = \frac{1}{3} \cdot 4^3 = \frac{64}{3}$

b) $\int_1^2 x^2\,dx = \int_0^2 x^2\,dx - \int_0^1 x^2\,dx = \frac{1}{3} \cdot 2^3 - \frac{1}{3} \cdot 1^3 = \frac{8}{3} - \frac{1}{3} = \frac{7}{3}$

c) $\int_{-3}^{-1} x^2\,dx = \int_1^3 x^2\,dx = \int_0^3 x^2\,dx - \int_0^1 x^2\,dx$

$= \frac{1}{3} \cdot 3^3 - \frac{1}{3} \cdot 1^3 = \frac{27}{3} - \frac{1}{3} = \frac{26}{3}$

d) $\int_{-3}^{1} x^2\,dx = \int_0^3 x^2\,dx + \int_0^1 x^2\,dx = \frac{1}{3} \cdot 3^3 + \frac{1}{3} \cdot 1^3 = \frac{28}{3}$

Lösungen zu Seite 64

9 a) $\int_0^5 x^3\,dx = \frac{1}{4}\cdot 5^4 = \frac{625}{4}$

b) $\int_1^3 x^3\,dx = \int_0^3 x^3\,dx - \int_0^1 x^3\,dx = \frac{1}{4}\cdot 3^4 - \frac{1}{4}\cdot 1^4 = \frac{81}{4} - \frac{1}{4} = 20$

c) $\int_{-10}^{10} x^3\,dx = \int_{-10}^{0} x^3\,dx + \int_0^{10} x^3\,dx$

Der Graph ist punktsymmetrisch zum Ursprung, damit sind die Flächen gleich groß, aber einmal oberhalb und einmal unterhalb der x-Achse.

Somit erhält man: $\int_{-10}^{10} x^3\,dx = 0$

d) Der Graph zu $y = x^3$ ist um 2 Einheiten nach oben verschoben.

Damit erhält man (vgl. Teilaufgabe c):

$\int_{-5}^{5} x^3 + 2\,dx = \int_{-5}^{5} x^3\,dx + (5 - (-5))\cdot 2 = 20$

Lösungen zu Seite 68

5 a) $\int_{-2}^{0} -2x^3 + 3x^2 - 4\,dx = \left[-\frac{1}{2}x^4 + x^3 - 4x\right]_{-2}^{0}$

$= 0 - \left(-\frac{1}{2}\cdot(-2)^4 + (-2)^3 - 4\cdot(-2)\right)$

$= 0 - \left(-\frac{1}{2}\cdot 16 + (-8) + 8\right)$

$= 0 - (-8 - 8 + 8) = 8$

b) $\int_{-1}^{1} x^5 - 5x^4 + 2x - 3\,dx = \left[\frac{1}{6}x^6 - x^5 + x^2 - 3x\right]_{-1}^{1}$

$= \left(\frac{1}{6} - 1 + 1 - 3\right) - \left(\frac{1}{6} - (-1) + 1 - 3\cdot(-1)\right)$

$= \left(\frac{1}{6} - 3\right) - \left(\frac{1}{6} + 1 + 1 + 3\right)$

$= \left(\frac{1}{6} - 3\right) - \left(\frac{1}{6} + 5\right) = -8$

c) $\int_{-2}^{0} \frac{1}{3}x^3 - \frac{1}{2}x^2 + 1\,dx = \left[\frac{1}{12}x^4 - \frac{1}{6}x^3 + x\right]_{-2}^{0}$

$= 0 - \left(\frac{1}{12}\cdot(-2)^4 - \frac{1}{6}\cdot(-2)^3 + (-2)\right)$

$= 0 - \left(\frac{1}{12}\cdot 16 - \frac{1}{6}\cdot(-8) - 2\right)$

$= 0 - \left(\frac{4}{3} + \frac{4}{3} - 2\right) = -\frac{2}{3}$

6 Annas Variante:

$\int_{-5}^{10} x^4 - 2x\,dx = \left[0{,}2x^5 - x^2\right]_{-5}^{10}$

$= (0{,}2\cdot 10^5 - 10^2) - (0{,}2\cdot(-5)^5 - (-5)^2)$

$= 19\,900 - (-650) = 20\,550$

Karolins Variante:

$\int_{-5}^{10} x^4 - 2x\,dx = \left[0{,}2x^5 - x^2 - 10\right]_{-5}^{10}$

$= (0{,}2\cdot 10^5 - 10^2 - 10) - (0{,}2\cdot(-5)^5 - (-5)^2 - 10)$

$= 19\,900 - 10 - (-650) + 10 = 20\,550$

Beide Varianten führen zum selben Ergebnis, da bei der Differenz $F(a) - F(b)$ das konstante Glied in der Stammfunktion F mit $F(x) + c$ verschwindet.

Lösungen zu Seite 69

11 a) Gesucht ist zunächst die Funktion V, die die Höhe der Pflanze in cm zum Zeitpunkt t angibt.

Die Funktion f mit $f(x) = \frac{1}{\sqrt{x}}$ hat als Stammfunktion $F(x) = 2\sqrt{x}$.

Mithilfe der Kettenregel ergibt sich dann als Stammfunktion für v:

$V(t) = 20\cdot\frac{1}{2}\cdot 2\sqrt{2t+1} + c = 20\cdot\sqrt{2t+1} + c$

Aus $V(0) = 20$ folgt: $c = 20$

Damit erhält man:

$V(t) = 20\cdot\sqrt{2t+1} + 20$

$V(24) = 160$

Nach zwei Jahren ist die Pflanze 160 cm, also 1,6 m hoch.

b) Aus $100 = 20\cdot\sqrt{2t+1} + 20$ folgt $4 = \sqrt{2t+1}$; also $16 = 2t + 1$ und damit $t = 7{,}5$.

Nach 7,5 Monaten hat die Pflanze eine Höhe von einem Meter.

Lösungen zu Seite 73

5 a) Man bestimmt den (orientierten) Flächeninhalt unter dem Graphen von f über dem zugehörigen Intervall z. B. durch Kästchenzählen.

x	−3	−2	−1	0	1	2,5
$I_{-3}(x)$	0	15	30	45	60	71,25

x	4	5	6	7	8
$I_{-3}(x)$	60	45	37,5	45	60

Damit erhält man in etwa folgenden Graphen:

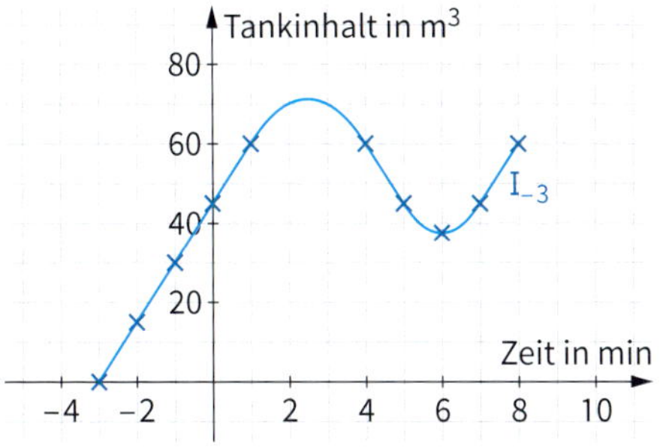

b) Die Integralfunktion I_{-3} beschreibt den Tankinhalt in Kubikmeter ab dem Zeitpunkt −3.
Der Wert $I_{-3}(x)$ gibt an, wie viel Kubikmeter vom Zeitpunkt −3 bis zum Zeitpunkt x in den Tank geflossen sind.

Lösungen zu Seite 77

5 a) Aus $f(x) = 0$ folgt: $x_1 = -1$; $x_2 = 3$

Stammfunktion: $F(x) = \frac{1}{3}x^3 - x^2 - 3x$

$$\int_{-1}^{3} f(x)\,dx = F(3) - F(-1)$$
$$= -9 - \frac{5}{3} = -\frac{32}{3}; \text{ also } A = \frac{32}{3} \approx 10{,}67$$

b) $f(x) = x^2 \cdot (x-2)$

Aus $f(x) = 0$ folgt: $x_1 = 0$; $x_2 = 2$

Stammfunktion: $F(x) = \frac{1}{4}x^4 - \frac{2}{3}x^3$

$$\int_{0}^{2} f(x)\,dx = F(2) - F(0)$$
$$= -\frac{4}{3} - 0 = -\frac{4}{3}; \text{ also } A = \frac{4}{3} \approx 1{,}33$$

6 Aus $f(x) = 0$ folgt:

$x_1 = -1$ (liegt nicht im Intervall); $x_2 = 1$; $x_3 = 2$

Stammfunktion: $F(x) = \frac{1}{8}x^4 - \frac{1}{3}x^3 - \frac{1}{4}x^2 + x$

$$\int_{0}^{1} f(x)\,dx = F(1) - F(0) = \frac{13}{24} - 0 = \frac{13}{24}; \text{ also } A_1 = \frac{13}{24}$$

$$\int_{1}^{2} f(x)\,dx = F(2) - F(1) = \frac{1}{3} - \frac{13}{24} = -\frac{5}{24}; \text{ also } A_2 = \frac{5}{24}$$

$A = A_1 + A_2 = \frac{13}{24} + \frac{5}{24} = \frac{18}{24} = \frac{3}{4} = 0{,}75$

Lösungen zu Seite 78

10 Querschnittsfläche des Kanals berechnen:

Aus $f(x) = 0$ folgt: $x_1 = -2$; $x_2 = 2$

Stammfunktion: $F(x) = \frac{1}{6}x^3 - 2x$

$$\int_{-2}^{2} f(x)\,dx = F(2) - F(-2) = -\frac{8}{3} - \frac{8}{3} = -\frac{16}{3}; \text{ also } A = \frac{16}{3}$$

Volumen des Kanals berechnen:

$V_{Kanal} = 300 \cdot A = 300 \cdot \frac{16}{3} = 1600$

Der Ablaufkanal kann 1600 Kubikmeter, also 1 600 000 Liter Wasser fassen.

Lösungen zu Seite 83

7 Aus $f(x) = g(x)$ folgt: $x_1 = -3$; $x_2 = 0$; $x_3 = 3$

Stammfunktion:

$d(x) = f(x) - g(x) = \frac{1}{10}x^3 - \frac{9}{10}x \quad D(x) = \frac{1}{40}x^4 - \frac{9}{20}x^2$

$$\int_{-3}^{0} d(x)\,dx = D(0) - D(-3) = 0 - \left(-\frac{81}{40}\right) = \frac{81}{40}; \text{ also } A_1 = \frac{81}{40}$$

$$\int_{0}^{3} d(x)\,dx = D(3) - D(0) = -\frac{81}{40} - 0 = -\frac{81}{40}; \text{ also } A_2 = \frac{81}{40}$$

$A = A_1 + A_2 = \frac{81}{40} + \frac{81}{40} = \frac{81}{20} = 4{,}05$

Der Propeller hat einen Flächeninhalt von 4,05 cm².

Lösungen zu Seite 87

4 a) $\int_{a}^{1} \frac{1}{x^2} + 1\,dx = \left[x - \frac{1}{x}\right]_a^1 = \frac{1}{a} - a$

Für $a \to 0$ mit $a > 0$ gilt: $\frac{1}{a} - a \to \infty$

Das uneigentliche Integral existiert nicht.

b) $\int_{1}^{b} \frac{1}{x^2} + 1\,dx = \left[x - \frac{1}{x}\right]_1^b = b - \frac{1}{b}$

Für $b \to \infty$ gilt: $b - \frac{1}{b} \to \infty$

Das uneigentliche Integral existiert nicht.

c) $\int_{1}^{b} \frac{1}{x^4}\,dx = \left[-\frac{1}{3x^3}\right]_1^b = -\frac{1}{3b^3} + \frac{1}{3}$

Für $b \to \infty$ gilt: $-\frac{1}{3b^3} + \frac{1}{3} \to \frac{1}{3}$

Das uneigentliche Integral existiert und hat den Wert $\frac{1}{3}$.

d) $\int_{a}^{-2} \frac{1}{x^2}\,dx = \left[-\frac{1}{x}\right]_a^{-2} = \frac{1}{2} + \frac{1}{a}$

Für $a \to -\infty$ gilt: $\frac{1}{2} + \frac{1}{a} \to \frac{1}{2}$

Das uneigentliche Integral existiert und hat den Wert $\frac{1}{2}$.

Lösungen zu Seite 91

3

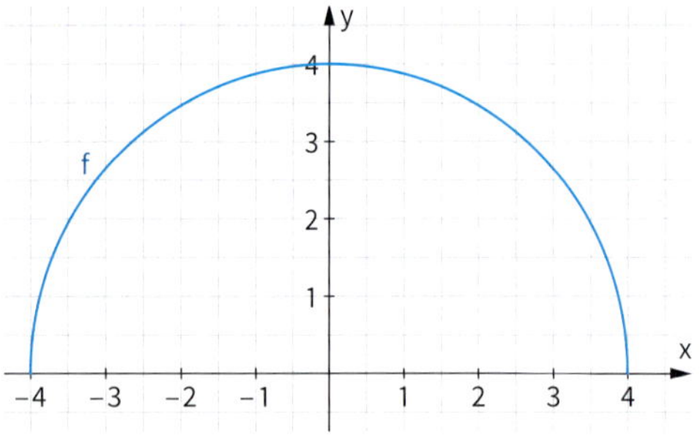

Nullstellen von f: –4; 4

Volumen des zugehörigen Rotationskörpers:

$$V = \pi \cdot \int_{-4}^{4} \left(\sqrt{16 - x^2}\right)^2 dx = \pi \cdot \left[16x - \frac{1}{3}x^3\right]_{-4}^{4}$$

$$= \frac{256}{3}\pi \approx 268{,}08$$

Wiederholen für die Klausur

Lösungen zu Seite 96

1 Flächeninhalt und Integral

a) $A = \frac{1}{2} \cdot 2 \cdot 2 + \frac{1}{2} \cdot 1 \cdot 1 + \frac{1}{2} \cdot 1 \cdot 1 + \frac{1}{2} \cdot (1 + 2) \cdot 1 = 4{,}5$

b) $\int_{-3}^{3} f(x)\,dx = \frac{1}{2} \cdot 2 \cdot 2 - \frac{1}{2} \cdot 1 \cdot 1 - \frac{1}{2} \cdot 1 \cdot 1 + \frac{1}{2} \cdot (1 + 2) \cdot 1$
$= 2{,}5$

Das Integral gibt den orientierten Flächeninhalt zwischen Graph und x-Achse an. Flächeninhalte der Teilflächen unterhalb der x-Achse bekommen ein negatives Vorzeichen.
Beim Berechnen des Flächeninhalts hingegen bekommen auch die Flächeninhalte der Teilflächen unterhalb der x-Achse ein positives Vorzeichen.

2 Integrale berechnen

a) $\int_{0}^{3} x^2\,dx = \left[\frac{1}{3}x^3\right]_0^3 = 9 - 0 = 9$

b) $\int_{-10}^{10} 3x^2 - 2x\,dx = \left[x^3 - x^2\right]_{-10}^{10}$
$= 900 - (-1100) = 2000$

c) $\int_{-4}^{4} x^3 - x\,dx = \left[\frac{1}{4}x^4 - \frac{1}{2}x^2\right]_{-4}^{4} = (64 - 8) - (64 - 8) = 0$

d) $\int_{-1}^{1} 10x^4 - 8x^3\,dx = \left[2x^5 - 2x^4\right]_{-1}^{1}$
$= (2 - 2) - (-2 - 2) = 4$

3 Fläche zwischen Graph und x-Achse

a)

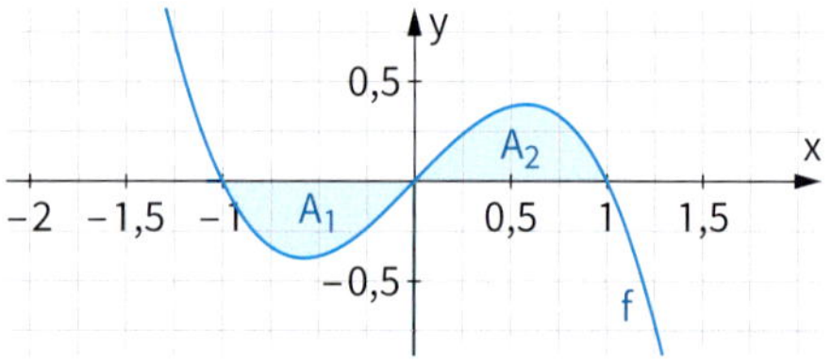

Der Graph von f ist punktsymmetrisch zum Koordinatenursprung. Die Flächeninhalte A_1 und A_2 sind somit gleich groß.

Also erhält man: $\int_{-3}^{3} f(x)\,dx = -A_1 + A_2 = 0$

b) $f(x) = x \cdot (1 - x^2)$
Aus $f(x) = 0$ folgt: $x_1 = -1$; $x_2 = 0$; $x_3 = 1$
Stammfunktion: $F(x) = \frac{1}{2}x^2 - \frac{1}{4}x^4$
$\int_{0}^{1} f(x)\,dx = F(1) - F(0) = \frac{1}{4} - 0 = \frac{1}{4}$; also $A_2 = \frac{1}{4}$
Flächeninhalt der Gesamtfläche:
$A = 2 \cdot A_2 = \frac{1}{2}$

4 Fläche zwischen Parabeln

a) Aus $f(x) = g(x)$ folgt $x^2 - 4 = 0$ und damit $x_1 = -2$; $x_2 = 2$.
Stammfunktion:
$d(x) = f(x) - g(x) = x^2 - 4$
$D(x) = \frac{1}{3}x^3 - 4x$
$\int_{-2}^{2} d(x)\,dx = D(2) - D(-2)$
$= \left(\frac{8}{3} - 8\right) - \left(-\frac{8}{3} - (-8)\right) = \frac{16}{3} - 16 = -\frac{32}{3}$
Flächeninhalt: $A = \frac{32}{3}$

b) Aus $f(x) = h(x)$ folgt $\frac{1}{2}x^2 - 2 = 0$ und damit $x_1 = -2$; $x_2 = 2$.
Stammfunktion:
$d_{f,h}(x) = f(x) - h(x) = \frac{1}{2}x^2 - 2$
$D_{f,h}(x) = \frac{1}{6}x^3 - 2x$
$\int_{-2}^{2} d_{f,h}(x)\,dx = D_{f,h}(2) - D_{f,h}(-2)$
$= \left(\frac{8}{6} - 4\right) - \left(-\frac{8}{6} - (-4)\right) = \frac{8}{3} - 8 = -\frac{16}{3}$
Flächeninhalt: $A_{f,h} = \frac{16}{3}$
$A_{f,h} = \frac{1}{2} \cdot A$
Der Graph von h halbiert die von den Graphen von f und g eingeschlossene Fläche.

5 Flächenverhältnis

$A_{Dreieck} = \frac{1}{2} \cdot 2a \cdot a^2 = a^3$

$A_{Parabel} = 2 \cdot \int_0^a a^2 - x^2\,dx = 2a^3 - 2 \cdot \frac{a^3}{3} = \frac{4}{3}a^3$

Das Verhältnis zwischen dem Flächeninhalt des Dreiecks und dem Flächeninhalt der Fläche zwischen dem Graphen von f und der Geraden beträgt immer 3 : 4.

6 Flächenzerlegung

Der gesamte Flächeninhalt der eingeschlossenen Fläche beträgt:

$A_{Parabel} = 2 \cdot \int_0^3 9 - x^2\,dx = 2 \cdot \left[9x - \frac{1}{3}x^3\right]_0^3 = 36$

Um A_1 zu bestimmen, wird die Parabel um h nach unten verschoben. Die Gleichung für die verschobene Parabel lautet: $y = (9 - h) - x^2$

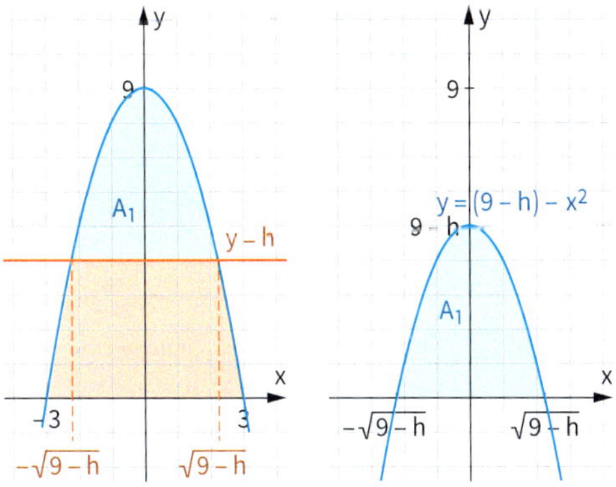

Nach Voraussetzung soll gelten:

$A_{Parabel} = 2 \cdot A_1$; also

$36 = 2 \cdot \left(2 \cdot \int_0^{\sqrt{9-h}} (9-h) - x^2\,dx\right)$

$= 4 \cdot \left[(9-h) \cdot x - \frac{1}{3}x^3\right]_0^{\sqrt{9-h}}$

$= 4 \cdot \left((9-h)^{\frac{3}{2}} - \frac{1}{3} \cdot (9-h)^{\frac{3}{2}}\right) = \frac{8}{3} \cdot (9-h)^{\frac{3}{2}}$

Daraus folgt $(9-h)^{\frac{3}{2}} = \frac{27}{2}$ und damit

$9 - h = \sqrt[3]{\frac{1}{4}} \cdot 9$ bzw. $h = 9 - \frac{9}{\sqrt[3]{4}}$

Die Gerade mit der Gleichung $y = 9 - \frac{9}{\sqrt[3]{4}}$ teilt die Fläche zwischen der Parabel und der x-Achse in zwei Flächen mit demselben Flächeninhalt.

7 Unbestimmtes Integral

a) $\int_a^b \frac{1}{x^5}\,dx = \left[\left(-\frac{1}{4}\right) \cdot \frac{1}{x^4}\right]_a^b = -\frac{1}{4} \cdot \left(\frac{1}{b^4} - \frac{1}{a^4}\right)$

Für $b \to \infty$ gilt: $-\frac{1}{4} \cdot \left(\frac{1}{b^4} - \frac{1}{a^4}\right) \to \frac{1}{4a^4}$

Das uneigentliche Integral existiert für $a > 0$ und hat den Wert $\frac{1}{4a^4}$.

b) Aus $\frac{1}{4a^4} = 4$ folgt $a^4 = \frac{1}{16}$; also $a = \frac{1}{2}$

Lösungen zu Seite 97

8 Wasserreservoir

a) Der Wasserzufluss nimmt in den ersten 20 Stunden zu. Bei 20 Stunden erreicht er sein Maximum von etwa 32 000 m^3/h. Danach nimmt der Wasserzufluss ständig ab. Nach 60 Stunden liegt er bei 0.

b) Der Graph einer quadratischen Funktion ist eine Parabel. Sie ist symmetrisch zu einer Geraden, die parallel zur y-Achse durch ihren Scheitelpunkt verläuft.
Dieser Graph ist aber nicht symmetrisch.

c) Aus $w(10) = 25$ ergibt sich
$25 = a \cdot (10 - 60)^2 \cdot 10$ und damit $25 = 25\,000 \cdot a$.
Daraus folgt: $a = \frac{1}{1000}$

d) $w(t) = 0{,}001 \cdot (t - 60)^2 \cdot t$
$= 0{,}001 \cdot (t^2 - 120t + 3600) \cdot t$
$= 0{,}001 \cdot t^3 - 0{,}12t^2 + 3{,}6t$

Ansatz für die Funktion W:
$W(t) = 0{,}00025 \cdot t^4 - 0{,}04t^3 + 1{,}8t^2 + c$
Aus $W(0) = 20$ folgt: $c = 20$
Somit erhält man:
$W(t) = 0{,}00025 \cdot t^4 - 0{,}04t^3 + 1{,}8t^2 + 20$

e) Mit einem Rechner erhält man: $W(60) = 1100$
Nach 60 Stunden befinden sich 1 100 000 m^3 Wasser im Reservoir.

9 Vereinslogo

a) A(0|2); B(0|3); C(2|5); D(−4|0); E(4|0)

Ansatz für Parabel:

$f(x) = a \cdot (x+4) \cdot (x-4) = a \cdot (x^2 - 16)$

Aus $f(0) = 2$ folgt: $a = -\frac{1}{8}$

Die Gleichung der Parabel lautet:

$f(x) = \left(-\frac{1}{8}\right) \cdot (x+4) \cdot (x-4) = -\frac{1}{8}x^2 + 2$

Ansatz für ganzrationale Funktion 4. Grades unter Ausnutzung der Symmetrie zur y-Achse:

$g(x) = a x^4 + b x^2 + c$

Bedingungen:

$g(0) = 3 \quad g(2) = 5 \quad g(4) = 0$

Gleichungssystem:

$$\left| \begin{array}{r} c = 3 \\ 16a + 4b + c = 5 \\ 256a + 16b + c = 0 \end{array} \right|$$

hat die Lösung $a = -\frac{11}{192}$; $b = \frac{35}{48}$; $c = 3$

Die Gleichung der Funktion 4. Grades lautet:

$g(x) = -\frac{11}{192}x^4 + \frac{35}{48}x^2 + 3$

b) $g(x) - f(x) = -\frac{11}{192}x^4 + \frac{41}{48}x^2 + 1$

Man erhält z. B. mit einem Rechner:

$$\int_{-4}^{4} g(x) - f(x)\,dx \approx 20{,}98$$

Der Flächeninhalt beträgt etwa 21.

c) $h(x) = \frac{2}{3} \cdot g(x)$; also $g(x) - h(x) = \frac{1}{3} \cdot g(x)$

Man erhält z. B. mit einem Rechner:

$$\int_{-4}^{4} \frac{1}{3} g(x)\,dx = \frac{1}{3} \cdot \int_{-4}^{4} g(x)\,dx \approx 10{,}55$$

Der Flächeninhalt beträgt etwa 11.

Man kann also sagen, dass der Schatzmeister recht hat.

10 Rotationskörper

Schnittstellen:

Aus $-x + 6 = -2x^2 + 4x + 6$ folgt $2x^2 - 5x = 0$ und damit $x_1 = 0$; $x_2 = 2{,}5$.

Volumen des Rotationskörpers:

$$V = \pi \cdot \int_{0}^{2{,}5} \left((-2x^2 + 4x + 6) - (-x + 6)\right)^2 dx$$

$$= \pi \cdot \int_{0}^{2{,}5} (-2x^2 + 5x)^2\,dx \approx 196{,}35$$

11 Zwiebelförmiger Körper

Tiefpunkt des Graphen:

$f'(x) = 3x^2 - 3$

Aus $f'(x) = 0$ folgt: $x_1 = -1$; $x_2 = 1$

$f''(x) = 6x$

$f''(-1) = -6 < 0$

$f''(1) = 6 > 0$; also T(1|−2)

Volumen des Rotationskörpers:

Statt der Rotation des Graphen von f um die Tangente verschiebt man den Graphen von f um 2 Einheiten nach oben und betrachtet die Rotation des Graphen zu $y = f(x) + 2$ um die x-Achse.

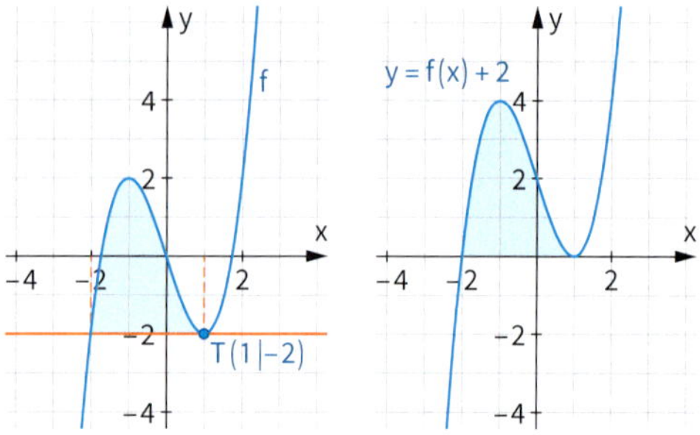

Nullstellen: −2; 1

$$V = \pi \cdot \int_{-2}^{1} (x^3 - 3x + 2)^2\,dx \approx 65{,}435$$

3 Wachstum beschreiben

Lösungen zu Seite 102

4 a) Anfangswert: $a = 4$

Wachstumsfaktor: $b = 3$

Funktionsgleichung: $f(x) = 4 \cdot 3^x$; x in Wochen

$f(5) = 4 \cdot 3^5 = 972$

Nach 5 Wochen beträgt die Fläche $972\,m^2$.

Verdopplungszeit:

$4 \cdot 3^x = 2 \cdot 4$; also $3^x = 2$ und damit $x \approx 0{,}63$.

Nach ca. 0,63 Wochen, also 4,4 Tagen, verdoppelt sich die Fläche des Algenteppichs.

b) Anfangswert: $a = 23\,000$

Wachstumsfaktor: $b = 0{,}8$

Funktionsgleichung:

$f(x) = 23\,000 \cdot 0{,}8^x$; x in Jahren

$f(5) = 23\,000 \cdot 0{,}8^5 = 7536{,}64$

Nach 5 Jahren ist der Pkw ca. 7537 € wert.

Halbwertszeit:

$23\,000 \cdot 0{,}8^x = 0{,}5 \cdot 23\,000$; also $0{,}8^x = 0{,}5$ und damit $x \approx 3{,}11$.

Nach etwas über 3 Jahren ist der Pkw nur noch die Hälfte seines Kaufpreises wert.

Lösungen zu Seite 103

9 Anfangswert: $a = 10$

Gleichung für Halbwertszeit:

$10 \cdot b^8 = 0{,}5 \cdot 10$; also $b = \sqrt[8]{0{,}5} \approx 0{,}917$

Damit erhält man:

$f(x) \approx 10 \cdot 0{,}917^x$; x in Jahren, f(x) in mg

Lösungen zu Seite 105

15 (1) $D = \mathbb{R}$; $W =]0; \infty[$

Für $x \to -\infty$ gilt $f(x) \to 0$.

Der Graph von f schmiegt sich dem negativen Teil der x-Achse von oben an.

Er verläuft durch die Punkte $(0\,|\,3)$ und $(1\,|\,6)$.

(2) $D = \mathbb{R}$; $W =]0; \infty[$

Für $x \to \infty$ gilt $f(x) \to 0$.

Der Graph von g schmiegt sich dem positiven Teil der x-Achse von oben an.

Er verläuft durch die Punkte $(0\,|\,3)$ und $\left(1\,\middle|\,\frac{3}{2}\right)$.

Der Graph von g geht aus dem Graphen von f durch Spiegelung an der y-Achse hervor.

Graphen:

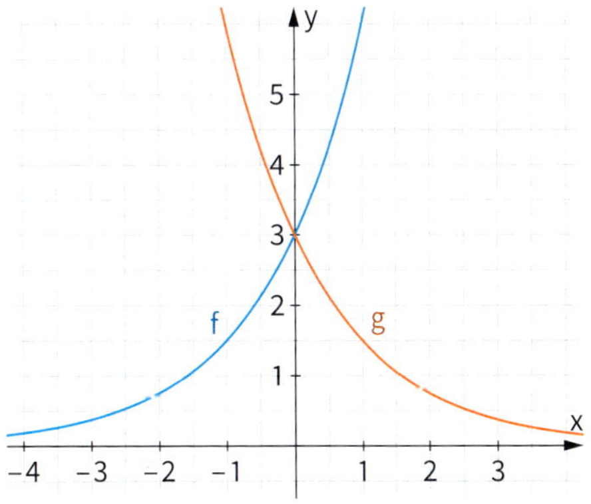

16 a) $g(x) = 2{,}5 \cdot 3^x$

b) $g(x) = 6^x - 4$

c) $g(x) = 0{,}5^{x+3}$

d) $g(x) = 4^{0{,}5 \cdot x} = 2^x$

e) $g(x) = 1{,}8 \cdot \left(\frac{5}{2}\right)^x$

17 Ansatz: $f(x) = a \cdot b^x$

a) $P(0\,|\,2{,}1)$; also $2{,}1 = a \cdot b^0$ und damit $a = 2{,}1$

$Q(1\,|\,0{,}7)$; also $0{,}7 = a \cdot b^1$ und damit $b = \frac{0{,}7}{2{,}1} = \frac{1}{3}$

Die Funktionsgleichung lautet:

$f(x) = 2{,}1 \cdot \left(\frac{1}{3}\right)^x$

b) $P\left(1\,\middle|\,\frac{3}{2}\right)$; also $\frac{3}{2} = a \cdot b^1$

$Q\left(3\,\middle|\,\frac{27}{8}\right)$; also $\frac{27}{8} = a \cdot b^3$

Division liefert: $b^2 = \frac{9}{4}$; also $b = \sqrt{\frac{9}{4}} = \frac{3}{2}$

Damit folgt $a = 1$.

Die Funktionsgleichung lautet:

$f(x) = \left(\frac{3}{2}\right)^x$

Lösungen zu Seite 109

9 a) $f'(x) = e^x$

b) $f(0) = e^0 - 2 = 1 - 2 = -1$ $\quad f'(0) = 1$

c) $f'(1) = e$; $f(1) = e - 2$

Gleichung der Tangente an der Stelle 1:

$y = e \cdot (x - 1) + (e - 2) = e \cdot x - 2$

d)

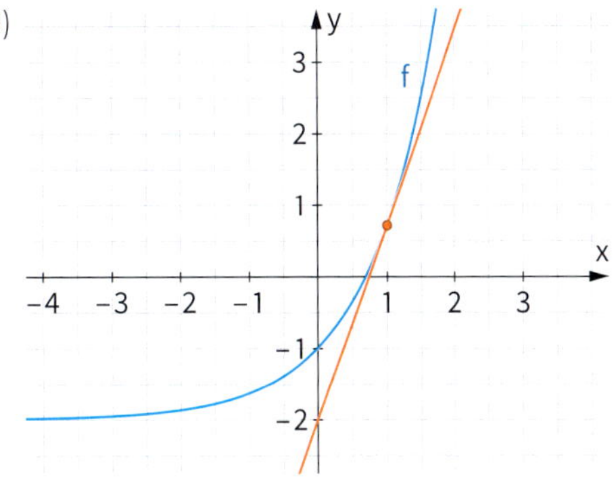

Lösungen zu Seite 111

18 a) $f'(x) = 2e^x + 1 \quad F(x) = 2e^x + \frac{1}{2}x^2$

b) $\int_0^1 f(x)\,dx = F(1) - F(0)$

$= 2e - \frac{3}{2} \approx 3{,}94$; also $A_{[0;\,1]} \approx 3{,}94$

$\int_{-2}^{-1} f(x)\,dx = F(-1) - F(-2)$

$= -2e^{-2} + 2e^{-1} - \frac{3}{2} \approx -1{,}03$;

also $A_{[-2;\,-1]} \approx 1{,}03$

Lösungen zu Seite 113

10 a) $f'(x) = 1{,}5 \cdot e^{1{,}5x} \qquad g'(x) = 3 \cdot \left(-\frac{1}{3}\right) \cdot e^{-\frac{1}{3}x} = -e^{-\frac{1}{3}x}$

b) Der Graph von f′ geht aus dem Graphen von f durch Strecken mit dem Faktor 1,5 in y-Richtung hervor.

f	f′
$D = \mathbb{R}$	$D = \mathbb{R}$
$W =]0;\,\infty[$	$W =]0;\,\infty[$
überall streng monoton wachsend	überall streng monoton wachsend
Für $x \to -\infty$ gilt $f(x) \to 0$; für $x \to \infty$ gilt $f(x) \to \infty$	Für $x \to -\infty$ gilt $f'(x) \to 0$; für $x \to \infty$ gilt $f'(x) \to \infty$
Achsenschnittpunkte: $S_y(0\,|\,1)$	Achsenschnittpunkte: $S_y(0\,|\,1{,}5)$

Der Graph von g′ geht aus dem Graphen von g durch Strecken mit dem Faktor $\frac{1}{3}$ in y-Richtung und Spiegelung an der x-Achse hervor.

g	g′
$D = \mathbb{R}$	$D = \mathbb{R}$
$W =]0;\,\infty[$	$W =]-\infty;\,0[$
überall streng monoton fallend	überall streng monoton wachsend
Für $x \to -\infty$ gilt $g(x) \to \infty$; für $x \to \infty$ gilt $g(x) \to 0$	Für $x \to -\infty$ gilt $g'(x) \to -\infty$; für $x \to \infty$ gilt $g'(x) \to 0$
Achsenschnittpunkte: $S_y(0\,|\,3)$	Achsenschnittpunkte: $S_y(0\,|\,-1)$

c) $f'(0) = 1{,}5$; $f(0) = 1$

Gleichung der Tangente an der Stelle 0:

$y = 1{,}5 \cdot (x - 0) + 1 = 1{,}5x + 1$

$g'(0) = -1$; $g(0) = 3$

Gleichung der Tangente an der Stelle 0:

$y = -1 \cdot (x - 0) + 3 = -x + 3$

11 a) $f'(x) = 2 \cdot (-0{,}5) \cdot e^{-0{,}5x} = -e^{-0{,}5x}$

$F(x) = 2 \cdot \left(\frac{1}{-0{,}5}\right) \cdot e^{-0{,}5x} = -4e^{-0{,}5x}$

b) $\int_0^1 f(x)\,dx = F(1) - F(0)$

$= -4e^{-0{,}5} + 4 \approx 1{,}57$; also $A_{[0;\,1]} \approx 1{,}57$

$\int_{-2}^{-1} f(x)\,dx = F(-1) - F(-2)$

$= -4e^{0{,}5} + 4e \approx 4{,}28$; also $A_{[-2;\,-1]} \approx 4{,}28$

Lösungen zu Seite 115

16 a) $f(x) = 2 \cdot e^{\ln(1{,}5) \cdot x} \approx 2 \cdot e^{0{,}4055 \cdot x}$

$g(x) = 3 \cdot e^{\ln(0{,}8) \cdot x} \approx 3 \cdot e^{-0{,}2231 \cdot x}$

b) Funktion f:

$2 \cdot e^{\ln(1{,}5) \cdot x} = 6$; also $\ln(1{,}5) \cdot x = \ln(3)$

$x = \frac{\ln(3)}{\ln(1{,}5)} \approx 2{,}71$

Funktion g:

$3 \cdot e^{\ln(0{,}8) \cdot x} = 6$; also $\ln(0{,}8) \cdot x = \ln(2)$

$x = \frac{\ln(2)}{\ln(0{,}8)} \approx -3{,}11$

c) $f'(x) = 2 \cdot \ln(1{,}5) \cdot e^{\ln(1{,}5) \cdot x} = 2 \cdot \ln(1{,}5) \cdot 1{,}5^x$

$f'(2) = \ln(1{,}5) \cdot 4{,}5 \approx 1{,}8246$

$g'(x) = 3 \cdot \ln(0{,}8) \cdot e^{\ln(0{,}8) \cdot x} = 3 \cdot \ln(0{,}8) \cdot 0{,}8^x$

$g'(-3) = \ln(0{,}8) \cdot 1{,}536 \approx -0{,}3427$

Lösungen zu Seite 118

7 a) $f(t) = 38\,000 \cdot 0{,}85^t$

$= 38\,000 \cdot e^{\ln(0{,}85) \cdot t} \approx 38\,000 \cdot e^{-0{,}1625 \cdot t}$

Halbwertszeit bestimmen:

$e^{\ln(0{,}85) \cdot t_H} = 0{,}5$; also $\ln(0{,}85) \cdot t_H = \ln(0{,}5)$

$t_H = \frac{\ln(0{,}5)}{\ln(0{,}85)} \approx 4{,}27$

Nach etwas über 4 Jahren ist das Auto nur noch die Hälfte seines Kaufpreises wert.

b) $120 \cdot e^{k \cdot 5} = 380$; also $e^{k \cdot 5} = \frac{19}{6}$

$k = \frac{\ln\left(\frac{19}{6}\right)}{5} \approx 0{,}23$

Die Funktionsgleichung lautet:

$f(t) \approx 120 \cdot e^{0{,}23 \cdot t}$; t in Tagen

Verdopplungszeit bestimmen:

$e^{0{,}23 \cdot t_V} = 2$; also $0{,}23 \cdot t_V = \ln(2)$

$t_H = \frac{\ln(2)}{0{,}23} \approx 3{,}00$

Der Bestand verdoppelt sich etwa alle 3 Tage.

c) $f(t) = 5 \cdot 1{,}28^t = 5 \cdot e^{\ln(1{,}28) \cdot t} \approx 5 \cdot e^{0{,}2469 \cdot t}$

Zeitpunkt bestimmen:

$5 \cdot e^{\ln(1{,}28) \cdot t} = 30$; also $\ln(1{,}28) \cdot t = \ln(6)$

$t = \frac{\ln(6)}{\ln(1{,}28)} \approx 7{,}26$

Nach etwas über 7 Jahren wären 30 Hektar des Waldes von Schädlingen befallen.

Lösungen zu Seite 120

16 a) Ansatz: $f(x) = a \cdot e^{k \cdot x}$

$P(2|4)$; also $4 = a \cdot e^{k \cdot 2}$

$Q(5|28)$; also $28 = a \cdot e^{k \cdot 5}$

Division liefert: $e^{k \cdot 3} = 7$; also $k = \frac{\ln(7)}{3} \approx 0{,}6486$

Damit folgt: $a = \frac{4}{e^{\ln(7) \cdot \frac{2}{3}}} \approx 1{,}0931$

Die Funktionsgleichung lautet:

$f(x) \approx 1{,}0931 \cdot e^{0{,}6486 \cdot x}$

b) Aus $f(x) = 100$ folgt: $x \approx 6{,}96$

Nach knapp 7 Tagen erreicht die Algenfläche $100\,cm^2$.

c) Die Funktion für die Wachstumsgeschwindigkeit der bedeckten Fläche ist die Ableitungsfunktion von f, also

$f'(x) = \frac{4}{e^{\ln(7) \cdot \frac{2}{3}}} \cdot \frac{\ln(7)}{3} \cdot e^{\frac{\ln(7)}{3} \cdot x} \approx 0{,}7090 \cdot e^{0{,}6486 \cdot x}$

x in Tagen; $f'(x)$ in cm^2 pro Tag

Lösungen zu Seite 124

6 a) $f(0) = 1$; $k = 0{,}4$; $S = 77\,000$

Damit erhält man die Funktionsgleichung:

$f(t) = 77\,000 + (1 - 77\,000) \cdot e^{-0{,}4t}$

$= 77\,000 - 76\,999 \cdot e^{-0{,}4t}$; t in Wochen

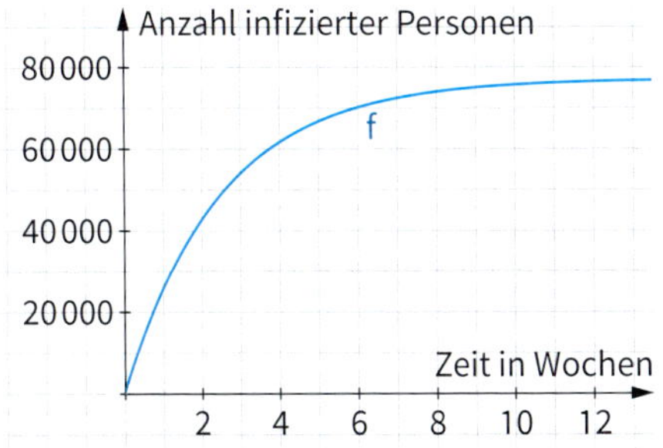

b) $f(3) \approx 53\,808{,}3$

Ohne Schutzmaßnahmen sind nach 3 Wochen ca. 53 808 Personen infiziert.

c) $g(0) = 1$; $k = 0{,}2$; $S = 77\,000$

Damit erhält man die Funktionsgleichung:

$g(t) = 77\,000 - 76\,999 \cdot e^{-0{,}2t}$; t in Wochen

$g(3) = 34\,742{,}1$

Werden Schutzmaßnahmen ergriffen, so sind nach 3 Wochen ca. 34 742 infizierte Personen zu erwarten.

Lösungen zu Seite 129

3 a) Für $x \to \infty$ gilt

$x^{10} \to \infty$ und $e^{-x} \to 0$; also $f(x) \to 0$

Für $x \to -\infty$ gilt

$x^{10} \to \infty$ und $e^{-x} \to \infty$; also $f(x) \to \infty$

b) Für $x \to \infty$ gilt

$x^2 \to \infty$ und $e^{2x} \to \infty$; also $f(x) \to \infty$

Für $x \to -\infty$ gilt

$x^2 \to \infty$ und $e^{2x} \to 0$; also $f(x) \to 0$

c) Für $x \to \infty$ gilt

$x^2 - 1 \to \infty$ und $e^{-x} \to 0$; also $f(x) \to 0$

Für $x \to -\infty$ gilt

$x^2 - 1 \to \infty$ und $e^{-x} \to \infty$; also $f(x) \to \infty$

d) Für $x \to \infty$ gilt

$3x \to \infty$ und $e^{-0{,}5x} \to 0$; also $f(x) \to 0$

Für $x \to -\infty$ gilt

$3x \to -\infty$ und $e^x \to \infty$; also $f(x) \to -\infty$

Lösungen zu Seite 131

11 a) $f'(x) = (3x - 5) \cdot e^{-x}$

$f''(x) = (-3x + 8) \cdot e^{-x}$

Aus $f'(x) = 0$ folgt: $x = \frac{5}{3}$

$f''\left(\frac{5}{3}\right) > 0$

Der Graph von f hat den Tiefpunkt $T\left(\frac{5}{3} \middle| -3e^{-\frac{5}{3}}\right)$.

b) $f'(x) = (x^2 + 2x - 15) \cdot e^x$

$f''(x) = (x^2 + 4x - 13) \cdot e^x$

Aus $f'(x) = 0$ folgt: $x_1 = -5$; $x_2 = 3$

$f''(3) = (9 + 12 - 13) \cdot e^3 = 8e^3 > 0$; also hat der Graph von f an der Stelle 3 einen Tiefpunkt.

12 a) Beispiellösung:

Beide Funktionen haben $x = 0$ als einzige Nullstelle. $x = 0$ ist einfache Nullstelle von f, aber doppelte Nullstelle von g. Somit gehört Graph (1) zu g und Graph (2) zu f.

Hinweis: Andere Argumente sind möglich, z. B. mithilfe des Globalverlaufs.

b) Hochpunkt des Graphen von g:

$g'(x) = (10x^2 + 20x) \cdot e^x$

$g''(x) = (10x^2 + 40x + 20) \cdot e^x$

Aus $g'(x) = 0$ folgt: $x_1 = -2;\ x_2 = 0$

$g''(-2) = -20 \cdot e^{-2} < 0$

Also: Hochpunkt $H(-2 \mid 40 \cdot e^{-2})$

Wendepunkt des Graphen von f:

$f'(x) = (-20x - 20) \cdot e^x$

$f''(x) = (-20x - 40) \cdot e^x$

Aus $f''(x) = 0$ folgt $x = -2$; dies ist Nullstelle von f'' mit Vorzeichenwechsel.

Also: Wendepunkt $W(-2 \mid 40 \cdot e^{-2})$

Der Hochpunkt des Graphen von g und der Wendepunkt des Graphen von f fallen zusammen.

Lösungen zu Seite 132

19 a) $f(0) = 1$; also $c = 1$

$f'(x) = (-1 - a \cdot x) \cdot e^{a \cdot x + b}$

Aus $f(-1) = 2$ und $f'(-1) = 0$ erhält man:

$$\left| \begin{array}{r} e^{-a+b} + 1 = 2 \\ (-1 + a) \cdot e^{-a+b} = 0 \end{array} \right| \text{ bzw. } \left| \begin{array}{r} b - a = \ln(1) \\ -1 + a = 0 \end{array} \right|$$

mit der Lösung $a = 1;\ b = \ln(1) + 1 = 1$

Die Funktionsgleichung lautet:

$f(x) = -x \cdot e^{x+1} + 1$

b) $f_a'(x) = (-1 - a \cdot x) \cdot e^{a \cdot x + 1}$

Aus $f_a'(x) = 0$ folgt: $x = -\frac{1}{a}$

Die Graphen der Funktionenschar haben den Hochpunkt $H\left(-\frac{1}{a} \middle| \frac{1}{a} + 1\right)$.

Lösungen zu Seite 138

8 a)

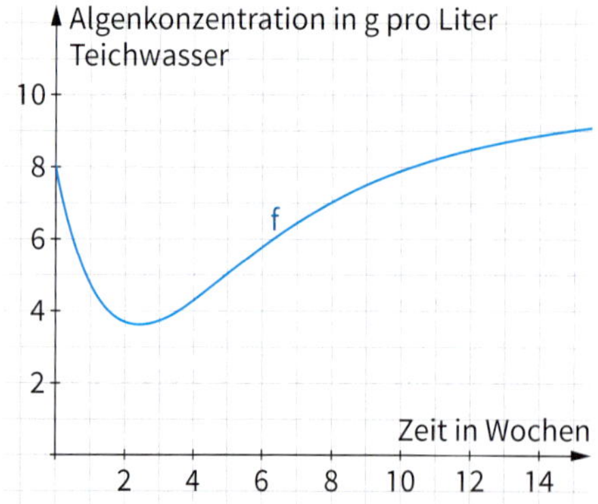

In den ersten zwei Tagen nimmt die Algenkonzentration ab. Nach etwa 2,5 Tagen liegt sie bei einem Minimum von etwa 3,5 g pro Liter Teichwasser. Danach steigt die Algenkonzentration ständig an.

b) $f(0) = 8$

Zu Beginn beträgt die Algenkonzentration 8 g pro Liter Teichwasser.

Man erhält z. B. mit einem Rechner:

(1)

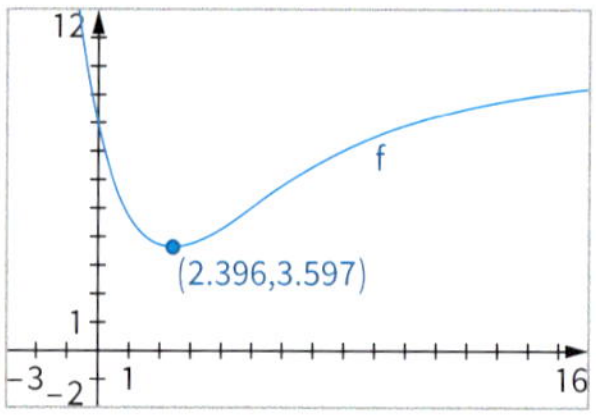

Der Tiefpunkt des Graphen von f liegt an der Stelle $t \approx 2{,}4$.

Zum Zeitpunkt 2,4 Tage ist die Algenkonzentration am niedrigsten.

(2)

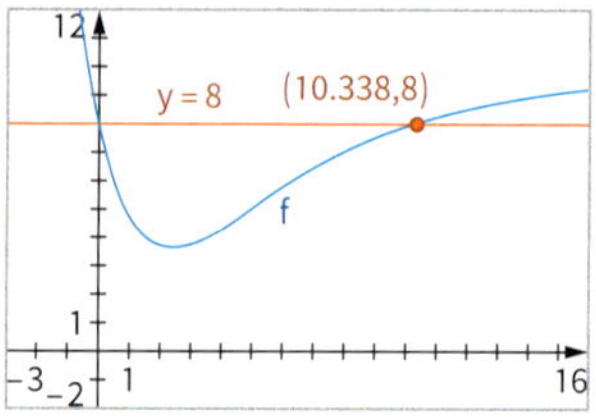

Der Graph von f schneidet die Gerade $y = 8$ an der Stelle $t \approx 10{,}3$.

Nach etwa 10,4 Tagen ist die Algenkonzentration wieder höher als zu Beginn.

c) Die stärkste Zunahme der Algenkonzentration liegt an der Wendestelle von f.

Wendestelle rechnerisch bestimmen:

$f'(t) = (-5 + 2t) \cdot e^{-0{,}4t} + 0{,}08$

$f''(t) = (4 - 0{,}8t) \cdot e^{-0{,}4t}$

Aus $f''(t) = 0$ folgt: $t = 5$

Alternativ: Wendestelle am Graphen bestimmen:

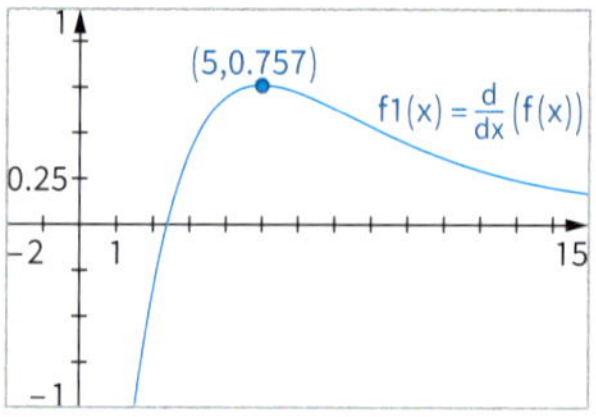

f hat die Wendestelle $t = 5$.

Zum Zeitpunkt 5 Tage nimmt die Algenkonzentration am stärksten zu.

Lösungen zu Seite 143

6 a)

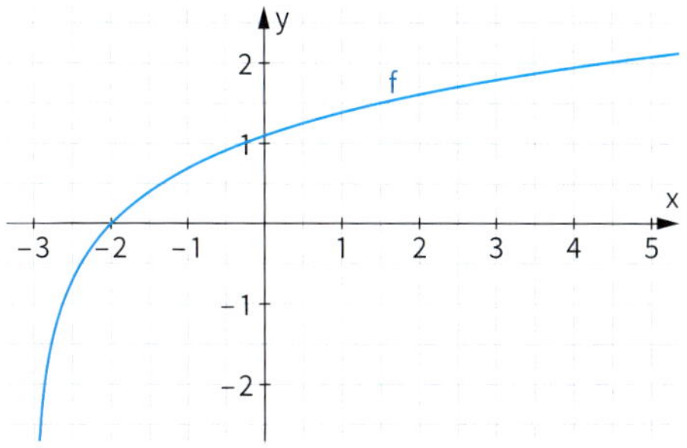

Der Graph von f ist streng monoton wachsend und rechtsgekrümmt. Mit größer werdenem x wird der Anstieg kleiner.

b) Der Graph von f entsteht aus dem Graphen der ln-Funktion durch Verschieben um 3 Einheiten nach links.
Damit erhält man den Schnittpunkt $S_x(-2\,|\,0)$ mit der x-Achse und den Schnittpunkt $S_y(0\,|\,1)$ mit der y-Achse.

c) Term der Umkehrfunktion von f bestimmen:
$D_f =]-3; \infty]$ keine Einschränkung nötig
x und y vertauschen: $x = \ln(y+3)$
Nach y auflösen: $e^x = e^{\ln(y+3)}$; also
$e^x = y + 3$ bzw. $y = e^x - 3$
Somit erhält man: $f^{-1}(x) = e^x - 3$
$D_{f^{-1}} = W_f = \mathbb{R}$; $W_{f^{-1}} = D_f =]-3; \infty]$

Lösungen zu Seite 144

13 a) (1) $f'(x) = \frac{1}{x}$ für $x > 0$ $\quad f'(1) = 1$

(2) $f'(x) = \frac{2}{x} + 1$ für $x > 0$ $\quad f'(1) = 3$

(3) $f'(x) = \ln(x) + x \cdot \frac{1}{x} = \ln(x) + 1$ für $x > 0$
$f'(1) = \ln(1) + 1 = 1$

b) (1) $\int_1^e \frac{1}{x}\,dx = [\ln(x)]_1^e = \ln(e) - \ln(1) = 1$

(2) $\int_{0,5}^3 e^x + \frac{2}{x}\,dx = [e^x + 2\cdot\ln(x)]_{0,5}^3$
$= e^3 + 2\cdot\ln(3) - (e^{0,5} + 2\cdot\ln(0,5))$
$\approx 22,02$

Wiederholen für die Klausur

Lösungen zu Seite 148

1 **e-Funktion ableiten**

a) $f'(x) = 4\cdot\left(-\frac{3}{4}\right)\cdot e^{2-\frac{3}{4}x} = -3\cdot e^{2-\frac{3}{4}x}$

b) $f'(x) = 2x\cdot e^{1-2x} + (x^2+3)\cdot(-2)\cdot e^{1-2x}$
$= (-2x^2 + 2x - 6)\cdot e^{1-2x}$

c) $f'(x) = -2e^{-2x} + \sqrt{5}$

d) $f'(x) = -2\cdot 2\cdot e^{2x+1} = -4\cdot e^{2x+1}$

2 **e-Funktion integrieren**

a) $\int_0^2 e^x + e^{-x}\,dx = [e^x - e^{-x}]_0^2$
$= (e^2 - e^{-2}) - (e^0 - e^0)$
$= e^2 - e^{-2}$

b) $\int_0^2 e^{1+2x}\,dx = \left[\frac{1}{2}\cdot e^{1+2x}\right]_0^2$
$= \frac{1}{2}\cdot e^{1+4} - \frac{1}{2}\cdot e^{1+0}$
$= \frac{1}{2}\cdot e^5 - \frac{1}{2}\cdot e = \frac{1}{2}\cdot(e^5 - e)$

c) $\int_0^3 e^{-2x} + 1\,dx = \left[-\frac{1}{2}e^{-2x} + x\right]_0^3$
$= \left(-\frac{1}{2}\cdot e^{-6} + 3\right) - \left(-\frac{1}{2}\cdot e^0 + 0\right)$
$= -\frac{1}{2}\cdot e^{-6} + 3 + \frac{1}{2} = -\frac{1}{2}\cdot e^{-6} + \frac{7}{2}$

d) $\int_{-1}^0 2e^{2x}\,dx = [e^{2x}]_{-1}^0$
$= e^0 - e^{-2} = 1 - e^{-2}$

3 **Graphen zuordnen**

		Begründung
f	B	f hat an der Stelle 0 eine einfache Nullstelle mit Vorzeichenwechsel. Für $x \to \infty$ gilt $f(x) \to \infty$; für $x \to -\infty$ gilt $f(x) \to 0$.
g	D	g hat an der Stelle 0 eine doppelte Nullstelle ohne Vorzeichenwechsel. Für $x \to \infty$ gilt $g(x) \to \infty$; für $x \to -\infty$ gilt $g(x) \to 0$.
h	C	h hat an der Stelle 0 eine einfache Nullstelle mit Vorzeichenwechsel. Für $x \to \infty$ gilt $h(x) \to 0$; für $x \to -\infty$ gilt $h(x) \to -\infty$.
i	A	i hat an der Stelle 0 eine doppelte Nullstelle ohne Vorzeichenwechsel. Für $x \to \infty$ gilt $i(x) \to 0$; für $x \to -\infty$ gilt $i(x) \to \infty$.

4 **Produkt mit e-Funktion untersuchen**

a) Aus $f(x) = 0$ folgt: $x = -1$

Für $x \to \infty$ gilt $f(x) \to 0$; für $x \to -\infty$ gilt $f(x) \to -\infty$.

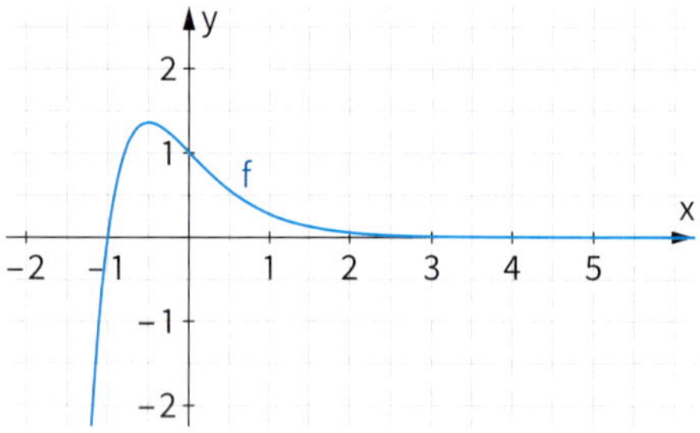

b) $F'(x) = -\frac{1}{4} \cdot (2 \cdot e^{-2x} + (2x+3) \cdot (-2) \cdot e^{-2x})$

$= -\frac{1}{4} \cdot e^{-2x} \cdot (2 - 4x - 6)$

$= -\frac{1}{4} \cdot e^{-2x} \cdot (-4x - 4)$

$= -\frac{1}{4} \cdot e^{-2x} \cdot (-4) \cdot (x+1) = (x+1) \cdot e^{-2x} = f(x)$

Also ist F eine Stammfunktion von f.

5 **e-Funktionen vergleichen**

a)

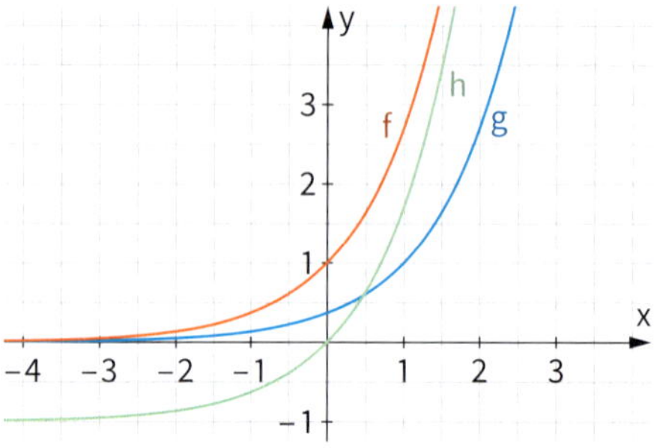

Der Graph von g geht aus dem Graphen von f durch Verschieben um eine Einheit nach rechts hervor.

Der Graph von h geht aus dem Graphen von f durch Verschieben um eine Einheit nach unten hervor.

b) Aus $g(x) = h(x)$ folgt $e^{x-1} - e^x = -1$;

also $e^{x-1} \cdot (1 - e) = -1$ und damit $e^{x-1} = \frac{1}{e-1}$.

Daraus erhält man:

$x - 1 = \ln\left(\frac{1}{e-1}\right)$; also $x = 1 + \ln\left(\frac{1}{e-1}\right)$

6 **Flächeninhalt berechnen**

a) Für $x \to \infty$ gilt $f(x) \to -\infty$; für $x \to -\infty$ gilt $f(x) \to 5$.

Schnittpunkte mit den Koordinatenachsen:

$f(0) = 5 - e^0 = 4$, somit $S_y(0\,|\,4)$.

Aus $f(x) = 0$ folgt $e^x = 5$, also $x = \ln(5)$, somit $S_x(\ln(5)\,|\,0)$.

b) $\int_0^{\ln(5)} 5 - e^x \, dx = [5x - e^x]_0^{\ln(5)}$

$= 5 \cdot \ln(5) - e^{\ln(5)} - (5 \cdot 0 - e^0)$

$= 5 \cdot \ln(5) - 5 - (0 - 1)$

$= 5 \cdot \ln(5) - 5 + 1$

$= 5 \cdot \ln(5) - 4$

Der Flächeninhalt beträgt $5 \cdot \ln(5) - 4$.

7 **Tierpopulation**

a) Ansatz: $f(t) = a \cdot e^{k \cdot t}$

$f(0) = 800$; also $a = 800$

$f(10) = 2500$; also $2500 = 800 \cdot e^{k \cdot 10}$ und damit

$e^{k \cdot 10} = \frac{25}{8}$ bzw. $k = \frac{1}{10} \cdot \ln\left(\frac{25}{8}\right) \approx 0{,}1139$

Somit erhält man die Funktionsgleichung:

$f(t) \approx 800 \cdot e^{0{,}1139t}$; t in Jahren

b) Prozentuale Wachstumsrate:

$\frac{f(t+1)}{f(t)} = \frac{800 \cdot e^{0{,}1139 \cdot (t+1)}}{800 \cdot e^{0{,}1139t}} = e^{0{,}1139} \approx 1{,}12 = 112\,\%$

Das jährliche Wachstum beträgt 12 %.

Verdopplungszeit:

$t_V \approx \frac{\ln(2)}{0{,}1139} \approx 6{,}08$

Die Verdopplungszeit beträgt etwa 6 Jahre.

Lösungen zu Seite 149

8 **Alter von Whisky**

Parameter k bestimmen:

$k = \frac{\ln(0{,}5)}{12{,}3} \approx -0{,}0564$

Damit erhält man als Funktionsgleichung:

$f(t) \approx a \cdot e^{-0{,}0564t}$; t in Jahren

Der Whisky weist nur noch 30 % des ursprünglichen Tritiumgehaltes auf, also gilt:

$\frac{f(t)}{a} = 30\,\% = 0{,}3$

Daraus folgt $e^{-0{,}0564t} = 0{,}3$; also $t \approx 21{,}36$.

Der Whisky ist etwa 21 Jahre alt.

9 e-Funktion untersuchen

a) Nullstellen:

Aus $f(x) = 0$ folgt: $x = 4$

Extremstellen:

$f'(x) = \left(\frac{3}{2} - \frac{1}{2}x\right) \cdot e^x$

Aus $f'(x) = 0$ folgt: $x = 3$

Dies ist eine einfache Nullstelle von f′ mit Vorzeichenwechsel. Also ist $x = 3$ eine Extremstelle von f.

b) Die Gleichung $f'(x) = \frac{3}{2}$ hat die Lösungen $x_1 = 0$; $x_2 \approx 2{,}82$.

$f(0) = 2$ $\quad f(2{,}82) \approx 9{,}90$

$g(0) = 2$ $\quad g(2{,}82) \approx 6{,}23$

Da $f(2{,}82)$ und $g(2{,}82)$ nicht übereinstimmen, scheidet diese Stelle für den Berührpunkt aus. Somit ist $B(0|2)$.

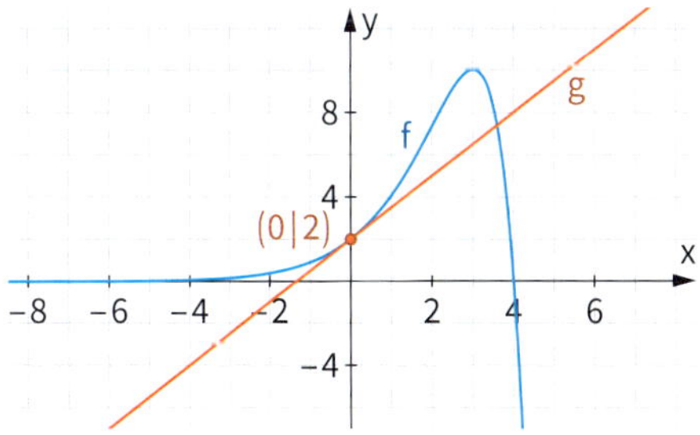

c) Die Gleichung $f(x) = g(x)$ hat die Lösungen $x_1 = 0$; $x_2 \approx 3{,}59$.

$$\int_0^{3{,}59} f(x) - g(x)\,dx \approx 6{,}20$$

Der Flächeninhalt beträgt etwa 6,2 Flächeneinheiten.

10 Erdöl

a)

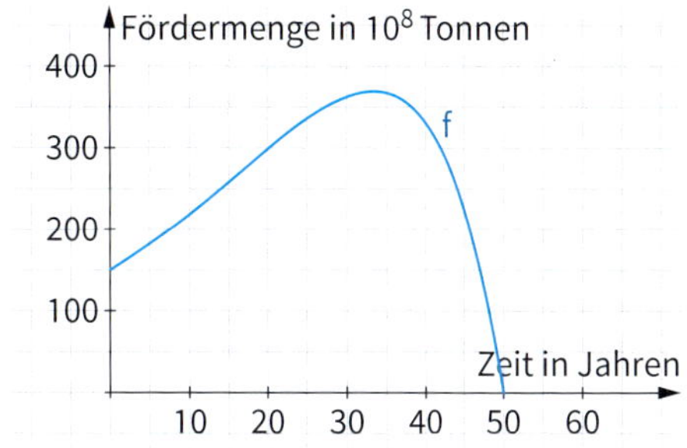

Im Jahr 2001 wurden $150 \cdot 10^8$ Tonnen Erdöl gefördert. Die Fördermenge nimmt ab dem Jahr 2001 ständig zu, bis sie etwa im Jahr 2034 ihr Maximum von etwa $370 \cdot 10^8$ Tonnen erreicht. Danach nimmt die Fördermenge schnell ab. Ab etwa dem Jahr 2050 wird kein Erdöl mehr gefördert.

b) $f'(x) = (6 - 0{,}18x) \cdot e^{0{,}06x}$

$f''(x) = (0{,}18 - 0{,}0108x) \cdot e^{0{,}06x}$

Aus $f'(x) = 0$ folgt: $x = \frac{100}{3} \approx 33{,}3$

$f''\left(\frac{100}{3}\right) = -0{,}18 \cdot e^2 < 0$

Also hat der Graph von f an der Stelle $x = \frac{100}{3}$ einen Hochpunkt.

$f\left(\frac{100}{3}\right) = 50 \cdot e^2 \approx 369{,}45$

Etwa im Jahr 2034 ist die Fördermenge maximal. In diesem Jahr werden ca. $369 \cdot 10^8$ Tonnen Erdöl gefördert.

Aus $f''(x) = 0$ folgt: $x = \frac{50}{3} \approx 16{,}7$

Dies ist eine einfache Nullstelle von f″ mit Vorzeichenwechsel, also eine Wendestelle von f.

Der Zuwachs der Fördermenge ist etwa im Jahr 2018 maximal.

c) Die Gleichung $f(x) = 200$ hat die Lösungen $x_1 \approx 7{,}5$; $x_2 \approx 45{,}7$.

Etwa zwischen 2009 und 2046 werden mehr als $200 \cdot 10^8$ Tonnen Erdöl jährlich gefördert.

d) Die Gleichung $f(x) = 0$ hat die Lösung $x = 50$.

Der Gesamtförderzeitraum läuft also von 2001 bis 2051.

$$\int_0^{50} f(x)\,dx \approx 13\,404{,}6$$

$13\,404{,}6 \cdot 10^8 \approx 1{,}3 \cdot 10^{12}$

In diesem Zeitraum werden ca. $1{,}3 \cdot 10^{12}$ Tonnen Erdöl gefördert.

11 Abkühlung von Wasser

a) $S = 22$

$f(0) = 63 + 22 = 85$

Die Anfangstemperatur des Wassers beträgt 85 °C, die Raumtemperatur beträgt 22 °C.

b) Der Faktor k hängt von der Abkühlungsgeschwindigkeit des Wassers ab. Er gibt den für jeden Zeitpunkt konstanten Anteil an, den die Abkühlungsgeschwindigkeit von der Temperaturdifferenz (Raum- zu Wassertemperatur) pro Minute hat.

c) Aus $f(60) = 32$ folgt $63 \cdot e^{-60k} = 10$ und damit

$e^{-60k} = \frac{10}{63}$ bzw. $k = -\frac{1}{60} \cdot \ln\left(\frac{10}{63}\right) \approx 0{,}0307$.

Aus $f(t) = 23$ folgt $63 \cdot e^{-kt} = 1$ und damit

$e^{-kt} = \frac{1}{63}$ bzw. $t = -\frac{1}{k} \cdot \ln\left(\frac{1}{63}\right)$.

Einsetzen von k ergibt: $t \approx 135{,}06$

Nach etwa 135 Minuten hat sich das Wasser auf 23 °C abgekühlt.

d) $f(t) = 63 \cdot e^{-0{,}03t} + 22$

$f'(t) = 63 \cdot (-0{,}03) \cdot e^{-0{,}03t} = -1{,}89 \cdot e^{-0{,}03t}$

Aus $f'(t) = -1$ folgt $e^{-0{,}03t} = \frac{1}{1{,}89}$ und damit

$t = -\frac{1}{0{,}03} \cdot \ln\left(\frac{1}{1{,}89}\right) \approx 21{,}22$.

Nach etwas mehr als 21 Minuten ist die Abkühlungsgeschwindigkeit unter 1 °C pro Minute gesunken.

e) Es gilt: $f'(t) = -63k \cdot e^{-kt}$

Somit ist:

$$\int_{20}^{40} -63k \cdot e^{-kt}\,dt = \int_{20}^{40} f'(t)\,dt = f(40) - f(20)$$

Der Term beschreibt die Temperaturabnahme des Wassers im Zeitintervall zwischen 20 und 40 Minuten nach Beginn.

12 Funktionenschar

a) $f_t(x) = (x+t) \cdot e^{t-x} = \frac{(x+t) \cdot e^t}{e^x}$

Im Zähler steht eine lineare Funktion.

Die e-Funktion wächst schneller als jede Potenzfunktion, somit erhält man:

Für $x \to \infty$ gilt $f_t(x) \to 0$; für $x \to -\infty$ gilt $f_t(x) \to -\infty$.

Wendepunkte:

$f_t'(x) = e^{t-x} - (x+t) \cdot e^{t-x}$

$f_t''(x) = -e^{t-x} - \left(e^{t-x} - (x+t) \cdot e^{t-x}\right)$

$= -2e^{t-x} + (x+t) \cdot e^{t-x}$

$= (-2 + (x+t)) \cdot e^{t-x}$

Aus $f_t''(x) = 0$ folgt: $x = 2 - t$

$f_t'''(x) = 2e^{t-x} + \left(e^{t-x} - (x+t) \cdot e^{t-x}\right)$

$= 3e^{t-x} - (x+t) \cdot e^{t-x}$

$= (3 - (x+t)) \cdot e^{t-x}$

$f_t'''(2-t) = e^{2t-2} \neq 0$

Also: Wendepunkte $W_t(2-t \mid 2e^{2t-2})$

Gleichung der Ortslinie der Wendepunkte:

Aus $x = 2 - t$ folgt: $t = 2 - x$

Einsetzen $y = 2e^{2t-2}$ führt auf:

$y = 2e^{2 \cdot (2-x) - 2} = 2e^{2-2x}$

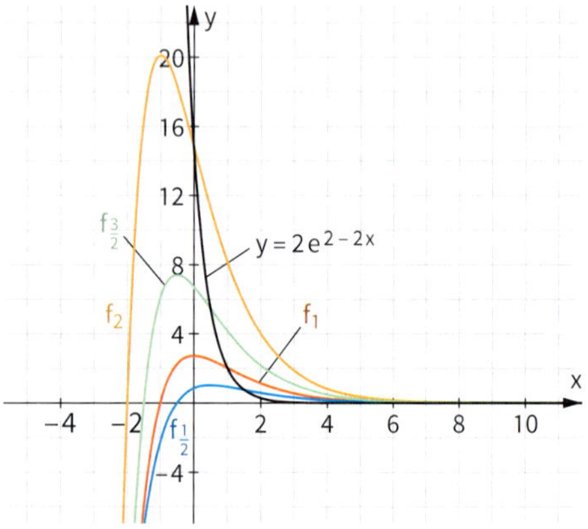

b) Da F_1 eine Stammfunktion von f_1 ist, gilt $F_1' = f_1$.

$f_1(x) = (x+1) \cdot e^{1-x}$

$F_1'(x) = a \cdot e^{1-x} - (ax+b) \cdot e^{1-x}$

$= (a - b - ax) \cdot e^{1-x}$

Gleichsetzen liefert: $x + 1 = a - b - ax$

Damit erhält man:

$a = -1$ und $a - b = 1$, also $b = -2$

c) Schnittstelle von f_1 mit der x-Achse: $x = -1$

Flächeninhalt der begrenzten Fläche:

$$A = \int_{-1}^{z} f_1(x)\,dx = \left[-(x+2) \cdot e^{1-x}\right]_{-1}^{z} = e^2 - (z+2) \cdot e^{1-z}$$

Für $z \to \infty$ gilt: $A \to e^2$

4 Analytische Geometrie

Lösungen zu Seite 154

7 a) $\begin{pmatrix} 0 \\ -3 \\ 1 \end{pmatrix} \circ \begin{pmatrix} 4 \\ 2 \\ 6 \end{pmatrix} = 0 \cdot 4 + (-3) \cdot 2 + 1 \cdot 6 = 0 - 6 + 6 = 0$

Die Vektoren sind orthogonal zueinander.

b) $\begin{pmatrix} 1 \\ 1 \\ -1 \end{pmatrix} \circ \begin{pmatrix} 5 \\ 2 \\ 7 \end{pmatrix} = 5 + 2 + (-7) = 0$

Die Vektoren sind orthogonal zueinander.

c) $\begin{pmatrix} 1 \\ 2 \\ 3 \end{pmatrix} \circ \begin{pmatrix} -3 \\ 2 \\ 1 \end{pmatrix} = -3 + 4 + 3 = 4 \neq 0$

Die Vektoren sind nicht orthogonal zueinander.

d) $\begin{pmatrix} a \\ 0 \\ -1 \end{pmatrix} \circ \begin{pmatrix} 1 \\ \pi \\ a \end{pmatrix} = a + 0 + (-a) = 0$ für alle $a \in \mathbb{R}$

Die Vektoren sind orthogonal zueinander.

8 $\overrightarrow{AB} = \begin{pmatrix} 4 \\ -2 \\ -1 \end{pmatrix}$; $\overrightarrow{AC} = \begin{pmatrix} 4 \\ 2 \\ -1 \end{pmatrix}$

$\overrightarrow{AB} \circ \overrightarrow{AC} = 16 + (-4) + 1 = 13 \neq 0$

Die Vektoren $\overrightarrow{AB}$ und $\overrightarrow{AC}$ sind nicht orthogonal zueinander. Die beiden Dachstreben schließen also keinen rechten Winkel ein.

9 Beispiellösungen:

$\begin{pmatrix} 0 \\ -2 \\ 1 \end{pmatrix} \quad \begin{pmatrix} 3 \\ 0 \\ 2 \end{pmatrix} \quad \begin{pmatrix} 3 \\ 4 \\ 0 \end{pmatrix} \quad \begin{pmatrix} 3 \\ 2 \\ 1 \end{pmatrix}$

Lösungen zu Seite 155

16 a) $\overrightarrow{AB} = \begin{pmatrix} 2 \\ -1 \\ 2 \end{pmatrix}$; $\overrightarrow{BC} = \begin{pmatrix} 1 \\ 2 \\ 0 \end{pmatrix}$; $\overrightarrow{CD} = \begin{pmatrix} -2 \\ 1 \\ -2 \end{pmatrix}$; $\overrightarrow{DA} = \begin{pmatrix} -1 \\ -2 \\ 0 \end{pmatrix}$

Die gegenüberliegenden Seiten sind parallel und gleich lang. Das Viereck ABCD ist also ein Parallelogramm.

$\overrightarrow{AB} \circ \overrightarrow{BC} = 0$

Das Viereck ABCD ist ein Parallelogramm mit einem rechten Winkel und daher ein Rechteck.

b) $\overrightarrow{AB} = \begin{pmatrix} 4 \\ 0 \\ 3 \end{pmatrix}$; $\overrightarrow{AC} = \begin{pmatrix} -3 \\ 0 \\ 4 \end{pmatrix}$; $\overrightarrow{BC} = \begin{pmatrix} -7 \\ 0 \\ 1 \end{pmatrix}$

Auf Rechtwinkligkeit prüfen:

$\overrightarrow{AB} \circ \overrightarrow{AC} = 0 \qquad \overrightarrow{AB} \circ \overrightarrow{BC} \neq 0$

Das Dreieck ABC ist rechtwinklig mit rechtem Winkel bei A.

Seitenlängen bestimmen:

$|\overrightarrow{AB}| = \sqrt{25} = 5 \qquad |\overrightarrow{AC}| = \sqrt{25} = 5 \qquad |\overrightarrow{BC}| = \sqrt{51}$

Das Dreieck ABC ist gleichschenklig, aber nicht gleichseitig.

Lösungen zu Seite 157

5 Winkel bei C:

$\cos(\gamma) = \frac{\overrightarrow{CA} \circ \overrightarrow{CB}}{|\overrightarrow{CA}| \cdot |\overrightarrow{CB}|} \qquad \overrightarrow{CA} = \begin{pmatrix} -2 \\ -1 \\ 3 \end{pmatrix}$; $\overrightarrow{CB} = \begin{pmatrix} -2 \\ 1 \\ -1 \end{pmatrix}$

$\overrightarrow{CA} \circ \overrightarrow{CB} = 0$; also $\gamma = 90°$

Winkel bei A:

$\cos(\alpha) = \frac{\overrightarrow{AB} \circ \overrightarrow{AC}}{|\overrightarrow{AB}| \cdot |\overrightarrow{AC}|} \qquad \overrightarrow{AB} = \begin{pmatrix} 0 \\ 2 \\ -4 \end{pmatrix}$; $\overrightarrow{AC} = \begin{pmatrix} 2 \\ 1 \\ -3 \end{pmatrix}$

$\cos(\alpha) = \frac{14}{\sqrt{20} \cdot \sqrt{14}}$; also $\alpha \approx 33{,}21°$

Winkel bei B: $\beta = 180° - \gamma - \alpha \approx 56{,}79°$

Lösungen zu Seite 158

9 **Auf Schnittpunkt prüfen**

$\begin{pmatrix} 3 \\ 2 \\ 0 \end{pmatrix} + t \cdot \begin{pmatrix} 0 \\ 1 \\ -1 \end{pmatrix} = \begin{pmatrix} 5 \\ 5 \\ 0 \end{pmatrix} + s \cdot \begin{pmatrix} 2 \\ 1 \\ 2 \end{pmatrix}$ bzw. $\left| \begin{array}{r} -2s = 2 \\ t - s = 3 \\ -t - 2s = 0 \end{array} \right|$

hat die Lösung $t = 2$; $s = 1$.

Setzt man z. B. $t = 2$ in die Parameterdarstellung von g ein, so erhält man den Ortsvektor $\overrightarrow{OS}$ des Schnittpunktes S.

$\overrightarrow{OS} = \begin{pmatrix} 3 \\ 4 \\ -2 \end{pmatrix}$

Somit schneiden sich g und h im Punkt $S(3|4|-2)$.

Schnittwinkel berechnen

$\cos(\alpha) = \frac{\left| \begin{pmatrix} 0 \\ 1 \\ -1 \end{pmatrix} \circ \begin{pmatrix} 2 \\ 1 \\ 2 \end{pmatrix} \right|}{\left| \begin{pmatrix} 0 \\ 1 \\ -1 \end{pmatrix} \right| \cdot \left| \begin{pmatrix} 2 \\ 1 \\ 2 \end{pmatrix} \right|} = \frac{|-1|}{\sqrt{2} \cdot \sqrt{9}} = \frac{1}{\sqrt{18}}$; also $\alpha \approx 76{,}37°$

Lösungen zu Seite 161

4 Mögliche Punkte in E:

$r = 0$; $s = 1$:

$\begin{pmatrix} 2 \\ -5 \\ 3 \end{pmatrix} + 0 \cdot \begin{pmatrix} -1 \\ 0 \\ 2 \end{pmatrix} + 1 \cdot \begin{pmatrix} 3 \\ 3 \\ 1 \end{pmatrix} = \begin{pmatrix} 5 \\ -2 \\ 4 \end{pmatrix} \qquad Q_1(5|-2|4)$

$r = 1$; $s = 0$:

$\begin{pmatrix} 2 \\ -5 \\ 3 \end{pmatrix} + 1 \cdot \begin{pmatrix} -1 \\ 0 \\ 2 \end{pmatrix} + 0 \cdot \begin{pmatrix} 3 \\ 3 \\ 1 \end{pmatrix} = \begin{pmatrix} 1 \\ -5 \\ 5 \end{pmatrix} \qquad Q_2(1|-5|5)$

$r = 1$; $s = 1$:

$\begin{pmatrix} 2 \\ -5 \\ 3 \end{pmatrix} + 1 \cdot \begin{pmatrix} -1 \\ 0 \\ 2 \end{pmatrix} + 1 \cdot \begin{pmatrix} 3 \\ 3 \\ 1 \end{pmatrix} = \begin{pmatrix} 4 \\ -2 \\ 6 \end{pmatrix} \qquad Q_3(4|-2|6)$

$r = 0$; $s = -1$:

$\begin{pmatrix} 2 \\ -5 \\ 3 \end{pmatrix} + 0 \cdot \begin{pmatrix} -1 \\ 0 \\ 2 \end{pmatrix} + (-1) \cdot \begin{pmatrix} 3 \\ 3 \\ 1 \end{pmatrix} = \begin{pmatrix} -1 \\ -8 \\ 2 \end{pmatrix} \qquad Q_4(-1|-8|2)$

$r = -1$; $s = 0$:

$\begin{pmatrix} 2 \\ -5 \\ 3 \end{pmatrix} + (-1) \cdot \begin{pmatrix} -1 \\ 0 \\ 2 \end{pmatrix} + 0 \cdot \begin{pmatrix} 3 \\ 3 \\ 1 \end{pmatrix} = \begin{pmatrix} 3 \\ -5 \\ 1 \end{pmatrix} \qquad Q_5(3|-5|1)$

Lösungen zu Seite 163

11 a) Mögliche Parameterdarstellungen:

$E: \vec{x} = \overrightarrow{OA} + r \cdot \overrightarrow{AB} + s \cdot \overrightarrow{AC}$

$= \begin{pmatrix} 10 \\ 12 \\ 9 \end{pmatrix} + r \cdot \begin{pmatrix} -5 \\ -16 \\ -9 \end{pmatrix} + s \cdot \begin{pmatrix} -9 \\ -14 \\ -1 \end{pmatrix};\ r, s \in \mathbb{R}$

$E: \vec{x} = \overrightarrow{OB} + r \cdot \overrightarrow{BA} + s \cdot \overrightarrow{BC}$

$= \begin{pmatrix} 5 \\ -4 \\ 0 \end{pmatrix} + r \cdot \begin{pmatrix} 5 \\ 16 \\ 9 \end{pmatrix} + s \cdot \begin{pmatrix} -4 \\ 2 \\ 8 \end{pmatrix};\ r, s \in \mathbb{R}$

$E: \vec{x} = \overrightarrow{OC} + r \cdot \overrightarrow{CA} + s \cdot \overrightarrow{CB}$

$= \begin{pmatrix} 1 \\ -2 \\ 8 \end{pmatrix} + r \cdot \begin{pmatrix} 9 \\ 14 \\ 1 \end{pmatrix} + s \cdot \begin{pmatrix} 4 \\ -2 \\ -8 \end{pmatrix};\ r, s \in \mathbb{R}$

b) Punkt P:

$\begin{pmatrix} 10 \\ 12 \\ 9 \end{pmatrix} + r \cdot \begin{pmatrix} -5 \\ -16 \\ -9 \end{pmatrix} + s \cdot \begin{pmatrix} -9 \\ -14 \\ -1 \end{pmatrix} = \begin{pmatrix} -4 \\ -18 \\ -1 \end{pmatrix}$

hat die Lösung $r = 1;\ s = 1$. Somit liegt P in E.

Punkt Q:

$\begin{pmatrix} 10 \\ 12 \\ 9 \end{pmatrix} + r \cdot \begin{pmatrix} -5 \\ -16 \\ -9 \end{pmatrix} + s \cdot \begin{pmatrix} -9 \\ -14 \\ -1 \end{pmatrix} = \begin{pmatrix} 5 \\ -4 \\ 8 \end{pmatrix}$

hat keine Lösung. Somit liegt Q nicht in E.

Lösungen zu Seite 164

15 a) Man prüft, ob die Punkte P, Q und R auf einer Geraden liegen. Ist das der Fall, so wird durch die drei Punkte *keine* Ebene festgelegt.

(1) $\overrightarrow{PQ} = \begin{pmatrix} 1 \\ 1 \\ 1 \end{pmatrix};\ \overrightarrow{QR} = \begin{pmatrix} 1 \\ 1 \\ 1 \end{pmatrix} = \overrightarrow{PQ}$

Also liegen P, Q und R auf einer Geraden und legen keine Ebene fest.

(2) $\overrightarrow{PQ} = \begin{pmatrix} -5 \\ 0 \\ -3 \end{pmatrix};\ \overrightarrow{PR} = \begin{pmatrix} -10 \\ 0 \\ -6 \end{pmatrix} = 2 \cdot \overrightarrow{PQ}$

Also liegen P, Q und R auf einer Geraden und legen keine Ebene fest.

b) Man prüft, ob der Punkt P auf der Geraden g liegt. Ist das der Fall, so wird durch P und g *keine* Ebene festgelegt.

(1) $\begin{pmatrix} 1 \\ 0 \\ 0 \end{pmatrix} + t \cdot \begin{pmatrix} 5 \\ 2 \\ -3 \end{pmatrix} = \begin{pmatrix} 14 \\ 6 \\ 9 \end{pmatrix}$ hat keine Lösung.

Also liegt P nicht auf g und es wird eine Ebene festgelegt.

(2) $\begin{pmatrix} 1 \\ -1 \\ 2 \end{pmatrix} + t \cdot \begin{pmatrix} -1 \\ 0 \\ 3 \end{pmatrix} = \begin{pmatrix} -9 \\ -1 \\ 32 \end{pmatrix}$ hat die Lösung $t = 10$.

Also liegt P auf g und es wird keine Ebene festgelegt.

c) Man prüft, ob die Geraden g_1 und g_2 windschief zueinander oder identisch sind. Ist eines davon der Fall, so wird durch die beiden Geraden *keine* Ebene festgelegt.

(1) Die beiden Richtungsvektoren sind keine Vielfachen voneinander, somit sind g_1 und g_2 nicht parallel zueinander.

$\begin{pmatrix} 2 \\ 1 \\ 4 \end{pmatrix} + t \cdot \begin{pmatrix} 3 \\ 0 \\ 1 \end{pmatrix} = \begin{pmatrix} 1 \\ 2 \\ 3 \end{pmatrix} + s \cdot \begin{pmatrix} -1 \\ 2 \\ 1 \end{pmatrix}$ hat keine Lösung.

Also sind g_1 und g_2 windschief zueinander und es wird keine Ebene festgelegt.

(2) Es ist $\begin{pmatrix} 2 \\ -1 \\ 0 \end{pmatrix} \cdot 2 = \begin{pmatrix} 4 \\ -2 \\ 0 \end{pmatrix}$ und der Punkt $(2|3|1)$ liegt nicht auf der Geraden g_1.

Die beiden Geraden sind also parallel zueinander und nicht identisch und legen eine Ebene fest.

Lösungen zu Seite 168

5 a) Mögliche Koordinatenform:

$\vec{n} \circ \overrightarrow{OA} = \begin{pmatrix} 10 \\ 1 \\ -5 \end{pmatrix} \circ \begin{pmatrix} 2 \\ -4 \\ 1 \end{pmatrix} = 11$

$E: 10x_1 + x_2 - 5x_3 = 11$

b) Mögliche Punkte in E:

$x_1 = 0;\ x_3 = 0:$	$x_2 = 11$	$Q_1(0\|11\|0)$
$x_1 = 1;\ x_3 = 1:$	$x_2 = 6$	$Q_2(1\|6\|1)$
$x_1 = 0;\ x_3 = -2:$	$x_2 = 1$	$Q_3(0\|1\|-2)$

c) Punkt P:

$10 \cdot 2 + 11 - 5 \cdot 4 = 11$ ✓ P liegt in E.

Punkt Q:

$10 \cdot 3 + 1 - 5 \cdot 4 = 11$ ✓ Q liegt in E.

Punkt R:

$10 \cdot (-2) + 5 - 5 \cdot (-4) = 5 \neq 11$ R liegt nicht in E.

Lösungen zu Seite 169

10 a) Einen Normalenvektor von E bestimmen:

$\left| \begin{array}{l} 4n_1 + 2n_2 + 3n_3 = 0 \\ 2n_1 + n_2 - 7n_3 = 0 \end{array} \right|$ bzw. $\left| \begin{array}{l} n_2 = -2n_1 \\ n_3 = 0 \end{array} \right|$

z. B. $n_1 = 1$ setzen;

dann folgt $n_2 = -2;\ n_3 = 0$ und damit $\vec{n} = \begin{pmatrix} 1 \\ -2 \\ 0 \end{pmatrix}$

$\begin{pmatrix} 1 \\ -2 \\ 0 \end{pmatrix} \circ \begin{pmatrix} -2 \\ 5 \\ 1 \end{pmatrix} = -12$

Mögliche Koordinatenform:

$E: x_1 - 2x_2 = -12$

b) Ansatz: $a x_1 + b x_2 + c x_3 = d$

Koordinaten der Punkte einsetzen:

$$\left| \begin{array}{r} 4a = d \\ -2b = d \\ 3c = d \end{array} \right| \text{ bzw. } \left| \begin{array}{l} a = \frac{d}{4} \\ b = -\frac{d}{2} \\ c = \frac{d}{3} \end{array} \right|$$

z. B. $d = 12$ setzen;

dann folgt $a = 3$; $b = -6$; $c = 4$

Mögliche Koordinatenformen:

① $E: 3x_1 - 6x_2 + 4x_3 = 12$

② $E: 6x_1 - 12x_2 + 8x_3 = 24$

③ $E: -3x_1 + 6x_2 - 4x_3 = -12$

c) z. B. $\vec{n} = \begin{pmatrix} 0 \\ 1 \\ 0 \end{pmatrix}$ wählen

Mögliche Koordinatenform:

$E: x_2 = 0$

d) z. B. $\vec{n} = \begin{pmatrix} 1 \\ 0 \\ 0 \end{pmatrix}$ wählen, dann folgt $\begin{pmatrix} 1 \\ 0 \\ 0 \end{pmatrix} \circ \begin{pmatrix} 2 \\ 1 \\ 2 \end{pmatrix} = 2$

Mögliche Koordinatenform:

$E: x_1 = 2$

Mögliche Parameterdarstellung:

$E: \vec{x} = \begin{pmatrix} 2 \\ 1 \\ 2 \end{pmatrix} + r \cdot \begin{pmatrix} 0 \\ 1 \\ 0 \end{pmatrix} + s \cdot \begin{pmatrix} 0 \\ 0 \\ 1 \end{pmatrix}$; $r, s \in \mathbb{R}$

Lösungen zu Seite 171

19 **Spurpunkt S_1**

$-3x_1 = 12$; also $x_1 = -4$ $\quad S_1(-4|0|0)$

Spurpunkt S_2

$4x_2 = 12$; also $x_2 = 3$ $\quad S_2(0|3|0)$

Spurpunkt S_3

$3x_3 = 12$; also $x_3 = 4$ $\quad S_3(0|0|4)$

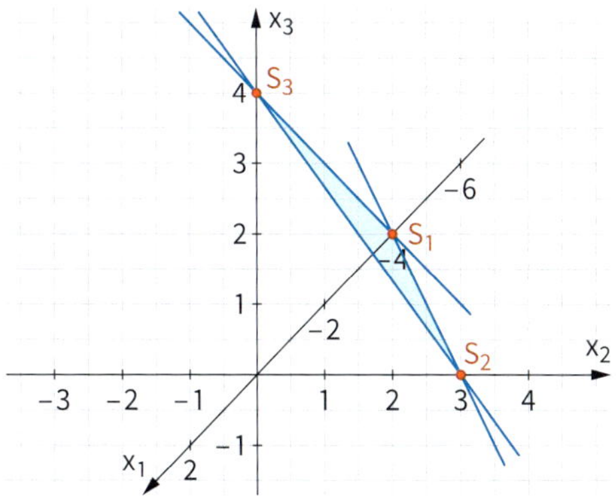

Lösungen zu Seite 176

6 a) **Auf Parallelität prüfen**

$\begin{pmatrix} 1 \\ 2 \\ 3 \end{pmatrix} \circ \begin{pmatrix} 1 \\ 2 \\ 3 \end{pmatrix} \neq 0$

Der Richtungsvektor von g und der Normalenvektor von E sind nicht orthogonal zueinander, somit sind g und E nicht parallel zueinander.

Schnittpunkt berechnen

$(2 + t) + 2 \cdot (9 + 2t) + 3 \cdot (-4 + 3t) = 8$; also $t = 0$.

Die Gerade g und die Ebene E schneiden sich im Punkt $S(2|9|-4)$.

b) **Auf Parallelität prüfen**

$\begin{pmatrix} 1 \\ 3 \\ 2 \end{pmatrix} \circ \begin{pmatrix} 0 \\ 2 \\ -3 \end{pmatrix} = 0$

Der Richtungsvektor von g und der Normalenvektor von E sind orthogonal zueinander, somit sind g und E parallel zueinander.

Punktprobe

$A(3|5|2)$ einsetzen:

$0 \cdot 3 + 2 \cdot 5 - 3 \cdot 2 = 4 \neq 11$

Der Punkt A mit dem Ortsvektor $\vec{a}$ liegt nicht in der Ebene E. Also ist g parallel zu E, liegt aber nicht in E.

Lösungen zu Seite 178

11 a) $2 - 3 \cdot 4 + 5 \cdot 2 = 0 \neq 9$ $\quad$ P liegt nicht in E.

b) Die Koordinatenformen von E und F müssen Vielfache voneinander sein.

Nach Teilaufgabe a) liegt der Punkt P nicht in E, also wählt man $d = 0$.

Mögliche Koordinatenform:

$F: x_1 - 3x_2 + 5x_3 = 0$

c) $0 - 3 \cdot 0 + 5 \cdot 0 = 0$ ✓

Also liegt der Koordinatenursprung in F.

Spurpunkte von F

- S_1: $\quad x_1 = 0$; also $x_1 = 0$
- S_2: $\quad -3x_2 = 0$; also $x_2 = 0$
- S_3: $\quad 5x_3 = 0$; also $x_3 = 0$

Damit ist $S_1 = S_2 = S_3 = O(0|0|0)$, die Spurpunkte von F fallen also zusammen.

12 $\vec{n}_1 = \begin{pmatrix} 2 \\ 1 \\ 0 \end{pmatrix}$; $\vec{n}_2 = \begin{pmatrix} 4 \\ 2 \\ 1 \end{pmatrix}$; $\vec{n}_3 = \begin{pmatrix} 4 \\ 2 \\ 0 \end{pmatrix}$

E_1 und E_2:
Die Normalenvektoren sind keine Vielfachen voneinander, also sind E_1 und E_2 nicht parallel zueinander.
Schnittgerade bestimmen:

$$\left| \begin{array}{l} 2x_1 + x_2 = 5 \\ 4x_1 + 2x_2 + x_3 = 10 \end{array} \right|$$

hat die Lösung
$x_1 = \frac{5}{2} - \frac{1}{2}t$; $x_2 = t$; $x_3 = 0$
Mögliche Parameterform:

$$g: \vec{x} = \begin{pmatrix} 2{,}5 \\ 0 \\ 0 \end{pmatrix} + t \cdot \begin{pmatrix} -0{,}5 \\ 1 \\ 0 \end{pmatrix};\ t \in \mathbb{R}$$

E_1 und E_3:
$\vec{n}_3 = 2 \cdot \vec{n}_1$
Die Normalenvektoren sind Vielfache voneinander, also sind E_1 und E_3 parallel zueinander.
$d_1 = 5$ $\qquad d_3 = 3 \neq 2 \cdot 5$
Die Koordinatenformen sind keine Vielfachen voneinander, also sind E_1 und E_3 nicht identisch.

E_2 und E_3:
Die Normalenvektoren sind keine Vielfachen voneinander, also sind E_1 und E_2 nicht parallel zueinander.
Schnittgerade bestimmen:

$$\left| \begin{array}{l} 4x_1 + 2x_2 = 3 \\ 4x_1 + 2x_2 + x_3 = 10 \end{array} \right|$$

hat die Lösung
$x_1 = \frac{3}{4} - \frac{1}{2}t$; $x_2 = t$; $x_3 = 7$
Mögliche Parameterform:

$$g: \vec{x} = \begin{pmatrix} 0{,}75 \\ 0 \\ 7 \end{pmatrix} + t \cdot \begin{pmatrix} -0{,}5 \\ 1 \\ 0 \end{pmatrix};\ t \in \mathbb{R}$$

Lösungen zu Seite 185

8 a) $\vec{u} = \begin{pmatrix} 5 \\ 0 \\ 3 \end{pmatrix}$ ist Richtungsvektor von g;

$\vec{n} = \begin{pmatrix} 2 \\ -1 \\ 3 \end{pmatrix}$ ist Normalenvektor von E.

$\cos(\beta) = \frac{|\vec{u} \circ \vec{n}|}{|\vec{u}| \cdot |\vec{n}|} = \frac{19}{\sqrt{34} \cdot \sqrt{14}}$; also $\beta \approx 29{,}4°$

$\alpha = 90° - \beta \approx 60{,}6°$
Die Gerade g und die Ebene E schneiden sich in einem Winkel von etwa 60,6°.

b) $\vec{u} = \begin{pmatrix} 5 \\ 0 \\ 3 \end{pmatrix}$ ist Richtungsvektor von g;

$\vec{n} = \begin{pmatrix} 0 \\ 0 \\ 1 \end{pmatrix}$ ist Normalenvektor der x_1x_2-Ebene.

$\cos(\beta) = \frac{|\vec{u} \circ \vec{n}|}{|\vec{u}| \cdot |\vec{n}|} = \frac{3}{\sqrt{34}}$; also $\beta \approx 59{,}04°$

$\alpha = 90° - \beta \approx 30{,}96°$
Die Gerade g und die x_1x_2-Ebene schneiden sich in einem Winkel von etwa 31°.

c) $\vec{u} = \begin{pmatrix} 0 \\ 0 \\ 1 \end{pmatrix}$ ist Richtungsvektor der x_3-Achse;

$\vec{n} = \begin{pmatrix} 2 \\ -1 \\ 3 \end{pmatrix}$ ist Normalenvektor von E.

$\cos(\beta) = \frac{|\vec{u} \circ \vec{n}|}{|\vec{u}| \cdot |\vec{n}|} = \frac{3}{\sqrt{14}}$; also $\beta \approx 36{,}7°$

$\alpha = 90° - \beta \approx 53{,}3°$
Die Ebene E und die x_3-Achse schneiden sich in einem Winkel von etwa 53,3°.

9 a) $\overrightarrow{OD} = \overrightarrow{OA} + \overrightarrow{BC} = \begin{pmatrix} -6 \\ 3 \\ 2 \end{pmatrix}$; also $D(-6|3|2)$

b) Ansatz: $ax_1 + bx_2 + cx_3 = d$
Koordinaten der Punkte einsetzen:

$$\left| \begin{array}{r} -4a - b + 6c = d \\ -3b + 2c = d \\ -2a + b - 2c = d \\ -6a + 3b + 2c = d \end{array} \right| \text{ bzw. } \left| \begin{array}{l} a = -\frac{d}{2} \\ b = -\frac{d}{2} \\ c = -\frac{d}{4} \end{array} \right|$$

Setzt man $d = -4$, so folgt $a = 2$; $b = 2$; $c = 1$ und damit $E: 2x_1 + 2x_2 + x_3 = -4$.

Koordinaten von S bestimmen:
Mittelpunkt der Grundfläche:

$\overrightarrow{OM} = \frac{1}{2} \cdot (\overrightarrow{OA} + \overrightarrow{OC}) = \begin{pmatrix} -3 \\ 0 \\ 2 \end{pmatrix}$; also $M(-3|0|2)$

Die Pyramide hat die Höhe 9.

Damit gilt $|\overrightarrow{MS}| = |k| \cdot \left| \begin{pmatrix} 2 \\ 2 \\ 1 \end{pmatrix} \right| = |k| \cdot 3 = 9$; also $k = 3$ oder $k = -3$.
Die Spitze S liegt oberhalb der x_1x_2-Ebene, damit kommt nur $k = 3$ als Lösung infrage.

$\overrightarrow{OS} = \overrightarrow{OM} + 3 \cdot \vec{n} = \begin{pmatrix} 3 \\ 6 \\ 5 \end{pmatrix}$; also $S(3|6|5)$

c) Winkel bei A berechnen:

$\overrightarrow{AS} = \begin{pmatrix} 7 \\ 7 \\ -1 \end{pmatrix}$; $\vec{n} = \begin{pmatrix} 2 \\ 2 \\ 1 \end{pmatrix}$

$\cos(\beta_A) = \frac{|\overrightarrow{AS} \circ \vec{n}|}{|\overrightarrow{AS}| \cdot |\vec{n}|} = \frac{27}{\sqrt{99 \cdot 3}} = \frac{3}{\sqrt{11}}$; also $\beta_A \approx 25{,}2°$

$\alpha_A = 90° - \beta_A \approx 64{,}8°$
Aus Symmetriegründen schließen alle anderen Seitenkanten mit der Grundfläche ebenfalls einen Winkel von etwa 64,8° ein.

d) Einen Normalenvektor zur Seitenfläche ABS bestimmen:

$\overrightarrow{AS} = \begin{pmatrix} 7 \\ 7 \\ -1 \end{pmatrix}$; $\overrightarrow{BS} = \begin{pmatrix} 3 \\ 9 \\ 3 \end{pmatrix}$

$\left| \begin{array}{l} 7n_1 + 7n_2 - n_3 = 0 \\ 3n_1 + 9n_2 + 3n_3 = 0 \end{array} \right|$ bzw. $\left| \begin{array}{l} n_2 = -\frac{4}{5}n_1 \\ n_3 = \frac{7}{5}n_1 \end{array} \right|$

z. B. $n_1 = 5$ setzen;

dann folgt $n_2 = -4$; $n_3 = 7$ und damit $\vec{n} = \begin{pmatrix} 5 \\ -4 \\ 7 \end{pmatrix}$

Winkel zwischen Seitenfläche ABS und Pyramidenhöhe berechnen: $\overrightarrow{MS} = \begin{pmatrix} 6 \\ 6 \\ 3 \end{pmatrix}$

$\cos(\beta_{ABS}) = \frac{|\overrightarrow{MS} \circ \vec{n}|}{|\overrightarrow{MS}| \cdot |\vec{n}|} = \frac{27}{\sqrt{90 \cdot 9}} = \frac{1}{\sqrt{10}}$;

also $\beta_{ABS} \approx 71{,}6°$

$\alpha_{ABS} = 90° - \beta_{ABS} \approx 18{,}4°$

Aus Symmetriegründen schließen alle anderen Seitenflächen mit der Pyramidenhöhe ebenfalls einen Winkel von ca. 18,4° ein.

Lösungen zu Seite 187

4 $d = 30$; $\vec{n} = \begin{pmatrix} 8 \\ 4 \\ -1 \end{pmatrix}$

$\text{Abst}(E, O) = \frac{|d|}{|\vec{n}|} = \frac{30}{\sqrt{81}} = \frac{10}{3} \approx 3{,}3$

Lösungen zu Seite 189

9 Die Normalenvektoren von E und F sind Vielfache voneinander, also sind E und F parallel zueinander.

Abstand berechnen:

Die linken Seiten der Koordinatenformen sind gleich, also sind keine Umformungen nötig.

$d_E = 30$; $d_F = -3$; $\vec{n} = \begin{pmatrix} 8 \\ 4 \\ -1 \end{pmatrix}$

$\text{Abst}(E, F) = \frac{|d_E - d_F|}{|\vec{n}|} = \frac{33}{\sqrt{81}} = \frac{11}{3} \approx 3{,}8$

Lösungen zu Seite 190

13 $d = 30$; $\vec{n} \circ \overrightarrow{OP} = \begin{pmatrix} 8 \\ 4 \\ -1 \end{pmatrix} \circ \begin{pmatrix} 5 \\ 8 \\ 11 \end{pmatrix} = 61$

$\text{Abst}(P, E) = \frac{|\vec{n} \circ \overrightarrow{OP} - d|}{|\vec{n}|} = \frac{31}{\sqrt{81}} = \frac{31}{9} \approx 3{,}4$

14 a) $\overrightarrow{AB} = \begin{pmatrix} -4 \\ 5 \\ -3 \end{pmatrix}$; $\overrightarrow{BC} = \begin{pmatrix} 4 \\ 5 \\ 3 \end{pmatrix}$; $\overrightarrow{CD} = \begin{pmatrix} 4 \\ -5 \\ 3 \end{pmatrix}$; $\overrightarrow{DA} = \begin{pmatrix} -4 \\ -5 \\ -3 \end{pmatrix}$

Die gegenüberliegenden Seiten sind parallel und alle Seiten sind gleich lang. Das Viereck ABCD ist also eine Raute.

$\overrightarrow{AB} \circ \overrightarrow{BC} = 0$

Das Viereck ABCD ist eine Raute mit einem rechten Winkel und daher ein Quadrat.

b) Koordinatenform der Grundfläche E:

Ansatz: $ax_1 + bx_2 + cx_3 = d$

Koordinaten der Punkte einsetzen:

$\left| \begin{array}{l} 2a \quad\quad\quad + 4c = d \\ -2a + 5b + c = d \\ 2a + 10b + 4c = d \\ 6a + 5b + 7c = d \end{array} \right|$ bzw. $\left| \begin{array}{l} a = -\frac{3}{10}d \\ b = 0 \\ c = \frac{2}{5}d \end{array} \right|$

Setzt man $d = -10$, so folgt $a = 3$; $b = 0$; $c = -4$ und damit $E: 3x_1 - 4x_3 = -10$. Die Normalenvektoren von E und F sind Vielfache voneinander, also sind E und F parallel zueinander.

Höhe der Pyramide:

Die Spitze S liegt in F, also ist die Höhe der Pyramide der Abstand der parallelen Ebenen E und F. Die linken Seiten der Koordinatenformen sind gleich, also sind keine Umformungen nötig.

$d_E = -10$; $d_F = 2$; $\vec{n} = \begin{pmatrix} 3 \\ 0 \\ -4 \end{pmatrix}$

$\text{Abst}(E, F) = \frac{|d_E - d_F|}{|\vec{n}|} = \frac{12}{\sqrt{25}} = \frac{12}{5}$

Volumen der Pyramide:

$|\overrightarrow{AB}| = \sqrt{50}$

$V = \frac{1}{3} \cdot (\sqrt{50})^2 \cdot \frac{12}{5} = \frac{1}{3} \cdot 50 \cdot \frac{12}{5} = 40$

Lösungen zu Seite 194

6 Hilfsebene E bestimmen:

$\begin{pmatrix} -3 \\ 4 \\ 1 \end{pmatrix} \circ \overrightarrow{OP} = \begin{pmatrix} -3 \\ 4 \\ 1 \end{pmatrix} \circ \begin{pmatrix} 2 \\ -1 \\ 5 \end{pmatrix} = -5$

$E: -3x_1 + 4x_2 + x_3 = -5$

Schnittpunkt F von E und g bestimmen:

$-3 \cdot (1 - 3t) + 4 \cdot (4 + 4t) + (8 + t) = -5$; also $t = -1$ und damit $F(4|0|7)$.

$\text{Abst}(P, g) = |\overrightarrow{PF}| = \left| \begin{pmatrix} 2 \\ 1 \\ 2 \end{pmatrix} \right| = \sqrt{9} = 3$

7 Die x_3-Koordinate von A und B ist 1, die x_3-Koordinate von C und D ist 4. Damit sind die parallelen Seiten des Trapezes die Strecken $\overline{AB}$ und $\overline{CD}$.

Für den Abstand zwischen den parallelen Seiten des Trapezes berechnet man z. B. den Anstand zwischen der Geraden g_{AB} durch A und B und den Punkt D:

Hilfsebene E bestimmen:

$\overrightarrow{AB} \circ \overrightarrow{OD} = \begin{pmatrix} 3 \\ 4 \\ 0 \end{pmatrix} \circ \begin{pmatrix} 3 \\ 0 \\ 4 \end{pmatrix} = 9$

E: $3x_1 + 4x_2 = 9$

Schnittpunkt F von E und g_{AB} bestimmen:

g_{AB}: $\vec{x} = \overrightarrow{OA} + t \cdot \overrightarrow{AB} = \begin{pmatrix} 2 \\ 3 \\ 1 \end{pmatrix} + t \cdot \begin{pmatrix} 3 \\ 4 \\ 0 \end{pmatrix}$; $t \in \mathbb{R}$

$3 \cdot (2 + 3t) + 4 \cdot (3 + 4t) = 9$; also $t = -\frac{9}{25} = -0{,}36$ und damit $F(0{,}92 \mid 1{,}56 \mid 1)$.

$\text{Abst}(D, g_{AB}) = |\overrightarrow{DF}| = \left| \begin{pmatrix} -2{,}08 \\ 1{,}56 \\ -3 \end{pmatrix} \right| = \sqrt{15{,}76} \approx 3{,}97$

Lösungen zu Seite 196

14 **Auf Parallelität prüfen**

Aus $\begin{pmatrix} -2 \\ 1 \\ 1 \end{pmatrix} = k \cdot \begin{pmatrix} -1 \\ 1 \\ 2 \end{pmatrix}$ folgt: $\left| \begin{matrix} k = 2 \\ k = 1 \\ k = 0{,}5 \end{matrix} \right|$

Die Richtungsvektoren von g und h sind keine Vielfachen voneinander, somit sind g und h nicht parallel zueinander.

Auf Schnittpunkt prüfen

$\begin{pmatrix} 2 \\ 0 \\ 1 \end{pmatrix} + t \cdot \begin{pmatrix} -2 \\ 1 \\ 1 \end{pmatrix} = \begin{pmatrix} 2 \\ 1 \\ 0 \end{pmatrix} + s \cdot \begin{pmatrix} -1 \\ 1 \\ 2 \end{pmatrix}$

hat keine Lösung. Also sind die Geraden g und h windschief zueinander.

Abstand berechnen

$\vec{u} = \begin{pmatrix} -2 \\ 1 \\ 1 \end{pmatrix}$; $\vec{v} = \begin{pmatrix} -1 \\ 1 \\ 2 \end{pmatrix}$

$\left| \begin{matrix} -2n_1 + n_2 + n_3 = 0 \\ -n_1 + n_2 + 2n_3 = 0 \end{matrix} \right|$ bzw. $\left| \begin{matrix} n_1 = -n_3 \\ n_2 = -3n_3 \end{matrix} \right|$

z. B. $n_3 = 1$ setzen;

dann folgt $n_1 = -1$; $n_2 = -3$ und damit $\vec{n} = \begin{pmatrix} -1 \\ -3 \\ 1 \end{pmatrix}$

$\vec{a} = \begin{pmatrix} 2 \\ 0 \\ 1 \end{pmatrix}$; $\vec{b} = \begin{pmatrix} 2 \\ 1 \\ 0 \end{pmatrix}$

$\text{Abst}(g, h) = \frac{|\vec{n} \circ (\vec{a} - \vec{b})|}{|\vec{n}|} = \frac{4}{\sqrt{11}} \approx 1{,}21$

15 Mögliche Parameterdarstellungen:

g: $\vec{x} = \overrightarrow{OP} + r \cdot \overrightarrow{PQ} = \begin{pmatrix} 6 \\ 1 \\ 2 \end{pmatrix} + t \cdot \begin{pmatrix} -12 \\ 0 \\ 2 \end{pmatrix}$; $t \in \mathbb{R}$

h: $\vec{x} = \overrightarrow{OR} + s \cdot \overrightarrow{RS} = \begin{pmatrix} 8 \\ -2 \\ 6 \end{pmatrix} + s \cdot \begin{pmatrix} -12 \\ 6 \\ 0 \end{pmatrix}$; $s \in \mathbb{R}$

Die Richtungsvektoren von g und h sind keine Vielfachen voneinander, somit sind g und h nicht parallel zueinander.

Auf Schnittpunkt prüfen

$\begin{pmatrix} 6 \\ 1 \\ 2 \end{pmatrix} + t \cdot \begin{pmatrix} -12 \\ 0 \\ 2 \end{pmatrix} = \begin{pmatrix} 8 \\ -2 \\ 6 \end{pmatrix} + s \cdot \begin{pmatrix} -12 \\ 6 \\ 0 \end{pmatrix}$

hat keine Lösung. Also sind die Geraden g und h windschief zueinander.

Abstand berechnen

$\vec{u} = \begin{pmatrix} -12 \\ 0 \\ 2 \end{pmatrix}$; $\vec{v} = \begin{pmatrix} -12 \\ 6 \\ 0 \end{pmatrix}$

$\left| \begin{matrix} -12n_1 + 2n_3 = 0 \\ -12n_1 + 6n_2 = 0 \end{matrix} \right|$ bzw. $\left| \begin{matrix} n_2 = 2n_1 \\ n_3 = 6n_1 \end{matrix} \right|$

z. B. $n_1 = 1$ setzen;

dann folgt $n_2 = 2$; $n_3 = 6$ und damit $\vec{n} = \begin{pmatrix} 1 \\ 2 \\ 6 \end{pmatrix}$

$\vec{a} = \begin{pmatrix} 6 \\ 1 \\ 2 \end{pmatrix}$; $\vec{b} = \begin{pmatrix} 8 \\ -2 \\ 6 \end{pmatrix}$

$\text{Abst}(g, h) = \frac{|\vec{n} \circ (\vec{a} - \vec{b})|}{|\vec{n}|} = \frac{20}{\sqrt{41}} \approx 3{,}12$

Wiederholen für die Klausur

Lösungen zu Seite 201

1 **Orthogonale Vektoren**

a) $\vec{u} \circ \vec{v} = 1 \cdot 2 + (-2) \cdot 1 + 3 \cdot 3 = 9 \neq 0$

$\vec{u} \circ \vec{w} = 1 \cdot (-1) + (-2) \cdot 1 + 3 \cdot 1 = 0$

$\vec{v} \circ \vec{w} = 2 \cdot (-1) + 1 \cdot 1 + 3 \cdot 1 = 2 \neq 0$

$\vec{u}$ und $\vec{w}$ sind orthogonal zueinander.

b) Ansatz: $\vec{a} = \begin{pmatrix} a_1 \\ a_2 \\ a_3 \end{pmatrix}$

$\vec{u} \perp \vec{a}$ genau dann, wenn $\vec{u} \circ \vec{a} = 0$.

$\vec{v} \perp \vec{a}$ genau dann, wenn $\vec{v} \circ \vec{a} = 0$.

Daraus erhält man:

$\left| \begin{matrix} a_1 - 2a_2 + 3a_3 = 0 \\ 2a_1 + a_2 + 3a_3 = 0 \end{matrix} \right|$ bzw. $\left| \begin{matrix} a_1 = -3a_2 \\ a_3 = \frac{5}{3}a_2 \end{matrix} \right|$

z. B. $a_2 = 3$ setzen;

dann folgt $a_1 = -9$; $a_3 = 5$ und damit $\vec{a} = \begin{pmatrix} -9 \\ 3 \\ 5 \end{pmatrix}$

2 Parameterdarstellung einer Ebene

a) Mögliche Parameterdarstellung:

$E: \vec{x} = \overrightarrow{OA} + r \cdot \vec{u} + s \cdot \vec{v}$

$= \begin{pmatrix} 3 \\ -1 \\ 5 \end{pmatrix} + r \cdot \begin{pmatrix} -1 \\ 0 \\ 2 \end{pmatrix} + s \cdot \begin{pmatrix} 3 \\ 1 \\ 2 \end{pmatrix};\ r, s \in \mathbb{R}$

b) Mögliche Punkte in E:

$r = 0;\ s = 1:$

$\begin{pmatrix} 3 \\ -1 \\ 5 \end{pmatrix} + 0 \cdot \begin{pmatrix} -1 \\ 0 \\ 2 \end{pmatrix} + 1 \cdot \begin{pmatrix} 3 \\ 1 \\ 2 \end{pmatrix} = \begin{pmatrix} 6 \\ 0 \\ 7 \end{pmatrix}$ $Q_1(6|0|7)$

$r = 1;\ s = 0:$

$\begin{pmatrix} 3 \\ -1 \\ 5 \end{pmatrix} + 1 \cdot \begin{pmatrix} -1 \\ 0 \\ 2 \end{pmatrix} + 0 \cdot \begin{pmatrix} 3 \\ 1 \\ 2 \end{pmatrix} = \begin{pmatrix} 2 \\ -1 \\ 7 \end{pmatrix}$ $Q_2(2|-1|7)$

$r = 1;\ s = 1:$

$\begin{pmatrix} 3 \\ -1 \\ 5 \end{pmatrix} + 1 \cdot \begin{pmatrix} -1 \\ 0 \\ 2 \end{pmatrix} + 1 \cdot \begin{pmatrix} 3 \\ 1 \\ 2 \end{pmatrix} = \begin{pmatrix} 5 \\ 0 \\ 9 \end{pmatrix}$ $Q_3(5|0|9)$

c) Mögliche Parameterdarstellungen:

$g_1: \vec{x} = \overrightarrow{OA} + r \cdot \vec{u} = \begin{pmatrix} 3 \\ -1 \\ 5 \end{pmatrix} + r \cdot \begin{pmatrix} -1 \\ 0 \\ 2 \end{pmatrix};\ r \in \mathbb{R}$

$g_2: \vec{x} = \overrightarrow{OA} + s \cdot \vec{v} = \begin{pmatrix} 3 \\ -1 \\ 5 \end{pmatrix} + s \cdot \begin{pmatrix} 3 \\ 1 \\ 2 \end{pmatrix};\ s \in \mathbb{R}$

d) Punkt O:

$\begin{pmatrix} 3 \\ -1 \\ 5 \end{pmatrix} + r \cdot \begin{pmatrix} -1 \\ 0 \\ 2 \end{pmatrix} + s \cdot \begin{pmatrix} 3 \\ 1 \\ 2 \end{pmatrix} = \begin{pmatrix} 0 \\ 0 \\ 0 \end{pmatrix}$

hat keine Lösung. Somit liegt O nicht in E.

Punkt Q:

$\begin{pmatrix} 3 \\ -1 \\ 5 \end{pmatrix} + r \cdot \begin{pmatrix} -1 \\ 0 \\ 2 \end{pmatrix} + s \cdot \begin{pmatrix} 3 \\ 1 \\ 2 \end{pmatrix} = \begin{pmatrix} 6 \\ 1 \\ 15 \end{pmatrix}$

hat die Lösung $r = 3;\ s = 2$. Somit liegt Q in E.

3 Koordinatenform einer Ebene

a) Ansatz: $a x_1 + b x_2 + c x_3 = d$

Koordinaten der Punkte einsetzen:

$\begin{vmatrix} 8a = d \\ 3b = d \\ 5c = d \end{vmatrix}$ bzw. $\begin{vmatrix} a = \frac{d}{8} \\ b = \frac{d}{3} \\ c = \frac{d}{5} \end{vmatrix}$

z. B. $d = 120$ setzen;

dann folgt $a = 15;\ b = 40;\ c = 24$ und damit

$E: 15x_1 + 40x_2 + 24x_3 = 120$

Normalenvektor: $\vec{n} = \begin{pmatrix} 15 \\ 40 \\ 24 \end{pmatrix}$

b) Ansatz: $a x_1 + b x_2 = d$

Koordinaten der Punkte einsetzen:

$\begin{vmatrix} 8a = d \\ 3b = d \end{vmatrix}$ bzw. $\begin{vmatrix} a = \frac{d}{8} \\ b = \frac{d}{3} \end{vmatrix}$

z. B. $d = 24$ setzen;

dann folgt $a = 3;\ b = 8$ und damit

$E: 3x_1 + 8x_2 = 24$

Normalenvektor: $\vec{n} = \begin{pmatrix} 3 \\ 8 \\ 0 \end{pmatrix}$

4 Spurgeraden einer Ebene

a) Die Ebene E hat die Spurpunkte $S_1(3|0|0)$, $S_2(0|5|0)$ und $S_3(0|0|4)$.

Die Punkte des Dreiecks $S_1S_2S_3$ haben nur positive Koordinaten, alle anderen Punkte von E mindestens eine negative Koordinate. Es gibt keinen Punkt von E mit drei negativen Koordinaten.

b) Mögliche Parameterdarstellungen:

$g_{12}: \vec{x} = \overrightarrow{OS_1} + t \cdot \overrightarrow{S_1S_2} = \begin{pmatrix} 3 \\ 0 \\ 0 \end{pmatrix} + t \cdot \begin{pmatrix} -3 \\ 5 \\ 0 \end{pmatrix};\ t \in \mathbb{R}$

$g_{13}: \vec{x} = \overrightarrow{OS_1} + t \cdot \overrightarrow{S_1S_3} = \begin{pmatrix} 3 \\ 0 \\ 0 \end{pmatrix} + t \cdot \begin{pmatrix} -3 \\ 0 \\ 4 \end{pmatrix};\ t \in \mathbb{R}$

$g_{23}: \vec{x} = \overrightarrow{OS_2} + t \cdot \overrightarrow{S_2S_3} = \begin{pmatrix} 0 \\ 5 \\ 0 \end{pmatrix} + t \cdot \begin{pmatrix} 0 \\ -5 \\ 4 \end{pmatrix};\ t \in \mathbb{R}$

c) Mögliche Parameterdarstellung:

$E: \vec{x} = \overrightarrow{OS_1} + r \cdot \overrightarrow{S_1S_2} + s \cdot \overrightarrow{S_1S_3}$

$= \begin{pmatrix} 3 \\ 0 \\ 0 \end{pmatrix} + r \cdot \begin{pmatrix} -3 \\ 5 \\ 0 \end{pmatrix} + s \cdot \begin{pmatrix} -3 \\ 0 \\ 4 \end{pmatrix};\ r, s \in \mathbb{R}$

d) Als Stützvektor wählt man den Ursprung.

Die gesuchte Ebene soll parallel zu E sein, also kann man als Richtungsvektoren die Richtungsvektoren von E wählen.

$\vec{x} = \begin{pmatrix} 0 \\ 0 \\ 0 \end{pmatrix} + r \cdot \begin{pmatrix} -3 \\ 5 \\ 0 \end{pmatrix} + s \cdot \begin{pmatrix} -3 \\ 0 \\ 4 \end{pmatrix};\ r, s \in \mathbb{R}$

5 Ebene und Gerade

a) Mögliche Parameterdarstellung von E:

$$E: \vec{x} = \begin{pmatrix} 2 \\ 6 \\ 0 \end{pmatrix} + r \cdot \begin{pmatrix} 10 \\ -3 \\ 4 \end{pmatrix} + s \cdot \begin{pmatrix} 1 \\ 0 \\ 0 \end{pmatrix};\ r, s \in \mathbb{R}$$

Einen Normalenvektor von E bestimmen:

$$\left| \begin{array}{l} 10n_1 - 3n_2 + 4n_3 = 0 \\ n_1 \qquad\qquad\quad = 0 \end{array} \right| \text{ bzw. } \left| \begin{array}{l} n_2 = \frac{4}{3} n_3 \\ n_1 = 0 \end{array} \right|$$

z. B. $n_3 = 3$ setzen;

dann folgt $n_2 = 4$; $n_1 = 0$ und damit $\vec{n} = \begin{pmatrix} 0 \\ 4 \\ 3 \end{pmatrix}$

$$\begin{pmatrix} 0 \\ 4 \\ 3 \end{pmatrix} \circ \begin{pmatrix} 2 \\ 6 \\ 0 \end{pmatrix} = 24$$

Mögliche Koordinatenform:

$E: 4x_2 + 3x_3 = 24$

b) Die Gerade g soll durch den Punkt B verlaufen, also kann man $\overrightarrow{OB}$ als Stützvektor von g wählen. Der Richtungsvektor $\vec{u}$ von g muss orthogonal zum Normalenvektor $\vec{n}$ von E sein. Außerdem soll die Gerade g orthogonal zur Geraden AB sein, also muss $\vec{u} \circ \overrightarrow{AB} = 0$ gelten. Daraus erhält man:

$$\left| \begin{array}{r} 4u_2 + 3u_3 = 0 \\ 10u_1 - 3u_2 + 4u_3 = 0 \end{array} \right| \text{ bzw. } \left| \begin{array}{l} u_2 = -\frac{3}{4} u_3 \\ u_1 = -\frac{5}{8} u_3 \end{array} \right|$$

z. B. $u_3 = -8$ setzen;

dann folgt $u_1 = 5$; $u_2 = 6$ und damit $\vec{u} = \begin{pmatrix} 5 \\ 6 \\ -8 \end{pmatrix}$

Mögliche Parameterdarstellung:

$$g: \vec{x} = \begin{pmatrix} 2 \\ 6 \\ 0 \end{pmatrix} + t \cdot \begin{pmatrix} 5 \\ 6 \\ -8 \end{pmatrix};\ t \in \mathbb{R}$$

6 Gerade mit besonderer Lage

a) $2 \cdot 4 - (-1) = 9 \neq 4$ P liegt nicht in E.

Also kann man $\overrightarrow{OP}$ als Stützvektor von g wählen.

(1) Der Richtungsvektor von g muss orthogonal zu $\begin{pmatrix} 2 \\ 0 \\ -1 \end{pmatrix}$ sein. Man wählt z. B. $\begin{pmatrix} 1 \\ 0 \\ 2 \end{pmatrix}$.

Damit erhält man: $g: \vec{x} = \begin{pmatrix} 4 \\ 2 \\ -1 \end{pmatrix} + t \cdot \begin{pmatrix} 1 \\ 0 \\ 2 \end{pmatrix};\ t \in \mathbb{R}$

(2) Als Richtungsvektor von g wählt man z. B. einen Normalenvektor von E.

Damit erhält man: $g: \vec{x} = \begin{pmatrix} 4 \\ 2 \\ -1 \end{pmatrix} + t \cdot \begin{pmatrix} 2 \\ 0 \\ -1 \end{pmatrix};\ t \in \mathbb{R}$

b) Alle Geraden enthalten den Punkt P und die Richtungsvektoren der Geraden verlaufen orthogonal zum Normalenvektor $\begin{pmatrix} 2 \\ 0 \\ -1 \end{pmatrix}$ von E.

Somit liegen alle Geraden in der Ebene H, die parallel zu E verläuft und den Punkt P enthält, also $H: 2x_1 - x_3 = 9$.

7 Punkte mit festem Abstand zur Ebene

Spurpunkte von E:

$S_2(0|4|0)$; $S_3(0|0|3)$

Die Ebene E ist parallel zur x_1-Achse.

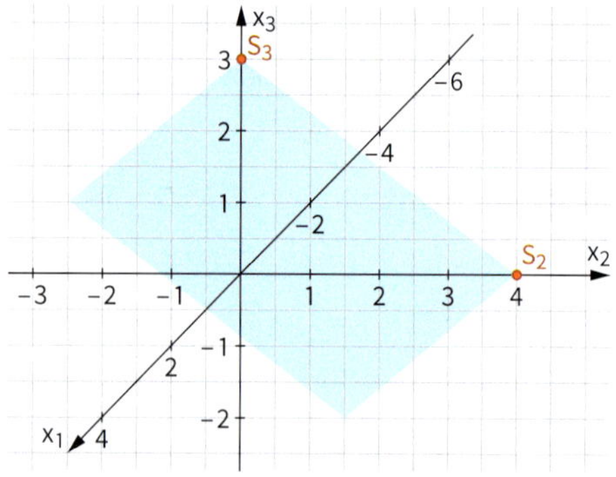

Ein Punkt P auf der x_2-Achse hat die Koordinaten $P(0|y|0)$.

Abstand von P zu E:

$$d = 12;\ \vec{n} \circ \overrightarrow{OP} = \begin{pmatrix} 0 \\ 3 \\ 4 \end{pmatrix} \circ \begin{pmatrix} 0 \\ y \\ 0 \end{pmatrix} = 3y$$

$$\text{Abst}(P; E) = \frac{|\vec{n} \circ \overrightarrow{OP} - d|}{|\vec{n}|} = \frac{|3y - 12|}{\sqrt{25}} = \frac{|3y - 12|}{5}$$

Aus $\text{Abst}(P; E) = 6$ folgt: $y_1 = -6$; $y_2 = 14$

Die gesuchten Punkte sind also $P_1(0|-6|0)$ und $P_2(0|14|0)$.

Lösungen zu Seite 202

8 Abstand: Punkt – Ebene

a) $d = 18;\ \vec{n} \circ \overrightarrow{OP} = \begin{pmatrix} 0 \\ 3 \\ 4 \end{pmatrix} \circ \begin{pmatrix} 4 \\ 15 \\ -3 \end{pmatrix} = 33$

$$\text{Abst}(P, E) = \frac{|\vec{n} \circ \overrightarrow{OP} - d|}{|\vec{n}|} = \frac{15}{\sqrt{25}} = \frac{15}{5} = 3$$

b) Mögliche Parameterdarstellung:

$$g_{SP}: \vec{x} = \overrightarrow{OS} + t \cdot \overrightarrow{SP} = \begin{pmatrix} -1 \\ 2 \\ 3 \end{pmatrix} + t \cdot \begin{pmatrix} 5 \\ 13 \\ -6 \end{pmatrix};\ t \in \mathbb{R}$$

Ein Punkt Q auf g_{SP} hat somit die Koordinaten $Q(-1 + 5t|2 + 13t|3 - 6t)$.

$$\text{Abst}(Q, E) = \frac{|\vec{n} \circ \overrightarrow{OQ} - d|}{|\vec{n}|} = \frac{|15t|}{5} = |3t|$$

Aus $\text{Abst}(Q, E) = \text{Abst}(P, E)$ folgt $|3t| = 3$;

also $k_1 = -1$; $k_2 = 1$ und damit $Q_1(-6|-11|9)$; $Q_2(4|15|-3) = P$

Der gesuchte Punkt ist also $Q(-6|-11|9)$.

9 **Abstand: Punkt – Gerade**

a) Da die Gerade g in der Ebene E liegen soll, kann man den Stützvektor $\overrightarrow{OA}$ von g als Stützvektor von E und den Richtungsvektor von g als einen der Richtungvektoren von E wählen.
Der Punkt P liegt nicht auf g, also kann man für den zweiten Richtungsvektor von E den Verbindungsvektor $\overrightarrow{PA} = \begin{pmatrix} 5 \\ -2 \\ -4 \end{pmatrix}$ wählen.
Damit erhält man als mögliche Parameterdarstellung:
$E: \vec{x} = \begin{pmatrix} 8 \\ 3 \\ -1 \end{pmatrix} + r \cdot \begin{pmatrix} -2 \\ 2 \\ 1 \end{pmatrix} + s \cdot \begin{pmatrix} 5 \\ -2 \\ -4 \end{pmatrix}; \; r, s \in \mathbb{R}$
Einen Normalenvektor von E bestimmen:
$\left| \begin{array}{l} -2n_1 + 2n_2 + n_3 = 0 \\ 5n_1 - 2n_2 - 4n_3 = 0 \end{array} \right|$ bzw. $\left| \begin{array}{l} n_1 = 2n_2 \\ n_3 = 2n_2 \end{array} \right|$
z. B. $n_2 = 1$ setzen;
dann folgt $n_1 = 2$; $n_3 = 2$ und damit $\vec{n} = \begin{pmatrix} 2 \\ 1 \\ 2 \end{pmatrix}$
$\begin{pmatrix} 2 \\ 1 \\ 2 \end{pmatrix} \circ \begin{pmatrix} 8 \\ 3 \\ -1 \end{pmatrix} = 17$
Mögliche Koordinatenform:
$E: 2x_1 + x_2 + 2x_3 = 24$

b) Hilfsebene H durch P, die orthogonal zu g ist:
$\begin{pmatrix} -2 \\ 2 \\ 1 \end{pmatrix} \circ \overrightarrow{OP} = \begin{pmatrix} -2 \\ 2 \\ 1 \end{pmatrix} \circ \begin{pmatrix} 3 \\ 5 \\ 3 \end{pmatrix} = 7$
$H: -2x_1 + 2x_2 + x_3 = 7$
Schnittpunkt F von H und g bestimmen:
$-2 \cdot (8 - 2t) + 2 \cdot (3 + 2t) + (-1 + t) = 7$; also $t = 2$ und damit $F(4\,|\,7\,|\,1)$.
$\mathrm{Abst}(P, g) = |\overrightarrow{PF}| = \left| \begin{pmatrix} 1 \\ 2 \\ -2 \end{pmatrix} \right| = \sqrt{9} = 3$

10 **Lage zwischen Ebene und Gerade**

a) **Auf Parallelität prüfen**
$\begin{pmatrix} 4 \\ -8 \\ -10 \end{pmatrix} \circ \begin{pmatrix} -1 \\ 2 \\ -2 \end{pmatrix} = 0$
Der Richtungsvektor von g und der Normalenvektor von E sind orthogonal zueinander, somit sind g und E parallel zueinander.
Punktprobe
$A(1\,|\,3\,|\,1)$ einsetzen:
$4 \cdot 1 - 8 \cdot 3 - 10 \cdot (-1) = -10 \neq 80$
Der Punkt A mit dem Ortsvektor $\vec{a}$ liegt nicht in der Ebene E. Also ist g parallel zu E, liegt aber nicht in E.

b) $d = 80$; $\vec{n} \circ \overrightarrow{OP} = \begin{pmatrix} 4 \\ -8 \\ -10 \end{pmatrix} \circ \begin{pmatrix} 1 \\ 3 \\ -1 \end{pmatrix} = -10$
$\mathrm{Abst}(g, E) = \mathrm{Abst}(P, E) = \dfrac{|\vec{n} \circ \overrightarrow{OP} - d|}{|\vec{n}|} = \dfrac{90}{\sqrt{180}} = \dfrac{3}{\sqrt{2}}$

c) Parameterdarstellung der Geraden h durch $P(1\,|\,3\,|\,-1)$, die orthogonal zu E ist:
$h: \vec{x} = \begin{pmatrix} 1 \\ 3 \\ -1 \end{pmatrix} + t \cdot \begin{pmatrix} 4 \\ -8 \\ -10 \end{pmatrix}; \; t \in \mathbb{R}$
Schnittpunkt F von h mit E bestimmen:
$4 \cdot (1 + 4t) - 8 \cdot (3 - 8t) - 10 \cdot (-1 - 10t) = 80$;
also $t = 0{,}5$ und damit $F(3\,|\,-1\,|\,-6)$.
Daraus folgt:
$\overrightarrow{PF} = \begin{pmatrix} 2 \\ -4 \\ -5 \end{pmatrix}$ und $\overrightarrow{OP'} = \begin{pmatrix} 1 \\ 3 \\ -1 \end{pmatrix} + 2 \cdot \begin{pmatrix} 2 \\ -4 \\ -5 \end{pmatrix} = \begin{pmatrix} 5 \\ -5 \\ -11 \end{pmatrix}$
Der Bildpunkt P′ hat die Koordinaten $P'(5\,|\,-5\,|\,-11)$.

11 **Ebenenschar**

a) Man bestimmt zunächst die Schnittgerade zweier Ebenen, z. B. E_0 und E_1.
E_0: $6x_3 = 30$
E_1: $x_1 + 7x_3 = 41$
Daraus folgt: $x_3 = 5$; $x_1 = 41 - 35 = 6$
Beide Ebenen sind parallel zur x_2-Achse, also ist auch ihre Schnittgerade parallel zur x_2-Achse.
Mögliche Parameterdarstellung:
Somit ist $s: \vec{x} = \begin{pmatrix} 6 \\ 0 \\ 5 \end{pmatrix} + t \cdot \begin{pmatrix} 0 \\ 1 \\ 0 \end{pmatrix}; \; t \in \mathbb{R}$
Man zeigt nun, dass s in allen Ebenen E_a liegt.
Einsetzen in E_a liefert:
$a \cdot 6 + (a + 6) \cdot 5 - (11a + 30) = 0$ ✓
Damit liegt die Gerade s in jeder der Ebenen E_a.
Alle Ebenen der Schar schneiden sich in
$s: \vec{x} = \begin{pmatrix} 6 \\ 0 \\ 5 \end{pmatrix} + t \cdot \begin{pmatrix} 0 \\ 1 \\ 0 \end{pmatrix}; \; t \in \mathbb{R}$

b) Ansatz: $a_0 \cdot 4 + (a_0 + 6) \cdot (-5) - (11a_0 + 30) = 0$;
also $4a_0 - 5a_0 - 30 - 11a_0 = 0$ und damit $a_0 = -5$.
Die Gerade g liegt in der Ebene E_{-5}.

c) $\begin{pmatrix} 0 \\ 1 \\ 0 \end{pmatrix} \circ \begin{pmatrix} a \\ 0 \\ a + 6 \end{pmatrix} = 0$
Der Richtungsvektor von g und der Normalenvektor von E_a sind orthogonal zueinander, somit sind g und E_a parallel zueinander.
Nach Teilaufgabe b) liegt g nur in E_{-5}.
Somit ist g echt parallel zu allen übrigen Ebenen E_a der Schar.

12 **Lage zwischen Gerade und Ebene**

Die Gerade g verläuft durch die Punkte $S_{13}(7|0|1)$ und $S_{23}(0|2|4)$.

Mögliche Parameterdarstellung:

$$g: \vec{x} = \begin{pmatrix} 7 \\ 0 \\ 1 \end{pmatrix} + t \cdot \begin{pmatrix} 7 \\ -2 \\ -3 \end{pmatrix};\ t \in \mathbb{R}$$

Die Ebene E hat die Spurpunkte $S_2(0|4|0)$ und $S_3(0|0|5)$ und enthält den Punkt $P(8|0|2)$.

Ansatz: $a x_1 + b x_2 + c x_3 = d$

Koordinaten der Punkte einsetzen:

$$\left| \begin{array}{r} 4b = d \\ 5c = d \\ 8a + 2c = d \end{array} \right| \text{ bzw. } \left| \begin{array}{l} b = \frac{d}{4} \\ c = \frac{d}{5} \\ a = \frac{3}{40}d \end{array} \right|$$

z. B. $d = 40$ setzen;

dann folgt $a = 3;\ b = 10;\ c = 8$ und damit

$E: 3x_1 + 10x_2 + 8x_3 = 40$

Auf Parallelität prüfen

$$\begin{pmatrix} 3 \\ 10 \\ 8 \end{pmatrix} \circ \begin{pmatrix} 7 \\ -2 \\ -3 \end{pmatrix} \neq 0$$

Der Richtungsvektor von g und der Normalenvektor von E sind nicht orthogonal zueinander, somit sind g und E nicht parallel zueinander.

Schnittpunkt berechnen

$3 \cdot (7 + 7t) + 10 \cdot (-2t) + 8 \cdot (1 - 3t) = 40$; also $t = -\frac{11}{23}$.

Die Gerade g und die Ebene E schneiden sich im Punkt $S\left(\frac{84}{23}\middle|\frac{22}{23}\middle|\frac{56}{23}\right)$.

13 **Schnittwinkel**

Möglicher Richtungsvektor von g:

$$\overrightarrow{AD} = \begin{pmatrix} -1 \\ 0 \\ 1 \end{pmatrix}$$

Möglicher Normalenvektor von E:

Ansatz: $a x_1 + b x_2 + c x_3 = d$

Koordinaten der Punkte einsetzen:

$$\left| \begin{array}{l} a - b + 2c = d \\ 2a - 3b = d \\ 4a + b + 3c = d \end{array} \right| \text{ bzw. } \left| \begin{array}{l} a = \frac{2}{25}d \\ b = -\frac{7}{25}d \\ c = \frac{8}{25}d \end{array} \right|$$

z. B. $d = 25$ setzen;

dann folgt $a = 2;\ b = -7;\ c = 8$ und damit $\vec{n} = \begin{pmatrix} 2 \\ -7 \\ 8 \end{pmatrix}$

Winkel zwischen g und E:

$\cos(\beta) = \frac{|\overrightarrow{AD} \circ \vec{n}|}{|\overrightarrow{AD}| \cdot |\vec{n}|} = \frac{6}{\sqrt{2} \cdot \sqrt{117}}$; also $\beta \approx 66{,}9°$

$\alpha = 90° - \beta \approx 24{,}1°$

Die Gerade g und die Ebene E schneiden sich in einem Winkel von etwa 24,1°.

14 **Flugrouten**

a) Erstes Flugzeug:

Pro Minute bewegt sich das Flugzeug um $\begin{pmatrix} 8 \\ 9 \\ 0 \end{pmatrix}$.

Die Flugroute kann beschrieben werden durch

$$g: \vec{x} = \begin{pmatrix} 3 \\ -2 \\ 8 \end{pmatrix} + t \cdot \begin{pmatrix} 8 \\ 9 \\ 0 \end{pmatrix};\ t \text{ in Minuten ab 12:37 Uhr}$$

Zweites Flugzeug:

Pro Minute bewegt sich das Flugzeug um $\begin{pmatrix} 7 \\ 6 \\ 0{,}5 \end{pmatrix}$.

Die Flugroute kann beschrieben werden durch

$$h: \vec{x} = \begin{pmatrix} -1 \\ 2 \\ 5 \end{pmatrix} + s \cdot \begin{pmatrix} 7 \\ 6 \\ 0{,}5 \end{pmatrix};\ s \text{ in Minuten ab 12:37 Uhr}$$

b) Geschwindigkeit des ersten Flugzeugs:

$$v_1 = \left|\begin{pmatrix} 8 \\ 9 \\ 0 \end{pmatrix}\right| \frac{\text{km}}{\text{min}} = \sqrt{145}\,\frac{\text{km}}{\text{min}} \approx 12{,}04\,\frac{\text{km}}{\text{min}} \approx 722{,}5\,\frac{\text{km}}{\text{h}}$$

Geschwindigkeit des zweiten Flugzeugs:

$$v_2 = \left|\begin{pmatrix} 7 \\ 6 \\ 0{,}5 \end{pmatrix}\right| \frac{\text{km}}{\text{min}} = \sqrt{\frac{341}{4}}\,\frac{\text{km}}{\text{min}} \approx 9{,}23\,\frac{\text{km}}{\text{min}} \approx 544{,}0\,\frac{\text{km}}{\text{h}}$$

Im Beobachtungszeitraum hat das erste Flugzeug eine Geschwindigkeit von etwa 722,5 km/h und das zweite Flugzeug eine Geschwindigkeit von etwa 544 km/h.

Zeitpunkt, bis das zweite Flugzeug die Höhe des ersten Flugzeugs erreicht hat:

$x_3 = 5 + 0{,}5s = 8$; also $s = 6$

Das zweite Flugzeug erreicht 6 Minuten nach Beobachtungsbeginn, also um 12:43 Uhr, die Höhe des ersten Flugzeugs.

c) **Auf Parallelität prüfen**

Aus $\begin{pmatrix} 7 \\ 6 \\ 0{,}5 \end{pmatrix} = k \cdot \begin{pmatrix} 8 \\ 9 \\ 0 \end{pmatrix}$ folgt: $\left| \begin{array}{r} k = \frac{7}{8} \\ k = \frac{2}{3} \\ 0{,}5 = 0 \end{array} \right|$

Die beiden Richtungsvektoren sind keine Vielfachen voneinander, somit sind g und h nicht parallel zueinander.

Auf Schnittpunkt prüfen

$$\begin{pmatrix} 3 \\ -2 \\ 8 \end{pmatrix} + t \cdot \begin{pmatrix} 8 \\ 9 \\ 0 \end{pmatrix} = \begin{pmatrix} -1 \\ 2 \\ 5 \end{pmatrix} + s \cdot \begin{pmatrix} 7 \\ 6 \\ 0{,}5 \end{pmatrix}$$

hat keine Lösung. Also sind die Geraden g und h windschief zueinander.

Die beiden Flugrouten schneiden sich somit nicht.

Lösungen zu Seite 203

15 Berechnungen am Würfel

a) $H(0|0|6)$; $M(6|3|0)$; $C(0|6|0)$

Ansatz: $a x_1 + b x_2 + c x_3 = d$

Koordinaten der Punkte einsetzen:

$$\left|\begin{array}{l} 6a + 3b = d \\ 6b = d \\ 6c = d \end{array}\right| \text{ bzw. } \left|\begin{array}{l} b = \frac{d}{6} \\ c = \frac{d}{6} \\ a = \frac{d}{12} \end{array}\right|$$

z. B. $d = 12$ setzen;

dann folgt $a = 1$; $b = 2$; $c = 2$ und damit

$E: x_1 + 2x_2 + 2x_3 = 12$

b) Winkel bei H:

$$\cos(\alpha_H) = \frac{\overrightarrow{HM} \circ \overrightarrow{HC}}{|\overrightarrow{HM}| \cdot |\overrightarrow{HC}|} \qquad \overrightarrow{HM} = \begin{pmatrix} 6 \\ 3 \\ -6 \end{pmatrix};\ \overrightarrow{HC} = \begin{pmatrix} 0 \\ 6 \\ -6 \end{pmatrix}$$

$$\cos(\alpha_H) = \frac{54}{9 \cdot \sqrt{72}} = \frac{1}{\sqrt{2}};\ \text{also } \alpha_H = 45°$$

Winkel bei M:

$$\cos(\alpha_M) = \frac{\overrightarrow{MH} \circ \overrightarrow{MC}}{|\overrightarrow{MH}| \cdot |\overrightarrow{MC}|} \qquad \overrightarrow{MH} = \begin{pmatrix} -6 \\ -3 \\ 6 \end{pmatrix};\ \overrightarrow{MC} = \begin{pmatrix} -6 \\ 3 \\ 0 \end{pmatrix}$$

$$\cos(\alpha_M) = \frac{27}{9 \cdot \sqrt{45}} = \frac{1}{\sqrt{5}};\ \text{also } \alpha_M \approx 63{,}4°$$

Winkel bei C: $\alpha_C = 180° - \alpha_H - \alpha_M \approx 71{,}6°$

c) Mögliche Parameterform von $\overline{DF}$:

$$\vec{x} = t \cdot \begin{pmatrix} 6 \\ 6 \\ 6 \end{pmatrix};\ 0 < t < 1$$

In Koordinatenform von E einsetzen:

$6t + 2 \cdot 6t + 2 \cdot 6t = 12$; also $t = \frac{2}{5}$.

Die Würfeldiagonale $\overline{DF}$ und das Dreieck HMC schneiden sich im Punkt $S\left(\frac{12}{5}\middle|\frac{12}{5}\middle|\frac{12}{5}\right)$.

16 Heißluftballon

a) Mögliche Parameterdarstellung:

$$g: \vec{x} = \begin{pmatrix} -3 \\ 4 \\ 0{,}5 \end{pmatrix} + t \cdot \begin{pmatrix} 5 \\ -6 \\ 0{,}5 \end{pmatrix};\ t \in \mathbb{R}$$

b) $$\left|\begin{pmatrix} 5 \\ -6 \\ 0{,}5 \end{pmatrix}\right| = \sqrt{25 + 36 + 0{,}25} \approx 7{,}83$$

Der Ballon hat von 18 Uhr bis 18:30 Uhr eine Strecke von etwa 7,8 km zurückgelegt.

c) Wenn sich der Ballon auf seiner Flugbahn irgendwann genau über dem Punkt L befindet, müsste der Punkt $P(7|-8|p_3)$ auf der Geraden g, die die Flugbahn beschreibt, liegen.

$$\text{Aus } \left|\begin{array}{l} -3 + 5t = 7 \\ 4 - 6t = -8 \end{array}\right| \text{ folgt: } \left|\begin{array}{l} t = 2 \\ t = 2 \end{array}\right|$$

Damit erhält man den Punkt $P(7|-8|1{,}5)$, der 1,5 km über dem Punkt L liegt.

17 Lage dreier Geraden

a) $$\begin{pmatrix} 1 \\ -4 \\ 3 \end{pmatrix} + t \cdot \begin{pmatrix} -4 \\ -1 \\ 2 \end{pmatrix} = \begin{pmatrix} -7 \\ -6 \\ 7 \end{pmatrix} + s \cdot \begin{pmatrix} 3 \\ 2 \\ 1 \end{pmatrix}$$

hat die Lösung $t = 2$; $s = 0$. Somit schneiden sich g und h im Punkt $S(-7|-6|7)$.

Schnittwinkel berechnen:

$$\cos(\alpha) = \frac{\left|\begin{pmatrix} -4 \\ -1 \\ 2 \end{pmatrix} \circ \begin{pmatrix} 3 \\ 2 \\ 1 \end{pmatrix}\right|}{\left|\begin{pmatrix} -4 \\ -1 \\ 2 \end{pmatrix}\right| \cdot \left|\begin{pmatrix} 3 \\ 2 \\ 1 \end{pmatrix}\right|} = \frac{|-12|}{\sqrt{21} \cdot \sqrt{14}};\ \text{also } \alpha \approx 45{,}58°$$

b) $$\begin{pmatrix} -7 \\ -6 \\ 7 \end{pmatrix} + s \cdot \begin{pmatrix} 3 \\ 2 \\ 1 \end{pmatrix} = \begin{pmatrix} 2 \\ 0 \\ 10 \end{pmatrix}$$

hat die Lösung $s = 3$. Somit liegt P auf h.

Mögliche Parameterdarstellung der Geraden k:

$$k: \vec{x} = \begin{pmatrix} 2 \\ 0 \\ 10 \end{pmatrix} + r \cdot \begin{pmatrix} -4 \\ -1 \\ 2 \end{pmatrix};\ r \in \mathbb{R}$$

c) Nach Teilaufgabe b) sind die Geraden g und k parallel und der Punkt P liegt auf k. Also ist der gesuchte Abstand gleich dem Abstand zwischen P und g.

Hilfsebene H durch P, die orthogonal zu g ist:

$$\begin{pmatrix} -4 \\ -1 \\ 2 \end{pmatrix} \circ \overrightarrow{OP} = \begin{pmatrix} -4 \\ -1 \\ 2 \end{pmatrix} \circ \begin{pmatrix} 2 \\ 0 \\ 10 \end{pmatrix} = 12$$

$H: -4x_1 - x_2 + 2x_3 = 12$

Schnittpunkt F von H und g bestimmen:

$-4 \cdot (1 - 4t) - (-4 - t) + 2 \cdot (3 + 2t) = 12$; also $t = \frac{2}{7}$

und damit $F\left(-\frac{1}{7}\middle|-\frac{30}{7}\middle|\frac{25}{7}\right)$.

$$\text{Abst}(P, g) = |\overrightarrow{PF}| = \left|-\frac{1}{7} \cdot \begin{pmatrix} 15 \\ 30 \\ 45 \end{pmatrix}\right| \approx 8{,}02$$

18 Berechnungen an einer Pyramide

a) Länge einer Grundseite der Pyramide:

$$a = |\overrightarrow{AB}| = \left|\begin{pmatrix} -4 \\ 4 \\ 0 \end{pmatrix}\right| = \sqrt{32}$$

Höhe der Pyramide: $h = |\overrightarrow{OS}| = 8$

Damit erhält man als Volumen der Pyramide:

$V = \frac{1}{3} \cdot a^2 \cdot h = \frac{256}{3}$

b) Aufgrund der Symmetrie der Pyramide liegt der gesuchte Punkt P auf der x_3-Achse, also $P(0|0|z)$ mit $0 < z < 8$.

Der Punkt P hat von allen Seitenflächen den gleichen Abstand. Man wählt deshalb z. B. die Ebene E, in der die Punkte A, B und S liegen, und bestimmt den Abstand des Punktes P von E.

Mögliche Parameterdarstellung von E:

$$E: \vec{x} = \begin{pmatrix} 4 \\ 0 \\ 0 \end{pmatrix} + r \cdot \begin{pmatrix} -4 \\ 4 \\ 0 \end{pmatrix} + s \cdot \begin{pmatrix} -4 \\ 0 \\ 8 \end{pmatrix};\ r, s \in \mathbb{R}$$

b) Einen Normalenvektor von E bestimmen:

$\left| \begin{array}{l} -4n_1 + 4n_2 = 0 \\ -4n_1 + 8n_3 = 0 \end{array} \right|$ bzw. $\left| \begin{array}{l} n_2 = n_1 \\ n_3 = \frac{1}{2} n_1 \end{array} \right|$

z. B. $n_1 = 2$ setzen;

dann folgt $n_2 = 2$; $n_3 = 1$ und damit $\vec{n} = \begin{pmatrix} 2 \\ 2 \\ 1 \end{pmatrix}$

$\begin{pmatrix} 2 \\ 2 \\ 1 \end{pmatrix} \circ \begin{pmatrix} 4 \\ 0 \\ 0 \end{pmatrix} = 8$

Mögliche Koordinatenform:

$E: 2x_1 + 2x_2 + x_3 = 8$

Abstand von P zu E:

$d = 8;\ \vec{n} \circ \overrightarrow{OP} = \begin{pmatrix} 2 \\ 2 \\ 1 \end{pmatrix} \circ \begin{pmatrix} 0 \\ 0 \\ z \end{pmatrix} = z$

$\text{Abst}(P, E) = \frac{|\vec{n} \circ \overrightarrow{OP} - d|}{|\vec{n}|} = \frac{|z-8|}{\sqrt{9}} = \frac{|z-8|}{3}$

Der Abstand des Punktes P von der Grundfläche der Pyramide ist z, somit muss gelten:

$z = \frac{|z-8|}{3}$

Für $0 < z < 8$ gilt: $-(z-8) = 3z$; also $z = 2$

Der gesuchte Punkt ist $P(0|0|2)$.

c) $\begin{pmatrix} 2 \\ 1 \\ 0 \end{pmatrix} \circ \begin{pmatrix} 0 \\ 0 \\ 1 \end{pmatrix} = 0$

Die Gerade s ist also parallel zur x_1x_2-Ebene und hat den Abstand 8 von ihr.

Alle Pyramiden $ABCDS_t$ haben somit die gleiche Grundfläche und jeweils die Höhe $h = 8$.

Sie haben deshalb alle das gleiche Volumen

$V = \frac{1}{3} \cdot a^2 \cdot h = \frac{256}{3}$.

19 Berechnungen an einem Quadrat

a) Mögliche Parameterdarstellung von E:

$E: \vec{x} = \overrightarrow{OA} + r \cdot \overrightarrow{AB} + s \cdot \overrightarrow{AC}$

$= \begin{pmatrix} 3 \\ -2 \\ 1 \end{pmatrix} + r \cdot \begin{pmatrix} 0 \\ 1 \\ 0 \end{pmatrix} + s \cdot \begin{pmatrix} 3 \\ 5 \\ 4 \end{pmatrix};\ r, s \in \mathbb{R}$

Einen Normalenvektor von E bestimmen:

$\left| \begin{array}{l} 3n_1 + 5n_2 + 4n_3 = 0 \\ n_2 = 0 \end{array} \right|$ bzw. $\left| \begin{array}{l} n_1 = -\frac{4}{3} n_3 \\ n_2 = 0 \end{array} \right|$

z. B. $n_3 = -3$ setzen;

dann folgt $n_1 = 4$; $n_2 = 0$ und damit $\vec{n} = \begin{pmatrix} 4 \\ 0 \\ -3 \end{pmatrix}$

$\begin{pmatrix} 4 \\ 0 \\ -3 \end{pmatrix} \circ \begin{pmatrix} 3 \\ -2 \\ 1 \end{pmatrix} = 9$

Mögliche Koordinatenform:

$E: 4x_1 - 3x_3 = 9$

b) $|\overrightarrow{AB}| = 5$; $|\overrightarrow{AC}| = \sqrt{50}$; $|\overrightarrow{BC}| = 5$

Es gilt: $|\overrightarrow{AB}|^2 + |\overrightarrow{BC}|^2 = |\overrightarrow{AC}|^2$

Das Dreieck ABC ist gleichschenklig und rechtwinklig. Daher kann es zu einem Quadrat ergänzt werden.

$\overrightarrow{OD} = \overrightarrow{OA} + \overrightarrow{BC} = \begin{pmatrix} 6 \\ -2 \\ 5 \end{pmatrix}$; also $D(6|-2|5)$

c) Für alle Werte von k gilt:

$x_1 = 0 + 3k$; $x_2 = 3 + 5k$; $x_3 = 9{,}5 + 4k$

Somit liegen alle Punkte S_k auf der Geraden

$g: \vec{x} = \begin{pmatrix} 0 \\ 3 \\ 9{,}5 \end{pmatrix} + k \cdot \begin{pmatrix} 3 \\ 5 \\ 4 \end{pmatrix};\ k \in \mathbb{R}$

Auf Parallelität prüfen:

$\begin{pmatrix} 3 \\ 5 \\ 4 \end{pmatrix} \circ \begin{pmatrix} 4 \\ 0 \\ -3 \end{pmatrix} = 0$

Der Richtungsvektor von g und der Normalenvektor von E sind orthogonal zueinander, somit sind g und E parallel zueinander.

$\text{Abst}(g, E) = \text{Abst}(S_0, E)$

$d = 9;\ \vec{n} \circ \overrightarrow{OS_0} = \begin{pmatrix} 4 \\ 0 \\ -3 \end{pmatrix} \circ \begin{pmatrix} 0 \\ 3 \\ 9{,}5 \end{pmatrix} = -28{,}5$

$\text{Abst}(S_0, E) = \frac{|\vec{n} \circ \overrightarrow{OS_0} - d|}{|\vec{n}|} = \frac{|-37{,}5|}{\sqrt{25}} = \frac{37{,}5}{5} = 7{,}5$

d) $\overrightarrow{OF} = \overrightarrow{OA} + \frac{1}{2} \cdot \overrightarrow{AC}$

$= \begin{pmatrix} 3 \\ -2 \\ 1 \end{pmatrix} + \frac{1}{2} \cdot \begin{pmatrix} 3 \\ 5 \\ 4 \end{pmatrix} = \begin{pmatrix} \frac{9}{2} \\ \frac{1}{2} \\ 3 \end{pmatrix}$;

also $F\left(\frac{9}{2} \middle| \frac{1}{2} \middle| 3\right)$ und damit $\overrightarrow{FS_k} = \begin{pmatrix} 3k - \frac{9}{2} \\ 5k + \frac{5}{2} \\ 4k + \frac{13}{2} \end{pmatrix}$

Die Gerade FS_k ist orthogonal zur Ebene E, wenn $\overrightarrow{FS_k}$ ein Vielfaches von $\vec{n} = \begin{pmatrix} 4 \\ 0 \\ -3 \end{pmatrix}$ ist.

$\begin{pmatrix} 3k - \frac{9}{2} \\ 5k + \frac{5}{2} \\ 4k + \frac{13}{2} \end{pmatrix} = r \cdot \begin{pmatrix} 4 \\ 0 \\ -3 \end{pmatrix}$ hat die Lösung $r = -\frac{3}{2}$; $k = -\frac{1}{2}$.

Damit erhält man als den gesuchten Punkt:

$S_{-\frac{1}{2}}\left(-\frac{3}{2} \middle| \frac{1}{2} \middle| \frac{15}{2}\right)$

5 Daten und Zufall

Lösungen zu Seite 207

3

Wert	5	7	8	9	10
rel. Häufigkeit	0,18	0,28	0,36	0,06	0,12

$\overline{x} = 5 \cdot 0{,}18 + 7 \cdot 0{,}28 + 8 \cdot 0{,}36 + 9 \cdot 0{,}06 + 10 \cdot 0{,}12 = 7{,}48$
Die durchschnittliche Anzahl der Schwimmbadbesuche pro Jahr beträgt 7,48.

Lösungen zu Seite 210

9

	$\overline{x}$	$\overline{s}$
Anbieter A	38,15 g	≈ 2,43 g
Anbieter B	38,18 g	≈ 1,89 g

Die Aprikosen von Anbieter A wiegen im Mittel 38,15 g, die von Anbieter B im Mittel 38,18 g.
Die Aprikosen von Anbieter B sind im Mittel also nur vernachlässigbar schwerer.
Bei Anbieter B beträgt die empirische Standardabweichung des Gewichts nur 1,89 g, bei Anbieter A hingegen 2,13 g. Die Aprikosen von Anbieter B weisen also deutlich gleichmäßigere Qualität auf.
Der Händler sollte sich somit für Anbieter B entscheiden.

Lösungen zu Seite 215

6 Beispiellösung:
Die oberste Klasse wird nach oben mit 300 m² abgeschätzt.

Klassenmitte	25	60	80	100	120	205
rel. Häufigkeit	0,1	0,22	0,2	0,17	0,15	0,15

$\overline{x} = 25 \cdot 0{,}1 + 60 \cdot 0{,}22 + 80 \cdot 0{,}2 + 100 \cdot 0{,}17 + 120 \cdot 0{,}15$
$+ 205 \cdot 0{,}15$
$= 97{,}45$
Das arithmetische Mittel der Wohnungsgröße beträgt 97,45 m².

7 Beispiellösung:

Niederschlagshöhe in mm	5 bis unter 10	10 bis unter 20	20 bis unter 25
Häufigkeit	3	6	3
rel. Häufigkeit	0,25	0,5	0,25

Säulenbreite	5	10	5
Säulenhöhe	0,05	0,05	0,05

Histogramm:

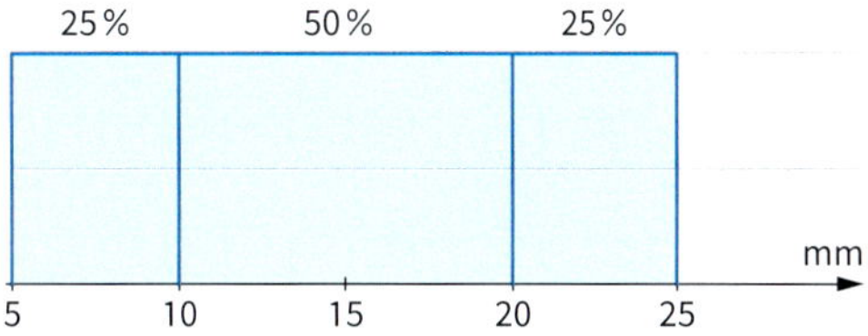

Lösungen zu Seite 219

4 $P(E_1) = P((X|O|X)) = \frac{1}{3} \cdot \frac{1}{2} \cdot \frac{1}{3} = \frac{1}{18}$

$P(E_2) = P((X|X|X)) + P((O|O|O)) + P((\Delta|\Delta|\Delta))$
$= \frac{1}{3} \cdot \frac{1}{3} \cdot \frac{1}{3} + \frac{1}{2} \cdot \frac{1}{2} \cdot \frac{1}{2} + \frac{1}{6} \cdot \frac{1}{6} \cdot \frac{1}{6} = \frac{36}{216} = \frac{1}{6}$

$P(E_3) = P((X|O|\Delta)) + P((X|\Delta|O)) + P((O|X|\Delta))$
$+ P((O|\Delta|X)) + P((\Delta|X|O)) + P((\Delta|O|X))$
$= 6 \cdot \frac{1}{3} \cdot \frac{1}{2} \cdot \frac{1}{6} = \frac{1}{6}$

Lösungen zu Seite 221

8 Es handelt sich um Ziehen ohne Zurücklegen.
Schreibt man b für blau und $\overline{b}$ für alle anderen Farben, so gehören zum Ereignis E: *Es werden überwiegend blaue Bärchen gegessen* die vier Ergebnisse $(b|b|b)$, $(b|b|\overline{b})$, $(b|\overline{b}|b)$ und $(\overline{b}|b|b)$.

$P(E) = \frac{3}{10} \cdot \frac{2}{9} \cdot \frac{1}{8} + \frac{3}{10} \cdot \frac{2}{9} \cdot \frac{7}{8} + \frac{3}{10} \cdot \frac{7}{9} \cdot \frac{2}{8} + \frac{7}{10} \cdot \frac{3}{9} \cdot \frac{2}{8}$
$= \frac{1}{120} + \frac{7}{120} + \frac{7}{120} + \frac{7}{120} = \frac{22}{120} = \frac{11}{60} \approx 0{,}1833$

Die Wahrscheinlichkeit, dass Mila überwiegend blaue Bärchen isst, beträgt etwa 18,33 %.

Lösungen zu Seite 225

9 a) $\binom{5}{3} = \frac{5!}{3! \cdot (5-3)!} = \frac{5!}{3! \cdot 2!} = \frac{5 \cdot 4}{2 \cdot 1} = 5 \cdot 2 = 10$

b) $\binom{6}{1} = \frac{6!}{1! \cdot (6-1)!} = \frac{6!}{1! \cdot 5!} = \frac{6}{1} = 6$

c) $\binom{11}{9} = \frac{11!}{9! \cdot (11-9)!} = \frac{11!}{9! \cdot 2!} = \frac{11 \cdot 10}{2 \cdot 1} = 11 \cdot 5 = 55$

d) $\binom{11}{11} = \frac{11!}{11! \cdot (11-11)!} = \frac{1}{0!} = 1$

10 a) Es gibt 25! Möglichkeiten.

b) 25 von 75 Zahlen ohne Zurücklegen ziehen, ohne Beachtung der Reihenfolge:
$\binom{75}{25} = \frac{75!}{25! \cdot (75-25)!} = \frac{75!}{25! \cdot 50!}$

c) 5 Zahlen; Zeile für Zeile ohne Zurücklegen ziehen, mit Beachtung der Reihenfolge:
$\frac{75!}{70!} \cdot \frac{70!}{65!} \cdot \frac{65!}{60!} \cdot \frac{60!}{55!} \cdot \frac{55!}{50!} = \frac{75!}{50!}$

Lösungen zu Seite 231

9 a)

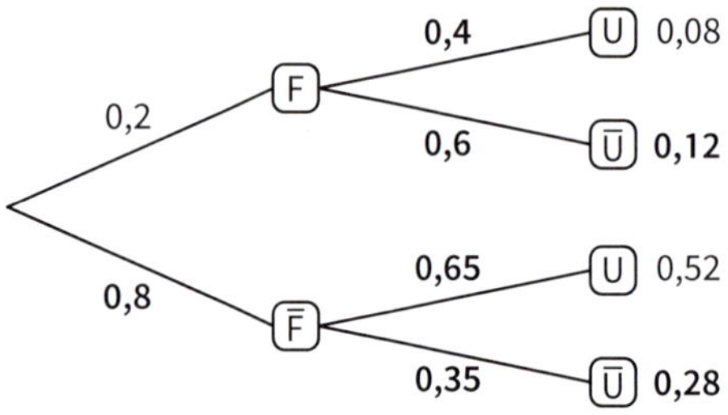

Hinweis: Die Summe der Wahrscheinlichkeiten an jeder Verzweigung beträgt 1.

b) Im Baumdiagramm sind die Wahrscheinlichkeiten auf den Teilpfaden der zweiten Stufe unterschiedlich groß. Somit sind die Ereignisse *Alter* und *Bereitschaft zum Umzug* nicht stochastisch unabhängig.

$P_F(U)$ beschreibt den Anteil der Befragten, die aus Karrieregründen umziehen würden, unter den Personen der Firma, die über 50 Jahre alt sind. Dieser liegt bei 40 %.

$P_{\overline{F}}(U)$ beschreibt den Anteil der Befragten, die aus Karrieregründen umziehen würden, unter den Personen der Firma, die 50 Jahre oder jünger sind. Dieser liegt bei 65 %.

Lösungen zu Seite 234

6 a)

	B	$\overline{B}$	gesamt
A	$\mathbf{\frac{2}{15}}$	$\frac{1}{15}$	$\frac{1}{5}$
$\overline{A}$	$\frac{3}{5}$	$\mathbf{\frac{1}{5}}$	$\mathbf{\frac{4}{5}}$
gesamt	$\mathbf{\frac{11}{15}}$	$\mathbf{\frac{4}{15}}$	1

b)

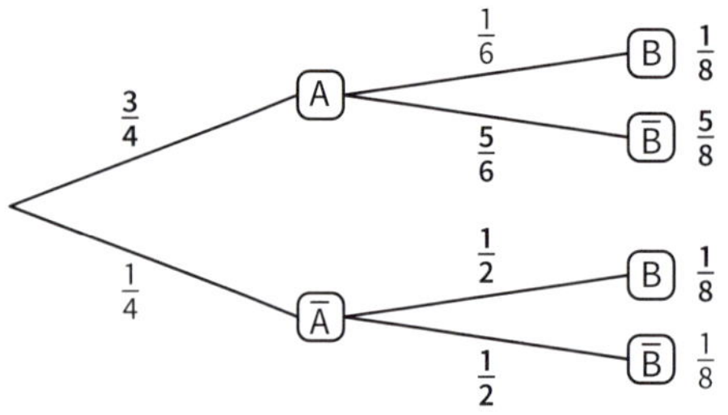

Daraus ergibt sich die Vierfeldertafel:

	B	$\overline{B}$	gesamt
A	$\frac{1}{8}$	$\frac{5}{8}$	$\frac{3}{4}$
$\overline{A}$	$\frac{1}{8}$	$\frac{1}{8}$	$\frac{1}{4}$
gesamt	$\frac{1}{4}$	$\frac{3}{4}$	1

7 a) $P(E \cap A) = 0{,}55 \cdot 0{,}036 = 0{,}0198$

$P(E \cap \overline{A}) = 0{,}55 \cdot 0{,}964 = 0{,}5302$

$P(\overline{E} \cap A) = 0{,}45 \cdot 0{,}2 = 0{,}09$

$P(\overline{E} \cap \overline{A}) = 0{,}45 \cdot 0{,}8 = 0{,}36$

$P(A) = P(E \cap A) + P(\overline{E} \cap A) = 0{,}1098$

Damit erhält man:

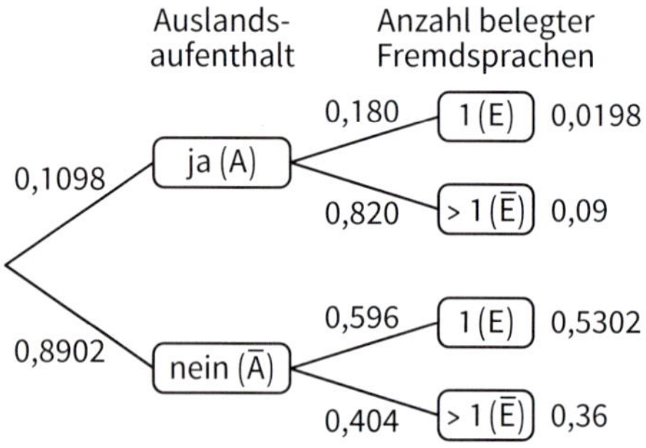

b) $P_E(A) = 0{,}036$

Die Wahrscheinlichkeit, dass eine Person, die eine Fremdsprache belegt hat, nach dem Abitur ins Ausland gehen möchte, beträgt 3,6 %.

$P_A(E) \approx 0{,}180$

Die Wahrscheinlichkeit, dass eine Person, die nach dem Abitur ins Ausland gehen möchte, eine Fremdsprache belegt hat, beträgt ca. 18 %.

Lösungen zu Seite 236

12 B: *Die Zecke trägt Borrelien in sich*

T: *Borrelien werden beim Test erkannt*

Aus den Daten erhält man:

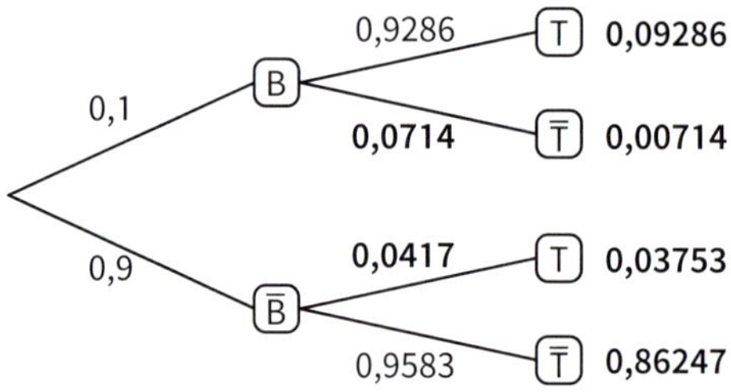

Daraus ergibt sich die Vierfeldertafel:

	T	$\overline{T}$	Summe
B	0,09286	0,00714	0,1
$\overline{B}$	0,03753	0,86247	0,9
Summe	0,13039	0,86961	1

$P_T(B) = \frac{0{,}09286}{0{,}13039} \approx 0{,}7122$

Die Wahrscheinlichkeit, dass bei einem positiven Test die Zecke wirklich Borrelien in sich trug, liegt bei etwa 71,22 %.

Lösungen zu Seite 237

16 (1) Gesuchte Verknüpfung: $K \cup E$

	K	$\overline{K}$	Summe
E	25	7	32
$\overline{E}$	11	16	27
Summe	36	23	59

$P(K \cup E) = \frac{25+11+7}{59} = \frac{43}{59} \approx 0{,}7288$

Die Wahrscheinlichkeit, dass eine Person hohes Interesse am Klimawandel hat oder Erdkunde belegt, beträgt etwa 72,88 %.

(2) Gesuchte Verknüpfung: $E \setminus K$

	K	$\overline{K}$	Summe
E	25	7	32
$\overline{E}$	11	16	27
Summe	36	23	59

$P(E \setminus K) = \frac{7}{59} \approx 0{,}1186$

Die Wahrscheinlichkeit, dass eine Person Erdkunde belegt, ohne hohes Interesse am Klimawandel zu haben, beträgt etwa 11,86 %.

Lösungen zu Seite 243

9 X: *Höhe der Ausschüttung in €*

x_i in €	0	0,5	1	2	5
$P(X = x_i)$	0,25	0,4	0,23	0,1	0,02

$E(X) = 0 \cdot 0{,}25 + 0{,}5 \cdot 0{,}4 + 1 \cdot 0{,}23 + 2 \cdot 0{,}1 + 5 \cdot 0{,}02$
$= 0{,}73$

Auf lange Sicht ist im Mittel eine Ausschüttung von 0,73 € pro Spiel zu erwarten.
Der Spieleinsatz beträgt 1 €. Somit verliert man auf lange Sicht im Mittel 0,27 € pro Spiel.

10

		Begründung
(1)	(B)	Die Zufallsgröße X: *Augensumme der gewürfelten Zahlen* kann nur die Werte 3, 4, 5 und 6 annehmen.
(2)	(C)	Die Zufallsgröße X: *Augensumme der gedrehten Zahlen* kann die Werte 2, 3, 4, 5 und 6 annehmen.
(3)	(A)	Die Zufallsgröße X: *Produkt der gezogenen Zahlen* kann nur die Werte 2, 3, 4 und 6 annehmen.

Lösungen zu Seite 244

16 a)

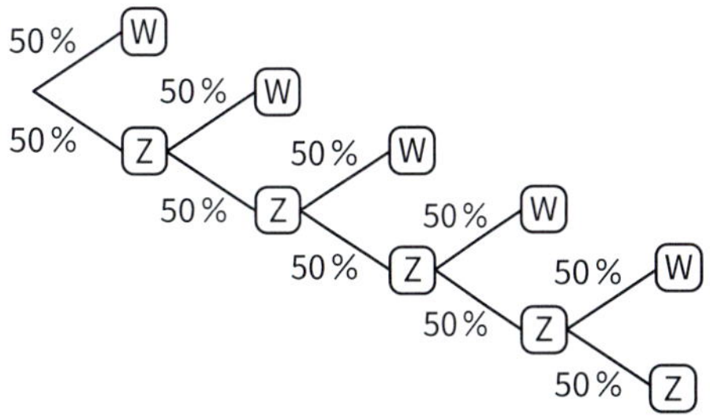

x_i in €	1	2	3	4	5	7
$P(X = x_i)$	$\frac{1}{2}$	$\frac{1}{4}$	$\frac{1}{8}$	$\frac{1}{16}$	$\frac{1}{32}$	$\frac{1}{32}$

$E(X) = 1 \cdot \frac{1}{2} + 2 \cdot \frac{1}{4} + 3 \cdot \frac{1}{8} + 4 \cdot \frac{1}{16} + 5 \cdot \frac{1}{32} + 7 \cdot \frac{1}{32} = 2$

Der Erwartungswert beträgt 2 €.

b) Die Spielregel ist fair, wenn der Erwartungswert E(X) mit dem Spieleinsatz übereinstimmt. Somit ist die Spielregel fair, wenn der Einsatz von Ben 2 € beträgt.

Lösungen zu Seite 248

5 Wahrscheinlichkeit, dass nichts ausgezahlt wird:
$1 - \left(\frac{1}{4} + \frac{1}{9} + \frac{1}{15} + \frac{1}{20}\right) = \frac{47}{90}$
Damit erhält man für die Wahrscheinlichkeitsverteilung von X:

Gewinn x_i in €	−1	0	1	2	3
$P(X = x_i)$	$\frac{47}{90}$	$\frac{1}{4}$	$\frac{1}{9}$	$\frac{1}{15}$	$\frac{1}{20}$

$E(X) \approx -0{,}13$
$Var(X) \approx 1{,}33 \qquad \sqrt{Var(X)} \approx 1{,}16$

Der Erwartungswert des Gewinns beträgt etwa −0,13 €. Die Standardabweichung des Gewinns beträgt etwa 1,16 €.

Lösungen zu Seite 249

8 Bei den roten Schokolinsen sind die Säulen nah am Erwartungswert eher hoch und an den Rändern eher niedrig. Bei den gelben Schokolinsen sind die Säulen nah am Erwartungswert eher niedrig und an den Rändern eher hoch.
Somit streut die Anzahl der gelben Schokolinsen in den Tüten mehr.

Wiederholen für die Klausur

Lösungen zu Seite 252

1 Kenngrößen eines Datensatzes

Anzahl der Werte: $1 + 2 + 1 = 4$

$\overline{x} = \frac{1}{4} \cdot (5 \cdot 1 + 7 \cdot 2 + 9 \cdot 1) = \frac{28}{4} = 7$

Also beträgt das arithmetische Mittel der benötigten Zeit 7 Minuten.

$\overline{s}^2 = (5 - 7)^2 \cdot \frac{1}{4} + (7 - 7)^2 \cdot \frac{2}{4} + (9 - 7)^2 \cdot \frac{1}{4} = 2$

$\overline{s} = \sqrt{2} \approx 1{,}41$

Die Standardabweichung der benötigten Zeit beträgt etwa 1,4 Minuten, also etwa eine Minute und 24 Sekunden.

2 Wahrscheinlichkeiten beim Würfeln

a) (1) $P(\textit{Ungerade}) = \left(\frac{1}{2}\right)^3 = \frac{1}{8} = 12{,}5\,\%$

(2) Zum Ereignis E: *Augensumme 17* gehören die drei Ergebnisse (5 | 6 | 6), (6 | 5 | 6) und (6 | 6 | 5).

$P(E) = 3 \cdot \left(\frac{1}{6}\right)^3 = 3 \cdot \frac{1}{216} = \frac{1}{72} \approx 1{,}39\,\%$

(3) Komplementärregel anwenden:

$P(\textit{Keine 6}) = \left(1 - \frac{1}{6}\right)^3 = \left(\frac{5}{6}\right)^3 = \frac{125}{216} \approx 57{,}87\,\%$

b) Bei der gewürfelten Augenzahlkombination kommt es auf die Reihenfolge an.
Für 3 verschiedene Augenzahlen wie 1 2 3 gibt es insgesamt **3! = 6** verschiedene Kombinationen.
Für 2 verschiedene Augenzahlen wie 1 1 2 gibt es insgesamt **3** verschiedene Kombinationen.

Augensumme	Kombination aus	Anzahl
7	115 124 133 223	15
8	116 125 134 224 233	21
9	126 135 144 225 234 333	25
10	136 145 226 235 244 334	27
11	146 155 236 245 335 344	27
12	156 246 255 336 345 444	25
13	166 256 346 355 445	21
14	266 356 446 455	15

Für Augensumme 10 bzw. Augensumme 11 gibt es die höchste Anzahl an Kombinationen, nämlich 27. Die Wahrscheinlichkeit für diese beiden Augenzahlen nach drei Würfen ist also am höchsten. Daher sollte man auf diese beiden Augensummen wetten.

3 Kugeln ziehen

a)

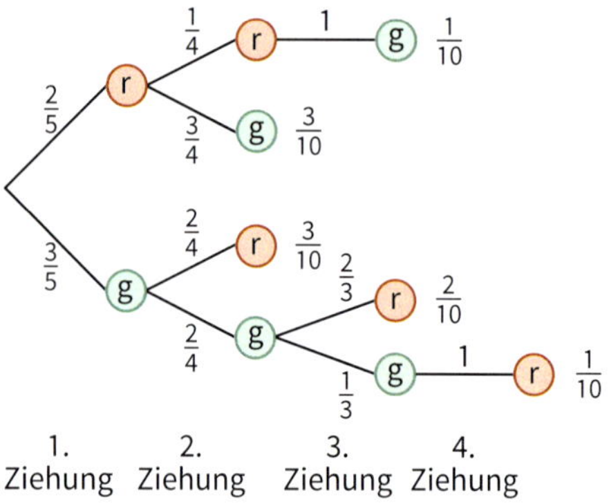

$P(\textit{Zwei Ziehungen}) = \frac{3}{10} + \frac{3}{10} = \frac{6}{10} = 0{,}6$

$P(\textit{Drei Ziehungen}) = \frac{1}{10} + \frac{2}{10} = \frac{3}{10} = 0{,}3$

$P(\textit{Vier Ziehungen}) = \frac{1}{10} = 0{,}1$

$2 \cdot 0{,}6 + 3 \cdot 0{,}3 + 4 \cdot 0{,}1 = 2{,}5$

Im Mittel werden 2,5 Ziehungen benötigt.

b) Wenn das Glücksspiel fair sein soll, so darf auf lange Sicht weder Gewinn noch Verlust entstehen. Die Spieleinsätze müssen also im Mittel auch wieder ausgezahlt werden.

Nach der Spielbedingung werden nur bei den Ereignissen *„Zwei Ziehungen"* und *„Drei Ziehungen"* Beträge ausgezahlt.

Ansatz: $a_1 \cdot 0{,}6 + a_2 \cdot 0{,}3 + a_3 \cdot 0 = 0{,}75$

Daraus folgt $2\,a_1 + a_2 = 2{,}5$; also $a_2 = 2{,}5 - 2\,a_1$

Beispiellösungen:

Anzahl der Ziehungen	2	3	4
Wahrscheinlichkeit	0,6	0,3	0,75
	1	0,5	0
Auszahlung a_i in €	0,5	1,5	0
	0,25	2	0

4 Vierfeldertafel

a)

	B	$\overline{B}$	gesamt
A	0,2	**0,15**	**0,35**
$\overline{A}$	**0,25**	0,4	0,65
gesamt	**0,45**	**0,55**	1

b) (1) $P(A \cap \overline{B}) = 0{,}15$

(2) $P(B) = 0{,}45$

(3) $P_{\overline{A}}(B) = \frac{0{,}25}{0{,}65} = \frac{5}{13}$

(4) $P(\textit{Entweder A oder B}) = P(A \cap \overline{B}) + P(B \cap \overline{A})$
$= 0{,}15 + 0{,}25 = 0{,}4$

5 Lauftraining

a) A: *Die Person nutzt eine Lauf-App*

T: *Das Training wird beibehalten*

	T	$\overline{T}$	gesamt
A	**60**	20	80
$\overline{A}$	**40**	**80**	**120**
gesamt	100	**100**	200

b) (1) $P(A \cap \overline{T}) = \frac{20}{200} = \frac{1}{10} = 0{,}1$

Die Wahrscheinlichkeit, dass eine Person eine Lauf-App nutzte und das Training abbrach, beträgt 10 %.

(2) $P_A(T) = \frac{60}{80} = \frac{3}{4} = 0{,}75$

Die Wahrscheinlichkeit, dass eine Person, die eine Lauf-App nutzte, das Training auch beibehielt, beträgt 75 %.

(3) $P_A(\overline{T}) = \frac{20}{80} = \frac{1}{4} = 0{,}25$

Die Wahrscheinlichkeit, dass unter den App-Nutzern das Training abgebrochen wurde, beträgt 25 %.

c) Die Ereignisse A und T sind stochastisch unabhängig, wenn $P(A \cap T) = P(A) \cdot P(T)$ gilt.

$P(A \cap T) = \frac{60}{200} = \frac{3}{10}$

$P(A) \cdot P(T) = \frac{80}{200} \cdot \frac{100}{200} = \frac{2}{5} \cdot \frac{1}{2} = \frac{2}{10}$

Die beiden Ereignisse sind nicht stochastisch unabhängig.

Lösungen zu Seite 253

6 Wettbewerb

	$\overline{x}$	$\overline{s}$
Gruppe 1	22 cm	≈ 5,24 cm
Gruppe 2	22 cm	≈ 5,68 cm

Beide Gruppen haben als arithmetisches Mittel der Sprungweiten 22 cm.
Bei Gruppe 1 beträgt die Standardabweichung der Sprungweiten etwa 5,3 cm, bei Gruppe 2 hingegen etwa 5,7 cm. Die Papierfrösche in Gruppe 1 haben also gleichmäßigere Sprungweiten erzielt als die in Gruppe 2.

7 Tombola

a)

Anzahl x_i der Preise	$P(X = x_i)$
0	$\frac{7}{10} \cdot \frac{6}{9} \cdot \frac{5}{8} = \frac{210}{720}$
1	$\frac{3}{10} \cdot \frac{7}{9} \cdot \frac{6}{8} + \frac{7}{10} \cdot \frac{3}{9} \cdot \frac{6}{8} + \frac{7}{10} \cdot \frac{6}{9} \cdot \frac{3}{8} = \frac{378}{720}$
2	$\frac{3}{10} \cdot \frac{2}{9} \cdot \frac{7}{8} + \frac{3}{10} \cdot \frac{7}{9} \cdot \frac{2}{8} + \frac{7}{10} \cdot \frac{3}{9} \cdot \frac{2}{8} = \frac{126}{720}$
3	$\frac{3}{10} \cdot \frac{2}{9} \cdot \frac{1}{8} = \frac{6}{720}$

b) E: *Niete – Niete – Gewinn*

$P(E) = \frac{7}{10} \cdot \frac{6}{9} \cdot \frac{3}{8} = \frac{126}{720} = 0{,}175$

Die Wahrscheinlichkeit, dass Jasmin erst beim dritten Los einen Preis erhält, beträgt 17,5 %.

c) E: *Mindestens einen Preis*

$\overline{E}$: *Keinen Preis*

$P(E) = 1 - P(\overline{E})$

$= 1 - P(X = 0) = 1 - \frac{210}{720} = \frac{510}{720} \approx 0{,}7083$

Die Wahrscheinlichkeit, dass Jasmin mindestens einen Preis erhält, beträgt etwa 70,83 %.

8 Qualitätskontrolle

F: *Das Solarpanel ist funktionstüchtig*

A: *Das Solarpanel wird als funktionstüchtig angezeigt*

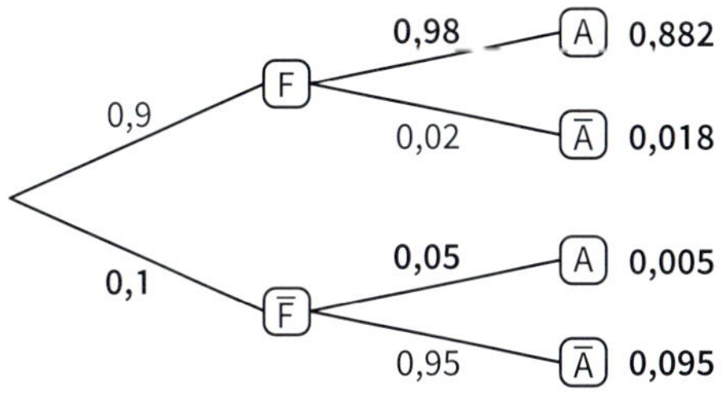

Daraus ergibt sich die Vierfeldertafel:

	A	$\overline{A}$	Summe
F	0,882	0,018	0,9
$\overline{F}$	0,005	0,095	0,1
Summe	0,887	0,113	1

a) E: *Die Kontrolle liefert ein korrektes Urteil*

$P(E) = P(F \cap A) + P(\overline{F} \cap \overline{A})$

$= 0{,}882 + 0{,}095 = 0{,}977$

Die Wahrscheinlichkeit, dass die Kontrolle ein korrektes Utreil liefert, beträgt 97,7 %.

b) $P_{\overline{A}}(\overline{F}) = \frac{0{,}095}{0{,}113} \approx 0{,}8407$

Die Wahrscheinlichkeit, dass ein als fehlerhaft angezeigtes Solarpanel tatsächlich nicht zu gebrauchen ist, beträgt etwa 84,07 % .

c) Gesuchte Verknüpfung: $E = (F \cap A) \cup (F \cap \overline{A}) \cup (\overline{F} \cap \overline{A})$
$P(E) = 0{,}882 + 0{,}018 + 0{,}095 = 0{,}995$
Die Wahrscheinlichkeit, dass ein Solarpanel in Ordnung ist oder korrekt beurteilt wird, beträgt etwa 99,5 %.

9 Zufallsgenerator

a)

Ergebnis	Gewinn x_i in €	$P(X = x_i)$
(r|r|r)	1	0,064
(r|r|s); (s|r|r)	0	0,192
(s|r|s)	2	0,144
sonst	−1	0,6

b) Das Spiel ist fair, wenn $E(X) = 0$ gilt.
$E(X) = 1 \cdot 0{,}064 + 0 \cdot 0{,}192 + 2 \cdot 0{,}144 + (-1) \cdot 0{,}6$
$= -0{,}248$
Also ist das Spiel nicht fair.

c) Man setzt im Fall (s|r|s) als Auszahlung a.
Für ein faires Spiel muss dann gelten:
$1 \cdot 0{,}064 + 0 \cdot 0{,}192 + (a-1) \cdot 0{,}144 + (-1) \cdot 0{,}6 = 0$
Daraus erhält man: $a \approx 4{,}72$
Im Fall (s|r|s) müsste etwa 4,72 € ausgezahlt werden, damit das Spiel fair ist.

10 Spiel mit zwei Würfeln

X: *Auszahlung in €*

Augensumme	Auszahlung x_i in €		$P(X = x_i)$
	Variante A	Variante B	
2 oder 12	5	10	$\frac{2}{36}$
3 oder 11	4	5	$\frac{4}{36}$
4 oder 10	3	3	$\frac{6}{36}$
5 oder 9	1,5	1	$\frac{8}{36}$
6 oder 8	1	0	$\frac{10}{36}$
7	0	0	$\frac{6}{36}$

Für Variante A gilt: $E(X) = \frac{66}{36} \approx 1{,}83$; $\sqrt{Var(X)} \approx 1{,}44$

Für Variante B gilt: $E(X) = \frac{66}{36} \approx 1{,}83$; $\sqrt{Var(X)} \approx 2{,}58$

Auf lange Sicht wird im Mittel der gleiche Betrag ausgezahlt. Die ausgezahlten Beträge streuen bei Variante B aber stärker um den Erwartungswert als bei Variante A. Hieraus ergibt sich, dass bei Variante B höhere Gewinne, aber auch stärkere Verluste wahrscheinlicher sind als bei Variante A. Ist Leon ein eher vorsichtiger Spieler, so würde seine Entscheidung also passen; ist er eher risikoreich, so sollte er sich für Variante B entscheiden.

6 Binomialverteilte Zufallsgrößen

Lösungen zu Seite 259

9 Es handelt sich um ein dreistufiges Zufallsexperiment. Auf jeder Stufe interessiert nur, ob Julia direkt aufsteht (Erfolg) oder nicht (Misserfolg). Die Wahrscheinlichkeit für einen Erfolg bleibt an jedem Tag gleich. Also handelt es sich um eine 3-stufige Bernoulli-Kette mit Erfolgswahrscheinlichkeit $p = 0{,}2$.

k	$P(X = k)$
0	$\binom{3}{0} \cdot 0{,}2^0 \cdot 0{,}8^3 = 0{,}512$
1	$\binom{3}{1} \cdot 0{,}2^1 \cdot 0{,}8^2 = 0{,}384$
2	$\binom{3}{2} \cdot 0{,}2^2 \cdot 0{,}8^1 = 0{,}096$
3	$\binom{3}{3} \cdot 0{,}2^3 \cdot 0{,}8^0 = 0{,}008$

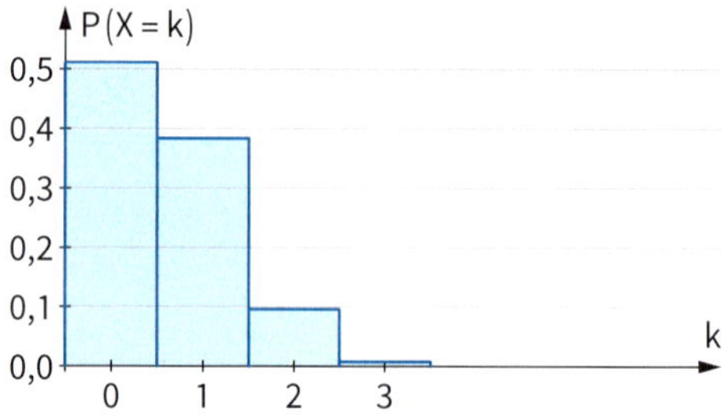

10 a) (1) $\binom{10}{0} \cdot 0{,}95^0 \cdot 0{,}05^{10} \approx 0$
Die Wahrscheinlichkeit, dass unter zehn Neugeborenen im Babyalter keins lieber am rechten Daumen lutscht, ist fast 0.

(2) $\binom{10}{6} \cdot 0{,}95^6 \cdot 0{,}05^4 \approx 0{,}096\,\%$ oder
$\binom{10}{4} \cdot 0{,}05^4 \cdot 0{,}95^6 \approx 0{,}096\,\%$
Die Wahrscheinlichkeit, dass unter zehn Neugeborenen im Babyalter vier lieber am linken Daumen lutschen, beträgt ca. 0,1 %.

b) Der Term beschreibt die Wahrscheinlichkeit, dass unter 15 Babys 6 lieber am linken Daumen lutschen.

Lösungen zu Seite 266

5 X: *Anzahl der Gewinne der Mitgliedsnummer 3425*

$n = 17;\ p = \frac{500}{6000} = \frac{1}{12}$

Mit einem Rechner erhält man:

(1) $P(X = 1) \approx 0{,}3521$
Die Wahrscheinlichkeit für genau einen Gewinn beträgt etwa 35,21 %.

(2) $P(2 \le X \le 4) \approx 0{,}4095$
Die Wahrscheinlichkeit für mindestens zwei und höchstens vier Gewinne beträgt etwa 40,95 %.

(3) $P(3 < X \le 5) \approx 0{,}0459$
Die Wahrscheinlichkeit für mehr als drei und höchstens fünf Gewinne beträgt etwa 4,59 %.

(4) $P(X \ge 6) \approx 0{,}0018$
Die Wahrscheinlichkeit für mindestens sechs Gewinne beträgt etwa 0,18 %.

6 a) $P(X \le 14) < P(X \le 16)$
b) $P(10 \le X \le 13) < P(12 \le X \le 15)$
c) $P(10 \le X \le 14) < P(14 \le X \le 18)$
d) $P(X \le 10) > P(2 \le X \le 10)$

Lösungen zu Seite 273

4 X: *Anzahl der Haushalte, die einen Streaming-Dienst nutzen*

$p = \frac{1}{4}$

Zu lösende Ungleichung:

$1 - P(X = 0) \ge 0{,}95;$ also $1 - \left(\frac{3}{4}\right)^n \ge 0{,}95$

Daraus erhält man: $n \ge 10{,}4133$

Man müsste mindestens 11 Haushalte auswählen, damit mit einer Wahrscheinlichkeit von mindestens 95 % mindestens ein Haushalt dabei ist, der einen Streaming-Dienst nutzt.

Lösungen zu Seite 277

4 $n = 2500;\ p = 0{,}03$

$\mu = 2500 \cdot 0{,}03 = 75$

$\sigma = \sqrt{2500 \cdot 0{,}03 \cdot 0{,}97} \approx 8{,}53$

Der Dachdecker kann erwarten, dass 75 Dachziegel in seiner Bestellung kaputt sind. Die Standardabweichung der kaputten Dachziegel beträgt etwa 8,5.

Wiederholen für die Klausur

Lösungen zu Seite 286

1 Bernoulli-Kette erkennen

Das Training lässt sich durch eine Bernoulli-Kette beschreiben, wenn folgende Voraussetzungen erfüllt sind:

- Die vier Möglichkeiten werden mit gleicher Wahrscheinlichkeit zufällig ausgewählt.
- Das Ergebnis eines Torschusses hat keinen Einfluss auf die Auswahl der Möglichkeiten für den nächsten Torschuss.

Beispiele für „Erfolg“	Erfolgswahrscheinlichkeit
Schuss in die linke untere / linke obere / rechte untere / rechte obere Torecke	25 %
Schuss in die linke / rechte Torecke, egal ob oben oder unten	50 %
flacher / hoher Schuss	50 %
Schuss, der nicht in die linke untere / linke obere / rechte untere / rechte obere Torecke geht	75 %

2 Bernoulli-Formel

a) Es gibt nur die zwei Ergebnisse „fehlerfrei“ und „fehlerhaft“. Die Wahrscheinlichkeit für eine fehlerfreie Getränkeflaschen bleibt immer gleich. Das Ergebnis einer Überprüfung hat keinen Einfluss auf die nächste Überprüfung. Somit lässt sich der Vorgang durch eine Bernoulli-Kette beschreiben. Als Zufallsgröße wählt man z. B. die Anzahl der fehlerfreien Getränkeflaschen.

b) Der Term beschreibt die Wahrscheinlichkeit, dass unter den 50 Getränkeflaschen keine oder eine fehlerhaft sind.

3 Fahrscheinkontrolle

a)
- Die Entscheidungen der Personen, ob sie mit einem gültigen Fahrausweis unterwegs sind oder nicht, müssen unabhängig voneinander erfolgen. Das heißt insbesondere, dass prinzipiell jede Person in Betracht ziehen würde, ohne Fahrschein unterwegs zu sein.
- Der Anteil der Personen ohne gültigen Fahrausweis darf nicht von äußeren Einflüssen wie z. B. Wetter abhängen.
- Bei der Fahrscheinkontrolle darf es nur zwei mögliche Ergebnisse geben.

b) *„Niemand ohne Fahrschein"* bedeutet *„Jede Person hat einen Fahrschein"*.
Die Wahrscheinlichkeit dafür beträgt:
$(1-0{,}04)^{135} = 0{,}09^{135}$

c) X: *Anzahl der Personen ohne Fahrschein*
(1) Die Wahrscheinlichkeit, dass unter den 135 kontrollierten Personen genau 5 Personen keinen Fahrschein haben, beträgt etwa 17,6 %.
(2) Die Wahrscheinlichkeit, dass unter den 135 kontrollierten Personen mehr als 8 Personen keinen Fahrschein haben, beträgt etwa 9,3 %.

4 Mit Bernoulli-Formel argumentieren

X: *Anzahl der Erfolge*

$n = 6;\ p = \frac{1}{3}$

(1) $P(X=0) = \binom{6}{0} \cdot \left(\frac{1}{3}\right)^0 \cdot \left(\frac{2}{3}\right)^6 = 1 \cdot \frac{2^6}{3^6} = \frac{2^6}{3^6}$

$P(X=1) = \binom{6}{1} \cdot \left(\frac{1}{3}\right)^1 \cdot \left(\frac{2}{3}\right)^5$

$= 6 \cdot \frac{1}{3} \cdot \frac{2^5}{3^5} = 3 \cdot \frac{2^6}{3^6} = 3 \cdot P(X=0)$

(2) $P(X=4) = \binom{6}{4} \cdot \left(\frac{1}{3}\right)^4 \cdot \left(\frac{2}{3}\right)^2 = 15 \cdot \frac{1}{3^4} \cdot \frac{2^2}{3^2} = 5 \cdot \frac{2^2}{3^5}$

$P(X=2) = \binom{6}{2} \cdot \left(\frac{1}{3}\right)^2 \cdot \left(\frac{2}{3}\right)^4$

$= 15 \cdot \frac{1}{3^2} \cdot \frac{2^4}{3^4} = 5 \cdot \frac{2^4}{3^5} = 2^2 \cdot 5 \cdot \frac{2^2}{3^5} = 4 \cdot P(X=4)$

(3) $P(X=5) = \binom{6}{5} \cdot \left(\frac{1}{3}\right)^5 \cdot \left(\frac{2}{3}\right)^1 = 6 \cdot \frac{1}{3^5} \cdot \frac{2}{3} = \frac{2^2}{3^5}$

$P(X=4) = 5 \cdot \frac{2^2}{3^5} = 5 \cdot P(X=5)$

5 Intervallwahrscheinlichkeiten

(1) $P(X=2)$
(2) $P(X \geq 5) = 1 - P(X \leq 4)$
(3) $P(3 \leq X \leq 5)$

Lösungen zu Seite 287

6 Terme zuordnen

		Begründung
E_1	A; B	kumulierte Wahrscheinlichkeit; bei B in Summendarstellung
E_2	D	Komplementärregel; Gegenereignis *„Keine oder eine Maschine wird ausfallen"*
E_3	C	Wahrscheinlichkeit für *„Keine oder eine Maschine wird ausfallen"*
E_4	E	kumulierte Wahrscheinlichkeit für *„Mindestens drei Maschinen werden ausfallen"*

7 Parameter von Binomialverteilungen

a) Das Maximum $k = 25$ liegt in der Nähe des Erwartungswertes μ.
$\mu = n \cdot p = n \cdot 0{,}3$
Aus $n \cdot 0{,}3 \approx 25$ folgt: $n \approx \frac{25}{0{,}3} = \frac{250}{3} \approx 83{,}33$
Für die Stufenzahl n kommt also $n = 83$ oder $n = 84$ infrage.

b) $\sigma^2 = n \cdot p \cdot (1-p) = \mu \cdot (1-p)$
Einsetzen ergibt $6^2 = 48 \cdot (1-p)$;
also $1 - p = \frac{36}{48} = \frac{3}{4}$ und damit $p = \frac{1}{4}$.
$\mu = n \cdot p$
Einsetzen ergibt $48 = n \cdot \frac{1}{4}$; also $n = 192$.

c) $10^2 = n \cdot p \cdot (1-p)$; also $n = \frac{100}{p \cdot (1-p)}$
Beispiellösungen:

p	1 − p	n
$\frac{1}{2}$	$\frac{1}{2}$	$100 \cdot 4 = 400$
$\frac{1}{3}$	$\frac{2}{3}$	$100 \cdot \frac{9}{2} = 450$
$\frac{1}{5}$	$\frac{4}{5}$	$100 \cdot \frac{25}{4} = 625$
$\frac{1}{6}$	$\frac{5}{6}$	$100 \cdot \frac{36}{5} = 720$

8 Histogramme zuordnen

$\mu = 40 \cdot 0{,}9 = 36$
Das Maximum der Histogramme muss bei 36 liegen. Dies ist bei Histogramm (1) nicht der Fall.
Eine Erfolgswahrscheinlichkeit von $p = 0{,}9$ sorgt dafür, dass die Wahrscheinlichkeit für eine hohe Anzahl an Erfolgen eher groß ist. Also sind die Säulen rechts von μ höher als die Säulen links von μ. Dies ist bei Histogramm (3) nicht der Fall; die Verteilung dort ist nahezu symmetrisch. Außerdem gibt es Säulen bei $k > 40$, was nicht möglich ist.
Somit gehört Histogramm (2) zur gegebenen Verteilung.

9 Histogramm einer Binomialverteilung

a) $\mu = n \cdot p = 8 \cdot 0{,}75 = 6$
$\sigma = \sqrt{n \cdot p \cdot (1-p)} = \sqrt{8 \cdot 0{,}75 \cdot 0{,}25} = \sqrt{1{,}5}$

b) $P(X \geq 7) = P(7 \leq X \leq 8)$
$= P(X=7) + P(X=8)$
$= \binom{8}{7} \cdot 0{,}75^7 \cdot 0{,}25^1 + \binom{8}{8} \cdot 0{,}75^8 \cdot 0{,}25^0$
Die höchste Säule ist bei $X = 6$.
Ablesen ergibt: $P(X=7) \approx 0{,}26$; $P(X=8) \approx 0{,}1$
Die Wahrscheinlichkeit $P(X \geq 7)$ beträgt somit etwa 0,36.

c) Die abgebildeten Säulen zeigen die Wahrscheinlichkeiten $P(X=3)$ bis $P(X=8)$.
$P(X \le 2) = 1 - P(X > 2) = 1 - P(3 \le X \le 8)$
Ablesen ergibt:
$P(X=3) \approx 0{,}025$; $P(X=4) \approx 0{,}09$; $P(X=5) \approx 0{,}21$;
$P(X=6) \approx 0{,}31$; $P(X=7) \approx 0{,}26$; $P(X=8) \approx 0{,}1$
Daraus erhält man $P(3 \le X \le 8) \approx 0{,}995$ und damit $P(X \le 2) \approx 0{,}005$.

d) Es gilt: $1 < \sqrt{1{,}5} < 2$
Also muss man je eine Säule links und rechts von μ einbeziehen und erhält:
$P(5 \le X \le 7) \approx 0{,}78$

Lösungen zu Seite 288

10 Wahrscheinlichkeiten berechnen

X: *Die Person ist jünger als 20 Jahre*
$n = 100$, $p = 0{,}2$

(1) $P(X = 17) \approx 0{,}0789$
Die Wahrscheinlichkeit, dass genau 17 Personen jünger als 20 Jahre sind, beträgt etwa 7,89 %.

(2) $P(15 \le X \le 25) \approx 0{,}8321$
Die Wahrscheinlichkeit, dass mindestens 15 und höchstens 25 Personen jünger als 20 Jahre sind, beträgt etwa 83,21 %.

Y: *Die Person ist mindestens 20 Jahre alt*
$n = 100$, $p = 0{,}8$

(3) $P(Y > 80) = P(81 \le Y \le 100) \approx 0{,}4602$
Die Wahrscheinlichkeit, dass mehr als 80 Personen mindestens 20 Jahre sind, beträgt etwa 46,02 %.

(4) $P(Y \le 75) = P(X \ge 25) \approx 0{,}1314$
Die Wahrscheinlichkeit, dass höchstens 75 Personen mindestens 20 Jahre sind, beträgt etwa 13,14 %.

11 Mandel im Milchreis

X: *Anzahl der Mandel, die Ole in den nächsten 10 Jahren findet*
$n = 10$; $p = \frac{1}{8}$

(1) $P(X = 0) \approx 0{,}2631$
Die Wahrscheinlichkeit, dass Ole keinmal eine Mandel findet, beträgt etwa 26,31 %.

(2) $P(5 \le X \le 7) \approx 0{,}0044$
Die Wahrscheinlichkeit, dass Ole mindestens 5-mal und höchstens 7-mal eine Mandel findet, beträgt etwa 0,44 %.

(3) $P(X < 7) = P(X \le 6) \approx 0{,}99996$
Die Wahrscheinlichkeit, dass Ole weniger als 7 Mandeln findet, beträgt etwa 99,996 %, also fast 100 %.

(4) $P(X > 2) = P(3 \le X \le 10) \approx 0{,}1195$
Die Wahrscheinlichkeit, dass Ole mehr als 2 Mandeln findet, beträgt etwa 11,95 %.

(5) Im zugehörigen Baumdiagramm gibt es nur einen solchen Pfad.
$\left(\frac{1}{8}\right)^1 \cdot \left(\frac{7}{8}\right)^9 \approx 0{,}0376$
Die Wahrscheinlichkeit, dass Ole nur im fünften Jahr eine Mandel findet, beträgt etwa 3,76 %.

12 Mit dem Rad zur Arbeit

a) • Die Entscheidungen der 50 Personen, ob sie mit dem Fahrrad zur Arbeit kommen oder nicht, muss unabhängig voneinander erfolgen. Das heißt insbesondere, dass prinzipiell jede Person ein Fahrrad benutzen würde.
• Der Anteil der Personen, die mit dem Fahrrad zur Arbeit kommen, darf nicht von äußeren Einflüssen wie z. B. Wetter abhängen.

b) X: *Anzahl der Personen, die mit dem Fahrrad zur Arbeit kommen*
$n = 50$; $p = 0{,}3$ $\quad P(X \le 20) \approx 0{,}9522$
Die Wahrscheinlichkeit, dass höchstens 20 Personen mit dem Fahrrad zur Arbeit kommen, beträgt etwa 95,22 %. Mit dieser Wahrscheinlichkeit genügen 20 Fahrradständer.

c) Gesucht ist der kleinste Wert für k, für den $P(X \le k) \ge 0{,}9$ gilt.
Durch Probieren findet man:
$P(X \le 18) \approx 0{,}8594$ $\quad P(X \le 19) \approx 0{,}9152$
Es sollten 19 Fahrradständer zur Verfügung stehen, damit diese mit einer Wahrscheinlichkeit von mindestens 90 % ausreichen.

13 Ingenieurstudium

a) • Die Entscheidungen der Jugendlichen, ob sie am Workshop teilnehmen möchten oder nicht, muss unabhängig voneinander erfolgen. Das heißt insbesondere, dass prinzipiell jede Person in Betracht ziehen würde, am Workshop teilzunehmen.
• Bei der Anwahl des Workshops darf es nur zwei mögliche Ergebnisse geben.

Die Zufallsgröße X gibt z. B. die Anzahl der Personen an, die am Elektrotechnik-Workshop teilnehmen möchten.

b) $n = 120$; $p = 0{,}2$

(1) $P(X = 25) \approx 0{,}0871$

Die Wahrscheinlichkeit, dass genau 25 Jugendliche Interesse an dem Workshop zeigen, beträgt etwa 8,71 %.

(2) $P(X > 30) = P(31 \leq X \leq 120) \approx 0{,}0721$

Die Wahrscheinlichkeit, dass mehr Personen Interesse an dem Workshop zeigen, als Plätze vorhanden sind, beträgt etwa 7,21 %.

(3) $30 \cdot 0{,}4 = 12$

$P(X < 12) = P(X \leq 11) \approx 0{,}0010$

Die Wahrscheinlichkeit, dass der Workshop nicht angeboten wird, liegt bei etwa 0,1 %.

c) Y: *Anzahl der Studentinnen*

$p = 0{,}26$

Zu lösende Ungleichung:

$1 - P(Y = 0) \geq 0{,}95$; also $1 - 0{,}74^n \geq 0{,}95$

Daraus erhält man: $n \geq 9{,}9491$

Ab einer Gruppengröße von 10 Ingenieursstudierenden ist mit einer Wahrscheinlichkeit von mindestens 95 % mindestens eine Frau in der Gruppe.

Lösungen zu Seite 289

14 Preiskalkulation

X: *Anzahl defekter Leuchtdioden*

$n = 50$; $p = 4\,\% = 0{,}04$

Anzahl x_i defekter Leuchtdioden	$P(X = x_i)$	Stückpreis in €
0	$\approx 0{,}1299$	1,60
1	$\approx 0{,}2706$	1,50
2	$\approx 0{,}2762$	1,50
> 2	$\approx 0{,}3233$	1,40

$$E(\text{Stückpreis}) = 1{,}6 \cdot P(X = 0) + 1{,}5 \cdot (P(X = 1) + P(X = 2)) + 1{,}4 \cdot P(X = 2) \approx 1{,}48$$

Der zu erwartende Stückpreis beträgt etwa 1,48 €. Damit beträgt der zu erwartende Gesamtpreis für eine Einheit etwa 74 €.

15 Klassifikation von Bauteilen

X: *Anzahl der als hochwertig klassifizierten Bauteile*

$n = 108$; $p = 0{,}45$

a) $\mu = 108 \cdot 0{,}45 = 48{,}6$

Davon 25 % sind: $48{,}6 \cdot 0{,}25 = 12{,}15$

Gesucht ist also die Wahrscheinlichkeit:

$P(48{,}6 - 12{,}15 \leq X \leq 48{,}6 + 12{,}15)$

$= P(36{,}45 \leq X \leq 60{,}75)$

Damit die 25 % nicht überschritten werden, muss man nach innen Runden, also:

$P(37 \leq X \leq 60) \approx 0{,}9801$

Mit einer Wahrscheinlichkeit von etwa 98 % weicht die Anzahl der als hochwertig klassifizierten Bauteile nicht mehr als 25 % vom Erwartungswert ab.

b) $\sigma = \sqrt{108 \cdot 0{,}45 \cdot 0{,}55} \approx 5{,}17$

$P(48{,}6 - 2 \cdot 5{,}17 \leq X \leq 48{,}6 + 2 \cdot 5{,}17)$

$= P(38{,}26 \leq X \leq 58{,}94)$

$\approx P(38 \leq X \leq 59)$

$\approx 0{,}9671$

Mit einer Wahrscheinlichkeit von etwa 97 % liegt die Anzahl der als hochwertig klassifizierten Bauteile zwischen 38 und 59 Bauteilen.

16 Smartphones

a)
- Die Familienmitglieder suchen sich ihre Smartphones unabhängig voneinander aus, d. h., es gibt keine gemeinsamen Präferenzen bezüglich des Betriebssystems.
- Die Smartphones wurden unabhängig vom Betriebssystem gekauft.

Fasst man die „Pear“- und „Door“-Smartphones unter *Keine „Robot“-Smartphones* zusammen, so gibt es nur zwei Ergebnisse. Somit ist eine Modellierung durch eine Binomialverteilung möglich.

b) $n = 5$; $p = 0{,}6$

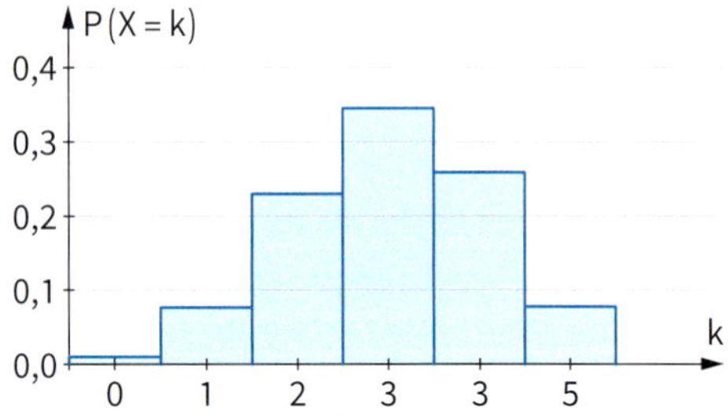

c) $P(X < 3) = P(X \leq 2) \approx 0{,}3174$

Die Wahrscheinlichkeit, dass weniger als drei „Robot“-Smartphones in Kyras Familie vorhanden sind, beträgt etwa 31,74 %.

d) Y: *Anzahl der Smartphones mit den anderen Betriebssystemen*
$n = 5$; $p = 0{,}4$ $P(Y = 2) \approx 0{,}3456$
Die Wahrscheinlichkeit, dass zwei Smartphones in Kyras Familie mit dem Betriebssystem „Pear“ oder „Door“ laufen, beträgt etwa 34,56 %.

e) In Kyras Familie läuft genau ein Smartphone mit dem Betriebssystem „Door“.

f) Z: *Anzahl der „Pear“-Smartphones*
$p = 0{,}25$
Zu lösende Ungleichung:
$1 - P(Z = 0) \geq 0{,}9$; also $1 - 0{,}75^n \geq 0{,}9$
Daraus erhält man: $n \geq 8{,}0039$
Es müssten dafür mindestens 9 Smartphones in Kyras Familie vorhanden sein.

g) Z: *Anzahl der „Pear“-Smartphones*
$n = 87$; $p = 0{,}25$
Gesucht ist der kleinste Wert t, sodass $P(\mu - t \leq Z \leq \mu + t) \geq 0{,}8$ gilt.
$\mu = 87 \cdot 0{,}25 = 21{,}75$
Damit ergibt sich die Ungleichung:
$P(21{,}75 - t \leq Z \leq 21{,}75 + t) \geq 0{,}8$
Daraus erhält man: $t = 5{,}25$
Kontrolle:
$P(16 \leq Z \leq 27) \approx 0{,}8634$; $P(17 \leq Z \leq 27) \approx 0{,}8262$
Damit ist $[17, 27]$ das gesuchte Intervall.

h) Die Wahrscheinlichkeit, dass ein Smartphone aus der Oberstufe eingezogen wurde, hängt nicht davon ab, ob zuvor ein Smartphone aus der Mittelstufe eingezogen wurde.
Also kann man die Situation mit einem Baumdiagramm modellieren, in dem auf der ersten Stufe die 30 Smartphones der Mittelstufe und auf der zweiten Stufe die restlichen 10 Smartphones der Oberstufe betrachtet werden.
A: *Anzahl der „Robot“-Smartphones in der Mittelstufe*
$n = 30$; $p = 0{,}6$
$P(A \leq 20) \approx 0{,}8237$
B: *Anzahl der „Robot“-Smartphones in der Oberstufe*
$n = 10$; $p = 0{,}6$
$P(B \geq 4) = P(4 \leq B \leq 10) \approx 0{,}9452$
Mit der Pfadmultiplikationsregel folgt für die gesuchte Wahrscheinlichkeit:
$P(A \leq 20) \cdot P(B \geq 4) \approx 0{,}7786$
Die Wahrscheinlichkeit beträgt etwa 77,86 %.

7 Beurteilende Stochastik

Lösungen zu Seite 293

4 $p = 0{,}25$

a) $n = 360$; $\mu = 90$;
$\sigma = \sqrt{360 \cdot 0{,}25 \cdot 0{,}75} \approx 8{,}2158 > 3$ ✓
$90\,\% \approx P(\mu - 1{,}64\sigma \leq X \leq \mu + 1{,}64\sigma)$;
also $77 \leq X \leq 103$
$95\,\% \approx P(\mu - 1{,}96\sigma \leq X \leq \mu + 1{,}96\sigma)$;
also $74 \leq X \leq 106$
$99\,\% \approx P(\mu - 2{,}58\sigma \leq X \leq \mu + 2{,}58\sigma)$;
also $69 \leq X \leq 111$

b) $n = 800$; $\mu = 200$;
$\sigma = \sqrt{800 \cdot 0{,}25 \cdot 0{,}75} \approx 12{,}2474 > 3$ ✓
90 % Wahrscheinlichkeit: $180 \leq X \leq 220$
95 % Wahrscheinlichkeit: $176 \leq X \leq 224$
99 % Wahrscheinlichkeit: $168 \leq X \leq 232$

c) $n = 1600$; $\mu = 400$;
$\sigma = \sqrt{1600 \cdot 0{,}25 \cdot 0{,}75} \approx 17{,}3205 > 3$ ✓
90 % Wahrscheinlichkeit: $372 \leq X \leq 429$
95 % Wahrscheinlichkeit: $366 \leq X \leq 434$
99 % Wahrscheinlichkeit: $355 \leq X \leq 445$

Lösungen zu Seite 295

9 X: *Anzahl der Personen, die keine Einweg-Plastikflaschen benutzen*
$p = 0{,}62$

a) $n = 210$; $\mu = 210 \cdot 0{,}62 = 130{,}2$
$\sigma = \sqrt{210 \cdot 0{,}62 \cdot 0{,}38} \approx 7{,}03 > 3$ ✓
Sigma-Regeln anwenden:
$130{,}2 - 1{,}96 \cdot 7{,}03 \leq X \leq 130{,}2 + 1{,}96 \cdot 7{,}03$;
also $116{,}42 \leq X \leq 143{,}98$
Kontrolle mit einem Rechner:
$P(116 \leq X \leq 144) \approx 0{,}9610$
$P(117 \leq X \leq 143) \approx 0{,}9453$
Das kleinste Prognoseintervall für mindestens 95 % Sicherheit ist $116 \leq X \leq 144$.

b) Wenn man die Sicherheit der Prognose vergrößern möchte, muss das Intervall dann vergrößert werden.

c) 113 liegt außerhalb der $1{,}96\sigma$-Umgebung vom Erwartungswert μ. Dieses Ergebnis weicht also im Vergleich zur ursprünglichen Stichprobe signifikant ab.

Lösungen zu Seite 300

4 a) X: *Anzahl der Personen mit Blutgruppe A*

$n = 827;\ X = 354$

Aus $827 \cdot p + 1{,}96 \cdot \sqrt{827 \cdot p \cdot (1-p)} = 354$ folgt:

$p_{min} \approx 0{,}3947$

Aus $827 \cdot p - 1{,}96 \cdot \sqrt{827 \cdot p \cdot (1-p)} = 354$ folgt:

$p_{max} \approx 0{,}4620$

Alle Anteile zwischen etwa 39,5 % und 46,2 % sind mit dem Stichprobenergebnis 354 verträglich.

b) $325\,000 \cdot p_{min} \approx 128\,277{,}5$

$325\,000 \cdot p_{max} \approx 150\,150$

Es kommen zwischen 128 277 und 150 150 Personen als Spender für Blutgruppe A infrage.

Lösungen zu Seite 301

8 X: *Anzahl der Personen für den Ausbau der erneuerbaren Energien*

$n = 1012;\ \frac{k}{n} = 65\,\%$

Aus $p + 1{,}68 \cdot \sqrt{\frac{p \cdot (1-p)}{1012}} = 0{,}65$ folgt: $p_{min} \approx 0{,}6216$

Aus $p - 1{,}68 \cdot \sqrt{\frac{p \cdot (1-p)}{1012}} = 0{,}65$ folgt: $p_{max} \approx 0{,}6773$

Alle Anteile zwischen etwa 62,2 % und 67,7 % liegen in einer 90 %-Umgebung um den Erwartungswert.

Lösungen zu Seite 305

5 $p = 0{,}26;\ d = 0{,}01;$ Sicherheit 95 %

Mindestumfang für die Stichprobe:

$$n \geq \left(\frac{1{,}96}{0{,}01}\right)^2 \cdot 0{,}26 \cdot (1 - 0{,}26) = 7391{,}2384$$

Bei einem Stimmanteil von 26 % müssen mindestens 7392 Personen befragt werden, damit der Stichprobenanteil mit einer Sicherheitswahrscheinlichkeit von 95 % nicht mehr als einen Prozentpunkt vom tatsächlichen Anteil abweicht.

Lösungen zu Seite 306

8 $d = 0{,}03;$ Sicherheit 90 %

Für p nimmt man $p = 0{,}5$ an, da keine Schätzung für den tatsächlichen Anteil vorliegt .

Mindestumfang für die Stichprobe:

$$n \geq \left(\frac{1{,}64}{0{,}03}\right)^2 \cdot 0{,}5 \cdot (1 - 0{,}5) \approx 747{,}11$$

Es müssen mindestens 748 Personen befragt werden.

Lösungen zu Seite 310

8 a) Am Graphen von f erkennt man, dass die Werte von f überall positiv oder 0 sind.

Also gilt: $f(x) \geq 0$ für alle $x \in \mathbb{R}$ ✓

Das Integral von f von $-\infty$ bis ∞ ist gleich dem Flächeninhalt des Dreiecks, dass der Graph von f mit der x-Achse einschließt.

$A_{Dreieck} = \frac{1}{2} \cdot 2 \cdot 1 = 1$

Also gilt: $\int_{-\infty}^{\infty} f(x)\,dx = 1$ ✓

Damit ist f eine Dichtefunktion.

b) (1)

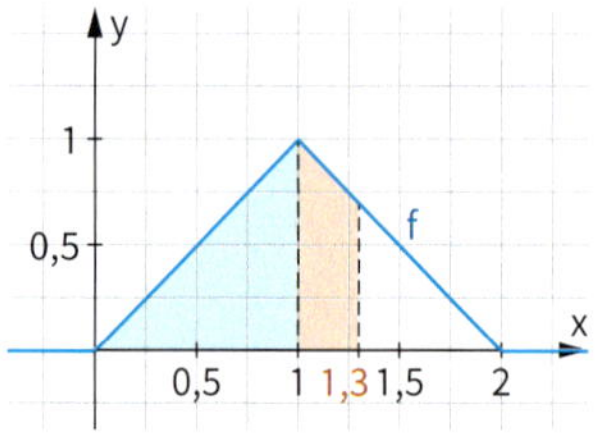

$P(X \leq 1{,}3) = A_{Dreieck} + A_{Trapez}$

$A_{Dreieck} = \frac{1}{2} \cdot 1 \cdot 1 = 0{,}5$

Die Steigung des fallenden Teils des Graphen beträgt – 1. Also hat die kürzere parallele Seite des Trapezes die Länge 0,7.

$A_{Trapez} = \frac{0{,}7 + 1}{2} \cdot 0{,}3 = 0{,}255$

Somit erhält man: $P(X \leq 1{,}3) = 0{,}755$

(2)

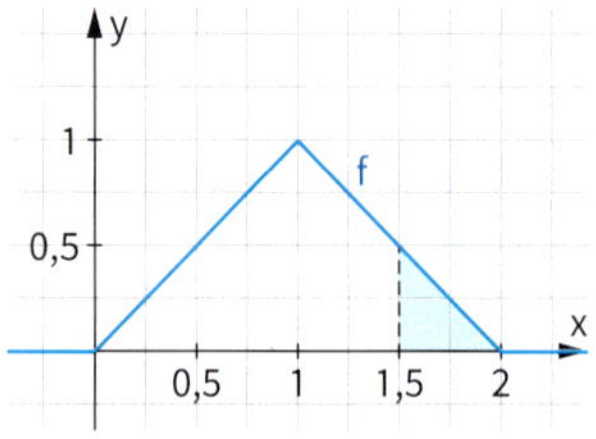

$P(X > 1{,}5) = 1 - A_{Dreieck}$

$= 1 - \left(\frac{1}{2} \cdot 0{,}5 \cdot 0{,}5\right)$

$= 1 - 0{,}125 = 0{,}755$

(3)

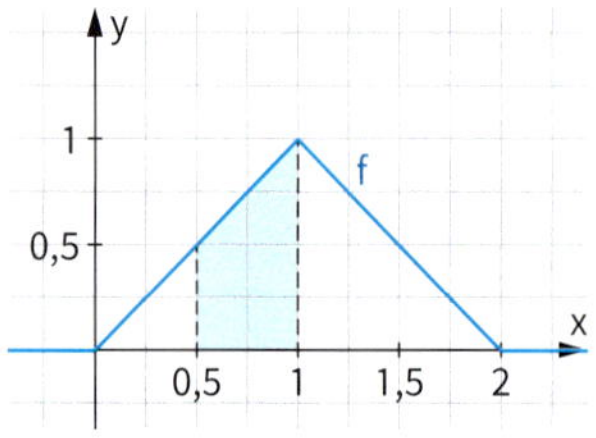

$P(0{,}5 < X < 1) = A_{Trapez} = \frac{0{,}5 + 1}{2} \cdot 0{,}5 = 0{,}375$

c) Am Graphen erkennt man leicht, dass $m = 1$ gelten muss.
Im Sachzusammenhang bedeutet das:
Die Wahrscheinlichkeit, dass die Zufallsgröße X Werte größer als 1 annimmt, genauso groß ist wie die Wahrscheinlichkeit, dass die Zufallsgröße X Werte kleiner als 1 annimmt.
Anmerkung: Die Zahl m ist der sogenannte *Median* der Zufallsgröße.

Lösungen zu Seite 315

7 X: *Zeit in Minuten nach Filmbeginn bis zum Abbrechen des Films*
$\mu = 30;\ \sigma = 10$

a) (1) $P(X < 20) = \Phi_{30;\,10}(20)$
$$= \int_{-\infty}^{20} \varphi_{30;\,10}(t)\,dt \approx 0{,}1587$$
Die Wahrscheinlichkeit für ein Abbrechen nach unter 20 Minuten beträgt etwa 16 %.

(2) Wegen der Achsensymmetrie des Graphen von $\varphi_{30;\,10}$ zu $\mu = 30$ gilt:
$P(X > 40) = P(X < 20)$
$= \Phi_{30;\,10}(20) \approx 0{,}1587$
Die Wahrscheinlichkeit für ein Abbrechen nach über 40 Minuten beträgt etwa 16 %.

(3) $P(15 \le X \le 30) = \Phi_{30;\,10}(30) - \Phi_{30;\,10}(15)$
$$= \int_{15}^{30} \varphi_{30;\,10}(t)\,dt \approx 0{,}4332$$
Die Wahrscheinlichkeit, dass ein Abbrechen zwischen 15 und 30 Minuten nach Filmbeginn entschieden wird, beträgt etwa 43 %.

(4) $P(X = 30) = \Phi_{30;\,10}(30)$
$$= \int_{30}^{30} \varphi_{30;\,10}(t)\,dt = 0$$
Die Wahrscheinlichkeit für ein Abbrechen nach genau 30 Minuten ist 0.
Anmerkung: Eine normalverteilte Zufallsgröße ist stetig. Die Wahrscheinlichkeit für einen einzelnen, bestimmten Wert ist daher immer 0.

b) Ansatz: $\Phi_{30;\,10}(b) = 0{,}75$
$\Phi^{-1}_{30;\,10}(0{,}75) \approx 36{,}745$
Nach ungefähr 37 Minuten finden nur noch 25% der Abbrüche statt.

8 a) Der Erwartungswert μ liegt an der Stelle des Maximums der Glockenkurve.
Ablesen ergibt: $\mu = 20$

b) Erhöht man die Standardabweichung bei gleichbleibendem Erwartungswert, so wird die Glockenkurve breiter und das Maximum kleiner.
Damit erhält man:

σ	3	5
Graph	A	B

c) Eine Veränderung von μ bewirkt eine Verschiebung des Graphen der Dichtefunktion in x-Richtung. Wird μ erhöht, so wird nach rechts verschoben. Wird μ verringert, so wird nach links verschoben.
Eine Veränderung von σ bewirkt eine Streckung des Graphen der Dichtefunktion in y-Richtung. Wird σ erhöht, so wird die Glockenkurve breiter und das Maximum kleiner. Wird σ verringert, so wird die Glockenkurve schmaler und das Maximum größer.

Wiederholen für die Klausur

Lösungen zu Seite 324

1 **Prognoseintervalle**

a) X: *Anzahl der Wappen*
$n = 400;\ p = 0{,}5;\ \mu = 400 \cdot 0{,}5 = 200;$
$\sigma = \sqrt{400 \cdot 0{,}5 \cdot 0{,}5} = 10 > 3$ ✓
Sigma-Regeln anwenden:
$200 - 1{,}64 \cdot 10 \le X \le 200 + 1{,}64 \cdot 10;$
also $200 - 16 \le X \le 200 + 16$ bzw. $183 \le X \le 216$
Mit einer Wahrscheinlichkeit von ungefähr 90 % wird die Anzahl der Wappen mindestens 184 und höchstens 216 betragen.

b) X: *Anzahl der Sechsen*
$n = 720;\ p = \frac{1}{6};\ \mu = 720 \cdot \frac{1}{6} = 120;$
$\sigma = \sqrt{720 \cdot \frac{1}{6} \cdot \frac{5}{6}} = 10 > 3$ ✓
Sigma-Regeln anwenden:
$120 - 1{,}64 \cdot 10 \le X \le 120 + 1{,}64 \cdot 10;$
also $120 - 16 \le X \le 120 + 16$ bzw. $104 \le X \le 136$
Mit einer Wahrscheinlichkeit von ungefähr 90 % wird die Anzahl der Wappen mindestens 104 und höchstens 136 betragen.

2 Multiple-Choice-Test

X: *Anzahl der richtig angekreuzten Antworten*

$n = 108;\ p = 0{,}25$

a) $\mu = 108 \cdot 0{,}25 = 27;$

$\sigma = \sqrt{108 \cdot 0{,}25 \cdot 0{,}75} = 4{,}5$

b) Es gilt $\sigma > 3$, also können die Sigma-Regeln angewendet werden.

$27 - 1{,}96 \cdot 4{,}5 \le X \le 27 + 1{,}96 \cdot 4{,}5;$

also $18{,}18 \le X \le 35{,}82$

Mit einer Wahrscheinlichkeit von ungefähr 95 % kreuzt die Person mindestens 18 und höchstens 36 richtige Antworten an.

3 Konfidenzintervall

a)

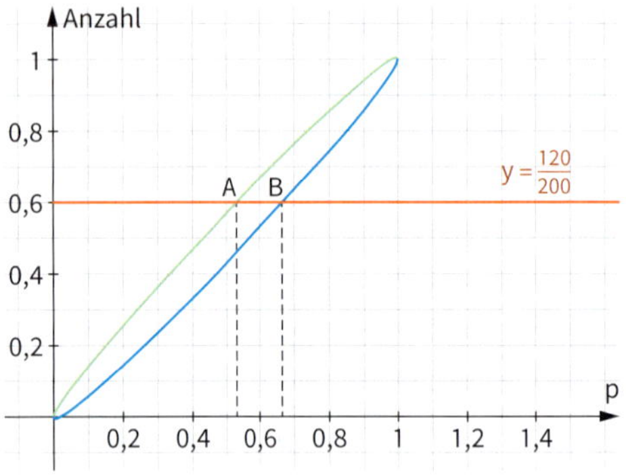

Als Konfidenzintervall ergibt sich ungefähr $[0{,}53;\ 0{,}66]$ mit der Länge 0,13.

b) Alle Anteile zwischen etwa 53 % und 66 % liegen in der 95 %-Umgebung um den Erwartungswert und bestätigen eine gute Wirksamkeit des Impfstoffs.

c) Eine höhere Zahl an Probanden bedeutet einen größeren Wert von n.
Dieser Wert taucht bei der Bestimmung des Konfidenzintervalls für relative Häufigkeiten im Nenner der zu lösenden Gleichungen auf.
Dadurch wird die resultierende Konfidenzellipse schmaler, d. h., die Länge des Konfidenzintervalls wird geringer.
Hieraus ergibt sich ein kleineres, also genaueres Konfidenzintervall.

4 Stetige Zufallsgröße

a) Die e-Funktion nimmt nur positive Werte an, somit besteht der Term $5 \cdot e^{-5x}$ nur aus positiven Faktoren.

Also gilt: $f(x) \ge 0$ für alle $x \in \mathbb{R}$ ✓

Für das Integral von f von $-\infty$ bis ∞ gilt:

$$\int_{-\infty}^{\infty} f(x)\,dx = \int_{0}^{\infty} 5 \cdot e^{-5x}\,dx$$

$$\int_{0}^{b} 5 \cdot e^{-5x}\,dx = \left[-e^{-5x}\right]_0^b = -e^{-5b} + 1$$

Für $b \to \infty$ gilt: $-e^{-5b} \to 0$; also $-e^{-5b} + 1 \to 1$

Das uneigentliche Integral existiert und hat den Wert 1.

Also gilt: $\int_{-\infty}^{\infty} f(x)\,dx = 1$ ✓

Damit ist f eine Dichtefunktion.

b) Jedes Kästchen hat einen Flächeninhalt von 0,05 Flächeneinheiten. Da der Gesamtflächeninhalt 1 beträgt, entspricht dies 5 %.
Gesucht ist also ein Intervall, über dem der Graph von f und die x-Achse ungefähr 18 Kästchen einschließen.
Ein solches Intervall ist z. B. $[0;0{,}5]$.

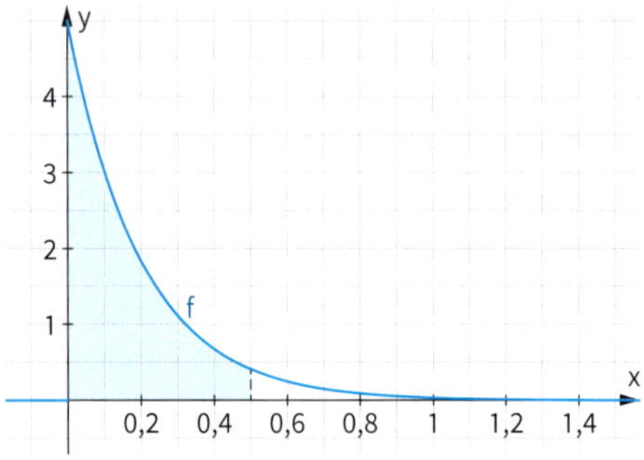

5 Normalverteilte Zufallsgröße

a) Der Erwartungswert μ liegt an der Stelle des Maximums der Glockenkurve.
Ablesen ergibt: $\mu = 40$

b) Der Flächeninhalt des gefärbten Bereichs entspricht der Wahrscheinlichkeit $P(X \le 30)$.

c) Beispiellösung:

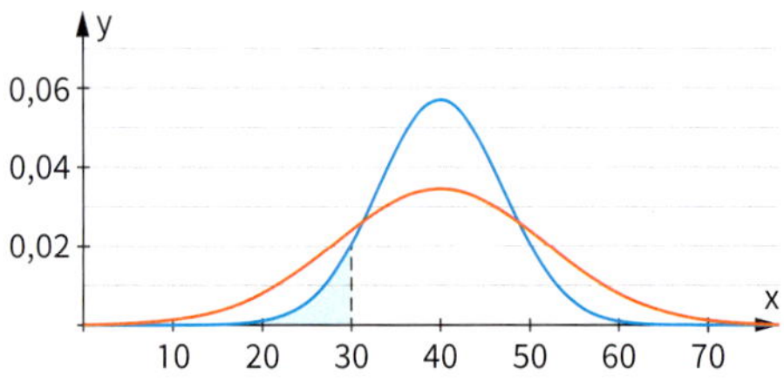

Lösungen zu Seite 325

6 Dichtefunktion

a) Der Erwartungswert μ liegt an der Stelle des Maximums der Glockenkurve.
Ablesen ergibt: $\mu = 120$
Die Wendestellen der Dichtefunktion liegen an den Stellen $x = 80$ und $x = 160$.
Damit folgt: $\sigma = 40$

b) Wegen der Symmetrie der Glockenkurve gilt:
$b = 120 + t$ und $120 - t = 50$
Daraus folgt: $t = 70$ und damit $b = 190$
Alternativ: Grafische Lösung durch Spiegelung an der Geraden $x = 120$.

c) $[\mu - 1{,}5\sigma; \mu + 0{,}5\sigma] = [120 - 60; 120 + 20]$
$= [60; 140]$
Gesucht ist der Flächeninhalt der Fläche zwischen Graph und x-Achse über $[60; 140]$.
Jedes Kästchen hat einen Flächeninhalt von $20 \cdot 0{,}002 = 0{,}04$ Flächeneinheiten.
Da der Gesamtflächeninhalt 1 beträgt, entspricht dies 4 %.
Über dem Intervall $[60; 140]$ sind etwa 15,5 Kästchen, also erhält man:
$P(60 \le X \le 140) \approx 62\%$

7 TÜV-Palette

X: *Anzahl der verteilten Prüfplaketten*

$n = 875;\ p = \frac{9650}{15\,300};\ \mu = 875 \cdot \frac{9650}{15\,300} \approx 552;$

$\sigma = \sqrt{875 \cdot \frac{9650}{15\,300} \cdot \frac{5650}{15\,300}} = 14{,}28 > 3$ ✓

Sigma-Regeln anwenden:
$552 - 1{,}96 \cdot 14{,}28 \le X \le 552 + 1{,}96 \cdot 14{,}28;$
also $524{,}0 \le X \le 580{,}0$
Kontrolle mit einem Rechner:
$P(524 \le X \le 580) \approx 0{,}9542;\ P(525 \le X \le 579) \approx 0{,}9460$
Das kleinste Prognoseintervall für mindestens 95 % Wahrscheinlichkeit ist $524 \le X \le 580$.
Das Ergebnis von 545 verteilten Prüfplaketten liegt in dem Intervall, weicht also nicht signifikant vom Erwartungswert ab. Der Prüfer ist daher weder „scharf“ noch „großzügig“.

8 Überbuchungen

a) X: *Anzahl der wahrgenommenen Buchungen*
$n = 400;\ p = 0{,}88$
$P(X > 360) = 1 - P(X \le 360) \approx 0{,}0928$
Die Wahrscheinlichkeit, dass mehr als 360 Personen ihre Buchungen wahrnehmen, beträgt etwa 9,3 %.

b) (1) $n = 375;\ \mu = 375 \cdot 0{,}88 = 330;$
$\sigma = \sqrt{375 \cdot 0{,}88 \cdot 0{,}12} \approx 6{,}29 > 3$ ✓
Sigma-Regeln anwenden:
$330 - 1{,}64 \cdot 6{,}29 \le X \le 330 + 1{,}64 \cdot 6{,}29;$
also $319{,}7 \le X \le 340{,}3$
Kontrolle mit einem Rechner:
$P(319 \le X \le 341) \approx 0{,}9330;$
$P(320 \le X \le 340) \approx 0{,}9055;$
$P(321 \le X \le 339) \approx 0{,}8696$
Das gesuchte Intervall lautet $320 \le X \le 340$.

(2) $n = 390;\ \mu = 390 \cdot 0{,}88 = 343{,}2;$
$\sigma = \sqrt{390 \cdot 0{,}88 \cdot 0{,}12} \approx 6{,}42 > 3$ ✓
Sigma-Regeln anwenden:
$343{,}2 - 1{,}64 \cdot 6{,}42 \le X \le 343{,}2 + 1{,}64 \cdot 6{,}42;$
also $332{,}7 \le X \le 353{,}7$
Kontrolle mit einem Rechner:
$P(332 \le X \le 354) \approx 0{,}9274;$
$P(333 \le X \le 353) \approx 0{,}8987$
Das gesuchte Intervall lautet $332 \le X \le 354$.

(3) $n = 410;\ \mu = 410 \cdot 0{,}88 = 360{,}8;$
$\sigma = \sqrt{410 \cdot 0{,}88 \cdot 0{,}12} \approx 6{,}58 > 3$ ✓
Sigma-Regeln anwenden:
$360{,}8 - 1{,}64 \cdot 6{,}58 \le X \le 360{,}8 + 1{,}64 \cdot 6{,}58;$
also $352{,}6 \le X \le 371{,}6$
Kontrolle mit einem Rechner:
$P(352 \le X \le 372) \approx 0{,}8848;$
$P(351 \le X \le 373) \approx 0{,}9150$
Das gesuchte Intervall lautet $351 \le X \le 373$.

c) Man erhält z. B:

n	μ	σ	90 %-Intervall
400	352	≈ 6,50	$341 \le X \le 363$
396	348,48	≈ 6,47	$338 \le X \le 359$
397	349,36	≈ 6,47	$338 \le X \le 360$
398	350,24	≈ 6,48	$339 \le X \le 361$

Kontrolle mit einem Rechner:
$n = 397$: $P(X > 360) \approx 0{,}0388$
$n = 398$: $P(X > 360) \approx 0{,}0530$

9 Sigma-Regeln ausnutzen

X: *Anzahl der Arbeitskräfte, die mit dem Auto zur Arbeit kommen*

$n = 200;\ p = 0{,}4;\ \mu = 200 \cdot 0{,}4 = 80;$

$\sigma = \sqrt{200 \cdot 0{,}4 \cdot 0{,}6} \approx 6{,}93 > 3$ ✓

Skizze zur Sigma-Regel:

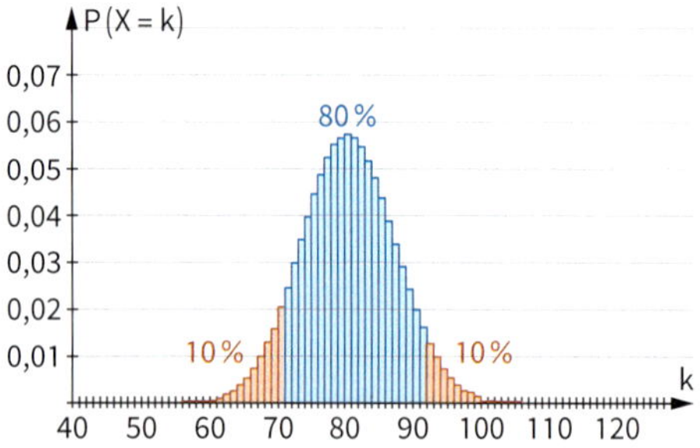

Sigma-Regeln anwenden:

$80 - 1{,}28 \cdot 6{,}93 \le X \le 80 + 1{,}28 \cdot 6{,}93;$

also $71{,}1 \le X \le 88{,}9$

Damit erhält man $P(71 \le X \le 89) \approx 80\,\%$; also

$P(X \le 89) \approx 90\,\%$

Es werden ca. 89 Parkplätze an 80 % der Arbeitstage mit 90 % Wahrscheinlichkeit benötigt.

Lösungen zu Seite 326

10 Arbeitsgenehmigungen

a) X: *Anzahl der Security ohne Arbeitserlaubnis*

$n = 24;\ \frac{k}{n} = \frac{15}{24}$

Aus $p + 1{,}96 \cdot \sqrt{\frac{p \cdot (1-p)}{24}} = \frac{15}{24}$ folgt: $p_{min} \approx 0{,}4271$

Aus $p - 1{,}96 \cdot \sqrt{\frac{p \cdot (1-p)}{24}} = \frac{15}{24}$ folgt: $p_{max} \approx 0{,}7884$

Das 95 %-Konfidenzintervall lautet ungefähr [0,43; 0,79].

Die Stichprobe ist sehr klein und liefert daher ein wenig aussagekräftiges Konfidenzintervall mit einer Länge von 0,34.

b) (1) $p = \frac{15}{24};\ d = 0{,}1;$ Sicherheit 95 %

Mindestumfang für die Stichprobe:

$n \ge \left(\frac{1{,}96}{0{,}1}\right)^2 \cdot \frac{15}{24} \cdot \left(1 - \frac{15}{24}\right) = 90{,}0375$

Man müsste mindestens 90 Security kontrollieren.

(2) $p = \frac{15}{24};\ d = \frac{0{,}34}{2};$ Sicherheit 95 %

Mindestumfang für die Stichprobe:

$n \ge \left(\frac{1{,}96}{0{,}17}\right)^2 \cdot \frac{15}{24} \cdot \left(1 - \frac{15}{24}\right) \approx 31{,}15$

Man müsste mindestens 31 Security kontrollieren.

11 Abnehm-Spritzen

S: *Semaglutid-Medikament*

N: *NAION aufgetreten*

a) Diabetiker:

	N	$\overline{N}$	gesamt
S	17	**177**	194
$\overline{S}$	6	**510**	516
gesamt	**23**	**687**	**710**

Übergewichtige Personen:

	N	$\overline{N}$	gesamt
S	20	**341**	361
$\overline{S}$	3	**615**	618
gesamt	**23**	**956**	**979**

b) Diabetiker:

$P_S(N) = \frac{17}{194} \approx 0{,}0876$ $\quad P_{\overline{S}}(N) = \frac{6}{516} \approx 0{,}0116$

Die Wahrscheinlichkeit, an NAION zu erkranken, ist bei mit Semaglutid behandelten Diabetikern etwa 7,5-mal so hoch wie bei jenen mit anderen Medikamenten.

Übergewichtige Personen:

$P_S(N) = \frac{20}{361} \approx 0{,}0554$ $\quad P_{\overline{S}}(N) = \frac{3}{618} \approx 0{,}0049$

Die Wahrscheinlichkeit, an NAION zu erkranken, ist bei mit Semaglutid behandelten übergewichtigen Personen etwa 11-mal so hoch wie bei jenen mit anderen Medikamenten.

c) Diabetiker mit Semaglutid-Medikament:

$n = 194;\ \frac{k}{n} = \frac{17}{194}$

Aus $p + 1{,}96 \cdot \sqrt{\frac{p \cdot (1-p)}{194}} = \frac{17}{194}$ folgt: $p_{min} \approx 0{,}055$

Aus $p - 1{,}96 \cdot \sqrt{\frac{p \cdot (1-p)}{194}} = \frac{17}{194}$ folgt: $p_{max} \approx 0{,}136$

Also folgt: $P_S(N) \approx 0{,}095$

Entsprechend erhält man: $P_{\overline{S}}(N) \approx 0{,}015$

Für übergewichtige Personen erhält man:

$P_S(N) \approx 0{,}060;\ P_{\overline{S}}(N) \approx 0{,}008$

Baumdiagramm für Diabetiker:

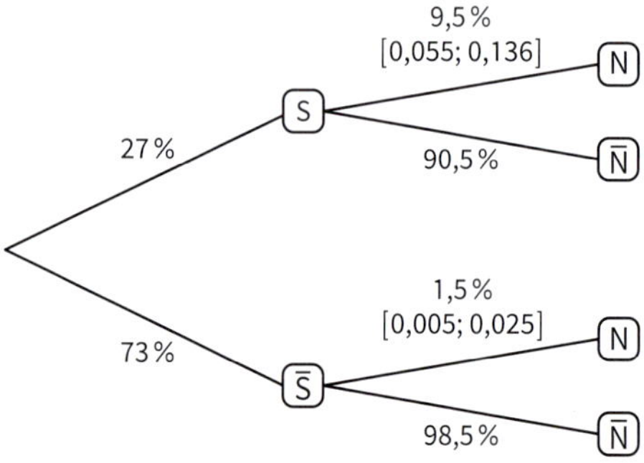

Baumdiagramm für übergewichtige Personen:

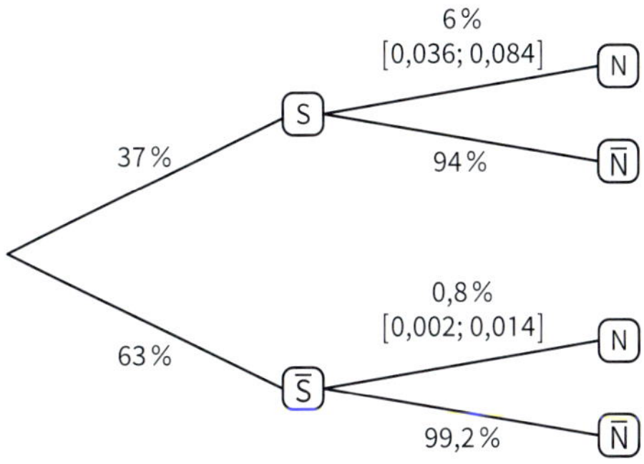

12 Verteilung der Körpergrößen

a) Wegen der Symmetrie der Normalverteilung und den gegebenen Wahrscheinlichkeiten folgt:

$\mu = \frac{1{,}68 + 1{,}86}{2} = 1{,}77$

Die Standardabweichung $\sigma \approx 0{,}77$ bestätigt man z. B. durch: $\Phi_{1{,}77;\,0{,}07}(1{,}86) \approx 0{,}901$

b) (1) $P(X < 1{,}75) = \Phi_{1{,}77;\,0{,}07}(1{,}75) \approx 0{,}388$

Die Wahrscheinlichkeit, dass ein 45- bis 50-jähriger Mann kleiner als 1,75 m ist, beträgt ca. 39 %.

(2) $P(X > 1{,}70) = 1 - \Phi_{1{,}77;\,0{,}07}(1{,}70) \approx 0{,}841$

Die Wahrscheinlichkeit, dass ein 45- bis 50-jähriger Mann größer als 1,70 m ist, beträgt ca. 84 %.

(3) $P(1{,}72 \le X \le 1{,}79)$

$= \Phi_{1{,}77;\,0{,}07}(1{,}79) - \Phi_{1{,}77;\,0{,}07}(1{,}72) \approx 0{,}375$

Die Wahrscheinlichkeit, dass ein 45- bis 50-jähriger Mann mindestens 1,72 m und höchstens 1,79 m ist, beträgt ca. 37,5 %.

c)

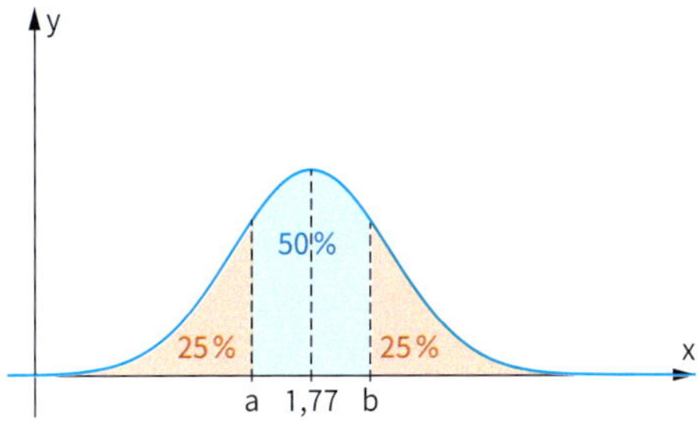

$\Phi_{1{,}77;\,0{,}07}(a) = 0{,}25$; also $a = \Phi^{-1}_{1{,}77;\,0{,}07}(0{,}25) \approx 1{,}72$

$\Phi_{1{,}77;\,0{,}07}(b) = 0{,}75$; also $b = \Phi^{-1}_{1{,}77;\,0{,}07}(0{,}75) \approx 1{,}82$

50 % der 45- bis 50-jährigen Männer sind zwischen 1,72 m und 1,82 m groß.

d)

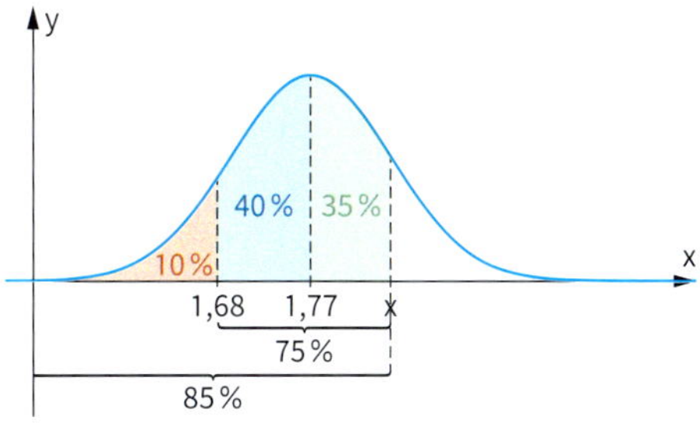

Ansatz: $\Phi_{1{,}77;\,0{,}07}(x) = 0{,}85$

Daraus folgt: $x = \Phi^{-1}_{1{,}77;\,0{,}07}(0{,}85) \approx 1{,}84$

Das gesuchte Intervall lautet [1,68;1,84].

Lösungen zu Seite 327

13 Länge von Holzstäben

a) Wegen der Symmetrie der gegebenen Daten ergibt sich: $\mu = 100{,}5$

Durch Probieren mit einem Rechner findet man für 8 % bei 96 ungefähr die Standardabweichung $\sigma \approx 3{,}2$.

b) (1) $P(X > 98{,}5) = 1 - P(X \le 98{,}5) \approx 73{,}4\,\%$

(2) $P(X \ge 101{,}5) = 1 - P(X < 101{,}5) \approx 37{,}7\,\%$

14 Füllgewicht von Müsli-Packungen

a) X: *Füllgewicht in Gramm;* $\mu = 500$; $\sigma = 6$

$P(490 \le X \le 510) = \Phi_{500,\,6}(510) - \Phi_{500,\,6}(490)$

$\approx 0{,}904$

b) Y: *Anzahl der akzeptierten Packungen*

ist binomialverteilt mit $n = 950$ und $p = 0{,}904$

$P(Y \ge 850) \approx 0{,}8471$

Die Wahrscheinlichkeit beträgt ca. 85 %.

c) $\mu = 950 \cdot 0{,}904 = 858{,}8$;

$\sigma = \sqrt{950 \cdot 0{,}904 \cdot 0{,}096} \approx 9{,}03 > 3$ ✓

Sigma-Regeln anwenden:

$858{,}8 - 1{,}64 \cdot 9{,}03 \le X \le 858{,}8 + 1{,}64 \cdot 9{,}03$;

also $843{,}99 \le X \le 873{,}61$

Kontrolle mit einem Rechner:

$P(843 \le X \le 874) \approx 0{,}9222$

$P(844 \le X \le 873) \approx 0{,}9016$

$P(845 \le X \le 872) \approx 0{,}8769$

Mit einer Wahrscheinlichkeit von mindestens 90 % liegt die Anzahl der akzeptierten Packungen zwischen 844 und 873.

d) Ansatz: $P(Y \ge 900) = 1 - P(Y \le 899) \ge 0{,}9$

Daraus folgt: $n \ge 1009$

Es müssen mindestens 1009 Packungen produziert werden.

e) Wahrscheinlichkeit zwischen $a = 495$ und $\mu = 500$ berechnen:
$P(495 \le X \le 500) \approx 0{,}298$
Flächeninhalt der Fläche zwischen $\mu = 500$ und der unbekannten Grenze b:
$0{,}75 - 0{,}298 = 0{,}452$
$= \Phi_{500,6}(b) - \Phi_{500,6}(\mu)$
$= \Phi_{500,6}(b) - 0{,}5$
Also erhält man $\Phi_{500,6}(b) = 0{,}952$ und damit $b = \Phi^{-1}_{500;6}(0{,}952) \approx 510$.

f) Ansatz: $P(X \ge 510) = 1 - P(X \le 510)$
$= 1 - \Phi_{500;\sigma}(510) \le 0{,}003$
Daraus folgt: $\Phi_{500;\sigma}(510) \ge 0{,}997$
Man nutzt nun die Standardnormalverteilung $\Phi_{0;1}$, um den Koeffizienten z der zugehörigen Sigma-Umgebung zu ermitteln. Da die Sigma-Umgebungen für jede Normalverteilung gelten, überträgt man diesen z-Wert dann zurück auf die eigentliche Verteilung mit unbekanntem σ.

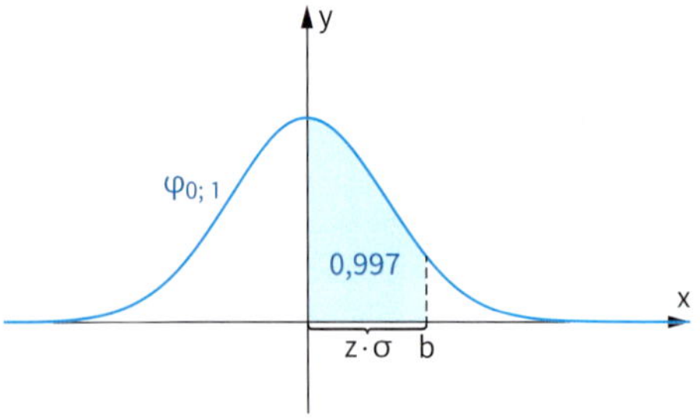

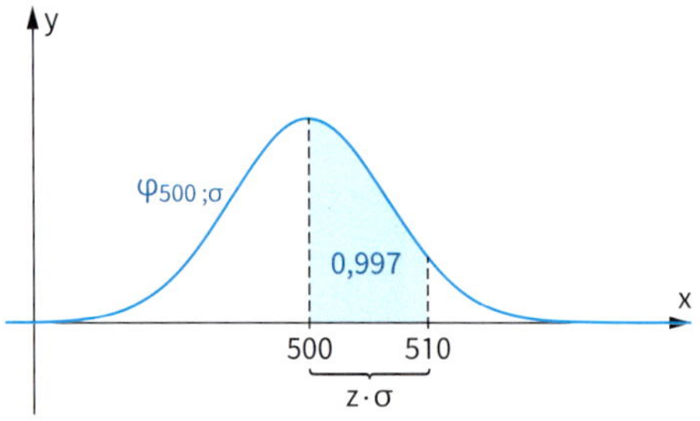

Aus $\Phi_{0,1}(b) = 0{,}997$ folgt:
$b = \Phi^{-1}_{0;1}(0{,}997) \approx 2{,}75$
Um eine Wahrscheinlichkeit von 99,7 % zu erreichen, muss man also von μ aus etwa $2{,}75 \cdot \sigma$ nach rechts gehen.
Rückübertragung:
$510 - 500 = 10$
Daraus folgt: $10 = 2{,}75\sigma$; also $\sigma \approx 3{,}64$
Die größte Standardbweichung, sodass die Vorgabe erfüllt ist, beträgt 3,64.

15 Spieldauer an einer Spielkonsole

a)

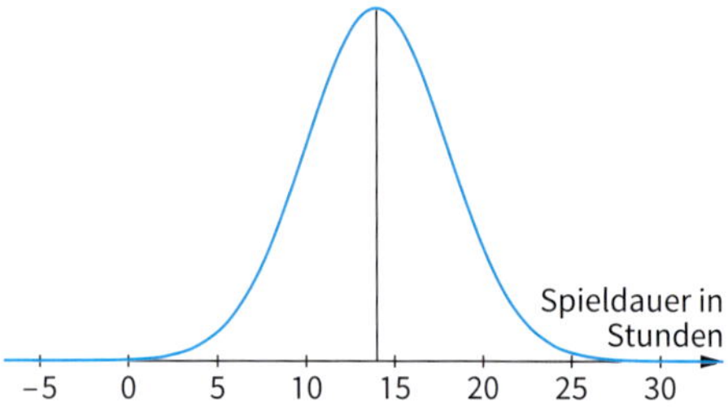

b) $P(\mu - \sigma \le X \le \mu + \sigma) = P(10 \le X \le 18) \approx 0{,}68$
Etwa 68 % der User spielen das Spiel zwischen 10 und 18 Stunden in der Woche.

c) Gelegenheitsspieler:
$P(X \le 6) = \Phi_{14;4}(6) \approx 0{,}023$
Wenigspieler:
$P(6 \le X \le 10) = \Phi_{14;4}(10) - \Phi_{14;4}(6) \approx 0{,}136$
Regular Gamer:
$P(10 \le X \le 20) = \Phi_{14;4}(20) - \Phi_{14;4}(10) \approx 0{,}775$
Vielspieler:
$P(X \ge 20) = 1 - \Phi_{14;4}(20) \approx 0{,}067$
Anmerkung: Insgesamt ergeben sich 100,1 % aufgrund von notwendigen Rundungen.

d) Man unterscheidet nur zwischen Vielspieler und Nicht-Vielspieler und betrachtet die binomialverteilte Zufallsgröße Y: *Anzahl der Vielspieler.*
Die Erfolgswahrscheinlichkeit beträgt $p \approx 0{,}067$.
Zu lösende Ungleichung:
$1 - P(Y = 0) \ge 0{,}95$; also $1 - 0{,}067^n \ge 0{,}95$
Daraus erhält man: $n \ge 43{,}2$
Es müssten dafür mindestens 44 Teilnehmende eingeladen werden.

e) Ansatz:
$P(X \le 10) = 0{,}08$; also $\Phi_{\mu_{neu};4}(10) = 0{,}08$
Mit der Standardnormalverteilung erhält man:
$\Phi_{0;1}\left(\frac{10 - \mu_{neu}}{4}\right) = 0{,}08$; also
$\left(\frac{10 - \mu_{neu}}{4}\right) = \Phi^{-1}_{0;1}(0{,}08) \approx -1{,}405$
Daraus folgt:
$-\mu_{neu} \approx 4 \cdot (-1{,}405) - 10 = -15{,}6$ und damit
$\mu_{neu} \approx 15{,}6$
Die durchschnittliche Spieldauer hat sich um 1,6 Stunden erhöht. Das Bonussystem hat sich für den Hersteller also gelohnt.

Stichwortverzeichnis

H

I

K

L

M

N

O

P

Q

R

S

Bildquellenverzeichnis

|Alamy Stock Photo (RMB), Abingdon/Oxfordshire: Furnes, John 93.2; imageBROKER 77.3; Juniors Bildarchiv GmbH 309.3; Justin Kase zfourz 167.2; Lucca, Alessandro 4.1, 150.1; Panther Media GmbH 3.2, 54.1; Underhill, Joanne 23.2. |Bundesministerium der Finanzen, Berlin: 269.1, 269.2. |Deutsche Bundesbank, Frankfurt: 313.1, 313.1. |fotolia.com, New York: Christian Schwier 5.1, 290.1, 298.1; Smileus 74.1. |GICON Großmann Ingenieur Consult GmbH, Dresden: 174.1. |Gundlach, Andreas Dr., Carinerland OT Moitin: 157.6. |imprint, Zusmarshausen: 10.4, 10.5, 11.1, 11.2, 12.1, 12.3, 13.1, 13.2, 15.1, 20.3, 21.4, 24.1, 25.1, 26.1, 26.2, 26.4, 26.5, 27.1, 27.2, 27.3, 28.1, 28.2, 28.4, 28.5, 29.1, 30.4, 31.1, 31.2, 31.3, 32.2, 33.1, 33.3, 34.1, 34.2, 34.4, 34.5, 34.7, 35.1, 35.2, 36.1, 36.2, 36.4, 36.5, 37.1, 40.2, 41.1, 42.1, 42.2, 42.4, 42.6, 42.7, 43.2, 43.3, 44.1, 44.3, 44.4, 44.5, 44.6, 44.7, 44.8, 45.1, 45.2, 46.1, 47.2, 51.1, 51.2, 52.1, 53.1, 56.1, 56.3, 56.4, 57.1, 57.2, 58.3, 58.4, 59.1, 59.2, 59.3, 59.5, 59.6, 60.1, 60.2, 60.3, 61.2, 61.4, 61.5, 61.6, 62.1, 63.1, 65.1, 65.2, 67.1, 70.1, 70.2, 70.3, 70.4, 70.5, 71.1, 71.2, 71.4, 71.5, 71.6, 72.1, 72.2, 73.1, 73.3, 74.4, 74.6, 75.1, 76.2, 76.4, 78.1, 79.1, 79.2, 79.3, 79.4, 81.2, 81.4, 82.4, 83.2, 83.3, 84.1, 84.2, 84.3, 85.1, 85.2, 86.1, 86.2, 86.3, 86.4, 86.6, 86.7, 87.1, 87.2, 87.3, 87.4, 89.2, 90.1, 90.2, 90.3, 91.1, 91.2, 91.4, 92.1, 92.2, 92.3, 94.1, 94.2, 94.3, 95.1, 95.2, 95.3, 95.4, 95.5, 96.1, 96.2, 97.1, 97.2, 97.3, 100.2, 100.3, 103.2, 103.3, 103.4, 103.5, 104.1, 104.2, 105.1, 105.2, 106.2, 106.3, 106.4, 106.6, 106.7, 106.8, 107.1, 107.2, 107.3, 108.2, 110.3, 111.2, 111.3, 112.1, 113.2, 113.3, 113.4, 113.5, 116.3, 116.4, 122.2, 123.1, 123.2, 126.2, 127.1, 128.1, 128.2, 128.3, 129.2, 129.3, 129.4, 129.5, 131.1, 131.2, 132.1, 132.2, 132.3, 132.4, 132.5, 133.1, 133.3, 133.4, 134.2, 135.1, 135.2, 139.2, 140.1, 140.2, 141.2, 142.2, 143.1, 143.2, 144.2, 144.3, 145.1, 146.1, 146.2, 147.1, 147.2, 148.1, 148.2, 148.3, 148.4, 148.5, 152.3, 153.1, 155.1, 155.2, 156.2, 156.3, 156.4, 156.5, 157.2, 158.1, 158.2, 158.4, 159.1, 159.2, 159.3, 159.4, 160.3, 161.1, 164.2, 165.1, 165.2, 165.3, 165.4, 166.1, 166.2, 166.3, 166.4, 167.1, 169.1, 169.2, 169.3, 169.4, 169.6, 170.1, 170.2, 171.1, 171.2, 171.3, 171.4, 171.5, 171.6, 172.1, 172.3, 173.1, 173.2, 174.2, 175.1, 175.2, 175.3, 177.3, 177.4, 177.5, 179.1, 180.3, 180.4, 181.2, 181.3, 182.3, 182.5, 183.1, 183.2, 183.4, 184.2, 185.1, 185.3, 186.1, 186.2, 186.3, 187.1, 187.2, 188.3, 190.1, 190.2, 191.1, 192.1, 192.2, 192.3, 193.1, 194.1, 194.2, 195.2, 195.4, 197.1, 198.1, 199.1, 199.2, 199.3, 199.4, 199.5, 200.1, 200.2, 200.3, 201.1, 201.2, 201.3, 202.1, 203.1, 207.1, 210.1, 213.1, 213.2, 213.3, 215.2, 216.2, 216.3, 216.4, 216.5, 216.6, 217.1, 218.2, 219.4, 220.2, 220.3, 222.2, 224.1, 224.2, 224.3, 224.4, 224.5, 224.6, 228.2, 228.4, 228.5, 229.1, 229.2, 230.1, 230.5, 232.3, 232.4, 233.1, 233.2, 233.5, 233.6, 234.3, 234.4, 236.1, 236.2, 236.3, 236.4, 238.1, 238.5, 240.3, 241.1, 241.2, 243.8, 243.9, 243.10, 248.1, 248.2, 248.3, 248.4, 248.5, 248.6, 249.1, 249.2, 250.3, 250.4, 251.1, 251.2, 256.2, 260.3, 261.3, 261.4, 261.5, 261.6, 262.1, 263.1, 264.2, 264.3, 265.1, 265.2, 265.3, 273.2, 274.1, 277.2, 278.1, 279.1, 279.2, 279.3, 279.4, 279.5, 279.6, 279.7, 279.8, 279.9, 283.2, 284.1, 284.2, 284.3, 285.1, 285.2, 285.3, 285.4, 285.5, 286.1, 286.2, 286.3, 287.1, 287.2, 287.3, 287.4, 292.5, 292.6, 292.7, 298.4, 298.5, 301.3, 302.1, 302.2, 303.1, 303.3, 306.1, 307.1, 308.1, 308.2, 308.3, 309.1, 309.2, 310.1, 312.2, 312.3, 312.5, 314.2, 314.3, 315.1, 317.1, 318.2, 319.1, 321.1, 322.1, 322.2, 323.1, 323.2, 323.3, 323.4, 323.5, 323.6, 323.7, 323.8, 323.9, 324.1, 324.2, 324.3, 325.1, 325.2, 330.1, 330.2, 330.3, 331.1, 331.2, 331.3, 332.1, 333.2, 333.3, 333.4, 334.1, 335.1, 336.2, 337.2, 338.1, 339.1, 340.1, 343.1, 343.2, 343.3, 343.4, 344.1, 344.2, 344.3, 345.1, 345.2, 346.2, 352.9, 356.3, 356.4, 356.7, 356.8, 356.11, 356.12, 356.15, 357.3, 357.6, 357.7, 359.1, 359.2, 359.3, 359.4, 359.5, 359.6, 359.7, 359.8, 359.9, 360.1, 363.1, 364.1, 364.2, 364.3, 364.4, 366.1, 366.2, 367.1, 368.2, 372.1, 372.2, 372.3, 372.4, 374.1, 374.2, 374.3, 374.4, 374.5, 375.1, 375.2, 375.3, 375.4, 375.5, 375.6, 376.1, 376.2, 376.3, 377.1, 377.2, 377.3, 378.1, 378.2, 378.3, 378.4, 378.5, 378.6, 378.7, 378.8, 378.9, 378.10, 379.1, 379.2, 379.3, 380.1, 380.2, 380.3, 380.4, 380.5, 380.6, 380.7, 381.1, 381.2, 381.3, 381.4, 381.5, 384.1, 384.2, 384.3, 384.6, 391.1, 393.1, 393.2, 394.1, 394.2, 394.3, 394.4, 394.5, 395.1, 396.1, 397.1, 397.2, 398.1, 398.2, 399.1, 399.2, 399.3, 401.1, 402.1, 402.2, 403.1, 403.2, 404.1, 404.2, 405.1, 405.2, 407.1, 408.1, 408.2, 408.3, 408.4, 409.1, 410.1, 410.2, 411.1, 411.2, 412.1, 415.1, 420.1, 425.1, 426.1, 426.2, 426.3, 426.4, 427.1, 428.1, 429.1, 430.1, 434.1, 436.1, 436.2, 436.3, 438.1, 438.2, 438.3, 440.1, 440.2, 441.1, 441.2, 441.3, 442.1, 442.2, 442.3. |iStockphoto.com, Calgary: Arterra 4.2, 204.1; mipan 137.1; Plawgo, Artur 100.1; Ralf Ibing - firo sportphoto 134.1; takahashi_kei 118.2; xxmmxx Titel. |mauritius images GmbH (RF), Mittenwald: World Book Inc. 122.1. |Mettin, Markus, Offenbach: 10.1, 10.2, 10.3, 14.1, 14.2, 14.3, 142.1, 223.1. |PantherMedia GmbH (panthermedia.net), München: zmaris 228.1. |Shutterstock.com, New York: Africa Studio 217.3; Animaflora PicsStock 160.2; Atlaspix 164.4; badahos 72.3; BLGKV 230.3; BOLDG 102.1; Davizro Photography 319.5; Dereje 3.3, 98.1; EINHORN, Moshe 73.2; Eisenlohr, U. 57.3; Foto-Ruhrgebiet 225.1; gonzagon 303.2; Ground Picture 5.2, 328.1; guruXOX 271.1; Hadrian 161.3; Helga42 299.3; Irina Wilhauk 341.1; Jag_cz 30.2; Jansamut, Natthee 15.2; Jastrzebska, Anna 106.1; Jirik V 121.1; Kaspar, Karen 317.2; kavram 79.5; kei907 316.2; Kosmider, Patryk 66.1; Kzenon 190.3; Lande, Alexandra 176.2; lowsun 58.1; MelnikovSergei 195.1; MotionEmo 126.1; Prostock-studio 5.3, 209.1, 348.1; Rebollo, David Gonzalez 3.1, 8.1; Rogozin, Anton 141.3; Rosamar 64.1; Rosskothen, Michael 89.1; sdecoret 211.2; Semik, Richard 26.3; SeventyFour 125.1; shocky 4.3, 254.1; Sonjachnyj, Bogdan 136.1; stockwerk-fotodesign 271.2; Suriyawut Suriya 275.1; Vtmila 30.1; Winter, Maren 118.1; Yeh, Lynn 139.1; Zinkevych, Dmytro 312.1. |stock.adobe.com, Dublin: aletia2011 316.1; Animaflora PicsStock 181.1; bisonov 243.1; by-studio 301.1; Dieter 300.1; drubig-photo 342.1; Moroz, Oleksandr 91.5; Ryzhov, Sergey 270.1; Sashkin 296.1; scharfsinn86 346.1; schulzfoto 189.1; shamm Titel; Sokolov, Maxim 152.2; UllrichG 23.5; Wolfilser 116.1; ©DyMax 133.2;

©hanseat 141.1; ©laguna35 336.1. |Valentinelli, Mario, Rostock: 6.1, 6.2, 6.3, 6.4, 6.5, 6.6, 6.7, 6.8, 6.9, 6.10, 6.11, 6.12, 6.13, 6.14, 6.15, 6.16, 7.1, 7.2, 7.3, 7.4, 7.5, 12.2, 13.3, 16.1, 16.2, 17.1, 18.1, 19.1, 19.2, 20.1, 20.2, 21.1, 21.2, 21.3, 22.1, 22.2, 22.3, 23.1, 23.3, 23.4, 24.2, 24.3, 25.2, 25.3, 28.3, 28.6, 30.3, 32.1, 33.2, 33.4, 34.3, 34.6, 36.3, 38.1, 38.2, 39.1, 40.1, 40.3, 42.3, 42.5, 43.1, 44.2, 45.3, 46.2, 47.1, 47.3, 49.1, 49.2, 56.2, 58.2, 59.4, 60.4, 61.1, 61.3, 61.7, 61.8, 65.3, 66.2, 66.3, 67.2, 67.3, 68.1, 69.1, 70.6, 71.3, 74.2, 74.3, 74.5, 76.1, 76.3, 77.1, 77.2, 79.6, 80.1, 81.1, 81.3, 82.1, 82.2, 82.3, 83.1, 84.4, 84.5, 84.6, 86.5, 86.8, 90.4, 91.3, 93.1, 103.1, 104.3, 104.4, 105.3, 106.5, 107.4, 108.1, 108.3, 110.1, 110.2, 111.1, 112.1, 112.2, 113.1, 114.1, 114.2, 114.3, 116.2, 116.5, 117.1, 117.2, 119.1, 120.1, 120.2, 122.3, 124.1, 124.2, 125.2, 125.3, 128.4, 129.1, 129.6, 130.1, 138.1, 143.3, 143.4, 144.1, 152.1, 152.4, 153.2, 153.3, 154.1, 154.2, 156.1, 157.1, 157.3, 157.4, 157.5, 158.3, 159.5, 160.1, 160.4, 161.2, 161.4, 162.1, 163.1, 163.2, 163.3, 163.4, 164.1, 164.3, 165.5, 169.5, 172.2, 175.4, 176.1, 177.1, 177.2, 180.1, 180.2, 180.5, 182.1, 182.2, 182.4, 182.6, 183.3, 184.1, 185.2, 188.1, 188.2, 195.3, 197.2, 206.1, 206.2, 206.3, 206.4, 208.1, 208.2, 210.2, 211.1, 212.1, 212.2, 215.1, 216.1, 216.7, 217.2, 217.4, 218.1, 219.1, 219.2, 219.3, 220.1, 221.1, 221.2, 222.1, 222.3, 225.2, 226.1, 226.2, 226.3, 227.1, 228.3, 228.6, 230.2, 230.4, 232.1, 232.2, 232.5, 233.3, 233.4, 234.1, 234.2, 235.1, 238.2, 238.3, 238.4, 240.1, 240.2, 240.4, 241.3, 242.1, 242.2, 242.3, 243.2, 243.3, 243.4, 243.5, 243.6, 243.7, 244.1, 244.2, 244.3, 245.1, 246.1, 247.1, 247.2, 250.1, 250.2, 251.3, 252.1, 256.1, 257.1, 257.2, 257.3, 257.4, 260.1, 260.2, 260.4, 260.5, 261.1, 261.2, 263.2, 264.1, 264.4, 265.4, 266.1, 267.1, 268.1, 272.1, 273.1, 276.1, 276.2, 277.1, 278.2, 278.3, 280.1, 280.2, 280.3, 280.4, 281.1, 281.2, 281.3, 281.4, 281.5, 282.1, 282.2, 282.3, 283.1, 283.3, 292.1, 292.2, 292.3, 292.4, 293.1, 293.2, 293.3, 293.4, 294.1, 294.2, 295.1, 296.2, 297.1, 297.2, 298.2, 298.3, 299.1, 299.2, 300.2, 300.3, 301.2, 301.4, 302.3, 305.1, 307.2, 308.4, 310.2, 312.4, 312.6, 313.2, 313.3, 313.4, 314.1, 314.4, 317.3, 318.1, 319.2, 319.3, 319.4, 320.1, 321.2, 333.1, 337.1, 350.1, 350.2, 350.3, 350.4, 350.5, 350.6, 350.7, 350.8, 350.9, 350.10, 350.11, 350.12, 350.13, 350.14, 350.15, 350.16, 350.17, 350.18, 350.19, 350.20, 351.1, 351.2, 351.3, 351.4, 351.5, 351.6, 351.7, 351.8, 351.9, 351.10, 351.11, 351.12, 351.13, 351.14, 351.15, 351.16, 351.17, 351.18, 351.19, 351.20, 351.21, 352.1, 352.2, 352.3, 352.4, 352.5, 352.6, 352.7, 352.8, 352.10, 352.11, 353.1, 353.2, 353.3, 353.4, 353.5, 353.6, 353.7, 353.8, 353.9, 353.10, 354.1, 354.2, 354.3, 354.4, 354.5, 354.6, 354.7, 354.8, 354.9, 354.10, 355.1, 355.2, 355.3, 355.4, 355.5, 355.6, 355.7, 355.8, 355.9, 355.10, 355.11, 356.1, 356.2, 356.5, 356.6, 356.9, 356.10, 356.13, 356.14, 357.1, 357.2, 357.4, 357.5, 357.8, 357.9, 357.10, 357.11, 368.1, 369.1, 369.2, 369.3, 369.4, 369.5, 369.6, 369.7, 369.8, 369.9, 369.10, 369.11, 369.12, 369.13, 369.14, 370.1, 370.2, 370.3, 370.4, 370.5, 370.6, 370.7, 370.8, 371.1, 371.2, 371.3, 371.4, 371.5, 371.6, 371.7, 371.8, 371.9, 373.1, 373.2, 373.3, 373.4, 373.5, 373.6, 373.7, 373.8, 373.9, 373.10, 382.1, 382.2, 382.3, 382.4, 382.5, 383.1, 383.2, 383.3, 383.4, 383.5, 383.6, 383.7, 383.8, 383.9, 383.10, 383.11, 384.4, 384.5.